D1690261

# Freude am Wissen
## Kindlers Enzyklopädie in 10 Bänden

# Freude am Wissen

Kindlers Enzyklopädie in 10 Bänden

9

Die Technik

verlegt bei Kindler

Englische Ausgabe
Herausgeber: James Mitchell
Wissenschaftliche Bearbeitung: Ein Verzeichnis findet sich im abschließenden zehnten Band

Deutsche Ausgabe
Wissenschaftliche Bearbeitung dieses Bandes:
Johan Becker · Johannes Determann · Prof. Dr. Wilmont Haacke · Hans Dieter Heck
Dr. Richard Knerr · Klaus Meyer · Dr. Dr. Hans Joachim Störig.
Gesamtredaktion: Lexikographisches Institut, München

Deutsche Ausgabe
© 1979 by Deutscher Bücherbund GmbH & Co., Stuttgart/Hamburg/München und
Kindler Verlag GmbH, München
Englische Originalausgabe
© 1977 The Joy of Knowledge, Colorpedia © Mitchell Beazley Encyclopaedias Ltd. 1977
Titel der Originalausgabe: THE JOY OF KNOWLEDGE, T. M.
Mitchell Beazley Encyclopaedias, London, England
Gesamtherstellung: Salzer-Ueberreuter, Wien
Printed in Austria

ISBN 3-463-25009-8

# Der Aufbau des Gesamtwerks

## Erster Band

**Das Weltall**
Einführung von Sir Bernard Lovell
Beobachtende Astronomie
Das Sonnensystem · Die Sonne
Die Sterne · Galaxien · Sternkarten
Der Mensch im Weltraum

**Die Erde**
Einführung von William A. Nierenberg
Der Bau des Erdkörpers
Das Gesicht der Erde · Klima und Wetter
Die Meere

## Zweiter Band

**Die Erde**
Gesteinshülle – Gewässer
Bodenschätze – Bedrohte Umwelt
Landwirtschaft · Nutzpflanzen · Nutztiere

**Das Leben**
Einführung von Gwynne Vevers
Wie das Leben begann

## Dritter Band

**Das Leben**
Das Pflanzenreich · Das Tierreich · Insekten
Fische · Lurche und Kriechtiere · Vögel
Säugetiere · Pflanzen und Tiere der Vorzeit
Tiergeographie · Um die Erhaltung der
bedrohten Tierwelt

## Vierter Band

**Mensch und Gesellschaft**
Einführung von Alex Comfort
Die Evolution des Menschen · Wie unser
Körper funktioniert · Gesundheit und Krankheit
Psychische Störungen · Die Entwicklung der
menschlichen Persönlichkeit

## Fünfter Band

**Mensch und Gesellschaft**
Der Mensch und seine Götter
Kommunikation · Politik · Das Recht
Arbeit und Spiel · Die Wirtschaft

**Geschichte**
Einführung von Thomas Nipperdey
Vorgeschichte · Frühe Kulturen
Das klassische Altertum
Süd- und Ostasien

## Sechster Band

**Geschichte**
Christentum und Islam · Europa im Mittelalter
Große Kulturen außerhalb Europas
Renaissance und Reformation
Kunst und Wissenschaft in Europa, Asien
und Afrika · Das Zeitalter der Revolutionen
Politik und Kultur im 19. Jahrhundert

## Siebenter Band

**Geschichte**
Imperialismus · Nordamerika und Europa
bis zum Ende des Ersten Weltkriegs · Zwischen
den Kriegen · Vom Zweiten Weltkrieg bis zur
Gegenwart · Deutschland gestern und heute
Kunst und Kultur im 20. Jahrhundert · Flaggen
Geschichte auf einen Blick: eine tabellarische
Übersicht

## Achter Band

**Naturwissenschaften**
Einführung von Sir Alan Cottrell
Die Entstehung der Naturwissenschaften
Mathematik · Das Atom · Statik und Dynamik
Schall · Materie · Wärme
Licht · Elektrizität · Chemie

**Die Technik**
Einführung von Sir Jack Callard
Die Entstehung der Technik · Werkstoffe und
Werkzeuge

## Neunter Band

**Die Technik**
Energiegewinnung und Kraftmaschinen
Werkzeugmaschinen und Computer
Verkehrsmittel · Waffen · Straßen – Brücken –
Kanäle · Technische Medien der Information
und Unterhaltung · Chemische Technologie
Technik im Haushalt

**Graphische Gestaltung/Bildquellen**
Nachweis für die Bände 1 bis 9

## Zehnter Band

**Inhaltsverzeichnis für die Bände 1 bis 9
Verzeichnis der Mitarbeiter**
Englische Ausgabe/Deutsche Ausgabe
**Alphabetisches Namen- und Sachregister
für das Gesamtwerk**

# Inhalt des neunten Bandes

## Energiegewinnung und Kraftmaschinen

**12 Grundformen von Kraftmaschinen**
Die ersten Verbrennungsmotoren
Der Dieselmotor
Umwandlung von Wärme in Arbeit

**14 Dampfmaschinen**
Die Bedeutung der Dampfkraft
Arbeitsweise der Dampfkraftmaschinen
Brennstoffnutzung

**16 Dampfkraftwerke**
Moderne Kraftwerke
Die Dampferzeugung
Wirkungsgrad und Verbundsysteme

**18 Verbrennungsmotoren und Gasturbinen**
Der Viertakt
Der wirtschaftliche Dieselmotor
Die Gasturbine

**20 Wind und Wasserkraft**
Vom Wasserrad zur Turbine
Wasserkraftwerke und Gezeitenkraftwerk
Nutzung von Windenergie

**22 Sonne und Erdwärme als Energiequellen**
Nutzung der Sonnenenergie
Die Frage der Wirtschaftlichkeit
Energie aus dem Erdinnern

**24 Kernenergie**
Kontrollierte Kettenreaktionen
Reaktorsicherheit und Brennstoffwechsel
Der schnelle Brüter

**26 Gewinnung und Nutzung von Kohle**
Die Entstehung der Kohle
Die Geschichte des Kohlenbergbaus
Kohlenprodukte

**28 Erdöl und Erdgas**
Zusammensetzung, Ursprung und Fundorte
Erdölbohrungen
Transport und Lagerung

**30 Erdöl – der vielseitige Rohstoff**
Erdölraffination
Umwandlungsprozesse
Erdölderivate

**32 Brennstoff und Energie sparen**
Die Energienutzung
Erhöhung des Wirkungsgrades
Energieeinsparung und Umweltbelastung

**34 Stromerzeugung und -verteilung**
Andere Arten der Elektrizitätserzeugung
Das Leitungsnetz · Das Verbundnetz

## Werkzeugmaschinen und Computer

**36 Hebel, Keil und Schraube**
Das Kräftespiel des Hebels
Schiefe Ebene
Keil und Schraube

**38 Rollenzüge und Getriebe**
Wirkungsweise von Rollenzügen
Zahnradgetriebe
Andere Rädergetriebe

**40 Geräte zum Wiegen und Messen**
Gewicht, Zeit und Temperatur
Standortbestimmung
Druck, Geschwindigkeit und Strahlung

**42 Uhren**
Mechanische Uhren
Unruh und Pendel als Gangregler
Elektrische Uhren

**44 Industrielle Massenproduktion**
Die Industriefertigung
Moderne Fertigungsverfahren

**46 Hebezeuge**
Schrauben und Rollen
Krane · Aufzüge

**48 Bagger und Planierraupen**
Moderne Maschinen zur Bodenbewegung
Schaufellader
Planierpflüge und Erdhobel

**50 Das Bewegen schwerer Lasten**
Was sind schwere Lasten?
Probleme des Lastentransports
Bodenfestigkeit

**52 Elektronische Geräte**
Elektronik und Licht
Elektronische Uhren
Unterhaltungselektronik
Elektronische Sicherungsanlagen

**54 Automatische Regelung und Steuerung**
Steuerung und geschlossener Regelkreis
Meßeinrichtungen und Servomechanismen
Kybernetik

**56 Wie ein Computer arbeitet**
Die Programmierung
Das Binärsystem
Die Zentraleinheit

**58 Was Computer alles können**
Ausgabegeräte
Computer in der Technik
Computerspeicher

## Verkehrsmittel

**60 Geschichte des Verkehrs**
Wasser- und Schienentransport
Der Straßentransport
Maschinengetriebene Fahrzeuge

**62 Einfache Verkehrswege und Fahrzeuge**
Bau billiger Straßen · Brückenbau
Einfache Verkehrsmittel

**64 Segelschiffe**
Segeln gegen den Wind
Entwicklung von Schiff und Segel
Die letzten Segelschiffe

**66 Moderne Schiffe**
Schiffstypen · Kleinere Schiffe
Schiffsantriebe

**68 Tragflächenboote und Luftkissenfahrzeuge**
Tragflächenboote
Luftkissenfahrzeuge
Einsatzmöglichkeiten des Luftkissenprinzips

**70 Unterseeboote**
U-Boote als Kriegswaffe
Aufbau und Ausrüstung von U-Booten
Zivile Unterwasserfahrzeuge

**72 Karren, Kutschen, Equipagen**
Die Fahrzeugentwicklung
Von der Postkutsche zur Eisenbahn
Pferdebahnen – Pferdebusse

**74 Geschichte des Fahrrads**
Das erste Fahrrad · Der Kettenantrieb
Das moderne Fahrrad

**76 Geschichte des Motorrads**
Die ersten Konstruktionen
Die Verbreitung des Motorrads
Der Zweitaktmotor

**78 Geschichte des Automobils**
Das erste Automobil
Die ersten Autoproduzenten
Das erschwingliche Auto

**80 Berühmte Oldtimer**

**82 So funktioniert ein Auto**
Kraftübertragung
Fahrzeugelektrik und Bremsen
Radaufhängung und Fahrzeugaufbau

**84 Das Auto und unsere Gesellschaft**
Gefahren für die Gesellschaft
Welche Motoren sind geeignet?
Zukunftsaussichten

**86 Straßenbahn und Omnibus**
Die Anfänge der öffentlichen Verkehrsmittel · Von der Straßenbahn zum O-Bus · Omnibus oder Straßenbahn

**88 Sonderfahrzeuge**
Konstruktionsmerkmale
Radaufhängung von Geländefahrzeugen
Lenkung von Spezialfahrzeugen

**90 Lokomotiven**
Die erste Eisenbahnstrecke
Elektrische Lokomotiven
Diesellokomotiven

**92 Eisenbahntransport**
Die ersten Eisenbahnen
Verbesserungen und Vereinheitlichungen
Triebwagenzüge

**94 Die Eisenbahn der Zukunft**
Entwicklungstrends bei der Eisenbahn
Berührungslose Fahrtechnik
Ausblick in die Zukunft

**96 Ballone und Luftschiffe**
Ballone
Luftschiffe
Zukunft der Luftschiffe und Ballone

**98 Die Entwicklung des Flugzeugs**
Blériots Kanalüberquerung
Die Schneider-Trophäe
Die Flugzeuge von Douglas

**100 Moderne Verkehrsflugzeuge**
Die Vorläufer
Die Comet I
Überschall-Verkehrsflugzeuge

**102 So fliegt ein Flugzeug**
Strömung, Auftrieb und Tragflächen
Auftriebshilfen für Start und Landung
Steuereinrichtungen

**104 Hubschrauber**
Entwicklung des Hubschraubers
Das Windmühlenflugzeug
Moderne Hubschrauber
Einsatzbereiche des Hubschraubers

**106 Weltraumfahrzeuge**
Start ins All
Raketen und Satelliten
Mond- und Planetensonden

**108 Der Mensch im Weltraum**
Gagarin und die Schwerelosigkeit
Die Amerikaner im Weltraum
Probleme bei Mondlandungen

## Waffen

**110 Waffen der Vergangenheit**
Die ersten Waffen
Schwert und Bogen
Weiterentwickelte Waffen und Rüstungen

**112 Die Entwicklung der Feuerwaffen**
Entwicklung der Zündmechanismen
Perkussionszündung und Repetiergewehr
Patronen und Feuerwaffen der Gegenwart

**114 Maschinenwaffen**
Die ersten amerikanischen Konstruktionen
Maschinenwaffen im Zweiten Weltkrieg
Automatische Pistolen und jüngste Entwicklungen

**116 Geschichte der Artillerie**
Frühe Artilleriewaffen
Entwicklung der Feuerwaffen
Seeartillerie

**118 Die moderne Artillerie**
Entwicklung bis zum Ersten Weltkrieg
Geschütze im Zweiten Weltkrieg
Entwicklung nach dem Zweiten Weltkrieg

**120 Panzerfahrzeuge**
Kanonen und Panzerung
Leichte Panzerfahrzeuge
Die Zukunft des Panzers

**122 Kriegsschiffe mit Ruder und Segel**
Galeeren · Schiffsartillerie · Nahgefechte

**124 Moderne Kriegsschiffe**
Flugzeugträger · U-Boote · Antrieb für Überwasserschiffe

**126 Die ersten Militärflugzeuge**
Spezialisierung der Typen
Zwischen den beiden Weltkriegen
Die Entwicklung im Zweiten Weltkrieg

**128 Moderne Militärflugzeuge**
Neuentwicklungen
Taktische Erfordernisse
Bordelektronik

**130 Atomare, biologische und chemische (ABC-)Waffen**
Atombombe und Wasserstoffbombe
Chemische Waffen · Biologische Waffen

## Straßen, Brücken, Kanäle

**132 Straßenbau**
Steinpflaster · MacAdams Straßen
Betonstraßen

**134 Der moderne Straßenverkehr**
Entwicklung des Straßenbaus
Autobahnen
Verkehrskontrolle · Stadtverkehr

**136 Flughäfen und Luftverkehr**
Start- und Landebahnen
Flugplatzanlagen
Passagier- und Frachtabfertigung

**138 Tunnelbau**
Frühe Tunnelbauten
Eisenbahn- und Unterwassertunnel
Moderner Tunnelbau

**140 Geschichte des Brückenbaus**
Römischer Brückenbau
Brückenbauingenieure
Eisen- und Stahlbrücken

**142 Moderne Brücken**
Stahlbetonbrücken
Brückenarten
Spannweiten

**144 Häfen und Docks**
Natürliche und künstliche Häfen
Hafentypen
Hafeninstandsetzung

**146 Kanalbau**
Frühgeschichtliche und neuzeitliche Kanäle
Europäische Kanäle
Kanalbautechnik

**148 Dammbau**
Dammbautechnik · Dammfundamente
Moderne Staudämme

**150 Wasserversorgung**
Wasserverbrauch und Wasservorkommen
Wassergewinnung und Speicherung
Wasserreinigung

**152 Abwasser**
Abwasserbeseitigung durch Verdünnung
Gefahren der Verschmutzung
Moderne Abwasserklärung

## Technische Medien der Information und Unterhaltung

**154 Geschichte der Drucktechnik**
Frühe Druckverfahren
Von der Druckplatte zur Druckmaschine
Entwicklungen im 19. Jahrhundert

**156 Moderne Drucktechnik**
Rotationsdruck · Rollenoffsetdruck
Moderne Techniken

**158 Kopieren und Vervielfältigen**
Der Hektograph · Moderne Kopierverfahren · Vorbereitungen

**160 Zeitungen und Zeitschriften**
Ressorts und Gestaltung der Zeitung
Die Tagespresse der Gegenwart
Das Zeitschriftenwesen der Gegenwart

**162 Buch- und Verlagswesen**
Verleger, Buchhändler, Autoren, Leser
Meinungsvielfalt

**164 Nachschlagewerke**
Frühe Enzyklopädien · Immer mehr Nachschlagewerke · Wörterbücher

**166 Ordnung und Klassifizierung des Wissens**
Die ersten Archivierungssysteme
Das Deweysche Gliederungssystem
Andere Klassifizierungssysteme

**168 Photographie**
Die Entwicklung der Photographie
Die Kamera von heute
Filme, Entwickeln und Abziehen

**170 Das Photographieren**
Der Umgang mit Kameras
Filter und Schärfentiefe
Professionelles Photographieren

**172 Filmtechnik**
Die Filmkamera · Das Filmmaterial

**174 Telegraphie**
Telegraphie mit einem Draht · Morse und die weitere Entwicklung · Fernschreiben

**176 Telefon**
Mikrophon und Verbindungssysteme
Fernsprechnetze · Richtfunkstrecken

**178 Rundfunk**
Die ersten erfolgreichen Übertragungen
Das Wesen der Radiowellen
Frequenzen, Wellenlängen und Kanäle

**180 Fernsehen**
Die Bildabtastung · Fernsehnormen
Farbfernsehen

**182 Schallaufzeichnung und -wiedergabe**
Schallplatte und Tonfilm
Entwicklung des Tonbandgeräts
Die Tonbandkassette

**184 Bildaufzeichnung und -wiedergabe**
Aufzeichnung auf Magnetband
Schrägaufzeichnung · Bildplatten

**186 Orten mittels Radar und Schallwellen**
Entwicklung von Sonar und Radar
Aufbau einer Radaranlage

**Chemische Technologie**

**188 Rohstoffe für die chemische Industrie**
Wirtschaftsfaktor chemische Industrie
Überall braucht man Chemikalien
Die Sicherheitsfrage

**190 Chemische Verfahrenstechnik**
Was ist eine Chemieanlage?
Von der Theorie zur Praxis
Die biochemische Verfahrenstechnik

**192 Waschmittel und Detergentien**
Wie man heute Seife macht
Synthetische Detergentien
Ökologische Gefahren

**194 Sprengstoffe und Feuerwerkskörper**
Die Geschichte des Schießpulvers
Die Geschichte des Dynamits
Zündschnüre, Sprengkapseln, Feuerwerkskörper

**196 Die Chemie der Farben**
Die Zusammensetzung von Farbstoffen
Die Einteilung der Farbstoffe
Die moderne Farbenindustrie

**198 Kosmetika und Parfüms**
Crèmes und Lotionen
Lippenstift, Puder und Lidschatten
Nagellack und Desodorants

**Technik im Haushalt**

**200 Maschinen und Geräte des täglichen Gebrauchs (1)**

**202 Maschinen und Geräte des täglichen Gebrauchs (2)**

**204 Maschinen und Geräte des täglichen Gebrauchs (3)**

**206 Maschinen und Geräte des täglichen Gebrauchs (4)**

**Nachweis für die Bände 1 bis 9**

**210 Graphische Gestaltung**

**211 Bildquellen**

# Zeichen und Abkürzungen

**Maßeinheiten** (ab 1977 gültige SI-Einheiten)

| Größe | Einheit | Dimension | Größe | Einheit | Dimension | Größe | Einheit | Dimension |
|---|---|---|---|---|---|---|---|---|
| *Basiseinheiten* | | | Geschwindigkeit (v) | | $m \cdot s^{-1}$ | Elektr. Spannung (U) | Volt | V |
| Länge (l) | Meter | m | Beschleunigung (a) | | $m \cdot s^{-2}$ | Elektr. Widerstand (R) | Ohm | $\Omega$ |
| Masse (m) | Kilogramm | kg | Winkelgeschwindigkeit ($\omega$) | | $rad \cdot s^{-2}$ | Elektr. Ladung (Q) | Coulomb | C |
| Zeit (t) | Sekunde | s | Winkelbeschleunigung (a) | | $rad \cdot s^{-2}$ | | | |
| Elektrische Stromstärke (I) | Ampere | A | Kraft (F) | Newton | N | Elektr. Kapazität (C) | Farad | F |
| Temperatur (T) | Kelvin | K | Impuls (p) | | $kg \cdot m \cdot s^{-1}$ | Elektr. Flußdichte (D) | | $C \cdot m^{-2}$ |
| Lichtstärke ($I_v$) | Candela | cd | Druck (p) | Pascal | Pa | Elektr. Feldstärke (E) | | $V \cdot m^{-1}$ |
| Stoffmenge | Mol | mol | Energie, Arbeit (W) | Joule | J | Magn. Fluß ($\Phi$) | Weber | Wb |
| *Wichtigste abgeleitete Einheiten* | | | Wärmemenge (Q) | Joule | J | Magn. Flußdichte (B) | Tesla | T |
| Fläche (A) | Quadratmeter | $m^2$ | Kraftmoment (M) | | $N \cdot m$ | Magn. Feldstärke (H) | | $A \cdot m^{-1}$ |
| Volumen (V) | Kubikmeter | $m^3$ | Drehimpuls (L) | | $kg \cdot m^2 \cdot s^{-1}$ | Induktivität (L) | Henry | H |
| Winkel, eben ($\alpha, \beta, \gamma, \ldots$) | Radiant | rad | Leistung (P) | Watt | W | Leuchtdichte (Lv) | | $cd \cdot m^{-2}$ |
| Winkel, räumlich ($\Omega$) | Steradiant | sr | Energiestrom (E) | Watt | W | Lichtstrom ($\Phi v$) | Lumen | lm |
| Dichte ($\varrho$) | | $kg\,m^{-3}$ | Wärmestrom ($\Phi$) | Watt | W | Beleuchtungsstärke (Ev) | Lux | lx |
| Frequenz (f, $\nu$) | Hertz | Hz | Drehmoment (M) | | $J \cdot rad^{-1}$ | | | |
| Drehzahl (n) | | $s^{-1}$ | Temperaturintervall | Kelvin | K | | | |
| Kreisfrequenz ($\omega$) | | $s^{-1}$ | Entropie (S) | | $J \cdot K^{-1}$ | | | |

**Vorsätze** zur Bezeichnung von Vielfachen und Teilen der Maßeinheiten

| | | | | | | | | | | | | |
|---|---|---|---|---|---|---|---|---|---|---|---|---|
| T | Tera | = $10^{12}$ | Billion | h | Hekto | = $10^2$ | Hundert | m | Milli | = $10^{-3}$ | Tausendstel |
| G | Giga | = $10^9$ | Milliarde | da | Deka | = $10^1$ | Zehn | $\mu$ | Mikro | = $10^{-6}$ | Millionstel |
| M | Mega | = $10^6$ | Million | d | Dezi | = $10^{-1}$ | Zehntel | n | Nano | = $10^{-9}$ | Milliardstel |
| k | Kilo | = $10^3$ | Tausend | c | Zenti | = $10^{-2}$ | Hundertstel | p | Piko | = $10^{-12}$ | Billionstel |

**Das griechische Alphabet**

| 1 | 2 | 3 | 4 | 5 | 1 | 2 | 3 | 4 | 5 | 1 | 2 | 3 | 4 | 5 |
|---|---|---|---|---|---|---|---|---|---|---|---|---|---|---|
| A | $\alpha$ | alpha | a | a | I | $\iota$ | iota | i | i | P | $\varrho$ | rho | r | r |
| B | $\beta$ | beta | b | w | K | $\varkappa$ | kappa | k | k | $\Sigma$ | $\sigma$ | ßigma | ß | ß |
| $\Gamma$ | $\gamma$ | gamma | g | gh, j | $\Lambda$ | $\lambda$ | lambda | l | l | T | $\tau$ | tau | t | t |
| $\Delta$ | $\delta$ | delta | d | dh | M | $\mu$ | my | m | m | Y | $\upsilon$ | ypßilon | ü | i |
| E | $\varepsilon$ | epßilon | e | e | N | $\nu$ | ny | n | n | $\Phi$ | $\varphi$ | phi | ph | f |
| Z | $\zeta$ | zeta | ds | s | $\Xi$ | $\xi$ | xi | kß | kß | X | $\chi$ | chi | kh | ch |
| H | $\eta$ | eta | ē | i | O | o | omikron | o | o | $\Psi$ | $\psi$ | pßi | pß | pß |
| $\Theta$ | $\vartheta$ | theta | th | th | $\Pi$ | $\pi$ | pi | p | p | $\Omega$ | $\omega$ | omega | ō | o |

**Griechische Schrift:** **1** altgriechische Majuskeln bzw. neugriechische Großbuchstaben; **2** byzantinische Minuskeln bzw. neugriechische Kleinbuchstaben; **3** Buchstabenname; **4** altgriechischer, **5** neugriechischer Lautwert.

## Abkürzungen und Maßeinheiten

Um dem Leser die Lektüre zu erleichtern, wurde im Text und in den Bilderklärungen auf die in Nachschlagewerken übliche Verwendung von Abkürzungen und Symbolen verzichtet. Es wurden grundsätzlich – mit Ausnahme der auf dieser Seite zusammengestellten Maßeinheiten – nur Abkürzungen verwendet, die im deutschen Sprachgebrauch allgemein üblich und für jedermann verständlich sind.

## Alphabetisches Namen- und Sachregister

Ein Register für das Gesamtwerk bringt der abschließende zehnte Band. Er enthält alle wichtigen in diesem Werk vorkommenden Namen und Begriffe. Mit seiner Hilfe kann der Leser sofort feststellen, an welcher Stelle des Werkes ein Name bzw. Begriff vorkommt und im sachlichen Zusammenhang erläutert ist. Eine ausführlichere Einführung in das Register ist ihm an Ort und Stelle beigegeben.

# Information auf einen Blick

**Grundtext,** in stets gleichbleibender Länge von 130 Druckzeilen, vermittelt Übersicht über das Thema der Tafel.

**Gezeichnete Illustration,** wird stets verwendet, wenn sie klarere Information vermittelt als die Photographie.

**Landkarte** (sogenannte thematische Karte): stellt die Erdoberfläche oder Teile davon unter dem besonderen Aspekt eines Themas dar (hier: Verteilung der Vulkane).

**Hinweise** auf Tafeln mit benachbarten, verwandten Themen, die der Leser zur Abrundung und Ergänzung heranziehen sollte.

**Inschriften** zur Abbildung, durch Hinweislinien oder Kennziffern auf die zugehörigen Teile der Abbildung bezogen.

**Bildfolge,** gewöhnlich zur Veranschaulichung von Abläufen (Prozessen) verwendet, durch Kennbuchstaben oder Ziffern (meist in eckigen Klammern) den Bildern zugeordnet.

**Leitbild:** dient der ersten Orientierung und kann auch beim Blättern als Erinnerungshilfe dienen.

**Bildlegende** (Bildunterschrift): identifiziert und beschreibt die Abbildung, ergänzt den Grundtext.

**Photographische Abbildung,** in diesem Werk fast ohne Ausnahme in Farbe.

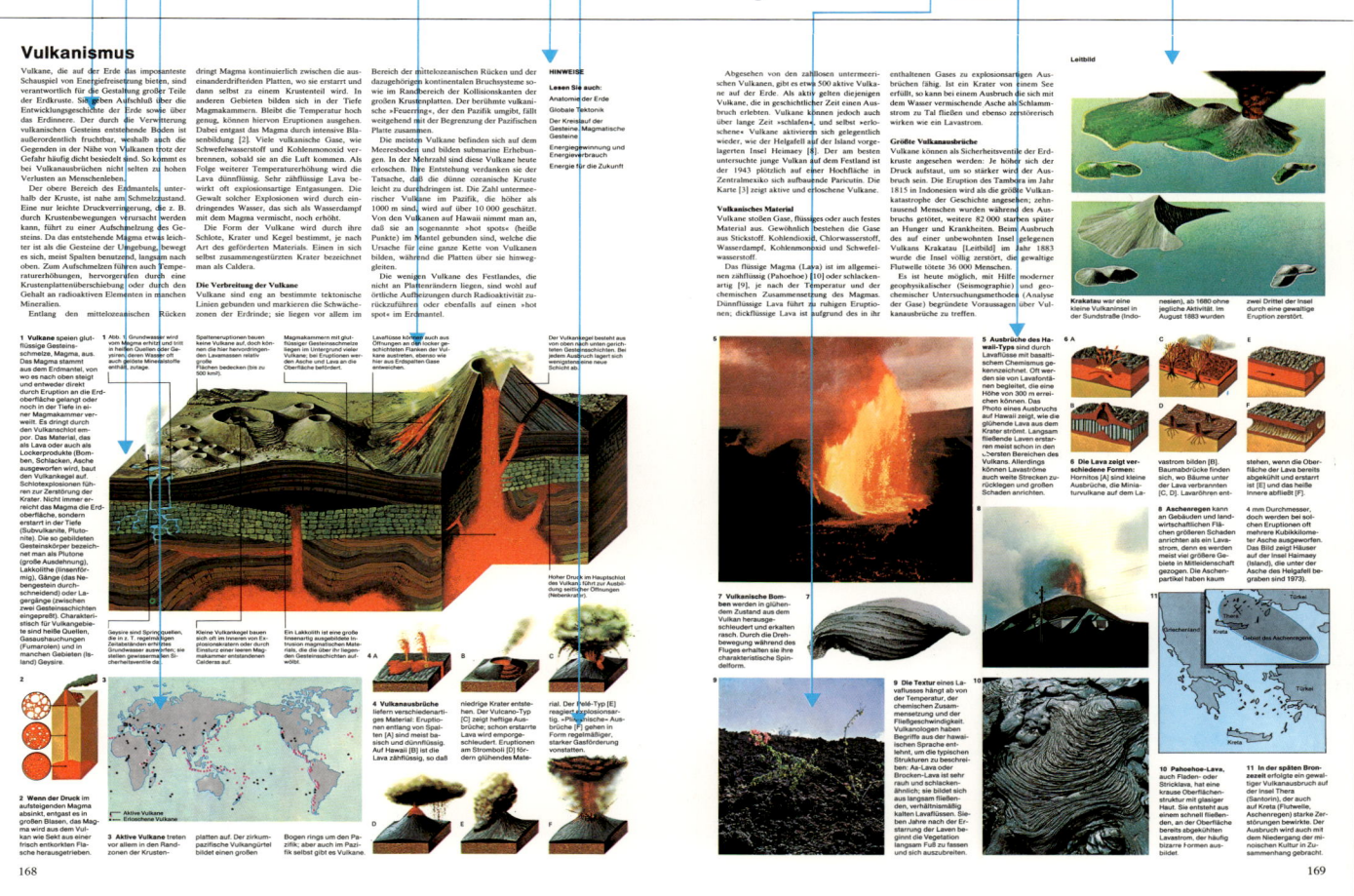

Das Werk besteht aus Tafeln. Jede Tafel umfaßt zwei nebeneinanderstehende Buchseiten. Der Aufbau dieser Tafeln folgt einem einheitlichen Schema, das oben abgebildet und erläutert ist. Diese Anlage erleichtert nicht nur das Zurechtfinden, sie bietet auch jedem, der einen Wissensbereich ernsthaft studieren möchte, mit ihrer Synthese von Wort und Bild einen mühelosen Einstieg und eine Gedächtnisstütze.

Neben den Tafeln dieser Art bietet das Werk auch

**Karten**
Beispiel: Band 1, S. 222/223 – Atlantischer Ozean

**Panoramen** (Satellitenaufnahmen)
Beispiel: Band 1, S. 198/199 – Nordamerika

**Tabellen**
Beispiel: Band 7 – Geschichte auf einen Blick

# Grundformen von Kraftmaschinen

Kraftmaschinen setzen bestimmte Energieformen in mechanische Arbeit um. Die Antriebsenergie ist meist die Wärme irgendeines Mediums, die man durch das Verbrennen von Öl, Benzin, Gas oder Kohle erhöht. Die mechanische Arbeit läßt sich zu ganz verschiedenen Zwecken nutzen: zum Antrieb anderer Maschinen, zur Elektrizitätserzeugung oder zum Antrieb von Fahrzeugen.

Die Grundgesetze, nach denen Wärme in nutzbare Arbeit umgewandelt werden kann, wurden schon frühzeitig anhand von Experimenten erkannt. Sie sind heute die Grundlage der Thermodynamik, und mit ihnen kann man berechnen, welche Leistung eine Maschine abgeben wird, welcher Anteil der zugeführten Wärme in nutzbare Arbeit umgesetzt wird und wie die Leistung einer Maschine noch mehr erhöht werden kann.

Die ersten Kraftmaschinen des 18. Jahrhunderts nutzten die Verbrennungswärme von Kohle zur Dampferzeugung in einem Kessel [1]; der Dampf trieb den Kolben der Maschine. Sie sind heute die Grundlage der Thermodynamik. Dampfmaschinen sowie die modernen Dampfturbinen [2] sind Wärmekraftmaschinen mit »äußerer Verbrennung«, da dem Arbeitsmedium – also dem Dampf – die Wärme außerhalb der Maschine zugeführt wird. Sehr viel günstiger ist jedoch eine Verbrennung innerhalb der Maschine selbst. Dabei wird dann die Expansion der entstehenden heißen Verbrennungsgase dazu benutzt, in einem Zylinder einen Kolben zu bewegen [3, 4, 5]; die Kolbenbewegung wird über einen Kurbeltrieb in Drehung umgesetzt.

### Die ersten Verbrennungsmotoren

Das Grundprinzip des Verbrennungsmotors mit innerer Verbrennung wurde in der ersten Hälfte des 19. Jahrhunderts entwickelt; der erste praktisch nutzbare Motor dieser Art stammt von dem deutschen Ingenieur Nikolaus August Otto (1832–91), der als Brennstoff Kohlengas verwendete. Es war ein Viertaktmotor, wie ihn Alphonse Beau de Rochas (1815–93) erstmals im Jahre 1862 vorgeschlagen hatte: Von vier Kolbenbewegungen (Takten) im Zylinder erfolgt immer nur eine unter Kraftabgabe; die drei anderen Takte dienen dazu, das Kraftstoff-Luft-Gemisch einzusaugen, es zu komprimieren und nach der Verbrennung wieder auszustoßen [3].

Ein Einzylindermotor dieser Art hat eine relativ ungleichmäßige, impulsartige Energieumsetzung und benötigt ein schweres Schwungrad, damit er einigermaßen gleichmäßig läuft. Viertaktmotoren mit mehreren Zylindern – meist vier bis sechs, vielfach aber bis 16 – sind viel günstiger. Je mehr Zylinder die Maschine besitzt, desto gleichmäßiger läßt sich die Energieabgabe gestalten, weil die Arbeitstakte der einzelnen Zylinder so gelegt werden, daß sie jeweils während der Ansaug-, Kompressions- bzw. Auspufftakte der anderen Zylinder erfolgen.

Fast alle modernen Kraftfahrzeugmotoren und die meisten heutigen Motorradmotoren sind Viertakt-Verbrennungskraftmaschinen. Man kann sie mit brennbaren Gasen betreiben, meist wird aber ein flüssiger Kraftstoff, besonders Benzin, benutzt, das im Vergaser zerstäubt, mit Luft gemischt und dann innerhalb der Zylinder durch einen elektrischen Funken entzündet wird.

### Der Dieselmotor

Große Nutzfahrzeuge werden meist von Dieselmotoren angetrieben – benannt nach ihrem

**HINWEISE**

Lesen Sie auch:

Die Auswirkungen der Dampfmaschine (Band 7)

Dampfmaschinen

Verbrennungsmotoren und Gasturbinen

Kernenergie

So funktioniert ein Auto

Lokomotiven

So fliegt ein Flugzeug

Weltraumfahrzeuge

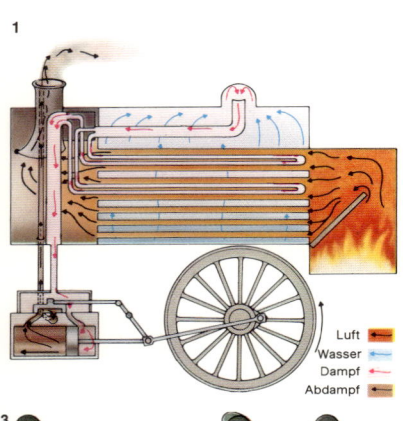

**1 Bei Dampfmaschinen** wie der Dampflokomotive dient die Verbrennungswärme von Kohle oder Öl zum Verdampfen von Wasser in einem Kessel. Durch seinen Druck bewegt der Dampf den Kolben in einem Zylinder.

**2 In der Dampfturbine** versetzt der Dampf Turbinenräder in Drehung, wobei der Druck von Laufrad zu Laufrad immer mehr abfällt. Der Abdampf wird wieder zu Wasser kondensiert und dann in den Kessel zurückgepumpt.

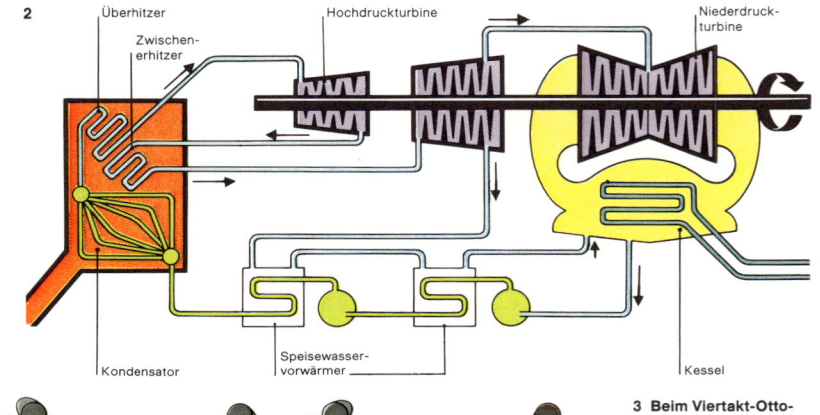

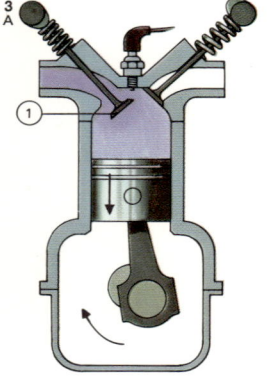

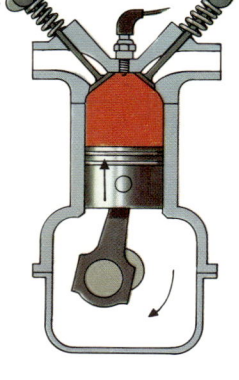

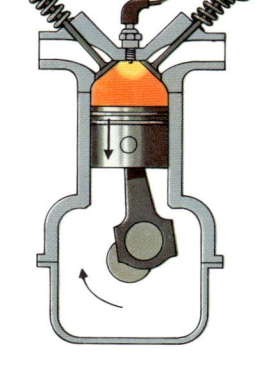

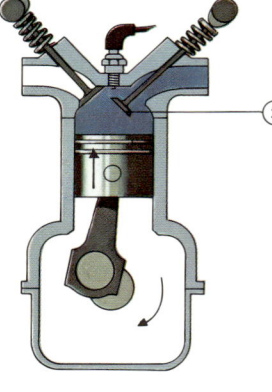

**3 Beim Viertakt-Ottomotor** treiben die sich ausdehnenden Verbrennungsgase im Zylinder den Kolben nach unten. Beim Ansaugtakt [A] saugt der Kolben das Benzin-Luft-Gemisch über das Einlaßventil [1] an. Die zweite Zeichnung [B] zeigt den Kompressionstakt mit geschlossenen Ventilen. Dann entzündet der überspringende Funken der Zündkerze das Gemisch: der Arbeitstakt [C] beginnt. Beim Auspufftakt [D] schiebt der Kolben die Abgase durch das Auslaßventil [2] hinaus.

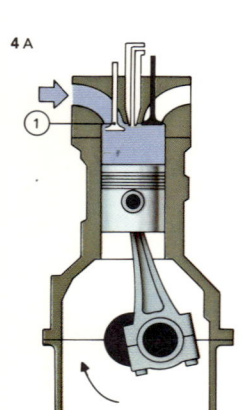

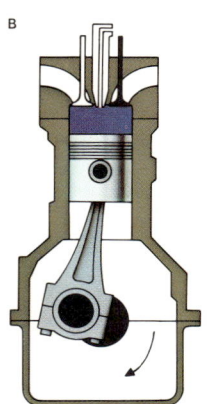

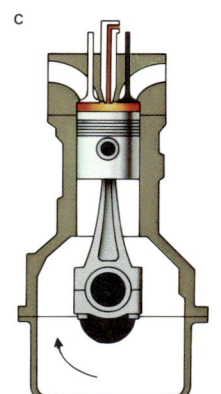

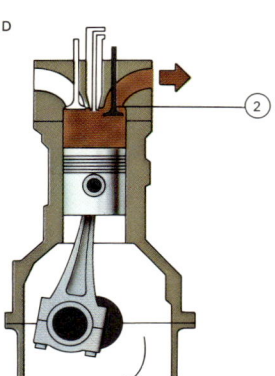

**4 Beim Dieselmotor** wird in die heiße, komprimierte Luft des Zylinders eine kleine Menge Dieselöl eingespritzt. Es entzündet sich, und die Verbrennungsgase treiben den Kolben nach unten. Beim Ansaugtakt [A] wird nur Luft durch das Einlaßventil [1] gesaugt. Während des Kompressionstaktes [B] sind beide Ventile geschlossen. Dann wird Dieselöl eingespritzt, es verbrennt: der Arbeitstakt [C] beginnt. Beim folgenden Auspufftakt [D] gelangen die Abgase durch das Auslaßventil [2] ins Freie.

Erfinder Rudolf Diesel (1858–1913). Sie arbeiten mit petroleumartigen Leichtölen – auch als Dieselöl bezeichnet. Da sich Dieselöl schlecht vergasen läßt, wird es mit einer Einspritzpumpe – genau portioniert – zu Beginn eines jeden Arbeitstaktes in den betreffenden Zylinder unter hohem Druck eingespritzt. Die Zylinder des Dieselmotors saugen nur Luft an, diese wird dann aber so sehr komprimiert, daß sie sich stark erhitzt und das Dieselöl sich beim Einspritzen entzündet.

**Umwandlung von Wärme in Arbeit**
Bei einem normalen Kraftfahrzeug wird kaum mehr als ein Viertel der im Brennstoff enthaltenen Energie in mechanische Arbeit umgewandelt; selbst bei hochgezüchteten Motoren erreicht dieser Wirkungsgrad kaum mehr als 35 Prozent. Dieses eigentlich etwas enttäuschende Ergebnis erklärt sich mit den Grundgesetzen der Thermodynamik.

Das erste dieser Gesetze besagt, daß man in einer Kraftmaschine nicht mehr Energie freisetzen kann, als man in Form von Wärme hineinsteckt. Das zweite Gesetz aber geht noch einen Schritt weiter: Es beinhaltet nämlich, daß die entstehende mechanische Energie grundsätzlich immer geringer ist als die aufgewendete Wärmeenergie, d. h., der Wirkungsgrad jeder Art von Kraftmaschine ist immer kleiner als 100 Prozent.

Der Wirkungsgrad von Wärmekraftmaschinen hängt grundsätzlich von der Temperaturdifferenz des Arbeitsmediums vor und nach der Arbeitsleistung ab. Je höher die maximale Arbeitstemperatur und je niedriger die Temperatur der Abgase ist, desto höher ist der Wirkungsgrad. Ein Wirkungsgrad von 100 Prozent ließe sich nur dann erreichen, wenn man die Abgastemperatur bis zum absoluten Nullpunkt, also bis –273 °C, herabsetzen könnte – aber auch das verbieten die thermodynamischen Grundgesetze.

Bei realistischen Temperaturdifferenzen (1000 °C Maximaltemperatur und 150 °C Minimaltemperatur) hätte eine ideale Wärmekraftmaschine einen Wirkungsgrad von 67 Prozent. In der Praxis liegt er aber noch weit darunter – nicht nur wegen der Verluste durch innere Reibung, sondern auch wegen des Energiebedarfs von Hilfsaggregaten wie Lüftern und Wasserpumpen oder Lichtmaschinen.

**Leitbild**

**Leichte, luftgekühlte Verbrennungsmotoren** wurden im ersten Viertel dieses Jahrhunderts in erster Linie für Motorräder entwickelt. 1927 baute die British Morgan Company Motorradmotoren in diese Dreiradfahrzeuge ein. Die Motoren hatten zwei V-förmig zueinander angeordnete Zylinder und trieben über eine Kardanwelle, ein Getriebe und eine Kette das Hinterrad an. Das Fahrzeug besaß zwar ein Lenkrad, hatte sonst aber die gleichen Bedienungshebel wie ein Motorrad.

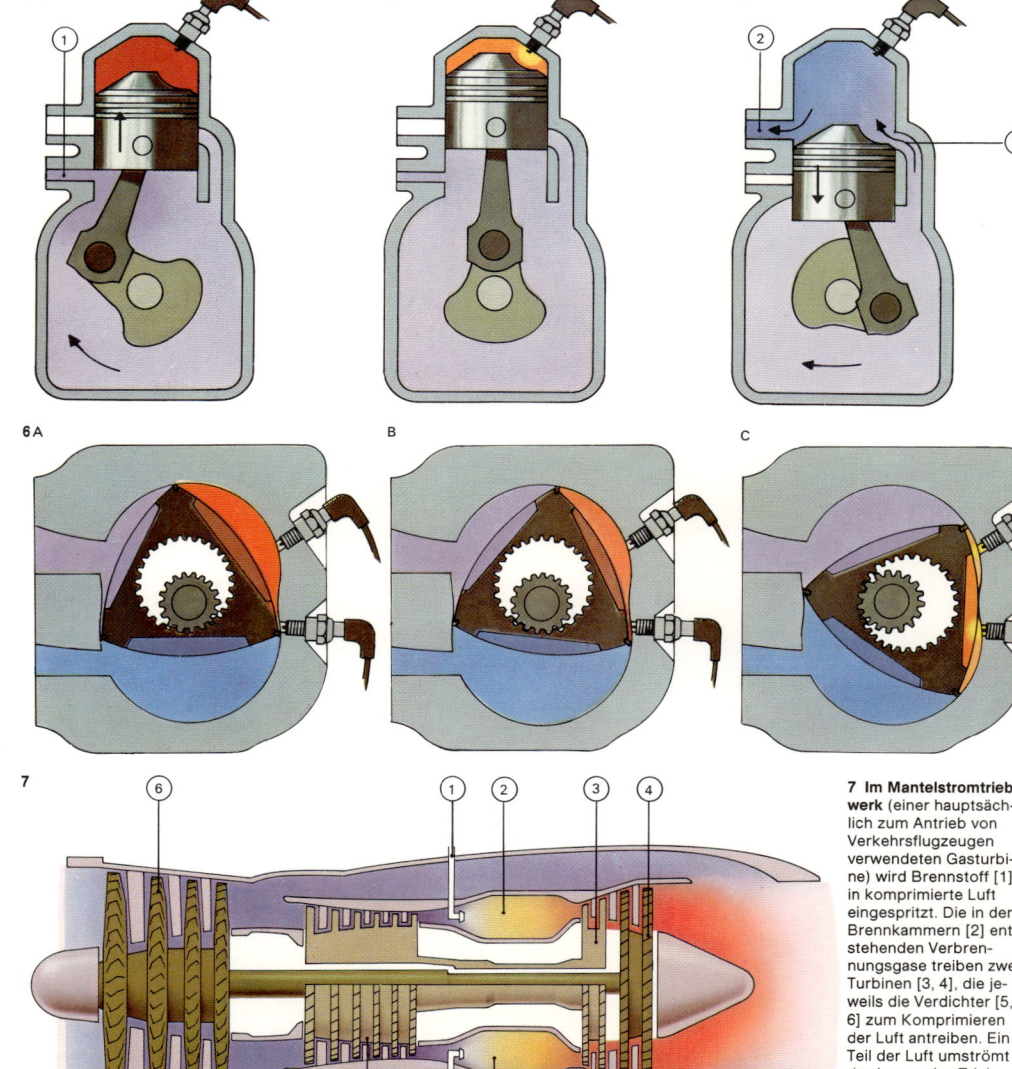

**5 In einem Zweitaktmotor** öffnet sich bei hochgehendem Kolben [A] der Einlaßschlitz [1], und das Brennstoff-Luft-Gemisch strömt in das Kurbelgehäuse. Gleichzeitig wird Gemisch oberhalb des Kolbens komprimiert. Bei [B] wird das Gemisch von der Zündkerze entzündet; die Verbrennungsgase treiben den Kolben abwärts [C]. Dabei wird erst der Auslaßschlitz [2], etwas später dann der Überströmkanal [3] freigegeben, und neues Gemisch strömt in den Zylinder. Zur Schmierung wird dem Brennstoffgemisch Öl beigemischt.

**6 Der Kreiskolbenmotor** (Wankelmotor) – benannt nach seinem Erfinder Felix Wankel (geb. 1902) – hat einen Kolben in Form eines Dreiecks mit konvexen Seiten, der sich in einer ovalen Kammer dreht. Die Kanten des Rotors tragen Dichtleisten aus Kohlenstoffasern. Die vier Takte sind dieselben wie beim Ottomotor, laufen aber gleichzeitig ab: Ansaugen [A], Komprimieren [B], Arbeitstakt [C] nach dem Zünden, Auspufftakt [D]. Die Drehbewegung des Kolbens wird über die Verzahnung direkt auf die zentrale Motorwelle übertragen.

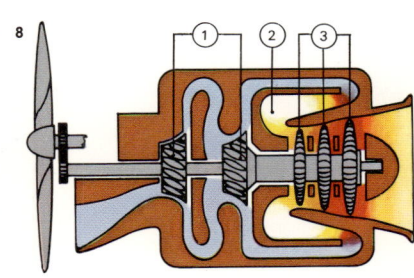

**7 Im Mantelstromtriebwerk** (einer hauptsächlich zum Antrieb von Verkehrsflugzeugen verwendeten Gasturbine) wird Brennstoff [1] in komprimierte Luft eingespritzt. Die in den Brennkammern [2] entstehenden Verbrennungsgase treiben zwei Turbinen [3, 4], die jeweils die Verdichter [5, 6] zum Komprimieren der Luft antreiben. Ein Teil der Luft umströmt das Innere des Triebwerks und tritt unter Schuberhöhung rechts aus der Düse aus. Dieser sogenannte »Luftmantel« wirkt außerdem schalldämpfend.

**8 Das Turboproptriebwerk** ist eine Gasturbine, die über ein Getriebe einen Propeller dreht. Die eintretende Luft wird komprimiert [1] und Brennstoff eingespritzt [2]; die Verbrennungsgase treiben die Turbine an [3]. Die aus der Düse austretenden Abgase tragen mit zum Schub des Triebwerks bei.

# Dampfmaschinen

In den zwei Jahrhunderten nach der Entwicklung der Dampfmaschine kam es zu rascheren wirtschaftlichen und industriellen Umwälzungen als jemals zuvor. Die Dampfmaschine ist eine der wenigen Erfindungen, die sich in fast jedem Bereich günstig auswirkte; sie ist zweifellos der bedeutendste Beitrag der Technik zur Weiterentwicklung unserer Zivilisation.

**Die Bedeutung der Dampfkraft**

Zunächst hatte die Dampfmaschine entscheidenden Einfluß auf den Bergbau. Vor 1712 konnte man keine tiefen Kohlengruben anlegen, da sie durch eindringendes Grundwasser »abgesoffen« wären. Dann aber erfand Thomas Newcomen (1663–1729) eine Dampfmaschine zum Wasserpumpen [2]. Sie war so einfach konstruiert, daß sie mit Ausnahme weniger Teile von jedem geschickten Handwerker gebaut werden konnte. Allerdings verbrauchte sie sehr viel Brennstoff, weil der Zylinder nach jedem Arbeitstakt mit Wasser gekühlt werden mußte; sie konnte daher nur dort eingesetzt werden, wo es genügend Brennstoff gab.

Die von James Watt (1736–1819) im Jahre 1769 entwickelte Maschine [5] hatte den Vorzug, daß die heißen und kalten Maschinenteile voneinander getrennt waren. Dadurch sank der spezifische Brennstoffverbrauch auf ein Drittel, und die Maschine konnte auch dort eingesetzt werden, wo Brennstoff teuer war. Watts Dampfmaschine förderte wesentlich das Wachstum der Stahlindustrie: Schmiedeeisen wurde billiger, und das wiederum führte zu einem durchgreifenden industriellen Aufschwung zunächst in England, später in ganz Europa sowie in Nordamerika. Mitte des 19. Jahrhunderts gab es bereits zahlreiche Bauarten von Dampfmaschinen, die in Fabriken zum Antrieb von Maschinen dienten.

Auch das Transportwesen veränderte sich durch die Dampfkraft ganz entscheidend. Die von Richard Trevithick (1771–1833) erfundene Dampflokomotive [4] ermöglichte den Aufbau von Eisenbahnnetzen, so daß man Güter billiger und schneller befördern konnte als mit Kanalkähnen. Dampfschiffe konnten in verhältnismäßig kurzer Zeit die Weltmeere überqueren – unabhängig vom Wind.

1884 erfand dann Sir Charles Parsons (1854–1931) die Dampfturbine, eine Maschine, die keinen Kolben und keinen Kurbeltrieb benötigt und ihre Leistung direkt über eine rotierende Welle abgibt. Bereits zwei Jahrzehnte später trieben Parsons-Turbinen mit 52 000 kW (70 000 PS) Leistung Schiffe mit Geschwindigkeiten bis zu 25 Knoten (45 km/h) über den Atlantik.

**Arbeitsweise der Dampfkraftmaschinen**

Alle Dampfkraftmaschinen wandeln die im Dampf enthaltene Wärmeenergie in mechanische Arbeit um. Dampf entsteht, wenn man Wasser so stark erhitzt, daß es in den gasförmigen Zustand übergeht. Erfolgt die Verdampfung des Wassers in einem geschlossenen Kessel bei ständiger Wärmezufuhr, so steigt die Temperatur auf über 100 °C an, und es entsteht Dampf hohen Drucks. Zum Erhitzen des Wassers kann man prinzipiell jede Wärmequelle verwenden: alle Brennstoffe, aber auch Sonnenenergie oder Kernenergie. Bei der Dampfmaschine drückt der Dampf im Zylinder auf einen Kolben, der über ein Kurbeltrieb mit einem Schwungrad verbunden ist und es in Drehung versetzt. Bei der Dampfturbine strömt der Dampf durch Düsen gegen die Schaufeln eines Turbinenrades und bringt die-

**HINWEISE**

Lesen Sie auch:

Die Auswirkungen der Dampfmaschine (Band 7)

Die Grundlagen der modernen Technik (Band 8)

Dampfkraftwerke

Moderne Schiffe

Lokomotiven

**1 Saverys Dampfpumpe** von 1696 nutzte erstmals Dampfüberdruck und Unterdruck durch Kondensation. Aus dem Kessel [1] strömte Dampf in die Kammer [2], dann wurde er, bei geschlossenem Ventil [3], durch Wasser aus Ventil [4] kondensiert. Der in [2] entstehende Unterdruck saugte Wasser aus dem Rohr [5] an. Nun ließ man in [2] wieder Dampf einströmen: Sein Druck trieb Wasser aus der Arbeitskammer durch das Ventil [6] nach oben.

**2 Newcomens Dampfmaschine** von 1712 besaß einen Kolben, der seine Bewegung über einen Hebel auf zwei Pumpen übertrug. Der Dampf strömte aus dem Kessel [1] in den Zylinder [2]; der Kolben [3] wurde durch das Gewicht des Pumpengestänges angehoben. Nun wurde die Dampfzufuhr gesperrt und durch die Düse [4] kaltes Wasser in den Zylinder eingespritzt, so daß der Dampf kondensierte. Der entstehende Unterdruck zog den Kolben wieder nach unten, und die Pumpenkolben förderten Wasser hoch. Das Kondensat wurde nun durch ein Rohr aus dem Zylinder abgelassen. Die kleinere der beiden Pumpen füllte den Kühlwasserbehälter [5] wieder auf. Die linke Hälfte der Abb. zeigt die Gesamtanlage der Maschine.

**3 Kleine, leistungsfähige Dampfmaschinen,** die aus Trevithicks Dampflokomotive von 1803 abgeleitet waren, dienten bald als Antrieb für bestehende, später auch speziell entwickelte Arbeitsmaschinen. Sie erleichterten die Arbeit, erhöhten die Produktion und senkten die Kosten in vielen Industriezweigen. Die abgebildete Zeitungsdruckmaschine war dampfgetrieben; ihre rotierenden Druckzylinder bedruckten das durchlaufende Papierband mit hoher Geschwindigkeit. Auch für die Landwirtschaft brachte die Dampfkraft Vorteile: Dampfgetriebene Zugmaschinen konnten schwere Lasten ziehen und Dreschmaschinen antreiben. Mit zwei Dampfmaschinen, die an den beiden Begrenzungen eines Ackers aufgestellt waren, ließen sich große, mehrscharige Pflüge hin- und herziehen.

**4 Richard Trevithick** arbeitete erstmals mit Hochdruckdampf. Aus einer relativ kleinen Maschine gewann er große Leistung, indem er den Dampfdruck auf etwa 4 bar erhöhte und – um Gewicht zu sparen – auf den Kondensator verzichtete. Weiterhin verlegte er die Feuerung in das Innere des Kessels und nutzte so den Abdampf zum Vorwärmen des Kesselspeisewassers. Von einer so kompakten Dampfmaschine war es nur noch ein kleiner Schritt zur Lokomotive: Man mußte das Ganze lediglich auf Räder stellen und diese vom Kolben drehen lassen. Das Bild zeigt das Ergebnis: die erste brauchbare Lokomotive von 1803. Die Kolbenstange wirkte über einen Kurbeltrieb und Zahnräder auf beide Radachsen, also auf alle vier Räder; das große Schwungrad sorgte für gleichmäßigen Lauf.

ses zum Drehen – im Prinzip derselbe Vorgang wie beim Windrad.

Wenn man Dampf in einem Kondensator abkühlt, bildet sich wieder Wasser. Da der Kondensator ein geschlossenes Gefäß ist und Wasser ein viel kleineres Volumen hat als Dampf, entsteht dabei ein Unterdruck, der zur Erhöhung der Maschinenleistung beiträgt. Fast ein Jahrhundert lang kannte man schon diese Druck- und Sogwirkung, bis dann Thomas Savery (1650–1715) im Jahre 1696 beide Prinzipien gemeinsam bei einer Dampfpumpe [1] anwendete.

Kondensation während eines Arbeitstaktes bedeutet aber Energieverlust. Die späteren Dampfmaschinen wurden daher so gebaut, daß der Dampf zunächst auf möglichst hohe Temperatur gebracht wurde, bei geringster Kondensation entspannt und dann bei möglichst niedriger Temperatur aus dem Zylinder gelassen wurde; dadurch konnte man ihm die höchstmögliche Energiemenge entziehen. Man erreichte dies, indem man den Dampf zunächst durch einen Überhitzer leitete, ein von den heißen Abgasen des Kessels umstrichenes Röhrensystem. In modernen Kraftwerken arbeitet man mit Heißdampf von 600 °C und erzielt noch höhere Wirkungsgrade, wenn man den Dampf nach der ersten Teilentspannung neu überhitzt.

### Brennstoffnutzung

Es gibt noch weitere Möglichkeiten, die Ausnutzung der Brennstoffenergie zu steigern: Ehe Wasser verdampft, muß es bis zum Kochen erhitzt werden. Vorwärmen des Kesselwassers spart deshalb Brennstoff. Beim Ekonomiser (Einrichtung zum Vorwärmen des Kesselspeisewassers) fließt das Speisewasser durch ein Röhrensystem, das von den heißen Abgasen umstrichen wird; es erhitzt sich dabei auf rund 90 °C. In modernen Wärmekraftwerken beträgt aber die Verdampfungstemperatur des Wassers rund 370 °C. Das Speisewasser wird deshalb mit Heißdampf vorgewärmt, der hinter den verschiedenen Turbinenstufen aus dem Hauptstrom abgezweigt wird, nachdem er bereits einen Großteil seiner Energie an die Turbinenschaufeln abgegeben hat. Dieses Verfahren ist wirtschaftlicher, als wenn man das Speisewasser unmittelbar mit Heißdampf aus dem Kessel vorwärmen würde.

**Zahlreiche Entwürfe zur Verwendung von Dampfmaschinen** zielten darauf ab, Straßenfahrzeuge anzutreiben und sie mit lenkbaren Fahrgestellen auszustatten. Bei all diesen Konstruktionsentwürfen war das große Problem zu lösen, die Hin- und Herbewegung des Kolbens in eine Drehbewegung der Fahrzeugräder umzusetzen.

**5 Die Dampfmaschine von James Watt** aus dem Jahre 1769 diente ebenfalls als Wasserpumpe, verbrauchte jedoch nicht soviel Brennstoff, weil Kondensator und Arbeitszylinder voneinander getrennt waren. In der wachsenden Industrie benötigte man aber Antriebe für Arbeitsmaschinen: 1784 präsentierte Watt eine dazu geeignete, doppelt wirkende Dampfmaschine, die bereits die wesentlichen Konstruktionsmerkmale aller späteren Maschinen aufwies und mit der Maschine Newcomens kaum noch zu vergleichen war. Eine Feuerung [1] heizte den Kessel [2]; der entstehende Dampf mit einem Druck von etwa 0,5 bar gelangte durch die Dampfleitung [5] in den Zylinder [6] und drückte den Kolben [7] abwechselnd nach oben und nach unten. Seine Bewegung wurde über die Kolbenstange [21], das Gelenk [22] und den Balken [23] auf die Pleuelstange [24] übertragen. Diese führte nun das Planetenrad [25] um das Sonnenrad [26] auf der Achse des Schwungrades [27] herum und drehte es. Planeten- und Sonnenrad wurden dabei durch einen [hier nicht sichtbaren] Hebel im Eingriff gehalten. Die Zähne des Schwungrades drehten über das Zahnrad [28] eine Transmissionswelle, die durch die Fabrikhalle führte und über Riementriebe die einzelnen Arbeitsmaschinen antrieb. Die Drehzahl der Dampfmaschine wurde durch den Fliehkraftregler [11] automatisch konstant gehalten, indem er die Dampfzufuhr über die Drossel [8] regelte. Zwei Ventilpaare in den Gehäusen [9, 10] steuerten Ein- und Auslaß des Dampfes je nach der Kolbenstellung. Der Abdampf wurde im Kondensator [14] durch einen Kaltwasserstrahl [15] kondensiert. Die Pumpe [16] beförderte das Kondenswasser in den Speisewassertank [17], Pumpe [18] führte es durch das Rohr [19] in den Kessel zurück, wobei der Schwimmer [4] den Wasserstand regelte. Das Gestell war vorwiegend aus Holz gefertigt. Im Vergleich mit heutigen Kraftwerks-Turbinenanlagen war der Wirkungsgrad der Dampfmaschine recht niedrig – sie setzte nur 5% der Brennstoffenergie in mechanische Arbeit um.

| | |
|---|---|
| 1 Feuerung und Ofentür | 15 Kaltwasserdüse |
| 2 Kessel | 16 Kondenswasserpumpe |
| 3 Wasser | 17 Speisewassertank |
| 4 Schwimmer | 18 Speisewasserpumpe |
| 5 Dampfrohr | 19 Speisewasserleitung |
| 6 Zylinder | 20 Kühlwasserpumpe |
| 7 Kolben | 21 Kolbenstange |
| 8 Dampfdrossel | 22 Gelenk |
| 9 Oberes Ventilgehäuse | 23 Balken |
| 10 Unteres Ventilgehäuse | 24 Pleuelstange |
| 11 Fliehkraftregler | 25 Planetenrad |
| 12 Antrieb des Reglers | 26 Sonnenrad |
| 13 Kühlwassertank | 27 Schwungrad |
| 14 Kondensator | 28 Transmissionsrad |

# Dampfkraftwerke

Die Dampfkraft leitete die industrielle Revolution ein. Doch Dampfmaschinen ursprünglicher Art gibt es heute kaum mehr. Dennoch ist Dampf, besonders zur Elektrizitätserzeugung in Turbinen-Generatoreinheiten, das meist verwendete Antriebsmittel.

## Moderne Kraftwerke

In einem modernen Wärmekraftwerk wird entweder durch Verbrennen von Kohle oder Öl gewonnene oder aus einem Kernreaktor stammende Wärme dazu genutzt, in einem Kessel zirkulierendes Wasser in Hochdruckdampf umzuwandeln [1]. Durch Rohre wird der Dampf in Turbinen geleitet, in denen auf einer Welle Laufräder mit propellerartigen Schaufeln montiert sind, die durch den strömenden Dampf mitsamt der Welle in Drehung versetzt werden [3]. Die Turbinenwelle treibt einen elektrischen Generator an, der die ihm zugeführte mechanische Arbeit in elektrische Energie umwandelt.

Die drei Hauptelemente eines Kraftwerks – Kesselanlage, Dampfturbine und Generator – wurden jahrzehntelang weiterentwickelt, so daß sie heute relativ hohe Wirkungsgrade erreichen. Der Gesamtwirkungsgrad bei der Elektrizitätserzeugung, d. h. die nutzbare elektrische Energie im Vergleich zur freigesetzten Wärmeenergie, ist von 5 Prozent im Jahre 1900 auf fast 40 Prozent im Jahre 1975 angestiegen. Ein modernes Kraftwerk benötigt also zur Erzeugung einer bestimmten Elektrizitätsmenge rund achtmal weniger Brennstoff als ein Werk um die Jahrhundertwende.

Der Kessel eines großen Kohlenkraftwerks verbraucht heute bis zu 200 Tonnen Kohle pro Stunde. Die Kohle wird mit Eisenbahnwaggons angeliefert und in große Vorratsbehälter gefüllt; die entnommene Kohle wird automatisch gewogen und zu feinstem Staub gemahlen, mit Luft gemischt, durch Brenndüsen in den Kessel eingeblasen und verbrannt.

## Die Dampferzeugung

Der Kessel ist eine hohe, kaminartige Konstruktion, die mit vertikal angeordneten Wasserrohren ausgekleidet ist. Die von der verbrennenden Kohle erzeugte Hitze bringt das zirkulierende Wasser zum Kochen und verwandelt es in Dampf. Dieser sammelt sich in einem Dampfdom, von wo aus er über Rohrschlangen durch den heißesten Teil des Kessels geleitet wird. Dabei wird der Dampf überhitzt, d. h. auf Temperaturen um 600 °C gebracht. Vom Überhitzer strömt der Dampf direkt in die Dampfturbine [2]. Zunächst gelangt er in deren Hochdruckteil und passiert einen Ring mit feststehenden Leitschaufeln. Sie wirken als Düsen und richten den Dampfstrahl auf die mit der Turbinenwelle verbundenen Laufschaufeln. Der Dampf versetzt diese in Drehung, genauso wie die Luftströmung ein Windrad antreibt. Nach Passieren des Hochdruckteils kommt der Dampf in den Kessel zurück, wird noch einmal erhitzt und dann in den Mittel- und den Niederdruckteil der Turbine [3] geleitet, wo er stufenweise seine restliche Energie abgibt und das Drehmoment der Turbinenwelle weiter erhöht.

Der fast völlig entspannte Dampf wird im Kondensator, einem großen Kessel mit Kühlschlangen, in denen kaltes Wasser aus einem nahe gelegenen Fluß strömt, wieder zu Wasser kondensiert. Das immer noch warme Kondenswasser wird in den Kessel zurückgepumpt, das ausgeheizte Kühlwasser wird größtenteils in einem Kühlturm durch die Umgebungsluft abgekühlt, bevor es in den Fluß zurückgelangt.

**HINWEISE**

Lesen Sie auch:

Die Auswirkungen der Dampfmaschine (Band 7)

Dampfmaschinen

Kernenergie

Brennstoff und Energie sparen

Stromerzeugung und -verteilung

**1 Dieses Dampfkraftwerk** nutzt die Verbrennungswärme von Kohle zur Elektrizitätserzeugung. Kohle [1] gelangt von den Eisenbahnwaggons über Förderbänder [2] in Kohlenbunker [3]. Mühlen [4] machen daraus Kohlenstaub, der dann, mit Heißluft [5] gemischt, in den Brennraum [6] eingeblasen wird und dort verbrennt. Die Kesselwände sind mit Rohren [7] ausgekleidet, in denen Wasser zum Kochen gebracht wird. Die Kohlenasche fällt in eine Sammelrinne [8], die Abgase [9] strömen unter weiterer Wärmeabgabe in den Überhitzer [10] und Nacherhitzer [11], den Vorerhitzer für das Kesselspeisewasser [12] und in den Erhitzer für die Verbrennungsluft [13], in den Staubabscheider [14] und schließlich in den Schornstein [15]. Der überhitzte Dampf wird zunächst in den Hochdruckteil der Turbine [16], dann über den Nacherhitzer [11] in den Mitteldruckteil [17] und schließlich in den Niederdruckteil [18] der Turbine geleitet. Der Abdampf wird im Kondensator [19] durch Kühlung mit Wasser aus dem Kühlturm [20] wieder in Speisewasser rückgewandelt, das durch Vorwärmer [21] und den Vorerhitzer [12] in die Kesselrohre zurückfließt. Die Abtriebswelle der Turbine ist direkt mit der Welle des elektrischen Generators [22] gekuppelt. Regeleinrichtungen halten ihre Drehzahl konstant.

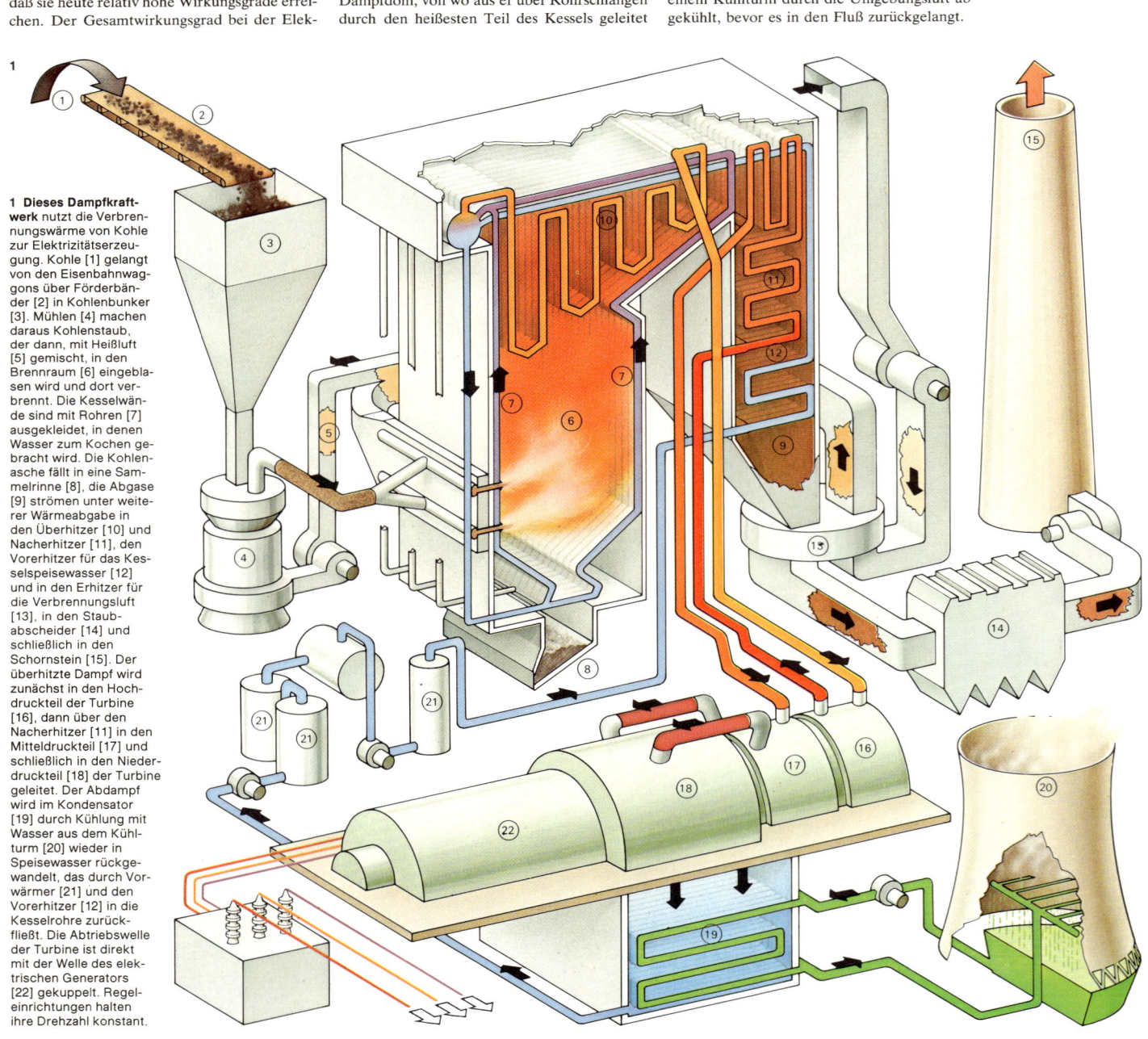

Bei der Kondensation des Dampfes entsteht Unterdruck, der die Gesamtenergiemenge und damit die Turbinenleistung erhöht.

Die Drehzahl der Turbinenwelle wird so geregelt, daß sie der vorgeschriebenen Frequenz des entstehenden elektrischen Stroms entspricht. In Europa arbeitet man meist mit 3000 Umdrehungen pro Minute, das ergibt im angeschlossenen Generator einen Wechselstrom von 50 Hertz (50 Schwingungen pro Sekunde). In den USA beträgt die Wechselstromfrequenz 60 Hertz.

Der elektrische Generator hat zwei Wicklungen: eine im Gehäuse, die – mit Gleichstrom gespeist – das Magnetfeld erzeugt und eine im drehenden Teil, dem Läufer. Durch die Rotation der Läuferwicklung im Magnetfeld wird in ihr eine elektrische Wechselspannung induziert.

Moderne Generatoren mit hoher Leistung müssen ständig gekühlt werden. Seit etwa 1950 umgibt man Rotor- und Statorwicklungen mit einer Wasserstoffatmosphäre, die die Wärme abführt. Bei den neuesten Bauarten sind die Wicklungen aus Kupferrohren, in denen flüssiger Wasserstoff mit einer Temperatur von −200 °C zirkuliert. Eine derartige Zwangskühlung verdoppelt die Generatorleistung.

### Wirkungsgrad und Verbundsysteme

Die Generatoren geben eine Spannung von etwa 25 000 Volt ab, rund hundertmal größer als die Netzspannung. Elektrizität wird aber am wirtschaftlichsten bei noch höheren Spannungen über große Entfernungen geleitet; daher transformiert man sie auf 220 000 bis 400 000 Volt, bevor man sie in das europäische Verbundnetz einspeist.

Dieser Verbund vieler Kraftwerke durch Überlandleitungen ermöglicht eine besonders wirtschaftliche Elektrizitätsversorgung. Der Wirkungsgrad eines Generators sinkt nämlich, wenn er nur mit Teillast betrieben wird. Bei geringerem Bedarf schaltet man ihn besser ganz ab und bezieht elektrische Energie von einem anderen Kraftwerk, das auf voller Leistung läuft. Die Elektrizitätsgesellschaften operieren dabei nach einer Art Wirtschaftlichkeitsliste, in der die am günstigsten arbeitenden Kraftwerke obenan stehen. Bei sinkendem Strombedarf werden Kraftwerke mit ungünstigeren Arbeitsbedingungen zuerst abgeschaltet.

**Leitbild**

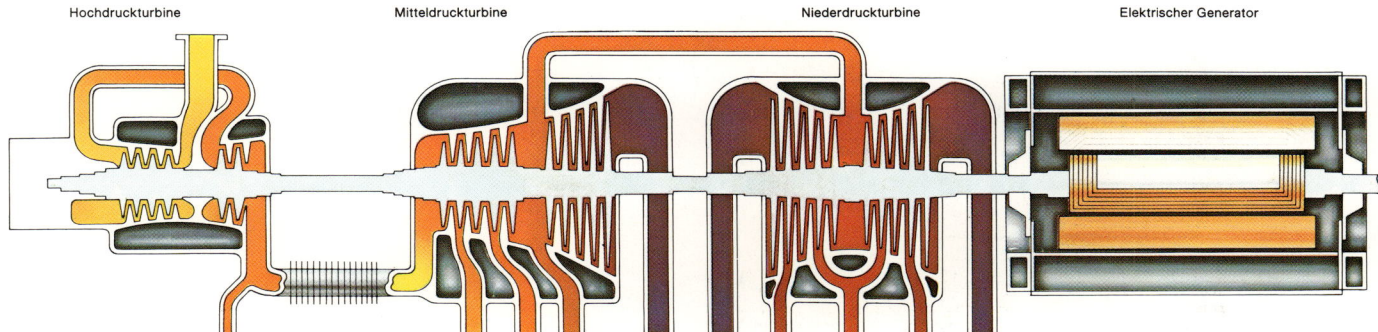

**2** Turbine und Generator sind die beiden Maschinen, die die Energie des Dampfes in elektrische Energie umwandeln. Um aus dem Heißdampf möglichst viel an Energie wieder herauszuholen, sind mehrere Turbinenstufen erforderlich (bis zu fünf in großen Maschinen). Von Stufe zu Stufe nehmen Druck und Temperatur des Dampfes ab. Der überhitzte Dampf (bis 600 °C) gibt im Hochdruckteil einen wesentlichen Anteil seiner Energie ab. Der abströmende Dampf wird wieder dem Kessel zugeführt und nacherhitzt, dann passiert er den Mitteldruckteil sowie den nachfolgenden Niederdruckteil der Turbine, deren sich drehende Welle direkt den Generator antreibt. In seinen Spulen entsteht der elektrische Strom.

**3** Diese Darstellung einer Niederdruckturbine zeigt, wie unter Druck einströmender Dampf die Turbinenräder dreht. Symmetrisch zueinander sind zwei gleichartige Radsätze auf der Welle angeordnet. Der Dampf durchströmt zuerst mit relativ hohem Druck die kleinen Schaufelräder und dann mit stufenweise abnehmendem Druck die größeren Räder.

**4** In der Maschinenhalle eines großen Kraftwerkes sieht man die vielen tonnenschweren Maschinen und die wärmeisolierten Rohre, durch die der Dampf zwischen den verschiedenen Turbinenteilen strömt. Laufgänge über den Maschinen ermöglichen Inspektionen und Instandhaltungen. Die Dampfkessel befinden sich in einem gesonderten Kesselhaus.

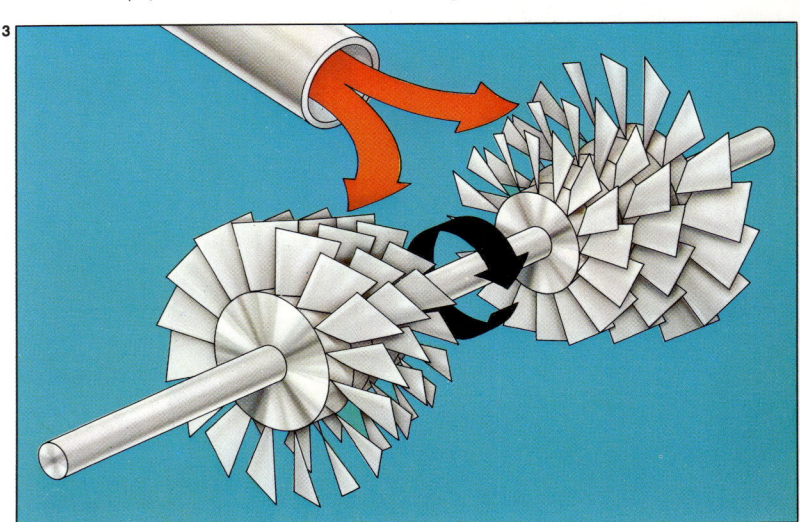

# Verbrennungsmotoren und Gasturbinen

Sowohl bei herkömmlichen als auch bei modernen Dampfturbinen wird außerhalb der Maschine Brennstoff verbrannt, um Wasser zu erhitzen und Heißdampf als Antriebsmittel zu erzeugen. Aber es ist günstiger, den Brennstoff direkt innerhalb der Maschine zu verbrennen und die sich ausdehnenden Verbrennungsgase einen Kolben oder ein Turbinenrad antreiben zu lassen.

Die erste derartige Maschine mit innerer Verbrennung lief mit Gas [Leitbild] und wurde von dem deutschen Ingenieur Nikolaus August Otto (1832–91) gebaut. Seine Maschine wurde erstmals 1867 in Paris vorgeführt und war sehr groß, äußerst laut und nicht sehr leistungsfähig. Dennoch war sie der Vorläufer von 99 Prozent aller heutigen Verbrennungsmotoren.

**Der Viertakt**
Neun Jahre später baute Otto seinen zweiten Motor mit Viertaktprinzip. Das Hauptmerkmal dieser Maschine war die Kompression des Verbrennungsgas-Luft-Gemisches vor seiner Zündung. Dadurch ergab sich ein wesentlich höherer Wirkungsgrad, also ein geringerer Brennstoffverbrauch bei gleicher Leistung.

Bei einem Viertaktmotor kommt auf vier Kolbenbewegungen (Takt) im Zylinder (aufwärts oder abwärts) eine Bewegung mit Arbeitsleistung. Die meisten Verbrennungsmotoren arbeiten heute nach diesem Prinzip. Die vier Takte sind: 1. der Ansaugtakt, bei dem die Abwärtsbewegung des Kolbens über das Einlaßventil ein Brennstoff-Luft-Gemisch ansaugt; 2. der Kompressionstakt, bei dem die Aufwärtsbewegung des Kolbens das Gemisch komprimiert; 3. der Arbeitstakt nach der Zündung, in dessen Verlauf durch die Verbrennung des Gemischs und die dabei entstehenden Verbrennungsgase der Kolben wieder nach unten gedrückt wird; 4. der Auspufftakt, bei dem der Kolben sich wieder nach oben bewegt und die Verbrennungsgase durch das Auslaßventil aus dem Zylinder drückt.

Viele Motorräder und einige Kleinwagen besitzen Motoren nach dem Zweitaktprinzip, das 1880 von Sir Dugald Clerk (1854–1932) entwickelt wurde. Bei dieser Konstruktion werden durch die Kolbenbewegung selbst das Brennstoff-Luft-Gemisch eingelassen und die Verbrennungsgase wieder ausgestoßen, weil zyklisch vom Kolben Löcher bzw. Auspuffschlitze in der Zylinderwand geöffnet und wieder verdeckt werden.

Der Zündzeitpunkt beim Verbrennungsmotor muß exakt stimmen. Man erreicht das durch einen sogenannten Unterbrecher mit Verteiler, dessen Drehung, mechanisch von der Kurbelwelle gesteuert, dazu benutzt wird, elektrische Stromstöße in vorgegebener Reihenfolge zu den Kerzen der einzelnen Zylinder zu leiten. Die Stromimpulse bewirken starke Funken an den Elektroden der Zündkerzen und entzünden die komprimierten Verbrennungsgase.

Der Ottomotor wurde anfangs mit Kohlenmonoxid betrieben – einem energetisch sehr günstigen, aber schwierig zu speichernden Brennstoff. Die Einsatzmöglichkeiten für Verbrennungsmotoren steigerten sich aber beträchtlich, als es möglich wurde, auch flüssige Brennstoffe wie Benzin einzusetzen. Um das Benzin zu verbrennen, wird vorher im Vergaser [2] ein Gemisch aus Benzindampf und Luft hergestellt, das vom Zylinder angesaugt wird.

Serienmäßige Automotoren [1] erreichen ihre Höchstleistung bei Drehzahlen von 5000 bis 6000 Umdrehungen pro Minute. Höheren Drehzahlen sind durch den beträchtlich zuneh-

## HINWEISE

Lesen Sie auch:

Grundformen von Kraftmaschinen

Erdöl und Erdgas

Moderne Schiffe

Geschichte des Motorrads

Geschichte des Automobils

So funktioniert ein Auto

So fliegt ein Flugzeug

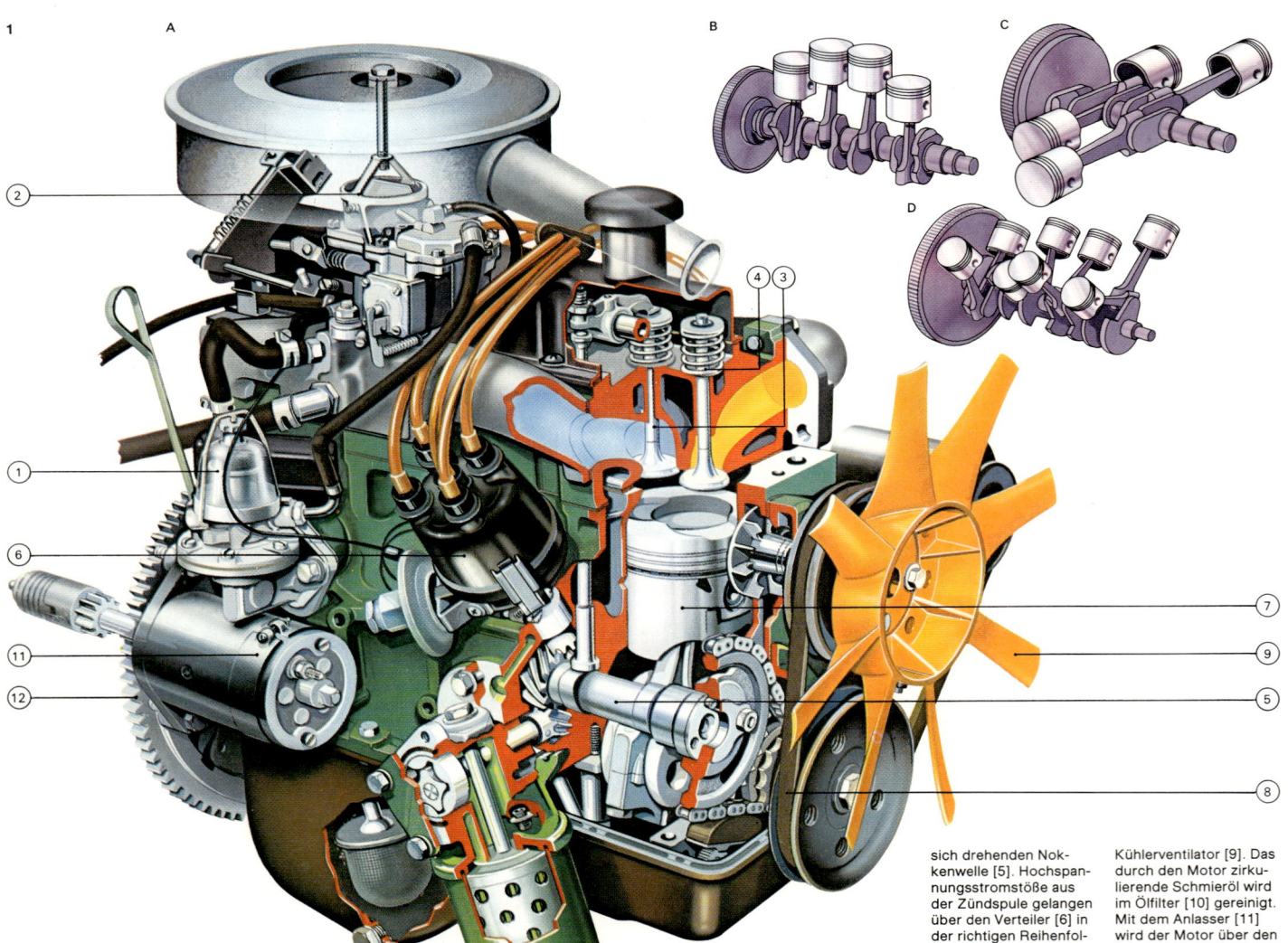

**1 Der übliche Automotor** [A] ist eine Vierzylinder-Verbrennungskraftmaschine, die nach dem Otto-Prinzip mit Benzin arbeitet, das durch die Benzinpumpe [1] vom Tank in den Vergaser [2] befördert, dort zerstäubt und mit Luft gemischt wird. Das Benzin-Luft-Gemisch gelangt durch die Einlaßventile [3] in die Zylinder. Die Ventile schließen sich durch Federn [4] und öffnen sich durch vorbeistreifende Nocken auf der sich drehenden Nockenwelle [5]. Hochspannungsstromstöße aus der Zündspule gelangen über den Verteiler [6] in der richtigen Reihenfolge an die Zündkerzen der Zylinder und führen zur Zündung der Brennstoffüllung. Die sich ausdehnenden Verbrennungsgase drücken die Kolben [7] abwärts, wodurch die Kurbelwelle gedreht wird. Ein Keilriemen [8] dreht den Kühlerventilator [9]. Das durch den Motor zirkulierende Schmieröl wird im Ölfilter [10] gereinigt. Mit dem Anlasser [11] wird der Motor über den Zahnkranz des Schwungrades [12] gestartet. Beim Reihenmotor stehen die Zylinder in einer Reihe [B], beim Boxermotor [C] liegen sie sich gegenüber, beim V-Motor sind sie in zwei gegeneinander geneigten Reihen angeordnet [D].

menden Verschleiß infolge der hohen Kolbengeschwindigkeiten und durch die Ventilsteuerung Grenzen gesetzt.

**Der wirtschaftliche Dieselmotor**
Der von Rudolf Diesel (1858–1913) im Jahr 1896 entwickelte Dieselmotor besitzt keinen Vergaser und keine Zündkerzen. Er saugt nur reine Luft an und komprimiert diese auf ein Vierzehntel bis ein Zwanzigstel des Anfangsvolumens, also beträchtlich höher als im Benzinmotor. Dabei erhitzt sich die Luft sehr stark. Am Ende der Kompression wird in diese heiße Luft eine kleine Menge Dieselöl eingespritzt, das sich sofort von selbst entzündet [3].

Gerade wegen dieser hohen Kompression hat der Dieselmotor einen höheren Wirkungsgrad als der Benzinmotor, nutzt also den Brennstoff besser aus. Er muß aber aus dem gleichen Grunde auch robuster und schwerer gebaut werden, was die Vorteile wieder etwas reduziert. Der Dieselmotor ist sehr wirtschaftlich hinsichtlich seines Brennstoffverbrauchs, bringt aber bei gleichem Gewicht geringere Leistung. Er ist empfindlich im Start-Stop-Betrieb, hat aber eine lange Lebensdauer und ist besonders für Taxis, Omnibusse und Lastkraftwagen gut geeignet.

**Die Gasturbine**
Die völlig anders arbeitende Gasturbine wurde Anfang der zwanziger Jahre entwickelt und nach 1930 vervollkommnet. Sie besitzt (meist) nur eine einzige drehende Welle, auf der eine Anzahl von Schaufelrädern sitzen, die teils als Verdichter, teils als Turbine wirken. Die Verdichterräder saugen mit ihren Schaufeln Luft an, komprimieren sie und treiben sie in die Brennkammer. Dort wird Brennstoff eingespritzt und verbrannt. Die unter hohem Druck und hoher Temperatur stehenden Verbrennungsgase strömen nun durch die Schaufeln der Turbine und versetzen die Turbinenräder in Drehung – gleichzeitig aber auch die Verdichterräder. Dadurch wird zwar ein Teil der freigesetzten Leistung wieder verbraucht, dennoch steht ein hoher Leistungsanteil an der Welle zur Verfügung. Gasturbinen sind im Verhältnis zu ihrer Größe sehr kräftige Arbeitsmaschinen. Sie leisten rund dreimal mehr als ein Kolbenmotor desselben Gewichts und werden daher vor allem als Flugzeugantriebe verwendet [4].

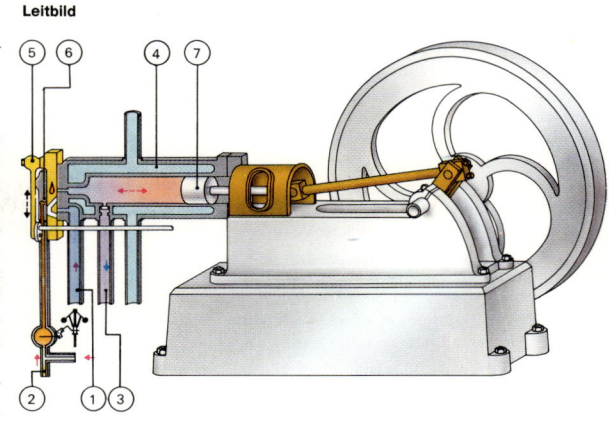

**Leitbild**

**Der Ottomotor** von 1876 war die erste nutzbare Kraftmaschine mit innerer Verbrennung. Diese Viertaktmaschine mit horizontal liegendem Zylinder lief mit einem Gas-Luft-Gemisch. Beim Ansaugtakt wurde Luft [1] und Gas [2] über ein Sperrschieberventil [5] durch den nach rechts gehenden Kolben [7] in den Zylinder gesaugt. Beim nächsten Takt (Kolbenbewegung nach links) wurde das Gemisch komprimiert und durch eine Gasstichflamme im Schieberventil [6] gezündet. Die expandierenden Verbrennungsgase trieben den Kolben wieder nach rechts, beim letzten (vierten) Takt wurden sie aus dem Zylinder geblasen [3]. Ein Wassermantel [4] diente zur Kühlung.

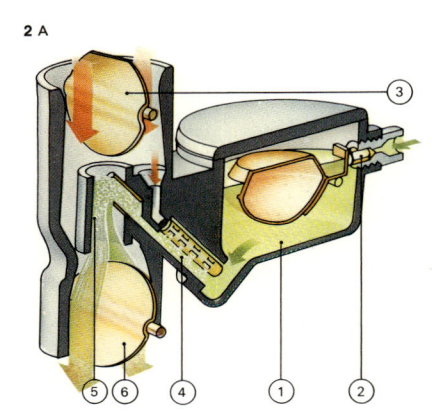

**2 Im Vergaser** [A] fließt das Benzin zunächst in die Schwimmerkammer [1], deren Füllung durch ein Nadelventil [2] geregelt ist. An der Starterklappe [3] vorbeistreichende Luft reißt an der Hauptdüse Benzin [4] mit. Das Gemisch [5] passiert die Drosselklappe [6] und gelangt in den Ansaugkrümmer. Die Ein- und Auslaßventile [B, 7] werden über Kipphebel [8], Stößel [9] und Nocken werden über Nockenwelle [10], Kettentrieb [11] und Kurbelwelle [12] bewegt.

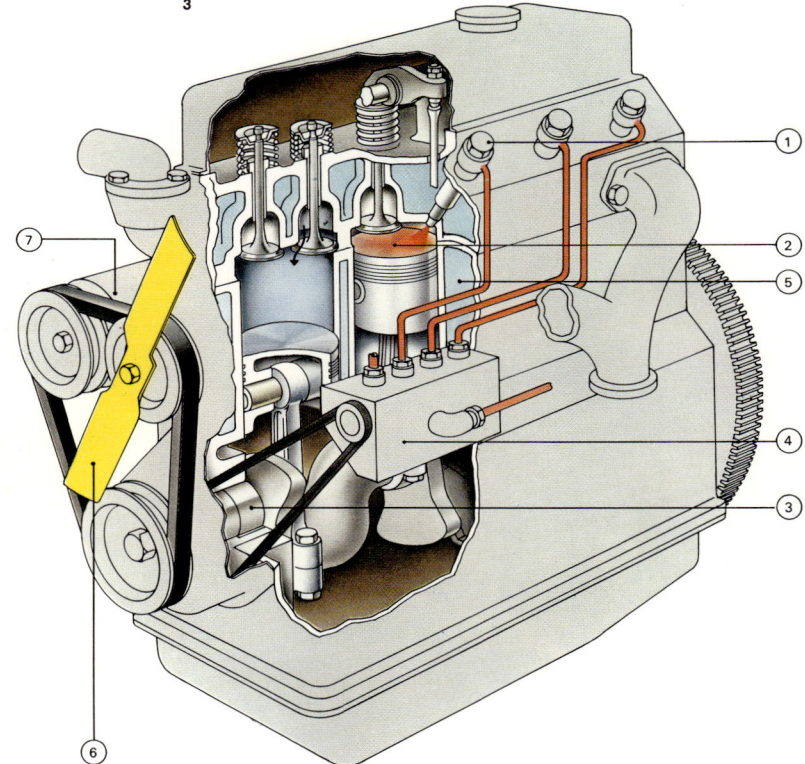

**3 Der Dieselmotor** hat im Gegensatz zum Ottomotor keine Zündkerzen, sondern der Brennstoff entzündet sich an der durch die Kompression erhitzten Luft. Durch eine Einspritzdüse [1] gelangt im Zündmoment eine gewisse Brennstoffmenge in den Zylinder [2]. Der versprühte Brennstoff entzündet sich sofort, und die heißen Verbrennungsgase drücken den Kolben abwärts. Von der Kurbelwelle [3] aus wird die Brennstoffpumpe [4] über einen Riemen angetrieben. Genau wie beim Benzinmotor hat jeder Zylinder zwei Ventile; das Einlaßventil führt jedoch nur die Verbrennungsluft zu. Leistung und Drehzahl des Dieselmotors hängen von der eingespritzten Brennstoffmenge ab, die durch das »Gas«pedal geregelt wird. Die Zylinder sind von Hohlräumen umgeben, in denen Kühlwasser [5] zirkuliert. Ein Keilriemen treibt von der Kurbelwelle aus den Ventilator [6] des Kühlers [hier nicht abgebildet] und die Lichtmaschine [7] zur Stromerzeugung.

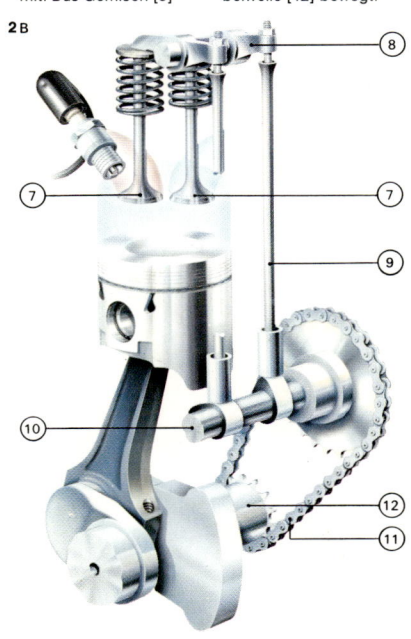

**4 In einer Gasturbine** verbrennt der Brennstoff kontinuierlich mit verdichteter Luft in den Brennkammern [1]. Die heißen Verbrennungsgase treiben die Turbinenräder [2] und, über die Verbindungswelle [3], die Verdichterräder [4] an. Gasturbinen geben entweder an der Turbinenwelle Leistung nach außen ab, oder – bei Strahltriebwerken [Abbildung] – die Abgase in der Düse [5] entspannen sich und erzeugen Schub.

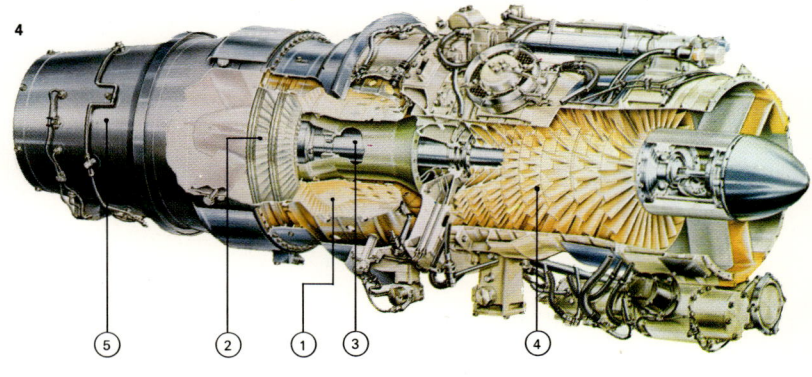

# Wind und Wasserkraft

Die Windmühle [Leitbild] und das Wasserrad [1] sind die ältesten Kraftmaschinen. Schon die Römer benutzten um 70 v. Chr. Wasserräder zum Mahlen von Getreide. Die ersten Windmühlen entstanden in Persien 644 n. Chr. Das moderne Wasserrad in Form der Wasserturbine in Kraftwerken ist heute von größter Bedeutung; in jüngster Zeit interessiert man sich aber auch wieder für die Nutzung des Windes.

**Vom Wasserrad zur Turbine**

Ein Wasserrad bzw. eine Turbine nützt den größten Teil der Strömungsenergie von Wasser für mechanische Arbeit aus [3]. Die ersten Wasserräder waren unterschlächtig, d. h., der untere Teil des mit Schaufeln besetzten Rades tauchte in einen Wasserstrom ein [1] – dabei werden nur etwa 30 Prozent der Strömungsenergie genutzt. Ganz anders ist es beim oberschlächtigen Wasserrad, bei dem das Wasser von oben her in offene Kammern des Rades einströmt, es einseitig belastet und so in Drehung versetzt. Der Wirkungsgrad beträgt hier 70 bis 90 Prozent.

In der ersten Hälfte des 19. Jahrhunderts wurden die ersten Wasserräder allmählich durch Turbinen ersetzt. Es gibt drei Arten: die Francis-Spiralturbine, die Freistrahlturbine und die Kaplan-Axialturbine [4]. Bei der Spiralturbine ist hoher Wasserdruck erforderlich. Das Wasser wird in einem spiralig gewundenen Kanal beschleunigt und tritt durch Düsen in das Turbinengehäuse ein, wo es auf die gewundenen Radschaufeln trifft und das Turbinenrad in Drehung versetzt. Die Freistrahlturbine arbeitet mit einem scharfen Wasserstrahl, der auf die Schaufeln eines Turbinenrades trifft. Die Axialturbine ist ein Propeller mit verstellbaren Blättern und wird bei Wasser mit niedriger Fallhöhe und großer Durchflußmenge angewendet.

**Wasserkraftwerke und Gezeitenkraftwerk**

Die Kraftwerke in Mittel- und Hochgebirgsgegenden nutzen das in Speicherseen aufgestaute Wasser; ihre Turbinen treiben elektrische Generatoren an. Derartige Wasserkraftwerke sind billige und äußerst umweltfreundliche Energiequellen.

Wasserturbinen können jedoch auch zur Energiegewinnung aus den Wasserstandsänderungen infolge der Gezeiten genutzt werden [2]. Das bisher einzige Gezeitenkraftwerk dieser Art (1966 in Betrieb genommen) befindet sich in der Rance-Mündung bei Saint-Malo (an der Nordküste der Bretagne). Für solche Kraftwerksanlagen eignen sich am ehesten Küsteneinschnitte mit sehr hohen Gezeitenunterschieden. Ihre Wirtschaftlichkeit ist allerdings noch umstritten. So treffen die Zeiten höchster Gezeitenunterschiede nicht immer mit dem Zeitpunkt des höchsten Elektrizitätsbedarfs zusammen.

Es kann vorkommen, daß ein Gezeitenkraftwerk seine höchste Leistung um Mitternacht erbringt, wenn der Elektrizitätsbedarf am geringsten ist. Diese Schwierigkeit könnte durch Aufteilung des Gezeitenkraftwerksbeckens in zwei Teilbecken umgangen werden: in ein höher gelegenes Bassin, das sich bei Flut in der Zeit zwischen Mitteltide und höchstem Wasserstand mit Wasser füllt, und in ein niedriger gelegenes Bassin, das sich bei Ebbe in der Zeit zwischen Mitteltide und niedrigstem Wasser entleert. Auf diese Weise könnte man ein ständiges Wassergefälle schaffen.

Eine andere Möglichkeit stellt die Verwendung eines Speicherkraftwerks dar [4]. Bei

**HINWEISE**

**Lesen Sie auch:**

Brennstoff und Energie sparen

Segelschiffe

Tragflächenboote und Luftkissenfahrzeuge

Dammbau

**1 Es gibt zwei Grundformen von Wasserrädern:** das oberschlächtige [A] und das unterschlächtige [B]. Beim oberschlächtigen Wasserrad fließt der Wasserstrom von oben in die rinnenförmigen Schaufeln und dreht das Rad rechts herum. Die Schaufeln des unterschlächtigen Wasserrades tauchen in die Strömung ein, und das Wasser treibt das Rad links herum. Mit beiden Anordnungen läßt sich die Strömungsenergie des Wassers – allerdings mit unterschiedlichem Wirkungsgrad – in mechanische Arbeit zum Antrieb von Maschinen (Pumpen, Mühlen, Generatoren) zur Elektrizitätserzeugung umsetzen. Wasserräder, aber auch andere Wasserkraftmaschinen, arbeiten relativ leise und umweltfreundlich.

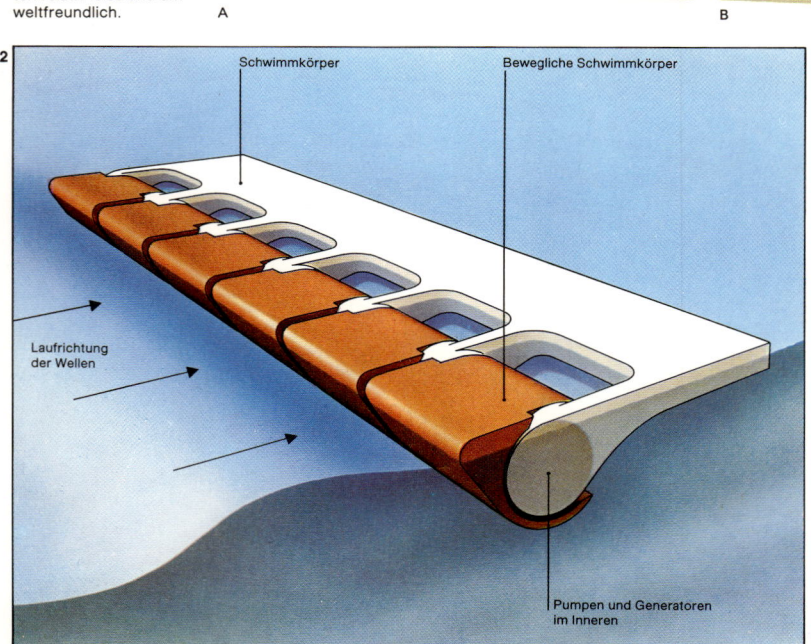

**2 Die Wellen der Weltmeere** stellen eine riesige, bis heute noch ungenutzte Energiequelle dar. Bei einer Welle bewegen sich die Wasserteilchen nicht, wie es den Anschein hat, seitlich hin und her, sondern auf und ab. Man kann das an einem schwimmenden Korken oder einem anderen leichten Gegenstand auf dem Wasser direkt beobachten: Wenn Wellen unter dem Gegenstand durchlaufen, schwingt er nach oben und unten, aber nicht zur Seite. Die dargestellte Konstruktion – etwa 300 m lang; entspricht der Größe eines Supertankers – zeigt, wie ein Teil der Bewegungsenergie des Wassers zur Elektrizitätserzeugung genutzt werden soll. Die Auf- und Abbewegung der Schwimmkörper soll über Turbinen elektrische Generatoren antreiben.

**3 Diese einfache Turbine** aus dem 16. Jh. nutzte fließendes Wasser zum Antrieb einer Bewässerungspumpe. Die Drehung des Wasserrades [1] trieb ein Rad [2] an, dessen Umfang nur zur Hälfte Zähne trug. Dadurch drehten sich die beiden Ritzel [3] abwechselnd links und rechts herum und bewegten so das Pumpenrad [4] hin und her. Selbsttätige Ventile sorgten dafür, daß die Kolben [5] abwechselnd Wasser ansaugten und nach oben drückten.

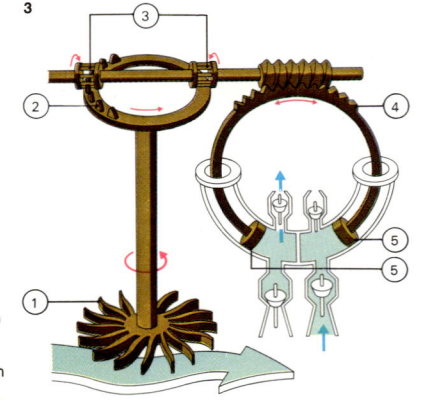

geringem Stromverbrauch wird die überschüssige Elektrizität dazu genutzt, Wasser in einen höher gelegenen Stausee zu pumpen. Bei hohem Stromverbrauch läßt man das Wasser wieder zurückfließen und in einem normalen Wasserkraftwerk zusätzlichen Strom erzeugen. Dieses System erlaubt es, große Energiemengen zu speichern.

**Nutzung von Windenergie**
Bisher waren die Versuche, mit Hilfe der Windkraft Elektrizität zu erzeugen, noch nicht sehr erfolgreich. Trotz der riesigen Energiemengen, die durch Windenergie theoretisch freigesetzt werden können – so könnten viele Länder mit langen Küstenstrichen den größten Teil ihres Elektrizitätsbedarfs decken, wenn nur ein Teil der verfügbaren Windenergie genutzt würde –, ist das Problem der wirtschaftlichen Nutzung der Windenergie noch nicht gelöst. Die von einem Windrad [Leitbild] oder einer Windturbine erzeugte Energie hängt ab von der dritten Potenz der Windgeschwindigkeit sowie der von den Blättern des Windrades überstrichenen Fläche. Der höchstmögliche Wirkungsgrad beträgt 59 Prozent; in der Praxis dürften aber kaum mehr als 45 Prozent erreicht werden. Überschlägige Berechnungen haben ergeben, daß die Elektrizitätserzeugung durch Windenergie an einigen Plätzen der Erde, wo die durchschnittliche Windgeschwindigkeit 32 km/h übersteigt, durchaus mit der Kernenergie konkurrieren könnte. Allerdings gibt es solche Stellen nicht in beliebiger Anzahl (in Deutschland findet man sie in erster Linie an der Küste und im Hochgebirge). Die Windenergie dürfte deshalb auch in Zukunft nicht mehr als etwa ein Prozent des Elektrizitätsbedarfs decken.

Neben der Windenergie könnten auch die Meereswellen als Energiequellen genutzt werden. Die bisher erfolgversprechendste Konstruktion [2] sieht Schwimmkörper vor, die sich mit den Wellen bewegen. Sie dienen als Antrieb von Pumpen zum Komprimieren einer Flüssigkeit, die dann ihrerseits zur Elektrizitätserzeugung über Turbinen genutzt werden kann. In den Wellenbewegungen sind ungeahnte Energiemengen verborgen. Ihre Nutzung wirft jedoch noch zahlreiche Probleme hinsichtlich Aufbau und Unterhaltung entsprechender Anlagen auf.

**Leitbild**

**Windmühlen** wurden schon seit vielen Jahrhunderten zur Nutzung der Windenergie eingesetzt. Ursprünglich dienten sie zum Mahlen von Getreide – daher der Name Mühle –, später benutzte man sie auch zum Antrieb von Pumpen, um in Küstenniederungen das Land trockenzulegen. Die ersten Windmühlen waren mit Stoffsegeln ausgestattet, ähnlich wie die Segel von Schiffen. Später baute man Holzgerüste als Flügel, die mit Segeltuch bespannt waren. Die Flügel befanden sich auf einer Welle im oberen Teil der Windmühle. Die Drehung erfolgte so, daß der Wind immer im günstigsten Winkel auf die Flügel traf. Kleinere Bock-Windmühlen waren so konstruiert, daß man die gesamte Mühle »in den Wind« drehen konnte.

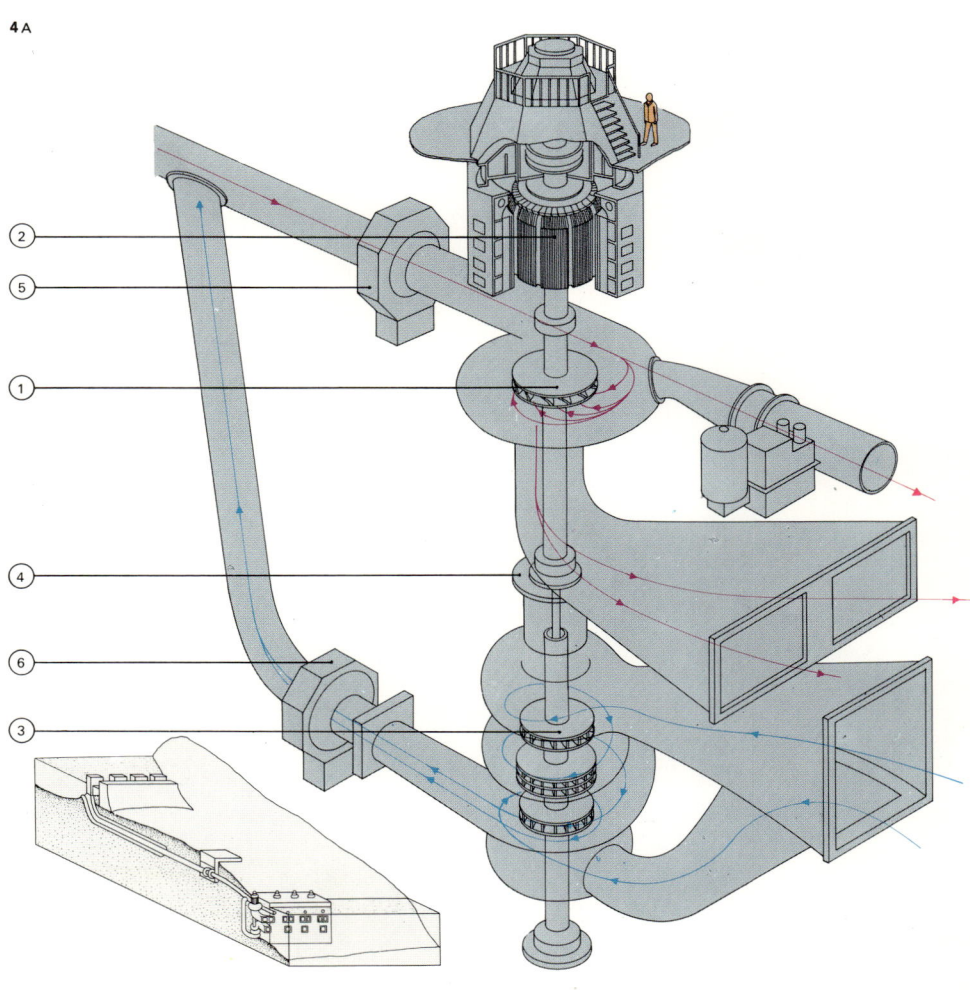

**4 Bei Pumpspeicherwerken** treiben zu Zeiten des Spitzenverbrauchs Turbinen die Generatoren zur Elektrizitätserzeugung an; bei geringem Stromverbrauch wird überschüssige Elektrizität zum Rückpumpen von Wasser in das Speicherbecken genutzt. Während der Stromerzeugung treibt eine Francis-Turbine [1] den Generator [2]. Wird jedoch die Kupplung [4] eingelegt, so dreht sich über die Welle auch die Pumpe [3]. Der Generator wird dann als Elektromotor geschaltet, das Turbinenventil [5] geschlossen, das Pumpenventil [6] geöffnet und das Wasser nach oben in das Speicherbecken zurückgepumpt. Die so gespeicherte Wassermenge steht später, wenn der Strombedarf wieder steigt, nochmals zur Stromerzeugung zur Verfügung. Bei Wasserturbinen unterscheidet man drei Typen. Die Francis-Spiralturbine [B] besitzt feststehende Düsen, die den Wasserstrom im günstigsten Winkel auf die Turbinenschaufeln leiten. Das Wasser fließt dann senkrecht nach unten aus der Turbine ab. Bei der Pelton-Freistrahlturbine [C] strömt das Wasser in scharfem Strahl auf die beiden Schaufelhälften und wird nach hinten umgelenkt. Das Laufrad einer Kaplan-Turbine [D], mit verstellbaren Blättern ausgerüstet, hat große Ähnlichkeit mit einem liegend angeordneten Schiffspropeller; das Rad wird in axialer Richtung durchströmt.

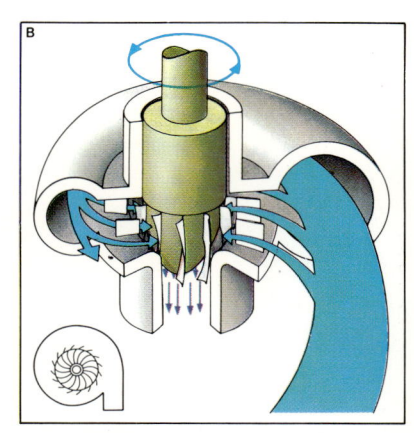

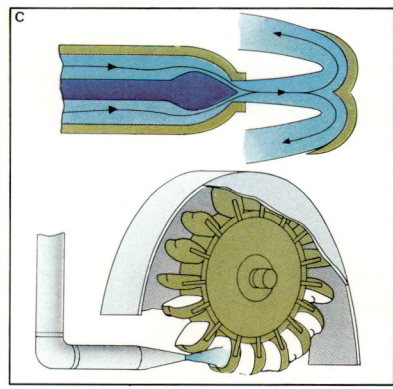

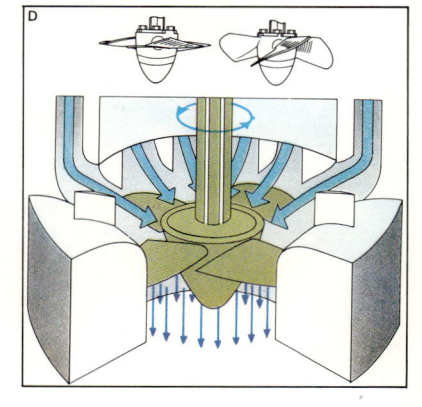

# Sonne und Erdwärme als Energiequellen

Der größte Teil unserer Energie kommt indirekt von der Sonne. Kohle, Erdöl oder Wasserkraft sind lediglich Energieformen, die in ehemals lebendem Pflanzen- oder Tiergewebe bzw. im Wasser gespeichert wurde, das über den Ozeanen durch die Sonneneinstrahlung verdampfte und über dem Land niederfiel. Heute versucht man, Sonnenenergie direkt zu nutzen, denn Kohle und Erdöl, deren Vorräte sich zu erschöpfen beginnen, entstehen erst im Verlauf von Jahrmillionen wieder in beträchtlichen Mengen – und die Wasserkraft wird bereits weitgehend genutzt.

### Nutzung der Sonnenenergie

Es gibt viele Wege, die Sonnenenergie zu nutzen: Satelliten können sie im Weltraum auffangen und auf die Erdoberfläche strahlen [4]. Man kann die Sonnenstrahlen auf der Erde in Kollektoren sammeln – Anlagen, die im Prinzip umgekehrt wie ein Warmwasserheizkörper arbeiten – und damit Häuser heizen oder Klimaanlagen betreiben. Sonnenzellen, oft bei Satelliten verwendet, wandeln Sonnenenergie direkt in Elektrizität um; allerdings ist der Wirkungsgrad recht gering. Sonnenenergie kann zur Massenaufzucht von Pflanzen dienen, die man entweder direkt verbrennt oder mit Hilfe von Mikroorganismen oder auf chemischem Wege in flüssige Brennstoffe umwandelt. Auch aus der in Ozeanen gespeicherten Wärme läßt sich Energie gewinnen, indem man die Temperaturdifferenz zwischen dem wärmeren Wasser an der Oberfläche und dem kälteren Wasser in der Tiefe ausnutzt.

### Die Frage der Wirtschaftlichkeit

Einfache Sonnenkollektoren kommen in wärmeren Ländern heute bereits häufiger zum Einsatz. Es sind großflächige, von Rohren durchzogene Konstruktionen, die so auf Gebäudedächern montiert werden, daß sie im günstigsten Winkel zur Sonne stehen. Durch die Rohre wird Wasser hindurchgepumpt, das sich dabei durch die Sonneneinstrahlung erwärmt. Von einem Sensor gesteuert, arbeitet die Pumpe aber nur dann, wenn die Kollektoren wärmer sind als das Wasser im Warmwassertank. Leider scheint die Sonne aber gerade in unserer gemäßigten Klimazone nicht immer; dennoch zeigen Berechnungen, daß Kollektoranlagen auch in der Bundesrepublik Deutschland rund die Hälfte des Warmwasserbedarfs decken könnten.

Weniger erfolgversprechend ist die Stromerzeugung aus Sonnenzellen. Die in Raumfahrzeugen benutzten Sonnenzellen sind sehr teuer und haben einen Wirkungsgrad von 10 Prozent und weniger. Prinzipiell entstünde genügend Elektrizität, wenn man ganze Dächer mit Sonnenzellen belegte [3], aber Voraussetzung wäre, daß die Zellen nicht mehr als etwa 100 DM pro m² kosten dürften. Gegenwärtig kostet eine mit Sonnenzellen belegte Fläche in der Größe eines Briefbogens aber noch mehrere hundert DM.

Sonnenstrahlen ließen sich auch dazu benutzen, in durchsichtigen Rohren eine Schmelze von Natrium und Kalium auf eine Temperatur von über 100 °C zu erhitzen. Das heiße Metall könnte über einen Wärmeübertrager Dampf erzeugen, der einen Turbinen-Generatorsatz antreibt. Ein nach diesem Prinzip arbeitendes Kraftwerk von 1000 MW würde aber eine Fläche von 50 bis 200 km² benötigen, wäre also nur in Wüstengegenden möglich – und ist wohl auch noch nicht im Laufe des nächsten Jahrzehnts zu erwarten.

**HINWEISE**

Lesen Sie auch:

Wind und Wasserkraft

Kernenergie

Gewinnung und Nutzung von Kohle

Erdöl und Erdgas

Brennstoff und Energie sparen

**1 Ein Sonnenofen** besteht im wesentlichen aus einem riesigen Hohlspiegel und einem Umlenkspiegel in seinem Brennpunkt, der die gebündelten Sonnenstrahlen zum eigentlichen Ofen weiterleitet. Der hier abgebildete Sonnenofen in Mont-Louis in den Ostpyrenäen (Frankreich) erzeugt Temperaturen bis zu 3000 °C, die ausreichend sind, um alle Metalle zu schmelzen. Mit der Sonnenwärme lassen sich aber auch Kessel aufheizen, in denen Dampf zum Heizen von Wohnhäusern erzeugt wird oder Heißdampf für Dampfturbinen zur Stromerzeugung mit elektrischen Generatoren. Der Hohlspiegel besteht meist aus flachen Spiegelelementen, die auf einem Gerüst angeordnet sind. Mit Hilfe von Elektromotoren wird der Hohlspiegel – auch Heliostat genannt – automatisch auf einem Kreisbogen um den Brennpunkt mit 15° pro Stunde der Sonne nachgeführt. Photozellen und Thermoelemente signalisieren Abweichungen von der Einstrahlrichtung.

**2 Sonnenzellen** bestehen aus einem n-Halbleiter [1], der mit einer dünnen, lichtdurchlässigen p-leitenden Schicht [2] bedampft ist. Einfallendes Licht setzt an der Grenzschicht Elektronen frei: durch den Verbraucher fließt Strom.

**3 Sonnenkollektoren** versorgen ein Haus mit Energie für Raumheizung und Warmwasser. Flachkollektoren sind Konstruktionen aus schwarzgestrichenen Blechen und dahinterliegenden Rohren, in denen die eingestrahlte Wärme auf das Wasser übertragen wird.

Eine weitere Möglichkeit ist die Nutzung der Temperaturschichtung des Ozeanwassers. Oft ist das Wasser an der Oberfläche bis zu 15 °C wärmer als in der Tiefe. Aus diesem Temperaturgefälle ließen sich riesige, im Wasser gespeicherte Wärmemengen gewinnen, allerdings wäre der Wirkungsgrad nicht höher als fünf Prozent.

**Energie aus dem Erdinnern**

Die Ausbrüche von Vulkanen beweisen, daß auch im Erdinnern riesige Wärmemengen gespeichert sind. Einst glaubte man, dies sei die Restwärme der ehemals schmelzflüssigen Erde. Heute ist man jedoch der Ansicht, daß im Erdinnern durch den Zerfall radioaktiver Elemente ständig neue Wärme entsteht.

An manchen Stellen der Erdoberfläche, in Vulkanen oder in heißen Quellen [Leitbild], bricht diese Erdwärme nach oben durch. Erste Versuche zu ihrer Nutzung [5] hat man in Larderello (Italien) gemacht, wo heute aus der Erde strömender Dampf in einer 390-MW-Anlage Strom erzeugt. Andere geothermische Kraftwerke befinden sich in Island, Japan, Neuseeland sowie in der UdSSR und den USA.

Im Geysirgebiet 145 km nordöstlich von San Francisco gibt es geothermische Anlagen mit einer Leistung von 300 MW.

Die Stellen der Erde, wo Dampf oder heißes Wasser aus dem Boden quellen, sind allerdings selten und auch abhängig vom Grundwassernachfluß. Wissenschaftler und Ingenieure sehen aber auch hier schon einen Weg, Erdwärme zu gewinnen, indem sie die sogenannte geothermische Tiefenstufe, d. h. die mit der Erdtiefe zunehmende Temperatur, nutzen wollen: Sie sehen vor, Bohrungen niederzubringen, an deren unterem Ende Hohlräume in das Gestein zu sprengen und Wasser hineinzupumpen, das dann in der Tiefe zu Dampf wird und, wieder an der Erdoberfläche, zur Stromerzeugung dienen soll. Versuche in dieser Richtung finden gegenwärtig in Los Alamos (New Mexico) statt [6]. Etwa 500 m³ unterirdischen Gesteins, das einige hundert Grad wärmer ist als Gestein an der Oberfläche, enthält soviel Energie, wie die gesamte Menschheit in einem Jahr braucht. Wenn man nur einen kleinen Teil der geothermischen Energie nutzbar macht, könnten geothermische Kraftwerke ohne Umweltbelastung riesige Energiemengen liefern.

**Leitbild**

**Geysire speien Dampf und heißes Wasser.** Man findet sie in Gebieten, die vulkanisch aktiv sind oder bis vor kurzer Zeit aktiv waren, z. B. in Neuseeland [Bild]. Das heiße Wasser kann man nutzen.

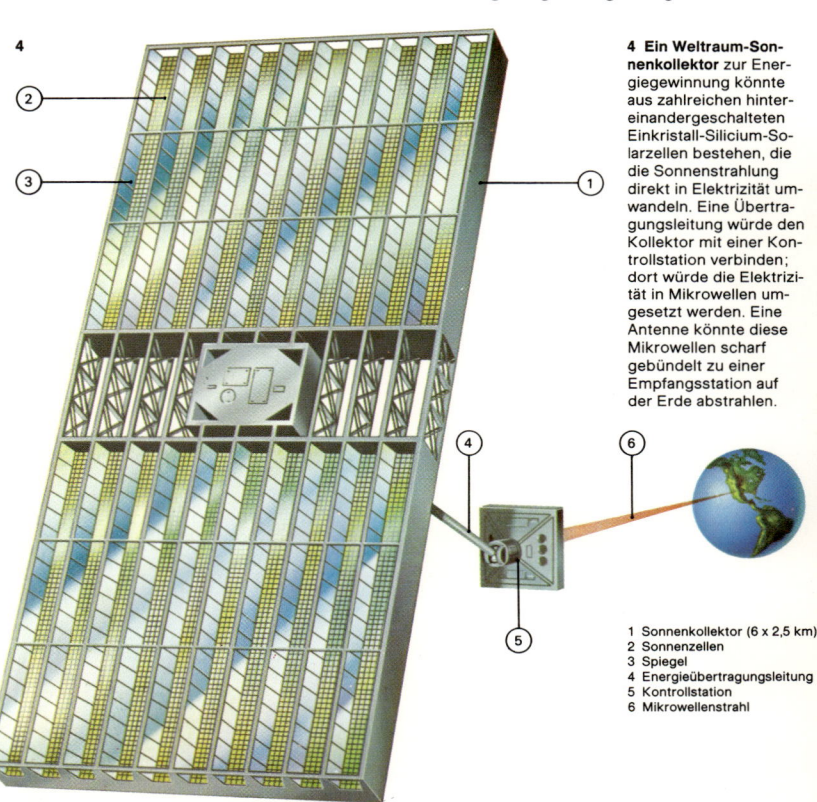

**4 Ein Weltraum-Sonnenkollektor** zur Energiegewinnung könnte aus zahlreichen hintereinandergeschalteten Einkristall-Silicium-Solarzellen bestehen, die die Sonnenstrahlung direkt in Elektrizität umwandeln. Eine Übertragungsleitung würde den Kollektor mit einer Kontrollstation verbinden; dort würde die Elektrizität in Mikrowellen umgesetzt werden. Eine Antenne könnte diese Mikrowellen scharf gebündelt zu einer Empfangsstation auf der Erde abstrahlen.

1 Sonnenkollektor (6 x 2,5 km)
2 Sonnenzellen
3 Spiegel
4 Energieübertragungsleitung
5 Kontrollstation
6 Mikrowellenstrahl

**5 Geothermische Energie**, die Wärme tiefer Gesteinsschichten, kann heiße Quellen hervorbringen, wenn Wasser in solche tiefen Schichten einsickert. Bohrt man diese Schichten an, so kann das emporsteigende Heißwasser industriell oder zu Heizzwecken genutzt werden. Eine über einem geothermisch nutzbaren Gebiet liegende Stadt könnte auf diese Weise praktisch ihre gesamte Heizung betreiben. – Versuchsanlagen dieser Art wurden bereits in Skandinavien, in der UdSSR und in den USA erprobt.

**6 Künstliche heiße Quellen** werden bei einer Versuchsanlage in Los Alamos (USA) erprobt. Hier werden Bohrlöcher mehrere hundert Meter tief bis in natürliche Hohlräume getrieben, in denen Temperaturen bis zu 300 °C herrschen. Durch ein Rohr wird Wasser eingepumpt, das sich unten erhitzt und durch ein zweites Rohr wieder aufsteigt. An der Erdoberfläche läuft das Wasser durch einen Wärmeüberträger, der wie ein Autokühler aufgebaut ist und die Wärme an die vorbeigeblasene Luft abgibt.

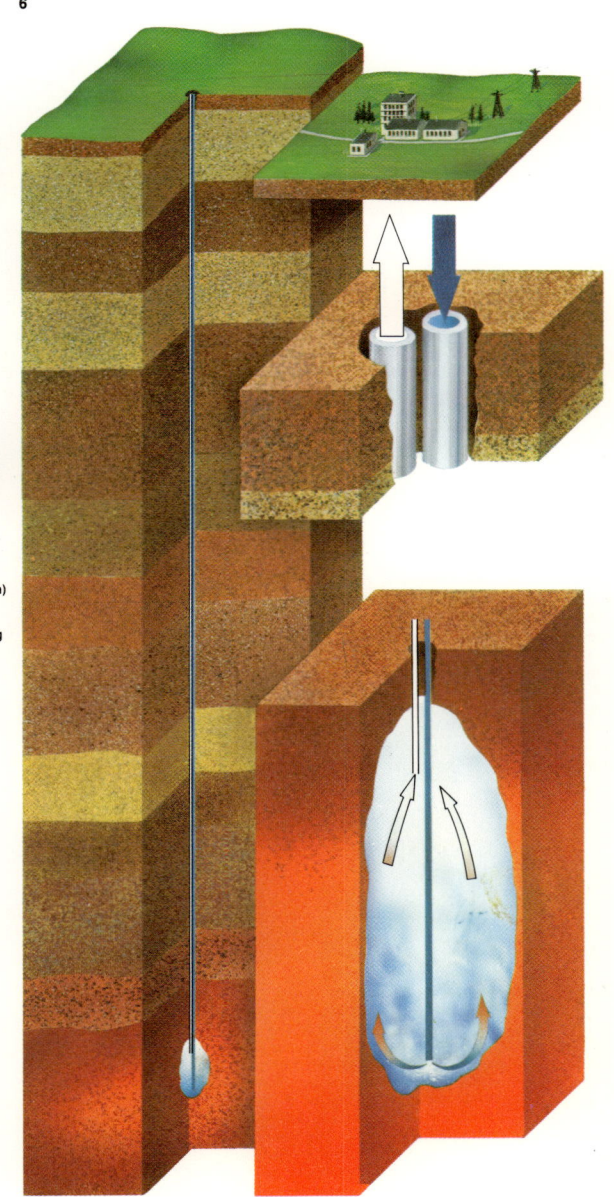

# Kernenergie

Die konzentrierteste Energiequelle auf der Erde, die der Mensch bisher entdeckt hat, ist die Kernenergie: Spaltet sich der Kern eines schweren Atoms wie Uran in zwei Teile oder verschmelzen zwei leichte Atomkerne wie die des Wasserstoffs zu einem schwereren, so werden ungeheure Energiemengen frei. Beide Arten von Kernprozessen verlaufen in Atombomben explosionsartig. Zur Stromerzeugung in Kernkraftwerken [Leitbild] müssen die Kernprozesse dagegen langsam und kontrolliert ablaufen. Dieser Steuervorgang ist aber bisher nur für die Kernspaltung gelungen.

Das einzige natürlich vorkommende Element, das sich spontan spaltet, ist Uran. Natürliches Uran besteht jedoch im wesentlichen aus zwei Isotopen, Uran 235 und Uran 238, von denen nur das Uran 235 spontan zerfällt. (Isotope sind Atome mit unterschiedlichen Massen und physikalischen Eigenschaften, aber identischen chemischen Reaktionen.) Für Kernreaktoren wird natürliches Uran daher in einem speziellen Prozeß bis zu einem U-235-Gehalt von maximal 4 Prozent »angereichert«.

Das spaltbare Material (Brennstoff) wird in dünne Metallhülsen eingefüllt, die dicht verschlossen werden, so daß weder der Brennstoff noch die entstehenden giftigen Spaltprodukte entweichen können. Im Reaktorkern werden diese meist senkrecht angeordneten Brennelemente von einem Kühlmittel (z. B. Wasser oder Gas) umströmt [4, 5, 6], das die bei der Kernspaltung entstehende Wärme abführt. Je nach Art des Kühlmittels treibt dieses eine mit dem Stromgenerator gekuppelte Turbine direkt an, oder es erhitzt über einen Wärmetauscher den Wasserdampf für eine Dampfturbine.

### Kontrollierte Kettenreaktionen

Die Spaltung eines Atomkerns U 235 wird durch den Aufprall eines Neutrons ausgelöst, das dabei absorbiert wird. Bei der Spaltung werden zwei oder drei neue Neutronen frei, die zunächst extrem hohe Geschwindigkeiten von über 16 000 km/s besitzen. Um sie am Entweichen aus dem Reaktor zu hindern, bevor sie eine neue Spaltung ausgelöst haben, werden sie durch sogenannte Moderatoren abgebremst. Dafür verwendet man aus leichten chemischen Elementen bestehende Substanzen wie Wasser, Graphit oder schweres Wasser (dieses enthält Deuterium anstelle von Wasserstoff), die die Neutronen durch ständige Kollisionen verlangsamen [2].

Da bei einer Kernspaltung mehr Neutronen frei werden als vorher absorbiert wurden, würde die Zahl der neuen Spaltungen und damit die Energieabgabe des Reaktors lawinenartig anwachsen; der Reaktor geriete außer Kontrolle. Für eine gleichmäßige Leistungsabgabe des Reaktors darf daher von den freigewordenen Neutronen im Mittel immer nur eines eine neue Spaltung auslösen; die übrigen müssen abgebremst und absorbiert werden; z. T. geschieht das bereits durch die in den Brennelementen enthaltenen U-238-Atome, zusätzlich aber durch Steuerstäbe aus neutronenabsorbierendem Material (z. B. Cadmium), die man zwischen die Brennelemente schiebt [2].

### Reaktorsicherheit und Brennstoffwechsel

Die Leistungsabgabe des Reaktors wird mit Hilfe der Steuerstäbe geregelt. Je nachdem, wie weit diese in den Reaktorkern eintauchen, vergrößern oder verringern sie den Neutronenfluß. Durch vollständiges Einfahren der Steuerstäbe läßt sich der Neutronenfluß und damit die Kettenreaktion völlig unterbrechen. Im Fall

**HINWEISE**

Lesen Sie auch:

Brennstoff und Energie sparen

Die moderne Artillerie

Atomare, biologische und chemische (ABC-)Waffen

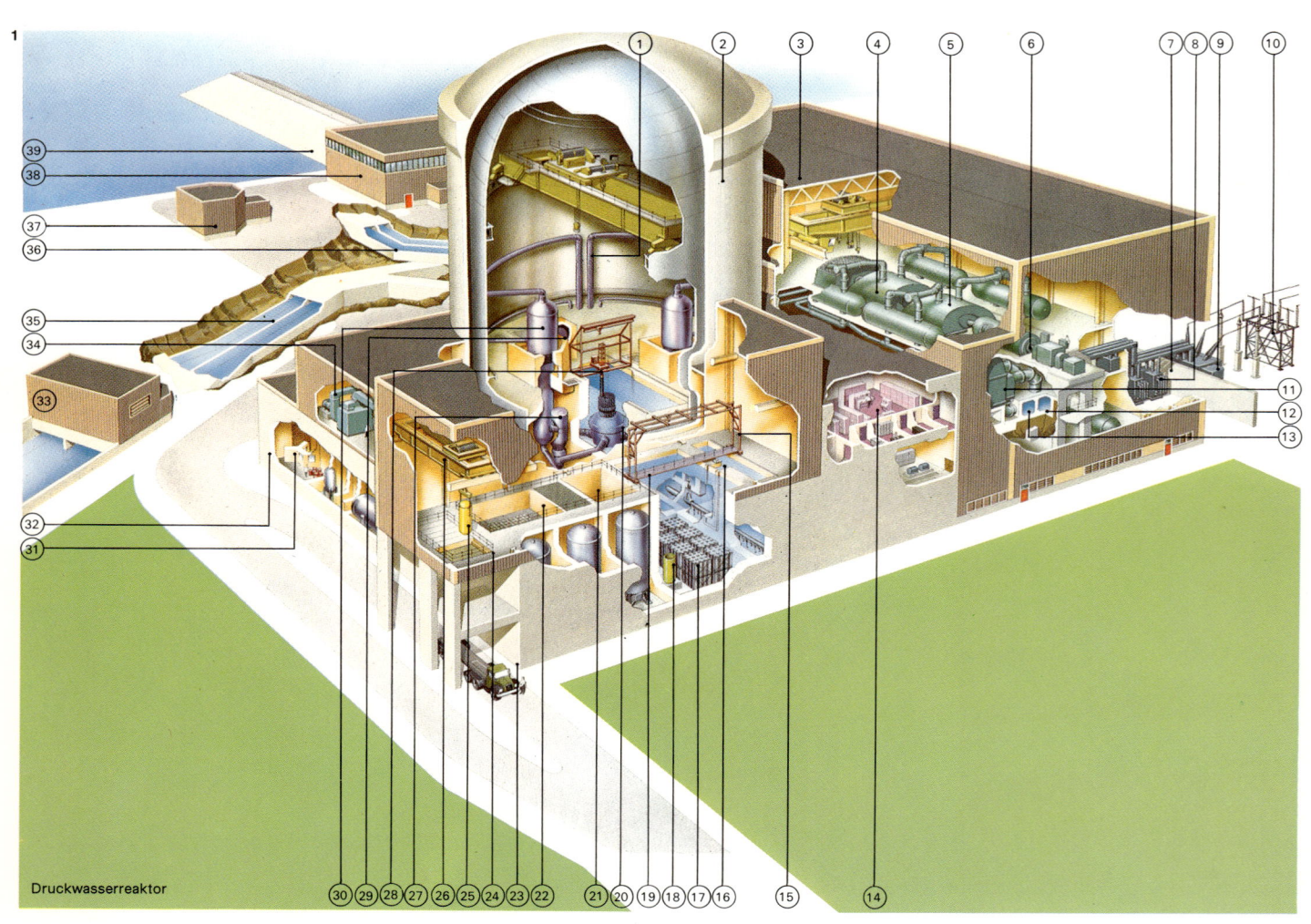

**1** Druckwasserreaktor

**1 Im Kernreaktor** werden durch kontrollierte Kernspaltung von Uranatomen oder ähnlich schweren Elementen große Mengen an Wärmeenergie frei. Sie wird wie in Kohle- oder Ölkraftwerken zur Erzeugung von Hochdruckdampf genutzt, der die Antriebsturbinen der Stromgeneratoren speist. Primär wird die Kernenergie an das Kühlmittel (Wasser, flüssiges Natrium, Heliumgas) übertragen. Dieses Kühlmittel gibt die Wärmeenergie in Wärmetauschern an das Wasser im Turbinenkreislauf weiter, das dabei zu Dampf erhitzt wird.

[1] Druckwasserrohre
[2] Reaktorhalle
[3] Turbinenhalle
[4] Hochdruckturbine
[5] Niederdruckturbine
[6] Generator
[7] Brandschutzmauer
[8] Transformatoren
[9] Haupttransformatoren
[10] Schaltvorrichtung
[11] Kondensator
[12], [13] Kühlwasser
[14] Steuerzentrale
[15] Brücke über Lagerbecken für Brennelemente
[16] Zuführung neuer Brennelemente
[17] Lagergestell für Brennelemente
[18] Transportbehälter für verbrauchte Brennelemente
[19] Beladen der Brennelementbehälter
[20] Reaktordruckbehälter
[21] Dekontaminierung (Entstrahlung) verbrauchter Brennelemente
[22] Lager für neue Brennelemente
[23] Anlieferung neuer Brennelemente
[24] Ladeluke
[25] Transportbehälter mit Brennelementen
[26] Transportkran
[27] Pumpe für Reaktorkühlmittel
[28] Kran zum Wechseln der Brennelemente
[29] Kompressor
[30] Wärmetauscher zur Dampferzeugung
[31], [32] Lager für radioaktive Abfälle
[33] Kühlwasserauslaß
[34] Klimaanlage
[35] Kühlwasserablauf von den Turbinen
[36] Kühlwasserzulauf zu den Turbinen
[37] Kühlwasserpumpenhaus
[38] Seewasserpumpen
[39] Seewassertunnel

einer Betriebsstörung geschieht das automatisch, und der Reaktor kann so innerhalb weniger Sekunden stillgesetzt werden.

Der eigentliche Reaktordruckbehälter ist von dicken Beton- und Stahlwänden umgeben, die aus dem Reaktorkern austretenden radioaktiven Strahlen abschirmen. Der Betriebszustand der Brennelemente und des Kühlsystems wird laufend überwacht, und zahlreiche Sicherheitseinrichtungen dienen dazu, das Unfallrisiko im Fall einer Betriebsstörung so gering wie nur irgend möglich zu halten.

Sind die Brennelemente verbraucht, werden sie gegen neue ausgetauscht. Die abgebrannten Elemente werden einer Wiederaufbereitungsanlage zugeführt [3], in der aus den Spaltprodukten neben dem noch unverbrauchten Uran 235 ein weiteres künstlich erzeugtes Element gewonnen wird: Plutonium 239 (Pu 239), das sich durch Neutronenaufnahme aus dem Uran 238 bildet. Pu 239 ist wie U 235 spontan spaltbar, so daß es sich als Brennstoff für Kernreaktoren oder -waffen verwenden läßt. Tatsächlich waren die ersten Reaktoren sogar zur Plutoniumgewinnung für Kernwaffen bestimmt. Plutonium ist jedoch wegen seiner Strahlung und seiner chemischen Eigenschaften extrem gefährlich; für seine Handhabung gibt es strengste Sicherheitsvorschriften.

**Der schnelle Brüter**
Der fortgeschrittenste Reaktortyp, der schnelle Brüter [6], wird ebenfalls mit Uran betrieben, enthält aber außerhalb des eigentlichen Kerns eine Hülle, die die entweichenden Neutronen auffängt und U 238 in Pu 239 umwandelt. In dieser Hülle wird dabei mehr an Pu 239 erzeugt, als im Kern an U 235 verbraucht wird, d. h., der Brutreaktor produziert mehr Brennstoff, als er selbst benötigt.

Trotz der Vorteile, die die Kernreaktion gegenüber herkömmlichen, sich langsam erschöpfenden Brennstoffen bietet, und trotz umfangreicher Schutzmaßnahmen sind Kernkraftwerke in der Öffentlichkeit noch umstritten. In erster Linie befürchtet man bei Betriebsstörungen Katastrophen durch austretende radioaktive Strahlen. Auch die sichere, dauerhafte Lagerung radioaktiver Abfälle wurde bisher nicht befriedigend gelöst. Ein weiterer Nachteil ist der große Kühlwasserbedarf und die damit verbundene Umweltbelastung.

**Leitbild**

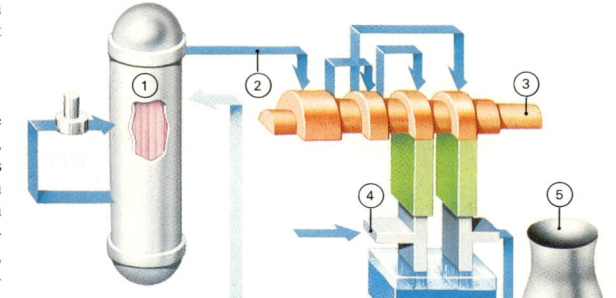

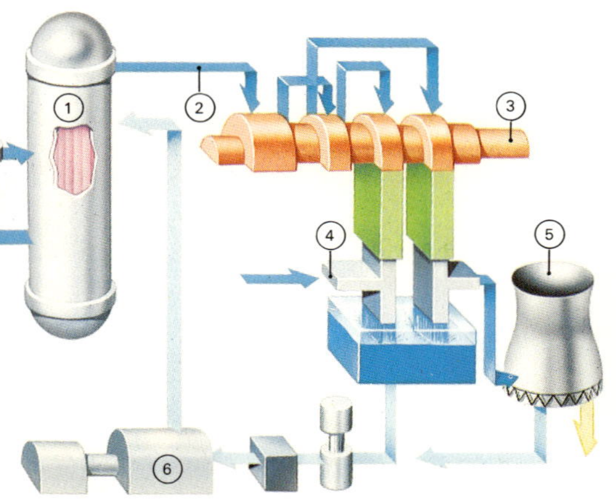

**Alle Kernkraftwerke** sind nach dem gleichen Prinzip aufgebaut. Ein Reaktor [1] erhitzt Wasser zu Dampf [2], der in einem Dampfturbinen-Generatorsatz [3] Elektrizität erzeugt. Anschließend wird der Dampf in einem Kondensator [4] mit Hilfe eines Kühlwasserkreislaufs wieder zu Wasser verflüssigt und über eine Pumpe [6] in den Reaktor zurückgeleitet. Das im Kondensator aufgeheizte Kühlwasser wird seinerseits in einem Kühlturm [5] durch Fluß- oder Seewasser abgekühlt, bevor es in den Kondensator zurückgelangt.

**2 Beim Graphitreaktor** sind die Brennelemente [rot] in Graphit als Moderator eingebettet. Dieser bremst die bei der Spaltung eines U-235-Kerns [blau] freiwerdenden schnellen Neutronen soweit ab, daß sie innerhalb des Reaktorkerns eine neue Kernspaltung auslösen können. In den Reaktorkern mehr oder weniger weit eingeschobene Cadmiumstäbe [blau] absorbieren einen Teil der Neutronen und ermöglichen, die Leistungsabgabe des Reaktors zu regeln.

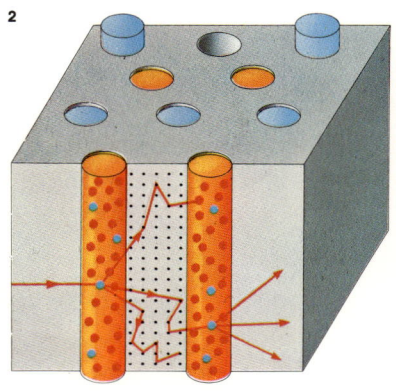

**3 Der nukleare Brennstoff** durchläuft einen Kreislauf. Aus Uranerz wird Uranoxid gewonnen und als Uranhexafluorid zur Anreicherungsanlage gebracht. Das Fluorid wird wieder zu Oxid umgewandelt; dann erfolgt die eigentliche Fertigung der Brennelemente. Nach dem Abbrand im Reaktor kommen die Brennelemente in eine Wiederaufbereitungsanlage. Dort wird das restliche Uran gewonnen und nach der Umwandlung in Fluorid wieder in den Kreislauf eingeschleust.

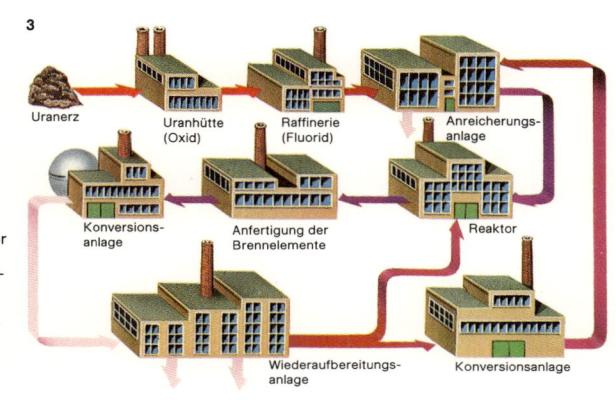

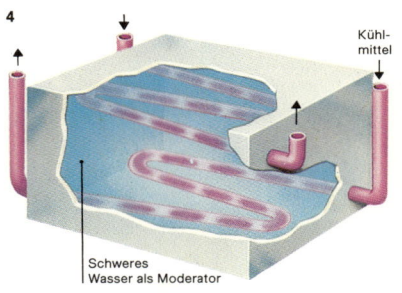

**4 Beim Druckröhrenreaktor** durchströmt das Kühlmittel die Röhren innerhalb des Reaktorbehälters unter hohem Druck. Schweres Wasser dient als Moderator und schirmt das Reaktorkühlmittel vor Neutronen ab.

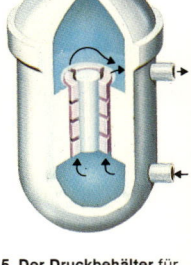

**5 Der Druckbehälter** für das Kühlwasser eines Druckwasserreaktors besteht aus rostfreiem, 25 cm dickem Stahl.

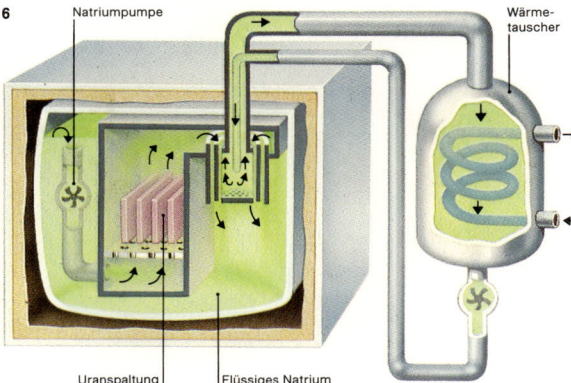

**6 Im schnellen Brutreaktor** wird Uran einerseits gespalten und andererseits in das gleichfalls spaltbare Plutonium umgewandelt. Die Wärme des Reaktors wird über flüssiges Natrium dem Wärmetauscher zugeführt, wo Wasserdampf für den Turbinenantrieb entsteht. Danach wird der Dampf im Kondensator zu Wasser verflüssigt, dieses gelangt wieder zum Wärmetauscher. Das Plutonium dient zur Anreicherung von Uran oder in anderen Reaktoren als Brennstoff.

**7 Die Kernfusion** – die bei der Wasserstoffbombe explosionsartig abläuft – versuchen die Wissenschaftler seit langem zur Energieerzeugung unter Kontrolle zu bringen. Um die hohen Temperaturen im Plasma (ionisiertes Gas) zu erreichen, sind extrem starke Magnetfelder erforderlich.

**8 Kernkraftwerke**, wie das hier abgebildete, benötigen große Mengen an Kühlwasser. Das Flüssen oder Seen entnommene Wasser dient zur Kondensation des Dampfes nach dem Verlassen der Turbine.

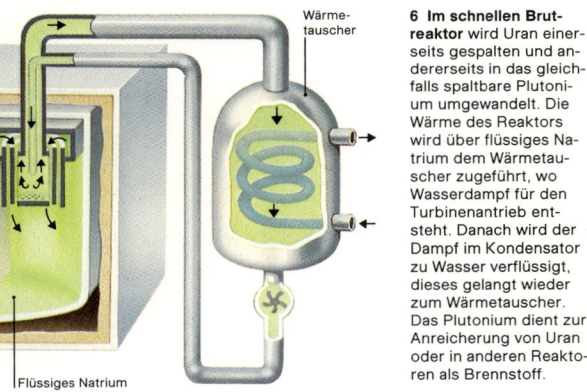

# Gewinnung und Nutzung von Kohle

Kohle ist eine Ablagerung kohlenstoffreicher Pflanzenreste, die beim Verbrennen große Wärmemengen freisetzt. Man findet sie in Schichten, auch Flöze genannt, die meist tief unter der Erdoberfläche liegen [2], sich gelegentlich aber auch direkt unter der obersten Bodenschicht befinden [4]. Kohle ist meist hart, undurchsichtig und schwarz. Vor dem 16. Jahrhundert benutzte man sie kaum; danach aber wurde sie für lange Zeit zum wichtigsten Brennstoff in der ganzen Welt.

### Die Entstehung der Kohle

Kohle entstand aus Wäldern in niedrig gelegenen Gebieten, die vor einigen zehn bis einigen hundert Millionen Jahren in Sümpfen versanken und mit mächtigen Sedimentschichten bedeckt wurden, die Sandstein und Schiefer bildeten [1]. Dieser Vorgang wiederholte sich viele Male. Dabei gerieten die Pflanzenreste unter großen Druck, sie erhitzten sich auf und wurden von Mikroorganismen zersetzt. Als Ergebnis dieses sogenannten Inkohlungsprozesses waren riesige Mengen brennbarer Stoffe entstanden.

Der Grad dieser Inkohlung bestimmt den Wert der Kohle; bei Anthrazit ist er am höchsten. Innerhalb eines Flözes kann der Inkohlungsgrad schwanken – wenn dies der Fall ist, lassen sich auch die Inkohlungsgrade darunter- oder darüberliegender Flöze vorhersagen. In einer ungestörten vertikalen Schichtung hat die tiefer liegende Kohle meist einen höheren Inkohlungsgrad.

Die Qualität der Kohle wird oft durch eine »Näherungsanalyse« bestimmt, die rasch den Gehalt an Feuchtigkeit, flüchtigen Stoffen, festem Kohlenstoff und veraschenden Mineralien aufzeigt. Die »Vollanalyse« bestimmt die Anteile von Kohlenstoff, Wasserstoff, Sauerstoff, Stickstoff und Schwefel in der Kohle. Weiterhin sind die Verbraucher der Kohle an ihrer Heizkraft interessiert, d. h. welche Wärmemenge eine Kohle je Gewichtseinheit beim Verbrennen abgibt.

Auch nach petrographischen Gesichtspunkten kann man Kohle einteilen – man betrachtet sie dann als Gestein und unterscheidet vier Typen: glatte, glänzende Oberfläche, hart und körnig, schwarz und glasig sowie brüchig und faserig.

Das Wachstum des Kohlenbergbaus war ein wesentliches Merkmal während der Industrialisierung vom 17. bis zum 20. Jahrhundert. Heute dient die Kohle nicht mehr nur als Brennstoff, sondern auch als Rohstoff zur Herstellung von Parfümen, Nylonstrümpfen, Schmerztabletten und Waschmitteln.

### Die Geschichte des Kohlenbergbaus

Bis zum Zweiten Weltkrieg hatte die Kohle in den Industriestaaten eine Schlüsselstellung. 1950 deckte die Kohle noch 56 Prozent des Weltenergiebedarfs; 1974 war ihr Anteil auf 29 Prozent zurückgegangen, weil die Erdöl- und Erdgasförderung stark zugenommen hatte. Der steile Anstieg des Erdölpreises seit 1973 und Prognosen über nur noch beschränkt verfügbare Erdöl- und Erdgasvorkommen haben die Kohlenförderung in vielen Ländern jedoch wieder aufleben lassen [Leitbild].

Die erste Kohle sammelte man dort, wo man sie zufällig an der Erdoberfläche fand. Später, beim Bergwerk, baute man Kohle in »Strekken« ab, die man, von vertikalen Schächten ausgehend, horizontal in die Erde getrieben hatte. Für den Tagebau entwickelte man riesige Schaufelradbagger. Heute gehört die Suche nach Kohlenvorkommen in den Bereich der

**HINWEISE**

Lesen Sie auch:

Brennstoff und Energie sparen

Stromerzeugung und -verteilung

Tunnelbau

Sprengstoffe und Feuerwerkskörper

**1 Aus pflanzlichem Material** haben sich im Laufe von Jahrmillionen unter den verschiedenartigsten Bedingungen sehr unterschiedliche Kohleablagerungen gebildet. Ihren Ausgang nahm diese »Inkohlung« von wuchernden Urwäldern über ausgedehnten Sumpfgebieten. Abgestorbene Stämme und andere Pflanzenreste sammelten sich an und vertorften unter Wasser. Die Torfschichten wurden von Sandstein und Schiefer bildenden Sedimenten überlagert. Da immer wieder neue Wälder nachwuchsen, wiederholte sich dieser Vorgang viele Male. Die Zeichnung zeigt in vereinfachter Form die wesentlichen Merkmale einer ungestörten Schichtung. Zunehmende Inkohlung ist durch eine Zunahme des Kohlenstoffgehalts und eine Abnahme des Gehalts an Wasserstoff und Sauerstoff gekennzeichnet. Das bedeutet, daß Kohle höherer Qualität wie z. B. Steinkohle chemisch dichter gepackte Brennstoffe sind und weniger flüchtige Stoffe abgeben als beispielsweise Braunkohle.

**2 In einem modernen Kohlenbergwerk** bauen halbautomatische Kohlenschrapper [1] mit rotierenden Fräsen [2] die Kohle ab. Das Gestein über dem abgebauten Flöz wird mit hydraulischen Stempeln [3] gestützt; später werden die entstandenen Hohlräume (Strecken und Kammern) wieder mit taubem Gestein aufgefüllt. Förderbänder [4] transportieren die Kohle ab. Das Hauptförderband bringt sie zu einem Bunker [5] mit einem Fassungsvermögen von etwa 1000 Tonnen, von dem aus die Kohle dann über eine automatische Waage in den Fülltrichter [6] eingefüllt wird. Über eine Verladeeinrichtung [8] gelangt sie in den Förderkorb [7] und wird im Schacht nach oben befördert. Nach dem Entladen [9] kommt sie in eine Wasch- und Sortieranlage [10]. Dort wird der Aschegehalt der Kohle reduziert; außerdem werden die Kohlenstücke nach ihrer Größe sortiert. Die gereinigte und sortierte Kohle wird dann von einer Verladeeinrichtung [11] in Eisenbahnwaggons geladen und abtransportiert.

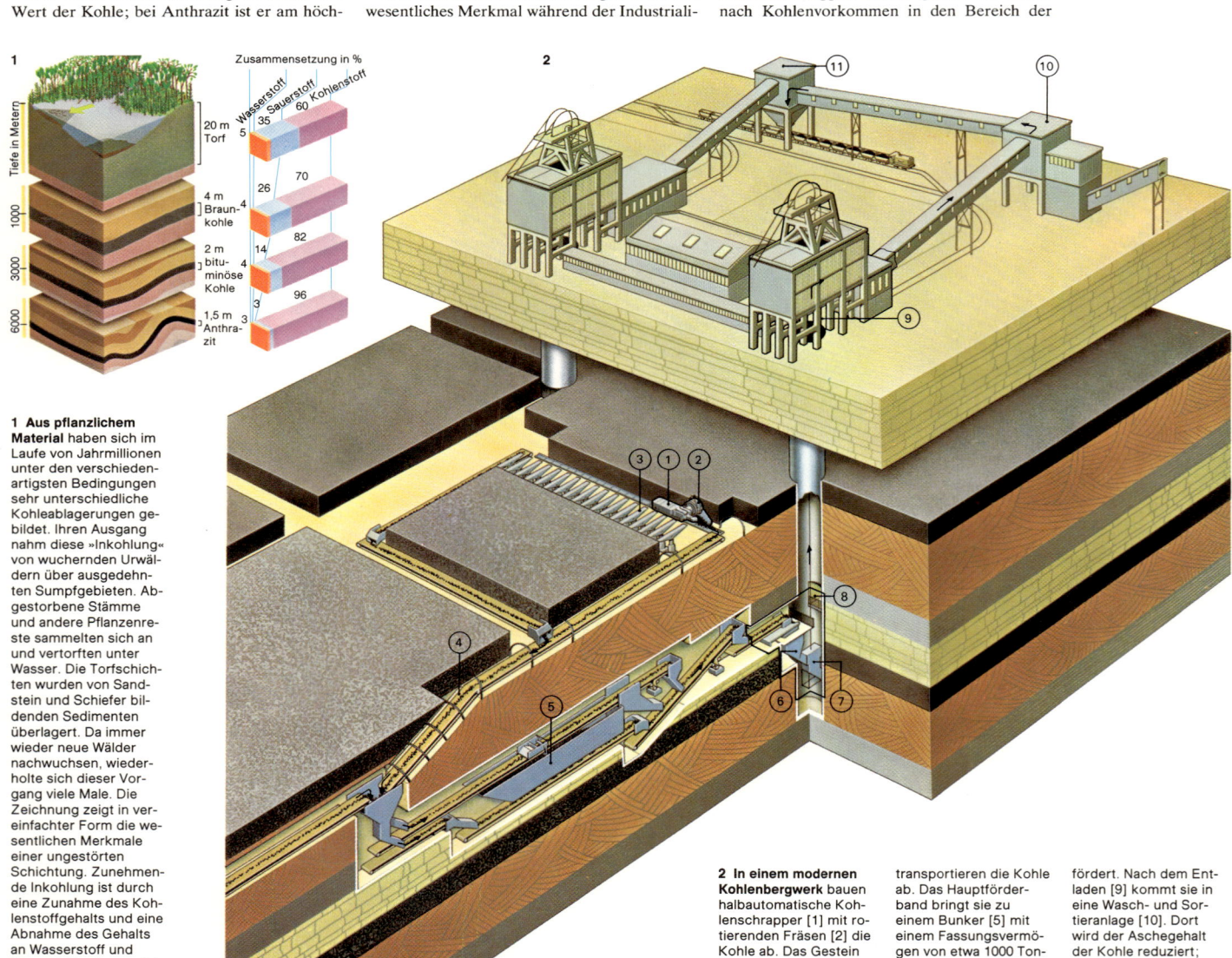

Wissenschaft; Geophysiker setzen vor den ersten Probebohrungen modernste Verfahren und Instrumente ein. Das Niederführen eines Hunderte von Metern tiefen Schachts ist mit hohen Kosten verbunden; es dauert fünf bis zehn Jahre und erfordert Investitionen in Millionenhöhe.

Früher wurde die Kohle mit Hacke und Schaufel abgebaut und in Körben nach oben gebracht. Heute ist der Kohlenabbau in allen Industrieländern voll mechanisiert, und ein modernes Bergwerk kann mehr als eine Million Tonnen Kohle pro Jahr fördern [2]. Die Bergleute arbeiten mit mechanischen Abbaumaschinen, die Kohle wird auf Fließbändern oder Grubenbahnen abtransportiert. Neuere Kohlenabbaumaschinen folgen automatisch dem Verlauf des Flözes, wobei mit radioaktiven Proben die jeweilige Dicke der restlichen Kohlenschicht bis zum tauben Gestein oberhalb bzw. unterhalb des Stollens bestimmt wird.

Während des Abbaus wird im Kohlenflöz das leicht entzündbare Gas Methan frei, das, mit Luft gemischt (»Schlagende Wetter«), schon oft zu schweren Explosionen geführt hat. Auch einstürzende Stollen führten zu schweren Grubenunglücken. Es gibt daher Bestrebungen, die Kohle mit ferngesteuerten Maschinen abzubauen und die Bergleute von diesen Gefahrenstellen fernzuhalten.

### Kohlenprodukte

Bis in die sechziger Jahre war die Kohle ein wichtiger Grundstoff zur Herstellung von Gas und Chemikalien, die beim Erhitzen der Kohle ohne Luftzutritt frei werden. Diese »Verkokung« hat kaum noch Bedeutung; dennoch befassen sich umfangreiche Forschungsprogramme zur Nutzung der Kohle für Chemikalien mit dem Einsatz neuer Verfahren wie der Kohlenverflüssigung, bei der die Kohle chemisch in Gase und flüssige Brennstoffe zerlegt werden kann. Die Kohlenvorkommen sind die größten aller fossilen Brennstoffe und werden bei den zu erwartenden Verbrauchsziffern noch für Hunderte von Jahren ausreichen. Kohle wird deshalb Erdöl und Erdgas lange überleben. Für die Eisen- und Stahlproduktion ist der durch Entgasung der Kohle gewonnene Koks von besonderer Bedeutung. Das dabei anfallende Kohlengas wird in den Stahlwerken zum Beheizen der Schmelzöfen verwendet.

**Viele Länder** haben ihre Einstellung zum Kohlenbergbau geändert, als in den Jahren 1972–74 die Erdölpreise auf das Fünffache gestiegen waren. Zahlreiche Zechen hatten ihre Produktion beträchtlich gesenkt oder sogar eingestellt – einige Länder wie die USA konnten ihre Produktion aufrechterhalten, während die UdSSR und andere osteuropäische Länder sie sogar steigerten. In den Ostblockländern folgt das Verhältnis zwischen Kohle- und Erdölpreis politischen Erwägungen; in Ländern mit freier Marktwirtschaft dagegen unterlag die Kohle in der Nachkriegszeit dem Preisdruck des »bequemeren« Erdöls. Kohle ist aber nicht nur Brennstoff, sondern auch Rohstoff zur Herstellung zahlreicher Produkte, deren Palette sich ständig erweitert.

**3 Der Förderturm eines Bergwerks,** der die Kohle zutage fördert, galt einst als Wahrzeichen des Kohlenbergbaus. Heute befinden sich die Fördereinrichtungen in Gebäuden, deren Äußeres der Landschaft besser angepaßt ist.

**4 Im Tagebau** werden Braunkohlenflöze abgebaut, die dicht unter der Erdoberfläche liegen. Riesige Schaufelbagger – hier im rheinischen Braunkohlenrevier – entfernen das »Deckgebirge« und graben die Kohle ab. Abgebaute Teile der Grube werden sofort wieder mit »Abraum« zugeschüttet und neu bepflanzt.

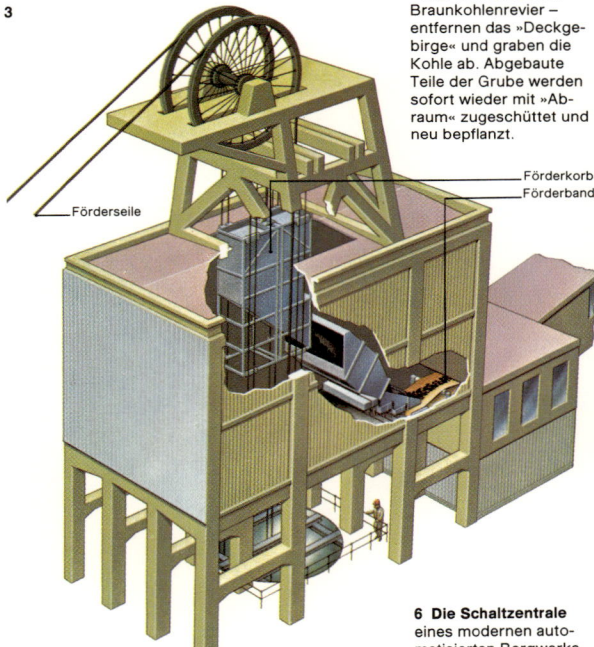

**5 Koks,** der hier noch glühend aus einem Koksofen kommt, ist ein rauchloser Brennstoff. Er entsteht aus Kohle, die unter Luftabschluß auf Weißglut erhitzt wird. Dabei werden fast alle Teerbestandteile und Gase ausgetrieben.

**6 Die Schaltzentrale** eines modernen automatisierten Bergwerks ist frei von Staub und Schmutz. Ein Ingenieur überwacht mit Monitoren und Signalgebern den Betrieb der Anlagen und Maschinen über und unter Tage.

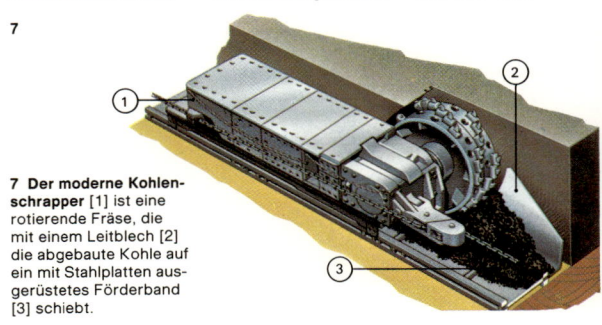

**7 Der moderne Kohlenschrapper** [1] ist eine rotierende Fräse, die mit einem Leitblech [2] die abgebaute Kohle auf ein mit Stahlplatten ausgerüstetes Förderband [3] schiebt.

# Erdöl und Erdgas

Das erste Erdöl der Welt förderte 1859 der Amerikaner Edwin L. Drake (1819–80) in Titusville (Pennsylvania) in einer Tiefe von 21 m. Mittlerweile lieferten im Jahre 1975 rund 600 000 Ölquellen auf der ganzen Erde insgesamt mehr als 55 Millionen Barrel Erdöl pro Tag (1 Barrel sind 159 Liter).

## Zusammensetzung, Ursprung und Fundorte

Erdöl ist ein Gemisch aus unzähligen Kohlenwasserstoffen – chemischen Verbindungen von Kohlenstoff und Wasserstoff. Seine Komponenten reichen von Gasen wie Methan bis zu festen Stoffen wie Bitumen. Auch die Farbe des Rohöls ist sehr unterschiedlich: gelb, grünlich, manchmal rot, braun oder gar schwarz. Im Durchschnitt enthält das Rohöl etwa 85 Prozent Kohlenstoff und 15 Prozent Wasserstoff. Erdgas [7] besteht aus den gasförmigen Bestandteilen des Erdöls, kommt aber auch unabhängig vom Öl vor.

Erdöl ist höchstwahrscheinlich ein Zerfallsprodukt, das unter besonderen Bedingungen aus den Zellen von Pflanzen und Tieren entstand, die vor Hunderten von Millionen Jahren gelebt und deren Überreste sich als Sedimente abgesetzt haben. Einige Erdgasarten sind dagegen einfacher zustande gekommen: So bildet sich Methan durch die bakterielle Zersetzung organischer Stoffe und kommt vielfach in Sumpfgebieten vor.

Das Erdgas sammelte sich in porösem Gestein in Tiefen von 30 bis zu 8000 m. Öllagerstätten sind also keine riesigen Höhlen mit zähflüssigem Öl und einer Gasglocke darüber, sondern ölhaltige Gesteinsschichten.

Die ersten Prospektoren bohrten dort nach Öl, wo es auf natürliche Weise aus dem Boden sickerte. Heute setzt man wissenschaftliche Methoden ein [2], obwohl noch immer gewisse Oberflächenmerkmale von Nutzen sein können. Die geologischen Eigenschaften eines Gebietes und der Nachweis ölverdächtiger Sedimentgesteine deuten darauf hin, wo man Bohrungen ansetzen kann. Seismische (Erdbeben betreffende) Untersuchungen, die – nach dem Zünden von Sprengladungen – den Verlauf der Schockwellen im Fels zeigen, lassen auf die Tiefenstruktur schließen. Auch Gravitationsmessungen werden eingesetzt: Sehr empfindliche Instrumente, manchmal in Flugzeugen montiert, stellen Unterschiede des Gravitationsfeldes fest, die auf ölhaltige Schichten hinweisen. Derartige Techniken haben die Erfolgsquote bei der Erdölsuche von 1 : 30 auf fast 1 : 5 erhöht.

## Erdölbohrungen

Die ersten Bohrungen erfolgten mit Schlagbohrern in einem trockenen Bohrloch, und keine Sicherheitsvorrichtung hinderte das Öl, plötzlich aus dem Bohrloch zu schießen, wenn man fündig geworden war. Die moderne Bohrtechnik [1] und das mit Bohrschlamm gefüllte Bohrloch verhindern dies. Der Schlamm hält aber mit seinem Gewicht nicht nur das Öl zurück, sondern beigegebene Schmierstoffe erleichtern auch das Bohren.

Der Bohrmeißel sitzt am Ende eines hohlen Bohrgestänges, durch das auch der Schlamm eingepumpt wird. Während sich der Bohrmeißel durch den Fels frißt, wird das zerkleinerte Gestein vom Schlamm nach oben gespült. Geologen untersuchen ihn ständig, um sich ein Bild von den Gesteinsschichten zu machen.

Die größten Gefahren sind Öl- und Gasausbrüche sowie festgefressene Bohrgestänge. Ausbrüche sind heute selten, denn die Bohr-

**HINWEISE**

Lesen Sie auch:

Grundformen von Kraftmaschinen

Erdöl – der vielseitige Rohstoff

Brennstoff und Energie sparen

---

**1** 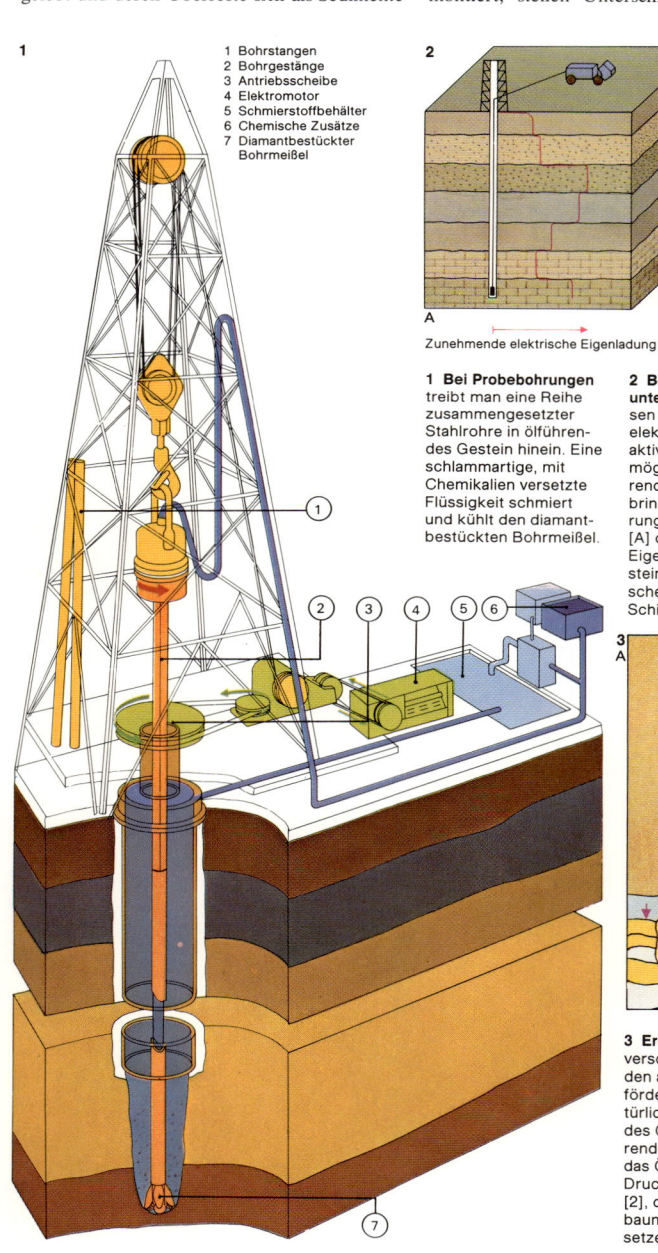
1 Bohrstangen
2 Bohrgestänge
3 Antriebsscheibe
4 Elektromotor
5 Schmierstoffbehälter
6 Chemische Zusätze
7 Diamantbestückter Bohrmeißel

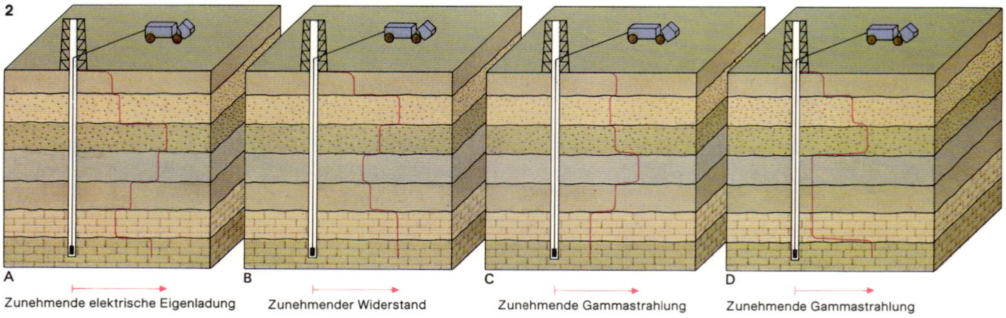

**1 Bei Probebohrungen** treibt man eine Reihe zusammengesetzter Stahlrohre in ölführendes Gestein hinein. Eine schlammartige, mit Chemikalien versetzte Flüssigkeit schmiert und kühlt den diamantbestückten Bohrmeißel.

**2 Bei geologischen Voruntersuchungen** messen Wissenschaftler die elektrischen und radioaktiven Eigenschaften möglicherweise ölführenden Gesteins. Sie bringen eine Probebohrung nieder und messen [A] die elektrische Eigenladung des Gesteins, [B] den elektrischen Widerstand der Schichten sowie [C] die Intensität der natürlichen Gammastrahlung. Vielfach wird eine radioaktive Probe in das Bohrloch eingeführt und die von ihr ausgehende Neutronenstrahlung gemessen [D]. Auch der Gehalt an flüssigen Bestandteilen und die Porosität des Gesteins geben Auskunft darüber, ob sich Ölbohrungen lohnen.

A  Zunehmende elektrische Eigenladung
B  Zunehmender Widerstand
C  Zunehmende Gammastrahlung
D  Zunehmende Gammastrahlung

Schiefer
Öl- oder gasführender Sand
Wasserführender Sand
Ölschiefer
Kalkstein
Poröser Kalkstein

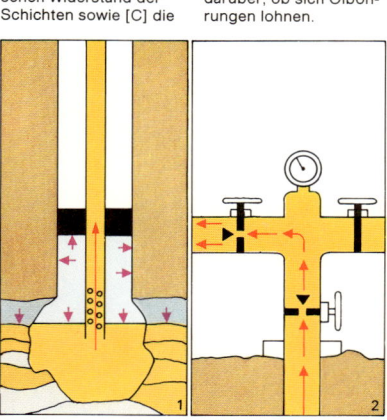

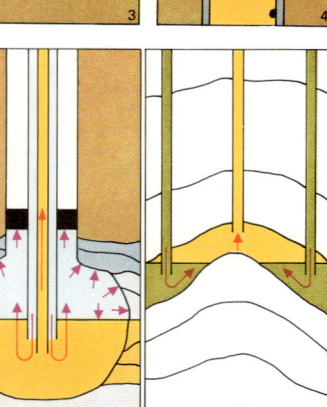

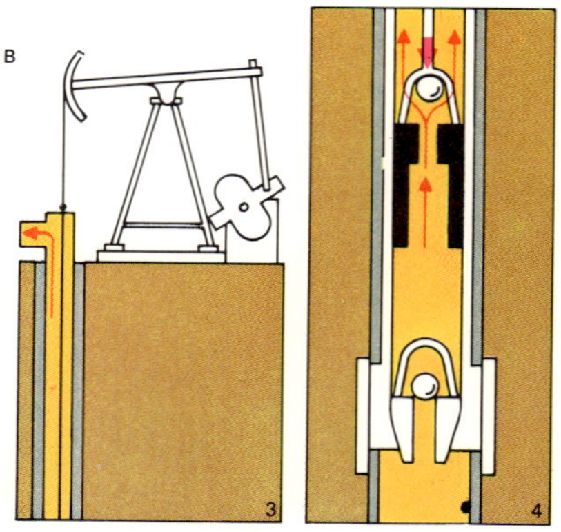

**3 Erdöl** kann man mit verschiedenen Methoden aus dem Bohrloch fördern [A]: Unter natürlichem Druck stehendes Gas über der ölführenden Schicht treibt das Öl [1] nach oben; Druckreduzierventile [2], die auch »Christbaum« genannt werden, setzen den Öldruck weiter herab. [B]: Öl kann auch mit einer Pumpe [3] aus der Tiefe des Bohrlochs [4] gefördert werden. [C]: Wenn die Ölquelle fast erschöpft ist, kann man das noch vorhandene Öl durch eingepumptes Gas [5] oder Wasser [6], das das Öl verdrängt, an die Oberfläche bringen.

geräte besitzen Sicherheitseinrichtungen, die das Bohrloch notfalls rasch verschließen. Festgefressene Bohrer können oft mit Spezialgeräten wieder freigemacht werden. Gelingt dies nicht, läßt man sie im Bohrloch stecken, versucht zumindest das Bohrgestänge heraufzuholen und bohrt daneben ein neues Loch.

Nach dem Bohren wird in das Loch ein etwa 23 cm dickes Rohr eingeführt und der Spalt zwischen Rohr und Gestein mit Beton ausgefüllt. Dann wird ein zweites Rohr von etwa 8 cm Durchmesser hintergelassen. Schließlich bringt man eine Sprengladung nieder, die nach dem Zünden das Außenrohr und die Betonummantelung zerstört, um aus dem umgebenden Gestein Öl einfließen zu lassen.

**Transport und Lagerung**
Am wirtschaftlichsten lassen sich Erdöl und Erdgas durch Pipelines [6] von den Quellen bis zur Verladung oder gar zur Raffinerie befördern. Eine Pipeline, oft mehr als 1000 km lang, wird aus Stahlrohren von etwa 1,2 m Durchmesser zusammengeschweißt, mit einer bitumengetränkten Isolierschicht ummantelt und sorgfältig im Boden oder auf Stützen verlegt. Mehrere Pumpstationen fördern das Erdöl durch die Pipeline hindurch.

Der Schiffstransport ist teurer, obwohl die heutigen Supertanker oft über eine Million Barrel Erdöl fassen. Auch verflüssigtes Erdgas wird teilweise auf dem Seeweg befördert, allerdings mit speziellen Tankschiffen [5], die ebenfalls recht teuer sind.

Riesige Tanks mit 30 m Durchmesser und 10 m Höhe dienen zur Lagerung des Erdöls. Flüssiges Erdgas kann entweder in Kühltanks oder in geeigneten geologischen Formationen gelagert werden, die man durch Ausfrieren des umgebenden Grundes gasdicht gemacht hat. Danach werden Schächte bis zu 40 m Durchmesser gegraben. Wenn sie mit dem flüssigen Erdgas gefüllt sind, erhalten sie eine wärmeisolierende Abdeckung; das kalte Erdgas hält die Schachtwände in gefrorenem Zustand.

Zur Gaslagerung sind erschöpfte Erdöl- und Erdgaslagerstätten in der Nähe der Verbraucher gut geeignet, wie dies z. B. in den USA geschieht. In Fontaine-l'Évêque (Belgien) wurden kürzlich 500 Millionen m³ Erdgas in ein ehemaliges Kohlenbergwerk eingelagert – das damit wohl der größte Gasbehälter der Welt ist.

**Leitbild**

**Erdgas** kommt häufig unter dem Meeresboden vor, mit Bohrinseln wird es zutage gefördert. Man kann es unmittelbar als Brennstoff nutzen — im Haushalt zum Heizen und Kochen, in Fabriken oder Kraftwerken zur Elektrizitätserzeugung. Der petrochemischen Industrie dient Erdgas als Rohstoff zur Herstellung zahlreicher anderer chemischer Produkte.

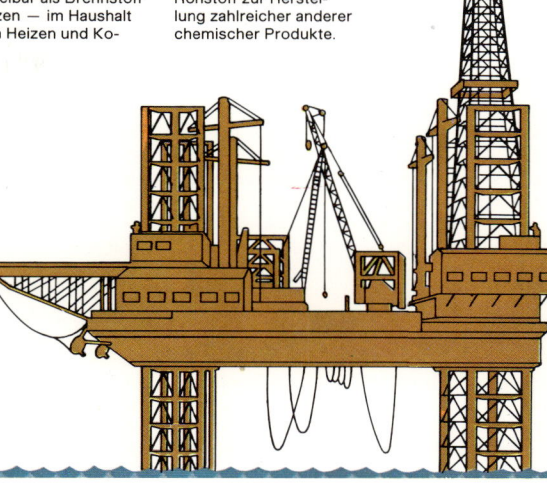

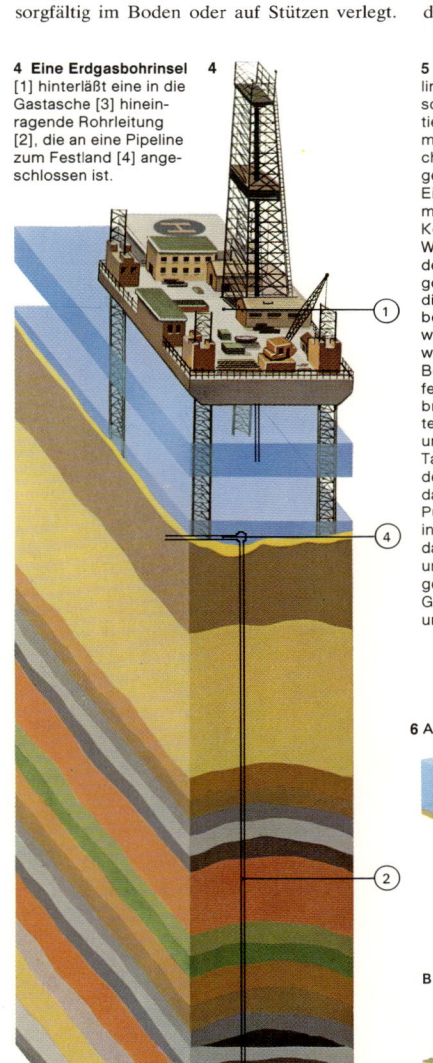

**4 Eine Erdgasbohrinsel** [1] hinterläßt eine in die Gastasche [3] hineinragende Rohrleitung [2], die an eine Pipeline zum Festland [4] angeschlossen ist.

**5 Erdgas** wird in Pipelines oder mit Spezialschiffen [1] transportiert. Vor Gebrauch müssen verschiedene chemische Beimengungen entfernt werden: Eine Expansionskammer [2] entzieht flüssige Kohlenwasserstoffe und Wasser. Mit Alkali werden Schwefelverbindungen ausgewaschen [3], die als wertvolles Nebenprodukt gesammelt werden [4]. Schließlich werden alle flüssigen Bestandteile [5] entfernt. Nicht sofort gebrauchtes Gas wird unter Druck verflüssigt und in unterirdischen Tanks gelagert [6]. Bei der Entnahme verdampft es wieder [7], Pumpen [8] speisen es in das Gasnetz [9] ein, das zu Haushalten [10] und Fabriken führt. Einige Länder beziehen das Gas bereits gereinigt und verflüssigt.

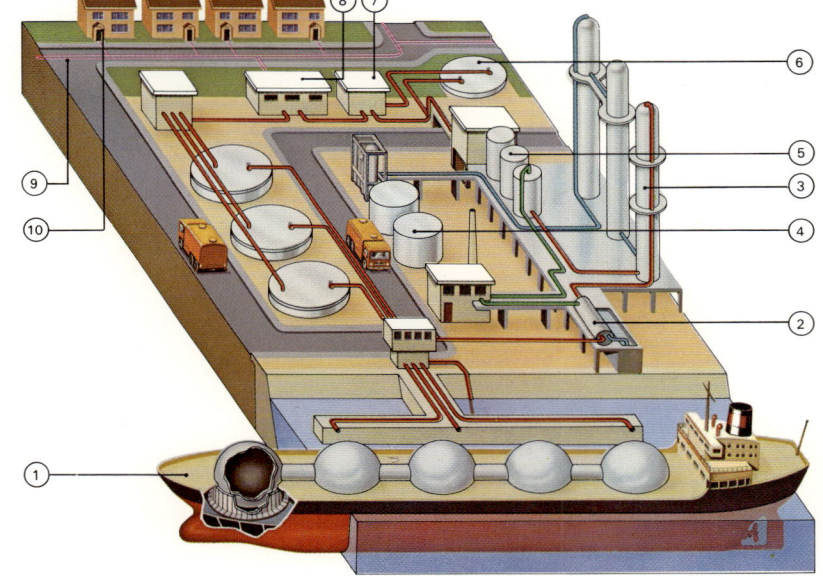

**6 Pipelines für Erdöl oder Erdgas** können unter Wasser [A] oder in der Erde [B] verlegt werden. Auf einem Montageschiff [1] werden Rohrstücke verschweißt [2], mit Röntgenstrahlen überprüft [3] und vor dem Verlegen mit Beton ummantelt [4]. An Land zieht eine Maschine einen Graben, die Rohrstücke werden verschweißt [6], geprüft und mit einer Schutzschicht gegen Korrosion versehen.

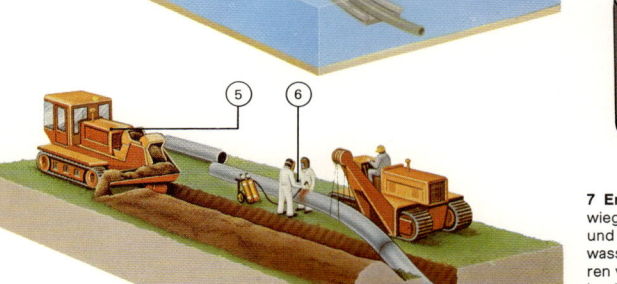

**7 Erdgas** besteht überwiegend aus Methan und höheren Kohlenwasserstoffen mit Spuren von Stickstoff, Kohlendioxid und manchmal auch Helium. Die Zusammensetzung ist von Ort zu Ort verschieden; im Durchschnitt beträgt der Methangehalt jedoch 85 bis 95%. Oft lohnt es sich, das Edelgas Helium, ein nicht brennbares leichtes Gas, abzutrennen. Auch Schwefelverbindungen müssen vor Gebrauch aus dem Gas entfernt werden.

# Erdöl – der vielseitige Rohstoff

Erdöl ist der Grundstoff für verschiedenartige chemische Produkte wie Kunststoffe, Arzneimittel, Kosmetika, Klebstoffe, Lacke, Anstrichfarben, Sprengstoffe und Insektenvertilgungsmittel. Erdöl ist ein kompliziertes Gemisch aus Hunderten von verschiedenen Verbindungen, die alle zu den Kohlenwasserstoffen gehören, weil sie in erster Linie aus Wasserstoff- und Kohlenstoffatomen aufgebaut sind. Es ist eine dickliche, brennbare Flüssigkeit, deren Farbe gelblich, grünlich, rötlich, braun oder schwarz sein kann; manchmal ist es auch fluoreszierend. Die genaue Zusammensetzung ist von Quelle zu Quelle verschieden.

Zu den wichtigsten Kohlenwasserstoffen im Erdöl gehören Paraffine, Naphthene und Aromaten.

### Erdölraffination

In Raffinerien [1] wird das Erdöl zunächst in seine verschiedenen Komponenten (Fraktionen) zerlegt. Die verschiedenen Kohlenwasserstoffe haben unterschiedliche Siedetemperaturen. Deshalb kann man das Gemisch durch »fraktionierte Destillation« trennen: Es wird erhitzt, so daß die einzelnen Fraktionen verdampfen. Diese werden wieder kondensiert und sammeln sich auf den verschiedenen Stufen einer Fraktionssäule [2] an. Man kann sie dann getrennt weiterraffinieren, chemisch verändern und bei Bedarf auch mit anderen Fraktionen mischen.

Die wichtigsten Fraktionen sind in der Reihenfolge ihrer Siedetemperaturen (von unten nach oben) Ölgase, die oben an der Säule abgezogen werden, dann Benzine, Kerosin, Dieselöl, Schmieröle sowie Wachse. Als Rückstand bleibt ein Bitumengemisch am Boden der Fraktionssäule. Um den nötigen Trennungsgrad für die verschiedenen Produkte zu erzielen, wird das Öl in mehreren Säulen hintereinander destilliert. Die anfallenden Mengen und ihre Eigenschaften werden dem Bedarf entsprechend angepaßt. So stieg mit der Zahl der Autos der Bedarf an Benzin, mit der Ausweitung des Flugverkehrs die Nachfrage nach Kerosin.

Weitere Möglichkeiten zur Produktumwandlung bietet das »Kracken«, wobei große Moleküle in kleinere »zerbrochen« werden. So kann man z. B. schwere Fraktionen wie Dieselöl in das leichte Benzin umwandeln. Zur Qualitätssteigerung kann das Benzin »reformiert« werden: Es wird, mit Wasserstoff angereichert, über Katalysatoren erhitzt, wobei aus kettenförmigen Kohlenwasserstoffmolekülen Ringstrukturen entstehen, die sich besser für Kolbenmotoren eignen.

### Umwandlungsprozesse

Aus kleinen Molekülen kann man durch chemische Prozesse wieder größere aufbauen und so auch Benzine gewinnen. Weitere Prozesse dienen zur Beseitigung von Verunreinigungen [3]; sie sind besonders wichtig zur Reduzierung der Umweltverschmutzung durch Abgase. So wird beispielsweise Benzin in einer Vorstufe mit Wasserstoff behandelt, um den im Erdöl enthaltenen Schwefel abzutrennen. Der Schwefel stellt im übrigen ein wichtiges Nebenprodukt des Erdöls dar.

Viele Chemikalien gewann man ursprünglich nur aus überschüssigen Raffinationsgasen. Diese werden zwar auch heute noch genutzt, inzwischen kamen aber weitere, bei Krackprozessen anfallende Gase wie Äthylen und Propylen hinzu. Einige Chemikalien wie Toluol entstehen direkt bei der Raffination. Anfallende

## HINWEISE

**Lesen Sie auch:**

Erdöl und Erdgas

Chemische Verfahrenstechnik

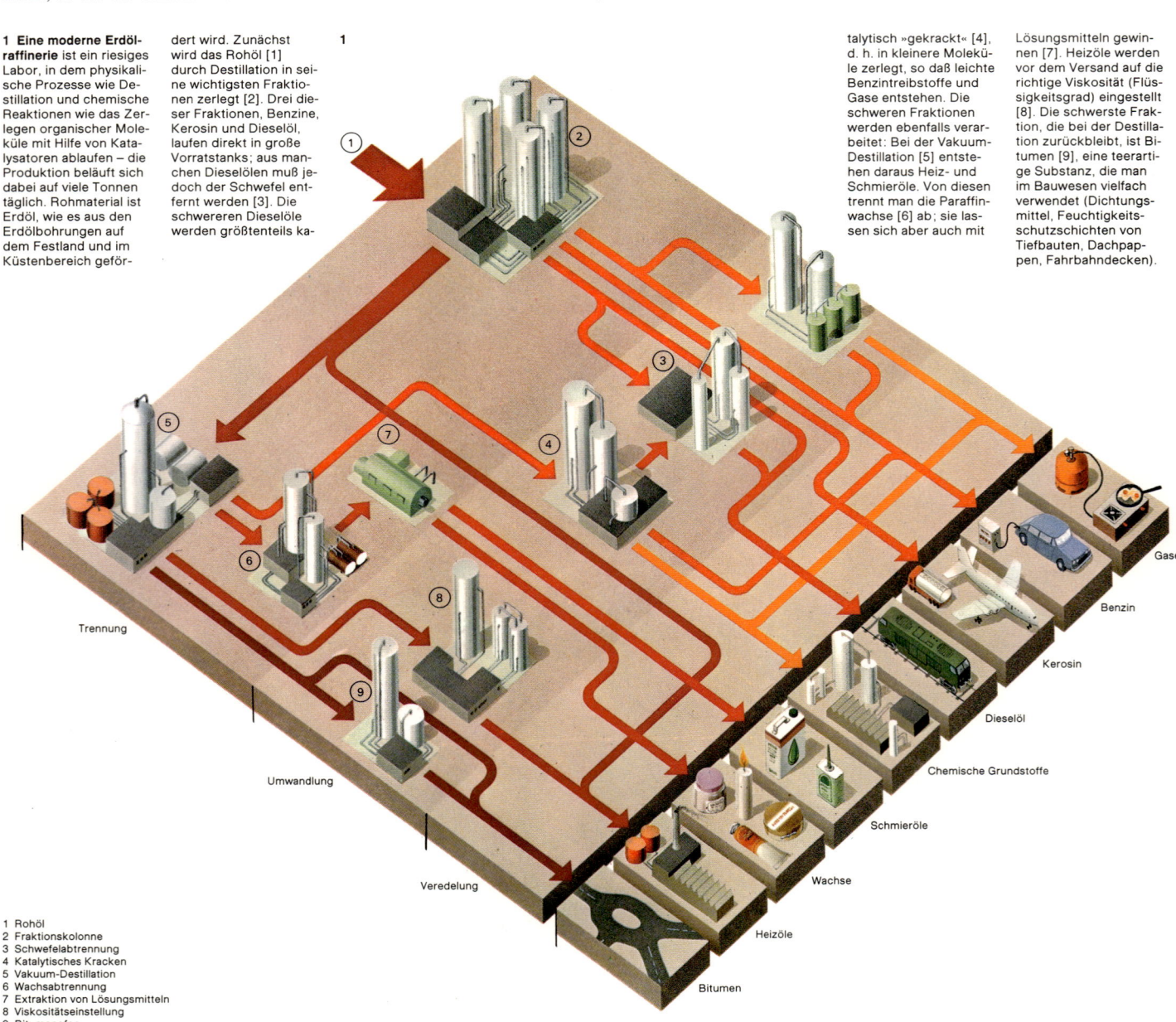

---

**1 Eine moderne Erdölraffinerie** ist ein riesiges Labor, in dem physikalische Prozesse wie Destillation und chemische Reaktionen wie das Zerlegen organischer Moleküle mit Hilfe von Katalysatoren ablaufen – die Produktion beläuft sich dabei auf viele Tonnen täglich. Rohmaterial ist Erdöl, wie es aus den Erdölbohrungen auf dem Festland und im Küstenbereich gefördert wird. Zunächst wird das Rohöl [1] durch Destillation in seine wichtigsten Fraktionen zerlegt [2]. Drei dieser Fraktionen, Benzine, Kerosin und Dieselöl, laufen direkt in große Vorratstanks; aus manchen Dieselölen muß jedoch der Schwefel entfernt werden [3]. Die schwereren Dieselöle werden größtenteils katalytisch »gekrackt« [4], d. h. in kleinere Moleküle zerlegt, so daß leichte Benzintreibstoffe und Gase entstehen. Die schweren Fraktionen werden ebenfalls verarbeitet: Bei der Vakuum-Destillation [5] entstehen daraus Heiz- und Schmieröle. Von diesen trennt man die Paraffinwachse [6] ab; sie lassen sich aber auch mit Lösungsmitteln gewinnen [7]. Heizöle werden vor dem Versand auf die richtige Viskosität (Flüssigkeitsgrad) eingestellt [8]. Die schwerste Fraktion, die bei der Destillation zurückbleibt, ist Bitumen [9], eine teerartige Substanz, die man im Bauwesen vielfach verwendet (Dichtungsmittel, Feuchtigkeitsschutzschichten von Tiefbauten, Dachpappen, Fahrbahndecken).

1 Rohöl
2 Fraktionskolonne
3 Schwefelabtrennung
4 Katalytisches Kracken
5 Vakuum-Destillation
6 Wachsabtrennung
7 Extraktion von Lösungsmitteln
8 Viskositätseinstellung
9 Bitumenofen

Butylene werden in Butadien, einen Ausgangsstoff für synthetische Kautschuke, umgewandelt.

**Erdölderivate**

Die wichtigsten Ausgangsstoffe für Chemikalien sind Äthylen [6] und Propylen. Sie haben die Fähigkeit, direkt zu polymerisieren (ihre Moleküle fügen sich zu Riesenmolekülen zusammen), wobei dann die Kunststoffe Polyäthylen und Polypropylen entstehen. Äthylen wird auch zu Stoffen wie PVC, Polystyrol, Gefrierschutzmitteln, Polyester, Äthylalkohol und synthetischen Kautschuken verarbeitet. Zu den Derivaten des Propylens gehören Lösungsmittel, Acrylfasern, Polyurethan, Hartschaumstoffe, Nylon® und sogenannte »Plastizide« (Weichmacher), die als Zusätze Farb- und Lackschichten sowie Folien elastisch und biegsam machen.

Von Bedeutung sind auch Aromaten wie Benzol, Toluol und Xylol. Sie treten beim katalytischen Reformieren auf oder bei Krackprozessen aus Naphtha nach Wasserstoffbehandlung der betreffenden Fraktionen. Dabei entsteht mehr Toluol als man braucht; der Überschuß wird in Benzol umgewandelt, aus dem schließlich Polystyrol, synthetische Kautschuke, Folien und Detergentien erzeugt werden. Toluol ist auch Ausgangsstoff für Lösungsmittel und Polyurethanfolien. Die höhermolekularen Xylole ergeben Polyesterfasern und Weichmacher. Acetylengas, ebenfalls ein Ausgangsstoff für Syntheseprozesse, fällt heute vielfach bei der Erdölverarbeitung an. Ein Nebenprodukt, außer Schwefel, ist auch Ammoniak; der dafür erforderliche Wasserstoff stammt aus Rohöl oder Erdgas. Kerosin (früher Paraffinöl genannt) ist ein Erdölderivat, das zur Raumheizung und als Treibstoff für Strahltriebwerke verwendet wird.

Mehr als 90 Prozent aller Kunststoffe, synthetischen Kautschuke, Kunstfasern und Lösungsmittel sowie die Hälfte aller Detergentien werden aus Erdöl hergestellt. Noch vor einer Generation gewann man solche Stoffe (soweit es sie überhaupt gab) aus pflanzlichen Stoffen (Holz) und Kohle. Die Erdölvorräte sind jedoch begrenzt, aus diesem Grund werden sich die heutigen Herstellungsprozesse in absehbarer Zukunft je nach den verfügbaren Ausgangsstoffen vielleicht wieder grundlegend ändern.

**Leitbild**

**Erdölraffinerien** wandeln das Rohöl in Benzin und andere Treibstoffe sowie Öle, Wachse und Grundstoffe für chemische Produkte um.

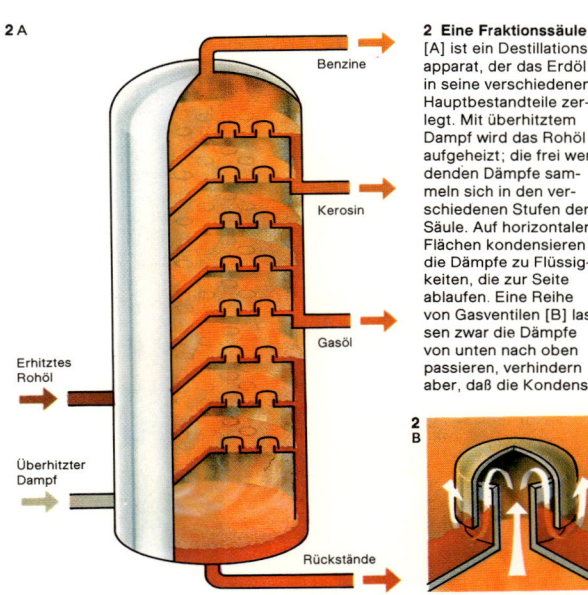

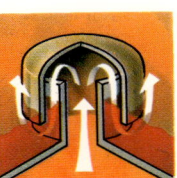

**2** Eine Fraktionssäule [A] ist ein Destillationsapparat, der das Erdöl in seine verschiedenen Hauptbestandteile zerlegt. Mit überhitztem Dampf wird das Rohöl aufgeheizt; die frei werdenden Dämpfe sammeln sich in den verschiedenen Stufen der Säule. Auf horizontalen Flächen kondensieren die Dämpfe zu Flüssigkeiten, die zur Seite ablaufen. Eine Reihe von Gasventilen [B] lassen zwar die Dämpfe von unten nach oben passieren, verhindern aber, daß die Kondensate zurückfließen. Die am leichtesten flüchtigen Bestandteile des Erdöls sind Gase, die in ihrer Zusammensetzung dem Erdgas gleichen. Als nächstes kommen flüssige Brennstoffe und Lösungsmittel wie beispielsweise Benzine, Kerosin, Benzol und leichte Heizöle für Haushaltsölheizungen. Schwerflüchtige Öle finden als Treibstoffe für Schiffsdieselmotoren oder als Schmieröle Verwendung. Zu den festen Komponenten schließlich gehören Paraffinwachse und Bitumen.

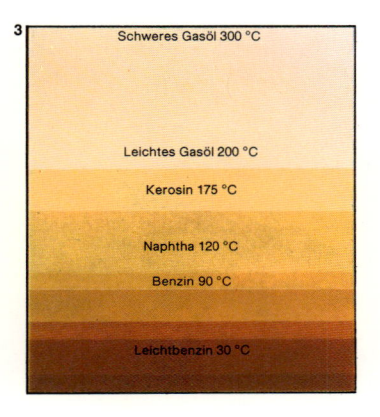

**3** Rohöl ist ein je nach Herkunft unterschiedlich zusammengesetztes kompliziertes Gemisch. Die schematische Darstellung zeigt seine Hauptbestandteile und deren Siedetemperaturen. Alle aufgeführten Substanzen sind Kohlenwasserstoffe (Verbindungen von Kohlenstoff und Wasserstoff). Verunreinigungen wie Schwefel müssen entfernt werden, da sie bei Verbrennungsprozessen Schadstoffe in der Luft bilden; sie stellen aber wichtige Nebenprodukte dar.

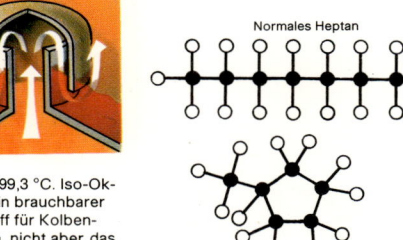

Schweres Gasöl 300 °C
Leichtes Gasöl 200 °C
Kerosin 175 °C
Naphtha 120 °C
Benzin 90 °C
Leichtbenzin 30 °C

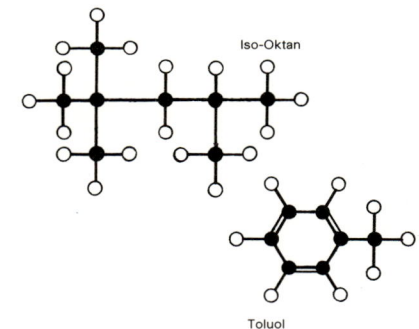

**4 Die Kohlenwasserstoffe** bilden entweder geradlinige, vielfach auch verzweigte Kettenmoleküle mit Kohlenstoffatomen als Hauptgliedern, oder sie formen sich zu Ringmolekülen. Von der Größe und Form der Moleküle hängt unter anderem die Siedetemperatur und die für Treibstoffe wichtige Oktanzahl ab. Normales Heptan mit geraden Molekülketten siedet bei einer Temperatur von 98,4 °C, Iso-Oktan mit verzweigten Molekülketten jedoch erst bei 99,3 °C. Iso-Oktan ist ein brauchbarer Treibstoff für Kolbenmotoren, nicht aber das normale Oktan. Methyl-Cyclopentan besitzt Ringmoleküle mit je fünf, Toluol mit je sechs Kohlenstoffatomen im Ring.

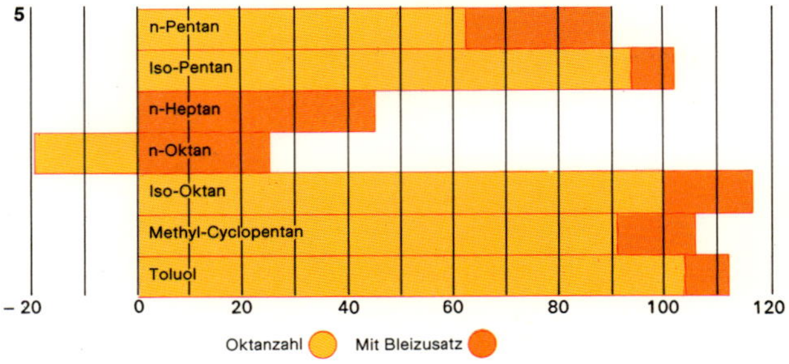

**5 Die Oktanzahl eines Treibstoffes** ist ein Maß für seine Brauchbarkeit in modernen Kolbenmotoren. Kohlenwasserstoffe mit verzweigten Ketten- oder Ringmolekülen sind besser geeignet als solche mit geraden Molekülketten. Man kann die Oktanzahl zwar durch Zugabe metallorganischer Verbindungen wie Bleitetraäthyl erhöhen, jedoch entstehen beim Verbrennen giftige Verbindungen.

Oktanzahl — Mit Bleizusatz

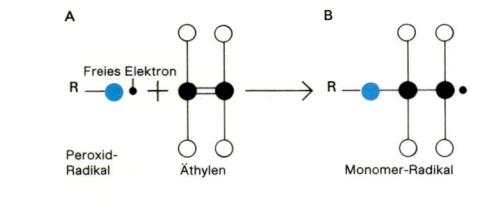

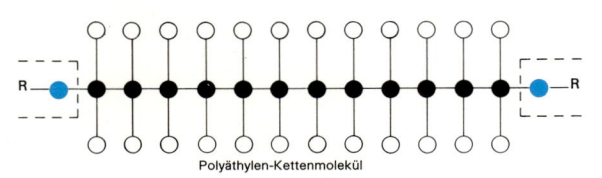

**6 Einfache Kohlenwasserstoffe** wie Äthylen kann man aus Erdölprodukten gewinnen und daraus Kunststoffe und Detergentien herstellen. Die Doppelbindung im Äthylen [A] läßt sich aufbrechen, um ein Radikal R anzuhängen [B]. So entsteht ein Monomer, das sich mit anderen zu einer langen Kette (Polymer) zusammenschließt (Polymerisation): Es bildet sich eine Kunststoffmasse [C]. Lange Kettenradikale reagieren mit Säuren und bilden dann sehr komplexe Moleküle wie etwa Detergentien.

# Brennstoff und Energie sparen

Früher war der Wirkungsgrad, den die Menschen mit ihren Energiequellen erreichten, sehr gering. Die Dampfmaschine setzte nur wenige Prozent der Brennstoffenergie in Arbeit um. Auch die ersten Dampfturbinen verschwendeten rund 95 Prozent der Kohlenenergie als Wärme an die Umgebung.

Als die Brennstoffe – und damit Energie – noch billig waren, spielten geringe Wirkungsgrade keine so große Rolle. Bei den heutigen Preisen für Kohle und Erdöl unternehmen jedoch viele Industrieländer große Anstrengungen zur Energieeinsparung, besonders bei der Verwendung von Erdöl [2] und den daraus gewonnenen Brennstoffen. Aber die Trägheit des gesamten Wirtschaftssystems und die großen Investitionen, die erforderlich sind, um nur wenige Prozent an Energie einsparen zu können, haben bis jetzt größere Fortschritte verhindert.

## Die Energienutzung

Eine moderne Volkswirtschaft benötigt Primärenergie – Kohle, Erdöl, Erdgas, Atom- und Wasserkraft – in vier Bereichen: in den Haushalten für Heizung und Warmwasser, in der Industrie, im Transportwesen sowie zur Elektrizitätserzeugung [1]. Der Verbrauch an Primärenergie in der Bundesrepublik Deutschland betrug 1972 – auf das Äquivalent von Kohle umgerechnet – etwa 4,5 Tonnen Kohle pro Kopf der Bevölkerung. Großbritannien hatte einen Pro-Kopf-Verbrauch von 5 Tonnen, Frankreich von 3,3 Tonnen und Italien von 2,3 Tonnen. Zieht man noch die unterschiedlichen Wirtschaftsstrukturen der einzelnen Länder in Betracht, so zeigt sich, daß man z. B. in Großbritannien zur Herstellung eines bestimmten Produkts etwa doppelt soviel an Energie brauchte wie in Frankreich.

## Erhöhung des Wirkungsgrades

Die nach der Handhabung bequemste Energieform, die Elektrizität, ist gleichzeitig auch diejenige mit dem geringsten Wirkungsgrad. Die Wirkungsgrade von Dampfturbinen sind von anfangs 5 auf 35 Prozent bis heute angestiegen, aber damit werden immer noch fast zwei Drittel der eingesetzten Primärenergie wie Kohle oder Erdöl vergeudet.

Der Gesamtwirkungsgrad eines Elektrizitätsnetzes beträgt unter Berücksichtigung der Übertragungsverluste nur etwa 27 Prozent. Weitere Verluste treten auf, wenn man die Elektrizität, etwa in Haushalten beim Kochen, wieder in Wärme umwandelt, so daß sich schließlich ein Gesamtwirkungsgrad von nur noch 22 Prozent ergibt. Im Vergleich dazu haben Erdgas oder Heizöl beim Heizen einen Wirkungsgrad von über 60 Prozent. Andererseits aber wird Elektrizität für den privaten Verbrauch mehr eingesetzt als Gas oder Öl: Alle Haushaltmaschinen werden von Elektromotoren getrieben, die Radio- und Fernsehgeräte arbeiten mit elektrischem Strom, und elektrisches Licht ist bequem.

Elektrizität ist die am universellsten nutzbare Energieform. Deshalb hat man bereits viele Versuche unternommen, den Gesamtwirkungsgrad der Elektrizitätserzeugung zu verbessern. Eine Möglichkeit dazu bieten Fernheiznetze, die die Abwärme aus dem Dampf-Wasser-Kreislauf direkt zum Beheizen von Fabriken oder Wohnhäusern ausnutzen. Auf diese Weise läßt sich der Gesamtwirkungsgrad theoretisch auf 55 Prozent steigern – vorausgesetzt, daß das Verhältnis zwischen Wärme- und Elektrizitätsbedarf etwa konstant bleibt. Praktisch las-

**HINWEISE**

Lesen Sie auch:

Sonne und Erdwärme als Energiequellen

Kernenergie

Gewinnung und Nutzung von Kohle

Erdöl und Erdgas

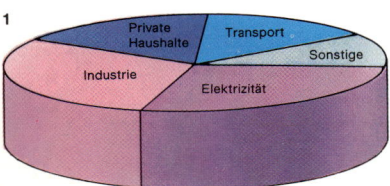

---

**1 Industrieländer** wandeln den größten Teil ihrer Primärenergie (Kohle, Erdöl, Erdgas, Atom- und Wasserkraft) in Elektrizität als Sekundärenergie um; der Wirkungsgrad bei dieser Umwandlung, damit der Energieverlust, ist von Land zu Land verschieden. Die Primärenergie verteilt sich auf die einzelnen Wirtschaftsbereiche wie folgt: 30% zur Elektrizitätserzeugung, 29% Industrie, 17% private Haushalte, 15% Transportwesen und 9% Sonstiges.

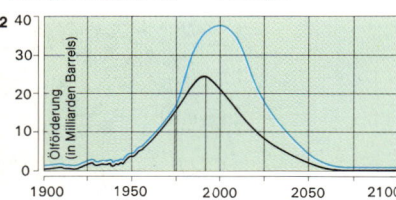

**2 Die Ölreserven auf der Erde** werden eines Tages erschöpft sein. Die beiden Kurven zeigen Schätzungen über die Gesamtreserven: [blau] 2,1 bzw. [schwarz] 1,35 Billionen Barrels (1 Barrel = 159 Liter). Die Kurven prophezeien eine sehr starke Verbrauchszunahme bis zur Jahrhundertwende und eine Erschöpfung aller Reserven bis zum Jahre 2100.

**3 Bei älteren Wohnhäusern** geht oft viel Heizenergie durch Wände, Fenster und Dächer verloren. Gute Wärmeisolation und eine wirtschaftlich arbeitende, möglichst zentral angeordnete Heizungsanlage sind Voraussetzungen für Energieeinsparungen — und damit geringere Heizkosten. Die Kosten solcher Maßnahmen amortisieren sich innerhalb weniger Jahre. Das Haus [A] besitzt keine Isolation und wird mit unwirtschaftlichen offenen Kohlefeuern beheizt. Haus [B] hat isolierte Warmwassertanks [1] und -rohre, das Dach ist mit Filz oder Papier ausgekleidet [2], der Dachboden mit einer Glaswollefüllung [3]. Die Außenmauer ist mit wetterfesten Platten verblendet [4], besonders günstig für Schlafräume. Der Kamin wurde geschlossen [5], die Räume werden elektrisch oder mit Warmwasserheizkörpern einer zentralen Ölheizung beheizt; Thermostate (Temperaturregler) halten die Zimmertemperaturen konstant. Dichtungsstreifen an Türen und an Fenstern [6], Doppelverglasung [7], ein Holzfußboden in der Garage [8] sowie Kunststoffschaumplatten in den Wänden [9] sorgen für eine zusätzliche Wärmeisolation.

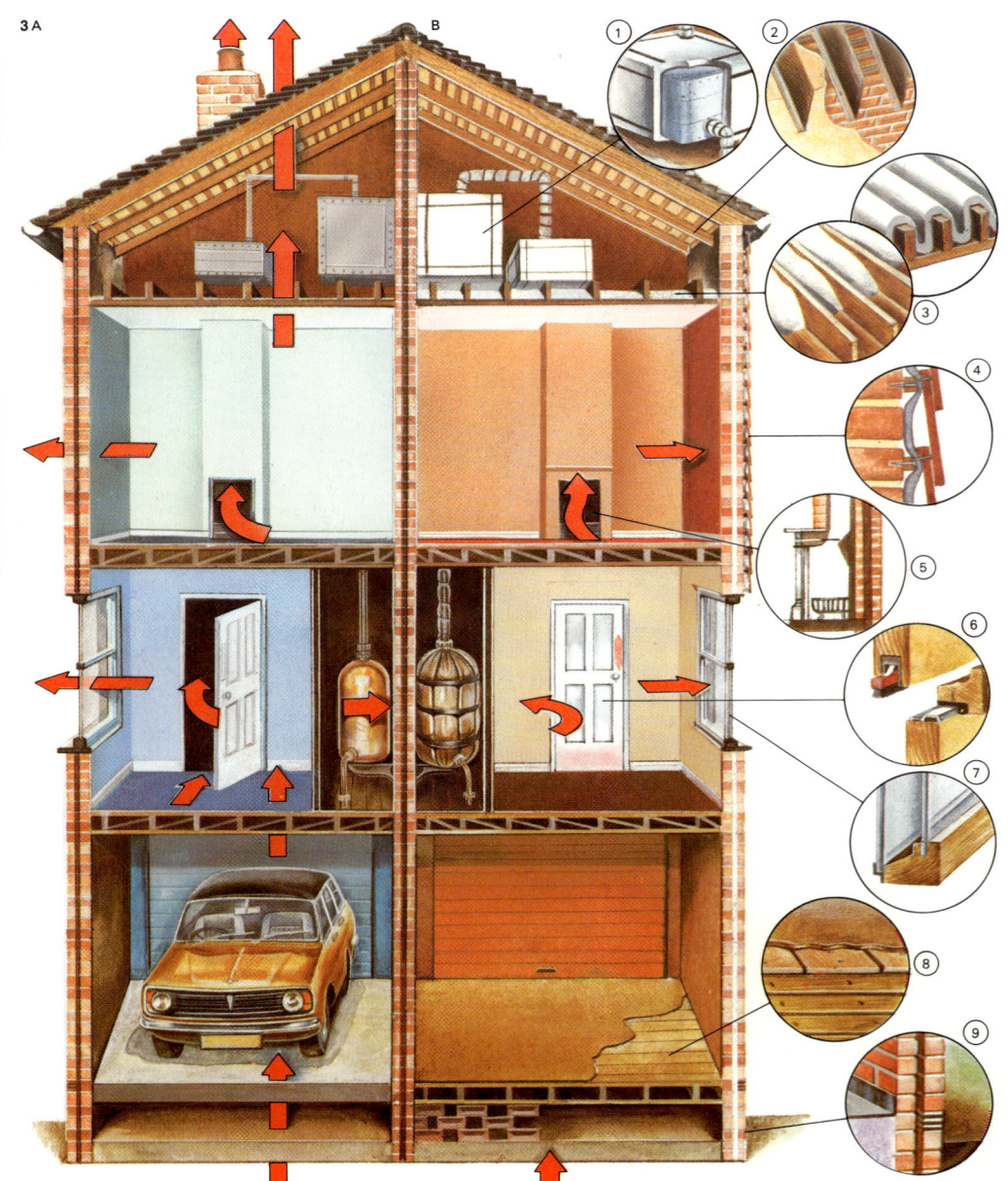

sen sich daher nur rund 45 Prozent Gesamtwirkungsgrad erreichen. Schweden hat auf dem Gebiet der kombinierten Elektrizitäts- und Wärmeerzeugung Pionierarbeit geleistet: In der Stadt Västerås am Mälarsee versorgt ein Kraftwerk die Bevölkerung (etwa 120 000 Einwohner) mit 600 MW Wärme und 300 MW Elektrizität.

Elektrizitätswerke und Verkehrsbetriebe sind sich der Energiekosten wohl bewußt und nutzen die Energie so wirtschaftlich wie irgend möglich. Aber ein großer Teil der Primärenergie in der Bundesrepublik Deutschland, nämlich bis zu 50 Prozent, fällt auf die privaten Verbraucher.

**Energieeinsparung und Umweltbelastung**
Energie kann man durch verschiedene Maßnahmen einsparen. In Wohnhäusern können Tür- und Fensterdichtungen gegen Zugluft, doppelte Verglasung der Fenster, mit wärmeisolierenden Schichten versehene Wände und thermostatisch geregelte Heizkörper den Energieverbrauch fast auf die Hälfte senken [3]. Wenn man in großem Maße vom Individualverkehr mit Personenkraftwagen auf öffentliche Verkehrsmittel überginge – die, auf gleiche Antriebsleistung umgerechnet rund zehnmal mehr Menschen befördern können –, würde man ebenfalls eine Menge Energie sparen. Technische Verbesserungen bei allen Arten von Energieverbrauchern, besonders in der Industrie durch Wärmerückgewinnung, könnten weitere Erfolge bringen.

Energieverbrauch und Elektrizitätserzeugung belasten die Umwelt. In manchen Fällen kann das Streben nach geringerem Verbrauch zu höherer Umweltverschmutzung führen. Ein Beispiel ist der Ottomotor, der am sparsamsten mit bleihaltigem Benzin arbeitet. Ein Verzicht auf das gesundheitsschädliche Blei würde höheren Benzinverbrauch bedeuten.

Mit der Zunahme des Verbrauchs an Elektrizität als Sekundärenergie hat sich die Luftverschmutzung in unseren Städten vermindert – aber auf Kosten der Primärenergie. Der in den Elektrizitätswerken zur Dampferzeugung für die Generatorturbinen verbrauchte Brennstoff könnte direkt und effektiver zur Raumheizung benutzt werden – aber eben nicht so bequem und mit höherer Umweltverschmutzung in den Ballungsgebieten.

**Leitbild**

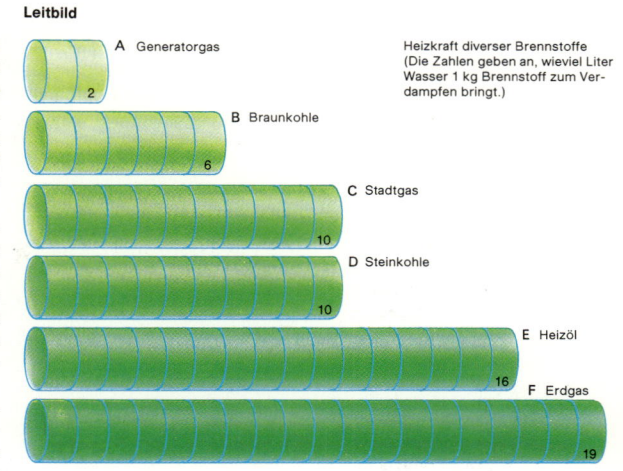

A Generatorgas 2
B Braunkohle 6
C Stadtgas 10
D Steinkohle 10
E Heizöl 16
F Erdgas 19

Heizkraft diverser Brennstoffe (Die Zahlen geben an, wieviel Liter Wasser 1 kg Brennstoff zum Verdampfen bringt.)

**Die unterschiedlichen Heizwerte** weitverbreiteter Brennstoffe läßt diese Graphik erkennen: Sie gibt an, wieviel Liter kalten Wassers man mit je 1 kg Brennstoff zum Verdampfen bringen könnte. Am Anfang steht das aus der Kohlenentgasung stammende Generatorgas [A], es folgen Braunkohle [B], Stadtgas [C] und Steinkohle [D] sowie, mit deutlichem Abstand, Heizöl [E] und Erdgas [F]. Der Heizwert von Benzin und Dieselkraftstoff ist etwa genauso groß wie beim Heizöl.

**4 Der Verbrauch an Erdgas**, das gegenwärtig 20% des Weltenergiebedarfs deckt, ist in den letzten 10 Jahren auf das Dreieinhalbfache gestiegen. Bei diesen Verbrauchsziffern werden die bekannten Gasreserven, rund 32 Billionen Kubikmeter, nur etwa 20 Jahre vorhalten. Aber auch wenn man neue Erdgaslager entdeckt, wird diese Energiequelle in etwa 50 Jahren erschöpft sein. Diagramm [A] zeigt die Anteile der verschiedenen Primärenergiearten und den jährlichen Gesamtverbrauch in den USA, Diagramm [B] den Weltjahresverbrauch an Erdgas. Bemerkenswert ist, daß in neuerer Zeit zahlreiche Länder in zunehmendem Maße wieder Kohle als Brennstoff einsetzen.

4 A Energieverbrauch in den USA (in Billionen Kilowattstunden)
- Kernenergie
- Erdgas
- Erdöl
- Kohle
- Elektrizität aus Wasserkraft
- Holz

B Erdgasverbrauch auf der Welt (in Milliarden Kubikmeter)

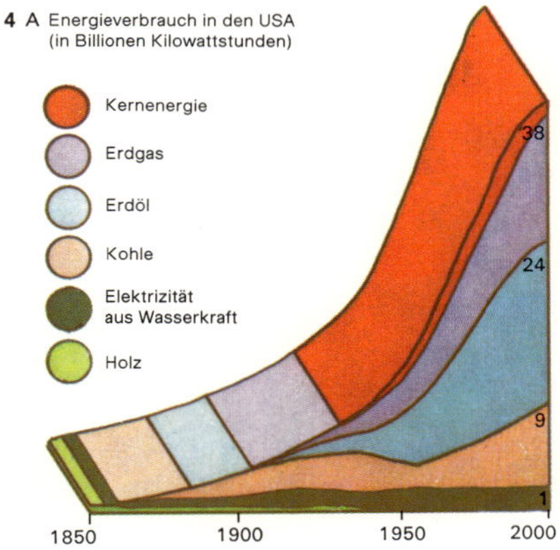

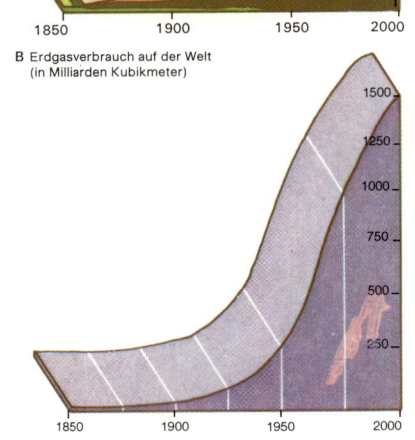

**5 Von einer drohenden Energiekrise** merkt man in den großen Städten [hier in Hongkong bei Nacht] nichts. Viele Tausende Kilowatt elektrischer Energie werden für Lichtreklamen und Schaufensterbeleuchtungen verschwendet. Diese Elektrizität könnte man viel besser in Speicheranlagen bei Nacht ansammeln, wo sie morgens, während des Spitzenverbrauchs, wieder zur Verfügung stünde. Speicheranlagen erfordern aber zusätzliche hohe Investitionen.

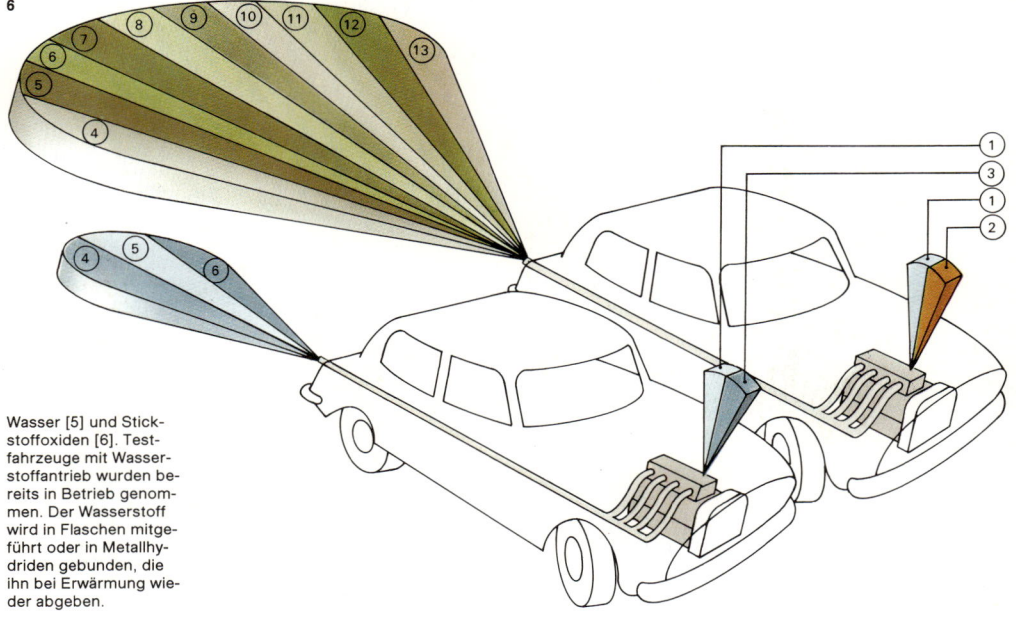

**6 Kraftwagen mit Benzinmotoren** verschwenden Energie und erzeugen Schadstoffe. Mit Wasserstoff betriebene Motoren sind viel »sauberer«. Der Benzinmotor braucht Luft [1] und Benzin [2], die Auspuffgase enthalten Luft [4], Wasser [5], Stickstoffoxide [6], Kohlenstoff [7], Kohlendioxid [8], Kohlenmonoxid [9], Bleiverbindungen [10], Schwefeldioxid [11], Kohlenwasserstoffe [12] und Aldehyde [13]. Ein Wasserstoffmotor benötigt Luft [1] und Wasserstoff [3]; sein Auspuffgas besteht nur aus Luft [4], Wasser [5] und Stickstoffoxiden [6]. Testfahrzeuge mit Wasserstoffantrieb wurden bereits in Betrieb genommen. Der Wasserstoff wird in Flaschen mitgeführt oder in Metallhydriden gebunden, die ihn bei Erwärmung wieder abgeben.

# Stromerzeugung und -verteilung

Die Elektrizität, die wir in Haushalten, Büros und in der Industrie zu den vielfältigsten Zwecken einsetzen, stammt aus Kraftwerken – riesigen Anlagen mit elektrischen Generatoren, Antriebsturbinen, Transformatoren [Leitbild] und Schaltanlagen. In diesen Kraftwerken wird die chemische Energie von Kohle, Erdöl oder Erdgas, in zunehmendem Maße aber auch Kernenergie, in Wärme übergeführt, indem man Heißdampf erzeugt. Turbinen setzen dessen Energie in mechanische Arbeit um und treiben damit Generatoren – die eigentlichen Stromerzeuger.

Aber die Elektrizitätserzeugung in diesen »Wärmekraftwerken« ist, von der Energieausnutzung her gesehen, nicht sehr effektiv. Fast zwei Drittel der aus den fossilen Brennstoffen Kohle, Erdöl und Erdgas freigesetzten Wärmemengen gehen in Wärmekraftwerken an die Umgebung verloren – nur wenig mehr als ein Drittel wird in Elektrizität umgewandelt. Bei der Verteilung der elektrischen Energie gibt es weitere Verluste in den Leitungsnetzen [3]. Der Elektrizitätsverbraucher wandelt dann, gewollt oder nicht, wiederum größere Mengen elektrischer Energie in Wärme um. Trotz allem ist dies gegenwärtig aber noch die beste Methode, um Energie für die unterschiedlichsten Zwecke zur Verfügung zu stellen – Elektrizität ist in fast jeder Hinsicht die bequemste und sicherste Energieform.

## Andere Arten der Elektrizitätserzeugung

Der geringe Wirkungsgrad bei der Elektrizitätserzeugung ist jedoch nur für Wärmekraftwerke typisch. Wenn man beispielsweise die Energie strömenden Wassers aus Stauseen oder durch die Gezeiten [6] zum Antrieb der Turbinen – und damit der Generatoren – nutzt, treten viel geringere Energieverluste auf. Auch werden die Möglichkeiten, mit Sonnenenergie [2] oder Windkraft [4] Elektrizität zu erzeugen, bislang noch kaum genutzt. Der Bau von Staudämmen zur Nutzung der Wasserkraft und die Herstellung von Sonnenzellen sind jedoch sehr teuer. Doch die rasche Abnahme der Vorräte an fossilen Brennstoffen und die Umweltbelastung durch Wärmekraftwerke könnten bald dazu führen, daß rein wirtschaftliche Überlegungen nicht mehr absoluten Vorrang haben. Überall wo aus politischen Gründen die Nutzung fossiler Brennstoffe problematisch wird, beginnen neue Entwicklungen auf dem Gebiet der Energienutzung wirtschaftlich interessant zu werden. So werden heute in den Industrieländern zunehmend Kernkraftwerke errichtet. Ihr Wirkungsgrad bei der Elektrizitätserzeugung ist zwar auch nicht höher als der üblicher Wärmekraftwerke [1], aber der Kernbrennstoff ist billiger.

Die eigentliche Stromerzeugung in den elektrischen Generatoren ist wesentlich effektiver: Sie wandeln die von der Turbinenwelle abgegebene mechanische Arbeit zu etwa 98 Prozent in elektrische Energie um. Die Generatoren sind im Prinzip genauso aufgebaut wie Elektromotoren, nur die Arbeitsweise ist umgekehrt. Heute werden in den Kraftwerken fast nur noch Drehstromgeneratoren verwendet. Sie erzeugen in drei Wicklungen drei zueinander phasenverschobene 50-Hertz-Wechselströme, den sogenannten Drehstrom.

## Das Leitungsnetz

Kraftwerke besitzen meist mehrere Generatoren, so daß der Ausfall einer Maschine nicht gleich die gesamte Stromerzeugung lahmlegt. Oft arbeiten die Werke zu Zeiten des Spitzen-

**HINWEISE**

Lesen Sie auch:

Dampfkraftwerke

Kernenergie

**1 In jedem Wärmekraftwerk** nutzt man Dampf zum Antrieb der Generatoren. Bis zur Mitte der 50er Jahre wurde der Dampf ausschließlich durch Kohlen- oder Ölfeuerung erzeugt. Seitdem setzt man immer mehr Kernreaktoren zur Herstellung des Hochdruck-Heißdampfes ein. Dieser treibt Dampfturbinen, mit deren Wellen die Generatoren unmittelbar gekuppelt sind. Beim Drehen entsteht in den Generatorwicklungen elektrischer Strom. Da der Stromverbrauch ständig schwankt, muß auch die Dampferzeugung der wechselnden Last dauernd angepaßt werden – besonders interessiert dabei der Spitzenverbrauch. Auf Grund von Verbrauchsanalysen wird der zu erwartende Bedarf laufend vorausberechnet.

**2 Sonnenkraftwerke** als riesige Satelliten sind eine Zukunftsvision zur Nutzung der Sonnenenergie. Ungehindert von Erdatmosphäre, Wolken und Nebel würden ihre Sonnenzellen ständig bestrahlt. Die dort als Gleichstrom erzeugte Elektrizität würde über die Leitung [1] in ein Aggregat [2] eingespeist, das die Energie in Form von Mikrowellen abstrahlt. Sie würden bei nur geringen Verlusten in der Atmosphäre [3] auf der Erdoberfläche mittels großflächiger Antennen [4] empfangen werden. Eine Umsetzstation [5] könnte die Energie der Mikrowellen in normalen Wechselstrom umwandeln. Allerdings wären für ein derartiges Projekt riesige Satelliten mit kilometerlangen Sonnenzellenflächen erforderlich.

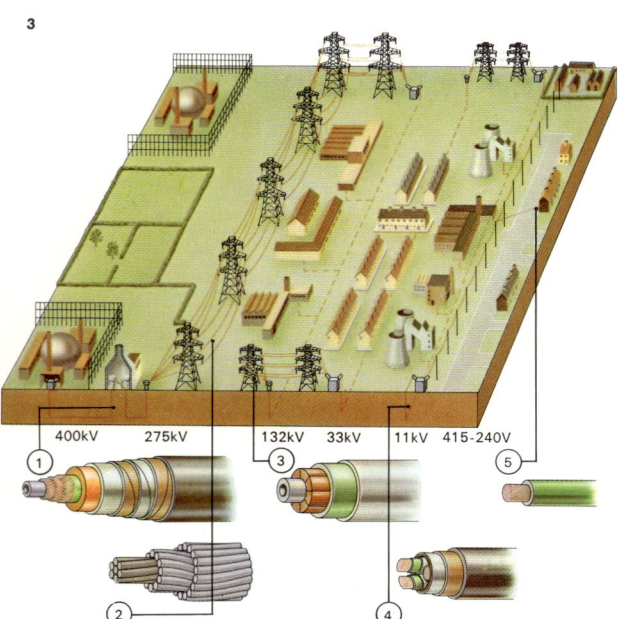

**3 Die Übertragung der elektrischen Energie** vom Kraftwerk zum Verbraucher erfolgt über Freileitungen und Erdkabel bei verschiedenen Spannungen. Da die Verluste bei geringen Spannungen höher sind, setzt man bei größeren Entfernungen die größtmögliche, noch sicher beherrschbare Spannung ein. In einem Versorgungsnetz sind die Hochspannungserdkabel [1, 3] mit Öl und Kunststoff isoliert, Freileitungen [2] dagegen nicht, da hier die Luft als Isolator wirkt. Erdkabel für mittlere Spannungen [4] haben Textil- und Kunststoffisolationen, sie führen zu Umspannstationen, blei- oder aluminiumummantelte Kabel [5] zu den Verbrauchern.

**4 Bevor es billige fossile Brennstoffe gab,** war der Wind die Hauptenergiequelle, Windmühlen benötigen große Flügel; sie können bei günstigen Windverhältnissen billige Energie zum Laden von Akkumulatoren liefern.

verbrauchs mit vier Turbinen-Generatorsätzen gleichzeitig. Bei geringerem Bedarf fährt man dann einzelne Maschinen mit Teillast oder man schaltet die Maschinen ganz ab – was noch wirtschaftlicher ist.

Von den Generatoren führt man den Strom in Sammelschienen – das sind dicke Metallleiter – zu den Transformatoren. Hier wird die Spannung, die am Generator bis zu 15 750 Volt betragen kann, auf Werte von 220 000 oder gar 440 000 Volt transformiert, damit beim anschließenden Transport in den bis zu Hunderte von Kilometern langen Überlandleitungen keine zu großen Energieverluste entstehen. In der Nähe der eigentlichen Stromverbraucher – den Städten und Industriezentren – wird der Strom in Umspannstationen wieder heruntertransformiert und mit einer Spannung von 380 Volt in die örtlichen Versorgungsnetze eingespeist. In den Ballungsgebieten der Städte sind diese Netze meist unterirdisch verlegt; kleinere Gemeinden werden über Freileitungen an das Elektrizitätsnetz angeschlossen. Darüber hinaus gibt es im Verteilungsnetz zwischen Kraftwerk und Verbraucher auch zahlreiche Sicherheitseinrichtungen wie Kurzschlußschalter und Schnellschalter, die das Netz vor stärkerer Überlastung und den Folgen von Blitzschlägen schützen sollen.

Während Fabriken durchwegs Drehstrom beziehen, werden die Haushalte teilweise nur mit 220-Volt-Einphasenwechselstrom beliefert, der sich jedoch unmittelbar aus dem Drehstromnetz abgreifen läßt. In zunehmendem Maße erhalten aber auch die Haushalte Drehstrom, z. B. für den Anschluß moderner Elektroherde.

**Das Verbundnetz**
Jedes Kraftwerk steht heute mit zahlreichen anderen Anlagen durch ein weitverzweigtes Überlandnetz in Verbindung; die einzelnen Kraftwerke eines Landes arbeiten so in einem Verbund [5]. Die am wirtschaftlichsten arbeitenden Werke sind dabei ständig in Betrieb und liefern die sogenannte Grundlast, andere Werke können im Bedarfsfall zugeschaltet werden. In heutiger Zeit überspannt dieses Verbundnetz aber auch schon die Staatsgrenzen und ermöglicht auf diese Weise eine noch viel bessere Auslastung der einzelnen Kraftwerksanlagen.

**Leitbild**

**Riesige Transformatoren** [hier ein Eisenkern ohne Wicklungen] verbinden die Generatoren eines Kraftwerks mit dem Stromnetz. Sie erhöhen die Spannung vom Generator (z. B. 23 kV) bis auf 440 kV.

**5 Die regionale Verteilung der elektrischen Energie.** Das Bild zeigt den Kontrollraum der Bayerischen Landeselektrizitätsversorgung in Karlsfeld bei München. Von dieser rund um die Uhr besetzten überregionalen Netz-Koordinationsstelle aus werden der Einsatz der Kraftwerke und das Verbundnetz in Bayern überwacht und gesteuert. Zeitweilige Störungen und Ausfälle in Teilen des Verbundnetzes werden hier sofort erkannt und überbrückt. Die 1977 in Betrieb genommene Anlage ist eine der modernsten und leistungsfähigsten Lastverteilungen Europas. Ein Doppel-Prozeßrechner-System unterstützt die Ingenieure. Der Dialog mit dem Rechner erfolgt über Datensichtgeräte und Farbdisplays an den Arbeitsplätzen und über die Mosaikwand im Hintergrund. Alle Einrichtungen dienen dazu, die Versorgung der Endverbraucher mit elektrischer Energie zu jeder Zeit so sicher und so preisgünstig wie möglich zu machen.

**6 Elektrizität aus den Gezeiten des Meeres** gewinnt das bei La Rance an der französischen Atlantikküste errichtete Gezeitenkraftwerk. Es hat neuartige Turbinen, die beide Strömungsrichtungen des Wassers ausnutzen, also sowohl das auflaufende als auch das ablaufende Wasser. Bei Flut läßt man das Wasser durch die Turbinentunnels in ein durch einen Damm abgeschlossenes Becken strömen, dessen Wasserstand sich dadurch erhöht. Bei Ebbe strömt das Wasser durch dieselben Tunnels wieder zurück und treibt die Turbinen erneut. Bei geringem Strombedarf läßt man die Turbogeneratoren als elektrisch betriebene Pumpen arbeiten und füllt das Staubecken zusätzlich mit Wasser; bei Bedarfsspitzen steht es wieder zur Stromerzeugung zur Verfügung, so wie beim herkömmlichen Pumpspeicherwerk. In La Rance sind 24 Turbogeneratoren in den Tunnels des Staudamms installiert. Gezeitenkraftwerke sind allerdings nur dort wirtschaftlich nutzbar, wo der Gezeitenhub hinreichend groß ist und die Küste das Eindeichen ganzer Buchten ermöglicht – wie etwa an Steilküsten.

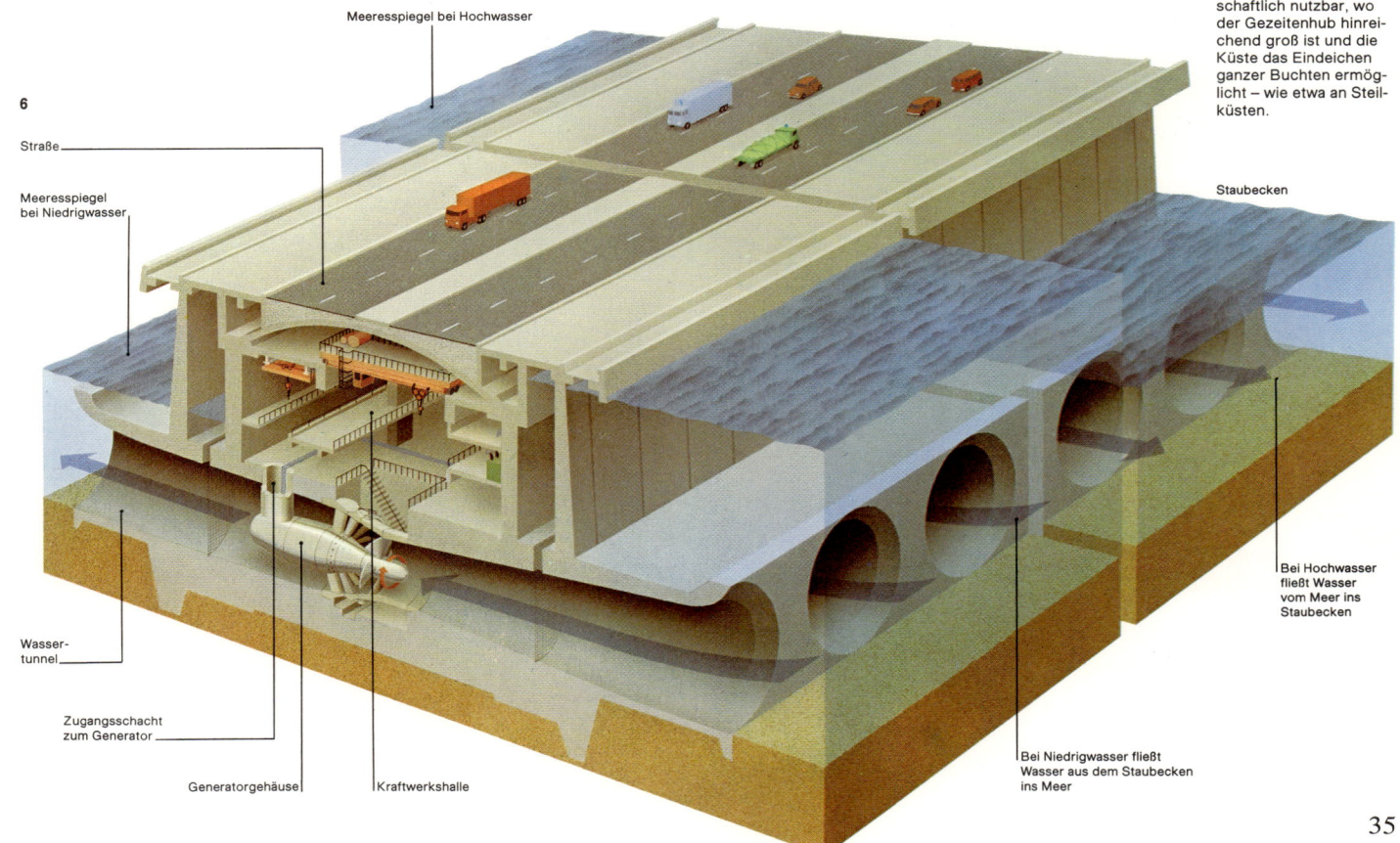

- Meeresspiegel bei Hochwasser
- Straße
- Meeresspiegel bei Niedrigwasser
- Wassertunnel
- Zugangsschacht zum Generator
- Generatorgehäuse
- Kraftwerkshalle
- Staubecken
- Bei Hochwasser fließt Wasser vom Meer ins Staubecken
- Bei Niedrigwasser fließt Wasser aus dem Staubecken ins Meer

# Hebel, Keil und Schraube

Eine Vielzahl der verschiedenartigsten Maschinen ist heutzutage aus unserer gewohnten Umgebung nicht mehr wegzudenken: Waschmaschinen, Schreibmaschinen, Staubsauger, Kaffeemühlen, Rasierapparate, Bohrmaschinen, Rasenmäher, Planierraupen, Fahrstühle, Motorsägen und viele andere mehr. Alle diese Maschinen dienen dazu, uns in irgendeiner Form die alltägliche Arbeit zu erleichtern, und sie nehmen uns tatsächlich Arbeit ab, wenn sie einen eigenen Antriebsmotor haben.

Worin besteht nun die Arbeits»erleichterung«? Im physikalischen Sinne lautet die präzise Antwort: Wenn wir beim Verrichten einer Arbeit *Kraft* sparen können. Die zu leistende mechanische Arbeit hängt von der gestellten Aufgabe ab und ist z. B. beim Anheben einer Last das Produkt aus dem Gewicht der Last, multipliziert mit der zu überwindenden Höhendifferenz. Die meisten Maschinen bieten uns aber die Möglichkeit, eine Last mit viel weniger Kraft anzuheben, als ihrem Gewicht entspricht – allerdings auf Kosten des Weges, der nun um soviel größer ist, wie wir an Kraft gespart haben. Zu den einfachsten »Maschinen« in diesem Sinne gehören der Hebel, der Keil und die Schraube; komplizierte Maschinen enthalten oft eine Vielzahl dieser grundlegenden Bauelemente.

## Das Kräftespiel des Hebels

Hebel begegnen uns in vielerlei Formen: als Brechstange, Bootsriemen und Balkenwippe oder als Einzelteile von Scheren, Zangen und Schreibmaschinen. Jeder Hebel hat einen Auflager- oder Drehpunkt [1], und je nachdem, ob sich dieser Punkt zwischen oder außerhalb der Angriffspunkte von Last und Kraft befindet, spricht man vom zweiarmigen oder vom einarmigen Hebel. Eine Verallgemeinerung des zweiarmigen Hebels stellt der Winkelhebel dar, wie er bei der Schreibmaschine vorkommt [3].

Wenn ein Hebel sich im statischen Gleichgewicht, also in Ruhe befindet, läßt sich das Verhältnis von Kraft und Last aus dem Hebelgesetz berechnen. Es lautet: Kraft mal Kraftarm gleich Last mal Lastarm; oder was gleichbedeutend ist: Drehmoment der Kraft gleich Drehmoment der Last. Als Kraft- bzw. Lastarm ist dabei der kürzeste Abstand zwischen der Kraft- bzw. Lastwirkungslinie und dem Auflager- oder Drehpunkt zu verstehen.

Jede Balkenwaage arbeitet nach dem Hebelgesetz. Ihr Tariergewicht, das z. B. 10 N (1 kp) wiegen soll, hält einer 100 N (10 kp) schweren Last dadurch »die Waage«, daß man es zehnmal so weit vom Drehpunkt aufhängt wie die Last (z. B. 10 N · 10 cm = 100 N · 1 cm).

Mit einer Brechstange kann man unter Einsatz seines eigenen Körpergewichts eine Kiste ankippen, die um ein Mehrfaches schwerer ist – und eine Brechstange riesigen Ausmaßes muß sich auch schon der griechische Mathematiker und Philosoph Archimedes (287–212 v. Chr.) vorgestellt haben, als er behauptete: »Gib mir einen Punkt, wo ich hintreten kann, und ich bewege die Erde!«

## Schiefe Ebene

Beim Bau der Pyramiden mußten die Ägypter viele Tonnen schwere Steine mehrere Meter hoch heben, und da man bereits wußte, daß es leichter ist, schwere Gegenstände eine schiefe Ebene hochzuziehen als direkt zu heben, schütteten sie wahrscheinlich lange Rampen auf, um die Steine an Seilen hinaufzuschleifen.

Um einen 2500 kp schweren Steinblock (soviel wiegt etwa ein würfelförmiger Block

### HINWEISE

Lesen Sie auch:

Rollenzüge und Getriebe

Geräte zum Wiegen und Messen

Hebezeuge

Bagger und Planierraupen

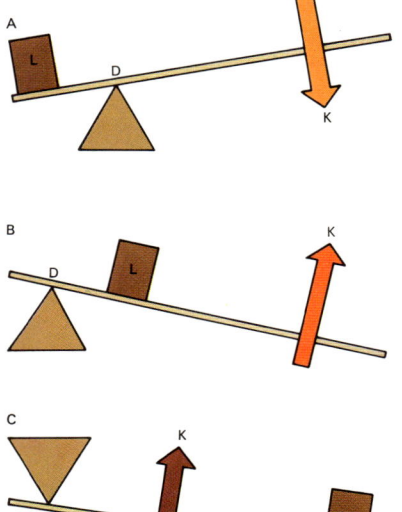

**1 Hebel** bezeichnet man als zweiarmig oder einarmig, je nachdem, ob sich der Drehpunkt D zwischen dem Angriffspunkt der Last L und dem Angriffspunkt der Kraft K befindet [A] oder nicht [B, C]. Immer gilt, daß das Produkt aus Last mal Lastarm dem Produkt aus Kraft mal Kraftarm gleich ist. Beispiele für den zweiarmigen Hebel sind die Balkenwippe auf dem Spielplatz und die Brechstange. Denkt man sich bei Bild [B] das Auflager durch die Achse eines Rades ersetzt, so ist das Prinzip einer Schubkarre zu erkennen: Die Last kann etwa dreimal schwerer sein, als man mit bloßen Händen tragen könnte. Anordnung [C] findet man bei hydraulisch bewegten Auslegern (z. B. bei fahrbaren Hebebühnen): Hier ist die Kraft größer als die Last.

**2 Fahrbare Hebebühnen** werden bei der Reinigung und Instandhaltung von Straßenbeleuchtungsanlagen eingesetzt, aber auch bei der Feuerwehr, um Menschen aus Gebäuden zu retten. Die beiden Ausleger werden durch Hydraulikzylinder bewegt, die in der Nähe der Gelenke angebracht sind. Jeder der beiden Ausleger entspricht einer Hebelanordnung nach Bild [1, C]: Die Last sind die Gewichte von Plattform und Ausleger, die Kraft erzeugt ein Hydraulikzylinder. Da er sehr nahe am Drehpunkt sitzt, ist seine Kraft auch viel größer als die Last, andererseits ist der Zylinderhub wesentlich kleiner als der Lasthub. Prinzipiell genauso ist es bei den menschlichen Gliedmaßen, wo die Muskeln die Kräfte erzeugen.

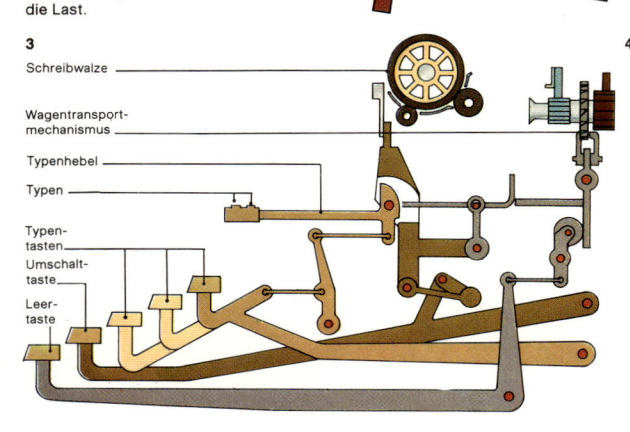

**3 Schreibmaschinentasten** übertragen den Anschlag der Finger durch zahlreiche kleine Hebel – zumindest bei rein mechanischen Maschinen. Beim Niederdrücken einer Zeichentaste schleudern die Hebel einen Typenhebel hoch, so daß dieser mit dem unteren seiner beiden Schriftzeichen an die Walze schlägt – ein anderer Hebel hebt vorher noch das Farbband an. Die Leertaste läßt den Wagen um eine Buchstabenbreite weiterrücken. Mit der Umschalttaste wird der gesamte Typenhebelsupport abgesenkt, so daß das obere Zeichen des Typenhebels zum Anschlag kommt. Weitere Hebelwerke transportieren das Farbband und bringen die Schreibwalze in Drehung.

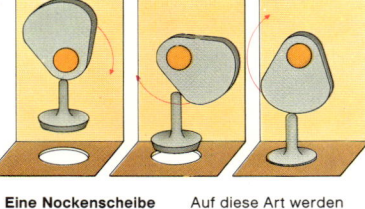

**4 Eine Nockenscheibe** [A] kann man als Keil mit veränderlichem Keilwinkel auffassen, der um einen Zylinder gewickelt ist. Die Drehung ihrer Achse wird in die geradlinige, hin- und hergehende Bewegung des Stößels umgesetzt. Auf diese Art werden beispielsweise die Ventile von Verbrennungsmotoren betätigt. Die Schlitzscheibe [B] macht im Prinzip genau dasselbe, kann aber nur oszillierende (schwingende) Drehbewegungen ausführen.

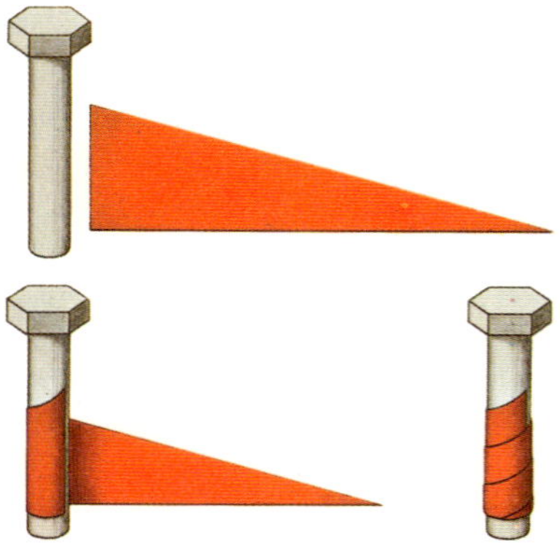

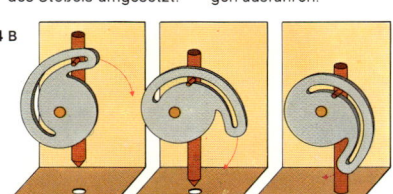

**5 Die schiefe Ebene und die Spur eines Schraubengewindes** haben eine gewisse Verwandtschaft, wie man hier beim Aufwickeln einer gleichmäßig geneigten schiefen Ebene erkennt. Deren mechanische Wirkung – sie gestattet es, eine Last mit geringerer Kraft in die Höhe zu befördern als beim direkten Anheben – tritt auch beim Drehen einer Schraube auf, wenn man an ihrem Kopf einen Schraubenschlüssel als Hebel ansetzt.

von 1 m Kantenlänge) vertikal anzuheben, muß man eine vertikale Kraft von 2500 kp aufbringen. Um ihn aber eine schiefe Ebene mit einer Steigung von 1 : 25 hinaufzuschaffen, ist nur eine Zugkraft von 100 kp nötig (wenn man einmal von der Reibung absieht). Diese Ersparnis wird jedoch mit einem viel längeren Weg erkauft, denn für 1 m Höhengewinn sind auf der schiefen Ebene nun 25 m zurückzulegen. In beiden Fällen ist dieselbe Arbeit zu leisten, nämlich Kraft mal Weg – und die beträgt in diesem Beispiel jedesmal 2500 kp pro Meter Höhengewinn. Welche der beiden Transportarten vorzuziehen ist, hängt letzten Endes von den verfügbaren Kräften ab. Sehr lange Rampen kann man auch in Windungen bauen [8]; das ändert aber nichts an der eben beschriebenen Gesetzmäßigkeit.

**Keil und Schraube**
Während man mit einer schiefen Ebene große Hubkräfte umgehen kann, lassen sich mit Keilen wesentlich größere Kräfte erzeugen, als beim Eintreiben des Keils aufzubringen sind [Leitbild]. Einfachste Beispiele sind die Axt zum Spalten von Holzklötzen oder der Meißel, mit dem man sogar so feste Verbindungen wie ein Stahlgefüge wieder trennen kann. Die Kraftverstärkung hängt beim Keil nicht nur vom Neigungswinkel der beiden Keilflächen ab, sondern vor allem auch von der Reibung zwischen dem Keil und dem zu spaltenden Werkstoff. Je kleiner die Reibung und je kleiner der Keilwinkel, desto größer ist die Spaltkraft eines Keils.

Schrauben [6] sind mit schiefen Ebenen und Keilen gleichermaßen verwandt. Während die Spur eines Schraubengewindes durch Aufwickeln einer schiefen Ebene entsteht [5], kann man sich die Gewindeflanken auch durch Aufwickeln von Keilflächen entstanden denken und daraus die Kräfteverhältnisse beim Verspannen von Bolzen und Mutter ableiten.

Zum Anziehen einer Schraube benutzt man meist einen Schraubenschlüssel – einen Hebel besonderer Art, der der Schraube ein Drehmoment erteilt. Mit dieser Kombination von Hebel und Keil ist bei der Schraube eine enorme Kraftverstärkung zu erreichen zwischen der am Schraubenschlüssel aufgebrachten Handkraft und der von der Schraube erzeugten axialen Spannkraft.

**Leitbild**

**Treibt man einen Keil in einen Spalt,** so können riesige Kräfte entstehen. In diesem Steinbruch auf Malta sägt man Schlitze in den Sandstein und trennt die Blöcke mit Keilen von der Basis.

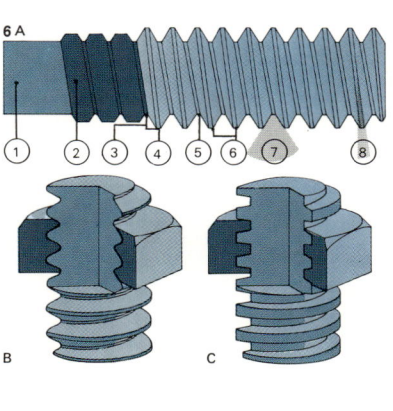

**6 Gewinde** sind schraubenförmige Flächen auf meist zylindrischen Körpern. Sie kommen aber nicht nur bei Befestigungsschrauben vor, sondern z. B. auch bei den Spindeln von Dreh- und Fräsmaschinen, wo sie für den exakten Vorschub der Werkzeug- oder Werkstückschlitten sorgen. Folgende Bezeichnungen sind bei Gewinden üblich [A]:
[1] Kerndurchmesser, [2] Flankendurchmesser, [3] Gewindetiefe, [4] Gewindedurchmesser, [5] Gewindegrund, [6] Ganghöhe, [7] Flankenwinkel und [8] Steigungswinkel.
Bei »eingängigen« Gewinden [D, E] ist die Steigung [9] – das Maß, um das sich die Mutter bei einer Umdrehung verschiebt – gleich der Ganghöhe. Bei einem »zweigängigen« Gewinde [F, G] ist die Steigung [10] doppelt so groß wie die Ganghöhe.
Nach der Gewindeform unterscheidet man metrisches Gewinde und Whitworthgewinde [B], Trapezgewinde [C] sowie Sägen- und Rundgewinde.

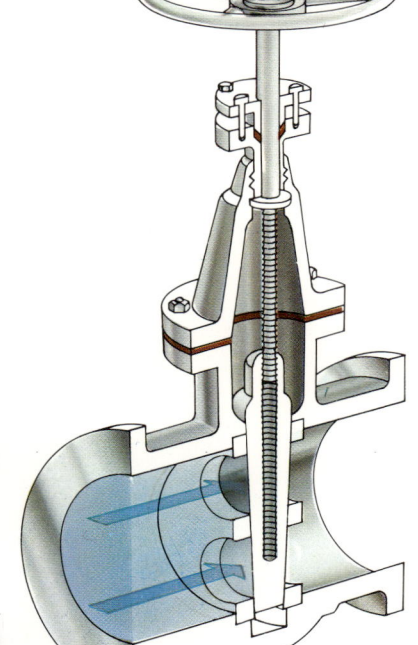

**7 Bewegungsgewinde** setzen eine Drehbewegung in eine geradlinige Bewegung um. Dreht man das Handrad dieses Absperrschiebers für eine Rohrleitung im Uhrzeigersinn (was üblicherweise »Zu« bedeutet), so bewegt sich der keilförmige Schieber nach unten. Spindel- und Muttergewinde im Schieber müssen in diesem Fall als Linksgewinde ausgeführt sein. Weitaus häufiger wird heute in der Technik jedoch das rechtsgängige Gewinde verwendet, wie in Bild [6] dargestellt.

**9 Zweiarmige Hebel** werden oft paarweise verwendet, beispielsweise bei der Zange oder bei der Schere. Das Prinzip der Schere wird in der Technik sehr häufig angewandt, denn es gestattet, eine Bewegung, die z. B. in horizontaler Richtung erfolgt, in eine Vertikalbewegung umzusetzen. Scherenförmige Hebelanordnungen finden auch bei hydraulischen Hebebühnen Verwendung, wie sie heute z. B. zum Beladen von Flugzeugen eingesetzt werden.

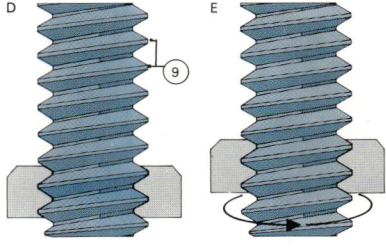

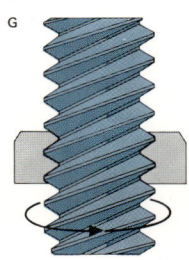

**8 Der Höhenunterschied beim Anheben einer Last** läßt sich auf einer schiefen Ebene mit viel weniger Kraft bewältigen als durch direktes Anheben der Last selbst. Bei diesem Parkhaus, dessen Auffahrtsrampe eine aufgewickelte schiefe Ebene darstellt (wie in Bild [5]), müssen die Fahrzeuge nur ihre Hangabtriebskraft überwinden. Sie hängt von der Steigung der Ebene ab und ist bei üblichen Ausführungen viel kleiner als das Gewicht des Fahrzeugs – aus diesem Grund genügt auch sein eigener Antrieb.

# Rollenzüge und Getriebe

Rollenzüge – auch als Flaschenzüge bezeichnet – gehören zu den ältesten Vorrichtungen, die der Mensch erfand, um mit ihnen (und seinen bescheidenen Körperkräften) große Kräfte zum Anheben oder Transportieren von Lasten erzeugen zu können. Vermutlich hat man schon im 9. Jahrhundert v. Chr. Rollenzüge verwendet; schon im 3. Jahrhundert v. Chr. demonstrierte Archimedes (287–212 v. Chr.) in der Öffentlichkeit die Wirkungsweise eines sogenannten Potenzflaschenzuges, bei dem sich die Zugkraft mit jeder weiteren losen Rolle verdoppelt [Leitbild].

Getriebe sind Vorrichtungen zum Übertragen und Umformen von Bewegungen, Kräften und Drehmomenten. Die größte Bedeutung kommt dabei den Rädergetrieben zu, in erster Linie den Zahnradgetrieben, deren erste hölzerne Vorläufer bereits in den Getreidemühlen und Bergwerken des Mittelalters verwendet wurden.

## Wirkungsweise von Rollenzügen

Rollenzüge bestehen aus zwei oder mehreren Rollen, die von Seilen oder Ketten umschlungen sind. Die Kraftverstärkung entsteht entweder durch Hebelwirkung, d. h. wenn Zugkraft und Lastgewicht an Rollen mit unterschiedlichen Radien angreifen [1, 3], oder indem man mit einer sogenannten losen Rolle das Lastgewicht auf zwei Seilquerschnitte verteilt [2]. Vorausgesetzt daß die Rollenlager sehr leichtgängig sind, ist die Zugkraft längs des Seils nämlich überall gleich groß, auch wenn es noch einmal um eine feste Rolle geführt ist. Befestigt man das eine Seilende an geeigneter Stelle, so muß man selbst nur noch das andere Ende festhalten, trägt also auch nur die Hälfte des Lastgewichts. Der Vorteil dieser Kraftersparnis offenbart sich erst, wenn man die Last anheben will: Das Seil ist nun doppelt so weit zu ziehen, wie die Last an Höhe gewinnt – denn das befestigte Seilende bleibt ja nach wie vor in Ruhe.

Durch mehrere hintereinandergeschaltete Rollen – entweder nach dem Prinzip von Archimedes oder durch mehrere feste bzw. lose Rollen auf je einer gemeinsamen Achse, die nacheinander umschlungen werden – lassen sich große Kraftverstärkungen erzielen. Das Zusammenfassen mehrerer Rollen zu sogenannten Flaschen oder Blöcken hat dabei den Vorteil, daß nur ein einziges Seil nötig ist – allerdings ein recht langes, denn das Verhältnis von Seilzugweg zu Lastweg ist genau so groß wie die (theoretisch erreichbare) Kraftverstärkung eines Rollenzugs.

## Zahnradgetriebe

Zahnradgetriebe kommen heute in allen Arten von Werkzeugmaschinen, Mühlen und Fahrzeugen vor. Sie haben die Aufgabe, die Drehzahl und das Drehmoment des Antriebsaggregats – Verbrennungsmotor, Gas- oder Dampfturbine oder Elektromotor – an die jeweiligen Erfordernisse anzupassen und die Antriebsleistung eventuell auch auf verschiedene Stränge, beim Kraftfahrzeug beispielsweise auf die beiden Achswellen der Antriebsräder, zu verteilen [7]. Bei vielen Werkzeugmaschinen kommt es darauf an, daß die Bewegungen des Schneidwerkzeugs und die Vorschubbewegung des Werkstücks genau, d. h. schlupffrei zueinander ablaufen – etwa beim Zahnradfräsen [6] oder beim Gewindeschneiden.

Mit der Drehzahlveränderung (Unter- oder Übersetzung) eines Getriebes ist immer auch eine Drehmomentenwandlung verbunden [9],

**HINWEISE**

**Lesen Sie auch:**

Uhren

Hebezeuge

Das Bewegen schwerer Lasten

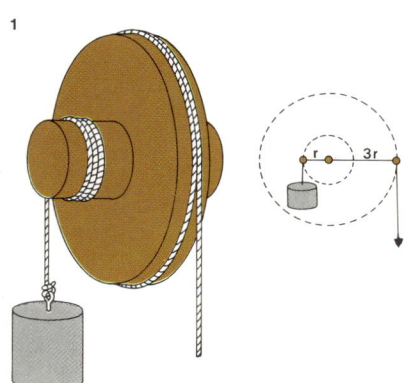

**1 Die Kraftübersetzung eines Hebezeugs** ist das Verhältnis zwischen der Hubkraft und der eingeleiteten Antriebskraft. Bei diesem Rollenzug ist der Rollenradius dreimal so groß wie der Wellenradius. Nach dem Hebelgesetz stehen die Kräfte im umgekehrten Verhältnis ihrer Abstände vom Drehpunkt, die Kraftübersetzung beträgt in diesem Falle also 3:1. Dieser theoretische Wert wird praktisch aber nicht ganz erreicht, u. a. wegen der Reibungswiderstände.

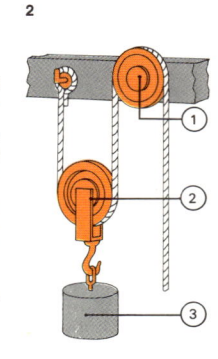

**2 Dieser Seilzug** hat eine feste Rolle [1] und eine lose Rolle [2], an der die Last [3] befestigt ist. Die Zugkraft ist an jeder Stelle des Seils gleich groß (wenn man von Reibungswiderständen absieht), und da die lose Rolle mit ihrer Last hier von zwei Seilquerschnitten getragen wird – jeder also nur die halbe Last trägt –, ist auch die Zugkraft am Seilende nur halb so groß wie das Lastgewicht. Es ist jedoch erforderlich, doppelt so weit zu ziehen, wie man die Last anhebt.

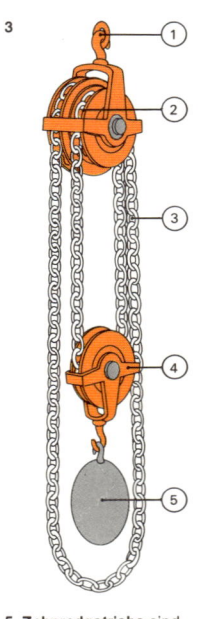

**3 Der Differentialflaschenzug** ([1] Aufhängung) hat in der oberen Flasche zwei fest miteinander verbundene, verschieden große Rollen [2] und unten eine lose Rolle [4] für die Last [5]. Eine Endloskette [3] läuft nacheinander über alle drei Rollen. Je nachdem, auf welcher Seite man die Kettenschlaufe herabzieht, wird die Last gehoben oder gesenkt. Die große Kraftübersetzung ergibt sich aus dem kleinen Durchmesserunterschied der beiden oberen Rollen.

**4 Kleine Flaschenzüge** tragen in Automobilfabriken schwere Bauelemente, z. B. wie hier Motorblöcke, und erleichtern deren Einbau in das Fahrzeugchassis. Führungsschienen und Laufkatzen gestatten es, den Flaschenzug samt Last horizontal zu verschieben.

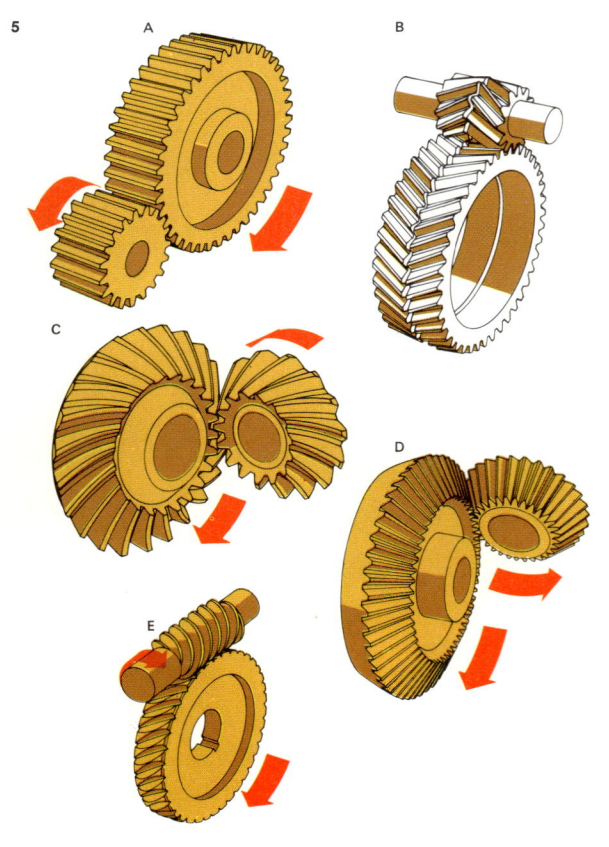

**5 Zahnradgetriebe** sind schlupffreie Drehmomentenwandler. Das Drehmomentenverhältnis zwischen getriebener und treibender Welle ist gleich dem Verhältnis der zugehörigen Zahnraddurchmesser oder – was dasselbe ist – der Anzahl der Zähne. Das Drehzahlverhältnis ist der Kehrwert davon. [A] zeigt ein geradverzahntes Stirnradpaar und [B] eine Paarung mit Doppel-Schrägverzahnung für größere Laufruhe und zum Ausgleich von Axialkräften. Bei Kegelradgetrieben mit gebogenen [C] und geraden [D] Zähnen kreuzen sich die Wellenachsen, meist unter einem rechten Winkel. Bei Schneckengetrieben [E] – sie weisen hohe Übersetzungen auf – trägt die Schnecke ein mehrgängiges Gewinde, die Radzähne sind entsprechend »ausgehöhlt«.

denn die Antriebsleistung, also das Produkt aus Drehzahl und Drehmoment des Antriebs, wird ja durch das Getriebe nicht gesteigert, im Gegenteil: Die Reibung in den Lagern und durch die miteinander kämmenden Zähne verringert die an der Abtriebswelle abgegebene Leistung sogar etwas.

Das Übersetzungsverhältnis zweier Zahnräder hängt von der Anzahl der Zähne ab. Die beiden Stirnräder aus Bild [5A] mit 19 bzw. 42 Zähnen haben eine Übersetzung von 42/19 = 2,21, wenn man annimmt, daß das kleinere Zahnrad das treibende ist. Das Drehmoment an der Welle des großen getriebenen Zahnrads ist daher 2,21mal größer, seine Drehzahl 2,21mal kleiner als beim Antriebsrad.

Je nach Lage von Antriebs- und Antriebswelle einer Zahnradpaarung [5] unterscheidet man Stirnradgetriebe mit parallelen Wellenachsen; Kegelradgetriebe mit sich kreuzenden, manchmal auch etwas höhenversetzten Achsen; Schneckengetriebe, bei denen die Achsen rechtwinklig zueinander stehen, sich aber nicht schneiden; und Schraubradgetriebe mit windschief angeordneten Achsen (ähnlich wie beim Schneckengetriebe).

### Andere Rädergetriebe

Bei nicht zu großen Leistungen und größeren Wellenabständen verwendet man oft Riemengetriebe. Die Wellen tragen Riemenscheiben, deren Durchmesser verschieden sein kann und die von einem Endlosriemen umschlungen werden. Glatte Riemen übertragen die Leistung durch Reibungskräfte, daher mit einem gewissen Schlupf; Zahnriemen oder die prinzipiell gleichartigen Kettengetriebe vermeiden dies.

Getriebe mit großen Übersetzungsverhältnissen oder mit verschiedenen Abtriebswellen sind aus zahlreichen solcher Zahnradpaare aufgebaut; eine Sonderstellung nimmt dabei das Umlauf- oder Planetengetriebe ein, wie es beispielsweise bei der Fahrrad-Dreigangnabe vorkommt [8]. Es besteht aus einem zentralen Sonnenrad, den umlaufenden Planetenrädern und einem Außenring mit Innenverzahnung. Die Planetenräder sind auf einem Steg oder in einem Planetengehäuse gelagert. Je nachdem, welches der drei Teile – Sonnenrad, Steg oder Außenring – festgehalten wird, besteht zwischen den beiden übrigen Teilen ein ganz bestimmtes Übersetzungsverhältnis.

**Leitbild**

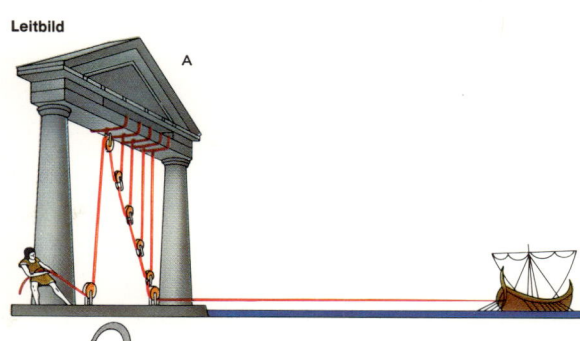

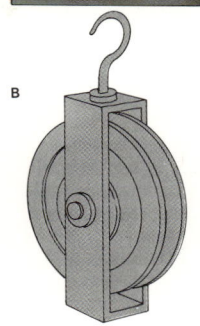

**Die Flasche [B] eines Flaschenzugs** enthält eine drehbare Rolle und ist mit einem Traghaken versehen. Die Rolle hat eine Rille für ein Seil oder eine Kette. Eine einzige Rolle bringt noch keine Kraftverstärkung, aber ein Mensch kann damit schon eine Last hochziehen, die (fast) so schwer ist wie er selbst. Anordnungen mit mehreren hintereinanderwirkenden Flaschen ergeben jedoch eine beträchtliche Kraftverstärkung. Abbildung [A] zeigt den Flaschenzug, den Archimedes eingesetzt haben soll, um mit seiner Hilfe ein großes Schiff von nur einem Mann bewegen zu lassen – allerdings äußerst langsam, denn die geringe Zugkraft des Mannes muß mit einem großen Weg seines Zugseiles erkauft werden.

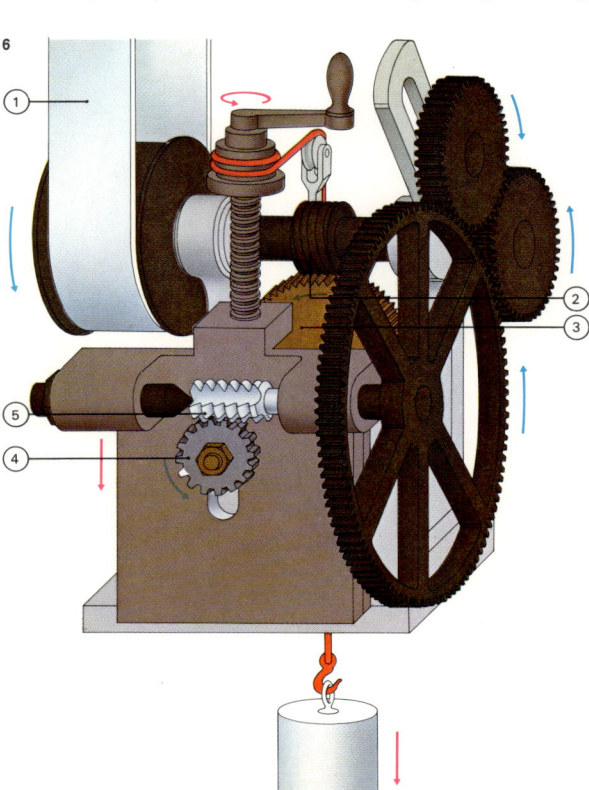

**6 Die Zahnradfräsmaschine** (1835) von Sir Joseph Whitworth (1803 bis 87) wurde durch einen Riemen [1] angetrieben und enthielt zwei Getriebe, um das Zahnrad [4] zu bearbeiten und zu drehen. Das Stirnradgetriebe drehte den schneckenartigen Fräser [5], während das Schneckengetriebe (aus Schnecke [2] und Rad [3]) das zu fertigende Zahnrad langsam herumdrehte. Ein Gewicht [unten] verstellte die Vorschubspindel solange, bis die richtige Zahntiefe erreicht war.

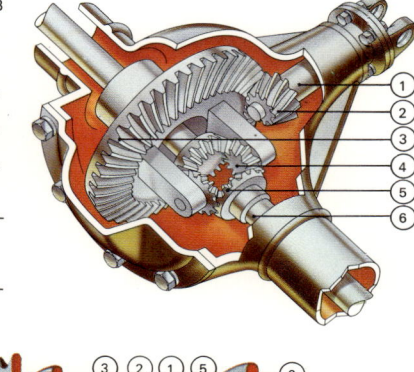

**7 Das Differential eines Kraftfahrzeugs** – das Ausgleichsgetriebe – verteilt das Drehmoment des Schaltgetriebes auf die beiden Achswellen [6] und gleicht in Kurven unterschiedliche Drehzahlen aus. Welle [1] und Kegelritzel [2] übertragen das Drehmoment auf das Ausgleichsgehäuse [3] und über die Ausgleichsräder [4] auf die Kegelräder [5] der Achswellen. Da die Ausgleichsräder auf Zapfen drehbar sind, können sich die Achswellen gegeneinander verdrehen.

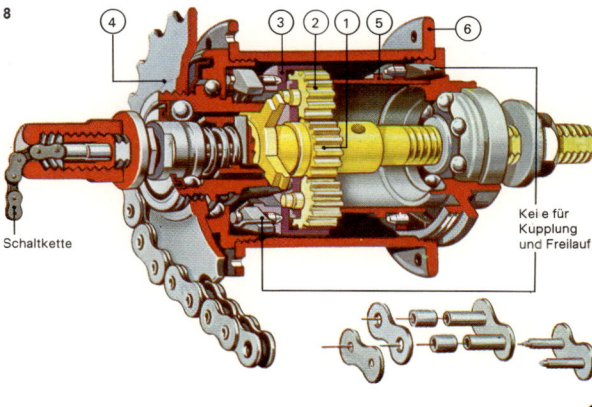

**8 Die Dreigangnabe eines Fahrrads** enthält ein Umlauf- oder Planetengetriebe. Die feststehende Achse trägt ein zentrales Sonnenrad [1], das von Planetenrädern [2] umlaufen wird und diese wiederum von einem innenverzahnten Außenring [3]. Je nachdem, ob das Ritzel [4] mit dem Außenring oder dem Planetengehäuse [5] gekuppelt ist, läuft die Nabe [6] langsamer oder schneller als das Ritzel (1. bzw. 3. Gang). Im 2. Gang sind Ritzel und Nabe direkt gekuppelt.

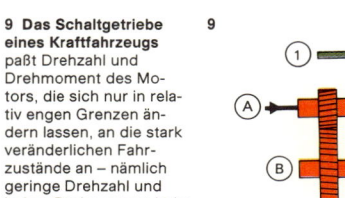

**9 Das Schaltgetriebe eines Kraftfahrzeugs** paßt Drehzahl und Drehmoment des Motors, die sich nur in relativ engen Grenzen ändern lassen, an die stark veränderlichen Fahrzustände an – nämlich geringe Drehzahl und hohes Drehmoment beim Anfahren (1. Gang) bzw. hohe Drehzahl und geringes Drehmoment beim Schnellfahren (4. Gang). Der Kraftfluß geht im 1. bis 3. Gang über die Stirnräder auf die Vorgelegewelle. Deren Zahnräder sind ständig mit denen der Hauptwelle im Eingriff, jedoch ist hier immer nur ein Zahnrad kraftschlüssig mit der Hauptwelle verbunden. Beim 4. Gang sind Hauptwelle und Antriebswelle direkt gekuppelt, beim Rückwärtsgang kehrt ein Zwischenrad die Drehrichtung um.

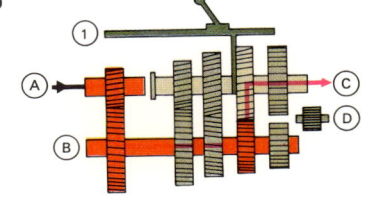

1 Erster Gang
2 Zweiter Gang
3 Dritter Gang
4 Vierter Gang
R Rückwärtsgang
A Antriebswelle
B Vorgelegewelle
C Hauptwelle
D Zwischenrad

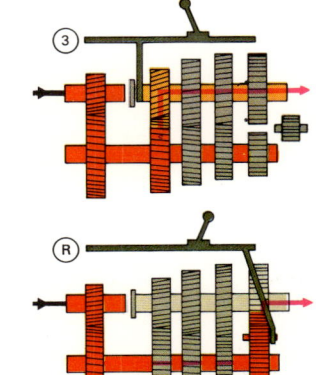

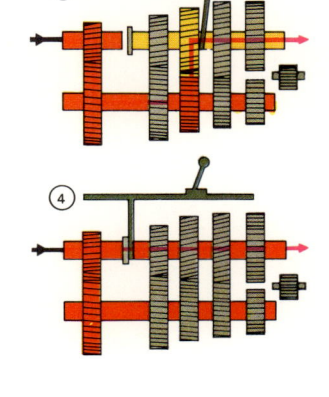

# Geräte zum Wiegen und Messen

Zu den ältesten Fähigkeiten des Menschen gehört das Messen von Zeit, Entfernungen und Massen. Instrumente zur Bestimmung von Temperatur und Druck oder des Standorts und der Geschwindigkeit wurden jedoch erst in den letzten 400 Jahren geschaffen. Heute braucht man aber nicht nur viel genauere Messungen als früher: Die sichere Funktion zahlreicher komplizierter Geräte und Maschinen in Industrie, Transportwesen, Medizin und Meteorologie hängt entscheidend davon ab, ob die engen Toleranzgrenzen bei der Fertigung eingehalten wurden. Bei Längenmessungen z. B. reicht selbst die Genauigkeit der Mikrometerschraube [Leitbild] in vielen Fällen nicht mehr aus.

Im Bereich der Zeitmessung hat die Atomuhr einen absoluten Standard gesetzt – ihr Gang beruht auf den exakt 9 192 631 770 Schwingungen pro Sekunde, die die Atome des Elements Caesium ausführen.

### Gewicht, Zeit und Temperatur

Die Analysenwaage [5] beruht auf einem der ältesten Meßprinzipien, nämlich das unbekannte Gewicht einer Masse dadurch festzustellen, daß man sie mit bekannten Gewichten ausbalanciert. Schon die Ägypter benutzten vor 7000 Jahren Balkenwaagen, um Getreide mit Steingewichten abzuwägen.

Auch die Zeitmessung mit Sonnenuhren, Sanduhren und mechanischen Uhren ist schon ziemlich alt. Bereits 1000 v. Chr. erfanden die Chinesen die Wasseruhr, dem Prinzip nach mit der Sanduhr vergleichbar. Im 14. Jahrhundert entstanden die ersten mechanischen Uhren mit Räderwerk und Steingewichten zum Antrieb. Christiaan Huygens (1629–95) setzte 1673 erstmals das Pendel ein, um den gleichmäßigen Gang des Räderwerks sicherzustellen [2] – seine Pendeluhr wurde dem Konzept nach rund 300 Jahre lang gebaut, bis in den letzten Jahrzehnten elektronische Uhren neue Genauigkeitsmaßstäbe setzten.

1593 leistete Galileo Galilei (1564–1642) mit seinem Gasthermometer, das auf der Wärmeausdehnung einer Luftblase in einer Wassersäule beruhte, einen entscheidenden Beitrag zur Temperaturmessung. Genauere Messungen erlaubte das 1641 erfundene Alkoholthermometer – ein Flüssigkeitsthermometer, wie es auch heute noch gebräuchlich ist [9]. Im Jahr 1717 schuf dann Gabriel Daniel Fahrenheit (1686–1736) das Quecksilberthermometer und stellte die Fahrenheitskala auf. Drei Jahre später entwickelte der Schwede Anders Celsius (1701–44) eine neue Temperaturskala und bezeichnete den Gefrierpunkt des Wassers mit 0 °C, dessen Siedepunkt mit 100 °C.

Einen sehr kleinen Meßbereich – 35 °C bis 45 °C – weist das Fieberthermometer [8] auf, denn andere Temperaturen treten im menschlichen Körper auch bei Krankheiten nicht auf. Bei vielen industriellen Vorgängen müssen jedoch Temperaturen von etlichen hundert Grad Celsius erfaßt werden; diesem Zweck dient das optische Pyrometer, bei dem die Glühfarbe eines Gegenstands mit der eines elektrisch erhitzten Drahtes verglichen wird.

### Standortbestimmung

Zur Navigation auf See oder in der Luft ist die Kenntnis des Standorts notwendig. Man kam schon frühzeitig auf die Idee, sich anhand der Gestirne zu orientieren, so erfand etwa im 3. Jahrhundert v. Chr. das Astrolabium, ein Winkelmeßgerät, das die Höhe (Elevation) von Sonne, Mond und Fixsternen zu messen erlaubte. Um derartige Messungen auch auf dem

**HINWEISE**

Lesen Sie auch:

Hebel, Keil und Schraube

Uhren

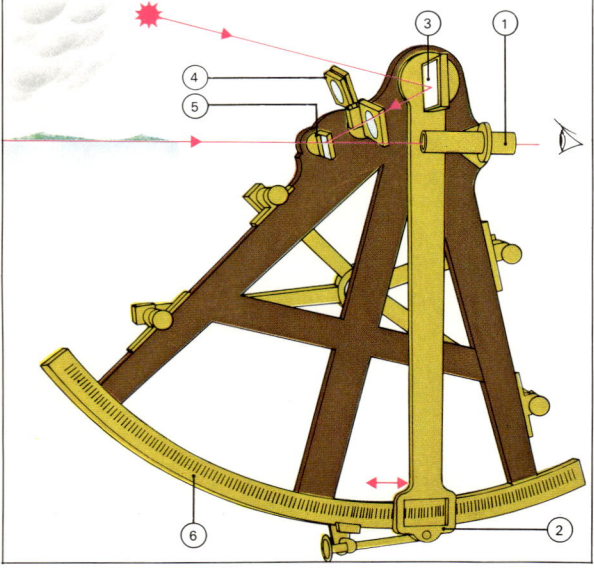

**1 Der Sextant** ist ein einfach zu handhabendes nautisches Instrument, das auf See die Standortbestimmung von Schiffen unterstützt. Er wird so vor das Auge gehalten, daß im Fernrohr [1] der Horizont erscheint; dann wird der Bügel [2] so eingestellt, daß die Sonne, vom beweglichen Spiegel [3] und dem halbdurchlässigen festen Spiegel [5] reflektiert, ebenfalls im Fernrohr sichtbar wird und mit dem Horizont zur Deckung kommt. Auf der Skala [6] kann nun die Höhe der Sonne über dem Horizont in Winkelgraden abgelesen werden. Mit dem schwenkbaren geschwärzten Glas [4] läßt sich das einfallende Sonnenlicht abschwächen. Natürlich kann man mit dem Sextanten auch andere Gestirne vermessen.

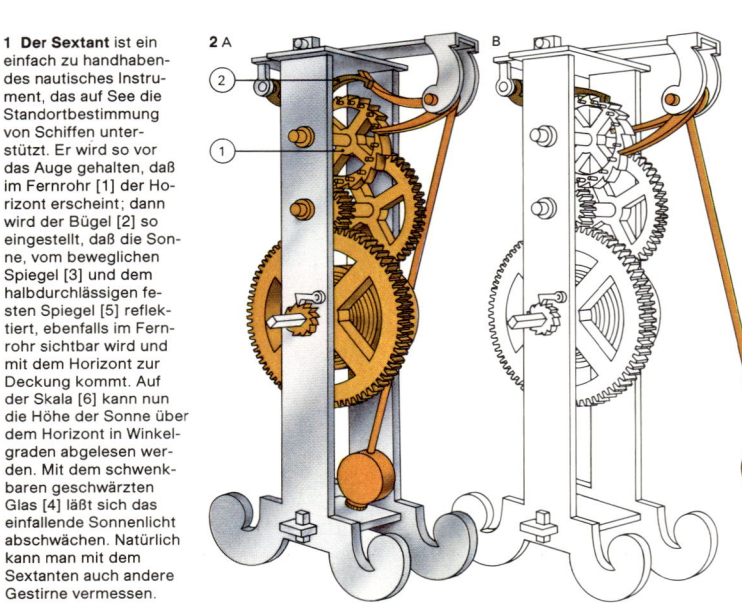

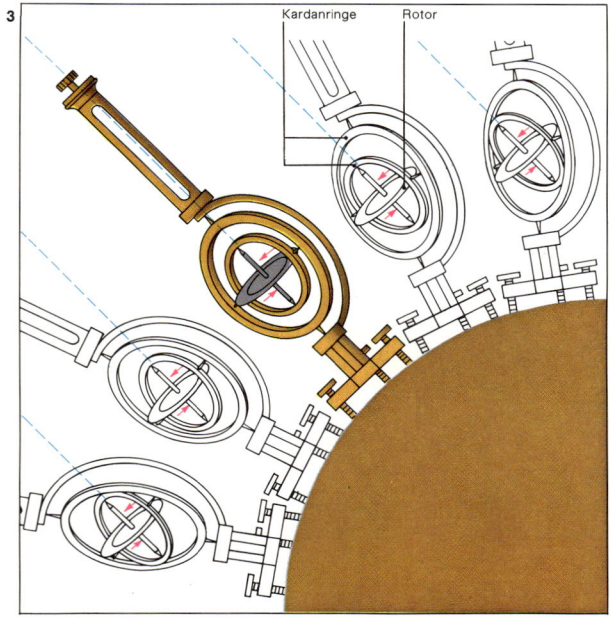

**3 Der Kardankreisel** hat eine bemerkenswerte Eigenschaft, der er seine Bedeutung als Meßinstrument verdankt: Die Drehachse seines schnelldrehenden, in Kardanringen gelagerten Rotors behält dieselbe räumliche Orientierung bei, auch wenn man das Gehäuse um ihn herum bewegt. Bei einem Kreiselgerät werden die Winkel zwischen Rotorachse und Gehäuse mit Hilfe von Winkelskalen oder durch geeignete elektronische Meßeinrichtungen zahlenmäßig erfaßt – so gibt der sogenannte »künstliche Horizont« eines Flugzeugs den Neigungswinkel der Flugzeuglängsachse sowie seine Querneigung im Kurvenflug gegenüber der Horizontebene an. Der Kreiselkompaß dagegen beruht auf der Addition des Drehimpulses von Kreisel und Erde.

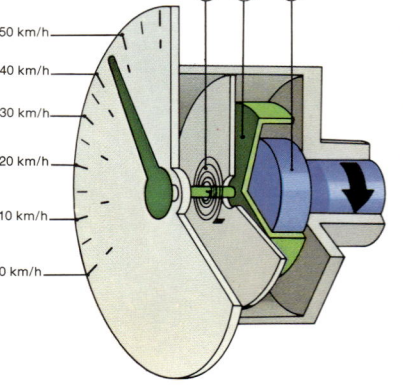

**2 Die Pendeluhr** ist eine Erfindung des niederländischen Physikers Christiaan Huygens (1629–95). Das Pendel, dessen Schwingungsdauer durch die Pendellänge justierbar ist, dient als Gangregler für das Räderwerk der Uhr, indem es die Drehung des Ankerrades [A, 1] steuert. Wenn das Pendel nach links schwingt, hebt es mit dem hinteren Arm die Sperrklinke [2] vom Ankerrad ab; dieses dreht sich weiter, bis einer der seitlichen Stifte gegen den vorderen Arm des Pendels stößt. Beim Ausschwingen nach rechts [B] gibt das Pendel den Stift frei und läßt die Sperrklinke in den nächsten Zahn einrasten.

**4 Das Tachometer** mißt die Geschwindigkeit eines Fahrzeugs. Der Magnet [1] wird über eine biegsame Welle vom Getriebe oder von einem der Fahrzeugräder angetrieben und versucht, die Metalltrommel [2] durch Wirbelstromeffekte mitzudrehen – die Spiralfeder [3] wirkt dem jedoch entgegen. Je nach Fahrgeschwindigkeit wird die Trommel nur mehr oder weniger stark aus der Ruhelage ausgelenkt und zeigt mit ihrer Tachonadel auf der Skala die momentane Geschwindigkeit in Stundenkilometer an.

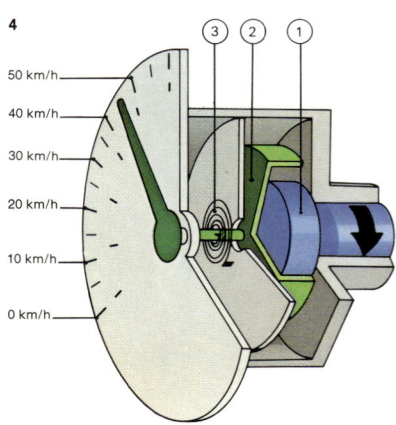

schwankenden Deck eines Seeschiffes vornehmen zu können, entwickelte John Hadley (1682–1744) 1730 ein Instrument, mit dem man das anvisierte Gestirn und den Horizont gleichzeitig sehen konnte. Daraus entstand der Sextant [1], so genannt, weil seine Skala nur 60 Winkelgrade, also ein Sechstel des Kreises umfaßt.

Die Messung einer »absoluten« Bewegung – einer Bewegung gegenüber den Fixsternen – ermöglicht der Kardankreisel [3]. Das Meßprinzip beruht darauf, daß die Drehachse eines schnellaufenden Kreisels, der in einer kardanischen Aufhängung gelagert ist – nach dem italienischen Mathematiker Geronimo Cardano (1501–76) –, ihre Lage im Raum unabhängig von Gravitation oder Erdmagnetismus beibehält. Mit geeigneten Winkelmeßeinrichtungen versehen, sind Kreiselgeräte heute Bestandteile von automatischen Steuerungen für Schiffe, Flugzeuge und Raumfahrzeuge.

**Druck, Geschwindigkeit und Strahlung**
1643 entdeckte der italienische Wissenschaftler Evangelista Torricelli (1608–47), daß der Luftdruck an der Erdoberfläche einer Quecksilbersäule von 760 mm Höhe entspricht und daß der Luftdruck mit zunehmender Höhe geringer wird. Aus dieser Erkenntnis heraus baute Torricelli das erste brauchbare Barometer; es wurde bald dazu benutzt, die Höhe von Berggipfeln zu bestimmen und die wetterbedingten Luftdruckschwankungen festzustellen. Besonders für hohe Drücke von Flüssigkeiten und Gasen ist das Federmanometer [7] geeignet, das 1849 von dem französischen Uhrmacher Eugène Bourdon (1808–84) entwickelt wurde und mit einem elastischen Meßglied arbeitet.

Die Geschwindigkeit eines Fahrzeugs zu messen, wurde erst nach 1920 mit dem Wirbelstromtachometer [4] möglich. Seine Antriebswelle betätigt meist auch noch einen mechanischen Kilometerzähler, um die gefahrene Strecke zu registrieren.

Das Zeitalter der Kerntechnik hat ganz neuartige Meßeinrichtungen notwendig gemacht: Ein recht simples, aber lebenswichtiges Gerät ist das Filmdosimeter [6]. Es registriert die Belastung seines Trägers mit radioaktiven Strahlen und Röntgenstrahlen, wie sie beispielsweise auch in Kernkraftwerken oder in Krankenhäusern vorkommen.

**Leitbild**

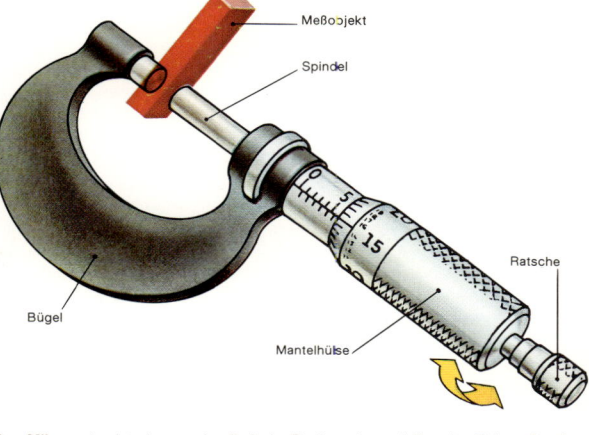

**Das Mikrometer** ist ein wichtiges feinmechanisches Gerät zur Längen- und Dickenmessung im Millimeter- und Zentimeterbereich. Es enthält eine Spindel mit feingängigem Präzisionsgewinde, die beim Drehen der Mantelhülse das Meßobjekt leicht gegen die Meßbacke des Bügels drückt. Die Längsskala auf dem Schaft zeigt grob die Millimeter, die Rundskala auf der Mantelhülse das Feinmaß auf $1/100$ Millimeter genau. Um den richtigen Meßdruck einzuhalten, dreht man die Mantelhülse zum Schluß mit der Ratsche, bis diese hörbar durchdreht.

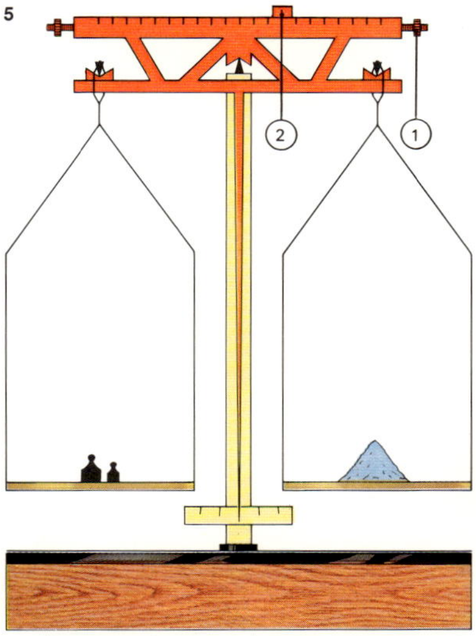

**5 Gewichte** lassen sich sehr genau durch den Vergleich mit Eichgewichten auf einer Balkenwaage bestimmen. Das Bild zeigt eine Analysenwaage, wie sie in chemischen Labors benutzt wird. Vor dem Wiegen ist die Null-Lage des Zeigers am Säulenfuß zu prüfen und wenn nötig mit den Schraubgewichten [1] zu korrigieren. Beim Wiegen werden dann so lange Eichgewichte auf die linke Schale gelegt, bis sie dem Wiegegut rechts »die Waage halten«, der Zeiger also wieder auf Null steht. Reichen die Eichgewichte nicht aus, dann verwendet man den Reiter [2] zur Feinmessung.

**6 Das Filmdosimeter** wird von Personen getragen, die radioaktiven Strahlen ausgesetzt sind, und registriert die Strahlenbelastung über längere Zeit. Durch das Fenster [2] der Kunststoffkassette [1] fallen sämtliche Strahlenarten auf den Film [7] und schwärzen ihn – Neutronen ausgenommen – in der Mitte. Neutronen [3] schwärzen indirekt [8], indem sie, vom Bleifilter [5] gebremst, im Cadmiumfilter [6] Gammastrahlen [4] auslösen. Röntgenstrahlen [9] gelangen auch auf das rechte Filmdrittel, während Betastrahlen [10] vom Kunststoff absorbiert werden. Gammastrahlen durchdringen alle Teile des Geräts.

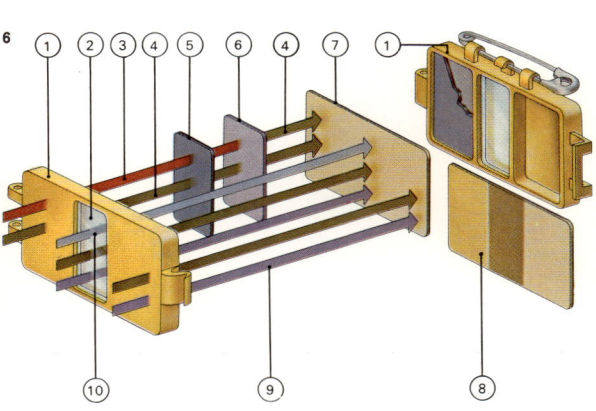

**7 Zur Druckmessung** von Flüssigkeiten und Gasen dient das Federmanometer. Unter der Druckwirkung des Mediums [rot] biegt sich das gekrümmte, spitz zulaufende Rohr ein wenig auf. Die Bewegung des Rohrendes wird über Hebel und Zahnräder auf den Zeiger übertragen. Von einer Skala, die in Druckeinheiten (z. B. Bar) geeicht ist, kann der gemessene Druck abgelesen werden.

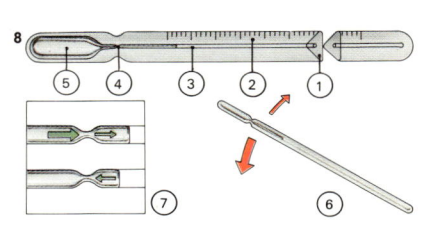

**8 Fieberthermometer** sind normale Quecksilberthermometer, jedoch mit einer äußerst feinen Kapillare [3]. Eine Verengung [4] läßt das Quecksilber zwar leicht aus dem Vorratsgefäß [5] ausfließen, hemmt aber infolge Oberflächenspannung den Rückfluß [7]. Die Temperaturanzeige an der Skala [2] bleibt daher so lange erhalten, bis das Quecksilber durch Schütteln [6] wieder zurückgetrieben wird. Die gewölbte Glasröhre [1] läßt den Quecksilberfaden breiter erscheinen, als er wirklich ist.

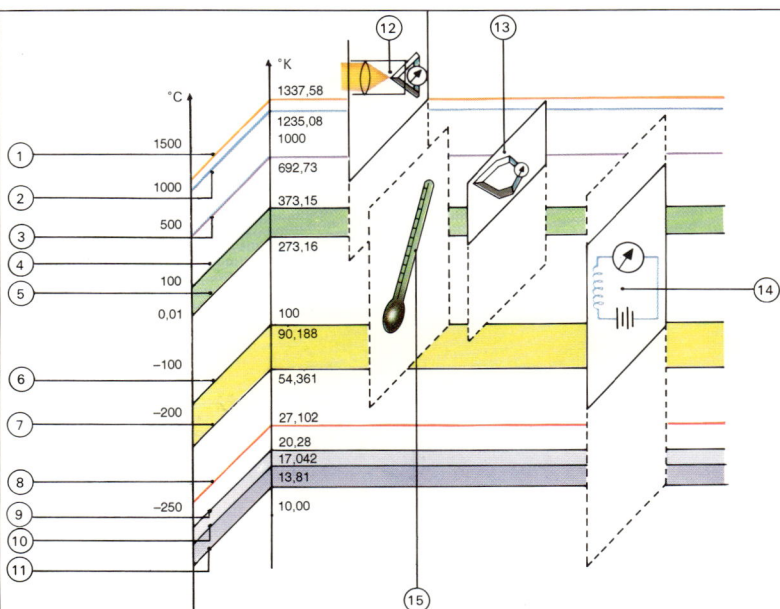

**9 Temperaturen** werden international als »absolute« Temperaturen mit der Einheit Kelvin (K) angegeben (0 K = –273,15 °C). Fixpunkte dieser Skala sind die Schmelzpunkte von Gold, Silber und Zink [1, 2, 3]; der Siedepunkt des Wassers [4] und sein Tripelpunkt [5] (Dampf, Wasser und Eis im Gleichgewicht); der Siede- [6] und der Tripelpunkt [7] von Sauerstoff; der Siedepunkt von Neon [8]; Tripel- [11] und Siedepunkt von Wasserstoff ([9] bei Atmosphärendruck, [10] bei 25-mm-Quecksilbersäule). Instrumente zur Temperaturmessung innerhalb bestimmter Bereiche sind das Pyrometer [12] (z. B. Temperatur von Metallschmelzen), das Platin-Rhodium-Thermoelement [13], der Widerstand von Platindraht [14] und das Flüssigkeitsthermometer [15].

# Uhren

Die ersten rein mechanischen Uhren wurden zwar erst vor etwa 700 Jahren gebaut, aber Vorrichtungen zur Bestimmung der Tageszeit gab es schon vor über 3000 Jahren. So war die Sonnenuhr [Leitbild], bei der der Schatten eines von der Sonne beschienenen Stabes auf einer Skala die Tageszeit anzeigt, bereits um 1450 v. Chr. den Ägyptern bekannt. In einem chinesischen Schriftstück wird um 200 v. Chr. eine Wasseruhr erwähnt. Die Zeiteinheit ergab sich aus der Dauer, die das Wasser benötigte, um aus der engen Öffnung eines Gefäßes auszufließen. Nach demselben Prinzip arbeitet die Sanduhr; ihre Herkunft ist ungewiß.

Im Mittelalter erfand man die Sternuhr [3]. Bei bedecktem Himmel war man auf Kerzen- und Öluhren angewiesen; sie trugen Markierungen, an denen die Brenndauer abgelesen werden konnte [2].

## Mechanische Uhren

Als mechanische Uhr kann sicherlich auch schon die »Clepsydra« aus dem 3. Jahrhundert v. Chr. angesehen werden, im engeren Sinne zählt man dazu jedoch erst die Zahnraduhren, wie sie im 13. Jahrhundert aufkamen.

Die ersten Zahnraduhren waren große Kirchturmuhren, die von langsam niedersinkenden Gewichten angetrieben wurden [5]. Sie besaßen ein Drehpendel als Gangregler, das über die »Hemmung« für den gleichmäßigen Lauf von Räderwerk und Zeiger sorgte. Die Hemmung besteht aus einem Anker und einem Steigrad mit Zähnen. Der Anker ist mit einem Drehpendel verbunden; er schwingt ständig hin und her und greift so in das Steigrad ein, daß es sich bei jeder Schwingung um zwei Zähne weiterdreht. Beim Eingreifen in das Rad erhält der Anker und damit das Pendel jedesmal einen kleinen Stoß, der seine Schwingungsamplitude aufrechterhält.

Zunächst hatten die Uhren nur Stundenzeiger, aber bald auch Minutenzeiger und häufig auch ein Schlagwerk, das zu jeder vollen Stunde – später auch alle Viertelstunde – eine oder mehrere Glocken ertönen ließ. Als Antrieb setzte man bei kleineren Uhren auch Spiralfedern anstelle von Gewichten ein.

## Unruh und Pendel als Gangregler

Die Ganggenauigkeit der ersten Uhren war noch relativ schlecht. Einen bedeutenden Fortschritt brachte die Einführung der Unruh [6] und des Pendels. Der Nürnberger Mechaniker Peter Henlein (1480–1542) entwickelte um 1510 tragbare Federuhren (sog. Sackuhren) in Dosenform, in denen er bereits die Funktionen der Unruh berücksichtigte. Kleine eiförmige Taschenuhren – als »Nürnberger Ei« bezeichnet – kamen erst später auf.

Um 1675 erfand der niederländische Wissenschaftler Christiaan Huygens (1629–95) die eigentliche Federuhr mit Unruh. Ebenfalls ein Drehpendel, ist die Unruh jedoch mit einer Spiralfeder gefesselt, die ihr eine ganz charakteristische Schwingungsdauer verleiht. Durch die Länge der Spiralfeder läßt sich die Schwingungsdauer beeinflussen [8].

Die Unruh war jedoch nur für kleine Uhren als Gangregler geeignet. Für große Uhren fand Christiaan Huygens 1657 eine gleichwertige Lösung, die auf einen Hinweis von Galileo Galilei (1564–1642) zurückging: Er baute eine Pendeluhr, bei der ein gleichmäßig schwingendes Schwerependel als Gangregler fungierte [4]. Durch die Konstruktion des Ankers bedingt, brauchte das Pendel nur kleine Ausschläge zu machen; zudem ließ sich seine Schwin-

## HINWEISE

**Lesen Sie auch:**

Hebel, Keil und Schraube

Rollenzüge und Getriebe

---

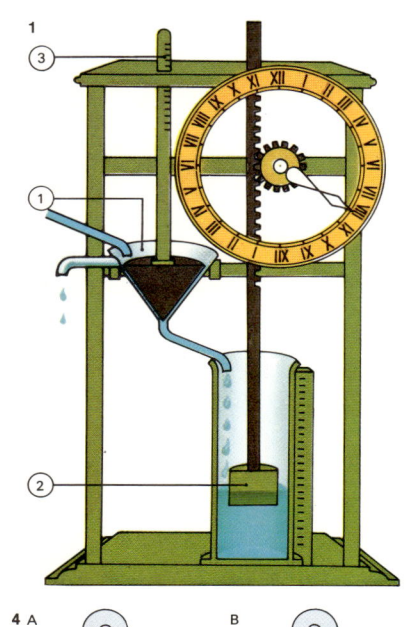

**1 Die Clepsydra** ist eine Wasseruhr, die auf die Ägypter des 3. Jh. v. Chr. zurückgeht. Das in den Trichter [1] einlaufende Wasser tropft in einen Zylinder und läßt den Schwimmer [2] ansteigen; über das Zahnstangengetriebe dreht sich der Zeiger. Die Durchlaufgeschwindigkeit des Wassers läßt sich durch eine ventilartige Vorrichtung [3] regeln. Der Trichter besitzt ein Überlaufrohr, das den Wasserstand und damit die Tropfgeschwindigkeit des Wassers konstant hält.

**2 Die Öluhr** (aus dem 16. Jh.) hatte die erstmals von den Angelsachsen benutzte Kerzenuhr zum Vorbild. Beide Uhren waren mit Skalen versehen, zwischen deren Strichen die Brenndauer jeweils etwa eine Stunde betrug.

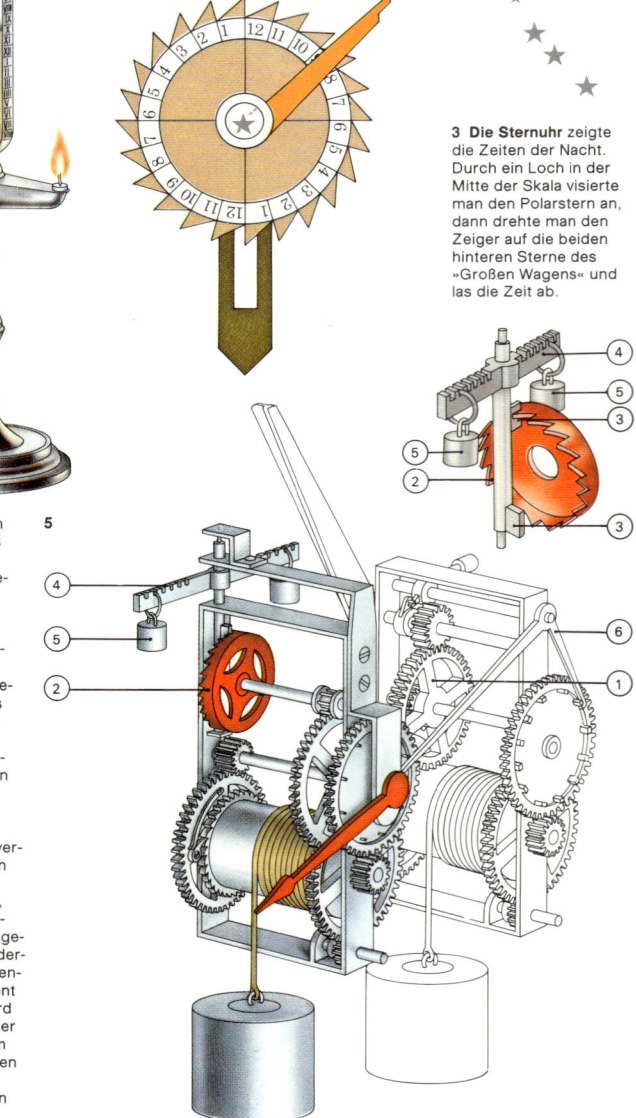

**3 Die Sternuhr** zeigte die Zeiten der Nacht. Durch ein Loch in der Mitte der Skala visierte man den Polarstern an, dann drehte man den Zeiger auf die beiden hinteren Sterne des »Großen Wagens« und las die Zeit ab.

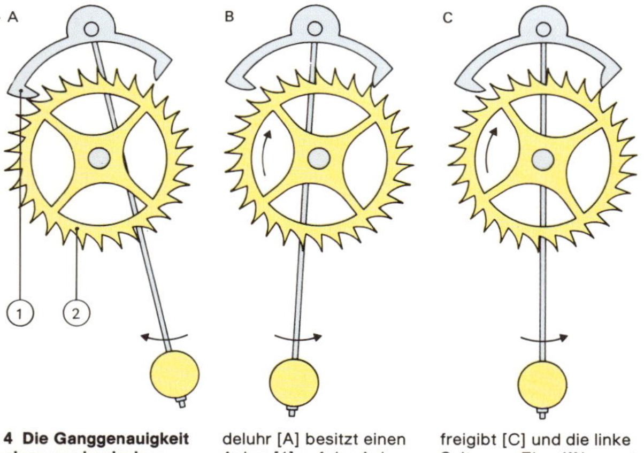

**4 Die Ganggenauigkeit einer mechanischen Uhr** hängt in erster Linie vom Gangregler, der sogenannten Hemmung, ab. Diese Vorrichtung gibt das Räderwerk und damit die Zeiger in festen Zeitabständen immer nur für einen kleinen Schritt frei. Die Ankerhemmung einer Pendeluhr [A] besitzt einen Anker [1] auf der Achse des Pendels. Das [hier nicht gezeichnete] Räderwerk versucht, das Ankerrad (Steigrad [2]) rechts herum zu drehen; dabei stößt es mit einem Zahn z. B. gegen die rechte Seite des Ankers [B], bis diese den Zahn freigibt [C] und die linke Seite zum Eingriff kommt. Durch die Formgebung der Zahn- und Ankerflanken bedingt, erhält das Pendel bei jedem Schritt einen winzigen Stoß, der die Pendelschwingung aufrechterhält und der das Ticken einer mechanischen Uhr erzeugt.

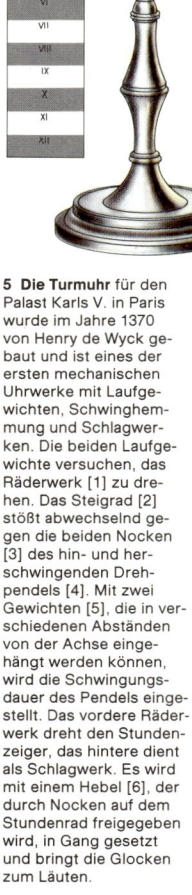

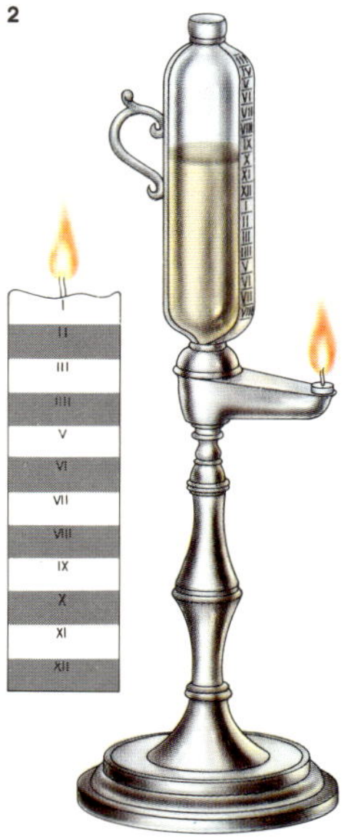

**5 Die Turmuhr** für den Palast Karls V. in Paris wurde im Jahre 1370 von Henry de Wyck gebaut und ist eines der ersten mechanischen Uhrwerken mit Laufgewichten, Schwinghemmung und Schlagwerken. Die beiden Laufgewichte versuchen, das Räderwerk [1] zu drehen. Das Steigrad [2] stößt abwechselnd gegen die beiden Nocken [3] des hin- und herschwingenden Drehpendels [4]. Mit zwei Gewichten [5], die in verschiedenen Abständen von der Achse eingehängt werden können, wird die Schwingungsdauer des Pendels eingestellt. Das vordere Räderwerk dreht den Stundenzeiger, das hintere dient als Schlagwerk. Es wird mit einem Hebel [6], der durch Nocken auf dem Stundenrad freigegeben wird, in Gang gesetzt und bringt die Glocken zum Läuten.

gungsdauer ebenfalls justieren, indem man die wirksame Pendellänge durch Verschieben des Pendelkörpers geringfügig veränderte.

Im Laufe der Zeit stiegen jedoch die Ansprüche an die Ganggenauigkeit. Da die Reibung – sowohl in den Lagern der Zahnradwellen als auch zwischen den Zahnrädern selbst – die Ganggenauigkeit verschlechterte, bemühte man sich, jene so gering wie möglich zu halten. Durch entsprechende Zahnformen (Zykloidenverzahnung) und Edelsteinlager wurde man dieser Forderung gerecht. So ist die Zahl der Edelsteinlager (aus Rubinen oder Saphiren) ein Maß für die Güte einer mechanischen Uhr.

Aber nicht nur die Reibung, auch die Temperaturdehnung der Unruh oder des Pendels stellten sich als Fehlerquelle heraus. Um 1715 erfand George Graham (1673–1751) ein Pendel mit Temperaturkompensation; 1753 gelang John Harrison (1693–1776) eine entsprechende Verbesserung bei der Unruh.

### Elektrische Uhren

Jahrhundertelang waren mechanische Uhren mit Unruh oder Pendel als Gangregler der Standardzeitmesser. Heute jedoch hat sich mit den elektrischen Uhren ein völliger Wandel vollzogen.

Anfangs ersetzte man nur den Antrieb durch einen Elektromotor, dann benutzte man Synchronmotoren, die – vom Wechselstromnetz mit seiner konstanten Frequenz von 50 Hertz gespeist – einen Gangregler überflüssig machten. Zudem setzte sich neben Zeigerwerk und Zifferblatt immer mehr die Digitalanzeige mit Faltblättern durch.

Vollelektronische Digitaluhren mit einem schwingenden Quarzkristall als Gangregler gehören zu den neuesten Zeitmessern. Die hochfrequenten Quarzschwingungen werden durch integrierte Schaltkreise bis auf *eine* Schwingung pro Sekunde heruntergeteilt und zur Ansteuerung der Zifferanzeige (Leuchtdioden oder Flüssigkeitskristall) benutzt. Die Gangabweichung beträgt schon bei billigen Armbanduhren weniger als etwa 1 Sekunde pro Tag. Hohe Ganggenauigkeit und leichte Ablesbarkeit sind bei der Analogquarzuhr [7] kombiniert, deren Zeigerwerk von einem winzigen elektrischen Schrittmotor getrieben ist. Die höchste Ganggenauigkeit erreicht die Atomuhr [9] – etwa eine dreihunderttausendstel Sekunde pro Tag.

**Leitbild**

**Sonnenuhren** sind seit über drei Jahrtausenden als Zeitmesser bekannt. Die Uhren müssen so aufgestellt werden, daß der schattenwerfende Stab mit seiner Achse genau auf den Polarstern zeigt – bei dieser Wanduhr verläuft er deshalb schräg nach oben.

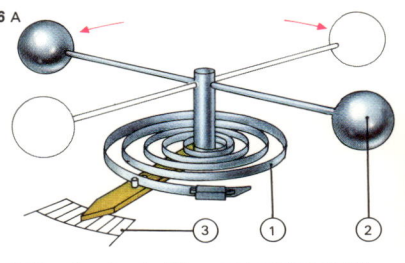

**6 Diese Taschenuhr** [B] aus dem 17. Jh. hat als Gangregler eine Unruh [A]. Diese besteht aus einer Spiralfeder [1] und einem Drehpendel [2], dessen Achse an der Feder befestigt ist und das unter der Federspannung schnell hin- und herschwingt. Mit einem Regulator [3] verlängert oder verkürzt man die Spiralfeder, so daß die Unruh langsamer oder schneller schwingt.

**7 Quarzuhren** nutzen die piezoelektrischen Eigenschaften eines Quarzkristalls. Dieser schwingt in einem elektronischen Schaltkreis mit einer ganz bestimmten Frequenz. Die Schwingungen werden verstärkt, in ihrer Frequenz heruntergeteilt und entweder dem Schrittmotor eines Zeigerwerks (Analogquarzuhr) oder der Zifferanzeige eines elektronischen Zählers (Digitalquarzuhr) zugeführt. Als Stromquelle wird eine winzige Batterie verwendet.

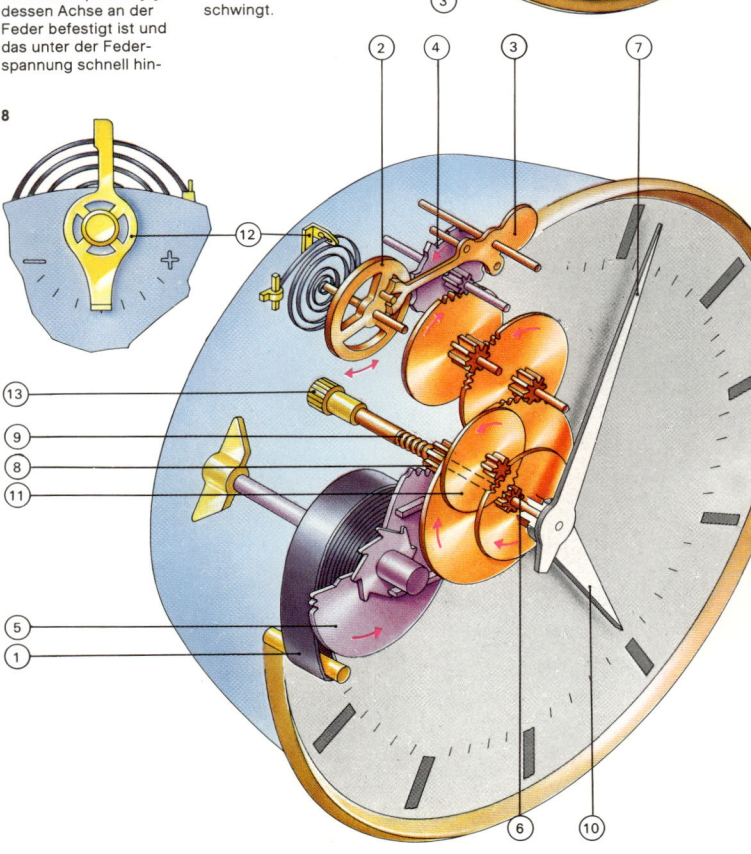

**8 Kleine mechanische Uhren** arbeiten mit der in einer Feder [1] gespeicherten Energie, die von der Hemmung – bestehend aus Unruhe [2], Anker [3] und Steigrad [4] – in jeweils kleinen »Portionen« auf das Räderwerk übertragen wird. Die Spiralfeder treibt über das Großrad [5] die Hohlwelle [8] und diese wiederum über eine Federkupplung [9] die Achse [6] des Minutenzeigers [7]. Der Stundenzeiger [10] wird über das Zahnrad [11] angetrieben und dreht sich zwölfmal langsamer als der Minutenzeiger. Der Gang der mechanischen Uhr läßt sich mit dem Regulator [12] einstellen; zum Stellen der Uhr wird die Zeigerachse [6] mit der Stellschraube [13] direkt gedreht.

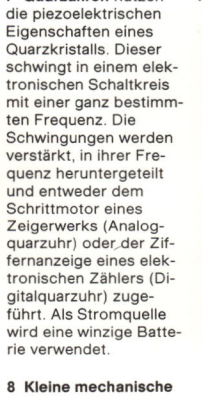

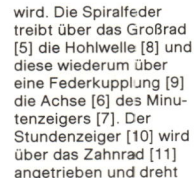

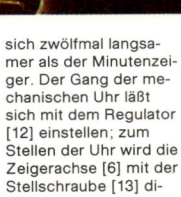

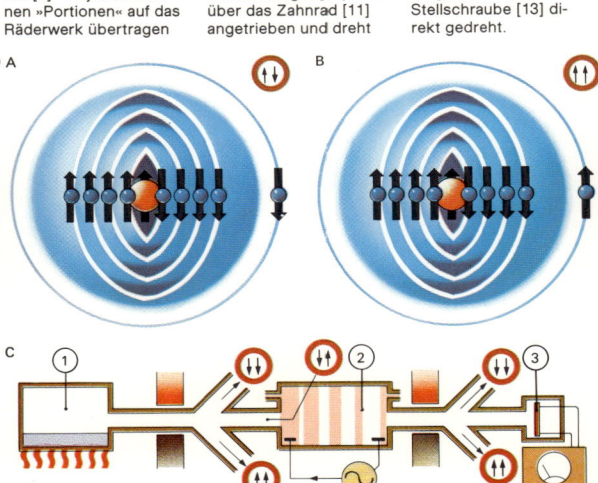

**9 Die Atomuhr** benutzt die Schwingungen von Caesiumatomen zur Steuerung einer Quarzuhr. Die normalerweise unmagnetischen Atome [A] sind durch Strahlung magnetisierbar [B]. In der Atomuhr [C] verdampfen Caesiumatome [1], deren magnetische Achsen durch ein Magnetfeld ausgerichtet werden. Im quarzgesteuerten Magnetfeld der Kammer [2] geraten die Atome mit den Quarzschwingungen in Resonanz. Ein weiteres Magnetfeld führt die Atome dem Detektor [3] zu, mit dessen Signalen der Quarzkristall synchronisiert wird.

# Industrielle Massenproduktion

Fast alle Gebrauchsgüter moderner Industriegesellschaften entstehen in Industrieanlagen. Dies ist ein Oberbegriff für komplizierte Organisationen von Maschinen, Fertigungsprozessen, Materialien, Produkten und schließlich der in diesen Organisationen arbeitenden Menschen. Grundlage ist das Prinzip der Arbeitsteilung, wie es z. B. in dem Buch »An Inquiry into the nature und causes of the Wealth of Nations« (1776) von Adam Smith (1723–90) bei der Herstellung von Nadeln beschrieben wurde: Der Herstellungsprozeß wurde in einzelne Arbeitsgänge aufgeteilt, die jeweils von verschiedenen Personen ausgeführt wurden. Das Prinzip der Arbeitsteilung hat sich in der Fertigung von Massengütern als außerordentlich kostengünstig erwiesen.

### Die Industriefertigung

Ein Handwerker führt heute im allgemeinen alle anfallenden Arbeitsgänge für einen Artikel selbst aus. Aber auch er ist auf Gehilfen und verschiedene Zulieferer angewiesen. So wird etwa ein Holzschnitzer kaum jemals seine Schnitzmesser selbst schmieden, allenfalls wird er sie selbst schleifen.

Bezieht man jedoch die notwendigen Vorarbeiten wie das Fällen der Bäume und das Zuschneiden von Holz mit ein, so wird auch hier eine mehr oder minder deutliche Arbeitsteilung sichtbar.

Das bewußte Aufgliedern eines Herstellungsprozesses in einzelne Arbeitsgänge wurde in Europa erstmals im 17. Jahrhundert bei der Tuchherstellung praktisch durchgeführt, als man diese in Schlagen der Wolle, Spinnen und Weben aufteilte. Dennoch erreichte die industrielle Tuchfertigung zunächst nur einen ganz geringen Prozentsatz an der gesamten Textilproduktion.

Im Jahre 1803 entwickelte Sir Marc Isambard Brunel (1769–1849) Maschinen mit auswechselbaren Teilen zur Herstellung von Blöcken (Flaschenzügen) für Segelschiffe in den Docks von Portsmouth (England) [1]. Gebaut wurden diese Maschinen von Henry Maudslay (1771–1831). Bereits 1807 konnten 45 dieser Maschinen den gesamten Bedarf der englischen Kriegsflotte decken: jährlich wurden 130 000 Blöcke hergestellt.

Die erste automatische Fertigungsstraße [4] wurde bei den Olds Motor-Werken in Detroit (USA) aufgebaut, als nach einem Brand im Jahre 1901 die zerstörten Fabrikhallen neu errichtet werden mußten. In einer Reihe von Stationen wurden die Fahrzeuge nach und nach zusammengebaut. Später griff Henry Ford (1863–1947) diese Idee auf und entwickelte neben der Fertigungsstraße sowie ein Fließband für Fahrzeuge. Auch reparaturbedürftige Fahrzeuge konnten in dieser Fertigungsstraße zwischen die Neuwagen »eingefädelt« werden. Im Jahre 1914 wurde in den Ford-Werken bereits alle 90 Minuten ein Fahrzeug des Modells »T« hergestellt. Arbeitszeit und Produktionskosten sanken erheblich. 1916 konnte man den Kaufpreis für eine »Tin-Lizzy« von 850 auf 400 Dollar reduzieren.

### Moderne Fertigungsverfahren

Die Weiterentwicklung der Fertigungsstraßen führte einerseits zu einer weitgehend technischen Vervollkommnung, andererseits zu einer sehr großen Verbreitung dieser Herstellungsmethode. Überall dort, wo große Mengen von Gebrauchsgütern zu relativ geringen Kosten hergestellt werden, findet man heute Fließbandanlagen: selbst komplizierte Maschinen, etwa

**HINWEISE**

**Lesen Sie auch:**

Die Industrialisierung (1870–1914) (Band 7)

Die Grundlagen der modernen Technik (Band 8)

Maschinen für die Metallbearbeitung (Band 8)

Keramik und Glas (Band 8)

Erdöl – der vielseitige Rohstoff

Automatische Regelung und Steuerung

Chemische Verfahrenstechnik

**1** Eine der ersten Maschinen mit auswechselbaren, standardisierten Teilen wurde 1803 in den Marinedocks von Portsmouth zur Herstellung von Flaschenzügen in Betrieb genommen. Die von Sir Marc Isambard Brunel erfundenen Maschinen waren so leistungsfähig, daß einige von ihnen noch bis nach 1950 benutzt wurden. Bereits im ersten Jahr ihres Einsatzes erzielte sie eine Ersparnis von umgerechnet 250 000 Goldmark.

**2** Dieser 1873 konstruierte Colt wird noch heute hergestellt. Samuel Colt (1814–62) befaßte sich erstmals mit der Massenproduktion von Feuerwaffen. Seine Revolver waren einschüssig und mußten vor jedem Schuß gespannt werden. Nach dem Ende des Mexikanischen Krieges (1846 bis 1848) wurde die erste Serie mit Kaliber 11 mm an die amerikanische Armee geliefert.

**3** Das Ford-Modell T von 1908 wurde neunzehn Jahre lang hergestellt – insgesamt kamen 15 Millionen Fahrzeuge dieses Modells zum Verkauf. Mit diesem Typ begann die Ära der industriellen Massenproduktion von Automobilen.

**4** Das Prinzip der Fertigungsstraße herrscht in der Automobilindustrie immer noch vor, obwohl es bereits andere, erprobte Arbeitsmethoden gibt, die die Arbeit weniger monoton machen und den Arbeitern mehr Entscheidungsspielraum einräumen.

Verbrennungsmotoren, werden auf diese Weise produziert [5].

Gegenwärtig ist dieses System der Massenproduktion jedoch im Wandel begriffen. Die eintönige Arbeit, die ein Fließbandarbeiter verrichten muß – oft dazu im Akkord, also unter großem Zeitdruck –, ist für den einzelnen auf die Dauer nicht befriedigend. Man versucht daher, die Arbeitsvorgänge so umzugestalten, daß die Tätigkeit wieder interessanter wird und einen neuen schöpferischen Aspekt bekommt – eintönige Arbeiten werden von computergesteuerten, automatischen Werkzeugen übernommen.

Der Impuls zu dieser Entwicklung ging von Schweden aus. Statt die Herstellung in Einzelhandgriffe zu unterteilen, bildete man Arbeitsgruppen. Jedes Gruppenmitglied hat, bei gleichem Lohn, verschiedenartige Aufgaben zu erfüllen, und jede Gruppe kann eigene Arbeitsmethoden entwickeln. Diesbezügliche Versuche verliefen erfolgreich. Das Automobilwerk Saab-Scania eröffnete auf dieser Basis im Jahre 1972 eine neue Motorenfabrik, die Firma Volvo zwei Jahre später ein Montagewerk für Kraftfahrzeuge.

Neben der Fertigung von Massenprodukten auf gutdurchdachten, auch hinsichtlich der sozialen Aspekte optimalen Fertigungsanlagen gibt es zwei weitere Kategorien von Produkten: einzelgefertigte Güter, die stets kostspielig sind und solche, die nur in geringen Stückzahlen hergestellt werden. Zu letzteren gehören beispielsweise große Schiffsdieselmotoren. In den Vereinigten Staaten etwa entfallen über die Hälfte aller Industrieprodukte – vom Umsatz her gesehen – auf Kleinserien bis zu maximal 50 Stück.

Auch hier lassen sich jedoch computergesteuerte Werkzeugmaschinen einsetzen, denn man kann sie so programmieren, daß sie unterschiedliche Arbeitsgänge ausführen [6–8]; sie sind daher schnell von einer Serie auf die andere umrüstbar. Moderne Förderanlagen wie auf Luftkissen gleitende, von Linearmotoren getriebene Paletten transportieren die Werkstücke von einer Maschine zur anderen. Ausgeklügelte Manipulatoren ergreifen sie dort, um sie millimetergenau in die Spannvorrichtung der Maschine einzulegen. Noch genauer werden sie dann bearbeitet – oft mit nur wenigen hundertstel Millimetern Toleranz.

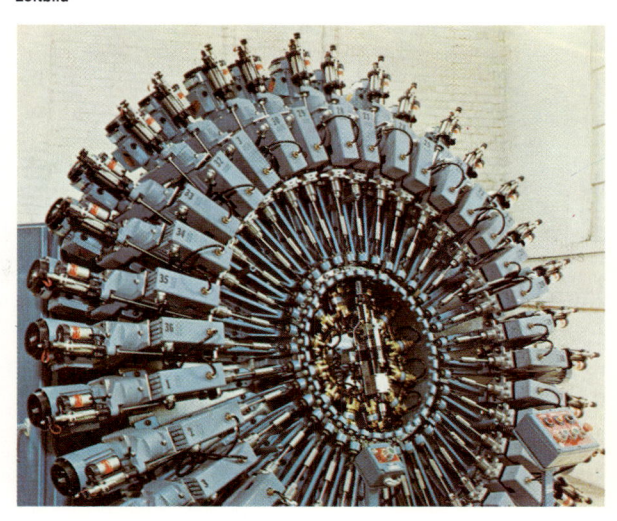

**Automatische Werkzeugrevolver** besitzen kreisförmig angeordnete Werkzeuge, die nacheinander an das Werkstück angesetzt werden. Diese oft computergesteuerten Maschinen sind teuer und nur bei Fertigung komplizierter Teile in großer Menge rentabel.

**5 Auf dem Fließband** werden die Gebrauchsgüter von Arbeitsplatz zu Arbeitsplatz weiterbewegt, und jeder Arbeiter verrichtet einige genau festgelegte Handgriffe – hier z. B. bei der Motormontage [A, B]. Das fertiggestellte Produkt wird zu den Prüfständen [C] weitergeleitet. Auch die Qualitätskontrolle erfolgt streng nach genauer Arbeitsanweisung. Das Prinzip »Ein Mann – ein Handgriff« hat zwar produktionstechnische Vorteile, bringt aber auch einige soziale Probleme mit sich.

**6 Bei der computergesteuerten Teilefertigung** werden Förder- und Positioniereinrichtungen benutzt. Computer können oft über 20 verschiedene Arbeitsgänge steuern; je nach dem zu bearbeitenden Werkstück können aber auch einzelne Arbeitsgänge übersprungen werden. Die Konstruktionszeichnung stellt die Arbeitsgrundlage für die Programmierung dar: Die verschiedenen Abmessungen und Winkel werden – in Verbindung mit entsprechenden Arbeitsanweisungen – in den Computer eingegeben und dann dort abgespeichert

**7 Der Computer ist das Hauptsteuerorgan** bei der automatischen Fertigung. Er sammelt und sortiert die Produktionsanweisungen, kontrolliert die Zufuhr von Material und steuert die verschiedenen Maschinen bis zur Montage.

**8 Bei der automatischen Fertigung** bilden Werkzeugmaschine und Computer ein komplexes System. Seine Aufgabe ist es, die Anlagen optimal zu nutzen und die benötigten Werkstücke so billig wie möglich herzustellen. Da der Computer die Daten jedes einzelnen Werkstücks abspeichern kann, sind auch gemischte Serien mit jeweils unterschiedlicher Bearbeitung möglich, unter gewissen Einschränkungen sogar Einzelstücke.

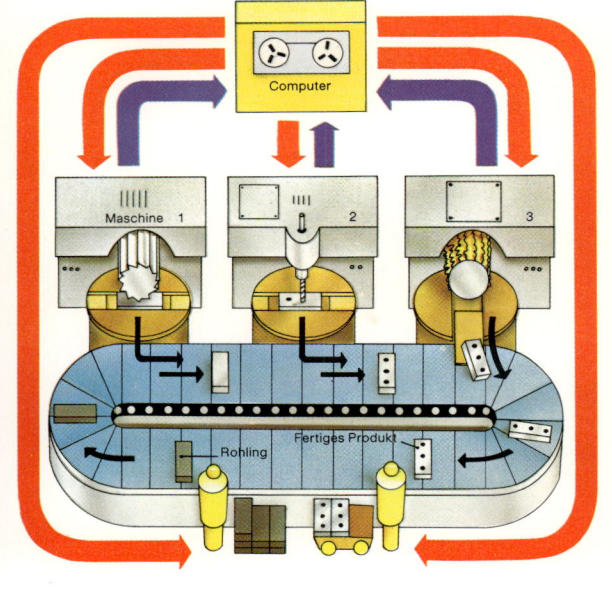

# Hebezeuge

Ein guttrainierter Gewichtheber bringt etwa 100 kg vom Boden, aber durchschnittlich kann ein Mensch kaum mehr als 50 bis 60 kg anheben. Schon frühzeitig wurden deshalb Vorrichtungen zum Heben großer Baumstämme oder Steine entwickelt. Die einfachste Vorrichtung dieser Art ist eine Rolle, über die ein Seil läuft – was allerdings nur die Kraftrichtung ändert. Wird das Seil jedoch auf eine zylindrische Trommel aufgewickelt, die von einer Kurbel gedreht wird, so ergibt sich eine einfache Seilwinde [Leitbild] und eine Kraftverstärkung über den Hebelarm der Kurbel, so daß ein Mensch ohne weiteres Lasten anheben kann, die schwerer sind als er selbst. Kleine Winden mit Handkurbeln kamen im 9. Jahrhundert n. Chr. auf und wurden nicht nur von Menschen, sondern auch von Pferden, Ochsen und anderen Arbeitstieren angetrieben. Noch heute arbeiten viele Hebezeuge und Krane mit einer Seilwinde.

### Schrauben und Rollen

Viele wichtige Erfindungen aus der Frühzeit wie etwa Schraube und Rolle lassen sich nicht einer bestimmten Person zuschreiben. Vermutlich benutzten die Griechen bereits um 400 v. Chr. Schrauben; aus der Zeit des Archimedes (287–212 v. Chr.) ist die Anwendung von Schrauben überliefert. Archimedes selbst erfand eine Pumpe, bei der sich eine lange, schraubenförmige Förderschnecke in einem vertikalen Rohr befindet; wenn man diese mit einer Kurbel drehte, wurde damit Wasser nach oben gefördert. Im Niltal dienten Pumpen dieser Art zur Bewässerung der Felder.

Zur Zeit der Römer und auch noch im Mittelalter benutzte man Schraubenpressen, um Oliven und andere Früchte auszupressen. Im 13. Jahrhundert entwickelte der französische Baumeister und Zeichner Villard de Honnecourt – in Umkehrung dieses Prinzips – eine Schraubenwinde zum Anheben von schweren Lasten, wie sie heute noch als Wagenheber vorkommt [2]. Mit Schraubenwinden lassen sich aber nicht nur Fahrzeuge, sondern – mit mehreren gleichzeitig – sogar ganze Gebäude anheben.

Auch Rollen waren bereits bei den Griechen in Gebrauch – etwa zum Absenken von Götterstatuen auf einer Bühne, um damit einen dramaturgischen Effekt zu erzielen. Zur Zeit Christi Geburt entwickelten römische Ingenieure Flaschenzüge mit mehreren Rollen (Flaschen) zum Heben von Lasten. In Rom wurde ein 200 Tonnen schwerer ägyptischer Obelisk mit Hilfe zahlreicher Flaschenzüge und der Muskelkraft vieler Männer aufgestellt. Viele der heutigen Flaschenzüge weisen noch dieselben Grundzüge auf [3].

Zur weiteren Kraftverstärkung der Hebezeuge benutzte man Getriebe [1]. Nur mit Pferdekraft förderten die Bergleute im 16. Jahrhundert Erze, Kohle und andere Mineralien. Die später mit Dampfmaschinen und heute mit Elektromotoren betriebenen Hebezeuge beruhen noch immer auf demselben Prinzip.

### Krane

Die ersten Krane waren lediglich Seilwinden mit einem hölzernen Gestell nahe der Last. Sie wurden mit Handkurbeln, bei schwereren Lasten auch mit Tretrådern angetrieben. Im Mittelalter waren Geräte dieser Art weit verbreitet beim Bau von Häusern und der Errichtung von Hafenanlagen.

Heute unterscheidet man hauptsächlich zwischen Brücken- und Auslegerkranen. Beide

**HINWEISE**

Lesen Sie auch:

Großbauten (Band 8)

Rollenzüge und Getriebe

Bagger und Planierraupen

Das Bewegen schwerer Lasten

Ballone und Luftschiffe

Hubschrauber

Weltraumfahrzeuge

**1 In der Frühzeit des Bergbaus** wurden die mit Erz gefüllten Förderkörbe durch horizontale oder zum Ausgang hin leicht ansteigende Gänge aus dem Bergwerk befördert. Die Entwicklung von Hebezeugen im Laufe des 16. Jh. gestattete es dann, vertikale Schächte niederzubringen. Eine von Pferden angetriebene Hauptwelle [1] drehte über ein Zapfenrad [2] die Winde zum Heraufziehen des ledernen Erzkorbes [3]. Zum Absenken der Last wurden die Pferde in entgegengesetzter Richtung angespannt. Der Bremser [4] konnte die Winde jederzeit anhalten, indem er mit seinem Eigengewicht zwei Bremsbalken [5, 6] gegen die Holzscheibe [7] preßte.

**2 Die Schraubenwinde** ist ein einfach konstruiertes Hebezeug mit großer Kraftverstärkung. Mit relativ geringer Handkraft am Ende eines ausreichend langen Hebelarms kann man sehr große Hubkräfte erzeugen.

**3 Dieser Flaschenzug** mit je vier Rollen in den beiden Flaschen verstärkt die Seilzugkraft auf das Achtfache. Für 1 m Lasthub müssen jedoch 8 m Seil – z. B. mit einer Seilwinde – aufgewickelt werden.

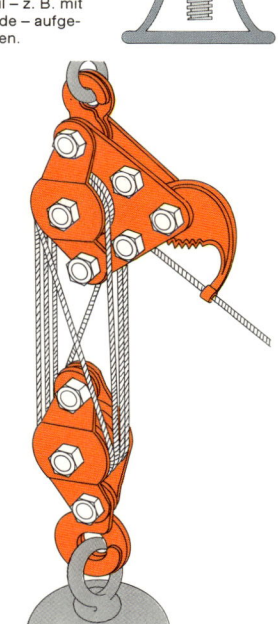

**4 Dieser hydraulisch betätigte Lift** aus dem 19. Jh. kehrte das Prinzip des Flaschenzugs um: Die Pumpe [1] preßte Wasser in den Zylinder und bewegte über den Kolben [2] die untere Rollenflasche [3], deren freie Seilenden mit dem Fahrkorb [4] verbunden waren. Ein relativ kleiner Kolbenhub führte so zu einem großen Hub für den Fahrkorb, erforderte aber große Kolbenkräfte gegenüber dem Fahrkorbgewicht. Mit langen Steuerseilen [5] wurde die Pumpe vom Fahrkorb aus gesteuert.

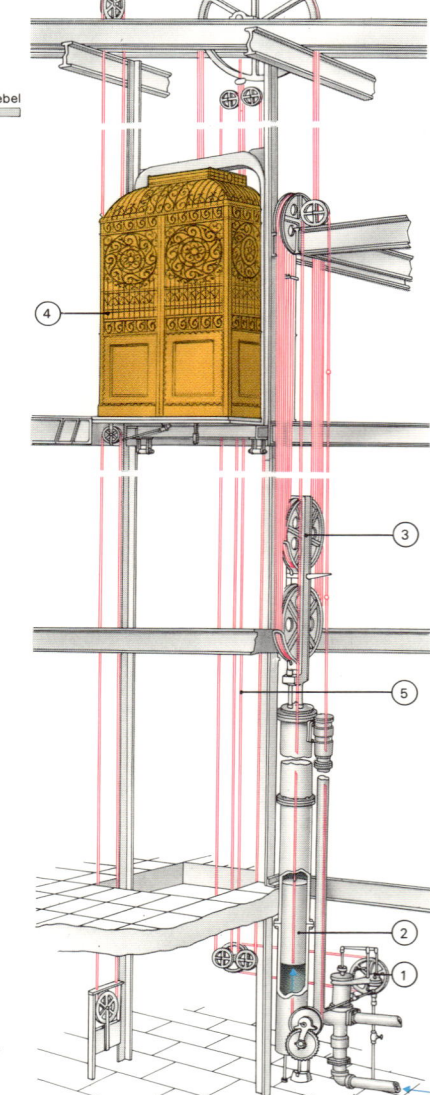

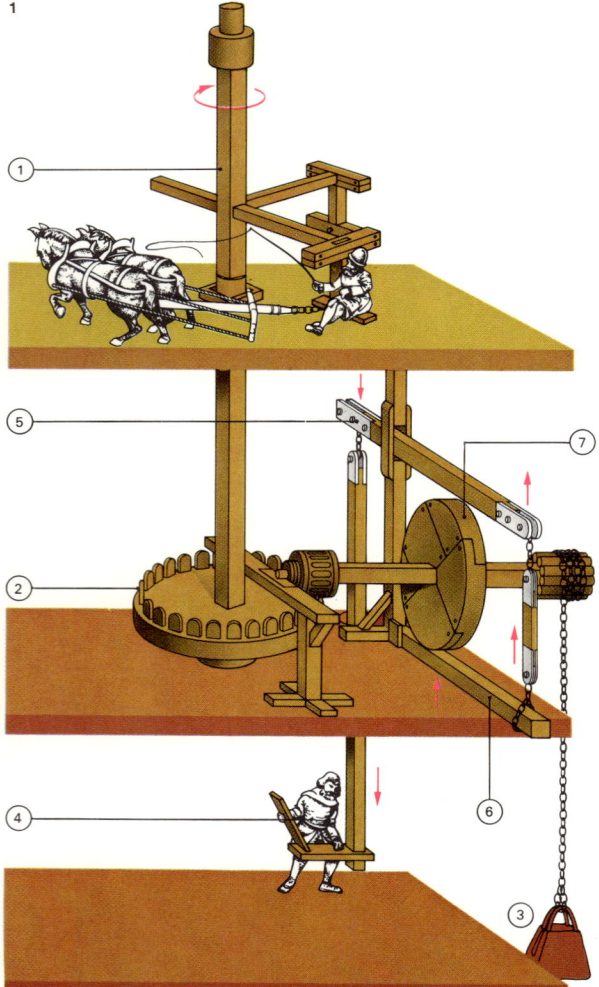

Arten arbeiten mit Winden, die zum Anheben der Last ein langes Stahlseil aufwickeln. Brückenkrane (Verladebrücken) bestehen im wesentlichen aus einer Stahlbrücke in Fachwerk- oder Kastenbauweise und einer Laufkatze, die den Rollenzug und die Seilwinde trägt. Dabei kann sowohl die Laufkatze entlang der Brücke als auch die gesamte Brücke auf Schienen in Querrichtung gefahren werden, so daß sich für den Brückenkran insgesamt ein rechteckiger Aktionsbereich ergibt – je nach Brücken- und Schienenlänge.

Auslegerkrane besitzen dagegen einen langen, einseitig gelagerten Ausleger, der mit dem Turmgerüst geschwenkt werden kann und oft auch in der Neigung verstellbar ist. Das Tragseil befindet sich entweder an einer Laufkatze [5] oder ist über eine Rolle am Auslegerende geführt.

### Aufzüge

Moderne vielstöckige Hochhäuser wären ohne Aufzüge nicht denkbar. Im Jahre 1857 baute der Amerikaner Elisha Graves Otis (1811–61) erstmals einen dampfbetriebenen Aufzug in ein Warenhaus ein.

Für die ersten Aufzüge benutzte man das Prinzip der Schraubenwinde, nach 1870 hydraulische Hubvorrichtungen, bei denen Wasser oder Öl gegen einen Kolben drückte, um die Last anzuheben. Auch Kombinationen von Hydraulik und Rollenzügen kamen zur Anwendung, um mit geringem Kolbenhub große Lifthöhen erzielen zu können [4]. Heute werden Aufzüge meist von den wesentlich robusteren Elektromotoren angetrieben; die Fahrkörbe erreichen dabei Geschwindigkeiten bis zu 400 m pro Minute.

In Untergrundbahnhöfen und großen Geschäftshäusern müssen ständig große Menschenmassen zwischen den einzelnen Stockwerken befördert werden. Die Rolltreppe, im Prinzip nur ein endlos umlaufendes Band mit querstehenden Stufen, eignet sich dazu am besten. Das Grundpatent der Rolltreppe wurde bereits 1891 erteilt, aber erst nach 1930 entwickelten die amerikanischen Firmen Otis Elevator Company und Westinghouse Electric Elevators die Rolltreppe in ihrer modernen Form. Ihre Beförderungskapazität beträgt bei einer 1,25 m breiten Treppe rund 8000 Personen pro Stunde.

**Leitbild**

**Die Seilwinde,** hier eine einfache Bergwerkswinde aus dem Mittelalter, reduziert die Kraft, die man zum Anheben einer Last benötigt. Mit Trommel- und Kurbelradius im Verhältnis 1:3 reichen z. B. 300 N (30 kg) zum Heben eines 900 N (90 kg) schweren Mannes aus. Moderne Seilwinden werden mit Motor über Zahnräder getrieben.

**5 Turmkrane** mit langen Auslegern werden heute beim Hochbau eingesetzt. Bei sehr hohen Gebäuden stehen sie auf dem bereits fertiggestellten obersten Stockwerk und wachsen mit dem Gebäude in die Höhe. Turm und Ausleger bestehen aus Sektionen in Stahlfachwerkbauweise; ein Gegengewicht aus Beton schafft einen Ausgleich zum Eigengewicht des Auslegers. Die Seilwinde ist hier an einer Laufkatze befestigt und wird von der Kabine aus gesteuert.

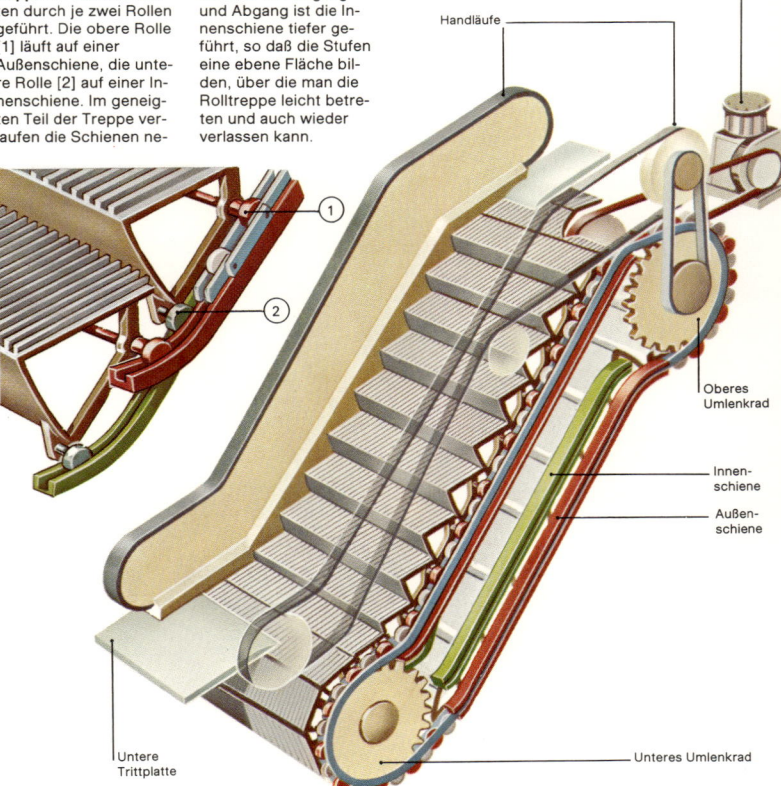

**6 Jede Stufe einer Rolltreppe** wird an den Seiten durch je zwei Rollen geführt. Die obere Rolle [1] läuft auf einer Außenschiene, die untere Rolle [2] auf einer Innenschiene. Im geneigten Teil der Treppe verlaufen die Schienen nebeneinander, im flachen Bereich von Zugang und Abgang ist die Innenschiene tiefer geführt, so daß die Stufen eine ebene Fläche bilden, über die man die Rolltreppe leicht betreten und auch wieder verlassen kann.

**7 Gabelstapler** (Stapelroller) dienen dazu, Paletten mit Waren z. B. in Hochregalen abzusetzen, sie daraus zu entnehmen oder auch über kurze Strecken zu befördern. Die an einer senkrechten Gleitbahn bewegliche Gabel greift dabei unter die Palette. Zum Ausgleich des Lastgewichts sind die Fahrzeuge mit schweren Gegengewichten versehen. Für den Betrieb in Fabrikhallen verwendet man Elektromotoren oder Druckluftmotoren als Antrieb, für den Einsatz im Freien auch Dieselmotoren. Die Motoren liefern auch die Antriebsleistung für den Kettentrieb oder die Hydraulikzylinder zum Heben oder Senken der Gabel. Um die Kippgefahr zu verringern, läßt sich die Gabelführung ein wenig nach hinten schwenken. Mit speziellen, hydraulisch betätigten Teleskopführungen können sogar Hübe bis zu 5 m erreicht werden.

# Bagger und Planierraupen

Beim Bau frühgeschichtlicher Fluchtburgen mußten ebenso wie heute beim Ausheben von Kanälen oder beim Aufschütten von Eisenbahndämmen und Autobahntrassen Tausende Tonnen von Erdreich bewegt werden. Seit jeher wurden daher Maschinen zur Bodenbewegung erdacht und gebaut. Eines der ersten Geräte dieser Art ist die Schubkarre, die in China bereits 118 v. Chr. bekannt war. Der chinesische Schubkarren hatte ein Laufrad von etwa einem Meter Durchmesser und Ladeflächen oberhalb und seitlich des Rades. Die ersten europäischen Ausführungen hatten dagegen ein kleineres Rad und waren den heute benutzten Karren schon weitaus ähnlicher; die Ladefläche befand sich zwischen dem Laufrad und den beiden Handgriffen. Beim Ausbau des europäischen Kanalsystems und bei der Errichtung der ersten Eisenbahnanlagen in Europa leisteten diese Arbeitskarren sehr gute Dienste [Leitbild].

**Moderne Maschinen zur Bodenbewegung**

Für größere Tiefbauarbeiten steht heute eine Vielzahl von Spezialmaschinen zur Verfügung. Eine der ältesten dieser Maschinen ist der Bagger, der bereits zu Beginn des 19. Jahrhunderts – mit Dampfkraft betrieben – weit verbreitet war.

In heutiger Zeit finden die verschiedensten Baggertypen Verwendung, je nach dem vorgesehenen Einsatzbereich. Der Schürfkübelbagger hat beispielsweise Gleisketten für unebenen oder weichen Untergrund [3]. Seine Schaufel ist am Ende eines langen Auslegers angebracht und wird mit Stahlseilen über das abzutragende Erdreich gezogen. Je nach dem abzuschürfenden Material ist die Baggerschaufel unterschiedlich gestaltet: Für die Bewegung von weichem Erdreich oder für den Transport von Schüttgütern wie Kohle und zerkleinerte Erze werden leichte Baggerschaufeln verwendet, Schaufeln mittlerer Stärke für normalen Boden und schwere Schaufeln für felsiges Gestein oder tiefere Aushebungen.

Große Schaufelradbagger [2] gehören zu den größten Maschinen, die mit eigenem Antrieb selbständig fahren können. Sie werden zum raschen Ausgraben oder zum Ausheben großer Mengen losen Materials, wie etwa Erz oder Kohle, eingesetzt. Solche Maschinen sind in der Lage, bis zu 10 000 m³ pro Stunde zu fördern.

Schwimmbagger werden benutzt, um Docks, Häfen und Schiffahrtsrinnen in Flüssen von Schwemmsand und Schlamm freizuhalten. Ein weiteres Einsatzgebiet ist das Ausgraben von nutzbarem Material wie Sand und Kies oder sonstigen Mineralien, das unterhalb der Wasseroberfläche gefunden wird. Die Schwimmbagger haben einen schiffsähnlichen Schwimmkörper und werden entweder von Schleppern zur Arbeitsstelle gezogen oder erreichen diese mit eigenem Antrieb. Einige Schwimmbagger sind sogar seetüchtig. Sie werden von Dieselmotoren angetrieben, die gleichzeitig entweder direkt über Getriebe oder über Generatoren die Baggeranlage elektromechanisch mit Energie versorgen.

Schwimmbagger kommen hauptsächlich in drei Grundarten vor: als Schöpf- [6], Grab- oder Saugbagger [7]. Schöpfbagger haben Endlosketten mit eimerförmigen Behältern, mit denen sie das zu fördernde Material vom Grund (z. B. Schlamm vom Gewässerboden) aufnehmen. Grabbagger besitzen dagegen einen Ausleger, an dem eine starre oder eine zweigeteilte, schließbare Schaufel angebracht ist. Die meisten Grab- und Schöpfbagger sind

**HINWEISE**

Lesen Sie auch:

Einfache Verkehrswege und Fahrzeuge

Straßenbau

Tunnelbau

Häfen und Docks

Kanalbau

**1 Planierraupen** besitzen hydraulisch bewegte Schaufelarme, die zum Aufnehmen von Erdreich gesteuert werden können, ohne daß das Fahrzeug selbst bewegt werden muß. Bei manchen Planierraupen können die Ladeschaufeln über das Fahrzeug hinweg nach hinten geschwenkt werden. Sie sind so in der Lage, einen Lastkraftwagen zu beladen, ohne dabei zu manövrieren.

**2 Die großen Schaufelradbagger** transportieren mit bis zu 20 m breiten Schaufeln in einer Sekunde viele Kubikmeter weichen Schüttgutes über ein Förderband. Maschinen dieser Bauart sind besonders gut geeignet für die Braunkohlengewinnung oder zum Fördern von feinkörnigen Materialien aller Art.

**3 Schürfkübelbagger** haben eine Baggerschaufel am Ende eines langen Auslegers. Sie können besonders gut beim Abbau von Erdreich über oberflächennahen Minerallagern eingesetzt werden. Bei langen Auslegern muß der Bagger ein Gegengewicht tragen – oder die Schaufeln müssen kleiner sein.

**4 Ein Schaufellader** wird zum Abgraben losen Materials und zu dessen Transport über kurze Strecken verwendet. Seine Schaufel faßt bis zu 4 m³. Mit entsprechenden Spezialvorrichtungen sind solche Maschinen auch in der Lage, z. B. größere Steine aufzunehmen und zu transportieren oder Bäume zu fällen.

mit teleskopartigen Stützen ausgerüstet, die während der Baggerarbeiten ausgefahren werden und das Umkippen verhindern.

**Schaufellader**
Die am häufigsten eingesetzten Maschinen zur Bodenbewegung sind die Planierraupen [1]; sie sind relativ wendig und vielseitig verwendbar. Mit ihren hydraulisch betätigten Schaufeln können die Planierraupen nicht nur Erdreich verschieben, sondern auch anheben, transportieren und entweder an beliebiger Stelle lagern oder Lastkraftwagen beladen. Ihr Fahrwerk ist mit Gleisketten oder mit Rädern, meist mit Allradantrieb, ausgerüstet. Gleiskettenfahrzeuge erzeugen einen geringeren Bodendruck, sie eignen sich gut für weichen Untergrund und können auch schwierigstes Gelände überwinden; Radfahrzeuge dagegen erreichen höhere Fahrgeschwindigkeiten. Welche Fahrzeugart jeweils verwendet wird, hängt von der individuellen Aufgabenstellung ab. Sie können bei den anfallenden Planierarbeiten das Erdreich entweder an bestimmte Stellen schieben und dort anhäufen oder Lastkraftwagen beladen, die es abtransportieren. Für letzteres werden Lastwagen eingesetzt, die eine Ladefähigkeit von 20 Tonnen und mehr haben.

**Planierpflüge und Erdhobel**
Um ebene Flächen zu schaffen – beispielsweise beim Straßenbau –, werden Planierpflüge verwendet. Sie haben ein messerartiges Schild, das ähnlich wie ein Hobel in genau eingestellter Höhe Erdreich abhebt und es in einen Laderaum schiebt. Der Laderaum hat ein Fassungsvermögen bis zu 40 m³. Das Fahrzeug kann das abgeräumte Erdreich zu einer nahegelegenen Abladestelle transportieren und dort entladen; dies geschieht über eine Heckklappe. Diese Maschinen haben entweder Eigenantrieb oder sie werden von Traktoren gezogen [5].

Die letzten Feinheiten beim Einebnen einer Fläche werden vom sogenannten Erdhobel besorgt. Wie der Name schon sagt, arbeitet er (wie auch der Pflug) nach dem gleichen Prinzip wie ein normaler Hobel: In der Mitte des Fahrzeugs ist an der Unterseite ein Schild angebracht, das dünne Erdschichten präzise abräumt. Allerdings besitzt der Erdhobel keine eigene Ladefläche; das Planierschild ist schräg angebracht und schiebt das Erdreich beiseite.

**Leitbild**

**Beim Bau der ersten Eisenbahnlinien** wurden die Streckeneinschnitte von Hand, mit Hilfe von Spitzhacke und Schubkarre, ausgehoben. Ein Beispiel ist die 3 km lange Tring-Schlucht auf der Strecke London–Birmingham, die 1838 fertiggestellt wurde. Die vollen Schubkarren wurden zum Aufschütten der Böschung von Pferden über schmale Planken heraufgezogen und von Arbeitern gelenkt – es gab viele Unfälle.

**5 Der Planierpflug** gehört zu den wichtigsten Maschinen im modernen Straßenbau. Mit einem eigenen Antrieb oder von einem Traktor gezogen, können die größten Ausführungen dieser Maschinen bis zu 100 m³ Erde auf einmal fassen. Selbstfahrende Planierpflüge sind meist mit zwei Dieselmotoren hoher Leistung (vorne und hinten) ausgestattet. Damit können sie mit dem Hobelschild dicke Erdschichten abtragen und in den Ladebehälter schieben. Die Hobeltiefe wird mit hydraulischen Kolben eingestellt, ebenso wird die Entladeöffnung hydraulisch bewegt, wobei die gesamte hydraulische Anlage von den beiden Dieselmotoren betrieben wird. Die großen Räder helfen auch, unebenes Gelände zu überwinden.

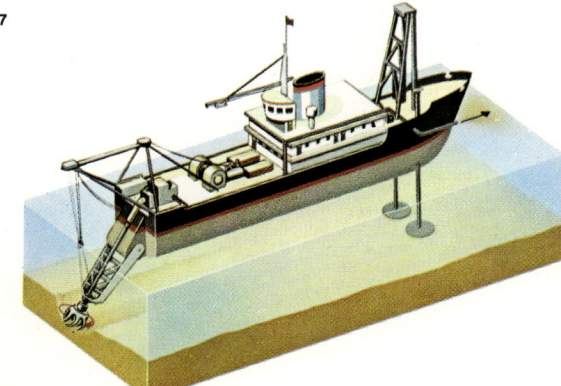

**6 Schöpfbagger** sind mit Schöpfeimern in einer Endloskette ausgestattet und nehmen Schlamm vom Gewässerboden auf. Das abgegrabene Material wird in eine Rinne geleitet, in der es direkt in eine am Bagger vertäute Schute oder, bei ufernahen Arbeiten, auf die Ladefläche eines LKW rutscht. Die meisten Schöpfbagger haben keinen eigenen Antrieb und werden von Schleppern an die jeweilige Baustelle gebracht; Bagger mit Eigenantrieb werden meist in engen Wasserstraßen benutzt.

**7 Saugbagger** haben kräftige Pumpen zum Absaugen von Schlamm aus dem Gewässergrund. Größere Gegenstände werden durch Hochdruckwasserstrahlen oder spezielle Schlagwerke zertrümmert, um die Pumpen nicht zu belasten.

# Das Bewegen schwerer Lasten

Normale Kräne, wie man sie im Bauwesen oder zum Beladen von Schiffen benutzt, heben Lasten bis etwa 200 Tonnen Gewicht. Was macht man aber in folgenden Fällen? Die vorkonstruierte 1500 Tonnen schwere Sektion eines Schiffes (z. B. der gesamte Aufbau oder der vordere Teil des Bugs) soll auf der Helling in seine endgültige Position gebracht werden [2]; eine 6000 Tonnen schwere Rakete soll 5 km weit an die Startrampe transportiert werden [3]; oder der 7000 Tonnen schwere Abschnitt eines Stadions soll versetzt werden [4]. In all diesen Fällen müssen extrem schwere Lasten bewegt werden – und jedesmal findet sich eine praktikable Lösung.

## Was sind schwere Lasten?

Der Transport schwerer Lasten gewinnt zunehmende Bedeutung in der Industrie, da man aus Kostenersparnis mehr und mehr dazu übergeht, größere Konstruktionseinheiten an speziellen Montageplätzen zusammenzubauen und diese vorgefertigten Teile zum Zielort zu transportieren, wo sie dann zur Endkonstruktion zusammengesetzt werden. Die Fertigteile werden jedoch immer größer und schwerer.

Schwer ist nur eine relative Bezeichnung und bedarf näherer Präzisierung: In diesem Zusammenhang sind Lasten gemeint, die Hunderte bis Zehntausende von Tonnen wiegen können. Das Fortbewegen solcher Lasten hat bereits vor Jahrtausenden Probleme bereitet, so etwa der Transport schwerer Steine zum Bau von Pyramiden. Man kann sicher annehmen, daß damals Holzstämme als Rollen benutzt und tierische oder menschliche Muskelkraft eingesetzt wurden.

Die eigentliche Entwicklung der Verfahren zum Bewegen schwerer Lasten begann mit der Entdeckung der Hebelgesetze, die bis heute Grundlage verschiedener Methoden sind. Archimedes [Leitbild] soll einmal ausgerufen haben: »Gebt mir einen festen Punkt, und ich hebe die Welt aus den Angeln.« Er hatte erkannt, daß bei einem großen Hebelweg mit verhältnismäßig geringer Kraft eine große Last ein entsprechend kleineres Stück gehoben werden kann.

## Probleme des Lastentransports

Um schwere Lasten bewegen zu können, müssen stets die Reibungskräfte zwischen Last und Auflagefläche überwunden werden. Um die erforderliche Kraft zu reduzieren, ist es notwendig, diese Reibung durch geeignete Maßnahmen zu verringern. So wurden in früheren Zeiten schwere Gegenstände auf Rundhölzern gerollt, woraus sich dann die Räder entwickelt haben. Auch setzte man verschiedene Arten von Fetten ein, um schwere Lasten leichter zum Gleiten zu bringen; sie werden auch heute noch beim Stapellauf von Schiffen eingesetzt.

Seit wenigen Jahren kommen besonders reibungsarme Oberflächen aus Kunststoff zum Einsatz wie etwa Polytetrafluoräthylen (Teflon®). Auch auf Luft- oder Wasserkissen können schwere Gegenstände reibungsarm gleiten; dieses Prinzip wird beispielsweise beim Betrieb der Luftkissenfähren über den Ärmelkanal ausgenutzt.

Generell unterscheidet man zwischen Haft- und Gleitreibung. Die Haftreibung muß zunächst überwunden werden, um einen Gegenstand überhaupt zum Gleiten zu bringen; die Gleitreibung ist dann derjenige Widerstand, der während der Bewegung auf die Last einwirkt. Das Verhältnis zwischen der zum Bewegen erforderlichen Kraft und dem Reibungs-

**HINWEISE**

**Lesen Sie auch:**

Großbauten (Band 8)

Hebel, Keil und Schraube

Bagger und Planierraupen

Moderne Schiffe

Dammbau

**1 Daß der Rollreibungswiderstand** erheblich geringer ist als der Gleitreibungswiderstand, war bereits in früher Vorzeit bekannt. So wurden schwere Lasten, wie die Steine zum Bau der Anlage von Stonehenge (England) [A], auf Rollen aus Baumstämmen bewegt [B]. Die am Ende der Last freiwerdenden Rollen wurden wieder nach vorne getragen und neu untergelegt. Stämme mit großem Durchmesser ließen dabei Bodenunebenheiten leichter überwinden, lange Stämme verminderten die Bodenbelastung und damit die Gefahr des Einsinkens. Die Lasten wurden von Menschen oder Tieren gezogen oder geschoben, wobei man mit Hebeln die Wirkung erheblich vergrößern und weite Strecken zurücklegen konnte.

**2 Das Prinzip des Flaschenzugs** ist schon seit Jahrhunderten bekannt: Wenn ein Seil um die einzelnen Rollen gelegt wird (wie das Bild zeigt), ist die Zugkraft zum Anheben einer Last bei z. B. sechs Rollen [A] auch sechsmal kleiner als das Gewicht der Last, allerdings muß man das Seilende auch sechsmal weiter ziehen, als die Last angehoben wird. Diese Technik benutzen fast alle Kräne [B], jedoch sind große Winden zum Aufwickeln der langen Seile nötig. Für den Zusammenhang zwischen Seilkraft und Lastgewicht sowie Seilbewegung und Lasthub gilt, daß die am Seil geleistete Arbeit (Kraft mal Weg) gleich ist dem Gewinn an potentieller Energie für die Last (Gewicht mal Hub).

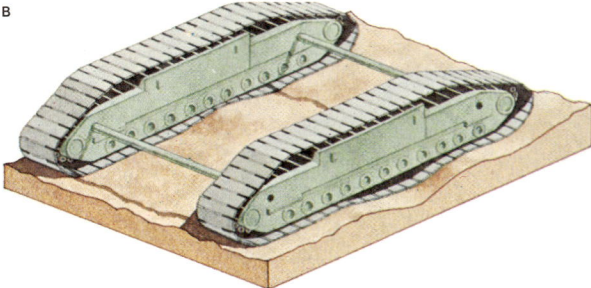

**3 Beim Gleiskettenfahrzeug** werden aus Platten zusammengesetzte Endlosketten, die als Lauffläche dienen, von Rollen geführt und angetrieben [B]. Je größer die Gleiskettenbreite ist, desto geringer ist die Bodenbelastung oder desto höher die Tragfähigkeit. Gleiskettenfahrzeuge dienten z. B. dazu, die 6000 Tonnen schweren amerikanischen Saturn-Mondraketen zu ihrem Startplatz zu transportieren [A].

widerstand wird als Reibungskoeffizient bezeichnet.

Dabei ist der Haftreibungskoeffizient größer als der Gleitreibungskoeffizient, da eine größere Kraft erforderlich ist, einen Gegenstand in Bewegung zu setzen, als ihn in Bewegung zu halten. Gleitreibungsbeiwerte haben, in Abhängigkeit von der jeweiligen Oberflächenpaarung, sehr unterschiedliche Größenordnungen. Stahl auf gefettetem Stahl z. B. hat einen Reibungskoeffizienten von 0,17 bis 0,25; Stahl auf Teflon® 0,05 bis 0,1. Beim Gleiten von Stahl auf einem Luftkissen reduziert sich der Beiwert auf etwa 0,01.

Neben allen Vorteilen kann geringe Reibung jedoch auch mancherlei Probleme mit sich bringen, wenn man z. B. bedenkt, daß bewegte Lasten auch wieder gebremst werden müssen. Je kleiner die Reibung in diesem Fall ist, desto aufwendiger müssen die Bremsvorrichtungen gestaltet sein. So sind für den Stapellauf großer Schiffe mächtige Ketten und starke Stahlseile erforderlich, um die riesige Schiffsmasse wieder zum Stehen bringen zu können.

Prinzipiell können alle denkbaren Maschinen zum Bewegen großer Lasten verwendet werden, wenn sie nur genügend Kraft aufbringen, die Reibung zu überwinden. Portalkräne [2] z. B. heben die Last an und befördern sie durch die Luft. Damit ist die Reibung zwischen Last und Erdboden aufgehoben; andererseits muß jedoch der Untergrund am Standort des Krans fest genug sein, um die großen Belastungen aufnehmen zu können.

**Bodenfestigkeit**
Jede Oberfläche kann nur in bestimmten Grenzen belastet werden. Zulässige Belastungen sind z. B. für Schotter 33 Tonnen/m², für nassen Sand 5,5 Tonnen/m². Bei Mehrbelastung sinkt die Last ein. Eine mögliche Lösung, die Tragfähigkeit zu erhöhen, besteht im Vergrößern der belasteten Oberfläche, ist aber nicht überall durchführbar. Luftkissenfahrzeuge, die dem Transport schwerer Lasten über Wasser dienen, graben sich bei Betrieb über trockenen Sand ein, gleichgültig, wie groß die tragende Fläche ist.

Es gibt keine allgemein gültige Universalmethode zum Bewegen schwerer Lasten; die hier gebrachten Beispiele zeigen lediglich einige Möglichkeiten.

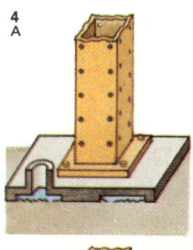

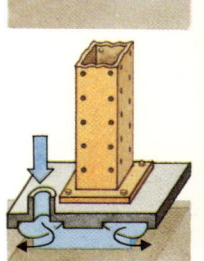

**Leitbild**

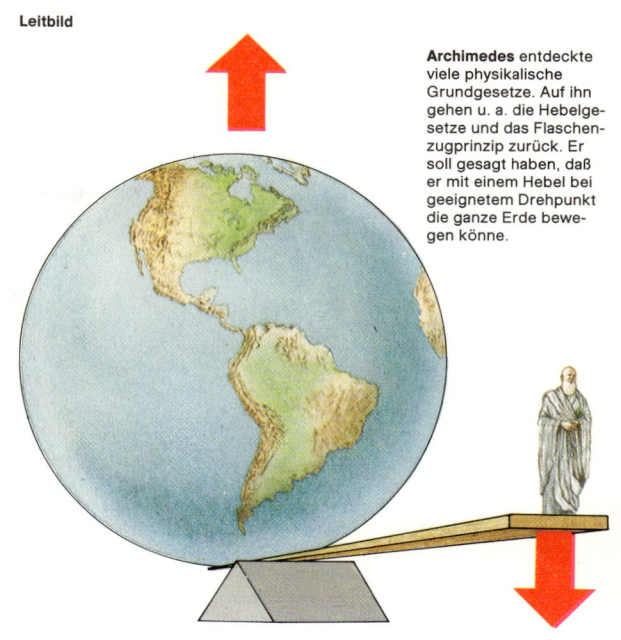

**Archimedes** entdeckte viele physikalische Grundgesetze. Auf ihn gehen u. a. die Hebelgesetze und das Flaschenzugprinzip zurück. Er soll gesagt haben, daß er mit einem Hebel bei geeignetem Drehpunkt die ganze Erde bewegen könne.

**4 Beim Luftkissenprinzip** wird Luft mit hohem Druck unter die Lastfläche geblasen. Die Luft, die durch die Schlitze eines Gummiwulstes austritt und seitlich entweicht [A], wird durch Düsen wieder zugeführt, so daß ständig ein Kissen komprimierter Luft zum Tragen der Last zur Verfügung steht. Auf einem solchen Polster kann ein Fahrzeug nahezu reibungsfrei gleiten; die Last verteilt sich auf die ganze Auflagefläche und führt so zu geringer Bodenbelastung. – Das Ohau-Stadion (Hawaii) ist so konstruiert, daß die Tribünen entweder ein rechteckiges Fußballfeld [B] oder ein quadratisches Baseballfeld [C] umschließen können. Dazu werden vier Tribünensegmente auf Luftkissen bewegt. Damit die Segmente nicht von Windböen fortgetrieben werden, führt man sie durch Gestänge.

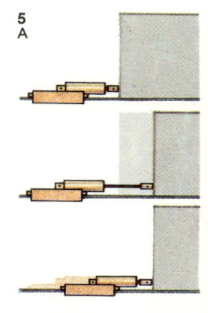

**5 Hydraulische Zylinder** können extrem schwere Lasten bewegen, wie die diese 4000 Tonnen schwere Schiffssektion [B], wenn sie sich dabei irgendwo abstützen können. Der Mechanismus hier (Vordergrund in [B] sowie [A]) benutzt hydraulische Kräfte sowohl zum Schieben der Last als auch zum Festklammern an Führungsschienen und wandert dabei schrittweise hinter der Last her.

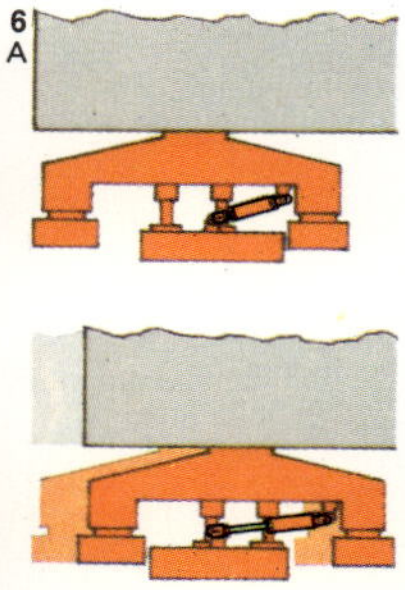

**6 Ein hydraulisches Schreitwerk** [A] besitzt zwei »Beine«, die abwechselnd die Last tragen und von Hydraulikzylindern gegeneinander bewegt werden. Die Auflagefläche läßt sich dabei stets so gestalten, daß die zulässige Bodenbelastung nicht überschritten wird. Vier solcher Schreitwerke tragen dieses Bauteil [B], das für die Plattform einer Ölbohrinsel im Meer bestimmt ist.

# Elektronische Geräte

Die Elektronik befaßt sich u. a. mit elektrischen Bauteilen wie Röhren, Transistoren, Dioden, Kondensatoren und Widerständen. Wenn man derartige Bauteile zu einer elektronischen Schaltung kombiniert, die bestimmte Aufgaben erfüllt, spricht man von elektronischen Geräten.

Unser Leben ist in zunehmendem Maße durch elektronische Geräte geprägt: im Nachrichtenwesen, in der Industrie, in Wissenschaft und Forschung, im Handel und im häuslichen Bereich.

Das wohl bemerkenswerteste elektronische Gerät unserer Zeit ist der elektronische Rechner, der mittlerweile in all diesen Gebieten Eingang gefunden hat – sei es als Großcomputer oder als handlicher Taschenrechner für den privaten Gebrauch.

Die Leistungsfähigkeit und der vergleichsweise niedrige Preis vieler elektronischer Geräte ist das Ergebnis einer immer stärkeren Miniaturisierung in Form von sogenannten »integrierten Schaltkreisen«. Sie bestehen oft aus einem nur wenige Quadratmillimeter großen Siliciumplättchen, in das die Funktionen zahlreicher Transistoren, Dioden und Widerstände auf photographisch-chemischem Wege eingearbeitet sind.

Von den zahllosen Anwendungsmöglichkeiten der Elektronik sollen hier nur einige typische Beispiele vorgestellt werden.

## Elektronik und Licht

Als optoelektronische Bauelemente bezeichnet man solche, bei denen Licht und elektrischer Strom irgendwie miteinander in Beziehung stehen. Dazu zählen nicht nur die Photohalbleiter, wie sie beispielsweise bei Lichtschranken Anwendung finden, sondern auch Leuchtdioden, Ziffernanzeigen aus Leuchtdiodensegmenten, Ziffernanzeigeröhren [4] und Flüssigkeitskristallanzeigen.

Lichtschranken, aus einer Lichtquelle und einem Photohalbleiter als Empfänger bestehend, sind z. B. an Fahrstuhltüren angebracht und verhindern beim Betreten oder Verlassen der Kabine das Schließen der Tür. In der industriellen Massenfertigung dienen Lichtschranken als Sicherungseinrichtungen – etwa beim Bedienen von hydraulischen Pressen – oder zum Zählen von Werkstücken. Jede Unterbrechung des Lichtstrahls löst einen elektrischen Impuls aus, der entweder bei der Maschine den Antrieb stillsetzt oder einem elektronischen Zähler zugeführt wird. Im privaten Bereich kommen optoelektronische Bauteile bei der Fernsteuerung von Fernsehern [1] vor, bei Kameras [3] sorgen Photozellen in Verbindung mit einem elektronischen Schaltkreis für die richtige Belichtung des Films. Die »Belichtungsautomatik« gibt damit auch Amateurphotographen die Möglichkeit – zumindest von der Belichtung her –, gute Bilder zu »schießen«.

## Elektronische Uhren

Digitaluhren sind im Grunde genommen nichts anderes als elektronische Zähler – mit dem Unterschied, daß sie den Zählerstand nicht als Dezimalzahl, sondern in Stunden, Minuten und Sekunden anzeigen. Die Steuerung des Zählers hängt von der Art der Uhr ab. Netzfrequenzgesteuerte Uhren zählen die Schwingungen des Wechselstromnetzes. Ein integrierter Schaltkreis gibt nach jeweils 50 Schwingungen (beim 50-Hz-Netz) einen Impuls ab, der die Sekundenanzeige um eine Ziffer weiterstellt; nach jeweils 60 Sekunden springt dann die Minutenanzeige um usw.

## HINWEISE

Lesen Sie auch:

Automatische Regelung und Steuerung

Wie ein Computer arbeitet

Was Computer alles können

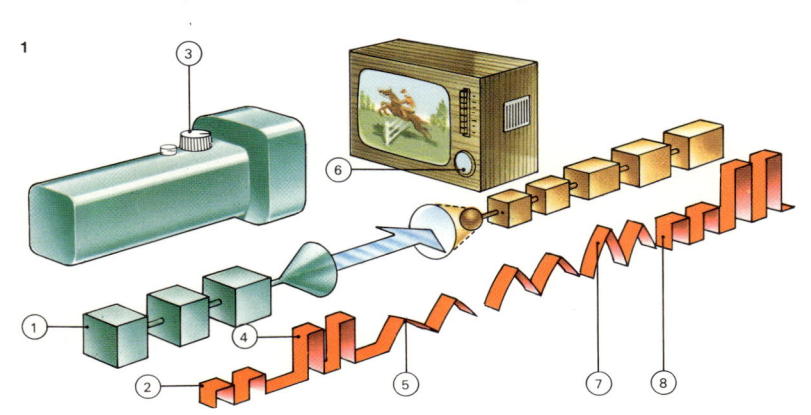

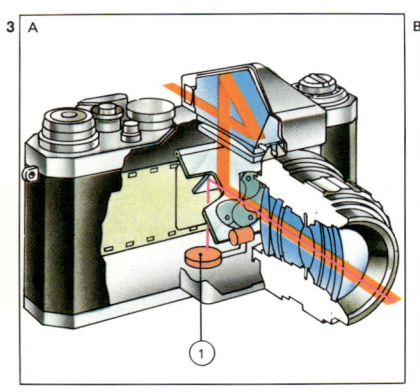

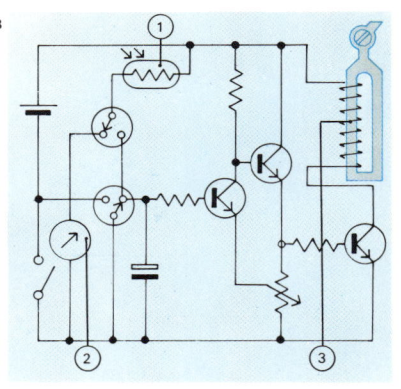

---

**1 Bei der Fernbedienung eines Fernsehempfängers** erzeugt ein Multivibrator [1] Impulse [2], deren Frequenz einstellbar ist [3]. Die Impulse werden verstärkt [4] und modulieren einen Infrarot-Lichtstrahl (oder einen Ultraschallsender) [5]. Der Lichtstrahl wird von einem Phototransistor (oder Mikrophon) [6] im Fernsehgerät aufgenommen, verstärkt [7] und in Impulse zurückverwandelt [8]; sie wählen den Sender und steuern Lautstärke und Bildwiedergabe.

**2 Ein Metalldetektor** erzeugt mit einem elektronischen Oszillator einen bestimmten Ton im Kopfhörer. Die Suchspule [am Boden] verändert die Tonhöhe, sobald sie in die Nähe eines Metallgegenstandes kommt, denn dadurch verändert sich ihre Induktivität und die Abstimmung des Oszillators. Für Handwerker gibt es kleine Geräte, mit denen Wasserrohre und Stromleitungen in Wänden aufgespürt werden können, um sie beim Bohren nicht zu beschädigen.

**3 Der automatische Verschluß einer Kamera** stellt beim Photographieren die richtige Belichtungszeit ein. Vom Objektiv der Kamera [A] wird ein Teil des einfallenden Lichts auf einen Photowiderstand [1] gespiegelt. Dieser Widerstand ist Bestandteil des elektronischen Schaltkreises [B] und steuert einen Belichtungsanzeiger [2] im Sucher, wird aber kurz vor der Belichtung mit dem Zeitschaltkreis verbunden und hält den elektromagnetisch [3] betätigten Verschluß [C] so lange als es notwendig ist offen.

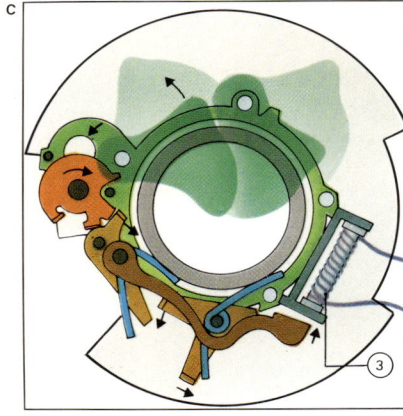

**4 Digitale Zählwerke** [A] haben Ziffernanzeigen, die z. B. aus mehreren gasgefüllten Ziffernröhren [B] bestehen können. Diese Röhren enthalten zehn hintereinanderliegende Kathoden, die den Ziffern 0 bis 9 entsprechend geformt sind. Jeweils eine Kathode wird von einer Steuerschaltung gezündet, leuchtet auf und ist damit sichtbar. Andere Ziffernanzeigen enthalten z. B. verschiedene Leuchtdioden- oder Flüssigkristallsegmente, die durch die Steuerschaltung zum Aufleuchten gebracht bzw. transparent gemacht werden.

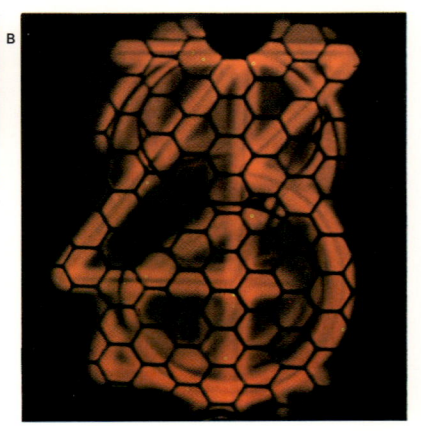

Quarzuhren arbeiten nach demselben Prinzip – nur daß hier ein Schwingquarz mit einer sehr stabilen Frequenz (z. B. 32 768 Hz) die Steuerung übernimmt.

### Unterhaltungselektronik

Radios, Plattenspieler, Tonbandgeräte, Fernsehempfänger und Videorecorder sind Geräte aus dem Bereich der Unterhaltungselektronik [1]. Allen gemeinsam ist, daß sie sehr schwache elektrische Signale bis zu tausendfach, bei Radio- und Fernsehempfängern sogar bis zu hunderttausendfach verstärken müssen, um damit einen Lautsprecher bzw. eine Bildröhre ansteuern zu können. Jedes Gerät enthält daher zahlreiche hintereinandergeschaltete elektronische Verstärkerstufen, die den Signalpegel jedesmal erhöhen.

Bei Radio- und Fernsehempfängern stehen die Ton- und Bildsignale an der Antenne allerdings nicht direkt zur Verfügung, sondern sind einer hochfrequentierten Trägerwelle »aufmoduliert« (ebenso verhält es sich beim Tonkopf eines Tonbandgerätes). Hier übernehmen elektronische Filter die Aufgabe, aus dem »Wellensalat«, den die Antenne von den verschiedenen Sendern empfängt, die Trägerfrequenz des gewünschten Senders herauszusuchen und daraus die Ton- oder Bildsignale herauszufiltern.

### Elektronische Sicherungsanlagen

Um Einbrüche und Diebstähle zu verhindern, kommen in jüngster Zeit zunehmend elektronische Überwachungsanlagen zum Einsatz. So können beispielsweise in einem Juweliergeschäft zehn oder mehr Sicherungsanlagen installiert sein [5]: Optisch werden die Verkaufsräume z. B. ständig von Fernsehkameras überwacht; andere elektronische Geräte sprechen auf die Veränderung des Luftdrucks beim Öffnen und Schließen von Türen oder auf Erschütterungen an. Ein Impuls von einem dieser Geräte löst z. B. in einer nahegelegenen Polizeistation Alarm aus.

Bei der Verbrechensbekämpfung wird heute immer mehr mit elektronischen Hilfsmitteln gearbeitet – angefangen vom Polizeifunk bis zur elektronischen Übermittlung von Unterschriften, Fingerabdrücken und den Fahndungsphotos verdächtiger Personen zwischen den einzelnen Kriminalämtern.

**Leitbild**

**Stereo-Kompaktanlagen** enthalten vier Komponenten aus dem Bereich der Unterhaltungselektronik: Plattenspieler, Kassettentonbandgerät, Radioempfangsteil (Tuner) und Verstärker. Dieser verstärkt die Tonsignale eines der ersten drei Geräte soweit, daß sie in zwei Lautsprecherboxen [hier nicht abgebildet] zu hören sind. Die Boxen werden mehrere Meter voneinander entfernt aufgestellt, damit der Stereoeffekt voll zur Geltung kommt. Hi-Fi (*H*igh *Fi*delity)-Geräte zeichnen sich durch besonders hohe Wiedergabetreue (klare, verzerrungs- sowie rauscharme Tonwiedergabe) aus.

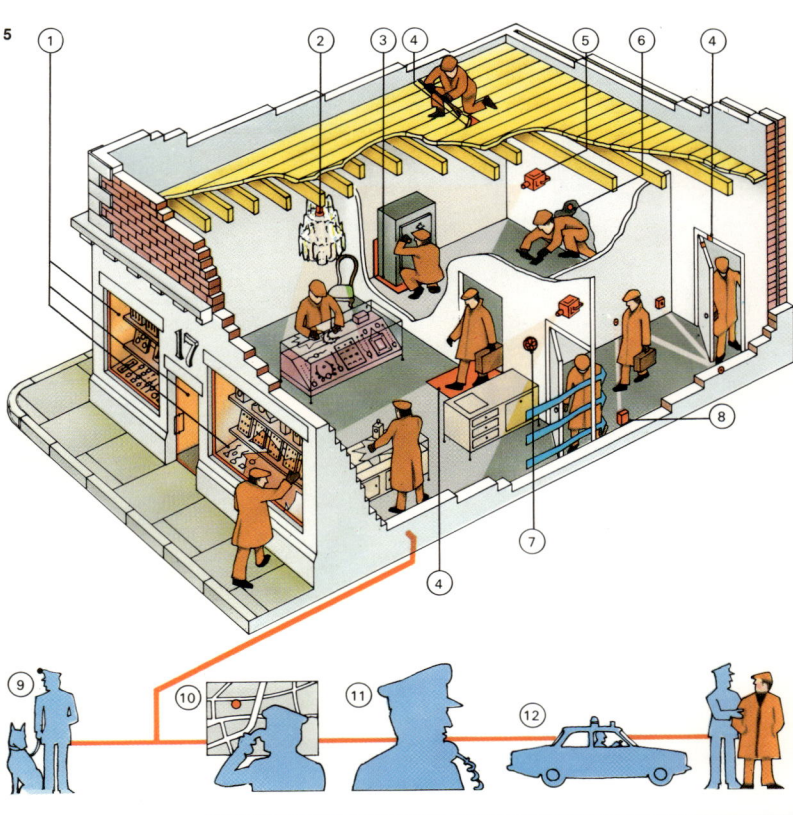

**5 Elektronische Geräte** überwachen ein Juweliergeschäft: Elektroden [1] an der Glasscheibe signalisieren das Zerbrechen des Glases; Phototransistoren [2] registrieren Veränderungen des Umgebungslichts, und ein Draht bildet mit dem davorstehenden Safe einen Kondensator [3], der sich beim Eindringen von Personen verändert und Alarm auslöst. Versteckte Kontakte [4] unterbrechen beim Berühren verschiedene Stromkreise; Fernsehkameras [5] beobachten die Räume, und ein elektromagnetischer Detektor [6] reagiert auf Erschütterungen. Ein Ventilator erzeugt leichten Unterdruck, und sobald eine Tür geöffnet wird, spricht eine Membran [7] auf die Luftdruckerhöhung an. Ein ultravioletter oder ein infraroter Lichtstrahl bildet eine Lichtschranke [8], die beim Unterbrechen des Lichtstrahls Alarm auslöst. Sicherheitskräfte [9], die außerhalb des Hauses im Dienst sind, holen über die Notrufsäule [10] die Funkstreife [11, 12] zu Hilfe.

**6 Eine Studio-Fernsehkamera** [B] enthält neben dem Objektiv und dem Monitor [auf der Rückseite] zahlreiche elektronische Schaltkreise und Bauteile. Die Brennweiten-, Blenden- und Entfernungseinstellung des Objektivs erfolgt elektrisch/mechanisch durch kleine Servomotoren und Zahnräder [A]. Die übrigen Bauteile und integrierten Schaltkreise der Kamera sind auf steckbaren Leiterplatten innerhalb des Kameragehäuses montiert.

**7 Bei Wechselsprechanlagen** dient das Mikrophon gleichzeitig als Lautsprecher. Die Anlagen werden oft als »elektronischer Babysitter« eingesetzt: Man kann in anderen Räumen hören, wenn ein Baby aufwacht und zu weinen beginnt. Mit elektrischen Türöffnern kombiniert, ermöglichen Wechselsprechanlagen in Wohnblocks die Verständigung der Bewohner an den einzelnen Wohnungstüren und an der Haustür; in Firmen können sich die Mitarbeiter der einzelnen Abteilungen untereinander verständigen.

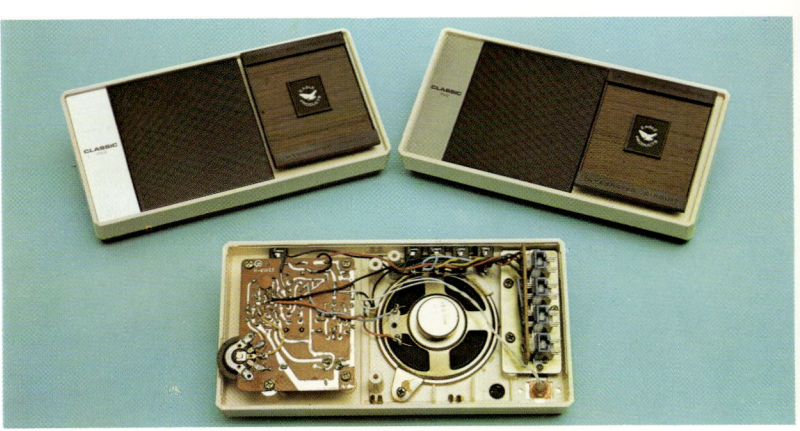

53

# Automatische Regelung und Steuerung

Im Jahre 1788 wurde erstmals in der Geschichte der Technik eine Maschine automatisch geregelt: James Watt (1736–1819) entwarf einen Fliehkraftregler, um die Drehzahl einer Dampfmaschine auf konstantem Wert zu halten [Leitbild]. James Clerk-Maxwell (1831–79) entwickelte dazu eine umfassendere mathematische Theorie. Damit war der Grundstein für die moderne Regelungstechnik gelegt, ohne die die meisten der heutigen Maschinen undenkbar wären: von einfachen Haushaltsgeräten bis zu Überschallflugzeugen. Die letzte Entwicklung in dieser Richtung wäre ein menschenähnlicher Roboter, doch sind die Funktionen des menschlichen Gehirns zu kompliziert, als daß sie vollständig durch eine Maschine ersetzt werden könnten.

## Steuerung und geschlossener Regelkreis

Grundsätzlich gibt es zwei verschiedene Arten, ein technisches System zu einem gewünschten Verhalten zu veranlassen: die offene Steuerkette und den geschlossenen Regelkreis.

Bei einer Steuerung werden die Gerätefunktionen zwar beeinflußt, oft nach einem fest vorgegebenen Programm, aber nicht kontrolliert. Bei den Haushaltsgeräten gibt es dafür zahlreiche Beispiele, etwa Waschmaschine oder Geschirrspüler. Diese Geräte verrichten nacheinander eine Reihe von verschiedenen Funktionen, ohne jedoch das Ergebnis laufend zu kontrollieren, wie die Waschmaschine, die bei stark verschmutzter Wäsche nicht automatisch länger wäscht.

Im Gegensatz dazu wird im geschlossenen Regelkreis ein bestimmter Zustand ständig gemessen und der Regeleinrichtung »zurückgemeldet«, die ihn mit dem gewünschten Wert vergleicht. Aus dem Vergleich von »Ist«- und »Soll«-Wert leitet der Regler die nötige Maßnahme ab, die zu dem gewünschten Zustand führt. Ein bekanntes Beispiel hierfür ist die Temperaturregelung eines Wohnraums mit einem Thermostaten: Die Raumtemperatur wird ständig gemessen; beim Unterschreiten der eingestellten Solltemperatur schaltet der Thermostat die Heizquelle ein, beim Überschreiten schaltet er sie ab.

Bei der beschriebenen Rückwirkung zwischen einem Zustand und einer Regeleinrichtung spricht man auch von »Rückkopplung«, allerdings unterscheidet man zwei Arten: Die »negative« Rückkopplung, auch Gegenkopplung genannt, bewirkt, daß der Regelkreis sich auf den gewünschten Zustand einpendelt; die »positive« Rückkopplung oder Mitkopplung führt dagegen meist zu unerwünschtem »instabilem« Verhalten, wie etwa beim Rückkopplungspfeifen: Es entsteht, wenn man ein Mikrophon zu nah an den Lautsprecher hält, an den es über einen Verstärker angeschlossen ist.

Auch im menschlichen Körper finden zahlreiche Rückkopplungsprozesse statt, um die jeweils günstigsten Bedingungen zu gewährleisten. So wird z. B. die Körpertemperatur in engen Grenzen stabil gehalten [5], unabhängig von der Umgebungstemperatur.

## Meßeinrichtungen und Servomechanismen

Erst im 20. Jahrhundert gelang es, Regelsysteme für Industriemaschinen in größerem Maße einzusetzen. Ein notwendiger Beitrag dazu war die Erfindung der Elektronenröhre und später des Transistors, die es gestatten, winzige elektrische Meßsignale derart zu verstärken, daß eine Regeleinrichtung sie verarbeiten kann. Die Meßsignale selbst liefern Sensoren, die physikalische Meßgrößen in entsprechende

**HINWEISE**

Lesen Sie auch:

Industrielle Massenproduktion

Was Computer alles können

So fliegt ein Flugzeug

Weltraumfahrzeuge

---

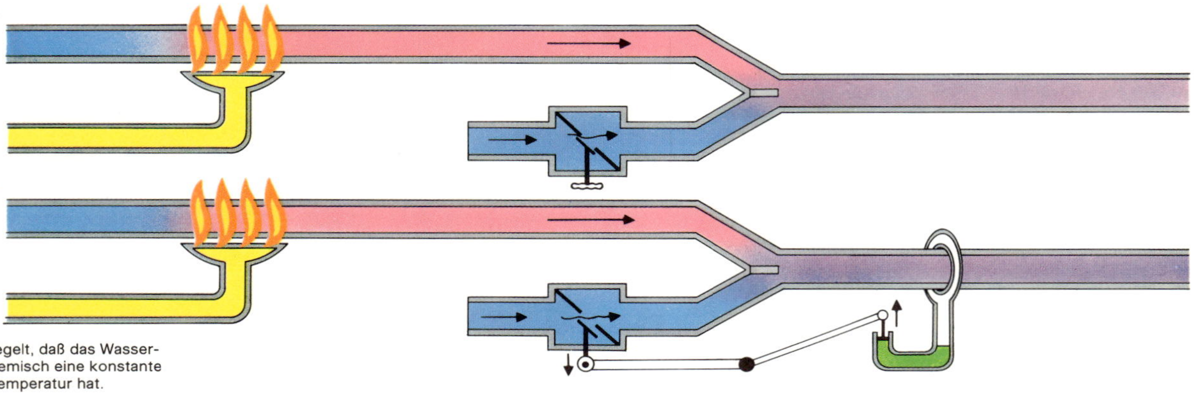

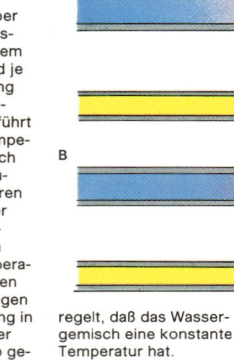

**1 Eine offene Regelstrecke** [A] arbeitet ohne Information über den Zustand der Ausgangsgröße: In diesem Leitungssystem wird je nach Ventileinstellung eine bestimmte Kaltwassermenge zugeführt [blau]. Die Mischtemperatur richtet sich nach dem Warmwasserzufluß: Ändert sich deren Temperatur oder der Gasdruck der Feuerung, so ändert sich auch die Mischtemperatur. Im geschlossenen Regelkreis [B] dagegen wird die Ventilstellung in Abhängigkeit von der Mischtemperatur so geregelt, daß das Wassergemisch eine konstante Temperatur hat.

**2 Im Kühlschrank** wird ein Gas komprimiert [1] und zu einer Flüssigkeit kondensiert [2]. Nach Durchlaufen des Ventils [3] fällt der Druck stark ab, die Flüssigkeit verdampft und nimmt Wärme aus dem Innern des Kühlschranks auf. Der Kühlraum wird dadurch so weit abgekühlt, bis der Thermostat [4] den Kompressor abschaltet. Wenn die Temperatur wieder steigt, schaltet der Thermostat den Kompressor wieder ein. Auf diese Weise stellt sich eine nahezu konstante Temperatur im Kühlschrank ein.

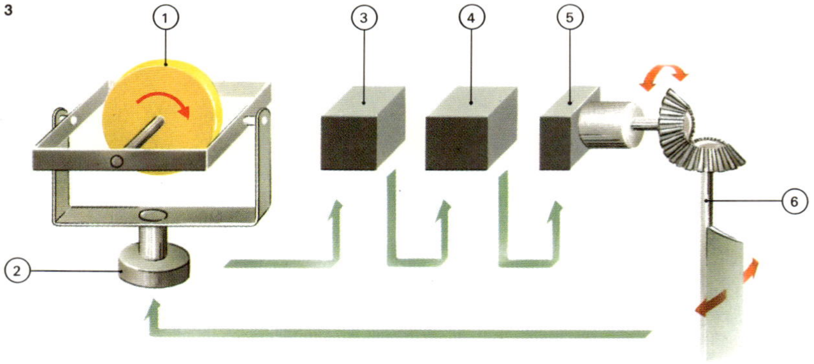

**3 Die automatischen Schiffssteuerungen** enthalten einen Kurskreisel [1], dessen Achse wegen der kardanischen Lagerung immer dieselbe räumliche Orientierung hat. Ein Sensor [2] meldet Abweichungen vom Soll-Kurs an den Regler [3]; dessen Ausgangssignal wird verstärkt [4] und der Rudermaschine [5] zugeführt, die das Ruder [6] betätigt. Dadurch ändert sich der Kurs des Schiffes solange, bis der Soll-Kurs wieder erreicht ist.

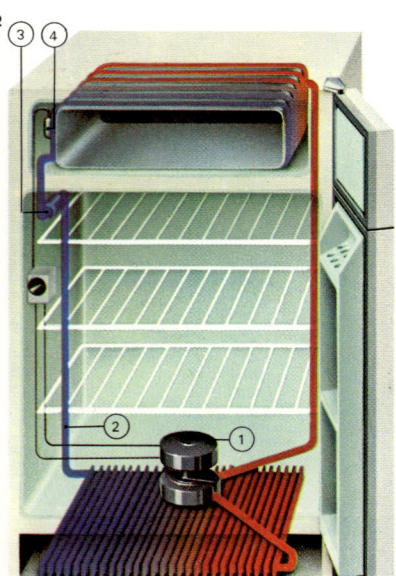

**4 Der Autopilot eines Flugzeugs** funktioniert ähnlich wie die automatische Schiffssteuerung. Im Gegensatz zum Schiff sind die Bewegungen des Flugzeugs jedoch komplizierter: Es müssen z. B. die Drehbewegungen um die Längs-, Hoch- und Querachse geregelt werden (Rollen, Gieren, Nicken). Daher benötigt man drei Sensoren, deren Signale von einem Bordcomputer nach einem komplizierten Regelgesetz verarbeitet werden. Mit dem Computer kann das Flugzeug auch vom Boden aus über Funk oder Radar gesteuert landen.

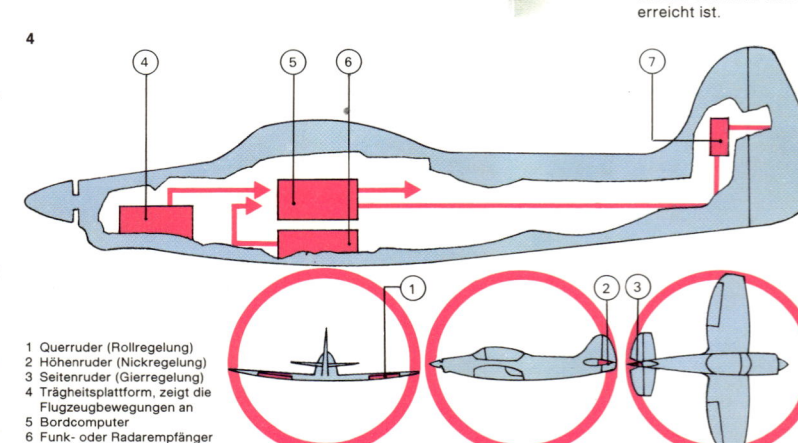

1 Querruder (Rollregelung)
2 Höhenruder (Nickregelung)
3 Seitenruder (Gierregelung)
4 Trägheitsplattform, zeigt die Flugzeugbewegungen an
5 Bordcomputer
6 Funk- oder Radarempfänger
7 Servomotor für Seitenruder

Ströme oder Impulse umwandeln. Typische Beispiele sind das Thermoelement zur Temperaturmessung, die Trägheitsplattform in Flugzeugen [4] oder stroboskopische Drehzahlmesser für Motoren.

Wesentlicher Bestandteil eines Regelkreises ist die Stelleinrichtung, die die vom Regler angeordnete Maßnahme »in die Tat umsetzt«. Bei der Temperaturregelung eines Bügeleisens sind das ein einfacher elektrischer Schalter für den Heizstrom, bei der Durchflußregelung [1] ein Ventil oder bei größeren Anlagen sogenannte Stellmotoren. Sie setzen die (meist elektrischen) Ausgangssignale des Reglers in Bewegungen um, bei denen große Kräfte auftreten, z. B. beim Antrieb eines Flugzeugruders [4] oder beim Betätigen der Lenkung eines Automobils (Servolenkung). Als Stellmotoren verwendet man u. a. Elektromotoren und elektrohydraulische oder elektropneumatische Einrichtungen.

Servomechanismen sind Regelkreise, die in der Lage sind, einer ständig sich ändernden Führungsgröße zu folgen. Beispiele: automatische Schiffssteuerungen [3], Autopiloten bei Flugzeugen [4], radargesteuerte Geschütze oder numerisch gesteuerte Werkzeugmaschinen. Prinzipiell liegt auch beim Autofahren ein Servomechanismus vor, mit dem Fahrer als Meß- und Regeleinrichtung. Er mißt sowohl den sich ständig ändernden Straßenverlauf als auch den Abstand von der Mittellinie und leitet daraus Lenkradbewegungen ab, die sich z. B. hydraulisch unterstützt auf die Vorderräder übertragen.

Neueste Anwendungen finden Servomechanismen in Industrierobotern, auch Manipulatoren genannt, die primitive, gefährliche oder schwere Arbeiten verrichten, und zwar nach einem vorher festgelegten Programm.

### Kybernetik

Die Kybernetik ist eine Wissenschaft, in der die Theorie der Steuer- und Regelmechanismen eng mit der Informationstheorie verknüpft ist. Ihr Ziel ist es, auf logischen Ja-Nein-Entscheidungen aufbauend, Steuer- und Regelanlagen von der Vielseitigkeit des menschlichen Gehirns zu konstruieren. Ein berühmtes kybernetisches System ist die »künstliche Schildkröte« [9], eine praktische Anwendung sind beispielsweise Hilfsgeräte für Körperbehinderte [6].

**Leitbild**

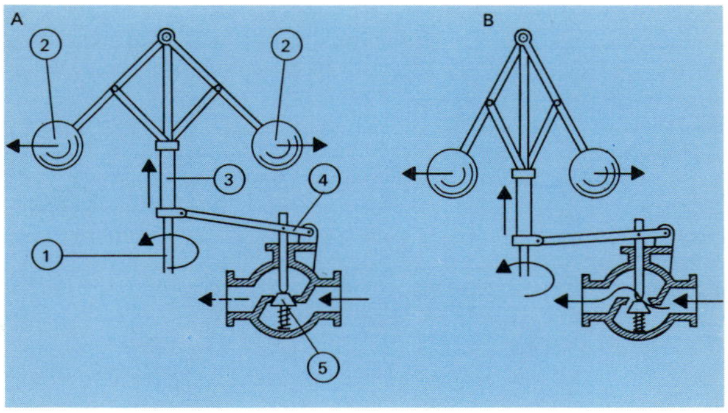

**James Watt** konstruierte 1788 den ersten Fliehkraftregler, um die Drehzahl einer Dampfmaschine auf konstantem Wert zu halten: Eine von der Maschine angetriebene Welle [1] trägt über ein Gestänge zwei Gewichte [2], die durch die Fliehkraft ausgelenkt werden. Über die Muffe [3] und einen Hebel [4] wird das Ventil [5] gesteuert. Bei zu hoher Drehzahl [A] der Welle bringen die gespreizt laufenden Gewichte das Ventil zum Schließen, bei zu geringer Drehzahl [B] wird das Ventil durch die Gewichte geöffnet und die Dampfzufuhr erhöht. Durch dämpfende Einflüsse aus der Lagerreibung des Gestänges pendelt sich so schließlich ein stabiler Zustand ein: Der Schieber regelt die Dampfzufuhr der Maschine fortwährend so, daß ihre Drehzahl konstant bleibt. Die Drehzahl ist dabei weitgehend unabhängig von der Belastung, unter der die Dampfmaschine gerade läuft.

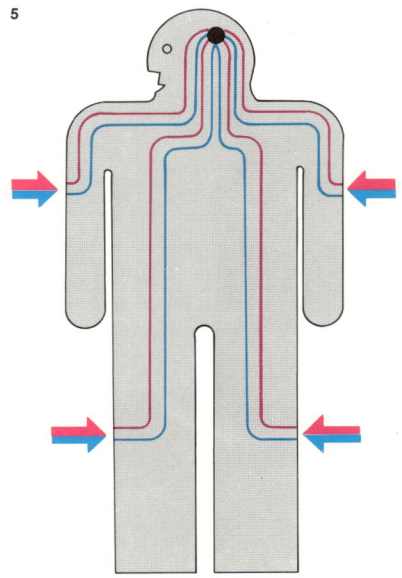

**5 Änderungen in der Umgebungstemperatur** werden vom menschlichen Körper über Nerven an das Gehirn (Hypothalamus) gemeldet. Eine biologische Rückkopplung führt zu Reaktionen, die eine gleichmäßige Körpertemperatur aufrechterhalten: Bei zu warmer Umgebung wird die Hautoberfläche stärker durchblutet, es setzt Schweißbildung ein, die Muskelaktivität wird reduziert. Ist die Umgebung zu kalt, so wird die Blutzufuhr zur Haut verringert und die Schweißbildung unterdrückt; man fröstelt.

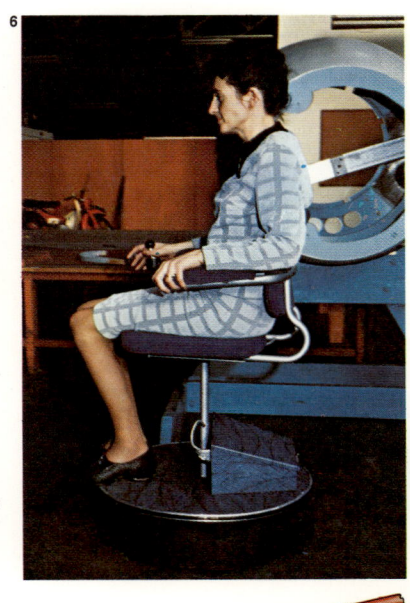

**6 Dieser bewegliche Stuhl** ist so konstruiert, daß sich ein Gelähmter im Zimmer fortbewegen kann. Die Regelung kann über einfach erreichbare Hebel auch von stark Körperbehinderten gut bedient werden.

**7 Ein automatischer Rasenmäher** wird meist mit einem Elektromotor [1] betrieben. Mittels einer Spule [2] tastet das Gerät ein unter der Rasenoberfläche verlegtes Kabel ab. Über eine elektronische Schaltung wird der Mäher durch einen Steuermotor [3] so gelenkt, daß er stets dem Kabel nachfährt. Bei geschickter Kabelverlegung kann so der ganze Rasen automatisch gemäht werden, wobei der Rasenmäher zum Ausgangspunkt zurückkehrt.

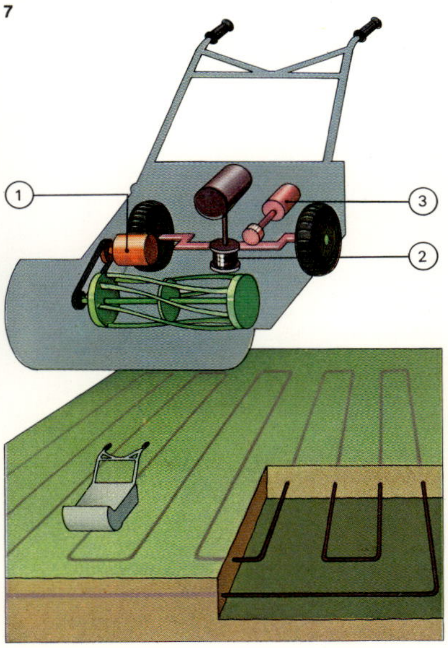

**8 Zum Betätigen automatischer Türen** sind drei Arten gebräuchlich: Über ein Trittbrett vor der Türschwelle [1], durch Unterbrechen eines Lichtstrahls direkt vor der Tür [2] oder durch Betätigung eines Schalters an der Wand [3]. Übliche Antriebssysteme automatischer Türen funktionieren elektromechanisch oder pneumatisch (Preßluft). – Für die Mechanik des Türöffnens und -schließens selbst gibt es verschiedene Lösungen, (ein- oder zweiflügelige Schwingtüren, automatische Schiebetüren oder Kombinationen). Dabei werden alle Systeme in der Regel so konzipiert, daß sie bei Stromausfall notfalls per Hand geöffnet und geschlossen werden können. Weiterhin muß die Konstruktion automatischer Türen bestimmten Brandschutzgesetzen genügen.

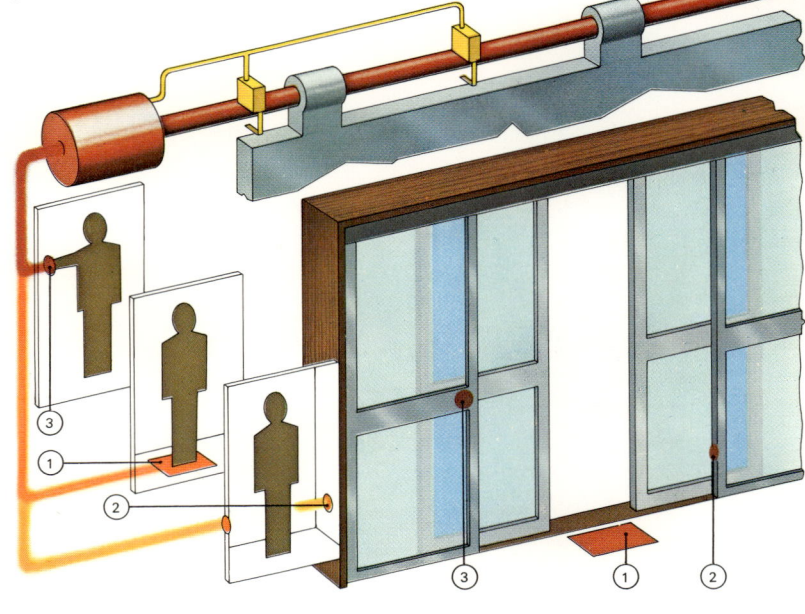

**9 Die »künstliche Schildkröte«** von Walter Grey kann sich selbst versorgen: Wenn ihre Batterie erschöpft ist, lädt sie diese selbständig wieder auf. Dazu tastet sie mit Photozellen [1] einen Lichtleitstrahl ab, der zu einer Steckdose führt. Der Anschlußstecker [2] stellt den Kontakt her, der Fühler [3] meldet Hindernisse. Die Hinterräder [4] dienen zum Antrieb, die Vorderräder [5] sind lenkbar und werden über einen Steuermotor bewegt.

55

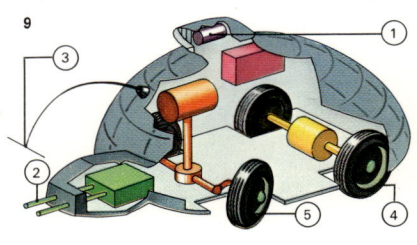

# Wie ein Computer arbeitet

Die meisten von uns betrachten den Computer als elektronisches Wunder, obwohl er im Prinzip sehr einfach gebaut ist. Sein Kernstück ist eine arithmetische und logische Einheit (Prozessor oder Zentraleinheit), in der die vier Grundrechenarten ausgeführt und Zahlenvergleiche angestellt werden können. Das alles geschieht außerordentlich schnell. Darüber hinaus braucht ein Computer einen Speicher, der möglichst viele Zahlen einspeichern und auf Befehl wieder ausgeben kann.

## Die Programmierung

Die Grundlage jeder Computerbenutzung ist die Programmierung, d. h. die Übersetzung des Problems – eine Berechnung oder welche Aufgabe auch immer – in eine für den Computer verständliche Sprache. Die Elemente dieser Sprache sind ganz einfache Einzelschritte, und ein Programm besteht daher aus einer Vielzahl derartiger Einzelschritte in der richtigen logischen Reihenfolge. Die Überlegenheit des Computers gegenüber dem Menschen besteht einmal darin, daß er keine Fehler macht, wenn er richtig programmiert ist, zum anderen in seiner ungeheuren Schnelligkeit. Er macht Hunderte oder Tausende von Rechnungen in jeder Sekunde, speichert Zwischenresultate und ruft sie bei Bedarf blitzschnell wieder auf. Auch die Einzelbefehle des Programms liegen zum sofortigen Zugriff im Speicher bereit.

Um z. B. die Multiplikation $683 \cdot 67$ zu programmieren, zerlegt man die Teilfaktoren in ihre Potenzsummen: $683 = 6 \cdot 10^2 + 8 \cdot 10 + 3 \cdot 10^0$ und $67 = 6 \cdot 10^1 + 7 \cdot 10^0$. Das Produkt wird dann wie folgt berechnet: $683 \cdot 67 = (6 \cdot 10^2) \cdot [(6 \cdot 10^1) + (7 \cdot 10^0)] + (8 \cdot 10^1) \cdot [(6 \cdot 10^1) + (7 \cdot 10^0)] + (3 \cdot 10^0) \cdot [(6 \cdot 10^1) + (7 \cdot 10^0)]$.

Für den Menschen sind solche Multiplikationen zwar mühsam, aber man würde deshalb wohl noch keinen Computer bemühen. Der Computer macht an sich dasselbe wie der Mensch, aber er muß alle primitiven Einzelschritte vorprogrammiert bekommen, wie dieses Produkt zeigt. Das Programm muß die Rechenmethode bis ins kleinste analysieren. Trotz dieser Primitivität kann aber der Computer anfallende Rechnungen von bereits ausgerechneten Ergebnissen abhängig machen und so gewissermaßen Entscheidungen treffen. Die Zwischenergebnisse müssen gespeichert werden.

## Das Binärsystem

Die Menschen verwenden wohl hauptsächlich aus anatomischen Gründen (Fingeranzahl) das Dezimalsystem zum Rechnen. Es hat die Ziffern 0 bis 9. Auch einen Computer kann man so konstruieren, daß er im Dezimalsystem rechnet, aber es geht sehr viel einfacher mit dem Binärsystem (Dualsystem), das nur die Ziffern 0 und 1 kennt. Der Grund dafür ist, daß diese beiden Ziffern durch die beiden Stellungen eines elektrischen Schalters äquivalent dargestellt werden können: »Ein« entspricht 1 und »Aus« entspricht 0. Binärzahlen sind länger als Dezimalzahlen, weil sie ja nur über zwei Ziffern verfügen [3]. Deshalb sind Binärrechnungen für den Menschen unbequem, obwohl sie wesentlich einfacher verlaufen als Dezimalrechnungen. Der Computer arbeitet aber so schnell, daß die Länge der Zahlen für ihn keine Rolle spielt.

Das Binärsystem vereinfacht auch die Konstruktion der Speicher. Die zur Zeit häufigsten sind Ferritkernspeicher [4]. Jeder Kern ist ein Ferritring von etwa 1 mm Durchmesser, der von einem Strom magnetisiert werden kann. Die Polarisation der Magnetisierung hängt von

### HINWEISE

**Lesen Sie auch:**

Elektronische Geräte

Was Computer alles können

Maschinen und Geräte des täglichen Gebrauchs (4)

**1 Die Differenzmaschine 2** von Charles Babbage (1792–1871), von der ein Teil hier abgebildet ist, konnte komplizierte Funktionstabellen ausrechnen, obwohl sie noch keinen Speicher enthielt. Babbage war einer der ersten, die erkannten, daß man Maschinen bauen kann, um auch schwierige Rechnungen automatisch auszuführen, falls es gelingt, Zahlen und arithmetische Symbole ins Mechanische zu übersetzen und zu speichern. Eine spätere Erfindung von ihm war die »Analytische Maschine«. Sie wäre wohl ein echter Computer geworden, aber ihr Bau scheiterte an mechanischen Schwierigkeiten, die von den damaligen Ingenieuren nicht überwunden werden konnten. Die Zeit war für den Computer noch nicht reif.

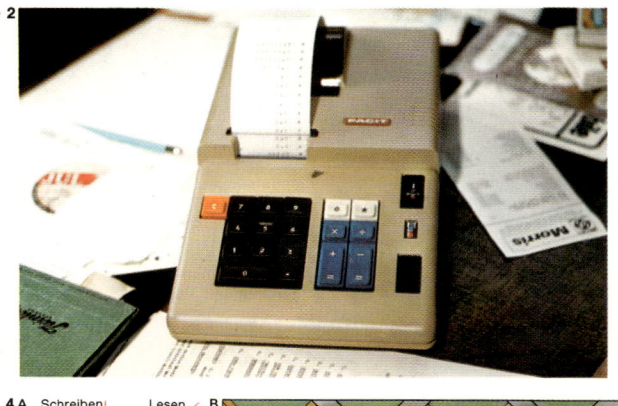

**2 Die Tischrechenmaschine** ist im Prinzip wie ein Computer konzipiert. Zur Eingabe dient das Tastenfeld mit numerischen und arithmetischen Symbolen, als Sichtgerät und zur Ausgabe der Drucker. Wie der Computer enthält die Rechenmaschine eine Recheneinheit und einen Speicher. Letzterer ist bei älteren Geräten meist klein und gestattet nur einfache Berechnungen. Modernste Geräte haben dagegen größere Speicher und sind z. T. sogar programmierbar.

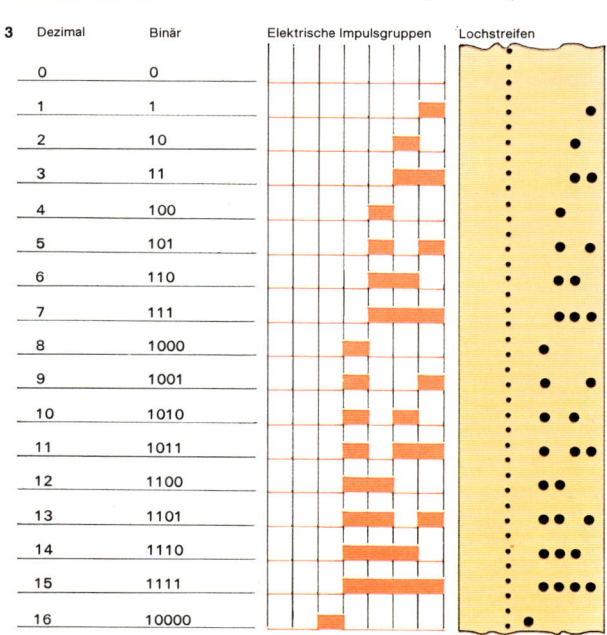

**3 Das Binärsystem** ist wie für den Computer geschaffen. Der Lochstreifen zeigt, wie man Binärzahlen aufzeichnen kann (0: kein Loch, 1: Loch; die mittlere Reihe dient dem Transport), links die elektrischen Impulsgruppen, die die Photozellen des Lochstreifenlesers abgeben. Binärsystem und Dezimalsystem sind Stellenwertsysteme. Statt aber bis 9 zu zählen und dann eine Einheit an die »Zehnerstelle« zu übertragen, zählt man im Binärsystem nur bis Eins. Noch eine Eins dazu ergibt bereits einen »Zweier«. Binär 10 bedeutet also dezimal 2 (»ein Zweier und kein Einser«). An der 3. Stelle der Binärzahl steht der »Vierer« ($2^2$), dann kommt der »Achter« ($2^3$), der »Sechzehner« ($2^4$) usw. So bedeutet die Binärzahl 101 dezimal: $4 + 0 + 1 = 5$.

| Dezimal | Binär |
|---|---|
| 0 | 0 |
| 1 | 1 |
| 2 | 10 |
| 3 | 11 |
| 4 | 100 |
| 5 | 101 |
| 6 | 110 |
| 7 | 111 |
| 8 | 1000 |
| 9 | 1001 |
| 10 | 1010 |
| 11 | 1011 |
| 12 | 1100 |
| 13 | 1101 |
| 14 | 1110 |
| 15 | 1111 |
| 16 | 10000 |

**4 Kernspeicher** bestehen aus Ferritringen, die auf »Adressen«- und »Lese«drähte aufgefädelt sind. Jeder Kern hat seine genau definierte Adresse und wird »beschrieben«, wenn seine Adreßdrähte gleichzeitig von Strom durchflossen sind [A]. Dann magnetisieren sie nämlich den Kern in einer Richtung (die »Eins« darstellt). Polt man die Ströme um, so kehrt man auch die Magnetisierung des Kerns um (entspricht »Null«). Der dritte Draht ist zum »Lesen« da. In Wirklichkeit besteht die Einheit [B] eines solchen Speichers aus zwei spiegelbildlich angeordneten Kernen [dunkle Fläche]. Typische Kernspeichermatrizen enthalten 10 000 Ferritkerne, die auf einer 100-mal-100-Matrix aufgefädelt sind. Ein Computerspeicher enthält sehr viele solcher Kernspeichermatrizen, die einzeln ansteuerbar sind.

der Stromrichtung ab; eine Richtung repräsentiert »Null«, die andere »Eins«. Tausende solcher Kerne bilden eine Kernspeichermatrix, die bei entsprechender Adressierbarkeit Zahlen in Binärform speichern kann, die sich auch jederzeit wieder abrufen lassen.

Ferritkernspeicher haben extrem kurze Zugriffszeiten und sind äußerst zuverlässig. Es gibt aber noch viele andere Arten von Speichern wie etwa die noch schnelleren Halbleiterspeicher. Der interne Speicher eines Computers wird durch externe Speicher ergänzt, von denen das Magnetband oder die Magnetplatte die häufigsten sind.

### Die Zentraleinheit

Da ein Computer nicht mehr als eine Zahl auf einmal lesen oder speichern kann, muß man die einzelnen Programmschritte mit einer elektronischen Uhr steuern. Diese erzeugt ständig »Taktimpulse« (bis zu mehreren Millionen pro Sekunde), die die Werte »1« oder »0« haben und gleichzeitig die Ziffern einer Binärzahl darstellen. Die Zahl 100110 (dezimal 38) wird daher übersetzt als »kein Impuls, Impuls, Impuls, kein Impuls, kein Impuls, Impuls«, wobei die Einerstelle zuerst gelesen wird. Jede Zahl im Computer ist eine solche Impulsgruppe, und um ein Durcheinander zu vermeiden, erhält jede Gruppe dieselbe Länge. Wenn z. B. die volle »Wortlänge« aus 16 Impulsen besteht, muß man den eben aufgezählten 6 Zeichen noch zehnmal »kein Impuls« hinzufügen. Die Wörter können als Impulsgruppen im Kernspeicher abgesetzt und wieder hervorgeholt werden [Leitbild].

Sind die Zahlen erst einmal eingelesen worden (automatisch und vom Programm kontrolliert), so kann der Computer in Ausführung seines bereits gespeicherten Programms mit ihnen operieren. Wenn zwei Zahlen addiert werden sollen, schaltet ein Codewort im Programm den Computer so, daß die beiden Zahlen Impuls für Impuls in den Addierer gefüttert werden, dessen Ausgangsimpulsgruppe dann die Summe darstellt.

All diese zum Teil recht kompliziert anmutenden Einzelheiten können aber nicht darüber hinwegtäuschen, daß die verblüffenden Fähigkeiten eines Computers in den Programmen begründet liegen und damit beim menschlichen Programmierer, der sie sich ausgedacht hat.

**Leitbild**

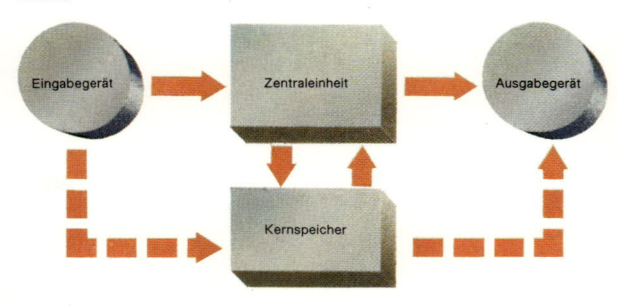

**Das Herz jedes Computers** ist die Zentraleinheit (der Prozessor), ein Rechner hoher Geschwindigkeit, der in Verbindung mit einem Speicher arbeitet. Die Daten werden über ein Eingabegerät aufgenommen, das die Informationen in elektrische Signale übersetzt, die Zahlen darstellen. Als Datenträger dienen oft Lochkarten oder Lochstreifen. Auf diesen stellt jede gelochte Stelle eine Information dar, die vom Computer direkt gelesen werden kann. Eigens geschulte Operateure stanzen die Karten auf fernschreiberähnlichen Spezialmaschinen. Wenn mehr Informationen gespeichert werden müssen, als der Speicher aufnehmen kann, überspielt man sie auf ein Magnetband oder eine Magnetplatte. Ausgabegeräte übersetzen die elektrischen Impulse wieder in ausdruckbare Informationen zurück. Auch verschiedene Zeichengeräte, Bildschirme und andere Medien dienen zur Ausgabe. Ein- und Ausgabe zusammen bezeichnet man auch als Peripherie des Computers. Prozessor und Speicher entsprechen dem Gehirn, die Peripherie entspricht den Sinnesorganen des Menschen.

**5 Ein moderner Computer** besteht aus vielen miteinander verbundenen Maschinen. Die Dateneingabe kann über verschiedenste Eingabegeräte erfolgen, z. B. Fernschreiber, Lochkartenleser, Lochstreifenleser und Magnetband. Ein Operateur kann sogar mit einem sog. Lichtschreiber auf den Schirm eines Oszillographen Muster zeichnen, die der Computer verarbeitet. Alle Daten laufen zur Zentraleinheit und werden im Kernspeicher abgelegt, sofern sie nicht auf Bandspeicher oder Magnetplatte bzw. Magnettrommel geschrieben werden. Alle Operationen werden vom Programm, das vorher ebenfalls eingelesen und gespeichert werden muß, überwacht und gesteuert. Bestimmte Programmteile werden bei Bedarf in die Zentraleinheit abgerufen, um dort weitere Einzelbefehle auszuführen. Ergebnisse und Endinformationen, die der Computer erarbeitet, werden über ein Ausgabegerät zur Verfügung gestellt: Lochkartenstanzer, Lochstreifenstanzer oder Bildschirm (Display). Letzterer kann sowohl Ziffern und Buchstaben als auch aus Linien und Kurven zusammengesetzte Zeichnungen darstellen. Gedruckte Ergebnisse kann man über Spezialgeräte erhalten. Am gebräuchlichsten ist der Zeilendrucker, der eine ganze Zeile (zu je 100 oder 120 Typen) auf einmal ausdruckt und es auf viele Zeilen pro Sekunde bringt. Auch Magnetbandgeräte werden als Ausgabegeräte benutzt, besonders wenn damit ein anderer Computer gesteuert werden soll oder wenn man, ohne den Computer zu belasten, die Daten erst später von einem Zeilendrucker oder Zeichengerät ausgeben lassen will.

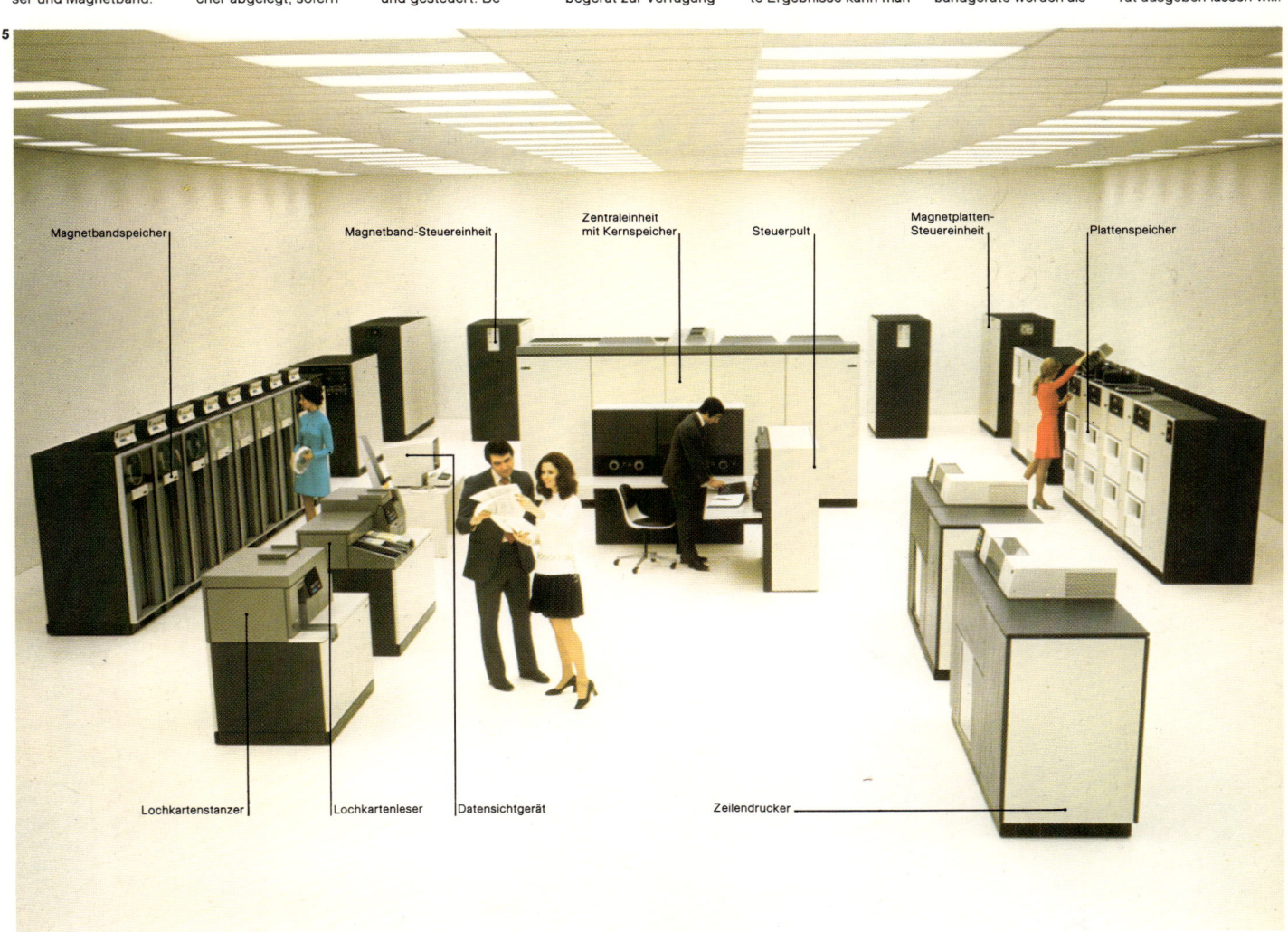

Magnetbandspeicher — Magnetband-Steuereinheit — Zentraleinheit mit Kernspeicher — Steuerpult — Magnetplatten-Steuereinheit — Plattenspeicher

Lochkartenstanzer — Lochkartenleser — Datensichtgerät — Zeilendrucker

# Was Computer alles können

Ein Computer besteht im wesentlichen aus einer Recheneinheit und einem elektronischen Gedächtnis, das Zahlen speichern kann. Der Computer löst jedes Problem in einer Reihe äußerst einfacher Einzelschritte. Dabei braucht er das Gedächtnis einerseits zum Verfolgen des Programms, andererseits zum Speichern von Zwischenergebnissen.

In der Praxis tauchen nur zwei Arten von Problemen auf, die einen Computer erforderlich machen. Bei der ersten ist die Fähigkeit des Computers ausschlaggebend, sehr komplizierte Berechnungen in kürzester Zeit erledigen zu können. Bei der zweiten geht es darum, große Mengen von Daten zu speichern und zu sortieren. Die Lösung dieser Probleme erfordert eine Art »Sprechverkehr« zwischen Maschine und Mensch.

Zum Eingeben von Einzelinformationen in den Computer benutzt man meist einen Fernschreiber, der die getippten Zeichen in elektronische Signale übersetzt und weitergibt – Binärsignale für jede Zahl und jeden Buchstaben, die der Computer »lesen« kann. Außerdem wird das Geschriebene zur Kontrolle auch ausgedruckt. Andere Geräte sind nicht direkt an den Computer angeschlossen, sondern erzeugen Lochstreifen oder -karten, die über entsprechende Lesegeräte dem Computer eingegeben werden können. Mit einem solchen Fernschreiber kann der Operator auch den Programmablauf beeinflussen oder Einzelbefehle erteilen.

Es gibt noch viele andere Möglichkeiten, sich einem Computer »verständlich« zu machen, z. B. mittels magnetischer Schriftzeichen [5]. Optische Zeichenlesegeräte erkennen auch schon normale Druckbuchstaben oder Ziffern, wenn der Computer über ein Programm verfügt, das die Schriftzeichen analysiert und in die Computersprache übersetzt. Lichtschreiber lassen sich über den Schirm einer Fernsehröhre führen, und der Computer erfaßt das abgebildete Diagramm laut dieser Angabe.

## Ausgabegeräte

Man verwendet hauptsächlich drei Arten von Ausgabeeinheiten. Der Zeilendrucker (line printer) ist eine sehr schnelle Schreibmaschine, die direkt vom Computer angesteuert wird. Anstatt die Buchstaben aber einzeln anzuschlagen, druckt er eine ganze Zeile auf einmal (mit 100 oder mehr Zeichen). Moderne Drucker erreichen bis zu 15 Zeilen pro Sekunde.

Das Zeichengerät (plotter) wird ebenfalls direkt vom Computer angesteuert und produziert Diagramme aller Art. Ein Schreibstift gleitet über das Papier und zeichnet die Rechenergebnisse in Form einer graphischen Darstellung auf [6].

Das Datensichtgerät (display) enthält eine Kathodenstrahlröhre (ähnlich einer Fernsehröhre), auf deren Schirm der Computer entweder geschriebene oder gezeichnete Informationen hinterlassen kann. Dieses Ausgabegerät informiert den Operator auf Wunsch über die Vorgänge im Computer, ohne daß er sich alles auf Papier ausdrucken lassen müßte. Datensichtgeräte findet man häufig: auf Flughäfen, als Zeichenschirme [1] oder in Lehrgeräten [7].

Die Fähigkeit des Computers, riesige Datenmengen auf engstem Raum fehlerlos zu speichern und außerdem auch noch extrem schnell zu rechnen, eröffnet ihm ständig neue Anwendungen. So besteht etwa bei der Wettervorhersage das Hauptproblem darin, die ständig schwankenden Temperatur-, Luftfeuchtigkeits- und Luftdruckwerte zahlreicher Beobachtungs-

## HINWEISE

Lesen Sie auch:

Industrielle Massenproduktion

Automatische Regelung und Steuerung

Wie ein Computer arbeitet

Weltraumfahrzeuge

Ordnung und Klassifizierung des Wissens

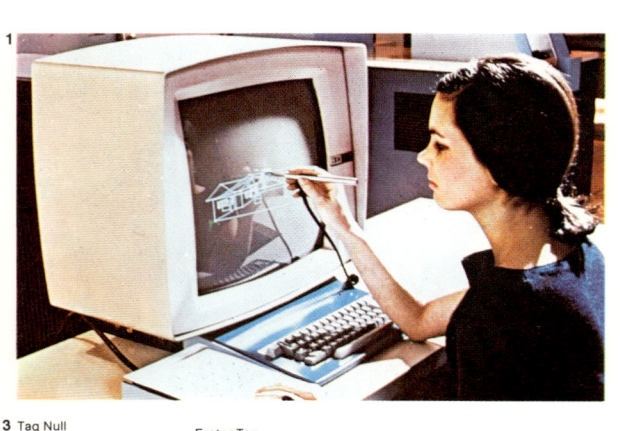

**1 Ein Computer kann so programmiert werden,** daß er perspektivische Zeichnungen erzeugt. Das Mädchen hier skizziert mit dem Lichtschreiber ein Objekt; der Computer liest und speichert die räumlichen Beziehungen der einzelnen Linien.

**2 Computer** werden vor allem für Buchführungen verwendet. Bankgeschäfte, Lagertransaktionen, Lohn- und Gehaltsbuchhaltungen u. a. werden von Computern schnell und genau erledigt.

**3 Eines der Probleme bei der Raumfahrt** ist die Notwendigkeit, äußerst komplizierte Berechnungen sehr schnell und kurz nacheinander ausführen zu müssen. Wenn eine Rakete zum Mond fliegt, hängt ihr genauer Kurs vom Drehimpuls der Erde und ihrer Bahnbewegung im Moment des Abschusses ab, aber auch von der Mondgeschwindigkeit und dem Verlauf der Mondbahn. Das Ausscheren aus der Erdumlaufbahn und das Einschwenken in die Mondumlaufbahn müssen zu genau bestimmten Zeiten erfolgen. Abweichungen sind sofort und möglichst exakt zu korrigieren.

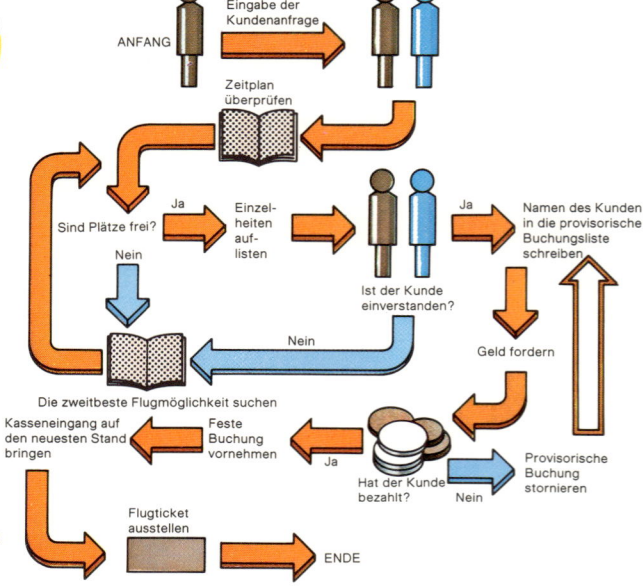

**4 Wenn ein Flugticket** über ein Datensichtgerät gebucht wird, prüft man nicht nur, ob der Platz für jeden Flugabschnitt frei ist. Der Computer kann auch so programmiert werden, daß er Alternativflüge anbietet. Er nimmt zunächst eine vorläufige Buchung vor, rechnet den Flugpreis aus und wartet auf die Bestätigung der Bezahlung, erst dann macht er die entsprechende Eintragung in die Flugliste und stellt das Flugticket aus. Der Flugplan zeigt, daß es zahlreiche verschiedene Flugrouten geben kann, wenn der Kunde nur das Ziel nennt. Das Heraussuchen von Hand ist mühsam und zeitraubend. Besonders bei fernen Zielen schätzt man den Computer.

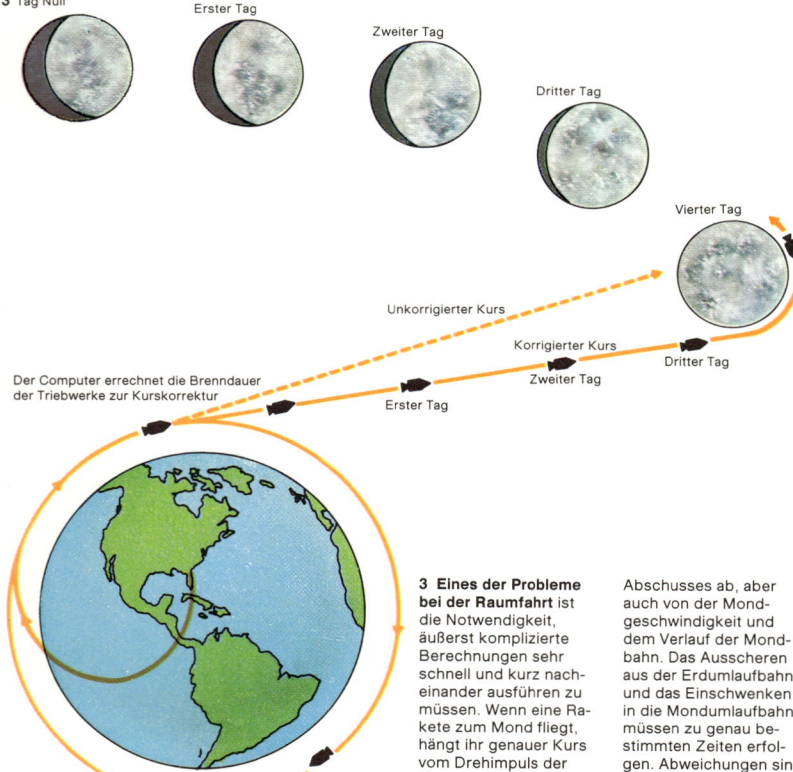

stationen zu sammeln und daraus eine Karte anzufertigen. Von Hand hinkt man ständig neuen Wetterdaten hinterher, so daß man oft nur Wetter »vorhersagen« kann, das bereits Wirklichkeit ist. Ein geeignet programmierter Computer jedoch bewältigt die anfallenden Daten in Sekundenschnelle und zeichnet innerhalb weniger Minuten eine wirklich aktuelle Wetterkarte.

**Computer in der Technik**
Die mathematischen Berechnungen der Konstruktion einer modernen Brücke mit weit auseinanderliegenden Pfeilern sind so verwickelt, daß früher viele Ingenieure monatelang mit Rechenschiebern und Tabellen arbeiten mußten, um die Belastungen zu berechnen, denen die einzelnen Bauelemente später unterliegen werden. Heutzutage erledigt ein Computer diese Rechenarbeit in Minuten, wenn ihm von zwei oder drei Ingenieuren die nötigen Daten eingegeben werden. Damit spart man nicht nur Zeit, sondern stellt erfahrene Leute für andere Arbeiten frei.

Die Raketenabwehr entdeckt ein feindliches Geschoß über Radar erst Minuten vor dem Einschlag. Um es zu zerstören, muß eine Rakete abgefeuert werden, noch ehe das Geschoß zu sehen ist. Die Berechnung ihrer Bahn aus den Radardaten sowie Zündung und Steuerung innerhalb weniger Sekunden ist nur mit Hilfe eines Computers möglich. Ähnliche Probleme tauchen bei der Raumfahrt auf [3] und machen auch dort Computer unentbehrlich.

**Computerspeicher**
Die Anwendungen reiner »Gedächtnis-Computer« sind fast noch zahlreicher. Die Zuteilung und Registrierung von Autonummern und Führerscheinen erledigt heute genauso ein Computer wie die Buchungen im Flugverkehr [4]. Bankkonten werden von Computern geführt, einschließlich der monatlich zu erstellenden Auszüge [Leitbild]. In jedem größeren Betrieb errechnet ein Computer die Gehälter und erstellt die Überweisungen. Buchungen des Gas-, Elektrizitäts- und Wasserverbrauchs samt der zugehörigen Rechnungen erledigen Computer. Die Lagerbestände der meisten Fabriken werden von Computern kontrolliert; sie helfen, Fehlbestellungen und Überbestände zu vermeiden und registrieren den Neubedarf.

**Leitbild**

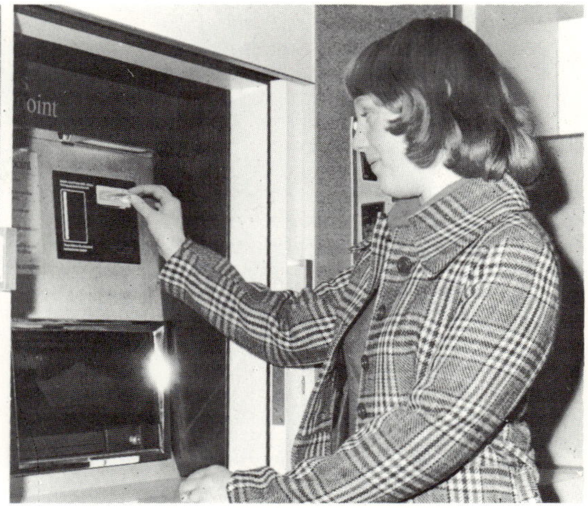

**Diese automatische Kasse** eines Bankinstituts ist ein Beispiel für den zunehmenden Einfluß von Computern auf das tägliche Leben. Der Bankkunde steckt seine Karte in die Maschine, gibt seine Kontonummer an und dazu die Summe, die er abheben will. Ein zentraler Computer überprüft das Guthaben des Kunden und verbucht den Betrag. Dann gibt die Maschine die entsprechenden Banknoten heraus.

**5 Die eigenartig geformten Ziffern** auf Schecks sind mit magnetischer Tinte gedruckt und können vom Computer genauso gelesen werden wie von einem Bankangestellten. Die Ziffern sind sieben Einheiten breit und neun Einheiten hoch. Zeile A gibt die Anzahl der Quadrate an, die in der darüberliegenden Spalte mit magnetischer Tinte gefüllt sind. Das Lesegerät gibt nur dann einen entsprechenden Impuls ab, wenn vier oder mehr Quadrate ausgefüllt sind. Jede Ziffer erzeugt so ganz eindeutig eine Binärzahl, die in Zeile B steht. Diese Zahlen sind Codierungen der zugehörigen Dezimalziffern und können vom Computer gelesen und so dann weiterverarbeitet werden.

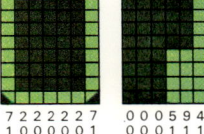

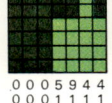

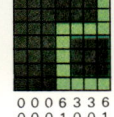

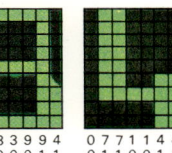

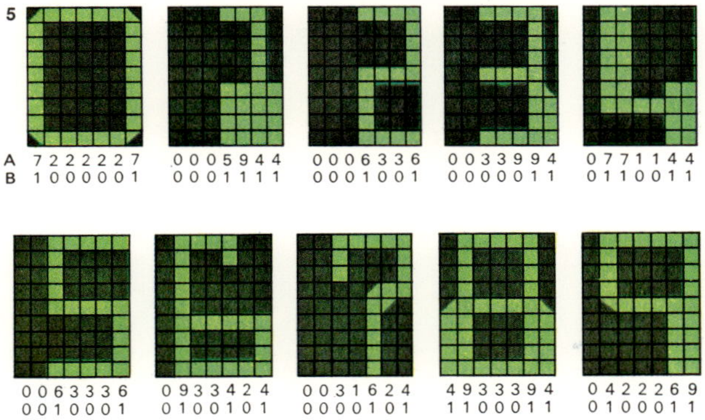

**6 Die Graphik** zeigt Linien gleicher Helligkeit in einem Vortragssaal. Sie ist von einem automatischen Zeichengerät entworfen worden, das von einem Computer gesteuert wurde. Dieser war darauf programmiert, aus den Leistungen und Positionen der vom Architekten vorgesehenen Lampen die Helligkeitsverteilung zu berechnen. Die »Karte« zeigt sofort, wo man mehr Licht braucht, und gibt dem Beleuchtungstechniker Hinweise, wie er die Lichtverhältnisse verbessern kann.

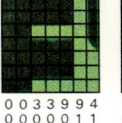

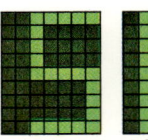

| | | | | |
|---|---|---|---|---|
| A 7222227 | 0005944 | 0006336 | 0033994 | 0771144 |
| B 1000001 | 0001111 | 0001001 | 0000011 | 0110011 |

| | | | | |
|---|---|---|---|---|
| 0063336 | 0933424 | 0031624 | 4933394 | 0422269 |
| 0010001 | 0100101 | 0000101 | 1100011 | 0100011 |

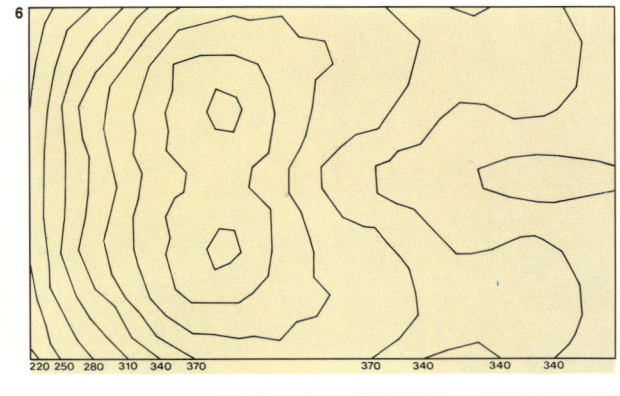

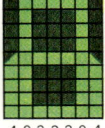

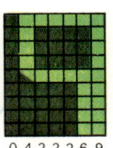

**7 Lehrgeräte** werden so entworfen, daß sie den Schüler mit einbeziehen, d. h., er muß auf jeden Schritt der Lektion reagieren, bevor das Gerät den nächsten Schritt macht. Frühere Lehrgeräte sagten nur, ob die Antwort richtig oder falsch war. Spätere Geräte gaben dem Schüler bei einer falschen Antwort bereits Erklärungen, ehe sie mit dem Programm fortfuhren. Die neuesten Geräte gehen noch weiter: Sie bewerten die Fähigkeiten des Schülers und passen die Lektionen seinem Lernvermögen an. Dabei verwenden sie verschiedene Kriterien, vor allem beurteilen sie die Fähigkeit des Schülers, den einzelnen Schritten eines verästelten Programms fehlerlos folgen zu können.

**8 Wenn ein Buch gesetzt werden soll**, legt man zuerst Schriftart und -größe sowie das Format (den Satzspiegel) fest. Moderne Setzmaschinen halten automatisch die Satzbreite ein und fügen zwischen den Einzelwörtern die entsprechenden Abstände ein. In der Arbeitsvorbereitung wird ein satzreifes Manuskript hergestellt, in dem bestimmte Regeln berücksichtigt wurden: Rechtschreibung, Zeichensetzung, Trennungsangaben, Hervorhebungen (Kursiv- oder Fettdruck), Angabe der Absätze u. a. Das Setzen mit einem Computer macht einen Großteil dieser Vorarbeiten überflüssig. Die Maschine übernimmt den gesamten Satz nach dem eingegebenen Programm. Dann druckt der Computer einen verschlüsselten Fahnenabzug [A] aus, der korrigiert werden muß. Die Korrekturen werden auf einem gesonderten Korrekturband in den Computer eingegeben, der dieses Band mit dem Hauptband verschmilzt. Somit ist der Fahnenabzug fehlerfrei, und der endgültige Satz kann hergestellt werden. Beispiel [B] zeigt den fertigen Druck, korrigiert und auf gewünschte Spaltenbreite gesetzt.

# Geschichte des Verkehrs

Das Transportwesen ist mit Sicherheit älter als der Hausbau und die Landwirtschaft, denn es besteht kein Zweifel, daß schon die prähistorischen Menschen mit den Händen oder auf Kopf und Rücken Lasten getragen haben. Auch der Gebrauch von Tragestangen, Schlitten und Rollen zum Lastentransport ist vermutlich schon länger als 10 000 Jahre bekannt.

**Wasser- und Schienentransport**
Die ältesten Funde, die man als »Transportmittel« bezeichnen kann, sind ganz primitive Boote; die ersten Einbäume entstanden vor etwa 20 000 Jahren. Etwa zur gleichen Zeit begannen die Menschen der frühen Zivilisationen in verschiedenen Teilen der Erde, Flöße aus einheimischen Materialien zu bauen. Ihre Bauart hat sich seitdem kaum verändert. Nach wie vor werden Flöße aus Holzstämmen, Schilfbündeln, Gras und anderen Materialien zusammengebaut, und oft werden als Auftriebshilfen Tierbälge oder Blasentangbündel benutzt. Im Laufe der Zeit entwickelten die Menschen in verschiedenen Kulturen Boote mit Hohlrümpfen, die aus einem mit Tierbälgen bezogenen oder mit Baumrinde beplankten Gerippe bestanden. Im australischen Raum verwendete man zur Bespannung des Bootsgerippe vorwiegend die Rinde des Eukalyptusbaums.

Vor etwa 5000 Jahren wurden die ersten **Kanäle** gebaut, zunächst zur Verbindung naher Flüsse, dann auch zur Beförderung von Gütern und Menschen über größere Entfernungen. Vor einigen Jahrhunderten wurde ganz England und ein großer Teil des europäischen Festlandes von Kanälen durchzogen, die (wegen der unausgebauten Straßen) als Hauptverkehrswege dienten. Zwischen 1770 und 1840 waren diese Kanäle für den zwar langsamen, aber auch billigen Transport der rasch zunehmenden Gütermengen höchst wichtig. Einer der großen Vorteile der Kanalkähne war, daß man mit ihnen sehr schwere Lasten bei sehr geringer Antriebsleistung befördern konnte. Erst mit der Entwicklung der Eisenbahn im Verlauf des 19. Jahrhunderts stand ein ähnlich leistungsfähiges Landtransportmittel zur Verfügung.

Die Vorläufer der späteren Eisenbahnen waren primitive vierrädrige Holzwagen, die man zunächst nur lokal begrenzt zum Gütertransport und hauptsächlich in Bergwerken [9] einsetzte. Die Schienen waren anfangs aus Holz, später aus Gußeisen und wurden schließlich aus Stahl gewalzt.

Etwa seit 1800 begann sich das Eisenbahnwesen stärker zu entwickeln, und ungefähr 1830 einigte man sich in Europa auf ein einheitliches Schienensystem mit Stahlschienen und genormten Spurweiten sowie Laufrädern mit Radkränzen an der Innenseite. Infolge ihrer Leistungsfähigkeit, hauptsächlich bedingt durch den geringen Rollwiderstand, war die Eisenbahn der Kanalschiffahrt schon nach kurzer Zeit überlegen. Hinzu kam, daß man das Schienennetz ohne große Schwierigkeiten bis zu jeder Stadt und sogar über hügeliges Gelände führen konnte.

**Der Straßentransport**
Ebenfalls um 1800 begann man in Europa, das Straßennetz zu verbessern und zu erweitern, das bis zu dieser Zeit in schlechterem Zustand war als zur Zeit der Römer. Gegenüber Schienen haben Straßen viele Vorteile: Sie sind billiger zu bauen, man kann jede Fabrik und jedes Haus erreichen, und es können die unterschiedlichsten Fahrzeuge verkehren. Außer-

**HINWEISE**

Lesen Sie auch:

Geschichte der Technik (Band 8)

Die Grundlagen der modernen Technik (Band 8)

Segelschiffe

Geschichte des Fahrrads

Geschichte des Motorrads

Geschichte des Automobils

Lokomotiven

Ballone und Luftschiffe

Die Entwicklung des Flugzeugs

Kriegsschiffe mit Ruder und Segel

**1 Baumstämme** waren wahrscheinlich die ersten Fahrzeuge des Menschen. Vor rund 20 000 Jahren begann er, aus Holz und anderen Werkstoffen Flöße und Vorläufer der heutigen Kajaks (mit Tierhäuten bespannte Boote) und Kanus zu bauen.

**2 Dieses ägyptische Schiff** wurde etwa 2500 v. Chr. gebaut. Der breite löffelförmige Rumpf bestand aus Akazienholz. Gesteuert wurde das Schiff mit je einem Ruder rechts und links am Heck.

**3 Dieses Traggestell** war vermutlich eines der ersten »Landfahrzeuge«. Es wurde von nordamerikanischen Steppenindianern benutzt und von einem Mann, einem Pferd oder einem Hund über den Erdboden geschleift.

**4 Zweirädrige Kampfwagen** sind auf den Gräbern von Theben (1500 v. Chr.) zu sehen. Die Ägypter benutzten zwar sehr einfaches Zaumzeug, aber viele Pferdewagen waren schon mit Speichenrädern ausgestattet.

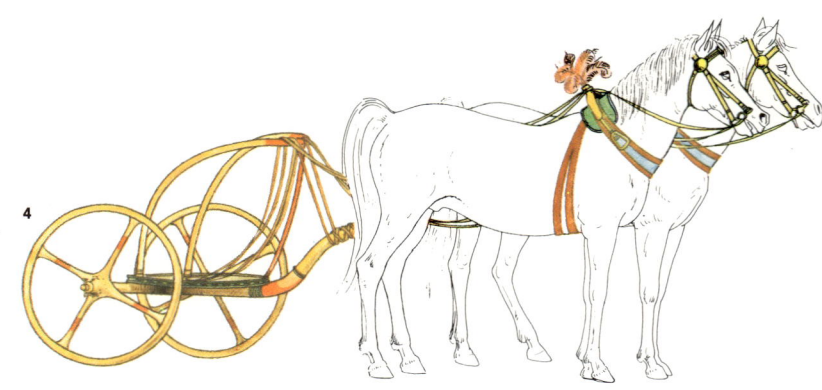

**5 Der erste wasserstoffgefüllte Ballon** besaß einen bootsförmigen Korb, in dem Jacques A. C. Charles und Anne Jean Robert 1783 von Paris aus in knapp zwei Stunden 40 km weit flogen.

**6 Das Luftschiff von Henry-Jacques Giffard** (1825–82) erreichte mit dampfgetriebenem Propeller 8 km/h. Giffard machte damit 1852 den ersten Überlandflug mit Eigenantrieb von Paris nach Trappes (25 km). – Mangels geeigneter Antriebsmaschinen kam die Luftfahrt jedoch nur langsam in Gang.

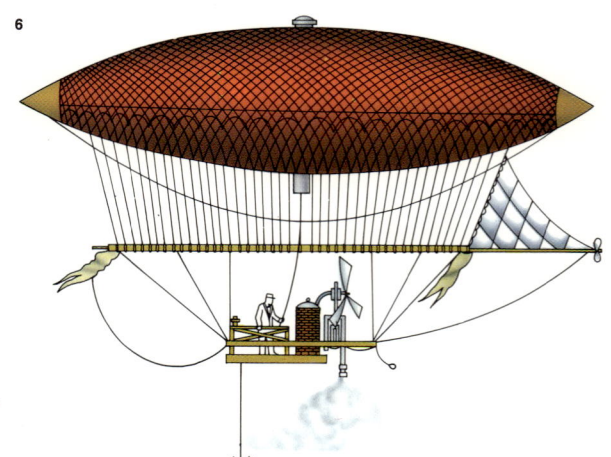

dem können Straßen wesentlich steiler angelegt werden als Eisenbahnstrecken.

Gegenüber den glatten Schienen der Eisenbahn haben Straßen jedoch den Nachteil des größeren Rollwiderstands. Noch bis zum Ende des 19. Jahrhunderts waren viele Straßen von tiefen Fahrspuren durchzogen und mit Schlaglöchern durchsetzt. Man konnte nur sehr langsam vorwärtskommen, und oftmals kam es zu Wagenschäden und schweren Unfällen. Es kam auch vor, daß auf besonders defekten Straßenabschnitten Kutschen und Lastwagen zerlegt und die Einzelteile zu Fuß weitergetragen werden mußten.

**Maschinengetriebene Fahrzeuge**

Über Jahrtausende nutzte man zum Antrieb von Fahrzeugen natürliche Energien wie Wind und Wasserströmungen oder die Muskelkraft von Zugtieren. Im 19. Jahrhundert begann man dann aber, mechanische Antriebe zu nutzen, zunächst die Dampfmaschine bei Lokomotiven und Schiffen und dann, nach 1885, den Verbrennungsmotor bei Straßenfahrzeugen. Rasch ging die Zahl der Kraftfahrzeuge in die Millionen, aber erstaunlicherweise auch die der modernen Muskelkraftfahrzeuge, der Fahrräder. Wesentlich dazu beigetragen hat die Erfindung und Einführung des Luftreifens. Er steigerte den Fahrkomfort beträchtlich und ließ auch höhere Fahrgeschwindigkeiten zu, was dann dazu führte, daß man immer bessere und glattere Straßen baute.

Auch beim Seetransport kam es zu mehreren Entwicklungsschritten. Die alten Seehandelsschiffe waren noch aus Holz und gegen Piratenüberfälle bewaffnet. Nach 1800 baute man große Schiffe in Stahlkonstruktion, und die Handelsschiffahrt beherrschte dann über hundert Jahre lang den Güter- und Passagiertransport zwischen den Kontinenten. Im 20. Jahrhundert führte der zunehmende Massengutverkehr zum Bau immer größerer Tanker und Frachter sowie zur Entwicklung von Containerschiffen, während der Passagiertransport in immer stärkerem Maße vom Flugzeug übernommen wurde.

Das Bestreben, die Reisedauer weiter zu senken, förderte auch bei Schiffen, zumindest im Kurzstreckenverkehr, neuartige Konstruktionen wie Tragflügelboote [8] und luftkissengetragene Boote (Hovercraft).

**Leitbild**

**Mit dem Luftkissen-Landesystem** können Flugzeuge auf beliebig beschaffenem Untergrund starten und landen. Mit dieser umgerüsteten Buffalo-Transportmaschine wurde das neuartige System erprobt, und es zeigte sich, daß man sowohl auf Eis und Schnee, Sand- und Ackerboden als auch auf der Wasseroberfläche landen kann.

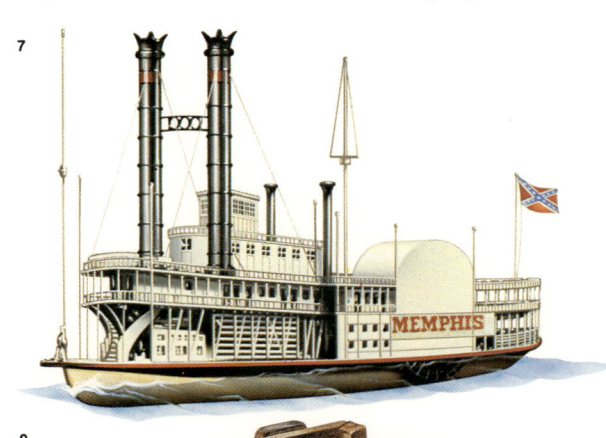

**7 Flußschiffe** fuhren im 19. Jh. in großer Zahl auf den Flüssen im Süden der USA. Sie wurden von Wasserrädern getrieben, die oft auch am Heck saßen, hatten einen geringen Tiefgang und konnten schwere Lasten befördern.

**8 Dieses Tragflächenboot** von V. Grunberg von 1934 wurde von Doppelpropellern angetrieben und besaß vorn zwei Stabilisierungsflächen und in der Mitte die Hauptauftriebsfläche. Diese stellte sich automatisch richtig ein.

**9 Dieser hölzerne Wagen** aus dem Jahre 1510 lief auf Holzschienen. Er stammt aus einem deutschen Bergwerk und ist den späteren Eisenbahnwagen schon sehr ähnlich. 1670 tauchten die ersten Eisenräder mit Spurkränzen auf.

**10 Die Firma English Daimler Co.**, im Jahre 1893 ursprünglich zum Import der deutschen Daimlerfahrzeuge gegründet, baute 1897 diesen kleinen Wagen mit zwei Zylindern, vier Vorwärtsgängen und einem Rückwärtsgang.

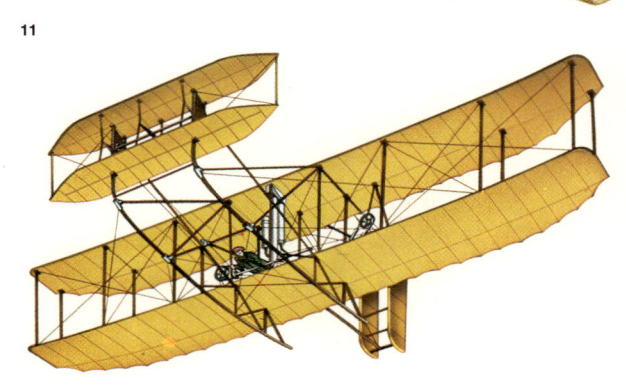

**11 Der Wright-Flyer III** war eine verbesserte Version des ersten Motorflugzeugs. Die Gebrüder Wright übten zuerst mit Gleitflugzeugen, bevor sie ein Flugzeug mit Benzinmotor ausstatteten.

**12 Der Franzose Paul Cornu** entwickelte zu Anfang des 20. Jh. das erste senkrecht startende Flugzeug. Über eine Sicherheitsleine mit dem Boden verbunden, startete der primitive Hubschrauber im November 1907 und erreichte eine Höhe von 1,5 m; das Flugzeug war jedoch instabil.

# Einfache Verkehrswege und Fahrzeuge

Verkehrswege sind wesentliches Grundelement für den Bestand und die Weiterentwicklung einer Zivilisation. Schiffahrtswege, Eisenbahnstrecken, Straßen, Flugverbindungen und Rohrleitungen ergänzen einander in der Beförderung von Personen und Gebrauchsgütern; eines der Transportmittel ohne das andere ist durchaus denkbar. Als aber z. B. vor längerer Zeit in Indien Bewässerungskanäle angelegt wurden, hielt man es zunächst für überflüssig, dazu auch noch Straßen zu errichten. Die Folge war, daß die Kanäle verschlammten und zu ihrer Instandsetzung unter erheblichem Mehraufwand später dennoch Straßen gebaut werden mußten. Für Handel und Transport ist das Verkehrswesen gleichermaßen von größter Bedeutung. Ohne die verschiedensten Transporteinrichtungen wäre es heute kaum möglich, den Lebensstandard in den einzelnen, zum Teil weit abgelegenen Ansiedlungen zu halten oder gar zu erhöhen.

Der Ausbau des Transportwesens eines Gebiets ist vom jeweiligen Stand der Technik abhängig; sie ist in den einzelnen Gebieten meist um so weiter entwickelt, je reicher das entsprechende Land ist. Der technische Fortschritt ist stets das Ergebnis der Bemühungen, die Umwelt zu beherrschen und vorhandene eigene Hilfsmittel und einheimische Rohstoffe zu nutzen. In Gegenden, in denen die Erstellung eines modernen Verkehrswesens zu hohe Kosten verursacht, müssen Unterstützungen genommen oder einfachere und billigere technische Hilfsmittel genutzt werden. Selbst dann, wenn ausländische Unterstützung zur Verfügung steht, erweist es sich häufig als günstiger, diese Hilfe zur Weiterentwicklung eigenständiger und billiger technischer Möglichkeiten zu nutzen, als teure und komplizierte ausländische Technologie zu importieren. Auf diese Weise wird es meist möglich, ein leistungsfähiges und weitverzweigtes Verkehrssystem zu schaffen, statt nur einige wenige hochtechnisierte und entsprechend kostspielige Projekte auszuführen.

## Bau billiger Straßen

Das Grundprinzip des Straßenbaus ist einfach. So können Straßen auch mit relativ einfachen Mitteln angelegt werden [1, 2]. Dabei muß Erde, manchmal auch Felsgestein, bewegt werden, und gebrochene Steine müssen als Schotter (den Bauplänen entsprechend) verteilt werden. Von großer Bedeutung sind die Vermessungsarbeiten, wichtig u. a. für den Ablauf des Wassers von der Straße. Auch bei Vermessungsarbeiten kann man sich mit einfachsten Mitteln behelfen. Ein längeres Stück durchsichtigen Plastikschlauchs, mit Wasser gefüllt und an den Enden mit Pflöcken befestigt, stellt beispielsweise eine riesige, exakt arbeitende Wasserwaage dar. Wenn dieser Schlauch zwischen den Pflöcken leicht durchhängt, so ist der Wasserstand an beiden Enden stets gleich hoch. Liegt der Schlauch zwischen den Pflöcken auf, so kann man, bei entsprechend dosierter Wassermenge, die Neigung der Fläche direkt am Wasserspiegel ablesen, da dieser stets die Horizontale anzeigt.

## Brückenbau

Häufig bilden Flußläufe ein Verkehrshindernis. Die Anlage einer Furt gilt als die einfachste Lösung, das Wasser zu überqueren. Allerdings wird die unter Wasser liegende Fahrbahn durch die Strömung schnell unbrauchbar, daher legte man sie mancherorts aus Beton an. Eine dauer-

**HINWEISE**

Lesen Sie auch:

Handwerkszeuge (Band 8)

Das Metallhandwerk (Band 8)

Straßenbau

Geschichte des Brückenbaus

**1 Straßenbaukosten** richten sich u. a. nach den vorhandenen Materialien sowie den zur Verfügung stehenden Arbeitskräften. Das Grundprinzip des Straßenbaus bleibt jedoch stets das gleiche, und die nachfolgend genannten Möglichkeiten können leicht den unterschiedlichsten Gegebenheiten angepaßt werden. Zum Bau einer einfachen Straße muß zunächst die Trasse gezogen und freigelegt werden, etwa durch Abholzen in bewaldeten Gebieten [1]. Die oberste Bodenschicht wird abgetragen [2] und mindestens 8 m neben der Straße wieder aufgeschichtet. Der Aushub aus den Straßengräben [3] wird gleichmäßig auf der Straßenfläche verteilt, um die Fahrbahn höher zu legen. Die durch Walzen befestigte Oberfläche [4] muß eine Mindestquerneigung von 1:20 haben, damit das Wasser ablaufen kann. Aus dem gleichen Grund müssen die Straßengräben ein leichtes Gefälle aufweisen [5]. Die abgehobene oberste Bodenschicht wird gleichmäßig auf die Böschung der Straßengräben verteilt; Graswuchs sorgt hier für eine natürliche Befestigung [6]. Eine regenfeste Straßenoberfläche [7] erhält man durch Aufbringen einer 5 cm starken Schotterschicht, in die kleinerer Gesteinssplitt mit Wasser eingewaschen wird. Durch Walzen erhält man schließlich eine feste, dichte Oberfläche [8]. Die Verbindungselemente der Brücke sind aus Stahl, wie die Vergrößerung zeigt; alle anderen Teile sind aus Holz. Das Überangebot an billigen menschlichen Arbeitskräften in den Entwicklungsländern hält auch die Straßenbaukosten in Grenzen.

hafte und dem Fahrverkehr entsprechende Lösung besteht im Bau einer Brücke.

Moderne Straßenbrücken aus Stahlbeton sind zweckmäßig für Schwertransporte und bei hohem Verkehrsaufkommen. Für den spärlichen Verkehr in Entwicklungsländern jedoch stellen Stahlbetonbrücken meist nicht die vernünftigste Lösung dar; zudem müssen Baumaterialien unter erheblichen Kosten über weite Entfernungen herangeschafft werden. Dagegen sind in diesen Gebieten Bauholz und Steine, die sich zum Bau einfacher Brücken vorzüglich eignen, meist in reichlicher Menge vorhanden.

Im Gegensatz zu großen Brücken, die stets als Einzelkonstruktion den speziellen Bedürfnissen angepaßt sind, können kleinere Holzbrücken durch standardisierte Bauelemente und Konstruktion mit erheblicher Kosteneinsparung errichtet werden. Dies wurde in einer Studie der Forstverwaltung von Kenia (Ostafrika) nachgewiesen. Ein britischer Bauingenieur dieser Behörde hat eine standardisierte Bauholzbrückenfahrbahn von 30 m Länge entworfen; die einzelnen Sektionen werden vorgefertigt, zur Baustelle gebracht und dort zusammenmontiert. Zwei parallel gesetzte Trägerkonstruktionen dieser Art tragen bis zu 20 Tonnen schwere Lastkraftwagen; durch zusätzliche Querträgerelemente können derartige Brücken noch weiter verstärkt werden.

Brücken mit größeren Spannweiten werden abschnittsweise zwischen Holzpfeilern errichtet, die im Flußbett verankert sind. Auch hier hat sich die Fertigbauweise bestens bewährt. In erster Linie findet dabei einheimisches Material Verwendung, lediglich für die Verbindungselemente wird Stahl benutzt. Man kann auf diese Weise auf den Import teurer Baumaterialien verzichten.

**Einfache Verkehrsmittel**
Bereits mit einfachsten Fahrzeugen, wie beispielsweise Ochsenkarren [3], kann der Transport schwerer Lasten in ländlichen Gebieten durchgeführt werden. Voraussetzung hierfür ist, daß die entsprechenden Straßen keine allzu starke Steigungen haben. Dies läßt sich meist durch umsichtige Vorausplanung erreichen. Eine weitere Erleichterung ist die Ausstattung der Karren mit Gummireifen und Kugellagern, wodurch die Reibung in den Radlagern erheblich herabgesetzt wird.

**Leitbild**

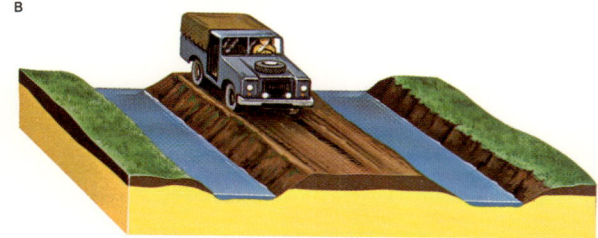

**Auf einer gutbefestigten Straße** entstehen keine tiefen Wasserpfützen [A], sondern das Wasser wird seitlich abgeführt [B]. John MacAdam (1756–1836) hat als einer der ersten das Grundprinzip haltbarer Straßen erkannt: Der Untergrund muß genügend Tragfähigkeit aufweisen, die Oberfläche muß fest und wasserableitend sein.

**2 Gewalzte Straßen aus Erde und Stein** können auch ohne moderne Maschinen gebaut werden. Der etwa 2½ m lange Erdhobel [A] wird von einem Ochsengespann gezogen. Mit primitiven Hilfsmitteln, wie etwa dem aus einem alten Ölfaß gefertigten Schrapper [B], der ebenfalls von Arbeitstieren gezogen wird, kann Erdreich bewegt werden. Das V-förmige Gerät [C] wird zum Ausheben flacher Gräben verwendet. Es funktioniert genauso wie ein Schneepflug.

**3 Der Ochsenkarren** ist in ländlichen Bezirken von Entwicklungsländern auch heute noch das meistbenutzte Transportmittel. Diese Karren sind – im Gegensatz zu Motorfahrzeugen – billig im Unterhalt und einfach zu reparieren. Mit Antrieb durch Ochsen entsteht keine Luftverschmutzung, und anstelle von Abgasen werden wertvolle Düngemittel »produziert«. Statt dem teuren Kraftstoff benötigt man lediglich Heu und Gras zur Fütterung der Tiere. Die Nachteile der früher verwendeten Fahrzeuge: primitive Radaufhängung mit hoher Lagerreibung und fehlende Federung der Radreifen, vor allem ungünstig bei Fahrten über holprige Straßen. Die heutige Verwendung von Achsen, Rädern und Reifen verschrotteter Autos behebt diese Nachteile und schafft billige, nützliche Fahrzeuge.

**4 Lastkähne** sind äußerst wirtschaftliche Transportmittel für schwere Ladungen. In China werden derartige Kähne – auch Sampans genannt – in Stahlbetonbauweise hergestellt. Die Boote haben sich als sehr dauerhaft und relativ billig erwiesen. Die Rümpfe werden kieloben von Hand gefertigt: Über eine erhabene Form, die dem anzufertigenden Rumpf entspricht, werden Baustahlgitter gelegt, dann wird eine gleichmäßig dicke Betonschicht aufgetragen.

**5 Die Rikscha** ist auch heute noch in vielen Städten Südostasiens ein billiges und beliebtes Verkehrsmittel. In dieser Region besteht ein Überangebot an menschlicher Arbeitskraft; die Löhne und anderen Arbeitseinkommen sind so gering, daß auch heute noch das von Menschenkraft betriebene Transportmittel den Omnibussen und Taxis ernsthaft Konkurrenz macht. Man mag die soziale und wirtschaftliche Situation dieser Länder beklagen: immerhin können damit viele Familien ihren Lebensunterhalt bestreiten.

# Segelschiffe

Niemand weiß genau, wo und wann Menschen erstmals Segel benutzt und damit versucht haben, sich einen natürlichen Energiefluß dienstbar zu machen. Die früheste Kunde von Segelschiffen hinterließen uns die Ägypter des dritten Jahrtausends v. Chr. Ägyptische Schiffe [5] besaßen ein einfaches viereckiges Quersegel zwischen zwei Rahen (Querträger am Mast) und konnten nur in raumem Wind (meist von hinten) segeln. Aber da im Niltal fast ausschließlich Nordwind weht, war es fast immer möglich, stromaufwärts segeln; stromabwärts ließ man sich einfach treiben.

### Segeln gegen den Wind

Erst viel später erkannte man, daß bei entsprechender Segelstellung ein Schiff auch gegen den Wind segeln kann – zwar nicht genau gegen die Windrichtung, aber doch mit einem Gegenwindkurs kleiner als 90 Grad. Mit den aerodynamischen (strömungstechnischen) Gesetzmäßigkeiten befaßt man sich jedoch erst seit einigen Jahrzehnten [1]. Eine wichtige Neuerung war auch die Entwicklung des Kiels, eines Längsträgers vom Bug bis zum Heck, an dem man die Rumpfkonstruktion ansetzte.

Die mittelalterlichen Rahsegelschiffe konnten höchstens unter 90 Grad zum Wind segeln, und auch moderne Rahschiffe erreichen kaum einen Gegenwindkurs von weniger als 70 Grad. Mit Großsegeln und Vorsegeln, die in Ruhestellung parallel zur Schiffslängsachse stehen sowie mit Lateinsegeln kann man bis 45 Grad an den Wind gehen [4].

Groß- und Vorsegel wurden vermutlich im Gebiet des Indischen Ozeans im 3. Jahrhundert n. Chr. aus dem ägyptischen Rahsegel entwickelt. Es entstand das dreieckige Lateinsegel der arabischen Daus und das Loggersegel chinesischer Dschunken. Das Rahsegel hat sich jedoch bis heute bei Großsegelschiffen erhalten, da es bei langen Fahrten mit gleichmäßigem, achterlichem Wind Vorteile hat.

Die Römer entwickelten das Bugsprietsegel und ein dreieckiges Topsegel [6]. Gesteuert wurden ägyptische und später auch Wikingerschiffe mit einem Steuerruder an der Bordwand (Steuerbord) nahe dem Heck. Der Steuermann saß dabei quer im Schiff mit dem Rücken zur linken Bordwand (Backbord). Die Chinesen kannten jedoch schon seit dem 1. Jahrhundert n. Chr. das Heckruder mittschiffs ebenso wie den Kompaß, der das Navigieren auch auf hoher See und bei bedecktem Nachthimmel ohne Sterne möglich machte. Das stabile Heckruder und der Kompaß wurden in Europa erst im 11. Jahrhundert bekannt.

### Entwicklung von Schiff und Segel

Daß es in China auch Schiffe mit mehreren Masten gab, erfuhren die Europäer erst im 13. Jahrhundert, zur Zeit Marco Polos (1254–1323). Bis dahin waren die meisten Handelsschiffe an Europas Küsten einmastige Koggen. Gegen Ende des 15. Jahrhunderts hatten sich Dreimaster allgemein eingeführt, so die dickbäuchige Karracke [7] und die einfachere und leichtere, hauptsächlich von den Portugiesen benutzte Karavelle mit Lateinsegeln und vielfach auch Rahsegeln am Vormast. Die Mitte des 16. Jahrhunderts aufkommende Galeone [9] war eine der schlanken venezianischen Galeere angenäherte Karracke mit flachem Spiegelheck und einem hinter dem Bug turmartig aufgesetzten Vorderdeck.

Dieser Übergang von der Karracke zur Galeone war der letzte bedeutende Entwicklungsschritt im Segelschiffbau. Der Unterschied zwi-

**HINWEISE**

Lesen Sie auch:

Geschichte des Verkehrs

Moderne Schiffe

Kriegsschiffe mit Ruder und Segel

Moderne Kriegsschiffe

Häfen und Docks

---

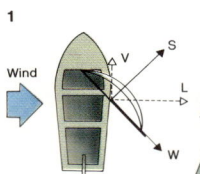

**1 Segeln gegen den Wind** ist möglich, weil die das Segel umströmende Luft eine Sogkraft S und eine Widerstandskraft W erzeugt. Aus diesen Kräften resultieren die Vortriebskraft V und die Seitenkraft in Leerichtung L.

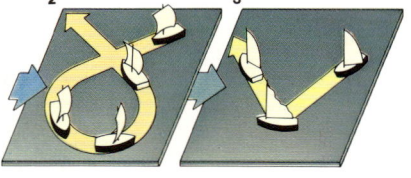

**2 Halsen** ist ein Wendemanöver mit Windseitenwechsel in den Wind, das bevorzugt von Schiffen mit Rahsegeln ausgeführt wird. Die Segel werden dabei nicht schlaff, aber das Halsen kostet Zeit und »Höhe« in Windrichtung.

**3 Wenden** ist ein Windseitenwechsel gegen den Wind. Es eignet sich gut für Schiffe mit Stagsegeln und Klüvern, die hart am Wind segeln können. Die Segel werden zwar schlaff, aber es kostet weder Zeit noch »Höhe«.

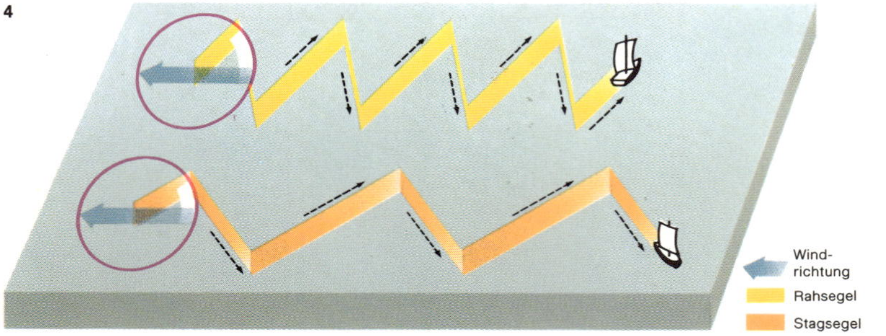

**4 Schiffe mit Stagsegeln** können viel härter am Wind segeln als mit Rahsegeln. Wenn zwei Schiffe gegen den Wind kreuzen (Zickzack-Kurs fahren), gewinnt das Schiff mit Stagsegel viel schneller an »Höhe« als das Schiff mit Rahsegel. Außerdem muß es nicht so oft wenden.

Windrichtung
Rahsegel
Stagsegel

**5 Ägyptische Schiffe** um 1300 v. Chr. besaßen ein Rechtecksegel und wurden mit zwei Rudern gesteuert. Die Rumpfform stammt vom Schilfboot.

**6 Römische Getreide-Transportschiffe** um etwa 200 n. Chr. hatten ein Bugsprietsegel und ein Topsegel über dem Großsegel.

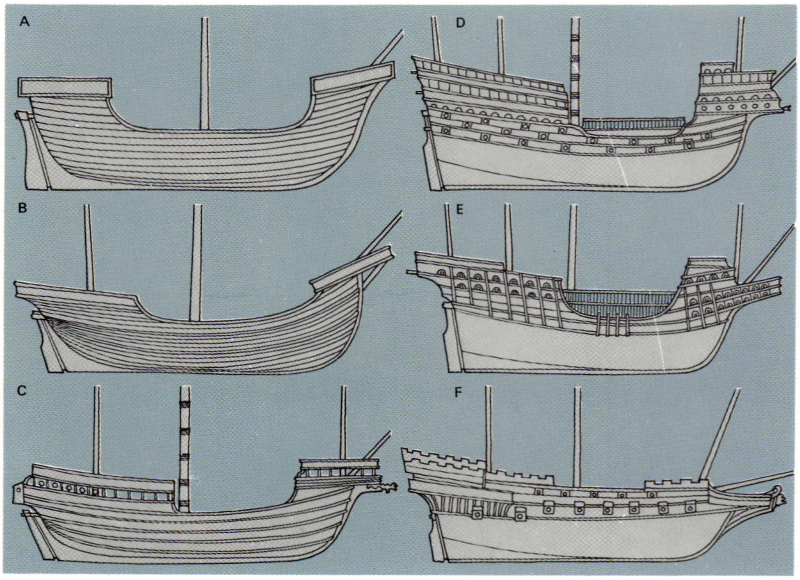

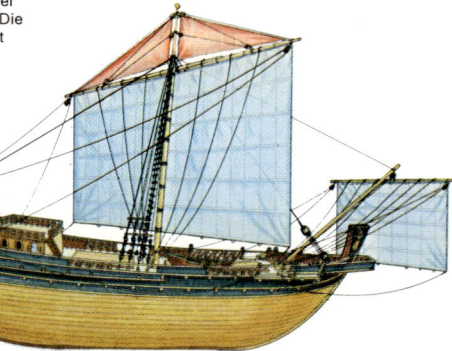

**7 Die Form der Schiffsrümpfe** veränderte sich zwischen 1400 und 1600 beträchtlich. Die Kogge von 1400 [A] besaß ein spitz zulaufendes Heck und zusätzliche Decks auf Vor- und Achterschiff. Nach dem Vorbild der chinesischen Dschunken baute man um 1460 Mehrmaster wie die beiden Karracken [B, C]. Das flache Spiegelheck tauchte bei großen Schiffen erstmals um 1520 auf [D]. Die Bordwände hatten außerdem zahlreiche Luken für die Geschütze. Bei den Galeonen von 1545 [E] und 1587 [F] ist das Vorderdeck etwas zurückgesetzt.

**8 Bei der Klinkerbeplankung** [A], typisch für die nordeuropäischen Schiffe, überlappen die Planken. Segelschiffe aus dem Mittelmeerraum hatten Kraweelbeplankung [B], ebenso wie alle großen Segelschiffe nach 1520.

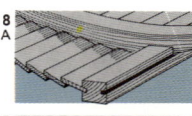

schen einer Galeone des 16. Jahrhunderts und einem Vollschiff des 19. Jahrhunderts liegt nur in Einzelheiten, obwohl natürlich das letztere ein bedeutend besserer Segler war. Die Entwicklung von den ersten Galeonen an zeigt sich besonders in zunehmender Größe und Zahl der Segel. Zwischen den Masten tauchen Stagsegel auf, und vor dem Vormast an den Vorstagen wurden Klüver gesetzt.

Von der Mitte des 18. Jahrhunderts an gab es bei den Segelschiffen der westlichen Länder immer unterschiedlichere Besegelungen, vom Zweimaster bis zum Siebenmaster wie etwa der ausschließlich mit Großsegeln und Klüvern besegelten »Thomas W. Lawson«.

### Die letzten Segelschiffe

Der schnellste, schönste, aber auch kurzlebigste Typ von Segelschiffen war der um 1820 in den USA entwickelte Klipper [11], der zwischen 1850 und 1860 die Weltmeere beherrschte, aber gegen Ende des Jahrhunderts bereits wieder bedeutungslos war. Dieser schlanke und leichte Schiffstyp mit beschränkter Ladefähigkeit war in erster Linie auf Schnelligkeit gebaut. Auf Klippern zogen die Goldgräber 1849 nach Kalifornien und 1851 nach Australien, aus China wurde Tee importiert, und von 1870 an wickelte man auch den Woll- und Kornhandel mit Australien ab. Die Konkurrenz zwischen den einzelnen Reedereien um kürzeste Reisezeiten und höchste Gewinne führte dazu, immer bessere und schneller arbeitende Segelschiffsbesatzungen auszubilden.

Aber Dampfschiffe, transkontinentale Eisenbahnverbindungen und die Eröffnung des Sueskanals – erbaut 1859–69 von Ferdinand de Lesseps (1805–94) – verdrängten die Klipper. Sie wurden von größeren Windjammern (bis zu 5800 Tonnen) mit stählernen Rümpfen, hoher Ladefähigkeit und Einrichtungen zum Betrieb mit kleinerer Besatzung abgelöst. Schließlich mußten aber auch diese Segelschiffe den Dampfschiffen weichen.

Heute dienen große Segelschiffe nicht nur zu Repräsentationszwecken, sondern auch noch zur Ausbildung des Seeoffiziersnachwuchses, in der Bundesmarine auf dem Schulschiff »Gorch Fock«. Weniger große, aber durchaus ozeantüchtige Segelschiffe bis zum kleinen Boot erfreuen sich hauptsächlich als Sportfahrzeuge weiterhin großer Beliebtheit.

**Leitbild**

Segel eines Dreimast-Vollschiffes:
[1] Vor-Royalsegel
[2] Vor-Bramsegel
[3] Vor-Obermarssegel
[4] Vor-Untermarssegel
[5] Fock
[6] Top-Royalsegel
[7] Groß-Oberbramsegel
[8] Groß-Obermarssegel
[9] Groß-Untermarssegel
[10] Großsegel
[11] Kreuz-Royalsegel
[12] Kreuz-Bramsegel
[13] Kreuz-Obermarssegel
[14] Kreuz-Untermarssegel
[15] Kreuzgaffel
[16] Stagsegel
[17] Außenklüver
[18] Innenklüver
[19] Fock
[20] Royal-Stagsegel
[20] Stenge-Stagsegel
[20] Bram-Stagsegel

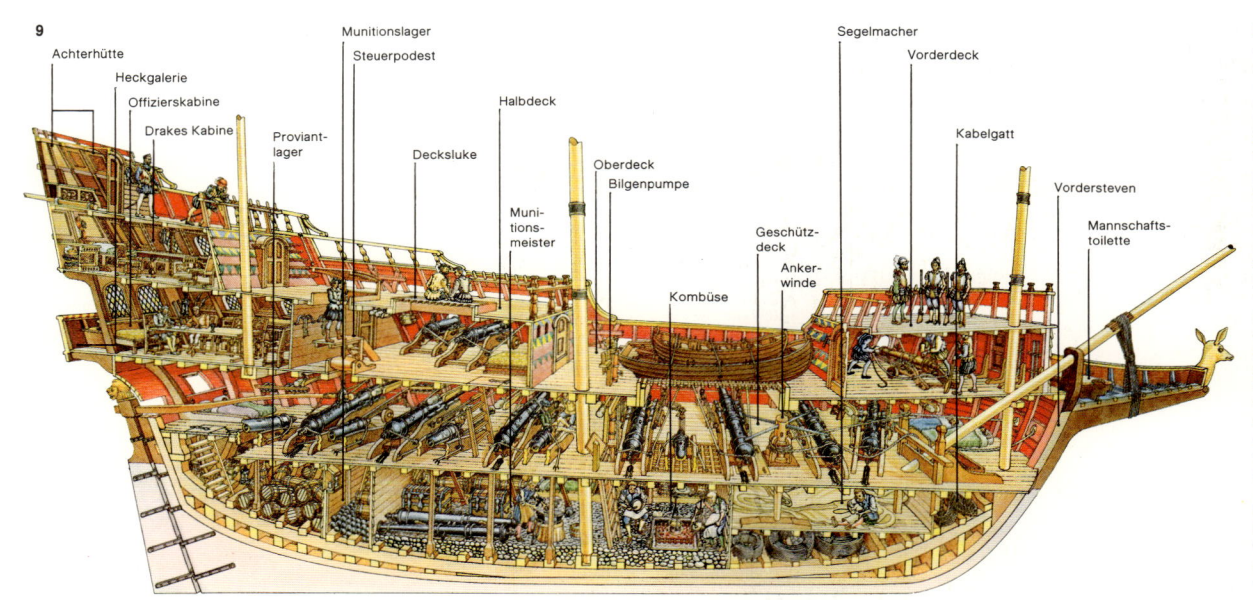

**9** Die »Golden Hind« des englischen Seefahrers Sir Francis Drake (um 1540–96) war eine mittelgroße elisabethanische Galeone von rd. 28 m Länge. Sie war betakelt mit einem Bugsegel, je zwei Rahsegeln am Vormast und am Großmast sowie einem Lateinsegel am Kreuzmast. Typische Kennzeichen des Rumpfes: schlanke Unterseite, vorstehender Bug (ähnlich dem Rammsporn der Galeeren), in die Rumpfkontur einbezogenes Vorderdeck und Spiegelheck mit Galerie. Gesteuert wurde mit einem Ruder, das von einer langen Pinne bewegt wurde (Steuerräder kamen erst im 18. Jh. auf). Das Schiff hatte zwei durchgehende Decks. Schiffe dieser Art wurden sowohl im Krieg als auch für den Handel eingesetzt.

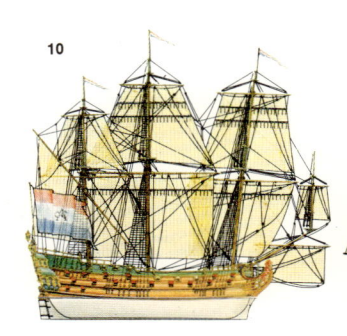

**13 Die Bargentine** (19. bis 20. Jh.) besaß drei Masten und am Vormast nur Rahsegel. Das Schiff kam daher mit einer relativ kleinen Mannschaft aus.

**10 Der holländische Ostindienfahrer** von 1720 war zwar größer als die »Golden Hind«, aber von gleicher Grundkonstruktion. Die Takelage wies zwei neuartige Segel auf, ein Bugspriet-Topsegel und ein Kreuz-Royalsegel. Das robuste, schwerbewaffnete Handelsschiff konnte auch im Krieg eingesetzt werden.

**14 Die Brigg** (18. bis 20. Jh.), ein Küstensegler mit zwei Masten, trug neben Rahsegeln ein Großsegel am Großmast sowie Klüver und Stagsegel.

**11 Der Klipper**, ein Schnellsegler (Mitte des 19. Jh.), besaß eine besonders wirksame Besegelung. Dank seiner hohen Geschwindigkeit wurde der Handel zwischen Australien, China, den USA und Europa wesentlich wirtschaftlicher. Der Name kommt aus dem Englischen: clip off the miles (Meilenschneiden).

**15 Die Brigantine** (18. bis 20. Jh.) hatte folgende Betakelung: Rahsegel am Vormast, Großsegel und Gaffel am Großmast sowie Stagsegel und Klüver.

**12 Große Viermastbarken** (Ende des 19. Jh.) besaßen Stahlrümpfe und transportierten Fabrikwaren, Getreide und Salpeter um den ganzen Erdball. Die für diesen Typ charakteristische Takelage, z. B. keine Rahsegel am Kreuzmast, tauchte gegen Ende des 18. Jh. auf. Stahlrümpfe wurden seit 1870 gebaut.

**16 Der Gaffelschoner** (18.–20. Jh.) trug Großsegel und Gaffel am Großmast, Vorsegel und ein oder mehrere Rahsegel am Vormast sowie Klüver.

# Moderne Schiffe

Seit das erste stählerne Schiff mit einer dampfmaschinengetriebenen Antriebsschraube, die »Great Britain« [1], im Jahre 1843 den Atlantik überquerte, hat sich der Schiffbau grundlegend geändert. Gegen Ende des 19. Jahrhunderts wurde Stahl das am häufigsten verwendete Baumaterial für Schiffe, und die bis zu dieser Zeit üblichen Segelschiffe wurden, nachdem die Dampfmaschine immer zuverlässiger arbeitete und leistungsfähiger wurde, nach und nach von den Dampfschiffen abgelöst.

### Schiffstypen

Mit der Entwicklung des Dampfmaschinenantriebs kristallisierten sich in den folgenden Jahren drei wesentliche Typen von Schiffen heraus: Passagier-, Handels- und Hilfsschiffe. Die größten waren die Ozeandampfer: zum Teil riesige Passagierschiffe, die die Nordatlantikroute befuhren. Im Konkurrenzkampf gegen die Flugzeuge waren die Passagierschiffe jedoch schließlich unterlegen, da die Flugzeuge in kürzerer Zeit weitere Strecken zu niedrigerem Preis überwinden können, so daß heutzutage Passagierschiffe meistens nur noch für Urlaubskreuzfahrten eingesetzt werden. Dieser Entwicklung hat sich der Schiffbau unserer Zeit weitgehend angepaßt [11].

Passagierschiffe und vor allem Fährschiffe haben sich jedoch im Kurzstreckenverkehr gegenüber möglicher Konkurrenz bis heute durchsetzen können: Moderne Fähren sind so konstruiert, daß Straßen- und Schienenfahrzeuge über Rampen mit eigenem Antrieb ein- und ausfahren können, und es werden keine Verladeeinrichtungen benötigt, so daß die Liegekosten solcher Schiffe erheblich niedriger geworden sind [10].

Die größten Schiffe sind heutzutage die Tanker [6]. Mit der Zunahme des Erdölverbrauchs in der Welt stieg auch der Bedarf an Transportraum, so daß die Durchschnittsgröße von Tankern zwischen 1955 und 1976 von 50 000 auf 500 000 Tonnen Tragfähigkeit angestiegen ist. Unter Tragfähigkeit versteht man in diesem Zusammenhang die Summe aus zuladbarer Fracht, Treibstoff und Süßwasser. Das wirtschaftlichste Fahrzeug der Ölschiffahrt ist der langsame Supertanker, der nur eine kleine Mannschaft benötigt. Die Größe derartiger Transportschiffe wird jedoch letztlich durch das Risiko der Meeresverschmutzung beschränkt bleiben müssen: Allein von 1967 bis 1978 sind – durch menschliches oder technisches Versagen – mehr als 200 Großtanker gesunken. Als eines der letzten großen Tankschiffe zerschellte im Jahre 1978 die »Amoco Cádiz« an den Riffen vor der bretonischen Küste und verlor dabei über 200 000 Tonnen Erdöl.

Auch die Frachtschiffe, bis heute noch das Rückgrat des Welthandels, nahmen aus Kostengründen an Größe und Tragfähigkeit zu. Transportschiffe für Schüttgüter wie Erze, Getreide oder Kohle haben heutzutage eine Tragfähigkeit bis zu 100 000 Tonnen.

Eine der wichtigsten Entwicklungen in der Handelsschiffahrt ist das Containerschiff [5]. Es führt seine Ladung in geschlossenen Behältern, die über spezielle Vorrichtungen ebenso leicht verladen wie entladen werden können; die Liegezeiten dieser Schiffe sind meist kurz, und der Weitertransport per Bahn oder Lastkraftwagen ist relativ billig und problemlos. Ein weiterer Vorteil der Containerverladung liegt in den geringeren Diebstahls- und Beschädigungsrisiken. Ein gewisser Nachteil ist jedoch, daß Containerschiffe auf speziell eingerichtete Hafenanlagen angewiesen sind.

## HINWEISE

**Lesen Sie auch:**

Die Auswirkungen der Dampfmaschine (Band 7)

Geschichte des Verkehrs

Segelschiffe

Tragflächenboote und Luftkissenfahrzeuge

Unterseeboote

Kriegsschiffe mit Ruder und Segel

Moderne Kriegsschiffe

Häfen und Docks

Kanalbau

---

**1 Das erste stählerne Dampfschiff**, die »SS Great Britain«, bewies im Jahre 1843 bei seiner Atlantiküberfahrt, daß Stahlschiffe mehr Ladung transportieren können, als die bis dahin üblichen Schiffe mit Holzrumpf.

**2 Die »Lusitania«** lief 1907 vom Stapel und sank 1915, von einem deutschen U-Boot torpediert, mit 1198 Menschen an Bord. Ihr Dampfturbinenantrieb zeigte erstmals dessen Eignung für große und schnelle Seeschiffe.

**3 Großtanker** werden in einer Art Fließbandverfahren aus vorgefertigten Teilen montiert. Stahlblechplatten werden zugeschnitten [1], vormontiert [2], gestrichen [3] und in den Docks transportiert, wo sie zu Sektionen bis zu 600 t montiert werden. Diese Sektionen werden von riesigen Kränen [B] zu einem Trockendock transportiert und dort zusammengeschweißt. Die Teile der Bug- und Heckkonstruktion werden in einer anderen Montagestraße hergestellt: Stahlbleche werden vorbehandelt [4], vormontiert [5] und in der Sektionsfertigung [6] zu entsprechenden Teilen zusammengefügt. Bug- und Heckteile werden in dem Teil des Docks, der dem Meer zugewandt ist, montiert; die Endausrüstung erfolgt erst dann, wenn das Schiff bereits schwimmt. – Die Abbildung zeigt die Mitsubischi-Werft in Kojagi, Japan [A]. Die Werftanlage ist mit ihrem 990 m langen Trockendock in der Lage, Supertanker bis zu einer Tragfähigkeit von 500 000 t zu bauen, wie sie seit einigen Jahren zum Erdöltransport verwendet werden. Japan besitzt heute die Werftanlagen mit der größten Kapazität.

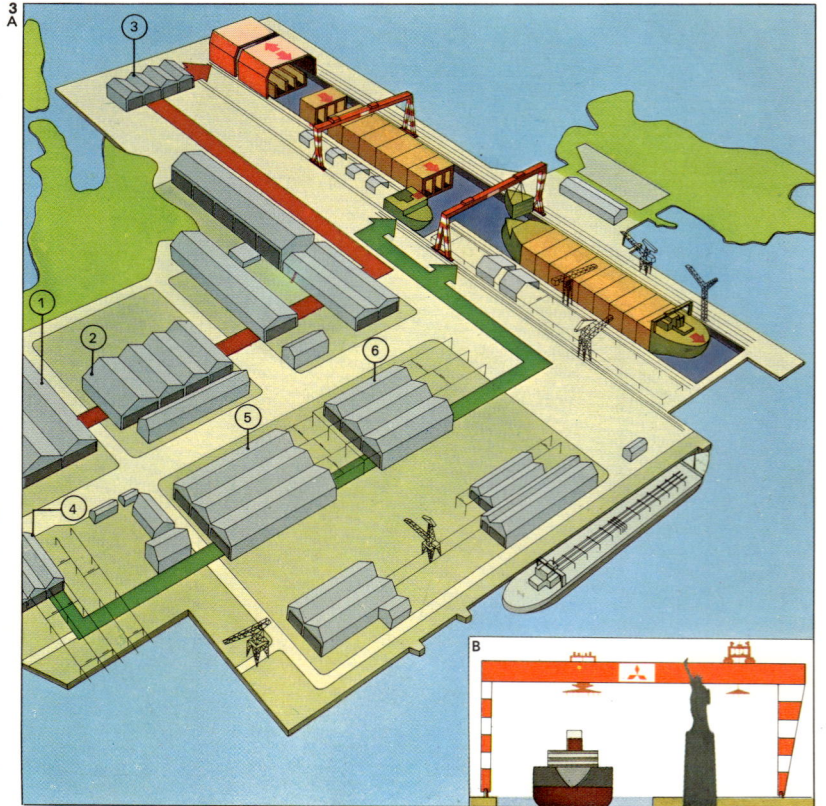

**4 Konventionelle Handelsschiffe** wie die abgebildete »Lanka Devi« werden auch heute noch zahlreich eingesetzt. Die meisten Schiffe dieser Art besitzen Ladebäume, mit denen sie die Ladung ohne Hilfe von Kaianlagen selbständig übernehmen oder löschen können. Während die Maschinen der »Lanka Devi« mittschiffs untergebracht sind, befinden sich bei neueren Konstruktionen im Heck. Auch die Brücke befindet sich meist bug- oder heckwärts.

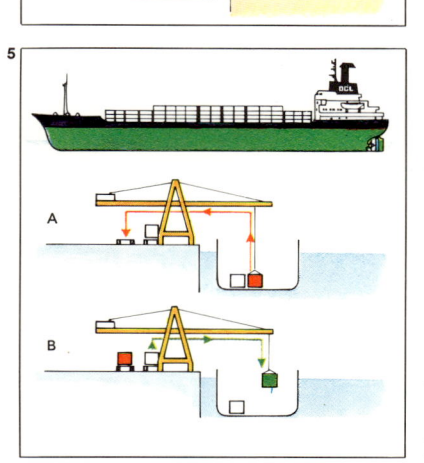

**5 Containerschiffe** müssen in Spezialhäfen, den sogenannten Containerterminals, anlegen, um die bis zu 3000 Container mit jeweils 36 m³ Inhalt zu laden [B] oder zu löschen [A]. Das Laden und Löschen kann auch gleichzeitig erfolgen. Die meisten Containerschiffe haben hohe Bordwände und ein Deck als Aufbauten, das als weitere Ladefläche dienen kann. Der Transport mit Containerschiffen ist sehr wirtschaftlich, denn die einheitliche Größe der Container gestattet ein rationelles Stapeln.

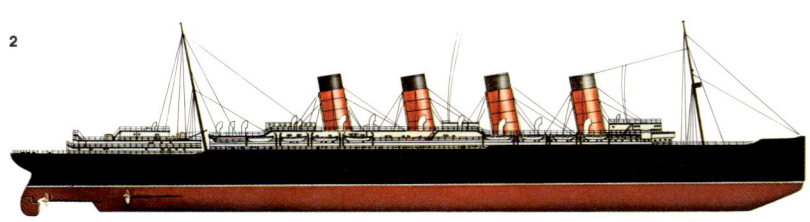

**Kleinere Schiffe**

Handelsschiffe, die ohne feste Route von Hafen zu Hafen fahren und jede Ladung an Bord nehmen (sogenannte Tramper), haben meist kleinere Ausmaße [4]. Als Charterschiffe werden sie dort eingesetzt, wo Containerschiffe unwirtschaftlich wären. Besondere Bedeutung haben auch die Kühlschiffe, die verderbliche Waren befördern. Kleinere Küstenfrachter und -tanker verkehren als Zubringer zu den Containerterminals. Weiterhin gibt es Spezialfähren zur Beförderung von Lastfahrzeugen und von Eisenbahnwagen sowie zur Beförderung von Lastkähnen auf Überseelinien (LASH: *L*ighter *A*board *Sh*ip). Ohne diese kleineren Hilfsschiffe wäre die moderne Handelsschiffahrt nicht denkbar. Zu ihnen gehört letztlich auch der Schlepper [9], der große Schiffe in enge Hafeneinfahrten bugsiert, als Hochseeschlepper beschädigte Schiffe in Schlepp nimmt oder große Lastkähne auf Binnenschiffahrtsstraßen zieht. Zum reibungslosen Ablauf der Seeschiffahrt tragen weiterhin Baggerschiffe zum Freihalten der Hafeneinfahrten, Seenotrettungsschiffe, Eisbrecher, Barkassen (z. B. Zoll- und Polizeiboote) u. a. bei.

**Schiffsantriebe**

Als Schiffsantrieb dienen heute meist Dieselmotoren oder Dampfturbinen. Einfach und wirtschaftlich im Betrieb, haben Dieselmaschinen den früher üblichen Antrieb, die Dreifach-Expansionsdampfmaschine, weitgehend verdrängt. Allerdings lassen Dieselmotoren nur geringe Geschwindigkeiten zu.

Größere Schiffe, die einen schnelleren Antrieb benötigen, werden deshalb über Dampfturbinen betrieben.

Die modernste Ausführung, die Höchstdruck-Dampfturbine, findet man hauptsächlich in Containerschiffen und schnellen Stückgutfrachtern.

Neben Dampfturbinen wurden auch erste Versuche mit Gasturbinen angestellt; sie haben sich bislang jedoch nicht als wirtschaftlich und zuverlässig erwiesen. Auch der Antrieb über Atomreaktoren ist bis heute unrentabel geblieben. Ihr Anwendungsgebiet beschränkt sich bisher auf den militärischen Bereich, und es ist kaum anzunehmen, daß sich diese Antriebsart durchsetzen wird, ehe nicht billigere und kompaktere Reaktoranlagen gebaut werden können.

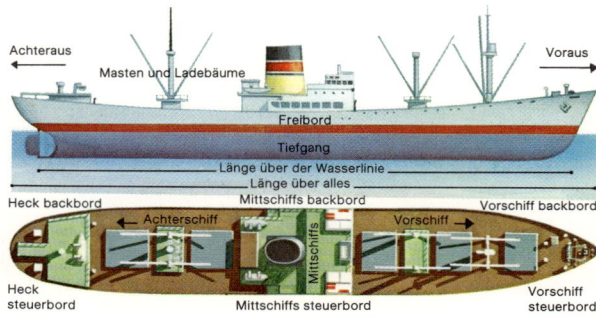

**Leitbild**

**Einige Begriffe aus der Fachsprache**

*Vorschiff:* Schiffsteile in Bugnähe; *mittschiffs:* in der Mitte des Schiffes gelegen; *Heck:* hinterer Schiffsteil; *Breite über alles:* größte Schiffsbreite; *Länge über alles:* größte Schiffslänge; *Ladelinie:* Wasserlinie bei größter Zuladung; *Bug:* vorderster Schiffsteil; *Tiefgang:* Abstand zwischen Wasserlinie und Kiel; *Freibord:* Abstand vom Hauptdeck zur Wasserlinie; *Lee:* die vom Wind abgewandte Seite; *Luv:* die dem Wind zugewandte Seite; *Decksprung:* die Form des nach den Seiten abfallenden Hauptdecks; *Schanz:* die Hauptdeckfläche des Schiffes vor den Aufbauten; *Trimmung:* die Verteilung der Ladung und entsprechender Zusatzladung zur Lagestabilisierung des Schiffes; *Backbord:* die in Fahrtrichtung gesehene linke Seite; *Steuerbord:* die in Fahrtrichtung gesehene rechte Seite. Die beiden Seiten des Schiffes werden bei Dunkelheit durch verschiedenfarbige Lampen gekennzeichnet: steuerbord = grüne Lampe; backbord = rote Lampe.

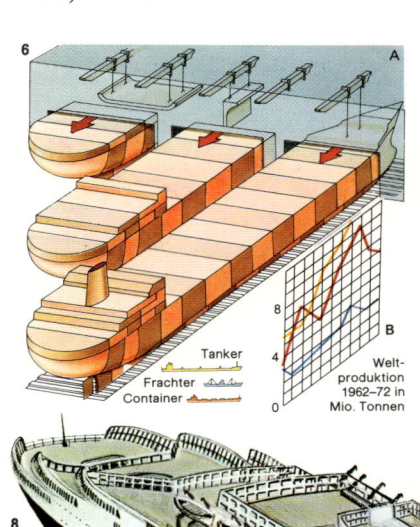

**6 Verbesserte Schiffbautechniken** haben die traditionelle Methode, ein Schiff vom Kiel her aufzubauen, abgelöst. Heute werden Schiffe aus vorgefertigten Teilen zusammengefügt; die gesamte Konstruktion wird dabei entsprechend dem Baufortschritt stückweise über die Helling hinausgeschoben [A]. Auf diese Weise können heute größere Schiffe gebaut werden [B] als in früheren Zeiten.

**7 Beim Stapellauf** wird das Schiff über Heck zu Wasser gelassen [A]. Die Haltevorrichtungen [B] werden elektromagnetisch gelöst, und das Schiff gleitet durch den Hangabtrieb die Helling hinab. Im Wasser wird es von Ketten gebremst und durch den eigenen Schwung gedreht [C]. Wenn nicht genügend Platz vorhanden ist – z. B. an Flußufern –, können Schiffe auch seitwärts zu Wasser gelassen werden [D]. Die modernsten Werften sind heute mit Trockendocks ausgestattet, die geflutet werden, so daß das fertige Schiff herausschwimmen kann.

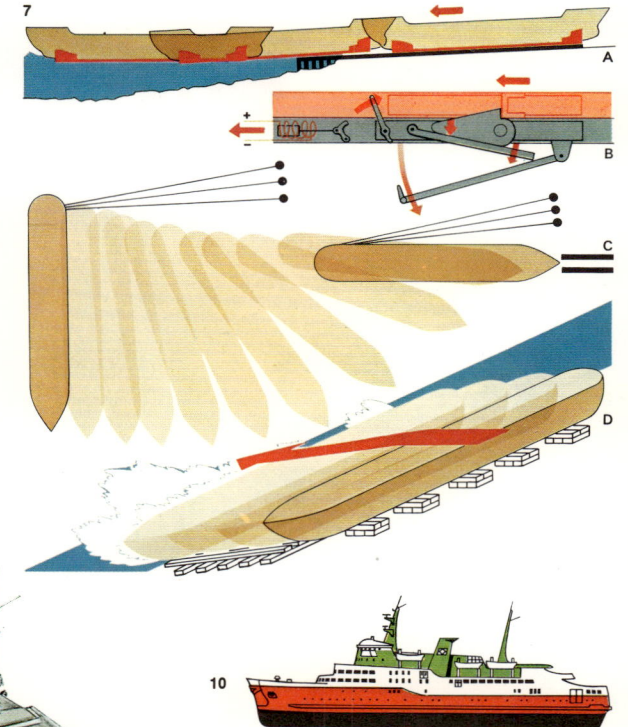

**8 Die »Queen Elizabeth II«** ist ein Passagierschiff, das zunächst im Linienverkehr auf dem Atlantik und für Kreuzfahrten während der Wintermonate eingesetzt wurde. In dieser Doppelrolle erzielte es beachtliche wirtschaftliche Erfolge. Es ist zwar kleiner als die beiden früheren »Queens«, doch verloren gerade große Schiffe im Konkurrenzkampf gegen die Flugzeuge im Transatlantikverkehr an Bedeutung. Heute wird die »Queen Elizabeth II« fast nur noch für Kreuz- und Urlaubsfahrten gewinnbringend eingesetzt, in erster Linie für billigere Pauschalreisen.

**9 Schlepper** sind im Laufe der Zeit immer größer und leistungsfähiger geworden. Die »Stackgarth«, im Jahre 1959 entstanden, war in erster Linie zum Bergen von in Seenot geratenen Schiffen konzipiert, wurde aber auch im normalen Schleppdienst in Häfen eingesetzt.

**10 Moderne Fähren** sind mit schwenkbaren Bug- und Heckkonstruktionen (Rampen) ausgerüstet, über die Straßen- und Schienenfahrzeuge mit eigenem Antrieb ein- und ausfahren können.

**11 Schiffe für Kreuzfahrten** [hier die »Spirit of London«] sind auf die Bedürfnisse der Urlauber eingestellt. Sie sind eingerichtet für Sport und Unterhaltung jeglicher Art.

# Tragflächenboote und Luftkissenfahrzeuge

Tragflächenboote und Luftkissenfahrzeuge [Leitbild] kommen dem heutigen Bedürfnis nach höherer Geschwindigkeit und größerer Einsatzmöglichkeit nach. Ähnlich wie bei Flugzeugen und Hubschraubern wird ein Teil der benötigten Energie zum Auftrieb verwendet: Tragflächenboote haben eine unter dem Rumpf angebrachte Tragflächenkonstruktion, die bei höheren Geschwindigkeiten zusätzlichen Auftrieb erzeugt. Dadurch wird der Schwimmkörper aus dem Wasser gehoben und sein Fahrtwiderstand erheblich vermindert, wodurch sich Energie einsparen läßt bzw. größere Geschwindigkeiten erzielt werden können. Luftkissenfahrzeuge dagegen »schweben« auf einem Luftpolster über dem Boden dahin und können sich unabhängig von der Bodenbeschaffenheit fortbewegen – über unwegsamem Erdreich ebenso wie über Wasser, Sumpf, Schlamm, Schnee und Eis oder Sand.

## Tragflächenboote

Die ersten Tragflächenboote wurden Anfang des 20. Jahrhunderts gebaut. Da eine Tragfläche im Wasser [2] erheblich mehr dynamischen Auftrieb erzeugt als in der Luft, fallen die entsprechenden Konstruktionen wesentlich kleiner aus. Bei den ersten Versuchen wurden mehrflügelige Anordnungen getestet, bei denen sich die einzelnen Tragflächen mit zunehmender Fahrgeschwindigkeit nacheinander aus dem Wasser hoben [1A]. Gegen 1940 ging man dann auf die wirksamere V-Konfiguration über [1C]; auch hier nimmt die wirksame Fläche mit zunehmender Geschwindigkeit ab, da die Tragflächenenden mehr und mehr aus dem Wasser ragen. Das verringert den Widerstand und erhöht die Stabilität bei Kurvenfahrten.

Neben der weitverbreiteten V-Fläche gibt es zwei weitere Grundkonstruktionen. Flächen mit »Tiefeneffekt« [1B] stabilisieren sich selbst etwa 2,5 cm unter der Wasseroberfläche. Sie eignen sich für Fahrzeuge, die in flachen, ruhigen Binnengewässern eingesetzt werden, nicht aber auf offener See. Für diesen Fall sind tieftauchende Konstruktionen [1D] günstiger; sie lassen auch höhere Geschwindigkeiten zu. Die meisten militärischen Fahrzeuge machen hiervon Gebrauch.

Tragflächenboote sind relativ klein. Fahrzeuge der Zivilschiffahrt erreichen selten mehr als 150 Tonnen Tragfähigkeit, die größeren Militärfahrzeuge etwa 320 Tonnen. Da sie bei hohen Geschwindigkeiten keine Bugwellen erzeugen, können sie in Binnengewässern ohne Gefahr für Uferbefestigungen und ohne kleinere Schiffe zu behindern eingesetzt werden. Auf offener See liegen die Tragflächenboote auch bei rauherem Wetter ruhig; da sie andererseits bei niedriger Geschwindigkeit wie andere Schiffe mit dem ganzen Rumpf ins Wasser eintauchen, können sie so auch heftigere Stürme überstehen. Tragflächenboote der Marine sind mit Raketengeschützen und konventionellen Geschützen sowie mit Anlagen zur U-Boot-Abwehr ausgerüstet.

## Luftkissenfahrzeuge

Während Tragflächenboote reine Wasserfahrzeuge sind, können sich Luftkissenfahrzeuge zu Wasser und auf dem Land bewegen. Ihre Entstehung geht auf Versuche verschiedener Ingenieure zurück – u. a. auch auf John Thornycroft (1843–1928) –, die den Wasserwiderstand von Schiffen verringern wollten. Dazu wurde aus dem Schiffsrumpf Druckluft ausgeblasen, um im Wasser Luftblasen zu erzeugen.

**HINWEISE**

Lesen Sie auch:

Das Bewegen schwerer Lasten

Geschichte des Verkehrs

Sonderfahrzeuge

Die Eisenbahn der Zukunft

So fliegt ein Flugzeug

**1 Tragflächenboote** arbeiten nach verschiedenen Prinzipien: Bei mehrflügeligen Konstruktionen [A] heben sich die einzelnen Flächen mit zunehmender Geschwindigkeit nach und nach aus dem Wasser, wodurch der Widerstand verringert wird. Diese Verringerung erreicht die V-förmige Fläche [C] dadurch, daß die Flächenenden zunehmend aus dem Wasser herausragen. Tiefeneffektflächen [B] eignen sich gut für ruhige See, Tiefenflächen [D] für rauhe See.

**2 Die Tragflächen** entwickeln bei höherer Geschwindigkeit genügend Auftrieb, um den Schiffsrumpf aus dem Wasser zu heben.

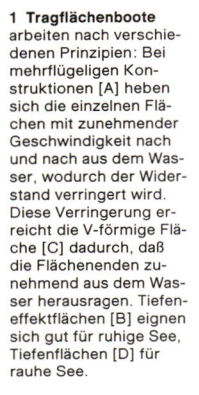

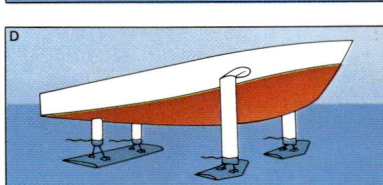

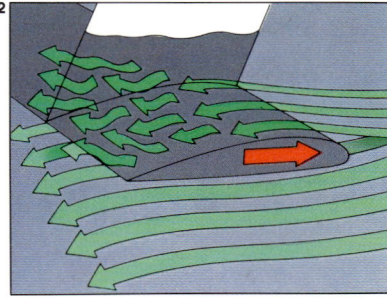

**3 Die Schraubenwelle von Tragflächenbooten** muß weiter ins Wasser hineinragen als bei herkömmlichen Schiffen. Die einfachste Lösung ist die unter steilem Winkel geneigte Welle [A]. Die doppelt geknickte Welle [B] läßt größere Eintauchtiefen zu, erfordert aber zwei Umlenkgetriebe. Die V-Welle [C] findet man meist bei Booten mit V-Tragflächen. Eine andere Art des Antriebs ist die Luftschraube, wie sie bei Flugzeugen verwendet wird.

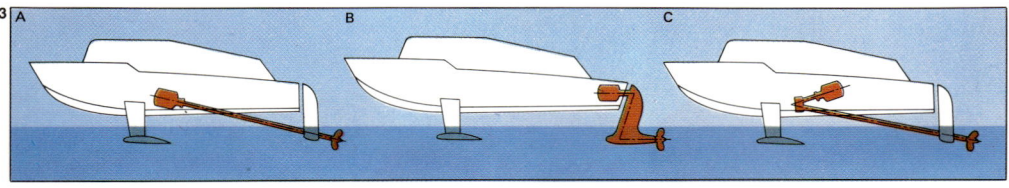

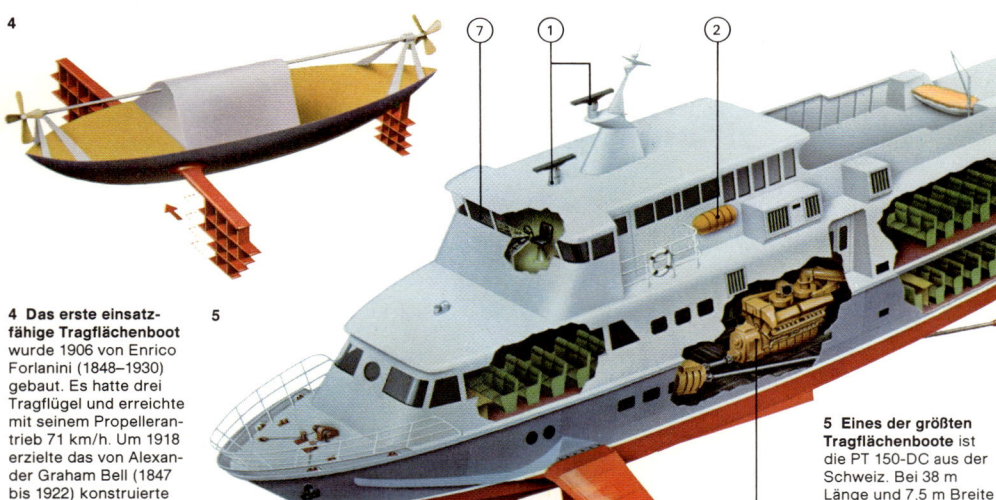

**4 Das erste einsatzfähige Tragflächenboot** wurde 1906 von Enrico Forlanini (1848–1930) gebaut. Es hatte drei Tragflügel und erreichte mit seinem Propellerantrieb 71 km/h. Um 1918 erzielte das von Alexander Graham Bell (1847 bis 1922) konstruierte Boot bereits Spitzengeschwindigkeiten von 114 km/h. Die ersten Tragflächenboote für den Fährbetrieb wurden in den dreißiger Jahren entwickelt.

**5 Eines der größten Tragflächenboote** ist die PT 150-DC aus der Schweiz. Bei 38 m Länge und 7,5 m Breite trägt es 250 Passagiere. Das Boot erreicht Geschwindigkeiten bis zu 68 km/h und hat einen Aktionsradius von rd. 400 km. Neben der V-förmigen Haupttragfläche hat es eine stabilisierende Heckfläche, an der die zwei Antriebsschrauben angebracht sind. Das Schiff ist mit vier Passagierräumen ausgestattet – zwei auf dem Hauptdeck und zwei auf dem Unterdeck –, in denen eine Klimaanlage für Temperaturen zwischen 20 °C und 25 °C sorgt; den Passagieren werden während der Überfahrt Getränke und andere Erfrischungen serviert. Ein Tragflächenboot dieses Typs ist im Fährbetrieb zwischen Schweden und Dänemark (auf der Strecke Malmö–Kopenhagen) im Einsatz.

1 Radar
2 Rettungsfloß
3 Vordere Tragfläche
4 Hintere Tragfläche
5 Schiffspropeller
6 Zwei 2500-kW-Dieselmotoren
7 Kommandobrücke

Um 1950 erkannte der englische Ingenieur Christopher Cockerell (geb. 1910), daß man mit einer Art Vorhang, der sich rund um das Fahrzeug zieht, ein Luftkissen erzeugen kann, das stark genug ist, um es anzuheben. Nach diesem Prinzip arbeiten alle modernen Luftkissenfahrzeuge: Sie gleiten auf einem Luftpolster, das von Kompressoren erzeugt wird und über Düsen an der Fahrzeugunterseite austritt. Die seitlich entweichende Luft wird ständig wieder nachgepumpt [6].

Die ersten Luftkissenfahrzeuge schwebten wenige Handbreit über der Oberfläche; sie hatten flache Böden, unter denen man beim Schweben hindurchsehen konnte. Spätere Konstruktionen wurden mit biegsamen Schürzen aus zähem Gummigewebe [7] ausgerüstet, die das Luftkissen besser zusammenhalten und bei Berührung mit Hindernissen kaum Widerstand bieten. Die meisten dieser Fahrzeuge sind schwimmfähig, so daß sie, wenn die Kompressoren bei Überwasserfahrten ausgeschaltet werden, wie ein Schiff schwimmen können. Luftkissen und Antrieb werden durch ein kombiniertes Triebwerk oder durch verschiedene Triebwerke erzeugt, ebenso finden kombinierte Antriebs- und Steuersysteme [8] Verwendung. Die Größe der Fahrzeuge ist nahezu unbegrenzt; sie werden als Passagierfahrzeuge und als Autofähren eingesetzt. Wirtschaftlich ist das Luftkissenprinzip jedoch erst bei großen Fahrzeugen.

### Einsatzmöglichkeiten des Luftkissenprinzips

Das Luftkissenprinzip bietet eine breite Palette von Nutzungsmöglichkeiten. Nicht nur im Fahrzeugbau – für Militärfahrzeuge, Transporter für große Lasten (bis zu 500 t), Schnellbahnsysteme – ist dieses Prinzip anwendbar, auch in der Industrie sind Luftkissenpaletten (Lagerplatten für Güter und Produkte) auch bei großen Lasten leicht zu bewegen, da das Gleiten auf einem Luftpolster weitaus weniger Reibungswiderstand verursacht als beispielsweise das Rollen auf Rädern. In Krankenhäusern wurden Luftpolster zur Lagerung von Patienten mit schweren Brandwunden eingesetzt. Auch ein spezielles Fahrwerk für Flugzeuge wurde bereits erprobt: Es gestattet das Landen auf unwegsamem Gelände und macht das Flugzeug von speziell präparierten Pisten unabhängig.

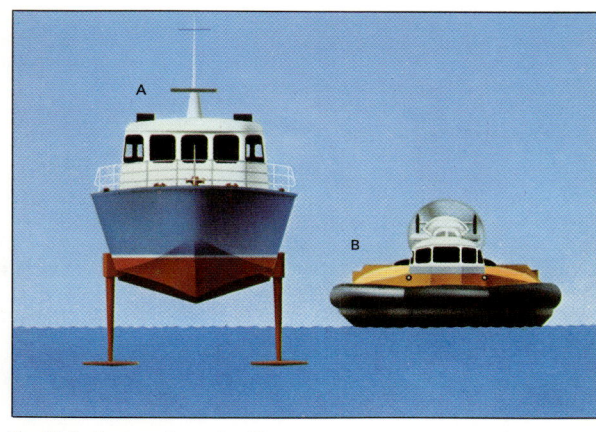

**Leitbild**

**Tragflächenboote und Luftkissenfahrzeuge** verwenden einen Teil der zugeführten Energie, um das Fahrzeug »anzuheben«. Ein Tragflächenboot [A] gleitet auf Tragflächen, der Rumpf hebt sich aus dem Wasser, und der Fahrtwiderstand wird erheblich vermindert. Das Luftkissenfahrzeug [B] gleitet dagegen auf einem Luftpolster; es ist unabhängig vom Untergrund und kann sowohl über Wasser als auch über Land, Sumpf, Schlamm, Schnee und Eis »hinwegschweben«. Moderne Luftkissenfahrzeuge sind mit Schürzen versehen, die die Luft besser konzentrieren und größere Höhen erlauben.

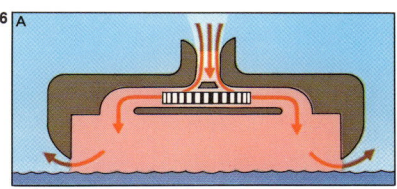

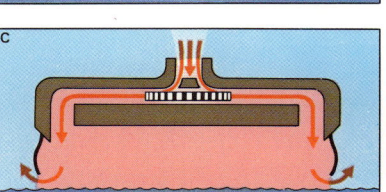

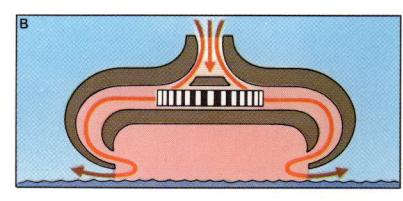

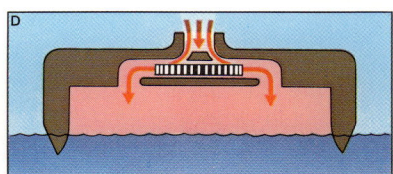

**6 Die vier verschiedenen Arten von Luftkissenfahrzeugen** mit zentralem Gebläse arbeiten nach unterschiedlichen Prinzipien: Die Luft wird entweder vertikal [A] oder zur Fahrzeugmitte hin [B] unter den Rumpf geblasen. Fahrzeuge mit Schürzenkonstruktionen [C] lassen niedrigere Schwebehöhen zu, da die weichen Gummischürzen bei Berührung mit Hindernissen kaum Widerstand bieten. Bei Wasserfahrzeugen reichen die zähen Gummischürzen bis unter Wasser [D].

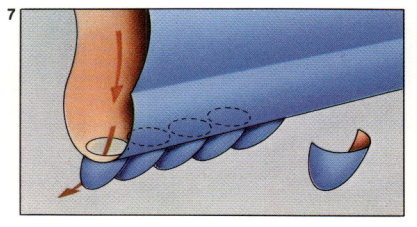

**7 Die Schürze eines Luftkissenfahrzeugs** besteht aus zähem Gummigewebe. Sie setzt sich aus einzelnen »Fingern« zusammen, die nach innen zur Fahrzeugmitte hin geneigt sind; dadurch wird die ausströmende Luft, die das Luftkissen bildet, besser konzentriert. Die allmählich verschleißenden Schürzen können leicht ausgetauscht werden.

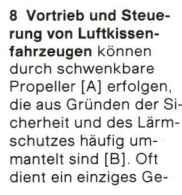

**8 Vortrieb und Steuerung von Luftkissenfahrzeugen** können durch schwenkbare Propeller [A] erfolgen, die aus Gründen der Sicherheit und des Lärmschutzes häufig ummantelt sind [B]. Oft dient ein einziges Gebläse zur Luftkissenerzeugung und zum Antrieb [C]. Wasserfahrzeuge können auch durch Wasserstrahldüsen angetrieben werden [D]. Bei nichtdrehbaren Antriebssystemen werden zur Lenkung spezielle Ruderanlagen benötigt.

**9 Das erste kommerziell eingesetzte Luftkissenfahrzeug** im Jahre 1959 war vom Typ SR-N1 [A]. Für Luftkissen und Antrieb sorgte ein zentrales Gebläse, das von einem 450-PS-Kolbenmotor (331 kW) angetrieben wurde. Später wurde das Fahrzeug auf ein Strahltriebwerk umgerüstet und mit Schürzen versehen. Das Fährschiff VT-1 [B] wurde 1969 von der englischen Firma Vosper Thornycroft gebaut. Es bot Platz für 10 Kraftfahrzeuge und 146 Passagiere, wurde über normale Schiffsschrauben angetrieben und konnte zum Beladen über spezielle Rampen an Land fahren. Die VT-1 erreichte hohe Geschwindigkeiten bei geringer Geräuschentwicklung und war eines der ersten wirtschaftlichen Luftkissenfahrzeuge. Spätere Versionen wurden durch Luftpropeller angetrieben.

# Unterseeboote

Als Erfinder des Unterseeboots, auch U-Boot genannt, gilt vielfach der Engländer William Bourne. Er beschrieb im Jahre 1578 ein Boot, das Wasser aufnehmen und auch wieder ausstoßen konnte, um so seinen Auftrieb zu ändern, und das ein senkrechtes Rohr nach oben bis über die Wasseroberfläche als Lufteinlaß besaß. Ob sein U-Boot jemals fuhr, ist nicht bekannt. Das erste richtige U-Boot war wahrscheinlich die mit Leder bezogene Konstruktion des holländischen Ingenieurs Cornelis J. van Drebbel (1572–1634) aus dem Jahre 1620. Den Aussagen des englischen Chemikers Robert Boyle zufolge hat König Jakob I. (1566–1625) mit einem Boot dieser Art eine Unterwasserfahrt auf der Themse gemacht, und es soll sogar eine spezielle Flüssigkeit zur Aufbereitung der Atemluft mitgeführt haben.

## U-Boote als Kriegswaffe

Die »Turtle« (Schildkröte), ein Ein-Mann-U-Boot des Amerikaners David Bushnell (1742–1824) aus dem Jahre 1776, war das erste militärische Unterwasserfahrzeug [Leitbild]. Es besaß zwei wesentliche Konstruktionsmerkmale moderner U-Boote: einen druckfesten Innenraum (Druckkörper) und einen Schraubenantrieb, aber noch handgetrieben.

Im Amerikanischen Bürgerkrieg setzten die Südstaaten U-Boote, sogenannte Davids, ein (in Anlehnung an David und Goliath aus der Bibel), die unter Wasser eine an einer langen Stange befestigte Sprengladung an feindliche Schiffe herantragen sollten und die entweder hand- oder dampfgetrieben waren. 1864 rammte ein derartiges Boot namens »Hunley« die vor dem Hafen von Charleston liegende »Housatonic«, und beide Fahrzeuge sanken. Um 1868 wurde dann eine viel gefährlichere Waffe entwickelt – der Torpedo [3] mit Eigenantrieb.

Um die Jahrhundertwende konstruierte der amerikanische Erfinder John P. Holland (1840–1914) Unterseeboote mit Dieselmotorantrieb, die damit direkte Vorläufer der später in den beiden Weltkriegen eingesetzten U-Boote waren. Im Ersten Weltkrieg erwiesen sich die deutschen U-Boote als sehr gefährliche Angriffswaffen gegen unbewaffnete Handelsschiffe und drohten Großbritanniens Nachschubwege abzuschneiden. Das wiederholte sich in verstärktem Maße im Zweiten Weltkrieg [6], in dessen Verlauf neben Handelsschiffen auch zahlreiche Kriegsschiffe zerstört wurden.

Dennoch war die Wirksamkeit der U-Boote wegen ihrer geringen Geschwindigkeit und der kurzen Unterwasserstrecken, die man auf Grund der beschränkten Batteriekapazität mit Elektromotoren zurücklegen konnte, begrenzt. Wenn die Batterien leer waren, mußten die Boote auftauchen und mit Dieselantrieb weiterfahren, wobei die Batterien wieder aufgeladen wurden. Im Zweiten Weltkrieg benutzte man dabei auch den Schnorchel, so daß das knapp unterhalb der Wasseroberfläche fahrende Boot noch Luft für den Dieselmotor erhielt.

Zur U-Boot-Abwehr dienten im Ersten Weltkrieg Fangnetze und vor allem Wasserbomben. Wirksamer wurde die Abwehr im Zweiten Weltkrieg durch neue Ortungsverfahren und den Einsatz von Flugzeugen.

## Aufbau und Ausrüstung von U-Booten

Ein U-Boot besitzt zwischen dem inneren Druckkörper und der Außenhaut zahlreiche

**HINWEISE**

Lesen Sie auch:

Die moderne Artillerie

Moderne Kriegsschiffe

Atomare, biologische und chemische (ABC-)Waffen

Orten mittels Radar und Schallwellen

---

**1 Das U-Boot mit Kernantrieb** ist eine tödliche Waffe bisher ungeahnter Wirkung. Jede seiner sechzehn Lenkraketen kann zehn Atomsprengköpfe tragen, und jeder Kopf reicht aus, um eine Stadt zu vernichten. Die Lenkraketen können auch unter Wasser abgeschossen werden, und das U-Boot ist damit fast unverwundbar. Die USA und die UdSSR besitzen je über hundert solcher Boote. Sie haben Einrichtungen zum Regenerieren der Atemluft und können rund sechzehnmal um die Erde fahren, ohne neuen Brennstoff übernehmen zu müssen. Der Antrieb geschieht durch einen Kernreaktor und eine Dampfturbine, die entweder direkt oder über einen Generator und einen Elektromotor auf die Schiffsschraube wirkt.

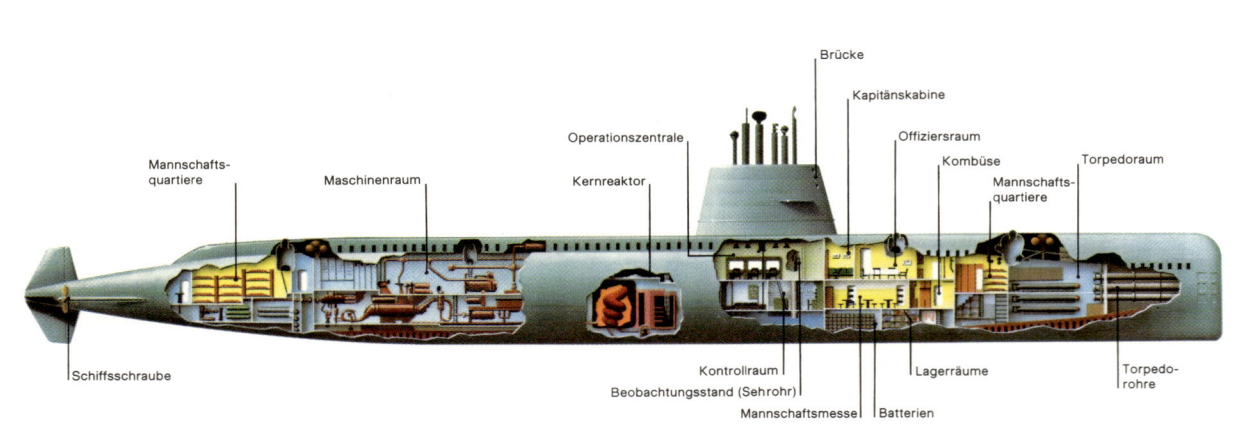

**2 Die Ortung** eines anderen U-Bootes oder Schiffes vom getauchten U-Boot aus oder umgekehrt erfolgt durch Echos von unter Wasser ausgesandten Ultraschall-Impulsen. Das Verfahren funktioniert im Prinzip genauso wie ein Radar und wird als Sonar bezeichnet. Von der Wasseroberfläche aus können U-Boote auch durch sog. Sonarbojen georotet werden, die ihre Echosignale an ein in der Nähe liegendes Mutterschiff weitergeben. Es gibt heute auch Sonarsonden, die von Hubschraubern aus ins Wasser getaucht werden.

**3 Der selbstlaufende Torpedo** wurde um 1868 von dem österreichischen Fregattenkapitän G. Lupis entwickelt. Er machte das U-Boot zu einer gefährlichen Waffe. Der Torpedo ist ein schlankes Projektil mit Eigenantrieb (Preßluft oder Elektromotor), einer Steuereinrichtung und einem Sprengkopf. Der Torpedo wird aus dem U-Boot durch ein Rohr mit Preßluft ausgestoßen und läuft dann auf das Ziel zu. Obwohl der Torpedo nicht sehr schnell ist, gab es für Handelsschiffe während der beiden Weltkriege kaum eine Ausweichmöglichkeit. Die heutigen Torpedos finden ihr Ziel akustisch oder werden ferngesteuert. Sie werden hauptsächlich gegen feindliche U-Boote eingesetzt.

**4 Die Polaris-Lenkrakete** hat eine Reichweite von etwa 4600 km und trägt drei Atomsprengköpfe. Die Poseidon-Rakete hat sogar zehn Sprengköpfe. Die Raketen werden mit Preßluft aus ihren Startrohren senkrecht nach oben ausgestoßen. Erst über der Wasseroberfläche startet der zweistufige Feststoffraketenantrieb. Die Lenkraketen werden mit Hilfe eines Computers ins Ziel gesteuert. Ihre Sprengköpfe lösen sich beim Niedergehen ab.

Tanks. Füllt man sie mit Wasser (Fluten), so sinkt der Auftrieb, und das Boot taucht unter. Tiefenruder an den Rumpfseiten bestimmen den Winkel des Abtauchens und dienen zum Auspendeln des Bootes. Zum Auftauchen wird das Wasser aus den Tanks mit Preßluft wieder herausgedrückt. Der turmartige Aufbau des Druckkörpers enthält ein Sehrohr (Periskop), Funk- und Radarantennen sowie ein Schnorchelrohr. Die Verfolgung eines feindlichen Schiffes erfolgt unter Wasser durch Schallortung (Sonar) und über Wasser durch Radar. Unter Wasser kann ein U-Boot keine Funksignale senden oder empfangen, es sei denn, die Antennen ragen noch aus dem Wasser. Zur Navigation dient eine sogenannte Trägheitsplattform, die alle Bewegungen des U-Boots an einen Bordcomputer zur Berechnung von Position und Kurswinkel weitergibt. In Küstengewässern und unter Eis unterstützen Radar und Sonar die Navigation. Mit dem Sehrohr kann man Zielobjekte photographieren und die Position mit dem Sextanten überprüfen.

Das U-Boot mit Kernantrieb [1] ist ein echtes Unterwasserschiff. Es braucht keine Verbrennungsluft für den Antrieb und kann daher extrem lange unter Wasser fahren. Das erste »Atom-U-Boot«, die amerikanische »Nautilus«, lief 1954 vom Stapel und veränderte die militärische Strategie der Großmächte grundlegend. Die heutigen Atom-U-Boote führen mittlerweile mit Atomsprengköpfen bestückte Interkontinentalraketen mit sich, die unter Wasser abgeschossen werden können [4]. Sie stellen eine fast unverwundbare strategische Waffe dar.

Neben Interkontinentalraketen können U-Boote auch heute noch Torpedos mit sich führen, die automatisch durch Schallortung oder mit Fernsteuerung ins Ziel schießen. Weiterhin gibt es Waffen in einer Kombination von Torpedo und Lenkrakete.

### Zivile Unterwasserfahrzeuge
Auf dem zivilen Sektor haben kleine, elektrisch angetriebene U-Boote [7] zahlreiche Aufgaben unterhalb der Wasseroberfläche übernommen. Sie dienen zur Inspektion und Reparatur von Unterwasserbauten, Tiefseekabeln und Bohrköpfen für Öl- und Gasbohrungen, zum Aufsuchen von Mineralien am Meeresboden und zur Meeresforschung.

**Leitbild**

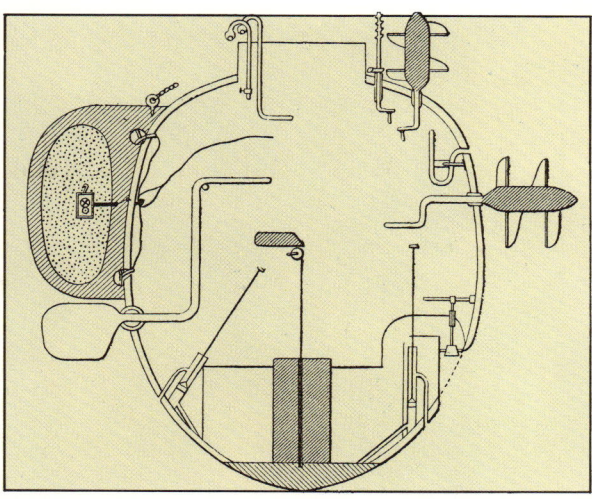

**Das amerikanische U-Boot »Turtle«** wurde 1776 erstmals in einem Krieg eingesetzt. Das Fahrzeug wurde von einem einzigen Mann bedient: Er mußte die beiden Propeller drehen und Ruder und Pumpen betätigen. Die abnehmbare Sprengladung auf der linken Seite sollte am Rumpf eines feindlichen Schiffes angebracht werden.

**5 Das größte U-Boot des Ersten Weltkriegs** war dieses britische U-Boot der K-Klasse mit 103 m Länge und 55 Mann Besatzung. U-Boote erwiesen sich nur gegen Handelsschiffe, nicht aber gegen Kriegsschiffe als wirksame Waffe. Da Deutschland kaum wichtige überseeische Nachschubwege hatte, war es durch U-Boote nicht entscheidend zu treffen. – Auf jedes versenkte deutsche U-Boot kamen über dreißig versenkte alliierte Schiffe.

**6 Deutsche U-Boote** versenkten Millionen Tonnen an Schiffsraum der Alliierten in der ersten Hälfte des Zweiten Weltkriegs. Sie waren mit Torpedorohren im Bug und im Heck ausgerüstet und operierten in Rudeln. Sie spürten Geleitzüge bei Tage auf und griffen sie dann nachts an. Die von den Alliierten entwickelten Verfahren der Funk-Blitzpeilung und des Radars machten die U-Boote jedoch bald äußerst verwundbar gegen Luftangriffe.

**7 Das U-Boot Star III** kann bis zu einer Tauchtiefe von maximal 610 m operieren. Es ist 7,7 m lang und wird von batteriegespeisten Elektromotoren angetrieben. Die zwei Mann starke Besatzung befindet sich in einem kugelförmigen Druckbehälter. Durch horizontal und vertikal wirkende Schrauben läßt sich das Boot gut manövrieren. Boote dieses Typs werden von Versorgungsschiffen aus eingesetzt und erforschen Planktonvorkommen in großen Meerestiefen. Sie spüren tiefschwimmende Fischschwärme auf, um die Fangergebnisse zu verbessern. Außerdem können sie schwierige Arbeiten auf dem Meeresgrund an Tiefseekabeln oder Ölbohreinrichtungen ausführen.

7: Trimmtank, Vertikaler Hilfsmotor, Fernsehkameras, Haupttank, Trimmtank, Hauptantriebsmotor, Preßluftflaschen, Batterien, Druckbehälter, Bullaugen, Horizontaler Hilfsmotor

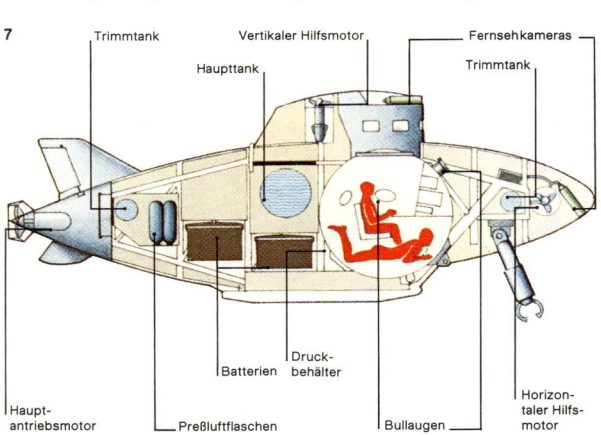

**8 Moderne Unterwasserfahrzeuge** sind ein unentbehrliches Hilfsmittel für die Meeresforschung. Sie gestatten es, den Meeresboden nach Öl- und Gasvorkommen, Manganknollen und anderen Mineralien abzusuchen. Ähnliche Boote werden benutzt, um Unterwasserbohrköpfe instandzuhalten und Tiefseekabel zu kontrollieren oder einzugraben. Vom Schiffsinnern aus gesteuerte mechanische Greifer bedienen Werkzeuge oder sammeln Proben ein. Zur Standardausrüstung gehören außerdem lichtstarke Scheinwerfer, Fernsehkameras und Unterwasserschneidbrenner. In geringerer Tiefe kann ein Unterwasserfahrzeug über längere Zeit als Wohnraum für Taucher dienen. Die Leute verlassen und betreten das Boot durch eine Luftschleuse, die sich oben auf dem Druckbehälter befindet. Die Nachrichtenverbindung zur Wasseroberfläche erfolgt über Fernsprechkabel oder drahtlos per Ultraschall. Damit lassen sich nicht nur Gespräche, sondern auch Fernsehbilder mit langsamer Bildfolge übertragen. Die Energieversorgung wird von Batterien übernommen.

# Karren, Kutschen, Equipagen

Bereits in der Frühgeschichte kamen die Menschen zu der Erkenntnis, daß man Lasten auf einfachen Gleitschlitten [1] leichter befördern kann als durch Tragen. Man fand auch bald heraus, daß sich schwere Gegenstände auf rollenden Baumstämmen leichter vorwärtsbewegen ließen. Aus dieser Erfahrung entwickelte sich dann das Rad und der erste primitive Karren [2]. Erste Radfunde stammen aus Mesopotamien, der Landschaft zwischen Euphrat und Tigris; sie sind etwa 5000 Jahre alt. Der Gütertransport mit Ochsenkarren setzte sich allmählich im ganzen Mittelmeerraum, im übrigen Europa und in China durch. Die Entwicklung des Fuhrwesens nahm schließlich zur Blütezeit der Römer einen entscheidenden Aufschwung, als diese damit begannen, Straßen für schnelle Gespanne zu bauen.

Nach dem Zusammenbruch des Römischen Reiches stagnierte die Entwicklung des Transportwesens bis ins 15. Jahrhundert. Die über die Lande ziehenden Soldaten, Pilger und Kaufleute benutzten Pferde oder Packtiere. Bauernkarren wurden von schweren Pferden, die man als Arbeitstiere züchtete, schwerfällig bewegt; die mittelalterlichen Fahrzeuge hatten keine Federung [4], und eine Reise durch Europa dauerte einige Monate und war unendlich mühsam.

## Die Fahrzeugentwicklung

Die ersten Fahrzeuge besaßen zunächst starre Achsen in ungefederten Lagern, bis man schließlich Radaufhängungen aus biegsamen Hölzern und später mit Lederriemen entwickelte. Die Fahrzeuge reicher Leute im 16. Jahrhundert waren an ihren zahlreichen Verzierungen zu erkennen; allerdings forderten sie den Unwillen der meist armen Bevölkerung heraus, die sich so kostbare Kutschen nicht leisten konnten. Die Kirche betrachtete private Reisen als sündhaft, und die Behörden belegten sie mit Steuern. Ähnlich abgelehnt wurden auch die ersten Automobile vierhundert Jahre später.

Im Laufe der technischen Entwicklung des 17. Jahrhunderts wurden erstmals Kutschen und Pferdewagen mit Metallfedern gebaut. Große Hinterräder ermöglichten höhere Geschwindigkeiten auf schlecht ausgebauten Fahrwegen und boten bescheidene Reisebequemlichkeit. Die »industrielle Revolution«, die von England ihren Ausgang nahm, wirkte sich unter anderem darin aus, daß ständig mehr Menschen und Gebrauchsgüter über immer größere Entfernungen befördert werden mußten. So wurden nach und nach eine Reihe verschiedener Fahrzeuge entwickelt: leichte, kleine für kurze Strecken und große Postkutschen für längere Reisen, mit denen man jedoch kaum mehr als 50 km pro Tag zurücklegen konnte. So wird verständlich, daß die Menschen der damaligen Zeit wenig Verlangen nach Vergnügungsreisen verspürten.

## Von der Postkutsche zur Eisenbahn

In der Folgezeit jedoch wurde der Postkutschenverkehr in Europa stärker ausgebaut und besser organisiert. Die Postfahrzeuge verkehrten allmählich mit einer derartigen Regelmäßigkeit, daß man die Uhr nach ihnen stellen konnte. Gasthäuser dienten als Relaisstationen, in denen teilweise bis zu hundert Kutschen pro Tag abgefertigt werden konnten. Während die Passagiere eine Mahlzeit einnahmen und eine Reisepause einlegen konnten, wurden die Fahrzeuge gründlich überholt und die Pferde ausgewechselt.

**HINWEISE**

Lesen Sie auch:

Geschichte des Verkehrs

Geschichte des Automobils

Straßenbahn und Omnibus

Straßenbau

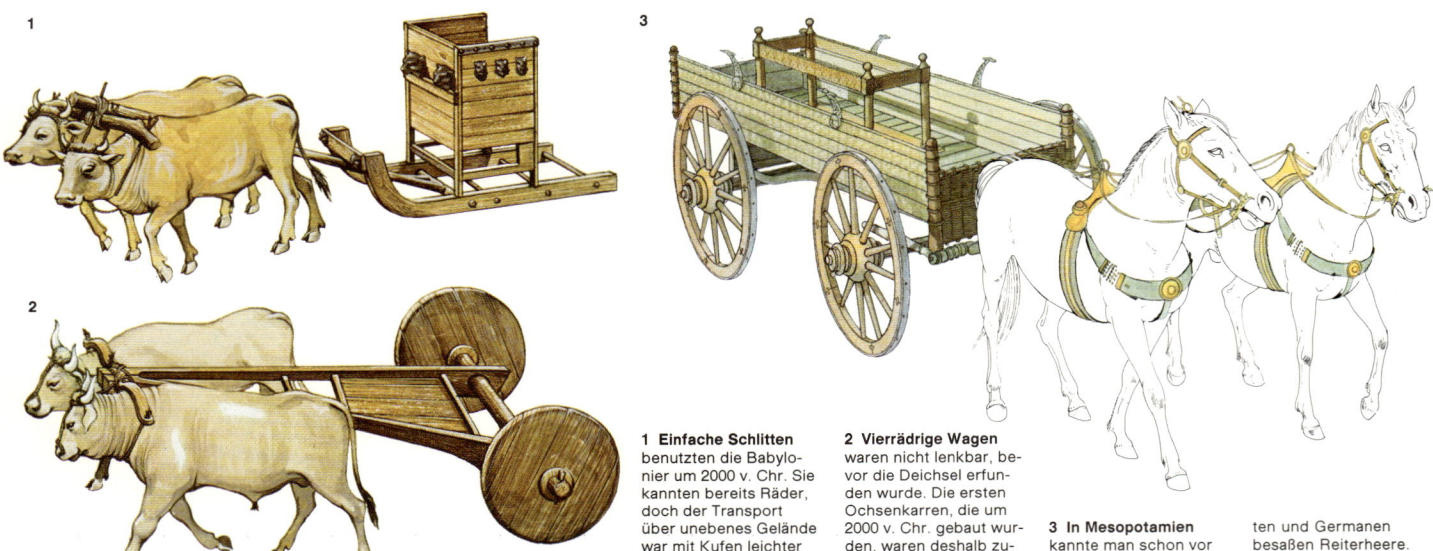

**1 Einfache Schlitten** benutzten die Babylonier um 2000 v. Chr. Sie kannten bereits Räder, doch der Transport über unebenes Gelände war mit Kufen leichter zu bewältigen.

**2 Vierrädrige Wagen** waren nicht lenkbar, bevor die Deichsel erfunden wurde. Die ersten Ochsenkarren, die um 2000 v. Chr. gebaut wurden, waren deshalb zunächst nur zweirädrig.

**3 In Mesopotamien** kannte man schon vor über 5000 Jahren Ochsen und Kühe, Schafe und Ziegen, aber noch keine Pferde. Pferde sind Steppentiere; sie wurden erstmals in den weiten Ebenen Zentralasiens gezähmt. Erst um 2000 v. Chr. sind Pferde in Mesopotamien, Indien und China bekannt. Auch die Kelten und Germanen besaßen Reiterheere. Mit der Entwicklung des Speichenrades um 2000 v. Chr. kam es auch zu einem beachtlichen Fortschritt im Wagenbau. – Die Darstellung [oben] des zweispännigen keltischen Wagens ist eine Rekonstruktion aus Einzelteilen, die in Dänemark gefunden wurden.

**4 Pferde, Maulesel und andere Packtiere** wurden im Mittelalter für den Güter- und Personentransport eingesetzt. Der abgebildete Langwagen bot den Damen der höheren Gesellschaftsschicht bescheidenen Komfort.

**5 Einen Hauch französischer Eleganz** zeigt dieses schwere Fahrzeug aus dem 17. Jh.; es wurde für Leichenbegängnisse verwendet. Eine Radaufhängung aus Lederriemen und große Hinterräder gaben dem Gefährt einen erträglichen Fahrkomfort, auch bei unebener Straße. Die Vorderräder durften nicht zu groß sein, damit sie in den Kurven nicht gegen den Wagenkasten stießen. Eine weitere Verbesserung des Fahrkomforts wurde schließlich durch den Ausbau der Straßen erreicht, der im 18. Jh. neuen Auftrieb bekam.

Im 19. Jahrhundert kam es für kurze Zeit zum Einsatz von Dampfkutschen. Mit der Entwicklung elliptischer Blattfedern aus dünnen, flachen Stahlblättern, wie sie auch heute noch verwendet werden, wurde das Reisen angenehmer; die Kutschen und Equipagen erhielten elegantere Formen und konnten, nachdem der schottische Ingenieur John MàcAdam (1756–1836) die nach ihm benannte Straßenbautechnik (»Makadam«) entwickelt hatte, leichter gebaut und schneller gefahren werden. Dies wiederum schuf die Voraussetzung zur Entwicklung einer Vielzahl unterschiedlichster Fahrzeugtypen, vom leichten Zweispänner bis zur schweren Familienkutsche. Reiche Leute hielten sich Personal für Pferde und Kutschen; es gab sportliche Zweisitzer, Fahrzeuge für Kinder mit Gouvernante, sogenannte Phaetons für rasche Fahrten durch Parkanlagen und städtische Straßen sowie respektable Landauer für offizielle Gelegenheiten.

Auch in Amerika entstand seinerzeit ein gut durchorganisierter Kutschendienst mit einem umfassenden Verkehrsnetz und zahlreichen Relaisstationen, der von Gesellschaften wie der legendären »Wells, Fargo and Co.« unterhalten wurde. Dieser Kutschendienst bekam während der Eroberung des amerikanischen Westens große Bedeutung. Für Privatfahrten wurden meist leichte zweirädrige Einspänner [7] benutzt, die häufig ein Faltverdeck hatten. Diese zweisitzigen Fahrzeuge waren besonders in Nordamerika anzutreffen.

## Pferdebahnen – Pferdebusse

In Europa sah man die von J. A. Hansom (1803–82) im Jahre 1834 konstruierten und nach ihm benannten Taxikutschen auf den Straßen beinahe jeder Stadt. Pferdebahnen und Pferdeomnibusse wurden als Massenverkehrsmittel eingesetzt. Der aus Frankreich stammende Kastenwagen wurde 1829 von George Shillibeer (1797–1866) in London als Pferdebus eingeführt; um 1840 wurde er mit zusätzlichen Sitzplätzen auf dem Dach [8] ausgestattet: Dies war der Vorgänger des heute noch typischen Londoner doppelstöckigen Busses. Von Pferden gezogene Busse waren noch lange Zeit in den Straßen der Großstädte zu sehen; die letzten Pferdebusse wurden erst zu Anfang des 20. Jahrhunderts endgültig aus dem Verkehr gezogen.

**Die Equipage** war ein kleines, elegantes Fahrzeug für Stadtfahrten, das mit seinem geschlossenen Verdeck auch im Winter benutzt werden konnte. Das erste dieser Fahrzeuge wurde für Lord Brougham (1778–1868) im Jahre 1839 gebaut und führte bald darauf zu einer Revolution im englischen Wagenbau. Um die gleiche Zeit waren in Frankreich bereits ähnliche Fahrzeuge in Gebrauch, und allmählich setzte sich die Equipage in ganz Europa als Stadtwagen durch. Neben dem ursprünglichen Einspänner für zwei Personen wurden dann später auch viersitzige Zweispänner gebaut.

**6 Der offene Kastenwagen** [A] eignete sich besonders für den Verkehr in den Städten. Die Kutsche [B] wurde von privaten Reisegruppen benutzt, ebenso wie [C], eine Weiterentwicklung der Postkutsche. Beide Typen wurden von einem livrierten Kutscher gelenkt, genauso wie die Ausführung [D], die Sitzbänke an den Seiten hatte und von hinten bestiegen wurde. Diese Kutsche war beliebt für Familienausflüge. Der leichte Jagdwagen [E], anfangs für Jäger und ihre Hunde gedacht, diente später als Kurzstreckenfahrzeug.

**7 Europäische Wagenkonstruktionen** beeinflußten auch die Wagenbauer in Amerika. Dennoch entstanden, vor allem in Nordamerika, eigene, typische Formen, wie der hier abgebildete geländegängige Einspänner. Er wurde in der ganzen englischsprechenden Welt als »Buggy« (»Käferchen«) bekannt. Das leichte zweirädrige Fahrzeug tauchte gegen 1850 auf; es bot zwei Personen Platz und erlaubte mit seinen großen Rädern hohe Fahrgeschwindigkeiten bei relativ gutem Reisekomfort.

**8 Das Wort »Omnibus«** stammt aus dem Lateinischen und heißt »für alle«. Eines der ersten dieser »öffentlichen« Fahrzeuge war ein Pferdebus, der 1825 in Nantes (Frankreich) eingesetzt wurde. Vier Jahre später führte George Shillibeer (1797–1866) auch in London Pferdebusse ein, die sich sofort großer Beliebtheit erfreuten. Die erste Buslinie wurde zu einem Fahrpreis von nur einem Shilling eröffnet; das Fahrzeug konnte bis zu 22 Passagiere befördern. Bald machten sich junge Leute ein Vergnügen daraus, sich auf das Dach des Busses zu setzen. Dies führte schließlich dazu, daß man oben ein Geländer anbrachte und ebenfalls Sitzbänke aufstellte. Zwar wurde auf dem Oberdeck keine Überdachung angebracht, doch konnte man dort zum halben Preis mitfahren. Die Abbildung zeigt einen Bus aus dem Jahre 1880; die Sitzbänke an den Seitenwänden waren querstehenden Sitzplätzen gewichen. Derartige Fahrzeuge waren in London noch bis 1914 in Betrieb.

# Geschichte des Fahrrads

Seit etwa 1860 gibt es Fahrräder mit Pedalantrieb. Sie sind rasch auf der ganzen Erde beliebt geworden und haben sich vor allem in den flachen Regionen Englands, Frankreichs und Hollands durchgesetzt. Im Ersten Weltkrieg wurden erstmals Kampftruppen mit Fahrrädern ausgestattet; sie sind wendig und benötigen keinen Kraftstoff. Noch bis zum Vietnamkrieg (1964) wurden Fahrräder im militärischen Bereich verwendet.

### Das erste Fahrrad

In Frankreich baute 1791 Comte de Sivrac eine hölzerne Fahrmaschine mit zwei hintereinander angeordneten Laufrädern und nannte sie *célérifère*. Um sie in Gang zu setzen, mußte sich der Fahrer mit beiden Füßen vom Boden abstoßen. Ähnliche Maschinen baute auch Nicéphore Niepce (1765–1833), einer der Miterfinder der Photographie, im Jahre 1816 und ein Jahr später der deutsche Forstmeister Karl Freiherr von Drais (1785–1851), dessen Laufmaschine als Draisine bekannt wurde.

1839 entwarf der Schotte Kirkpatrick MacMillan ein Gerät mit Pedalantrieb. Ständige Vor- und Rückwärtsbetätigung der Pedale versetzte über ein Schubstangengetriebe das Hinterrad in Drehung. Der direkte Pedalantrieb am Vorderrad wurde als erstes von Pierre und Ernest Michaux um 1860 verwendet. Sie nannten ihre Räder *vélocipèdes*; sie hatten großen Erfolg mit ihrer Konstruktion: Bereits vier Jahre später verkauften sie 400 Stück pro Jahr. Mit derartigen Rädern fanden um 1869 in Frankreich die ersten Fahrradrennen auf Landstraßen statt.

Das Hochrad [Leitbild] besaß ein großes Vorderrad mit fest angebrachten Pedalen und ein kleines Hinterrad. Es wurde 1871 von dem Engländer James Starley (1830–81) erfunden und war bald darauf der beliebteste Fahrradtyp. Die Vorderradgröße wurde nach der Beinlänge des Fahrers gewählt und hatte zwischen 1 m und 1,5 m Durchmesser.

### Der Kettenantrieb

Das erste Fahrrad mit Kettenantrieb wurde 1874 von H. J. Lawson gebaut. Die am Rahmen gelagerten Pedalkurbeln betrieben ein großes Zahnrad, das über eine Endloskette ein am Hinterrad angebrachtes, kleineres Zahnrad in Drehung versetzte. Vorder- und Hinterrad hatten etwa gleiche Größe. Dieses Sicherheitsfahrrad wurde nach 1885 in großer Zahl hergestellt und verdrängte das Hochrad.

### Das moderne Fahrrad

Die Erfindung des Luftreifens durch den englischen Tierarzt John Boyd Dunlop (1840–1921) im Jahre 1888 wurde zu einem Meilenstein in der Geschichte des Fahrrads. Um jene Zeit wurde auch der trapezförmige Rahmen entwickelt, der in seiner Grundform bis heute erhalten geblieben ist. In den folgenden 70 Jahren fanden keine wesentlichen Änderungen mehr statt; erst nach 1960 wurden Fahrräder mit kleineren Laufrädern und die ersten Klappfahrräder hergestellt. Zu den Sonderkonstruktionen gehört das Tandem für zwei Fahrer und das Tricycle mit drei Rädern, das Carl Friedrich Benz (1844–1929) im Jahre 1885 mit einem kleinen Benzinmotor ausstattete und es so zu einem der ersten »Automobile« machte.

Moderne Fahrräder besitzen Schutzbleche, elektrische Scheinwerfer und Rücklichter, die über Dynamos oder Batterien versorgt werden, sowie Felgenbremsen auf beiden Rädern [7]. Man kann hinter dem Sattel oder vor der

**HINWEISE**

Lesen Sie auch:

Geschichte des Motorrads

Einfache Verkehrswege und Fahrzeuge

**1 Das sogenannte Whippet** von 1885 wurde von Lindley und Briggs entwickelt. Es hatte eine Rahmenkonstruktion, bei der Lenker, Sattel und Pedale gegenüber den restlichen Teilen des Rahmens federnd gelagert waren.

**2 Das Dursley-Pederson-Fahrrad** wurde 1893 von M. Pederson in Dursley (England) gebaut. Sein Rahmen bestand aus parallel angebrachten Rohren. So wurde bei geringerem Gewicht die notwendige Festigkeit erreicht.

**3 Das Sicherheitsfahrrad von Raleigh** aus dem Jahre 1901 hatte einen Ganzstahlrahmen mit einer damals neuartigen Hartlötung in Preßstahlmuffen. Muffen und Rahmenrohre wurden zum Verbinden in Messinglot getaucht.

**4 Das Damenrad von Swift** aus dem Jahre 1926 hatte einen etwas veränderten Rahmen, der den Frauen (mit Röcken) ein bequemeres Fahren sowie leichteres Auf- und Absteigen ermöglichen sollte.

**5 Das Velocino,** gebaut in Italien in den 30er Jahren, war ein Versuch, ein leicht zu verstauendes, tragbares Fahrgerät zu schaffen. Es konnte – wie die Erfinder angaben – wenn notwendig einfach zerlegt werden.

**6 Das Moulton-Fahrrad,** das 1962 in England hergestellt wurde, hatte kleine Laufräder, Gummifederung und einen niedrigen Schwerpunkt. Der Rahmen konnte der Körpergröße des Fahrers angepaßt werden. Ein Gepäckträger ermöglichte den Transport von Waren.

Lenkstange Gepäckträger montieren oder Satteltaschen zu beiden Seiten des Hinterrades anbringen.

Der Rahmen besteht aus nahtlosen, entweder verschweißten oder hartgelöteten Stahlrohren. Bei letzteren sind die einzelnen Rohre über Muffen miteinander verbunden; das Lot dient lediglich dazu, diese in ihrer Position zu sichern. Rennräder haben Rahmen aus Speziallegierungen, sie wiegen häufig nicht mehr als 7 Kilogramm.

Die Radfelgen sind über 24 bis 40 Stahlspeichen mit der Nabe verbunden. Das Material der Felge ist eine Aluminiumlegierung oder rostfreier Stahl, häufig verchromt. Die Bremsbeläge der Felgenbremsen sind aus Hartgummi; eine zusätzliche Bremse ist bei einigen Fahrrädern die Rücktrittbremse, die bei Rückwärtsbetätigung der Pedale auf die Hinterradnabe wirkt. Verkehrsvorschriften bestimmen, daß Fahrräder mit reiner Freilaufnabe (bei denen sich die Pedale ohne Bremswirkung frei rückwärts bewegen lassen) mindestens zwei Felgenbremsen besitzen müssen. Die Freilaufnabe wurde im Jahre 1904 von Ernst Sachs entwickelt.

Das Hinterrad eines Fahrrads dreht sich schneller als die Pedale. Das Pedalrad, über das die Kette läuft, besitzt durchschnittlich 48 Zähne, das Hinterradritzel dagegen nur 18; daraus ergibt sich ein Übersetzungsverhältnis von 1 : 2,66.

Schaltgetriebe ermöglichen unterschiedliche Fahrgeschwindigkeiten bei gleicher Pedaldrehung. Man unterscheidet zwei Grundtypen: die Kettenschaltung und die Nabenschaltung. Kettengetriebe haben bis zu sechs Ritzel verschiedener Größe am Hinterrad und drei verschieden große Pedalzahnräder. Daraus ergeben sich 18 verschiedene Übersetzungsmöglichkeiten.

Die Nabenschaltung läßt dagegen nur drei Gänge zu: Neben dem direkten (2.) Gang für normale Fahrverhältnisse gibt es einen Berg- (1.) und einen Schnellgang (3.). Man spricht daher auch von Dreigangnabe. Sie ist eine ausgeklügelte Kombination von Planetengetriebe und Freilaufkupplungen.

Natürlich ist eine Kombination von Naben- und Kettenschaltung jederzeit möglich und bietet dem Benutzer eine noch größere Vielfalt von Übersetzungsmöglichkeiten.

**Leitbild**

**Das Hochrad**, von James Starley in England entwickelt, verbreitete sich nach 1870 in ganz Europa. Gesteuert wurde es mit dem Vorderrad, an dem gleichzeitig die Pedale angebracht waren. Wegen fehlender Übersetzung erforderte dieser Antrieb viel Kraft.

**7 Ein modernes Rennrad** hat einen Rahmen aus einer Leichtmetalllegierung mit kurzem Radstand, um das Fahrzeug manövrierfähiger zu machen. Es ist ausgerüstet mit einem Kettenschaltgetriebe sowohl am Hinterrad [1] wie auch am Pedalrad [2]. Bis zu 18 verschiedene Übersetzungen sind möglich. Die Gänge werden über zwei Hebel [3] am Rahmen gewählt. Die Vorderradgabel [4] ist so weit gekrümmt, daß der Radstand kurz bleibt, ohne daß die Federwirkung der Gabel verlorengeht. Lenkstange [5] und Sattel [6] sind nach der Höhe verstellbar. Der Sattel wird so eingestellt, daß die Entfernung zur Lenkstange etwa so groß ist wie die Länge zwischen Ellbogen und Fingerspitzen des Fahrers. Die Höhe des Sattels sollte etwa 9% mehr betragen als die Beinlänge des Fahrers, gemessen an der Beininnenseite. Die Kettenschaltung [A] am Hinterrad besitzt bis zu sechs unterschiedlich große Ritzel auf einer Nabe mit einer Montiervorrichtung [7], die ein rasches Auswechseln erlaubt. Kleine Ritzel geben hohe, größere eine niedrigere Übersetzung. Die Kette [8] kann mit einer Hebelvorrichtung von einem Ritzel auf das andere umgeschaltet werden [9] – eine Feder sorgt für gleichbleibende Kettenspannung. Die Vorderradgabel trägt den größten Teil der Last. Ihre Lagerung [B] muß so beschaffen sein, daß das Vorderrad leicht drehbar ist. Dazu dienen reibungsarme Kugellager [11]. Die Lenkstange ist an der abgewinkelten Lenksäule [10] befestigt. Fast alle Räder haben Felgenbremsen [12] mit Hartgummibremsklötzen [14], die über Seilzüge [13] betätigt werden. Die Lauffläche der Reifen [15] besteht aus synthetischem Kautschuk. Die Speichen [16] werden durch Überwurfmuttern [17] gespannt.

# Geschichte des Motorrads

Im Jahre 1869 konstruierten die beiden Franzosen Pierre und Ernest Michaux in Paris das erste Motorrad mit Dampfantrieb [Leitbild]. 16 Jahre später bauten Carl Friedrich Benz (1844 bis 1929) und Gottlieb Daimler (1834–1900) die ersten Autos. Mit der Einführung von Daimlers Benzinmotor bekam auch die Motorradindustrie bald großen Aufschwung.

## Die ersten Konstruktionen

Die Entwicklungen auf anderen technischen Gebieten machten die ersten Motorräder bald gebrauchsfähig. Der 1888 von dem englischen Tierarzt John Boyd Dunlop (1840–1921) entwickelte Lufttreifen milderte die Stöße bei Fahrten über holpriges Pflaster. Zum Antrieb des Hinterrades benutzte man damals Lederriemen, die leicht absprangen oder rissen. Gestartet wurden die damaligen Motorräder mit Hilfe von Pedalen, ähnlich wie beim heutigen Mofa, oder einfach durch Anschieben und Aufspringen auf die fahrende Maschine. Der Sprühvergaser, im Jahre 1889 von Wilhelm Maybach (1846–1929) verbessert, stellte einen wesentlichen Fortschritt dar. Er ist der Vorläufer der heute üblichen Vergaser.

Auch Motordreiräder wurden gebaut; manche waren allerdings kaum mehr als motorisierte Rollstühle. Der De Dion Bouton von 1898 besaß jedoch bereits ein Differential und erreichte mit seinem Heckmotor die damals hohe Geschwindigkeit von 40 km/h.

In England schrieb die Straßenverkehrsordnung von 1861 vor, daß allen motorisierten Fahrzeugen ein Mann mit roter Warnflagge vorauszugehen hatte. Erst 1896 trat diese Bestimmung, die die Entwicklung des Kraftfahrzeugwesens in England jahrelang behindert hatte, außer Kraft. Im gleichen Jahr stellte Colonel Capel Holden ein neu patentiertes Motorrad mit Vierzylindermotor vor, das bereits eine moderne Zündanlage mit Zündspule, Batterie und Verteiler besaß; das Hinterrad wurde über Stirnkurbeln angetrieben.

## Die Verbreitung des Motorrads

In den USA waren um 1905 Harley Davidson und Indian die größten Motorradhersteller. Beide Firmen führten den Gasdrehgriff [1] und einen Hebel zur Zündverstellung an der Lenkstange ein. Die 1-kW-Indian von 1905 besaß einen Einzylindermotor mit einem aus einem Stahlblock gedrehten Zylinder. Harley Davidson baute 1909 den ersten Zweizylinder-V-Motor, der, in verbesserter Version, bis heute in den Motorrädern dieser Firma zu finden ist. Um 1914 lag der Geschwindigkeitsrekord für Motorräder bereits bei 150,5 km/h. Damals setzten die kriegführenden Armeen Motorräder für Melder sowie bewaffnete Seitenwagengespanne ein. Gegen 1920 hatten fast alle Motorräder Kettenantrieb, und die ersten obengesteuerten Motoren erschienen – etwa in den 1000-ccm-Maschinen von Harley Davidson und Indian. In Deutschland rüstete die Firma BMW die ersten Motorräder mit Boxermotoren aus – dieser Antrieb ist bis heute typisch für BMW-Motorräder. Mit der Zunahme des Straßenverkehrs nutzte auch die Verkehrspolizei vieler Länder die schnellen und wendigen Motorräder. Große Vierzylindermaschinen, besonders von Henderson und Indian, haben sich auf den endlos langen Straßen im Mittelwesten der USA bewährt.

## Der Zweitaktmotor

Ein Zweitaktmotor ist einfacher gebaut als eine Viertaktmaschine und in seiner Wartung un-

**HINWEISE**

Lesen Sie auch:

Grundformen von Kraftmaschinen

Verbrennungsmotoren und Gasturbinen

Geschichte des Fahrrads

Geschichte des Automobils

**1 Die Indian** (1911) wurde populär, nachdem sie bei den Rennen auf der Insel Man erste, zweite und dritte Plätze belegt hatte. Die Einzylindermaschine besaß Handdrehgriffe.

**2 Die Brough Superior** (1924) war die erste Maschine, die in größerer Stückzahl hergestellt wurde und weit verbreitet war. Sie erreichte eine Spitzengeschwindigkeit von mehr als 160 km/h. Die Abbildung zeigt den Typ »Black Alpine« von 1930 mit einem JAP-680-ccm-V-Zweizylindermotor und einer von Harley Davidson entwickelten Vorderrad-Federgabel.

**3 Die Norton International** (1932) wurde wegen ihrer Erfolge die »Unerreichbare« genannt. Die abgebildete 490-ccm-Bauform hatte Haarnadel-Ventilfedern; andere Ausführungen besaßen gummigelagerte Lenkstangen oder teleskopartige, durch den Auspufftopf geführte Hinterradfedern sowie Spezialschaltgetriebe als zusätzliche Sonderausstattung.

**4 Die Velocette KTT** (1949) ist eine Konstruktion, die aus den überaus erfolgreichen Rennmaschinen dieser Firma hervorgegangen ist. Sie hat einen obengesteuerten 348-ccm-Motor, hydraulische Stoßdämpfer und eine Vorderradgabel mit Parallelogrammaufhängung (später durch Teleskopfedern ersetzt).

**5 Die Harley Davidson WLA und WLC** (1945 für die kanadische Regierung hergestellt) sind Weiterentwicklungen erfolgreicher ziviler Motorräder. Sie hatten verstärkte Rahmen und Radaufhängungen. Der 750-ccm-V-Motor war robust und zuverlässig. Maschinen dieser Art wurden im Zweiten Weltkrieg bei den alliierten Streitkräften von Meldern, gegen Kriegsende von der Militärpolizei benutzt.

kompliziertet. In den Jahren um 1930 stellten die Firma Villiers und andere Unternehmen die ersten Einzylinder-Zweitaktmotoren her. Während dieser Zeit entwickelte sich das Motorrad vom Luxusgegenstand zu einem einfachen und nützlichen Transportmittel. Der Soziussitz bot Platz für einen Beifahrer, und mit Seitenwagen konnte so ein Fahrzeug immerhin maximal vier Personen, zwei Erwachsene und zwei Kinder, befördern.

1937 erreichte eine Brough Superior den Geschwindigkeitsrekord von fast 275 km/h. Wieder bereitete sich die Motorradindustrie auf eine Kriegsproduktion vor. 1938 entwickelte BMW das Modell R 75, eine Seitenwagenmaschine für die deutsche Wehrmacht. Deutschland und England konstruierten zusammenklappbare Motorräder für Fallschirmtruppen.

Die Entwicklung nach dem Zweiten Weltkrieg tendierte vornehmlich zu kleineren, hochtourigen Motoren. In Europa wurden viele Tausende von Motorrollern hergestellt. Zwischen 1950 und 1965 mußten die Hersteller teurer Luxusmaschinen, wie Vincent und Sunbeam, wegen der drückenden Konkurrenz der in Serie hergestellten Maschinen von Triumph, BSA, Norton und AMC ihre Produktion verringern und schließlich einstellen. Sonderkonstruktionen der verschiedensten Ausführungen entstanden für Straßen- und Hindernisrennen.

In den frühen 60er Jahren drang die japanische Firma Honda mit ihren kleinen 50-ccm-Viertaktmotorrädern in die westlichen Märkte ein. Zusammen mit Suzuki und den Zweitaktern von Yamaha beherrschte sie bald den Markt mit Modellen von 50- bis 750-ccm-Vierzylindermaschinen mit Höchstgeschwindigkeiten bis zu 210 km/h.

Die meisten heutigen Motorräder sind wirtschaftliche und bequeme Fahrzeuge; elektrische Anlasser und hydraulische Scheibenbremsen gehören zur Standardausrüstung. Nach 1970 hat das Motorrad in Europa einen neuen Aufschwung erlebt, wenngleich nicht als Transportmittel, sondern in erster Linie als Sportfahrzeug.

Möglicherweise wird in Zukunft auch der Rotationskolbenmotor häufiger als Motorradantrieb eingesetzt werden – er ist bei gleicher Leistung kleiner und leichter als herkömmliche Motoren.

**Das erste bekanntgewordene Motorrad** ist die Konstruktion von Pierre und Ernest Michaux aus Paris im Jahre 1869. Es war ein mit Dampfantrieb versehenes Hochrad. Die Kraftübertragung erfolgte über einen Treibriemen auf das Hinterrad. Im Laufe der nächsten zwei Jahrzehnte entwickelten andere Erfinder ebenfalls Dampfmotorräder, teilweise mit drei Rädern. 1886 baute Gottlieb Daimler den von ihm konstruierten Benzinmotor in ein Holzzweirad ein. Um die gleiche Zeit ließ der englische Erfinder Edward Butler (1863–1940) ein dreirädriges Fahrzeug mit wassergekühltem Zweizylindermotor als »Benzinrad« patentieren. Mit diesen Anfängen war für die Entwicklung des Motorrads endgültig der Startschuß gegeben. Das erste Benzinmotorrad, von dem auch mehrere Exemplare verkauft wurden, stellten im Jahre 1893 H. und W. Hildebrand in München her.

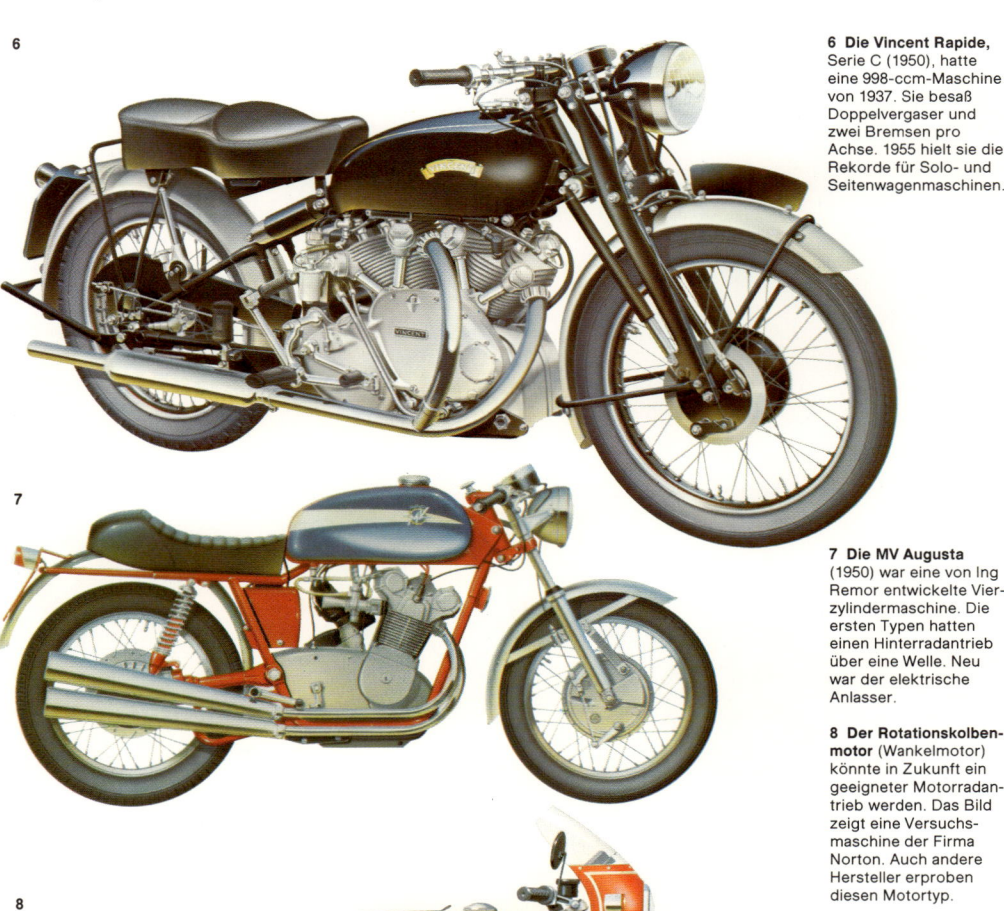

**6 Die Vincent Rapide,** Serie C (1950), hatte eine 998-ccm-Maschine von 1937. Sie besaß Doppelvergaser und zwei Bremsen pro Achse. 1955 hielt sie die Rekorde für Solo- und Seitenwagenmaschinen.

**7 Die MV Augusta** (1950) war eine von Ing Remor entwickelte Vierzylindermaschine. Die ersten Typen hatten einen Hinterradantrieb über eine Welle. Neu war der elektrische Anlasser.

**8 Der Rotationskolbenmotor** (Wankelmotor) könnte in Zukunft ein geeigneter Motorradantrieb werden. Das Bild zeigt eine Versuchsmaschine der Firma Norton. Auch andere Hersteller erproben diesen Motortyp.

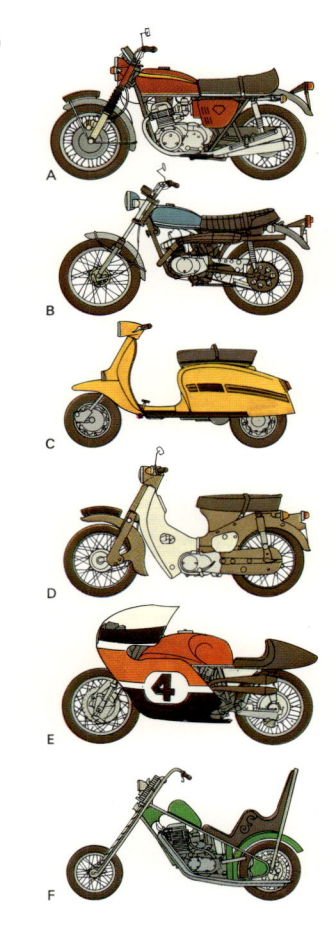

**9 Zu den modernen Motorradtypen** gehören Standard-Straßensporträder mit 750 ccm [hier in der Abbildung A eine Honda]; geländegängige Moto-Cross-Räder [B]; der in Italien verbreitete Motorroller (Vespa) mit Spritzschutz [C]; das sparsame Kleinmotorrad mit der automatischen Kupplung für den Stadtverkehr [D]; Spezialkonstruktionen mit hochgezüchtetem Motor für Straßenrennen, welche bis zu 280/kmh fahren und vom Fahrer bereits extreme Fahrzeugbeherrschung verlangen [E]; und schließlich das sogenannte Rider-Motorrad [F], das mit einem Standardmotor ausgerüstet ist und eine besondere Rahmenkonstruktion hat. Die hochgezogene Lenkstange und die körpergerechte Rückenlehne ermöglichen dem Fahrer bequeme Überlandfahrten.

# Geschichte des Automobils

Als Väter des Automobils gelten heute Carl Friedrich Benz (1844–1929) und Gottlieb Daimler (1834–1900): Unabhängig voneinander bauten sie 1885/86 die ersten beiden Fahrzeuge mit Benzinmotor. Fahrzeuge mit andersartigem Eigenantrieb hatte es jedoch schon viel früher gegeben. Als eines der ersten Fahrzeuge dieser Art stellte 1770 Joseph Cugnot (1725–1804) seinen Dampfwagen, der Geschwindigkeiten bis zu 5 km/h erreichte, der Pariser Öffentlichkeit vor [1].

**Das erste Automobil**
Aus Frankreich stammende Berichte über Leuchtgas-Verbrennungsmotoren regten den deutschen Kaufmann Nikolaus August Otto (1832–91) zu einer neuartigen Motorenkonstruktion an. Grundidee war, eine eigene »Gasanstalt« zu bauen, um die Motoren von öffentlichen Gaswerken unabhängig zu machen und ihren Einsatz auch in ländlichen Gegenden zu ermöglichen. Im Jahre 1876 konstruierte er den ersten Viertakt-Verbrennungsmotor. Das ihm erteilte Patent wurde jedoch nach langwierigen Prozessen 1880 aufgehoben, und viele Fabriken wandten sich daraufhin dem Motorenbau zu. Gottlieb Daimler und Wilhelm Maybach (1846–1929) entwickelten den stationären Ottomotor zu einer schnellaufenden Maschine weiter und bauten ihn in eine Pferdekutsche ein. Gleichzeitig und unabhängig davon erprobte Benz ein dreirädriges Benzinfahrzeug, bei dem er erstmals die elektrische Zündung verwendete. Aufgrund seiner ersten Überlandfahrt von Mannheim nach Pforzheim und zurück gilt das Jahr 1886 als Geburtsjahr der Verkehrsmotorisierung.

**Die ersten Autoproduzenten**
Der Victoria-Wagen, von Benz nach dem Vorbild der Pferdekutschen gebaut, war das erste Fahrzeug, das in Serie hergestellt wurde. 1894 wurden 67 Wagen gebaut, gegen Ende 1899 waren bereits über 2000 Fahrzeuge verkauft. Das Werk war zu jener Zeit die größte Automobilfabrik der Welt.

Daimler vergab eine Baulizenz für seinen Motor an die französische Firma Panhard & Levassor, die 1891 einen Wagen mit Frontmotor und Heckantrieb [2], der bereits die wesentlichen Merkmale heutiger Fahrzeugkonstruktionen aufwies. Mit derartigen Fahrzeugen fanden drei Jahre später die ersten Straßenrennen in Frankreich statt. Der Durchbruch zur endgültigen Automobilform gelang Maybach 1901 mit dem ersten Mercedes-Wagen [3]. In Nordamerika führte Henry Ford (1863–1947) die Fließbandtechnik im Automobilbau ein; das Modell T, das 1908 auf den Markt kam [5], erreichte eine Stückzahl von 15 Millionen. In England entstand 1904 der erste Rolls-Royce [4].

Das Automobil vereint eine Vielzahl technischer Errungenschaften, die den Fahrzeugbau überhaupt erst möglich machten: den Luftreifen, von W. Thomson 1845 erfunden, aber in Vergessenheit geraten und 1888 von John Boyd Dunlop (1840–1921) erneut entwickelt; die elektrische Abreißzündung von Otto, die 1887 von der Firma Bosch weiterentwickelt wurde; und den um 1890 von Maybach eingeführten Sprühvergaser.

**Das erschwingliche Auto**
Während das Automobil in den ersten Jahren als reines Luxusfahrzeug angesehen wurde oder als Sportgerät diente, wurden nach dem Ersten Weltkrieg bald Ansätze zur Popularisierung

**HINWEISE**

Lesen Sie auch:

Grundformen von Kraftmaschinen

Geschichte des Verkehrs

Berühmte Oldtimer

So funktioniert ein Auto

Das Auto und unsere Gesellschaft

Straßenbahn und Omnibus

Straßenbau

Der moderne Straßenverkehr

**1 Das erste Fahrzeug mit Eigenantrieb** wurde 1770 von Joseph Cugnot (1725–1804) gebaut. Von einer Zweizylinder-Dampfmaschine getrieben, war das Gefährt ursprünglich zum Ziehen von Kanonen gedacht. Wie zur Ironie des Schicksals verursachte dieses erste »Auto« auch den ersten Verkehrsunfall – es rammte eine Mauer.

**2 Der französische Panhard-Levassor** aus dem Jahre 1894 stellt die Weiterentwicklung einer Konstruktion von 1891 dar. Der Wagen besaß Frontmotor und Heckantrieb und zeigte damit bereits die wesentlichsten Konstruktionsmerkmale späterer und auch heute noch weitverbreiteter Automobilkonzeptionen.

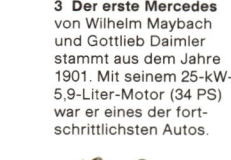

**3 Der erste Mercedes** von Wilhelm Maybach und Gottlieb Daimler stammt aus dem Jahre 1901. Mit seinem 25-kW-5,9-Liter-Motor (34 PS) war er eines der fortschrittlichsten Autos.

**4 Mit dem Silver Ghost** von 1907 begründete Rolls-Royce seinen Ruf. Sein 7-Liter-Motor brachte eine Leistung von 35 kW (47 PS). 6173 Fahrzeuge dieses Modells wurden gebaut.

**5 Das Modell T von Ford** (1908) war ein leicht zu bedienendes Fahrzeug. Die 15 Millionen hergestellten Exemplare trugen wesentlich zur weltweiten Motorisierung bei.

Leitbild

erkennbar. Viele kleinere Werke entstanden und brachten interessante und teilweise eigenwillige Konstruktionen heraus. Die wirtschaftliche Lage jener Jahre zwang jedoch viele Hersteller zum Bankrott, und nur billigere und einfachere Fahrzeuge setzten sich durch. Die große Wende im Automobilbau kündigte sich in den Jahren 1924/25 an: Autos wurden nach amerikanischen Fertigungsmethoden hergestellt, deutsche Werke übernahmen teilweise fremde Konstruktionen. Bekannt geworden ist unter anderem der »Laubfrosch«, ein von Opel in Lizenz der Firma Citroën gebautes 12-kW-Fahrzeug (16 PS).

Gegen 1930 faßte die amerikanische Autoindustrie in Deutschland Fuß: General Motors übernahm die Opel-Werke, und Ford eröffnete eine eigene Produktionsstätte in Köln. Um konkurrenzfähig zu bleiben, schlossen sich Audi, Horch und Wanderer zur »Autounion« zusammen; Daimler-Benz, Maybach, Adler und DKW waren weitere namhafte Firmen jener Zeit. Während Daimler-Benz sich zwischen 1933 und 1939 hauptsächlich dem Bau großer und berühmt gewordener Rennwagen zuwandte, stellten DKW, Autounion und Opel wirtschaftliche Fahrzeuge für jedermann her – bekannte Beispiele sind der Opel Olympia und der Opel P 4.

Vor dem Zweiten Weltkrieg wurde in Wolfsburg das staatliche Volkswagenwerk gegründet. Ein Jahr nach seiner Eröffnung, im Jahre 1938, kam der erste Volkswagen [8] auf den Markt – der einzige Autotyp, der vier Jahrzehnte lang ohne wesentliche äußere Änderungen hergestellt wurde. Seit 1977 wird der »Käfer« in Mexiko gebaut.

Nach dem Zweiten Weltkrieg erschienen auf dem Weltmarkt einige bahnbrechende Konstruktionen. Aus England kam der breitspurige Morris Minor und der Jaguar XK 120, ein Sportwagen mit 193 km/h Spitzengeschwindigkeit. 1955 überraschte Citroën mit dem DS 19, einer Konstruktion mit hydropneumatischer Federung. Vier Jahre später wurde der Morris Mini-Minor [9] eingeführt, der sich bald großer Beliebtheit erfreute, ebenso wie der französische Renault R5 und der deutsche VW Golf. Eine technische Neuerung stellte der NSU Ro 80 dar: Als Antriebsmaschine wurde erstmals der von Felix Wankel (geb. 1902) konstruierte Rotationskolbenmotor verwendet.

**Gottlieb Daimler** (1834 bis 1900) und Wilhelm Maybach (1846–1929) entwickelten den schweren Ottomotor zu einer schnellaufenden, leichteren Maschine weiter. 1885 betrieb ein solcher Motor erstmals ein hölzernes Motorrad, ein Jahr später entstand in Bad Cannstatt der erste Vierrad-Motorwagen – eine motorisierte Kutsche. Etwa zur gleichen Zeit, aber unabhängig davon konstruierte Carl Friedrich Benz (1844 bis 1929) seinen ersten dreirädrigen Motorwagen. Der wassergekühlte 1,1-kW-Einzylindermotor (1,5 PS) war liegend im Heck des Wagens untergebracht und trieb über eine Kette die Hinterachse an.

**6 Ein klassisches Fahrzeug** aus der Zeit vor 1930 war der Vauxhall 30/98. Er erzielte bei Rennveranstaltungen zahlreiche Erfolge.

**7 Eine revolutionäre Entwicklung** war 1934 der Vorderradantrieb des Citroën. Der abgebildete 15 CV (1939) ist sein Nachfolger.

**8 Der Volkswagen** wurde von Ferdinand Porsche (1875–1951) als billiges Serienfahrzeug entworfen. Der »Käfer« – mit luftgekühltem Heckmotor – kam 1938 auf den Markt und wurde, äußerlich kaum verändert, bis 1977 in Wolfsburg gebaut.

**9 Der Mini** (1959), eine Konstruktion von Alec Issigonis (geb. 1909) mit querliegendem Motor, Frontantrieb und Einzelradaufhängung, wurde zu einem großen Erfolg im englischen Automobilbau.

**10 Der Fiat 128** ist ein typisches Beispiel europäischen Automobilbaus nach 1970. Steigende Kraftstoffpreise führten zur Entwicklung von kleinen, hochtourigen und wirtschaftlichen Motoren. Der Fiat 128 hat einen querliegenden Motor mit obenliegender Nockenwelle, der die Vorderräder antreibt. Er wird in verschiedenen Versionen gebaut; neben der zwei- oder viertürigen Grundform gibt es die Kombiversion mit Heckklappe, das Sportcoupé und eine »Rallye«-Ausführung.

# Berühmte Oldtimer

Kaum 100 Jahre hat es gedauert, bis aus den ersten motorisierten Kutschen von Pionieren wie Benz, Daimler und Panhard die heutigen seriengefertigten, leistungsfähigen und treibstoffsparenden Autos entstanden sind.

Die Grundprinzipien der heutigen Kraftfahrzeugtechnik haben sich in der Zeit zwischen den beiden Weltkriegen herausgebildet. In den USA zeigte Henry Ford (1863–1947), wie man Autos wirtschaftlich in Serie baut und legte damit den Grundstein für die Motorisierung breiter Schichten der Bevölkerung.

Aber in dieser Zeit entstanden auch einige Fahrzeugtypen, die wir heute als »klassisch« bezeichnen. Sie waren meist auf Vorbestellung und mit größter Sorgfalt einzeln gefertigt und spiegelten den jeweiligen Stand von Konstruktions- und Fertigungstechnik wider. Einige Typen zeigten aber auch bahnbrechende technische Neuerungen. Die Namen einiger Modelle gelten bis auf den heutigen Tag als Symbole für Ansehen und Qualität: Alfa Romeo, Rolls-Royce, Jaguar, Mercedes. Andere ehemals berühmte Namen sind vergessen. Die klassischen Fahrzeuge sind gewissermaßen das Erbgut eines der größten heutigen Industriezweige.

**1 Dieser Mercedes-Rennwagen** wurde von Paul Daimler (1869 bis 1945) für den Grand Prix des Jahres 1914 konstruiert. Der 4,5-Liter-Motor besaß zwei Magnetzünder und drei Zündkerzen pro Zylinder und gab dem Fahrzeug eine Höchstgeschwindigkeit von 180 km/h. Die Vorderradbremsen wurden erst nach dem I. Weltkrieg eingebaut.

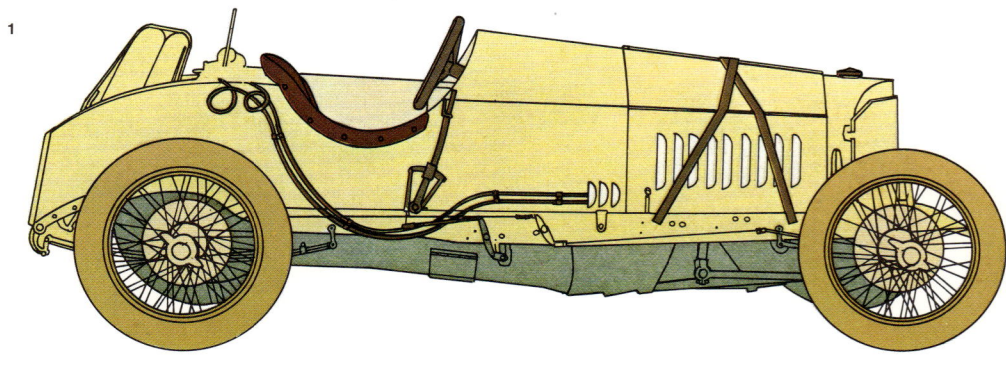

**2 Der Hispano-Suiza** (Frankreich, 1922) besaß einen Motorblock aus Aluminium und Stahl, den der Schweizer Konstrukteur Marc Birkigt aus einem 6,6-Liter-Flugmotor entwickelt hatte. Es war das erste mit Vierrad-Servobremsanlage ausgerüstete Fahrzeug und erreichte eine Geschwindigkeit von 137 km/h.

**3 Der Isotta-Fraschini A** aus Italien (1929) besaß einen Doppelvergaser und eine Achtzylinder-Maschine mit 7,4-Liter-Hubraum und 88 kW (120 PS). Der italienische Hersteller führte allgemein die Vierrad-Bremsanlage ein.

**4 Der Duesenberg** von 1930 gehörte zu den teuersten Autos in den USA. Mit dem 6,9-Liter-Achtzylinder-Reihenmotor mit über 191 kW (260 PS) konnte eine Höchstgeschwindigkeit von über 175 km/h erreicht werden.

**HINWEISE**

Lesen Sie auch:

Geschichte des Verkehrs

Geschichte des Fahrrads

Geschichte des Motorrads

Geschichte des Automobils

**5 Der Bugatti Royale** (Frankreich, 1927) war mit 6 m Länge und 2 m Breite einer der größten Personenkraftwagen, die jemals gebaut wurden. Er hatte einen 12,8-Liter-Motor und fuhr über 200 km/h. Von diesem Fahrzeug wurden nur sieben Exemplare gebaut. Allein das Chassis kostete etwa 200 000 DM.

**6 Der Chrysler Airflow** (USA, 1934) hatte eine selbsttragende Karosserie mit zukunftsweisender Stromlinienform. Die Karosserie war, wie bei den heutigen Autos, aus vorgeformten Blechteilen zusammengeschweißt und hatte keinen speziellen Rahmen. Das Modell war allerdings ein Verlustgeschäft.

**7 Der Bentley** (Großbritannien, 1930) besaß vor dem Kühler einen Ladekompressor und war mit seinem 4,5-Liter-Motor und 200 km/h Höchstgeschwindigkeit für die Rennen von Le Mans bestimmt. Das Fahrzeug kam aber bei wichtigen Rennen nie auf den ersten Platz.

**8 Der Auburn 851** aus den USA (1935) konkurrierte in Formgebung und Leistung mit dem Duesenberg, war aber nicht so teuer. Mit Ladekompressor leistete der 4,6-Liter-Motor 110 kW (150 PS); die Höchstgeschwindigkeit betrug 160 km/h.

**9 Der englische SS Jaguar** von 1938 erreichte ebenfalls 160 km/h und war relativ preiswert. Sein 3,5-Liter-Motor leistete 92 kW (125 PS). Durch halbelliptische Blattfedern erhielt das Fahrzeug die für spätere Jaguars typische niedrige Bauform.

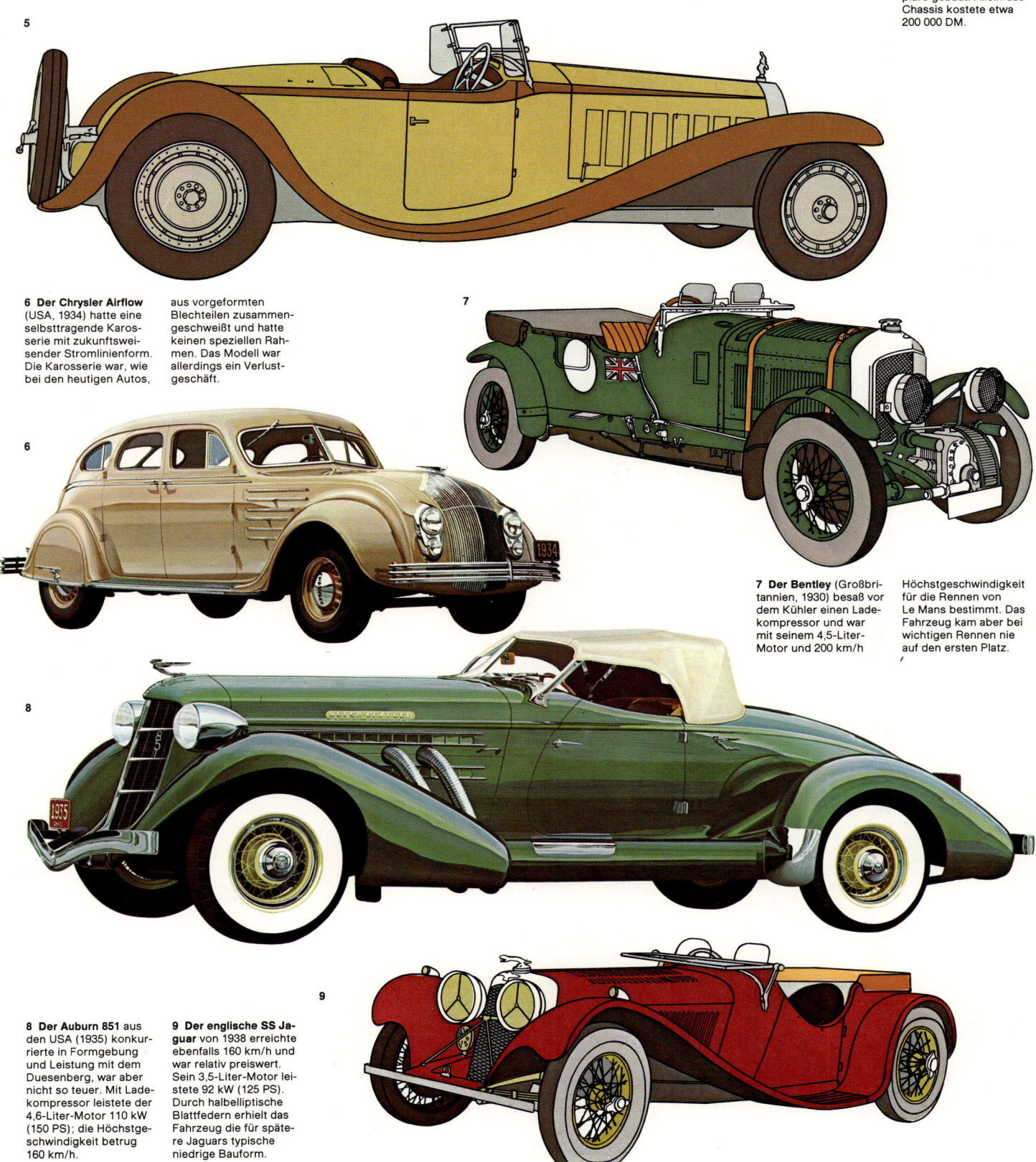

# So funktioniert ein Auto

Ein Automobil besteht im wesentlichen aus vier Hauptkomponenten: dem Motor, den Einrichtungen zur Kraftübertragung vom Motor auf die Antriebsräder, der elektrischen Anlage und dem Fahrwerk – also der Karosserie, Radaufhängung, Lenkung und Bremsen [Leitbild]. Die Unterschiede der einzelnen Fabrikate liegen mehr in den Einzelheiten dieser Komponenten: Fahrzeuggröße, Motorleistung, Fahrkomfort und luxuriöse Ausstattung. Von Einfluß auf das Fahrverhalten ist auch die Anordnung von Motor und Antriebsrädern. Hier haben sich der Frontmotor und als Antriebsräder sowohl die Hinterräder als auch die Vorderräder durchgesetzt.

## Kraftübertragung

Die Motorleistung wird über Kupplung, Getriebe, Kardanwelle (nur bei Hinterradantrieb) und Differential auf die Antriebsräder übertragen. Mit der Kupplung [6] kann der Fahrer die Verbindung zwischen Motor und Getriebe unterbrechen. So kann er bei laufendem Motor das Getriebe z. B. von der Leerlaufstellung in die Anfahrstellung schalten. Läßt der Fahrer dann das Kupplungspedal langsam los, so nimmt auch die Antriebskraft auf die Räder langsam zu, und das Auto fährt ruhig an.

Die Funktion der Kupplung beschränkt sich jedoch nicht nur auf Anfahren und Anhalten. Vielmehr kann man in ausgekuppeltem Zustand während der Fahrt durch Umschalten des Getriebes das Drehzahlverhältnis zwischen Motor und Rädern ändern. Dieses »Schalten« kann per Hand oder automatisch geschehen und erlaubt je nach Getriebestellung verschiedene Fahrgeschwindigkeiten. Übliche Benzinmotoren arbeiten am wirtschaftlichsten bei Motordrehzahlen zwischen 2000 und 5000 U/min; in diesem Bereich ist auch das Drehmoment (proportional zur Antriebskraft, die der Motor aufbringen kann) etwa konstant. Um nun beim Anfahren hohe Antriebskräfte erzeugen zu können, muß das Übersetzungsverhältnis zwischen Motor und Rädern relativ klein sein, wirtschaftliches Fahren bei höheren Geschwindigkeiten erfordert dagegen ein entsprechend größeres Übersetzungsverhältnis; in beiden Fällen läuft der Motor in seinem günstigsten Drehzahlbereich.

Nichtautomatische Getriebe haben zur Vorwärtsfahrt vier verschiedene Übersetzungsmöglichkeiten durch verstellbare Zahnradanordnungen [5]: Die niedrigste Übersetzung (1. Gang) dient zum Anfahren, Befördern großer Lasten oder zum Überwinden starker Steigungen, die größte Übersetzung (4. Gang) zum Fahren bei hohen Geschwindigkeiten. Dabei müssen, zumindest auf ebener Strecke, lediglich der Luftwiderstand und die Rollreibung überwunden werden, während beim Anfahren und Beschleunigen noch die Trägheit des Fahrzeugs hinzukommt – entsprechend muß der Motor mehr Kraft aufbringen. Bis zum Erreichen der Höchstgeschwindigkeit werden daher alle vier Gänge der Reihe nach »hochgeschaltet«.

Vom Getriebe aus erfolgt der Kraftfluß, eventuell über eine Kardanwelle, auf das Differential: Das ist ein Umlenkgetriebe zur Antriebsachse, das außerdem bei Kurvenfahrt den äußeren Rädern gestattet, sich etwas schneller zu drehen als die inneren [7].

## Fahrzeugelektrik und Bremsen

Bei den ersten Automobilen diente die Batterie lediglich dazu, an den Zündkerzen den Funken zur Entzündung des Kraftstoff-Luft-Gemisches

### HINWEISE

Lesen Sie auch:

Grundformen von Kraftmaschinen

Geschichte des Automobils

Berühmte Oldtimer

Das Auto und unsere Gesellschaft

Straßenbahn und Omnibus

Sonderfahrzeuge

Der moderne Straßenverkehr

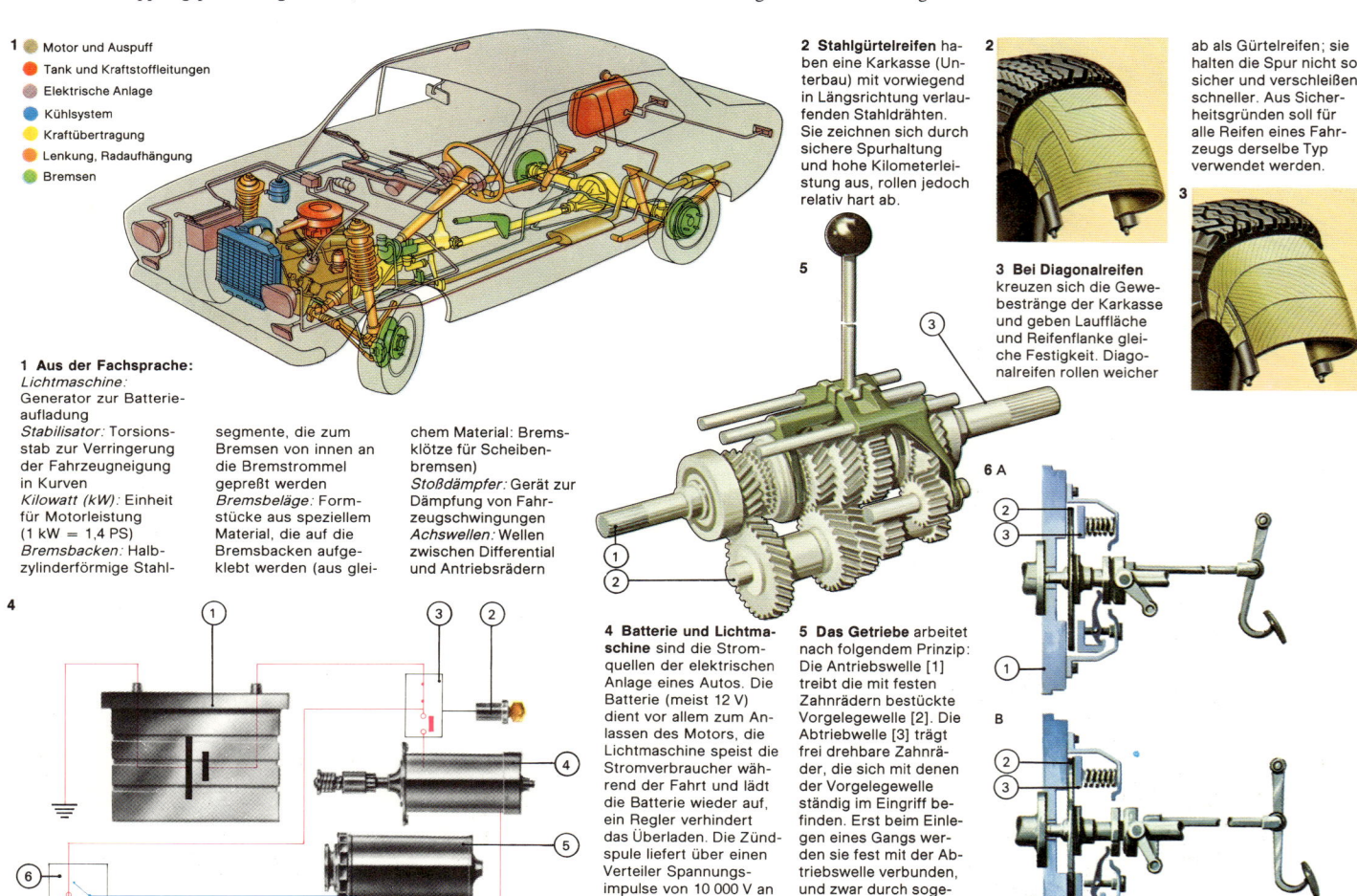

---

**1** 🟠 Motor und Auspuff
🔴 Tank und Kraftstoffleitungen
⚫ Elektrische Anlage
🔵 Kühlsystem
🟡 Kraftübertragung
🟣 Lenkung, Radaufhängung
🟢 Bremsen

**1 Aus der Fachsprache:**
*Lichtmaschine:* Generator zur Batterieaufladung
*Stabilisator:* Torsionsstab zur Verringerung der Fahrzeugneigung in Kurven
*Kilowatt (kW):* Einheit für Motorleistung (1 kW = 1,4 PS)
*Bremsbacken:* Halbzylinderförmige Stahlsegmente, die zum Bremsen von innen an die Bremstrommel gepreßt werden
*Bremsbeläge:* Formstücke aus speziellem Material, die auf die Bremsbacken aufgeklebt werden (aus gleichem Material: Bremsklötze für Scheibenbremsen)
*Stoßdämpfer:* Gerät zur Dämpfung von Fahrzeugschwingungen
*Achswellen:* Wellen zwischen Differential und Antriebsrädern

**2 Stahlgürtelreifen** haben eine Karkasse (Unterbau) mit vorwiegend in Längsrichtung verlaufenden Stahldrähten. Sie zeichnen sich durch sichere Spurhaltung und hohe Kilometerleistung aus, rollen jedoch relativ hart ab als Gürtelreifen; sie halten die Spur nicht so sicher und verschleißen schneller. Aus Sicherheitsgründen soll für alle Reifen eines Fahrzeugs derselbe Typ verwendet werden.

**3 Bei Diagonalreifen** kreuzen sich die Gewebestränge der Karkasse und geben Lauffläche und Reifenflanke gleiche Festigkeit. Diagonalreifen rollen weicher

**4 Batterie und Lichtmaschine** sind die Stromquellen der elektrischen Anlage eines Autos. Die Batterie (meist 12 V) dient vor allem zum Anlassen des Motors, die Lichtmaschine speist die Stromverbraucher während der Fahrt und lädt die Batterie wieder auf, ein Regler verhindert das Überladen. Die Zündspule liefert über einen Verteiler Spannungsimpulse von 10 000 V an die Zündkerzen.

1 Batterie
2 Zündschloß
3 Relais, stellt bei Drehen des Zündschlüssels den Kontakt zwischen Batterie und Anlasser her
4 Anlasser
5 Lichtmaschine, vom Motor angetrieben
6 Regler
7 Zündspule
8 Primärspule
9 Sekundärspule
10 Zündverteiler
11 Unterbrecher
12 Verteilerfinger
13 Zündkerze

**5 Das Getriebe** arbeitet nach folgendem Prinzip: Die Antriebswelle [1] treibt die mit festen Zahnrädern bestückte Vorgelegewelle [2]. Die Abtriebswelle [3] trägt frei drehbare Zahnräder, die sich mit denen der Vorgelegewelle ständig im Eingriff befinden. Erst beim Einlegen eines Gangs werden sie fest mit der Abtriebswelle verbunden, und zwar durch sogenannte Klauenkupplungen. Auf diese Weise wird der Kraftschluß zwischen Motor und Antriebsrädern hergestellt. Dabei entspricht der 1. Gang der niedrigsten Übersetzung für langsame Fahrt bei großer Kraftübertragung, während beim 4. Gang die Antriebswelle im Verhältnis 1 : 1 mit der Abtriebswelle verbunden ist. Der 2. und 3. Gang sind entsprechende Zwischenstufen.

**6 Die Kupplung** besteht aus dem Schwungrad [1], das auf der Kurbelwelle des Motors angebracht ist, der Kupplungsscheibe [2], die verschiebbar auf der Getriebewelle sitzt, und der Druckplatte [3]. Bei getretenem Kupplungspedal [A] kann sich die Kupplungsscheibe frei drehen, bei losgelassenem Pedal [B] klemmen Federn die Scheibe zwischen Druckplatte und Schwungrad ein, so daß zwischen Motor und Getriebe eine feste Verbindung besteht. Die Kupplung gestattet es, bei laufendem Motor das Getriebe umzuschalten, ganz gleich, ob das Fahrzeug steht oder fährt.

zu erzeugen. Heute ist die Batterie in erster Linie Stromquelle für den elektrischen Anlasser und die Zündanlage beim Starten des Motors. Während der Fahrt werden die zahlreichen Stromverbraucher wie Scheinwerfer, Scheibenwischer, Gebläse oder Heckscheibenheizung von der Lichtmaschine gespeist, einem elektrischen Generator, der vom Motor über einen Keilriemen angetrieben wird. Außerdem lädt die Lichtmaschine die durch das Anlassen des Motors geschwächte Batterie wieder auf.

Alle modernen Fahrzeuge haben, zumindest an den Vorderrädern, Scheibenbremsen [8]: Bremsklötze klemmen beim Bremsen eine fest mit dem Rad verbundene Scheibe ein. Da die Klötze dabei immer nur einen Teil der Scheibe berühren, wird der restliche Teil stets durch den Fahrtwind gekühlt. Ein Nachlassen der Bremswirkung durch Überhitzen, wie es bei Trommelbremsen möglich ist, wird dadurch vermieden. Bei Trommelbremsen berühren Bremsbacken dagegen die gesamte Innenfläche einer fest mit dem Rad verbundenen Trommel. Alle vier Bremsen werden über ein Pedal hydraulisch betätigt; die Handbremse wirkt mechanisch, meist auf die Hinterräder.

## Radaufhängung und Fahrzeugaufbau

Um einen guten Fahrkomfort zu erzielen, sind die Radachsen über Federn und Dämpfer mit dem Aufbau verbunden. So werden Fahrbahnunebenheiten »geschluckt« und entstandene Schwingungen gedämpft [10]. Verwendet werden Schrauben- und Torsionsfedern oder Systeme, die auf der Kompression von Luft oder Flüssigkeit beruhen und Feder- und Dämpfungseigenschaften kombinieren sowie beliebige Kombinationen.

Gelenkt wird das Fahrzeug durch Drehung der Achsschenkel, auf denen die Vorderräder gelagert sind, etwa durch die »Zahnstangenlenkung« [9]: Bei dieser greift das Zahnrad der Lenksäule in eine Zahnstange, die über Spurstangen die Vorderräder schwenkt.

Im Gegensatz zu früher wird heute der Aufbau so stabil gestaltet (»selbsttragende Karosserie«), daß ein Chassis zum Tragen nicht mehr erforderlich ist. Das Chassis diente früher als Grundgerüst, an das alle Karosserieteile angeschweißt oder angenietet wurden. Die selbsttragende Karosserie dagegen ist eine verwindungssteife Konstruktion, bei der jedes Einzelteil zur Tragfähigkeit beiträgt.

**Leitbild**

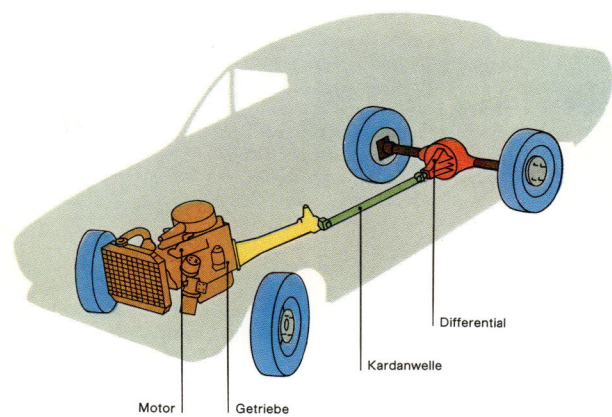

**Bei den heutigen Autos** ist der Motor meist vorn eingebaut. Er treibt über Getriebe, Kardanwelle und Differential die Hinterräder an oder – dann entfällt die Kardanwelle – die Vorderräder. Motor, Lenkung und Radaufhängung sind direkt an der selbsttragenden Karosserie befestigt, einer stabilen und verwindungssteifen Konstruktion, die aus vorgeformten verschweißten Blechen besteht. Je nach Bestimmungsland ist die Lenksäule links oder rechts angeordnet.

**7 Das Differential** überträgt die Motorleistung auf die Antriebsräder. Es wirkt dabei einerseits als Umlenkgetriebe von der Kardanwelle (in Fahrzeuglängsrichtung) auf die querliegenden Achswellen, zum anderen erlaubt es, daß sich bei Kurvenfahrt die äußeren Räder schneller drehen können als die inneren. In Kurven legt nämlich das innere Rad einen kürzeren Weg zurück als das äußere, so daß bei einer starren Verbindung beide Räder durchdrehen müßten – oder die Achswelle sich verwinden müßte. Dies verhindert das Differential: Ein kegelförmiges Zahnrad am Ende der Kardanwelle überträgt die Motordrehung auf das Tellerrad, das fest mit einem Gehäuse verbunden ist. Dieses trägt auf gehäusefesten Achsen zwei weitere Kegelräder, die im Eingriff mit den Kegelrädern beider Achswellen stehen. Dadurch können sich die Achswellen mit unterschiedlichen Geschwindigkeiten drehen.

**8 Das Bremspedal** überträgt die Fußkraft auf das Bremssystem. Während man früher meist Seilzüge einsetzte, verwendet man heute die hydraulische Kraftübertragung: Durch Niederdrücken des Bremspedals wird im Hauptbremszylinder ein Kolben bewegt, der eine spezielle Bremsflüssigkeit über Rohrleitungen und Schläuche in die Bremszylinder der Radbremsen preßt. Deren Kolben betätigen die Bremsbacken (oder Bremsklötze – je nach Bauart der Bremse).

1 Bremspedal
2 Hauptbremszylinder
3 Bremsleitung
4 Bremsbacken mit Bremsbelag
5 Bremstrommel
6 Bremszylinder
7 Trommelbremse angezogen
8 Trommelbremse gelöst
9 Scheibenbremse angezogen
10 Scheibenbremse gelöst
11 Bremsklotz
12 Bremsscheibe

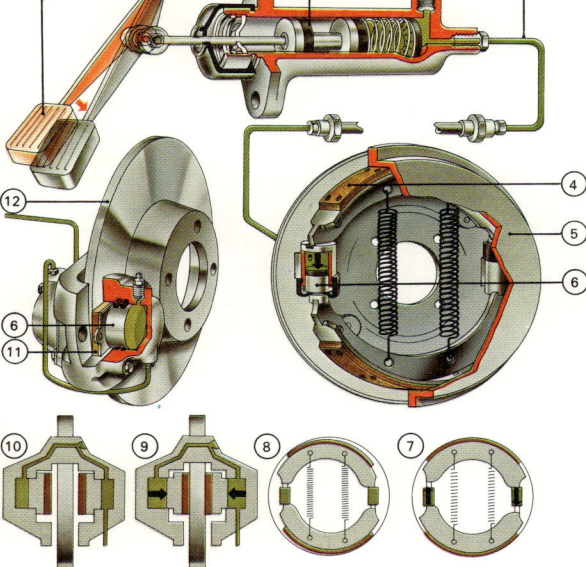

**9 Zwei verschiedene Lenksysteme** sind heute gebräuchlich: Die Zahnstangenlenkung und das Schneckenlenkgetriebe. Bei der Zahnstangenlenkung schiebt das Ritzel [1] am Ende der Lenksäule [2] eine Zahnstange [3] nach rechts oder links, je nach Drehung des Lenkrades. Spurstangen [4] übertragen diese Bewegung auf die Lenkhebel [5]. Beim Schneckengetriebe [hier nicht gezeigt] ist an Stelle des Ritzels eine Schnecke angebracht, die die Drehbewegung der Lenksäule über Schneckenrad und Lenkhebel auf die Spurstangen überträgt. Bei beiden Lenksystemen kann ein hydraulischer Servomotor die Lenkradbewegung unterstützen. Die »Servolenkung« wird vor allem in schweren Fahrzeugen eingesetzt; sie erleichtert dem Fahrer das Lenken.

**10 Federn und Dämpfer** in der Radaufhängung verhindern, daß sich Fahrbahnunebenheiten voll auf den Fahrzeugaufbau übertragen und Fahrsicherheit und Komfort beeinträchtigen. Die Federn fangen zunächst starke Stöße ab. Das Fahrzeug würde jedoch nach jedem Stoß stark nachschwingen, wenn nicht Stoßdämpfer die Schwingungen wieder »glätten« würden. Bild [A]: Hinterachse mit Blattfedern [1] und Stoßdämpfern [2]; Bild [B]: Vorderachse eines Pkw mit Schraubenfedern und innenliegenden Stoßdämpfern [3] sowie Drehstabstabilisator [4]. Dieser ist vorn am Fahrzeugaufbau befestigt und verbindet die Querlenker [5]. Federt ein Rad z.B. bei Kurvenfahrt ein, so überträgt sich dies auf das andere Rad und verringert die Querneigung des Aufbaus. Wirkungsweise eines Stoßdämpfers [C]: In einem ölgefüllten Zylinder befindet sich ein Kolben mit kleinen Ventilen, durch die sich das Öl bei jeder Bewegung »hindurchzwängen« muß.

# Das Auto und unsere Gesellschaft

Das Automobil mit Verbrennungsmotor, dessen Anfänge ungefähr 80 Jahre zurückliegen, ist mittlerweile zu einem festen Bestandteil unseres täglichen Lebens geworden. Anfangs nur ein Spielzeug, diente es später reichen Leuten als individuelles Fortbewegungsmittel. Inzwischen aber hat das Automobil – sei es als Personen- oder Lastkraftwagen – den Welthandel und das Verkehrswesen im allgemeinen – und als Konsequenz die Gesellschaft in ihrer Beweglichkeit geradezu revolutioniert.

Den entscheidenden Anstoß dazu gab Henry Ford (1863–1947), der 1908 mit seinem »Modell T« erstmals ein billiges und in Massen produziertes Automobil auf den Markt brachte. Die Möglichkeit, daß nun auch der einfache Mann praktisch überall hinreisen konnte, wurde zur Grundlage des modernen Tourismus. Das teure Automobil dagegen wurde zum Statussymbol, mit dem der Besitzer Reichtum und Einfluß demonstrieren konnte.

### Gefahren für die Gesellschaft

Inzwischen bewegen sich aber rund 220 Millionen Autos auf den Straßen unseres Globus, und es stellt sich immer drängender die Frage nach der Zukunft des Autos. Umweltverschmutzung und Treibstoffverknappung nehmen rasch zu, und immer mehr Menschen wird klar, daß wir uns in Zukunft ein Auto in der heutigen Form nicht mehr werden leisten können: ein bis zu 5 m langes und 2 m breites Fahrzeug für nur fünf Personen, angetrieben von einem Verbrennungsmotor mit schlechter Treibstoffausnutzung, der die Luft verpestet und die Menschen lärmkrank macht – ein Fahrzeug, das die Städte verstopft, wertvolle Rohstoffe verbraucht und die Bewegungsfreiheit, für die es geschaffen wurde, selbst wieder zunichte macht. Vielmehr müßten Fahrzeuggrößen und Leistungsbedarf, aber auch die Einstellung der Gesellschaft zum Straßenverkehr grundlegend geändert werden.

### Welche Motoren sind geeignet?

Bei der Verbrennung des Treibstoffs in den Zylindern des Automotors treten zahlreiche unerwünschte Nebenprodukte wie Kohlenmonoxid, unverbrannte Kohlenwasserstoffe, Stickstoffoxid, Bleisalz, Eisenoxid und Ruß auf. Neue gesetzliche Bestimmungen haben zwar zur Verringerung der Luftverschmutzung in den Städten beigetragen. Sie läßt sich aber selbst durch strenge Auflagen wie in den USA nicht völlig verhindern. Die Bekämpfung des Lärms, der zu einem großen Teil auch durch schwere oder untermotorisierte Fahrzeuge hervorgerufen wird, ist ein weiteres, schwer zu lösendes Problem. In beiden Fällen lassen sich gewisse Erleichterungen höchstens für bestimmte Bezirke erreichen, beispielsweise durch die Einrichtung von Fußgängerzonen in den Stadtzentren. Damit verlagert sich der Verkehr aber nur in die umliegenden Gebiete und ruft hier zusätzliche Belastungen hervor.

In Anbetracht dieser Nachteile machen sich die Automobilkonstrukteure seit langem Gedanken über das Auto von übermorgen, besonders hinsichtlich der Motoren, der Treibstoffe und der Raumausnützung. Seit 25 Jahren versucht man z. B. Dampfmaschinen als Fahrzeugantrieb einzusetzen. Problematisch ist bisher aber das große Gewicht und der hohe Wasserverbrauch. Weiterhin erforscht man Motorsysteme mit niedriger Schadstoffemission wie Vorkammermotoren [1], Gasturbinen [5], Heißluftmotoren oder elektrische Hybridantriebe [Leitbild]. Bei letzteren wird der Ver-

**HINWEISE**

Lesen Sie auch:

Geschichte des Automobils

So funktioniert ein Auto

Straßenbahn und Omnibus

Die Eisenbahn der Zukunft

Der moderne Straßenverkehr

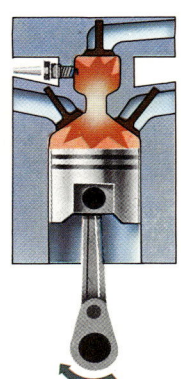

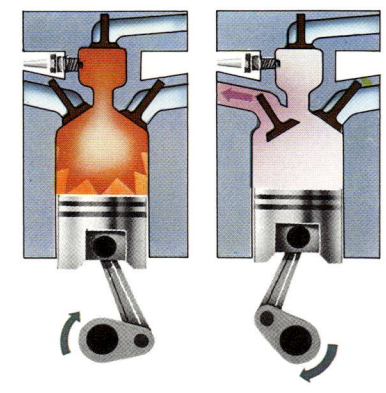

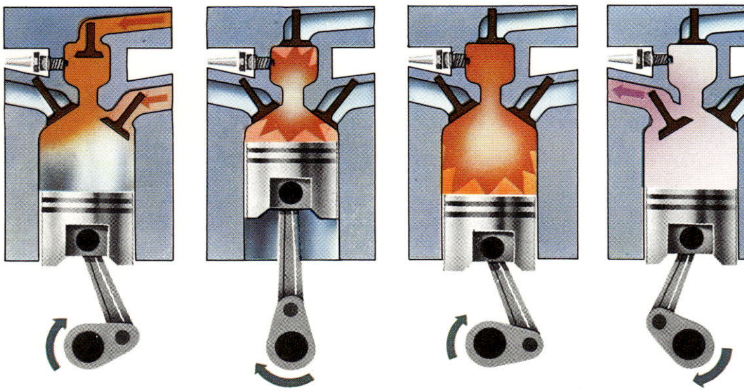

**1 Der Vorkammermotor** besitzt gegenüber dem herkömmlichen Motor einen anderen Brennraum und ein neuartiges Ansaugsystem. Im normalen Motor hat das Treibstoff-Luft-Gemisch im Verbrennungsraum überall dieselbe Dichte. Im Vorkammermotor ist das Gemisch nahe der Zündkerze jedoch stärker mit Treibstoff angereichert, entzündet sich daher leichter und führt zu einer besseren Verbrennung des »mageren« Gemisches über dem Kolben.

**2 Der Dieselmotor** hat bei genauer Einstellung eine sehr viel geringere Schadstoffabgabe als der Benzinmotor. Der schädlichste Stoff, den alle heutigen Verbrennungsmotoren abgeben, ist das unsichtbare und geruchlose Kohlenmonoxidgas. Ein Benzinmotor produziert davon dreißigmal soviel [Kanister A] wie ein vergleichbarer Dieselmotor [Kanister B].

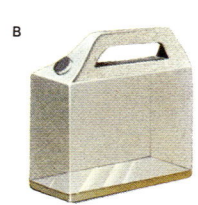

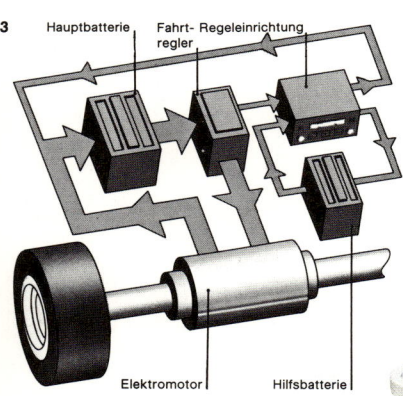

**3 Bei diesem Stadtauto** mit Elektroantrieb kommt die Energie für den Fahrmotor (Elektromotor) aus der Hauptbatterie, für Zusatzgeräte aus einer Hilfsbatterie.

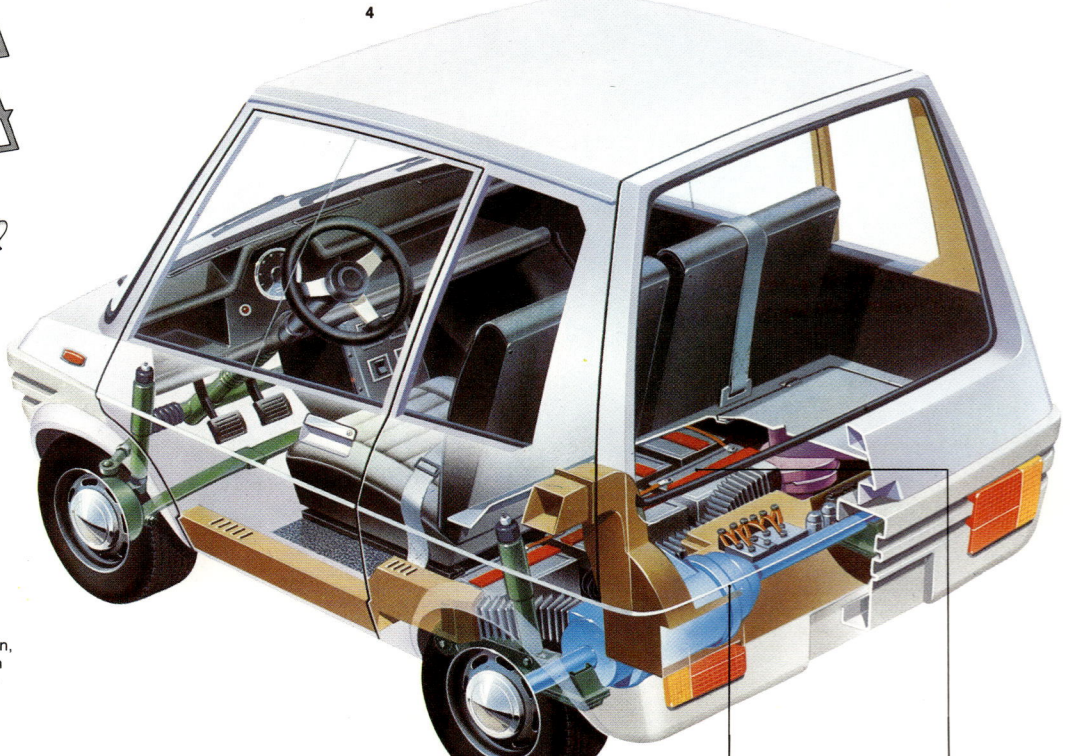

**4 Für den Personenverkehr auf Kurzstrecken** ist dieser elektrische Stadtwagen konzipiert. Der Gleichstrommotor an der Hinterachse erhält seinen Strom aus einer 84-Volt-Bleibatterie, die eine größere Fahrstrecke zuläßt als normale Batterien. Über ein eingebautes Ladegerät, das an jede Haushaltssteckdose angeschlossen werden kann, läßt sich die Batterie in ungefähr sieben Stunden wieder aufladen. Die Fahrstrecke des Modells von General Motors beträgt 93 km bei einer Geschwindigkeit von 40 km/h.

brennungsmotor entweder direkt als Fahrzeugantrieb verwendet oder er treibt einen Generator zum Aufladen der Batterien an. Diese liefern bei Bedarf Strom für den elektrischen Fahrmotor, z. B. bei Stadtfahrten. Ein weiteres großes Entwicklungsziel ist der reine Elektroantrieb, denn elektrische Energie gibt es genug. Aber noch immer sind die Batterien sehr schwer und müssen oft nachgeladen werden. Eine andere fast ideale Lösung ist die Brennstoffzelle. Sie kann die Energie von Brennstoffen direkt in Elektrizität umwandeln, ist aber noch zu kostspielig für eine wirtschaftliche Anwendung.

Darüber hinaus gibt es bereits mehr als 250 Prototypen von kleinen elektrischen Stadtautos [3, 4]. Würden sie in Serie hergestellt, könnten sie die Städte entlasten und auch das Parken erleichtern, da drei solcher Fahrzeuge in einer normalen Parkbucht Platz hätten. Gleichzeitig müßte man jedoch auch den Leicht- und den Schwerverkehr voneinander trennen.

**Zukunftsaussichten**
Die bisherige Forschung hat bereits zu technischen Fortschritten geführt, die größere Wirtschaftlichkeit und Umweltfreundlichkeit zum Ziel hatten. Da ist z. B. der katalytische Nachbrenner [6] im Auspufftopf zu nennen, der Schadstoffe im Abgas bleiarmer Benzine beseitigt. Treibstoffeinsparungen wurden erzielt durch verbesserte elektronische Zündanlagen, Gürtelreifen, weniger untersetzte Hinterachsen, geringeren Hubraum und in den USA durch den automatischen 4. Gang (Overdrive).

Für die nahe Zukunft strebt man drei Ziele an. Da der heutige Verbrennungsmotor mindestens noch 15 Jahre vorherrschen wird, bemüht man sich erstens um weitere Verringerung des Treibstoffverbrauchs und der Schadstoffemission. Zweitens müssen Maßnahmen zur Steuerung der Verkehrsdichte und des Verkehrsflusses gefunden werden. Drittens aber muß die Fahrzeugkonstruktion sicherer werden (abknickende Lenksäulen [8], stabile Innenräume, stoßabweisende Formgebung). Außerdem müssen Maßnahmen zur Vermeidung von Unfallen getroffen werden (bessere Reifen, Bremsen, Beleuchtung, Federung und Erkennbarkeit).

Langfristig aber müssen Antriebssysteme gefunden werden, für die man das knapper werdende Erdöl nicht mehr braucht.

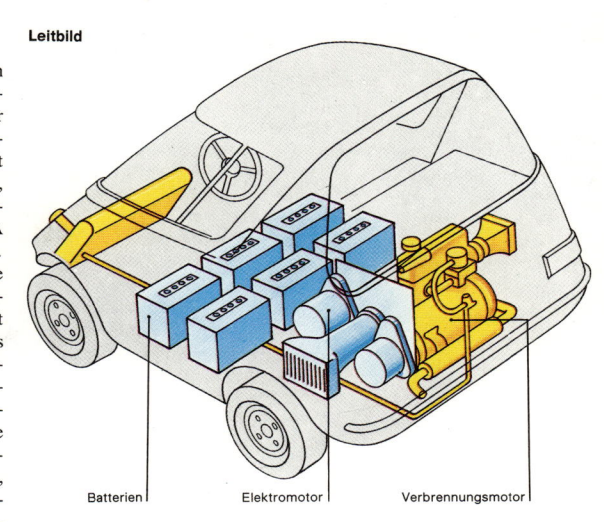

**Leitbild**

Batterien — Elektromotor — Verbrennungsmotor

**Der Hybridantrieb** ist eine Möglichkeit zur Verringerung der Luftverschmutzung der Städte in den Ballungszentren. In der Stadt wird das Fahrzeug nur durch den Elektromotor angetrieben, bei Überlandfahrten läuft auch der Verbrennungsmotor zum Aufladen der Batterien. Die Batterien werden jedoch nur dort benutzt, wo die Luftverschmutzung auf jeden Fall dringend vermieden werden muß.

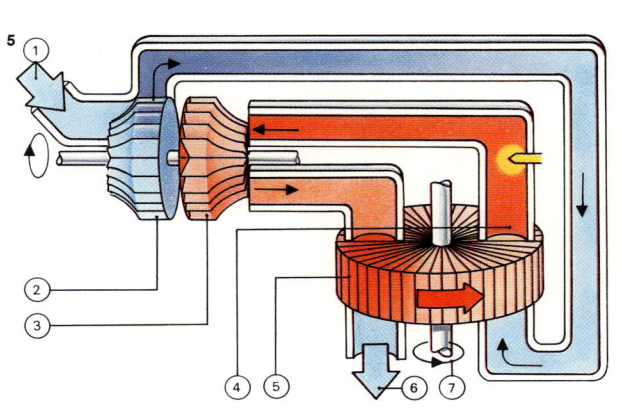

**5 Eine Gasturbine** als Antrieb für ein Fahrzeug wurde zum erstenmal im März 1950 von der englischen Firma Rover getestet. Die Turbine arbeitet leise, entwickelt hohe Leistung, benötigt wenig Unterhalt und verbraucht nur einfaches bleifreies Benzin. Die Herstellungskosten jedoch sind sehr hoch.

1 Angesaugte Luft
2 Radialverdichter
3 Verdichter-Antriebsturbine
4 Treibstoffeinspritzung
5 Leistungsturbine
6 Abgas
7 Welle

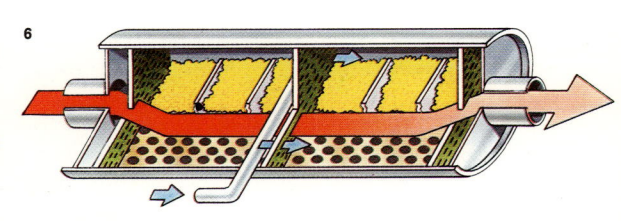

**6 Der katalytische Nachbrenner** im Auspufftopf stellt eine Teillösung zur Verringerung des Schadstoffanteils in den Autoabgasen dar. In der ersten Katalysatorstufe werden Stickstoffoxide zu Ammoniak, in der zweiten Stufe Kohlenwasserstoffe und Kohlenmonoxid in Kohlendioxid und Wasser umgesetzt. Der dabei wirksamste Katalysator, Platin, ist jedoch äußerst teuer. Dieses Verfahren ist andererseits aber so wirksam, daß einige Herstellerfirmen es bereits dazu benutzt haben, die zusätzlichen Schadstoffe aus den Auspuffgasen hochgezüchteter Motoren zu entfernen.

**7 Das ideale Sicherheitsfahrzeug** [1] besitzt einen starren Innenraum zum Schutz der angeschnallten Insassen sowie Kopfstützen. Die Karosserie hat vorn und hinten stoßdämpfende »Knautschzonen«. Bei einem Zusammenstoß knickt der Motor nach unten, die Lenksäule nach vorn. Die Verletzungen bei nicht angeschnallten Personen [2] sind bei verschiedenen Geschwindigkeiten [hier 100 km/h] unterschiedlich schwer, jedoch ähnlich.

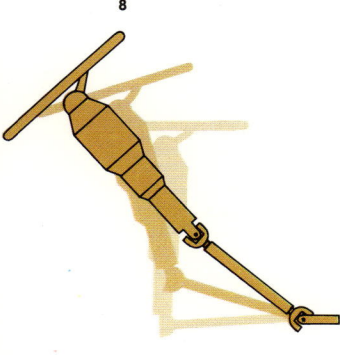

Beginn des Aufpralls
Volle Stoßwirkung

**8 Eine geteilte Lenksäule**, die in der Mitte mit einem Kardangelenk ausgestattet ist, kann bei einem Aufprall abknicken. Eine starre Lenksäule dagegen rammt sich bei einem frontalen Zusammenstoß nach dem Bruch des Lenkrads in den Körper des Fahrers. Die abknickende Lenksäule dämpft den Stoß etwas und dreht sich vom Fahrer weg nach vorn. Außerdem wäre es vorteilhaft, den unteren Teil des Lenkrads zusätzlich mit einer Polsterung zu versehen.

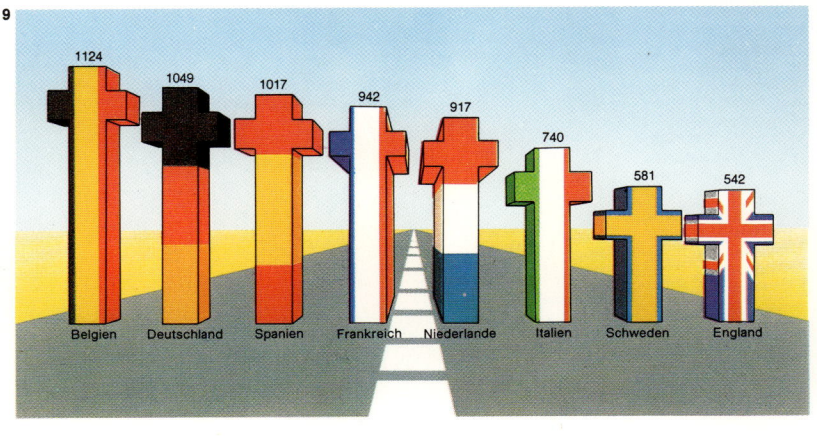

**9 Zahl der Verkehrstoten**, hier bezogen auf jeweils 1 Million Fahrzeuge in verschiedenen Ländern im Jahre 1971. In den USA gab es 493 Tote pro 1 Million Fahrzeuge, in Japan rund doppelt so viele wie in Belgien.

1124 Belgien — 1049 Deutschland — 1017 Spanien — 942 Frankreich — 917 Niederlande — 740 Italien — 581 Schweden — 542 England

**10 Ein Reifendefekt** bei hoher Geschwindigkeit ist äußerst gefährlich. Bei einer Neuentwicklung befinden sich im Reifen mehrere Behälter [A], die nach einem Defekt [B] eine Flüssigkeit abgeben [C], die das Loch abdichtet und den Reifen wieder füllt [D].

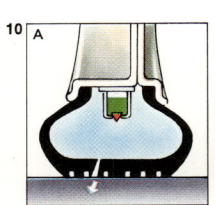

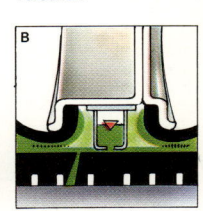

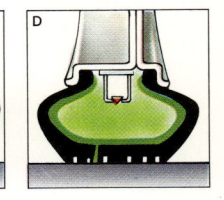

# Straßenbahn und Omnibus

Im Zuge der Industrialisierung seit dem Ende des 18. Jahrhunderts verlagerte sich die Warenproduktion aus den ehemals weit verstreut gelegenen Handwerksbetrieben allmählich auf große Fabriken. Anfangs siedelten sich die Arbeiter meist in der Nähe dieser Fabriken an, so daß sie ihren Arbeitsplatz zu Fuß erreichen konnten. Als sich dann aber die Städte immer mehr ausdehnten, wurden leistungsfähige Beförderungsmittel für die vielen Beschäftigten unumgänglich.

Die Entwicklung der Eisenbahn Anfang des 19. Jahrhunderts brachte es mit sich, auch in den Städten öffentliche Verkehrsmittel einzurichten. Andere Fahrzeuge, wie Fahrrad oder Auto, wurden ja erst gegen Ende des 19. Jahrhunderts entwickelt und waren dann auch viel zu teuer, als daß sie für jedermann erschwinglich gewesen wären.

### Die Anfänge der öffentlichen Verkehrsmittel

Bereits 1662 hatte Blaise Pascal (1623–62) in Paris den ersten »Omnibus« konstruiert und von Pferden ziehen lassen, aber dieses Beförderungsmittel konnte sich in den Städten nicht durchsetzen, weil die damaligen Straßen dafür zu wenig ausgebaut waren. Die ersten längeren Beförderungsstrecken wurden deshalb in erster Linie für Pferdebahnen eingerichtet. Denn Schienenfahrzeuge rollen viel leichter, und ein Pferd kann damit wesentlich mehr Personen befördern als auf der Straße. Schon die Bergleute im Mittelalter verwendeten Schienenfahrzeuge. Sie transportierten die abgebauten Mineralien auf einfachen hölzernen Transportkarren, die auf primitiven Holzschienen liefen. An diese Zeit erinnert auch noch das oft statt Straßenbahn verwendete Wort »Trambahn«: »tram« ist niederdeutsch und bedeutet Holzbalken.

### Von der Straßenbahn zum O-Bus

Straßenbahnen und Eisenbahnen haben sich seit Anfang des 19. Jahrhunderts etwa gemeinsam entwickelt. 1830 begann man in New York, das erste Straßenbahnnetz der Welt zu bauen. Zur gleichen Zeit fuhren in England die ersten Eisenbahnen mit Dampflokomotiven. Auch die Straßenbahnen wurden bald auf Dampfantrieb umgestellt, und schon 1837 fuhr die erste Dampflokomotive auf New Yorks Straßenbahnschienen. In Europa verlief die Entwicklung der Straßenbahn etwas langsamer. Erst 1860 wurde die erste englische Pferdestraßenbahn eröffnet; die erste Dampfstraßenbahn fuhr dort 1872. Dafür kam es in Europa zum nächsten und letzten Entwicklungsschritt: Im Jahre 1881 fuhr in Berlin die erste elektrische Straßenbahn [1].

Fast gleichzeitig mit der Verbreitung der elektrischen Straßenbahnen kamen auch die ersten O-Busse [4] auf, und bereits nach der Jahrhundertwende hatten mehrere europäische Großstädte O-Bus-Linien. Die Bezeichnung »O-Bus« ist eine Abkürzung für Oberleitungs-Omnibus. Während die Straßenbahn nur einen Oberleitungsdraht braucht, weil die Metallschienen in der Fahrbahn den zweiten Leiter des elektrischen Stromkreises darstellen, benötigen O-Busse zwei Oberleitungsdrähte und Stromabnehmer mit zwei voneinander isolierten Kontakten, die den Stromkreis zwischen dem Versorgungsnetz und den Elektromotoren schließen. Die Stromabnehmer der Straßenbahnen und O-Busse waren anfangs federnde lange Bügel und wurden mit einer bzw. zwei Kontaktrollen an der Oberleitung entlanggeführt. Von der englischen Bezeichnung dieser

**HINWEISE**

Lesen Sie auch:

Die Industrialisierung (1870–1914) (Band 7)

Geschichte des Verkehrs

Das Auto und unsere Gesellschaft

Sonderfahrzeuge

Eisenbahntransport

---

**1 Elektrische Straßenbahnen** waren die ersten billigen und zuverlässigen innerstädtischen Verkehrsmittel. Ihre Schienen sind entweder in Straßenmitte in die Fahrbahnoberfläche eingelassen oder seitlich neben der Straße verlegt. Der Strom für die Elektromotoren wird entweder durch eine Oberleitung zugeführt und über bogen- oder scherenförmige Stromabnehmer abgegriffen oder von einer Mittelschiene unter der Straßenoberfläche abgenommen. Die Oberleitung stellt den einen Pol des elektrischen Stromkreises dar, die Schienen den anderen. Mittelschienen enthalten dagegen beide Pole. Straßenbahnen besitzen vielfach zwei Drehgestelle mit je einem Antriebsmotor. Oft sind sie vorne mit Fanggittern ausgerüstet, die verhindern sollen, daß Passanten unter die Bahn geraten. Straßenbahnen und O-Busse sind mit Kurzschlußbremssystemen ausgerüstet, d. h., die Motoren können als Generatoren geschaltet werden und wirken dann als Bremsen.

**2 In San Francisco** verkehren die ältesten »Cable Cars« der Welt. Die Straßenbahnwagen hängen an einem unter der Fahrbahn geführten Zugseil und können so größere Steigungen überwinden. In San Francisco wurde diese Bahn 1873 eröffnet, 1884 begann der Betrieb in London, und später kamen noch einige andere Städte hinzu. Die Bahnen waren jedoch nicht sehr zuverlässig; heute sind sie nur noch eine touristische Attraktion.

**3 Ein moderner Straßenbahnzug** auf den Straßen von Stuttgart. Bei modernen Bahnen werden vielfach mehrere Motorfahrzeuge gekoppelt und vom vorderen Führerstand aus bedient. Das steigert die Wirtschaftlichkeit.

**4 Die ersten O-Busse** erschienen kurz nach der Jahrhundertwende und wurden von den Straßenbahngesellschaften betrieben. Die Laufrollen, die den elektrischen Kontakt zu den beiden Oberleitungsdrähten herstellten, wurden später durch Schleifkontakte ersetzt.

Rollen (*trolley*) stammt auch der mancherorts geläufige Name »Trolleybus« ab.

Der O-Bus ist ein leises und abgasfreies Verkehrsmittel mit hoher Beschleunigung und im Verkehr sehr viel wendiger als die schienengebundene Straßenbahn. Besonders Städte, die die hohen Kosten für die Anlage eines Schienennetzes vermeiden wollten, richteten O-Bus-Linien ein, oft auch als Zubringer zwischen den Vorstädten und dem innerstädtischen Straßenbahnnetz. Aber Straßenbahnen und O-Bussen erwuchs in den dieselgetriebenen, nicht an Linien gebundenen Omnibussen eine immer stärkere Konkurrenz.

**Omnibus oder Straßenbahn**
Der erste Omnibus mit Verbrennungsmotor hatte einen Benzinmotor von Benz und wurde 1895 in Dienst gestellt. Die ersten Busse waren kleiner als Straßenbahnwagen, ihre Motoren machten viel Lärm und Gestank, und da die Räder noch keine luftgefüllten Gummireifen hatten, war der Fahrkomfort noch äußerst gering. Doch die Omnibusse wurden nach und nach verbessert. Sie erhielten wirtschaftlichere Dieselmotoren, ruhig laufende Luftreifen und komfortable Sitze. Im Laufe der Zeit wurden die Straßenbahnen immer mehr verdrängt, und viele Anlagen wurden nach dem Zweiten Weltkrieg stillgelegt, weil die Stadtverwaltungen die Kosten für den Wiederaufbau und für neue Fahrzeuge scheuten. Busse erwiesen sich als wirtschaftlicher und ließen sich den Verkehrsbedürfnissen besser anpassen.

In den letzten Jahren hat sich das Bild jedoch wieder gewandelt. Viele europäische Großstädte haben Straßenbahnnetze angelegt, vor allem in den Zentren. Die Wagen sind oft als lange Gliederfahrzeuge aufgebaut und haben meist ein eigenes Gleisbett, um Behinderungen durch den Autoverkehr zu vermeiden [3]. Omnibusse werden vorzugsweise auf Außenstrecken eingesetzt, wo die Beförderungskapazität nicht so groß sein muß. Auf diese Weise stehen diese einst konkurrierenden Verkehrsmittel heute sinnvoll nebeneinander.

Omnibusse haben sich darüber hinaus ihren festen Platz im Fernverkehr erworben [7]. Mit Liegesitzen, Klimaanlagen und Toiletten ausgestattet, sind sie außerdem beliebte Beförderungsmittel für Reisegesellschaften bei Ausflügen und Besichtigungsfahrten.

**Leitbild**

**Die ersten Straßenbahnen** wurden vielfach von Dampflokomotiven gezogen. Die Kessel waren aufrecht angeordnet und – wie die beweglichen Triebwerksteile – völlig verkleidet. Diese Bahn verkehrte 1887 in London. Die Kessel arbeiteten mit einem Druck von 8 bar; der Kohlenverbrauch betrug rd. 9 kg pro Stunde. Der Passagierwagen hatte zwei Stockwerke und war oben offen. Neben dampfgetriebenen Zugmaschinen gab es auch Maschinen mit Preßluftantrieb.

**5 Omnibusse mit Verbrennungsmotoren** sah man gegen Ende des 19. Jh. zum erstenmal in London und Paris. Die Benzinmotoren waren laut und verbreiteten lästige Abgase. Dennoch stellte sich bald heraus, daß die Busse den Straßenbahnen überlegen waren, weil sie jede beliebige Straße befahren konnten. Dieser englische Omnibus z. B. stammt vom Anfang des I. Weltkriegs. Busse dieser Art wurden auch als Armeefahrzeuge in Frankreich eingesetzt.

**6 Der Ein-Mann-Betrieb** – nur ein Fahrer – ist eine der letzten Entwicklungen im innerstädtischen öffentlichen Personenverkehr. Man bezahlt entweder direkt beim Fahrer oder man erhält eine Fahrkarte aus einem Automaten. So wird zwar Personal eingespart, aber beim Einsteigen kann es zu Stauungen kommen. Um die Beförderungskapazität noch mehr zu steigern, gibt es in Fahrzeugen für kurze Fahrstrecken meist nur noch Stehplätze.

**7 Das Verkehrsnetz der »Greyhound«-Busse** erstreckt sich über ganz Nordamerika. In diesem billigen und zuverlässigen Verkehrsmittel sind die Passagiere oftmals mehrere Tage und Nächte unterwegs.

**8 Dieses originelle Gespann** ist in dem spanischen Seebad Sitges bei Barcelona anzutreffen. Schon von der offenen Bauweise her eignen sich solche Fahrzeuge in erster Linie für den Fremdenverkehr (Stadtrundfahrten) und nicht so sehr für den schnellen öffentlichen Verkehr.

# Sonderfahrzeuge

Personen- und Lastkraftwagen, zum Betrieb auf befestigten Straßen mit relativ geringen Steigungen bestimmt, können bei besonderen Anforderungen meist nicht eingesetzt werden. Hierfür werden Sonderfahrzeuge benötigt. Sie können z. B. unwegsames Gelände überwinden oder schwerste Lasten befördern.

Aus wirtschaftlichen Gründen werden solche Fahrzeuge häufig unter Verwendung serienmäßiger, erprobter Normteile konstruiert. So kann ein normales Lastwagenchassis mit einem speziellen Aufbau versehen oder als Grundbaustein einer Zugmaschine für Spezialanhänger verwendet werden [7]. Umgekehrt lassen sich serienmäßige Aufbauten normaler Fahrzeuge mit speziellen, neuentwickelten Fahrwerkskonstruktionen kombinieren.

## Konstruktionsmerkmale

Grundsätzlich hängt die Konzeption eines Sonderfahrzeugs davon ab, was befördert werden soll. Das können z. B. empfindliche Meßgeräte (samt Personal) zur Erforschung von Ölquellen sein; oder die Ladung kann aus mehreren Tonnen Bauholz oder einem 12-cm-Geschütz einschließlich Munition und Mannschaft bestehen. Prinzipiell sind zum Befördern schwerer Lasten große Fahrzeuge besser geeignet als kleine; Hindernisse im Gelände können durch Fahrzeuge mit großen Rädern leichter überwunden werden. Dagegen sind große Fahrzeuge schwieriger zu manövrieren.

Ein weiterer wichtiger Punkt für die Konstruktion von Sonderfahrzeugen ist das Gelände, in dem sie eingesetzt werden sollen. So ist etwa bei weichem Untergrund ein Fahrwerk vorzusehen, das das gesamte Gewicht auf eine möglichst große Auflagefläche verteilt, um die Einsinktiefe geringzuhalten. Der Antrieb des Fahrzeugs muß außerdem genügend Kraft entwickeln, um den Widerstand, der durch das Einsinken verursacht wird, überwinden zu können, und in der Lage sein, Steigungen auch bei schlüpfrigem Untergrund zu meistern. Hierfür gibt es zwei verschiedene Lösungen: den Allradantrieb bei Radfahrzeugen oder den Gleiskettenantrieb [2]. So können z. B. kleinere Fahrzeuge mit extrem großen Rädern versehen werden, die auf losem und unebenem Untergrund genausogut fahren können wie Kettenfahrzeuge; sie können sogar – bei genügend großen Niederdruckreifen – schwimmfähig gemacht werden [6]. Nach den verschiedenen Anforderungen wie Überwinden von Geländehindernissen oder Beförderung großer Lasten sowie den Bodenverhältnissen richtet sich auch die Art der Bereifung: schmal oder breit (je nach Größe der Belastung), grob oder fein profiliert (je nach Art des Untergrunds). Das Profil muß so gearbeitet sein, daß sich das Fahrzeug bei lockerem Boden, Schnee oder Sand nicht »eingraben« kann. Manchmal sind die Laufflächen so breit, daß die Räder nicht mehr geschwenkt werden können; dann lenkt man das Fahrzeug dadurch, daß man die Räder auf beiden Seiten – ähnlich wie bei Kettenfahrzeugen – mit unterschiedlicher Geschwindigkeit antreibt.

Bei besonders großen Lasten setzt man Gleiskettenfahrzeuge ein. Sie verteilen durch die größere Auflagefläche der Ketten das Gewicht noch gleichmäßiger auf den Boden als Radfahrzeuge.

## Radaufhängung von Geländefahrzeugen

Die Art der Radaufhängung ergibt sich aus den Bodenverhältnissen und der Geschwindigkeit, die das Geländefahrzeug dabei entwickeln soll.

**HINWEISE**

Lesen Sie auch:

Bagger und Planierraupen

Das Bewegen schwerer Lasten

Tragflächenboote und Luftkissenfahrzeuge

Straßenbahn und Omnibus

Die Eisenbahn der Zukunft

Panzerfahrzeuge

---

**1 Betontransporter** liefern Fertigbeton direkt zur Baustelle. Das erspart Mischanlagen. Das Mischen in Betonfabriken hat sich als wirtschaftlicher erwiesen. Der Beton wird angefeuchtet oder trocken befördert; im ersteren Fall werden Ladungsverluste vermieden. Während der Fahrt rotiert die Trommel, um Entmischungen zu verhindern.

**2 Gleiskettenfahrzeuge** eignen sich für den Gütertransport auf Schnee oder sumpfigem Boden. In den arktischen Gebieten Alaskas, Kanadas und der Sowjetunion werden sie zum Holztransport oder bei der Erdöl- und Erzsuche eingesetzt. Ihre Größe richtet sich nach der Aufgabe: kleinere Fahrzeuge dienen als Zugmaschinen für Schlitten, mittlere zum Personentransport und Großfahrzeuge für Nutzlasten bis zu 40 Tonnen.

**3 Der Jeep,** ein robustes und geländegängiges Fahrzeug, wurde erstmals 1941 gebaut. Es war einfach im Konzept, billig herzustellen und bei Pannen einfach zu reparieren. Die Bezeichnung »Jeep« kommt von der Aussprache der englischen Abkürzung GP für »General Purpose« (Allzweck). Der Jeep konnte mit entsprechender Ausrüstung für vielerlei Sonderaufgaben eingesetzt werden: mit heruntergeklappter Windschutzscheibe und festmontiertem Maschinengewehr als Patrouillen- oder als Sanitätsfahrzeug bei spezieller Vorrichtung zum Transport von Tragbahren. Moderne Jeeps bieten weitere Einsatzmöglichkeiten; sie sind jedoch viel aufwendiger und schwerer konstruiert.

1 Verdeck, gefaltet
2 Munitionskasten
3 Maschinengewehrhalterung
4 Funkgerät
5 Antennenhalterung
6 Windschutzscheibe
7 Handbetriebener Scheibenwischer
8 Arretierung für die niedergeklappte Windschutzscheibe
9 Seilwinde
10 Seitlicher Haltegurt

Bei Normalfahrzeugen ist die Radaufhängung relativ leicht konstruiert, und bei schlechten Bodenverhältnissen treten oft Schäden auf; zudem setzen solche Fahrzeuge bei starken Bodenwellen leicht auf. Aus diesem Grund haben Sonderfahrzeuge, die bei geringstem Aufwand geländegängig sein sollen, eine entsprechend harte Federung. Im Extremfall kommen sie, wie landwirtschaftliche Fahrzeuge, ohne gefederte Radaufhängung aus; die einzige Federung stellt hier die Nachgiebigkeit der Reifen dar. Der Fahrkomfort ist gering.

Aus der maximalen Fahrgeschwindigkeit ergibt sich auch die Art der Federung für Gleiskettenfahrzeuge: Langsame Fahrzeuge für den Transport extremer Lasten sind überhaupt nicht gefedert, während z. B. Panzerkampfwagen mit gefederten Laufrollen ausgerüstet sind. Im zivilen Bereich, etwa bei Planierraupen, werden Fahrgeschwindigkeit und Federung nach wirtschaftlichen Gesichtspunkten aufeinander abgestimmt.

Die Anforderungen, die an den Antrieb eines Fahrzeugs gestellt werden, lassen sich durch das Verhältnis von Motorleistung zu Fahrzeugmasse ausdrücken. Bei einem Kleinwagen beträgt dieses »Leistungsgewicht« etwa 50 kW/t (68 PS/t), bei einem Sportwagen rund 150 kW/t (204 PS/t). Für einen Lkw sind nach europäischen Maßstäben mindestens 6 kW/t (8 PS/t) erforderlich, d. h., ein »38-Tonner« benötigt bereits eine Leistung von 228 kW (310 PS). Besonders hohen Anforderungen unterliegt dabei das Getriebe, das für Straßenfahrten relativ hohe Geschwindigkeiten gestatten und bei der Arbeit in unwegsamem Gelände und niedriger Geschwindigkeit große Kräfte aufbringen muß.

### Lenkung von Spezialfahrzeugen

Während man Gleiskettenfahrzeuge oder Fahrzeuge mit breiter Bereifung bei geringer Fahrzeuglänge dadurch lenken kann, daß man die rechts- und linksseitigen Antriebsräder mit unterschiedlichen Geschwindigkeiten antreibt, benötigen überlange Fahrzeuge besondere Lenkeinrichtungen. Eine gebräuchliche Lösung für derartige Fahrzeuge ist, daß man sie aus zwei einzeln lenkbaren Teilen zusammensetzt, die gelenkig miteinander verbunden sind und in Kurven in der Mitte abknicken. Damit lassen sich auch enge Kurven durchfahren.

**Leitbild**

**Kipperfahrzeuge** sind meist relativ kurze Spezialkonstruktionen. Ihre Ladung besteht aus Schüttgütern wie Kies oder Sand. Durch den Kippmechanismus läßt sich das transportierte Gut rasch entladen. Da Transport und Entladen allein durch den Fahrer bewerkstelligt werden, ist diese Art des Materialtransports sehr wirtschaftlich.

**4 Der »Koloß von Coles«** ist ein Spezial-Kranfahrzeug mit 14 Zwillingslaufrädern. Es besitzt eine hydropneumatische Radaufhängung und wird von einem Rolls-Royce-Dieselmotor mit Turbolader angetrieben. Sein Aufbau besteht aus einem Gitterkran, der mit einfachen Mitteln zum Portalkran umgerüstet werden kann, um das Fahrzeug universeller einsetzen zu können.

**5 Die Keilform eines Rennwagens** und die breiten Reifen erlauben hohe Kurvengeschwindigkeiten; der Luftwiderstand beider vermindert jedoch auch die Spitzengeschwindigkeit.

**6 Spezielle Sumpffahrzeuge** haben große Niederdruckreifen und können Personen oder Material über Binnengewässer und durch schlammiges Gelände transportieren.

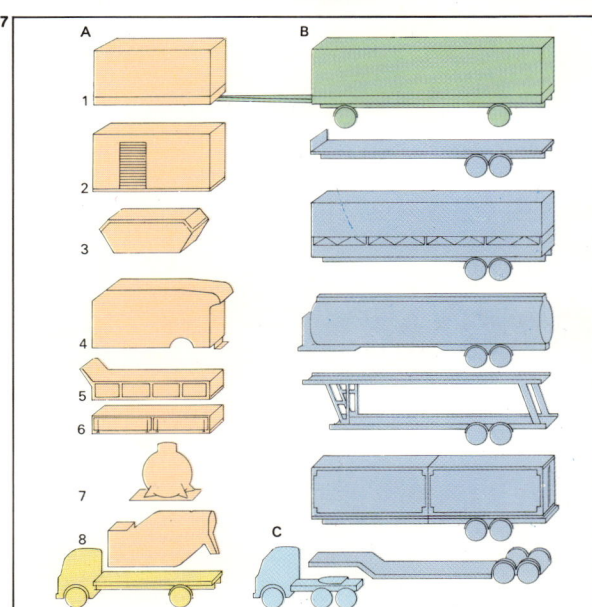

**7 Ein Lastwagen** kann bei gleichbleibendem Chassis [A] mit verschiedenen Aufbauten ausgerüstet werden, z. B. einem geschlossenen Kastenaufbau [1] – häufig mit seitlicher Ladetür [2], einem Kies- [3] oder Staubbehälter [4], einem Kipper [5], einer offenen Ladefläche [6] oder einem Tank für Flüssiggas [7] bzw. Beton [8]. Der gleiche Lkw kann jedoch auch als Zugmaschine [C] für Sattelanhänger [B] umgerüstet werden und bietet so mannigfaltige und wirtschaftliche Einsatzmöglichkeiten.

**8 Dieses gepanzerte 20-Tonnen-Einsatzfahrzeug** hat schußsichere Scheiben und Platz für 15 Mann. Es ist mit einer Wasser- und einer Tränengaskanone sowie extrem lauten Sirenen ausgerüstet. Es wird meist bei politischen Unruhen eingesetzt und soll z. B. Ausschreitungen bei Demonstrationen verhindern.

**9 Luftkissenfahrzeuge** gehören auch zu den Sonderfahrzeugen [hier eine Luftkissenfähre]: Zwei Gasturbinen treiben Gebläse zur Erzeugung eines Niederdruckluftkissens und lassen das Fahrzeug auf der Oberfläche sowohl seichter als auch tiefer Gewässer schweben.

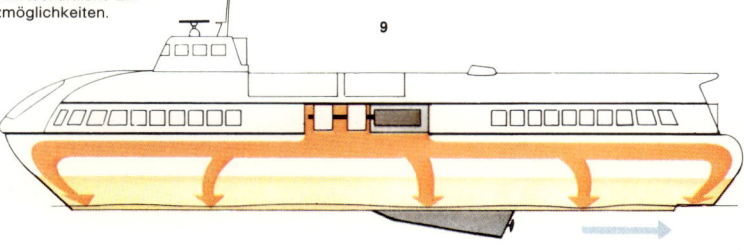

# Lokomotiven

Die rasche Verbreitung der Eisenbahnen im 19. Jahrhundert war nur durch die Entwicklung der Dampflokomotive möglich. Für Eisenbahnliebhaber zählt sie zu den schönsten Maschinen, die jemals gebaut wurden. Die erste, noch recht einfache Lokomotive [1] wurde 1804 von Richard Trevithick (1771–1833) entwickelt.

### Die erste Eisenbahnstrecke
Zunächst dienten die Dampflokomotiven in den Bergwerken Englands zum Antrieb von Kohlenzügen, aber schon 1825 wurde die erste öffentliche Eisenbahn zwischen den englischen Städten Stockton und Darlington eingerichtet. Sie war ursprünglich als Pferdebahn geplant, aber George Stephenson (1781–1848), ein angesehener Lokomotivenbauer, konnte die Direktoren überreden, eine Dampflokomotive einzusetzen. Schon fünf Jahre später wurde die Eisenbahnlinie zwischen Liverpool und Manchester eröffnet – nach harten Auseinandersetzungen mit Grundbesitzern, Kutschern, Kanalschiffern und auch einem großen Teil der Bevölkerung, die die rauchspeienden Lokomotiven als Teufelswerk betrachtete. Als Lokomotive wählte man Stephensons »Rocket« [2].

Die erste deutsche Eisenbahn verkehrte im Jahr 1835 zwischen Nürnberg und Fürth.

Im Laufe der Zeit gelang es, druckfestere Kessel und exakter gefertigte Kolben und Zylinder herzustellen, so daß die Lokomotiven mehr Zugkraft entwickelten und höhere Geschwindigkeiten erreichten.

Fast ein Jahrhundert lang wurden praktisch alle Züge auf der Erde von Dampflokomotiven gezogen. Es gab in dieser Zeit keine grundlegenden technischen Änderungen, nur Größe, Zugkraft und Geschwindigkeit stiegen unaufhaltsam. In Europa wurden Schienen verlegt, die 100 Tonnen schwere Lokomotiven bei Geschwindigkeiten bis zu 160 km/h zu tragen vermochten. In den Vereinigten Staaten von Amerika und vielen anderen Ländern waren die Schienen dagegen leichter und wurden in der Eile oft schlecht verlegt. Zur besseren Lastverteilung erhielten die Lokomotiven deshalb zusätzliche Räder. Deren Anordnung diente dann als Kennzeichnung der Lokomotiven (z. B. gibt die Bezeichnung 4-6-2 die Zahl der Spurräder, der Treibräder und der nachgezogenen Räder an). Die Geschwindigkeiten waren selten höher als 80 km/h.

Um das Jahr 1930 erreichte die Dampflokomotive den Höhepunkt ihrer Entwicklung. Die europäischen Maschinen waren mit windschlüpfigen Verkleidungen ausgestattet und erreichten hohe Reisegeschwindigkeiten im Personenverkehr [6]. Amerikanische Lokomotiven waren dagegen mehr im Hinblick auf möglichst hohe Zugkraft konstruiert. So entstanden die größten Landfahrzeuge, die jemals fuhren [7].

### Elektrische Lokomotiven
Als Konkurrent der Dampfmaschine breitete sich allmählich der Gleichstrom-Elektromotor aus, zunächst nur bei städtischen Straßen- und Untergrundbahnen. Die erste elektrische Lokomotive, erbaut von Werner von Siemens (1816–92), fuhr 1879 auf einer Ausstellung in Berlin. In Ländern mit viel Wasserkraft (z.B. Schweiz und Norwegen) erwies sich die elektrische Lokomotive als billiger; deshalb wurden die Eisenbahnnetze dort zuerst elektrifiziert.

Heute gilt der Elektromotor allgemein als beste Antriebsmaschine für Eisenbahnen, aber die Elektrifizierung ist teuer und nur auf stark befahrenen Strecken rentabel. Bereits 1955

**HINWEISE**

Lesen Sie auch:

Die Auswirkungen der Dampfmaschine (Band 7)

Die Grundlagen der modernen Technik (Band 8)

Dampfmaschinen

Geschichte des Verkehrs

Straßenbahn und Omnibus

Eisenbahntransport

Die Eisenbahn der Zukunft

**1 Die erste praktisch eingesetzte Lokomotive** baute Richard Trevithick 1804 für ein Stahlwerk im Süden von Wales. Sie hatte vier Antriebsräder, aber noch keine Spurräder oder Drehgestelle wie spätere Lokomotiven. Wenngleich die viel zu schwachen Schienen unter der starken Belastung noch oft zu Bruch gingen, zeigte Trevithick doch mit dieser Lokomotive, daß glatte Antriebsräder auf glatten Schienen genug Haftung haben, um schwere Lasten ziehen zu können.

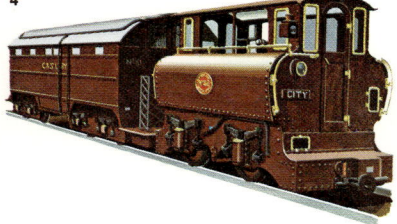

**2 Die »Rocket«** war das erste Fahrzeug mit Eigenantrieb, das weltberühmt wurde. Die Lokomotive wurde von Stephenson mit einer Radanordnung 0–2–2 gebaut und besaß einen weiterentwickelten Kessel mit Flammrohren. Bei Probefahrten, die die Liverpool-Manchester-Eisenbahngesellschaft 1829 durchführte, ging die Lokomotive, die ohne Zug 47 km/h erreichte, als Sieger hervor. Damit war zum erstenmal eine Maschine dem Pferd an Geschwindigkeit überlegen.

**3 Der »General«**, 1855 für die Western & Atlantic Railroad gebaut, war typisch für die Lokomotiven, die mithalfen, den Westen der USA zu erschließen. Als 4–4–0-Bauart konnte sie auch schlecht verlegte Gleise befahren. Typisch waren auch der Kuhfänger [vorne] sowie der große Schornstein gegen Funkenflug.

**4 Der elektrische Zugantrieb** wurde bereits im Jahre 1890 kommerziell bei den Untergrundbahnen im Herzen Londons eingeführt.

**5 Die Lokomotive 53/6** der Bayrischen Staatsbahnen aus dem Jahre 1908 diente als Zugmaschine für Gala-Personenzüge und besaß vier doppelt wirkende Zylinder und eine Radanordnung 4-6-2 wie bei den »Pacific«-Lokomotiven.

**6 Die britische »Mallard«** errang 1938 mit sieben Pullmanwagen den Geschwindigkeitsweltrekord für Dampflokomotiven (203 km/h).

haben die französischen Eisenbahnen gezeigt, daß elektrische Züge Geschwindigkeiten bis über 300 km/h erreichen können [9]; dennoch ist die Durchschnittsgeschwindigkeit der Eisenbahnen nur langsam gestiegen. Lediglich in Japan hat man mit der *Neuen Tokaido-Linie* [10] einen großen Sprung zu höheren Geschwindigkeiten gemacht: Sie betragen bis zu 240 km/h, erfordern aber ständige Wartungs- und Ausbesserungsarbeiten an Zügen und Gleisanlagen.

**Diesellokomotiven**
Um 1920 wurden die ersten Lokomotiven und Triebwagen mit dem von Rudolf Diesel (1858–1913) entwickelten Dieselmotor in Betrieb genommen. Er läßt hohe Beschleunigungen zu und setzt bis zu 45 Prozent der Brennstoffenergie in Antriebsenergie um. Der Wirkungsgrad von Dampflokomotiven erreichte dagegen nur etwa 12 Prozent. Obwohl teurer in der Herstellung, haben die Diesellokomotiven etwa seit 1935 die Dampflokomotiven auch auf Nebenstrecken allmählich verdrängt, so daß diese, in ständig abnehmender Zahl, nur noch bei afrikanischen und asiatischen Eisenbahnen und auf einigen kurzen Strecken in Europa zu finden sind. Dieselmotoren lassen sich leicht starten und abstellen, benötigen also im Stand keinen Brennstoff. Außerdem können sie ohne Anstrengung für die Lokomotivbesatzung mit hoher Leistung laufen. Auf Dampflokomotiven dagegen mußte der Heizer bei schneller Fahrt schwere körperliche Arbeit leisten. Diesellokomotiven legen pro Jahr durchschnittlich über 160 000 km zurück; sie sind äußerst zuverlässig, vielseitig verwendbar und erreichen hohe Geschwindigkeiten [11, 12].

Die Leistungsübertragung vom Dieselmotor auf die Treibräder geschieht nur bei kleinen Lokomotiven direkt über ein Zahnradgetriebe, bei größeren erfolgt sie entweder hydraulisch oder elektrisch. Die dieselhydraulische Lokomotive hat zwischen Motor und Treibrädern ein Flüssigkeitsgetriebe, eine Kombination aus Pumpe und Turbine, das eine stufenlose Drehzahl- und Drehmomentenwandlung gestattet. Bei der dieselelektrischen Lokomotive treibt der Dieselmotor dagegen einen elektrischen Generator an. Mit dessen Strom werden dann die elektrischen Fahrmotoren der Lokomotive betrieben.

**Leitbild**

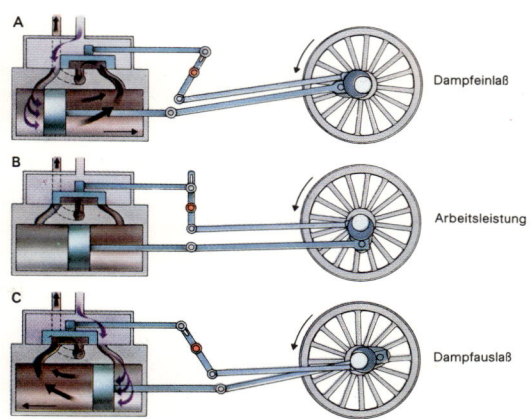

**Die doppelt wirkende Dampfmaschine** für Lokomotiven wird mit überhitztem Dampf aus einem Rohrkessel betrieben. Der in den Zylinder einströmende Dampf [A] drückt den Kolben nach rechts, wobei der Dampf auf der anderen Seite des Kolbens ausgestoßen wird. In der Mittelstellung des Kolbens sind beide Ventile geschlossen [B]. In der Stellung [C] strömt Dampf auf die rechte Seite des Kolbens, wird nun nach links gedrückt, und der Ablauf beginnt von neuem. Der Dampf strömt aus dem Zylinder direkt ins Freie. Der Energieverlust ist zusammen mit dem Wärmeverlust des Kessels die Ursache für den geringen Wirkungsgrad von Dampflokomotiven.

**7 »Big Boy«-Lokomotiven** waren mit 540 t die schwersten, die jemals gebaut wurden. Mit 4-8-8-4-Radanordnung konnten sie schwer beladene Güterzüge bis zu 120 km/h schnell über die Rocky Mountains ziehen.

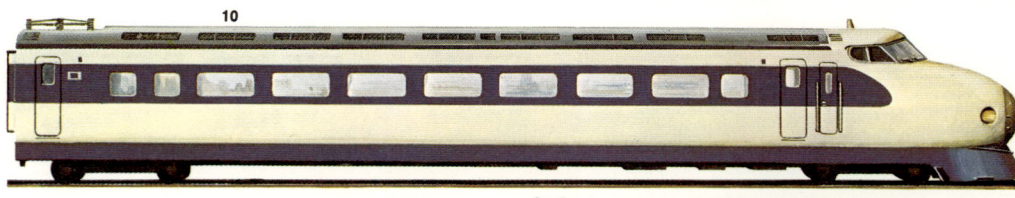

**8 Die »Beyer-Garratt«** (4-6-4 + 4-6-4), eine schwere Lokomotive der rhodesischen Eisenbahnen, speziell für leichte Gleise gebaut. Vorn und hinten am Kessel befinden sich je ein Drehgestell mit Zylindern und Antriebsrädern.

**9 Eine Elektrolokomotive der SNCF** (französische Staatsbahnen) erreichte 1955 mit einem leichten Zug 331 km/h. Es handelt sich um eine Serienlokomotive der Klasse CC 7100, jedoch mit einem hoch übersetzten Getriebe.

**10 Die Neue Tokaido-Linie** zwischen Tokio und Osaka wurde 1964 in Betrieb genommen. Die Triebwagenzüge mit 9000 kW (12 000 PS) legen die 515-km-Strecke in nur drei Stunden zurück, aber die Betriebskosten sind hoch.

**11 Diese typische dieselelektrische Lokomotive** wurde 1972 in Montreal für den Betrieb in Ostafrika gebaut und kann schwerste Lasten ziehen. Das Gesamtgewicht verteilt sich auf 2 Drehgestelle mit insgesamt 8 Achsen.

**12 Dieser Expreßzug** der britischen Eisenbahnen aus dem Jahre 1973 errang den Weltrekord für Diesellokomotiven mit einer Geschwindigkeit von 230 km/h. Er ist für den allgemeinen Personentransport konstruiert und besitzt an jedem Ende eine Diesellokomotive mit je 1700 kW (4500 PS) Leistung. Die Reisegeschwindigkeit beträgt 200 km/h. Bei den britischen Eisenbahnen wird jetzt eine elektrisch betriebene Version dieses Zuges entwickelt, mit der ohne Änderung an Schienen und Signalen eine Reisegeschwindigkeit von 250 km/h erreicht werden soll. Der erste Prototyp verkehrt seit 1978 zwischen London und Glasgow.

# Eisenbahntransport

Schienenfahrzeuge gab es schon vor der Entwicklung der Dampfmaschine, ja sogar bevor man die Technik der Eisenverarbeitung grundlegend beherrschte. Die ersten Schienenfahrzeuge liefen bereits im 14. Jahrhundert, und zwar auf hölzernen Schienen. Sie wurden gebaut, um den Warentransport über Land zu erleichtern, denn auf den künstlich verlegten Schienenwegen gab es keine Schlaglöcher, Schlammpfützen oder Querrinnen wie auf den unbefestigten Straßen. Schienen boten einen viel geringeren Rollwiderstand, so daß man schwere Lasten mit relativ wenig Kraftaufwand bewegen konnte.

### Die ersten Eisenbahnen

Alle vor 1825 gebauten Schienenfahrzeuge waren nach heutigen Begriffen Grubenbahnen [1]. Sie fuhren auf Strecken bis zu 3 km Länge und beförderten Kohlen von einem Bergwerk oder Steine von einem Steinbruch zu den Schiffen am Ladekai. Die Wagen wurden von Menschen oder Pferden gezogen. Die Schienen bestanden aus schweren Holzbalken, die man durch Eisenbeschläge verstärkt und verbunden hatte. Die Räder waren sehr einfach gebaut; da sie auf glatten Schienen liefen, brauchten sie nicht so groß zu sein wie sonst bei Kutschen und Karren üblich. Seitliche Führungsleisten an den Schienen hielten die Räder in der Spur.

Zunächst zog man die Wagen einzeln über die Schienen, später verband man mehrere Wagen mit Eisenhaken oder Seilen zu einem Zug. Da das Gelände von einer Grube zum Hafen meist abschüssig war, mußten die schwerbeladenen Züge nur bis zum Anfang des Gefälles geschoben werden; von dort aus rollten sie allein weiter, bis sie am Ende des Gefälles von selbst stehenblieben. Arbeiter und Pferde, die im Zug mitgefahren waren, brachten die leeren Wagen nach dem Entladen wieder bergauf zur Grube zurück. Sicherheitseinrichtungen wie Signale oder Bremsen gab es damals noch nicht; bei der Talfahrt hatte man keinerlei Kontrolle über die Züge.

### Verbesserungen und Vereinheitlichungen

Seit 1820 benutzte man einfache, über Hebel und Gestänge betätigte Reibungsbremsen, aber erst der Einsatz von luft-, dampf- oder vakuumbetätigten Bremsen stellte einen wirklichen Fortschritt dar. Die von George Westinghouse (1846–1914) 1869 eingeführte Druckluftbremse [6] verkürzte die auf ebener Strecke erforderlichen Bremswege auf ein Zehntel.

Um 1820 waren viele technische Einzelheiten des heutigen Eisenbahnwesens im Ansatz schon Wirklichkeit geworden. Die Schienen bestanden jetzt aus Eisen, und nach 1860 wurden sie aus hochbelastbarem Stahl gefertigt. Sie trugen keine Spurleisten mehr, sondern die Räder besaßen Spurkränze an der Innenseite der Lauffläche. Jeweils zwei nebeneinander laufende Räder wurden starr mit einer Achse verbunden. Obwohl man die Bedeutung dieser Anordnung damals noch gar nicht erkannte, ermöglichte sie doch höhere Fahrgeschwindigkeiten bei ruhigem Lauf. Sie hat sich bis heute erhalten.

Die Fahrzeuge mußten so konstruiert werden, daß kein Wagenteil zu weit nach der Seite oder nach oben hinausragte und eine Tunnelwand, eine Brücke, ein Signal oder ein entgegenkommendes Fahrzeug streifen konnte. Diese Beschränkung des »Querprofils« führte dazu, daß sich die Ladekapazität der Fahrzeuge nur dadurch vergrößern ließ, indem man sie länger baute. Das brachte jedoch Nachteile mit

**HINWEISE**

**Lesen Sie auch:**

Geschichte des Verkehrs

Lokomotiven

Die Eisenbahn der Zukunft

Tunnelbau

Geschichte des Brückenbaus

Moderne Brücken

**1 Die ersten Schienenfahrzeuge** waren hölzerne Karren, die auf Holzschienen liefen. Führungsleisten an den beiden Seiten hielten die Räder in der Spur. Der abgebildete Wagen (Bauart 15. Jh.) wurde im Bergbau eingesetzt.

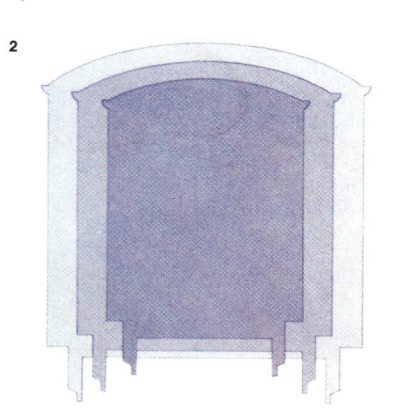

**2 Die Spurweiten der Schienen** bei den heutigen Eisenbahnen reichen von rd. 0,6 m bis 1,7 m. In Europa und den USA hat sich eine Weite von 1,43 m durchgesetzt (gemessen zwischen den Innenseiten des Schienenkopfes).

**3 Die ersten Personenwagen** unterschieden in Ausstattung und Fahrpreis drei Wagenklassen: Passagiere der (billigsten) 3. Klasse [A] mußten in offenen Wagenkästen stehen, die der 2. Klasse [B] konnten auf harten Bänken Platz nehmen. Die Waggons der 1. Klasse [C] sahen aus wie drei zusammengebaute Pferdekutschen auf einem gemeinsamen Fahrgestell. Trotz ihrer unterschiedlichen Bauart mußten die Wagen so konstruiert sein, daß sie zu längeren Zügen zusammengestellt werden konnten.

**4 Untergrundbahnen** nach dem Vorbild der Londoner Metropolitan, die bereits 1863 den Betrieb aufnahm und schon im ersten Jahr fast zehn Millionen Passagiere beförderte, wurden rasch zum Hauptverkehrsmittel in zahlreichen Weltstädten. Die Kapazität in den einzelnen Städten wurde mittlerweile auf mehrere Millionen Passagiere pro Tag gesteigert.

4 New York — Berlin — Montreal — London

sich: Die zwei- bis dreiachsigen Fahrzeuge streiften in engen Kurven mit den Spurkränzen der Räder an den Schienen an und entgleisten. Erst nach 1870 kamen längere Personenwagen mit Drehgestellen auf: kleine zweiachsige, einzeln drehbare Fahrgestelle, die den Wagenkasten an seinen beiden Enden trugen. So konnten auch lange Züge – man kuppelte bis zu zwölf Drehgestellwaggons aneinander – ohne Schwierigkeiten durch enge Kurven fahren.

Um die Jahrhundertwende einigten sich die verschiedenen Eisenbahngesellschaften allmählich auf einheitliche Abmessungen und Einrichtungen, z. B. auf genormte Spurweiten [2] oder Kupplungen zum Verbinden der einzelnen Wagen. Bereits 1925 kamen automatische Kupplungen auf – klauenartige Vorrichtungen, die sich ineinander verhakten, wenn man sie beim Rangieren gegeneinanderdrückte [5]. Auch die Bremsanlagen von Lokomotiven und Waggons wurden vereinheitlicht, ebenso Heizung und Beleuchtung.

### Triebwagenzüge

Das rasch wachsende Verkehrsaufkommen im 20. Jahrhundert führte in den größeren Städten zum Bau von Untergrundbahnen und Schnellbahnnetzen. Gerade die U-Bahnen waren zur Vermeidung von Abgasen oder Dampf auf den Elektroantrieb angewiesen. Statt die Personenwagen mit einer elektrischen Lokomotive zu ziehen, rüstete man die einzelnen Wagen selbst mit Elektromotoren aus.

Derartige »Triebwagen« machen den Betrieb viel flexibler: Man kann je nach Bedarf kürzere oder längere Züge zusammenstellen und ohne weiteres in beiden Richtungen fahren. Dank ihres günstigen Leistung-Gewicht-Verhältnisses zeichnen sich Triebwagen durch hohes Beschleunigungsvermögen aus; starke Bremsen bringen sie rasch wieder zum Stehen. Moderne Triebwagenzüge haben eine vollautomatische Steuerung; der Fahrer hat vor allem Überwachungsaufgaben.

Auch im Fernverkehr werden solche Triebwagenzüge eingesetzt. Die Wagen besitzen Allachsantrieb und Scheiben- oder Wasserwirbelbremsen. Leichtmetallegierungen und faserverstärkte Kunststoffe ersetzen Holz- und Stahlteile. Durch Luftfedern lassen sich die Wagenkästen teilweise zum Fliehkraftausgleich auf die Kurveninnenseite neigen [Leitbild].

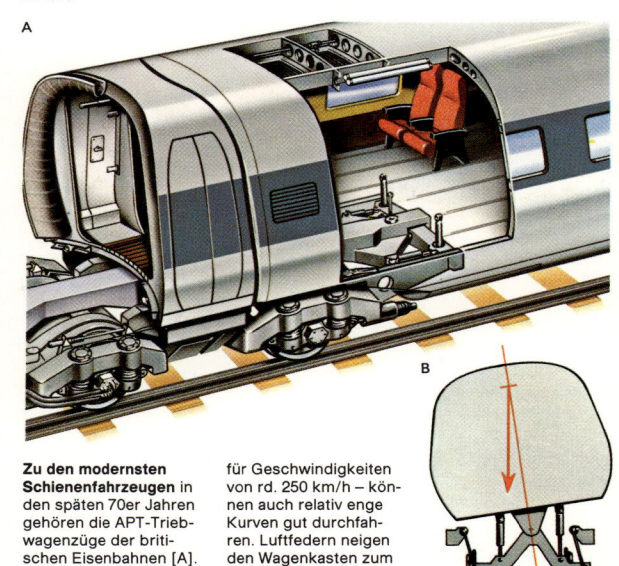

**Leitbild**

**Zu den modernsten Schienenfahrzeugen** in den späten 70er Jahren gehören die APT-Triebwagenzüge der britischen Eisenbahnen [A]. Die extrem leichten Drehgestellfahrzeuge – für Geschwindigkeiten von rd. 250 km/h – können auch relativ enge Kurven gut durchfahren. Luftfedern neigen den Wagenkasten zum Fliehkraftausgleich in Kurven [B].

**5 Als Kupplungen** dienten anfangs einfache Haken und Kettenglieder [A] in Verbindung mit Puffern. Automatische Kupplungen wurden erstmals 1882 in den USA benutzt [B]. Daraus entstand die heutige Sicherheitskupplung mit Doppelverhakung [C], die meist auch die Verbindungen für Bremsleitungen, Heizung und Elektrik herstellt. Zusätzliche Federn sowie hydraulische Dämpfer oder Reibungsdämpfer fangen die Rangierstöße ab und ersetzen die herkömmlichen Puffer.

**6 Die Druckluftbremse,** deren Prinzip George Westinghouse 1869 patentieren ließ, ist heute überall bei Eisenbahnen eingeführt. Die Hauptbremsleitung [blau], die den ganzen Zug durchzieht, führt Druckluft. Beim Bremsen wird Luft aus der Leitung abgelassen [1]. Dadurch öffnen sich in den einzelnen Wagen Ventile: Preßluft aus Hilfsbehältern strömt in die Bremszylinder [2], schiebt die Kolben [3] nach rechts und preßt so über Hebel die Bremsbacken gegen die Räder.

**7 Moderne Güterwagen** sind den verschiedenen Transportgütern weitgehend angepaßt. Die maximale Größe der Fahrzeuge für das bestehende Schienennetz dürfte heute vermutlich erreicht sein, jedoch zeigten Untersuchungen, daß sich die Geschwindigkeit von Güterzügen ohne weiteres noch auf über 235 km/h steigern läßt – sogar mit noch höherer Fahrsicherheit, als sie heute bereits erreicht ist.

A Containerfahrzeug (Irland)
B PKW-Transportwagen (Frankreich)
C Tankwagen für Flüssiggas (Österreich)
D Kastenwagen (Kanada)
E Langer Kastenwagen (USA)
F Kohlenwagen (Neuseeland)
G Offener Güterwagen (USA)
H Getreide-Tankwagen (Australien)
I Langholzwagen (Finnland)
J Kühlwagen (Italien)
K Zementwagen (Großbritannien)
L Schüttgutwagen (Indien)

# Die Eisenbahn der Zukunft

Steigende Anforderungen an Effektivität und Schnelligkeit der Transportsysteme setzten der Forschung in den letzten Jahren neue Ziele. Eines davon ist, die verschiedenen Transportsysteme zu integrieren, z. B. beim kombinierten Containertransport; ein anderes Ziel: die Fahrgeschwindigkeiten spurgebundener Transportmittel, etwa der Eisenbahn, zu erhöhen. Diese Notwendigkeit wird deutlich, wenn man den innerdeutschen Verkehr auf Strecken wie München–Hamburg mit etwa 800 km Entfernung betrachtet: Herkömmliche schienengebundene Fahrzeuge benötigen relativ viel Zeit, um eine solche Strecke zurückzulegen, Flugzeuge dagegen verbrauchen auf derart kurzen Strecken einschließlich Start und Landung verhältnismäßig viel Kraftstoff.

Ein weiterer wichtiger Gesichtspunkt moderner Verkehrstechnologie ist es, die wegen der steigenden Verkehrsdichte immer komplizierter werdende Koordination der Verkehrsmittel zu automatisieren.

### Entwicklungstrends bei der Eisenbahn

Eine erste Maßnahme, Fahrgeschwindigkeiten von Eisenbahnen zu erhöhen, besteht darin, Kreuzungen von Hauptverkehrsstrecken, enge Kurven und große Steigungen durch neuverlegte Schienenwege zu beseitigen. Weiterhin werden neue Gleisbautechniken erprobt: Bettungen aus vorfabrizierten Stahlbetonteilen [2] sollen das bisherige Schotterbett ersetzen. Sie erfordern wesentlich geringere Unterhaltskosten, sind allerdings in der Herstellung bis zu 50 Prozent teurer. Derartige Verbesserungen im Schienensystem lassen Geschwindigkeiten bis zu 250 km/h erwarten.

Ein weites Feld für Verbesserungsmöglichkeiten bietet die automatische Zugkontrolle. Eine bereits erprobte Methode ist die »Indusi« (*Indu*ktive Zug*si*cherung): Eine elektromagnetische Anlage entlang der Gleise und im Triebwagen überprüft die Wachsamkeit des Lokomotivführers bei auf Warnung stehendem Vorsignal oder die Zuggeschwindigkeit bei bestimmten Geschwindigkeitsbeschränkungen und löst beim Überfahren eines Haltesignals automatisch eine Zwangsbremsung aus. Weitere Automatisierungseinrichtungen zur Zugsteuerung sind noch im Versuchsstadium [3], beispielsweise das Fahren mehrerer Züge mit vorgegebenem Sicherheitsabstand.

### Berührungslose Fahrtechnik

Eine der bemerkenswertesten Neuentwicklungen der letzten Jahre ist die »Schwebetechnik«: Die entsprechenden Fahrzeuge sind nicht mehr durch Räder an die Erde gebunden, sondern gleiten auf einem Luft- oder Magnetkissen berührungsfrei über die Oberfläche dahin [Leitbild]. Die notwendige Energie, um derartige Fahrzeuge im Schwebezustand zu halten, ist relativ gering; da diese Fahrzeuge keinen Kontakt zur Fahrbahn haben, ist auch kein Rollwiderstand vorhanden, lediglich der – bei hohen Fahrgeschwindigkeiten allerdings nennenswerte – Luftwiderstand muß durch den Antriebsmotor überwunden werden. Wird dazu ein elektrischer Linearmotor verwendet, so entfällt eine Hauptlärmquelle bisheriger Fahrzeuge. Diesen Vorteilen steht als Nachteil gegenüber, daß die Herstellungskosten der Fahrbahnen extrem hoch sind. Diese Anlagen müssen sehr präzise gebaut sein und dürfen bei den vorgesehenen Geschwindigkeiten bis zu 500 km/h keine engen Kurven aufweisen.

Die Technik der Luftkissenfahrzeuge ist bereits sehr weit entwickelt; Magnetzüge [4] sind noch im Versuchsstadium. Im Fährverkehr zwi-

**HINWEISE**

Lesen Sie auch:

Tragflächenboote und Luftkissenfahrzeuge

Lokomotiven

Eisenbahntransport

Tunnelbau

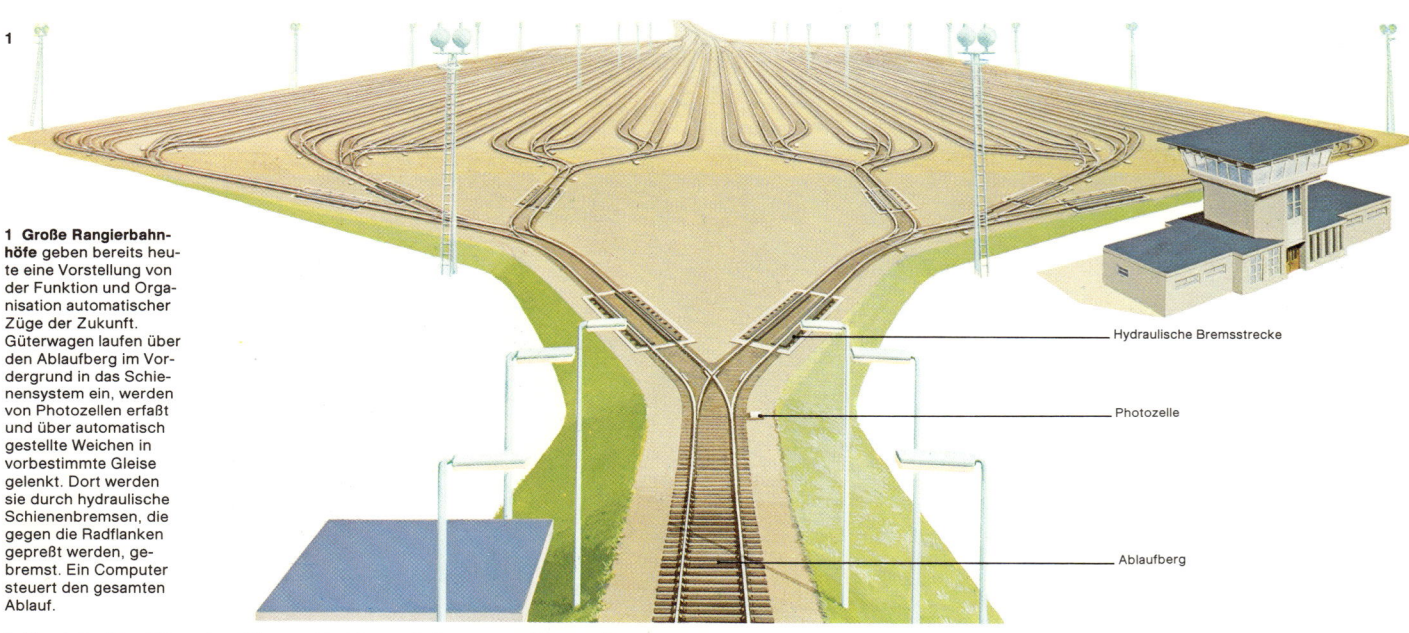

**1 Große Rangierbahnhöfe** geben bereits heute eine Vorstellung von der Funktion und Organisation automatischer Züge der Zukunft. Güterwagen laufen über den Ablaufberg im Vordergrund in das Schienensystem ein, werden von Photozellen erfaßt und über automatisch gestellte Weichen in vorbestimmte Gleise gelenkt. Dort werden sie durch hydraulische Schienenbremsen, die gegen die Radflanken gepreßt werden, gebremst. Ein Computer steuert den gesamten Ablauf.

Hydraulische Bremsstrecke
Photozelle
Ablaufberg

**2 Eisenbahngleise** können nicht durch Neukonstruktionen anderer Grundform oder Spurweite ersetzt werden, wenn man nicht das gesamte Schienennetz erneuern will. Bei gleichbleibender Konzeption bemüht man sich daher, durch neuartige Verlegungstechniken und Bauweisen, die ständig anfallenden Unterhaltskosten zu senken. Das im Vordergrund sichtbare Gleis liegt beispielsweise auf einer Bettung aus vorfabrizierten Stahlbetonteilen und benötigt über einen längeren Zeitraum hinweg kaum Wartung. Gegenwärtig werden verschiedene Gleisbettkonstruktionen in der Praxis erprobt.

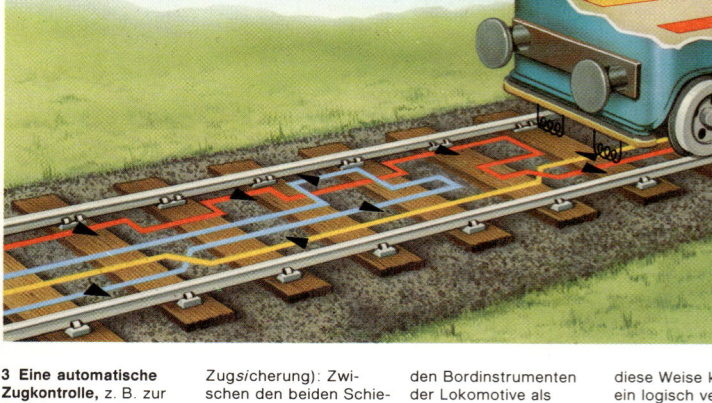

**3 Eine automatische Zugkontrolle**, z. B. zur Betätigung der Bremsen vor einem Hindernis, wird schon seit vielen Jahren auf verschiedenen Strecken in ganz Europa angewandt. Sie arbeitet nach dem Prinzip der elektrischen Induktion (Indusi = *Indu*ktive Zug*si*cherung): Zwischen den beiden Schienen ist ein System von verschiedenen Kabeln verlegt. Die in ihnen fließenden Ströme werden induktiv durch Spulen, die unter der Lokomotive angebracht sind, erfaßt. Das Vorhandensein eines Stroms wird in den Bordinstrumenten der Lokomotive als Digitalsignal angezeigt, beispielsweise als die Zahl 1. Wenn an einer bestimmten Stelle ein zweites Kabel in Gegenrichtung verläuft und sich die Ströme gegenseitig auslöschen, so ergibt sich die Zahl 0. Auf diese Weise kann durch ein logisch verlegtes Kabelsystem eine Befehlsübertragung auf die Lokomotive in digitalen Zeichen erfolgen. Sie dient zur Zugüberwachung und für eine automatische Notbremsung in einer Gefahrensituation.

schen Frankreich und England sind Luftkissenfähren, die über Wasser und jedem festen, nicht allzu welligen Untergrund fahren können, bereits ein alltägliches Bild.

Auch auf dem militärischen Sektor gibt es bereits seit längerer Zeit eine Reihe von Sonderfahrzeugen, die auf Luftkissen schweben. Im Gegensatz zu diesen Fahrzeugen sind Magnetschwebefahrzeuge auf eine spezielle Fahrbahn angewiesen.

### Ausblick in die Zukunft

In der Magnetschwebetechnik gibt es zwei verschiedene Möglichkeiten: Beim EDS (*E*lektro-*D*ynamischen *S*ystem) entsteht das tragende Magnetfeld durch Induktion, wenn das Fahrzeug eine gewisse Mindestgeschwindigkeit erreicht hat. Zum Anfahren sind daher Laufrollen nötig. Demgegenüber hat sich das EMS (*E*lektro-*M*agnetische *S*ystem) durchgesetzt, das auf der magnetischen Anziehung beruht. Hier ist der Schwebezustand auch möglich, wenn das Fahrzeug hält. Einige Probleme, die bei der Realisierung von Magnetzügen auftraten, konnten erst teilweise gelöst werden – etwa die Übertragung des für Trag- und Führungsmagnete und den Linearmotor notwendigen Stroms und die Konstruktion von Weichen –, andere Probleme werden zur Zeit noch erforscht, beispielsweise die Erhöhung des Wirkungsgrades der Linearmotoren bei großem Luftspalt oder die Kombination von Vortriebs- und Tragmagneten bzw. von Führungsmagneten.

Weitere bis heute unrealisierte Projekte wie etwa die »Gravitationsbahn« [5B] sind im Gespräch: Wenn man einen Tunnel geradlinig von Europa nach Amerika bohrte, würde dieser wegen der Erdkrümmung von jeder Endstation aus »nach unten« führen. In einem solchen Tunnel würde also ein Fahrzeug – wenn man von Reibungswiderständen absieht – bis zur Mitte der Fahrstrecke »fallen« und dabei erhebliche Geschwindigkeiten erreichen, bis zum Zielbahnhof aber durch das »Aufsteigen« wieder abgebremst werden. Leichter realisierbar erscheinen dagegen Transportmittel, die wie eine Rohrpost durch luftleere Röhren »schießen«, oder solche, die nach dem Rückstoßprinzip am vorderen Ende Luft ansaugen, sie komprimieren und hinten durch eine Düse wieder ausstoßen [5C].

**Leitbild**

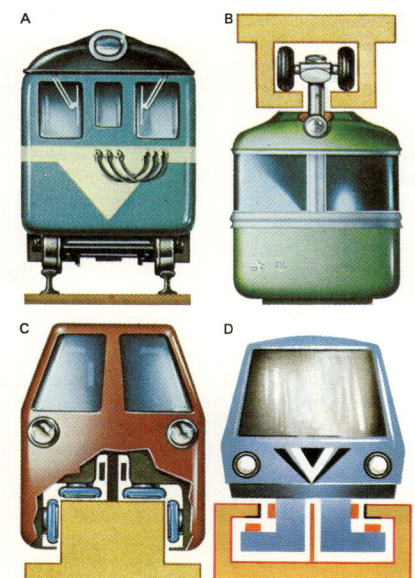

**Verschiedene Bahnsysteme** sind schon heute im praktischen Einsatz. Die übliche Bahn mit Gleisen aus zwei Schienen [A] ist weltweit verbreitet. Manche Städte besitzen Einschienenbahnen, meist als aufgeständerte Hängebahnen [B]. Zu den Einschienenbahnen gehört auch der Luftkissenzug [C], der über eine Schiene aus Stahlbeton gleitet und sie dabei sattelartig umfaßt. Beim Magnetbahnsystem, der jüngsten Schnellbahnentwicklung, wird das Fahrzeug über magnetische Kräfte im Schwebezustand gehalten [D]. Versuchsbahnen sind bereits seit längerer Zeit in Erprobung. Mit der Realisierung derartiger Bahnsysteme für hohe Geschwindigkeiten über weitere Streckenabschnitte wird man sicher in unmittelbarer Zukunft rechnen können.

**4 Magnetschwebezüge** gehören zu den Projekten, mit deren wirtschaftlicher Realisierung in unmittelbarer Zukunft gerechnet werden kann. Erste Prototypen – von verschiedenen Firmen entwickelt – haben ihre Tests auf Versuchsstrecken [hier ein Versuchsfahrzeug in München-Allach] erfolgreich bestanden. Dabei wurde dem elektromagnetischen Prinzip der Vorzug gegeben. Es beruht darauf, daß sich ungleichnamige magnetische Pole anziehen: Das Fahrzeug wird mit Elektromagneten, die unter die Reaktionsschiene der Fahrbahn greifen, an diese gefesselt. Natürlich müssen die Magnetkräfte über einen Computer geregelt werden: Eine zu starke Anziehungskraft würde die Magnete mit der Reaktionsschiene in Berührung bringen, eine zu schwache Anziehungskraft das Fahrzeug auf seine Notlaufkufen herunterfallen lassen. Aufgrund der fehlenden Rollreibung durch Räder können Höchstgeschwindigkeiten bis zu 500 km/h erreicht werden.

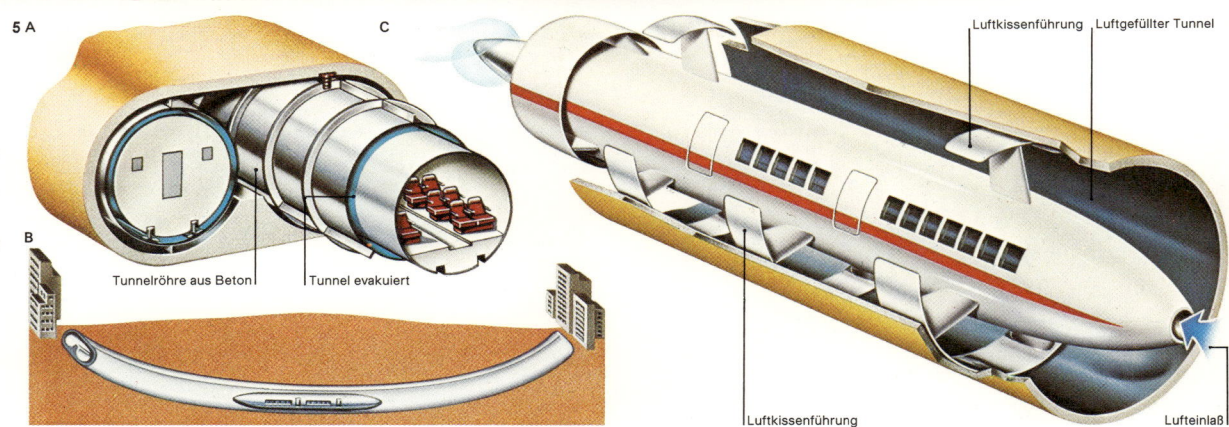

**5 Zu den Zukunftsprojekten**, die bisher noch nicht experimentell erprobt wurden, gehören u. a. der Vakuumzug und das durch Luftdruck vorwärtsgetriebene Fahrzeug. Der Antrieb des Vakuumzuges [A] beruht darauf, daß vor dem Fahrzeug ein Unterdruck erzeugt wird, der den Zug durch eine Röhre »saugt«. Beim Gravitationszug [B] sorgt die Erdanziehung für das Beschleunigen und Abbremsen. Der Rohrpostzug [C] gleitet auf Luftkissen dahin und wird über ein System von Luftdüsen angetrieben.

Tunnelröhre aus Beton    Tunnel evakuiert

Luftkissenführung    Luftgefüllter Tunnel

Luftkissenführung    Lufteinlaß

# Ballone und Luftschiffe

Wann immer unsere Vorfahren ans Fliegen dachten, stellten sie sich vogelähnliche Flugmaschinen vor. So war es überraschend, als mehr als hundert Jahre vor der Erfindung des Flugzeugs in Frankreich ein völlig anders geartetes Fluggerät auftauchte, nämlich der Ballon.

Die Flugfähigkeit des Ballons beruht auf dem archimedischen Auftriebsprinzip: Er wird mit Heißluft oder mit einem Gas (meist mit Wasserstoff oder Helium) gefüllt, das am Erdboden leichter ist als die umgebende Luft. Dadurch steigt er vom Boden bis in dünnere Luftschichten auf, und zwar so lange, bis die Auftriebskraft (d. h. das Gewicht der verdrängten Luftmenge) gerade so groß ist wie das Eigengewicht von Ballon und Füllung – der Ballon schwebt nun in gleichbleibender Höhe, vom Wind getrieben, weiter.

## Ballone

Die Idee, ein leichtes, sackartiges Gebilde herzustellen und es mit einem Gas zu füllen, das leichter ist als Luft, stammt bereits aus dem Mittelalter. Um 1670 veröffentlichte der italienische Physiker Francesco Lana, Graf de' Terzi (1631–87), den Plan eines Luftschiffes, das mit Hilfe von vier riesigen, luftleer gepumpten kupfernen Kugeln fliegen sollte. Natürlich war dieses Vorhaben zum Scheitern verurteilt, da das Eigengewicht solcher Metallkugeln viel zu groß ist.

Etwa hundert Jahre später fiel den französischen Papierfabrikanten Joseph-Michel und Jacques-Étienne Montgolfier (1740–1810 bzw. 1745–99) auf, daß Papierfetzen, Ascheteilchen und sonstige Partikel über einem Holzfeuer nach oben gewirbelt wurden. Diese Beobachtung veranlaßte sie, einen kleinen Papierballon zu bauen, der nach oben stieg, wenn man ihn über einem Feuer mit heißer Luft füllte. Am 4. Juni 1783 ließen sie bei einer Veranstaltung einen aus Leinen und Papier gefertigten Ballon mit 11 m Durchmesser aufsteigen – er erreichte die sensationelle Höhe von 1800 m.

Am 15. Oktober 1783 bestieg François Pilâtre de Rozier (1756–85) als erster Mensch einen Ballon, und fünf Wochen später machten er und der Marquis d'Arlandes (1742–1809) die erste Reise mit der »Montgolfière« über 8 km in 25 Minuten [Leitbild].

Eine Woche später, am 1. Dezember 1783, startete der wasserstoffgefüllte Ballon des Pariser Physikers Jacques A. C. Charles (1746–1823) zu seinem ersten bemannten Flug. Ein ganzes Jahrhundert beherrschten dann Ballone das Denken der Flugpioniere. Höhen bis zu 6 km wurden erreicht, und Flugstrecken von Hunderten von Kilometern waren keine Seltenheit mehr. So flog beispielsweise der Amerikaner John Wise (1808–75) 1859 in einem Ballon von St. Louis (Missouri) nach Henderson (New York) – eine Strecke von über 1300 km.

## Luftschiffe

Nach den ersten Erfolgen mit Ballonen suchten die Konstrukteure bald nach einem geeigneten Antrieb, denn sie waren immer auf der meist unzuverlässigen Wind angewiesen. Man versuchte es mit Rudern und handbetriebenen Propellern. Aber erst als Henry Giffard (1825–82) im Jahre 1852 einen dampfbetriebenen, lenkbaren Ballon entwickelt hatte, war aus dem Ballon ein Fahrzeug geworden: Das Luftschiff war geboren.

Die ersten Luftschiffe waren Pralluftschiffe. Sie hielten ihre Form allein durch den Gasüberdruck, und ausgeklügelte Seilkonstruktionen

### HINWEISE

Lesen Sie auch:

Geschichte des Verkehrs

Die Entwicklung des Flugzeugs

Hubschrauber

---

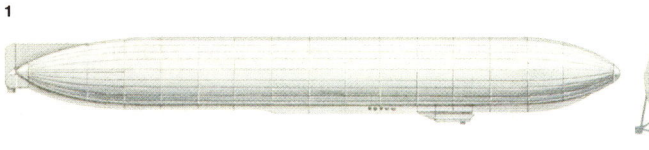

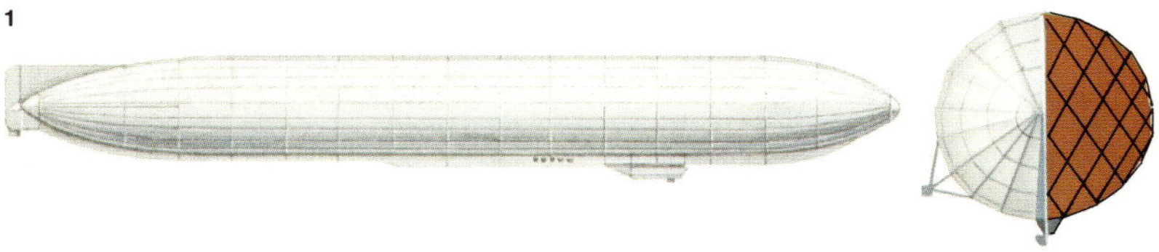

**1 Ferdinand Graf von Zeppelin** (1838–1917) entwickelte das nach ihm benannte Starrluftschiff. Seine erste Konstruktion, das LZ 1 (1900), leitete den Beginn einer ganzen Luftschiffserie ein. Das LZ 13 (1912) war 141 m lang, hatte einen Durchmesser von 13,8 m und trug über 6 t Nutzlast. Unter dem Namen »Hansa« legte es bei fast 400 Flügen eine Strecke von 45 000 km zurück und beförderte etwa 8000 Passagiere. LZ 14 wurde unter der Bezeichnung L 1 von der kaiserlichen Marine in Auftrag gegeben. Die deutsche Armee übernahm auch eine Reihe von Zivilluftschiffen und setzte sie im I. Weltkrieg für Aufklärungsflüge und zum Abwerfen von Bomben ein.

**2 Pralluftschiffe** haben eine flexible Hülle, die erst durch den Überdruck der Gasfüllung ihre Form erhält. Die Nutzlast hängt an zahlreichen Seilen und Kabeln, die das Gewicht gleichmäßig auf die gesamte Textilhülle verteilen. Das abgebildete Luftschiff – für Küstenpatrouillen eingesetzt – stammt aus dem Jahre 1913; seine Konstruktion wurde bis zum II. Weltkrieg kaum verändert. Heute werden derartige Luftschiffe, unter Verwendung von unbrennbarem Helium, für Reklamezwecke eingesetzt. Andere Konstruktionen werden zum Transport sperriger Lasten verwendet. Die Fahrgeschwindigkeit beträgt etwa 70 km/h, die Betriebskosten sind gering.

**3 Halbstarre Luftschiffe** waren relativ selten. Bekanntgeworden ist die »Norge« aus einer italienischen Bauserie der 20er Jahre. Sie unternahm im Mai 1926 eine Fahrt über den Nordpol und besaß als tragendes Element einen vom Bug zum Heck durchgehenden Kiel. An diesem waren einerseits Seile befestigt, die die aufgeblasene Hülle in Form hielten und ein sicheres Schweben ermöglichten, zum anderen trug der Kiel an der Unterseite eine Rahmenkonstruktion für Passagiergondel, Motoraufhängung und Steuerung. Später setzten sich Luftschiffe mit starrem Leichtmetallrahmen durch.

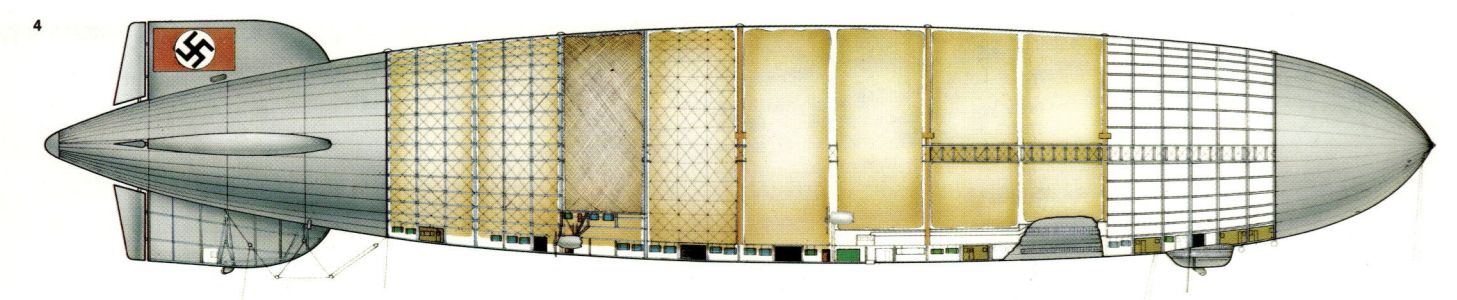

**4 Starrluftschiffe** enthalten ein formgebendes Leichtmetallgerüst, mit Stoff bespannt und in einzelne Kammern für das Traggas aufgeteilt — ähnlich den Schotts eines Schiffes. Das größte derartige Luftschiff war die »Hindenburg« (LZ 129, 1936), das zweitgrößte die »Graf Zeppelin« (Z127); es wurde von Hugo Eckener (1868–1954) mit Hilfe einer Volksspende gebaut. Die Schotts [1] der »Hindenburg« konnten 200 000 m³ Traggas aufnehmen, der Auftrieb betrug 232 t. Das Aluminiumgerüst [2] trug vier Dieselmotoren [3] von je 750 kW (1050 PS) Leistung und die Nutzlast [4]: 50 Passagiere samt Gepäck sowie 12 t Fracht. 1937 explodierte die »Hindenburg« in Lakehurst (USA). Im Jahre 1940 wurden die Luftschiffe aus dem Verkehr gezogen.

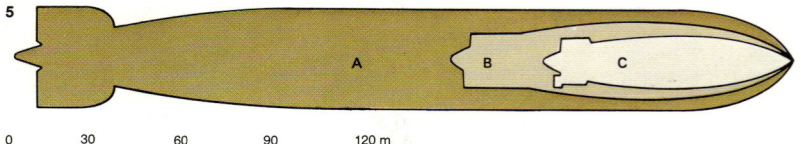

**5 Einen Größenvergleich** von verschiedenen Luftschifftypen zeigt dieses Schema: starre Luftschiffe [A] waren größer als halbstarre [B] und Pralluftschiffe [C].

zur Befestigung der Passagiergondel waren nötig, um das Gewicht der Last möglichst gleichmäßig über die Ballonhülle zu verteilen [2]. Halbstarre Luftschiffe besitzen dagegen eine starre Kielkonstruktion [3], während starre Luftschiffe ein stoffbespanntes Leichtmetallgerüst haben [4].

Die Entwicklung der Luftschiffe fand bis zum Beginn des Ersten Weltkriegs ihren Abschluß; ihr militärischer Einsatz war eine logische Folge.

Die Flughöhe von Ballonen kann durch Abwerfen von Ballast oder Ablassen von Gas reguliert werden [6]. Luftschiffe dagegen nutzen gleichzeitig den aerodynamischen Auftrieb aus, der bei der Vorwärtsbewegung durch leichtes Anheben des Bugs entsteht. Bei Heißluftballonen ist der Auftrieb direkt proportional zur Temperaturdifferenz zwischen Füllung und Außenluft.

### Zukunft der Luftschiffe und Ballone

Nach dem Zweiten Weltkrieg gab es keine Großluftschiffe mehr. Sie wichen der Konkurrenz der Flugzeuge, und eine Reihe größerer Unglücksfälle, wie der Brand des deutschen Luftschiffes »Hindenburg« [4] im Jahre 1937, bei dem 36 Menschen ums Leben kamen, beschleunigte ihr Ende.

Nach 1945 verlor der Ballonsport immer mehr an Interesse, lediglich kleinere Wetterballone und militärische Sperrballone wurden noch eingesetzt. Dies änderte sich jedoch nach 1965 grundlegend, als es möglich wurde, mit Hilfe von Propangasbrennern die Füllung von Heißluftballonen während der Fahrt nach Belieben ständig aufzuheizen und zu regulieren: der Ballonsport lebte wieder auf. Besonderes Interesse fanden in neuerer Zeit Ballonflüge in Afrika zur Beobachtung von Tieren in freier Wildbahn.

Auch dem Luftschiff gibt man als Lastentransporter heute wieder einige Chancen. In vielen Ländern befaßt man sich mit Plänen und Projekten neuartiger Konstruktionen, die Hunderte oder Tausende Tonnen von Nutzlast preisgünstig transportieren können – vor allem dort, wo der Faktor »Zeit« keine wesentliche Rolle spielt. Eines dieser Projekte ist das englische »Skyship« [8], ein riesiges Lastenluftschiff, das bis zu 400 Tonnen Nutzlast bei einer Geschwindigkeit von 160 km/h befördern soll.

**Der erste bemannte Ballonflug** fand am 21. November 1783 statt. Zwei Menschen (Pilâtre de Rozier und der Marquis d'Arlandes) legten in der Nähe von Paris eine Strecke von 8 km zurück. Sie flogen mit einem Heißluftballon der Gebrüder Joseph-Michel und Jacques-Étienne Montgolfier, hergestellt aus papierbeklebtem Leinen und bunt bestrichen mit Aluminiumfarbe zum Schutz gegen Feuer. Der Heißluftballon war 15 m hoch, wog 785 kg und faßte ein Volumen von rund 2200 m³. Die zum Flug notwendige Heißluft wurde von einem offenen, rasch abbrennenden Strohfeuer geliefert, das auf einem Drahtgitter unterhalb der Ballonöffnung entzündet wurde. Die Heizöffnung wurde auch während des Fluges offengelassen.

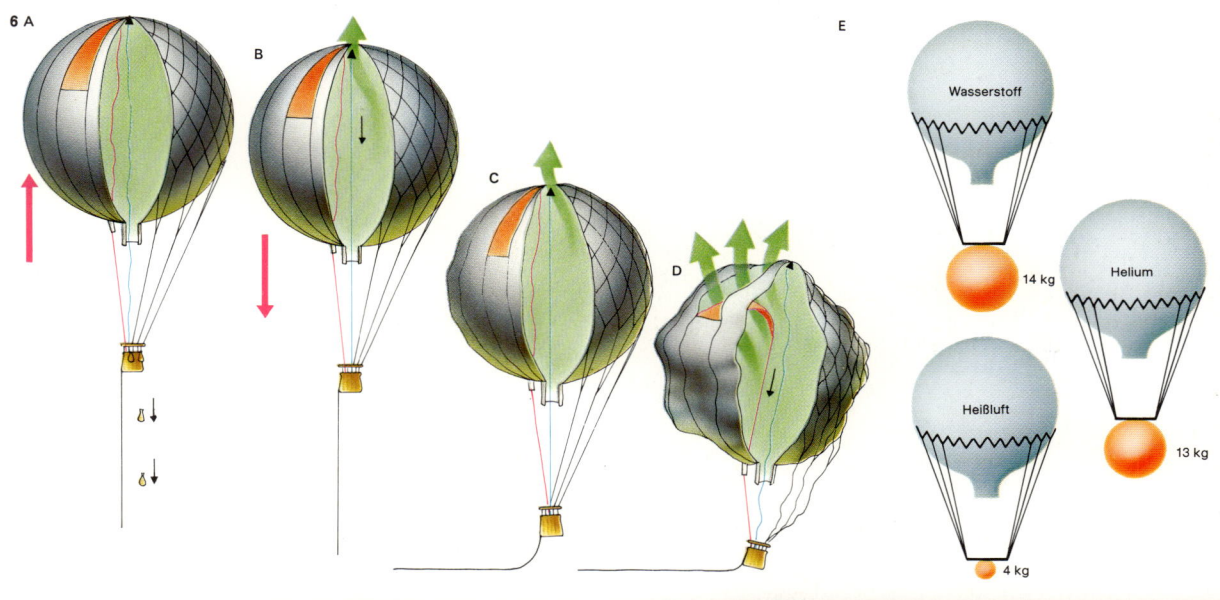

**6 Ballone** steigen nach dem physikalischen Auftriebsprinzip. Der Auftrieb ist größer als das Eigengewicht. Steigen kann durch Ballastabwurf [A], Niedergehen durch Gasablassen [B] reguliert werden. Ein Schleppseil bremst den Ballon bei der Landung [C], wenn die Reißbahn geöffnet wird [D], um das Gas abzulassen. — Hier Vergleich der Tragfähigkeit verschiedener Gase bei einem Balloninhalt von 28 m³ [E].

**8 »Skyship«** heißt das Projekt eines modernen Lastenluftschiffes. Dieses Modell mit 10 m Durchmesser wurde 1975 in England vorgeführt. Die spätere Ausführung soll einen Durchmesser von 215 m haben und bei 160 km/h eine Nutzlast von 400 t befördern; 24 Mann Besatzung sind geplant.

**7 Das englische Luftschiff R 101** verunglückte im Jahre 1930 in der Nähe der nordfranzösischen Stadt Beauvais (Departement Oise), nachdem es zu einer längeren Reise von England nach Indien aufgebrochen war. Von den insgesamt 48 an Bord befindlichen Menschen kamen dabei 42 ums Leben. Das in Brand geratene Wasserstoffgas ließ sogar das Metallgerüst schmelzen. Dieser tragische Unfall — und die »Hindenburg«-Katastrophe in den USA im Jahre 1937 — leitete das Ende der Luftschiffahrt gegen 1940 ein.

# Die Entwicklung des Flugzeugs

Die Brüder Orville und Wilbur Wright (1871–1948 bzw. 1867–1912) waren nicht die ersten, die ein flugfähiges Gerät bauten; der deutsche Flugpionier Otto Lilienthal (1848–96) unternahm seit 1891 mit selbstgebauten Apparaten Hunderte von Gleitflügen. Er förderte das Flugwesen ganz entscheidend. Doch waren die Wrights die ersten, die sich 1903 mit einem selbstkonstruierten Motorflugzeug über größere Distanz in die Luft erhoben – ein entscheidender Schritt zur Weiterentwicklung der Flugzeugtechnik.

## Blériots Kanalüberquerung

Einer der bedeutendsten Flugzeugkonstrukteure nach den Gebrüdern Wright war Louis Blériot (1872–1936), Schöpfer einiger wichtiger konstruktiver Neuerungen: Zugpropeller, Eindecker, Zusammenfassung von Seiten- und Höhenruder zum Leitwerk. Sein Eindecker Typ XI, mit dem er am 25. Juli 1909 von Frankreich nach England flog, war, wie fast alle damaligen Flugmaschinen, eine Holz-Leinwand-Konstruktion. Spanten und Rippen der Tragflächen und die Längsträger des gestreckten Rumpfes bestanden aus Eschenholz. Die Konstruktion war mit Drähten verspannt [1]. Ebenso wie die Wrights bespannte auch Blériot Ober- und Unterseite der Tragflächen, obwohl sich damals viele Flugzeugbauer mit einer Oberseitenbespannung aus Leinen begnügten.

Um das Jahr 1912 baute Deperdussin eine Art Rennflugzeug in Schalenbauweise mit hoher Bruchfestigkeit bei geringem Gewicht und mit damals ungewöhnlicher Stromlinienform. Der Rumpf bestand aus mehrschichtigen, geformt geklebten Furnieren aus Magnolienholz, bespannt mit Spannlack bestrichenem Leinen. Doch die meisten der 100 000 im Ersten Weltkrieg gebauten Flugzeuge waren noch drahtverspannte Holzrahmenkonstruktionen. Die Schalenbauweise setzte sich aber nach und nach durch – später auch unter Verwendung von Metall. Es gab auch schon Militärflugzeuge, bei denen die Metallrohre des Rahmens verschweißt, vernietet oder durch Bolzen verbunden waren. Man benutzte auch schon leichte Aluminiumlegierungen. Vorherrschend war die Rahmenbauweise mit Leinenbespannung.

Einige der von Hugo Junkers (1859–1935) gebauten Maschinen besaßen außer einem Metallskelett auch eine Metallbeplankung. 1919 machte das erste Ganzmetallflugzeug, die F 13, ihren Jungfernflug. Die an der Rumpfunterseite angesetzten Tragflächen besaßen keinerlei Streben oder Spanndrähte mehr und waren, ebenso wie der Rumpf, mit gewelltem, steifem Duraluminiumblech beplankt. Die F 13 war der Vorläufer einer auf der ganzen Welt eingesetzten Serie verschiedener Transportflugzeuge. Am berühmtesten wurde die Ju 52. Sie war das führende Verkehrsflugzeug Europas in den dreißiger Jahren und wurde im II. Weltkrieg von der deutschen Luftwaffe eingesetzt [4].

Nur die Transportmaschinen der holländischen Gesellschaft Fokker konnten es damals mit den Junkers-Ganzmetall-Eindeckern aufnehmen. Auch die Fokkermaschinen waren Eindecker, aber ihre Tragflächen waren Holzkonstruktionen, montiert an der Oberseite des geschweißten und leinenbespannten Rumpfskeletts. Bis zur Mitte der dreißiger Jahre waren die Firmen Fokker und Junkers die führenden Flugzeughersteller Europas.

## Die Schneider-Trophäe

Nach 1920 wurde für die Schneider-Trophäe, einem internationalen Wettbewerb für Wasser-

### HINWEISE

Lesen Sie auch:

Geschichte des Verkehrs

Moderne Verkehrsflugzeuge

So fliegt ein Flugzeug

Hubschrauber

Die ersten Militärflugzeuge

Moderne Militärflugzeuge

---

**1 Blériot Typ XI**

**1 Louis Blériot,** dessen erstes Flugzeug bereits 1907 flog, gelang am 25. Juli 1909 mit dem Typ XI der erste Flug über den Ärmelkanal von Les Barraques (Frankreich) nach Dover (England). Bei dieser ersten Meeresüberquerung half ihm ein Regenschauer: er bewahrte den Motor vor Überhitzung. Zwei Tage nach diesem Flug waren bei Blériot bereits mehr als 100 Bestellungen für den Eindecker Typ XI eingegangen.

Labels: Spannweite etwa 8 m; Treibstofftank; Spanndrähte über und unter den Tragflächen; Länge etwa 7 m; Holzskelett mit Spanndrähten und Radbremsen; Tank zum Schwerpunktausgleich; Holzgerippe mit Leinenbespannung; Drei luftgekühlte Zylinder; Anzani-Motor/16–21 kW (22–28 PS); Hartholzpropeller

**2 Wasserflugzeug S-6B**

Labels: Kühler in der Tragfläche; Motor Rolls-Royce R mit 1690 kW (2300 PS); Fairey-Propeller, 2,8 m Durchmesser; Kompressor (Lader); Kühler in den Schwimmern; Cockpitverglasung; Ölkühler; Rumpfspanten; Leichtmetallkonstruktion mit tragender Außenhaut; Massenausgleich für Seitenruder; Treibstofftank im Seitenruder; Massenausgleich für Querruder; Schwimmer mit Treibstofftank; Pitot-Geschwindigkeitsmesser

**2 Wasserflugzeuge** standen nach dem I. Weltkrieg im Mittelpunkt des öffentlichen Interesses, als die Wettbewerbe um die Schneider-Trophäe ausgetragen wurden. Die kostspieligen Wettkämpfe konnten aber bald nur noch von militärischen Nationalmannschaften bestritten werden. 1931 gewann das britische Flugzeug S-6B, eine Konstruktion mit typischen Merkmalen der späteren Spitfire. Die italienische Macchi MC 72 steigerte 1934 ihren eigenen, 1933 aufgestellten Geschwindigkeitsweltrekord auf fast 710 km/h.

flugzeuge, viel Geld ausgegeben. Der Initiator, Jacques Schneider, war der Ansicht, daß der künftige internationale Luftverkehr in erster Linie Wasserflugzeuge benutzen werde [2].

Der Wettbewerb erregte nicht nur öffentliches Interesse, sondern beeinflußte auch die weitere Flugzeugentwicklung. Besonders in den USA wurde z. B. die Ganzmetallbauweise dahingehend weiterentwickelt, daß die Leichtmetallhaut zu einem wesentlichen kräftetragenden Konstruktionsteil wurde und so ein entsprechend leichter gebautes Skelett zuließ. Weiterhin verbesserte man die Triebwerke und ordnete sie günstiger an. Mit Triebwerksverkleidungen erreichte man geringeren Luftwiderstand und bessere Kühlung. Die alten Propeller mit starren Blättern aus Holz oder Metall wichen allmählich Konstruktionen, bei denen die Blattstellung entsprechend den verschiedenen Bedingungen bei Start oder Flug verändert werden konnte. Die Tragflächen erhielten bewegliche Klappen, die beim Start den Auftrieb, bei der Landung Auftrieb und Widerstand erhöhten. Einziehbare Fahrwerke reduzierten den Luftwiderstand. So erhielt das Flugzeug im Laufe der Zeit zusehends weitere elektrisch, hydraulisch oder pneumatisch betriebene Einrichtungen und wurde immer komplizierter.

## Die Flugzeuge von Douglas

Eines der ersten modernen Verkehrsflugzeuge war die Boeing 247 von 1933. Im selben Jahr flog erstmals auch die DC-1 der Firma Douglas Aircraft, von der aber nur ein Exemplar gebaut wurde. Eine verbesserte Version, die DC-2, ging dann in Serie. Im Jahr 1934 schrieb England ein Luftrennen nach Melbourne (Australien) aus. Sieger wurde ein Flugzeug mit Spezialkonstruktion, das keine Nutzlast trug. Auf dem zweiten und dritten Platz jedoch konnte sich eine DC-2 behaupten.

Am 17. Dezember 1935 startete erstmals eine DC-3. Dieser Typ wurde das Standard-Verkehrsflugzeug des folgenden Jahrzehnts und der wichtigste Transporter der Alliierten im Zweiten Weltkrieg [3]. Rund 11 000 Stück wurden in den USA und der Sowjetunion gebaut. Viele Maschinen dieses Typs sind auch jetzt noch im Einsatz, und manche haben über 80 000 Flugstunden hinter sich. Früher dagegen brachten es nur wenige Flugzeuge auf mehr als 1000 Flugstunden.

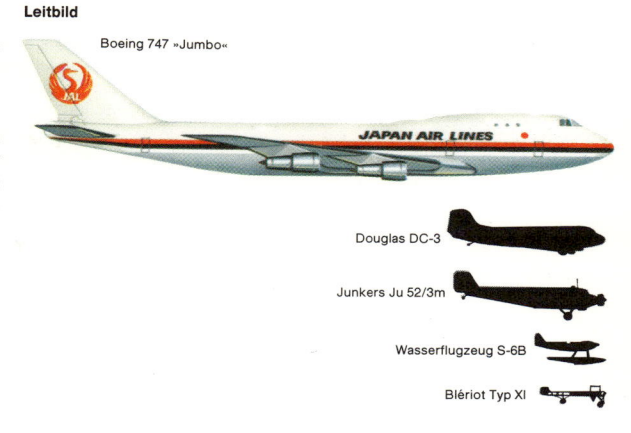

**Leitbild**

Boeing 747 »Jumbo«
Douglas DC-3
Junkers Ju 52/3m
Wasserflugzeug S-6B
Blériot Typ XI

**Rund 70 Jahre Luftfahrtgeschichte** liegen zwischen dem modernen Jumbo-Jet mit etwa 400 Sitzplätzen und den ersten einsitzigen Motorflugzeugen. Dieser Größenzuwachs wurde nicht nur durch die steigenden Anforderungen in den beiden Weltkriegen unterstützt, sondern kam hauptsächlich auch durch die Bestrebungen nach möglichst geringen Beförderungskosten je Passagier in der Zivilluftfahrt zustande. Gemessen an den damaligen Verhältnissen waren auch die Ju 52 und die DC-3 ausgesprochen wirtschaftliche Flugzeuge.

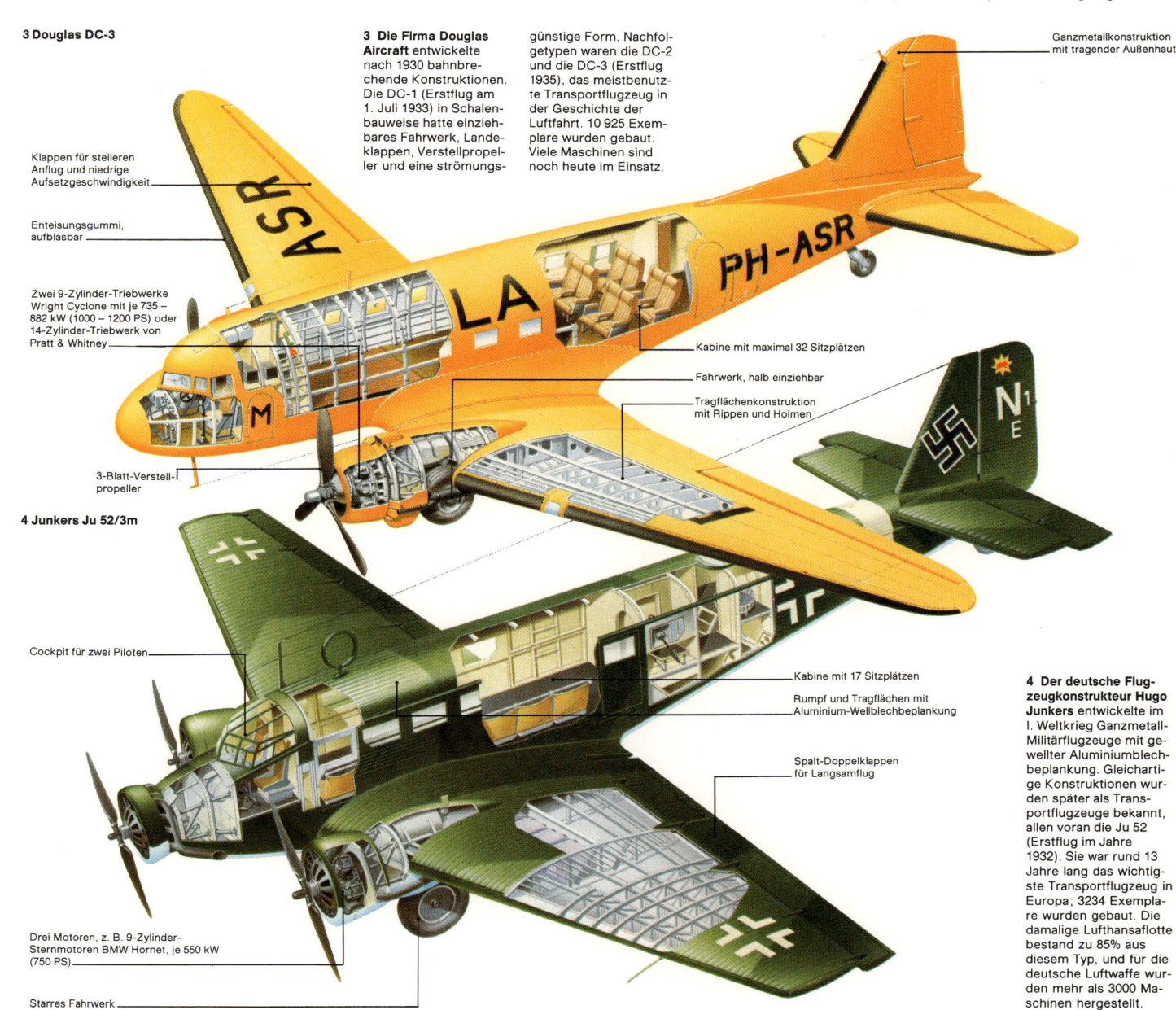

**3 Douglas DC-3**

- Klappen für steilen Anflug und niedrige Aufsetzgeschwindigkeit
- Enteisungsgummi, aufblasbar
- Zwei 9-Zylinder-Triebwerke Wright Cyclone mit je 735 – 882 kW (1000 – 1200 PS) oder 14-Zylinder-Triebwerk von Pratt & Whitney
- 3-Blatt-Verstellpropeller
- Ganzmetallkonstruktion mit tragender Außenhaut
- Kabine mit maximal 32 Sitzplätzen
- Fahrwerk, halb einziehbar
- Tragflächenkonstruktion mit Rippen und Holmen

**3 Die Firma Douglas Aircraft** entwickelte nach 1930 bahnbrechende Konstruktionen. Die DC-1 (Erstflug am 1. Juli 1933) in Schalenbauweise hatte einziehbares Fahrwerk, Landeklappen, Verstellpropeller und eine strömungsgünstige Form. Nachfolgetypen waren die DC-2 und die DC-3 (Erstflug 1935), das meistbenutzte Transportflugzeug in der Geschichte der Luftfahrt. 10 925 Exemplare wurden gebaut. Viele Maschinen sind noch heute im Einsatz.

**4 Junkers Ju 52/3m**

- Cockpit für zwei Piloten
- Kabine mit 17 Sitzplätzen
- Rumpf und Tragflächen mit Aluminium-Wellblechbeplankung
- Spalt-Doppelklappen für Langsamflug
- Drei Motoren, z. B. 9-Zylinder-Sternmotoren BMW Hornet, je 550 kW (750 PS)
- Starres Fahrwerk

**4 Der deutsche Flugzeugkonstrukteur Hugo Junkers** entwickelte im I. Weltkrieg Ganzmetall-Militärflugzeuge mit gewellter Aluminiumblechbeplankung. Gleichartige Konstruktionen wurden später als Transportflugzeuge bekannt, allen voran die Ju 52 (Erstflug im Jahre 1932). Sie war rund 13 Jahre lang das wichtigste Transportflugzeug in Europa; 3234 Exemplare wurden gebaut. Die damalige Lufthansaflotte bestand zu 85% aus diesem Typ, und für die deutsche Luftwaffe wurden mehr als 3000 Maschinen hergestellt.

# Moderne Verkehrsflugzeuge

Die Entwicklung der Gasturbine gegen Ende des Zweiten Weltkriegs veränderte die Flugzeugkonstruktionen grundlegend. Die Leistungsfähigkeit kleinerer Flugzeuge wurde durch die Turboprop-Triebwerke in vorher ungeahntem Maße gesteigert, und hochentwickelte Maschinen wie Großraum-Passagierflugzeuge, schwere Frachtflugzeuge und praktisch alle Militärmaschinen einschließlich der Hubschrauber änderten sich in allen Details. Selbstverständlich blieben die Grundprinzipien des Auftriebs, der Steuerung und des Zellenaufbaus gleich. Aber die Entwicklung von immer komplizierteren Regel-, Navigations- und Leitsystemen führte dazu, daß allein diese Systeme vielfach mehr als die Hälfte des gesamten Flugzeugs kosten.

### Die Vorläufer

Dies gilt auch für kleine Flugzeugtypen, wie sie von größeren Firmen oder wohlhabenden Privatpersonen benutzt werden. Nach 1930 haben sich z. B. die Typen Percival Gull und Percival Vega Gull auf Grund mehrerer Langstreckenweltrekorde als zuverlässige Privat- und Geschäftsflugzeuge erwiesen und jahrelang bewährt. Es waren formschöne Tiefdecker in Holzbauweise mit luftgekühlten Kolbenmotoren von 96 bis 147 kW (130–200 PS) Leistung und einer geschlossenen Kabine für drei oder vier Personen. Mit heutigen Flugzeugen der gleichen Größenordnung, die Flug- und Navigationshilfen aller Art besitzen, lassen sie sich jedoch kaum mehr vergleichen. Ein starker Wettbewerb hat dazu geführt, daß moderne Geschäftsflugzeuge ständig verbessert werden müssen, so daß die Maschinen immer zuverlässiger und leistungsfähiger werden.

Ein Flugzeug wie die Beechcraft Super King Air 200 besitzt eine Zelle in Leichtmetallbauweise und ist auf eine Nutzungsdauer von über 30 Jahren ohne Ermüdungserscheinungen ausgelegt, ein Zeitraum, der vor 40 Jahren noch undenkbar schien. Die Größe ist mit der einiger Passagierflugzeuge des Jahres 1935 vergleichbar; bis zu acht Passagiere haben Platz. Die maximale Startgewicht liegt mit 5670 kg rund viermal so hoch wie das der Percival Gull; die zwei Turboprop-Triebwerke mit je 625 kW (850 PS) entwickeln fast die neunfache Leistung. Mit einer Reiseflughöhe von 9850 m kann die Beechcraft King Air 200 rund 3300 km bei einer Geschwindigkeit von 510 km/h zurücklegen – die Percival Gull hatte eine Reichweite von 1130 km bei 225 km/h und einer maximalen Höhe von 4880 m. Aber der größte Unterschied zeigt sich bei der Flugausrüstung; die Zahl der Hilfsgeräte, wie etwa Pumpen, Ventile, Funkgeräte, Instrumente und Steuergeräte, betrug bei der Gull nur 33. Die Beechcraft King Air 200 besitzt dagegen 4408 Hilfsgeräte.

### Die Comet I

Den Einsatz des britischen Düsenverkehrsflugzeugs Comet I im Jahre 1952 hielten die meisten Fluggesellschaften für verfrüht und kauften weiterhin Maschinen mit Kolbenmotoren. Aber der »Jet« vermittelte den Passagieren ein völlig neues Fluggefühl, denn der Flug verlief nicht nur schneller, sondern auch wesentlich ruhiger und bequemer. Obwohl die ersten Düsenflugzeuge zu einem unerwarteten Wachstum und damit zu einem beträchtlichen Profit für die Fluggesellschaften führten, hatten sie doch noch zwei Nachteile: Sie verursachten sehr viel Lärm und hatten einen enorm hohen Treibstoffverbrauch.

### HINWEISE

Lesen Sie auch:

Die Entwicklung des Flugzeugs

So fliegt ein Flugzeug

Hubschrauber

Weltraumfahrzeuge

Die ersten Militärflugzeuge

Moderne Militärflugzeuge

Flughäfen und Luftverkehr

Orten mittels Radar und Schallwellen

**1 De Havilland DH 90 Dragon-Fly**

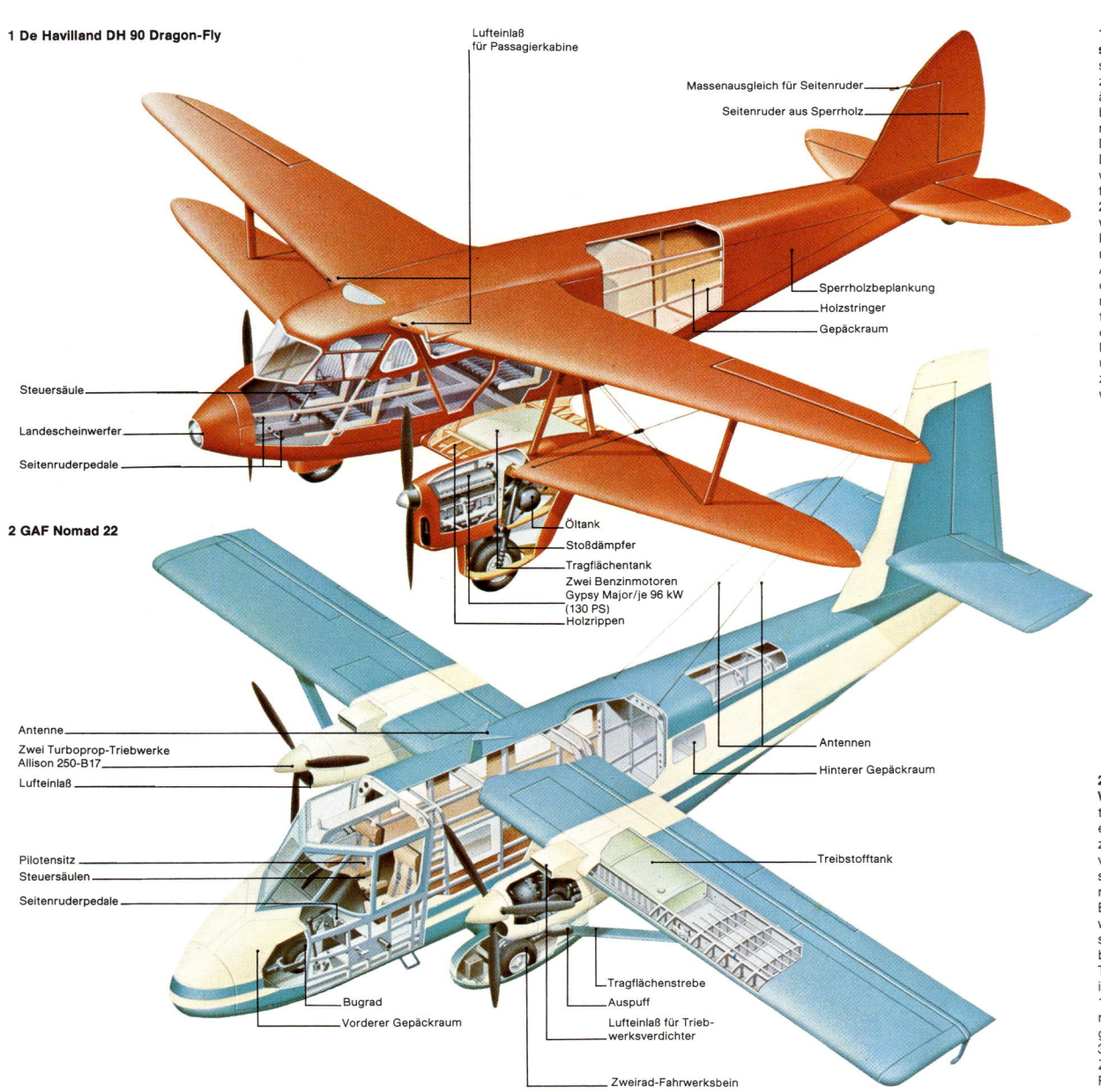

**2 GAF Nomad 22**

**1 Niedrige Kapitalkosten** waren bei der Herstellung leichter Flugzeuge schon immer äußerst wichtig und behinderten die Einführung neuer Techniken. Die De Havilland DH 90 Dragon-Fly in Holzbauweise von 1936 konnte fünf Passagiere mit 200 km/h fast 1000 km weit befördern und kostete weniger als ein modernes größeres Auto. Heute unterscheiden sich Kleinflugzeuge nur noch in wenigen Details, so z. B. in der Art der Zylinderanordnung. Möglicherweise sind um 1990 auch Kleinflugzeuge mit Strahltriebwerken ausgestattet.

**2 Die technische Weiterentwicklung** wirkte sich vor allem bei den etwas größeren Flugzeugen aus, die für Privatpersonen zu teuer sind und meist von Firmen benutzt und von Berufspiloten geflogen werden. Die australische GAF Nomad 22 besitzt zwei Turboprop-Triebwerke und kann in ihrer luxuriösen Kabine 13 Passagiere aufnehmen. Bei einer Reisegeschwindigkeit von 325 km/h und höchster Zuladung beträgt die Reichweite 930 km.

Zur Verringerung des Lärms hatte der Erfinder des ersten britischen Strahltriebwerks, Sir Frank Whittle (geb. 1907), schon vor längerer Zeit, allerdings wenig beachtet, das sogenannte Mantelstromtriebwerk vorgeschlagen. Bei diesem Triebwerk wird mit Hilfe eines großen Verdichterrades ein Luftstrom um die eigentliche Turbine herum erzeugt. Dieser trägt zum Vortrieb bei und verringert den Lärm. Außerdem ist der Kraftstoffverbrauch niedriger. Diese Turbofan-Konstruktion wurde bei der Entwicklung der großen Frachtflugzeuge für die US-Luftwaffe Mitte der sechziger Jahre wieder entdeckt. Die Boeing Company baute später vier dieser riesigen Triebwerke in das erste Großraum-Passagierflugzeug, die Boeing 747, ein, die auch unter dem Namen »Jumbo« bekannt ist [3].

Der zunehmende Bedarf an Transportkapazität führte zu immer größeren Flugzeugen. Die Zelle der alten DC-3 hatte noch einen Durchmesser von 1,7 m, bei einer Constellation kurz nach dem Zweiten Weltkrieg betrug schon 3 m. Der erste »Jumbo« von 1969 hatte dagegen einen Durchmesser von 6,1 m und war mehr als doppelt so lang wie die Constellation.

Die Transportleistung der heutigen Flugzeuge ist aber viel höher, als ein einfacher Größenvergleich erkennen läßt [Leitbild], da sie schneller fliegen und täglich mehr Flugstunden absolvieren als ältere Maschinen. Eine einzige Boeing 747 »Jumbo« kann beispielsweise als Frachtversion pro Jahr mehr Lasten befördern als alle Verkehrsflugzeuge des Jahres 1939 zusammen.

## Überschall-Verkehrsflugzeuge

Solche wichtigen Eigenschaften vermißt man jedoch bei den ersten in Dienst gestellten Überschall-Verkehrsflugzeugen, der Concorde [4] und der Tu-144. Es ist außerordentlich schwierig, den Lärm von Überschall-Triebwerken zu dämpfen, zumal die Flugzeuge den Überschallknall wie eine Schleppe hinter sich herziehen. Bei doppelter Schallgeschwindigkeit muß eine Flugzeugzelle schlank sein; deshalb kann die Entwicklung zu immer größeren Kabinen nicht wirklich fortgesetzt werden. Der einzige Vorteil ist, daß solche Maschinen die Flugzeit auf Langstrecken nochmals auf die Hälfte reduzieren, was schon die ersten Düsenflugzeuge der fünfziger Jahre erreichten.

**Leitbild**

Boeing 747 »Jumbo«

BAC-Aérospatiale Concorde

GAF Nomad 22

De Havilland DH 90 Dragon-Fly

**Diese Flugzeugsilhouetten** in gleichem Maßstab veranschaulichen die Größe einer Boeing 747 und die schlanke Form einer Concorde. Überschallflugzeuge müssen geringe Querschnitte aufweisen, damit sie wegen des hohen Treibstoffverbrauchs wirtschaftlich bleiben. Da die »747« mit Unterschallgeschwindigkeit fliegt, ist ein großer Rumpfquerschnitt zu vertreten. Die nächste Generation von Langstrecken-Verkehrsflugzeugen mit Unterschallgeschwindigkeit wird mit großer Sicherheit noch höhere Dimensionen aufweisen. Geradezu winzig nehmen sich dagegen die beiden Geschäftsflugzeuge aus [unten]. Sie unterscheiden sich in erster Linie durch die Anzahl der Tragflächen und durch das verwendete Baumaterial.

**3 Mit der Boeing 747** kam 1969 das größte Verkehrsflugzeug zum Einsatz — in mancher Hinsicht das größte Flugzeug überhaupt (der Militärtransporter C-5A Galaxy hat zwar etwas größere Abmessungen, aber geringeres Gewicht und schwächere Triebwerke). Mit ihren Mantelstrom-Triebwerken war die »747« der Beginn einer Ära geringeren Fluglärms. Die sparsamen Triebwerke trugen dazu bei, die Betriebskosten trotz stark steigender Treibstoffpreise niedrig zu halten. Die »747« wurde entwickelt, weil man die Kapazität des Luftverkehrs erhöhen mußte, ohne die Zahl der Flugbewegungen zu steigern.

**3 Boeing 747**

- Aufklappbarer Bug bei Frachtversion
- Pilotenkanzel
- Tankstutzen (rund 230 000 l Tankinhalt)
- Dreiteiliger ausfahrbarer Vorflügel
- Vier Mantelstromtriebwerke Pratt & Whitney JT 9 D oder General Electric CF6-50 oder Rolls-Royce RB211 mit je 240–290 kN Schub
- Äußere Vorflügel
- Landeklappen mit drei Schlitzen
- Passagierdeck mit 330–490 Sitzplätzen
- Kabineninnendruck entspricht dem Außendruck in etwa 2000 m Höhe
- Höhenleitwerk mit 22,2 m Spannweite und veränderlicher Anstellung
- Hydraulisch betätigtes Fahrwerk: Zwei-Rad-Bugfahrwerk klappt nach vorne, vier Vier-Rad-Hauptfahrwerke, davon klappen zwei nach innen und zwei nach vorne
- Landeklappen

**4 Die englisch-französische Concorde** und die nahezu gleichartige sowjetische Tu-144 sind die ersten Überschall-Passagierflugzeuge. Wie 1952 die Comet I, können diese Maschinen die Flugzeiten auf Langstrecken nochmals auf die Hälfte reduzieren. Ob sie den gegenwärtigen Zivilluftverkehr ähnlich revolutionieren werden, erscheint allerdings fraglich. Politische Umstände, extrem hohe Kosten und Umweltprobleme durch den Überschallflugverkehr lassen erwarten, daß sich in diesem Falle die Geschichte nicht wiederholen wird.

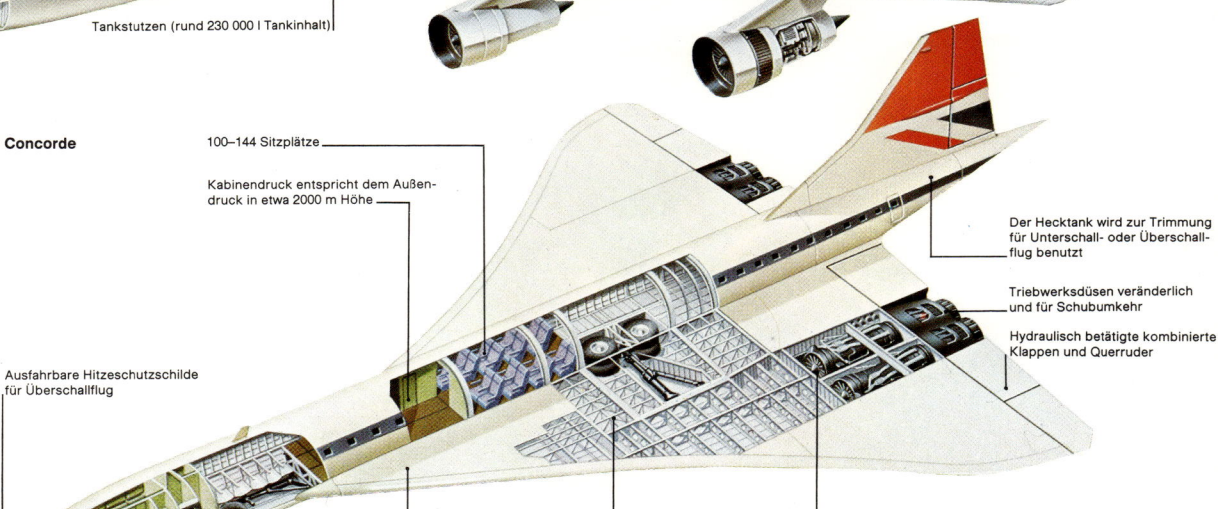

**4 Concorde**

- Rumpfnase absenkbar für Start und Landung
- Ausfahrbare Hitzeschutzschilde für Überschallflug
- 100–144 Sitzplätze
- Kabinendruck entspricht dem Außendruck in etwa 2000 m Höhe
- Delta-Tragflächen mit extrem dünnem Profil und ohne bewegliche Teile (außer Ruderflächen)
- Computergesteuerte Lufteinlaßöffnungen für Triebwerke (unterhalb der Tragfläche)
- Vier Triebwerke Rolls-Royce/SNECMA Olympus 593 mit Nachbrenner (je 200 kN Schub)
- Hydraulisch betätigte kombinierte Klappen und Querruder
- Triebwerksdüsen veränderlich und für Schubumkehr
- Der Hecktank wird zur Trimmung für Unterschall- oder Überschallflug benutzt

# So fliegt ein Flugzeug

Wenn man einen Bogen Papier mit einer Kante straff vor den Mund hält, biegt er sich durch sein Gewicht nach unten; sobald man aber über die Wölbung bläst, streckt er sich, und die Hinterkante des Bogens wird angehoben. Das ist überraschend, denn eigentlich erwartet man, daß der Luftstrahl das Papier noch mehr niederdrücken würde. Läßt man den Bogen dagegen gestreckt nach unten hängen und bläst man an einer Seite von oben nach unten daran entlang, so bleibt er senkrecht. Offenbar hat die Wölbung des Papierbogens beim ersten Experiment etwas mit dem beobachteten »Auftrieb« zu tun.

## Strömung, Auftrieb und Tragflächen

Tatsächlich stellt die Wölbung eine Verengung im Luftstrom dar, die bewirkt, daß die Luftteilchen im Bereich der Wölbung schneller fließen als im ungestörten, also nicht verengten Luftstrom. Nach den Gesetzen der Strömungsmechanik geht die Zunahme der Strömungsgeschwindigkeit mit einer Abnahme des Drucks einher; im Wölbungsbereich bildet sich daher ein Sog, der sich als Auftrieb bemerkbar macht. Bei der Umströmung einer Flugzeugtragfläche geschieht fast dasselbe, nur kommt hier noch hinzu, daß an der Unterseite der Tragfläche ein Luftstau, also eine Druckerhöhung entsteht. Beide zusammen, der Sog an der Oberseite und der Luftstau an der Unterseite, machen den Auftrieb einer Tragfläche aus [Leitbild] – wie sich der Auftrieb aus diesen Anteilen zusammensetzt, hängt vom Querschnitts»profil« der Tragfläche ab.

Bei Unterschallflugzeugen (Fluggeschwindigkeiten unterhalb der Schallgeschwindigkeit der Luft, etwa 1200 km/h) sind die Profile auf der Oberseite stärker gewölbt als auf der Unterseite; die dickste Stelle befindet sich etwa im ersten Drittel, von der Vorderkante (Nase) her gemessen. Überschallflugzeuge besitzen dagegen sehr schlanke, symmetrische Profile, die in der Mitte am dicksten sind – die Strömungsverhältnisse sind beim Überschallflug jedoch viel komplizierter und lassen sich nicht so einfach erklären wie beim Unterschallflug.

Die Größe des Auftriebs hängt von der Luftdichte, der Fluggeschwindigkeit, der Profilform, der Größe der Tragfläche und dem »Anstellwinkel« ab, d. h. dem Winkel, unter dem das Profil von der Luft angeströmt wird [2]. Je größer der Anstellwinkel, desto größer ist auch der Auftrieb, allerdings nur so lange, wie die Luft die Tragfläche glatt umströmt. Bei zu großem Anstellwinkel bilden sich auf der Oberseite der Tragfläche Luftwirbel: Die Strömung »reißt ab«, und der Auftrieb geht rapide zurück; das Flugzeug ist dann fast nicht mehr steuerbar, und es besteht die Gefahr, daß es abstürzt. Die meisten Flugzeuge sind daher mit Warneinrichtungen ausgerüstet, die dem Piloten die Gefahr eines Strömungsabrisses rechtzeitig ankündigen.

## Auftriebshilfen für Start und Landung

Die Start- (und ebenso die Landegeschwindigkeit) eines Flugzeugs beträgt höchstens etwa ein Viertel seiner Reisefluggeschwindigkeit und wäre viel zu niedrig, um das Flugzeug überhaupt abheben zu lassen. Um trotzdem den nötigen Auftrieb zu erzeugen, werden an der Hinterkante der Tragflächen (bei größeren Flugzeugen auch an den Vorderkanten) Klappen ausgefahren: Sie vergrößern die tragende Fläche und verstärken die Wölbung des Profils. Allerdings vergrößert sich dadurch auch der Luftwiderstand der Tragflächen, und daher

### HINWEISE

**Lesen Sie auch:**

Moderne Verkehrsflugzeuge

Hubschrauber

Weltraumfahrzeuge

Moderne Militärflugzeuge

Flughäfen und Luftverkehr

---

**1 Zur Steuerung eines Flugzeugs** dienen die Ruder an den Hinterkanten der Tragflächen und der Leitwerksflossen. Der Ausschlag einer Ruderklappe verändert die wirksame Wölbung des Profils im Ruderbereich und damit den Auftrieb (beim Seitenleitwerk entsteht dadurch eine seitlich gerichtete Kraft). Sämtliche Ruderklappen werden vom Piloten in der Kanzel bedient. Neigt er den Steuerknüppel zur Seite, so schlagen die Querruder an den Tragflächen aus [A], und zwar gegensinnig zueinander. Dadurch erhält die eine Tragflächenhälfte [von der Flugrichtung aus gesehen die linke] einen größeren Auftrieb und hebt sich, die andere verliert an Auftrieb und senkt sich: Das Flugzeug dreht sich um seine Längsachse (Rollen). »Zieht« der Pilot den Knüppel zu sich heran, so schlagen die Höhenruder nach oben aus [B]. Der Auftrieb des Höhenleitwerks wird kleiner, und das Rumpfende senkt sich: Das Flugzeug dreht sich um seine Querachse (Nicken) und könnte auf diese Weise einen Looping fliegen. Beim »Drücken« des Knüppels schlagen die Ruder nach unten aus, und die Drehrichtung kehrt sich um (Looping vorwärts). Mit den Pedalen wird das Seitenruder betätigt [C]. Ein Ruderausschlag nach links zieht das Rumpfende nach rechts: Das Flugzeug dreht sich nach links herum um seine Hochachse (Gieren). Bei großen Flugzeugen werden die Steuerkräfte des Piloten servohydraulisch verstärkt. Alle größeren Flugzeuge und auch viele Sportflugzeuge sind mit »Autopiloten« (elektronischen Flugreglern) ausgerüstet.

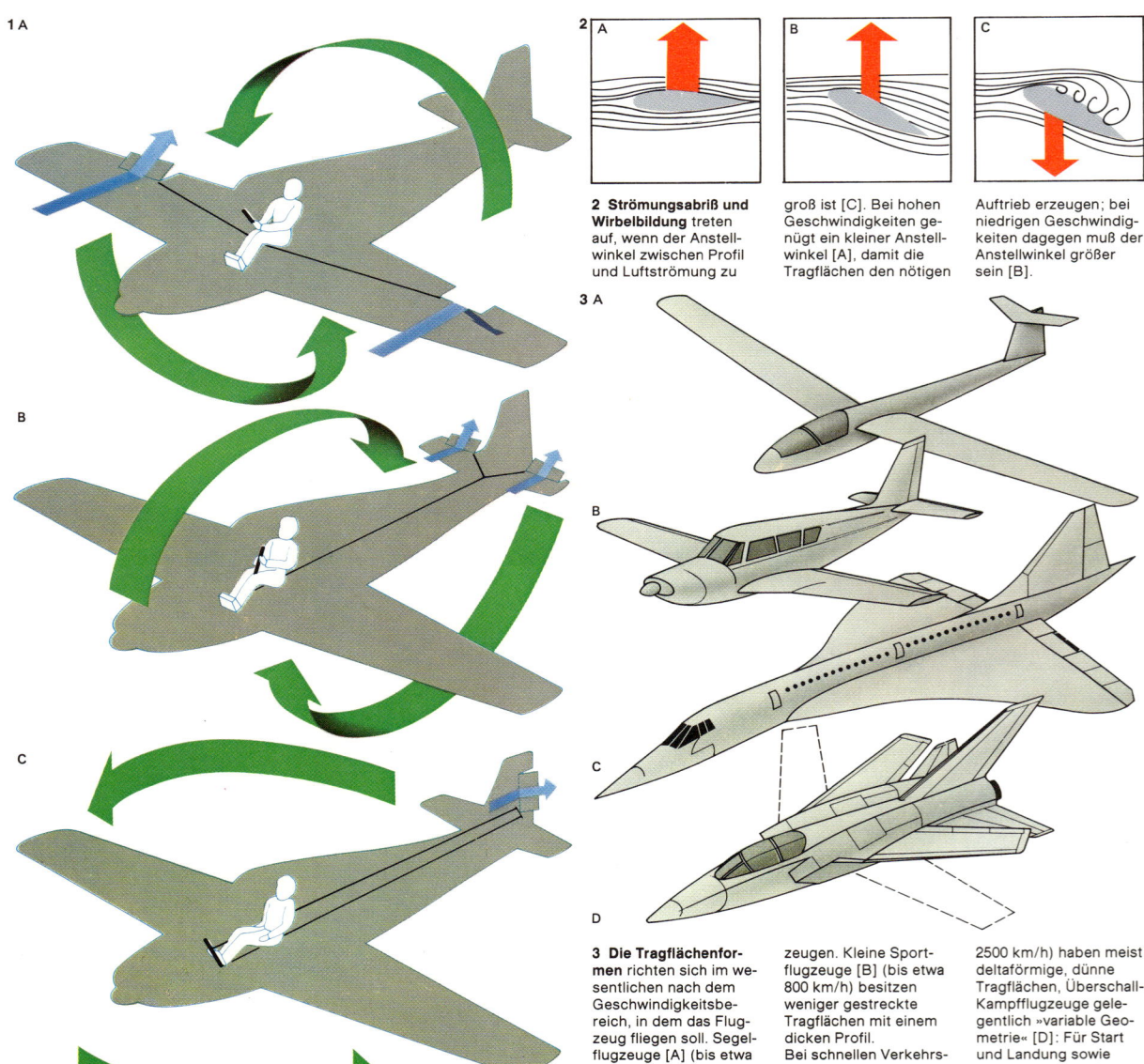

**2 Strömungsabriß und Wirbelbildung** treten auf, wenn der Anstellwinkel zwischen Profil und Luftströmung zu groß ist [C]. Bei hohen Geschwindigkeiten genügt ein kleiner Anstellwinkel [A], damit die Tragflächen den nötigen Auftrieb erzeugen; bei niedrigen Geschwindigkeiten dagegen muß der Anstellwinkel größer sein [B].

**3 Die Tragflächenformen** richten sich im wesentlichen nach dem Geschwindigkeitsbereich, in dem das Flugzeug fliegen soll. Segelflugzeuge [A] (bis etwa 200 km/h) haben lange, gestreckte Tragflächen, um möglichst viel Auftrieb bei geringstem Luftwiderstand zu erzeugen. Kleine Sportflugzeuge [B] (bis etwa 800 km/h) besitzen weniger gestreckte Tragflächen mit einem dicken Profil. Bei schnellen Verkehrsflugzeugen (bis etwa 1000 km/h) sind die Tragflächen nach hinten »gepfeilt«. Überschallflugzeuge [C] (bis etwa 2500 km/h) haben meist deltaförmige, dünne Tragflächen, Überschall-Kampfflugzeuge gelegentlich »variable Geometrie« [D]: Für Start und Landung sowie Normalflug sind die Tragflächen quergestellt, für den Schnellflug werden sie nach hinten geschwenkt.

müssen die Triebwerke bei Start und Landung mit dem größtmöglichen Schub laufen.

**Steuereinrichtungen**
Querruder und Leitwerk dienen dazu, ein Flugzeug in seiner Fluglage und seiner Flugrichtung zu steuern [1]. Die Querruder sind schwenkbare Klappen im äußeren Teil der Tragflächen und verändern durch ihren Ausschlag örtlich den Auftrieb. Da sie gegensinnig wirken, leiten sie eine Rollbewegung des Flugzeugs um seine Längsachse ein.

Das Höhenleitwerk am Rumpfende des Flugzeuges hat zwei Funktionen: Einmal trägt es zum Gesamtauftrieb des Flugzeugs bei und stabilisiert es, zum anderen bewirkt es je nach Ausschlag der Höhenruder (Klappen am hinteren Ende der Leitwerksfläche) eine Nickbewegung des Flugzeugs um seine Querachse, beispielsweise beim Übergang vom Geradeausflug in den Steigflug.

Ähnlich verhält es sich beim Seitenleitwerk: Es stabilisiert das Flugzeug in seiner Längsrichtung; das Seitenruder hat die Funktion, Gierbewegungen um die Hochachse des Flugzeugs zu erzeugen.

Alle Ruder werden von der Pilotenkanzel aus betätigt: Quer- und Höhenruder mit dem Steuerknüppel, das Seitenruder mit zwei Pedalen. Will der Pilot z. B. vom Geradeausflug in den Kurvenflug übergehen, muß er alle drei Ruder gleichzeitig bedienen. Mit einem kurzen Querruderausschlag bringt er das Flugzeug in die richtige Schräglage, Seiten- und Höhenruder stellt er so ein, daß sich die gewünschte Kurvendrehung ergibt – bei einer gleichmäßig gekrümmten Kurve in gleichbleibender Höhe befinden sich die Querruder also wieder in Mittelstellung.

Nur bei kleinen Flugzeugen kann der Flugzeugführer die nötige Kraft zum Betätigen der Ruder selbst aufbringen, bei größeren Maschinen werden die Steuerkräfte des Piloten durch servohydraulische Einrichtungen verstärkt.

Auf längeren Flügen wird die Steuerung des Flugzeugs an den »Autopiloten« übergeben. Darunter versteht man einen elektronischen Flugregler, der das Flugzeug in Verbindung mit empfindlichen Meßgeräten und der servohydraulischen Steuerung selbsttätig überwacht und nach dem vorher eingestellten Flugprogramm fliegen läßt.

**Leitbild**

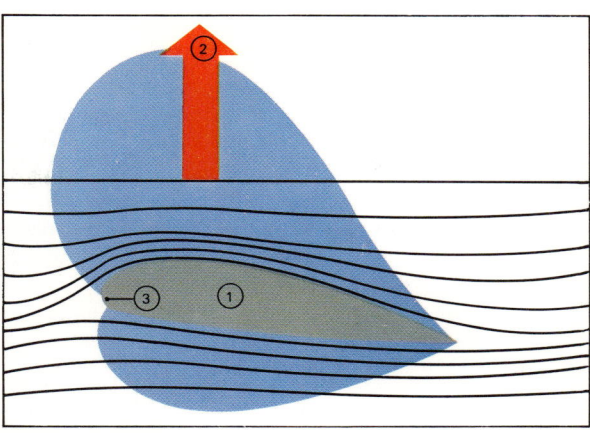

**Stromlinien** kennzeichnen die Bewegungsbahnen der einzelnen Teilchen eines strömenden Mediums. In der Abbildung werden die Stromlinien von Luftteilchen bei der Umströmung eines Tragflächenprofils gezeigt. Oberhalb der Tragfläche verdichten sich die Stromlinien: Die Luftteilchen fließen schneller, der Druck sinkt im Vergleich zur ungestörten Strömung ab. Im vorderen Bereich unterhalb der Tragfläche weiten sich die Stromlinien auf: Die Luftteilchen fließen langsamer, und der Druck steigt. Aus der Druckdifferenz zwischen Ober- und Unterseite resultiert die Auftriebskraft.

**4 Flugzeugtriebwerke** sind ebenfalls an den Geschwindigkeitsbereich der einzelnen Flugzeugtypen angepaßt. Der Kolbenmotor [A] treibt einen Propeller und eignet sich für Geschwindigkeiten bis etwa 500 km/h. Das Turbinen-Propeller-Triebwerk [B] ist für Geschwindigkeiten bis etwa 700 km/h ausgelegt. Mantelstrom-Strahltriebwerke [C, D] für Verkehrsflugzeuge erlauben Flüge bis nahe der Schallgeschwindigkeit (etwa 1200 km/h) und verursachen relativ wenig Lärm. Strahltriebwerke für den Überschallflug besitzen einen Nachbrenner [E]: Hinter der Turbine wird zusätzlich Brennstoff eingespritzt und der Schub somit noch einmal erhöht.

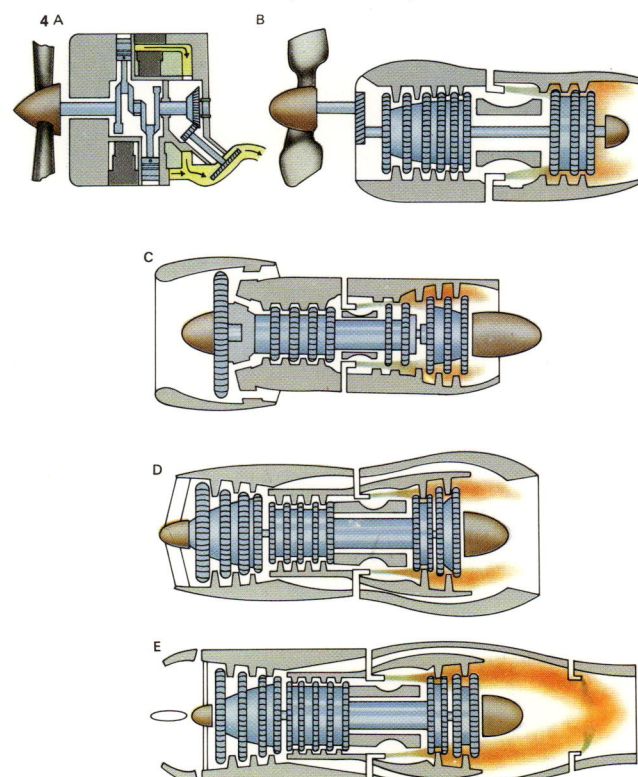

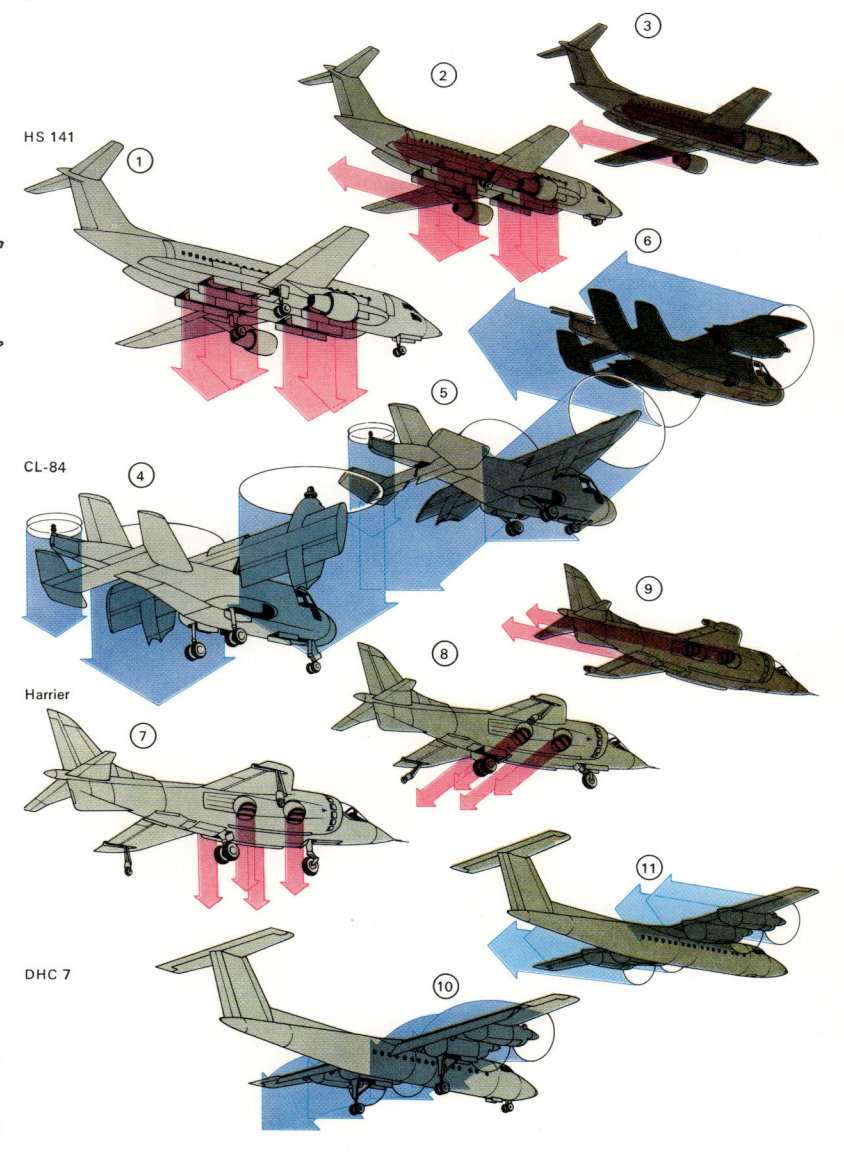

**5 Senkrecht oder auf kurzen Rollbahnen startende** (VTOL- bzw. STOL-) **Flugzeuge** weisen einige Besonderheiten gegenüber den herkömmlichen Konstruktionen auf. Die Entwicklung der HS 141 sah Hubtriebwerke für den Start [1] und Marschtriebwerke für den Horizontalflug [2, 3] vor. Die CL-84 ist mit schwenkbaren Tragflächen und einem Heckrotor ausgerüstet. Nach dem Start [4] werden die Tragflächen wieder in Normalstellung gebracht [5, 6]. Bei Flugzeugen wie z. B. der Harrier, die mit schwenkbaren Triebwerksdüsen ausgestattet ist, werden die Düsen beim Start senkrecht gestellt [7] und langsam in Horizontalrichtung geschwenkt [8, 9]. Die DHC 7 ist ein Kurzstarter [10, 11] und hat große, ausfahrbare Umlenkklappen, die den Propellerstrahl beim Startmanöver nach unten ablenken.

# Hubschrauber

Herkömmliche Flugzeuge sind bestens dazu geeignet, Personen oder Fracht schnell über größere Entfernungen zu befördern. Auf sehr kurzen Strecken sind diese jedoch unwirtschaftlich, und in vielen Fällen sind sie auch viel zu schnell: wenn beispielsweise in unwegsamem Gelände Personen oder Lasten aufgenommen werden sollen. Diese Lücke schließt der Hubschrauber – er ist nicht nur viel manövrierfähiger als ein Flugzeug, er kann sogar in der Luft auf der Stelle schweben.

### Entwicklung des Hubschraubers

Alle Flugzeuge nutzen das Prinzip des dynamischen Auftriebs. Er entsteht an den Tragflächen, sobald sie sich genügend schnell durch die Luft bewegen, und zwar durch den Druckunterschied zwischen Ober- und Unterseite. Dasselbe geschieht auch beim Hubschrauber, nur daß seine »Tragflächen« – die Rotorblätter – rasch rotieren, und deshalb braucht der Hubschrauber sich nicht selbst zu bewegen – im Gegensatz zum Flugzeug.

Bereits Leonardo da Vinci (1452–1519) hielt die Idee eines Drehflüglers (wie Hubschrauber auch genannt werden) auf dem Papier fest [Leitbild]. Er nannte die Maschine *Helix Pteron* (griechisch: Spiralflügel).

Erst um 1900, als genügend leichte und leistungsfähige Antriebsmotoren zur Verfügung standen, ließ sich diese Idee verwirklichen. Die ersten Hubschrauberkonstruktionen machten jedoch nur recht bescheidene und meist auch unglückliche Luftsprünge: Die rasch drehende »Hubschraube« führte zur Instabilität, und die Testpiloten waren schließlich zu weiteren Versuchen nur dann bereit, wenn der Apparat durch Fesselleinen gesichert war.

### Das Windmühlenflugzeug

1923 unternahm der spanische Erfinder Juan de la Cierva (1896–1936) seinen ersten erfolgreichen Flug mit einem seltsamen Zwischending aus Hubschrauber und herkömmlichem Flugzeug [4]: Seine Maschine besaß kleine Tragflächen und einen Propeller, zusätzlich jedoch oberhalb des Rumpfes einen Rotor, der sich frei drehen konnte. Während des Fluges brachte die Luftströmung den Rotor wie einen Windmühlenflügel zum Drehen. Er lieferte zusätzlichen Auftrieb, so daß die Maschine nach kurzer Rollstrecke starten und sehr langsam fliegen konnte. Cierva nannte seine Maschine »Autogiro« – wörtlich übersetzt: »Selbstdreher«. Dieser Effekt der Autorotation hat auch bei modernen Hubschraubern sehr große Bedeutung: Sie ermöglicht sicheres Landen, wenn einmal das Antriebsaggregat aussetzen sollte.

### Moderne Hubschrauber

Der deutsche Flugzeugkonstrukteur Henrich Focke (1890–1979) entwickelte zwischen 1932 und 1937 den ersten Hubschrauber. Maßgeblichen Anteil an der Weiterentwicklung hatte während des Zweiten Weltkriegs Igor Sikorsky (1889–1972) [5], ein Amerikaner russischer Herkunft.

Als Hauptproblem beim Fliegen des Hubschraubers hatte sich das Gegendrehmoment erwiesen: Während der Motor die Rotorblätter durch Antriebsmoment in die eine Richtung dreht, übt er auf den Rumpf gleichzeitig ein Drehmoment in der entgegengesetzten Richtung aus (eine Folge des physikalischen Gesetzes von actio und reactio) und versetzt ihn ebenfalls in Drehung. Zum Ausgleich des Gegendrehmoments brachte man am Rumpfheck

**HINWEISE**

Lesen Sie auch:

Die Entwicklung des Flugzeugs

Moderne Verkehrsflugzeuge

So fliegt ein Flugzeug

Moderne Militärflugzeuge

---

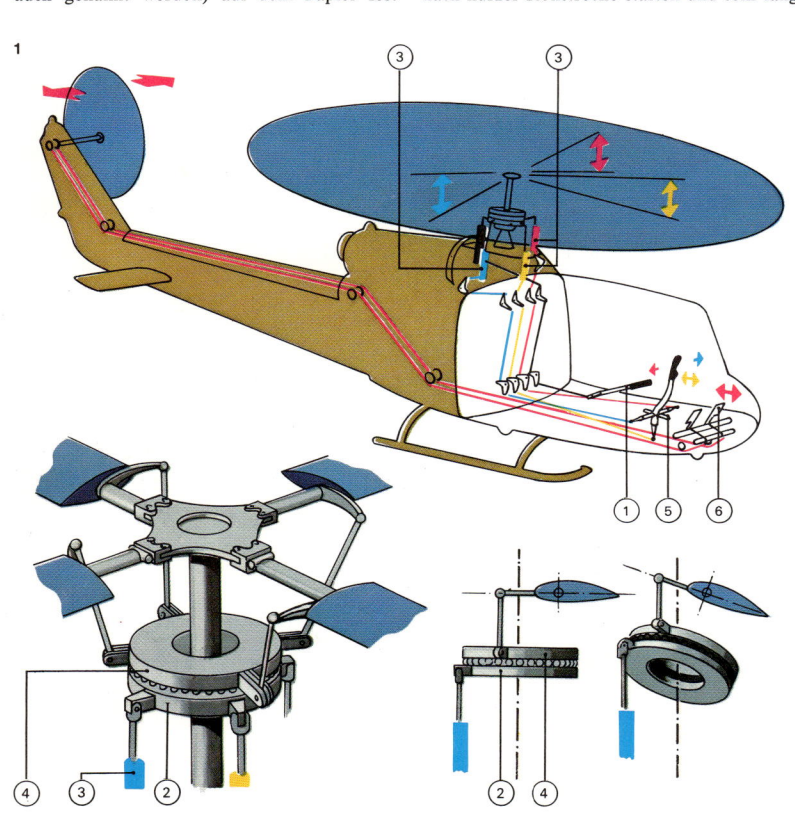

**1 Ein Hubschrauber mit Heckrotor** hat einen »kollektiven Blattverstellhebel« [1], der die Taumelscheibe ([2] nicht drehende Hälfte, [4] drehende Hälfte) über verschiedene Gelenke und Zugstangen [3] hebt oder senkt. Das verändert die Gesamtanstellung der Rotorblätter und damit den Auftrieb des Rotors. Der »Knüppel« [5] kippt die Taumelscheibe so, daß der Rotordrehkreis sich in die beabsichtigte Flugrichtung neigt. Mit den beiden Pedalen [6] wird der Anstellwinkel der Heckrotorblätter verstellt.

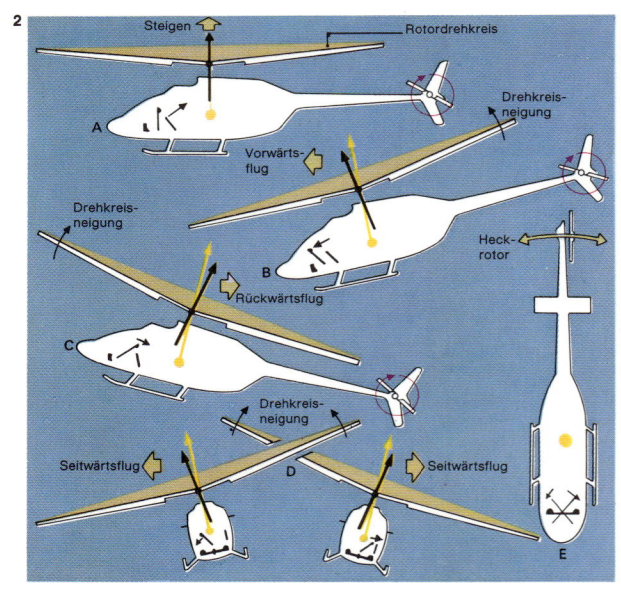

**2 Schwebeflug** und senkrechter Steigflug oder Sinkflug stellen sich ein, wenn die Achse des Rotordrehkreises durch den Schwerpunkt des Hubschraubers geht. Mit dem kollektiven Blattverstellhebel wird der Auftrieb der Maschine erhöht [A] (Steigen) oder erniedrigt (Sinken). Drückt man den Knüppel nach vorn, so neigt sich auch der Rotordrehkreis nach vorn: der Hubschrauber fliegt vorwärts [B]. Wird der Knüppel rückwärts [C] oder seitwärts [D] betätigt, so fliegt der Hubschrauber ebenfalls rückwärts bzw. seitwärts. Die Pedale verändern das Ausgleichsmoment des Heckrotors [E], so daß sich der Rumpf um die Hochachse dreht.

**3 Im Rettungseinsatz** leisten Hubschrauber unentbehrliche Dienste. Schiffbrüchige, Menschen in Bergnot oder Opfer von Erdbeben und Überschwemmungskatastrophen verdanken ihr Leben oft der Rettung durch Hubschrauber.

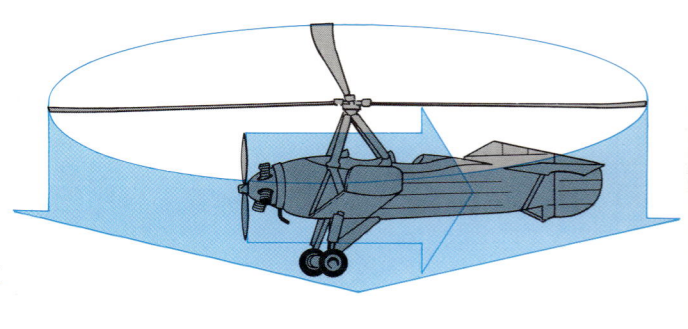

**4 Den »Autogiro«** konstruierte Juan de la Cierva, um das Fliegen sicherer zu machen. Der sich frei drehende Rotor lieferte neben den Tragflächen zusätzlichen Auftrieb, der Propeller den Vortrieb. Cierva starb 1936 bei einem Flugzeugabsturz.

einen kleinen, seitlich wirkenden Rotor an. Auch durch zwei gegenläufige Hauptrotoren läßt sich das Gegendrehmoment ausgleichen [6]. Der Rotor mit Eigenantrieb vermeidet das Problem vollkommen: Er besitzt an den Enden der Rotorblätter Gasdüsen und wird als Reaktion auf das ausströmende Gas in Drehung versetzt, ohne daß auf den Rumpf ein Drehmoment wirkt. Das Gas entstammt einem Strahltriebwerk im Rumpf und wird durch die Rotorblätter zu den Düsen geführt.

Durch spezielle Anlenkung der einzelnen Rotorblätter [1] ist der Hubschrauber höchst manövrierfähig. Wenn die Auftriebskraft gleich dem Fluggewicht ist, schwebt er in der Luft; vergrößert oder verkleinert man den Anstellwinkel der Rotorblätter, so steigt bzw. sinkt die Maschine; durch entsprechende Neigung des Rotordrehkreises kann man vorwärts, seitwärts und rückwärts fliegen; je nach Einstellung des Heckrotors läßt sich der Hubschrauber auf der Stelle drehen.

Die Fluggeschwindigkeit von Hubschraubern ist jedoch nicht sehr groß und liegt maximal bei 300 km/h. Diese Grenze ist dadurch gegeben, daß die Spitzen der Rotorblätter mit ihrer Umfangsgeschwindigkeit in die Nähe der Schallgeschwindigkeit kommen. Diese zu überschreiten, wirft aerodynamische Probleme auf und hätte eine starke Lärmentwicklung zur Folge.

### Einsatzbereiche des Hubschraubers

Hubschrauber werden oft als Zubringer zwischen Flughäfen und Stadtzentren eingesetzt. Sie benötigen keine Rollbahnen und können z. B. auch auf Hochhäusern landen. Sie ermöglichen einen Überblick über die Verkehrslage in den Städten und auf den Autobahnen (Verkehrsüberwachung). Für viele Rettungsunternehmen sind Hubschrauber das einzig mögliche Fluggerät: Sie helfen, Menschen aus Seenot zu bergen [3] oder aus Katastrophengebieten auszufliegen – etwa nach Überschwemmungen oder Erdbeben; auch für Verkehrsunfallrettung und Rettung aus Bergnot sind Hubschrauber unentbehrlich geworden.

Schwere Lastenhubschrauber dienen als »Fliegende Krane«, etwa um schwere Teile auf hohe Bauwerke zu schaffen. Auch militärisch werden Hubschrauber vielfältig verwendet – zum Transport von Truppen und Waffen [7] sowie zum Aufspüren von U-Booten.

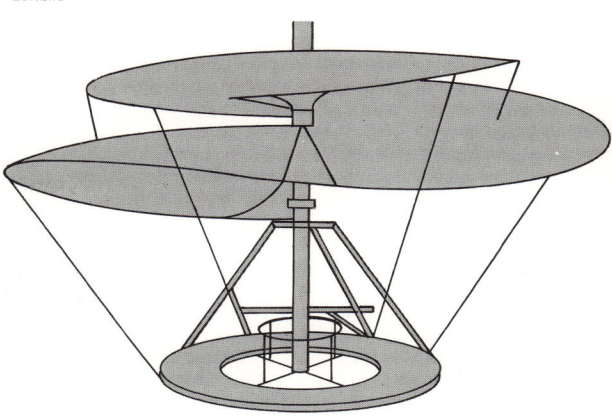

**Leitbild**

**Diesen Spiralflügler** entwarf Leonardo da Vinci 1483. Durch Drehen des schraubenförmigen Rotors – Leonardo da Vinci schlug vor, ihn aus gestärktem Leinen anzufertigen – sollte sich die Flugmaschine in die Luft erheben. Der Entwurf wurde jedoch niemals realisiert, denn es gab damals keinen Motor zum Antrieb. Selbst wenn es ihn gegeben hätte, wäre das Gerät unkontrolliert herumgewirbelt: Leonardo bedachte nicht, daß der Motor den Rumpf in Gegenrichtung drehen würde – eine Wirkung des »Gegendrehmoments«, das bei heutigen Hubschraubern meist durch einen Heckrotor ausgeglichen wird.

**5 Der VS-300 von Igor Sikorsky** war der erste funktionsfähige Hubschrauber. Er flog erstmals 1939, wurde jedoch bis 1941 noch mehrmals verändert, ehe er dann voll einsatzfähig war (einer der Prototypen konnte z. B. in fast jede Richtung fliegen – nur nicht vorwärts). Im II. Weltkrieg wurden die ersten Maschinen in Serie gebaut, und Hubschrauber mit einem Hauptrotor und einem kleinen Heckrotor wurden schließlich zum maßgebenden Konstruktionstyp.

**6 Tandemhubschrauber** mit gegenläufigen Rotoren benötigen keinen Heckrotor, denn die Gegendrehmomente der beiden Antriebsmotoren heben sich in ihrer Wirkung an den Hubschrauberrumpf gegenseitig auf. Im Vergleich zu einem einrotorigen Hubschrauber mit gleich großem Rotor liefern die beiden Rotoren den doppelten Auftrieb und verleihen der Maschine eine relativ große Tragfähigkeit. Der größte Hubschrauber der Welt (»Spannweite« über die Rotoren 67 m) ist z. Z. der sowjetische MI-12 [A]. Er wurde von Mikhail Mil konstruiert und wird als Lastenhubschrauber und Truppentransporter verwendet. Im Jahre 1969 errang dieser Hubschrauber einen Weltrekord, als er eine Nutzlast von rd. 40 Tonnen auf über 2000 m Höhe trug. Tandemhubschrauber werden auch mit hintereinander angeordneten Rotoren gebaut [B]. Der erste Hubschrauber dieser Konstruktionsart, die »Fliegende Banane«, wurde im Jahre 1945 von dem amerikanischen Ingenieur Frank Piasecki gebaut.

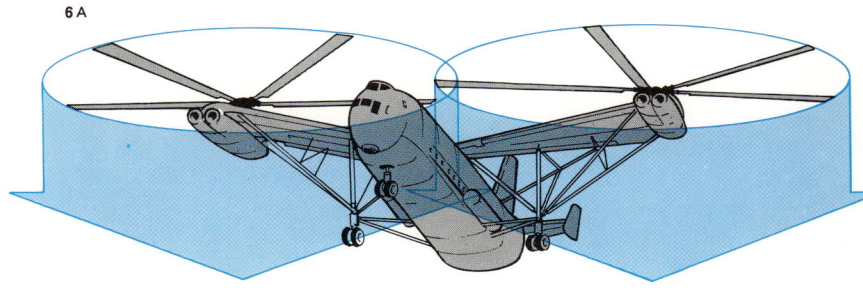

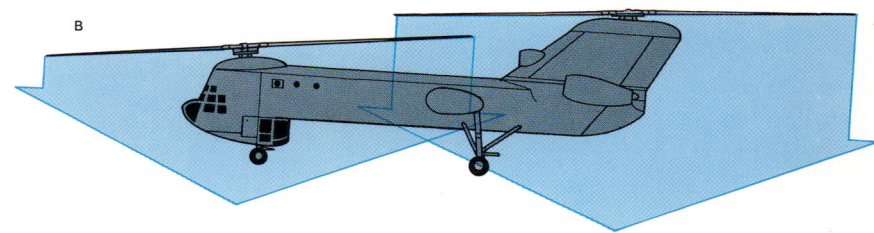

**7 Ein »Fliegender Kran«** befördert hier ein schweres Feldgeschütz während eines Truppenmanövers. Operationen dieser Art lassen sich sehr schnell ausführen und erfordern keine Zugfahrzeuge. Für große Lastenhubschrauber gibt es interessante Verwendungszwecke: Sie könnten beispielsweise nahe der Küste Containerschiffe entladen, so daß man keine »tiefen« Häfen bräuchte. Des weiteren verfolgt man die Einführung des Luftverkehr-Zubringerdienstes mit großen Hubschraubern, die an mehreren Punkten einer Stadt Passagiere aufnehmen und direkt bis ans Flugzeug bringen, zu einem Großflughafen bringen. Fliegende Kräne sind auch geeignet, um bei kriegerischen Auseinandersetzungen Flugzeuge zu bergen, die auf feindlichem Gebiet notlanden mußten, aber noch reparaturfähig sind.

# Weltraumfahrzeuge

Seit am 4. Oktober 1957 der sowjetische Satellit Sputnik 1 in eine Erdumlaufbahn gebracht wurde, sind Hunderte künstlicher Raumfahrzeuge von mehreren Nationen gestartet worden. Die USA und die Sowjetunion schickten Sonden in den Weltraum und landeten unbemannte Raumfahrzeuge auf dem Mond, der Venus und dem Mars. Andere Planeten wurden aus nahen Umlaufbahnen erforscht. Das großartigste Unternehmen war das amerikanische Apollo-Programm, mit der Landung des Menschen auf dem Mond. Wahrscheinlich wird gegen Ende dieses Jahrhunderts das gesamte Sonnensystem erforscht sein – wenn auch mit unbemannten Raumfahrzeugen.

## Start ins All

Die Erforschung des Weltraums wurde erst möglich mit der Entwicklung von Raketen, die genügend Schub entwickeln, um die Schwerkraft der Erde zu überwinden. Dazu muß die Rakete mindestens eine Geschwindigkeit von 7,8 km/s (rd. 28 000 km/h) erreichen (»Kreisbahngeschwindigkeit«) [5]. Um so hohe Geschwindigkeiten erreichen zu können, setzt man Mehrstufenraketen nach einer Art »Hukkepack-Prinzip« ein [1]: Die Rakete, die in die Umlaufbahn kommen soll, wird an der Obergrenze der Atmosphäre gezündet, nachdem sie von einer größeren Rakete dorthin gebracht wurde. Vielfach wird dieses »Raketenpaket« zuvor noch von einer weiteren 1. Raketenstufe in eine Höhe von einigen Dutzend Kilometern befördert. Der russische Pionier der Raketentechnik, Konstantin Ziolkowskij (1857–1935), hat dieses System als erster vorgeschlagen. 1949 erreichte eine amerikanische Mehrstufenrakete eine Höhe von 390 km.

## Raketen und Satelliten

Alle Raketentriebwerke arbeiten nach dem 3. Bewegungsgesetz von Newton: Jede Kraft hat eine gleichgroße Gegenkraft in umgekehrter Richtung zur Folge. Die Kraftwirkung in einem Raketenmotor entsteht durch den Austritt heißer Gase aus der Düse; die entsprechende Gegenkraft treibt den Raketenkörper in die entgegengesetzte Richtung. Das gleiche Prinzip kann man beobachten, wenn man einen Ballon aufbläst und losläßt: Die Kraftwirkung der ausströmenden Luft hat eine Reaktionskraft zur Folge, die den Ballon durch die Luft treibt.

Ein Raketenmotor kann im luftleeren Weltraum eingesetzt werden. Im Gegensatz zu einem Turbinentriebwerk benötigt er keine Umgebungsluft zur Kraftstoffverbrennung. Die Erdatmosphäre ist im Gegenteil sogar hinderlich, da sie einen Luftwiderstand verursacht.

In Feuerwerksraketen benutzt man feste Brennstoffe wie etwa Schießpulver. Bei Weltraumraketen setzt man dagegen flüssige Brennstoffe ein – beispielsweise Alkohol als Energieträger und Sauerstoff als Oxidationsmittel, deren Reaktion sich besser regeln läßt. Wenn beide Komponenten in der Brennkammer vereinigt werden, entstehen durch chemische Reaktionen große Abgasmengen, die durch die Düse strömen und den Schub verursachen. Robert H. Goddard (1882–1945) baute 1926 in den USA die erste funktionierende Flüssigkeitsrakete. Gegen Ende des Zweiten Weltkriegs hatten deutsche Wissenschaftler unter Wernher von Braun (1912–77) die Flüssigkeitsrakete V 2 entwickelt, die eine Tonne Sprengstoff tragen konnte und direkter Vorläufer aller modernen Raumfahrtraketen war. Nach Kriegsende setzten von Braun und seine Mitarbeiter die Entwicklungsarbeit in den USA fort.

---

**HINWEISE**

Lesen Sie auch:

Kurze Geschichte der Weltraumfahrt (Band 1)

Raumstationen (Band 1)

Die Erschließung des Mondes (Band 1)

Leben auf dem Mars? (Band 1)

Der Mensch im Weltraum

Rundfunk

Fernsehen

Orten mittels Radar und Schallwellen

---

**1 Mehrstufenraketen** bestehen aus mehreren aufeinandergesetzten einzelnen Raketen (Stufen). Am Boden wird die unterste (1.) Stufe gezündet; sie führt über 80% der Gesamttreibstoffmenge mit, beschleunigt ihre Nutzlast aber nur auf etwa 1/3 der Endgeschwindigkeit. Wenn ihr Treibstoff verbraucht ist, wird sie abgetrennt und die nächste (2.) Stufe gezündet. Bei Dreistufenraketen erreicht dann die 3. Stufe mit der Nutzlast die Umlaufbahn.

**2 Die amerikanische Vanguard** wurde 1958 gestartet. In der Anfangszeit der Weltraumfahrt waren die Raketen noch unzuverlässig. Die Vanguard mit ihrer winzigen Nutzlast stellte einen der ersten amerikanischen Erfolge dar.

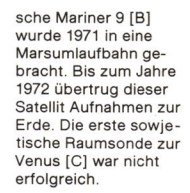

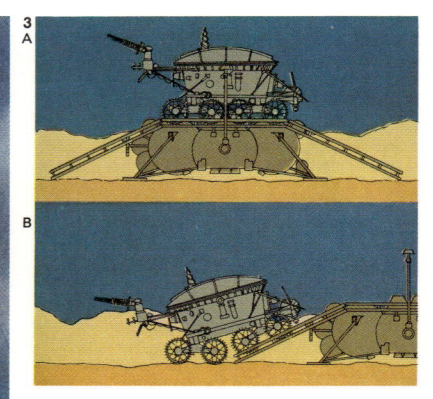

**3 Das sowjetische Mondfahrzeug Lunochod 1** [A] wurde mit einer Lunasonde auf den Mond transportiert. Nach der Landung der Sonde fuhr es ferngesteuert über eine Rampe [B] auf die Mondoberfläche, erforschte monatelang, über Funksignale aus der UdSSR gesteuert, das Gebiet des Mare Imbrium und sandte wertvolle Informationen zur Erde. Ein zweites Fahrzeug dieser Art operierte später im Mare Serenitatis beim Apollo-17-Landeplatz.

**4 Seit 1957** wurden Hunderte von Raumsonden gestartet. Die sowjetischen Raumfahrzeuge der Kosmos-Serie [A] sind künstliche Satelliten, die nach einer begrenzten Flugdauer zur Erde zurückkehren. Die amerikanische Mariner 9 [B] wurde 1971 in eine Marsumlaufbahn gebracht. Bis zum Jahre 1972 übertrug dieser Satellit Aufnahmen zur Erde. Die erste sowjetische Raumsonde zur Venus [C] war nicht erfolgreich.

Der erste künstliche Satellit, Sputnik 1, war etwa so groß wie ein Fußball und im wesentlichen nur mit einem kleinen Funksender ausgerüstet. Manche der heutigen Satelliten haben dagegen bereits die Größe von Fernlastern. Sie dienen u. a. zur Kartographie [7], zur Nachrichtenübertragung und zur Erforschung von Erscheinungen im Weltraum, die wegen der Lufthülle der Erde nur mangelhaft oder gar nicht beobachtet werden können. Die ersten Nachrichtensatelliten waren sogenannte »passive Satelliten«: große Ballone mit einem hauchdünnen Metallüberzug, die lediglich Funksignale auf die Erde reflektierten. Moderne Nachrichtensatelliten sind »aktiv«: Sie verstärken aufgenommene Funksignale und strahlen sie über einen Sender und Richtantennen auf ganz bestimmte Teile der Erdoberfläche zurück.

Die erste bemannte Raumstation startete im Jahre 1973: das »Skylab« wurde als erstes Weltraumlaboratorium für längere Aufenthalte in eine Umlaufbahn gebracht. Auch zahlreiche Koppelmanöver zwischen Raumfahrzeugen wurden durchgeführt, 1975 erstmals zwischen einem sowjetischen und einem amerikanischen Fahrzeug. Für solche Manöver sind präzise Daten über Bahn und Geschwindigkeit erforderlich; sie werden von Computern anhand von Bord- und Bodenradarsignalen errechnet.

## Mond- und Planetensonden

Das erste Ziel in der unbemannten Raumfahrt war die Erforschung des Mondes: 1959 gelang mit der sowjetischen Raumsonde Luna 3 erstmals eine Umkreisung. In den folgenden Jahren wurde die Oberfläche durch unbemannte Raumfahrzeuge vollständig kartographisch erfaßt. Später folgten weiche Landungen; spezielle Geräte entnahmen Bodenproben und analysierten sie automatisch.

Nach dem ersten »Vorbeiflug« der amerikanischen Sonde Mariner 2 an der Venus (1962) wurden auch Mars, Merkur und Jupiter näher erforscht. 1975 landete eine sowjetische Raumsonde auf der Venus; zwei amerikanische Vikingsonden setzten 1976 auf dem Mars auf.

Unbemannte Sonden mit Teleskopen und Spektrometern sind zu unentbehrlichen Hilfsmitteln für die Wissenschaftler geworden. So können etwa mit Infrarotaufnahmen der Erdoberfläche vom Weltraum aus neue Lagerstätten wichtiger Rohstoffe aufgespürt werden.

**Leitbild**

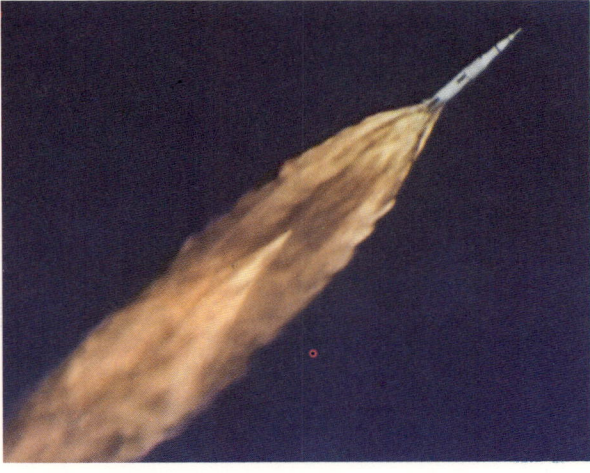

**Raumfahrzeuge** werden von schubstarken Raketen auf ihre Umlaufbahnen um die Erde oder zum Mond oder zu anderen Gestirnen gebracht. In der Spitze der abgebildeten Rakete gelangte 1971 die amerikanische Marssonde Mariner 9 auf ihren Weg zum Mars. Es war die erste Sonde, die auf einer nahen Umlaufbahn den Mars umrundete und Tausende von Aufnahmen von der Marsoberfläche übertrug.

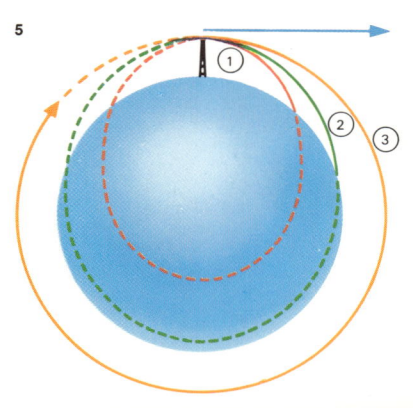

**5 Verschiedene Formen von Umlaufbahnen** ergeben sich, wenn man sich vorstellt, daß das Fahrzeug von der Spitze eines Turmes, der die Erdatmosphäre überragt, horizontal abgefeuert wird. Bei einer zu geringen Geschwindigkeit schlägt das Fahrzeug auf der Erde auf, je nach Geschwindigkeit näher [1] oder weiter [2] entfernt. Bei »Kreisbahngeschwindigkeit« (7,8 km/s) kann es die Erdoberfläche nicht mehr erreichen und kreist ständig auf einer stabilen Umlaufbahn [3].

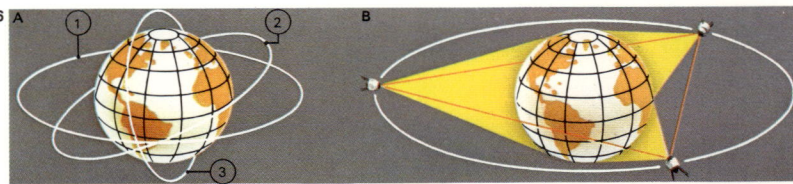

**6 Satelliten** können auf verschiedenen Bahnen umlaufen [A]. Die Bahn kann in der Äquatorebene liegen [1], sie kann gegen den Äquator geneigt sein [2] oder über die Pole gehen [3]. Für einen »stationären« Nachrichtensatelliten der Syncom-Serie [B] beträgt die Umlaufdauer genau einen Tag bei einer Bahnhöhe von 35 900 km. Dadurch »steht« der Satellit immer in derselben Richtung über der Erdoberfläche: günstigste Konfiguration für TV-Übertragungen.

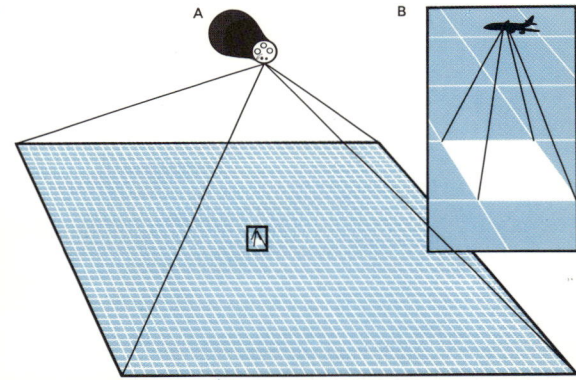

**7 Von einem umlaufenden Satelliten aus** läßt sich die Erde vielfach besser photographieren [B]. Das Satellitenbild ist von größerer Genauigkeit und Detailtreue; durch die große Aufnahmeentfernung zeigt es weitaus weniger Verzerrungen als die übliche Luftaufnahme. Umfangreiche Arbeitsgänge sind erforderlich, um aus Luftaufnahmen mosaikartig eine genaue Karte herzustellen. Bei Satellitenaufnahmen ist das viel einfacher. Kartenkorrekturen können mit Satellitenbildern rasch und genau erledigt werden.

**8 Ein Vergleich zwischen Satelliten- und Luftaufnahmen** zeigt eindeutig die Überlegenheit der ersteren, was Übersichtlichkeit und Klarheit angeht. Die Richat-Krater in Zentralmauretanien (Nordwestafrika), vermutlich vulkanischen Ursprungs, sind auf diesem Bild aus Apollo 9 klar erkennbar [A]; das gleiche Gebiet zeigt [B] – aus vielen Einzelaufnahmen zusammengesetzt. Das Apollo-Photo enthüllt deutlich Einzelheiten, die vor diesen Bildern nicht entdeckt worden waren, wie z. B. Senken bis zu 1500 m Durchmesser.

# Der Mensch im Weltraum

Der sowjetische Luftwaffenoffizier Jurij Gagarin (1934–68) war der erste Mensch im Weltraum. Kaum vier Jahre nach dem Start des ersten künstlichen Satelliten Sputnik 1 umkreiste er am 12. April 1961 mit dem Raumschiff Wostok 1 einmal die Erde (Umlaufzeit: 89,1 Min.) oberhalb der Atmosphäre und landete sicher wieder auf der Erde.

## Gagarin und die Schwerelosigkeit

Gagarins Flug war eine Pionierleistung. Vor ihm wußte niemand, wie der menschliche Körper über längere Zeit auf die Schwerelosigkeit reagieren würde. Dabei bedeutet Schwerelosigkeit [1] nicht, daß der Astronaut auf der Umlaufbahn das Schwerefeld der Erde verlassen hat. Man kann sich den schwerelosen Zustand durch ein Beispiel verdeutlichen: Ein Buch, das auf einem Regal liegt, drückt durch die Erdanziehungskraft auf das Regal und wirkt deshalb »schwer«. Läßt man nun das Regal samt dem Buch fallen, so übt das Buch keinerlei Kraft mehr auf das Regal aus, denn beide werden ja gleich stark »nach unten« beschleunigt. Derselbe Zustand herrscht für einen Astronauten im Weltraum: Kapsel und Insasse unterliegen derselben Beschleunigung, so daß zwischen ihnen keine Kraft auftreten kann, die der Weltraumfahrer als Gewicht empfinden würde.

Gagarin empfand diese Schwerelosigkeit weder als unerträglich noch als unangenehm, und alle Weltraumfahrer späterer Zeit bestätigten diese Aussage.

## Die Amerikaner im Weltraum

Der erste Amerikaner im Weltraum war Alan Shepard. Er unternahm im Mai 1961 einen 15minütigen Flug über die Erdatmosphäre hinaus, ohne daß sein Raumschiff jedoch in eine Umlaufbahn gelenkt wurde.

In den 60er Jahren wurden mehrere mit zwei oder drei Astronauten bemannte Raumfahrzeuge gestartet; sie vollführten in erster Linie ausgedehnte und komplizierte Koppelmanöver und leisteten den amerikanischen Beitrag zur russisch-amerikanischen Zusammenarbeit im Weltraum. Die Anfangsschwierigkeit internationaler Dockmanöver bestand zunächst darin, daß sich die grundlegende Konzeption amerikanischer und russischer Raumfahrzeuge unterschied; beide Staaten hatten ihre Raumfahrtprogramme unabhängig voneinander entwickelt. Erst nach dem Erfolg der amerikanischen Skylab-Raumstation (1973) wurde ein gemeinsames Unternehmen ernsthaft ins Auge gefaßt und schließlich 1975 unter dem Namen »Apollo-Sojus-Unternehmen« durchgeführt. Hierfür waren an den beteiligten Raumfahrzeugen eine Reihe von Spezialeinrichtungen erforderlich: Beispielsweise atmen die sowjetischen Kosmonauten in der Regel normale Luft bei Druckverhältnissen wie auf der Erde, während die Amerikaner in ihren Raumschiffen eine Sauerstoffatmosphäre bei entsprechend niedrigerem Druck bevorzugen. Für das gemeinsame Weltraumunternehmen mußte daher eine Adaptionskammer konstruiert werden, die wie eine Schleuse zwischen beiden Raumschiffen wirkte.

Bei bemannten und unbemannten Weltraumflügen werden die verschiedensten Experimente ausgeführt. Dabei läßt sich nicht nur die Erdoberfläche eingehend erforschen, sondern es haben beispielsweise auch die neugewonnenen Erkenntnisse über die Luftbewegung in der oberen Atmosphäre zu einer erheblich verbesserten Wettervorhersage geführt.

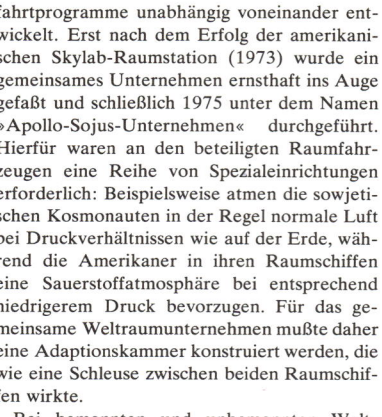

## HINWEISE

Lesen Sie auch:

Kurze Geschichte der Weltraumfahrt (Band 1)

Raumstationen (Band 1)

Die Erschließung des Mondes (Band 1)

Weltraumfahrzeuge

---

**1 Beim freien Fall** herrscht immer der Zustand der Schwerelosigkeit. Abbildung [A] stellt einen Astronauten im Flugzeug dar: Bei [1] unterliegt er den Bedingungen der normalen Schwerkraft. Begibt sich das Flugzeug in einen Sturzflug [2], so herrschen dieselben Voraussetzungen wie beim freien Fall. Bei [3] liegt der Astronaut auf einer Liege: Sie unterstützt ihn dabei, die zusätzliche Beschleunigung zu überstehen, die bei der Rückkehr in den Normalflug entsteht. Abbildung [B] zeigt, wie die Schwerelosigkeit in einem Weltraumfahrzeug entsteht: Auf der Umlaufbahn sind Schwerkraft (mg) und Zentrifugalkraft (mv²/r) gerade gleich groß.

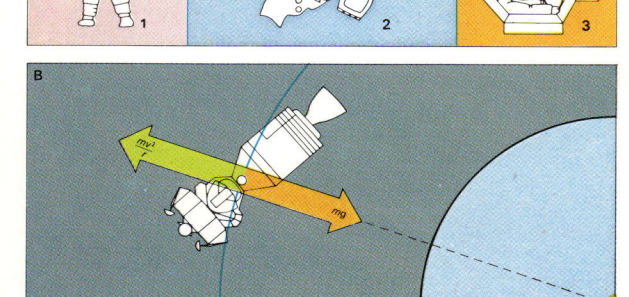

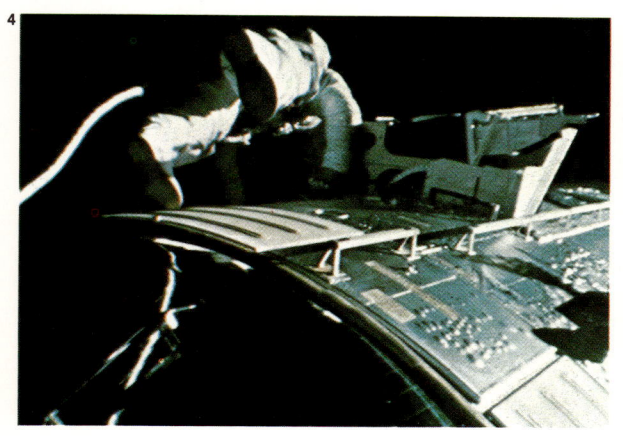

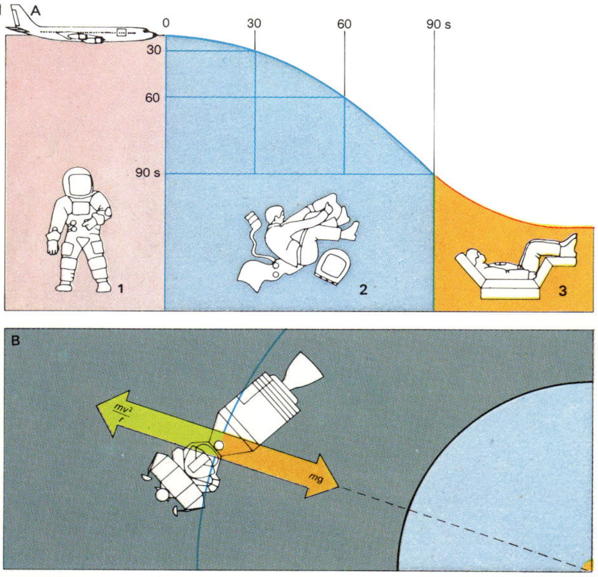

**2 Das Gemini-Programm** war das zweite Raumfahrtprogramm der USA nach den ersten bemannten Flügen. Raumschiff Gemini 7 war für zwei Mann eingerichtet und gestattete Koppel- und Ausstiegsmanöver.

**3 Apollo 15** hatte ein kegelförmiges Kommandoteil und einen zylindrischen Servicemodul. Das Bild wurde von der Mondlandefähre aus aufgenommen, während beide Teile über der Mondoberfläche kreisten.

**4 Der Astronaut Alfred M. Worden** unternahm während der Rückreise von Apollo 15 einen Weltraumspaziergang, um Filmmaterial und Kamera von der fliegenden Kommandoeinheit zu bergen. Während des Mondflugs, bei dem Jim Irwin und David Scott den Mond betraten, war er in der Kommandokapsel geblieben.

**5 Den ersten amerikanischen »Raumspaziergang«** machte im Rahmen des Gemini-Programms im Jahre 1965 der Astronaut Edward White (den ersten Weltraumausstieg absolvierte kurz zuvor der Russe Leonow). Außerhalb eines Weltraumfahrzeugs braucht sich ein Astronaut nicht besonders festzuhalten, denn Fahrzeug und Astronaut bewegen sich ja auf derselben Umlaufbahn. Ein Seil zum Beiholen genügt vollauf.

Ebenso lassen sich Pflanzenwuchs auf bzw. Bodenschätze unter der Erdoberfläche beurteilen. Fast alle Zweige der Wissenschaft haben aus den Erkenntnissen der Weltraumforschung praktischen Nutzen gezogen.

Befürchtungen, daß Weltraumfahrer durch Meteoriten, kosmische Strahlung und Schwerelosigkeit gefährdet werden könnten, haben sich bis heute nicht bestätigt. Allerdings forderten technische Unzulänglichkeiten, sei es im Raumschiff selbst oder in den Überwachungszentralen auf der Erde, bei den Amerikanern wie bei den Russen ihre Opfer.

Während die Russen sich in erster Linie auf die Erforschung des Weltraums durch unbemannte, automatisch betriebene Sonden spezialisiert haben, haben die Amerikaner das Schwergewicht auf bemannte Raumflüge gelegt. Das Apollo-Programm [6–9], das nach 1960 begonnen wurde, erreichte mit seinen Raumfahrzeugen in den Jahren 1968 und 1969 seinen Höhepunkt. Während der Weihnachtstage 1968 umkreisten Frank Borman, James Lovell und William Anders mit Apollo 8 den Mond. Ein Jahr später wurde die erste unbemannte Fähre zum Mond erprobt, und im Juli 1969 betraten die Astronauten Neil Armstrong (geb. 1930) und Edwin Aldrin (geb. 1930) als erste Menschen den Mond [8].

**Probleme bei Mondlandungen**
Der Brennstoffverbrauch ist noch immer so hoch, daß ein einziges Fahrzeug den Flug zum Mond nicht bewältigen kann. Der Start erfolgt mit einem kombinierten System aus Kommando- und Servicekapsel, die miteinander gekoppelt den Mond anfliegen und dann in eine Kreisbahn einschwenken. Von dort bringt eine Landefähre die Astronauten zur Mondoberfläche und zurück.

Die Unternehmen von Apollo 11 und 12 sowie Apollo 14 bis 17 brachten große Fortschritte bei der Erforschung des Mondes. Dabei wurden ausgeklügelte Meßinstrumente auf der Mondoberfläche abgesetzt, die bis heute noch Daten zur Erde senden.

Der alte Traum des Menschen, mit einer Rakete ebenso problemlos zum Mond fahren zu können wie auf der Erde mit der Eisenbahn von einem Ort zum anderen, wird jedoch aus Sicherheits- und Kostengründen noch lange Jahre auf seine Verwirklichung warten.

**So sehen Astronauten die Erde** während des Fluges zum Mond. Deutlich sind Nordafrika und Arabien zwischen den Wolken zu erkennen. Trotz der zahlreichen Wolkenschichten war für die Weltraumfahrer immer ein großer Teil der Erdoberfläche direkt sichtbar.

**6 Kommando- und Servicemodul** von Apollo 16 wurden während des Raumfluges im Jahre 1972 von der Mondlandefähre aus photographiert. Während dieser Mission landeten die Astronauten Charles Duke und John Young auf der Mondoberfläche. Die Aufnahme zeigt deutlich die unwirtliche Oberfläche des Mondes.

**7 Mondfahrzeuge** erhöhen die Beweglichkeit der Astronauten auf der Mondoberfläche beträchtlich. Die Aufnahme zeigt den Amerikaner Charles Duke neben einem elektrisch betriebenen Fahrzeug in der Nähe des sogenannten Steinbergs auf dem Mond. Im Hintergrund erkennt man die Mulden eines großen Kraters.

**8 Die erste Mondlandung** erfolgte im Juli 1969. Die Abbildung zeigt Edwin Aldrin, photographiert von Neil Armstrong, der als erster die Leiter der Mondlandefähre hinuntergestiegen war. Der Flug von Apollo 11 zum Mond war von aller Welt im Fernsehen zu verfolgen.

**9 Der Gipfel »Hadley Delta«** in den Mondapenninen ist im Hintergrund dieser Aufnahme zu sehen – im Vordergrund der Astronaut David Scott von der Apollo-15-Besatzung. Die Entfernung zwischen Vorder- und Hintergrund beträgt mehr als 30 km. Da es auf dem Mond keine Atmosphäre gibt, die Dunst verursachen könnte, verschätzt man sich leicht bei Entfernungsangaben. Ebenso gibt es auf dem Mond keinen Wind – das Sternenbanner mußte daher über ein Drahtgestell ausgebreitet werden.

**10 Der Motor von Mondlandefähren** hat sich bei allen Unternehmen als äußerst zuverlässig erwiesen – eine Momentaufnahme zeigt die Apollo-15-Fähre beim Aufstieg. Der Fährenmotor stellte bei allen Unternehmen das schwächste Glied im Gesamtprogramm dar: Bei Versagen des Motors hätte es keine Hilfe mehr für die Astronauten gegeben. Die Technik erwies sich jedoch als zuverlässig – auch bei den auf dem Mond zurückgelassenen Meßgeräten: Sie senden auch heute noch Daten auf die Erde.

# Waffen der Vergangenheit

Schon immer haben die Menschen zur Nahrungsbeschaffung und zu ihrem eigenen Schutz Waffen verwendet. Die Vorzeitmenschen bewaffneten sich mit Stecken und Steinen, die sie gerade fanden [1]. Diese Handwaffen waren brauchbar auf kurze Distanz, aber nicht dazu geeignet, Raubtiere fernzuhalten oder schnelle Beutetiere (wie Antilopen) zu erlegen. Mit zunehmender Handfertigkeit und Intelligenz begann der Mensch, aus den Materialien seiner Umgebung Werkzeuge und Waffen zu fertigen.

### Die ersten Waffen

Zu den ältesten Waffen zählen bearbeitete Feuersteine aus der Altsteinzeit, die bis etwa 10 000 v. Chr. dauerte.

Noch heute wird von den australischen Ureinwohnern zur Jagd ein Wurfholz benutzt, der Bumerang. Dieses Holz ist so geformt, daß es, wenn es richtig geworfen wird, eine etwa kreisförmige Flugbahn beschreibt und zur Abwurfstelle zurückfliegt, wenn es sein Ziel verfehlt hat.

Ein lassoartiges Instrument stellt die südamerikanische Bola dar: An den Enden eines mehrfach verzweigten Lederseiles sind eingekerbte Steine angebracht. Wenn die Bola geschleudert wird, wickelt sich das Seil um die Beine des Beutetieres und bringt es zu Fall. Steinzeitfunde lassen die Vermutung zu, daß diese Waffe auch in Europa verwendet wurde.

Waffen dieser Art eignen sich zur Jagd, nicht aber zum Angriff oder zur Verteidigung bei kriegerischen Auseinandersetzungen. Hierfür wurde jahrtausendelang der Speer [5, 6] benutzt. Er bestand ursprünglich aus einem geraden Holzstock mit gehärteter Spitze. Später setzten sich Stein- und Knochenspitzen durch, die dann nach und nach durch Bronze- und später durch Eisenspitzen ersetzt wurden. Da der Krieger nach dem Abwurf des Speeres waffenlos war, benötigte er für den Nahkampf eine zusätzliche handliche Waffe. Die Zulus z. B. entwickelten einen kurzen Stoßspeer mit langer Spitze, den Assegai. Andere Völker erfanden das Schwert [9].

### Schwert und Bogen

Schwerter wurden zuerst aus Bronze und später aus Eisen gefertigt. Die griechischen Kämpfer benutzten spezielle Schwerter, die sich sowohl zum Zustoßen als auch zum Schlagen eigneten. Die Römer kämpften mit kurzen eisernen Schwertern und schützten sich durch Schilde [Leitbild]. Mit dieser Art der Kampfführung konnten sie sich über viele Jahrhunderte hinweg behaupten und ihr Weltreich verteidigen. Mit dem Zusammenbruch des Römischen Weltreiches verschwand auch die römische Kampfweise.

Zur Verteidigung gegen die aus dem Norden einfallenden Normannen (8.–11. Jh.) wurden gutorganisierte Armeen aufgestellt, deren Soldaten außer mit Langschwertern und Streitäxten auch mit Pfeil und Bogen kämpften. Die normannischen Horden unterlagen schließlich den disziplinierten Truppen.

Der in Europa übliche Bogen [8] war erheblich schwerer als der leichte, aus Horn- und Holzlamellen bestehende Bogen der östlichen Steppenvölker, der als Reiterwaffe diente. Der europäische Bogen wurde in erster Linie als Jagdwaffe und weniger als Kriegswaffe benutzt. Seine endgültige Form war der englische Langbogen (etwa 1,8 m lang) mit einer Sehne aus Roßhaar, mit dem man 1 m lange Pfeile verschoß. Die Truppen des normannischen Herzogs Wilhelm I. (Wilhelm der Eroberer), die

## HINWEISE

Lesen Sie auch:

Geschichte der Technik (Band 8)

Die Steinzeit (Band 8)

Feuer und Bronze (Band 8)

Die Eisenzeit (Band 8)

Die Entwicklung der Feuerwaffen

Geschichte der Artillerie

Kriegsschiffe mit Ruder und Segel

---

**1 Der Neandertaler,** der vor rund 40 000 Jahren zur Altsteinzeit (Paläolithikum) in Europa lebte, benutzte Steine, Keulen und Speere als Waffen. Als Speere dienten lange Holzstöcke, die an einem Ende zugespitzt wurden. Die Entwicklung von Waffen und technischem Gerät vollzog sich jedoch nicht gleichmäßig über die ganze Welt, so daß der Neandertaler bald der Überlegenheit anderorts entstandener Kulturen mit besseren Waffen weichen mußte. Direkte Nachkommen der Altsteinzeitkultur wie die Ureinwohner Australiens sind heute nur noch selten zu finden. Deutlich überlegen waren die Menschen der Jungsteinzeit mit ihren steinbewehrten Waffen, aber auch sie mußten Bronze- und Eisenwaffen weichen.

**2 Sorgfältig bearbeitete Steinspitzen** für Pfeile und Speere erhöhten deren Durchschlagskraft. Die nebenstehende Abbildung zeigt links eine Steinspitze, die ungefähr 16 000 Jahre alt ist und aus der mittleren Steinzeit stammt.

**3 Äxte** waren zunächst vergleichsweise klein. Während in der Jungsteinzeit [B] und in der Bronzezeit [C] die Axtschneide nur ungefähr 7 cm lang war, hatte die Schneide einer Wikingeraxt [A] bereits die Länge von 28 cm.

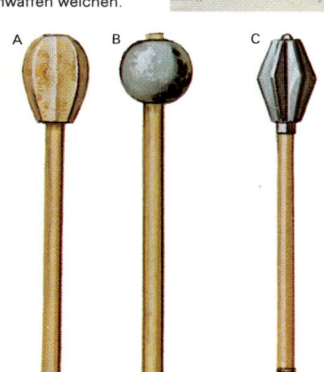

**4 Keulen** entwickelten sich nach und nach zu immer handlicheren Formen. Die 2000 Jahre alte Eisenkeule [B] ähnelt zwar noch der 4000 Jahre alten ägyptischen Holzkeule [A], war aber bereits bruchfester. Der kantige Keulenkopf (14. Jh.) [C] war besonders wirkungsvoll.

**5 Der Speer** [A] und die Lanze [B], die aus den Jahren 650 bis 500 v. Chr. stammen, unterscheiden sich kaum von den fränkisch-gotischen Speeren [C, D] und der römischen Lanze [E] (5.–7. Jh.). Die Hellebarde [F] entwickelte man aus diesen Formen erst im Mittelalter.

**6 Die Form von Speerspitzen** war meist ähnlich, unabhängig von dem Material, aus dem sie gefertigt waren. Sie wurden zunächst aus Stein, später aus Bronze und Eisen hergestellt. Die griechische Speerspitze [A, B] (um 700 v. Chr.) gleicht weitgehend der keltischen Eisenspitze [D], der Wikinger-Spitze [E] und der sächsischen Speerspitze [F]. Stoßspeere, wie der aus Makedonien [C], waren am Spitzenschaft oft mit einem Ring versehen. Er sollte verhindern, daß der Speer allzu tief in den Körper des Gegners eindrang oder ihn gar durchbohrte.

1066 in England einfielen, waren mit Bogen, Schild und Schwert bewaffnet und trugen als Körperschutz lange Kettenhemden.

**Weiterentwickelte Waffen und Rüstungen**
Kettenpanzer setzten sich dort rasch durch, wo die technischen und wirtschaftlichen Voraussetzungen gegeben waren. Diese Schutzpanzer schützten relativ gut gegen Pfeile, aber nicht gegen Schlagwaffen. Deshalb wurden alle verwundbaren Stellen an den Kettenpanzern mit kleinen Eisenplatten versehen. Auch die Reitpferde erhielten Rüstungen und glichen eher Fabelwesen [7].

Mit ihren gepanzerten Streitrössern und bewaffnet mit einer knapp 4 m langen Eschenlanze mit Eisenspitze, einem Schild und einem langen Schwert zogen die schwerbeladenen Ritter langsam in die Schlacht. Manchmal rüsteten sie sich auch mit Keulen, Streitäxten und Morgensternen aus.

Die damaligen Schwerter waren etwa 2 m lang, zweischneidig und konnten ein- oder beidhändig geführt werden. Die schwerfälligen Waffen und Rüstungen wurden aber bald von neueren Entwicklungen abgelöst. Das Zeitalter der Ritter ging schließlich mit den Schlachten von Crécy-en-Ponthieu (1346) und Agincourt (1415) zu Ende, in denen englische Langbogenschützen durch größere Wendigkeit und Treffsicherheit die Ritter demoralisierten und besiegten. Neben den Langbogen wurde dann die Armbrust eingesetzt, die auch von ungeschulten Leuten bedient werden konnte, und deren Pfeile sogar Rüstungen durchdrangen. Durch die kurze Reichweite und längere Ladezeiten war jedoch die Armbrust dem Langbogen in mancher Hinsicht unterlegen.

Mit dem Verschwinden der schwerfälligen Rüstungen kamen auch wieder kürzere und leichtere Schwerter auf sowie im 18. Jahrhundert der oft dekorativ gestaltete Degen. Besonders Reiter benutzten gebogene Degen – bis in unser Jahrhundert hinein.

Die Schwerter wurden im Laufe der Zeit durch Bajonette ersetzt, eine seit dem 15. Jahrhundert gebräuchliche Stoßwaffe. Sie waren ursprünglich mit dem Gewehr fest verbunden, wurden in der Neuzeit noch als Seitenwaffe (Seitengewehr) getragen und nur »bei Bedarf« aufgepflanzt; heute kann man Bajonette noch bei Paraden antreffen.

**Ein großes Schild und ein Kurzschwert** gehörten zur Standardausrüstung römischer Legionäre. Der Schild schützte den Mann vor nahezu allen feindlichen Waffeneinwirkungen. In der Schlachtreihe bildeten die vorgehaltenen Schilde eine geschlossene Schutzmauer, hinter der die Soldaten auch gegen verteidigte Befestigungsanlagen vorgehen konnten. Eine andere Schlachtordnung bot Schutz gegen Pfeiltreffer von oben: Die hinteren Reihen bildeten mit den Schilden ein Dach, so daß die ganze Formation von allen Seiten geschützt war. Als Waffe diente in erster Linie das Kurzschwert, das viel leichter zu handhaben war als das Langschwert. Helme und Brustpanzer boten im Nahkampf wirkungsvollen Schutz gegen feindliche Treffer.

**7 Die mittelalterliche Ritterrüstung** [A] war das Ergebnis des Wettstreits um wirksamere Panzerung und verbesserte Waffen. Das Pferd – verwundbarer noch als der Mensch – mußte ebenfalls gepanzert werden. Die schwere Ausrüstung machte den Ritter jedoch so unbeweglich, daß er, wenn er vom Pferd fiel, seine Waffen kaum mehr handhaben konnte und jedem leichter bewaffneten Fußsoldaten hoffnungslos unterlegen war. Mit dem Aufkommen von Feuerwaffen, denen die Ritterrüstung kaum Schutz bieten konnte, wurde schließlich die Panzerung wieder leichter. Die Lanze war die gebräuchlichste Waffe der Ritter. Wenn sie brach, standen noch andere Waffen zur Verfügung [B]. Die meisten Ritter führten ein Schwert [3] in einer reichdekorierten Scheide [4] mit sich. Daneben gab es eine Reihe anderer Handwaffen, wie die Keule [2] und die Streitaxt. Die Schlagaxt [1] hatte sich als Weiterentwicklung früherer Streitaxtformen durchgesetzt.

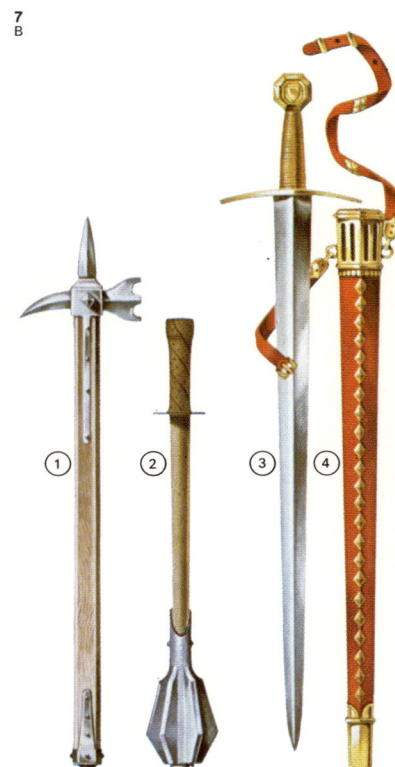

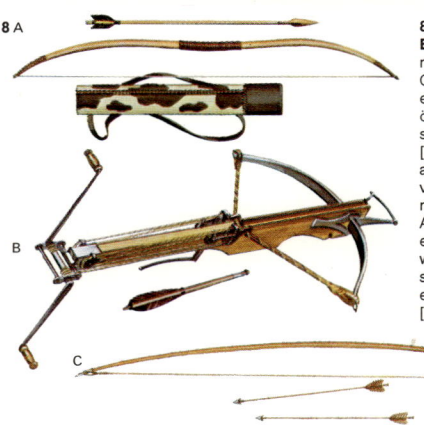

**8 Drei verschiedene Bogentypen** haben ihren festen Platz in der Geschichte der Waffenentwicklung. Der aus östlichen Gebieten stammende Kurzbogen [A], der etwa 4000 Jahre alt ist, wurde vor allem von den Mongolen benutzt. Die Genueser Armbrust [B], die mit einer Winde gespannt werden mußte, erwies sich schließlich dem englischen Langbogen [C] unterlegen.

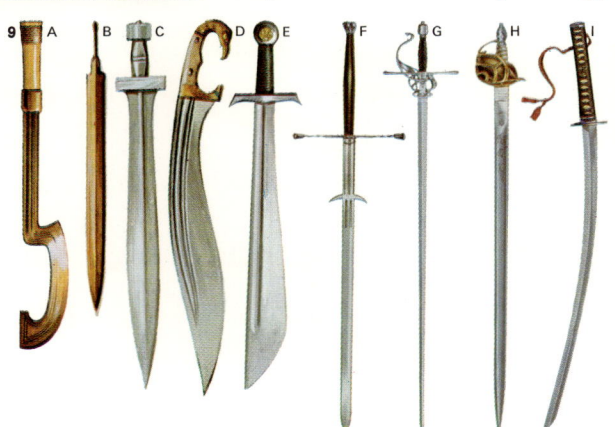

**9 Mit zu den ersten Schwertern** gehört das ägyptische Sichelschwert [A] (um 2000 v. Chr.) und das etwa 1000 Jahre jüngere Bronzeschwert aus der Schweiz [B]. Die Griechen benutzten kurze Stoßschwerter [C] und einschneidige Schlagschwerter [D]. Das einschneidige Schwert [E] stammt aus dem Mittelalter. Das Geradschwert mit zwei Schneidkanten [F] war ein Schlagschwert. Das Rapier [G] späterer Zeit war eine Stoßwaffe. Reiterschwert [H] und Samuraischwert [I] wurden über dem Kopf geschwungen.

# Die Entwicklung der Feuerwaffen

Alle Feuerwaffen funktionieren nach dem gleichen Prinzip. Sie bestehen aus einem Rohr, auch Lauf genannt, aus dem das Geschoß durch Gasdruck herausgetrieben wird. Der Gasdruck wird durch die Verbrennung einer Explosivladung erzeugt; hierfür ist ein Zündmechanismus erforderlich, der dem Benutzer das Abfeuern der Waffe erlaubt. Dieser Zündmechanismus wird häufig auch als »Schloß« bezeichnet; der Name ist darauf zurückzuführen, daß die komplizierten Teile früher von Schlossern hergestellt wurden.

**Entwicklung der Zündmechanismen**

Die erste Feuerwaffe war die Handbüchse. Sie bestand aus einem einseitig verschlossenen Rohr, das auf einer Stange befestigt war; damit konnte die Waffe beim Feuern gehalten werden. Gezündet wurde mit einer Lunte, die an das Zündloch gehalten wurde.

Das Luntenschloß [1] wurde im späten 15. Jahrhundert eingeführt. Die erste Muskete mit Luntenschloß war die Arkebuse. Das Luntenschloß blieb mehr als zwei Jahrhunderte in Gebrauch und wurde so richtungsweisend für die Entwicklung der Langwaffe.

Die ersten Gewehre waren sehr schwer. Das Zielen war nur mit Hilfe einer Stützgabel möglich [2]. Außerdem war das Laden schwierig und gefährlich: Zuerst wurde Schwarzpulver, dann eine Kugel mit Dichtungspfropf von vorne in den Lauf gestoßen, und schließlich wurde die Zündpfanne mit Zündkraut (feingemahlenes Schwarzpulver) gefüllt. Während des ganzen Vorgangs brannte die Lunte weiter. Natürlich war eine solche Waffe für Reiter nicht brauchbar.

Das Radschloß [3] war eine wesentliche Verbesserung gegenüber dem Luntenschloß, da das Gewehr nun geladen und über längere Zeit in Bereitschaft gehalten werden konnte; es wurde Anfang des 16. Jahrhunderts entwickelt. Die schönsten erhaltenen Stücke stammen aus dem süddeutschen Raum [4]. Das Radschloß war jedoch kompliziert und daher teuer und außerdem leicht zu beschädigen. Da vor allem reiche Leute beritten waren, wurden Karabiner und Pistolen mit Radschloß zu typischen Reiterwaffen.

Für die Ausrüstung von Kriegsarmeen suchte man bald nach einer Waffe, die leichter und zuverlässiger war als das Luntenschloßgewehr, jedoch billiger als das Radschloßgewehr. Das Schnapp- und das Steinschloß erfüllten diese Forderungen. Der Unterschied bestand lediglich darin, daß beim Steinschloß Feuerstahl und Pfannendeckel aus einem Teil [8], beim Schnappschloß jedoch aus zwei Teilen hergestellt waren.

Das Steinschloß ersetzte bald alle anderen Zündmechanismen. Musketen wie die Brown Bless und die Charleville und spätere Gewehre wie der Ferguson-Hinterlader sowie die Kentucky-Büchse [7] haben in der Entwicklung der Feuerwaffen eine bedeutende Rolle gespielt. Viele Erfinder haben versucht, größere Feuerkraft durch Verwendung mehrläufiger Waffen, Doppelladungen usw. zu erreichen. Hiervon hat sich lediglich das Doppellaufgewehr durchsetzen können.

**Perkussionszündung und Repetiergewehr**

Der schottische Geistliche Alexander John Forsyth (1769–1843) erfand im Jahre 1805 das Perkussionsschloß. Es verwendete einen hochexplosiven Zündstoff, der sich durch Hammerschlag entzünden ließ. Dieser Zündstoff war im Zündhütchen [9] untergebracht und

**HINWEISE**

Lesen Sie auch:

Unterseeboote
Maschinenwaffen
Geschichte der Artillerie
Die moderne Artillerie
Panzerfahrzeuge
Kriegsschiffe mit Ruder und Segel
Moderne Kriegsschiffe
Die ersten Militärflugzeuge
Moderne Militärflugzeuge

---

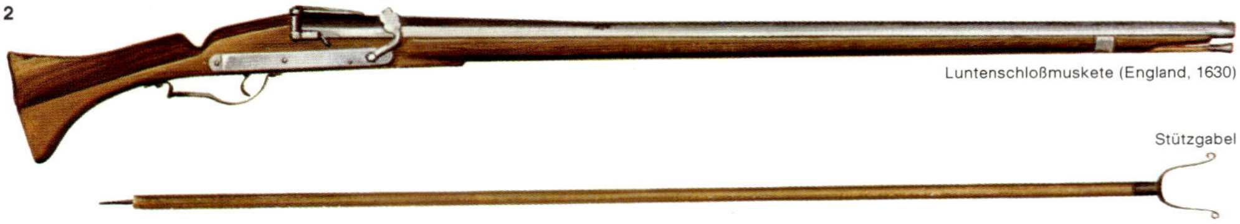

**1 Das Luntenschloß** kam im späten 15. Jh. auf. Die Serpentine [2] hielt die langsam glimmende Lunte [1]. Nach dem Betätigen des Abzugs brachte die Serpentine die Lunte an die Zündpfanne [3] heran, und das Zündkraut wurde gezündet. Solange das Gewehr nicht benutzt wurde, schützte ein Deckel [4] über der Pfanne das Zündpulver. Das hier abgebildete Schloß ist ein typisches Beispiel aus dem 17. Jh. Es wurde im Laufe der Zeit zum Standardschloß der damaligen Fußtruppen.

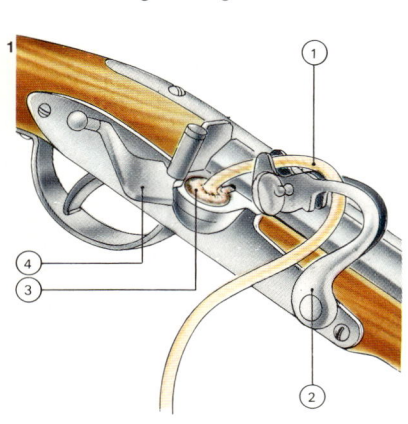

**2 Luntenschloßgewehre** dieses Typs waren die Standardwaffe der Infanterie in Europa im 17. Jh. Während des langwierigen Ladevorgangs mußten die Musketiere von pikenbewaffneten Mannschaften geschützt werden. Wenn die Waffe wieder schußbereit war, wurde sie mit dem Lauf auf eine Stützgabel gestellt. Nur so konnte einigermaßen genau gezielt und geschossen werden – Musketen dieses Typs hatten ein Gewicht von mehr als 11 kg.

**3 Das Radschloß** in Außen- [A] und Innenansicht [B]: Die meisten Radschlösser mußten mit einem Schlüssel aufgezogen werden. Um die Ladung zu zünden, wurde der federgespannte Hahn [1], der den Schwefelkies [2] hielt, mit dem Rand des Stahlrades [3] in Verbindung gebracht (Pfanne [4]). Beim Betätigen des Abzugs wurde das Rad freigegeben; es entstand – wie beim Feuerzeug – ein Funkenregen, der die Ladung zündete.

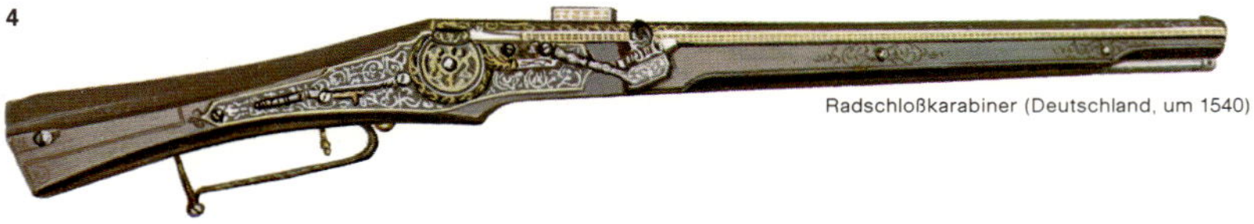

**4 Dieser Karabiner** wurde um das Jahr 1540 in Süddeutschland hergestellt. Zu dieser Zeit waren die meist schönverzierten Radschlösser noch kompliziert und teuer und anfallende Reparaturen entsprechend aufwendig.

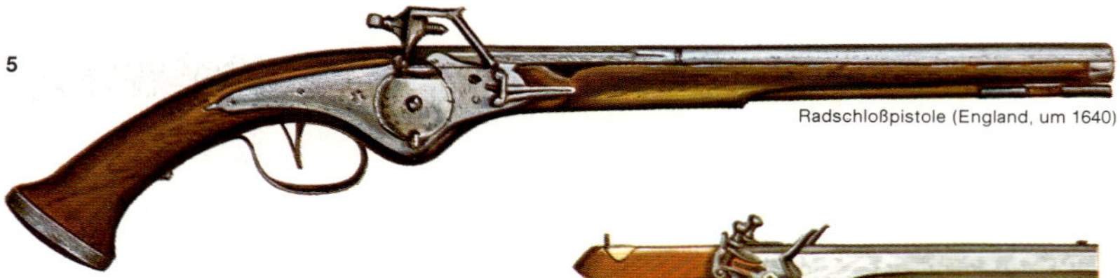

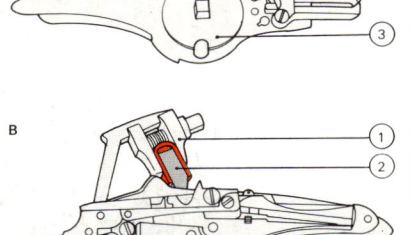

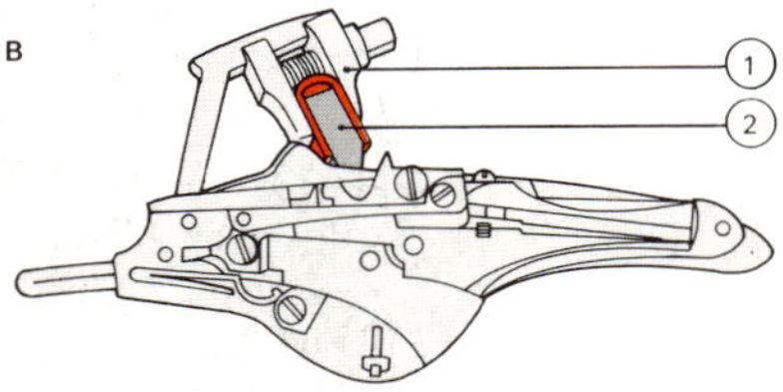

**5 Diese Militärpistole** stammt aus England und wurde im 17. Jh. entwickelt. Der gleiche Typ wurde in jener Zeit von zahlreichen europäischen Armeen verwendet. Die Soldaten trugen meist zwei solcher Pistolen mit sich.

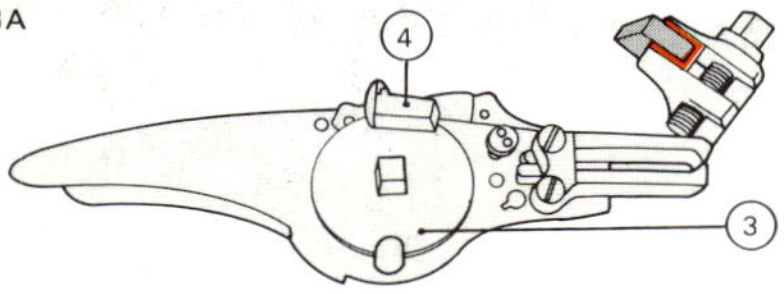

**6 Das Steinschloß** in seiner späteren Entwicklungsform zeigt diese doppelläufige Offizierspistole mit abnehmbarem Schaft.

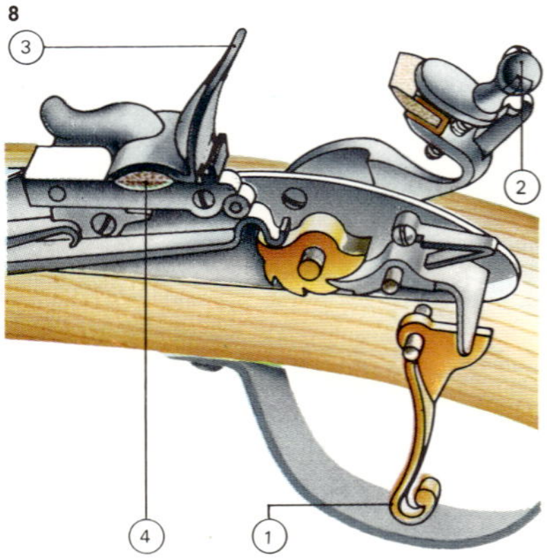

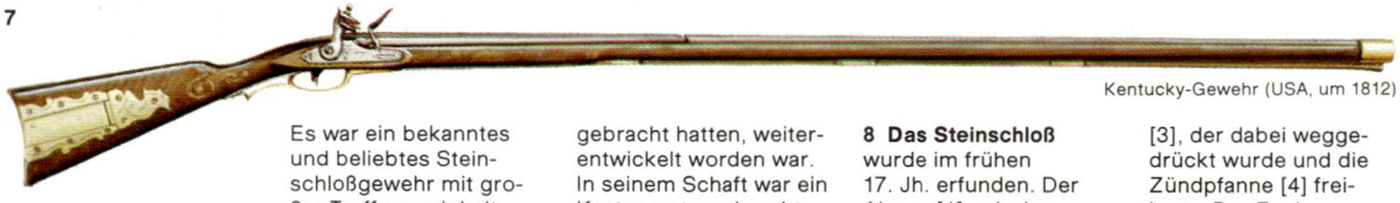

**7 Das Kentucky-Gewehr** wurde in Pennsylvania (USA) entwickelt. Es war ein bekanntes und beliebtes Steinschloßgewehr mit großer Treffgenauigkeit, das aus der Jägerbüchse, die deutsche Auswanderer in die USA gebracht hatten, weiterentwickelt worden war. In seinem Schaft war ein Kasten untergebracht, der den Pfropfen zum Abdichten der Kugel im Lauf enthielt.

**8 Das Steinschloß** wurde im frühen 17. Jh. erfunden. Der Abzug [1] gab den Hahn [2] frei, der den Stein hielt. Er schlug gegen den Feuerstahl [3], dabei weggedrückt wurde und die Zündpfanne [4] freilegte. Der Funkenregen fiel auf das Zündkraut und brachte es zur Entzündung.

Luntenschloßmuskete (England, 1630)

Stützgabel

Radschloßkarabiner (Deutschland, um 1540)

Radschloßpistole (England, um 1640)

Doppellaufpistole (England, 19. Jh.)

Kentucky-Gewehr (USA, um 1812)

zündete eine Hauptladung, die das Geschoß aus dem Lauf trieb.

In der Folge wurden viele Steinschlösser auf Zündhütchen umgestellt, ohne daß sich die eigentliche Waffenform wesentlich änderte. Erst als sich Samuel Colt (1814–62) um 1835/36 seinen Revolver mit Trommelmagazin patentieren ließ, begann die Ära der mehrschüssigen Waffen. Allerdings fand Colts Erfindung nicht sofort Anerkennung, denn 1842 ging sein erstes Unternehmen durch schlechte Auftragslage bankrott. 1847 jedoch wurde Colt von Captain Walker, einem Offizier der US-Armee, gebeten, eine neue Waffe vom Kaliber 11 mm zu entwerfen. Die sechsschüssige Waffe wurde als Walker-Colt bekannt. Ihr folgten andere Armeepistolen wie der Pocket Colt mit einem Kaliber von 7,75 mm und der Navy Colt mit 9 mm.

Alle Colts mit Perkussionszündung waren zunächst vom Typ »Single Action«, d. h., der Schütze mußte vor jedem Schuß den Hahn neu spannen. Erst bei neueren Konstruktionen wird die Waffe nach dem Schuß durch den rückwirkenden Gasdruck automatisch gespannt. Auch waren die meisten Revolver jener Zeit »offene« Konstruktionen und nicht so stabil wie die mit geschlossenen Rahmen [12].

### Patronen und Feuerwaffen der Gegenwart

Patronen waren schon jahrhundertelang bekannt, allerdings nicht in der Kombination von Geschoß, Ladung und Zündmasse. Die ersten Patronen mit dieser Kombination wurden 1812 hergestellt und später von dem deutschen Büchsenmacher Johann Dreyse (1787–1867) für die Verwendung in seinem Zündnadelgewehr von 1837 verbessert.

In Amerika entwickelte Daniel Wesson (1825–1906) eine verbesserte Randfeuerpatrone (1856). Eine derartige Patrone wurde unter anderem im Henry Rifle [13 B] verwendet. Bei einer Randfeuerpatrone befindet sich die Zündladung im Patronenrand. Es folgten die Zentralfeuerpatronen, die im Colt von 1873 [14] und im Winchester-Gewehr Verwendung fanden. Heute werden Zentralfeuerpatronen für alle modernen Feuerwaffen benutzt, einschließlich Maschinengewehren und Kanonen; Randfeuerpatronen findet man nur noch in Gas- und Schreckschußpistolen oder in Startpistolen für sportliche Wettkämpfe.

**Leitbild**

**Der Flug eines Geschosses** wird durch Drall stabilisiert. Dieser wird durch spiralförmige »Züge« im Lauf erzeugt. In der Abbildung sind acht »Züge« erkennbar [A]. Sie bringen die austretende Kugel, deren Durchmesser ein wenig größer ist als der des Laufs, in eine Drehung um die eigenen Achse. Die Munition besteht aus Kugel, Ladung und Zündmasse, die in einer Plastik- oder Metallhülse kombiniert sind [E]. Früher benutzte man Kugel [B], Pulver [C] und Zündhütchen [D] getrennt. Die Zündladung des Hütchens wird durch das Aufschlagen des Hammers oder Schlagbolzens gezündet und zündet die Hauptladung.

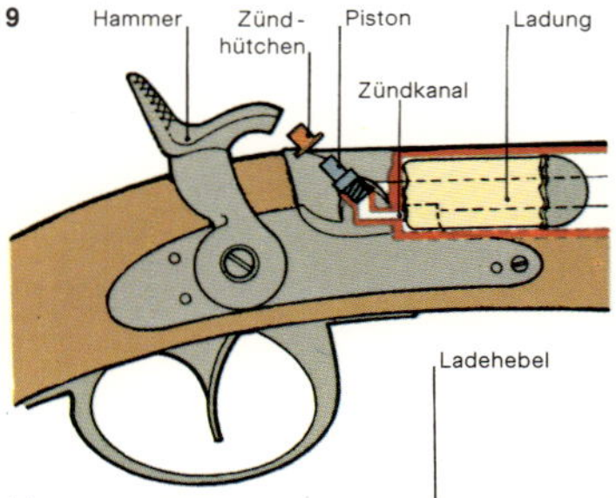

**9 Die Perkussionszündung** machte die Feuerwaffen zuverlässiger. Sie geht auf die Erfindung des Schotten A. J. Forsyth im Jahre 1805 zurück. Der Hammer schlug das Zündhütchen auf das Piston (Zündstift), wobei die Zündladung durch den Schlag gezündet wurde. Der Zündstrahl erreichte die Hauptladung über den Zündkanal. Andere Arten der Perkussionszündung verwendeten loses Zündpulver oder Zündstoffe in Pillen- oder Bandform. Das Zündhütchen stellte jedoch das fortschrittlichste System dar. Es leitete die Entwicklung der Patronen ein und führte dann schließlich zur Entstehung der mehrschüssigen automatischen Feuerwaffen.

9 Hammer, Zündhütchen, Piston, Ladung, Zündkanal

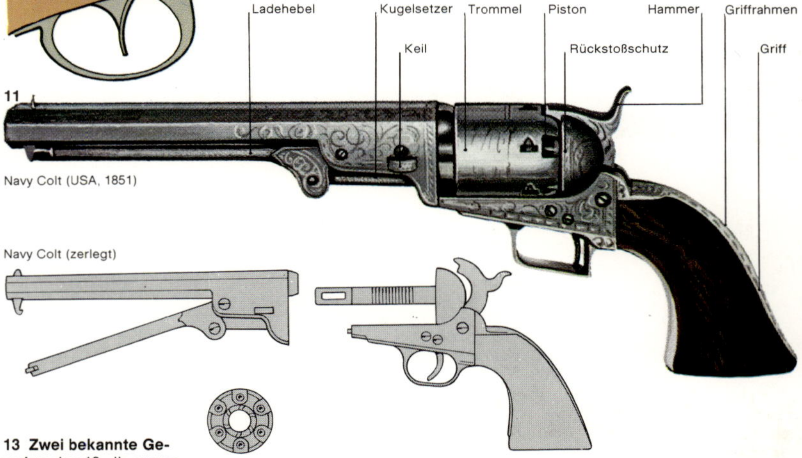

Navy Colt (USA, 1851)
Navy Colt (zerlegt)

Ladehebel, Kugelsetzer, Trommel, Piston, Hammer, Griffrahmen, Keil, Rückstoßschutz, Griff

**11 Der Navy Colt** war zwar nicht Samuel Colts erster Revolver, er wurde jedoch zum wahrscheinlich berühmtesten Revolver mit Perkussionszündung überhaupt. Auf den ersten Blick hat er große Ähnlichkeit mit dem größeren Dragoon und dem kleineren Pocket. Der Navy Colt wurde zur Unterscheidung von Sattel- und Taschenmodellen Gürtelrevolver genannt. Die Trommel konnte sechs Patronen des Kalibers 9 mm aufnehmen. Die Kammern wurden von vorne durch den Lauf geladen, wobei nacheinander Pulver, Kugel und Pfropfen eingeführt wurden. Anschließend wurden die Pistons mit Zündhütchen versehen; erst dann war die Waffe schußbereit.

**10 Pulverflaschen** wurden früher – vor der Entwicklung der Patronen – dazu benutzt, um die Ladungsmenge abzumessen und in den Lauf zu schütten. Die abgebildete Flasche wurde zum Laden einer Pistole verwendet.

**12 Dieser Beaumont-Adam** war einer der ersten »Double Action«-Revolver, der aus dem selbstspannenden Revolver von Adams entwickelt wurde. Durch Druck auf den Abzug wurde der Hammer gespannt. Er konnte auch mit dem Daumen gespannt werden.

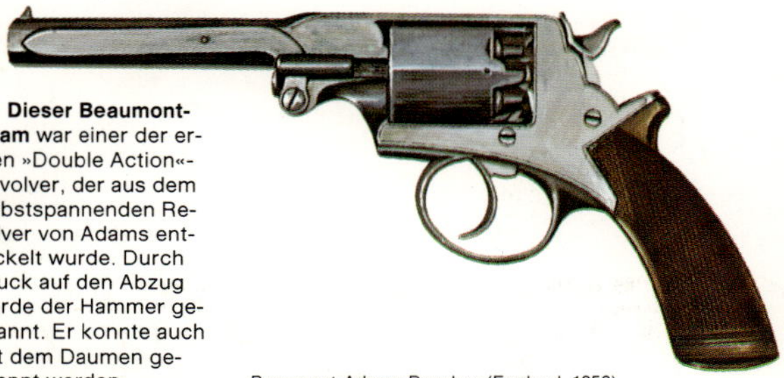

Beaumont-Adams-Revolver (England, 1856)

**13 Zwei bekannte Gewehre** des 19. Jh. waren das Enfield-Gewehr, Kaliber 14,4 mm [A], und das Henry-Gewehr, Kaliber 11 mm [B]. Das »Enfield« wurde ab 1853 in England hergestellt. Es war ein Vorderlader, der mit einer Papierpatrone [D] geladen wurde. Diese wurde vor dem Laden aufgerissen, um das Schwarzpulver freizulegen. Gezündet wurde mit einem Zündhütchen. [C] zeigt verschiedene Kugeltypen, die bei Vorderladern Verwendung fanden. Der amerikanische Henry-Karabiner von Tyler Henry wurde zwischen 1862 und 1866 produziert und hatte ein Röhrenmagazin [E], das 15 Randfeuerpatronen aufnehmen konnte. Er zählt zu den ersten Magazingewehren und ist ein Vorläufer der bekannten Winchester.

13 A Enfield-Gewehr (England, 1853) 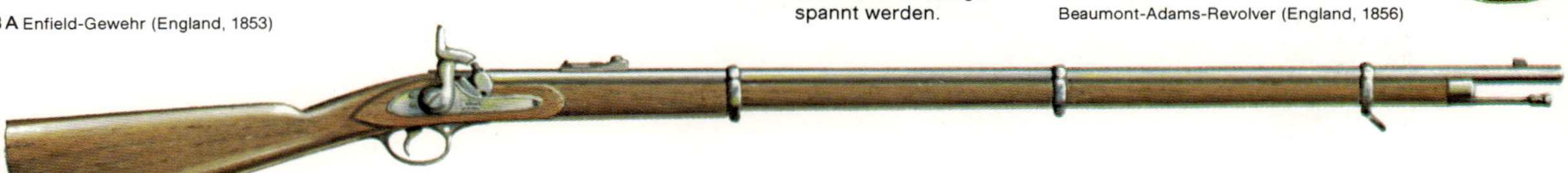
B Henry-Gewehr (USA, 1862)

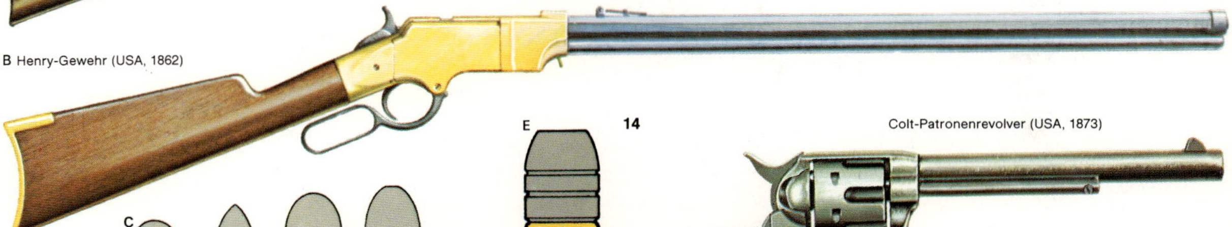

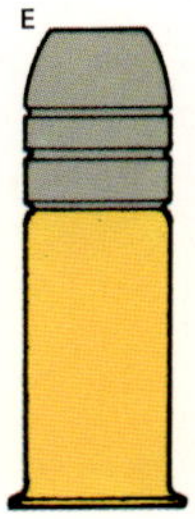

Colt-Patronenrevolver (USA, 1873)

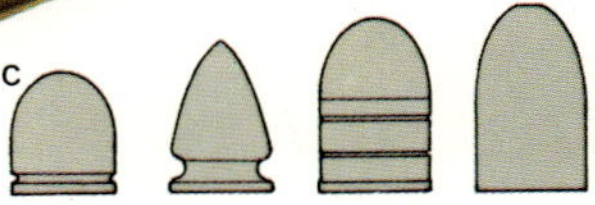

**14 Der berühmteste Revolver** ist der Colt »45«, der erstmals 1873 gebaut wurde und noch heute produziert wird. Es war der erste moderne Zentralfeuerrevolver, der in größerer Menge für den zivilen und militärischen Gebrauch hergestellt wurde.

# Maschinenwaffen

Maschinenwaffen geben eine ununterbrochene Schußfolge ab, solange der Abzug gedrückt wird. Zu ihnen gehören Kanonen, Gewehre und Pistolen. Die ersten Konstruktionen mußten noch von Hand betätigt werden, stellten aber die Grundlage für die späteren echten Maschinenwaffen dar.

**Die ersten amerikanischen Konstruktionen**

Als eine der ersten mechanischen Waffen ist die nach ihrem Erfinder, dem Amerikaner Richard Gatling (1818–1903), benannte Kanone [1] bekanntgeworden, die 1863 erstmals vorgeführt wurde. Sie besaß sechs parallele Läufe und wurde durch Drehen einer Handkurbel betrieben. Waffen dieser Art wurden 50 Jahre lang auf der ganzen Welt und mit verschiedenen Kalibern benutzt. Spätere Konstruktionen wurden mit Elektromotoren angetrieben oder nützten den Gasdruck im Lauf aus. Rückstoßbetriebene Konstruktionen nutzen den Abschußrückstoß zum Auswurf der leeren Patronenhülse, zum Neuspannen des Verschlusses und zum Abzug. Bei der Gasdruck-Konstruktion werden diese Funktionen von einem Kolben ausgelöst, der über eine Bohrung aus dem Lauf mit Treibgas beaufschlagt wird [5 B].

Eine weitere amerikanische Konstruktion war die Lowell-Kanone von 1875, die ebenfalls von Hand betrieben wurde. Bei ihr wurde aber bereits das Problem der Erhitzung nach 300 bis 400 Schuß dadurch gelöst, daß die Waffe vier revolverartig drehbare parallele Läufe besaß, von denen jeweils drei Läufe auskühlen konnten, während sich ein vierter Lauf in Schußposition befand.

Die nächste Entwicklungsstufe wurde von dem Amerikaner Sir Hiram Stevens Maxim (1840–1916) in London ausgelöst. Auf der Basis eines Winchester-Gewehrs konstruierte er das erste echte Maschinengewehr [2]. Durch den Rückstoß wurde sein Schlagbolzen mitsamt dem Schloß nach rückwärts getrieben. Dabei wurde die leere Patronenhülse herausgezogen, eine neue Patrone in Schußposition gebracht und der Bolzen gegen Federdruck weiter nach hinten getrieben. Dann schnellte er wieder nach vorne und zündete die nächste Patrone. Die Patronen waren auf einem Gürtel aufgereiht und wurden seitlich in das Gewehr eingeführt. Die einzelnen Gürtel konnte man miteinander verbinden, so daß es möglich war, auch über längere Zeit Dauerfeuer zu geben.

Maxim vereinfachte diese erfolgreiche Konstruktion weiter und gründete mit der Schiffsbaugesellschaft Vickers eine Firma zur Herstellung dieses Maschinengewehrs, das dann bei Vorführungen in ganz Europa großen Eindruck hinterließ. Vickers übernahm schließlich selbst die Herstellung und verbesserte die Konstruktion noch. In dieser Version wurde das Maxim das Standardmaschinengewehr für viele Jahre. Neben den Maschinenwaffen, die mit Rückstoß funktionieren, wurden später noch Gasdruck-Konstruktionen eingeführt.

**Maschinenwaffen im Zweiten Weltkrieg**

Zu Beginn des Zweiten Weltkriegs gab es drei Hauptgruppen von Maschinengewehren: leichte Maschinengewehre wie das Bren [5], die rasch in Feuerstellung gebracht werden können; mittelschwere Maschinengewehre wie das Vickers-Gewehr mit der Möglichkeit langer Schußfolgen, aber auch schwerer und unhandlicher; und schließlich schwere Maschinenwaffen gegen Flugzeuge und ähnliche Ziele. Die Unterschiede zwischen diesen Typen waren aber

**HINWEISE**

Lesen Sie auch:

Die Entwicklung der Feuerwaffen

Geschichte der Artillerie

Die moderne Artillerie

Panzerfahrzeuge

Moderne Kriegsschiffe

Moderne Militärflugzeuge

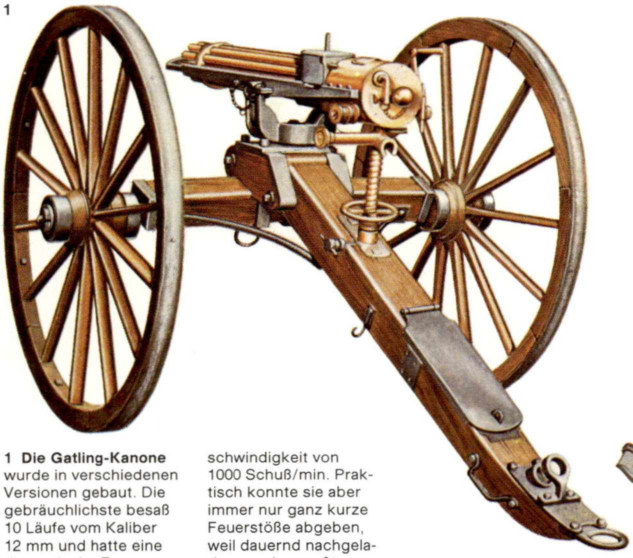

**1 Die Gatling-Kanone** wurde in verschiedenen Versionen gebaut. Die gebräuchlichste besaß 10 Läufe vom Kaliber 12 mm und hatte eine theoretische Feuergeschwindigkeit von 1000 Schuß/min. Praktisch konnte sie aber immer nur ganz kurze Feuerstöße abgeben, weil dauernd nachgeladen werden mußte.

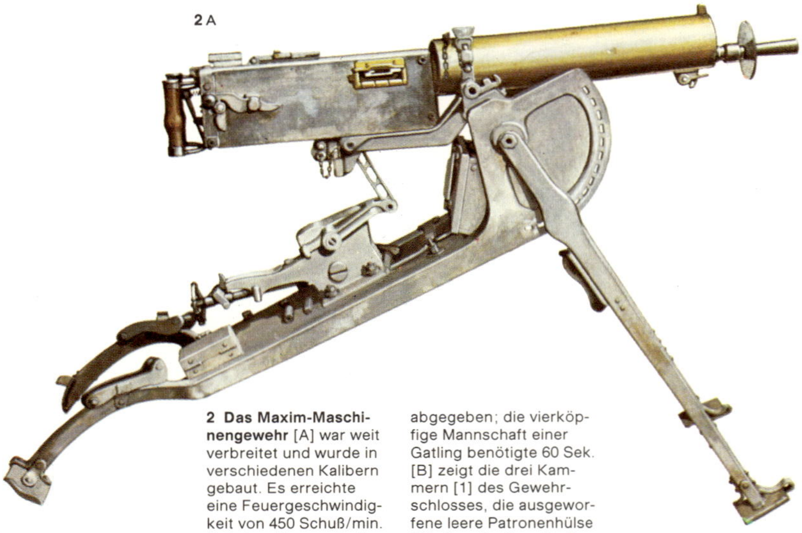

**2 Das Maxim-Maschinengewehr** [A] war weit verbreitet und wurde in verschiedenen Kalibern gebaut. Es erreichte eine Feuergeschwindigkeit von 450 Schuß/min. Bei einer Demonstration wurden von einem Mann in 30 Sek. 333 Schuß abgegeben; die vierköpfige Mannschaft einer Gatling benötigte 60 Sek. [B] zeigt die drei Kammern [1] des Gewehrschlosses, die ausgeworfene leere Patronenhülse [2], die schußbereite Patrone [3] und die nächstfolgende [4].

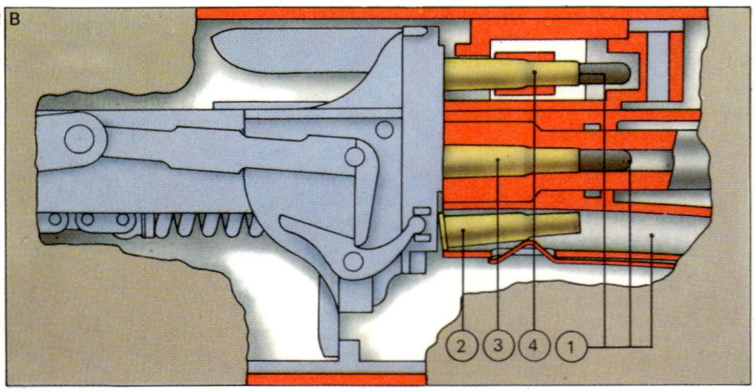

**3 Das Lewis-Gewehr** [A] war das erfolgreichste leichte Maschinengewehr im I. Weltkrieg. Über 100 000 Exemplare wurden hergestellt. Ohne Munition wog es 11,8 kg, war 128 cm lang und besaß ein Rundmagazin mit 47 oder 97 Patronen. Die Feuergeschwindigkeit betrug 550 Schuß/min. Die Waffe war einfacher und billiger herzustellen als andere vergleichbare Gewehre und konnte von einem Mann getragen und bedient werden. Außerdem verschoß sie die gleiche Munition wie Infanteriegewehre. Das Gewehr wurde 1911 von dem amerikanischen Oberst Isaac Newton (1858 bis 1931) entwickelt und erstmals 1914 von den Belgiern, bald aber auch von den Briten benutzt. Das Gewehr wurde erstmals auch in Jagdflugzeugen verwendet. Bei einsitzigen Doppeldeckern wurde es so auf der oberen Tragfläche montiert, daß der Pilot es herunterklappen und das Magazin wechseln konnte [B]. Das Lewis-Gewehr war nicht sehr zielsicher. Da auch der Pilot während des Fluges nicht so genau zielen konnte, erhielt man einen recht wirksamen gefächerten Geschoßhagel.

eher taktischer als technischer Art. Das leichte Maschinengewehr führte sich erst ein, nachdem deutsche Waffen wie das Erma-Gewehr und zahlreiche sehr einfache russische Konstruktionen sowie die Gewehre von Sten und Thompson [4] ihre Kriegstauglichkeit bewiesen hatten.

Die Amerikaner bevorzugten höchste Feuerkraft wie z. B. beim M1-Gewehr, von dem General George Patton (1885–1945) gesagt hatte, es sei die beste jemals gebaute Kriegswaffe. Es war eine sehr einfache und zuverlässige Gasdruck-Konstruktion. Für Truppen, denen diese lange Waffe hinderlich war, wurde später eine kürzere Karabinerform dieses Gewehrs konstruiert. Diese Bauart stand dann in der Nachkriegszeit bei der Konstruktion des belgischen FN-Maschinengewehrs [6] Pate.

**Automatische Pistolen und jüngste Entwicklungen**
Automatische Pistolen, die strenggenommen halbautomatische Waffen sind, kamen um die Jahrhundertwende auf [Leitbild]. Die 9-mm-Luger-Pistole wurde 1908 eingeführt und die Walther-Pistole P 38 1938 bei der deutschen Wehrmacht. Sie blieb als bewährte Faustfeuerwaffe, die allerdings stark von der Munitionsqualität abhängig war, auch weiterhin allgemein in Gebrauch. Gegenüber dem Revolver hat die automatische Pistole eine höhere Feuergeschwindigkeit und ein größeres Magazin; es kommt aber bei ihr unter Schmutzeinwirkung leichter zu Ladehemmungen. Dies ist ein schwacher Punkt aller Maschinenwaffen; sie müssen auch unter widrigsten Bedingungen noch zuverlässig funktionieren.

Die Jagdflugzeuge und Bomber im Ersten Weltkrieg waren mit Lewis-, Spandau- und Hotchkiss-Maschinengewehren bewaffnet. Im Zweiten Weltkrieg trugen die Jagdflugzeuge bis zu acht solcher Maschinengewehre vom Kaliber 12,7 mm, die als »Fliegende Festung« bekannten amerikanischen Bomber sogar bis zu 13 Stück. Als dann die Jagdmaschinen immer schneller wurden und ihre vielfach gepanzerten Ziele nur noch in Sekundenbruchteilen erfassen konnten, wurden sie mit Maschinenkanonen und Sprengmunition ausgerüstet. Die letzte Entwicklung ist die Vulcan [7], eine Maschinenkanone mit mehreren Revolverläufen nach dem Prinzip der Gatling-Kanone und einer unglaublichen Feuergeschwindigkeit.

**Leitbild**

**Die Browning-FN-Pistole** wog etwa 900 g und war im II. Weltkrieg die offizielle englische Faustfeuerwaffe. Das Magazin faßte 13 Patronen (9 mm), ein wesentlicher Vorteil gegenüber dem üblichen 6schüssigen Revolver. Die Treffsicherheit über eine Distanz von 50 m war jedoch nicht besser als die eines Revolvers. Bei beiden Waffen hängt die Treffsicherheit vom Schützen ab. Genaugenommen funktionieren diese und ähnliche Faustfeuerwaffen aber nur halbautomatisch, weil jeder Schuß einzeln von Hand ausgelöst werden muß.

1 Korn
2 9-mm-Patrone im Lauf
3 Schlagbolzen
4 Kimme
5 Hammer
6 Rückholfeder
7 Federführung
8 Abzug
9 Magazin

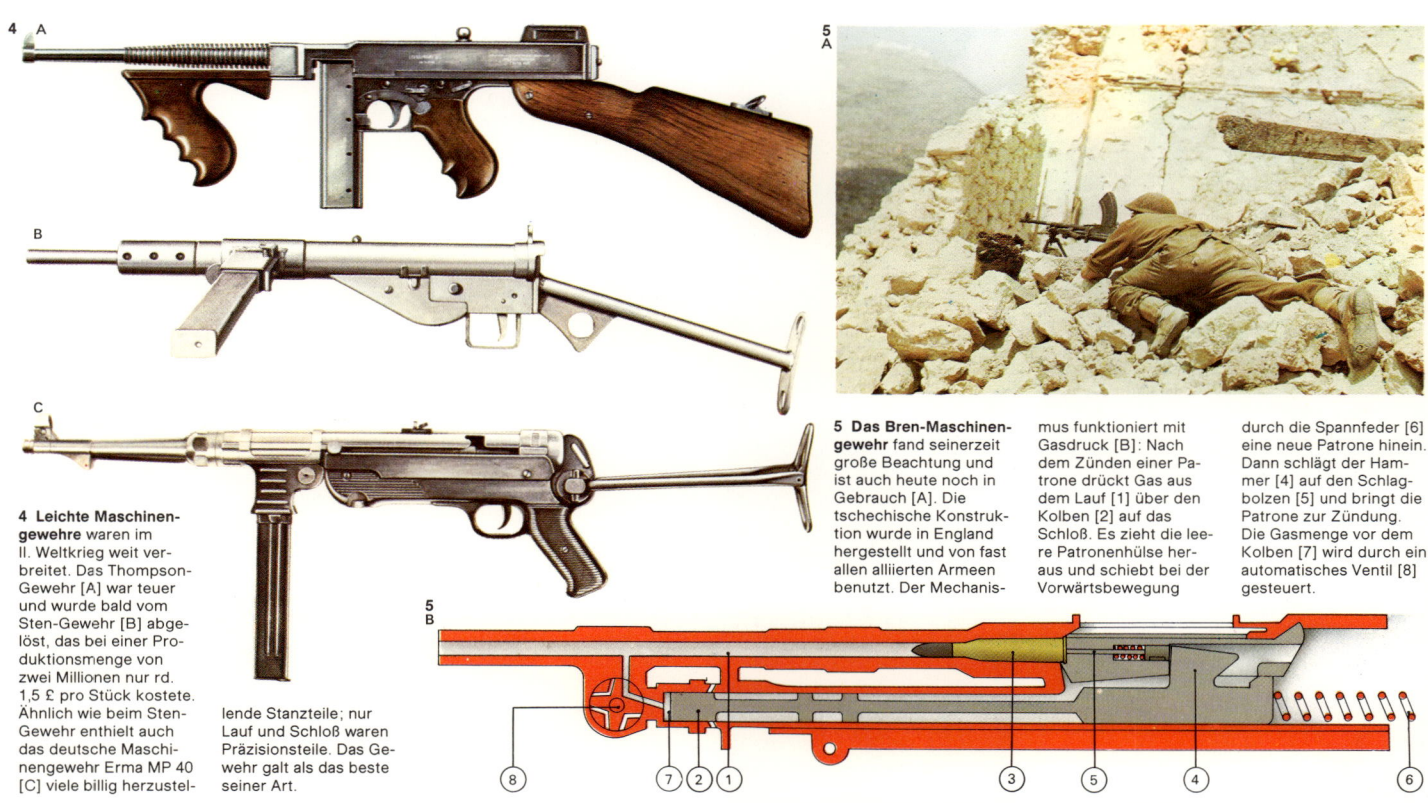

**4 Leichte Maschinengewehre** waren im II. Weltkrieg weit verbreitet. Das Thompson-Gewehr [A] war teuer und wurde bald vom Sten-Gewehr [B] abgelöst, das bei einer Produktionsmenge von zwei Millionen nur rd. 1,5 £ pro Stück kostete. Ähnlich wie beim Sten-Gewehr enthielt auch das deutsche Maschinengewehr Erma MP 40 [C] viele billig herzustellende Stanzteile; nur Lauf und Schloß waren Präzisionsteile. Das Gewehr galt als das beste seiner Art.

**5 Das Bren-Maschinengewehr** fand seinerzeit große Beachtung und ist auch heute noch in Gebrauch [A]. Die tschechische Konstruktion wurde in England hergestellt und von fast allen alliierten Armeen benutzt. Der Mechanismus funktioniert mit Gasdruck [B]: Nach dem Zünden einer Patrone drückt Gas aus dem Lauf [1] über den Kolben [2] auf das Schloß. Es zieht die leere Patronenhülse heraus und schiebt bei der Vorwärtsbewegung durch die Spannfeder [6] eine neue Patrone hinein. Dann schlägt der Hammer [4] auf den Schlagbolzen [5] und bringt die Patrone zur Zündung. Die Gasmenge vor dem Kolben [7] wird durch ein automatisches Ventil [8] gesteuert.

**6 Das belgische FN-Maschinengewehr** wurde nach 1950 als NATO-Schnellfeuergewehr eingeführt. Es kann auf Einzelschuß oder auf Schußfolgen eingestellt werden und verschießt Patronen vom Kaliber 7,62 mm. Seine Bedienung ist sehr einfach: Mit der linken Hand wird es gespannt, geladen und entsichert, mit der rechten Hand wird es gehalten und der Abzug betätigt. So wie das Bren-Gewehr arbeitet auch dieses Gewehr mit Gasdruck, allerdings ist sein Steckmagazin mit 20 Schuß nicht von oben, sondern von unten angesetzt. Das FN-Gewehr ist unempfindlich gegen Nässe und hat eine Feuergeschwindigkeit von maximal 600 Schuß/min.

**7 Die Schnellfeuerwaffe GEC Vulcan** mit 20-mm-Kaliber wurde zur Bewaffnung von Jagdflugzeugen entwickelt. Mit Kaliber 7,65 mm wurde sie in Vietnam von Hubschraubern aus gegen Bodenziele eingesetzt – mit verheerender Wirkung wegen der hohen Feuergeschwindigkeit von 6000 Schuß/min. Im Bild ist die Waffe auf einem gepanzerten Flugabwehrfahrzeug montiert. Die Lafette hat einen Servoantrieb zur Nachführung bei tieffliegenden Überschalljägern. Trotz hohem Munitionsverbrauch stellt die Vulcan das Optimum der heutigen Maschinenwaffen dar.

# Geschichte der Artillerie

Das Wort »Artillerie« kennzeichnet historisch alle Waffen, mit deren Hilfe ein Gegenstand weiter geschleudert werden kann, als es von Menschenhand möglich wäre.

### Frühe Artilleriewaffen
Alle Arten von Artilleriewaffen nutzen gespeicherte Energie, die schlagartig freigesetzt werden kann, um einen Gegenstand fortzuschleudern. Vor der Erfindung des Schwarzpulvers, bei dessen Verbrennung Energie auf chemischem Wege umgesetzt wird, bediente man sich hauptsächlich der mechanischen Energie: Vorgespannte elastische Bögen wurden ebenso eingesetzt wie verdrillte Sehnenfasern — etwa beim Katapult [2] — oder Gegengewichte bei der Steinschleuder.

Artillerie nach dem Bogenprinzip war bereits 399 v. Chr. in Syrakus bekannt. Um diese Zeit entwickelte Dionys der Ältere (um 430 — nach 367 v. Chr.) einen Bogen, mit dem Pfeile (Stifte) verschossen werden konnten. Ähnliche Waffen waren bei den Chinesen noch bis 1890 in Gebrauch [1].

Eine Weiterentwicklung des Bogens ist die griechisch-römische Balliste [3]. Bei ihr wird — ähnlich einer überdimensionalen Armbrust — der Bogen mit einer Seilwinde gespannt. Als Geschoß dienten die unterschiedlichsten Gegenstände: z. B. Steine und Griechisches Feuer (ein Gemisch aus Schwefel, Pech, Werg, Kienspan bzw. Erdöl und gebranntem Kalk). Sogar Kriegsgefangene, lebendig oder tot, wurden mit der Balliste weggeschleudert. Ihre Reichweite betrug etwa 500 m; sie konnte Gegenstände bis zu einem Gewicht von 150 kg werfen. Solche Wurfmaschinen waren natürlich zu schwer, um bei Schlachten mitgeführt zu werden; sie wurden daher hauptsächlich bei Belagerungen eingesetzt.

Im Mittelalter entwickelte man die Steinschleuder [4]. Bei ihr wurde die notwendige Energie zur Beschleunigung des Wurfgeschosses durch Abwerfen eines Gegengewichts frei.

### Entwicklung der Feuerwaffen
Gegen Ende des 13. Jahrhunderts kam in der westlichen Welt das Schwarzpulver auf. Anfang des 14. Jahrhunderts erschienen daraufhin in Europa die ersten Kanonen. Die Geschichte berichtet erstmals von ihrem Kriegseinsatz bei der Belagerung von Metz (1324), der Schlacht von Halidon Hill in Schottland (1333) und der Schlacht von Crécy-en-Ponthieu (Nordfrankreich) im Jahre 1346. Die ersten Kanonen verschossen Pfeile [5], die späteren Steine oder Kugeln aus Schmiede- oder Gußeisen. Die Kanonen jener Zeit waren Hinterlader, die auf einem Holzrahmen oder -schlitten befestigt waren [6]; sie wurden einzeln angefertigt. Manche dieser Exemplare, wie beispielsweise die »Mons Meg« [Leitbild], sind bis heute erhalten geblieben. Die Mons Meg ist 4 m lang, hat ein Kaliber von 49,5 cm und wiegt 5 Tonnen. Sie verschoß Granitkugeln bis zu einem Gewicht von 150 kg.

Im Tower von London ist die Dardanellen-Kanone ausgestellt. Sie besteht aus zwei Bronzegußteilen, die miteinander verschraubt sind, wiegt bei einer Länge von 5 m insgesamt 17 Tonnen und hat ein Kaliber von 63,5 cm; die Munition bestand aus 304 kg schweren Steinkugeln.

Eine andere gewaltige Kanone aus jener Zeit ist die »Zar Puschka«, die 1584 in Moskau gegossen wurde. Sie ist 5,4 m lang, wiegt 38 Tonnen und verschoß Steinkugeln mit einem Gewicht von 998 kg.

### HINWEISE
Lesen Sie auch:

Die Entwicklung der Feuerwaffen

Maschinenwaffen

Die moderne Artillerie

Panzerfahrzeuge

Kriegsschiffe mit Ruder und Segel

---

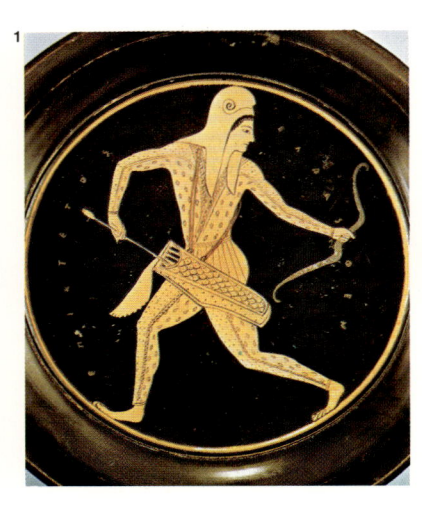

**1 Der Bogen** ist eines der einfachsten Geräte, mit dem gespeicherte Energie schlagartig freigesetzt werden kann. Er wurde bereits im Altertum von den Griechen verwendet. Doch auch nach der Erfindung des Schwarzpulvers wurden Pfeile und Bogen weiter benutzt — wegen ihrer geringen Kosten und ihrer hohen Zielsicherheit. Im Mittelalter wurde neben dem einfachen Bogen auch der Kreuzbogen entwickelt.

**2 Katapulte** sind eine Weiterentwicklung des Bogens: Der Bogen wird nicht mehr von Hand, sondern durch eine Winde gespannt. So kann mehr Energie gespeichert werden, und die Geschosse fliegen weiter.

**3 Die griechisch-römische Balliste**, aus dem 1. Jh. v. Chr. arbeitete nach dem Bogenprinzip: Der längere Arm wurde heruntergezogen und durch das Gegengewicht (z. B. Steine) sowie durch die Windenkraft gespannt.

**4 Die Steinschleuder** ist eine Belagerungswaffe aus dem Mittelalter. Sie wurde benutzt, um schwere Steine über große Entfernungen zu schleudern. Die notwendige Energie wurde dadurch freigesetzt, daß man ein Gegengewicht herunterfallen ließ.

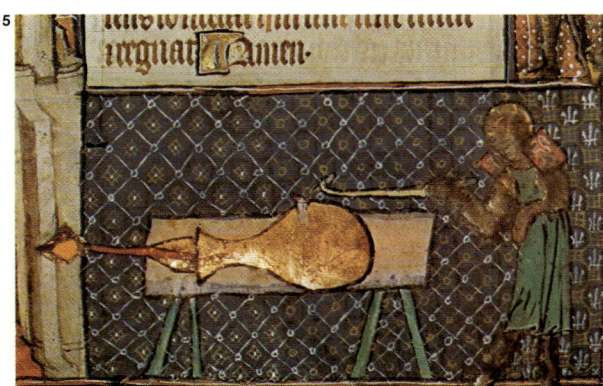

**5 Pot-de-fer** wurde die erste europäische »Kanone« genannt. Sie wurde im 14. Jh. entwickelt und verschoß Stifte oder Pfeile. Ähnliche Konstruktionen, allerdings aus Bambusrohr hergestellt, stammen aus China.

**6 Diese Hinterladerkanone** aus dem 14. Jh. stammt aus Castle Rising in England. Daneben sind ein zweites Verschlußstück und Kugeln abgebildet. Für das Rückstoßproblem gab es zu jener Zeit noch keine Lösung.

Im Jahre 1544 schränkte Kaiser Karl V. (1500–58) die Zahl seiner Artilleriemodelle auf sieben ein und erreichte damit eine gewisse Standardisierung der Munition.

Die ersten Kanonenrohre wurden aus einem Bündel schmiedeeiserner Stäbe gefertigt, die zylinderförmig miteinander verschweißt wurden. Danach wurden die Rillen mit Blei ausgegossen und das Rohr mit Eisenreifen von außen verstärkt. Die kurzen Achsstümpfe seitlich des Rohres, die ein leichteres Anheben oder Absenken des Rohres beim Zielen gestatteten, wurden erst Mitte des 15. Jahrhunderts eingeführt. Mit derartigen Kanonen gelang es den Türken 1453, Konstantinopel einzunehmen.

Zwischen 1537 und 1551 entwickelte der italienische Mathematiker Niccolò Tartaglia (1499–1557) die erste Theorie über Flugbahnen von Geschossen und zeigte, daß die Wurfbahn Parabelform hat. 1626 ließ König Gustav II. Adolf von Schweden (1594–1632) die erste leichte Feldartillerie bauen: Seine Waffenschmiede fertigten Kupferrohre an, die mit Eisenbändern verstärkt und mit Leder überzogen wurden. Die Artillerie teilte er in drei Gruppen ein. Diese Klassifizierung wurde bald allgemein übernommen und erst durch die des französischen Artillerie-Inspekteurs Jean-Baptiste Vaquette de Gribeauval (1715–89) abgelöst. Nach ihm wurde die Artillerie in Feld-, Belagerungs- und Küstenverteidigungsartillerie unterteilt. Zu dieser Zeit wurden Kanonen bereits mit Pferdegespannen transportiert, Munition und Ersatzteile auf besonderen Wagen.

**Seeartillerie**
Schwere Schiffskanonen wurden in erster Linie zur Bekämpfung von Nahzielen eingesetzt – meist für den direkten Beschuß feindlicher Schiffe. Das führte zwar in der Regel nicht gleich zu deren Versenkung, machte sie jedoch immerhin soweit manövrierunfähig, daß sie von der gegnerischen Mannschaft geentert werden konnten. Als Geschosse dienten oft mit Ketten verbundene, schwere eiserne Kugeln. Diese Geschosse hatten eine besonders zerstörende Wirkung, wenn sie Segel oder Takelage des feindlichen Schiffes trafen. Küstengeschütze waren im Gegensatz zu Schiffskanonen schwerer und genauer. Mit ihnen wurden erhitzte Eisenkugeln verschossen, so daß die Schiffe in Brand gerieten.

**Leitbild**

Die »Mons Meg«, eine schmiedeeiserne Kanone aus der Zeit um 1460, wird heute in Edinburgh Castle (Schottland) aufbewahrt.

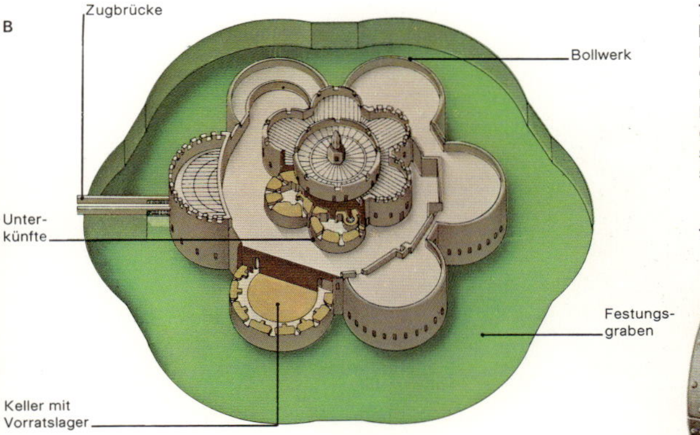

**7 Militärische Befehlshaber** übten großen Einfluß auf die Waffenentwicklung aus. Heinrich VIII. [A] baute die britische Marine auf, errichtete ein Waffenarsenal und beschäftigte sich im Detail mit dem Entwurf von Festungen [B]. Seine Ideen wurden beim Bau der nördlichen Festungsanlagen gegen die Schotten und in Boulogne gegen die Franzosen verwirklicht. Er förderte das militärische Ingenieurwesen.

**8 Das Parrott-Geschütz** (nach R. P. Parrott) war ein Vorderlader (Kaliber 7,5 cm); es wurde im Amerikanischen Bürgerkrieg von beiden Parteien benutzt.

**9 Dieser Mörser** vom Kaliber 33 cm wurde im Amerikanischen Bürgerkrieg (1861–65) eingesetzt. Die Waffe hatte eine verheerende Durchschlagskraft.

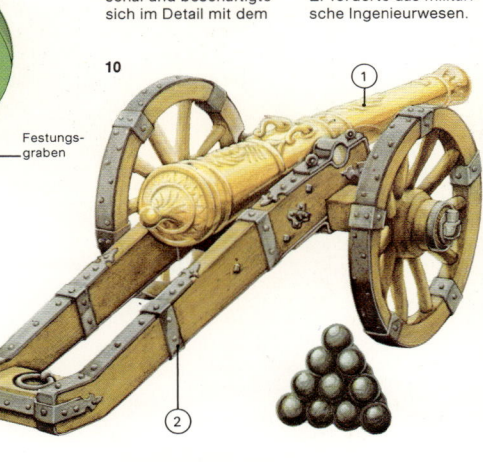

**10 Feldgeschütze** dieses Typs wurden von den kriegführenden Parteien im spanischen Krieg von 1701 bis 1714 benutzt. Das Rohr [1] war aus Bronze oder Eisen gefertigt und meist prächtig verziert. Die Lafette [2] war in der Regel mit Eisenbändern verstärkt.

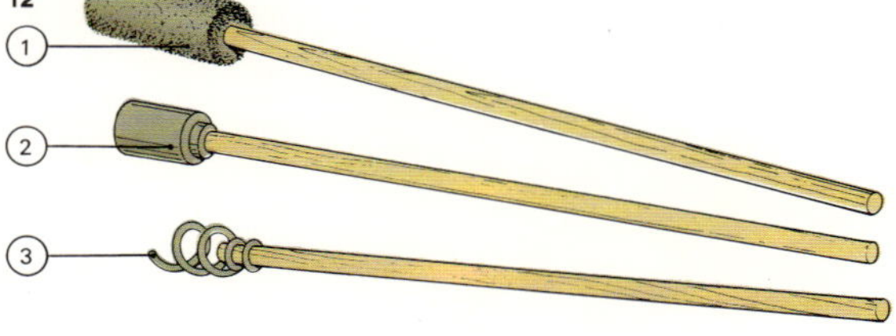

**11 Dieser britische 18-Pfünder** [B] wurde als Feldgeschütz im Krimkrieg (1854–56) eingesetzt; Munition und Ersatzteile beförderte man auf einem separaten Wagen [A]. Der größte Teil der Artillerie während des Krimkriegs bestand jedoch vorwiegend aus bis zu vierzig Jahre alten 9-Pfündern.

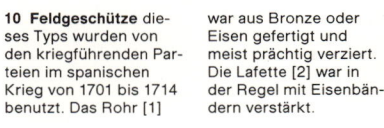

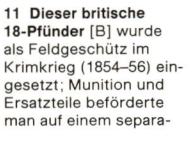

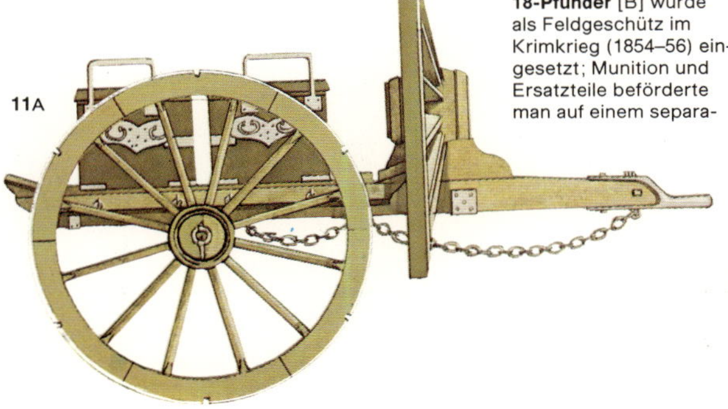

**12 Hilfswerkzeuge,** hier aus den Napoleonischen Kriegen, waren: ein Stock mit feuchtem Schwamm [1] zum Löschen glühender Rückstände, ein Stampfer [2] zum Setzen des Geschosses und eine Spirale [3] zum Entfernen von Schlacken.

# Die moderne Artillerie

Bereits im 14. Jahrhundert gab es die ersten Kanonen, und ungefähr fünfhundert Jahre lang behielt man ihre Konstruktionen im wesentlichen bei: Die Rohre waren aus Bronze oder aus Eisen gegossen und wurden von der Mündung her mit Schwarzpulver und einem kugelförmigen Geschoß geladen. Ausgelöst durch die Errungenschaften in Technik und Chemie im Laufe des 19. Jahrhunderts entwickelte man auch für die Artillerie eine Reihe verschiedener Neuerungen.

1855 konstruierte der Engländer William George Armstrong (1810–1900) eine Kanone für ein dreipfündiges Geschoß, deren inneres Laufrohr mit einem schmiedeeisernen Außenrohr verstärkt war. Der Lauf war mit spiralförmig ausgebildeten Zügen versehen, die das Geschoß zur Erhöhung der Treffgenauigkeit beim Abschuß in Drehung versetzten, und wurde durch einen Verschluß am hinteren Ende geladen (sogenannter Hinterlader). Kanonen dieser Art wurden mit verschiedenen Kalibern [1] hergestellt, sie funktionierten aber nicht immer zufriedenstellend. Wirklichen Erfolg brachten dann erst der Gleitverschluß von Krupp sowie der Schraubverschluß.

1888 wurde das Schwarzpulver, der älteste bekannte Explosivstoff, durch die langsamer abbrennende Schießbaumwolle ersetzt, die außerdem eine größere Treibkraft entwickelte. Auch die Zieleinrichtungen an den Kanonen wurden verbessert.

Bei den Vorderladern wurden die Sprenggranaten durch die heißen Treibgase zur Entzündung gebracht. Die etwa seit 1880 eingesetzten Stahlgranaten besaßen aber einen Weichmetallring, der die Treibgase beim Abschuß hinter der Granate hielt. Deshalb wurden neue Zündeinrichtungen erforderlich: Aufschlagzünder, Uhrwerkzünder oder Zeitzünder mit Zündverzögerung über eine Art Zündschnur.

1886 wurde ein neuer Sprengstoff für Granaten auf der Basis von Pikrinsäure eingeführt. Das mit kleinen Stahlkugeln gefüllte Schrapnell (benannt nach Henry Shrapnel) stammt dagegen bereits aus dem Jahre 1784 und wurde noch bis 1916 verwendet. Mit dem Hinterlader und neuen Sprengstoffen entwickelte sich dann die sogenannte Kartuschenmunition, bei der sich sowohl die Treibladung als auch der Sprengkopf in einer gemeinsamen Metallhülse befinden. Bei Kalibern über 15 cm blieben jedoch Geschoß und Treibladung auch weiterhin getrennt.

## Entwicklung bis zum Ersten Weltkrieg

1897 wurde erstmals eine französische Feldkanone mit einer Rohrrücklaufbremse ausgerüstet: einem Kompressionszylinder mit Kolben und Ölfüllung sowie einem Preßluftgefäß. Diese Vorrichtung fing den Rückstoß beim Abschuß auf und trieb den Lauf wieder nach vorn. Ein Feldgeschütz dieser Art mit Kaliber 75 mm wurde noch im Zweiten Weltkrieg eingesetzt. Es hatte jedoch eine flache Geschoßbahn und war nicht sehr wirksam bei gedeckten Zielen; hier waren die steilschießenden Haubitzen besser geeignet.

Feldgeschütze im Ersten Weltkrieg hatten meist Kaliber um 75 mm, Haubitzen besaßen Kaliber von 42 mm, 105 mm und 155 mm. Gezogen wurden die Geschütze von Pferden, obwohl man auch schon Versuche mit Zugmaschinen anstellte. Besonders schwere Geschütze wurden auf Eisenbahnwaggons montiert, darunter das sogenannte »Paris-Geschütz« mit Kaliber 210 mm, das aus 132 km Entfernung Paris beschoß.

**HINWEISE**

Lesen Sie auch:

Maschinenwaffen

Geschichte der Artillerie

Panzerfahrzeuge

Moderne Kriegsschiffe

Orten mittels Radar und Schallwellen

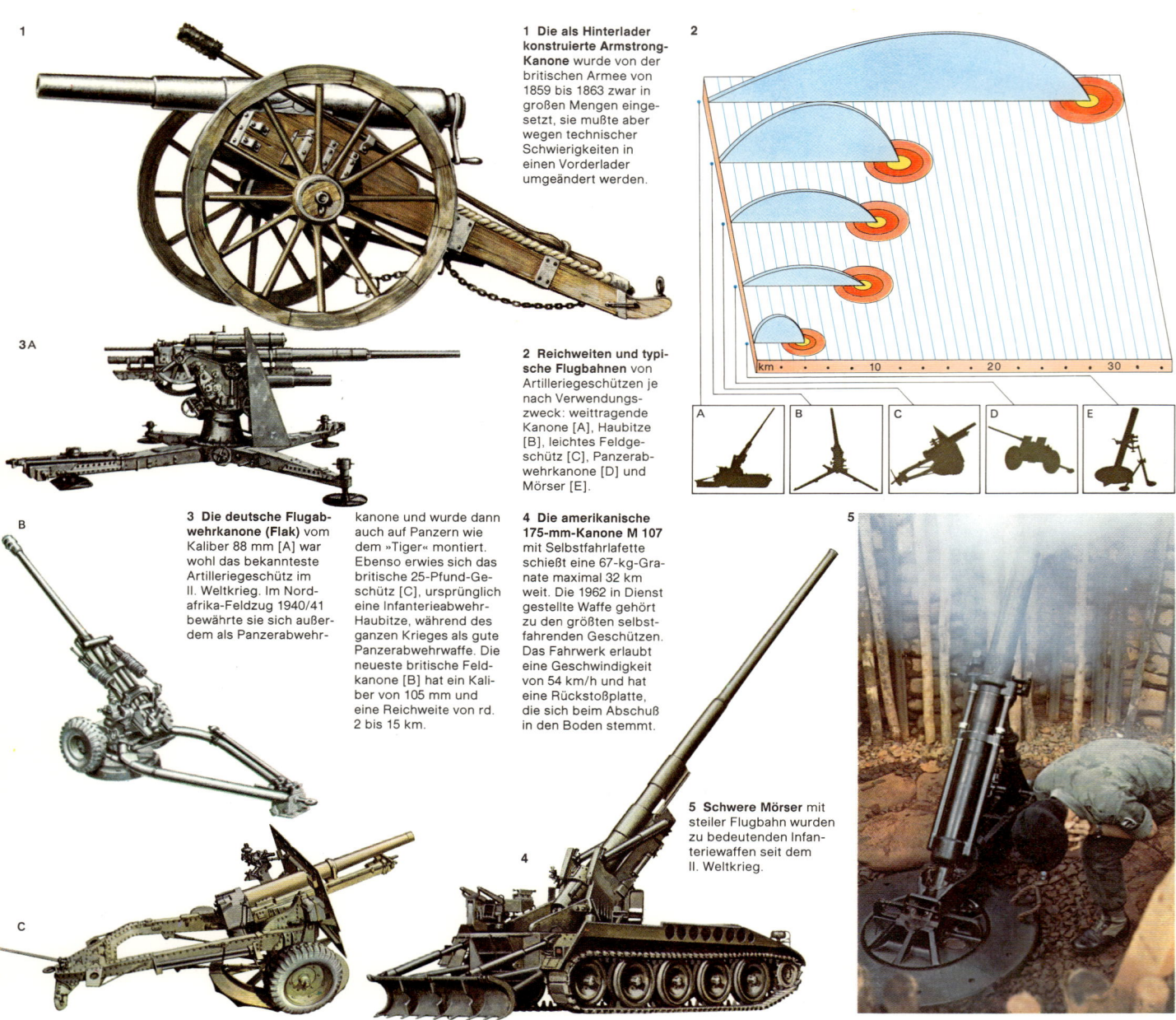

**1 Die als Hinterlader konstruierte Armstrong-Kanone** wurde von der britischen Armee von 1859 bis 1863 zwar in großen Mengen eingesetzt, sie mußte aber wegen technischer Schwierigkeiten in einen Vorderlader umgeändert werden.

**2 Reichweiten und typische Flugbahnen** von Artilleriegeschützen je nach Verwendungszweck: weittragende Kanone [A], Haubitze [B], leichtes Feldgeschütz [C], Panzerabwehrkanone [D] und Mörser [E].

**3 Die deutsche Flugabwehrkanone (Flak)** vom Kaliber 88 mm [A] war wohl das bekannteste Artilleriegeschütz im II. Weltkrieg. Im Nordafrika-Feldzug 1940/41 bewährte sie sich außerdem als Panzerabwehrkanone und wurde dann auch auf Panzern wie dem »Tiger« montiert. Ebenso erwies sich das britische 25-Pfund-Geschütz [C], ursprünglich eine Infanterieabwehr-Haubitze, während des ganzen Krieges als gute Panzerabwehrwaffe. Die neueste britische Feldkanone [B] hat ein Kaliber von 105 mm und eine Reichweite von rd. 2 bis 15 km.

**4 Die amerikanische 175-mm-Kanone M 107** mit Selbstfahrlafette schießt eine 67-kg-Granate maximal 32 km weit. Die 1962 in Dienst gestellte Waffe gehört zu den größten selbstfahrenden Geschützen. Das Fahrwerk erlaubt eine Geschwindigkeit von 54 km/h und hat eine Rückstoßplatte, die sich beim Abschuß in den Boden stemmt.

**5 Schwere Mörser** mit steiler Flugbahn wurden zu bedeutenden Infanteriewaffen seit dem II. Weltkrieg.

1915/16 wurden erstmals Gasgranaten und Phosphor-Rauchgranaten eingesetzt. Dann wurden das hochexplosive Trinitrotuluol (TNT) und — speziell zum Grabenkrieg — der Mörser entwickelt, eine Art Minihaubitze mit Kalibern zwischen 75 mm und 230 mm [5].

## Geschütze im Zweiten Weltkrieg

Zwischen 1918 und dem Ausbruch des Zweiten Weltkriegs in Europa baute man hauptsächlich Leichtgeschütze und Zugmaschinen für die schwereren Geschütze. Großbritannien verwendete eine 25-Pfund-Haubitze (Geschoß etwa 11 kg, Reichweite ungefähr 12 km) [3], in den USA und in Deutschland kamen 105-mm-Haubitzen mit 4,5-kg-Geschossen und Reichweiten von 10 bis 12 km zum Einsatz.

Laufende Verbesserungen ermöglichen die Herstellung immer schwererer Geschosse mit größeren Reichweiten, die Kaliber lagen zwischen 20 mm und 800 mm. Neue Zündkonstruktionen brachten die Geschosse in bestimmten Höhen über dem Ziel zur Explosion. Selbstfahrlafetten wurden eingeführt und Spezialgeschütze zur Panzer- und Flugzeugabwehr entwickelt [3].

Dann erschien als völlig neue Waffe die erstmals um 1850 versuchsweise eingesetzte Rakete. Die Deutschen benutzten im Zweiten Weltkrieg zur Panzerabwehr die Panzerfaust, die Amerikaner die Bazooka; Großbritannien und die USA entwickelten eine 75-mm-Luftabwehr-Rakete und ein 125-mm-Salvengeschütz, das fast eine Minute lang pro Sekunde 455 kg Sprengstoff abfeuern konnte. Das russische Gegenstück war die Stalinorgel.

## Entwicklung nach dem Zweiten Weltkrieg

Gegen Kriegsende setzte Deutschland zwei »Vergeltungswaffen« ein, die Flugbombe V 1 und die Rakete V 2. Die V 1 war ein unbemanntes Flugzeug mit intermittierend arbeitendem Strahltriebwerk, das mit einem Sprengsatz von Frankreich und Holland aus gegen London gestartet wurde. Die V 2 [6] war eine überschallschnelle Flüssigkeitsrakete, die fast eine Tonne Sprengstoff trug. Sie wurde von Amerikanern und Russen zu den heutigen Fernlenkraketen [9] weiterentwickelt, die, mit festen Treibstoffen ausgerüstet, von unterirdischen Silos oder auch von U-Booten aus gestartet werden können und Atomsprengköpfe tragen.

**Russische Raketen** auf einer Parade am Roten Platz in Moskau sollen den Kräfteausgleich mit Amerika demonstrieren.

**6 Die deutsche V-2-Rakete** war eine der am weitesten entwickelten Waffen mit größter Zerstörungskraft, die im II. Weltkrieg zum Einsatz kamen. Gestartet wurde sie vor allem von Holland aus. Sie tötete in England 2855 Menschen. Die 14 m hohe Rakete hatte Stabilisierungsflossen und wurde automatisch ins Ziel gesteuert. Sie trug fast eine Tonne Sprengstoff über 320 km Entfernung und erreichte dabei eine Geschwindigkeit von 5794 km/h.

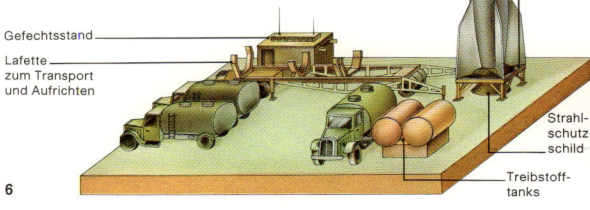

**7 Leichte, tragbare Raketenwerfer** ermöglichten der Infanterie im II. Weltkrieg eine wirkungsvolle Panzerbekämpfung. Dieser moderne Werfer aus den USA kann sogar Raketen mit Atomsprengköpfen verschießen.

**8 Die »Minuteman«** war die erste einer Reihe von Interkontinental-Raketen der USA. Diese dreistufigen Feststoffraketen werden aus unterirdischen Bunkern abgeschossen. Sie sind mit Atomsprengköpfen ausgerüstet.

**9 Das Kommandosystem eines Boden-Luft-Lenkgeschosses** zur Flugzeugabwehr besteht meist aus einem Radargerät [1] mit großer Reichweite, das der Zielerkennung dient und den Kursverlauf an einen Computer [2] weitergibt, sowie einem Zielverfolgungsradar [3], das vom Computer gesteuert wird. Wenn das Ziel als feindlich erkannt ist, gibt der Computer das Startsignal für eines der Lenkgeschosse [4] und dessen Steuerungsradar [5]. Die Daten über die Kursverläufe von Ziel und Geschoß werden in den Computer eingegeben. Dieser berechnet die notwendigen Kurskorrekturen und lenkt das Geschoß über eine Funkfernsteuerung [6] direkt ins Ziel.

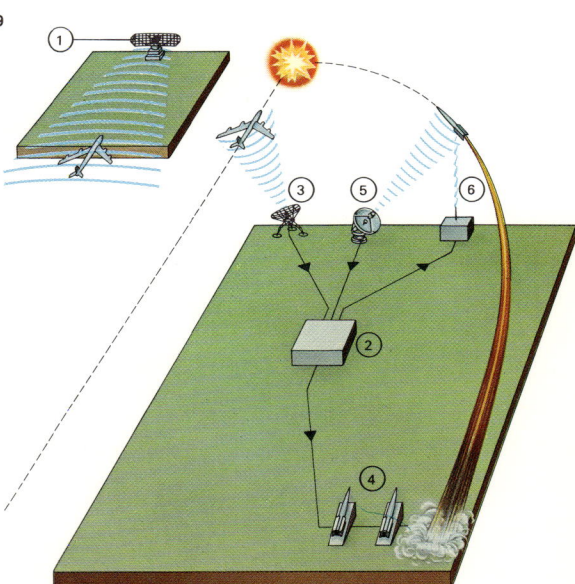

**10 Raketen** mit großer Reichweite und beträchtlicher Sprengkraft wie die »Swingfire« können sowohl von Panzern als auch von Bodenlafetten abgeschossen werden. Sie können feindliche Fahrzeuge aufspüren und zerstören, noch ehe sie in den Schußbereich der Artillerie geraten. Weitere Einsatzmöglichkeiten und noch größere Beweglichkeit ergeben sich, wenn man ferngelenkte Raketen von schnellfahrenden Patrouillenbooten aus abfeuert.

# Panzerfahrzeuge

Zu den wichtigsten gepanzerten Fahrzeugen gehört der mit Gleisketten ausgerüstete »Panzer«. Die Idee, bei kriegerischen Auseinandersetzungen gepanzerte Fahrzeuge einzusetzen, ist schon Jahrtausende alt. Doch erst mit der Entwicklung des Verbrennungsmotors und der Gleisketten nach der Jahrhundertwende konnten derartige Kampfmaschinen gebaut werden.

Schon zu Beginn des Ersten Weltkriegs plante die britische Admiralität den Einsatz von gepanzerten Landfahrzeugen, gewissermaßen als »Schlachtschiffe auf dem Land«. Zwischen den beiden Weltkriegen entwarf der Amerikaner J. Walter Christie einen Panzer mit anspruchsvollerem Fahrwerk, den sogenannten T 3, der später die russischen Panzerkonstruktionen wesentlich beeinflussen sollte, z. B. die T 34 [3], die erstmals 1941 auftauchten und bis 1943 unübertroffen blieben.

**Kanonen und Panzerung**

Zwischen 1939 und 1945 stieg das Kaliber der Panzerkanonen von 37 mm auf 120 mm und die Stärke der Panzerung von 30 mm auf 240 mm an. Das Gewicht nahm von 20 auf 70 Tonnen zu. Der größte jemals gebaute Panzer war schließlich der deutsche »Jagdtiger« von 1944 mit einer 128-mm-Kanone, einer 250 mm starken Panzerung und einem Gewicht von 72 Tonnen. Neben den hohen Herstellungskosten derart massiver Konstruktionen wirkten sich jedoch auch Größe und Gewicht und damit die Schwerfälligkeit auf dem Kampffeld negativ aus. Mit der Zielrichtung größerer Flexibilität im Einsatz wurden in späteren Jahren Größe und Gewicht der Panzerfahrzeuge im Vergleich zu den Riesen des Zweiten Weltkriegs wesentlich reduziert. Erhöhte Einsatzmöglichkeiten bieten sich nicht nur durch waffentechnische Weiterentwicklungen, sondern auch durch fortschrittliche Ausrüstung wie z. B. Nachtsichtgeräte.

Die modernen Panzerfahrzeugkonstruktionen (etwa nach 1970) lassen nur noch ein durchschnittliches Gewicht von 50 Tonnen zu. Diese Panzer sind meist mit einer Langrohrkanone vom Kaliber 105 bis 120 mm bestückt, die während der Fahrt entweder panzerbrechende Geschosse gegen andere Panzerfahrzeuge oder hochexplosive Granaten gegen ruhende und bewegliche Ziele verschießen kann. Die Kanone ist, zusammen mit einem Maschinengewehr zur Abwehr feindlicher Infanterie, im allgemeinen in einem drehbaren Turm montiert. Die Kombination von Feuerkraft, Mobilität, Panzerung und weitreichender Funkverbindung gewährleistet den wirkungsvollen Einsatz.

Die Besatzung besteht meist aus vier Mann. Kommandant, Schütze und Funker sitzen im Turm, während der Fahrer vom Bug des Panzers aus steuert. Motor, Getriebe und Lenkvorrichtung sind im Heck untergebracht. Die Ketten laufen über 5 oder 6 Laufrollen, die federnd und über Stoßdämpfer aufgehängt sind. Damit wird auch in unwegsamem Gelände eine relativ hohe Geschwindigkeit gewährleistet. Die Panzerung, bis zu 120 mm stark, hat im allgemeinen geneigte Außenkonturen, damit auftreffende Geschosse abprallen.

Zu den bekanntesten Panzern seit 1970 gehören der russische T 62 mit einem Gewicht von 47 Tonnen und einer 115-mm-Kanone für tragflügelstabilisierte Geschosse, der deutsche »Leopard I«, ein schnelles, 43 Tonnen schweres Fahrzeug mit einer 105-mm-Kanone sowie der britische »Chieftain« mit einer extrem schweren Panzerung und einer 120-mm-Kanone. Der amerikanische M 60 A 2 wiegt 52 Ton-

**HINWEISE**

Lesen Sie auch:

Maschinenwaffen

Die moderne Artillerie

Sprengstoffe und Feuerwerkskörper

---

**1 Der Daimler-Panzerwagen** wurde erstmals 1941 in Dienst gestellt und war in den Jahren nach 1960 noch immer im Einsatz – ein verläßliches Aufklärungsfahrzeug mit Vierradantrieb, dessen Geländegängigkeit jedoch begrenzt war. Mit dem 70-kW- (95-PS-)Motor konnten Höchstgeschwindigkeiten von etwa 80 km/h erreicht werden; das Fahrzeug besaß fünf Gänge für Vorwärts- und Rückwärtsfahrt. Bei längerer Rückwärtsfahrt konnte der Kommandant das Fahrzeug mit einer zusätzlichen Lenkeinrichtung im Turm steuern.

**2 Der Panzerkampfwagen III** (PzKpfw III) war das wichtigste Panzerfahrzeug Deutschlands zu Beginn des II. Weltkriegs und eine bedeutende Waffe bei den Blitzfeldzügen in Polen (1939) und Frankreich (1940), ebenso beim Einmarsch in Rußland im Jahre 1941. Die ersten Modelle besaßen eine 37-mm-Kanone, die späteren 50-mm-Kanonen. Dem russischen T 34 waren sie jedoch restlos unterlegen. Eine spätere Sonderausführung mit einer 75-mm-Kanone, das Sturmgeschütz III, bewährte sich bis zum Ende des II. Weltkriegs.

**3 Der russische T 34** mit seiner 76-mm-Kanone und den 45 mm starken, geneigten Panzerplatten war nach 1941 der kampfkräftigste Panzer des II. Weltkriegs. Sein 368-kW- (500-PS-)Dieselmotor war robust gebaut und zuverlässig und erlaubte eine Höchstgeschwindigkeit von 51 km/h. Trotz der überlegenen Kampfkraft des T 34 gelang es den Deutschen zunächst, tief nach Rußland einzudringen. Sie konnten, zumindest in der ersten Zeit, dem besseren Material eine wirksamere Taktik entgegensetzen.

**4 Der amerikanische M4-Sherman-Panzer** war nach 1942 das wichtigste Panzerfahrzeug der Alliierten. Die 5köpfige Besatzung war durch eine 80-mm-Panzerung geschützt. Der Panzer war mit einer 45-mm-Kanone bewaffnet; sie wurde dann später durch eine 76-mm-Kanone [wie hier gezeigt] ersetzt.

nen und ist mit einer 152-mm-Kanone bestückt, die Granaten oder Lenkgeschosse abfeuern kann. Panzereinheiten werden meist im Zusammenwirken mit Infanterie, Artillerie, Pionieren und Luftstreitkräften eingesetzt.

**Leichte Panzerfahrzeuge**
Manche Panzerfahrzeuge, wie der Daimler-Panzerwagen [1], sind nur schwach bewaffnet und lediglich gegen Granatsplitter und Infanteriegeschosse gepanzert. Dadurch sind sie leichter und schneller als die größeren Kampfpanzer. Panzerspähwagen sondieren feindliche Stellungen, dienen als Flankenschutz vorrückender Truppen und als fahrbare vorgeschobene Posten gegen feindliche Überraschungsangriffe. Ihr Fahrwerk besteht aus Rädern oder Ketten; letztere sind kleiner und geländegängiger, dafür aber lauter. Ketten- oder Radfahrzeuge, wie der »Saracen« [7], können auch als gepanzerte Mannschaftstransportwagen für die Infanterie eingesetzt werden.

Die Artillerie benutzt gepanzerte Gleisketten-Selbstfahrlafetten wie den »Abbot« [8]. Pioniertruppen verwenden Brückenlegepanzer, die eine stählerne Faltbrücke mit sich führen. Gepanzerte Zugmaschinen dienen zum Ausheben von Feuerstellungen oder zum Räumen von Trümmern, Bergepanzer zum Schleppen beschädigter Schwerfahrzeuge.

**Die Zukunft des Panzers**
Lenkgeschosse zur Panzerabwehr können heute aus der Luft und vom Boden aus abgeschossen und während ihres Fluges auf das Ziel gelenkt werden. Diese Ziellenkung ist allerdings von Hand äußerst schwierig, und automatische Einrichtungen sind kostspielig. Waffen dieser Art werden deshalb in gepanzerten Fahrzeugen montiert, um sie besser zu schützen. Ihr Einsatz ist aufwendig und nur gegen andere Panzer gerechtfertigt. Aus diesem Grund haben derartige Waffensysteme den Kampfwert moderner Panzer nicht gemindert, geschweige denn ihn verdrängt. Panzer waren seit jeher verwundbar durch feindliche Waffeneinwirkung oder durch Minen, was ihre taktischen Einsatzmöglichkeiten jedoch kaum schmälerte. Auch in Zukunft werden sie deshalb eine wichtige Rolle spielen und zu den wirkungsvollsten Kampfmitteln der Bodenstreitkräfte zählen.

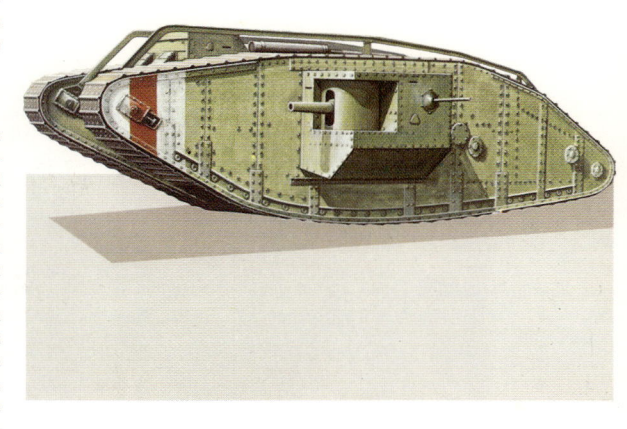

**Leitbild**

**Der englische Panzer »Mark IV«** wurde im I. Weltkrieg eingesetzt. Seine Form ergab sich aus verschiedenen, sich teilweise widersprechenden Anforderungen: Er sollte einerseits breite Gräben überqueren, zum anderen aber auch mit gewöhnlichen Eisenbahnwagen transportiert werden. Dieser Kampfwagen kam erstmals am 20. November 1917 bei Cambrai in Nordfrankreich zum Einsatz.

**5 Der Kettenvorhang** war eine der im II. Weltkrieg entwickelten Schutzvorrichtungen für Panzer gegen Minen. Die Ketten waren auf einer sich drehenden Trommel montiert, so daß sie vor dem Panzer aufschlugen und Minen zur Detonation brachten. Heute schieben Panzer pflugartige Vorrichtungen oder Rollen vor sich her, oder sie schießen mit einer Rakete eine Leine, an der in kurzen Abständen kleinere Explosivkörper befestigt sind, in Richtung des Fahrwegs.

**6 Der schwedische S-Panzer** ist eine neue Entwicklung ohne Turm. Die Kanone wird durch Ausrichten des Fahrzeugs auf ihr Ziel gerichtet. Die Besatzung besteht aus drei Mann; der Panzer kann notfalls auch von einem einzigen Mann bedient werden, da das Geschütz automatisch geladen wird. Das Magazin befindet sich im Heck des Fahrzeugs, um die Explosionsgefahr bei Treffern zu vermindern; auch der Geschützverschluß ist im Heck untergebracht. Dadurch ragt das Geschützrohr nur wenig über die Vorderfront des Fahrzeugs hinaus und erhöht seine Manövrierfähigkeit auch auf engem Raum. Während der Fahrt ist der Panzer jedoch nicht schußfähig.

**7 Der »Saracen«** ist ein gepanzertes Mannschaftsfahrzeug auf Rädern, die weichen Lauf über weite Straßenstrecken gestatten und im Gegensatz zu Gleisketten kaum Wartung benötigen. Gepanzerte Radfahrzeuge dieser Art kommen auch in Friedenszeiten öfters zum Einsatz (bei Revolutionen u. a.). Der »Saracen« ist mit einem Maschinengewehr bewaffnet, das im Turm untergebracht ist, und besitzt eine spezielle Rauchabzugsvorrichtung. Sein Antrieb wirkt auf alle sechs Räder. Die Geländegängigkeit ist jedoch begrenzt.

**8 Der britische »Abbot«** ist ein Geschütz auf Selbstfahrlafette. Auch die Artillerie muß heute extrem beweglich sein, um dem Kampfgeschehen zu folgen und gegnerischem Artilleriefeuer ausweichen zu können. Die Panzerung schützt Mannschaft und Geschütz gegen Artilleriefeuer ebenso wie gegen durchgesickerte Streitkräfte hinter der vordersten Linie. Viele dieser Geschütze auf Selbstfahrlafetten gleichen äußerlich echten Panzern. Sie sind jedoch entsprechend ihrem Verwendungszweck in vielfacher Hinsicht anders konstruiert. In erster Linie sollen sie Ziele unter Beschuß nehmen, die tief hinter den feindlichen Linien und weit außerhalb der Sicht- und Reichweite der Kampfpanzer liegen. Aufblasbare Gummiwülste machen den »Abbot« schwimmfähig.

Geschütz 105 mm L13A1
Motoraufhängung
Kühler
Geschützrohrentlüftung
Luftfilter
Kommandantenluke
Geschützverschluß
Sitz des Kanoniers
Sitz des Kommandanten
Munitionsmagazin im Turm
Instrumentenbrett des Fahrers
Rauchentlüftung
Feuerschutzgitter
Fahrersitz
Rückspiegel
Staubbehälter für Gummiwulst
Lenkhebel
Schwimm-Gummiwulst
Lenkgetriebe
Scheinwerfer (1 Paar für sichtbares, 1 Paar für Infrarotlicht)
Öltank für Lenkhydraulik
Bremsgestänge
Maschinengewehrmunition
Batterien zur Turmdrehung
Auspuff

# Kriegsschiffe mit Ruder und Segel

Seefahrende Völker haben seit jeher ihre Seehandelswege mit Kriegsschiffen gesichert. Friedlicher Handel war erst dann garantiert, wenn die Überlegenheit zur See des einen oder des anderen Landes allgemein anerkannt wurde. Andererseits dienten die Seestreitkräfte auch häufig zum Aufbau und zur Erweiterung des Handels. So wurden im 15. Jahrhundert die Byzantiner von den Arabern verdrängt, und im 16. und 17. Jahrhundert vertrieben Holländer und Briten die Spanier von den Weltmeeren. Kriegsschiffe wurden nicht nur für Seegefechte, sondern auch als Landungsboote bei Invasionen verwendet. So fielen im 9. Jahrhundert die Normannen mit ihren Langschiffen an Europas Küsten ein.

## Galeeren

Eines der ersten Zeugnisse für Seeschlachten findet man auf einem ägyptischen Tempelrelief aus dem 2. Jahrtausend v. Chr. Die Darstellung zeigt eine Schlacht zwischen den Ägyptern und dem »Volk des Meeres«. Die Ägypter gingen als Sieger hervor, da ihre Galeeren, die außer der Besegelung auch Ruderer hatten, wendiger waren als die Segelschiffe des Gegners.

Griechen, Phönizier und Römer bauten Galeeren mit drei oder mehr übereinander angeordneten Riemenreihen [1] und quadratischem Hilfssegel. Die Seeschlacht wurde nach dem Entern im Kampf Mann gegen Mann entschieden. Da wegen der seitlichen Riemenreihen das Entern über den Bug erfolgen mußte, erwies sich hierbei vielfach ein Rammbug als nützlich. Galeeren wurden in verschiedenen Ländern ohne wesentliche Änderungen noch bis ins 19. Jahrhundert hinein benutzt. Allerdings wichen die gestaffelten Riemenreihen einer einzigen Reihe, wobei lange Riemen jeweils von mehreren Ruderern bedient wurden. Auch das nicht sehr wirksame quadratische Segel wurde durch ein dreieckiges Lateinsegel ersetzt.

Im Altertum wurden die Ruder meist von Galeerensklaven bedient. Im 15. Jahrhundert wurden zur Zwangsarbeit verurteilte Sträflinge gebrandmarkt und als Ruderer angekettet. Noch im 18. Jahrhundert war die Galeerenstrafe in Venedig, Frankreich, Spanien und in den österreichischen Erbländern üblich.

In den für Galeeren ungeeigneten rauhen nördlichen Meeren entwickelte man das manövrierfähige Segelkampfschiff, das an der gesamten Breitseite mit Kanonen bestückt war. Galeeren konnten bestenfalls fünf Geschütze an Bug und Heck tragen. Die letzte große Kampfgaleere wurde 1571 in der Seeschlacht bei Lepanto (heute Naupaktos, am Golf von Korinth) versenkt. In dieser Schlacht wurde die türkische Flotte von einer alliierten südeuropäischen Streitmacht (Heilige Liga) vernichtend geschlagen.

Im Mittelalter gab es kaum Unterschiede zwischen Kriegs- und Handelsschiffen. Kriegsschiffe führten Soldaten statt Waren mit sich und erhielten Deckungsbrüstungen an Bug und Heck; daraus entwickelten sich später die Vorderkastelle und die Achterdeckshäuser. Bis in das 17. Jahrhundert hinein waren Handels-, Kriegs- und Piratenschiffe kaum voneinander zu unterscheiden; noch im 19. Jahrhundert konnte man die Schiffe für die verschiedenen Verwendungszwecke leicht umrüsten.

## Schiffsartillerie

Im 14. Jahrhundert begann man damit, Schiffe mit leichten Schußwaffen auszurüsten. Die Schiffe des 15. Jahrhunderts besaßen bereits

**HINWEISE**

Lesen Sie auch:

Segelschiffe

Moderne Schiffe

Geschichte der Artillerie

Moderne Kriegsschiffe

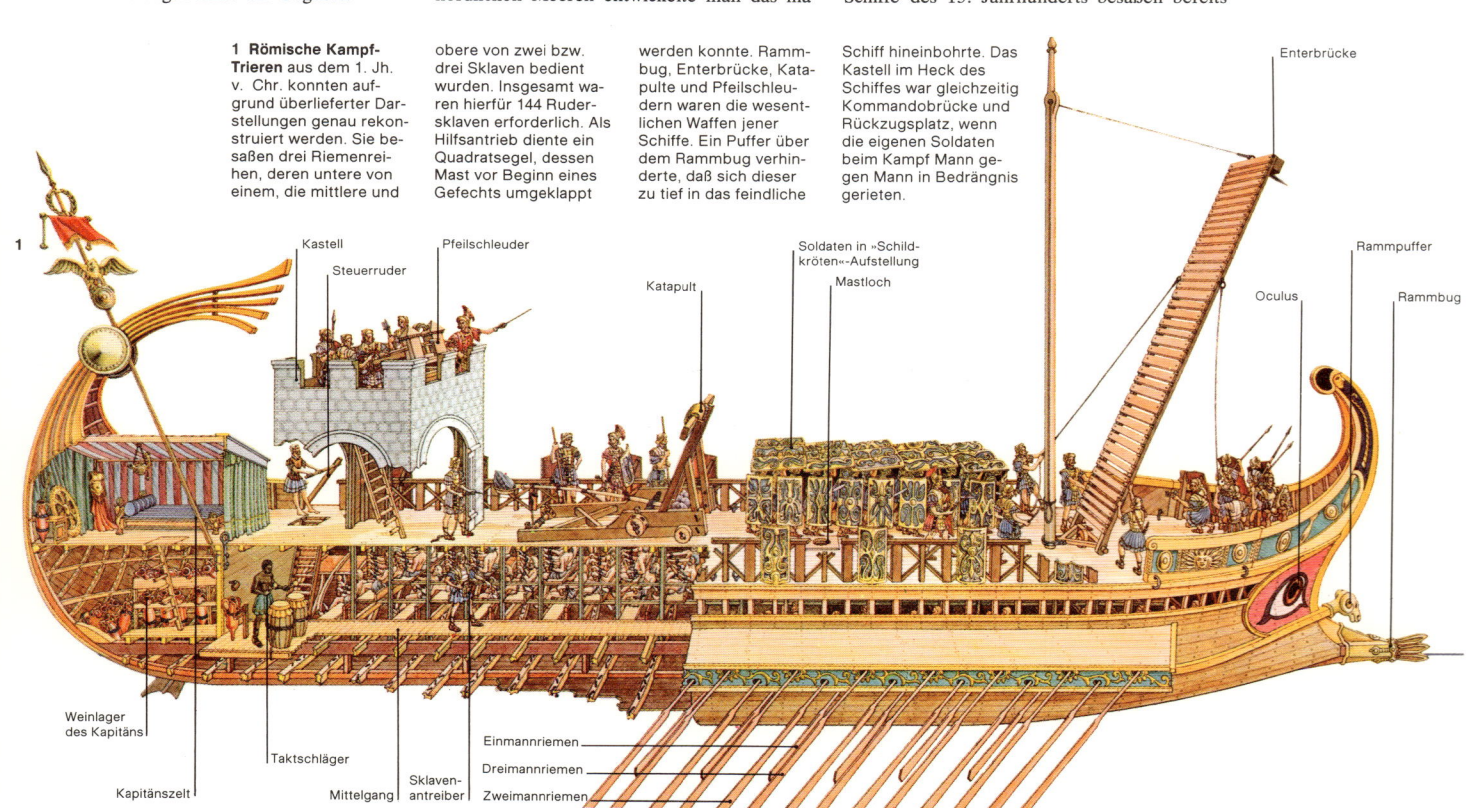

**1 Römische Kampf-Trieren** aus dem 1. Jh. v. Chr. konnten aufgrund überlieferter Darstellungen genau rekonstruiert werden. Sie besaßen drei Riemenreihen, deren untere von einem, die mittlere und obere von zwei bzw. drei Sklaven bedient wurden. Insgesamt waren hierfür 144 Rudersklaven erforderlich. Als Hilfsantrieb diente ein Quadratsegel, dessen Mast vor Beginn eines Gefechts umgeklappt werden konnte. Rammbug, Enterbrücke, Katapulte und Pfeilschleudern waren die wesentlichen Waffen jener Schiffe. Ein Puffer über dem Rammbug verhinderte, daß sich dieser zu tief in das feindliche Schiff hineinbohrte. Das Kastell im Heck des Schiffes war gleichzeitig Kommandobrücke und Rückzugsplatz, wenn die eigenen Soldaten beim Kampf Mann gegen Mann in Bedrängnis gerieten.

**2 Venezianische Galeeren** des 16. Jh. hatten ein dreieckiges Lateinsegel, eine Ruderbank, einen Rammbug sowie fünf Geschütze, die an Bug und Heck untergebracht waren.

**3 Elisabethanische Galeonen** (um 1585) waren Vorläufer der ersten Linienschiffe. Um 1625 verschwand der Besanmast am Heck. Im 19. Jh. wurden wieder Viermastsegler gebaut.

**4 Napoleonische Fregatten** um 1800 waren kleine schnelle Eindecker. Die wendigen Schiffe dienten als Hilfsfahrzeuge.

Geschützöffnungen in den Seitenwänden des Rumpfes. Zwar wurden größere Schiffe damals direkt für Kriegszwecke gebaut, häufig setzte man sie aber auch für den Handel ein. Die holländische Flotte in den englisch-niederländischen Seekriegen des 17. Jahrhunderts bestand in erster Linie aus Zweideckern, die als Handelsschiffe der Ostindiengesellschaft gehörten. Die englische Flotte war dagegen bereits für den Seekrieg gebaut: Die Schiffe hatten teilweise drei Geschützdecks; auch auf dem Oberdeck waren Geschütze montiert.

Die Seekriegstaktik in jener Zeit war anfänglich von der Kriegführung mit Galeeren beeinflußt: Die Schiffe fuhren in einer Linie hintereinander und versuchten, die gegnerischen Schiffe einzeln zu entern. Die zunehmende Bedeutung der Schiffsartillerie führte jedoch bald zu einer Schlachtordnung, bei der Freund und Feind in paralleler Linie fuhren [5]; durch Abfeuern von Breitseiten versuchte man, beim Gegner Verwirrung zu stiften und die feindliche Linie aufzubrechen, damit einzelne, schutzlos gewordene Schiffe leichter bekämpft werden konnten. Das Umfahren eines Gegners an Bug oder Heck machte dessen Artillerie, die nur seitwärts feuern konnte, wirkungslos. Einen besonderen Vorteil errang auch der, der sein Schiff auf die Luvseite des Gegners manövrieren konnte. Die unter Wind stehenden Segel ließen die Wasserlinie der feindlichen Schiffe weit herausragen und machten sie verwundbarer. Auch war es im Notfall einfacher, abzudrehen und das Gefecht abzubrechen.

**Nahgefechte**
Angriffe aus kurzer Distanz zum Gegner blieben lange eine erfolgreiche Taktik in den Seegefechten jener Zeit. Noch in den Napoleonischen Kriegen setzte die englische Flotte hierbei großkalibrige Geschütze mit geringer Reichweite ein [10]. Die Briten versuchten vor allem, die Rümpfe des Gegners zu treffen, die Franzosen schossen dagegen auf Segel und Takelage.

Zu Beginn des 19. Jahrhunderts tauchten die ersten Raddampfer auf, und um 1850 wurden die ersten Linienschiffe mit Dampfmaschinen ausgerüstet. Als im darauffolgenden Jahrzehnt die Sprenggranate entwickelt wurde, die den hölzernen Schiffen stark zusetzte, war die Epoche der Segelkampfschiffe praktisch beendet.

**Leitbild**

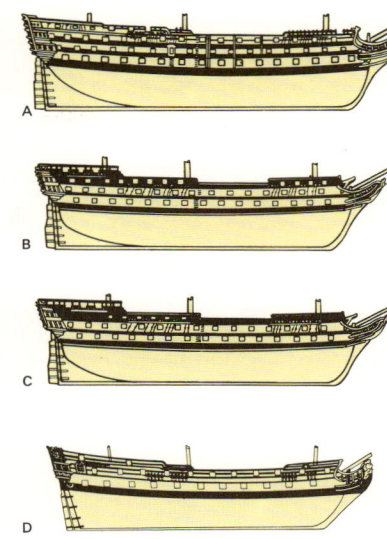

**Kriegsschiffe** wurden ab 1650 bis zum Ende der Segelschiffahrtszeit nach der Zahl ihrer Geschütze eingeteilt. Die Klassifizierung änderte sich hierbei mehrfach. Zur Zeit Nelsons gehörten beispielsweise Einheiten mit 100 und mehr Geschützen zur 1. Klasse [A], Schiffe mit 90 bis 98 Kanonen zur 2. Klasse [B]. Sie hatten jeweils drei Geschützdecks. Dagegen hatten die Schiffe der 3. Klasse mit 64 bis 84 Geschützen bisweilen nur zwei Decks [C]. Schiffe der 4. Klasse waren Eindecker [D] mit bis zu 50 Geschützen; Fregatten zählten mit ihren 32 bis 44 Kanonen zur 4. oder 5. Klasse, Briggs und Korvetten bildeten die 6. Klasse; sie waren mit 20 bis 28 Geschützen bestückt. Zu den Klassen 1 bis 3 zählten die Linienschiffe.

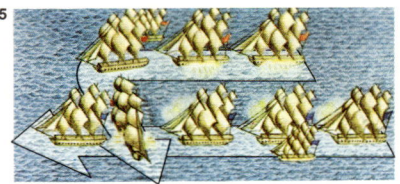

**5 Die Seekriegstaktik** vom 17. bis zum 19. Jh. basierte auf dem Liniengefecht. Zwei- und Dreidecker fuhren in Kiellinie, während Fregatten seitlich der Linie aufgestellt waren und die Flaggensignale weitergaben.

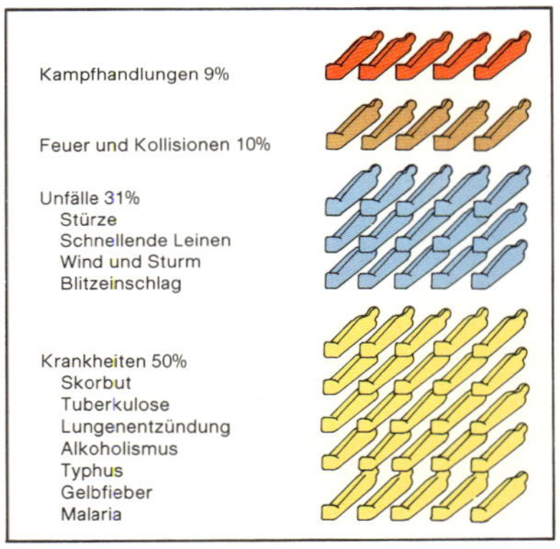

**6 Todesfälle auf See** waren in früheren Zeiten häufig. Die Statistik der englischen Flotte zeigt beispielsweise, daß im späten 18. Jh. wesentlich mehr Menschen durch Unfälle und Krankheiten als durch Kampfhandlungen ums Leben kamen. Tuberkulose und Folgekrankheiten schlechter Nahrungsmittel und faulen Trinkwassers an den Schiffen, wie Ruhr und Skorbut, waren an der Tagesordnung; in tropischen Gebieten forderten Malaria und Gelbfieber ihre Opfer.

Kampfhandlungen 9%
Feuer und Kollisionen 10%
Unfälle 31%
  Stürze
  Schnellende Leinen
  Wind und Sturm
  Blitzeinschlag
Krankheiten 50%
  Skorbut
  Tuberkulose
  Lungenentzündung
  Alkoholismus
  Typhus
  Gelbfieber
  Malaria

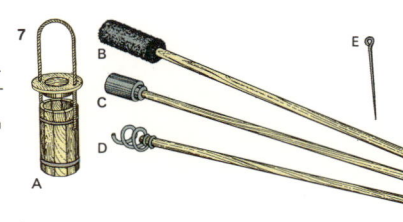

**7 Kanonen** änderten sich zwischen 1560 und 1860 wenig. Treibladungen wurden in einem Spezialgefäß [A], das sie vor Funkenflug schützte, vom Pulvermagazin herbeigeschafft und mit Ladestöcken [C] in das Kanonenrohr geschoben. Gezündet wurden sie mit einer Lunte [E]. Nach dem Schuß wurde das Rohr mit einem Schwamm [B] ausgewischt, um glühende Rückstände zu löschen. Blindgänger entfernte man mit einer Spirale [D].

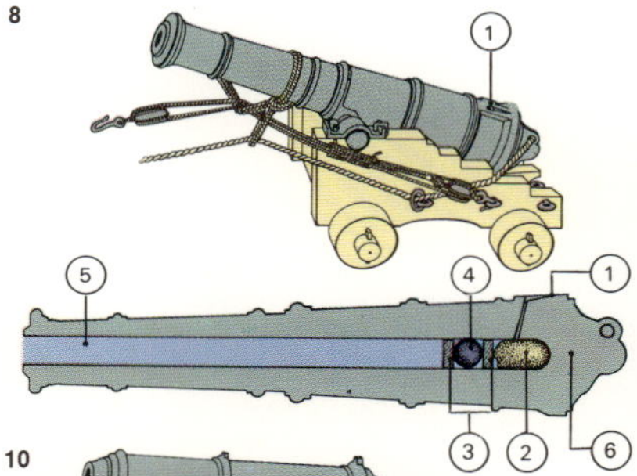

**8 Typisch für Schiffskanonen** waren Zündloch [1], Ladung [2], Pfropf [3], Geschoß [4], Rohr [5] und Verschluß [6].

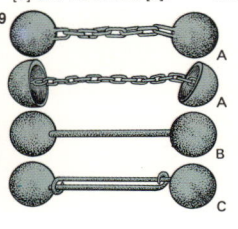

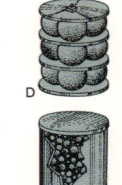

**9 Wirkungsvolle Geschosse** waren Kugelketten [A] und -stäbe [B,C], Schrapnells [D] und Kartätschen [E].

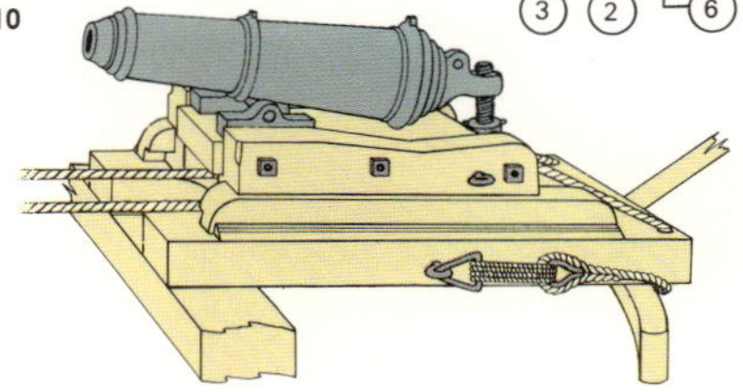

**10 Karronaden**, erstmals 1779 verwendet, waren kurze Vorderladergeschütze für schwere Ladungen, die auf geringe Entfernung eine starke Wirkung hatten. Das leichte und gut richtbare Geschütz war besonders für die Aufstellung auf dem Oberdeck geeignet.

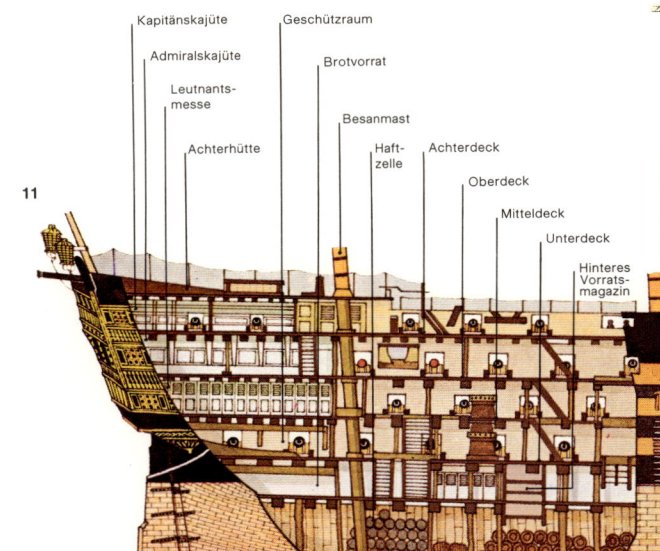

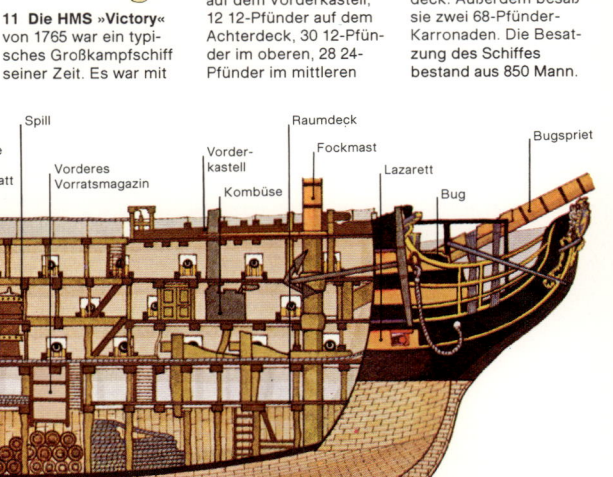

**11 Die HMS »Victory«** von 1765 war ein typisches Großkampfschiff seiner Zeit. Es war mit 104 Geschützen bestückt: Zwei 12-Pfünder auf dem Vorderkastell, 12 12-Pfünder auf dem Achterdeck, 30 12-Pfünder im oberen, 28 24-Pfünder im mittleren Deck und 30 32-Pfünder im unteren Geschützdeck. Außerdem besaß sie zwei 68-Pfünder-Karronaden. Die Besatzung des Schiffes bestand aus 850 Mann.

Kapitänskajüte, Geschützraum, Admiralskajüte, Brotvorrat, Leutnantsmesse, Achterhütte, Besanmast, Haftzelle, Achterdeck, Oberdeck, Großmast, Mitteldeck, Einstiegsluke, Unterdeck, Hängematten, Spill, Raumdeck, Hinteres Vorratsmagazin, Laufstege, Vorderkastell, Fockmast, Kabelgatt, Vorderes Vorratsmagazin, Kombüse, Lazarett, Bug, Bugspriet

# Moderne Kriegsschiffe

Zu den Hauptaufgaben der Kriegsflotten gehören der Schutz von Schiffahrtswegen, die Unterstützung militärischer Operationen auf dem Festland und die Verhinderung feindlicher Landungsmanöver.

Bis zum Zweiten Weltkrieg waren die mit großkalibrigen Geschützen bestückten und starkgepanzerten Schlachtschiffe die wichtigsten Schiffe einer Flotte. Ihre Grundmerkmale waren dieselben wie die der »Dreadnought« [1], die bereits 1906 im Einsatz war. Auch die kleineren Schiffseinheiten wie Kreuzer, Zerstörer und Unterseeboote wurden während einer Periode von fast drei Jahrzehnten in ihrer Konzeption kaum verändert.

### Flugzeugträger

Der Zweite Weltkrieg jedoch revolutionierte die Kriegsflotten. Flugzeugträger mit Torpedoflugzeugen und Sturzkampfbombern waren in der Lage, bis zu 500 km weit entfernte feindliche Ziele anzugreifen, während die Geschütze eines Schlachtschiffes eine Reichweite von höchstens 32 km hatten. Zwar wurden bereits im Jahre 1912 Schiffe zum erstenmal zu Flugzeugträgern umgebaut, doch setzte sich dieses Waffensystem erst nach 1939 durch, nachdem sich gezeigt hatte, daß seine Beweglichkeit und Kampfkraft allen anderen Einheiten klar überlegen war.

Bis zum heutigen Tag gelten große Flugzeugträger [5] als die kampfkräftigsten Überwasserschiffe. Durchschnittlich können sie 80 Flugzeuge (Bomber und Jäger) aufnehmen.

Normalerweise brauchen moderne Flugzeuge eine längere Rollstrecke, als sie ein Flugzeugträger bieten kann. Beim Start werden die Maschinen deshalb mit mächtigen Dampfkatapulten beschleunigt und nach dem Landen von Stahlseilen aufgefangen, die in einen Haken am Flugzeugheck eingreifen. Diese Vorrichtungen machen es möglich, daß das relativ kurze Flugdeck eines Flugzeugträgers für Start und Landung ausreicht.

Die Entwicklung von senkrecht oder auf kurzen Rollbahnen startenden Flugzeugen (VTOL, STOL) hat zum Mehrzweckträger geführt. Zu seinen Hauptaufgaben gehört der Schutz des Luftraums für eine Flotteneinheit oder für Hubschrauber, die zur U-Boot-Bekämpfung eingesetzt werden. Vor allem die Hubschrauber sind für die U-Boot-Abwehr besonders gut geeignet, da sie neben den Instrumenten zur Zielerkennung auch Abwehrwaffen tragen können.

Luftangriffe stellen die größte Gefahr für Überwasserschiffe dar. Moderne Flotten sind deshalb, neben Boden-Boden-Raketen zur Bekämpfung von Landzielen, mit einem riesigen Arsenal von Boden-Luft-Raketen und Lenkgeschossen ausgerüstet. Diese Waffen sind schwer und nehmen viel Platz ein; die mit ihnen bestückten Zerstörer haben deshalb heute die Größe der leichten Kreuzer des Zweiten Weltkriegs erreicht.

### U-Boote

Seit der Entwicklung des Kernantriebs haben sich die Unterseeboote grundlegend verändert. Die Boote des Zweiten Weltkriegs hatten für Unterwasserfahrten einen elektrischen Antrieb, der begrenzte Reichweiten zuließ. Die Batterien mußten zwischenzeitlich bei Überwasserfahrten durch Dieselaggregate aufgeladen werden. Der Kernantrieb benötigt im Gegensatz zum Dieselmotor keinen Luftsauerstoff und erlaubt daher praktisch unbegrenzte Entfernungen, ohne daß das Boot zwischendurch

---

**HINWEISE**

Lesen Sie auch:

Tragflächenboote und Luftkissenfahrzeuge

Unterseeboote

Die moderne Artillerie

Kriegsschiffe mit Ruder und Segel

Atomare, biologische und chemische (ABC-)Waffen

Orten mittels Radar und Schallwellen

---

**1 Die HMS »Dreadnought«** aus dem Jahre 1906 war in ihrer Konzeption richtungweisend für die nachfolgenden Schlachtschiffe. Sie besaß zehn 32-cm-Kanonen und erreichte mit ihrem Dampfturbinenantrieb eine Geschwindigkeit von 21 Knoten (34 km/h). Durch sie wurden praktisch alle vorher gebauten Kriegsschiffe veraltet; die Folge war, daß ein internationales Wettrüsten begann; sein Höhepunkt war der Ausbruch des I. Weltkrieges. Alle Hauptgeschütze der »Dreadnought« hatten das gleiche Kaliber, was nicht nur das Einschießen auf bestimmte Ziele erleichterte, sondern gleichzeitig das Abfeuern von Salven auf große Entfernung ermöglichte. Auch lief sie 3 Knoten schneller als alle ihre Vorgänger. Obwohl sie im I. Weltkrieg kaum ihren Liegeplatz verließ, beeinflußte sie doch die gesamte zukünftige Schlachtschiffskonstruktion. Sie war 160 m lang; größte Breite 25 m.

**2 Britische Motor-Torpedoboote**, erstmals im I. Weltkrieg eingesetzt, entwickelten sich im II. Weltkrieg zu einer schlagkräftigen Waffe. Sie bildeten das Gegenstück zu den legendären deutschen Schnellbooten; sie waren mit Torpedorohren und leichten Schnellfeuerwaffen ausgerüstet und erreichten Geschwindigkeiten bis zu 40 Knoten (rd. 65 km/h). Im II. Weltkrieg versenkten diese Torpedoboote 269 feindliche Schiffe.

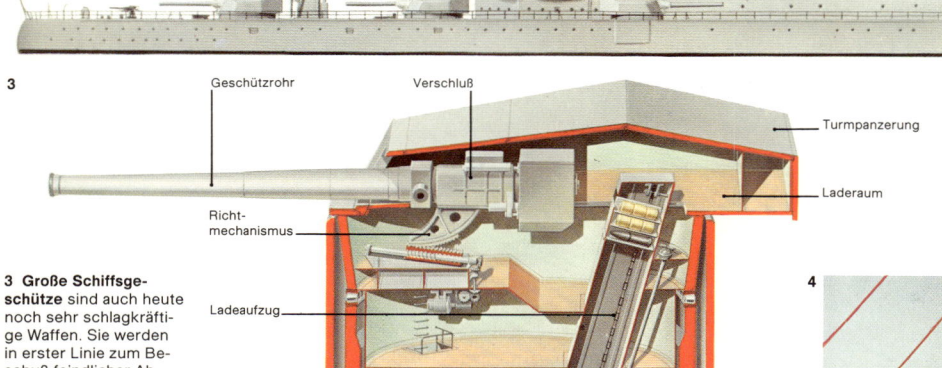

**3 Große Schiffsgeschütze** sind auch heute noch sehr schlagkräftige Waffen. Sie werden in erster Linie zum Beschuß feindlicher Abwehrstellungen an Küsten eingesetzt, um Truppenlandungen vorzubereiten und zu unterstützen. Dabei werden schwere Explosivgeschosse verwendet, die durch mehrere Treibladungen angetrieben werden. Geschosse und Treibladungen werden mit Hilfe von Transportaufzügen aus den Munitionsmagazinen direkt an die Geschütze transportiert; dabei ist durch einen speziellen Mechanismus gewährleistet, daß der computergesteuerte Turm in seiner Drehung nicht behindert wird. Radarantennen und Geschütze werden über Kreiselgeräte stabilisiert, um Stampf- und Rollbewegungen des Schiffes zu kompensieren.

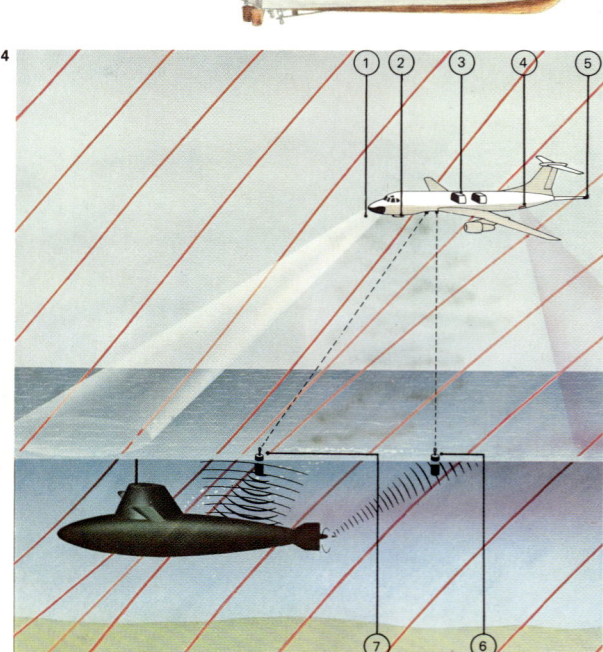

Beschriftungen: Geschützrohr, Verschluß, Turmpanzerung, Laderaum, Richtmechanismus, Ladeaufzug, Panzerung, Transportaufzug, Treibladungsmagazin, Geschoßzuführung, Geschoßmagazin

**4 Flugzeuge für die U-Boot-Abwehr** besitzen mehrere Zielerfassungsgeräte. Ein Radargerät [1] erfaßt Oberflächenobjekte. Sensoren messen Abgase [2], Temperaturdifferenzen des Wassers [4] und Magnetfelder [5], die von U-Booten verursacht werden. Ultraschallbojen nehmen Geräusche auf [6] oder senden Schallwellen aus [7], die zusammen mit den reflektierten Wellen von einem Bordcomputer [3] ausgewertet werden. Dieser Computer verarbeitet auch alle anderen Meßsignale und liefert eine Übersicht der Suchergebnisse.

auftauchen muß. Daneben gestattet er wesentlich höhere Unterwassergeschwindigkeiten. Zu diesen taktischen Vorteilen kam schließlich noch die Bewaffnung mit Lenkgeschossen, deren Atomsprengköpfe die U-Boote zur tödlichsten Waffe der Kriegsgeschichte werden ließen [6, 7]. Polaris-Raketen z. B., und die aus ihnen weiterentwickelten Poseidon- und Trident-Raketen werden unter Wasser abgeschossen. So kann das U-Boot seinen Standort bis zum Abschuß geheimhalten; es ist nahezu unmöglich, mehrere feindliche U-Boote gleichzeitig aufzuspüren und zu bekämpfen. Auch die Abwehr bereits abgefeuerter Lenkgeschosse durch Abwehrraketen ist sehr schwierig geworden, denn moderne Lenkraketen besitzen bis zu 14 voneinander unabhängige zielsuchende Gefechtsköpfe. Zusammen mit den Flugzeugträgern stellen die modernen U-Boote das Rückgrat heutiger Kriegsflotten dar.

In den letzten Jahrzehnten wurden rasch operierende, kleine Einheiten entwickelt, die durch Bestückung mit leichten Boden-Boden-Raketen sehr schlagkräftig sind. Durch ihre Wendigkeit bilden sie schwer zu erfassende Ziele, außerdem sind sie äußerst wirkungsvoll beim Schutz von Küstengewässern; ihre leichte Bauart läßt eine billige Massenproduktion zu. Der Erfolg, den ein sowjetischer Raketenträger in ägyptischen Diensten 1967 gegen einen israelischen Zerstörer erzielte, beschleunigte auch die Bestückung größerer Schiffe mit Waffen dieser Art. Zu den wirkungsvollsten Abwehrwaffen gegen Unterschall-Lenkraketen gehören allerdings bis heute noch Maschinenkanonen mit hoher Schußfolge.

## Antrieb für Überwasserschiffe

Einige Überwasserschiffe sind bereits mit Atomantrieb ausgerüstet worden. Wegen der extrem hohen Kosten und des großen Platzbedarfs von Reaktoren werden jedoch die meisten modernen Schiffe mit den leichteren Gasturbinen, häufig kombiniert mit Dieselmotoren und Dampfturbinen, betrieben. Trotz moderner Unterseeboote und der schlagkräftigen Unterstützung durch Luftstreitkräfte bleiben die Überwasserschiffe die wichtigsten Einheiten der Flotten. Ihre Wirkung wird maßgeblich unterstützt durch elektronische Abwehrsysteme und computergesteuerte Raketen und Lenkwaffen.

**Die einzelnen Kriegsschiffprofile** zeigen die typischen einsatzorientierten Konstruktionsmerkmale. Flugzeugträger [1] sind auffallend groß und wuchtig und haben nur einen einzigen Aufbau. Der universell einsetzbare, schnelle Zerstörer [3] besitzt Raketenrampen hinter dem Radarturm. Fregatten [2] sind kleine Fahrzeuge; sie stellen im Geleitschutzeinsatz schwer erfaßbare Ziele dar. Minensuchboote [4] sind so konstruiert, daß sie nur ein schwaches Magnetfeld erzeugen. Moderne Schnellboote [5] tragen heute ebenfalls Raketen. Die Unterseeboote [6] zeigen eine fast vollendete Stromlinienform.

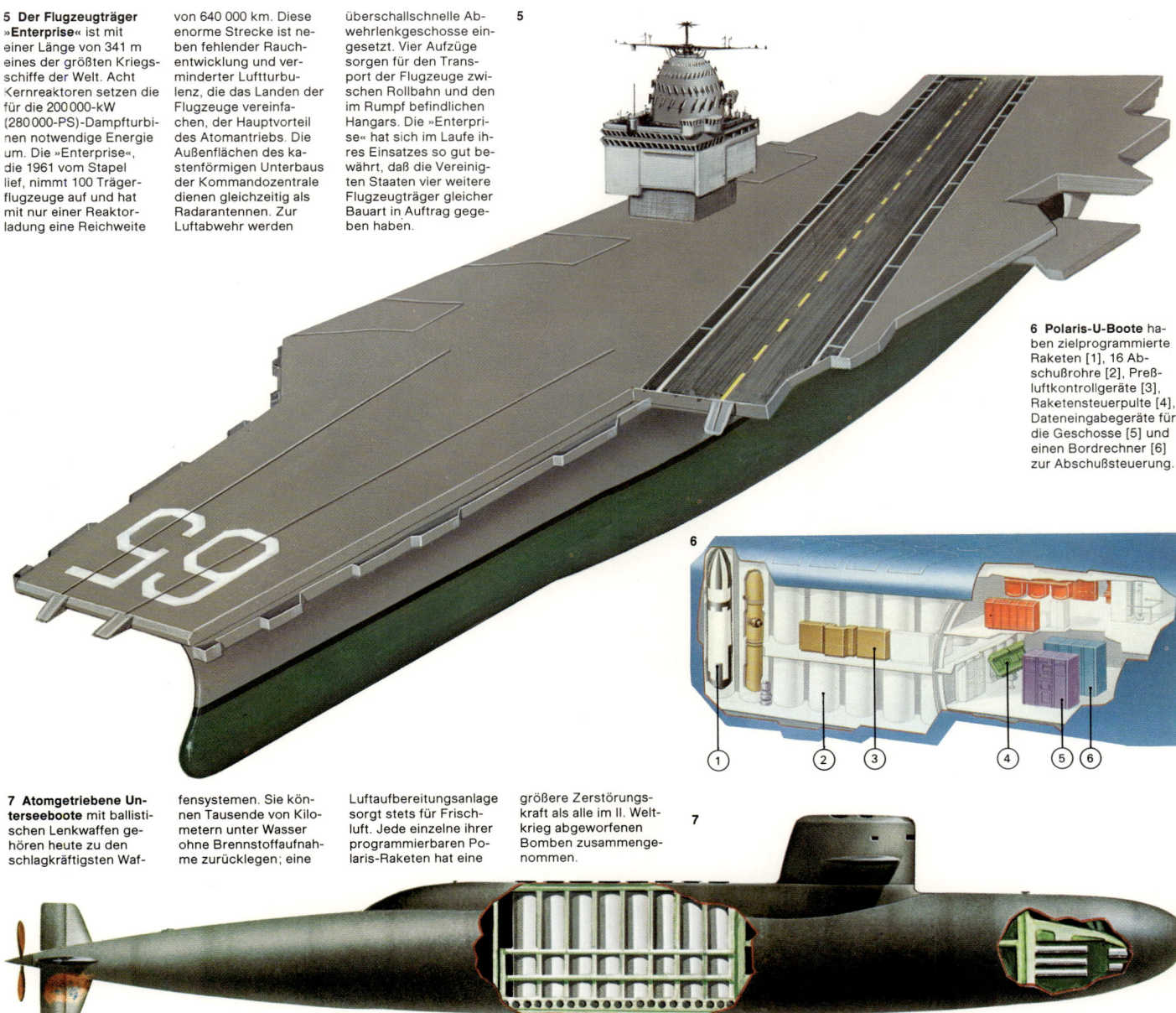

**5 Der Flugzeugträger »Enterprise«** ist mit einer Länge von 341 m eines der größten Kriegsschiffe der Welt. Acht Kernreaktoren setzen die für die 200 000-kW (280 000-PS)-Dampfturbinen notwendige Energie um. Die »Enterprise«, die 1961 vom Stapel lief, nimmt 100 Trägerflugzeuge auf und hat mit nur einer Reaktorladung eine Reichweite von 640 000 km. Diese enorme Strecke ist neben fehlender Rauchentwicklung und verminderter Luftturbulenz, die das Landen der Flugzeuge vereinfachen, der Hauptvorteil des Atomantriebs. Die Außenflächen des kastenförmigen Unterbaus der Kommandozentrale dienen gleichzeitig als Radarantennen. Zur Luftabwehr werden überschallschnelle Abwehrlenkgeschosse eingesetzt. Vier Aufzüge sorgen für den Transport der Flugzeuge zwischen Rollbahn und den im Rumpf befindlichen Hangars. Die »Enterprise« hat sich im Laufe ihres Einsatzes so gut bewährt, daß die Vereinigten Staaten vier weitere Flugzeugträger gleicher Bauart in Auftrag gegeben haben.

**6 Polaris-U-Boote** haben zielprogrammierte Raketen [1], 16 Abschußrohre [2], Preßluftkontrollgeräte [3], Raketensteuerpulte [4], Dateneingabegeräte für die Geschosse [5] und einen Bordrechner [6] zur Abschußsteuerung.

**7 Atomgetriebene Unterseeboote** mit ballistischen Lenkwaffen gehören heute zu den schlagkräftigsten Waffensystemen. Sie können Tausende von Kilometern unter Wasser ohne Brennstoffaufnahme zurücklegen; eine Luftaufbereitungsanlage sorgt stets für Frischluft. Jede einzelne ihrer programmierbaren Polaris-Raketen hat eine größere Zerstörungskraft als alle im II. Weltkrieg abgeworfenen Bomben zusammengenommen.

# Die ersten Militärflugzeuge

Der italienische Leutnant Gavotti soll erstmals aus einem Flugzeug eine Bombe abgeworfen haben, und zwar am 1. November 1911 in Tripolitanien (Nordafrika). Zwei Franzosen, Sergeant Joseph Frantz und Korporal Quenault, waren die ersten Sieger in einem Luftkampf. Am 5. Oktober 1914, kaum 11 Jahre nach dem ersten Flug der Gebrüder Orville und Wilbur Wright, holten sie mit einem in der Nase ihres Voisin-III-Doppeldeckers montierten Maschinengewehr einen deutschen Zweisitzer vom Himmel. Die Voisin hatte einen Schubpropeller und bot daher ein freies Schußfeld nach vorne.

Bei Ausbruch des Ersten Weltkriegs 1914 besaßen die Deutschen 285, die Franzosen und Engländer zusammen 219 Flugzeuge. Sie waren vor allem zur Aufklärung bestimmt. Obwohl einige Piloten und Beobachter wie Frantz und Quenault mit Waffen ausgerüstet waren, trat der Luftkrieg erst Anfang 1915 in seine ernste Phase. Im April 1915 bewehrte der französische Luftwaffenpilot Garros den Propeller seines Morane-Saulnier-Eindeckers mit Stahlplatten, so daß die durch den Propellerkreis abgefeuerten Geschosse abprallen konnten – zwei Wochen lang blieb Garros unbesiegbar. Dann wurde er zur Landung hinter den deutschen Linien gezwungen, denn deutsche Ingenieure und Techniker der Fokker-Werke hatten einen Auslösemechanismus konstruiert, der den Abzug des Maschinengewehrs mit der Propellerdrehung synchronisierte, so daß man zwischen den Propellerblättern hindurchschießen konnte. Mit diesem Mechanismus ausgerüstete Fokker-Eindecker waren an der Westfront ein Jahr lang gefürchtet. Dann aber, im Sommer 1917, erschienen die Sopwith Camel-Kampfflugzeuge [1] mit zwei synchronisierten Maschinengewehren.

## Spezialisierung der Typen

Allmählich wurden die Flugzeuge immer leistungsfähiger und zuverlässiger, so daß sie Spezialaufgaben übernehmen konnten. Kampfflugzeuge wurden als manövrierbare fliegende Geschütze zum Angriff auf Jagdflugzeuge, Bomber und Bodenziele eingesetzt. Aufklärer trugen Kameras und Funkeinrichtungen. Am Ende des Krieges besaß die britische Luftwaffe bereits 1500-kg-Bomben und Maschinen, die, von englischen Flugplätzen aus startend, Berlin bombardieren konnten, so z. B. die Handley Page V/1500, ein Nachfolger der 0/400 [3]. Schließlich gab es Torpedoflugzeuge, mit denen man Torpedos (bis 800 kg schwer) aus der Luft abwerfen konnte.

## Zwischen den beiden Weltkriegen

Von 1918 bis etwa 1935 änderte sich die Flugzeugbewaffnung kaum. Die Jäger besaßen zwei Maschinengewehre, die nach vorne durch den Propellerdrehkreis schossen; die Bomber wurden von zwei oder drei Besatzungsmitgliedern mit Maschinengewehren verteidigt. Große Veränderungen gab es jedoch in der Flugzeugtechnik. Die Motoren wurden so verbessert, daß sie Hunderte von Stunden sicher liefen; 1918 betrug die Laufzeit nur 20–30 Stunden. Die Zellen wurden leichter und höher belastbar. Das mit Leinen bespannte Holz- oder Stahlrohrgerippe wich allmählich der Leichtmetall-Schalenkonstruktion.

Nach 1930 führte das ständige Bestreben, den potentiellen Gegner zu übertrumpfen, dazu, daß die drahtverspannten Doppeldeckerkonstruktionen, mit denen kaum mehr als 320 km/h zu erreichen waren, nach und nach

### HINWEISE

Lesen Sie auch:

Die Entwicklung des Flugzeugs

So fliegt ein Flugzeug

Maschinenwaffen

Moderne Militärflugzeuge

---

**1 Camel**

Der 9-Zylinder-Clerget-Umlaufmotor leistete 96 kW (130 PS). Sein Drehmoment wirkte sich als starker Rechtszug aus – Startversuche unerfahrener Piloten wurden daher oftmals zu einem »Ringelpiez«. Der Propeller, durch dessen Drehkreis zwei synchronisierte Maschinengewehre (7,7 mm) schossen, bestand aus verleimten Hartholzschichten. Die Maschine besaß ein starres Fahrwerk. Der Name Camel (Kamel) stammt von der buckelartigen Erhebung auf dem Rumpf, hervorgerufen durch die Maschinengewehre.

Die Camel war eine leinenbespannte Holzkonstruktion mit einer geräumigen Zelle. Der Pilot saß weit vorne in einem offenen Cockpit, sein Blickfeld war jedoch durch die hinteren Tragflächenstreben eingeschränkt. Instrumente und Kontrollorgane waren einfach konstruiert.

Der Pilot hatte keinen Fallschirm und keine schützende Panzerplatte hinter sich. Die mit Spannlack bestrichene Bespannung war sehr leicht brennbar. Es wurden über 5000 Maschinen gebaut. Versuchsweise wurde das Flugzeug auch von Trägerschiffen aus eingesetzt.

**1 Die britische Sopwith Camel** war das erfolgreichste Jagdflugzeug des I. Weltkriegs. Der gedrungene Umlaufmotor (das Kurbelgehäuse mit den Zylindern drehte sich, die Kurbelwelle stand fest) machte das Flugzeug sehr wendig und gab ihm eine Höchstgeschwindigkeit von 182 km/h. Die zwei starren Maschinengewehre waren mit der Propellerdrehung synchronisiert.

---

**2 Me Bf 109**

Die Standardbewaffnung bestand aus zwei 13-mm-Maschinengewehren und drei 20-mm-Kanonen.

Bei der 109-G 6 war die Höchstgeschwindigkeit durch die schwere Bewaffnung auf 576 km/h reduziert. Als Triebwerk diente ein Daimler-Benz-12-Zylinder-V-Doppelreihenmotor 605 ASM mit 1085 kW (1475 PS). Aus der hohlen Propellerwelle schoß eine 30-mm-Kanone.

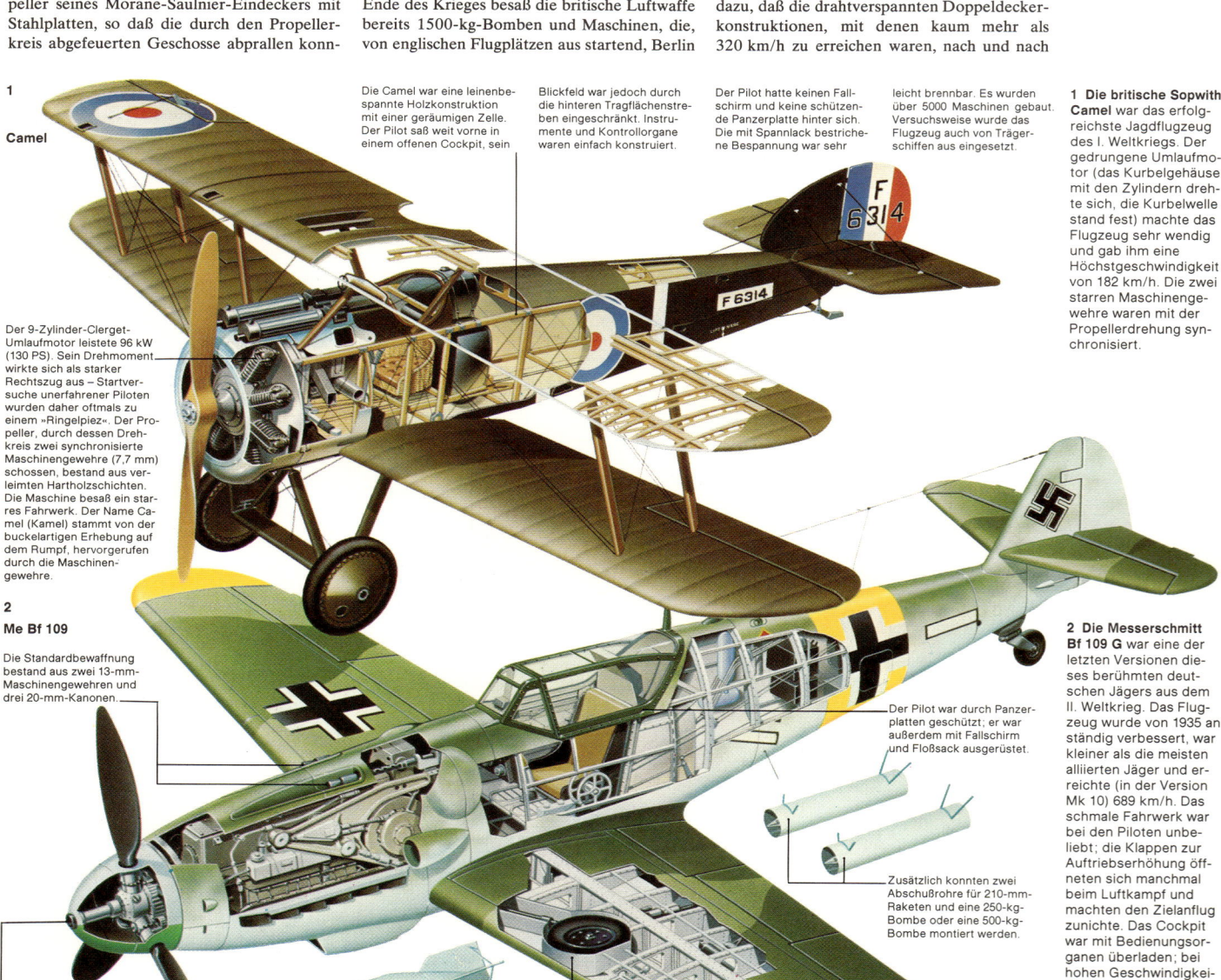

Der Pilot war durch Panzerplatten geschützt; er war außerdem mit Fallschirm und Floßsack ausgerüstet.

Zusätzlich konnten zwei Abschußrohre für 210-mm-Raketen und eine 250-kg-Bombe oder eine 500-kg-Bombe montiert werden.

Die Zelle war in Metallschalenbauweise gefertigt, das Fahrwerk war einziehbar.

**2 Die Messerschmitt Bf 109 G** war eine der letzten Versionen dieses berühmten deutschen Jägers aus dem II. Weltkrieg. Das Flugzeug wurde von 1935 an ständig verbessert, war kleiner als die meisten alliierten Jäger und erreichte (in der Version Mk 10) 689 km/h. Das schmale Fahrwerk war bei den Piloten unbeliebt; die Klappen zur Auftriebserhöhung öffneten sich manchmal beim Luftkampf und machten den Zielanflug zunichte. Das Cockpit war mit Bedienungsorganen überladen; bei hohen Geschwindigkeiten waren die Querruder sehr schwer zu bedienen. Dagegen waren die Kanonen sehr feuerstark. Die Me 109 konnte auch mit Bomben oder, zur Bomberabwehr, mit Raketen aus größerer Entfernung ausgerüstet werden.

dem Eindecker wichen. Das erste Militärflugzeug mit einziehbarem Fahrwerk war die amerikanische Grumman FF-1 von 1933. Jagdflugzeuge wurden mit bis zu acht Maschinenkanonen ausgerüstet, die außerhalb des Propellerdrehkreises in den Tragflügeln montiert waren.

**Die Entwicklung im Zweiten Weltkrieg**
Zwischen 1935 und 1939 stiegen die Motorleistungen von etwa 368 auf 736 kW (500 bzw. 1000 PS). 1944 waren Motoren mit 1840 kW (2500 PS) nicht mehr ungewöhnlich. Deshalb konnten die Flugzeuge schwerer und schneller werden. Engländer und Amerikaner setzten als strategische Waffen Bomber ein: mit vier Motoren, bis zu 7 Tonnen Bombenladung und schwenkbaren Maschinenkanonen zur Verteidigung. Die Motoren erlaubten mit Turboladern Flughöhen bis knapp 11 000 m – wie bei der »Fliegenden Festung« B-29 [4]. Die deutschen Bomber wurden dagegen zur Unterstützung der Bodentruppen eingesetzt. Nach großen Verlusten über England (1940) ging man zu Nachtangriffen über. Dies führte zur Entwicklung großer zweimotoriger, mit Radar ausgerüsteter Nachtjäger.

Flugzeuge auf Patrouillenflügen über den Ozeanen konnten 24 Stunden in der Luft bleiben und waren mit neuartigen Systemen zum Aufspüren von Schiffen sowie getauchten U-Booten ausgerüstet. Aufklärer lieferten gestochen scharfe Luftaufnahmen aus Höhen von 12 000 m ebenso wie aus Baumwipfelhöhe. Spezialtransporter und Lastensegler beförderten Luftlandetruppen und Nachschubmaterial, und Seekampfflugzeuge operierten von Flugzeugträgern aus.

1945 waren noch immer zwei ungewöhnlich erfolgreiche, vor 1939 entwickelte Flugzeugtypen in verbesserten Versionen im Einsatz, die Spitfire und die Me Bf 109 G [2]. Aber es gab bereits zukunftsweisende Neuentwicklungen. 1944 erschien von Messerschmitt die Me 163, ein raketengetriebener Abfangjäger, sowie die kampfstarke Me 262 mit zwei Strahltriebwerken, mit vier 30-mm-Kanonen oder mit Bomben bestückt. Zur selben Zeit wurde auch die britische Meteor« mit 20-mm-Kanonen in Dienst gestellt, die jedoch zuverlässiger war als die Me 262. Die Meteor wurde zunächst zur Abwehr der deutschen V-1-Raketen eingesetzt, als diese gegen London flogen.

**Leitbild**

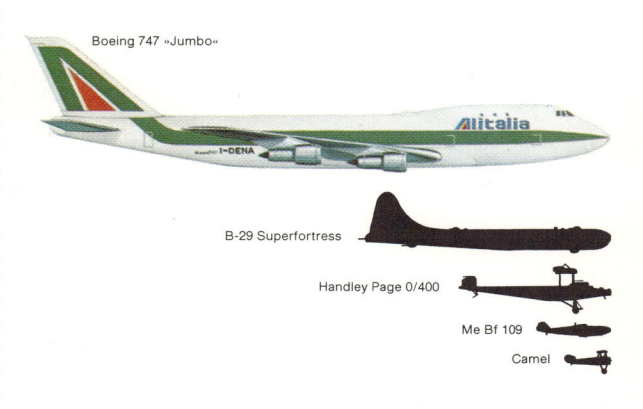

Boeing 747 »Jumbo«

B-29 Superfortress

Handley Page 0/400

Me Bf 109

Camel

**Selbst die große B-29 Superfortress,** der am weitesten entwickelte Bomber des II. Weltkriegs, wirkt im Vergleich mit einer modernen Boeing 747 »Jumbo« wie ein Zwerg. Dennoch war die B-29 fast viermal so schnell wie eine Handley Page 0/400 des I. Weltkriegs und konnte eine zwölfmal schwerere Bombenladung tragen. Die Entwicklung der Jagdflugzeuge verlief ähnlich rasant. Im Jahr 1945 flogen sie sechsmal schneller als ihre Vorgänger im I. Weltkrieg.

**3 Die Handley Page 0/400** war der stärkste britische Bomber im I. Weltkrieg und ursprünglich von der Marineluftwaffe in Auftrag gegeben worden. Die Tragflächen konnten nach oben zusammengefaltet werden, um Platz in den Hangars zu sparen. Grasplätze mit einigen 100 m Länge genügten für Start und Landung. Die Maschine flog bis zu acht Stunden lang und wurde in der zweiten Hälfte des Jahres 1918 gegen deutsche Städte eingesetzt. Nach Kriegsende wurden einige dieser Maschinen auch als Passagierflugzeuge benutzt.

**4 Die Boeing B-29 Superfortress** war der am weitesten entwickelte Bomber des II. Weltkriegs. Ein Jahr nach dem Erstflug im September 1942 wurde die Maschine über Japan eingesetzt. Bevor die beiden kriegsentscheidenden Atombomben auf Japan abgeworfen wurden, gingen über 1 500 000 Flugblätter auf japanische Städte nieder und warnten vor sehr schweren Luftangriffen. Die B-29 war so schnell wie die meisten japanischen Jäger und wegen ihrer großen Flughöhe (10 700 m) fast unangreifbar.

3 **Handley Page 0/400**

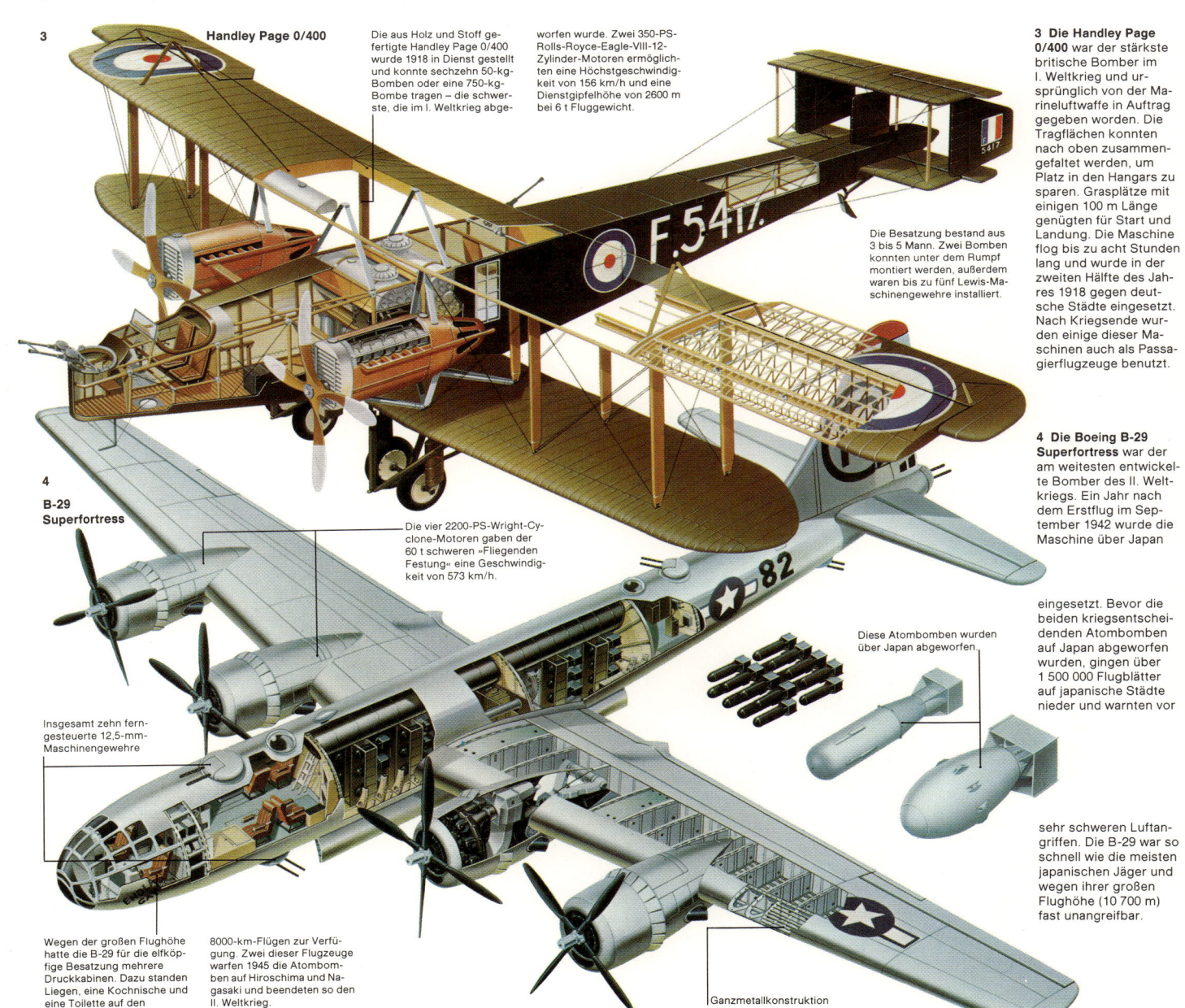

Die aus Holz und Stoff gefertigte Handley Page 0/400 wurde 1918 in Dienst gestellt und konnte sechzehn 50-kg-Bomben oder eine 750-kg-Bombe tragen – die schwerste, die im I. Weltkrieg abgeworfen wurde. Zwei 350-PS-Rolls-Royce-Eagle-VIII-12-Zylinder-Motoren ermöglichten eine Höchstgeschwindigkeit von 156 km/h und eine Dienstgipfelhöhe von 2600 m bei 6 t Fluggewicht.

Die Besatzung bestand aus 3 bis 5 Mann. Zwei Bomben konnten unter dem Rumpf montiert werden, außerdem waren bis zu fünf Lewis-Maschinengewehre installiert.

4 **B-29 Superfortress**

Die vier 2200-PS-Wright-Cyclone-Motoren gaben der 60 t schweren »Fliegenden Festung« eine Geschwindigkeit von 573 km/h.

Insgesamt zehn ferngesteuerte 12,5-mm-Maschinengewehre

Diese Atombomben wurden über Japan abgeworfen.

Wegen der großen Flughöhe hatte die B-29 für die elfköpfige Besatzung mehrere Druckkabinen. Dazu standen Liegen, eine Kochnische und eine Toilette auf den 8000-km-Flügen zur Verfügung. Zwei dieser Flugzeuge warfen 1945 die Atombomben auf Hiroshima und Nagasaki und beendeten so den II. Weltkrieg.

Ganzmetallkonstruktion

# Moderne Militärflugzeuge

Die wichtigste Neuentwicklung im Flugzeugbau war das Strahltriebwerk. Nach dem Zweiten Weltkrieg entstanden neben konventionellen, mit Strahltriebwerken ausgerüsteten Konstruktionen vollkommen neue Flugzeugtypen, die dem neuen Antrieb angepaßt waren. Ein typisches Beispiel hierfür ist die sowjetische MIG-15 [1], die die Ergebnisse deutscher Flugzeugforschung während des Krieges zusammenfaßt. Die Maschine besitzt nach hinten gepfeilte Trag- und Leitwerksflächen, um günstigere Anströmverhältnisse zu schaffen und das Auftreten von Stoßwellen durch örtliche Überschallanströmung zu vermeiden. Die MIG-15 erreichte eine um 160 km/h höhere Spitzengeschwindigkeit als Flugzeuge konventioneller Konstruktionsweise.

## Neuentwicklungen

Nach dem Zweiten Weltkrieg kam es zu einer raschen Folge beinahe unübersehbarer Neuentwicklungen. Dies setzte bereits bei der Bestellung von Militärflugzeugen eine außerordentlich sachverständige Beurteilung voraus, und so kam es, daß beispielsweise Bomber völlig neuartiger Konzeption gar nicht erst in Dienst gestellt wurden, während die eher altmodisch anmutende britische Canberra [3] in England und den USA in großer Menge hergestellt wurde. Noch 25 Jahre nach ihrem Jungfernflug im Mai 1949 waren selbst gebrauchte Maschinen dieses Typs stark gefragt. Die Canberra besaß breite, nicht abgewinkelte Tragflächen und war, obwohl sie für taktische Einsätze niedriger Flughöhen konzipiert war, auch in großen Höhen noch gut manövrierbar. Sie benötigte nur eine kurze Rollbahnstrecke. Der Bomber BAC Canberra war ein erfolgreiches Flugzeug: vielseitig verwendbar, relativ einfach in der Konstruktion und daher auch billig herzustellen.

Nach 1950 wurden die ersten Überschall-Militärflugzeuge konstruiert. Sie setzten umfangreiche konstruktive Veränderungen voraus: kleinere Spannweiten, breitere und stabilere Flächen, größere Rumpflängen, Schleudersitze, zusätzliche Tanks zur Aufnahme größerer Brennstoffmengen sowie höheres Fluggewicht, beträchtlich stärkere Triebwerke mit Nachbrennern für den Überschallflug. Manche Konstrukteure entschieden sich für abgewinkelte Flächen, andere wiederum für dreieckige Deltaflächen. Es tauchten sogar vereinzelt Konstruktionen mit vorne liegendem Leitwerk auf. Die Tragflächen dieser Konstruktionen haben eine extrem geringe Profildicke, die Brennstofftanks sind daher teilweise oder ganz in den Rumpf verlegt.

Die Bombenabwurfvorrichtungen waren nach wie vor außen am Flugzeug angebracht. Ein typisches Beispiel ist der amerikanische B-58 Hustler, der 1957 die doppelte Schallgeschwindigkeit erreichte.

Moderne Militärflugzeuge müssen mit zahlreichen elektronischen Geräten zur Steuerung und Überwachung ausgestattet werden. Die Überladung mit Geräten und Aggregaten brachte unvorhergesehene Probleme. Eine der Folgen waren die zahlreichen Abstürze des Starfighters.

## Taktische Erfordernisse

Bis etwa 1955 strebte man in erster Linie nach höheren Geschwindigkeiten und größeren Flughöhen. Mit der Verbesserung der Boden-Luft-Raketen boten jedoch auch große Höhen nicht mehr die nötige Sicherheit. Man ging daher dazu über, Kampfflugzeuge für extrem

### HINWEISE

Lesen Sie auch:

Hubschrauber
Maschinenwaffen
Die moderne Artillerie
Moderne Kriegsschiffe
Die ersten Militärflugzeuge
Atomare, biologische und chemische (ABC-)Waffen
Orten mittels Radar und Schallwellen

---

**1 Kampfflugzeug MIG-15**

- Leitzäune für die Luftströmung
- Strahltriebwerk Klimov Vk-1 (27 kN Schub)
- Abwerfbare Zusatztanks
- Lufteinlaß für Strahltriebwerk
- Drillingsmaschinenkanone (Kal. 1 × 37 mm, 2 × 23 mm)
- Ausfahrbare Luftbremsen an jeder Seite
- Zwei Strahltriebwerke Pratt & Whitney F-100 (108 kN Schub)

**1 Die MIG-15** absolvierte ihren Jungfernflug im Dezember 1947. Sie wurde von einem Strahltriebwerk angetrieben, das in England entwickelt und 1946 von der britischen Regierung an die Sowjetunion verkauft worden war. Später erhielt sie ein sowjetisches Triebwerk. Sie erreichte maximal 1080 km/h und war auf Grund ihrer einfachen Konstruktion relativ billig herzustellen. Insgesamt wurden von der MIG-15 und der späteren MIG-17 15 000 Exemplare gebaut.

**2 Die McDonnell Douglas F-15 Eagle** ist eines der modernsten, nach 1970 in Dienst gestellten Kampfflugzeuge. Die gedrungenen Tragflächen sind 56 m² groß, der Rumpf ist fast rechteckig, die Triebwerke sind zwischen den beiden Leitwerksflächen angeordnet. Eine leistungsfähige, computerunterstützte Radaranlage informiert den Piloten ständig über die Gefechtslage, entweder über einen Sichtschirm oder durch Projektion direkt auf die Windschutzscheibe.

**2 Kampfflugzeug McDonell Douglas F-15 Eagle**

- Impuls-Doppler-Radar APG-63
- Munitionsbehälter für 1000 Schuß
- 20-mm-Maschinenkanone M 61
- Verstellbare Lufteinlaßöffnungen
- Zusatztank, Rakete oder Bombe
- Sparrow-Rakete
- Tanks für je 2300 kg Brennstoff
- Elektronisches Zielerfassungsgerät ECM

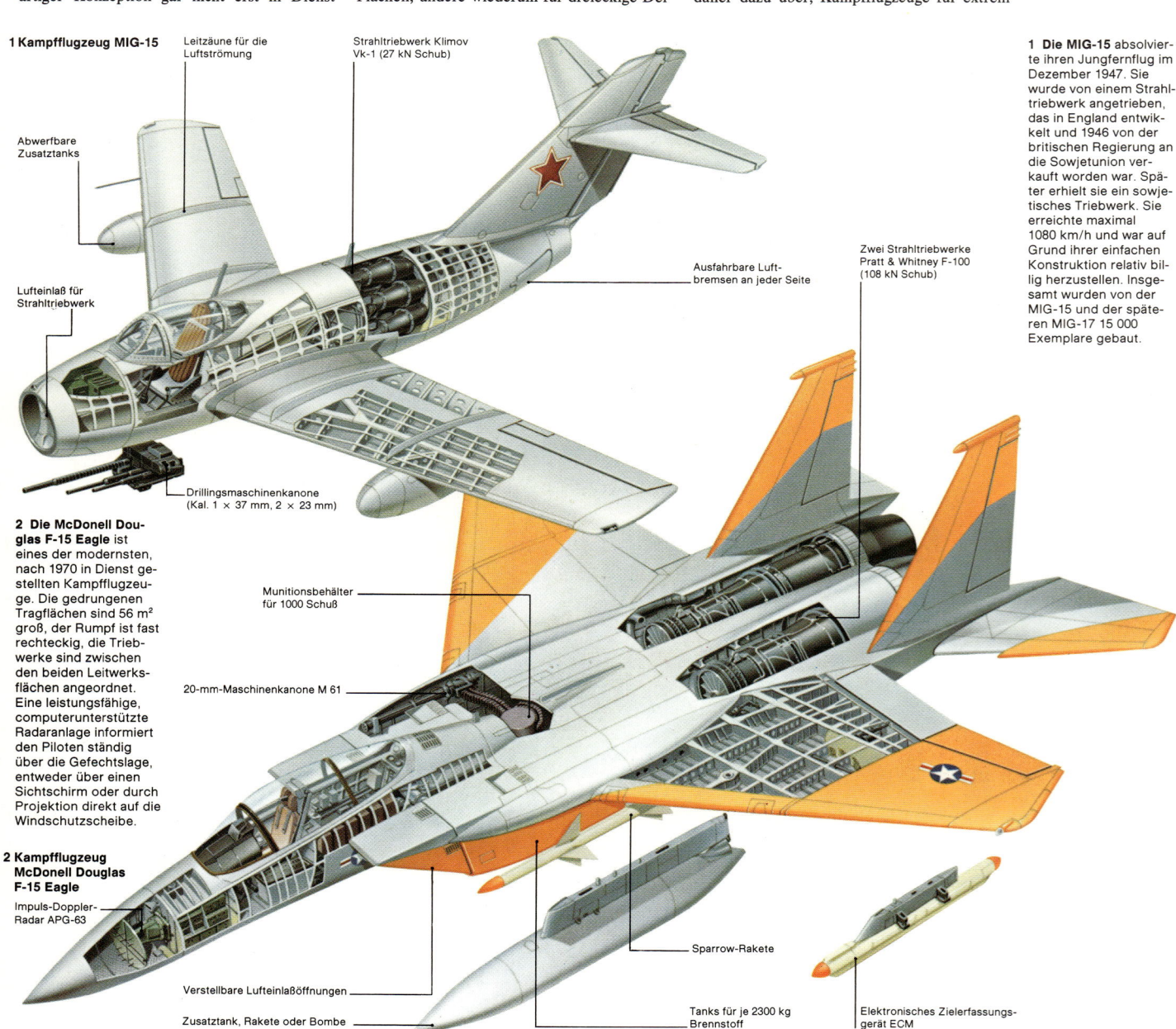

niedrige Flughöhen zu entwickeln, um so die gegnerischen Radarüberwachungsanlagen zu unterfliegen.

Neue Bombertypen wurden geplant, einige davon mit schwenkbaren Tragflächen, die für Start, Streckenflug und Landung quergestellt, für schnelle Kurzstreckenflüge nach hinten geschwenkt werden konnten. Das erste Militärflugzeug mit »variabler Geometrie« war der amerikanische Bomber F-111. Andere Beispiele sind die F-14 Tomcat der amerikanischen Marine, das europäische MRCA und der strategische Bomber B-1 [4] der amerikanischen Luftstreitkräfte.

Verglichen mit diesen neuartigen Konzeptionen wirken manche der nach 1970 entwickelten Kampfflugzeuge beinahe altmodisch. Beispiele sind die MIG-25 und ihr westliches Gegenstück, die F-15 [2]. Beide haben große, nicht schwenkbare Tragflächen, extrem starke Triebwerke und zeichnen sich durch gute Manövrierfähigkeit aus. Nach 1955 wurden die Kampfflugzeuge mit Luft-Luft-Raketen ausgerüstet; dennoch haben alle modernen Flugzeuge konventionelle Bordkanonen, die im Nahkampf bei Unterschallgeschwindigkeit eingesetzt werden können. Auch sind sie meist mit speziellen Nahkampfraketen ausgestattet.

### Bordelektronik

Aufsehenerregende Neuentwicklungen gab es auch auf dem Gebiet der Radar- und Infrarotsysteme sowie anderer Einrichtungen zur Zielerkennung. Nur noch wenige Piloten erfassen das Ziel nach Sicht, wie etwa die der amerikanischen A-10. Doch auch die A-10 ist kaum schneller als die Maschinen des Zweiten Weltkriegs. Der Vorteil derartiger Flugzeuge liegt vielmehr darin, daß sie schwere Waffensysteme bis zu 7270 kg tragen können. Eine spezielle Klasse ist der britische Senkrecht- und Kurzstarter Harrier, der z. B. von Waldlichtungen starten oder als Trägerflugzeug zur Aufklärung eingesetzt werden kann.

Kompliziertere elektronische Einrichtungen werden von Maschinen zur U-Boot-Aufspürung und -Bekämpfung benötigt. Es können Land- oder Trägerflugzeuge mit schwenkbaren Flügeln und Strahlantrieb oder auch Amphibienhubschrauber sein; eine der Anforderungen ist die sofortige Einsatzbereitschaft auch von Notflugplätzen aus.

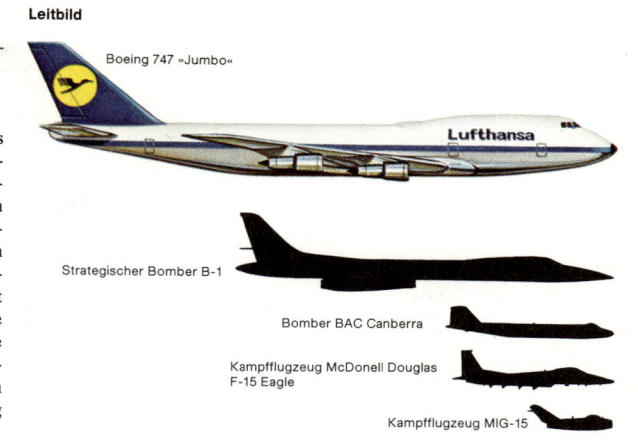

**Leitbild**

Boeing 747 »Jumbo«

Strategischer Bomber B-1

Bomber BAC Canberra

Kampfflugzeug McDonell Douglas F-15 Eagle

Kampfflugzeug MIG-15

**Militärflugzeuge** sind meist kleiner als Zivilmaschinen. Waffen und Geräte können dichter gepackt werden als Transportgüter oder auch Passagiere. Das Bild zeigt die Umrisse der B-1, der Canberra, der F-15 Eagle und der MIG-15 zusammen mit einer Boeing 747 »Jumbo« in gleichem Maßstab zum Größenvergleich. Schwere viermotorige Bomber des II. Weltkriegs waren etwa so groß wie die Canberra. In letzter Zeit geht die Tendenz zu kleineren und wendigeren Kampfflugzeugen mit universeller Einsatzmöglichkeit.

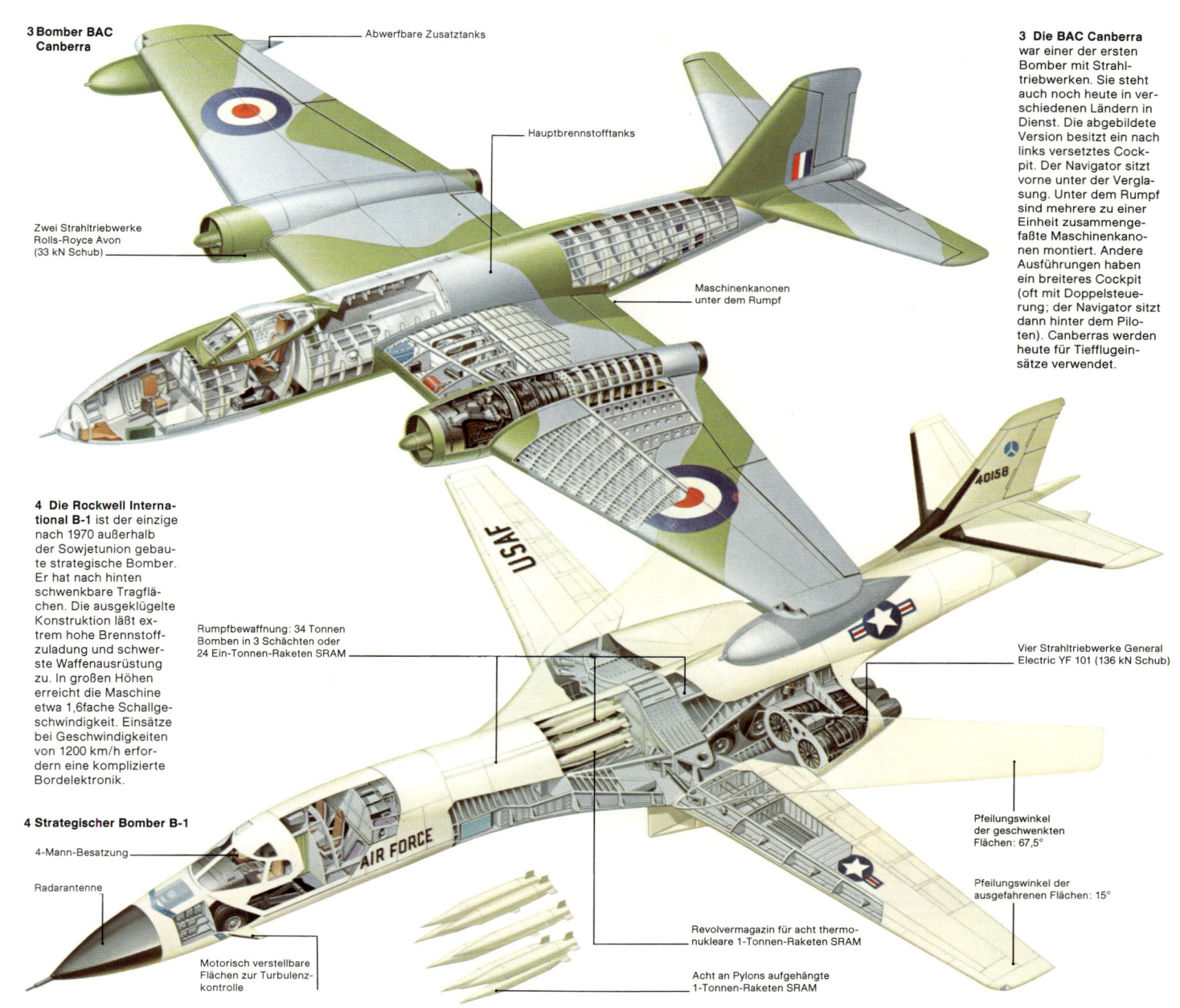

**3 Bomber BAC Canberra**

Abwerfbare Zusatztanks

Hauptbrennstofftanks

Zwei Strahltriebwerke Rolls-Royce Avon (33 kN Schub)

Maschinenkanonen unter dem Rumpf

**3 Die BAC Canberra** war einer der ersten Bomber mit Strahltriebwerken. Sie steht auch noch heute in verschiedenen Ländern in Dienst. Die abgebildete Version besitzt ein nach links versetztes Cockpit. Der Navigator sitzt vorne unter der Verglasung. Unter dem Rumpf sind mehrere zu einer Einheit zusammengefaßte Maschinenkanonen montiert. Andere Ausführungen haben ein breiteres Cockpit (oft mit Doppelsteuerung; der Navigator sitzt dann hinter dem Piloten). Canberras werden heute für Tiefflugeinsätze verwendet.

**4 Die Rockwell International B-1** ist der einzige nach 1970 außerhalb der Sowjetunion gebaute strategische Bomber. Er hat nach hinten schwenkbare Tragflächen. Die ausgeklügelte Konstruktion läßt extrem hohe Brennstoffzuladung und schwerste Waffenausrüstung zu. In großen Höhen erreicht die Maschine etwa 1,6fache Schallgeschwindigkeit. Einsätze bei Geschwindigkeiten von 1200 km/h erfordern eine komplizierte Bordelektronik.

Rumpfbewaffnung: 34 Tonnen Bomben in 3 Schächten oder 24 Ein-Tonnen-Raketen SRAM

**4 Strategischer Bomber B-1**

4-Mann-Besatzung

Radarantenne

Motorisch verstellbare Flächen zur Turbulenzkontrolle

Vier Strahltriebwerke General Electric YF 101 (136 kN Schub)

Pfeilungswinkel der geschwenkten Flächen: 67,5°

Pfeilungswinkel der ausgefahrenen Flächen: 15°

Revolvermagazin für acht thermonukleare 1-Tonnen-Raketen SRAM

Acht an Pylons aufgehängte 1-Tonnen-Raketen SRAM

# Atomare, biologische und chemische (ABC-)Waffen

Die Atombombe wurde gegen Ende des Zweiten Weltkriegs entwickelt. Ihren ersten Einsatz fand sie im Jahre 1945 – ihre Vernichtungskraft, die die Stärke aller bis dahin verwendeten Bomben um den Faktor 2000 überstieg, zeigte sich schon damals in erschreckender Deutlichkeit. Seit dieser Zeit wurde die Sprengkraft von Atombomben [5, 6] nochmals um den Faktor 3000 erhöht; die bisher größte Atombombe, die von der Sowjetunion zur Detonation gebracht wurde, entsprach einer Sprengkraft von 60 Millionen TNT.

Die erste Atombombe wurde am 6. August 1945 über Hiroschima (Japan) gezündet. Dabei wurden 80 000 Menschen sofort getötet, weitere 200 000 Menschen starben im Lauf der Zeit an den Folgen, es gab etwa 150 000 Verletzte und Vermißte. Von 90 000 Gebäuden wurden 62 000 zerstört. Der nachfolgende Feuersturm dauerte mehr als sechs Stunden an und vernichtete ein Gebiet von rd. 11 km². Die Sprengkraft dieser Bombe entsprach 20 000 Tonnen TNT. Das heutige Atombombenarsenal der USA und der UdSSR würde im Ernstfall zur Zerstörung von 100 000 Städten von der Größe Hiroschimas ausreichen [3, 4].

## Atombombe und Wasserstoffbombe

Die ersten Atombomben bezogen ihre Energie aus der Kernspaltung von Uran- oder Plutoniumatomen. Die Gesamtmasse der bei einer Kernspaltung entstehenden Produkte ist geringfügig kleiner als vor der Spaltung; dieser »Massendefekt« wird gemäß der berühmten Einsteinschen Formel $E = mc^2$ direkt als Energie freigesetzt. Die Spaltung eines Urankerns wird durch den Zusammenstoß mit einem Neutron ausgelöst, und jeder gespaltene Urankern gibt weitere Neutronen frei, die, sofern die vorhandene Uranmasse die sogenannte kritische Masse übersteigt, wieder weitere Urankerne spalten – es gibt eine Kettenreaktion.

Bereits in den späten dreißiger Jahren erkannte der italienische Physiker Enrico Fermi (1901–54) das Prinzip der Kernspaltung. Im Jahre 1939 schilderte Albert Einstein (1879 bis 1955) dem amerikanischen Präsidenten Franklin D. Roosevelt (1882–1945) die Möglichkeiten, die sich aus einer Uranspaltung ergäben: da man befürchtete, daß Deutschland bereits eine Waffe dieser Art entwickelte, unternahm man alle Anstrengungen zu ihrem Bau. Ende 1942 lösten Fermi und seine Mitarbeiter in einem einfachen Kernreaktor in Chicago die erste sich selbst erhaltende Kettenreaktion aus; die erste Versuchsexplosion fand am 16. Juli 1945 in Alamogordo (New Mexico) statt.

Die Entwicklung der Atombombe ist nur ein Beispiel für die militärische Verwendung einer zunächst rein wissenschaftlichen Entdeckung. Die von ihr ausgehenden Gefahren bewogen sogar den für ihre Entwicklung weitgehend verantwortlichen Physiker Jacob Robert Oppenheimer (1904–1967), öffentlich gegen die Atombombe einzutreten – er verlor daraufhin sein Amt als Regierungsberater.

Zur Herstellung von Atombomben eignen sich nur die beiden Isotope Uran 235 und Plutonium 239, beide treten in der Natur nicht in unmittelbar verwertbaren Konzentrationen auf; so ist Uran 235 nur zu 0,7 % im Isotopengemisch des natürlichen Urans enthalten. Zur Gewinnung größerer Mengen werden daher riesige Anreicherungsanlagen benötigt.

Eine Weiterentwicklung der auf der Kernspaltung beruhenden Waffen stellen die mit der Verschmelzung von Wasserstoffatomen arbeitenden Fusions- oder Wasserstoffbomben dar. Hier wird die Kernspaltung zum Einleiten einer

**HINWEISE**

Lesen Sie auch:

Kernenergie

Unterseeboote

Moderne Kriegsschiffe

Moderne Militärflugzeuge

**1 Die ersten beiden Atombomben,** von den Militärs mit den Namen Little Boy [A] und Fat Man [B] verniedlicht, wurden von den USA im Jahre 1945 über den japanischen Städten Hiroschima und Nagasaki abgeworfen. – Die Kernspaltung wird bei Atombomben durch Einschießen einer kleinen Masse [1] in eine leicht unterkritische Masse [2] ausgelöst, dadurch entsteht eine spaltbare, überkritische Materialmenge [3]. Die reliefartige Darstellung Hiroschimas [C] zeigt das Ausmaß der Zerstörung. Im Nullgebiet [4], direkt unterhalb der Explosion, wurde alles verdampft, in der Zone [5] wurden alle Gebäude zerstört, durch den Explosionsdruck wurden auch in der Zone [6] noch schwere Zerstörungen verursacht.

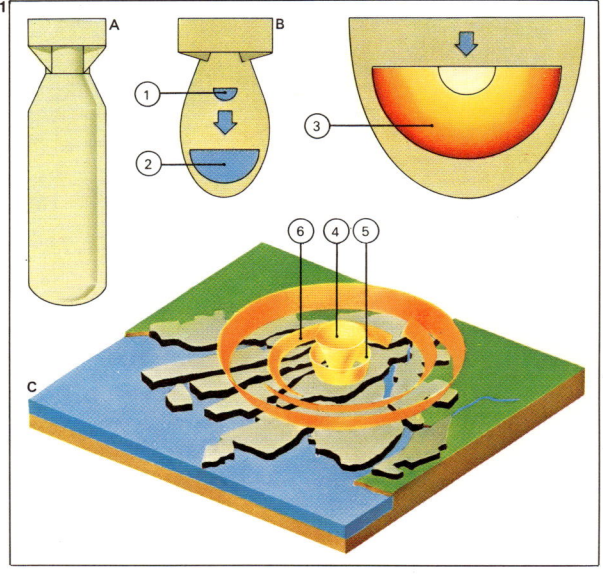

**2 Die Ruinen der Stadt Hiroschima** zeigen das ungeheure Ausmaß der Vernichtung nach der Explosion der Atombombe am 6. August 1945. Fast sämtliche Gebäude wurden zerstört, denn diejenigen, die die Druckwelle der Explosion überstanden, fielen dem nachfolgenden sechsstündigen Feuersturm zum Opfer. Menschen, die die Explosion und die Feuersbrunst überlebten, waren so starker Strahlung ausgesetzt, daß sie bald starben oder starke Dauerschäden davontrugen (Todesfolge nach Jahren). Im Gegensatz zur Kernspaltung bei der Atombombe erzeugt die Kernfusion in der Wasserstoffbombe relativ geringe Mengen an radioaktiven Spaltstoffen.

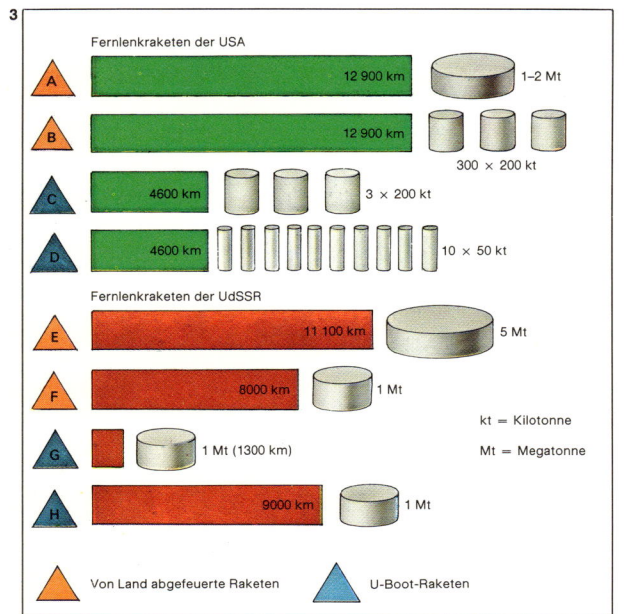

**3 Ballistische Raketen** zählen zu den höchstentwickelten Waffensystemen der USA und der UdSSR. Die amerikanische Minuteman 2 [A] wird gegenwärtig ersetzt durch Minuteman 3 [B], die U-Boot-Rakete Poseidon [D] ersetzt die Polaris-Rakete A-3 [C]. Die UdSSR besitzt Sasin [E] und Savage [F] sowie Serb [G] und SS-NX [H].

**4 Das atomare Gleichgewicht** wird von fünf Staaten kontrolliert: USA, UdSSR, Großbritannien, Frankreich und China. Acht weitere Nationen verfügen über die Voraussetzungen zum Bau von Atomwaffen. Die graphische Darstellung zeigt das atomare Potential der Supermächte, das zur mehrfachen Vernichtung des Gegners ausreicht. Jedem Symbol entsprechen 40 Raketen bzw. 30 Bomber.

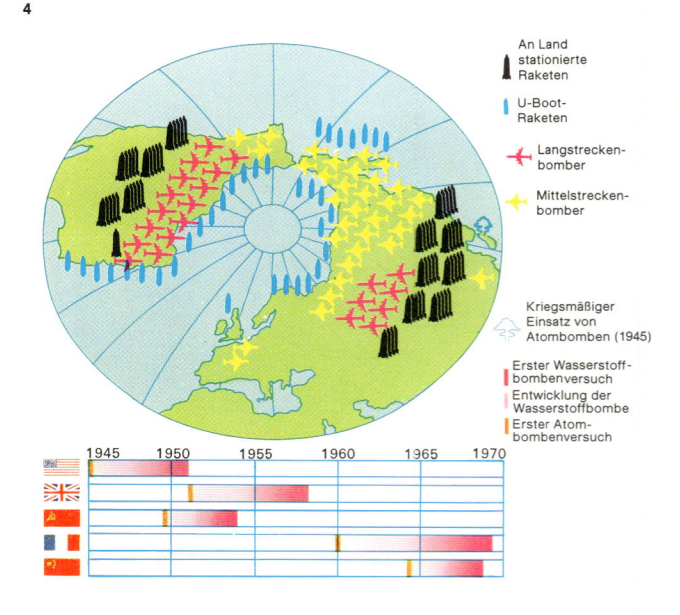

Fernlenkraketen der USA:
- A: 12 900 km, 1–2 Mt
- B: 12 900 km, 300 × 200 kt
- C: 4600 km, 3 × 200 kt
- D: 4600 km, 10 × 50 kt

Fernlenkraketen der UdSSR:
- E: 11 100 km, 5 Mt
- F: 8000 km, 1 Mt
- G: 1 Mt (1300 km)
- H: 9000 km, 1 Mt

kt = Kilotonne
Mt = Megatonne

Von Land abgefeuerte Raketen — U-Boot-Raketen

An Land stationierte Raketen
U-Boot-Raketen
Langstreckenbomber
Mittelstreckenbomber
Kriegsmäßiger Einsatz von Atombomben (1945)
Erster Wasserstoffbombenversuch
Entwicklung der Wasserstoffbombe
Erster Atombombenversuch

Fusionsreaktion benützt, bei der Wasserstoffatome zu Heliumkernen verschmelzen, und auch hier tritt ein als Energie freigesetzter Massendefekt auf. Fusionsbomben haben weit größere Sprengkraft als Spaltungsbomben.

## Chemische Waffen

Chemische Waffen wurden bisher nur einmal in größerem Umfang eingesetzt, nämlich im Ersten Weltkrieg in Form von Giftgasen.

Die im Zweiten Weltkrieg entwickelten Nervengase dürften zu den wirkungsvollsten chemischen Waffen zählen. Die damals unter den Namen Tabun, Sarin und Soman synthetisierten Gase sind chemisch gesehen Phosgen-Derivate. Sie wirken bereits in sehr geringen Konzentrationen unmittelbar durch die Haut auf das Zentralnerven- und das Enzymsystem. Der Tod tritt meist schon nach einer Minute, in einigen Fällen auch erst nach einer Stunde ein. Die tödliche Dosis liegt bei etwa 0,7 mg für einen Erwachsenen.

Außer diesen Nervengasen gibt es noch weitere chemische Waffen wie Napalm [7], weißen Phosphor, giftige Gase wie Blausäure oder Phosgen und sogenannte Entlaubungsmittel, die zur Vernichtung der Ernte oder zum Sichtbarmachen von Feinden eingesetzt werden können [8]. Weitere Möglichkeiten bieten sich mit dem Einsatz bestimmter Verbindungen, die zwar nicht tödlich wirken, aber die Disziplin und Einsatzbereitschaft der gegnerischen Truppen vorübergehend aufheben.

## Biologische Waffen

Biologische und bakterielle Waffen kamen bisher bei kriegerischen Auseinandersetzungen noch nicht zum Einsatz, wenngleich die USA während des Koreakrieges in dieser Hinsicht verdächtigt wurden. Wie bei den chemischen Waffen wurde aber auch auf diesem Gebiet intensiv geforscht. Während des Zweiten Weltkriegs befaßten sich die USA vor allem mit dem Giftstoff Botulinus, der von einem Bakterium ausgeschieden wird und so giftig ist, daß bereits 500 g in gleichmäßiger Verteilung das gesamte Leben auf der Erde vernichten könnten.

1972 wurde ein Abkommen gegen die Entwicklung und den Einsatz biologischer Waffen geschlossen. Die Forschung läuft aber, wie bei allen anderen Waffen auch, unter dem Deckmantel der Verteidigungsbereitschaft weiter.

**Leitbild**

**Giftgase** wurden erstmals im I. Weltkrieg als Angriffswaffe eingesetzt. Man verwendete giftiges, ätzendes Chlorgas (erkenntlich an seiner gelblichgrünen Farbe), giftiges Phosgen und das zum Erblinden führende Senfgas. Der strategische Einsatz von Giftgasen war immer mit einem gewissen Risiko verbunden: Durch Änderung der Windrichtung konnte das Gas auch die eigenen Truppen treffen. Daher mußten die Soldaten mit entsprechenden Gasmasken ausgerüstet werden, die die Giftgase aus der Atemluft herausfilterten. Die Spätnachwirkungen von Gasvergiftungen zählen zu den schlimmsten Erscheinungen kriegerischer Auseinandersetzungen.

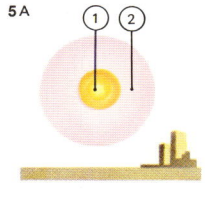

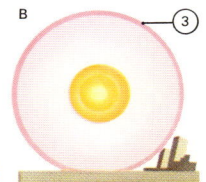

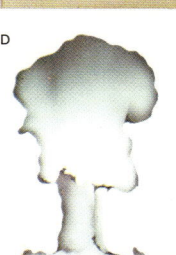

**5** Bei einer explodierenden Atombombe [A] entsteht ein mehrere Millionen Grad heißer Feuerball [1] von intensiver Strahlung [2], der sich innerhalb weniger Sekunden ausdehnt [B] und eine Schockwelle [3] erzeugt. Der Feuerball steigt auf [C], saugt dabei Staub und Schutt mit sich, und es bildet sich die pilzförmige Wolke [D].

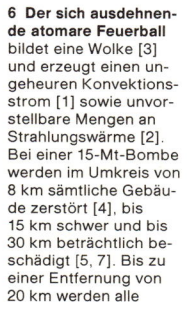

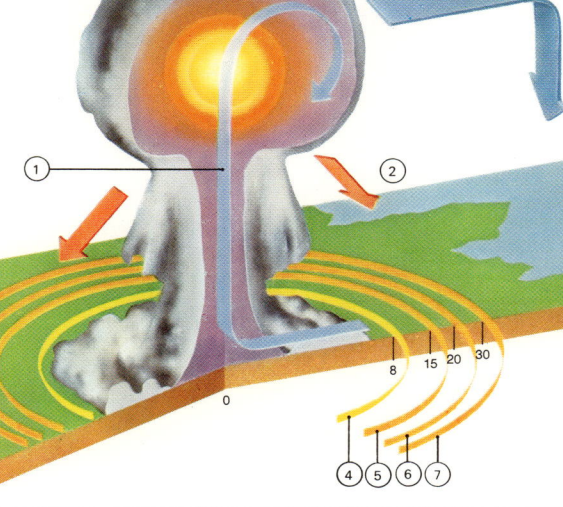

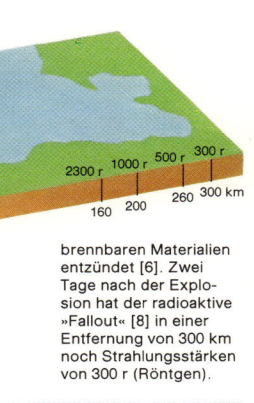

**6** Der sich ausdehnende atomare Feuerball bildet eine Wolke [3] und erzeugt einen ungeheuren Konvektionsstrom [1] sowie unvorstellbare Mengen an Strahlungswärme [2]. Bei einer 15-Mt-Bombe werden im Umkreis von 8 km sämtliche Gebäude zerstört [4], bis 15 km schwer und bis 30 km beträchtlich beschädigt [5, 7]. Bis zu einer Entfernung von 20 km werden alle brennbaren Materialien entzündet [6]. Zwei Tage nach der Explosion hat der radioaktive »Fallout« [8] in einer Entfernung von 300 km noch Strahlungsstärken von 300 r (Röntgen).

**7 Weißer Phosphor** – um einen Sprengsatz gepackt – ist eine neuartige und schreckliche Waffe. Der Brandsatz wird in Kanistern von Flugzeugen aus abgeworfen; er breitet sich rasch aus und hinterläßt an Lebewesen fürchterliche, nur schwer heilende Verbrennungen.

**8 Während des Vietnamkrieges** suchten die Vietcong mit ihren Truppen und Geräten Schutz unter der dichten Laubdecke ihrer Urwälder. Die USA benutzten deshalb Entlaubungsmittel, um die feindlichen Lager sichtbar zu machen. Mit ähnlichen Chemikalien lassen sich auch die Äcker und Felder des Gegners vernichten, womit seine Nahrungsversorgung erschwert wird und die Zivilbevölkerung in Hungersnot gerät. Die meisten Entlaubungsmittel sind jedoch nur für eine Saison wirksam. Über mögliche Spätschäden ist noch nichts bekannt.

# Straßenbau

Die ersten Wege, die der Mensch benutzte, waren wahrscheinlich die von Tieren zwischen Futterplatz und Tränke ausgetretenen Pfade. Solche Trampelpfade waren jedoch in späterer Zeit, als man Fahrzeuge mit Rädern benutzte, nicht mehr ausreichend. Besonders in Regenzeiten verwandelten sich diese Wege zu Schlammpfaden, in denen die Räder der Fahrzeuge versanken, so daß man sich im Laufe der Zeit mehr und mehr bemühte, Methoden zur Befestigung von Wegen und Straßen zu finden. Eines der ersten leistungsfähigen Straßennetze war das der Römer [Leitbild]: Es versetzte sie in die Lage, den Handel und die Verwaltung des Imperiums wirkungsvoll zu gestalten und notfalls auch schnelle Truppenbewegungen durchzuführen.

## Steinpflaster

Auch in vorrömischer Zeit wurden bereits befestigte Straßen angelegt, so z. B. bei den Ägyptern, Assyrern, Chinesen, Griechen, Indern und Persern. Genaue technische Einzelheiten sind allerdings wenig überliefert. Dagegen weiß man über den Straßenbau der Römer heute genau Bescheid. Manche bis ins einzelne gehende Beschreibungen sowie Ausgrabungen erlauben, die römische Straßenbaukunst bis ins Detail nachzuvollziehen; einige Straßen sind sogar so gut erhalten, daß sie fast unversehrt freigelegt werden konnten. Ein typisches Beispiel ist die Via Appia (Appische Straße), mit deren Bau 312 v. Chr. begonnen wurde und die von Rom nach Brindisi führte. Die Fahrbahn ist 4,5 m breit und wurde in fünf Lagen gebaut. Der Wasserabfluß war einfach geregelt: Das Wasser floß von der erhöhten, wasserundurchlässigen Fahrbahn in Straßengräben ab. Die Oberfläche besteht stellenweise aus dem in Italien reichlich vorhandenen Lava-Basalt, stellenweise aus gesetzten Kieseln. Bei vielen römischen Straßen wurden die großen Pflastersteine mit Kalkmörtel oder mit Puzzolanerde gesichert (einem natürlichen vulkanischen Zement) – je nach dem örtlich vorhandenen Material. Die Straßen erhielten somit eine feste, betonähnliche Fahrbahndecke.

Die Römer nutzten für den Straßenbau die billige Arbeitskraft von Sklaven. Nach dem Zusammenbruch des Römischen Reiches wurde der Straßenbau und die Instandhaltung von Straßen bis ins späte Mittelalter vernachlässigt. Erst nach der Einführung der Straßenzölle konnten die einzelnen Länderverwaltungen wieder Mittel für den Straßenbau zur Verfügung stellen. Zu bedeutenden Neuentwicklungen im Straßenbau kam es jedoch erst im 18. Jahrhundert: 1720 wurde in der französischen Armee das Corps des Ingénieurs des Ponts et Chaussées gegründet, zwanzig Jahre später im zivilen Bereich die École des Ponts et Chaussées. Pierre-Marie-Jérôme Trésaguet (1716–96) entwarf und baute in Frankreich die ersten Straßen, die höheren Ansprüchen genügten, und lehrte, daß im Straßenbau zwei Dinge von grundlegender Bedeutung sind: ein fester Unterbau und eine schützende, wasserdichte Oberfläche [6].

## MacAdams Straßen

Die französischen Erfolge regten viele Ingenieure in ganz Europa zu weiterer Forschung an. Der Schotte John MacAdam (1756–1836) fand eine Möglichkeit, die Baukosten von Straßen zu senken, ohne ihren Nutzwert zu mindern: Er erkannte, daß ein verdichteter, trocken gehaltener Boden genügend belastbar ist und verzichtete auf eine dicke Unterbauschicht.

**HINWEISE**

Lesen Sie auch:

Bagger und Planierraupen

Einfache Verkehrswege und Fahrzeuge

Karren, Kutschen, Equipagen

Das Auto und unsere Gesellschaft

Der moderne Straßenverkehr

Tunnelbau

Moderne Brücken

---

**1 Der Straßenbau** entwickelte sich im Laufe der Zeit von einfachen Trampelpfaden zu dauerhaften, hochbelastbaren Straßen. Die Römer [A] befestigten ihre Straßen mit einem Unterbau aus Schotter, der mit Bruchsteinen oder einer vermauerten Lage aus Steinplatten bedeckt wurde. An beiden Seiten der Straße verliefen Straßengräben, in die das Wasser abfließen konnte. Im 18. Jh. [B] bestanden die größeren Straßen aus eingestampftem Schotter über einer Packlage aus großen Steinen. Die Straßen des 19. Jh. [C] hatten eine überhöhte Fahrbahn und eine Oberfläche aus Walzschotter. Mit dem rasch zunehmenden Straßenverkehr im Verlauf des 20. Jh. mußten die Straßen stärker befestigt und besser ausgebaut werden [D]. Die meisten modernen Fahrwege sind mit einem Unterbau aus Magerbeton ausgestattet und haben eine Oberfläche aus Stahlbeton oder aber aus Asphalt, einem natürlichen oder künstlichen Gemenge aus Bitumen und Mineralien von zäher bis harter Beschaffenheit.

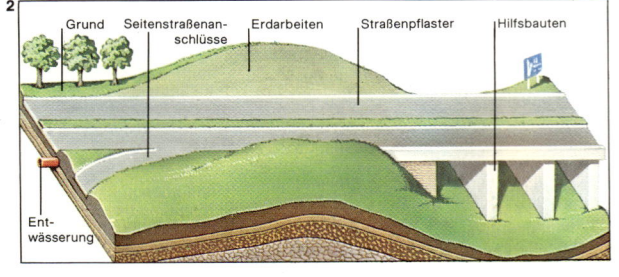

**2 Die Kostenverteilung** beim Bau einer modernen Fahrstraße [unten: prozentuale Aufschlüsselung].

| | |
|---|---|
| Erdarbeiten | 25% |
| Unterbau und Deckschicht | 18% |
| Hilfsbauten | 18% |
| Entwässerung | 7% |
| Grunderwerbskosten | 4% |
| Seitenstraßenanschlüsse | 4% |
| Ingenieursgehälter und Sonstiges | 25% |

Seine Straßen waren gewölbt, um das Wasser abfließen zu lassen; die Oberfläche bestand aus Bruchsteinen, die von den Stahlreifen der damaligen Räder zermalmt wurden und im Laufe der Zeit durch Vermischen mit Regenwasser und Verdichtung durch das Gewicht schwerer Fahrzeuge zu einer wasserdichten, festen Schicht wurde.

Mit der Erfindung der Gummireifen wurden MacAdams Straßen überholt. Die Gummireifen verfestigten die Oberfläche nicht mehr, sondern fegten das feinere Material zwischen den größeren Steinen weg, bis die Oberfläche einbrach. Dies führte zur Verwendung von Bindemitteln.

**Betonstraßen**

Steigende Anforderungen an die Straßen durch immer schwerer werdende Fahrzeuge beschleunigten die Entwicklung im Straßenbau. Man begann, Magerbeton mit niedrigem Zementgehalt für Unterbau und feineren Beton für Oberflächen zu verwenden, um die hohen Achslasten auf größere Flächen zu verteilen. Dieser Aufgabe wurden vor allem auch Materialien mit elastischen Eigenschaften gerecht:

Eine moderne Autostraße hat eine Bitumendecke bis zu 10 cm Dicke über einer starken Lage aus Magerbeton, die wiederum auf einer Schicht aus granuliertem Material (Bruchstein oder Klinker) aufliegt. Moderne Stahlbetonstraßen haben auf einer derartigen Grundschüttung ein bis zu 30 cm starkes, baustahlbewehrtes Betonbett.

Die immer kompliziertere Straßenbauweise hat zur Entwicklung ausgeklügelter Straßenbaumaschinen geführt. Diese Straßenfertiger sind in der Lage, eine Beton- oder Asphaltdecke in kontinuierlichem Arbeitsgang herzustellen. Sie sind mit einem Arbeitsaggregat ausgestattet, das aus einer Kombination von Fördermitteln, Mischer-, Verteiler- und Verdichtergeräten besteht; Planierpflüge dienen zum Vorbereiten und Aufschütten des Unterbaus. Moderne automatische Betoniermaschinen [7] legen ein bis zu 5 m breites und 30 cm dickes Betonband aus. Sie verbrauchen dazu etwa 300 Tonnen Beton pro Stunde und müssen ständig von Betonmischfahrzeugen beschickt werden. Die Bewehrung wird bei diesem Verfahren eingegossen oder in den noch nicht abgebundenen Beton eingedrückt.

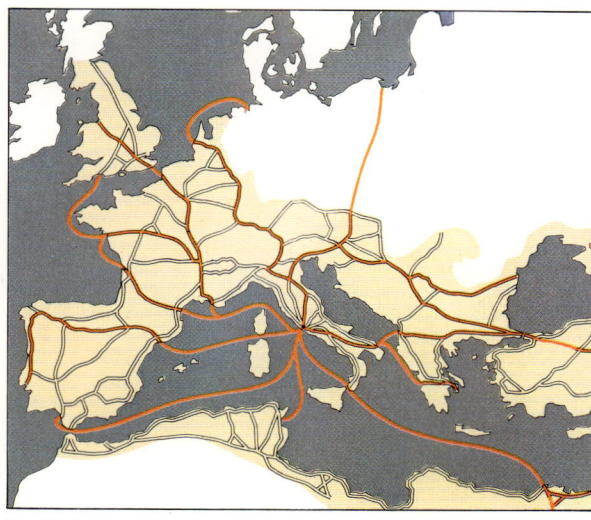

**Leitbild**

**Das Straßennetz der Römer** war insgesamt 85 000 km lang und verband die Hauptstadt Rom mit ihren Provinzen. Die wichtigsten See- [hellrot] und Straßenverbindungen [rot] des Römischen Weltreichs sind in der abgebildeten Landkarte eingezeichnet.

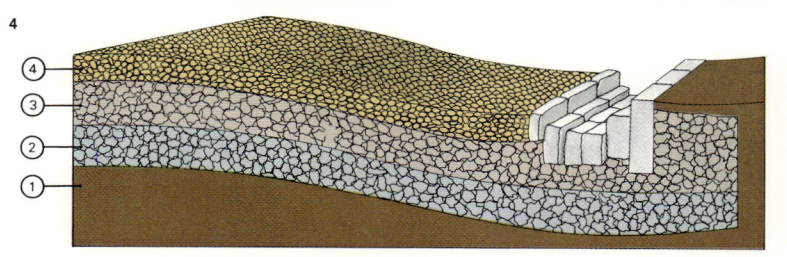

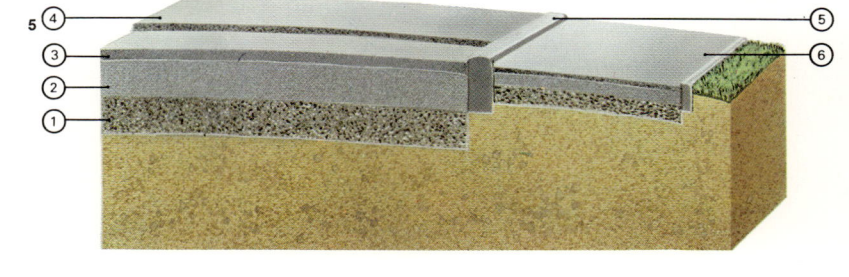

**3 Die römischen Straßen** hatten eine Unterbausohle aus verdichtetem Boden [1], darüber eine Lage aus vermörtelten Steinen [2] und eine Sandbetonschicht [3]. Die aus Natursteinen bestehende Decke [4] mit Radspur wurde von Bordsteinen [5] und Entwässerungsgräben [6] begrenzt.

**4 MacAdam-Straßen** bestehen aus verdichtetem Boden [1], einer 10 cm starken Steinschicht [2], einer ebenfalls 10 cm starken Packlage aus kleineren Steinen [3] und einer Decke aus kleinen Steinen [4], die im Laufe der Zeit durch die harten Fahrzeugräder zermalmt wurden.

**5 Eine moderne Straße** besteht aus einer Lage Steingranulat [1], einer 25-cm-Magerbetonschicht [2] und einer 6,5-cm-Schicht aus Teer oder Walzasphalt [3]. Als Belag wird 3,5 cm starker Asphalt verwendet [4]. Die Straße wird begrenzt durch Seitenstreifen [5] und Standspur [6].

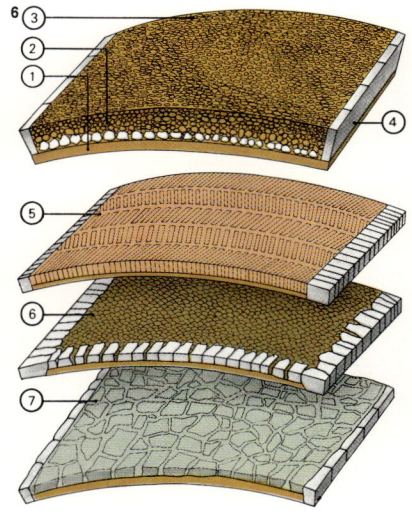

**6 Die Straßen des französischen Ingenieurs Trésaguet** aus der zweiten Hälfte des 18. Jh. besaßen eine Packlage aus schweren, in den unbefestigten Grund gerammten Steinen [1]. Darüber wurde eine 16 cm starke Schicht mittelgroßer Steine aufgeschüttet [2]. Die Oberfläche bildeten etwa walnußgroße, festgestampfte Steine [3]. Das Ganze wurde auf beiden Seiten durch Begrenzungssteine [4] gesichert. Andere Oberflächen bestanden aus Ziegeln in Grätenform [5], dem »opus testaceum«, einer von den Römern überlieferten Bauweise [6], oder aus Bruchsteinplatten [7].

**7 Der neuzeitliche Straßenbau** arbeitet mit automatischen Maschinen. Betoniermaschinen, die von Betonfahrzeugen beschickt werden, legen ein Betonband aus, das mit Vibratoren verdichtet wird. Auf dieser Betonschicht wird ein Baustahlgitter ausgelegt und eine weitere Schicht aufgefüllt. Nach dem Verdichten der zweiten Schicht ist das Stahlgitter fest von Beton umschlossen. Unregelmäßigkeiten der Oberfläche werden mit einer Planiermaschine beseitigt, die gleichzeitig mit Hilfe vibrierender Metallplatten eine dünne Feinbetonschicht auf die Decke aufbringt. Nach anschließender Glättung wird diese letzte Oberfläche nochmals leicht aufgerauht, damit sie später genügend »griffig« ist. Bis zum Abbinden der obersten Schicht wird die fertiggestellte Straße durch eine zeltartige Segeltuchabdeckung vor Niederschlägen und starker Sonneneinstrahlung geschützt. Vor allem die Autobahnen werden nach diesem Prinzip angelegt.

# Der moderne Straßenverkehr

Unser modernes Straßensystem hat sich im Lauf der Jahrhunderte aus dem Netz der Wege und Pfade entwickelt, die einst quer durch das Land Ansiedlungen und Städte miteinander verbanden. In früheren Zeiten rollten Bauernwagen durch Felder und Wälder, und man suchte bei bergigem Gelände nach hindernisfreien Verbindungen und vermied Wasserläufe. Fast automatisch fand man die günstigsten Steigungen, wenn man im Bergland die Straßen entlang der Höhenlinien baute.

Die Römer dagegen waren bestrebt, ihre Straßen unter Vermeidung von Kurven auf direkten Verbindungslinien zu bauen. Ihre Straßenbauingenieure fanden bereits Mittel, feste Straßen auch auf weichem Untergrund und über Niederungen und Flüsse zu bauen.

### Entwicklung des Straßenbaus

Eine der ersten modernen Straßen mit gerader Trassenführung wurde 1826 zwischen Shrewsbury und Holyhead von dem schottischen Ingenieur Thomas Telford (1757–1834) gebaut. Sie ist heute, entsprechend ausgebaut, ein Teil der englischen Autobahn A 5. Autobahnen, die speziell für den Schnellverkehr angelegt sind, entstanden in Deutschland in den Jahren nach 1928. Die Straßenbauingenieure orientierten sich dabei an dem damals um Mailand errichteten System von Straßen mit getrennten Fahrspuren, das von Privatunternehmen gebaut worden war.

### Autobahnen

Mit dem Bau der Autobahn zwischen Frankfurt und Darmstadt in den Jahren 1933–35 wurde die technische Konzeption weiter verbessert: Eine zweispurige Fahrbahn von 7,5 m Breite für jede Fahrtrichtung ermöglichte hohe Geschwindigkeiten bei geringstem Unfallrisiko. Damit war das moderne Autobahnsystem geboren. Praktische Erfahrungen und Ergebnisse von Forschungen, die seit damals angestellt wurden, zeigen, daß getrennte Fahrbahnen ohne Gegenverkehr einen dichteren Verkehrsfluß bei höherer Geschwindigkeit und gleichzeitig größerer Sicherheit erlauben als normale Straßen mit Kreuzungen, parkenden Fahrzeugen und anderen Hindernissen.

Das Grundprinzip der Autobahnen ist einfach: Kein Gegenverkehr, kein Wenden in den Gegenverkehr, keine Einfahrten in den Gegenverkehr, keine scharfen Kurven und schließlich Fahrspuren von mindestens 3,7 m Breite [1]. Diese Forderungen lassen sich durch den Ausbau vorhandener Straßen meist nicht erfüllen, so daß Autobahnen meist neu trassiert werden müssen. Die modernsten Straßen dieser Art haben drei Fahrspuren auf jeder Fahrbahn mit 11 m Gesamtbreite, einen 5 m breiten Mittelstreifen, eine Fahrbahnneigung zur Entwässerung von 1 : 40, einen minimalen Kurvenradius von 900 m bei einer Überhöhung von 1 : 22 sowie freie Sicht auf die gesamte Straßenfläche über 250 m aus 1,1 m Sichthöhe.

Stadtautobahnen sind dagegen nicht so sehr auf hohe Fahrgeschwindigkeiten ausgelegt, sondern dienen als Schnellverbindungen zwischen den einzelnen Stadtteilen. Sie werden oft über Brücken und durch Tunnels geführt und besitzen zahlreiche Ein- und Ausfahrten zum Anschluß an den Lokalverkehr [4].

### Verkehrskontrolle

Eine der ersten Maßnahmen zur Verkehrsregelung wurde bereits in Rom im 1. Jahrhundert n. Chr. getroffen: Man erließ ein Fahrverbot für Wagen während des Tages. Die ersten

**HINWEISE**

Lesen Sie auch:

Das Auto und unsere Gesellschaft

Straßenbahn und Omnibus

Straßenbau

Moderne Brücken

**1 Autobahnabzweigungen und -kreuzungen** sind so konzipiert, daß Verkehrsstörungen – soweit irgendwie möglich – vermieden werden. Dies geschieht nach verschiedenen Grundsätzen: Großräumig angelegte Autobahnkreuzungen mit großen Kurvenradien ermöglichen einen freien Verkehrsfluß zwischen den Fahrbahnen ohne allzugroße Geschwindigkeitsbeschränkungen [A]. Die Kopfkreuzung ermöglicht das Abbiegen aus einer Fahrtrichtung in zwei andere Fahrtrichtungen [B]. Die Kreuzung zwischen Autobahn und Fernverkehrsstraße läßt durch ringförmigen Aufbau das Abbiegen in jeder Richtung zu [C]. Ähnliche Anlagen dienen auch als Anschlußstellen von Autobahnen an das Landstraßennetz [D]. Die klassische Kleeblattanordnung zwischen zwei sich kreuzenden Autobahnen erlaubt freie Fahrt ohne Gegenverkehr in jeder Richtung, einschließlich des Überwechselns auf die jeweilige Fahrbahn in Gegenrichtung [E].

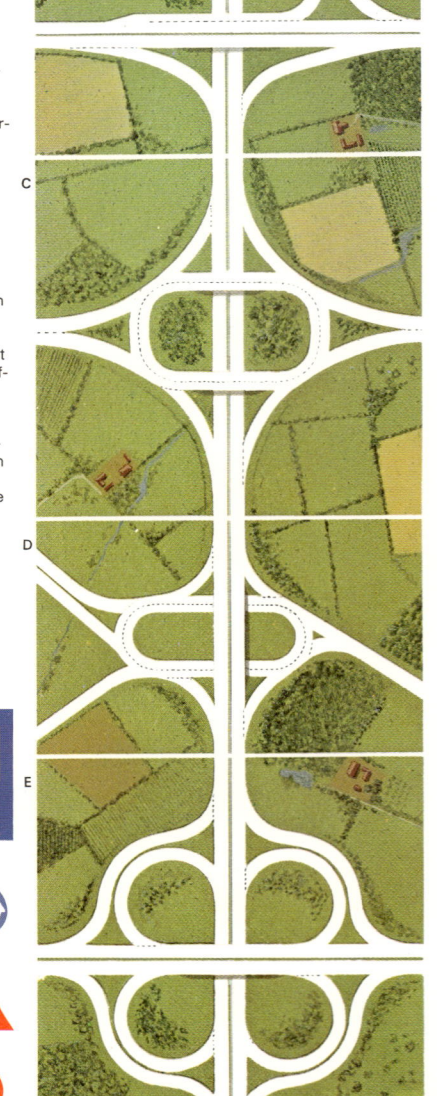

**2 Elektrische Verkehrszeichen** werden in den meisten Fällen von Polizeizentralen aus gesteuert. Leuchtzeichen werden dazu benutzt, um die Aufmerksamkeit der Verkehrsteilnehmer zu wecken; auf Leuchttafeln können je nach Bedarf verschiedene Schriften und Symbole eingeblendet werden.

**3 Einheitliche Zeichen** tragen durch ihren leichtverständlichen, symbolhaften Charakter dazu bei, daß Information und Orientierung nicht zuletzt auch bei Reisen im Ausland erleichtert werden.

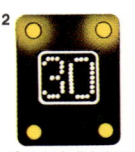

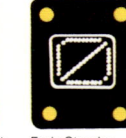

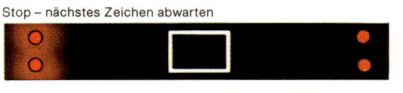

Einbahnstraßen und Verkehrsverbote wurden während der Renaissance eingeführt. Leonardo da Vinci schlug bereits eine Verkehrsführung auf zwei Ebenen vor.

Als um die Jahrhundertwende der motorisierte Verkehr einsetzte, begann die Verkehrstechnik im heutigen Sinne. Verhaltensregeln wie der Rechtsverkehr auf dem europäischen Festland oder der Linksverkehr in England wurden zu gesetzlichen Vorschriften; Verkehrszeichen und automatische Ampeln wurden eingeführt [2, 3].

Neben der Anpassung des Straßenverkehrs an die bestehenden Verkehrswege hat die Verkehrstechnik ein weiteres Ziel: die Anpassung des Straßennetzes an den Verkehrsbedarf. Dies hat besonderen Einfluß auf die Planung und den Entwurf neuer Straßen. Durch genaue Untersuchungen von Verkehrsstauungen und Unfällen werden hier Möglichkeiten zur Erhöhung der Verkehrskapazität bei geringerem Sicherheitsrisiko erforscht.

### Stadtverkehr

Besonders dort, wo Fahrzeuge die Durchfahrtsstraßen verlassen und in den Städten Parkmöglichkeiten benötigen, entstehen besondere Probleme. Zu den Versuchen, Verkehrsstauungen zu vermeiden, gehören Parkbeschränkungen und Halteverbotszonen, Wendeverbote, Einbahnstraßen und schließlich das System der »Grünen Welle« bei einer Folge von Verkehrsampeln. In vielen Städten versucht man, den Privatverkehr durch Verbesserung der öffentlichen Verkehrsmittel und Erschwerung der Parkmöglichkeiten einzuschränken. In zahlreichen Großstädten gibt es inzwischen auch ein Verkehrsüberwachungssystem über Fernsehkameras, das es ermöglicht, von einer Verkehrszentrale aus über elektrisch gesteuerte Verkehrszeichen den Verkehrsfluß teilweise umzuleiten, um damit bei Stoßzeiten oder bei Stauungen nach Unfällen den betreffenden Straßenabschnitt zu entlasten.

Gegenwärtig werden auch halbautomatische Straßenverkehrssysteme erprobt, die den Verkehrsfluß elektronisch kontrollieren und führen sollen, vergleichbar etwa den Leitstrahlsendern bei Flugzeuglandebahnen. Vielleicht können in absehbarer Zukunft ähnliche Systeme in den Großstädten eingesetzt werden und mithelfen, die größten Verkehrsprobleme zu lösen.

**Leitbild**

**Verkehrszeichen** – in ihrer Fülle oftmals ziemlich verwirrend – sollen den Verkehr so gut wie möglich in Fluß halten und dem Verkehrsteilnehmer helfen, sich zu orientieren [hier ein Beispiel aus Japan].

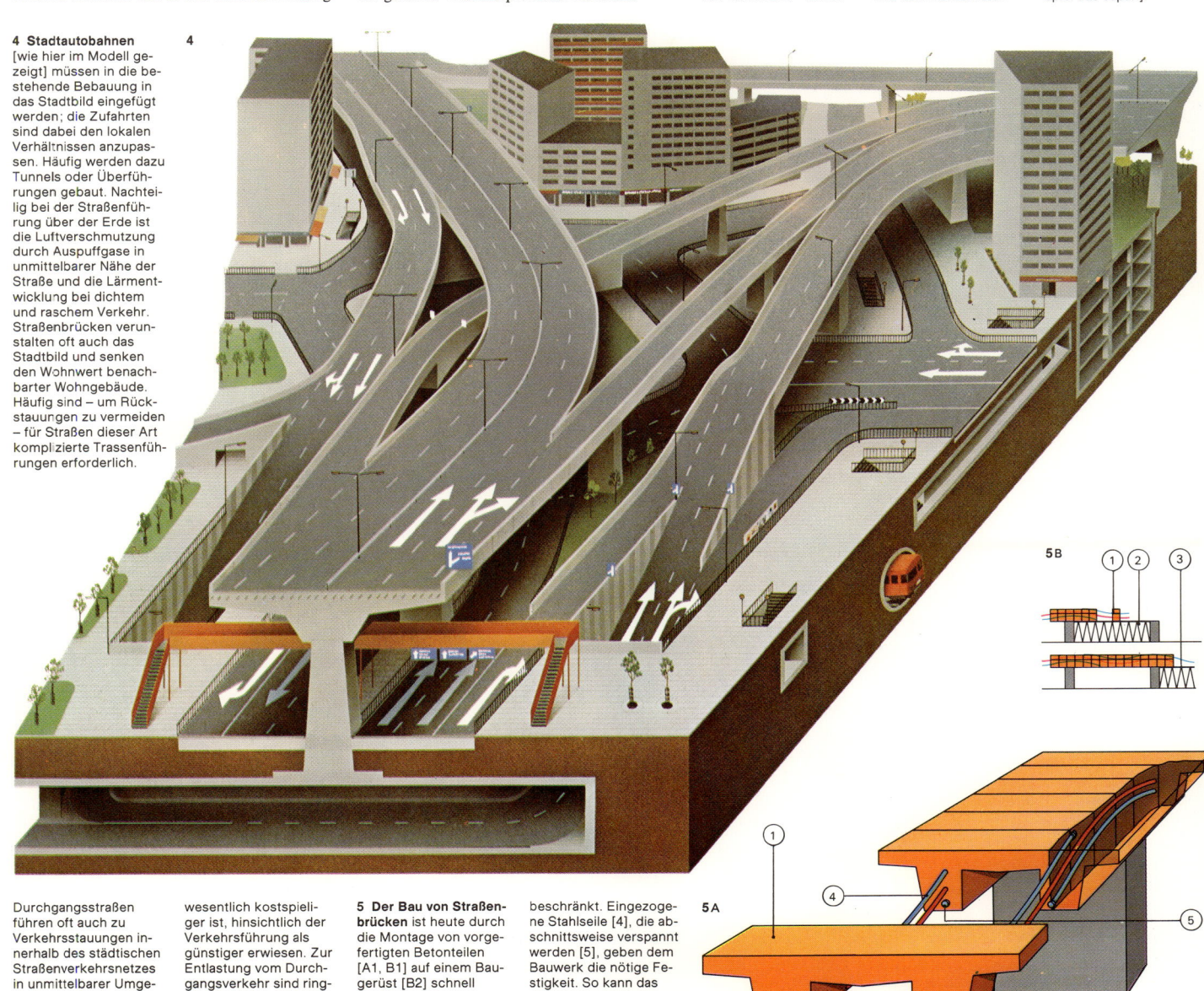

**4 Stadtautobahnen** [wie hier im Modell gezeigt] müssen in die bestehende Bebauung in das Stadtbild eingefügt werden; die Zufahrten sind dabei den lokalen Verhältnissen anzupassen. Häufig werden dazu Tunnels oder Überführungen gebaut. Nachteilig bei der Straßenführung über der Erde ist die Luftverschmutzung durch Auspuffgase in unmittelbarer Nähe der Straße und die Lärmentwicklung bei dichtem und raschem Verkehr. Straßenbrücken verunstalten oft auch das Stadtbild und senken den Wohnwert benachbarter Wohngebäude. Häufig sind – um Rückstauungen zu vermeiden – für Straßen dieser Art komplizierte Trassenführungen erforderlich.

Durchgangsstraßen führen oft auch zu Verkehrsstauungen innerhalb des städtischen Straßenverkehrsnetzes in unmittelbarer Umgebung der Zu- und Ausfahrten. Eine Untertunnelung der Stadtgebiete hat sich, wenngleich sie wesentlich kostspieliger ist, hinsichtlich der Verkehrsführung als günstiger erwiesen. Zur Entlastung vom Durchgangsverkehr sind ringförmige Umgehungsstraßen geeignet, die den Verkehr um die Städte herumleiten.

**5 Der Bau von Straßenbrücken** ist heute durch die Montage von vorgefertigten Betonteilen [A1, B1] auf einem Baugerüst [B2] schnell durchführbar, was Behinderungen des Stadtverkehrs durch Umleitungen auf ein Minimum beschränkt. Eingezogene Stahlseile [4], die abschnittsweise verspannt werden [5], geben dem Bauwerk die nötige Festigkeit. So kann das Baugerüst Stück für Stück bis zum nächsten Pfeiler vorgeschoben werden [B3].

# Flughäfen und Luftverkehr

Der erste Flug der Gebrüder Orville und Wilbur Wright (1871–1948 bzw. 1867–1912) am 17. Dezember 1903 in Kitty Hawk, North Carolina (USA), leitete eine Revolution des Verkehrswesens ein. Flugzeuge können Menschen und Waren von jedem Punkt der Erde zu einem anderen transportieren, ohne daß Straßen, Brücken, Tunnels oder Häfen notwendig wären. Moderne Flugzeuge benötigen allerdings großangelegte Start- und Landebahnen – in den ersten Flugtagen reichte noch eine Wiese oder ein ebenes Gelände aus.

## Start- und Landebahnen

Mit der Entwicklung des Luftverkehrs nahmen Größe, Gewicht und Geschwindigkeit der Flugzeuge rapide zu, so daß nach 1920 längere Start- und Landebahnen sowie Einrichtungen zur Passagier- und Güterabfertigung und zur Flugüberwachung notwendig wurden. In den 30er Jahren beförderte ein Flugzeug maximal 20 Passagiere, wog nicht mehr als 12 Tonnen und benötigte eine 600 m lange Start- und Landebahn. Die heutigen Jumbo-Jets können dagegen bis zu 500 Fluggäste aufnehmen (bei einem Gewicht von 372 Tonnen) und brauchen Start- und Landebahnanlagen von 3,5 km Länge, wenn die Flugplätze etwa in Meereshöhe liegen – bei höher gelegenen müssen sie entsprechend der geringeren Luftdichte sogar noch länger sein. Die Luftreisegeschwindigkeiten stiegen von damals rund 280 km/h auf beinahe 1000 km/h.

Start- und Landebahnen sind heute 50 bis 70 m breit, die sie verbindenden Rollbahnen 25 m. Schwere Flugzeuge besitzen mehrrädrige Fahrwerke, die das Gewicht gleichmäßig auf den Boden verteilen. Pro Fahrwerksrad können die gegenwärtigen Start- und Landebahnen etwa 1000 Tonnen Gewicht verkraften.

Verkehrsreiche Flughäfen haben mindestens zwei in unterschiedlichen Himmelsrichtungen verlaufende Start- und Landebahnen [Leitbild], damit die Flugzeuge annähernd entgegen der herrschenden Windrichtung starten und landen können. Am günstigsten sind drei um jeweils 120° versetzte Bahnen. Eine solche Anlage erfordert eine Gesamtfläche von rund 10 km². Zweckmäßigerweise werden alle Bodeneinrichtungen für die Passagier- und die Frachtabfertigung – aber auch die Parkplätze – im Zentrum der Landebahnen angeordnet; die Zufahrt erfolgt über Tunnels. Ein typisches Beispiel für diese Anordnung ist der Londoner Flughafen Heathrow.

## Flugplatzanlagen

Flugplätze sollten so nahe wie irgend möglich bei den Städten liegen, wenn der Hauptvorteil des Flugverkehrs, die große Zeitersparnis, auch bei Kurzstreckenflügen noch zum Tragen kommen soll. Vom Flughafen London-Heathrow nach Amsterdam-Schiphol [2] braucht man zwar nur 45 Flugminuten; um aber vom Westlondoner Air Terminal nach Heathrow zu kommen, muß man 24 km, von Schiphol nach Amsterdam 12 km fahren. Dazu sind mindestens 90 Minuten Fahrzeit notwendig, und die Passagiere haben durch Zoll- und Sicherheitskontrolle sowie durch Abfertigungszeiten bei der Gepäckaufgabe und Flugscheinkontrolle zusätzliche Zeiteinbußen. Der internationale Flughafen von Buenos Aires ist sogar 50 km vom Stadtzentrum entfernt – günstiger liegen dagegen die Flughäfen von Hongkong und München-Riem mit nur 7 km Entfernung von der Stadtmitte und der Hamburger Flughafen Fuhlsbüttel, der ebenfalls direkt am Stadtrand

## HINWEISE

Lesen Sie auch:

Die Eisenbahn der Zukunft

Moderne Verkehrsflugzeuge

Die Entwicklung des Flugzeugs

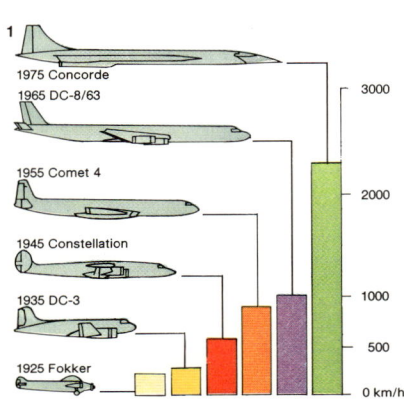

**1 Die Flugtechnik** hat sich weitaus rascher entwickelt als jeder andere Zweig des Transportwesens. Innerhalb von 50 Jahren ist die Fluggeschwindigkeit von etwa 280 km/h auf rd. 2300 km/h gestiegen (Geschwindigkeit der Concorde). Für so schnelle Verkehrsmaschinen müssen Start- und Landebahnen von mehreren Kilometern Länge gebaut werden. Mit der steigenden Geschwindigkeit der Flugzeuge wächst jedoch auch die Lärmentwicklung und damit die Belästigung der Bevölkerung, so daß künftigen Entwicklungen Grenzen gesetzt sind. Die Graphik zeigt die Maximalgeschwindigkeiten einiger typischer Verkehrsflugzeuge der vergangenen Jahrzehnte.

1975 Concorde
1965 DC-8/63
1955 Comet 4
1945 Constellation
1935 DC-3
1925 Fokker

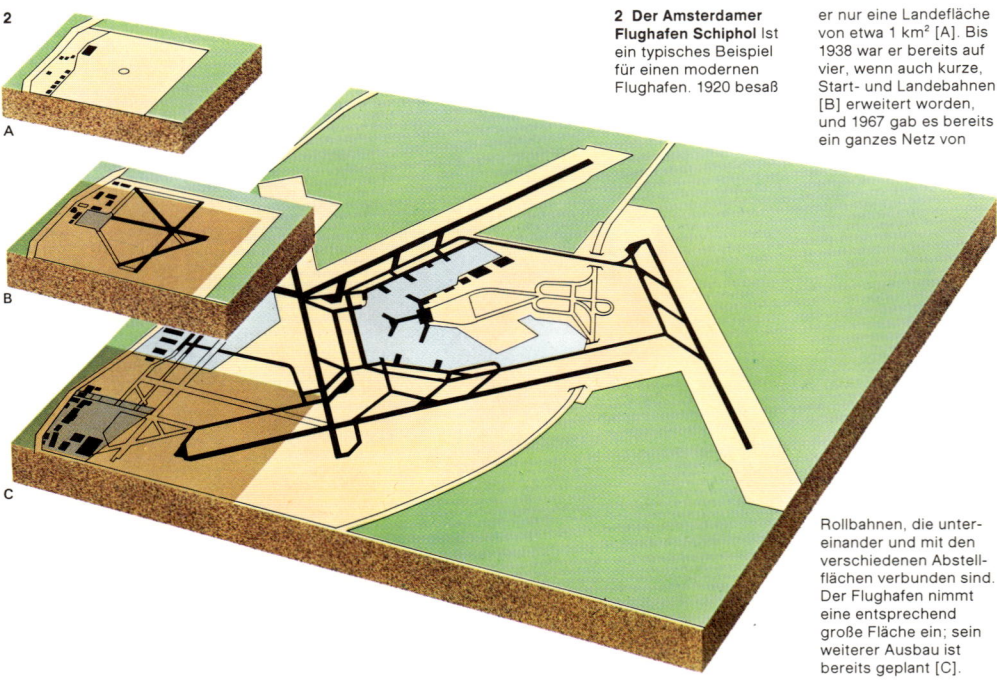

**2 Der Amsterdamer Flughafen Schiphol** ist ein typisches Beispiel für einen modernen Flughafen. 1920 besaß er nur eine Landefläche von etwa 1 km² [A]. Bis 1938 war er bereits auf vier, wenn auch kurze, Start- und Landebahnen [B] erweitert worden, und 1967 gab es bereits ein ganzes Netz von Rollbahnen, die untereinander und mit den verschiedenen Abstellflächen verbunden sind. Der Flughafen nimmt eine entsprechend große Fläche ein; sein weiterer Ausbau ist bereits geplant [C].

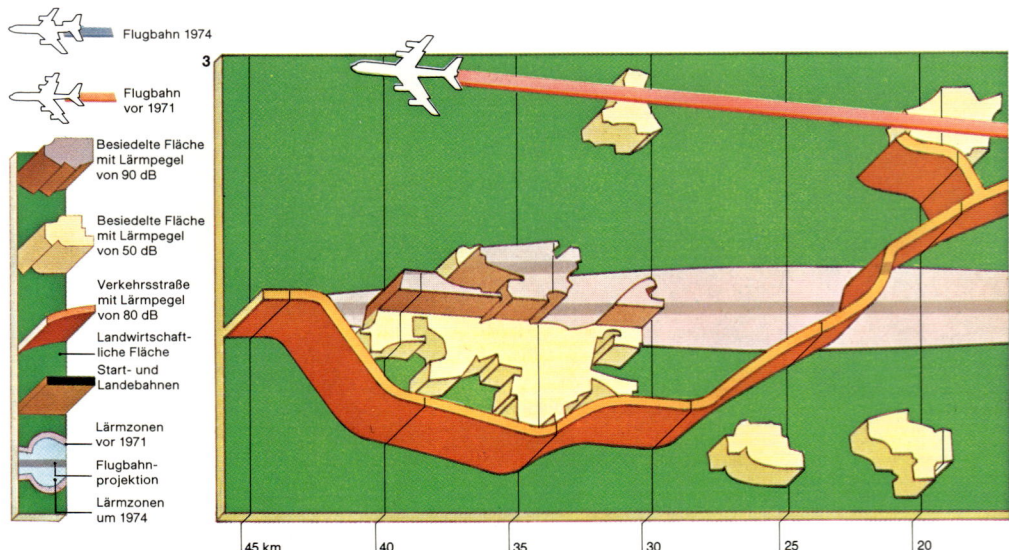

**3 Die Luftverkehrsbehörden aller Länder** müssen sich mit dem Problem des Fluglärms auseinandersetzen. Bei den Bestrebungen zur Lärmreduzierung muß ein Kompromiß zwischen Wirtschaftlichkeit und Lärmentwicklung geschlossen werden. Für den verkehrsreichsten Flughafen Europas, London-Heathrow, wurden – wegen seiner Nähe zu bewohnten Gebieten – beispielsweise strenge gesetzliche Vorschriften erlassen: Dabei wurde die Lärmgrenze im Jahre 1958 auf 110 dB bei Tag und 102 dB bei Nacht festgesetzt und seitdem trotz der fortschreitenden modernen Flugzeugentwicklungen nicht mehr geändert.

Zu den Lärmbekämpfungsmaßnahmen gehört vor allem die genaue Festlegung von Flugschneisen; für die Landung ist ein Gleitwinkel von 3° ab 300 m Höhe bei reduzierter Triebwerksleistung, für den Start Triebwerksdrosselung ebenfalls ab 300 m Höhe vorgeschrieben. Als das Überschallverkehrsflugzeug Concorde in Dienst gestellt wurde, gab es auf der ganzen Welt erhebliche Diskussionen darüber, ob die Lärmentwicklung bei Start und Landung sowie der unvermeidliche Überschallknall für die Bevölkerung noch tragbar wären. Tatsächlich bekam die Concorde auf einigen Flughäfen der Welt Lande- und Startverbot.

Flugbahn 1974
Flugbahn vor 1971
Besiedelte Fläche mit Lärmpegel von 90 dB
Besiedelte Fläche mit Lärmpegel von 50 dB
Verkehrsstraße mit Lärmpegel von 80 dB
Landwirtschaftliche Fläche
Start- und Landebahnen
Lärmzonen vor 1971
Flugbahnprojektion
Lärmzonen um 1974

liegt. Zu den Flughäfen müssen leistungsfähige Straßen und Bahnen führen, die der Verkehrskapazität des Flughafens gerecht werden. Einige Flughäfen, wie der Kennedy Airport in New York, haben bereits Hubschrauber-Zubringerlinien eingeführt.

Zwischen günstiger geographischer Lage der Flughäfen einerseits und der zumutbaren Lärmbelästigung der Stadtbewohner andererseits muß stets ein Kompromiß gefunden werden. Eine bereits praktizierte Lösung ist es, Flugschneisen in weitgehend unbewohnte Gebiete zu legen. Gesetzliche Bestimmungen schreiben in den meisten Ländern Lärmgrenzen zwischen 110 und 120 dB (Dezibel) beim Start von Flugzeugen vor, gemessen am Boden direkt unter der Flugschneise.

**Passagier- und Frachtabfertigung**
Die Passagierabfertigung [6] muß so konzipiert werden, daß Buchung, »Einchecken«, Gepäckabfertigung, aber auch der Einkauf zollfreier Waren in kürzester Zeit abgewickelt werden können. Weiterhin werden Warteräume und Restaurants sowie Räume und Einrichtungen für Paßkontrolle, Gepäck- und Personendurchsuchungen benötigt. Für die Beförderung der Luftfracht müssen Zufahrtswege vorhanden sein, ebenso wie zentral gelegene Büros zur Abfertigung der Frachtpapiere und zur Zollkontrolle.

Flughafenpolizei-, Feuerwehr- und Ambulanzfahrzeuge brauchen Hallen, die einen unmittelbaren und schnellen Einsatz ermöglichen. Beträchtlichen Aufwand erfordern auch die Einrichtungen zur Flugkontrolle: Der Kontrollturm (»Tower«) muß so angelegt sein, daß die Fluglotsen die Start- und Landebahnen gut übersehen können; die Flugplatzbeleuchtung muß den Flughafen deutlich erkennbar machen; die Landebahnbefeuerung muß den Piloten die Piste zeigen. Funksprechverbindungen und Navigationshilfen [4] wie Funkfeuer und Radarüberwachung sind für den reibungslosen Flugverkehr auch bei schlechten Sichtverhältnissen (Nebel) und bei Nacht erforderlich.

Sicherheit ist im Flugverkehr das erste Gebot. Zu den vorbeugenden Maßnahmen gehören nicht zuletzt die sorfältige Durchsuchung von Personen und Gepäck zur Abwehr von Terroranschlägen und zur Entdeckung und Ausschaltung von Luftpiraten.

1 Kontrollturm
2 Flugsteige
3 Luftfracht
4 Flugzeughallen
5 Start- und Landebahnen
6 Hauptradaranlage

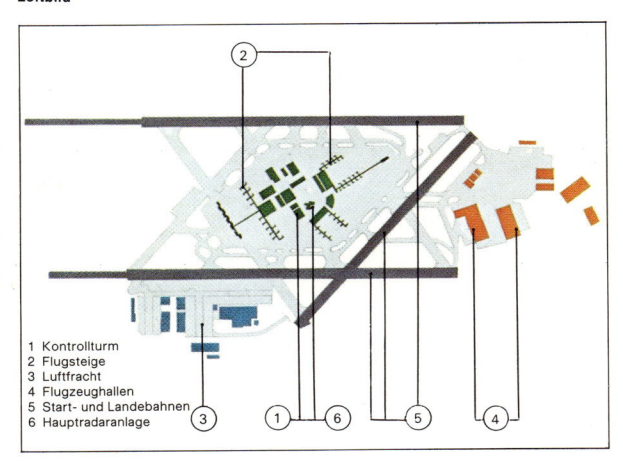

**Der moderne Flughafen** hat Start- und Landebahnen, die Starts und Landungen entgegen der vorherrschenden Windrichtung erlauben. Hier als Beispiel der Grundriß des Londoner Flughafens Heathrow. Da die heutigen schweren Flugzeuge nicht mehr seitenwindempfindlich sind, wird die Anlage nicht mehr voll ausgenutzt. Rollbahnen bis zu 3900 m Länge, wie sie durch die Flugzeugentwicklung notwendig wurden, werden heute in Hauptwindrichtung angelegt.

**4 Zu den Flugnavigationshilfen gehören** Funkfeuer [1], die beim Einflug in die Flugschneisen die Orientierung erleichtern. Der vom Primärradar [2] erfaßte Verkehr wird vom Überwachungsradar [3] übernommen, identifiziert und in einen Warteraum [4] geleitet. In diesem ziehen die Flugzeuge große Warteschleifen; über Funkfeuer [5] werden sie stufenweise niedriger geleitet. Ein solches Warteraumsystem ist bei der großen Verkehrsdichte auf den heutigen Flughäfen erforderlich, um einen reibungslosen Ablauf der Landungen zu gewährleisten. Wenn das Flugzeug die niedrigste Warteraumebene erreicht hat, kommt es in den Bereich der Leitstrahlsender, die eine sichere Landung auch bei schlechtesten Sichtverhältnissen ermöglichen. Das Überwachungsradar [6] erfaßt alle Fahrzeuge am Boden; die Fluglotsen im Kontrollturm (»Tower«) koordinieren Luft- und Bodenverkehr über Gegensprechfunkanlagen. Große Flughäfen verfügen meist über mehrere Lufträume für wartende Maschinen; sie werden dann genutzt, wenn gerade besonders zahlreiche Landungen angemeldet sind.

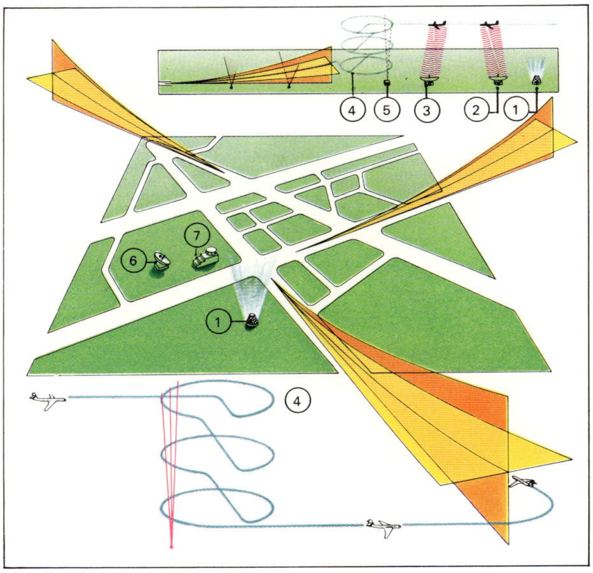

**5 Der internationale Flughafen O'Hare** bei Chicago ist einer der verkehrsreichsten der Welt. Dieser Flughafen verfügt über zwei mehrstöckige Terminals [1] für den innerstaatlichen und ein Terminal für den internationalen Flugverkehr [2] sowie über Ergänzungseinrichtungen wie Hotel [3], Parkplätze [4], Restaurants, Geschäfte und Abfertigungshallen für die Luftfracht, die Paßkontrolle und den Zoll.

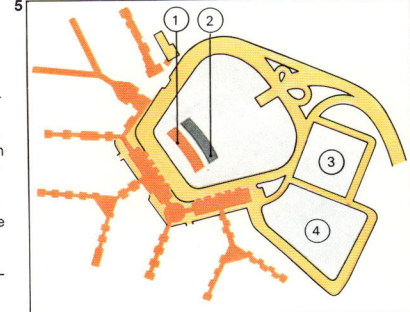

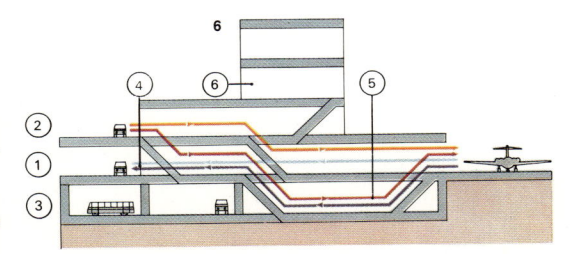

**6 Transportwege für Passagiere und Gepäck** verlaufen auf modernen Flughäfen getrennt. Die Darstellung zeigt die Abfertigung von gelandeten [1] und startbereiten [2] Flugzeugen, Parkplätze [3], Zoll [4], Gepäckstelle [5] und die verschiedenen Verwaltungsbüros [6].

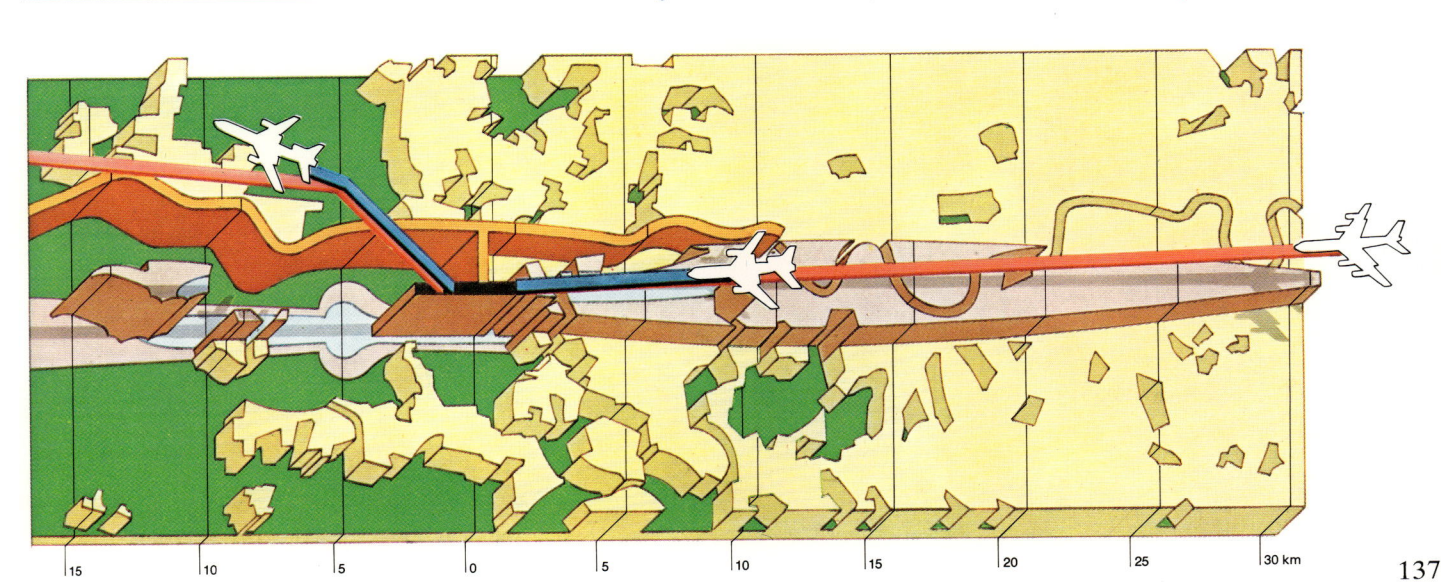

# Tunnelbau

Mit dem Bau von Tunnels haben sich die Ingenieure schon im Altertum beschäftigt, meist im Zusammenhang mit der Errichtung von Wasserversorgungsanlagen für die Städte. So baute Eupalinos aus Megara um 530 v. Chr. einen Tunnel von 1000 m Länge für die von ihm geschaffene Wasserleitung der Stadt Samos. Tunnelbauten von heute dienen in erster Linie dem Straßen-, Schienen- und Fußgängerverkehr, der Bewässerung trockener Gebiete und der Gewinnung von Bodenschätzen.

### Frühe Tunnelbauten

Vermutlich um das Jahr 2160 v. Chr. bauten Ingenieure in Babylon den ersten Unterwassertunnel. Im Flußbett des dafür zeitweise umgeleiteten Euphrat hoben sie einen tiefen Graben aus, der mit Ziegeln zu einem etwa 900 m langen Tunnel ausgemauert und mit einer zwei Meter dicken Bitumen-Mörtelschicht abgedichtet wurde. Der Unterwassertunnel verband den königlichen Palast mit einem Tempel auf der anderen Seite des Flusses.

In Kriegszeiten wurden Tunnel häufig unter feindliche Verteidigungslinien vorgetrieben. Geschichtsforscher nehmen an, daß die Mauern von Jericho dadurch zum Einsturz kamen, daß sie untergraben wurden. Von diesem Tunnel aus sind wahrscheinlich die Tragbalken in Brand gesetzt worden.

Auch beim Bau der römischen Wasserleitungen wurden Tunnels vorgetrieben, häufig sogar durch hartes Felsgestein. Der appianische Aquädukt von 312 v. Chr. führt durch Tunnelabschnitte von insgesamt fast 25 km Länge.

Nach dem Verfall des Römischen Reiches wurden lange Zeit keine Tunnels mehr gebaut. Erst mit den Kanalbauten im Verlauf des 17. Jahrhunderts nahm auch der Tunnelbau wieder neuen Aufschwung.

Der erste große Verkehrstunnel entstand im Zuge der Entstehung des Canal du Midi. Dieser Schiffahrtskanal wurde im Jahre 1681 fertiggestellt. Er führt durch Frankreich und verbindet das Mittelmeer über die Garonne mit dem Atlantik. Bei Béziers mußte ein 158 m langer Tunnel ausgesprengt werden, um den Kanal durch eine Felsenbarriere hindurchführen zu können. Dabei wurde zum ersten Mal Schießpulver als Sprengmaterial eingesetzt; es wurde in handgemeißelte Sprenglöcher gefüllt, verdämmt und mit einfachen Lunten gezündet.

### Eisenbahn- und Unterwassertunnel

In der ersten Hälfte des 19. Jahrhunderts nahm die Entwicklung der Eisenbahn starken Aufschwung und erforderte zahlreiche Tunnelbauten. Hier sind besonders die Alpentunnel bemerkenswert, die unter erheblichen Schwierigkeiten vorgetrieben wurden. Die Simplonbahn, 1906 eröffnet, unterführt im Simplontunnel, der die Schweiz mit Italien verbindet, die Walliser Alpen. Der Tunnel ist etwa 20 km lang und führt über eine Strecke von 2,1 km durch gewachsenen Fels.

Zwischen 1825 und 1841 baute der in England ansässige französische Ingenieur Sir Marc Isambard Brunel (1769–1849) bei Rotherhithe unter der Themse hindurch den ersten größeren Unterwassertunnel. Brunel setzte dabei einen Vorläufer des modernen Schildvortriebs ein: Sein Vortriebsschild [1] bestand aus zahlreichen einzeln abgestützten Balken, die zum Abgraben des Erdreichs teilweise entfernt werden konnten und nachher, vorgerückt, wieder eingesetzt wurden.

Kurze Zeit später wurden Pläne zum Bau eines Tunnels unter dem Ärmelkanal ausgearbeitet. Im Jahre 1882 entwarf und baute der

**HINWEISE**

**Lesen Sie auch:**

Hebezeuge

Bagger und Planierraupen

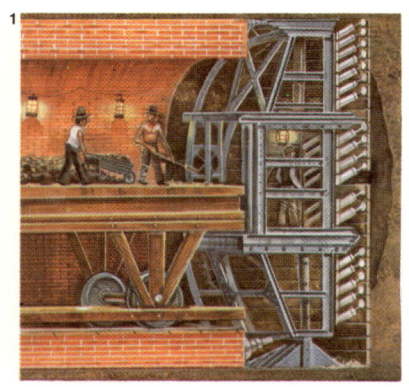

Dammbau

---

**1 Der Vortriebsschild von Sir Marc Isambard Brunel** bestand aus 12 vertikalen gußeisernen Sektionen. Schwere, gegen die Stirnwand des Tunnels gepreßte Holzbalken schützten die Arbeiter vor herabfallendem Erdreich. Einzelne dieser Balken wurden jeweils entfernt, der Boden abgegraben und in weitergerückter Stellung wieder eingesetzt. Sobald die gesamte Stirnwand um etwa 30 cm vorgetrieben war, wurde der Schild durch Preßstempel vorgerückt.

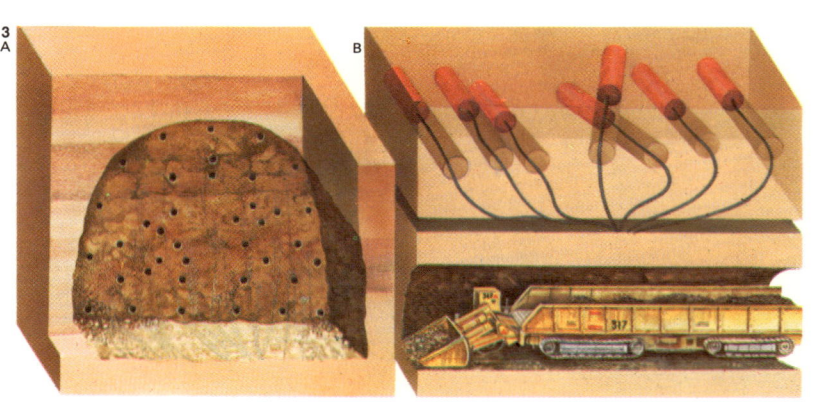

**2 Der Münchner Bahnhof »Marienplatz«**, im Zentrum der Landeshauptstadt gelegen, ist ein bedeutender Verkehrsknotenpunkt zwischen dem U-Bahn- und dem S-Bahn-Netz des Großraums München. Das unterirdische Kreuzungsbauwerk wurde in mehrjähriger Bauzeit in »offener Bauweise« errichtet und konnte im Jahre 1972 zu den Olympischen Sommerspielen dem Verkehr übergeben werden. Die Abbildung zeigt einen perspektivischen Schnitt durch den insgesamt viergeschossigen Bahnhof: Im ersten Tiefgeschoß liegt der Fußgängerbereich mit der Schalterhalle und den Zugängen zur Oberfläche und zu den angrenzenden Läden und Kaufhäusern. Im zweiten Tiefgeschoß ist der S-Bahnhof für Züge mit der Fahrtrichtung Ostbahnhof untergebracht; in diesem Geschoß findet man auch die Betriebsräume. Im dritten Tiefgeschoß liegt der S-Bahnhof für die Fahrtrichtung Hauptbahnhof, im vierten Tiefgeschoß der U-Bahnhof für die beiden Fahrtrichtungen Freimann (nach Norden) und Harras (nach Südwesten).

**3 Die Bohrlochsetzung** für das Sprengen eines Tunnels besteht aus zahlreichen Einzellöchern, die entsprechend der Gesteinsstruktur in der Tunnelstirnfläche angeordnet sind. Grundsätzlich richten sich Bohrlochgröße und Bohrlochanzahl nach der jeweiligen Beschaffenheit des Gesteins. Bei [A] sieht man die Sprenglöcher im Tunnelquerschnitt, [B] zeigt die eingebrachten, hochexplosiven Sprengstoffladungen in der Stirnwand. Die Bohrlöcher werden nach Anzahl, Tiefe und Richtung so in die Stirnwand gesetzt, daß die entstehenden Brocken noch transportabel sind. Nach der Sprengung wird das anfallende Gestein maschinell abtransportiert. Die Abräummaschine [C] läuft auf Gleisketten und hat eine Frontladeschaufel, die das Gestein auf ein stahlplattenbewehrtes Förderband schafft. Vom Heck der Maschine wird das Gestein in Loren gefüllt. Nach dem Abräumen des Gesteins wird der neue Tunnelabschnitt sofort abgestützt und ausgekleidet, damit er bei den nächsten Sprengungen nicht einstürzt.

Militäringenieur Oberst Frederick Beaumont eine Spezialmaschine zum Vortrieb eines Tunnels mit 2,3 m Innendurchmesser durch Kalkstein. Mit Preßluft betrieben, arbeitete sich diese Maschine täglich 12 m vor. Die Tunnelröhre östlich von Dover war bereits 1,6 km lang, als die Arbeiten aus politischen Gründen eingestellt werden mußten. Ein zweiter, 1973 begonnener Kanaltunnel wurde 1975 wegen der ins Unermeßliche steigenden Baukosten auch wieder eingestellt.

### Moderner Tunnelbau

Durch gewachsenen Fels werden Tunnels meist durch Bohren und Sprengen [2] vorgetrieben. Eine Reihe maschinell geführter Preßluftbohrer bohrt das Gestein an der Tunnelfront an; dabei können Wolframkarbid-Bohrkronen innerhalb von 5 Minuten 2 bis 3 m tiefe Sprenglöcher bohren. Nach dem Sprengen werden die Gesteinstrümmer mit Hilfe eines Abräumgerätes in Loren verladen, die von einer Lokomotive gezogen werden.

Weichere Böden wie Sandstein, Lehm oder Kalk werden mit automatischen Vortriebsmaschinen abgetragen [Leitbild]. Eine der größten Maschinen dieser Art trieb 1963 beim Bau des Mangla-Damms in Pakistan einen Tunnel mit 9 m Innendurchmesser 480 m weit durch Sand- und Kalkstein vor. Diese Maschinen haben einen hydraulisch angetriebenen, langsam rotierenden Schneidkopf, der sich in den Boden hineinfräst. Das anfallende Gestein wird über ein Förderband auf Loren verladen und abtransportiert. Mit Spezialgerüsten werden vorgefertigte Sektionen zur Tunnelausfütterung hinter der Maschine in Position gebracht.

Tunnels, die nicht allzu tief unter der Erdoberfläche verlaufen, werden häufig offen gegraben. Die Tunnelfütterung wird in einem tiefen Graben verlegt, der mit dem ausgehobenen Material zugeschüttet wird.

Beim Vortrieb von Unterwassertunnels wird die Baustelle in der Regel unter Überdruck gesetzt, um das Eindringen von Wasser zu verhindern. Zwischen der Fütterung und der natürlichen Tunnelwand sorgt ein Spezialzement für die Abdichtung. Bei einem Untergrund aus Schotter wird oft durch flüssigen Stickstoff das Wasser im Baugrund vereist, so daß sich der Tunnel wie durch festes Material vortreiben läßt.

**Leitbild**

**Die Mersey-Mole,** eine neue Tunnelvortriebsmaschine für Weichgestein, wurde 1967 zum Bau der 10,3 m weiten Tunnelröhre unter dem Fluß Mersey (Mittelengland) benutzt. Die Maschine hat einen Fräskopf für den Vortrieb. Das Gestein wird über ein Förderband in Loren geschüttet. Die Ausfütterung des Tunnels erfolgt mit Fertigteilen.

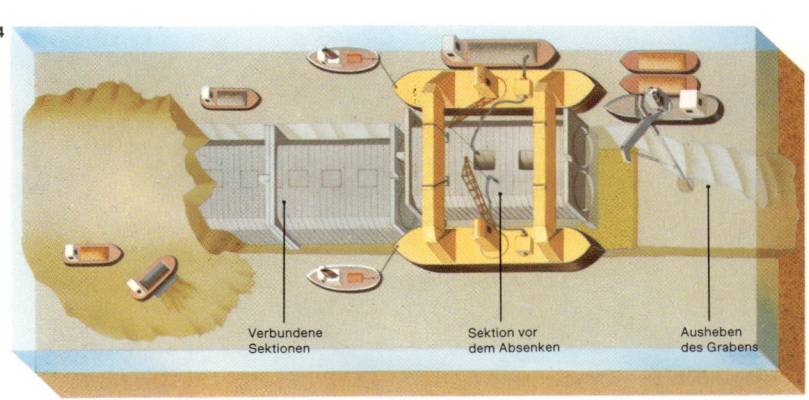

**4 Unterwassertunnels** werden häufig nach der Senktunnel-Methode hergestellt. Dabei werden vorgefertigte Stahl- oder Betonsektionen der Tunnelröhre wasserdicht abgeschlossen und schwimmend an ihre Position geschleppt. Dort werden sie in einem im Gewässergrund ausgehobenen Graben versenkt und wasserdicht miteinander verbunden. Anschließend wird der Graben mit dem ausgehobenen Material zugeschüttet. Da es am wirtschaftlichsten ist, die einzelnen Tunnelsektionen so nahe wie möglich bei der Baustelle zu fertigen, werden entsprechende Fertigungshallen häufig direkt an Ort und Stelle errichtet. Die schwimmfähigen Sektionen werden von Schleppern längsseits befördert. Eine andere Möglichkeit besteht darin, die Tunnelsektion in einem Schwimmdock herzustellen, das jeweils genau dort verankert wird, wo die einzelnen Sektionen abgesenkt werden müssen.

Verbundene Sektionen — Sektion vor dem Absenken — Ausheben des Grabens

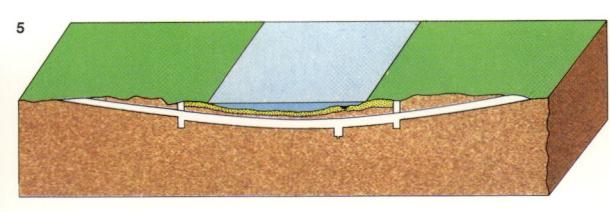

**5 Der erste Straßentunnel** bei der nordwestenglischen Hafenstadt Liverpool wird hier im Schnitt gezeigt. Der Tunnel fällt von beiden Seiten gleichmäßig bis ungefähr zur Flußmitte ab. An der tiefsten Stelle sind Pumpen installiert, die eindringendes Wasser absaugen. Der Tunnel hat einen Durchmesser von 13,5 m; er enthält vier Fahrbahnen und gestattet die Durchfahrt auch für doppelstöckige Omnibusse. Seine Gesamtlänge beträgt 3,2 km. Der Tunnel wurde in vier Abschnitten angelegt: Von beiden Seiten wurden zunächst zwei Pilottunnel vorgetrieben, zwischen denen dann das Erdreich entfernt wurde. Im Jahre 1934 konnte die Tunnelanlage fertiggestellt werden.

**6 Der Tunnel unter der Chesapeakebai** an der Ostküste der USA ist einer der größten Tunnelbauten aus vorgefertigten Sektionen. Er unterquert mit über 2 km Länge zwischen zwei künstlichen Inseln (je 450 m lang, 70 m breit) einen der drei Schiffahrtswege, die den seit 1965 bestehenden 28 km langen Straßendamm über die Chesapeakebai kreuzen. Die Straße führt auf dieser Strecke noch durch einen zweiten Tunnel sowie über eine Hochbrücke. Künstliche Inseln sind mit Beton befestigte Sand- und Steinaufschüttungen. Die Tunnelröhren bestehen aus vorgefertigten Stahlröhren, die in einen Graben versenkt wurden. Der Graben wurde mit dem Aushub wieder zugeschüttet. Die Chesapeakebai hat eine Länge von 320 km und ist 40 m tief.

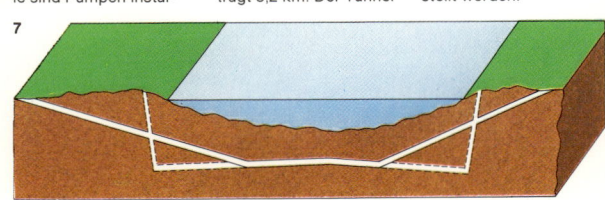

**7 Der Seikan-Tunnel,** der Japans Inseln Hondo und Hokkaido miteinander verbindet, ist mit 36 km Länge der längste Tunnel der Welt. Er verläuft 100 m unter dem Meeresgrund in gewachsenem Fels. Um einem möglichen Wassereinbruch begegnen zu können, ist der Tunnel so verlegt worden, daß er zwei Tiefpunkte hat. Dort hat man leistungsfähige Pumpen installiert, die das anfallende Wasser abpumpen sollen. Der Tunnel verläuft 22 km durch Vulkangestein. Er wurde zum Teil ausgesprengt und teilweise unter Zuhilfenahme moderner Vortriebsmaschinen unter der Meeresoberfläche vorgetrieben. Mit dem Bau der Tunnelanlage wurde im November 1971 begonnen, Fertigstellung 1979.

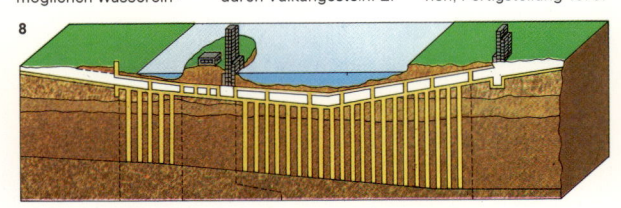

**8 Der Straßentunnel unter dem Fluß Ij** in Amsterdam, der im Jahre 1967 fertiggestellt wurde, besteht zum größten Teil aus versenkten Sektionen. Nur die Sektion mit den Belüftungsanlagen wurde an der Baustelle hergestellt. Die einzelnen vorgefertigten Segmente sind 70 bis 90 m lang und haben ein Gewicht bis zu 17 000 Tonnen. Sie enthalten jeweils zwei 7 m breite, nebeneinander liegende Fahrbahnen. In den vorgefertigten Bauteilen waren Durchgänge sowie Frisch- und Abluftkanäle bereits mit vorgesehen. Die einzelnen Sektionen sind auf langen, tief in den Gewässerboden versenkten Pfeilern aufgelagert, und zwar – wegen des weichen Untergrundes – mit speziellen Gleitplatten aus Kunststoff. Die Abdichtung bilden eine stählerne Blechhaut und eine Bitumenschicht.

# Geschichte des Brückenbaus

Bereits in frühester Vorzeit suchte der Mensch nach Methoden, um natürliche Hindernisse wie Gewässer und Schluchten zu überwinden. Die einfachste Möglichkeit war, kleinere Wasserläufe mit Hilfe von Baumstämmen zu überqueren. Schon an den Pfahlbauten der Stein- und Bronzezeit lassen sich Brücken nachweisen. Später wurden primitive Boote nebeneinander verankert – eine Methode, die heute noch bei Behelfsbrücken verwendet wird.

Der griechische Geschichtsschreiber Herodot (um 484 bis um 425 v. Chr.) berichtet zum ersten Mal von einer festen Brücke im eigentlichen Sinn. Sie stammte aus dem 8. Jahrhundert v. Chr. und überspannte den Euphrat bei Babylon.

Die ersten großen Brückenbauten waren Schwimmbrücken (Schiffbrücken). So ließ z. B. der persische König Dareios I. (Regierungszeit 522–486 v. Chr.) während seines Eroberungsfeldzuges gegen die Skythen (512/513) eine solche Brücke über den Bosporus bauen. Sein Nachfolger König Xerxes I. (Regierungszeit 485–465 v. Chr.) benutzte für einen Brückenschlag 674 Boote für zwei Übergänge von je 1,4 km Länge [2].

Das Überwinden von Gebirgsschluchten verlangt nach grundsätzlich anderen Methoden. Hier haben sich schon zu früher Zeit einfache Hängebrücken bewährt: Der buddhistische Mönch Fâ-Hsien berichtete bereits im Jahre 412 n. Chr., daß er in Indien eine tiefe Schlucht auf einer etwa 90 m langen Seilbrücke überquert habe. Solche Brücken kann man u. a. noch heute in Indien, China und Südamerika antreffen [3].

## Römischer Brückenbau

Die Römer entwickelten eine systematische Brückenbautechnik. Eine der ältesten römischen Brücken war die 150 m lange »Pons Sublicius« von 621 v. Chr., die den Tiber überspannte. Es war eine Holzkonstruktion, deren Überbau auf tief in das Flußbett getriebenen Pfeilern ruhte. Sie ist aus der Geschichtsschreibung bekannt, ebenso wie eine 420 m lange Holzbrücke, die im Jahre 50 v. Chr. über den Rhein gebaut wurde.

Sehr eindrucksvoll sind die römischen Steinbrücken, die bis heute erhalten sind. Der tragende Unterbau bestand aus schräg behauenen Steinblöcken, die so gesetzt wurden, daß sie einen halbkreisförmigen Bogen bildeten. Ein typisches Beispiel ist die »Pons Fabricius« in Rom, die 62 v. Chr. fertiggestellt wurde (heute »Ponte Quattro Capi« genannt). Ihre zwei tragenden Bögen überspannen 24 m; bemerkenswert ist ferner ein Hochwasserdurchlaß im Zentralbogen.

## Brückenbauingenieure

Die römische Brückenbautechnik war wohldurchdacht. Die halbkreisförmigen Tragbögen leiteten die auftretende Belastung mehr oder minder senkrecht in die Tragpfeiler über. Da dies die größte Belastungsrichtung von Pfeilern ist, ist es wenig verwunderlich, daß die römischen Bauwerke Jahrhunderte überstanden und es ebensolange dauerte, bis die Brückenbautechnik neue Impulse bekam. Im 12. Jahrhundert wurde in Frankreich der Priesterorden »Frères du Pont« gegründet, der sich vor allem dem Brückenbau widmete. Die 1177 über die Rhône errichtete »Pont d'Avignon« ist ein treffendes Beispiel für das Wirken dieses Ordens. Die Brücke besitzt 21 Bögen, deren größter 35 m Spannweite hat. In England baute der Priester Peter of Colechurch im 12. Jahrhun-

**HINWEISE**

Lesen Sie auch:

Hebezeuge

Einfache Verkehrswege und Fahrzeuge

Der moderne Straßenverkehr

Moderne Brücken

Wasserversorgung

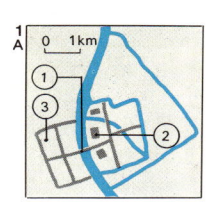

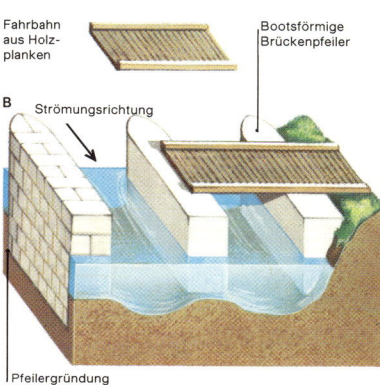

**1** Diese Zeichnung der Euphratbrücke [B] in Babylon entstand nach alten schriftlichen Überlieferungen [A]. Die Brücke [1] verband die Altstadt [2] mit einer neuen Wohnsiedlung auf dem Westufer [3] des Flusses.

Fahrbahn aus Holzplanken
Bootsförmige Brückenpfeiler
Strömungsrichtung
Pfeilergründung

**2** Die Truppen des Königs Xerxes I. (um 519–465 v. Chr.) überschritten im Jahre 480 v. Chr. die Dardanellen auf einer Pontonbrücke. Auf gleiche Weise überquerte später Alexander der Große mit seinen Soldaten den Indus.

**3** Hängebrücken aus Lianengeflecht und zähen Hölzern wurden von Gebirgsvölkern viele Jahrhunderte lang benutzt. Die abgebildete Brücke aus Südamerika (Peru) stellt ein typisches Beispiel für ihre Bauweise dar.

**4**
- Köpfe von Märtyrern, Verrätern und Verbrechern, die über dem Great-Stone-Tor zur Schau gestellt wurden. Das Great-Stone-Tor wurde nach seinem Zerfall in den Jahren 1437–40 wiederhergestellt.
- Häuser mit Torbögen
- Das Nonesuch House wurde 1577 über dem Newstone-Tor errichtet.
- Wohnhaus und Läden, auf der Kapellenruine errichtet.
- Ruinen der Peter of Colechurch-Kapelle

**4** Die »Old London Bridge«, die die Themse überspannte, wurde von einem Priester gebaut. Sie wurde nach dreißigjähriger Bauzeit 1209 fertiggestellt. Schwere Steinpfeiler, die durch Pfosten und Balken gesichert wurden, trugen den mächtigen Oberbau. Auf einem dieser Pfeiler war eine dem Erzbischof Thomas Becket geweihte Kapelle errichtet. Der sechste Brückenbogen, von Süden her gesehen, war eine Holzkonstruktion, die zur Durchfahrt größerer Schiffe geöffnet werden konnte. Die Fahrbahn wurde zu beiden Seiten von mehrstöckigen Wohnhäusern und Läden gesäumt. Mehrmals wurden Gebäude durch Feuersbrünste zerstört und im jeweils vorherrschenden Stil wieder aufgebaut. Die Spannweiten der Brückenbögen betrugen zwischen 4,5 m und 10,5 m. Die Pfeiler nahmen zusammen die halbe Flußbreite ein. Lange Zeit war diese Brücke der einzige Flußübergang in London. Sie wurde um 1831, nachdem sie über 600 Jahre lang benutzt worden war, durch eine neue Brücke ersetzt.

dert die erste steinerne Brücke über die Themse, die »Old London Bridge« [4].

Noch bis weit ins 17. Jahrhundert beschäftigten sich Priester und Architekten, die eine Neigung zum Bauingenieurwesen hatten, mit dem Brückenbau. In Florenz beauftragte die Handelskammer den Maler Taddeo Gaddi (um 1300–66), den durch eine Flut zerstörten »Ponte Vecchio« wiederaufzubauen. Die von ihm restaurierte Brücke weist erstmals einen Unterbau auf, dessen Bögen nicht mehr einen vollen Halbkreis beschreiben. Eine gleichartige Konstruktion verwendete der Priester und Architekt Giocondo (um 1433–1515) beim Bau der ersten Steinbrücke in Paris im Jahre 1507.

Brücken wurden nicht immer nur von begabten Amateuren gebaut. 1716 wurde im französischen Heer eine Brückenbauabteilung gegründet, das »Corps des Ponts et Chaussées«. Ihr Chefingenieur, Jean Perronet (1708–94), ersetzte erstmals den Kreissegmentbogen durch einen elliptisch geformten Bogen [7].

**Eisen- und Stahlbrücken**
1779 wurde die erste eiserne Brücke von Abraham Darby III, einem Enkel des englischen Eisengießers Abraham Darby (1678–1717), gebaut. Die Brücke überquerte den Severn bei Coalbrookdale in England. Die notwendigen Träger und Eisenplatten wurden in den Coalbrookdale-Werken des Eisengießers Darby hergestellt. Bald darauf benutzte man auch Schmiedeeisen zum Brückenbau. Der schottische Ingenieur Thomas Telford (1757–1834) fertigte die schmiedeeisernen Bauglieder für die Brücke über den Menai Strait zwischen Wales und der Insel Anglesey, die etwa 1826 fertiggestellt wurde. Die Spannweite dieser Brücke betrug 178 m. Ungeachtet des verwendeten Materials blieb jedoch die von den Römern eingeführte Bogenbauweise für den Unterbau eine der wirkungsvollsten Bautechniken, vor allem bei Bauten, die einer großen Belastung unterliegen wie etwa Eisenbahnbrücken von extrem großen Spannweiten.

Eine der ersten Brücken dieser Art ist die Stahlbogenbrücke über den Mississippi bei St. Louis [9], von dem amerikanischen Ingenieur James Buchanan Eads (1820–87) entworfen. 1867 begann er mit den Bauarbeiten und 1874 konnte die Brücke dem Verkehr übergeben werden.

**Brücken** stellen heute wichtige Verbindungselemente im Verkehrsnetz dar. Im Mittelalter gab es zunächst nur wenige Brücken [A]; oft wurden Fähren benutzt. Im 19. Jh. wurden die ersten Eisenbahnbrücken gebaut [B]. Neben der Flußüberquerung werden Brücken heute beim Bau von Schnellverkehrswegen mit einbezogen [C].

**5 Die Brücke über den Tagus** (heute Tajo) bei Alcántara (Südwestspanien) zeugt eindrucksvoll von der römischen Brückenbaukunst. Sie wurde im Jahre 109 n. Chr. fertiggestellt und hatte mit ihren sechs Steinbögen eine Spannweite von 204 m bei einer lichten Höhe von 52 m. Ähnlich bauten die Römer Aquädukte zur Wasserversorgung großer Städte. Sie hatten meist eine zusätzliche Fahrbahn. Die Halbkreisbögen sind typisch romanisch.

**6 Diese Holzbrücke** ist typisch für die Brückenbauformen, die jahrhundertelang in Srinagar, der Hauptstadt von Kaschmir, vorherrschten. Eine Fahrbahn aus Zedernholz ruhte auf hölzernen Pfeilern; die Fundamente waren aus Stein gefertigt.

**7 Der »Pont de la Concorde«** in Paris wurde von Jean Perronet erbaut und 1791 fertiggestellt. Der französische Ingenieur verwendete dabei erstmals elliptische Tragbögen. Unter dem linken Brückenbogen ist das hölzerne Baugerüst zu erkennen, das für den Bogenbau errichtet wurde. Ein Kastendamm aus Holz hielt während des Pfeilerbaus das Wasser fern.

**8 Die Hängebrücke in Niagara Falls**, die die USA und Kanada verband, wurde 1855 von John Roebling (1806 bis 69) gebaut. Sie besaß eine obere Fahrbahn für die Eisenbahn und eine untere für den Straßenverkehr. Die Tragseile waren aus geschmiedeten Stahldrähten geflochten, Spannseile verminderten die Fahrbahnschwingungen, und vertikale Hängeseile verbanden Tragseile und Fahrbahnen. Die Brücke hatte eine Spannweite von 250 m.

**9 Die »Ead's Bridge«** über den Mississippi bei St. Louis (USA) wurde 1874 für den Verkehr freigegeben. Sie war die erste größere Stahlbogenbrücke für Eisenbahn- und Straßenverkehr. Der Hauptbogen überspannt 156 m und hat eine lichte Höhe, die das Durchfahren großer Flußdampfer gestattet. Die Brückenfundamente sind auf felsigem Untergrund verankert; J. B. Eads benutzte bei der Errichtung der Brücke Taucherglocken, die durch erhöhten Innendruck das Wasser fernhielten.

# Moderne Brücken

Zwei technische Neuerungen des 19. Jahrhunderts haben den Brückenbau entscheidend beeinflußt: die Entdeckung des Portlandzements und die Entwicklung der Massenproduktion von Stahl. Zement ist ein wichtiger Bestandteil des Betons für den Bau von Brückenpfeilern, -auflagern und -bögen. Er kann als »künstlicher Stein« in jede beliebige Form gebracht werden. Während Beton nur auf Druck belastet werden kann, widersteht Stahl sowohl Druck- als auch Zugkräften und eignet sich besonders für Tragwerke großer Spannweiten. Hochbelastbare Stahlseile tragen Hängebrücken riesiger Ausmaße.

## Stahlbetonbrücken

Die Eigenschaften von Beton und Stahl werden im sogenannten Stahlbeton günstig vereinigt: In Beton eingegossene Stahlteile nehmen die auftretenden Zugkräfte auf. Sie verhindern eine Zugbelastung des Betons und lassen der Konstruktion größeren Spielraum. Rißbildung des Betons durch Dehnung der Stahlbewehrung kann dadurch umgangen werden, daß der Bewehrungsstahl vor dem Abbinden des Betons soweit vorgespannt wird, daß auch im fertigen Bauteil bei Belastung nur Zugkräfte auftreten. Diese Erfindung geht auf den französischen Ingenieur Eugène Freyssinet (1879–1962) zurück. Die Verwendung dieses »Spannbetons« verbindet hohe Tragfähigkeit der Konstruktion mit geringem Eigengewicht und erweitert die Möglichkeiten und Grenzen architektonischer Entwürfe.

## Brückenarten

Die vier grundsätzlichen Brückentypen sind die Balkenbrücke, die Bogenbrücke, die Hängebrücke und die Klapp- oder Zugbrücke [1]. Die Balkenbrücke hat einen horizontalen, auf Pfeilern ruhenden Oberbau. Diese Konstruktion muß im oberen Teil Druckkräfte und im unteren Teil Zugkräfte aufnehmen. Der Brückenbalken kann aus einer Kastenkonstruktion, einem Rahmenwerk oder einem massiven Tragbalken bestehen.

Eine Bogenbrücke ist im allgemeinen so gestaltet, daß an keiner Stelle Zugkräfte auftreten. Beton ist deshalb besonders für diesen Brückentyp geeignet. Mit Stahlbeton können schön gestaltete und relativ preisgünstige Bogenbrücken gebaut werden.

Bei der Hängebrücke ist die gesamte Fahrbahn mit meist senkrechten Tragseilen an zwei oder mehreren Stahlseilen aufgehängt, die über hohe Tragtürme (Pylone) laufen. Bei dieser Anordnung werden die Pylone ausschließlich auf Druck belastet. Die Stahlseile selbst sind hochbelastbar und können riesigen Zugkräften widerstehen.

Klappbrücken besitzen im allgemeinen zwei klappbare Brückenbalken, die in hochgeklappter Stellung die Durchfahrt größerer Schiffe ermöglichen. Die Tragbalken müssen während des normalen Brückenbetriebs im oberen Teil Zugkräfte und im unteren Teil Druckkräfte aufnehmen.

Zwischen diesen vier Brückentypen gibt es eine Vielzahl von Zwischenformen. Die Schrägseilbrücke beispielsweise ist eine Kombination zwischen Hängebrücke und Balkenbrücke. Bei dieser Konstruktion werden kragende Brückenbalken über Schrägseile an Pylonen abgespannt.

Eine wesentliche Aufgabe fällt auch den Teilen der Brückenkonstruktion zu, die für den Betrachter nicht sichtbar sind: den Fundamenten der Pfeiler und den Auflagern. Die

**HINWEISE**

Lesen Sie auch:

Hebezeuge

Panzerfahrzeuge

Der moderne Straßenverkehr

Geschichte des Brückenbaus

---

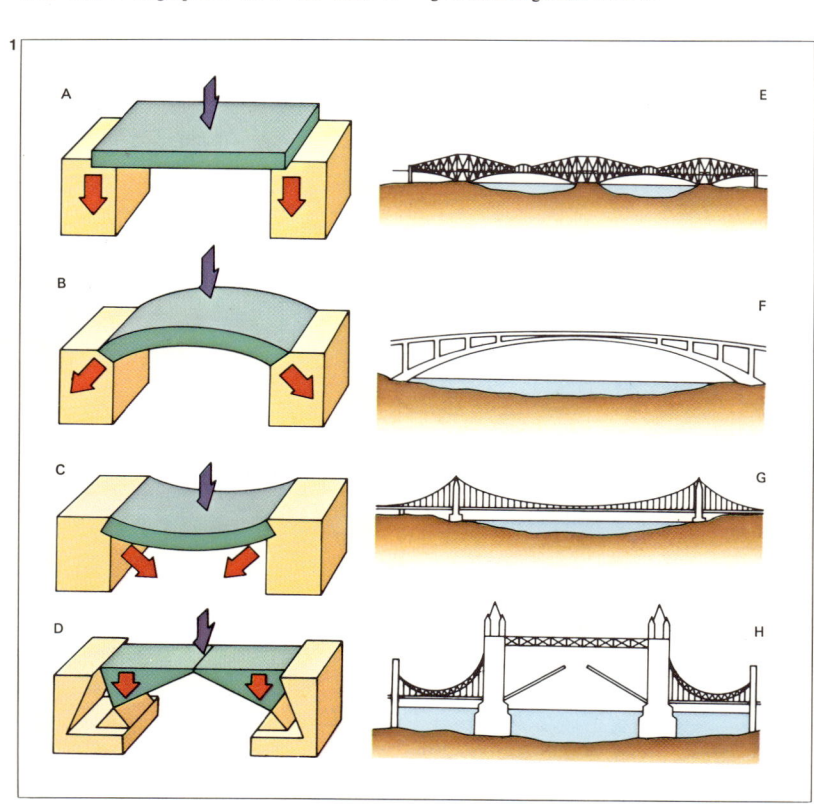

**1 Die vier grundsätzlichen Brückentypen:** Balkenbrücke [A], Bogenbrücke [B], Hängebrücke [C], Ausleger- bzw. Kragträgerbrücke [D]. Zur letzteren gehören alle beweglichen Klappbrücken, aber auch feste Konstruktionen wie z. B. die Eisenbahnbrücke über den Firth of Forth (Mittelschottland) [E] mit Kragteilen zu beiden Seiten der Pfeiler. Bei Bogenbrücken kann die Fahrbahn nahezu horizontal auf dem Tragbogen aufliegen [F]. Hängebrücken tragen die Fahrbahn mit Stahlseilen, die über Tragtürme verspannt sind [G]. Die beiden Teile der Klappbrücke sind bewegliche Kragträger [D, H]. Ein typisches Beispiel hierfür ist die Tower Bridge in London.

**2 Die Howrah-Brücke in Kalkutta** ist mit 453 m Spannweite die fünftlängste Auslegerbrücke der Welt. Die beiden Hauptpfeiler bestehen aus je 21 zu einem Rahmenwerk zusammengefügten Stahlteilen. Sie wurden bei der Errichtung durch Abgraben des Erdreichs unter den bereits stehenden Pfeilern tief bis in festen Lehm versenkt. Im Jahre 1943 konnte die Brücke für den Verkehr freigegeben werden.

**3 Die Gladesville-Brücke** über den Parramata in Sydney (Australien) ist mit 305 m Spannweite die größte Betonbogenbrücke der Welt. Sie hat insgesamt acht Fahrbahnen und wurde im Jahre 1964 dem Verkehr übergeben.

**4 Die 1963 fertiggestellte Medway-Brücke** in Südostengland ist die größte Auslegerbrücke aus Spannbeton. Die Spannweite zwischen den beiden Hauptpfeilern beträgt 150 m; die Kragträger haben eine Länge von 60 m und sind mit einem 30 m langen Tragbalken verbunden.

meisten modernen Brücken stehen auf Betonfundamenten, die häufig tief in gewachsenen Fels reichen. Sie müssen starken Gezeitenkräften, Eisgang und oft auch Bodenbewegungen bei kleineren Erdbeben widerstehen können. Wenn gewachsener Fels nicht zur Verfügung steht, werden die Tragkonstruktionen in den meisten Fällen auf tief in den Boden gerammten Pfeilern gegründet.

**Spannweiten**
Jede Brücke muß zwei Arten von Lasten tragen: die Nutzlast, d. h. den die Brücke überquerenden Verkehr, und das Eigengewicht, das um so höher ist, je größer die Spannweite der Brücke ist; das Eigengewicht setzt damit der Konstruktion je nach Material und Bautyp Grenzen. Die Stahlbogenbrücke mit größter Bogenspannweite ist gegenwärtig die Brücke in Sydney Harbour [7], deren Bogen 503 m überspannt. Die theoretisch ermittelten Grenzen für solche Stahlkonstruktionen liegen bei etwa 1000 m. Allerdings spielen bei Konstruktionsentwürfen auch die Baukosten eine wesentliche Rolle und begrenzen somit die Spannweiten. Vom Kostenpunkt her hat sich die Bogenbrücke aus Stahlbeton als die günstigste Lösung erwiesen. Die zur Zeit größte Konstruktion ist die Gladesville-Brücke [3], ebenfalls in Sydney, mit einer Spannweite von 305 m.

Die theoretisch größte Spannweite für Klappbogenbrücken liegt bei 750 m; die größte Brücke dieser Konstruktionsart ist die Quebec-Brücke in Kanada mit einer Spannweite von 540 m, die bereits im Jahre 1918 fertiggestellt werden konnte.

Die größten Spannweiten sind mit modernen Hängebrücken zu erreichen. Die längste bis jetzt gebaute Brücke dieser Art, die Verrazano Narrows Bridge am Eingang des New Yorker Hafens, hat eine Spannweite von 1298 m. Die gegenwärtig im Bau befindliche Humber Bridge in England soll sogar 1410 m überspannen. Damit erreichen Hängebrücken unbestritten den Spannweitenrekord. Dennoch wird mit diesen Weiten die theoretische Grenze bei weitem nicht erreicht. Erfahrene Brückenbauingenieure rechnen mit möglichen Spannweiten von bis zu 3000 m unter Verwendung des heute zur Verfügung stehenden Materials; künftige Entwicklungen lassen noch weit größere Dimensionen erwarten.

**Die neue Brücke über den Bosporus** in Istanbul mit einer Spannweite von 1074 m wurde 1973 fertiggestellt. Sie ist ein typisches Beispiel für eine moderne Hängebrücke. Im Gegensatz zu früheren Hängebrücken ist sie durch extreme Leichtbauweise gekennzeichnet und damit wirtschaftlicher. Eine ähnliche Konstruktion stellte die Köhlbrandbrücke in Hamburg dar, die zum Freihafengelände führt.

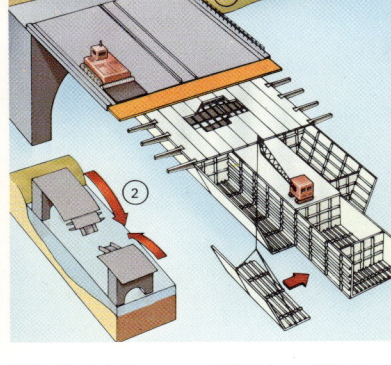

**5 Das Verkehrskreuz Gravelly Hill** bei Birmingham (England) – hier während des Baus – besteht aus Brückenteilen mit einfachen, hohlen Kastenträgern für die Fahrbahn, getragen von zahlreichen vertikalen Betonsäulen. Das Bauwerk ist ein treffendes Beispiel für die hervorragende Zusammenarbeit von Straßen- und Brückenbauingenieuren bei Planung, Konstruktion und Ausführung. Aufgrund seiner Form wird es im Volksmund »Spaghettiknoten« genannt.

**6 Brücken mit Kastenträgern** werden heute wegen ihres günstigen Verhältnisses von Eigengewicht zu Tragkraft in immer größerer Zahl gebaut. Oft werden beim Bau die tragenden Teile von den Stützen [1] aus in freiem Vorschub vorgetrieben, bis sie sich dann in der Mitte treffen. Dabei unterliegen die einzelnen Bauteile großen Zugkräften [2], die erst nach dem Zusammenfügen verschwinden. Erst die fertiggestellte Brücke erreicht eine hohe Tragkraft.

**7 Die Hafenbrücke in Sydney** (Australien) ist die längste Stahlbogenbrücke. Sie führt vier Bahngleise und sechs Straßenfahrbahnen über eine Spannweite von 503 m in 52 m Höhe über dem Wasserspiegel. 1932 wurde sie fertiggestellt.

**8 Das hier abgebildete Straßensystem** führt zu einer Verkehrskreuzung in Copeley Hill bei Birmingham (England). Die Fahrbahn [vorne] ist ein typisches Beispiel für eine moderne Stahlbeton-Balkenbrücke aus teilweise vorgefertigten Einzelteilen.

# Häfen und Docks

Ein Seehafen soll in erster Linie Schiffen Schutz vor Sturm und Seegang bieten. Dabei muß er tief genug sein für größere Schiffe und einen geeigneten Ankergrund haben. Größere Hafenanlagen haben Einrichtungen für das Laden und Löschen von Fracht und die Abfertigung des Passagierverkehrs.

## Natürliche und künstliche Häfen

Die meisten Häfen sind aus natürlich geschützten Seebecken entstanden [Leitbild], die durch Erweiterung und Ausbau mit Piers und Kais zu leistungsfähigen Hafenanlagen wurden. Oft besitzen sie Kräne und Fördereinrichtungen, Lagerhäuser, Zollstellen und spezielle Einrichtungen für den Passagierverkehr wie Einwanderungsbehörden und Dienstleistungsbetriebe. Große Hafenanlagen verfügen über Reparaturwerften mit Trockendocks [4] und verschiedenen Versorgungsanlagen für Wasser, Brennstoff, Öl und Kohle.

Einer der ersten Häfen war nach geschichtlichen Überlieferungen der natürliche Hafen von Sidon (heute Saida) im südlichen Libanon am Mittelmeer, der im 2. Jahrtausend unter den Phöniziern eine Blütezeit erlebte. Gegen 1000 v. Chr. wurde er durch den Hafen von Tyros überflügelt, 677 zerstört und wieder aufgebaut. Mit der Zerstörung Karthagos (146 v. Chr.) durch die Römer wurde die phönizische Macht zerschlagen, und Sidon ging im Jahre 63 v. Chr. in römische Hände über. In späterer Zeit wurde die Hafenstadt von den Arabern eingenommen. Gegen Ende des 13. Jahrhunderts n. Chr. verlor Sidon dann an Bedeutung.

Der um 332 v. Chr. gegründete Hafen von Alexandrien ist ein frühes Beispiel einer ausgeklügelten Hafenanlage. Das natürliche Hafenbecken war fast allseitig von Land umgeben; der Osthafen mit seinen Piers lag im Schutze einer Reihe von Riffen. Um 280 v. Chr. ließ Ptolemaios II. von Ägypten den Leuchtturm von Pharos bauen – eines der Sieben Weltwunder der Antike –, damit heimkehrende Schiffe sicher in den Hafen fanden.

Im Mittelalter führte der zunehmende Wohlstand in Europa zu einer Ausweitung des gesamten Handelsverkehrs. In den Häfen von Venedig und Genua entstanden Dockanlagen und Werften. Von Genua aus führten die Seewege durch die Straße von Gibraltar, von Venedig aus nach Konstantinopel, von wo aus direkte Handelswege bis in den Fernen Osten bestanden.

Der Hafen von Dover, über den die Verbindung zwischen England und dem europäischen Festland hergestellt wurde, war zunächst ein ungeschützter Seehafen. Im 16. Jahrhundert ließ Heinrich VIII. einen Wellenbrecher aus Steinen und Holz bauen, um den ankernden Schiffen besseren Schutz zu bieten. Dennoch wurden bis ins 18. Jahrhundert in Europa fast ausschließlich ungeschützte Seehäfen benutzt. Erst im Laufe der industriellen Revolution entstand der Hafenbau als eigenständiger Zweig der Ingenieurwissenschaften. Seit der Zeit gibt es befestigte Hafenanlagen.

Zu den berühmtesten künstlichen Häfen aus jüngerer Zeit gehören die sogenannten Mulberry Harbours, die von den Alliierten im Zweiten Weltkrieg bei der Invasion in der Normandie (1944) benutzt wurden. Sie bestanden aus vorgefertigten Betonteilen, die vor der französischen Küste versenkt wurden. Sie wirkten als Wellenbrecher und schützten eine weite Wasserfläche vor Sturm und Seegang. Auf diese Weise wurde das Landen von Truppen

## HINWEISE

**Lesen Sie auch:**

Erdöl und Erdgas

Moderne Schiffe

Kanalbau

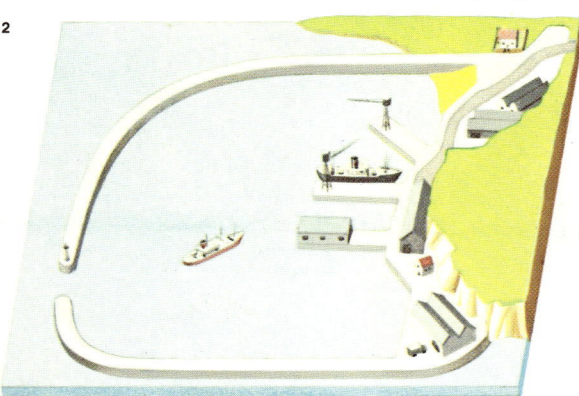

**1 Natürliche Häfen** können ohne künstliche Ausbauten direkt benutzt werden. Sie liegen in fast geschlossenen Buchten oder in Flußmündungen. Beispiele hierfür sind die Häfen von Kingston auf Jamaika, Southampton und San Francisco. Der New Yorker Hafen nutzt ebenfalls die idealen natürlichen Gegebenheiten aus: Bei tiefem Wasser, natürlich geschützten, guten Zufahrtswegen und geringen Gezeitenunterschieden waren kaum zusätzliche Ausbauten nötig.

**2 Bei künstlichen Häfen** in offenen Meeresbuchten sorgen vorgelagerte Wellenbrecher für eine ruhige Wasseroberfläche. Eine tiefe Fahrrinne stellt die Zufahrt dar. Der Hafen von Colombo stellt eine Eindeichung der offenen Küste Ceylons dar und ist für diese spezielle Hafenform typisch. Andere Beispiele künstlicher Häfen sind der Fährhafen von Dover, der die Verbindung zwischen England und dem Festland herstellt, und der Hafen von Monaco am Mittelmeer.

**3 Die Flußmündungen** bieten breite Zufahrten und damit gute Voraussetzungen für einen Hafen. Die Gezeiten erfordern jedoch besondere Maßnahmen, um einen mehr oder weniger gleichbleibenden Wasserstand an den Kais zu schaffen. In den Häfen von Antwerpen, Le Havre, Liverpool und London wird dieses Problem durch Schleusen gelöst: Bei Flut werden diese geschlossen, und das Wasser wird in einem Becken gestaut. Hafenanlagen dieser Art werden daher häufig auch als »Schleusenhäfen« bezeichnet.

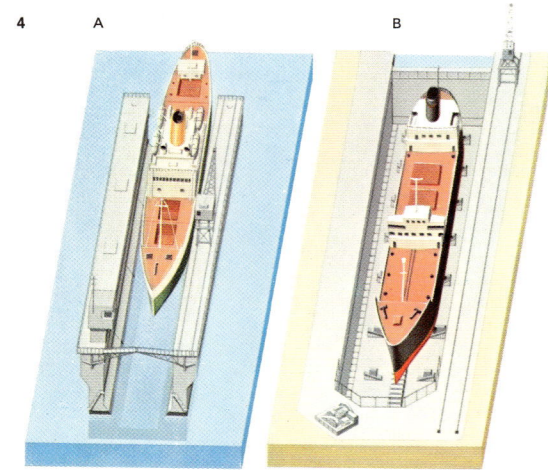

**4 Schwimm- und Trockendocks** dienen dazu, Reparaturen am Rumpf von Schiffen auszuführen. Ein Schwimmdock wird zum Einfahren des Schiffes geflutet [A]; ein Trockendock [B] ist ein großes Becken, das leergepumpt wird.

**5 Moderne Containerhäfen** sind mit speziellen, genormten Verladeeinrichtungen für Container (Transportbehälter) ausgerüstet. Spezialfahrzeuge [1] transportieren die Container zur␣Laderampe, ein Ladegerät [2] hebt sie von den Fahrzeugen und stellt sie für den Verladekran [3] bereit, der sie auf das Schiff befördert. Die Kranführerkabine [4] läuft dabei parallel zum Container mit und erleichtert somit die Verladearbeiten im Schiff.

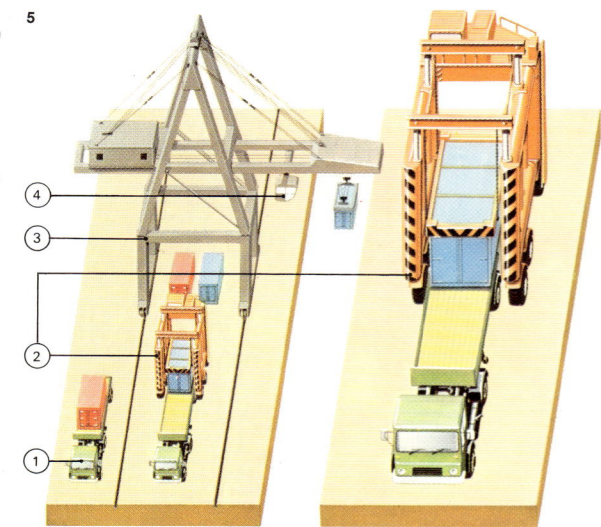

und Fahrzeugen samt Munition und anderen Versorgungsgütern möglich.

### Hafentypen

Häfen können nach verschiedenen Gesichtspunkten eingeteilt werden. Natürliche Häfen findet man in Buchten [1] und Flußmündungen [3], Binnenhäfen und offene Häfen an geschützten Küstenstellen. Bei Hafenanlagen unterscheidet man zwischen Handelshäfen, Flottenstützpunkten, Fischereihäfen und in jüngster Zeit auch Sport- oder Freizeithäfen für Jachten und Motorboote.

Handelshäfen haben für die heutige Wirtschaft außerordentliche Bedeutung erlangt. Es gibt hochleistungsfähige Containerhäfen [6], Passagierhäfen für Überseeschiffe, Häfen für den Kurzstreckenverkehr und Häfen, die ausschließlich dem Fährverkehr dienen.

Die wichtigsten Welthäfen sind ausgebaute und erweiterte Naturhafenbecken, so z. B. die Häfen von Buenos Aires, Hamburg, Le Havre, Liverpool, Montevideo, New York und San Francisco. Der New Yorker Hafen hat eine nutzbare Küstenlänge von insgesamt 720 km; 240 km sind in Form von Piers ausgebaut. Der innere Hafen ist in fast idealer Weise von Land umgeben, weist eine ausreichende Tiefe für Großschiffe auf und hat einen Gezeitenhub von nur 1,7 m bei schwacher Gezeitenströmung. Der äußere Hafen außerhalb der Verrazano-Untiefen liegt im Schutz weiter Sandbänke.

Ein typischer Binnenhafen ist der von Chicago am Michigansee. Er liegt etwa 3000 km vom Golf von St. Lorenz entfernt. Die Seeverbindung von und nach Chicago führt durch den Huronsee in Detroit, den Eriesee und den 9 m tiefen Wellandkanal, der den Erie- und den Ontariosee verbindet und die Niagarafälle umgeht. Von dort führt der St.-Lorenz-Seeweg über Montreal und Quebec bis zum Atlantischen Ozean.

### Hafeninstandsetzung

Die Mehrzahl aller Welthäfen ist durch Flüsse mit dem offenen Meer verbunden. Der sich in den Mündungen der Flüsse ablagernde Schlamm muß ständig ausgebaggert werden. Die meisten großen Seeschiffe haben einen Tiefgang bis zu 15 m, die modernen Supertanker sogar bis zu 25 m, so daß große Saugbagger die Fahrrinnen unablässig ausbaggern müssen.

**Leitbild**

**Der Naturhafen von Falmouth** an der Südküste von Cornwall (England) kann auf eine hundertjährige Geschichte zurückblicken. Während hier früher Handelsschiffe Zuflucht vor den Stürmen des Atlantiks suchten, dienen die Anlagen in heutiger Zeit als Sporthafen und Verwaltungssitz des königlichen Jachtclubs von Cornwall.

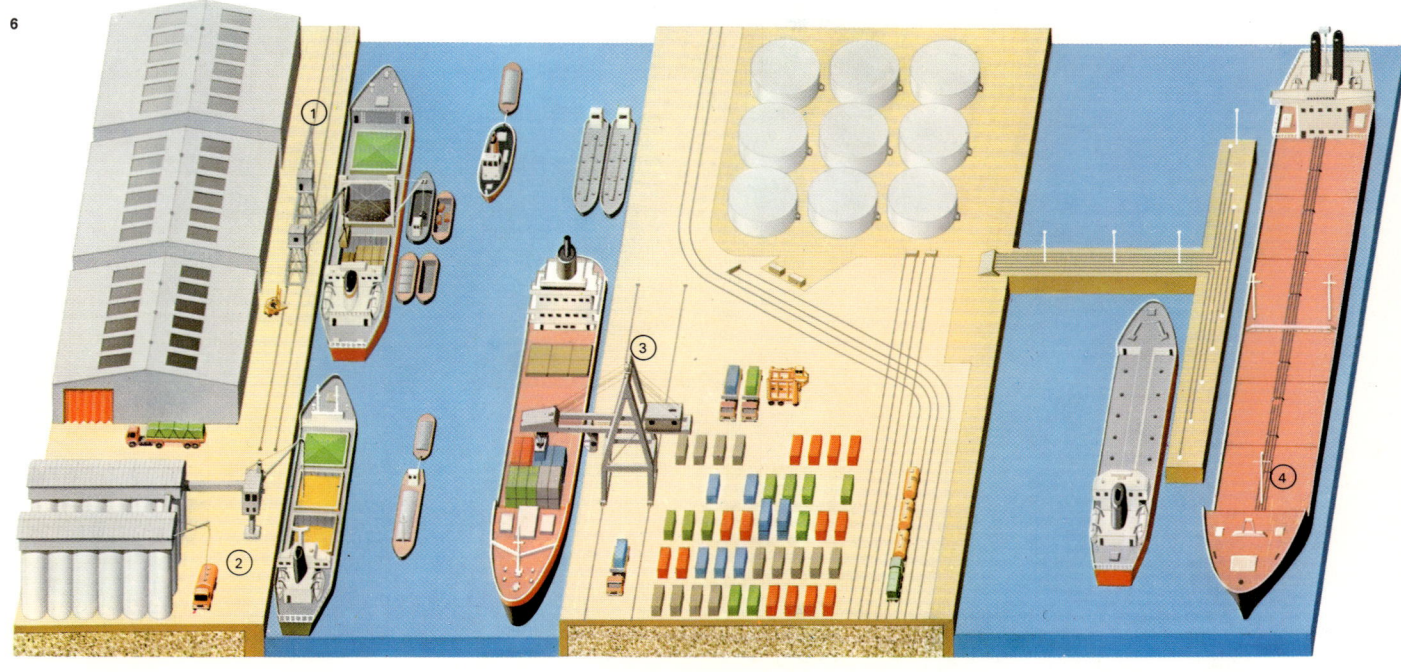

**6 In großen Seehäfen** werden die verschiedensten Güter umgeschlagen und die unterschiedlichsten Schiffe abgefertigt. Die meisten Güter werden in Lagerhäusern gestapelt, von wo aus sie mit Verladekränen [1], die auf Schienen entlang der Kais fahren, auf die Schiffe verladen werden. Wenn es notwendig ist, kann das Ladegut auch mit den Ladebäumen des Schiffes in Kähne und andere offene Wasserfahrzeuge (Leichter) umgeladen werden, die längsseits am Frachtschiff festmachen. Die Ladung von Getreideschiffen [2] wird mit Hilfe von Saugrohren in die Silos befördert. Containerschiffe [3] benötigen nur kurze Verladezeiten (besonders bei gemischten Gütern). Die modernen Öltanker [4] haben für normale Häfen meist einen zu hohen Tiefgang. Sie ankern daher meist auf offener Reede und pumpen das Erdöl über Schläuche entweder direkt an Land oder in kleinere Tanker, die dann als Zubringerschiffe eingesetzt werden.

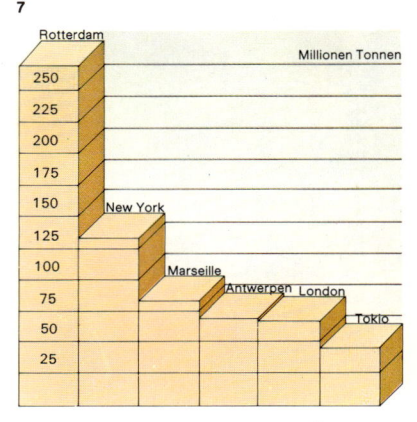

**7 Die Umschlagkapazität** eines modernen Hafens verhält sich proportional zu dem in Krananlagen und Fördereinrichtungen angelegten Kapital. Neben den üblichen, auf Schienen laufenden Portalkränen werden in Industriehäfen Schaufelkräne zur Beförderung von Kohle und Erzen eingesetzt. Auf Pontons montierte Schiffskräne benutzt man für sperrige und schwere Güter. In Rotterdam werden heute mehr Waren jährlich umgeschlagen als in jedem anderen Hafen der Welt. Dem Güterumschlag nach zweitgrößte Hafen ist New York, dann folgt Marseille. – Jede horizontale Linie in der nebenstehenden graphischen Darstellung steht für jeweils 25 Millionen Tonnen Ladungsumschlag in den jeweiligen Häfen – in Rotterdam sind es 268 Millionen Tonnen pro Jahr, in New York 132 und in Marseille 83. In Antwerpen werden 67, in London 66 und in Tokio 46 Millionen Tonnen jährlich umgeschlagen. In einigen Häfen der Welt ist der jährliche Güterumschlag in den letzten zwanzig Jahren bis auf das Siebenfache angestiegen.

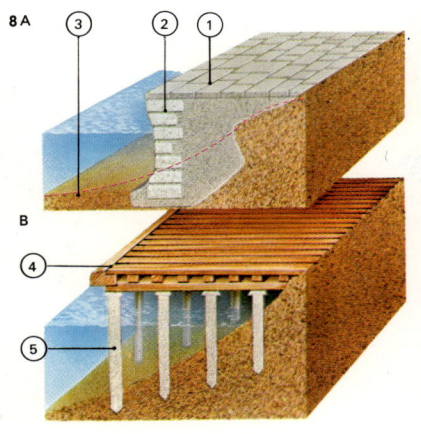

**8 Der Bau von Hafenanlagen** kann spezielle Probleme bringen. Die einzelnen Bauelemente müssen auf sicheren Fundamenten stehen und gegen die korrodierende Wirkung des Salzwassers geschützt werden. Feste Kaianlagen [A] besitzen befestigte Flächen [1], die dem Wasser zu durch Betonklötze [2] abgestützt sind. Der Wassergrund ist ausgebaggert [3]. Bei Brückenkais [B] ruht die Arbeitsfläche [4] (aus Holz oder Zement) auf Betonpfeilern [5], die gelegentlich noch durch Spundwände abgesichert sind.

145

# Kanalbau

Kanäle sind wichtige Verbindungen zwischen den natürlichen Wasserstraßen. In Deutschland sind Rhein und Mosel die Hauptadern eines weitverzweigten internationalen Kanalsystems, das sich über Holland, Belgien und Frankreich erstreckt. Zur Zeit wird ein neuer Kanal vom Rhein zum Schwarzen Meer über Main und Donau gebaut. In der UdSSR gehen umfangreiche Kanalsysteme von Wolga, Ob, Jenisej und Lena aus.

### Frühgeschichtliche und neuzeitliche Kanäle

Schon im Altertum wurden Kanäle gebaut, so in Ägypten, Mesopotamien und China. Sie dienten der Schiffahrt und der Wasserversorgung. Einer der ersten künstlichen Kanäle, von dem die Geschichtsschreibung berichtet, wurde unter Necho II. (Regierungszeit 610–595 v. Chr.) begonnen. Er führte vom Nil zum Roten Meer.

Die größten Kanalkonstruktionen aus neuerer Zeit sind zweifellos der 1868 eröffnete Sueskanal [8], der 1914 fertiggestellte Panamakanal [6], das 1959 eröffnete Kanalsystem des Sankt-Lorenz-Stroms [2] und der 320 km lange Kanal vom Weißen Meer zur Ostsee, dessen Bau 1975 beendet wurde.

Der Bau künstlicher Kanäle war eine Folge zunehmender Schiffahrt, vor allem im Binnenverkehr. Als erste Vorläufer können durch künstliche Maßnahmen schiffbar gemachte natürliche Wasserläufe angesehen werden. Hierzu wurden bereits gegen 500 v. Chr. in China primitive, eintorige Schleusen benutzt. Es waren einfache Wehre mit Öffnungen, durch die Wasser strömte. Auf diesem Wasserstrome schwammen die abwärtsfahrenden Schiffe allein, während aufwärtsfahrende mit Winden gezogen wurden. Die erste zweitorige Schleuse war wahrscheinlich die 1373 in Vreeswijk (Holland) gebaute Beckenschleuse. Der Wasserstand im Becken solcher Schleusen wird durch wahlweises Öffnen des oberen oder unteren Schleusentores geregelt. Leonardo da Vinci (1452–1519) baute die erste Schleuse mit in der Mitte sich öffnenden Schwingtoren. In geschlossenem Zustand bilden diese Schleusentore einen Winkel, so daß der Wasserdruck die Tore geschlossen hält.

Ein historisch bemerkenswerter Kanal ist der 1681 von französischen Ingenieuren fertiggestellte Canal du Midi, der die Garonne bei Toulouse mit dem Mittelmeer bei Sète verbindet. Er führt über drei Aquädukte und einen Tunnel bei einer Länge von rd. 240 km. In den USA baute man Kanäle zur Verbindung der Flüsse Ohio und Mississippi [1] mit den Atlantikhäfen, um Landgebiete zu erschließen und Hindernisse auf den sonst schiffbaren Gewässern zu umgehen. Das bedeutendste Kanalprojekt in den Vereinigten Staaten war die 580 km lange Verbindung vom Eriesee nach New York. Der Bau dauerte acht Jahre, bis er 1825 fertiggestellt wurde.

### Europäische Kanäle

Nach 1850 wurden in Europa – besonders in den Küstengebieten Hollands, Belgiens und Frankreichs – eine Reihe von Kanälen gebaut, die die Binnenhäfen mit dem offenen Meer verbanden. Einer der wichtigsten Kanäle ist der zwischen 1887 und 1895 erbaute Nord-Ostsee-Kanal, der mit nur zwei Schleusen eine Gesamtlänge von 98,7 km aufweist. Der längste Kanal ist der Mittellandkanal, der mit 325 km um 21 km länger ist als das Kanalsystem des Sankt-Lorenz-Seeweges. Er wurde 1938 fertiggestellt und verbindet Rhein, Weser und Elbe zwischen Bergeshövede und Magdeburg, von

**HINWEISE**

**Lesen Sie auch:**

Häfen und Docks

Wasserversorgung

---

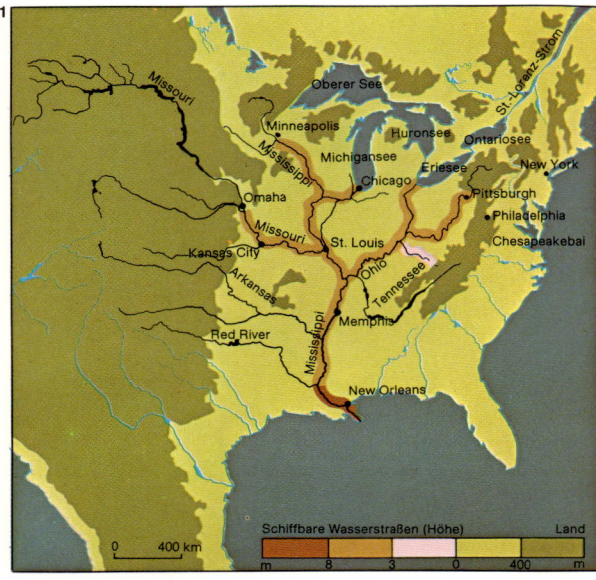

**1 Die Flußsysteme des Ohio und des Mississippi** gehören zu den umfangreichsten der Erde. Sie umfassen zwei Drittel der Fläche der Vereinigten Staaten. Künstliche Kanäle verbinden die schiffbaren Flüsse und schaffen ein leistungsfähiges Binnenschiffahrtsnetz von New Orleans bis Chicago und zum St.-Lorenz-Seeweg sowie dem Ohio River bis New York. Pittsburgh und Philadelphia wurden im 19. Jh. an ein Kanalnetz angeschlossen, das den Columbia River mit der Chesapeakebai, der größten Bucht an der Ostküste, verbindet. Außerdem besteht eine direkte Kanalverbindung von New York zum St.-Lorenz-Seeweg und damit zu den nordamerikanischen Seen.

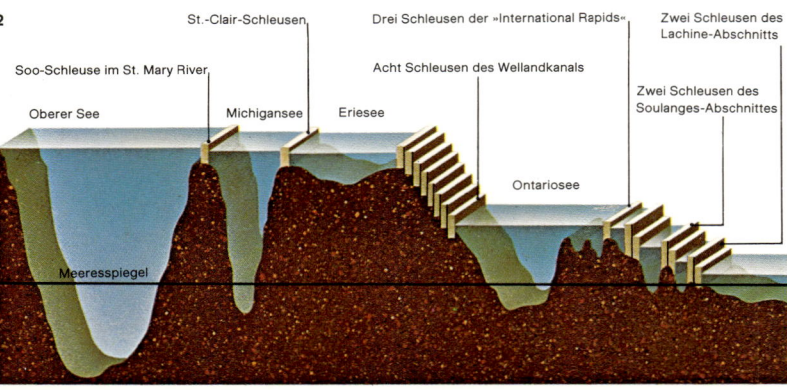

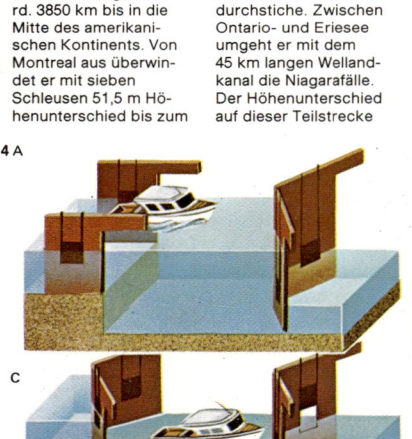

**2 Der St.-Lorenz-Seeweg** führt vom Atlantik über eine Länge von rd. 3850 km bis in die Mitte des amerikanischen Kontinents. Von Montreal aus überwindet er mit sieben Schleusen 51,5 m Höhenunterschied bis zum Ontariosee und führt dabei durch zwei kleinere Seen und drei Kanaldurchstiche. Zwischen Ontario- und Eriesee umgeht er mit dem 45 km langen Wellandkanal die Niagarafälle. Der Höhenunterschied auf dieser Teilstrecke beträgt 98 m. Vom Eriesee führt er über Detroit und den Clair River in den Huronsee, der über die Straße von Mackinac mit dem Michigansee verbunden ist. Chicago ist somit vom Atlantik aus erreichbar. Vom Huronsee führt ein fünfschleusiger Kanal unter Umgehung der St.-Mary's-Fälle weiter zum Oberen See. Dieser nördliche Teil des St.-Lorenz-Seewegs ist jedoch in den Wintermonaten oft vereist, also meist nicht das ganze Jahr über zu befahren.

**3 Ausreichende Fahrwassertiefe** ist unbedingt nötig, damit auch größere Schiffe unbehindert einen Kanal passieren können und nicht durch Auflaufen den Verkehr lahmlegen. Daher muß die Fahrrinne in regelmäßigen Abständen freigebaggert werden. Dieser Schwimmbagger, ausgerüstet mit hydraulisch absenkbaren Stützen, lockert mit einer Fräse den Gewässergrund auf und saugt dann den Schlamm ab. Der Schlamm wird in Schuten entladen, die während der Baggerarbeiten längsseits am Schwimmbagger vertäut sind.

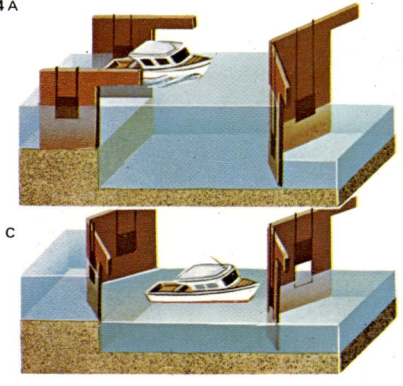

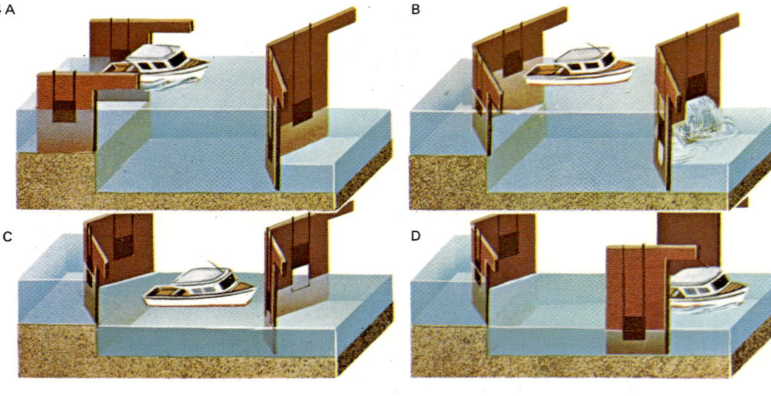

**4 Zum Abwärtsschleusen** fährt das Schiff vom Oberwasser in das Schleusenbecken ein [A]. Nach dem Schließen des oberen Schleusentores wird durch Öffnungen im unteren Tor Wasser abgelassen [B], bis der Wasserstand mit dem Unterwasser übereinstimmt [C]. Dann wird das untere Schleusentor geöffnet, und das Schiff kann ins Unterwasser auslaufen [D]. Beim Aufwärtsschleusen verläuft der Vorgang umgekehrt: Der Wasserstand steigt durch Öffnungen im oberen Tor wieder auf das Niveau des Oberwassers an.

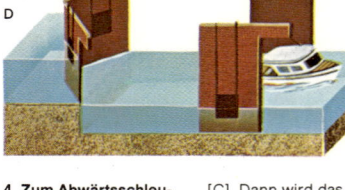

wo aus der Elbe-Havel-Kanal mit einer Länge von 56 km und drei Schleusen die Verbindung nach Berlin herstellt. Der Kanal mit den meisten Schleusen ist der bereits 1899 fertiggestellte Dortmund-Ems-Kanal: Auf einer Gesamtlänge von 269 km müssen die Schiffe 19 Schleusen passieren.

Kanäle können nicht nur der Schiffahrt, sondern auch der Bewässerung von Ackerland dienen. Im nordwestlichen Indien wurden im 19. Jahrhundert von englischen Ingenieuren umfangreiche Bewässerungssysteme angelegt [5], wobei künstliche Dämme Flußwasser in ein Kanalsystem lenkten. Bis zum Jahre 1947, in dem Indien und Pakistan ihre Unabhängigkeit erlangten, wurden auf diese Weise mehr als 20 Millionen Hektar Land in den vorher trockenen Gebieten bewässert.

**Kanalbautechnik**
Im Unterschied zu einer Straße muß ein Kanal in völlig eben verlaufenden Abschnitten gebaut werden. Entsprechend geringstem Bauaufwand versucht man daher stets, die Kanaltrasse entlang bestimmter Höhenlinien zu legen, wobei Geländeerhebungen durch Einschnitte und Tunnels überwunden werden. Senken werden durch aufgeschüttete Kanaldämme überquert. Wenn diese Baumaßnahmen zu aufwendig werden, richtet man Schleusen ein, die es gestatten, den Kanal auf entsprechend höherem oder niedrigerem Höhenniveau weiterzuführen. Dabei muß jedoch im Oberlauf genügend Wasser vorhanden sein, um den Verlust, der bei jeder Schleusendurchfahrt entsteht, ausgleichen zu können [4]. Bei Kreuzungen von Kanälen mit Straßen, Eisenbahnwegen oder anderen Wasserstraßen müssen Brücken und Aquädukte gebaut werden [9].

Um den Wasserverlust, der durch Versickern im Kanalboden entsteht, gering zu halten, sind besondere Maßnahmen erforderlich. Früher kleidete man Kanäle, die auf porösem Grund oder auf Aufschüttungen errichtet wurden, mit Lehmschichten aus. Heute stehen Dichtungsmaterialien wie Bitumen, Polyäthylen oder Beton zur Verfügung sowie Spezialmaschinen [7], die die Kanäle unter geringem Kostenaufwand mit Beton auskleiden. Diese Betonmaschinen werden vor allem im Mittleren Osten und in anderen Trockengebieten eingesetzt, in denen jeder Tropfen Wasser sehr kostbar ist.

**Leitbild**

**Ein 5,6 km langer Einschnitt** in gewachsenen Fels war erforderlich, um das Ionische Meer mit dem Ägäischen Meer durch die Landenge von Korinth zu verbinden. Der Kanal von Korinth verläuft auf Seehöhe und benötigt keine Schleusen — er ist direkt passierbar.

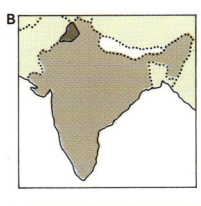

**5 Eine technische Neuerung des 19. Jh.** war der Ausbau des Pandschab-Kanalsystems [A] zur Bewässerung trockener Landgebiete in Nordindien [B]. Englische Ingenieure errichteten im Indus und seinen Nebenflüssen große Ablenkdämme, die die Kanäle mit Wasser versorgten. Durch diese Maßnahme wurde ein Gebiet, das etwa so groß ist wie Bayern, zu einer der fruchtbarsten Anbauregionen im ganzen nördlichen indischen Subkontinent.

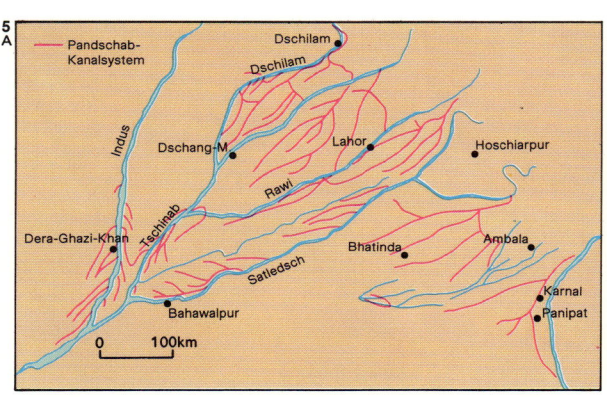

**6 Der Panamakanal** mit einer Gesamtlänge von rd. 82 km verbindet den Pazifischen mit dem Atlantischen Ozean. Schiffe bis zu 300 m Länge, 34 m Breite und 12 m Tiefgang können ihn passieren und ersparen sich den Umweg um Südamerika. Vom Atlantik aus führt zunächst ein 11 km langer Kanal auf Meereshöhe bis zu den Gatunschleusen [1] in den Gatunsee [2] (26 m ü. M.). Von dort geht der Schiffahrtsweg 38 km weit durch den Gatunsee und den Gaillard-Einschnitt [3] bis zur Pedro-Miguel-Schleuse [4], wo der Wasserspiegel auf das Niveau des Mirafloressees [5] (16 m ü. M.) gesenkt wird. Dann geht der Weg durch die Mirafloresschleusen [6] auf Meereshöhe zurück in einen Stichkanal zum Pazifischen Ozean.

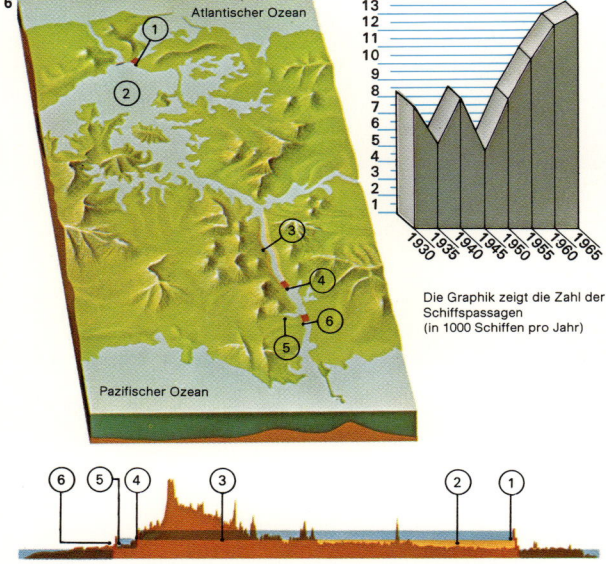

Die Graphik zeigt die Zahl der Schiffspassagen (in 1000 Schiffen pro Jahr)

**7 Beim Kanalbau** werden Spezialmaschinen zum Betonieren eingesetzt wie hier bei der Errichtung des Jordankanals, dem Hauptbewässerungskanal Israels. Die Betonmaschine bewegt sich auf Gleisketten vorwärts und bringt dabei eine etwa 10 cm starke Betonschicht auf den vorbereiteten Untergrund auf. Das israelische Kanalsystem leitet Wasser aus dem Tiberias-See über eine Länge von 28 km nach Süden durch einen offenen Kanal. Von dort wird das Wasser über Pipelines in die südlichen Anbaugebiete dann weitergeführt.

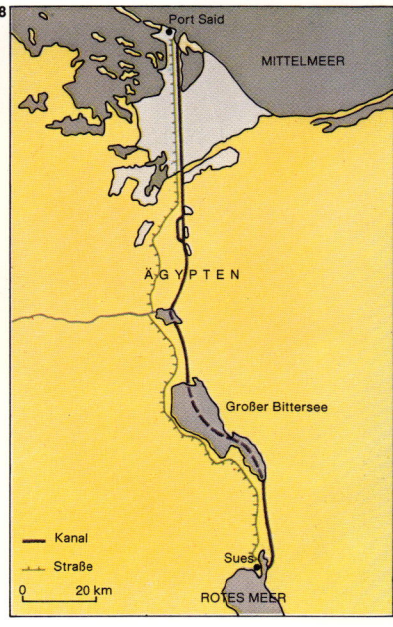

**8 Der Sueskanal** wurde in zehnjähriger Bauzeit unter Leitung des französischen Diplomaten Ferdinand de Lesseps (1805–94) fertiggestellt. Der Kanal verbindet das Rote Meer mit dem Mittelmeer über eine Strecke von 169 km. Seine geringste Breite beträgt 140 m, der Tiefgang an der flachsten Stelle 10 m. Im Jahre 1956 wurde der Kanal verstaatlicht. Bis zu diesem Zeitpunkt hatte auch England einen Kontrollrechtsanteil am Kanal, den es 1875 vom Vizekönig von Ägypten erworben hatte. Im arabisch-israelischen Krieg 1967 wurde der Kanal durch zahlreiche versenkte Schiffe blockiert. Erst 1975 wurde der Kanal geräumt und für den Schiffsverkehr wieder freigegeben.

**9 Kreuzungen von Kanälen und Straßen** erfordern Aquädukte wie hier in Holland. Der Kanal muß stets auf gleichem Niveau geführt werden oder in Abschnitten gleichen Niveaus, die durch Schleusen verbunden sind. Solche Abschnitte erfordern eine Anpassung an das Gelände, stellenweise auch die Errichtung von Einschnitten oder von Dämmen. Straßen werden des öfteren auf Brücken über die Kanäle geführt; Seeschiffahrtskanäle werden dagegen meist billiger durch Tunnelbauten unterquert.

# Dammbau

Die Wasserversorgung ist schon seit Urzeiten eines der vordringlichsten Probleme des Menschen. Die naheliegendste Möglichkeit, nämlich Wasser mit Hilfe von Dämmen in gewünschte Bahnen zu leiten, wurde schon vor 5000 Jahren erkannt und genutzt. Dämme dienen dazu, Wasser abzuhalten (etwa bei Überflutungen) oder andererseits Wasser zu stauen und zu speichern. Mit Hilfe von Dämmen können Flüsse umgeleitet werden, oder Flußwasser kann in Kanäle geführt werden zur künstlichen Bewässerung von landwirtschaftlichen Anbaugebieten. In jüngerer Zeit werden Dämme zur Wasserkraftnutzung durch Elektrizitätswerke und gegen die Versandung von Schiffahrtswegen gebaut.

Im 19. Jahrhundert entwickelten englische Ingenieure eine Methode, Flußwasser mit Hilfe von im Fluß errichteten Buhnen (Querdämme) in Bewässerungskanäle abzuleiten. Dieses Verfahren wurde besonders im Pandschab (Nordindien) zur Urbarmachung trockener Gebiete angewandt. Ähnliche Bauwerke konstruierten französische Ingenieure in Ägypten: Hier sorgte ein Damm dafür, daß aufgestautes Wasser in Bewässerungskanäle floß. Bei Hochwasserperioden konnte das überschüssige Wasser über die Dammkrone abfließen.

In neuerer Zeit entstehen durch Dammbauten Stauseen riesigen Ausmaßes. Ein eindrucksvolles Beispiel ist der 380 m lange und 221 m hohe Hoover-Staudamm am Colorado River (USA), der 1936 vollendet wurde. Der Stausee mit einer Länge von 180 km faßt rd. 38 Milliarden Kubikmeter Wasser; das Elektrizitätswerk des Hoover-Staudamms erzeugt eine Leistung bis zu 1340 Megawatt.

## Dammbautechnik

Dämme können nach zwei Grundbauformen eingeteilt werden: Es gibt Erddämme [9] und Betondämme, die, je nach Anforderung, mit oder ohne Stahlbewehrung gebaut werden. Die größten Dämme der Welt sind Erddämme, wie der 310 m lange Nurek-Damm in der Sowjetunion und der 234 m lange Oroville-Damm in den Vereinigten Staaten von Amerika. Sie werden aus Erde und Felsgestein gebaut: Der Kern des Dammes wird aus Erdreich errichtet, die Oberfläche wird mit Steinen befestigt, wobei Filterschichten zwischen den Lagen eine Vermischung des Materials verhindern. Große Erddämme können überall dort – vor allem auch kostensparend – gebaut werden, wo das notwendige Material vorkommt und genügend Raum zur Verfügung steht. Erddämme passen sich dem Untergrund auf natürliche Weise an, da sie Setzungen des Grundes ausgleichen und nicht über starke Talwände abgestützt werden müssen. An der Dammsohle verhindert ein lehm- oder betongefüllter Graben das Durchsickern von Wasser. Dränageröhren unter der Dammsohle sammeln das Sickerwasser und führen es in den Flußlauf zurück.

Eine Mischform dieser beiden Grundbauarten sind Steindämme, die aus natürlichem Gestein aufgerichtet und auf der Wasserseite mit einer wasserdichten Zement-Bitumen-Schicht geschützt werden. Auch diese Bauausführungen lassen in begrenztem Umfang Setzungen des Grundes zu und erlauben den Bau steilerer Dammwände.

Bei Betondämmen kennt man verschiedene Unterformen. Die einfachste Art ist der Gewichtsdamm [1], der durch sein hohes Eigengewicht den Wasserdruckkräften widersteht. Um das entsprechende Eigengewicht zu erreichen, sind große Materialmengen erforderlich; durch

### HINWEISE

**Lesen Sie auch:**

Baumaterialien (Band 8)

Stromerzeugung und -verteilung

Wasserversorgung

**1 Die Bauform moderner Dämme** hängt u. a. sowohl von der Landschaft wie auch von den vorhandenen Baustoffen und den Arbeitskräften an der geplanten Baustelle ab. Sorgfältige Vorausberechnungen führen zur wirtschaftlichsten und praktischsten Lösung. Ein Gewichtsdamm wie hier kann den Wasserkräften durch sein Gewicht widerstehen.

**2 Dämme mit innerer, vertikaler Stützkonstruktion** enthalten vorgespannte, in Beton eingegossene Stahlkabel.

**3 Ein Bogendamm** wirkt wie ein auf der Seite liegender Bogen und überträgt den Druck auf die Talwände.

**4 Der Kuppeldamm** hat eine konvexe Form (wie eine Eierschale); diese Form gibt ihm seine sehr hohe Festigkeit.

**5 Lange, gerade Dämme** werden zur Erhöhung der Festigkeit zusätzlich abgestützt.

**6 Der Assuandamm in Ägypten** ist typisch für die Konstruktion eines Erddammes mit einem Kern aus Felsgestein. Der Ausbau des 1970 fertiggestellten, 110 m hohen Dammes kostete rund 10 Milliarden DM; die UdSSR leistete technische und wirtschaftliche Hilfe. Der Stausee (»Nassersee«) ist rd. 500 km lang und faßt 165 Milliarden Kubikmeter Wasser. Er dient in erster Linie zur Bewässerung, zum Fischfang und zur Elektrizitätserzeugung. Das durch den Damm abfließende Wasser betreibt 12 Turbinengeneratorsätze, die eine Leistung von 10 Millionen Megawatt erbringen. Die Elektrizität dient dem Eigenverbrauch Ägyptens und dem Export. Seit dem Bau haben sich jedoch auch zahlreiche Nachteile gezeigt: So hält der Damm den Nilschlamm zurück, der früher als natürlicher Dünger diente. Ferner stellte man eine beschleunigte Erosion an den Seeufern fest.

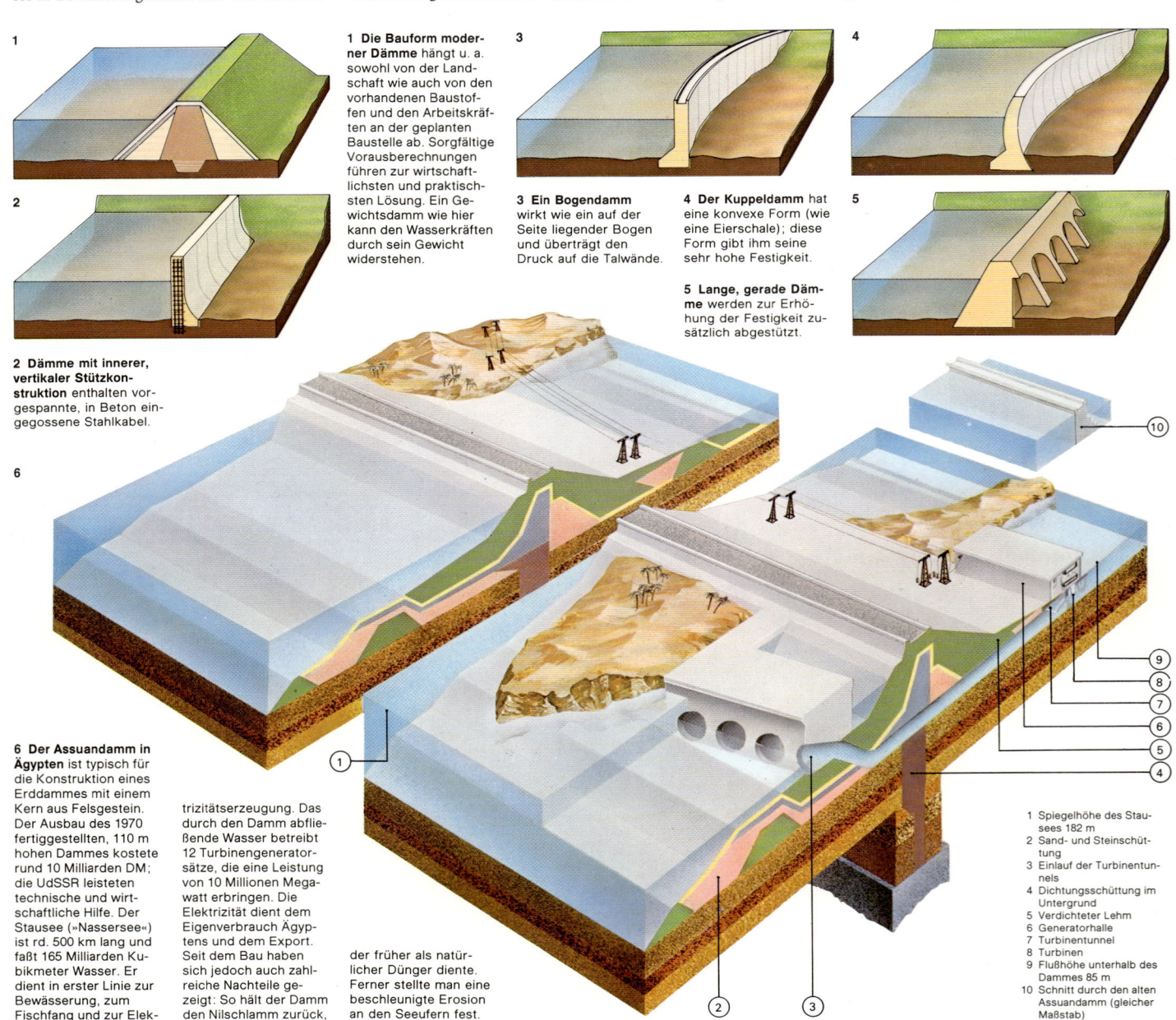

1 Spiegelhöhe des Stausees 182 m
2 Sand- und Steinschüttung
3 Einlauf der Turbinentunnels
4 Dichtungsschüttung im Untergrund
5 Verdichteter Lehm
6 Generatorhalle
7 Turbinentunnel
8 Turbinen
9 Flußhöhe unterhalb des Dammes 85 m
10 Schnitt durch den alten Assuandamm (gleicher Maßstab)

zusätzliche Stützkonstruktionen jedoch kann Baumaterial gespart werden.

Andere Betondämme nutzen ihre Konstruktion dazu aus, den Wasserkräften zu widerstehen: Der Bogendamm [2] wirkt wie ein auf der Seite liegender Brückenbogen; seine Form bewirkt, daß der nur wenig zugfeste Beton ständig unter Druckbelastung steht. Kuppeldämme [3] haben eine zusätzliche Wölbung in senkrechter Richtung, diese Dämme können, vergleichbar mit einer Eierschale, allseitigem Druck standhalten und lassen relativ dünnwandige Baukonstruktionen zu.

**Dammfundamente**

Natürliche Gesteinsfugen unter einem Betondamm werden mit Beton ausgefüllt und abgedichtet. Ein System von Dränageröhren sorgt dafür, daß sich kein Sickerwasser unter dem Damm sammeln kann. Um jedoch die Dammfundamente überhaupt bauen zu können, müssen als erstes Ableitungskanäle durch die Felswände des Tales gebohrt werden. Hilfsdämme leiten das Wasser in diese Ableitungskanäle und legen das Talbett bis zur Beendigung des Dammbaus trocken [7].

Jede Dammkonstruktion muß über Einrichtungen verfügen, die überschüssiges Wasser in Zeiten starken Wasseranfalls abfließen lassen. Dafür gibt es grundsätzlich drei Möglichkeiten: Überlauföffnungen unterhalb der Dammkrone; Überlaufröhren, die im Stausee senkrecht nach oben bis zur maximal zulässigen Wasserhöhe führen; und Überlaufkanäle, die das überschüssige Wasser um den Damm herum durch die Talwände leiten.

**Moderne Staudämme**

Die größten Staudämme sind – geordnet nach der Menge des aufgestauten Wassers – der Owen-Falls-Damm in Uganda (ein Gewichtsdamm am Victoria-Nil aus dem Jahre 1954, der 205 Milliarden Kubikmeter Wasser aufstaut), der Bratsk-Damm in der Sowjetunion im Tal des Angara (Mittelsibirien), der 1964 fertiggestellt wurde und etwa 169 Milliarden Kubikmeter staut, und schließlich der Assuanstaudamm [6] am Nil in Oberägypten, der im Jahre 1970 vollendet wurde und etwa 165 Milliarden Kubikmeter Wasser staut; das Assuankraftwerk kann pro Jahr rd. 1,5 Milliarden Kilowattstunden Strom liefern.

**Leitbild**

**Der Çubuk-Damm,** 10 km nördlich von Ankara, staut den Çubuk zu einem See mit einem Inhalt von 10 Milliarden Kubikmeter auf. Der Stausee versorgt fast ganz Ankara mit Wasser. Durch ein Kraftwerk wird die Energie des ablaufenden Wassers genutzt. Das Bauwerk hat jedoch nicht nur außerordentlich große Bedeutung für die industrielle Entwicklung der östlichen Türkei: Der landschaftlich reizvoll gelegene Stausee dient gleichzeitig als Naherholungs- und Fremdenverkehrsgebiet. Neben Freizeiteinrichtungen (Sportanlagen) sorgt ein Hotel für das Wohlbefinden der Urlaubsgäste.

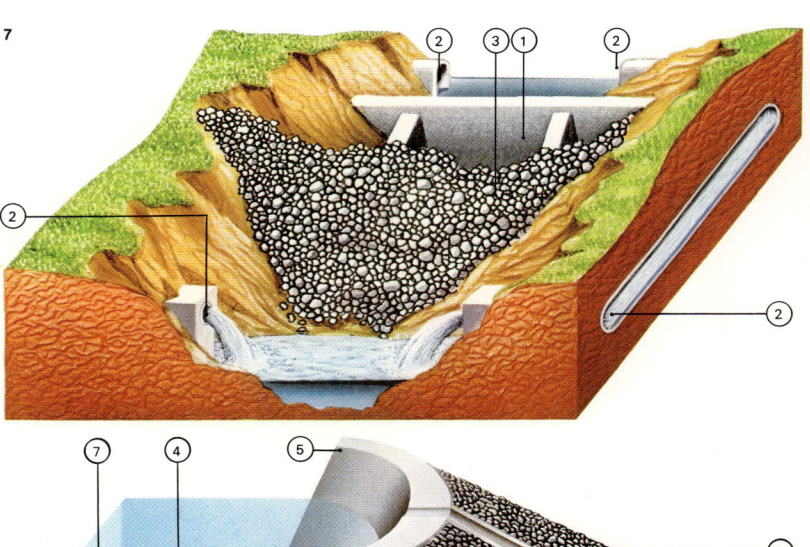

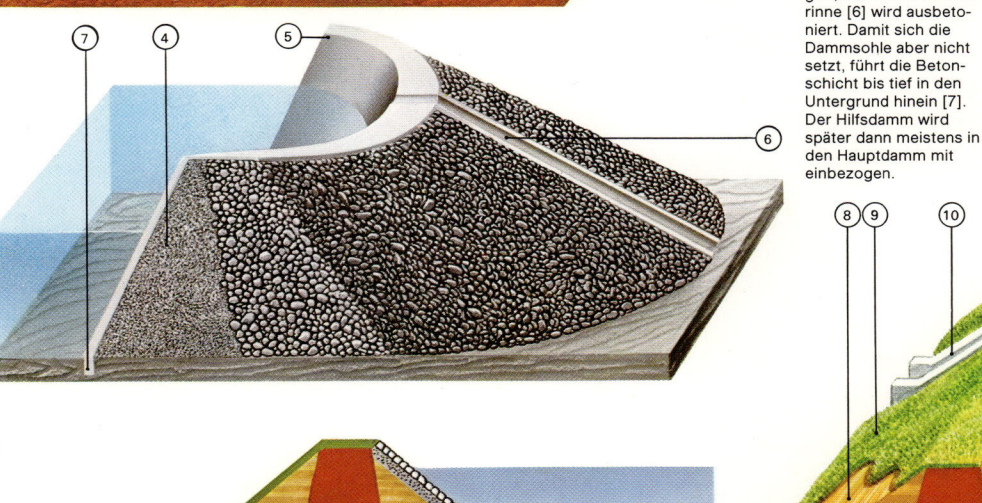

**7 Vor dem Baubeginn eines Staudamms** muß der Fluß umgeleitet werden. Aus diesem Grund wird als erstes ein Hilfsdamm [1] errichtet und das Wasser durch Tunnels [2] umgeleitet. Der eigentliche Staudamm wird dann hinter diesem Hilfsdamm im Trockenen gebaut: Der Steinkern [3] dieses Gewichtsdamms wird aufgeschüttet, verdichtet und mit einer Schotterschicht [4] versehen. Dann wird eine wasserdichte Betonschicht [5] einschließlich der Dammkrone aufgetragen; auch die Überlaufrinne [6] wird ausbetoniert. Damit sich die Dammsohle aber nicht setzt, führt die Betonschicht bis tief in den Untergrund hinein [7]. Der Hilfsdamm wird später dann meistens in den Hauptdamm mit einbezogen.

**8 Große Dammkonstruktionen** werden zunächst im Modell auf ihre strömungstechnischen Auswirkungen hin untersucht. Mit solchen Laborversuchen erhält man Daten über die auftretende Erosion, und die Ingenieure können von vornherein eventuelle Probleme beim Ausbau der Flußsperre oder an den Ausflußöffnungen der Kraftwerksturbinen vermeiden. Erst wenn das Modell allen Anforderungen genügt, beginnt der Dammbau.

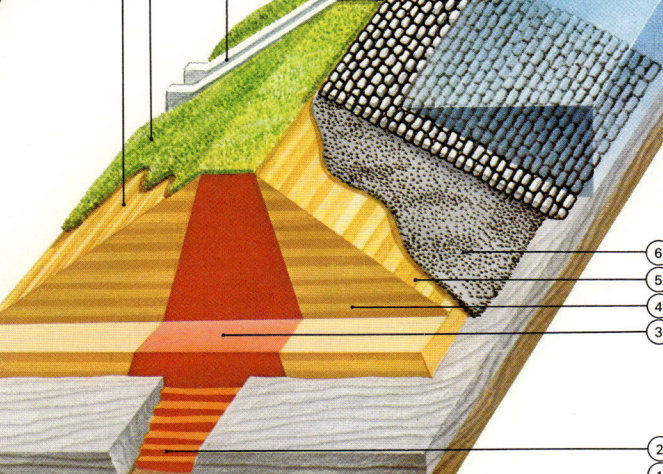

**9 Beim Bau eines Erddamms** gräbt man als erstes den Boden bis zum Fels ab. Dieser Graben wird meist mit Lehm als Kernmaterial gefüllt [1]. Darauf folgen weitere Lehmschichten [2], die so stark verdichtet werden, daß sie wasserundurchlässig sind. Weiterhin wird nur der Kern [3] aus wasserdichtem Material hergestellt, das übrige Material ist gewöhnliches, aufgeschüttetes Erdreich [4]. Die Wasserseite des Dammes [5] wird mit Schotter [6] beschichtet und mit Steinen [7] belegt, um die Erosion zu verhindern. Die dem Wasser abgewandte Dammböschung [8] wird zur Festigung des Erdreichs bepflanzt [9]. Eine Überlaufrinne [10] soll dafür sorgen, daß bei zu hohem Wasserstand kein Wasser über die Dammkrone hinausfließen kann.

# Wasserversorgung

Eine Folge zunehmender Industrialisierung und Zivilisation ist unter anderem auch der steigende Wasserbedarf. In vielen Ländern der Dritten Welt kommen Gemeinden noch mit durchschnittlich 12 Liter pro Kopf und Tag aus – in den europäischen Städten dagegen liegt der Pro-Kopf-Verbrauch bei 150 Liter, in den großen Stadtgebieten der USA und in den deutschen Städten sogar bei etwa 250 Liter.

### Wasserverbrauch und Wasservorkommen

Während der Haushalt-Wasserverbrauch ständig ansteigt, bleibt er dennoch, verglichen mit dem Bedarf in Industrie und Landwirtschaft, vergleichsweise klein. Zur Herstellung von einem einzigen Kilogramm Stahl benötigt man bereits 300 Liter Wasser, von dem allerdings ein Teil zurückgewonnen werden kann. Der gesamte tägliche Wasserverbrauch einer Stadt der westlichen Welt, Haushalts- und Industrieverbrauch zusammengenommen, beträgt häufig bis zu 2000 Liter pro Kopf.

Wesentlich größer noch ist der landwirtschaftliche Wasserbedarf. Für das Wachstum von einem Kilogramm Weizen sind 1500 Liter Wasser erforderlich. Dieser Bedarf wird zwar zum Teil durch Niederschläge gedeckt, zum anderen Teil jedoch muß künstliche Bewässerung zugeführt werden.

Wasser ist die am häufigsten vorkommende chemische Verbindung auf der Erde und befindet sich in ständigem Umlauf [Leitbild], aber der Wasserbedarf des Menschen übersteigt in vielen Gebieten die jeweils zur Verfügung stehende Wassermenge erheblich. Man ist daher auf die Technik angewiesen, um das Wasser dorthin zu leiten, wo es gebraucht wird, und es nötigenfalls zu reinigen.

### Wassergewinnung und Speicherung

Das meiste Nutzwasser stammt aus künstlichen Brunnen, durch die das Grundwasser an die Oberfläche gepumpt wird. Der frühere Dorfbrunnen ist ein Beispiel für die Grundwassernutzung: Man gräbt einen Schacht einfach so tief, bis man den Grundwasserspiegel erreicht hat, und fördert das Wasser mit Schöpfeimern.

In manchen Gebieten – wie etwa in Wüstengegenden – gibt es unterirdische, fossile Wasservorräte. Ihre Nutzung hat etwas mit dem Bergbau gemeinsam: Das Wasser wird nicht durch natürlichen Nachfluß ersetzt, sondern man nutzt die vorhandene Menge, bis sie sich erschöpft hat.

Unter Druck stehendes Grundwasser kommt durch Bohrungen als »artesischer Brunnen« von selbst an die Erdoberfläche, ohne daß Pumpen notwendig wären. Dieser Brunnen ist nach der französischen Landschaft Artois benannt. Hier wurde 1126 zum erstenmal ein solcher Brunnen angelegt. Viele artesische Brunnen gibt es noch in Australien.

Zur Nutzung von Oberflächenwasser gibt es drei Methoden: Man kann es aus Flüssen oder Seen pumpen [2]; Flußwasser kann man mit Hilfe von Dämmen in Kanäle oder Rohrleitungen abzweigen; Täler kann man mit Dämmen absperren und das gestaute Wasser nach Bedarf ableiten oder abpumpen.

Gespeichert wird Wasser meist dadurch, daß es in große offene Becken gepumpt wird oder in Stauseen aufgestaut wird, die sich hinter dem Damm einer Talsperre bilden.

### Wasserreinigung

Natürliches Wasser ist selten sauber. Flüsse in Niederungen führen häufig organische Säuren mit sich, Grundwasser nimmt Mineralsalze,

**HINWEISE**

Lesen Sie auch:

Nutzung einheimischer Rohstoffe und Energiequellen (Band 8)

Einfache Techniken im häuslichen Bereich (Band 8)

Dammbau

Abwasser

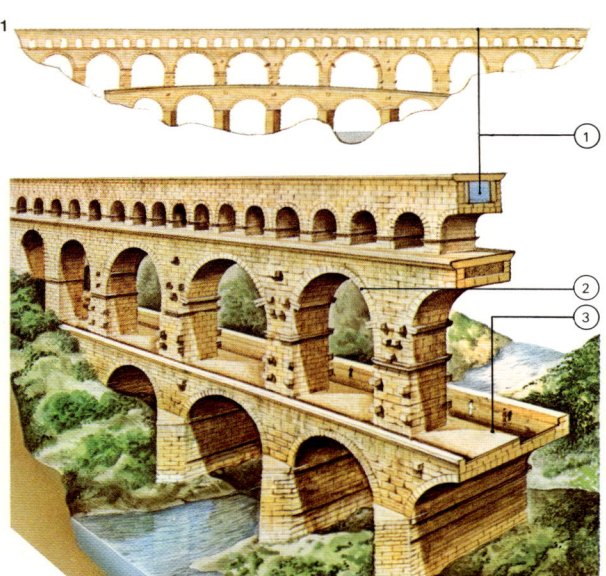

**1 Die ersten Wasserversorgungssysteme** bauten die Römer. Zwischen 313 v. Chr. und 226 n. Chr. errichteten sie neun Aquädukte und leiteten das Wasser – von verschiedenen Stellen ausgehend – über Gefällstrecken in die Stadt Rom. Der längste Aquädukt, die Aqua Marcia, hatte eine Länge von 90 km und überbrückte Tiefebenen mittels steinerner Kanäle auf Bogenbrücken. Die Abbildung zeigt den 275 m langen Pont du Gard in Frankreich. Der oberste Teil [1] trägt den Wasserkanal, der untere Teil [3] einen Fußgängerweg. Die römischen Steinmetze arbeiteten so präzise, daß alle Steine des Bauwerks – auch die der Bögen [2] – »trocken« verfugt werden konnten, d. h. ohne Zuhilfenahme von Mörtel als Bindemittel zwischen den einzelnen Steinen.

**2 Wenn eine Stadt wächst,** steigt auch ihr Wasserbedarf. Die Londoner Bridge-Wasserwerke wurden im Jahre 1581 in Betrieb genommen, um London mit Wasser zu versorgen. Im 19. Jh. war die Versorgungsanlage soweit ausgebaut, daß täglich rund 16 Millionen Liter Flußwasser gefördert werden konnten. Dadurch sank jedoch der Wasserspiegel der Themse so stark ab, daß die Schiffahrt gefährdet war – die Wasserwerke wurden deshalb 1822 verlegt. Im ursprünglichen Werk bewegte ein großes Wasserrad Pleuelstangen [3]; sie betrieben über ein Hebelwerk [1] Pumpen [4], die das Flußwasser in Rohrleitungen [5] brachte. Die geförderte Wassermenge konnte durch Heben und Senken der Hebellager über Kurbeln [2] geregelt werden.

**3 Eine neuzeitliche Kläranlage** ist eine sehr komplizierte Einrichtung. Diese hier dargestellte Anlage dient zur Reinigung von Flußwasser: Es wird mit Pumpen in ein Sedimentationsbecken befördert und beim Einlaufen mit einem Flockungsmittel (chloriertes Eisensulfat) sowie einem Enthärter (Kalkschlamm) versetzt. Mit dem Kalk wird gleichzeitig der Säuregehalt des Wassers reguliert. Die Ablagerung aus dem Sedimentationsbecken wird in ein Schlammbecken gepumpt, aus dem das ablaufende Restwasser wieder in den Kreislauf eingeleitet wird. Durch Aktivkohle werden Unreinheiten aufgenommen, die dem Wasser einen schlechten Geschmack verleihen würden. Das Wasser fließt dann in ein Schnellfilter, in dem organische Substanzen durch harmlose Bakterien in unschädliche Moleküle zerlegt werden. Eine der beiden Chlorierungsanlagen fügt dem Wasser Chlor bei, um Mikroorganismen abzutöten. Bevor das Wasser in den Reaktionstank gelangt, wird ein zweites Mal Kalkschlamm zugegeben. Die zweite Chlorierungsanlage führt zum Einlauf des Sedimentationsbeckens zurück, wo die Ausflockungsmittel beigegeben werden. Im Kontakttank schließlich wird dem Wasser durch Schwefeldioxid das Chlor wieder entzogen. In einem großen Sammelbehälter (Reservoir) wird dann das gereinigte Wasser gesammelt.

Calciumcarbonat und Fluoride auf, von denen nur begrenzte Mengen im Trinkwasser enthalten sein dürfen.

Die Industrialisierung schaffte neue Probleme: Industrieabwässer verursachten chemische Verschmutzungen, Stadtkanalisationen bakteriologische Verseuchungen der Gewässer. Um Abhilfe zu schaffen, haben zahlreiche Länder Gesetze gegen chemische Verunreinigungen aller Art erlassen; spezielle Wasserbehandlungsverfahren verhindern die Verseuchung durch Bakterien.

Die Grundprozesse der Wasseraufbereitung sind Sedimentation, Filtration, Belüftung und Entkeimung. Sedimentation findet in flachen Großbehältern statt, in denen Feststoffpartikel langsam zu Boden sinken. Gefördert wird dieser Vorgang durch Zugabe von Flockungsmitteln, die dazu führen, daß kleinste Partikel zusammenklumpen. Die Filtration erfolgt in Sandbecken, durch die das Wasser geleitet wird und in denen spezielle Bakterien organische, im Wasser enthaltene Substanzen in harmlose Verbindungen zerlegen. Daneben gibt es auch Schnellsandfilter, die in ihren Ausmaßen wesentlich kleiner sind und das Wasser zwanzigmal schneller filtern, allerdings nicht völlig bakterienfrei machen [3].

Belüftungsanlagen erhöhen den Gehalt an gelöstem Sauerstoff und reduzieren den Kohlendioxidgehalt des Wassers. Der erhöhte Sauerstoffgehalt beschleunigt den Abbau fäulnisfähiger Stoffe durch aerobe Bakterien. Hochgradig bakteriologisch verseuchtem Wasser werden geringe Mengen von Chlor oder Ozon zum Abtöten schädlicher Mikroorganismen beigegeben. Bereits eine Konzentration von 0,0001 % Chlor tötet in vier Minuten alle Keime. Besonders sauberes Wasser erhält man durch die Demineralisierung. Dabei werden mit Hilfe von Ionenaustauschern gelöste Mineralien vollständig entfernt.

Überall dort, wo Süßwasser knapp, aber Seewasser vorhanden ist, kann man durch Entsalzung aus dem Meerwasser Trinkwasser für die Menschen und Nutzwasser für die Landwirtschaft gewinnen. Die wichtigsten Prozesse sind hierbei die Destillation, die Elektrodialyse, die umgekehrte Osmose und das Ausfrieren. In den meisten Entsalzungsanlagen wird heute die mehrstufige Destillation angewandt [5]; als Wärmequelle dient Wasserdampf.

**Leitbild**

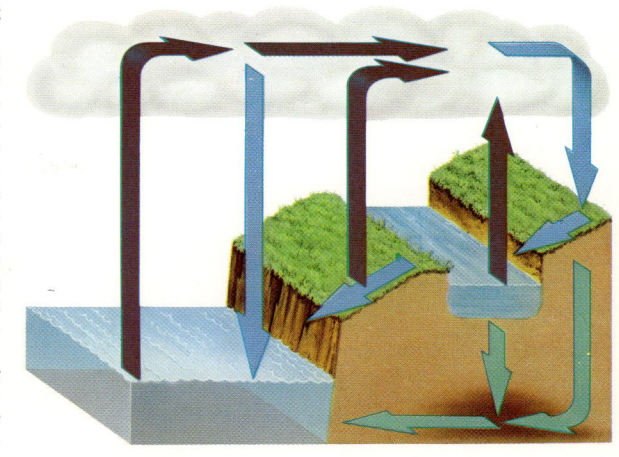

**Der Wasserkreislauf auf der Erde** wird durch die Einstrahlung der Sonne in Gang gehalten. Dabei verdampfen ständig riesige Wassermengen aus Meeren, Seen, Flüssen und durch die Wasserabgabe von Pflanzen. In der Atmosphäre kondensiert dieser Wasserdampf zu Wolken. Als Niederschlag kommt das Wasser dann wieder zur Erde zurück; es bildet Flüsse, Seen und Grundwasservorräte. Auf diesen Wegen läuft es dann wieder ins Meer, oder es bildet Quellen.

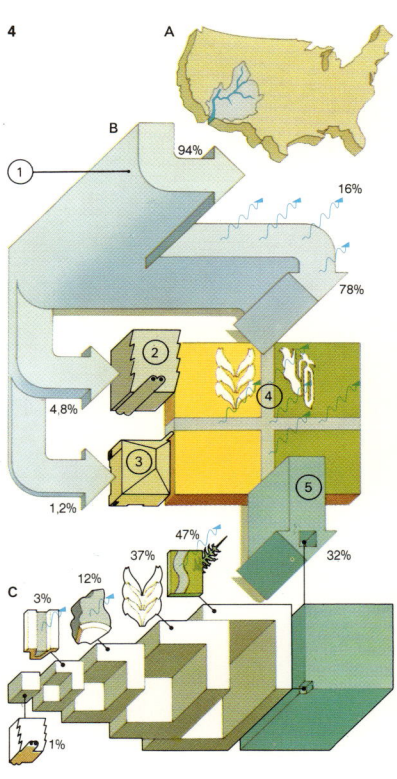

**4 Zu hoher Salzgehalt** kann natürliches Wasser ungenießbar machen. So haben z. B. im Colorado River (USA) regulierende Eingriffe des Menschen zur Erhöhung des Salzgehalts geführt. [A] zeigt das Flußsystem und [B] die Nutzung des Flußwassers: Durch das Flußbett fließen rund 60 Milliarden Kubikmeter pro Tag. 94% davon werden der Landwirtschaft zugeführt, wovon bereits 16% auf dem Weg zu den Anbaugebieten verdunsten [1]. 4,8% gehen an die Industrie [2] und 1,2% an die Haushalte [3]. Die Abwassermenge aus diesen Anteilen beträgt 32% [5]. 78% der gesamten Kapazität [4] werden in der Landwirtschaft genutzt. Das zurücklaufende Wasser ist stark versalzen, wenn es wieder in den Fluß gelangt. Dieser Salzgehalt [C] entsteht durch die Verdunstung des Flußwassers (47%) sowie des Wassers aus dem Erdboden und von den Pflanzen (37%), aus Stauseen (12%), Kanälen (3%) und während der industriellen Nutzung (1%). In den hochentwickelten Industrieländern hat die industrielle Tätigkeit zu anderen Arten der Flußverschmutzung geführt. Industrielle Abwässer können schwerwiegende chemische Verunreinigungen zur Folge haben; die Ablagerung von Schmutzstoffen kann biologische Verseuchung verursachen. Deshalb wurden in vielen Ländern bereits umfassende Gesetze zur Reinhaltung der Flüsse und sonstiger Gewässer in Kraft gesetzt. In der Bundesrepublik Deutschland konnten auf diese Weise bereits beträchtliche Erfolge erzielt werden, so z. B. am Bodensee.

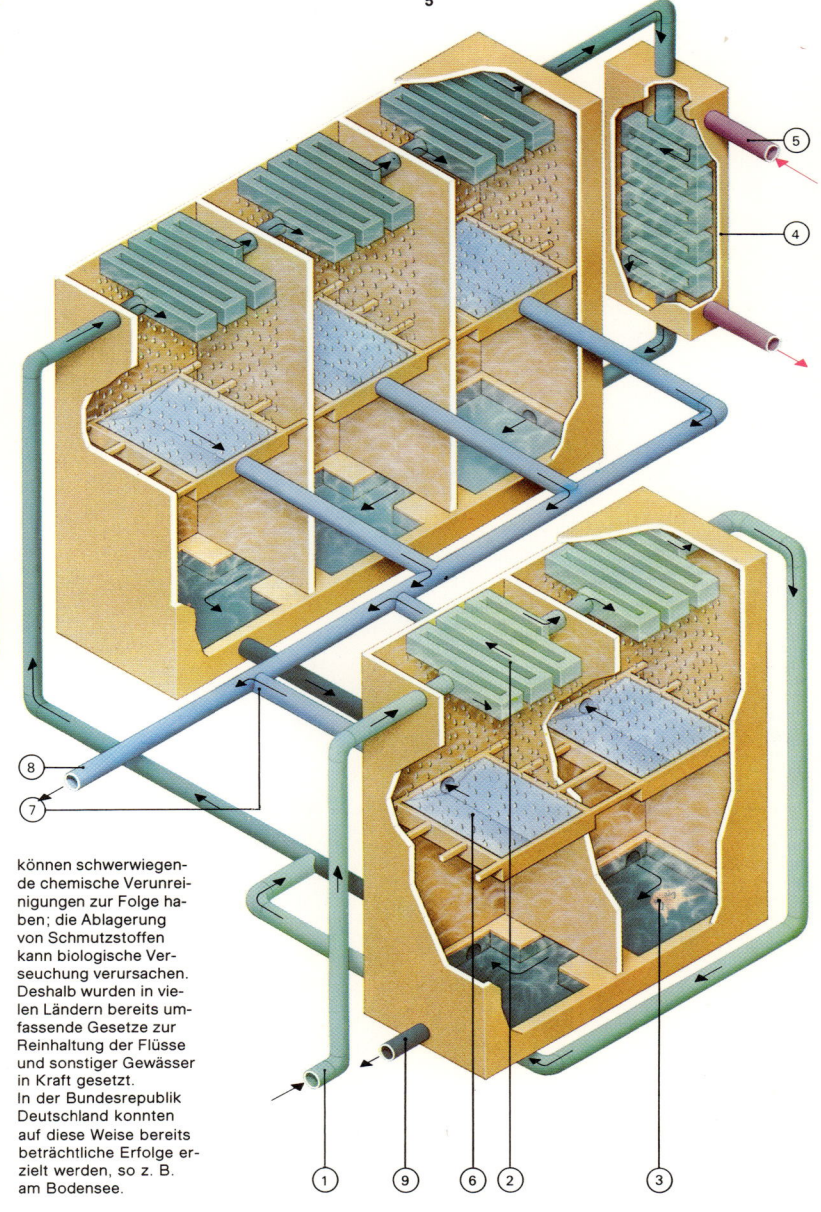

**5 Die Entsalzung von Meerwasser** durch Destillation ist heute ein vielfach benutzter Prozeß in der Wasserversorgung. Einlaufendes Seewasser [1] durchfließt zunächst die Kondensatorleitungen [2] der ersten beiden Kammern und wird dann mit Sole [3] aus der Solepfanne dieser beiden Kammern vermischt, ehe es durch die Kondensatorleitungen der dritten, vierten und fünften Kammer fließt. Von dort wird es in den durch Dampf [5] erhitzten Wärmeaustauscher [4] geleitet. Dabei nimmt das Seewasser Temperaturen bis zu 353 K (80 °C) an. Auf seinem Rücklauf durch die fünf Solepfannen verdampft ein Teil des Wassers und schlägt sich an den kühleren Kondensatorleitungen nieder. Das kondensierte, salzlose Wasser tropft in die Frischwasserpfannen [6] und läuft von dort über Leitungen [7] in den Süßwasserauslauf [8]. Auf dem Weg durch die Verdampfungspfannen kühlt sich die Sole ab und gewinnt durch den Wasserentzug an Konzentration. Wenn die Sole die erste Pfanne erreicht, wird sie wiederum mit einem Teil des Seewassers, das aus der zweiten Kondensatorleitung kommt, vermischt, und der Kreislauf beginnt wieder von neuem. Der Rest der Sole wird abgezogen [9]. Besonders wirtschaftlich arbeiten diese Meerwasser-Entsalzungsanlagen, wenn sie in der näheren Umgebung von Wärmekraftwerken errichtet werden: Der Abdampf aus dem Wärmekraftwerk kann nämlich dann als Wärmequelle für die Destillation verwendet werden.

# Abwasser

Seit dem Entstehen der ersten menschlichen Siedlungen gibt es auch die Probleme der Abwässerbeseitigung. Die Menschen der Frühzeit konnten dazu noch die chemischen Prozesse der Natur ausnutzen: Durch natürliche Oxidation, Filterung und Fäulnis verdünnter organischer Substanzen entstehen neue chemische Verbindungen, die Nährstoffe für Pflanzen enthalten. So wurden seinerzeit, wie auch heute noch vielerorts üblich, die Felder mit organischen Abwässern gedüngt. Die flüssigen Bestandteile versickern und werden durch die Erdschicht gefiltert, die festen Teile oxidieren und werden zu Humus. Später wurden Abwässer über Kanalsysteme in offenes Wasser abgeleitet wie in dem zwischen 313 und 226 v. Chr. errichteten ersten Abwassersystem der Stadt Rom, das in den Tiber führte. Heute sind die Abwassermengen großer Städte bereits so stark angewachsen, daß einfache Maßnahmen zur Abwasserklärung nicht mehr ausreichen. Man benötigt moderne technische Verfahren, die sich verschiedene chemische Prozesse organischer Umsetzungen zunutze machen. Industrieabfälle bereiten zusätzliche Probleme und erfordern spezielle Maßnahmen.

## Abwasserbeseitigung durch Verdünnung

Bei der Verdünnung von organischen Abfällen in Wasser entwickeln sich Bakterien, die den im Wasser gebundenen Sauerstoff absorbieren und die gelösten Substanzen gleichzeitig umwandeln.

Ist die Wassermenge groß genug, so wird aus der Umgebungsluft ständig neuer Sauerstoff über die Wasseroberfläche zugeführt, und das Wasser reinigt sich selbst. Bei zu geringer Sauerstoffzufuhr jedoch kann dieses Gleichgewicht gestört werden, z. B. wenn Abwässer in größeren Mengen in kleine Seen oder Flüsse abgeleitet werden. Die Folge ist, daß die Fische sterben, denn das Wasser hat keine Selbstreinigungskraft mehr und fault.

Ein Beispiel für natürliches Gleichgewicht: die wechselvolle Geschichte der Themse. Um 1750 war die Abwassermenge von London (Einwohnerzahl 750 000) so gering, daß sie bedenkenlos in den Fluß geleitet werden konnte: im Fluß schwammen verschiedene Fischarten. Gegen 1840 war die Einwohnerzahl auf über zwei Millionen gestiegen. Als zum Abwasser auch noch Industrieabfall kam, war der Fluß überlastet: großes Fischsterben setzte ein. Daraufhin wurden 1889 die ersten Kläranlagen in Betrieb genommen, und um 1900 tauchten – trotz über 6 Millionen Einwohner – die ersten Fischarten wieder auf. Zwischen den Weltkriegen stieg die Bevölkerung Londons auf 8 Millionen, was zur Folge hatte, daß es 1945 überhaupt keine Fische mehr gab. Nach 1950 wurden neue Kläranlagen gebaut. Seit 1970 ist die Themse wieder von vielen Fischarten bevölkert.

## Gefahren der Verschmutzung

Wissenschaftler und Gesundheitsbehörden stimmen heute darin überein, daß häusliche Abwässer unbedenklich in Flüsse oder Seen abgeführt werden können, sofern nicht mehr als 30 Teile Abwasser-Feststoffe auf eine Million Teile Wasser kommen und nicht mehr als 20 Teile pro Million Volumenteile gelösten Sauerstoffs innerhalb von fünf Tagen verbraucht werden. Dieser »biochemische Sauerstoffbedarf« ($BSB_5$) ist eine Maßeinheit zur Bestimmung des Verschmutzungsgrades.

Wo genügend Wasser vorhanden ist, wie etwa an Küsten oder am Unterlauf großer Flüsse, können begrenzte Abwassermengen

**HINWEISE**

Lesen Sie auch:

Einfache Techniken im häuslichen Bereich (Band 8)

Wasserversorgung

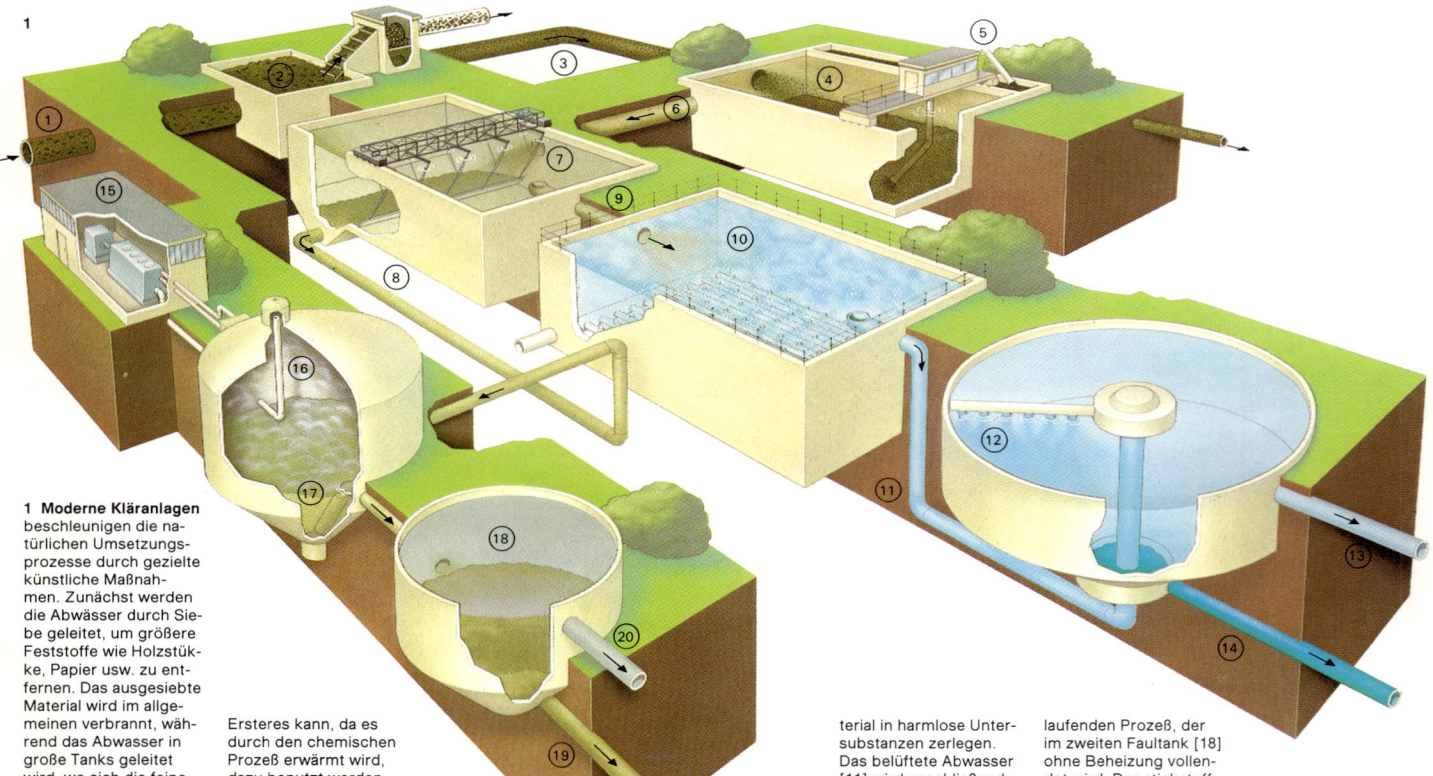

**1 Moderne Kläranlagen** beschleunigen die natürlichen Umsetzungsprozesse durch gezielte künstliche Maßnahmen. Zunächst werden die Abwässer durch Siebe geleitet, um größere Feststoffe wie Holzstücke, Papier usw. zu entfernen. Das ausgesiebte Material wird im allgemeinen verbrannt, während das Abwasser in große Tanks geleitet wird, wo sich die feineren, schwebenden Feststoffe absetzen. Danach enthält es nur mehr gelöste Abfallbestandteile; sie machen etwa die Hälfte aller ursprünglich enthaltenen organischen Abfälle aus. Dieser Absetzvorgang verläuft nur sehr langsam, so daß das Wasser ruhig stehen oder zumindest sehr langsam fließen muß; dementsprechend benötigt man große Becken. Der abgesetzte Schlamm wird entfernt und in luftdichte Faultanks geleitet, wo ein Fäulnisprozeß stattfindet: Es bilden sich anaerobe Bakterien, die ihn in Faulgas und Faulschlamm zerlegen.

Ersteres kann, da es durch den chemischen Prozeß erwärmt wird, dazu benutzt werden, die Faultanks anzuwärmen, um so den Ablauf zu beschleunigen. Der entstehende Schlamm enthält große Mengen an Stickstoffverbindungen und ist ein wertvoller Pflanzendünger. Das nunmehr vorgeklärte Abwasser wird in Belüftungsbecken geleitet, in denen die gelösten organischen Bestandteile durch aerobe Bakterien abgebaut werden. Die Entwicklung dieser Bakterien wird durch künstliche Sauerstoffzufuhr begünstigt. Schließlich wird das Abwasser nach einem weiteren Absetzprozeß und eventueller Chlorierung in offenes Wasser (in einen Fluß oder in einen See) geleitet. Die obenstehende Zeichnung zeigt den typischen Ablauf eines Klärprozesses: Das Abwasser [1] passiert zunächst ein Sieb [2], in dem alle groben Teile entfernt werden, die die weitere Abwasserbehandlung behindern und verzögern würden. Das vorgereinigte Abwasser [3] wird dann durch einen sogenannten Sandfang [4] geleitet, in dem sich mitgeführter Sand und sonstige Kleinteile absetzen. Diese werden entfernt [5], und das nunmehr sandfreie Abwasser [6] wird in die Sedimentationsbecken (Absetzbecken) [7] geführt. Hier setzen sich rund die Hälfte der schwebenden Kleinstteilchen am Beckenboden ab, wodurch der $BSB_5$ des Abwassers auf 50% reduziert wird. Der Bodensatz [8] wird abgepumpt und das vorgeklärte Abwasser [9] in Belüftungsbecken [10] geleitet, wo es mit einem speziellen bakterienreichen Schlamm »geimpft« wird. Die künstliche Belüftung unterstützt die Entwicklung dieser Bakterien, die das organische Material in harmlose Untersubstanzen zerlegen. Das belüftete Abwasser [11] wird anschließend erneut in Absetzbecken [12] geleitet, damit der zugesetzte Bakterienschlamm absinkt, so daß schließlich klares Wasser [13] übrigbleibt. Dieses wird meist noch einmal gefiltert und anschließend gechlort, bevor es in offenes Wasser abgeleitet wird. Der Bodensatz des Sedimentationsbeckens [7] wird in zwei Stufen weiterverarbeitet: Im ersten Faultank [17] zerlegen Mikroorganismen bei einer Temperatur von etwa 30 °C den Schlamm in ein methanhaltiges Gas und in einen harmlosen Restschlamm. Hierbei fördert die Wärme den ablaufenden Prozeß, der im zweiten Faultank [18] ohne Beheizung vollendet wird. Der stickstoffreiche Restschlamm [19] wird getrocknet und als Dünger verwendet; das entzogene Wasser [20], das zwar bakterienhaltig, aber relativ rein ist, wird in offenes Gewässer abgeleitet. Beide Faultanks sind zur Unterstützung der natürlichen Fäulnisbildung luftdicht abgeschlossen.

Bei dieser Art der Abwasserbehandlung können zwei Komponenten nutzbringend eingesetzt werden: Zum einen wird der Bakterienschlamm [14] aus den Absetzbecken entfernt und zur Impfung neu angefallener Abwassermengen teilweise in das Belüftungsbecken zurückgeführt. Zum zweiten kann das im Faultank entstehende, brennbare Gas [16] einerseits zum Maschinenraum [15] geleitet werden, wo es als Brenngas zum Antrieb von Pumpen, Kompressoren und ähnlichem verwendet werden kann. Andererseits dient das Gas bei direkter Rückführung zum Faultank [17] zu dessen Aufheizung: Da bei dem Fäulnisprozeß Wärme freigesetzt wird, hat das entstehende Gas eine bestimmte Temperatur und dient somit als Wärmequelle.

ohne Vorbehandlung bedenkenlos abgeleitet werden [4]. Steigende Bevölkerungszahlen machen zusammen mit den Auswirkungen der Industrialisierung heute jedoch fast überall eine Abwasserbehandlung notwendig, um den $BSB_5$ in geeignetem Maße zu senken und Bakterien zu beseitigen. Die Bakterien entstehen aus der natürlichen Fäulnis organischer Stoffe: Anaerobe (nicht-sauerstoffbedürftige) Bakterien zersetzen die organischen Stoffe in einfachere chemische Substanzen, deren Hauptbestandteile Stickstoffverbindungen (Humus) und Methangas sind.

Eine moderne Kläranlage [1] macht sich diese natürliche Fäulnis genauso wie die Oxidation mit Luftsauerstoff zunutze. Zusätzlich werden mechanische und chemische Verfahren zur Aussiebung, Absetzung von Schwebstoffen, Ausflockung, Belüftung, Filterung und Chlorierung angewendet. Häufig sind weitere Maßnahmen zur Beseitigung von Industrieabfällen erforderlich.

### Moderne Abwasserklärung

In modernen Kläranlagen entfernen Siebe zunächst größere feste Bestandteile aus dem Abwasser. Kleinere Schwebeteile sinken anschließend in großen Becken ab, durch die die Abwässer langsam und ohne Verwirbelung hindurchfließen. Die nichtabsetzbaren Stoffe werden schließlich ausgeflockt: Mechanische Rührwerke oder chemische Katalysatoren (Aluminiumverbindungen) veranlassen sie, sich zu größeren Partikeln zusammenzuballen, die entweder absinken oder schwimmend von der Oberfläche entfernt werden können.

Die Nutzung natürlicher Fäulnisprozesse liefert nicht nur natürliche Düngemittel, sondern auch größere Mengen von Methangas, das durch die chemische Umsetzung erwärmt ist und sich zur Beheizung der Faultanks zwecks Beschleunigen des Prozeßablaufs benutzen läßt. Schließlich kann die natürliche Oxidation durch künstliche Belüftung unterstützt werden, indem Umgebungsluft über Schläuche in die Oxidationstanks geführt wird oder die Abwässer über poröse, belüftete Schlackenschichten geschickt werden. Die Oxidationsprodukte lassen sich absetzen. Durch Filtration werden schließlich feinste Schwebstoffe entfernt, und das Beimischen von Chlor tötet die restlichen Bakterien ab.

**Leitbild**

**Im Jahre 1858** war die Themse derart verschmutzt, daß das englische satirische Wochenblatt »Punch« obenstehende zynische Karikatur veröffentlichte: Der Tod rudert zwischen Kadavern den Fluß entlang. Die in die Themse abgeführten Abwässer, vermehrt um die Abfälle aus der Industrie, stellten eine ernste Gefahr für die Öffentlichkeit dar. »Punch« gab der Zeichnung den Untertitel: »Entweder dein Geld (Zur Abwasserreinigung) – oder dein Leben!« Erst 1899, 31 Jahre später, konnte Londons erste Kläranlage in Betrieb genommen werden.

**2 In einem Kleinfaulbecken** können Abwässer weit entfernt von öffentlicher Kanalisation aufbereitet werden: Die drei Prozesse der Schwebstoffabsetzung, der Ausfaulung und der Schlammspeicherung finden hier gleichzeitig statt. Der Fäulnisprozeß vollzieht sich auf natürlichem Wege durch die Wirkung anaerober Bakterien. Das Ablaufwasser wird einer Sickergrube tief unter der Erdoberfläche zugeleitet; der ausgefaulte Schlamm muß in Abständen von drei bis sechs Monaten abgepumpt werden. Die Grubenwände [2] bestehen meist aus Mauerwerk. Das Abwasser läuft durch eine spezielle Zuleitung [1] ein, die dafür sorgt, daß es nicht verwirbelt wird [3]. Relativ reines Wasser [4] verbleibt oberhalb des Schlamms, anaerobe Bakterien zerlegen die Abfälle [5], der Faulschlamm sinkt nach unten [6]. Das Faulgas kann durch eine Entlüftung [7] entweichen; ein Syphon [8] verhindert Geruchsbelästigung.

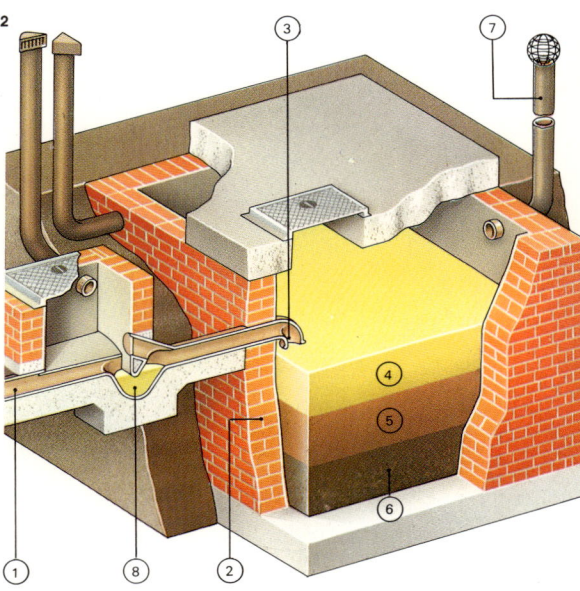

**3 Der Schlamm** einer Faulgrube muß alle drei bis sechs Monate abgepumpt werden. Dazu dienen spezielle Saugwagen. Um den Inhalt aller Faulgruben eines Bezirks abpumpen zu können, müssen die Fahrzeuge über einen großen Tank verfügen, nicht nur aus wirtschaftlichen Gründen, sondern vielmehr um die vollständige Entleerung aller Gruben zu gewährleisten. Nur teilweises Entleeren der Gruben würde den natürlichen Prozeß erheblich stören.

**4 Ungeklärte Abwässer**, die in Gewässer [A] abgeführt werden, können nicht nur die Umwelt schädigen, sondern auch Brutstätten von Krankheitserregern erzeugen. In den meisten Industrieländern werden deshalb die Abwässer in Kläranlagen [B] aufbereitet. Dabei erweist sich der steigende Detergentienanteil in städtischen Abwässern als problematisch. Nach gesetzlicher Vorschrift müssen die Detergentien so beschaffen sein, daß sie von Bakterien biologisch abgebaut und zerlegt werden können. Oft jedoch enthalten sie Phosphatverbindungen, die nicht nur auf üblichem Wege nicht zersetzt werden können, sondern sogar als Düngstoff grüne Algen zu starkem Wachstum anregen und dabei die biochemischen Prozesse stören, die das Wasser in Flüssen und Seen reinhalten (Selbstreinigung).

**5 Durch Ausfaulen** des abgesetzten Schlamms in modernen Kläranlagen entsteht ein harmloser, stickstoffreicher Faulschlamm. Er stellt einen sehr wertvollen Pflanzendünger dar, der ohne weitere Verarbeitung direkt auf Felder und Äcker ausgebracht werden kann.

# Geschichte der Drucktechnik

Wahrscheinlich wurden bewegliche Lettern aus Metall zum erstenmal in der königlichen Schriftgießerei von Korea im Jahre 1403 hergestellt; mit diesen Typen wurde sechs Jahre später ein Buch gedruckt. Erst seit 1439 gibt es in Europa eine Drucktechnik, wie wir sie heute kennen. Johannes Gutenberg (um 1400–68), ein Deutscher, der in Mainz und in Straßburg arbeitete, entwickelte die Drucktechnik weiter. Er verwandte bewegliche, aus Metall gegossene Drucktypen (Lettern).

## Frühe Druckverfahren

Im Jahre 1456 erschien das erste wirklich gedruckte Buch; es war eine lateinische Bibel, die in Mainz mit größter Wahrscheinlichkeit von Johannes Gutenberg und seinen Mitarbeitern gedruckt wurde [2]. Wie Gutenberg seine Drucktypen herstellte, ist nicht exakt überliefert; erst 1540 findet sich in dem in Venedig gedruckten Buch von Vannoccio Biringuccio (1480–1539), »De la Pirotecnica«, eine Beschreibung des Schriftgießens. Die Drucktypen wurden hergestellt, indem geschmolzenes Metall in eine Kupfermatrize gegossen wurde. Die Matrize (Gußform) stellte man durch Einpunzen eines gravierten Stahlstempels in ein Stück Kupfer her.

Seit Gutenberg gab es viele Jahrhunderte hindurch keine bedeutsamen Änderungen in den grundlegenden Druckverfahren. Die Metalltypen wurden mit der Hand zu Seiten zusammengesetzt: Sie bildeten die Druckformen, die eingefärbt und auf Papierbogen in einer Handpresse abgedruckt wurden [Leitbild]. Eine erste größere Änderung kam erst 1795, als Firmin Didot (1764–1836) Verfahrensweisen ausprobierte, um Duplikatdruckplatten (Stereotypien) von gesetzten Drucktypen herzustellen. Drei Jahre später erfand Alois Senefelder (1771–1834) aus München die Lithographie. Er hatte in seinem Bestreben, ein praktisches Verfahren zum Druck von Musiknoten zu finden, versucht, die Noten seitenverkehrt auf eine flache Steinplatte zu zeichnen; dabei benutzte er eine Farbe aus Wachs, Seife und Lampenruß. Ursprünglich bestand seine Absicht darin, den Stein mit Säure zu ätzen, doch führten seine Experimente zu einem ganz neuen Druckverfahren, das auf der Grundlage des wechselseitigen Abstoßens von Druckfarbe auf Ölbasis und Wasser beruht.

## Von der Druckplatte zur Druckmaschine

1800 wurde Didots Stereotypieverfahren durch Charles Stanhope (1753–1816) vervollkommnet. Er benutzte Gipsmörtel, um die Matern herzustellen. Geschmolzenes Metall wurde in die Gipsmatern gegossen und damit eine haltbare Druckplatte hergestellt, jeweils eine ganze Seite auf einmal. 1806 erfand Anthony Berte eine mechanische Vorrichtung für das Schriftgießen, bei der eine Pumpe geschmolzenes Metall in die Matrize preßt.

In der gleichen Zeit baute Friedrich Koenig (1774–1833), der als deutscher Drucker 1806 nach England gekommen war, die erste erfolgreiche Druckmaschine; eine Reihe lederbezogener Walzen übernahm die Druckfarbe aus einem Behälter und färbte die Drucktypen bei einer Hin- und Herbewegung automatisch. Außer dem Anlegen und Abnehmen des Papiers von der Druckform arbeitete diese dampfgetriebene Presse automatisch. 1806 entwickelte Koenig eine Zylinderdruckmaschine, in der die Drucktypen auf einem Fundament befestigt waren; sie bewegten sich unter den lederbezogenen Druckwalzen und anschließend unter einem Zylinder, um den der Druck-

**HINWEISE**

Lesen Sie auch:

Die Papierherstellung (Band 8)

Moderne Drucktechnik

Zeitungen und Zeitschriften

Buch- und Verlagswesen

Nachschlagewerke

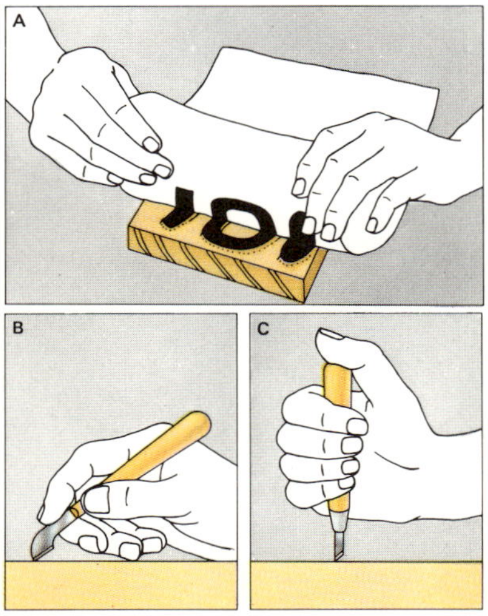

**1 Der Holzschnitt** wurde im 15. Jh. zum Druck von Heiligenbildern und Spielkarten verwendet. Der Künstler schneidet den Teil der Zeichnung weg, der weiß erscheinen soll. So bilden nur die zu druckenden Teile ein Relief [A]. Der Block wird entlang der Faser geschnitten; dabei soll nur gutabgetrocknetes Holz (z. B. Birne, Kirsche, Ahorn) verwendet werden. Frühe Holzschnitte wurden vom Künstler handkoloriert; Holzschnittdrucke können jedoch auch mit mehreren Druckstöcken hergestellt werden. Werkzeuge zur Bearbeitung der Holzblöcke: z. B. das englische Messer [B] oder das japanische Messer [C].

**2 Das erste wirkliche Buch**, das 1456 mit beweglichen Lettern gedruckt wurde, war die Mainzer Bibel in lateinischer Sprache. Sie enthält 643 Blätter; jede Seite umfaßt 2 Kolumnen mit je 42 Zeilen. Nach ihrem berühmten Drucker Gutenberg-Bibel genannt, ist sie das erste Werk des modernen Buchdrucks und zählt zu den schönsten Beispielen der Druckkunst. Gutenbergs Technik war genial und auf höchstem Stand. Probleme mit Typenmaterial und Bedruckstoff, mit der typographischen Schönheit, der Weiterverarbeitung und dem Vertrieb wurden vorbildlich gelöst. Das Bild stammt aus einer Seite der Bibel und zeigt die verwendete Schrifttype. Sie hieß Textura und wurde in Angleichung an die im 15. Jh. in Deutschland in Bibeln und Gebetbüchern üblichen Manuskripte gestaltet. Die Bibel wurde in 10 Sektionen auf 6 Pressen zugleich gedruckt; die Auflage betrug 150 Exemplare auf Papier und 30 Exemplare auf Pergament.

**3 Die erste selbsteinfärbende Tiegeldruckpresse** wurde von dem Amerikaner Stephen P Ruggles 1839 gebaut. Das dargestellte, von ihm selbst verbesserte Modell, das er 12 Jahre später baute, bildete die Grundlage für den weitverbreiteten Akzidenzdruck bis zum »Heidelberger Tiegeldruckautomaten«, der noch heute im Hochdruck vielfach verwendeten Maschine. In diesem Automaten stehen die Drucktypen senkrecht. Über der Form ist eine sich drehende Scheibe angeordnet, die die Farbe verteilt. Drei Walzen laufen nach unten über die Scheibe, nehmen Farbe an und tragen sie auf die Drucktypen. Während die Walzen zurücklaufen, wird der Tiegel, auf den das Papier mit der Hand gelegt wurde, gegen die senkrechte Druckform geführt.

**4 Das Schriftgießen** ist ein Verfahren, bei dem einzelne Drucktypen hergestellt werden, indem man geschmolzenes Letternmetall in Matern spritzt. Das Metall ist eine Legierung aus Zinn und Blei, dem Antimon zur Härtung hinzugefügt ist. In der dargestellten Schriftgießerei bedienen viele Arbeiter einzelne Maschinen, die von einer durch den Saal laufenden Welle aus mit Riemen angetrieben werden. Der Einzelbuchstabenguß wurde durch die Linotypemaschine ergänzt, die ganze Zeilen gießen kann.

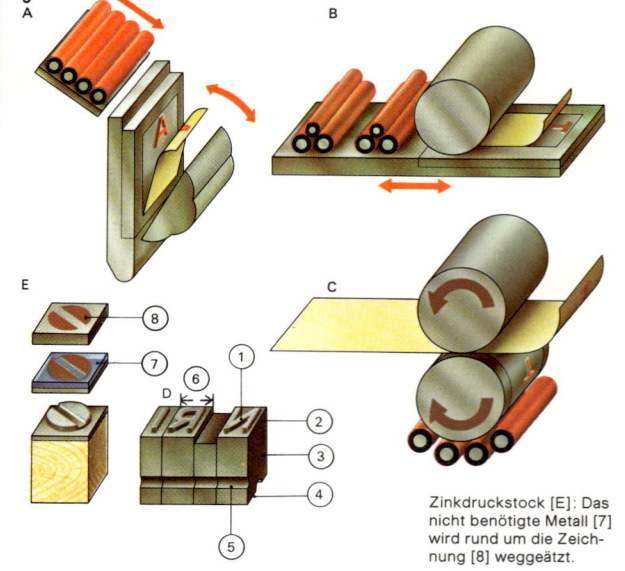

**5 Hochdruckverfahren** – Tiegeldruck [A]: Das Papier wird gegen die eingefärbte Druckform (Fläche gegen Fläche) gepreßt. In der Flachformpresse [B] wird das Papier auf die flache Druckform gelegt und durch den Druckzylinder angepreßt. Die Rotationspresse [C] hat einen Zylinder mit dem gebogenen Druckbild und einen Druckzylinder; das Papier läuft zwischen beiden Zylindern hindurch (Zylinder gegen Zylinder). – Drucktype [D]: Auge (Bild) [1], Schulter [2], Körper [3], Fuß [4], Signatur [5], Dickte [6]. Zinkdruckstock [E]: Das nicht benötigte Metall [7] wird rund um die Zeichnung [8] weggeätzt.

bogen lag. Bald wurden zwei Maschinen, jeweils mit doppelten Zylindern, hergestellt.

### Entwicklungen im 19. Jahrhundert

Edward Cowper (1790–1852) erhielt 1816 ein Patent für ein Verfahren zum Biegen von Stereotypieplatten für Rotationsdruck, wobei die erste Platte von einer flachen Drucktypenform gegossen wurde. 1816 bauten F. Koenig und Andreas Friedrich Bauer (1783–1860) die erste Druckmaschine, die gleichzeitig beide Seiten eines Papierbogens bedruckte.

Eine herkömmliche Buchdruckpresse verwendet seitenverkehrte Drucktypen mit einem spiegelverkehrten Bild. Augustus Applegath (1788–1871) entwickelte 1817 eine Maschine, mit der man Banknoten mit dem gleichen Bild auf beiden Seiten des Papiers drucken konnte; jede Farbe stand dabei in perfektem Zusammendruck mit den anderen Farben. Dadurch sollte das Fälschen erschwert werden. Die Maschine druckte auf der Vorderseite im Hochdruck, auf der Rückseite in dem Verfahren, das wir heute Offset nennen. Ein Lederpolster wurde mit dem Spiegelbild der Originaldruckform bedruckt, welche danach auf das Papier übertragen wurde. So war das Druckbild auf der Rückseite identisch mit dem der Vorderseite. Dieses Prinzip wurde später in den Offsetdruck übernommen, bei dem die Druckform seitenrichtig mit dem fertigen Druck steht.

Die folgenden siebzig Jahre brachten viele Änderungen. Claude Genoux aus Lyon führte die Herstellung von Stereotypien mittels Matern aus Papiermaché ein [9]. Die französische Firma Worms & Phillipe ließ sich 1845 die Idee patentieren, gebogene Stereoplatten direkt aus einer gebogenen Mater zu gießen. Diese Methode wird noch heute verwendet.

Der Amerikaner David Bruce jr. (1809–92) baute 1838 die erste wirtschaftlich erfolgreiche mechanische Schriftgußmaschine, die 100 Drucktypen je Stunde herstellen konnte.

1852 führte der Franzose Rose Joseph Lemercier (1802–87) den ersten photolithographischen Druck aus. Er bedeckte seinen Druckstein mit einer lichtempfindlichen Schicht, die er durch ein Papiernegativ belichtete. Nach dem Auswaschen mit Terpentin konnte die Zeichnung auf dem Stein danach für den normalen lithographischen Druck eingefärbt werden.

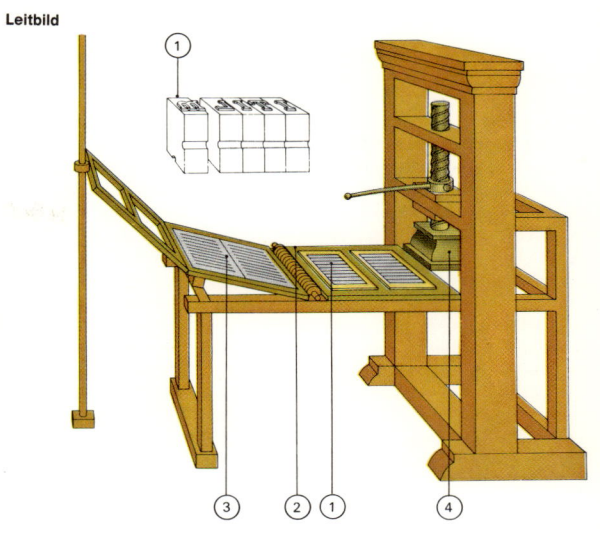

**Leitbild**

**Druckpressen im 15. Jh.** wurden den Stoffpressen nachempfunden. Der Schriftsatz [1] wird in ein Formbett [2] eingespannt und von Hand eingefärbt. Das Papier wird auf einem Pergament mit einem »Tympan« befestigt [3], das als Schablone nur die Drucktypen freigibt. Das Formbett wird zum Druck unter die Presse geschoben [4].

**6 Die Lithographie** beruht auf dem Prinzip des gegenseitigen Abstoßens fetthaltiger Druckfarbe und Wasser. Das Druckbild wird seitenverkehrt mit Fettstift oder Lithotusche auf einen Stein gezeichnet. Er wird mit Wasser befeuchtet und eingefärbt. Die Farbe haftet nun am Bild, jedoch nicht am Stein. Die Maschine [A] preßt das Papier mit dem Reiber auf den Stein und erzeugt den Abdruck. Das Verfahren wurde ursprünglich zum Druck handgezeichneter Musiknoten verwendet [B].

**7 Tiefdruckverfahren:** Nach dem Einfärben und Reinigen der Druckplatte bleibt die Farbe nur in den durch Ätzung entstandenen Vertiefungen und kann so abgedruckt werden. Hierauf beruht der Tiefdruck, bei dem das Bild unter der Oberfläche der Druckform liegt; so bleibt die Farbe in der Vertiefung, wenn die Oberfläche blankgerieben wird. James Whistler (1834–1903) bediente sich dieser Technik als Kunstform: Black Lion-Kai, London (Radierung).

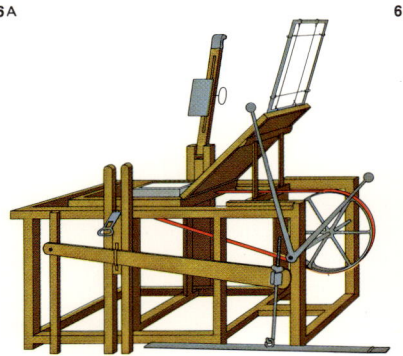

**8 Geätzte Druckplatte (»Radierung«):** Die Farbe füllt die durch Säure erzeugten Vertiefungen in einer polierten Metallplatte (Kupfer oder auch Zink). Dann wird sie mit Wachs beschichtet. Mit einer Radiernadel [A] wird das Bild in das Wachs geritzt: das Metall wird freigelegt. Danach wird die mit Zeichnung versehene Platte in eine Säure [B] gelegt, die das Metall an den Stellen ätzt, wo Wachs entfernt wurde. Nach dem Reinigen wird die Platte eingefärbt, die Oberfläche gereinigt.

**9 Das Rollendruckprinzip:** Das Papier läuft in einer endlosen Bahn von der Rolle durch die Maschine; es wird nach dem Druck geschnitten. Der Erfinder ist Sir Rowland Hill (1795–1879); Er führte später auch die »Penny Post«, das einheitliche Briefporto von einem Penny, in England ein. Rotationsdruckmaschinen für Zeitungen wurden seit 1846 entwickelt; dabei verwendete man gebogene Stereotypieplatten. Die Druckplatten werden aus Papiermaché-Matern gegossen, die von der flachen Satzform abgenommen werden.

**10 Die Linotype-Setzmaschine** wurde von Ottmar Mergenthaler (1854–99) erfunden. Man kann behaupten, daß diese Erfindung die größte Neuerung in der Geschichte der Druckkunst darstellt. Die Setzmaschine wurde erstmals 1886 bei der Herstellung der »New York Tribune« eingesetzt. Der Setzer tippt den Text auf einer Tastatur; die Maschine fügt die Matrizen in richtiger Reihenfolge mit Wortzwischenräumen zusammen. Anschließend wird jede Zeile in einem ganzen Stück gegossen.

155

# Moderne Drucktechnik

Wir unterscheiden drei Hauptverfahren der modernen Drucktechnik: Hochdruck, Tiefdruck und Flachdruck. Im Hochdruck steht die farbführende Oberfläche der Drucktype oder des Druckstocks (für Abbildungen) höher als die sie umgebenden nichtdruckenden Teile. Der Buchdruck ist ein Beispiel für das Hochdruckverfahren; er verwendet Druckstöcke aus Ganzform-Stereotypieplatten und gemischte Formen, die aus Satztypen und Klischees zusammengefügt sind; Abbildungen werden in Form von Strichätzungen (für Zeichnungen) und Halbtonklischees (sog. Autotypien – für Photos), Holzschnitten oder Linolschnitten in die Druckform eingebaut.

Im Hochdruck werden Tiegeldruckpressen (flacher Tiegel gegen flache Druckform) und verschiedene Zylinderdruckpressen benutzt. Das Papier wird der Maschine von Hand oder automatisch zugeführt.

Der Tiefdruck ist ein Reliefdruckverfahren im Umkehrsinn: Die flüssige Druckfarbe liegt in Vertiefungen der Druckplatte bzw. des Druckzylinders; vor dem Druck wird die polierte nichtdruckende Oberfläche mit einer »Rakel« von Farbe gereinigt. Der Rotations-Kupfertiefdruck ist das heute gebräuchlichste Tiefdruckverfahren; früher wurde Tiefdruck für Stiche und Radierungen aus Kupfer oder Stahl und für Aquatinta verwendet. Hier wurden die Linien mit Säure in das Metall geätzt.

Beim Flachdruck liegen die druckenden und nichtdruckenden Teile flach in einer Ebene. Die Druckplatten werden so behandelt, daß die druckenden Teile fetthaltige Farbe annehmen und Wasser abstoßen, während die nichtdruckenden Teile Wasser annehmen und Farbe abstoßen. Der Offsetdruck ist das heute am meisten gebrauchte Flachdruckverfahren.

## Rotationsdruck

Druck mit hoher Geschwindigkeit wird heute auf einer Rotationsmaschine ausgeführt, durch die eine endlose Papierbahn von einer Rolle läuft [1]. Die Druckform wird flach vorbereitet. Von dieser Form wird eine Mater aus Papiermaché abgenommen. Die Mater wird nun im Halbkreis gebogen und in eine Gießmaschine eingespannt; gegen die Mater wird geschmolzenes Metall gepumpt; zwischen Mater und Gießform entsteht eine halbkreisförmige Stereotypieplatte, kurz »Stereo« genannt.

Auch der moderne Kupfertiefdruck, der sich aus Handätzverfahren entwickelt hat, benutzt heute photographische Verfahren, um Druckzylinder aus Kupfer herzustellen. Ätzpositive aus Schrift und Bild werden photographisch auf ein gelatinebeschichtetes Pigmentpapier übertragen. Das Pigmentpapier, zuvor mit dem Raster kopiert, wird nun mit der Bildinformation auf den präparierten Kupferzylinder übertragen, das Grundpapier entwickelt und abgelöst. Das zurückbleibende, durch das Entwickeln entstandene Gelatinerelief erlaubt einer Säure (Eisenchlorid), an den druckenden Partien unterschiedlich tief in das Kupfer einzudringen, während die Kupferoberfläche bei den nichtdruckenden Teilen unversehrt bleibt. Die Tiefdruck-Rotationsmaschine arbeitet ähnlich wie eine Hochdruck-Rotationsmaschine. Der Rollenkupfertiefdruck ist weit verbreitet bei Illustrierten und Katalogen mit Großauflagen.

## Rollenoffsetdruck

Die Lithographie, die ursprünglich für den Druck eines Bildes auf eine poröse Steinplatte gedacht war, entwickelte sich rasch zum Offsetdruck, bei dem die Plattenoberfläche photographisch bearbeitet wird.

### HINWEISE

**Lesen Sie auch:**

Die Papierherstellung (Band 8)

Geschichte der Drucktechnik

Kopieren und Vervielfältigen

Zeitungen und Zeitschriften

Buch- und Verlagswesen

Nachschlagewerke

Die Chemie der Farben

**1 Hochdruck-Zeitungsrotationsmaschine**

Gegenzylinder
Druckformzylinder mit Stereos
Farbauftragwalze
Farbverteilwalze
Farbduktor

Papierschneide-Einrichtung

Papierrolle — Rotationsdruckwerk — Falzapparat — Dreiarmiger Rollenständer

**1 Die Zeitungsdrucktechnik** hat ihre Methoden in den letzten 100 Jahren wesentlich verbessert und weiterentwickelt. Eine moderne Rotationsmaschine bedruckt beide Seiten einer Papierrolle mit einem Umfang von 4 Seiten und in einer Breite von 4 Seiten; sie schneidet und falzt das Papier zu einer fertigen 8- oder 16seitigen Zeitungslage. Hier wird eine typische Einheit mit 4 Druckwerken zum Druck einer kompletten 32seitigen Zeitung gezeigt. Mit Hilfe des dreiarmigen Rollenständers ist es möglich, bei voller Druckgeschwindigkeit die Papierrolle ohne Unterbrechung des Auflagendruckes zu wechseln. Farbendruck wird so bewerkstelligt, daß die Papierbahn nacheinander durch zwei Maschinen läuft. In einer Maschine wird Schwarz, in der anderen die Buntfarbe gedruckt. Auch der Druck mit speziellen, auf der Papierbahn den Einfarbendruckwerken nachgeordneten Farbdruckwerken ist zusätzlich zum Schwarzdruck möglich. Dabei werden die verbleibenden weißen Felder farbig bedruckt. Pressen dieser Art gestatten es, bis zu 50 000 Zeitungsexemplare pro Stunde herzustellen. Rotationsmaschinen mit so hohen Geschwindigkeiten sind mit automatischen Registereinrichtungen ausgestattet, die den Papierbahnzug und das Register (den genauen Zusammendruck) bei Farbendrucken messen und steuern. Immer häufiger werden Zeitungen und Zeitschriften heute photolithographisch im Rollenoffsetdruck gedruckt. Auch der Zeitungshochdruck arbeitet heute noch mit automatisch gesteuerten Hochgeschwindigkeitsmaschinen. Dies gilt für Zeitschriften mit hoher Auflage, die in Schwarz und mit Buntfarben gedruckt werden. Telefonbücher und ähnliche Verzeichnisse werden im Rollenhochdruck oder im Rollenoffsetdruck mit Geschwindigkeiten von 15 000 bis 20 000 Exemplaren pro Stunde hergestellt. Bei einer Zeitungsrotationsmaschine kommt es abgesehen von der Qualität vor allem auf die Geschwindigkeit an; in weniger als acht Stunden muß z. B. mit mehreren Druckmaschineneinheiten eine Auflage von 2,5 Millionen Exemplaren gedruckt werden.

phisch auf Metall (Zink oder Aluminium) übertragen wird. Es gibt verschiedene Methoden, eine Offsetplatte herzustellen, das Resultat ist immer das gleiche: Eine flexible Metallplatte wird um den Druckzylinder einer Rotationsmaschine [2] gespannt. In den letzten Jahren wurden auch Rollenoffset-Druckmaschinen entwickelt, die von einer endlosen Papierbahn drucken. Viele Zeitungen und Zeitschriften wenden heute dieses Verfahren an.

**Moderne Techniken**
Im Hochdruck und Flachdruck wird die Reproduktion eines Halbtonbildes (Photographie) dadurch bewerkstelligt, daß man das Bild durch einen Raster hindurch photographiert, der ein feines Netz sich kreuzender paralleler Linien darstellt. Dadurch wird das Bild in kleine Elemente zerlegt, welche als Punkte verschiedener Größe abgedruckt werden [3].

Linotypemaschinen, die eine ganze Zeile aus Druckbuchstaben auf einmal gießen, dienen auch heute noch weitgehend der Zeitungsherstellung; die Monotypemaschine [4], die Einzelbuchstaben gießt, wird mit ihrer Eignung zum Satz von Symbolen und mathematischen Gleichungen, Formelsatz u. a. besonders zum Herstellen von Büchern verwendet. Heute verdrängt der Photosatz, der in brauchbarer Form etwa 1955 eingeführt wurde, die Bleisetzmethoden auf vielen Gebieten.

Der Photosatz ist ein neues Setzverfahren; Alphabete und Zeichen aller Art werden auf Film oder in bandgesteuerten Informationen gespeichert. Die Photosetzmaschine [5] stellt positive und negative Schriftabzüge her, die für photographische Verfahren zum Herstellen von Druckplatten geeignet sind. Diese Maschine hat den Vorteil, daß jedes Schriftbild photographisch vergrößert oder verkleinert werden kann. Mit Linsensystemen stellt eine moderne Photosetzanlage auch aus ein und demselben Negativ enge und weite Schriftbilder sowie links- und rechtsstehende Kursive und andere Verzerrungen her. Sie arbeitet sehr schnell; Computer kontrollieren den Produktionsprozeß bis zu den Papierabzügen, und zwar schneller, als der Taster arbeiten kann. Im Tiefdruck und Offsetdruck werden die Druckplatten vom Positivfilm kopiert. Im Hochdruck benutzt man ein Negativbild, das photographisch zu einer Metalldruckplatte verarbeitet wird.

**Leitbild**

Das wichtigste beim modernen Druck ist die Geschwindigkeit. Jeden Morgen erscheinen Millionen Exemplare von Tageszeitungen mit Texten, die erst am vergangenen Abend geschrieben wurden.

**2 Offsetdruck (Lithographie)**

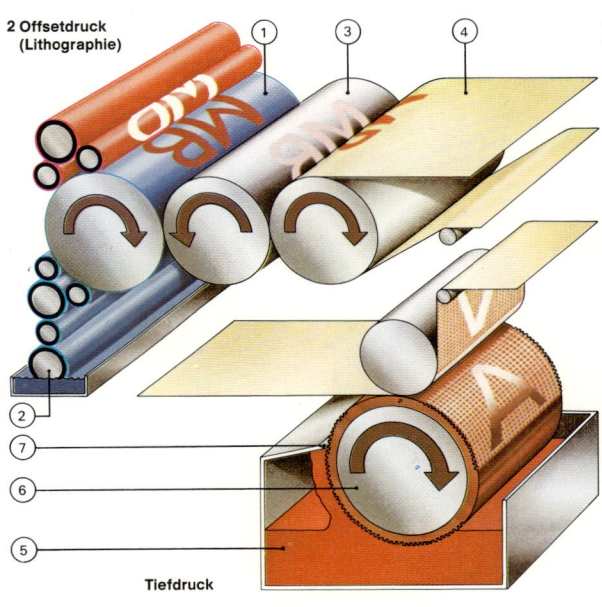

**Tiefdruck**

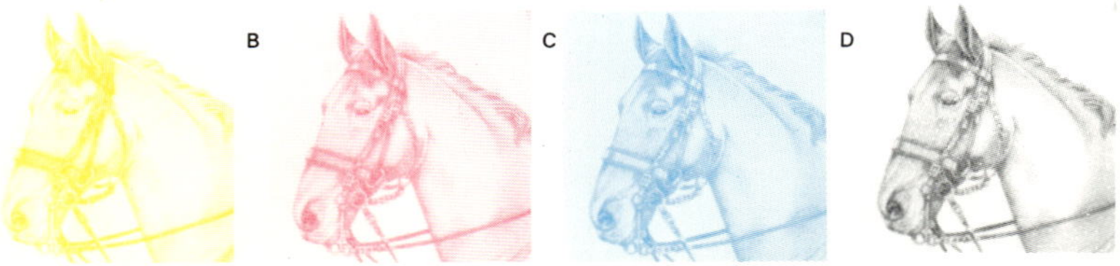

**3 Gelb, Rot und Blau** werden in verschiedenen Kombinationen benutzt, um eine weite Skala von Farbwerten zu drucken. Ein Schwarzton ergibt sich, wenn diese drei Farben als Fläche übereinanderliegen. Doch ein wesentlich besseres Druckergebnis wird mit einer vierten, schwarzen Farbe erreicht. Moderne Druckfarben bestehen aus Magenta und Cyan anstelle von Rot und Blau. Ein Bild wird Farbe nach Farbe [A–D] zusammengedruckt und ergibt dann den kombinierten Effekt [E].

**2 Die druckenden Teile eines Bildes** auf einer lithographischen Offsetplatte [1] nehmen die fetthaltige Druckfarbe an; die nichtdruckenden Teile werden mit Walzen [2] eingefeuchtet und stoßen die Druckfarbe ab. Das eingefärbte Bild wird im Offset zuerst auf einen Zylinder mit einem Gummituch [3] und danach auf das Papier [4] übertragen. – Im Tiefdruck ätzt man in den Druckzylinder aus Kupfer [6] das Bild in winzigen Näpfchen (Vertiefungen unter der Oberfläche); die Tiefe des Näpfchens bestimmt die Menge der aufzunehmenden Farbe und damit den Tonwert. Der Zylinder läuft in flüssiger Farbe [5]; seine Oberfläche wird mit einer Rakel [7] gereinigt, so daß die Farbe nur in den Vertiefungen stehen bleibt. Beim Abdruck wird die Farbe aus den Näpfchen auf das Papier übertragen.

**4 Die Monotype-Setzmaschine,** 1885 von Tolbert Lanston (1844 bis 1913) erfunden, stellt mit Matrizen und einer geschmolzenen Metall-Legierung drei gegossene Buchstaben in der Sekunde her. Der Setzer gibt den Text über eine Tastatur auf Lochstreifen ein. Das Band steuert eine zweite Maschine; sie gießt Einzelbuchstaben und fügt sie zu Zeilen und langen Kolumnen (Seiten) zusammen. Der Satz kann dann unmittelbar für das Hochdruckverfahren verwendet werden.

**5 Photosatz**

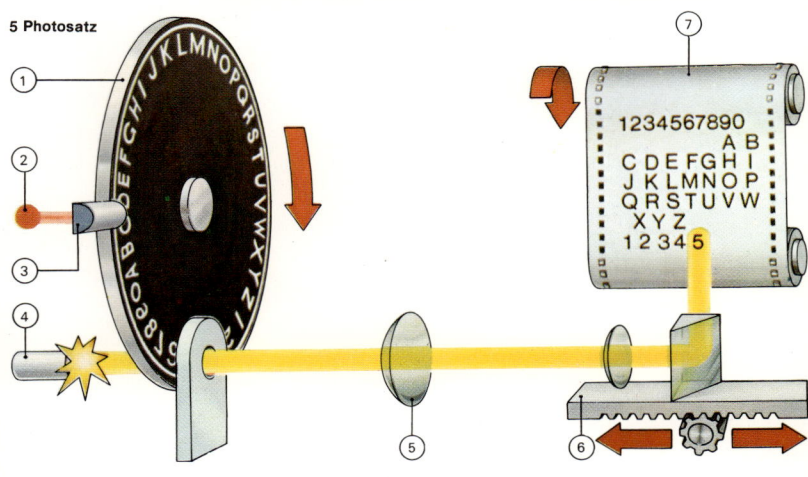

**5 Eine typische Photosetzmaschine** weist eine sich fortwährend drehende Scheibe [1] auf, die im Negativbild alle Buchstaben, Ziffern und Zeichen einer vorgegebenen Schriftart aufzeigt. Eine Punktlampe [2] und eine photoelektrische Zelle [3] tasten den genauen Stand der Scheibe ab. Die Befehle kommen aus einem computergesteuerten Band. Wenn das gewählte Buchstabenbild sich in der richtigen Stellung befindet, wird es von einem Elektronenblitz [4] belichtet. Das Linsensystem [5] überträgt danach das Bild auf Film oder Papier [7]. Ein Transportsystem [6], ebenfalls computergesteuert, bringt das Bild durch Randausgleich bzw. Trennen des Wortes in genauen senkrechten und waagrechten Stand.

# Kopieren und Vervielfältigen

Immer häufiger werden heutzutage in den Büros Vervielfältigungen unterschiedlichster Vorlagen benötigt. Moderne Kopiermaschinen, die nach den verschiedensten Verfahren arbeiten [1], erstellen derartige Duplikate innerhalb kürzester Zeit.

## Der Hektograph

Das älteste Vervielfältigungsverfahren ist die Hektographie [2]: Hierzu wird die Vorlage mit einer synthetischen Anilintinte (meist rot, grün oder purpur) geschrieben oder gezeichnet oder aber mit der Schreibmaschine unter Verwendung eines Anilinfarbbandes erstellt. Aus dieser Vorlage wird dann durch Abrollen auf einer gelatinebeschichteten Unterlage ein Negativ hergestellt, mit dem bis zu hundert Kopien gemacht werden können. Durch Anpressen wird das seitenverkehrte Negativ auf spiritusfeuchtes Papier gedruckt, wobei der Abdruck entsprechend der Originalvorlage wieder seitenrichtig erscheint.

Die Grundidee dieses Vervielfältigungsverfahrens ist zu einer Rotationskopiermaschine weiterentwickelt worden. Hierbei wird die Vorlage mittels einer anilinhaltigen Wachsmatrize hergestellt, die einem Blatt Papier unterlegt wird. Ähnlich wie beim vermehrten Einlegen eines Kohlepapiers, entsteht auf der Rückseite des Papierblatts nach dem Beschriften per Hand oder Schreibmaschine eine Anilinkopie in Spiegelschrift. Die so erhaltene Matrize wird auf einen Zylinder gespannt, dessen Umfang der Matrizenlänge entspricht. Beim Drehen des Zylinders über eine Kurbel (oder mit Hilfe eines Motors) wird über einen Mechanismus bei jeder Umdrehung ein Blatt Papier zugeführt und durch Anpressen an die Walze bedruckt. Auch bei diesem Verfahren wird das Papier vor dem Abdruck durch eine spezielle Vorrichtung mit Spiritus befeuchtet. Unter Verwendung verschiedenfarbiger Wachsmatrizen kann sogar ein mehrfarbiger Druck hergestellt werden.

## Moderne Kopierverfahren

Der Wunsch, Vervielfältigungen in größerer Menge herzustellen, führte zur Entwicklung des Mimeographen. Die Grundidee dafür war, eine Matrize (Schablone) herzustellen, die nicht selbst Farbträger ist, sondern an den entsprechenden Stellen durchlässig ist für Druckerfarbe. Ursprünglich verwendete man hierzu Matrizen aus Wachspapier, das mit der Schreibmaschine oder einem harten Stift beschriftet wurde und seitenverkehrt auf die Druckwalze aufgespannt wurde. Später wurden dann in erster Linie Matrizen aus Plastik verwendet.

Heute werden Schablonen dieser Art meist durch ein Brenngerät von einer Schwarzweißvorlage hergestellt: Hierbei tastet eine optoelektronische Vorrichtung das Schriftbild ab und leitet das elektrische Signal zu einer Brennnadel weiter, die durch elektrische Funkenentladung die entsprechenden Stellen aus der Plastikmatrize herausbrennt. Damit ist es nicht nur möglich geworden, gerasterte Photographien zu vervielfältigen, sondern auch in wiederholten Arbeitsgängen unter Verwendung verschiedener Folien und Wechseln der Farbtrommeln mehrfarbige Drucke herzustellen. Die Lebensdauer dieser Schablonen liegt bei 10 000 Abzügen.

Zum wirtschaftlichen Vervielfältigen von großen Zeichnungen hat sich das Blaupausenverfahren bzw. dessen Weiterentwicklungen durchgesetzt [Leitbild]. Hierbei wird ein mit

**HINWEISE**

Lesen Sie auch:

Moderne Drucktechnik

Ordnung und Klassifizierung des Wissens

Photographie

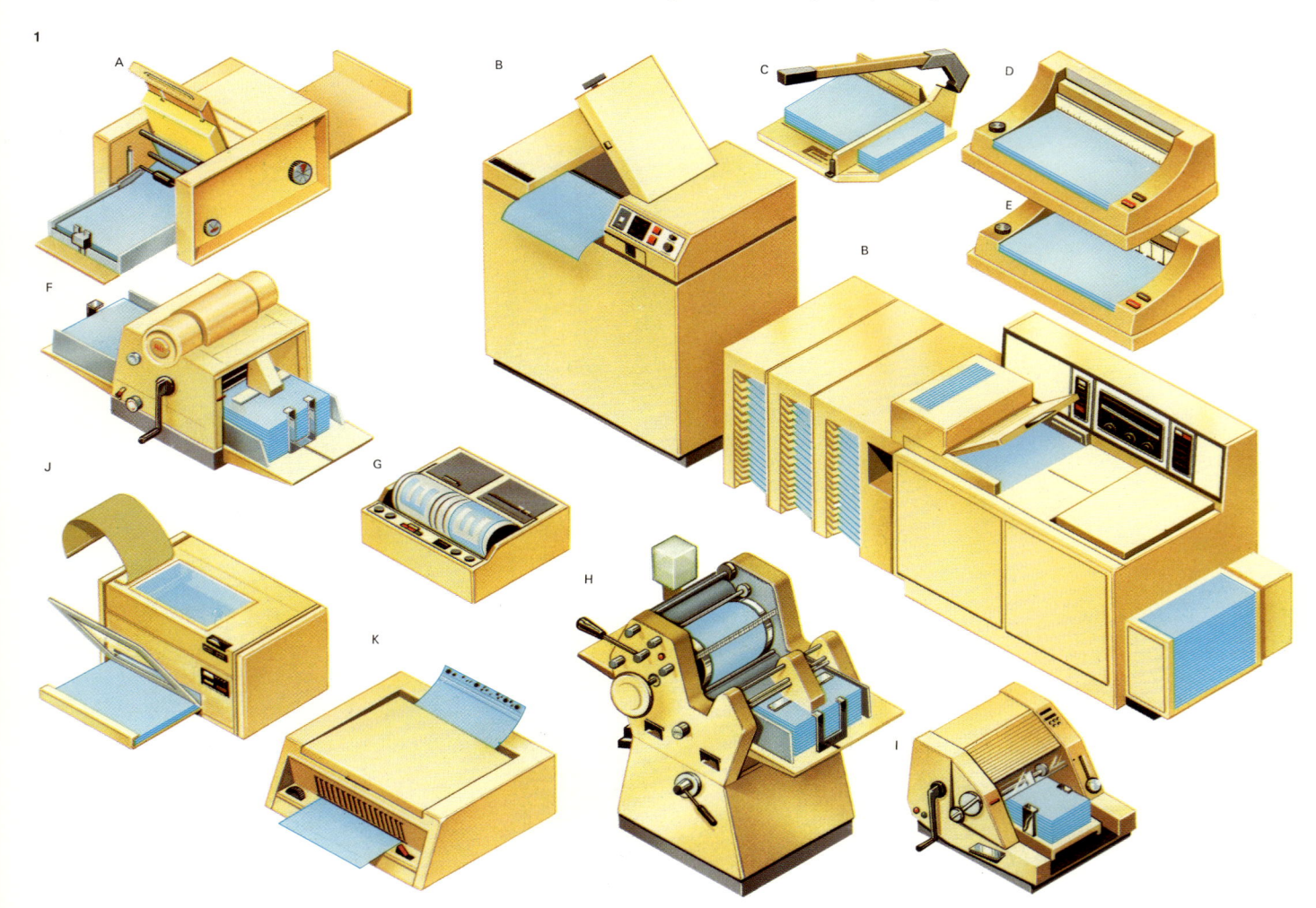

**1 Die Vervielfältigungsabteilung** eines modernen Großbüros, einer Forschungs- oder einer Verwaltungsstelle ist heute mit den verschiedensten Maschinen zur Vervielfältigung von Schriftstücken, Zeichnungen u. a. in oft größerer Menge ausgerüstet. Hier sieht man z. B. einen Hektographen [A] für wenige Einzelkopien, einen Mimeographen für mittlere Auflagen [I] und eine Kleinoffsetmaschine [H] für größere Druckauflagen mit hoher Qualität, die auch Farbabbildungen von Zeichnungen und Photos enthalten können. Zum schnellen und qualitativ hochwertigen Kopieren benutzt man meist eine photostatische Kopiermaschine [B]. Große Zeichnungen lassen sich schnell mit einem halbtrockenen oder trockenen Diazo-Kopierer (Blaupausensystem) vervielfältigen. Matrizen für den Mimeographen werden entweder von Hand, mit der Schreibmaschine oder mit einem speziellen Matrizengerät [K] angefertigt. Ein Matrizenkopiergerät [F] kopiert schneller als der Mimeograph. Auch dünnere Offsetdruckplatten (Folien) lassen sich mit der Schreibmaschine beschriften. Mit einem Offsetplattengerät [J] können durch photostatische Verfahren Abbildungen und Schriften direkt auf die Druckplatten übertragen werden. [G] zeigt ein elektronisches Brenngerät zum Anfertigen von Mimeograph-Matrizen. Eine Papierschere [C], eine Perforierungs- [D] und eine Bindemaschine [E] vervollständigen die Ausrüstung. Eine gutausgestattete Vervielfältigungsabteilung in einem Großbüro kann jedes Dokument, jede Zeichnung, ganze Buchseiten sowie Rundschreiben und Werbeschriften, Einladungen und Hauszeitschriften, Betriebsanleitungen und Briefbögen vervielfältigen. Zu den hier nicht gezeigten weiteren Verfahren gehören spezielle Maschinen zur Herstellung und zum Kopieren von Mikrofilmen, zur Adressenvervielfältigung und zur Herstellung von Druckvorlagen aller Art.

Diazo-Verbindungen sensibilisiertes Papier unter die Vorlage gelegt und mit Speziallampen belichtet, so daß entsprechend der Vorlage ein latentes Bild entsteht. Nach dem Entwickeln mit Ammoniakgas erscheint ein Blau-Weiß-Bild der Vorlage; mit Hilfe anderer Entwicklungsverfahren lassen sich aber auch rote, braune und andersfarbige Kopien herstellen; Abwandlungen dieses Vervielfältigungsverfahrens sind in den sogenannten »trockenen« und »halbtrockenen« Geräten sowie in Wärmekopiergeräten zu finden.

Eine grundlegende Neuerung in der Vervielfältigungstechnik brachte die Einführung photostatischer Kopiermaschinen gegen 1965. Das Verfahren, die »Xerographie«, wird heute von vielen Firmen in den verschiedensten Variationen verwendet. Es beruht auf der durch Belichtung hervorgerufenen elektrostatischen Aufladung einer halbleiterbeschichteten Metallplatte, an der aufgestreutes Farbpulver (Toner) haften bleibt. Dieses wird an ein entgegengesetzt aufgeladenes Druckpapier abgegeben und thermisch fixiert [5]. Ähnlich arbeitet das Offsetverfahren, das mit kleineren Maschinen (dem sogenannten Kleinoffset) ebenfalls Einzug in die Büros gefunden hat: Die Druckmatrize wird mit Hilfe eines Spezialpulvers in einer photostatischen Kopiermaschine oder durch Beschriften von Metallfolien mit geeignetem Spezialfarbband hergestellt; als Druckfarbe wird Ölfarbe verwendet. Beim Druck wird das Papier auf die Matrize gepreßt und durch eine spezielle Vorrichtung feucht gehalten. Da sich Ölfarbe und Wasser nicht mischen, wird auf diese Weise ein klares Druckbild erzeugt (»Photolithographie«).

### Vorbereitungen

Zur Herstellung von Kopien muß zunächst ein geeignetes Original gefertigt werden. Im Gegensatz zu den Maschinensatzverfahren, bei denen die Buchstaben »gesetzt« und die Zeilenlängen ausgeglichen werden, bleiben bei der Erstellung des Originals mit normalen Schreibmaschinen die Zeilenränder unregelmäßig. Je nach Anforderung können diese oder ähnliche Nachteile durch Aufreibebuchstaben oder -zeichen (z. B. Letraset®) [3] oder Spezialschreibmaschinen ausgeglichen werden; mit neuzeitlichen Hilfsmitteln aller Art können extrem gute Originale hergestellt werden.

**Leitbild**

**Die Blaupause,** eine Lichtpause von transparenten Vorlagen, wird zum Beispiel von Architekten zum Kopieren großer Vorlagen benutzt. Sie wird ohne den Umweg über ein Negativ hergestellt.

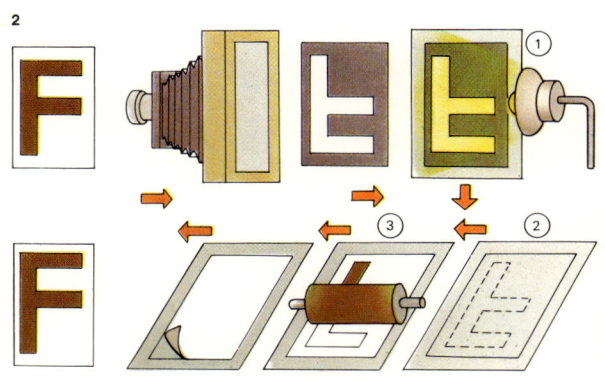

**2 Beim Hektographierverfahren** absorbiert eine gelatinebeschichtete Unterlage einen Teil der Anilinfarbe des Originalschriftsatzes [1]. Diese Unterlage [2], die das Original in Spiegelschrift enthält, überträgt das Bild des Originals auf ein spiritusbefeuchtetes Papier durch Aufwalzen [3]. Dabei können mit verschiedenen Anilinfarben sogar mehrfarbige Drucke hergestellt werden. Ein Nachteil dieses Verfahrens ist, daß die Anzahl der möglichen Kopien auf eine kleine Auflage (etwa hundert Stück) beschränkt ist. Außerdem ist das Vervielfältigungsverfahren sehr zeitraubend und äußerst umständlich; von den Drucken können auch keine weiteren Kopien angefertigt werden.

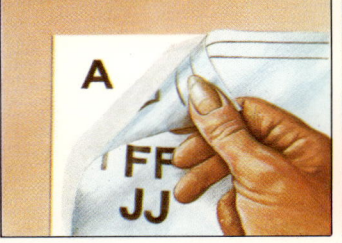

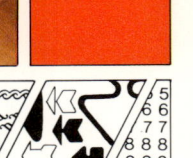

**3 Aufreibebuchstaben** gibt es in den verschiedensten Schriftarten und Größen. Mit ihnen lassen sich Beschriftungen aller Art (Überschriften, Schlagzeilen o. ä.) schnell und billig herstellen – beinahe in Druckqualität. Außer Buchstaben gibt es die verschiedensten Zeichen: Linien, Kreise, Pfeile, mathematische Symbole, elektronische Schaltzeichen sowie menschliche Figuren, die zum Maßstabvergleich etwa in Bauplänen verwendet werden können. Die Zeichen sind auf Transparentpapier aufgebracht und werden durch Reiben mit einem stumpfen Stift auf das Original übertragen; mit einem speziellen Sprühlack werden sie dauerhaft fixiert. Die verschiedenen Beschriftungen sind in erster Linie für qualitativ hochwertige Vervielfältigungsvorlagen geeignet. Für Vorlagen zum Offsetdruck lassen sie sich ebenso verwenden wie beispielsweise zum Beschriften einzelner Gerätetafeln.

**4 Photostatische Kopiergeräte** gibt es heute in den unterschiedlichsten Größen und Ausführungen. Tischgeräte, besonders für Büros geeignet, in denen wenig Lärm entstehen soll, erfordern keinerlei Spezialkenntnisse zur Bedienung. Nach dem Einführen des Originals in den dafür vorgesehenen Schlitz setzt ein Mikroschalter das Kopiergerät in Gang; an einem Vorwahlschalter kann die Anzahl der gewünschten Kopien eingestellt werden. Die eigene Auflagefläche von Pultgeräten ermöglicht das Kopieren aufgeschlagener Buchseiten. Mit hochentwickelten Apparaten können Kopien in vergrößertem oder verkleinertem Maßstab angefertigt werden. Mit Hilfe spezieller Sortiereinrichtungen werden die Kopien von aufeinanderfolgenden Buchseiten automatisch in der richtigen Reihenfolge gestapelt.

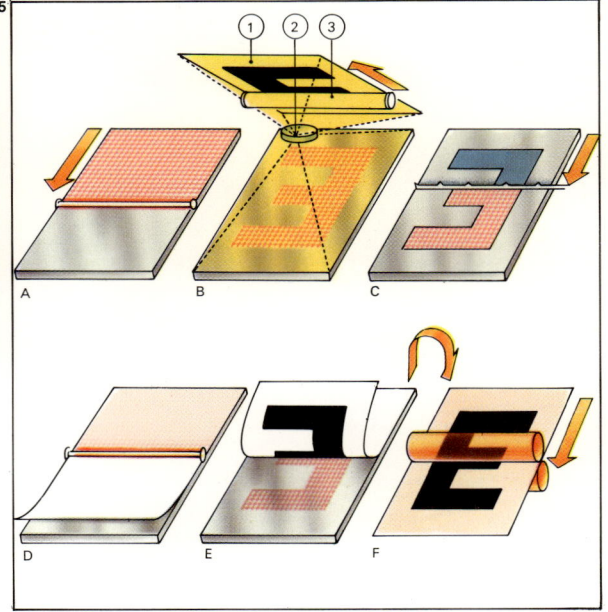

**5 Beim photostatischen Vervielfältigen** findet eine Druckplatte aus Metall Verwendung, die durch ein elektrostatisches Verfahren hergestellt wird: Ein Halbleitermaterial, das nur unter Einwirkung von Licht elektrisch leitend ist, wird zunächst statisch aufgeladen [A], dann mit Hilfe eines Linsensystems [2] und einer Lichtquelle [3] mit dem Originalbild [1] belichtet [B]. Die Schicht entlädt sich an den Stellen, wo Licht auftrifft; aufgestäubtes Spezialpulver (Toner) bleibt dort haften, wo die Druckplatte nicht entladen ist [C]. Durch Anpressen von entgegengesetzt geladenem Papier [D] wird das Farbpulver auf das Papier übertragen [E]. Der Abdruck wird dann durch Hitzeeinwirkung fixiert [F]. Vor allem automatische Geräte arbeiten nach diesem Prinzip.

# Zeitungen und Zeitschriften

Zeitungen erschienen in Deutschland um 1600 zunächst wöchentlich. Nahezu vollständige Jahrgänge sind seit 1609 nachgewiesen. Es handelt sich um die »Straßburger Relation« und den »Aviso« aus Braunschweig-Wolfenbüttel. In Leipzig erschien im Jahre 1650 die erste Tageszeitung.

Zeitschriften (Periodika) sehen auf Abstand vom Tage. Sie wollen Überblicke vermitteln. Das »Journal des Savants« (Paris 1665) gilt als die älteste Zeitschrift.

Zeitungen und Zeitschriften unterlagen während des Absolutismus behördlicher Privilegierung oder Lizenzierung. Noch während des 19. Jahrhunderts wurden sie durch Beschlagnahmen, Verbote und Stempelsteuern bedrängt. Eine liberalere Behandlung setzte erst ab 1874 mit dem Reichspressegesetz ein.

Der Abbau des Analphabetentums und die Erfindung der dampfbetriebenen Schnellpresse (1811) ermöglichten die Massenpresse. Variationen stellen die allumfassenden, parteilosen »General-Anzeiger« und die Boulevardblätter dar (»B. Z.«, Berlin, seit 1876).

Man unterscheidet zwischen Informationspresse und Meinungspresse. Als Spitzenblätter der Bundesrepublik gelten: »Frankfurter Allgemeine« (seit 1949), »Frankfurter Rundschau« (seit 1946), »Süddeutsche Zeitung« (seit 1945) und »Die Welt« (seit 1946).

In wachsendem Ausmaß müssen Zeitungen jeder Art durch Verlag und Redaktion so gestaltet werden, daß das allgemeine Interesse wecken und wachhalten. Die Marktforschung hilft, Gewinne zu sichern, die vorwiegend mit dem Anzeigengeschäft erzielt werden. Weitaus weniger mit dem Abonnenten- und Straßenverkauf.

## Ressorts und Gestaltung der Zeitung

Zeitungen gliedern ihren Stoff nach Ressorts auf. Die wichtigsten sind: Außen- und Innenpolitik, Kultur (Feuilleton), Wirtschaft und Sport. In den einzelnen Spalten bieten sie an: 1. Nachrichten (Meldungen, Notizen) aus aller Welt, 2. Meinungen (Glosse, Kommentar, Leitartikel), 3. Unterhaltung (Feuilleton) und kritische Belehrung. Wichtige Ereignisse und interessante Neuigkeiten werden durch Schlagzeilen hervorgehoben. Jede Zeitung versucht täglich, auf ihre Weise so vielseitig wie möglich zu berichten und zu kommentieren.

An der Spitze der Textgestalter steht ein Chefredakteur oder eine Gruppe leitender Redakteure. Im Einvernehmen mit dem Verlag bestimmen sie die Linie des Blattes. Die Einzelheiten werden bei den Redaktionskonferenzen besprochen, an denen alle Redakteure teilnehmen. Im Zuge solcher Gespräche über den Zeitungsinhalt werden Einwendungen von Mitarbeitern und Lesern (Leserbriefe) berücksichtigt. Hier ergeben sich auch Anregungen für Berichterstattung (Korrespondenten, Reporter) und Nachrichtenbüros.

Der Gesamtumfang der jeweiligen Ausgabe hängt vom Anzeigeneingang ab. Wenn Zeitungen in Phasen der Rezession weniger Anzeigenaufträge erhalten, so müssen sie den redaktionellen Teil schrumpfen lassen, um Kostendeckung (Papierpreise, Löhne, Gehälter u. a.) zu erreichen.

## Die Tagespresse der Gegenwart

Gegenwärtig erscheinen in der Bundesrepublik 597 Zeitungen und 293 Nebenausgaben. Aus der Deutschen Demokratischen Republik werden 39 Zeitungen genannt. Das eigentliche Zustandsbild vermitteln die von Walter J.

**HINWEISE**

Lesen Sie auch:

Moderne Drucktechnik

Buch- und Verlagswesen

Nachschlagewerke

Das Photographieren

Rundfunk

Fernsehen

**1 Wie ein Bericht entsteht** – 19 Uhr: Aus dem Fernschreiber kommt die Meldung einer Presseagentur über einen Brand im Hause eines Politikers [1]. Die Nachricht wird sofort an einen der Nachrichtenredakteure [2] und an den diensthabenden Nachtredakteur [3] weitergegeben. Sie schicken einen Reporter [4] an den Ort des Geschehens und der Bildredakteur [5] entsendet einen Photographen [6]. 19 Uhr 15: Ein Berichterstatter meldet, daß die genannte Person anläßlich des Brandes umgekommen sei. Weitere Textschreiber und ein Bildjournalist werden entsandt. Der Nachtdienstredakteur und seine Kollegen beschließen [7], die Reportage (story) unter großen Schlagzeilen auf die erste Seite zu stellen. Ein Mitglied der Redaktion [8] verfaßt einen Nachruf. Das Material sucht er im Archiv und in der Bibliothek, darüber hinaus befragt er Bekannte und Freunde des Toten. Photos werden dem Photoarchiv entnommen. Ein Graphiker [9] entwirft eine Zeichnung des Grundstückes und des Hauses des Verstorbenen. 20 Uhr: Ein Reporter faßt die Einzelheiten zusammen. Photographen entwickeln die am Geschehensort aufgenommenen Filme. 20 Uhr 15: Dienstthabende Redakteure wählen gemeinsam mit dem Umbruchredakteur die Photos aus [10]. Dann erfolgt die Zusammenstellung (Entwurf) der Zeitungsseite für den Umbruch, d. h. für die endgültige Anordnung von Text und Bild. 20 Uhr 40: Nachtdienstredakteure überprüfen die Reportage. 20 Uhr 50: Text und Umbruch werden dem Chef vom Dienst [11] vorgelegt. Notwendige stilistische Überarbeitungen nimmt der »copyreader« vor [12], der den Bericht druckreif macht. Dazu gehören Kürzungen oder Verlängerungen des Textes, zugleich geht es um eine endgültige Fassung der gewählten Schlagzeile. Nach Durchsicht durch einen Korrektor [13] geht die »Geschichte« in die Druckerei.

**Leitbild**

Schütz in der »Publizistik« laufend veröffentlichten Daten. Danach verfügen in der Bundesrepublik nur noch 120 Zeitungen über eine Vollredaktion. Sie geben vor allem ihre politischen Sparten als »Mantel« an Lokalzeitungen (Kopfblätter) ab. Dies schränkt die wünschenswerte Meinungsvielfalt ein. Die UNESCO schätzt, daß auf der Welt über 8100 Zeitungstitel täglich 395 Millionen Tagesblätter drucken. In der Bundesrepublik beziehen 1000 Einwohner 289 Stück. Die Gesamtauflage der deutschen Tagespresse betrug 1966 22 Millionen. Sie stieg bis 1977 auf 25 Millionen Exemplare.

**Das Zeitschriftenwesen der Gegenwart**

Gegenwärtig weist die Bundesrepublik Deutschland über 10 000 Fach- und Unterhaltungszeitschriften auf. Etwa 700 erscheinen in der Deutschen Demokratischen Republik. Konzentrationsbewegungen oder Kooperationstendenzen beherrschen den Zeitschriftenmarkt. Vier überlebende »Illustrierte« stehen an der Spitze auflagenintensiver Publikumszeitschriften. Es handelt sich um: »Bunte« (seit 1948), »Stern« (seit 1948), »Quick« (seit 1948), »Neue Revue« (seit 1966). Aufschlußreiche Einblicke in die politischen Aktualitäten bietet »Der Spiegel, Das deutsche Nachrichten-Magazin« (seit 1946).

Wissenschaftliche und kulturelle Zeitschriften kämpfen heute hart um ihre Existenz. Ihnen fehlen die Einnahmen aus dem Anzeigengeschäft. Besser ergeht es Zeitschriften, die beruflichen Interessen oder privaten Liebhabereien entgegenkommen.

Die Gesamtauflage aller in der Bundesrepublik erscheinenden Zeitschriften wird derzeit auf 200 Millionen Stück geschätzt. Demnach gibt es kaum einen Lebensbereich, der nicht von Zeitschriften behandelt würde.

In der Meinungsbildung führen Wochenblätter wie: »Deutsches Allgemeines Sonntagsblatt« (seit 1948), »Allgemeine jüdische Wochenzeitung« (seit 1946), »Bayernkurier« (seit 1950), »Deutsche Zeitung – Christ und Welt« (seit 1948), »Rheinischer Merkur« (seit 1946), »Vorwärts« (seit 1876), »Wirtschaftswoche« (seit 1926), »Die Zeit« (seit 1946). Wöchentlich erscheinende Zeitungen dieser Art haben die einstmals tonangebenden Monatsschriften vom Stil der »Deutschen Rundschau« oder der »Europäischen Revue« abgelöst.

**Zum Vertrieb von Presseorganen** In der Bundesrepublik Deutschland werden Abonnementszeitungen am Ort durch Zeitungsträger und -trägerinnen zugestellt. Zum Versand von Zeitungen und Zeitschriften an auswärtige Abnehmer verwendet die Bundespost die sogenannten Postzeitungslisten. Außerdem ist es üblich, Zeitungen und Zeitschriften über verschiedene Verkaufsstellen (Bahnhofsbuchhandlung, Kiosk oder Schreibwarengeschäft) an den Mann zu bringen. Seit längerer Zeit werden Zeitungen und Zeitschriften auch in Verkaufszentren und Kolonialwarenläden direkt neben der Kasse ausgelegt. In vielen Außenbezirken können die Wochenendausgaben der Zeitungen an den Bahnhöfen gekauft werden.

**2 Setzmaschinen** verwandeln die Berichte in Satzzeilen. Der Setzer arbeitet an einer Maschine, deren Tastatur der einer Schreibmaschine ähnelt. Die Tasten betätigen kleine Messingmatrizen, die in einem Vorratsbehälter (Magazin) in schmalen Kanälen ruhen. Durch Tastenanschlag wird die gewünschte Matrize ausgelöst und in den Sammler befördert. Die Matrizenzeile senkt sich zur Gußform und wird mit flüssigem Blei zu einer ganzen Zeile ausgegossen.

**3 Die Seiten** werden auf einer Werkbank (auch »Stein« genannt) zusammengebaut. Dem Umbruchentwurf folgend, stellt der Metteur (Umbruchsetzer) die Textspalten zusammen und fügt die klischierten, auf Metallblöcken schrifthoch montierten Illustrationen ein. In einer Druckpresse werden die fertigen Seiten auf Korrekturbögen abgezogen. Redakteure und Korrektoren kontrollieren und korrigieren die Texte. Dann wird Imprimatur (Druckerlaubnis) gegeben.

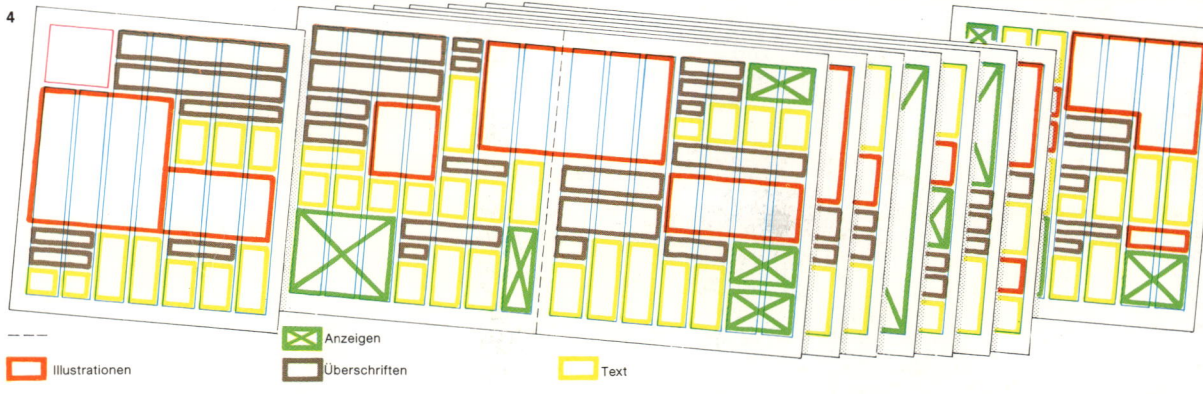

**4 Das typische Boulevardblatt** enthält etwa 30—40% Anzeigen und 55—70% redaktionellen Text, der meistens zu einem Drittel aus Überschriften besteht und mit vielen Bildern ausgestattet ist. Die meisten Seiten enthalten Anzeigen. Schlagzeilen, Texte und Abbildungen werden so plaziert, daß sie im Gesamtbild der jeweiligen Zeitungsseite ein ansprechendes Gegengewicht zu den Anzeigen bilden. Unabhängig davon bestehen zahlreiche Seiten nur aus Anzeigen.

Anzeigen · Illustrationen · Überschriften · Text

**5 Die Einkommensquellen einer Tageszeitung** [A, B] setzen sich aus den Anzeigenerlösen und aus den der verkauften Exemplare zusammen. Das Diagramm [C] zeigt Zeitungspapier und Druckfarbe als Hauptkostenfaktoren. Es verdeutlicht, daß sowohl Blätter der Massenpresse mit ihren Millionenauflagen, die durch Straßenverkäufer, Kioske und neuerdings durch Verkaufsautomaten vertrieben werden, als auch Eliteblätter wesentlich von Inseraten für Markenartikel wie von Kleinanzeigen abhängig sind.

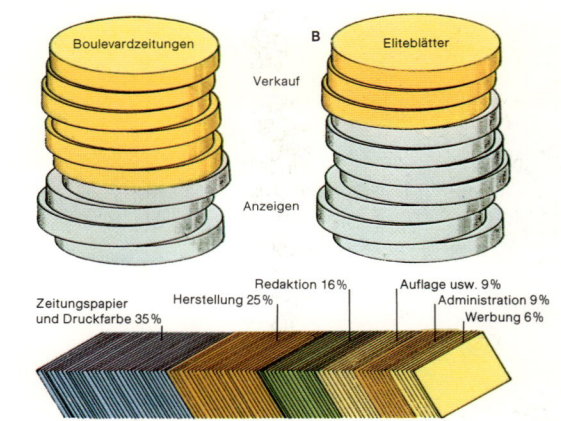

A Boulevardzeitungen — Verkauf / Anzeigen
B Eliteblätter — Verkauf / Anzeigen
C Zeitungspapier und Druckfarbe 35%, Herstellung 25%, Redaktion 16%, Auflage usw. 9%, Administration 9%, Werbung 6%

**6 Tageszeitungen** der Zukunft werden mit Hilfe von Computern hergestellt, die eine Arbeitsstation zwischen Perforator (Taster) und Gießmaschine bilden. Bei Tastendruck erscheint ein Buchstabe auf dem Bildschirm. Die auf Band geschriebenen Texte werden so lange im Computer gespeichert, bis ein Redakteur sie auf seinen Bildschirm abruft und redigiert. Unmittelbar danach produziert der Computer ein neues Band, das die Gießmaschine durchläuft. Endprodukt ist dann der gegossene Satz.

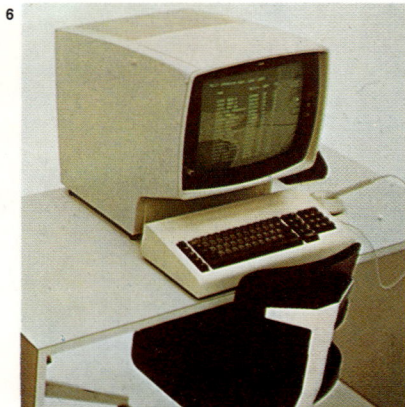

161

# Buch- und Verlagswesen

Trotz der Ausbreitung des Fernsehens bleibt das Buch für Unterhaltung, Information und Meinungsbildung das wichtigste Medium. Es ist relativ preiswert; man kann es an jeden Ort mitnehmen, jederzeit zur Hand nehmen und aufschlagen; der Leser kann den Inhalt konzentriert und in seinem eigenen Rhythmus aufnehmen, er kann verweilen und zurückblättern. Vielleicht ist der Lauf der Weltgeschichte durch bedrucktes Papier nachhaltiger beeinflußt worden als durch Schlachten und Kriege.

In der Bundesrepublik Deutschland, einem der wichtigsten Buchländer der Welt, erschienen 1975 rund 36 000 Buchtitel in erster Auflage. Hinzu kommen etwa 8000 Titel in Neuauflagen. (Aus dem Verhältnis dieser Zahlen läßt sich ablesen, daß die Mehrzahl aller Neuerscheinungen niemals zu einer zweiten Auflage kommt.) Die schöne Literatur (Belletristik) hat mit etwa 19% den größten Anteil. Eine große Bedeutung haben ferner Kartenwerke, Bücher für Technik und Industrie, Recht und Verwaltung, Wirtschafts- und Sozialwissenschaften und Bücher für Schule und Hochschule.

Die Gesamtzahl der gedruckten Buchexemplare ist statistisch nicht erfaßt. Wir gewinnen aber eine Vorstellung von der Bedeutung des Buchgewerbes, wenn wir erfahren, daß der Export der Bundesrepublik mit Gegenständen des Buchhandels im Jahre 1972 einen Wert von über 900 Millionen DM erreichte.

### Verleger, Buchhändler, Autoren, Leser

Bücher werden in technischen Betrieben hergestellt. Die wichtigsten sind: die Reproduktionsanstalt (graphische Kunstanstalt), die aus zeichnerischen oder photographischen Vorlagen Druckformen für Abbildungen herstellt; die Setzerei, die den Schriftsatz besorgt; die Druckerei (Zulieferer: Papierfabrik); schließlich die Buchbinderei [5]. Ein Großbetrieb kann alle diese Zweige unter einem Dach vereinen.

Die Herstellung von Büchern erfolgt im allgemeinen im Auftrag eines Verlages. Der Verleger trägt also das unternehmerische Risiko: Er erzielt einen Gewinn, wenn die Auflage verkauft wird; er erleidet einen Verlust, wenn es in wirtschaftlich vernünftiger Zeit nicht gelingt, die Auflage annähernd zu verkaufen.

Dem Autor, als dem Schöpfer eines Werkes, gegenüber übernimmt der Verleger durch den Verlagsvertrag das Recht und die Pflicht, das Werk zu vervielfältigen und zu verbreiten. Bei großen Sammelwerken, Buchreihen, Nachschlagewerken geht die Initiative oft vom Verleger aus, der einen Autor oder ein ganzes Team beauftragt. Der Autor (und der Übersetzer, wenn ein fremdsprachiges Buch ins Deutsche übertragen wird), erhält als Honorar entweder einen festen Betrag (Pauschalhonorar) oder eine prozentuale Beteiligung, die an den Verkauf der Auflage gekoppelt ist.

Während die meisten Schriftsteller ein relativ bescheidenes Dasein fristen oder das Bücherschreiben nur als Nebenberuf oder Hobby betreiben, können erfolgreiche Bücher ihren Verfassern große Beträge einbringen. Der 1903 geborene belgische Schriftsteller Georges Simenon, der die oft nachgeahmte Figur des Kommissars Maigret schuf, hat mit seinen Büchern in den verschiedensten Sprachen eine Auflage von über 300 Millionen Exemplaren erzielt und damit Millionen verdient.

Auf dem literarischen Markt spielen heute neben dem Verkauf des Buches die sogenannten Zweit- oder Nebenrechte eine beträchtliche Rolle. Dazu gehören unter anderem das Recht, einer Buchgemeinschaft (Lesering) oder einem

**HINWEISE**

**Lesen Sie auch:**

Die Papierherstellung (Band 8)

Moderne Drucktechnik

Zeitungen und Zeitschriften

Nachschlagewerke

Bildaufzeichnung und -wiedergabe

---

**1 »Der Pate«** des amerikanischen Schriftstellers Mario Puzo (geb. 1920) ist eines der meistverkauften Bücher der letzten Jahre, ein wahrer Bestseller. Der englisch geschriebene Roman wurde in fast alle Kultursprachen übersetzt.

**2 George Orwell** (1903 bis 1950, mit bürgerlichem Namen Eric Arthur Blair), der erfolgreiche englische Schriftsteller, hat zahlreiche Bücher und Essays veröffentlicht, darunter »Animal Farm« (1945) und »1984« (1949).

**3 Schulbücher,** auch für den Berufs- und Fachschulbereich, erreichen oft hohe Auflagen und halten sich, in immer neuen und revidierten Auflagen, über viele Jahre und Jahrzehnte am Markt. Es kommt auch häufig vor, daß Eltern auf den Büchern ihrer Kinder Namen wie »Diercke«, »Schmoll« und »Seydlitz« entdecken, die ihnen aus der eigenen Schulzeit noch gut vertraut sind. Die heutigen Schulbücher sind häufig mehrfarbig gedruckt und damit lebendiger und attraktiver als die Bücher früherer Zeiten. Wissenschaftliche Lehrbücher werden nicht selten in der preiswerten Ausstattung des »Paperback« für Studenten herausgebracht, in stabilerem Einband für Bibliotheken und Seminare.

**4 Kostbare bibliophile Werke** werden heute noch in allen Arbeitsgängen von Hand hergestellt. Zur Gestaltung und Ausstattung gibt es die verschiedensten Möglichkeiten, so z. B. die Verwendung von Handsatz oder von handgeschöpften Papieren. Hier ein einfaches Beispiel: Ein Buchkünstler (Maler und Graphiker in einer Person) färbt die Klischees für die Bilder ein [A], dann die Schriften [B], hier in Form von Strichätzungen. Nach dem Zusammenbau von Bild und Text [C] erfolgt der Druck in einer Handpresse [D]. Verzierte Anfangsbuchstaben (Initialen) werden sorgfältig eingezeichnet [E]. Auch das Einbinden geschieht von Hand [F]. Oft wird der Einband in Leder verarbeitet. Es gibt heute nur wenige Künstler, die über alle erforderlichen Fertigkeiten künstlerischer Handarbeit verfügen.

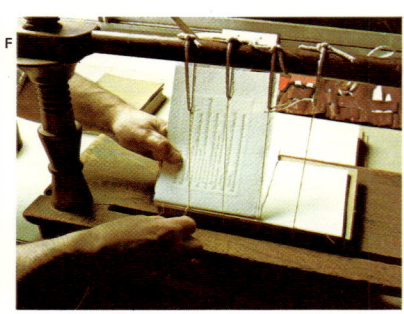

Taschenbuchverlag eine Lizenzausgabe zu gestatten; das Recht, ein Werk zu verfilmen, zu dramatisieren oder in einer anderen Form für das Fernsehen zu bearbeiten; das Recht zur Übersetzung in fremde Sprachen. Die meisten Kulturstaaten – neuerdings auch die Sowjetunion – sind einem Welturheberrechtsabkommen beigetreten; dies verpflichtet sie, dafür zu sorgen, daß Übersetzungen von Büchern anderer Länder nur mit Zustimmung des Berechtigten (Autor oder Verlag) veröffentlicht werden. Meist werden die Erträge aus Nebenrechten zwischen Verlag und Autor geteilt.

Wie gelangt das Buch zum Leser? Daß ein Verlag seine Werke dem Publikum direkt anbietet und verkauft, ist die Ausnahme. Im allgemeinen erfolgt der Vertrieb in mehreren Stufen durch ein Vertriebssystem, das in der Bundesrepublik Deutschland besonders eng und besonders gut ausgebaut ist. Der wichtigste Zweig dieses Vertriebssystems ist der Laden- oder Sortimentsbuchhandel. Neben ihm spielen heute Buchgemeinschaften, die Buchabteilungen von Kaufhäusern und der Direktvertrieb im sog. Mailorder-System eine immer wichtigere Rolle. Schließlich haben sich auch wirtschaftlich starke branchenfremde Anbieter in den Buchmarkt eingeschaltet, wenn auch nur mit wenigen Einzelobjekten. Zentrales Ereignis und »Schaufenster« des internationalen Buchmarktes ist die Frankfurter Buchmesse [6].

Der Buchhandel ist eine Branche von kaum vergleichbarer Vielfalt. Eine große Buchhandlung ist in der Lage, von 100 000 verschiedenen Titeln jeden schnell zu besorgen.

Insgesamt ist die Branche »Verlagswesen und Buchhandel« von mittelständischem Charakter. Es gibt nur wenige Großbetriebe.

**Meinungsvielfalt**
Ein gutausgebautes, wirtschaftlich leistungsfähiges und reibungslos funktionierendes Buchvertriebssystem ist Voraussetzung für ein freies und vielfältiges literarisches und geistiges Leben, in dem auch leise Stimmen zu Wort kommen und der Leser aus einem großen Angebot von Büchern, Informationen und Meinungen frei auswählen kann. Um die Wahl treffen zu können, muß der Leser über das Angebot informiert sein. Dazu helfen außer dem Buchhändler die Bibliotheken und die Literaturkritik in Presse, Funk und Fernsehen.

**Leitbild**

**Eine große Buchhandlung** [hier Foyles, größte Buchhandlung Londons] bietet nicht weniger als 750 000 Bücher an. Kleinere Buchhandlungen spezialisieren sich oft auf ganz bestimmte Sachgebiete.

**5 Buchbinden** ist heute im wesentlichen Maschinenarbeit. Die Seiten des Buches werden in der Regel auf großen Bogen nebeneinander gedruckt (im Beispiel je 8 Seiten auf Vorder- und Rückseite). Der Druckbogen wird gefalzt [1] zu einem »Bogen« (Signatur, Lage) von 16 Seiten. Die Bogen werden in der richtigen Reihenfolge zu einem kompletten Buchblock zusammengetragen und am Rücken geheftet [2]. Eine starke Presse drückt die Luft aus dem Buchblock hinaus [3]; sodann wird der Block an drei Seiten auf das endgültige Format beschnitten [4]. Gegen den Rücken wird ein Gazestreifen geklebt [5]. Der Buchrücken wird (falls gewünscht) gerundet [6]. In diesem Stadium können die oberen Schnittkanten der Seiten einen Farbschnitt erhalten. Vorsatzpapier wird angeklebt, das Buch in die Decke eingehängt [7]. Der Buchtitel wird eingeprägt [8]; oft wird auch ein Schutzumschlag um das fertige Buch gelegt.

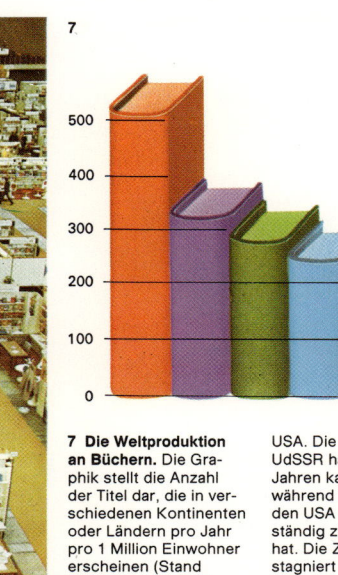

**6 Die Frankfurter Buchmesse** findet jährlich im Herbst statt. Sie ist der internationale Treffpunkt der Buchbranche. Die Verleger aus aller Welt stellen ihre Neuerscheinungen aus. Sie verhandeln über Lizenzen (Übersetzungsrechte) und über Projekte, die sich für internationale Koproduktion eignen. Solche Bücher werden vom Planungsstadium an für Ausgaben in mehreren Sprachen angelegt. Die Illustrationen werden für sämtliche Ausgaben in einem Arbeitsgang vorausgedruckt. Anschließend druckt jeder der beteiligten Verlage die Texte ein, die in die betreffende Landessprache übersetzt, und, wenn nötig, bearbeitet wurden. Die äußere Ausstattung (Einband, Schutzumschlag) und der Buchtitel können für jede nationale Ausgabe verschieden sein.

**7 Die Weltproduktion an Büchern.** Die Graphik stellt die Anzahl der Titel dar, die in verschiedenen Kontinenten oder Ländern pro Jahr pro 1 Million Einwohner erscheinen (Stand 1976). Europa steht an erster Stelle, gefolgt von der UdSSR und den USA. Die Zahl für die UdSSR hat sich in zehn Jahren kaum verändert, während in Europa und den USA die Titelzahl ständig zugenommen hat. Die Zahl für Asien stagniert seit 20 Jahren. Die graphische Darstellung sagt nichts aus über die Anzahl der produzierten Bücher; diese hängt von den erreichten Auflagen ab. Was ist ein Buch? Nach einer Definition der UNESCO ist ein Buch »eine nicht periodisch gedruckte Veröffentlichung von mindestens 49 Seiten, Titelblatt und Umschlag nicht gerechnet«.

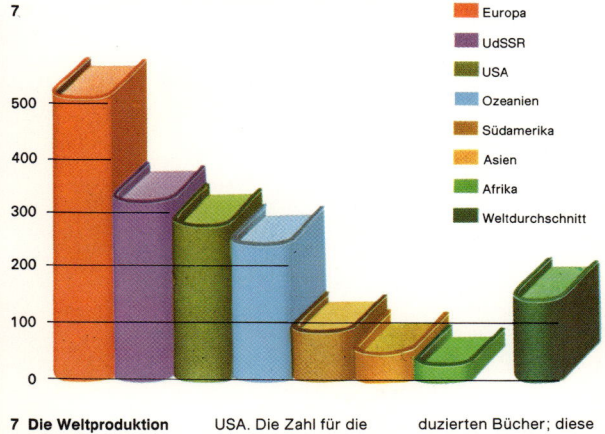

- Europa
- UdSSR
- USA
- Ozeanien
- Südamerika
- Asien
- Afrika
- Weltdurchschnitt

163

# Nachschlagewerke

Die explosionsartige Vermehrung des Wissens im 20. Jahrhundert hat dazu geführt, daß eine gute Nachschlagebibliothek heute ein unentbehrlicher Bestandteil des zivilisierten Lebens ist. Die Aufgabe von Enzyklopädien, Wörterbüchern und anderen Nachschlagewerken, zu denen auch Atlanten zu rechnen sind, besteht darin, das überlieferte und das neu erarbeitete Wissen in einer verständlichen und kompakten Form verfügbar zu machen.

Enzyklopädien und Lexika erklären Begriffe und Sachverhalte; Wörterbücher dagegen behandeln Wörter, ihren Gebrauch, ihre Bedeutung, ihre Herkunft, ihre Entsprechungen in anderen Sprachen. Gewöhnlich nehmen aber auch Enzyklopädien Erklärungen für Fremdwörter und schwierige Begriffe mit auf. Enzyklopädien sind nach Sachgebieten geordnet, Lexika nach dem Alphabet.

### Frühe Enzyklopädien

Das Bestreben, das gesamte menschliche Wissen zusammenzufassen, zeigt sich schon früh in der Geschichte. Eine der ersten Enzyklopädien des Abendlandes hat der römische Schriftsteller Marcus Terentius Varro (116–27 v. Chr.) im 1. Jahrhundert v. Chr. zusammengestellt. Im alten China hat es Enzyklopädien schon ein Jahrtausend früher gegeben. Auf Varros Werk folgte ein Jahrhundert später die »Naturalis Historia« des Älteren Plinius (23–79 n. Chr.). Sie ist wie alle frühen Enzyklopädien nach Gegenständen geordnet; so auch die »Etymologiae« des Isidor von Sevilla [1], die bis zum Ende des Mittelalters Vorbild blieb.

Pierre Bayles »Dictionnaire historique et critique« (Historisch-kritisches Wörterbuch), das 1695–97 erschien, ursprünglich als Streitschrift zu philosophischen und theologischen Fragen gedacht, gilt als einer der Vorläufer unserer modernen Nachschlagewerke. Eine der ersten Enzyklopädien in englischer Sprache ist die »Cyclopaedia« (1728) von Ephraim Chambers (um 1680–1740), die zum ersten Mal Naturwissenschaften und Technik stark berücksichtigt. Dieses Werk führte auch die für den Leser hilfreiche Übung ein, die alphabetisch geordneten Artikel durch Querverweise miteinander zu verknüpfen.

Ein weltberühmtes Werk von weitreichender Wirkung ist die »Encyclopédie« von Denis Diderot (1713–84) und Jean le Rond d'Alembert (1717–83) [3]. Etwa gleichzeitig mit ihr (1768) erschien in England – damals in drei Bänden – die »Encyclopaedia Britannica«, die sich im Streit der Meinungen Zurückhaltung auferlegte und um Objektivität bemühte. Dieses Werk ist durch immer neue Auflagen über zwei Jahrhunderte lang bestehen geblieben und inzwischen auf 30 Großbände angewachsen.

Schon vor den genannten Werken erschien in Deutschland das Universallexikon von Zedler [2]. Die zu Beginn des 19. Jahrhunderts von Ersch und Gruber herausgegebene »Allgemeine Encyclopädie der Wissenschaften und Künste« (167 Bände) blieb unvollendet.

Um 1800 entstand das Konversationslexikon von F. A. Brockhaus; ab 1840 trat das von J. Meyer begründete an seine Seite. Andere Nachschlagewerke wie Herder, Knaur und Bertelsmann kamen später hinzu.

### Immer mehr Nachschlagewerke

Fast jedes Jahr erscheinen neue Lexika, Enzyklopädien, Atlanten und Wörterbücher in größerer Zahl und Vielfalt und in schnellerer Folge als je zuvor. Sie alle finden ihre Käufer. Das liegt daran, daß das Bedürfnis und die Nachfra-

---

**1** Die »Etymologiae« des Isidor von Sevilla (560–636) fassen in 20 Büchern das Wissen der Spätantike zusammen: die »Freien Künste«, Medizin, Recht, Geschichtstabellen, Religion und Kirche, Politik, ein lateinisches Wörterbuch, Geographie, Zoologie, Baukunst, Seefahrt, Landwirtschaft, Haushalt und Einrichtung, Kleidung, Essen und Trinken. Über 1000 Handschriften des Werkes sind erhalten geblieben. Einer illustrierten Ausgabe ist dieser »Baum der Verwandtschaft« entnommen. Das umfangreiche Werk war für die späteren Enzyklopädien des Mittelalters richtungsweisend.

**2** Zedler's Universallexikon erschien in den Jahren 1732 bis 1754 in 64 Bänden. Es war die erste neuere deutsche Enzyklopädie von größerer Bedeutung. An dem Werk arbeiteten viele bekannte Fachgelehrte mit, so auch der Gelehrte und Dichter Johann Christoph Gottsched (1700–66). Große Genauigkeit sowie zuverlässige genealogische und biographische Beiträge über Zeitgenossen (mit Literaturangaben) zeichneten das Werk aus. Wer über Persönlichkeiten des 17./18. Jh. Genaues erfahren will, greift noch zu diesem Werk. Im 19. Jh. haben »Konversationslexika« wie Brockhaus und Meyer, die sich ans breite, gebildete Publikum wenden, die »gelehrten« Lexika von einstmals verdrängt.

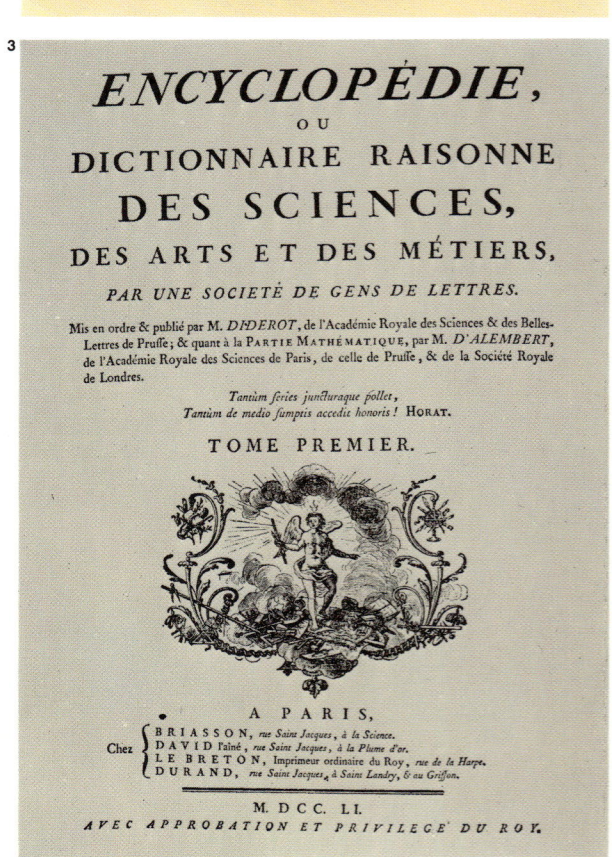

**3** Grande Encyclopédie nennt man seiner Bedeutung und Wirkung wegen dieses »Kritische (vernunftgemäße) Wörterbuch der Wissenschaften, Künste und Gewerbe«, das in 35 Bänden, darunter herrlich gezeichnete Tafelbände, von 1751 bis 1780 erschien. Zuerst geplant als bloße Übersetzung der englischen »Cyclopaedia« von Chambers, wurde das Werk unter Mitwirkung des genialen Denis Diderot und seines Freundes Jean le Rond d'Alembert, der die Einleitung (»Discours préliminaire«) verfaßte, unter Mitarbeit der besten Köpfe Frankreichs zu einer eigenen Schöpfung, die den kritischen Geist der Aufklärung verbreitete (trotz Verfolgung und Verboten), den Geist der Epoche formte, das Ancien Régime erschütterte und zur Vorbereitung der Französischen Revolution entscheidend beitrug. Diderot entwickelte die Encyclopédie zu einem Meisterwerk der Lexikonkunst. Seit dem Bestehen dieses Werkes hat sich die Bezeichnung Enzyklopädie für umfassende Nachschlagewerke allgemein eingeführt.

---

**HINWEISE**

**Lesen Sie auch:**

Moderne Drucktechnik

Buch- und Verlagswesen

Ordnung und Klassifizierung des Wissens

Bildaufzeichnung und -wiedergabe

ge nach Information ständig zunehmen. Je komplizierter und technisierter unser Leben wird, je zahlreicher und unübersehbarer die Institutionen und Gesetze, um so mehr sind wir auf Information angewiesen, wie solche Werke sie darbieten. Aber auch die Ausbreitung von Schul- und Hochschulbildung spielt dabei eine Rolle, schließlich die Anregungen, die breiteste Schichten täglich und stündlich durch die modernen Massenmedien empfangen. Diese Medien bieten selbst eine Fülle von Informationen an; sie können gleichwohl das Buch als preiswerten, leicht transportablen, in jedem Augenblick verfügbaren und individuell zu benutzenden Informationsspeicher bisher nicht ersetzen. Für Spezialbereiche wie Rechts- und Gesundheitswesen treten elektronische Datenbanken immer stärker neben die Nachschlagewerke.

**Wörterbücher**
Einfache Wörterbücher der eigenen Sprache, wie der »Rechtschreibduden« oder »Knaurs Rechtschreibung«, dienen dem gewöhnlichen Sprachbenutzer, der sich über Fragen der Rechtschreibung, der Zeichensetzung, den richtigen Gebrauch von Fremdwörtern u. ä. unterrichten will. Besonders wichtig sind sie im Presse- und Buchwesen, weil hier einheitliche Regeln eingehalten werden müssen, wenn die Verständigung innerhalb der Sprachgemeinschaft nicht gestört werden soll. Rechtschreibregeln halten sich meist lange; sie überdauern Jahrhunderte und behaupten sich (wie im Englischen und Französischen) auch dann noch, wenn die gesprochene Sprache sich weit von dem fixierten Schriftbild entfernt hat.

Neben diesen Werken stehen für die eigene Sprache Spezialwörterbücher für Etymologie (Herkunft der Wörter), für Fremdwörter, für Sachbegriffe bestimmter Bereiche wie z. B. Medizin, für Dialekte, für die Umgangssprache u. a. zur Verfügung. Zwei- und mehrsprachige Wörterbücher schlagen Brücken zwischen den verschiedenen Sprachgemeinschaften.

Es ist erstaunlich, daß auch im Zeitalter des bedruckten Papiers und der allgegenwärtigen Massenmedien, die doch die Sprache zu fixieren scheinen, alle lebendigen Sprachen sich fortwährend wandeln und weiterentwickeln. Aus diesem Grunde bedürfen Wörterbücher, genau wie Lexika und Atlanten, einer ständigen Überprüfung und Erneuerung.

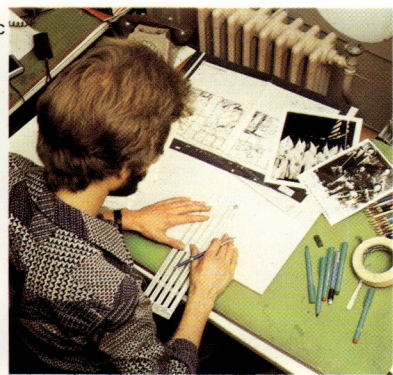

**Leitbild**

**Eine allgemeine und reichillustrierte Enzyklopädie** ist das ideale Nachschlagewerk für Heranwachsende.

**4 Eine illustrierte Enzyklopädie** wie die hier vorliegende entsteht im sorgfältig geplanten Zusammenwirken von Textautoren und Textredaktion, Graphikern und Bildredaktion. Der Fachautor, der ein bestimmtes Thema bearbeiten soll, kommt zu Beginn der Arbeit zu einer Besprechung in die Redaktion [A]. Gemeinsam mit Fachredakteur und Buchgestalter wird ein vorläufiger Aufriß der Tafeln erarbeitet, der Inhalt, Größe und Plazierung der Bilder festlegt. Während der Autor den Text verfaßt [B], erarbeitet der Graphiker ein genaues Layout [C]. Die Bildredaktion fordert Photos von Agenturen und Photographen an [D]; manche Aufnahmen werden eigens angefertigt. Ein ganzer Stab von Zeichnern arbeitet inzwischen die Zeichnungen aus [E]. Der zuständige Fachredakteur prüft den Artikel auf richtige Länge, Verständlichkeit und Konsistenz mit anderen Artikeln [F]. Nach Sachgebieten geordnet, werden die Artikel einer Autorität des betreffenden Faches zur Prüfung vorgelegt. Nach Eingang der Autorkorrekturen werden die Manuskripte von der »Schlußredaktion« aufgrund festgelegter Richtlinien »satzreif« gemacht, ggf. erfolgen letzte sachliche und stilistische Verbesserungen, ebenso eine genaue Übereinstimmungskontrolle Text – Bild. Nach dem Setzen der Texte folgen Spaltenkorrektur [G] und Umbruch, das Vereinigen von Text und Bildern zu kompletten Doppelseiten [H]. Farbandrucke der Abbildungen werden auf Farbrichtigkeit geprüft [I]. Dieser Prozeß wiederholt sich für jede Doppelseite.

# Ordnung und Klassifizierung des Wissens

Im Mittelalter beschränkte sich das Wissen der Menschen hauptsächlich auf die Disziplinen Philosophie, Geschichte, Medizin, Astronomie und Geographie. Die Grenzen der technischen und wissenschaftlichen Forschung waren noch sehr eng gesteckt. Läßt man unbewiesene Theorien und reine Vermutungen außer acht, so wäre es um etwa 1200 wohl möglich gewesen, das gesamte bekannte Wissen in einigen hundert Bänden unterzubringen.

## Die ersten Archivierungssysteme

Der Umfang des aufgezeichneten Wissens wuchs zunächst nur langsam. Dann aber, in der zweiten Hälfte des 18. Jahrhunderts, setzten sich auf vielen Gebieten wissenschaftliche Untersuchungsmethoden durch. Schon bald konnte niemand mehr hoffen, das gesamte Wissen seiner Zeit jemals zu lesen, zu verstehen und zu behalten. Man begann, sich auf beschränkte Fachgebiete zu spezialisieren. Völlig neue Forschungsgebiete entstanden und zogen eigene Fachsprachen und -literatur nach sich. Dieser wissenschaftlichen Informationsflut waren die meist bescheidenen Bibliotheken und Büchereien noch nicht gewachsen. Das geschilderte Problem führte zu einer neuen Fertigkeit, die man Informationswissenschaft nannte – die Wissenschaft, Informationen in einer Weise zu speichern, zu gliedern, zu verbreiten und zugänglich zu machen, so daß jeder, der das System kennt, zu beliebigen Sachgebieten alle Informationen ausfindig machen und abrufen kann. Heutzutage gibt es viele Aspekte dieser Informationserschließung und ihrer Anwendung wie Marktforschung, Versandhauskarteien oder Bevölkerungsstatistiken. Ihre Grundlagen lassen sich am besten veranschaulichen, wenn man von den Problemen ausgeht, die mit einer großen Bibliothek verknüpft sind.

Das erste brauchbare Gliederungssystem für Informationen stammt von Melvil Dewey (1851–1931). Er nahm eine dezimale Kennziffereinteilung vor und veröffentlichte sie 1876.

## Das Deweysche Gliederungssystem

Dewey teilte die Wissensgebiete in zehn Hauptgruppen ein: 1 Philosophie; 2. Religion; 3. Sozialwissenschaften (einschließlich der Wirtschaftswissenschaft); 4 Sprachen; 5 Naturwissenschaften; 6 Technik; 7 Schöne Künste; 8 Literatur; 9 Geschichte (einschließlich Reisen und Biographien) und 0 Allgemeines (eine Zusammenfassung aller Themen, die nicht in die neun anderen Kategorien passen). Jede Hauptgruppe war in zehn Untergruppen eingeteilt (zweite Stelle der Einteilungszahl), und jede davon noch einmal in zehn Klassen (dritte Stelle). Dewey sah sogar eine noch stärkere Unterteilung vor, indem er nach den drei Ziffern ein Dezimalkomma setzte. Der Vorteil dieses Systems liegt in der einfachen Numerierbarkeit der Bücher und darin, daß in den Regalen benachbarten Nummern auch sachverwandte Themen entsprechen.

Das Deweysche System wurde fast überall eingeführt, hatte aber einen Nachteil: Viele Bücher lassen sich auf mehr als eine Art klassifizieren, und das System hat dafür keine Sperre vorgesehen. Um ein Buch oder ein anderes Dokument mit einer bestimmten Nummer versehen zu können, die das Thema genauer umreißt, führte man die Internationale Dezimalklassifikation ein (DK), englisch: Universal Decimal Classification (UDC). Es ging vom Deweysystem aus und wurde 1905 vom Internationalen Bibliographischen Institut in

## HINWEISE

**Lesen Sie auch:**

Was Computer alles können

Nachschlagewerke

Schallaufzeichnung und -wiedergabe

Bildaufzeichnung und -wiedergabe

---

**1 Dieser Teppichwebstuhl** arbeitet lochkartengesteuert. Er funktioniert wie der Seidenwebstuhl, den Joseph-Marie Jacquard (1752 bis 1834) 1801 erfunden hat. Durch die Löcher eines zu einer endlosen Schleife verbundenen Lochkartenbandes wird an der Steuereinheit Luft geblasen. Je nach Position der Löcher setzt die Luft Mechanismen zur Steuerung der Farbgarne in Gang. Moderne Maschinen tasten die Lochpositionen mit Fühlern ab. Mit Datenverarbeitungsanlagen »liest« man die Karten auch optisch: Man beleuchtet sie von einer Seite, von der anderen stellt man mit Photozellen die Lochpositionen fest; die elektrischen Impulse der Photozellen wirken über Elektromagnete auf die Steuermechanik des Webstuhls.

**2 Die Lochkarte** ist die Grundlage der meisten elektromechanischen Datenverarbeitungsmaschinen. Die Information wird auf der Karte gespeichert, indem man an genau festgelegten Stellen nach einem vorgegebenen Code Löcher hineinstanzt [A]. Bei einer Volkszählung würde man beispielsweise für jedes ausgefüllte Formularblatt eine Lochkarte stanzen. Die Sortiermaschine [B] kann dann mit Hilfe elektrischer Kontakte die Positionen der Löcher identifizieren und Karten mit bestimmten vorgegebenen Merkmalen heraussortieren. Dieser Vorgang geht sehr schnell. So dauert das Einordnen aller Karten in zehn Altersgruppen nur einen Bruchteil der Zeit, wie man zum Heraussuchen von Hand benötigen würde.

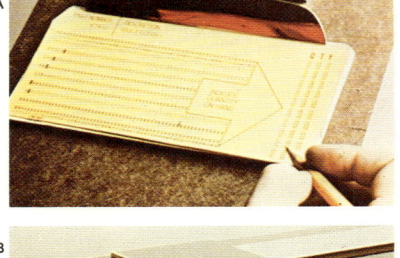

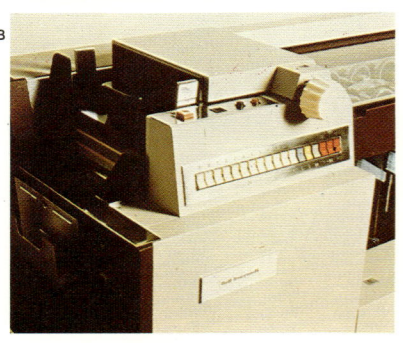

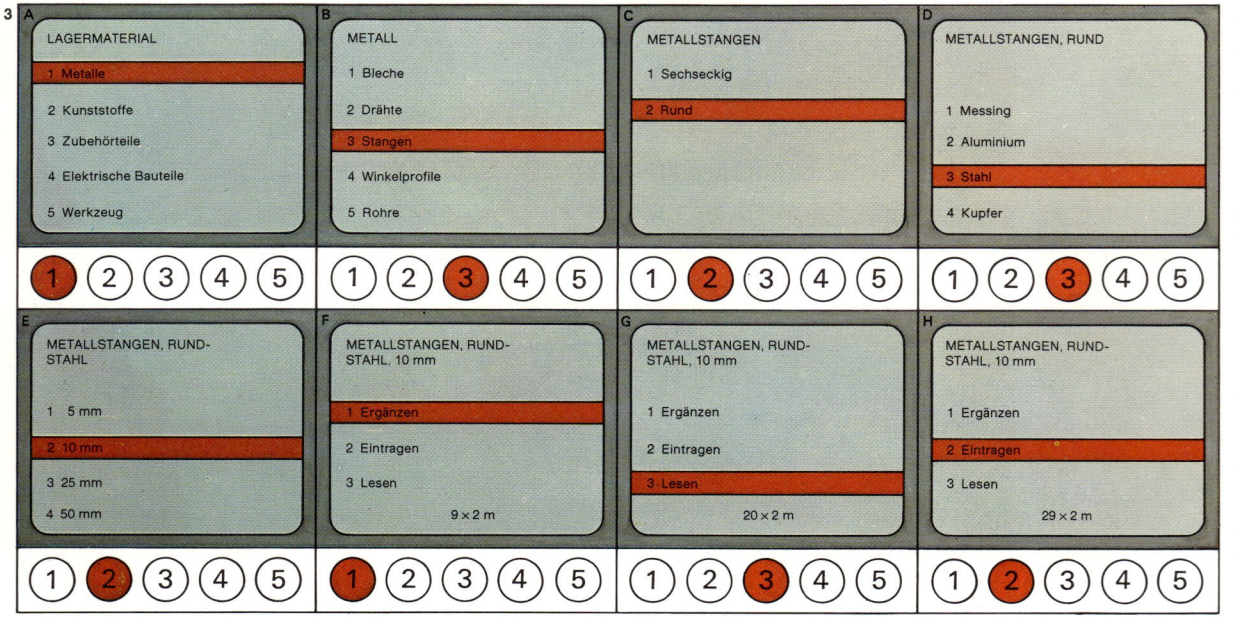

**3 Das Datensichtgerät** (Display) eines Computers zeigt hier die Lagerbestände einer Fabrik an. Der Lagerverwalter erhält beispielsweise 20 Stahlstangen von je 10 mm Durchmesser und 2 m Länge angeliefert und will die Bestandsliste korrigieren. Der Computer bietet ihm die Liste der Lagermaterialien an [A], aus der er »Metalle« heraussucht, indem er Knopf 1 drückt. Daraufhin erscheint die Metalliste [B]; er wählt »Stangen«; aus diesen [C] wieder »runde«. Nun wählt er »Stahl« aus [D], woraufhin die Liste mit den Durchmessern erscheint [E]. Hier drückt er Knopf 2 (10 mm), und jetzt erscheint die Bestandsliste [F] für »runde Stahlstangen von 10 mm Durchmesser«, die noch 9 Stangen enthält. Er tippt die Lieferung ein [G] und korrigiert die Eintragung [H].

---

| A LAGERMATERIAL | B METALL | C METALLSTANGEN | D METALLSTANGEN, RUND |
|---|---|---|---|
| **1 Metalle** | 1 Bleche | 1 Sechseckig | 1 Messing |
| 2 Kunststoffe | 2 Drähte | **2 Rund** | 2 Aluminium |
| 3 Zubehörteile | **3 Stangen** | | **3 Stahl** |
| 4 Elektrische Bauteile | 4 Winkelprofile | | 4 Kupfer |
| 5 Werkzeug | 5 Rohre | | |
| **①** ② ③ ④ ⑤ | ① ② **③** ④ ⑤ | ① **②** ③ ④ ⑤ | ① ② **③** ④ ⑤ |

| E METALLSTANGEN, RUNDSTAHL | F METALLSTANGEN, RUNDSTAHL, 10 mm | G METALLSTANGEN, RUNDSTAHL, 10 mm | H METALLSTANGEN, RUNDSTAHL, 10 mm |
|---|---|---|---|
| 1  5 mm | **1 Ergänzen** | 1 Ergänzen | 1 Ergänzen |
| **2 10 mm** | 2 Eintragen | 2 Eintragen | **2 Eintragen** |
| 3 25 mm | 3 Lesen | **3 Lesen** | 3 Lesen |
| 4 50 mm | 9 × 2 m | 20 × 2 m | 29 × 2 m |
| ① **②** ③ ④ ⑤ | **①** ② ③ ④ ⑤ | ① ② **③** ④ ⑤ | ① **②** ③ ④ ⑤ |

Brüssel veröffentlicht. Das Institut (später als Internationale Föderation für Dokumentation) hat seither den Bereich der UDC ständig weiterentwickelt.

Als die Library of Congress der Vereinigten Staaten im Jahre 1897 neue Räume bezog, war sie schon 97 Jahre alt und beherbergte etwa 1,5 Millionen Bücher und Dokumente. Die Direktion entschied sich zuerst für das Deweysystem, entwickelte aber schließlich doch ein eigenes. Dieses sogenannte LC-System teilt die Themen zunächst in 21 Hauptgruppen ein, die durch die Buchstaben des Alphabets (ohne I, O, W, X und Y) gekennzeichnet sind. Jede Hauptgruppe wird dann wiederum in Untergruppen eingeteilt, die abermals durch Buchstaben markiert werden. Auf diese Weise beginnt die Klassifizierung stets mit zwei Buchstaben und garantiert so eine ziemlich gute Charakterisierung des Inhalts. Den zwei Buchstaben folgt eine Zeichenkombination (aus meist 3 oder 4 Zeichen), die so gewählt ist, daß sie eine möglichst weitgehende Inhaltsangabe des Buches gibt. Numerische Untergruppen werden, wo nötig, durch Themen weiter unterteilt. Man sagt dem LC-System viele Vorteile nach.

### Andere Klassifizierungssysteme

Auch andere Klassifizierungssysteme haben bestimmte Vorteile und werden daher in modernen Zugriffssystemen verwendet. Die Klassifikation nach Teilaspekten benutzt z. B. die Tatsache, daß die meisten Themen aus gewissen Teilaspekten bestehen. Sie versucht daher, die Hauptelemente auf jeder Klassifizierungsebene aufzulisten. Dieses System hat sich nicht nur als sehr anpassungsfähig erwiesen, sondern es gestattet auch eine genaue Inhaltsangabe von Büchern oder Dokumenten, wenn es gut durchdacht ist. Auch läßt es sich sehr leicht auf Lochkartensysteme übertragen [2]. Gibt man alle Teilaspekte an, die eine gesuchte Information haben soll, so kann ein Lochkartensortierer sehr schnell alle Karten aussortieren, die entsprechende Merkmale tragen. Mehr und mehr verwendet man Computer für diese Aufgaben. Sobald die Informationen computergerecht verschlüsselt sind, ist ein Elektronenrechner jeder mechanischen Anordnung und dem Menschen an Geschwindigkeit voraus. Darüber hinaus kann er die Daten laufend ergänzen oder korrigieren. Um dagegen ein Buch »aufzufrischen«, muß man es völlig neu drucken.

**Leitbild**

**Dieses Aktenlager eines US-Patentamtes** vermittelt einen Eindruck von den ständig wachsenden Problemen der Informationsspeicherung und -erschließung. Wenn eine Patentanmeldung eingereicht wird, muß die Behörde sicher sein, daß es sich um eine eigene, neue Idee handelt. Vor hundert Jahren konnte man sämtliche Patentbeschreibungen in einem einzigen Raum stapeln und so klassifizieren, daß man einen neuen Antrag schnell beurteilen konnte. Heute ist die Patentflut so groß, daß Bearbeitung und Lagerung auf herkömmliche Weise viel Zeit und Arbeitskraft verschlingen und die Beurteilung neuer Patente mehr und mehr verzögert. Moderne Behörden verwenden daher in zunehmendem Maße Datenverarbeitungsanlagen.

**4 Bibliotheken** mit seltenen Bänden müssen sich gegen Verlust oder gar Diebstahl schützen. Museumsbüchereien – hier in London [A] – benützen ein Registrierungssystem, das alle Bücher unter Kontrolle hält [B]. Der Leser trägt seinen Wunsch (Autor und Titel des Buches) auf einem Formblatt ein, das er abgeben muß. Eine Kopie wird in einer Kartei aufbewahrt, eine zweite wird an Stelle des entliehenen Buches ins Regal gesteckt und markiert damit die Abwesenheit.

**5 Die großen Luftfahrtgesellschaften** haben 50 oder mehr Linienflugzeuge, die täglich auf allen möglichen Routen verkehren. Dabei können an 20 oder 30 Flughäfen Passagiere zusteigen oder das Flugzeug verlassen. Das Informationsproblem für jede Fluggesellschaft besteht darin, sofort und an allen Buchungsschaltern zu wissen, wie viele Plätze in jedem Flugzeug auf jedem Streckenabschnitt verfügbar sind. Das wird von einem zentralen Computer bewältigt, der mit jedem Büro über ein »Terminal« in Verbindung steht. Der Speicher des Computers hat ein Extragedächtnis für jeden Streckenabschnitt eines jeden Fluges und errechnet die Zahl der Passagiere, die dafür gebucht sind. So sind Überbuchungen einzelner Flüge ausgeschlossen; statt dessen kann der Computer Ausweichflüge anbieten.

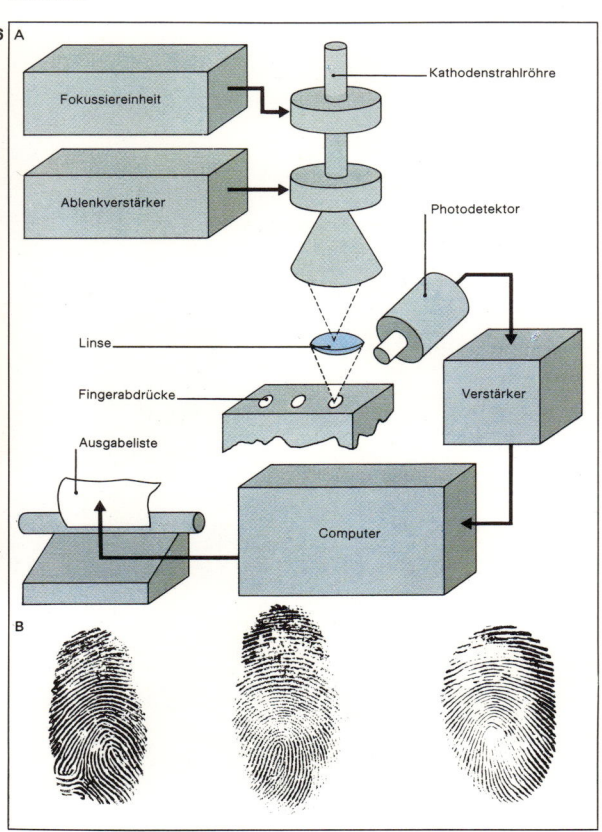

**6 In der Frühzeit der Kriminologie** waren in den Polizeizentralen selbst der größten Länder nur jeweils einige tausend Fingerabdrücke gespeichert. Heute zählen sie nach Millionen. Wenn ein Verbrechen begangen worden ist und am Tatort Fingerabdrücke sichergestellt werden können, muß man tagelang suchen, bis feststeht, ob sie zu einem bereits bekannten Verbrecher gehören oder nicht. Um diese Suche zu vereinfachen, entwickelt man Abtastvorrichtungen [A], die den Abdruck in eine computergerechte Information umwandeln. Wenn diese neue Technik funktioniert, kann man sämtliche bekannten Fingerabdrücke in einem übergeordneten Zentralspeicher auf Magnetband speichern. Der Computer kann dann jeden frischen Fingerabdruck [B] in wenigen Minuten mit der Sammlung vergleichen und an alle Dienststellen eine Liste der möglichen Täter ausgeben. Klar, daß diese erkennungsdienstlichen Maßnahmen in nächster Zukunft zu den schärfsten Waffen gegen das Verbrechertum werden.

# Photographie

Innerhalb von nur 150 Jahren ist das Photographieren mit allen seinen Varianten – etwa dem Photokopieren – fast unentbehrlich geworden. Wo man sich mit Worten vergeblich um die Beschreibung von Dingen müht und der Zeichner an der Flüchtigkeit eines Moments scheitert – dem Photographen gelingt es: Er kann historische Augenblicke, technische Details oder auch Gefühlsregungen auf dem Film festhalten.

## Die Entwicklung der Photographie

Joseph Nicéphore Niepce (1765–1833) stellte im Jahre 1826 die erste Photographie her. Er benutzte hierzu eine »Camera obscura«, einen kleinen, abgedunkelten Kasten mit einer Linse in einer Seitenwand. Das photographierte Objekt erschien an der gegenüberliegenden Wand. Auf einer mit lichtempfindlichen Chemikalien bedeckten Zinnplatte entstand innerhalb von acht Stunden eine Aufnahme. 1837 erfand Louis Jacques Mandé Daguerre (1787–1851) die Daguerreotypie: Statt einer Zinnplatte verwendete er silberbeschichtete Kupferblätter, die er vorher mit Joddampf behandelt hatte.

Das Entwickeln des latenten (unsichtbar in den Chemikalien festgehaltenen) Bildes geschah mit Quecksilberdampf. Das zum Vorschein kommende Bild war umgekehrt: schwarz erschien weiß, weiß dagegen schwarz. Mehrfachabzüge, wie wir sie heute kennen, waren erst möglich, als William Henry Fox Talbot (1800–77) 1838 das Negativ-Positiv-Verfahren erfand. Allerdings waren seine Calotypien (später Talbotypien genannt) nicht so tiefenscharf wie die Daguerreotypien.

Talbots Papiernegative machte man mit Wachs oder Öl durchsichtig; später ging man auf Glasnegative über. Bereits 1861 demonstrierte J. C. Maxwell die Farbphotographie mittels Farbauszügen auf drei Platten.

## Die Kamera von heute

George Eastman (1854–1932) brachte 1888 die Kodakkamera auf den Markt. 1924 folgte die Leica, eine Kleinbildkamera, die ursprünglich zum Testen von 35-mm-Kinofilm entwickelt worden war. 1925 wurde dann das Blitzlicht erfunden, und man konnte unabhängig von Sonnen- oder Kunstlicht photographieren.

Die Kamera von heute [Leitbild] ist ein lichtundurchlässiger Kasten. Ein Mechanismus im Inneren hält einen Teil des Filmstreifens flach vor ein Linsensystem, das Objektiv. Dieses bildet die Szene vor der Kamera – auf dem Kopf stehend und seitenverkehrt – auf dem Film ab, wenn der Benutzer mit einem Auslöser den Verschluß zwischen Film und Objektiv öffnet. Die Öffnungsdauer des Verschlusses, die Belichtungszeit, beträgt oft nur den Bruchteil einer Sekunde und läßt sich bei den meisten Kameras außen einstellen. Die richtige Belichtung erhält man, wenn das Produkt aus der Belichtungszeit und dem wirksamen Objektivdurchmesser, der Blendenöffnung, eine bestimmte Größe hat. Man kann also mit kleiner Belichtungszeit und großer Blendenöffnung dieselbe Belichtung erhalten wie bei großer Belichtungszeit und kleiner Blendenöffnung. Weiterhin besitzen alle Kameras einen Sucher – vom einfachen Drahtgitter bis zum komplizierten optischen System. Dieser zeigt dem Benutzer, was die Kamera gerade »sieht«.

Diese Grundzüge sind allen Kameratypen gemeinsam, wenn sie sich auch in Details stark voneinander unterscheiden. Die einfachsten Ausführungen [3] besitzen nur eine einzige Belichtungszeit und eine fest eingestellte Blende. Beide sind so gewählt, daß an einem

### HINWEISE

**Lesen Sie auch:**

Moderne Drucktechnik

Das Photographieren

Filmtechnik

Fernsehen

Bildaufzeichnung und -wiedergabe

---

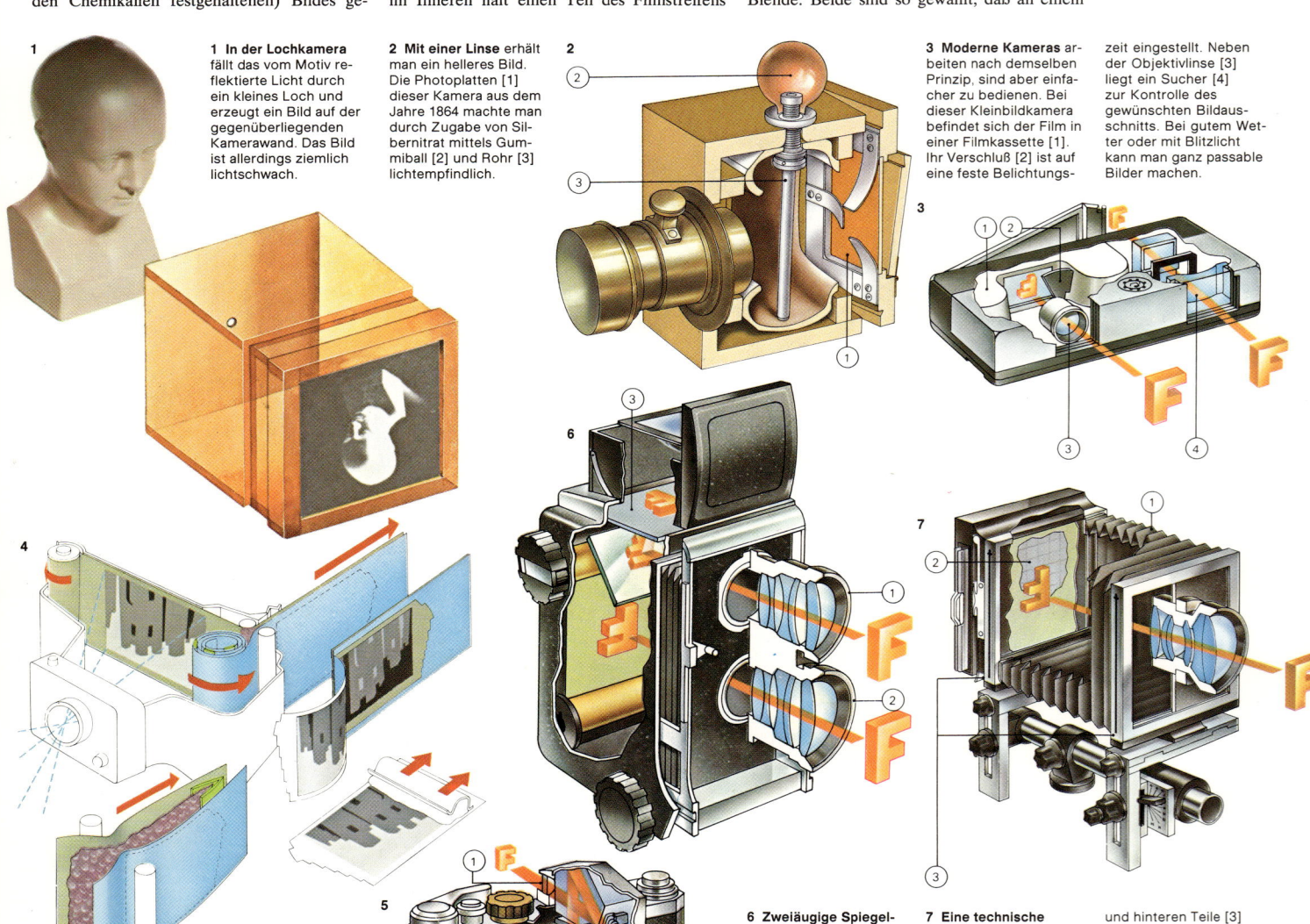

**1 In der Lochkamera** fällt das vom Motiv reflektierte Licht durch ein kleines Loch und erzeugt ein Bild auf der gegenüberliegenden Kamerawand. Das Bild ist allerdings ziemlich lichtschwach.

**2 Mit einer Linse** erhält man ein helleres Bild. Die Photoplatten [1] dieser Kamera aus dem Jahre 1864 machte man durch Zugabe von Silbernitrat mittels Gummiball [2] und Rohr [3] lichtempfindlich.

**3 Moderne Kameras** arbeiten nach demselben Prinzip, sind aber einfacher zu bedienen. Bei dieser Kleinbildkamera befindet sich der Film in einer Filmkassette [1]. Ihr Verschluß [2] ist auf eine feste Belichtungszeit eingestellt. Neben der Objektivlinse [3] liegt ein Sucher [4] zur Kontrolle des gewünschten Bildausschnitts. Bei gutem Wetter oder mit Blitzlicht kann man ganz passable Bilder machen.

**4 Polaroidkameras** arbeiten mit Kassetten, in denen der Film, das Papier und die zum Entwickeln benötigten Chemikalien enthalten sind.

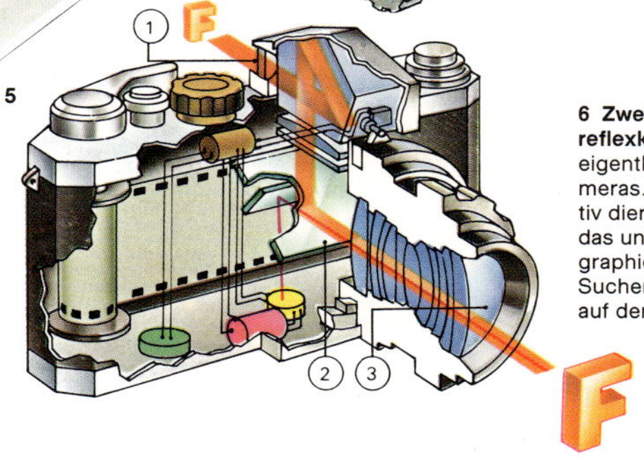

**5 Bei der einäugigen Spiegelreflexkamera** sieht man genau, was man aufnehmen will. Der Sucher [1] zeigt ein Bild, das über einen schwenkbaren Spiegel [2] aus dem Strahlengang des Objektivs [3] ausgeblendet wird.

**6 Zweiäugige Spiegelreflexkameras** bestehen eigentlich aus zwei Kameras. Das obere Objektiv dient als Sucher [1], das untere zum Photographieren [2]. Das Sucherbild erscheint auf der Mattscheibe [3].

**7 Eine technische Kamera** hat keinen Sucher. Das Bild wird mit Hilfe eines Balgens [1] scharf eingestellt und erscheint auf einer Mattscheibe [2] an der Rückseite der Kamera. Vor der Aufnahme wird anstelle der Mattscheibe eine Filmplatte eingesetzt. Die vorderen und hinteren Teile [3] der Kamera kann man kippen, verschieben, schwenken – unabhängig voneinander. Damit kann der Berufsphotograph z. B. perspektivische Verzerrungen oder Unschärfen ausgleichen. Die Kamera eignet sich am besten für unbewegliche Objektive.

sonnigen Tag die richtige Lichtmenge auf den Film fällt. Weiter entwickelte Kameras können bei allen Lichtbedingungen perfekte Aufnahmen machen: Sie haben Belichtungszeiten zwischen etwa einer zweitausendstel Sekunde und mehreren Stunden, Objektive mit Linsensystemen, die weit mehr Licht einlassen und trotzdem scharf zeichnen, und andere Raffinessen. Die meisten Kameras besitzen heute elektronische Belichtungsmesser, die automatisch Verschluß und Blende richtig einstellen. In vielen Kameras ist der Verschluß nicht in das Objektiv oder dicht dahinter eingebaut, sondern er liegt dicht am Film (sog. Schlitzverschluß).

**Filme, Entwickeln und Abziehen**
Filme gibt es in Form von einzelnen Platten oder als lange aufgewickelte Streifen. Sie sind lichtdicht in Kassetten oder Patronen verpackt, die man leicht in die Kamera einsetzen kann. Der Film besteht aus einem dünnen, durchsichtigen Kunststoff, der auf einer Seite mit einer lichtempfindlichen Emulsion – Silbersalzkörnchen und Gelatine – beschichtet ist. Hochempfindlicher (»schneller«) Film enthält relativ große Körner, weniger empfindlicher (»langsamer«) Film kleine Körner. Für die richtige Belichtungszeit ist die Blendenöffnung auch auf die Filmempfindlichkeit abzustimmen.

Die chemische Behandlung – das Entwickeln, das Stoppen der Entwicklung, das Fixieren und das Wässern – macht das auf dem Film vorhandene latente Bild sichtbar [13]. Bei einem Schwarzweiß-Negativfilm schwärzt der Entwickler den Film im selben Verhältnis, wie dieser belichtet wurde, d. h., dunkel und hell erscheinen auf dem Negativ umgekehrt. Bei Farb-Negativfilm [14] kehren sich die Farben des photographierten Motivs in die jeweiligen Komplementärfarben um. Gelb wird also zu Blau, und Rot wird zu Grün. Durch ein Wasserbad wird die Entwicklung beendet. Beim anschließenden Fixieren werden aus der Filmemulsion alle unbelichteten Chemikalien entfernt, und es entstehen mehr oder weniger durchsichtige Bereiche, die im Abzug dunkel oder hell wiedergegeben werden. Zum Schluß werden beim Wässern die Fixierbadreste entfernt. Von diesem Negativ kann man auf lichtempfindlichem Papier Abzüge herstellen. Die chemische Behandlung des Photopapiers [10] ist dieselbe wie beim Film.

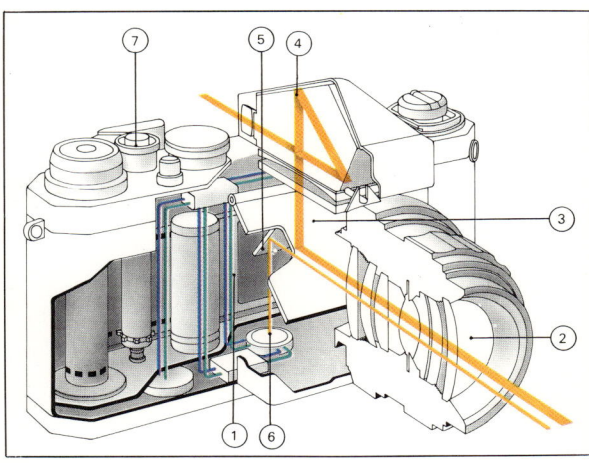

**Wenn man den Verschluß betätigt** [1], fällt Licht vom Motiv her auf den Film. Vor der Aufnahme teilt sich das durch das Objektiv [2] einfallende Licht jedoch in zwei Wege. Der größte Teil wird von einem Spiegel [3] in den Sucher [4] abgelenkt; ein kleiner Teil fällt von einem kleinen Spiegel [5] in die Photozelle eines Belichtungsmessers [6] oder direkt in eine Photozelle im Sucher. Mit dem Auslöser [7] werden die Spiegel hochgeklappt, der Verschluß wird geöffnet.

**8 Ein Schwarzweiß-Negativfilm** kommt nach dem Belichten ins Entwicklerbad [1]. Nach dem Wässern [2] wird das Negativ in einem Fixierbad [3] lichtbeständig gemacht. Dann wird er erneut gewässert [4] und getrocknet [5].

**9 Nach dem Trocknen** ist das Negativ fertig. Es ist ein Bild mit umgekehrter Tönung, d. h., schwarze Objekte erscheinen farblos und durchsichtig, weiße dagegen schwarz und undurchsichtig. Zwischentöne sind grau.

**10 Für einen Abzug** wird lichtempfindliches Papier mit einem – eventuell vergrößerten – Bild des Negativs [1] belichtet und dann genauso entwickelt wie ein Film [2–6]. Photopapier ist jedoch weniger lichtempfindlich als Film.

**11 Wenn das Papierbild** gewässert und getrocknet ist, zeigt der »Abzug« ein bleibendes Schwarzweißbild. Die Helligkeitsabstufung zwischen Schwarz und Weiß hängt von der Gradation des Photopapiers ab.

**12 Die Entwicklungschemikalien** verteilen sich auf dem Polaroidfilm, sobald er aus der Kamera herausgezogen wird [1]. Nach 15 Sekunden [2] wird der Papierabzug vom Negativ getrennt [3] und mit einer Bürste fixiert [4].

**14 Wenn Licht** [1] auf die lichtempfindliche Schicht eines Films fällt [2], entsteht zunächst ein latentes (unsichtbares) Bild [3]. Die Silberhalogenidkörner ändern sich nur geringfügig; je mehr Licht auf den Film trifft, desto mehr werden die Körner zersetzt [4]. Im Entwickler werden die Körner in schwarzes Silber zurückverwandelt. Zuerst werden nur einige umgesetzt [5]; dann bildet sich ein Negativ [6, 7], bestehend aus einer Masse von Silberkörnern [8].

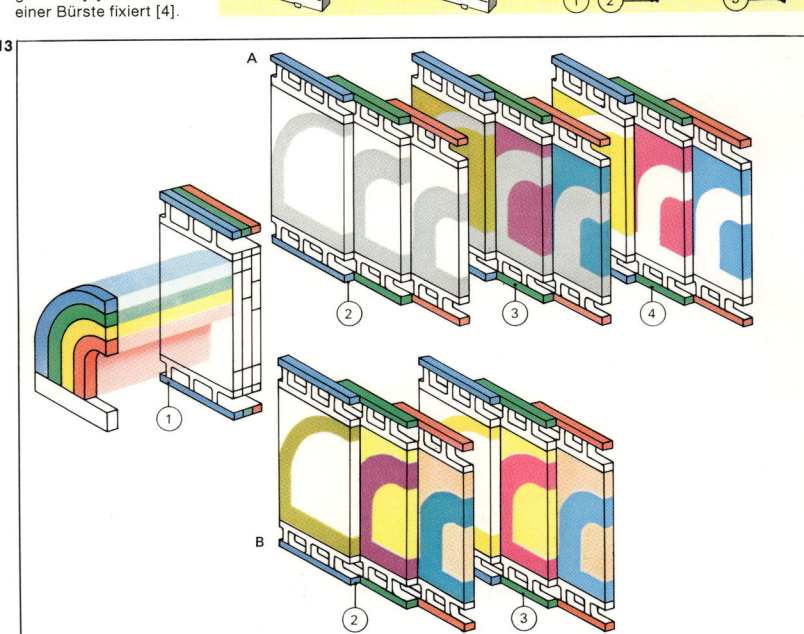

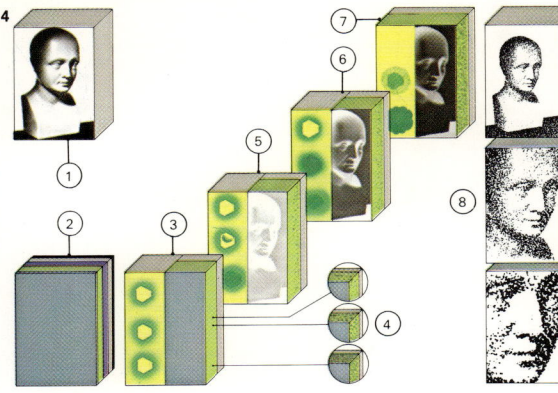

**13 Ein Farbfilm** besteht aus drei Schichten, die auf blaues, grünes oder rotes Licht reagieren. Jede Schicht ergibt bei der Aufnahme ein latentes Bild [1]. [A]: Positivfarbfilme entwickelt man zuerst zu Schwarzweiß-Negativen [2]. Dann wird das restliche Silberhalogenid belichtet, die entsprechenden Farbschichten werden entwickelt. Dabei scheidet sich Silber ab, so daß der Film undurchsichtig ist [3]. Erst nach Entfernen des Silbers erscheint das Bild wieder in seinen natürlichen Farben [4]. [B]: Beim Farbnegativ-Film entstehen die Farben sofort beim Entwickeln [2]. Nach Entfernung des Silbers zeigt das Negativ das Motiv in Komplementärfarben [3], außerdem sind noch Gelb und Orange vorhanden. Damit ist bei der Herstellung von Papierabzügen die Farbechtheit gewährleistet.

# Das Photographieren

Die Photographie hat heute das Malen und Zeichnen zum Abbilden unserer Umwelt fast vollständig ersetzt. Ohne jedes Zeichentalent kann heute jedermann Bilder herstellen.

## Der Umgang mit Kameras

Auch bei der billigsten Kamera müssen einige Grundregeln beachtet werden. So muß der Abstand zwischen Kamera und Objekt richtig gewählt werden. Dabei hilft der Sucher: Er zeigt das Objekt, wie es später auf dem Bild erscheinen wird. Lebende Objekte sollten sich nicht zu rasch bewegen, die Kamera muß ruhig und gerade in der Hand liegen, und beim Auslösen darf man sie nicht »verreißen«.

Bei einigen Kameratypen braucht man zum Einstellen der richtigen Belichtung lediglich auf eine Symboldarstellung des gerade herrschenden Wetters zu schalten. Andere Kameras wählen automatisch die Blende oder die Belichtungszeit oder auch beides zusammen. Für Aufnahmen höchster Qualität allerdings muß die Belichtung noch immer von Hand eingestellt werden.

Die verschiedenen Blendenstufen werden normalerweise als sogenannte f-Nummern angegeben [2]. Je kleiner diese Nummer ist, desto mehr Licht fällt auf den Film. Bei den meisten Kameras lauten die Blendennummern der Reihe nach: 1; 1,4; 2,8; 4; 5,6; 8; 11; 16; 22 und 32. Bei jeder Blendenzahl halbiert sich die durch das Objektiv eindringende Lichtmenge gegenüber der vorhergehenden Blendenzahl.

Auch die Belichtungszeiten [1] sind so bestimmt, daß bei jeder folgenden Verschlußzahl immer nur die halbe Lichtmenge gegenüber der vorhergehenden auf den Film fällt. Bei den Zahlen handelt es sich um Bruchteile von Sekunden, meist in folgender Reihenfolge: 1; $1/2$; $1/4$; $1/8$; $1/15$; $1/30$; $1/60$; $1/125$; $1/250$; $1/500$; $1/1000$. Von Blendenanzahl und Belichtungszeit gibt es Kombinationen, die jeweils dieselbe effektive Belichtung des Films ergeben. So benötigen viele Farbfilme bei hellem Sonnenlicht eine Belichtungszeit von $1/125$ bei f-11. Bei dieser Kombination fällt dieselbe Lichtmenge auf den Film wie bei $1/30$ und f-22 oder $1/500$ und f-5,6.

## Filter und Schärfentiefe

Die Grautonwerte, die die Farben des Motivs auf Schwarzweißfilm ergeben, können durch Filter verändert werden. Das sind Scheiben aus farbigem Glas, die – wenn man sie vor dem Objektiv befestigt – nur Licht ihrer eigenen Farbe durchlassen und alles andersfarbige Licht absorbieren. So benutzt man z. B. bei der Landschaftsphotographie Gelbfilter, um eine Überbelichtung durch den blauen Himmel zu vermeiden und helle Wolken kontrastreicher darzustellen.

Die einzustellende Kombination von Blende und Belichtungszeit ist grundsätzlich durch die Helligkeit des Objekts bestimmt. Weiterhin aber hat die Blende Einfluß darauf, wieweit entfernte Gegenstände noch auf dem Film scharf abgebildet werden. Die Entfernung zwischen den nächsten und den entferntesten Teilen des Bildes, die noch scharf dargestellt werden, nennt man Schärfentiefe. Aber nicht allein die Blendenzahl bestimmt die Schärfentiefe, sondern auch die Objektivbrennweite. Objektive mit langer Brennweite (besonders Teleobjektive) ergeben Aufnahmen geringerer, kurzbrennweitige Objektive – sogenannte Weitwinkelobjektive – Aufnahmen mit großer Schärfentiefe. Die absolute Schärfentiefe hängt außerdem auch vom Abstand zwischen Kamera und Objekt [7] ab.

**HINWEISE**

Lesen Sie auch:

Photographie

Filmtechnik

Bildaufzeichnung und -wiedergabe

**1 Die Belichtungszeit** bestimmt, ob ein bewegtes Objekt scharf abgebildet wird. Längere Zeiten wie $1/15$ Sekunde erzeugen bei bewegten Objekten Unschärfe, können aber Dynamik in das Bild bringen wie etwa bei einem Wasserfall [A]. Bei mittleren Belichtungszeiten, $1/125$ oder $1/250$ Sekunde, werden langsam bewegte Objekte scharf, und schnell bewegte aber immer noch unscharf, bei $1/500$ oder $1/1000$ Sekunde »frieren fast alle Bewegungen ein« – man erkennt dann aber Einzelheiten, die normalerweise nicht sichtbar sind [B].

**2 Bei sehr großer Blendenöffnung** wie f-4 ist die Schärfentiefe gering, d. h., nicht alle Teile eines räumlichen Objekts werden scharf abgebildet. Die mittlere Schärfenebene hängt davon ab, ob das Kameraobjektiv auf kurze [A] oder größere Entfernung [B] eingestellt ist. Bei kleiner Blende wie etwa f-16 ist die Schärfentiefe viel größer, und sowohl nahe als auch entfernte Objekte werden scharf dargestellt [C]. Durch passende Wahl von Entfernungs- und Blendeneinstellung kann man so bestimmte Bildbereiche besonders hervorheben.

Wie scharf bewegte Objekte auf dem Film abgebildet werden, bestimmt die Belichtungszeit. Lange Belichtungszeiten bergen die Gefahr in sich, daß das Bild bei unruhiger Hand verwackelt. Gut für Schnappschüsse sind Belichtungszeiten von $1/60$ oder $1/125$ Sekunde. Sehr einfache Kameras haben unveränderliche Belichtungszeiten von $1/60$ Sekunde und eine feste Blende f-11. Die Schärfentiefe ist dann groß genug, um alle Gegenstände, die weiter als 1,5 m von der Kamera entfernt sind, scharf abzubilden.

**Professionelles Photographieren**
Berufsphotographen arbeiten auf den unterschiedlichsten Gebieten. Viele machen Aufnahmen vom Tagesgeschehen für die Presse. Andere, wie Mode- oder Werbephotographen, machen ihre Aufnahmen in einem Studio mit der entsprechenden Einrichtung oder an einem sorgfältig ausgewählten Platz. Solche Bilder sind meist sehr dekorativ, oder sie betonen – bei der Werbephotographie – die Vorzüge eines Produkts.

Pressephotographen müssen ihre Objekte dagegen so photographieren, wie sie sie gerade vorfinden. Auswahl haben sie meist nur hinsichtlich ihres Standorts und bei der Einstellung ihrer Kamera: also Brennweite (Scharfeinstellung), Blende und Belichtungszeit. Reicht das Licht zum Photographieren nicht aus, so verwenden sie den Elektronenblitz [6].

Ganz anders aber manipulieren die Werbe-, Porträt- und Industriephotographen mit dem Licht, um das Objekt möglichst günstig darzustellen. Im Studio können mehrere Elektronenblitze [6] oder auch Photoleuchten hoher Leistung zur Beleuchtung und Ausleuchtung dienen. Besonders wichtig ist dabei der Einfallswinkel des Hauptlichts sowie die Menge des Lichts, mit dem man dann die Schatten wieder aufhellt [3].

Professionelle Photographen wissen, wie man scharfe, feinkörnige, hervorragend ausgeleuchtete und farblich genau abgestimmte Photographien erstellt. Aber dennoch liegt der Reiz guter und bemerkenswerter Photographien oftmals gerade darin, daß die Regeln in bestimmten Fällen nicht eingehalten werden und sich dann Bilder ergeben, die mehr sind als nur die Abbildung von Gegenständen vor dem Kameraobjektiv.

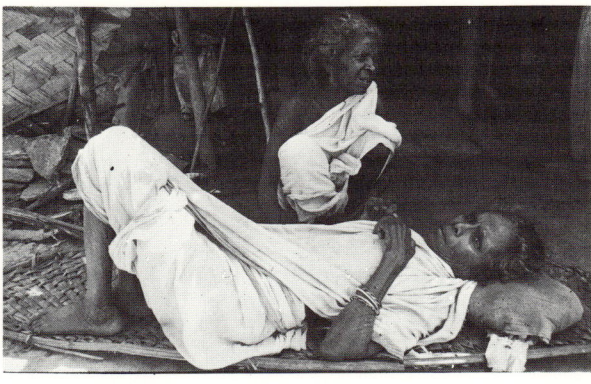

**Leitbild**

**Ein einziges gutes Bild** sagt mehr aus als tausend Worte – das weiß z. B. jeder Zeitungsredakteur. Diese Aufnahme des Engländers Chris Steele-Perkins zeigt unverkennbar die Hoffnungslosigkeit und Verzweiflung der Menschen in Bangla Desch. Sie erzählt mehr über menschliches Leiden, als es auch die bestgewählten Worte ausdrücken könnten. Die jüngsten kriegerischen Ereignisse und Revolutionen in Asien, Afrika, im Mittleren Osten, Südostasien und Nordirland haben eine neue Art von Photojournalismus geschaffen, der schonungslos die Brutalität und die menschlichen Schicksale in unserer Gegenwart offenlegt. Es kommt häufig vor, daß Photographen ihr eigenes Leben riskieren, um solche Bilder machen zu können.

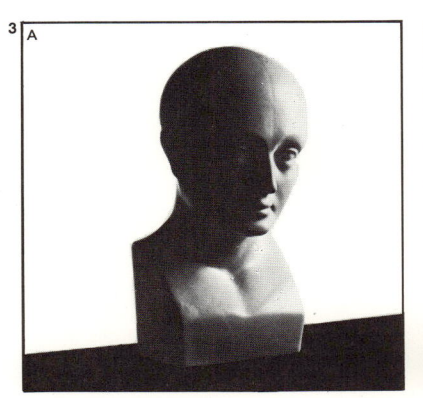

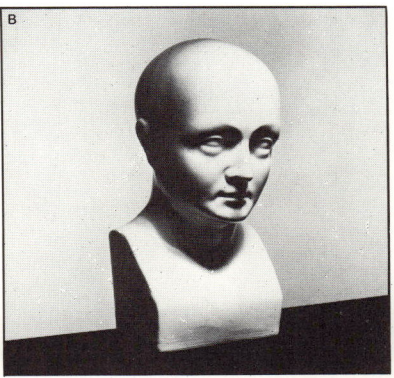

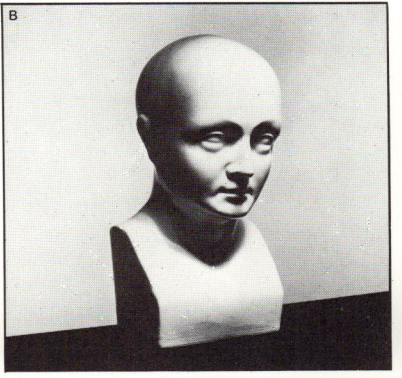

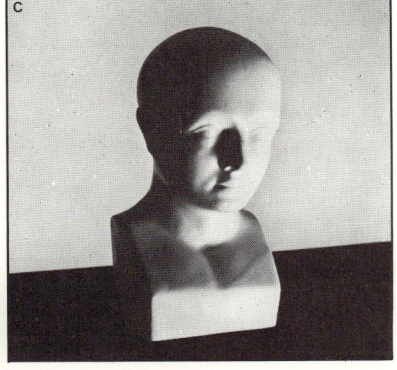

**3 Der Winkel,** unter dem das Licht auf ein bestimmtes Objekt fällt, beeinflußt entscheidend dessen Darstellung in der Aufnahme. Direktes Licht von vorn läßt sie flach erscheinen. Wenn das Hauptlicht von der Seite einfällt [A], von oben kommt [B] oder von unten erleuchtet [C], entstehen interessantere Bildeffekte. Ein harter, scharfer Lichtstrahl ergibt auch eine harte Bildzeichnung. Sie läßt sich durch etwas diffuses, von vorn einfallendes Licht wieder abschwächen.

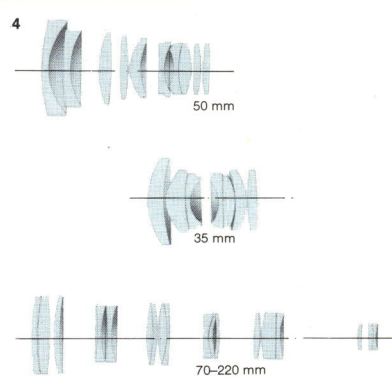

**4 Kameraobjektive** bestehen aus Glaslinsen in einer zylindrischen Fassung. Zahl, Form und Abstand der Linsen voneinander bestimmen die Brennweite und die Objektivöffnung – aber auch die Objektivgüte. Bei Kleinbildkameras für 35-mm-Film ist 50 mm die Normalbrennweite, 35 mm ergibt bereits leichte Weitwinkelwirkung, 200-mm-Teleobjektive können entfernte Objekte heranholen. Zoom-Teleobjektive haben verstellbare Brennweiten (beispielsweise 70–220 mm).

**5 Einfachen Kameras** kann man zum Aufhellen Vierfachblitzwürfel aufstecken – die Kamera dreht die Würfel automatisch nach jeder Aufnahme weiter.

**6 Elektronen-Blitzgeräte** geben dem Photoamateur vielfältige Möglichkeiten. Viele Geräte bestimmen automatisch die richtige Belichtungsdauer. Auf der Kamera befestigt, läßt ihr direktes Licht das Objekt jedoch flach erscheinen; erfahrene Amateure benutzen sie meist lieber getrennt von der Kamera (so z. B. als Seitenlicht).

1 Batterien
2 Belichtungsrechner
3 Anschlußkabel
4 Stecker
5 Befestigungsfuß
6 Blitzlampe

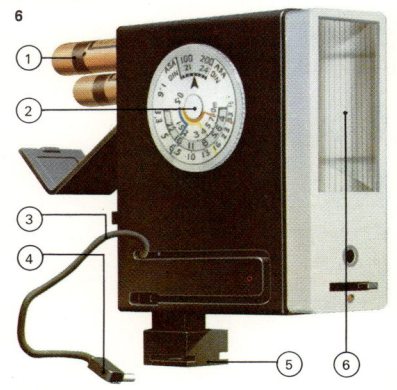

**7 Verschiedene Brennweiten** bilden das Objekt bei gleicher Entfernung verschieden groß ab: [A] Weitwinkel-, [B] Normal- und [C] Teleobjektiv. Wählt man die Kameraentfernung jedesmal so, daß das Objekt immer gleich groß erscheint, erhält man unterschiedliche Blickwinkel. Das »Weitwinkel« würde Nase und Kinn etwas vergrößern, das »Tele« macht das Gesicht flacher. Trotzdem bevorzugen Porträtphotographen das Teleobjektiv. Wie die Bilder zeigen, hängt auch die Schärfentiefe von der Brennweite ab.

# Filmtechnik

Eine Filmkamera [Leitbild] unterscheidet sich von einem Photoapparat prinzipiell nur darin, daß sie von einer Szene gleich eine ganze Reihe von Bildern, einen Bildstreifen [7], in rascher Folge aufnimmt. Die üblichen Geschwindigkeiten für Aufnahme und Projektion betragen bei Amateurfilmen 18 Bilder pro Sekunde, für professionelle Filme 24 Bilder/s – die ersten Stummfilme wurden noch mit einer Ganggeschwindigkeit von 16 Bilder/s aufgenommen.

## Die Filmkamera

Bei jeder Einzelaufnahme entsteht ein stehendes Bild – eine Momentaufnahme –, jedoch zeigt das folgende Bild bewegte Objekte schon wieder in einer etwas anderen Stellung. Wenn man diese Bildfolge dann mit der Aufnahmegeschwindigkeit projiziert, entsteht wegen der Trägheit des Auges wieder der Eindruck der ursprünglichen Bewegung. Werden die Bilder schneller aufgenommen als wiedergegeben (48 oder 72 B/s), so erscheint die Bewegung bei normaler Projektionsgeschwindigkeit stark verlangsamt (Zeitlupe); werden in langsamer Folge aufgenommene Streifen rasch projiziert, so wird die Bewegung beschleunigt (Zeitraffer).

Eine Filmkamera besteht im wesentlichen aus dem Objektiv, einer Blende, einem Verschlußsystem (Sektorenblende) und dem Transportmechanismus für den Filmstreifen. Während früher ein Federaufzugswerk – ähnlich einem Uhrwerk – oder sogar eine Handkurbel den Transportgreifer bewegte, werden moderne Filmkameras von kleinen batteriegespeisten Gleichstrommotoren angetrieben. In den einzelnen Details gibt es je nach Preislage große Unterschiede.

Die einfachsten Kameras haben Objektive mit fester Brennweite und eine einfache Blendenautomatik, anspruchsvollere Kameras sind mit Zoom-Objektiven ausgestattet, deren Brennweite stufenlos vom Weitwinkel- bis in den Telebereich einstellbar ist (»Gummilinse«). Solche Objektive lassen sich meist auch mit Hilfe eines Entfernungsmessers scharfstellen. Spitzenkameras weisen zahlreiche technische Finessen auf – einige haben sogar auswechselbare Objektive.

## Das Filmmaterial

Filme gibt es in fünf verschiedenen Breiten: 70 mm, 35 mm, 16 mm, 9,5 mm und 8 mm. 70-mm- und 35-mm-Film wird für professionelle Aufnahmen (Kinofilm), meist mit äußerst komplizierten und teuren Kameras, benutzt. Diese besitzen teilweise Spezialobjektive – sogenannte Anamorphore –, die das Bild seitlich raffen, um bei der Wiedergabe Breitwandbilder projizieren zu können. 16-mm-Film wird für kleinere kommerzielle Aufgaben wie beispielsweise Dokumentarfilme und Fernsehreportagen sowie von fortgeschrittenen Amateuren benutzt; ein Spezialformat mit besonders großer Bildfläche, Super 16, dient zum Umkopieren der Streifen auf 35-mm-Film für Kinoprojektoren. 9,5-mm-Film wird heute nur noch selten benutzt.

Das übliche Amateurformat ist 8 mm, das häufiger auch schon für Fernsehreportagen eingesetzt wird, um Kosten zu sparen. Beim 8-mm-Film gibt es zwei verschiedene Formate: Normal 8 und Super 8. Bei Normal 8 wird in die Kamera ein 16-mm-Film eingelegt, aber bei einem Kameradurchgang in der Breite nur zur Hälfte belichtet. Dann wird der Film umgedreht und läuft ein zweites Mal durch die Kamera, um die andere Filmhälfte zu belichten. Nach dem Entwickeln wird der Film in der

### HINWEISE

**Lesen Sie auch:**

Die Anfänge des Films (Band 7)

Der Film als Kunstwerk (Band 7)

Photographie

Das Photographieren

Fernsehen

Die Chemie der Farben

---

**1 Die Bewegung von Objekten** zeichnete 1877 erstmals Eadweard Muybridge (1830–1904) als Serie aufeinanderfolgender Einzelbilder auf. Er stellte zunächst einige wenige Kameras mit schnell arbeitenden Verschlüssen hintereinander auf; später erhöhte er die Zahl der Kameras auf 25. Ein vorbeigaloppierendes Pferd löste jede einzelne Kamera aus, indem es eine Leine zerriß. Zur Wiedergabe heftete er die Bilder in der richtigen Reihenfolge hintereinander; der Betrachter blätterte sie rasch durch. Seine wichtigsten Bewegungsstudien entstanden von 1884 bis 1887.

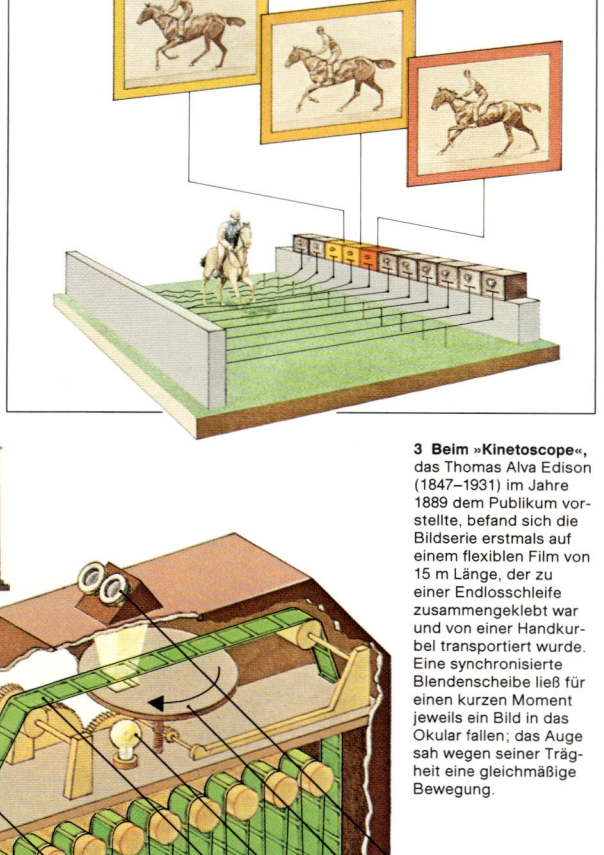

**2 Diese »Gewehrkamera«** von Étienne Jules Marey (1830–1904) aus dem Jahre 1892 war die erste, die eine Bildfolge aufnehmen konnte. Wenn man den Abzug betätigte, »schoß« sie in einer Sekunde 12 kleine Bilder auf eine sich drehende photographische Platte. So war Marey nicht darauf angewiesen, daß die aufgenommenen Objekte selbst die Kameraverschlüsse auslösten. Er machte auf diese Weise zahlreiche Bildserien von fliegenden Vögeln.

**3 Beim »Kinetoscope«**, das Thomas Alva Edison (1847–1931) im Jahre 1889 dem Publikum vorstellte, befand sich die Bildserie erstmals auf einem flexiblen Film von 15 m Länge, der zu einer Endlosschleife zusammengeklebt war und von einer Handkurbel transportiert wurde. Eine synchronisierte Blendenscheibe ließ für einen kurzen Moment jeweils ein Bild in das Okular fallen; das Auge sah wegen seiner Trägheit eine gleichmäßige Bewegung.

Okular
Blendenscheibe
Lichtquelle
Film
Kurbel

**4 Eine Revolution in der Filmbetrachtung** brachte 1895 in Paris der »Cinematograph« der Gebrüder Lumière. Genauso wie bei einem modernen Projektor lief der Film [1] von der Vorratsspule [2] aus ruckweise durch den Filmkanal [3] am Bildfenster vorbei; eine Lichtquelle, die immer nur kurzzeitig von einer Blende freigegeben wurde, projizierte in rascher Folge Einzelbilder durch das Objektiv [4]. Die Großprojektion von Filmen führte sich rasch ein und war beim Publikum sofort sehr beliebt.

Mitte der Länge nach zerschnitten, und die beiden Hälften werden hintereinandergeklebt. Wegen seiner leichteren Handhabung hat sich aber der Super-8-Film in rasch einlegbaren Kunststoffkassetten inzwischen durchgesetzt; außerdem ist seine Bildfläche gegenüber Normal 8 vergrößert.

Damit man beim Amateurfilmen – um Kosten zu sparen – den Originalfilm aus der Kamera auch projizieren kann, benutzt man Umkehrfarbfilm; seine Empfindlichkeit beträgt normalerweise 17 DIN (40 ASA) bei Kunstlicht. Mit demselben Film kann man auch bei Tageslicht arbeiten, wenn man ein (meist in der Kamera befindliches) Konversionsfilter benutzt; allerdings geht die Empfindlichkeit dann auf 15 DIN (25 ASA) zurück. Für das Filmen bei geringem Licht gibt es 23-DIN-(160-ASA)-Kunstlichtfilm, mit Filter ebenfalls für Tageslicht verwendbar.

Bei professionellen Filmen, ob in Farbe oder Schwarzweiß, wird Negativfilm benutzt. Die Farbtöne der gezogenen Kopien lassen sich dann bei der Filmverarbeitung im Labor korrigieren. Zur Projektion braucht man jedoch immer Positivfilm.

Viele Amateurfilmer projizieren den Originalfilm bereits so, wie er aus der Umkehranstalt kommt, also ohne ihn zu »schneiden«. Bei professionellen Filmen macht man vom Originalfilm Schwarzweißkopien, aus denen man die brauchbaren Sequenzen herausschneidet und zu einem, dem logischen Ablauf der Handlung entsprechenden Filmstreifen zusammenklebt. Erst wenn diese »Arbeitskopie« nach kritischer Prüfung fertiggestellt und vertont ist, wird der Originalfilm nach diesem Vorbild »geschnitten«. Von diesem Originalfilm werden dann die zahlreichen Kopien hergestellt, die später z. B. in den Kinos zur Vorführung kommen oder von den Landesfilmstellen an Schulen ausgeliehen werden.

Der Ton kann beim Film auf einer Magnetspur optisch oder gespeichert sein. Der Magnetton wird auf einem magnetisierbaren Streifen neben dem Bildstreifen aufgenommen – im Prinzip wie beim Tonbandgerät. Beim (qualitativ nicht so guten) Lichtton wird der Schall in Form von Helligkeitsschwankungen auf einem Seitenstreifen des Films registriert. Bei der Wiedergabe wird er mit Hilfe eines Lichtstrahls und einer Photozelle [7] abgetastet.

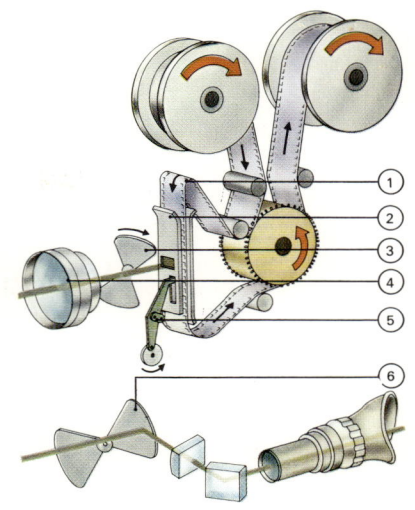

**In einer Filmkamera** läuft unbelichteter Film [1] von einer Spule durch den Filmkanal [2] am Bildfenster vorbei. Ein Verschluß (meist rotierende Sektorenblende [3]) läßt durch das Objektiv [4] eintretendes Licht auf den momentan stehenden Film fallen – es entsteht ein latentes Bild wie in einem Photoapparat. Wenn die Sektorenblende den Lichtstrahl unterbricht, zieht der Greifer [5] den Film für die nächste Belichtung rasch um ein Bild weiter. Auf diese Weise wird die Szene als Serie einzelner, rasch aufeinanderfolgender Bilder festgehalten. Durch Ausspiegelung, etwa über eine spiegelnde Sektorenblende [6], gelangt das Bild in den Sucher. Der Kameramann kann daher beim Filmen ganz genau im Sucher verfolgen, was später, nach dem Entwickeln, auf dem Film zu sehen sein wird. Neuzeitliche Schmalfilmkameras sind anstelle der Filmspulen mit rasch auswechselbaren Filmkassetten ausgestattet.

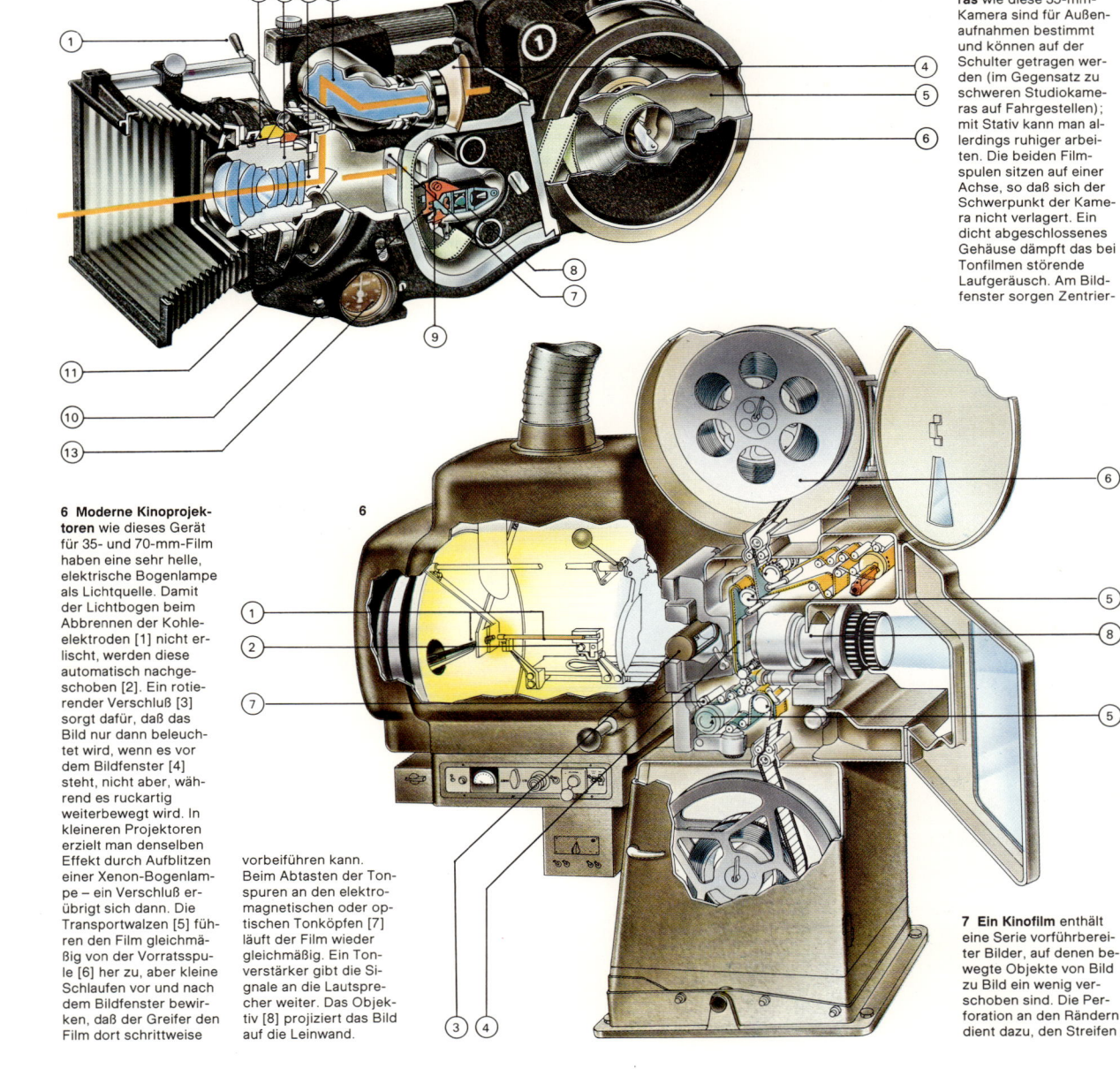

**5 Leichtere Filmkameras** wie diese 35-mm-Kamera sind für Außenaufnahmen bestimmt und können auf der Schulter getragen werden (im Gegensatz zu schweren Studiokameras auf Fahrgestellen); mit Stativ kann man allerdings ruhiger arbeiten. Die beiden Filmspulen sitzen auf einer Achse, so daß sich der Schwerpunkt der Kamera nicht verlagert. Ein dicht abgeschlossenes Gehäuse dämpft das bei Tonfilmen störende Laufgeräusch. Am Bildfenster sorgen Zentrierstifte dafür, daß jedes einzelne Bild genau die richtige Position hat. Für diese Filmkamera kann man verschiedene Objektive und Zusätze verwenden.

1 Brennweitenhebel
2 Blendenring
3 Sektorenblende
4 Augenmuschel
5 Aufwickelspule
6 Vorratsspule
7 Bildfenster
8 Transportmechanismus
9 Greifer
10 Bildzentrierung
11 Abblendhebel
12 Sucher
13 Filmvorratsanzeige
14 Objektiv

**6 Moderne Kinoprojektoren** wie dieses Gerät für 35- und 70-mm-Film haben eine sehr helle, elektrische Bogenlampe als Lichtquelle. Damit der Lichtbogen beim Abbrennen der Kohleelektroden [1] nicht erlischt, werden diese automatisch nachgeschoben [2]. Ein rotierender Verschluß [3] sorgt dafür, daß das Bild nur dann beleuchtet wird, wenn es vor dem Bildfenster [4] steht, nicht aber, während es ruckartig weiterbewegt wird. In kleineren Projektoren erzielt man denselben Effekt durch Aufblitzen einer Xenon-Bogenlampe – ein Verschluß erübrigt sich dann. Die Transportwalzen [5] führen den Film gleichmäßig von der Vorratsspule [6] her zu, aber kleine Schlaufen vor und nach dem Bildfenster bewirken, daß der Greifer den Film dort schrittweise vorbeiführen kann. Beim Abtasten der Tonspuren an den elektromagnetischen oder optischen Tonköpfen [7] läuft der Film wieder gleichmäßig. Ein Tonverstärker gibt die Signale an die Lautsprecher weiter. Das Objektiv [8] projiziert das Bild auf die Leinwand.

**7 Ein Kinofilm** enthält eine Serie vorführbereiter Bilder, auf denen bewegte Objekte von Bild zu Bild ein wenig verschoben sind. Die Perforation an den Rändern dient dazu, den Streifen exakt durch den Projektor zu führen. Die beiden gezackten Streifen am rechten Rand des Films sind die Lichttonspuren. Durchtretendes Licht wird im Rhythmus der Tonschwingungen moduliert und dann von Photozellen in elektrische Tonsignale umgewandelt.

# Telegraphie

Jahrtausendelang hing die Verbindung über weite Entfernungen von reisenden Boten ab, die sich zu Fuß, auf dem Pferd oder mit dem Schiff mühselig durch fremde Landstriche und über Meere bewegten. Das hat sich seit der Erfindung der Telegraphie grundlegend geändert. Zwar benutzte man auch früher schon optische Zeichen, aber die Übermittlung von Nachrichten über Sichtweite hinaus wurde erst durch die Elektrizität möglich. Bereits 1753 beschrieb der schottische Arzt Charles Morrison in einem Brief an das »Scots Magazine« seine Idee einer elektrischen Telegraphie. 1774 baute Georges Louis Lesage in Genf einen elektrischen Telegraphen zu Versuchszwecken und benutzte dazu ein Elektroskop und statische Elektrizität: Wenn sich zwei kleine Holunderkügelchen abstießen, zeigte dies eine elektrische Ladung in den angeschlossenen Drähten an. Für jeden Buchstaben des Alphabets brauchte man einen eigenen Draht.

**Telegraphie mit einem Draht**
Ende des 18. Jahrhunderts war Napoleon I. (1769–1821), der als erster Telegraphensysteme einzusetzen versuchte, bei Feldzügen noch immer auf die Sichttelegraphie [1] angewiesen, die der französische Kaufmann Claude Chappe (1763–1805) erfunden hatte. Erst im Jahre 1816 erfand der Engländer Sir Francis Ronalds (1788–1873) den mit nur einem Verbindungsdraht arbeitenden Telegraphen. Sein System verwendete Scheiben, auf deren Rand die Buchstaben des Alphabets aufgetragen waren und die von einem Uhrwerk gedreht wurden – gleichzeitig am Sende- und am Empfangsort. Jedesmal wenn der gewünschte Buchstabe unter der Spitze eines Zeigers stand, wurde über den Draht ein elektrischer Impuls an das Elektroskop der Empfangsstelle gegeben, so daß man dort den entsprechenden Buchstaben identifizieren konnte.

Zehn Jahre später baute der Amerikaner Harrison Gray Dyer den ersten praktisch brauchbaren Telegraphen. Er benutzte dazu die gerade erfundene Voltasche Säule (Urform der Batterie) und eine Elektrolytlösung, in der jedesmal, wenn Strom floß, Blasen zwischen zwei Elektroden aufstiegen. Dyer sandte über eine Entfernung von 12,5 km auf Long Island (New York) ein Telegramm durch einen Draht; als Rückleitung benutzte er die Erde.

Schließlich ersetzte 1831 der Amerikaner Joseph Henry (1797–1878) die Elektrolytzelle durch eine elektrische Glocke; er nutzte dabei das Prinzip des Elektromagnetismus, das 1819 von dem dänischen Physiker Hans Christian Oersted (1777–1851) entdeckt worden war. Sir William Cooke (1806–79) und Sir Charles Wheatstone (1802–75) bauten dann den ersten kommerziellen Telegraphen [2]; er arbeitete mit fünf Verbindungsdrähten und war 1837 an der Eisenbahnlinie London–Birmingham erprobt worden.

**Morse und die weitere Entwicklung**
Bis dahin hatte jeder Erfinder sein eigenes Kodesystem entwickelt und benutzt. Der amerikanische Kunstmaler und Erfinder Samuel Morse (1791–1872) erkannte als erster die Bedeutung eines praktischen, allgemein bekannten Standardkodes. Sein eigener Kode, das Morsealphabet aus »Punkten« und »Strichen«, das er 1837 vorstellte, setzte sich schließlich auf der ganzen Welt durch. Das Telegraphensystem bestand praktisch nur aus je einem Draht zwischen Sende- und Empfangsort, einer Batterie und einer Taste, die am Sendeort als

**HINWEISE**

Lesen Sie auch:

Telefon
Rundfunk
Fernsehen

**1 Neben Trommel- und Rauchsignalen** war der von Claude Chappe erfundene Semaphore der erste Telegraph für größere Distanzen. Er wurde ab 1794 bei der französischen Armee eingesetzt und bestand aus mehreren, von Hand betätigten Signalarmen. Zahlreiche Geräte dieser Bauart wurden auf einer Kette von Türmen, die sich in Sichtweite voneinander befanden, errichtet und stellten auf diese Weise die Nachrichtenverbindung her.

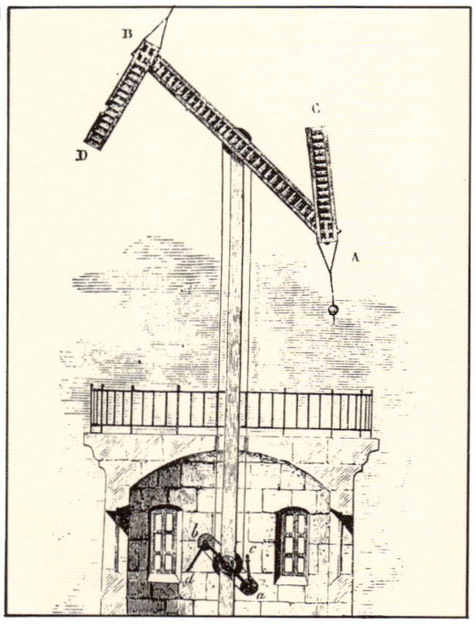

**2 Der erste kommerzielle Telegraph** (1839) von Charles Wheatstone und William Cooke enthielt fünf Drähte. Je nachdem, welche Drähte gerade Strom führten, schlugen die Nadeln nach rechts oder nach links aus.

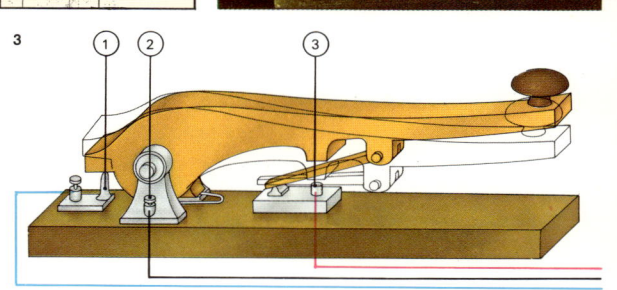

**3 Eine Morsetaste** ist ein einfacher Schalter. Diese hier abgebildete zweipolige Taste älterer Bauart verbindet im Ruhezustand die Kontakte [1] und [2], beim Niederdrücken die Kontakte [2] und [3]. Elektrischer Strom aus dem schwarzen Draht läßt sich so wahlweise auf den blauen oder den roten Draht schalten.

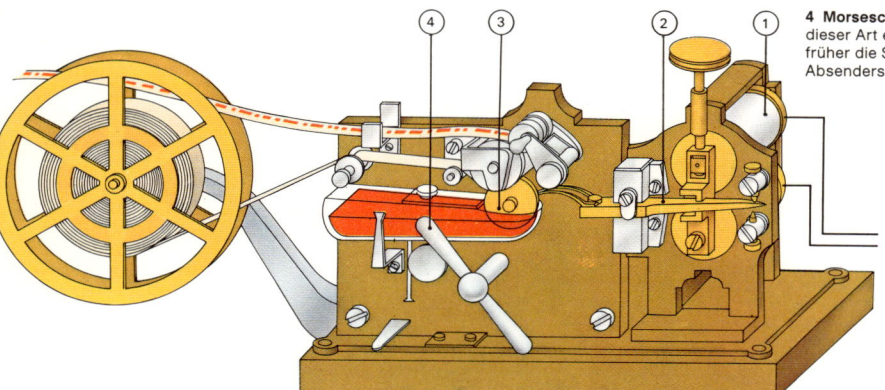

**4 Morseschreiber** dieser Art empfingen früher die Signale des Absenders. Wenn dieser seine Morsetaste niederdrückte, floß Strom durch die Spulen [1], so daß der Hebel [2] elektromagnetisch angezogen wurde. Dieser drückte die (in Tinte eintauchende) Farbrolle [3] solange auf das durchlaufende Papierband, wie Strom floß. Zum Antrieb des Papierbandes diente ein Uhrwerk, das von Hand aufgezogen wurde [4]. Es zeigte sich aber bald, daß ein geübter Telegraphist die Morsezeichen über einen Summer schneller »lesen« und niederschreiben konnte als vom Morsestreifen.

**5 Mit dem Multiplexsystem von Jean-Maurice-Émile Baudot** konnte man mehrere Telegramme gleichzeitig über denselben Draht senden. Ein Verteiler schaltete die Morsetasten der einzelnen Telegraphisten so auf die Übertragungsleitung, daß sie jeweils einen Buchstaben ihrer Botschaft abgeben konnten. Die Synchronisation von Sende- und Empfangsgeräten machten es möglich, die ineinander verschachtelten Signale wieder zu trennen und als Einzeltelegramme lesbar zu machen.

Schalter den Draht mit der Erde verband [3], und einem Summer am Empfangsort.

Mit diesem einfachen und sicheren Telegraphensystem bot es sich geradezu an, die Drähte auch unter Wasser zu verlegen. Nachdem man 1850 ein Kabel im Ärmelkanal gelegt hatte, wagten sich die Ingenieure an ein viel schwierigeres Projekt: ein Unterseekabel durch den Atlantik. 1858 war es zwischen Irland und Neufundland ausgelegt, aber erst 1866 kam dann eine sichere Verbindung zustande [Leitbild; 6, 8].

Da Drähte über weite Strecken teuer sind, bemühten sich die Erfinder schon früh, über einen Draht gleichzeitig mehrere Nachrichten zu senden. Wirklichkeit wurde dies 1874 durch die Erfindung des Franzosen Jean-Maurice-Émile Baudot (1845–1903). Er konstruierte ein Gerät, das sechs Telegramme gleichzeitig senden konnte und sie am Empfangsort auch wieder trennte [5].

### Fernschreiben

Nach dem System von Baudot besteht jeder Buchstabe aus fünf elektrischen Impulsen (oder fehlenden Impulsen). Über ein halbes Jahrhundert lang wurde es mit Erfolg benutzt, bis es schließlich durch das Frequenz-Multiplex-System des Amerikaners Elisha Gray (1835–1901) ersetzt wurde.

Um den Zeitaufwand für das Kodieren und Dekodieren der Nachrichten zu vermeiden, versuchte man viele Jahre lang, einen sogenannten Springtelegraphen zu entwickeln. Der Engländer David Edward Hughes (1831–1900) baute 1854 erstmals ein solches Gerät: Es druckte Buchstaben aus, arbeitete aber zu langsam. 1921 entwickelte dann der Russe N. P. Trusewitsch das sogenannte Start-Stop-System, das zu dem heutigen Fernschreiber führte [9].

Der moderne Fernschreiber – noch immer mit dem Fünferkode arbeitend – überträgt bis zu 13 Buchstaben pro Sekunde, wenn die Nachricht über ein perforiertes Papierband eingegeben wird, das der Schreiber vorher mit normaler Schreibgeschwindigkeit »gelocht« hat. Das Telexsystem [7] macht es möglich, 26 Fernschreibmitteilungen gleichzeitig über eine Telefonleitung zu übertragen. Der Bildtelegraph [10] vervollständigte schließlich die Möglichkeiten der modernen Telegraphie.

**Leitbild**

**Ein Kabelleger ist ein Spezialschiff**, das über eine Rolle am Bug viele Kilometer Unterseekabel auf dem Meeresboden auslegen kann. Heute bereitet das Kabellegen keine großen Schwierigkeiten mehr, aber der Amerikaner Cyrus West Field (1819 bis 92) benötigte einst neun Jahre, ehe es ihm 1866 beim fünften Versuch gelang, das erste Transatlantikkabel zwischen Irland und Neufundland zu verlegen. Seine Ingenieure und Techniker setzten für die Verlegungsarbeiten die »Great Eastern« ein, das zu jener Zeit größte Schiff.

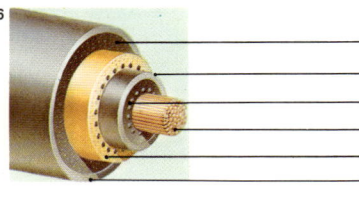

**6 Die ersten Unterseekabel** enthielten Kupferleiter [3] aus Bändern oder Drähten, die um ein starkes Stahlseil gewickelt waren, eine Isolation aus Guttapercha [2], eine mit galvanisierten Stahldrähten verstärkte Umhüllung aus Jutefasern [5], eine weitere juteverstärkte Schicht [1] und eine äußere, wasserdichte Umhüllung [6], die auch größeren mechanischen Beanspruchungen (Scheuern, Druck) zu widerstehen vermochte (Stahlseele [4]).

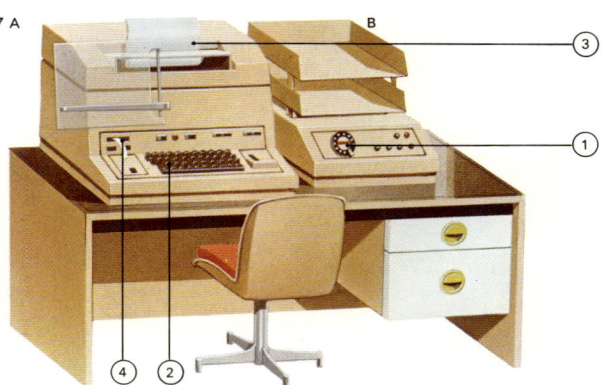

**7 Eine moderne Telexstation** besteht aus einem Fernschreiber [A] und einem Wählgerät [B], meist auf einer gemeinsamen Konsole. Man wählt zunächst mit der Wählscheibe [1] die Telexnummer des Empfängers und schreibt dann die Nachricht in den Fernschreiber; seine Tastatur [2] ist genauso aufgebaut wie bei einer normalen Schreibmaschine. Bei besetzter Übertragungsleitung kann man die Nachricht auch erst auf einen Papierstreifen [4] lochen und, wenn die Leitung frei ist, mit hoher Geschwindigkeit einlesen. Die Nachricht wird dabei automatisch – sowohl beim Empfänger als auch beim Sender – in Klartext auf das Papier [3] geschrieben. In den Pausen ist das Gerät empfangsbereit, es braucht jedoch nicht bedient zu werden, sondern schreibt selbsttätig alle eingehenden Nachrichten auf. Ein Signalton zeigt eine neue Nachricht an. 1976 waren dem Telexsystem in der BRD über 120 000 Teilnehmer angeschlossen, auf der Welt über 280 000.

**8 Ein Transatlantikkabel** übertrug 1866 erstmals eine unverstümmelte Nachricht. Danach verlegte man ein ganzes Netz solcher Kabel durch alle Ozeane. Die Karte zeigt den heutigen Stand im Atlantischen Ozean. Ab 1920 wurden die Kabelverbindungen durch Funk und, nach 1960, durch Nachrichtensatelliten ergänzt. Kabelverbindungen haben jedoch den großen Vorteil, daß sie im Gegensatz zu Funksignalen nicht abgehört und gestört werden können.

| Buchstabe | Morsekode | Elektrische Signale des Morsekodes | Fünferkode | Elektrische Signale des Fünferkodes |
|---|---|---|---|---|
| A | • — | | •• | Start / Stop |
| E | • | | • | |
| O | — — — | | ••• | |
| Y | — • — — | | • • • | |

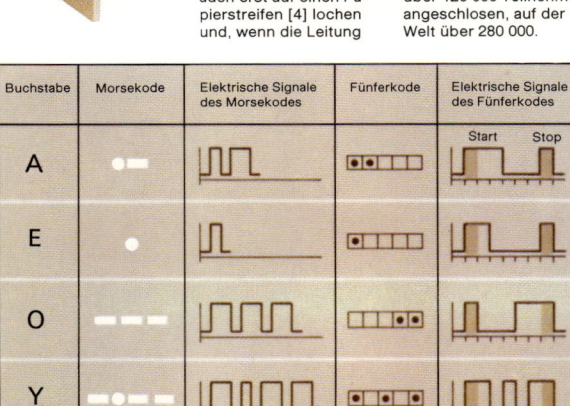

**9 Der Fernschreiber** arbeitet mit einem Signal, das aus sieben Impulsen besteht: dem Startimpuls, den fünf Impulsen für einen Buchstaben und dem Stopimpuls. Die Start- und Stopimpulse synchronisieren Sender und Empfänger für die Übertragung jedes einzelnen Buchstabens. Deshalb kann die Nachricht mit beliebiger Geschwindigkeit eingetastet werden. Morsesignale, deren Länge auch vom Buchstaben abhängt, eignen sich dagegen nicht zum Synchronisieren.

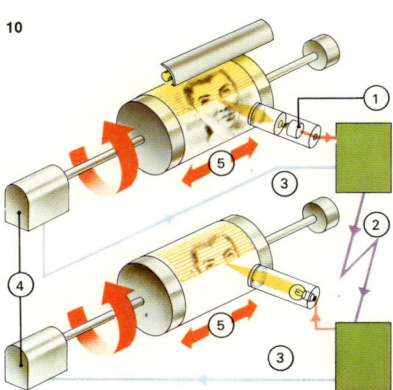

**10 Bei der Bildtelegraphie** – besonders in der Tagespresse verbreitet – wird das zu sendende Bild zeilenweise von einer Photozelle [1] in seiner Helligkeitsverteilung abgetastet, in ein elektrisches Signal umgewandelt und übertragen [2]. Ein ähnliches Gerät beim Empfänger setzt die Bildsignale wieder zu einem vollständigen Bild zusammen, z. B. photographisch mit einer signalgesteuerten Lichtquelle. Steuerimpulse [3] synchronisieren Motor [4] und Zeilenabtastung [5].

# Telefon

Oftmals kommen Erfinder völlig unabhängig voneinander zu gleichartigen Lösungen. So hat im Jahre 1876 der schottische Sprachforscher Alexander Graham Bell (1847–1922) in den USA sein Patent für ein elektrisches Telefon nur wenige Stunden früher angemeldet als der amerikanische Erfinder Elisha Gray (1835–1901) für eine gleichartige Erfindung. Das Patent wurde Bell erteilt – er gilt seit dieser Zeit als der Erfinder des Telefons. Sein Gerät [2] funktionierte als Empfänger und Sender gleichzeitig und arbeitete ohne Batterie. Aber der bei Schwingungen der Membran entstehende Wechselstrom war äußerst schwach und reichte für Verbindungen über größere Entfernungen nicht aus.

**Mikrophon und Verbindungssysteme**

1877 erfand dann der Amerikaner Thomas Alva Edison (1847–1931) das Kohlemikrophon. Unabhängig von ihm entwickelte ein Jahr später der englische Ingenieur David Edward Hughes (1831–1900) ebenfalls ein solches Mikrophon – er gilt heute als dessen Erfinder. Das Kohlemikrophon [4] moduliert den elektrischen Strom aus einer Batterie im Takt der Sprachschwingungen. Bis heute wird es in der Sprechkapsel aller Telefonapparate verwendet. Zum Hören dient eine elektromagnetische Hörkapsel – ein winziger Lautsprecher, entsprechend der Erfindung Bells, bei dem die Stromschwankungen über eine Spule eine Metallmembran in Schwingungen versetzen, die als Schall abgestrahlt werden.

Praktisch verwendbar für die Allgemeinheit wurde das Telefon aber erst, nachdem man Möglichkeiten gefunden hatte, eine Verbindung zwischen beliebigen Telefonapparaten herzustellen. Im Jahre 1878 wurde die erste Fernsprechvermittlung in New Haven (Connecticut/USA) eröffnet, ein Jahr später eine gleichartige Anlage in London für acht Verbindungsleitungen. In diesen Fernsprechämtern stellten Telefonisten durch Stecken von Verbindungskabeln die jeweils gewünschten Anschlüsse her.

1889 entwickelte der amerikanische Unternehmer Almon Strowger eine automatische elektromechanische Wählvorrichtung. Drei Jahre später wurde das erste automatische Amt in La Porte (Indiana/USA) in Dienst gestellt. Der Hubdrehwähler von Strowger [5] war für ein halbes Jahrhundert die Standardausrüstung aller Telefonvermittlungen. Ab 1926 wurde dann der rascher arbeitende Motordrehwähler vom Hubdrehwähler abgelöst. Er ist heute noch in den USA und in Europa in Gebrauch, obwohl es inzwischen mit den Edelmetall-Schnellkontaktrelais und vollelektronischen Wählern noch leistungsfähigere Wähleinrichtungen gibt.

**Fernsprechnetze**

Die Hauptkosten beim Bau von ausgedehnten Telefonnetzen entstehen in erster Linie durch die Leitungen zwischen den einzelnen Anschlüssen. Deshalb machte man sich bald Gedanken, wie man mehr als nur ein Gespräch gleichzeitig über eine Leitung übertragen könnte. Zwischen Bristol und Plymouth (England) wurde dann 1936 das erste Koaxialkabel für zwölf simultane Gespräche verlegt. Über solche Kabel schickt man elektromagnetische Wellen mit verschiedenen Frequenzen (»Trägerfrequenzen«), denen die einzelnen Gespräche aufmoduliert sind. Beim Empfänger werden die einzelnen Trägerfrequenzen mit elektrischen Filtern wieder voneinander getrennt

**HINWEISE**

Lesen Sie auch:

Telegraphie

Rundfunk

Fernsehen

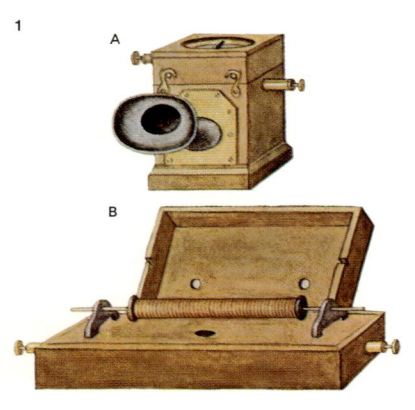

**1 Das allererste Telefon** (1861) von Johann Philipp Reis (1834–74) hatte einen Sender [A] mit einer Metallspitze, die einen Streifen aus Metall auf einer Membran leicht berührte und einen Stromkreis schloß. Reis hoffte, daß die beim Vibrieren der Membran entstehenden Stromunterbrechungen – eine Art Wechselstrom – in verständliche Sprachschwingungen zurückgewandelt werden könnten, und zwar durch Längenänderungen eines Eisenstabes in einer Spule [B].

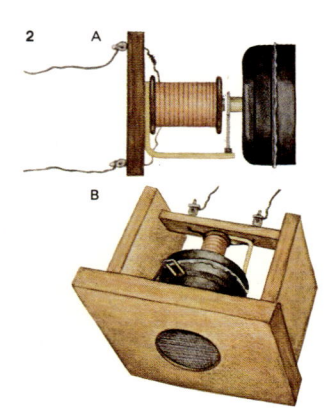

**2 Bells erstes Telefon** aus dem Jahre 1876 besaß eine Pergamentmembran, die unter der Einwirkung von Schallwellen vibrierte. Mit einer Uhrfeder wurde ein Eisenstückchen leicht gegen die Membran gedrückt. Die Vibrationen von Membran und Eisen induzierten im Elektromagneten, einer Kupferdrahtspule mit einem Weicheisenkern, einen schwachen Wechselstrom. Wenn man zwei Geräte dieser Art durch zwei Drähte miteinander verband, erregte der beim Besprechen des Sendegerätes abgegebene Wechselstrom den Elektromagneten und damit das Eisenstückchen und die Membran des Empfangsgerätes zu entsprechenden Schwingungen – man konnte das in das eine Gerät hineingesprochene Wort aus dem anderen hören.
Alexander Graham Bell gelang es, die Aufmerksamkeit der breiten Öffentlichkeit für sein Telefon dadurch zu wecken, daß er es dem damaligen Kaiser von Brasilien vorführte.

**3 Den Vermittlungsämtern** kommt im heutigen Fernsprechwesen die allergrößte Bedeutung zu. Ihre Aufgabe ist es, ständig Tausende von Telefonverbindungen zwischen Anrufern und Angerufenen herzustellen und, wenn die Gespräche zustande gekommen sind, die Fernsprechgebührenkonten der einzelnen anrufenden Teilnehmer nach Dauer und Entfernung der Gespräche zu belasten. Die ständig steigenden Teilnehmerzahlen und die immer größere Zahl von Gesprächen machten es notwendig, den Betrieb und die Verwaltung dieser Anlagen immer wieder zu beschleunigen und zu automatisieren. Das rechnergesteuerte elektronische Wählsystem – auch EWS genannt – ist die neueste Entwicklung im Bereich der Fernsprechvermittlungsämter.
Die nebenstehende Abbildung zeigt die erste Ortsvermittlungsanlage dieser Art, die im Jahre 1974 in München-Perlach in Betrieb genommen wurde. Sie veranschaulicht die modulare Bauweise des EWS mit steckbaren Baugruppen und Kabeln.

und die verschiedenen Gespräche weitergeleitet. Lange Kabel dämpfen die Signale aber sehr stark, deshalb baut man in regelmäßigen Abständen – bei den heutigen Koaxialkabeln etwa alle 15 km – Verstärker in die Leitungen ein.

1956 wurde das erste transatlantische Kabel für die Trägerfrequenzübertragung verlegt. Es enthielt zwei Koaxialleitungen – je eine für eine Übertragungsrichtung – und verlief zwischen Schottland und Neufundland mit jeweils 51 Verstärkern für jede Richtung. Heute umspannen Unterseekabel mit Gegensprechverstärkern die ganze Erde. Der Betriebsstrom für die Verstärker wird als Wechselstrom ebenfalls über die jeweilige Kabelseele eingespeist, seine Frequenz liegt aber wesentlich tiefer als die Trägerfrequenzen.

Viele Jahre lang war Selbstwählverkehr nur den Teilnehmern innerhalb der einzelnen Ortsnetze möglich; der Selbstwählfernverkehr scheiterte zunächst am Problem der automatischen Gebührenberechnung nach Sprechzeit und Entfernung.

Heute wird beim Wählen einer Teilnehmernummer zunächst ein elektronischer Impulsgenerator in die Leitung geschaltet, der dem wählenden Teilnehmer bei jedem abgegebenen Impuls eine Gebühreneinheit anrechnet. Die Impulsfrequenz richtet sich dabei nach Tarif und Entfernung des vom Teilnehmer angewählten Ortsnetzes.

### Richtfunkstrecken

Moderne Koaxialkabel können viele Gespräche gleichzeitig übertragen – modernste Ausführungen bis zu 3000. Seit 1960 werden aber Fernverbindungen zunehmend über Richtfunkstrecken hergestellt.

Neuzeitliche Richtfunkstrecken bestehen aus einer Kette von Relaisstationen auf Fernmeldetürmen, die etwa 50–100 km voneinander entfernt sind. Die Trägerfrequenzen liegen im Bereich von 1 Milliarde Hertz (1 Gigahertz) und mehr. Sie sind besonders störungssicher und benötigen relativ wenig Sendeleistung. Hunderte verschiedener Trägerfrequenzen können dabei jeweils Tausende von Gesprächen gleichzeitig übermitteln. Neben Telefongesprächen können die modernen Richtfunkstrecken aber auch Fernsehsendungen übertragen; Nachrichtensatelliten sind ebenfalls in dieses Netz einbezogen.

**Fernsehtürme** gehören seit vielen Jahren ebenso zu den Wahrzeichen von Millionenstädten wie Kirchtürme oder andere historische Bauwerke. Ihre Aufgabe beschränkt sich aber nicht nur auf die Ausstrahlung von Fernseh- und Rundfunkprogrammen, sondern sie dienen allgemein als Relaisstationen für Richtfunkstrecken, auf denen auch Tausende von Telefongesprächen gleichzeitig übertragen werden. Die Abbildung zeigt den 189 m hohen Post Office Tower in London (wurde 1966 fertiggestellt). Unterhalb des Turmkorbes, in dem sich neben einem Restaurant die elektronischen Geräte für die Sende- und Empfangseinrichtungen befinden, erkennt man die zahlreichen Antennen, die auf die Übertragung von Dezimeterwellen ausgelegt sind.

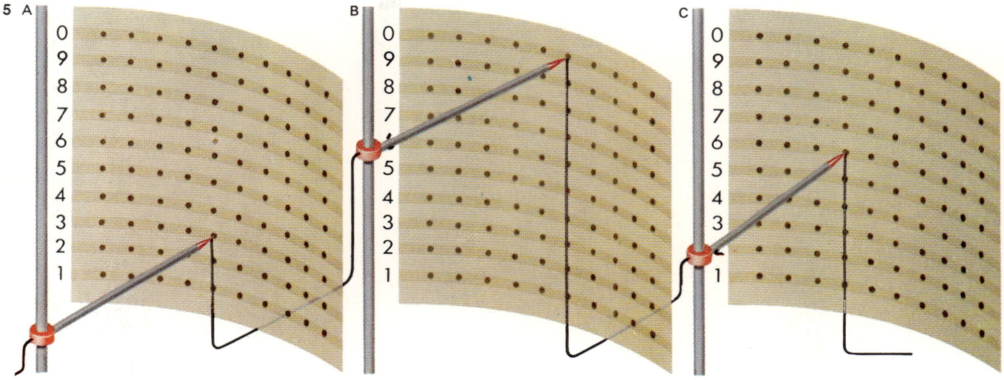

**4 Ein Kohlemikrophon** enthält eine Blechkapsel, die mit Kohlekörnchen gefüllt ist. Eine von der Kapsel elektrisch isolierte Metallmembran drückt gegen die Füllung. Wenn die Membran schwingt, wechselt der Druck auf die Körnchen und verändert den Widerstand zwischen den Anschlußdrähten. Einem durch das Mikrophon fließenden Gleichstrom wird so eine Tonwechselspannung überlagert.

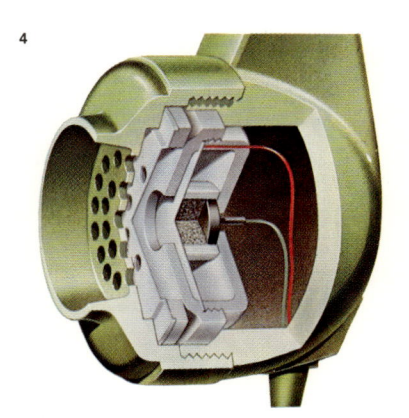

**5 Angenommen, das Telefon eines Teilnehmers** sei mit dem Schaltarm eines Hubdrehwählers [A] verbunden: Der Teilnehmer wählt die Rufnummer 3064. Beim Rücklauf der Wählscheibe gibt das Telefon, der Ziffer 3 entsprechend, zunächst drei Impulse ab: Der Arm fährt bis zur dritten Kontaktreihe hoch und horizontal bis zu einem freien Kontakt, z. B. dem fünften (die ersten vier seien durch andere Teilnehmer belegt). Von hier aus geht die Verbindung zum Schaltarm des nächsten Hubdrehwählers [B]. Dieser fährt bis zur zehnten Kontaktreihe (Ziffer 0) und sucht einen freien Kontakt (hier z. B. der sechste). Die Verbindung führt nun zum Hubdrehwähler [C]. Dies sei ein Doppelziffernwähler; der Arm fährt bis zur sechsten Reihe (Ziffer 6) und, nachdem der Teilnehmer die Ziffer 4 gewählt hat, bis zum vierten Kontakt: Die Verbindung zur Nummer 3064 ist hergestellt. Wenn dort nicht telefoniert wird, läutet der Apparat; der Anrufer hört das Freizeichen, andernfalls das Besetztzeichen.

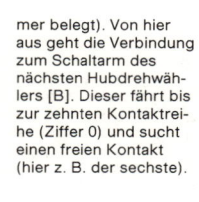

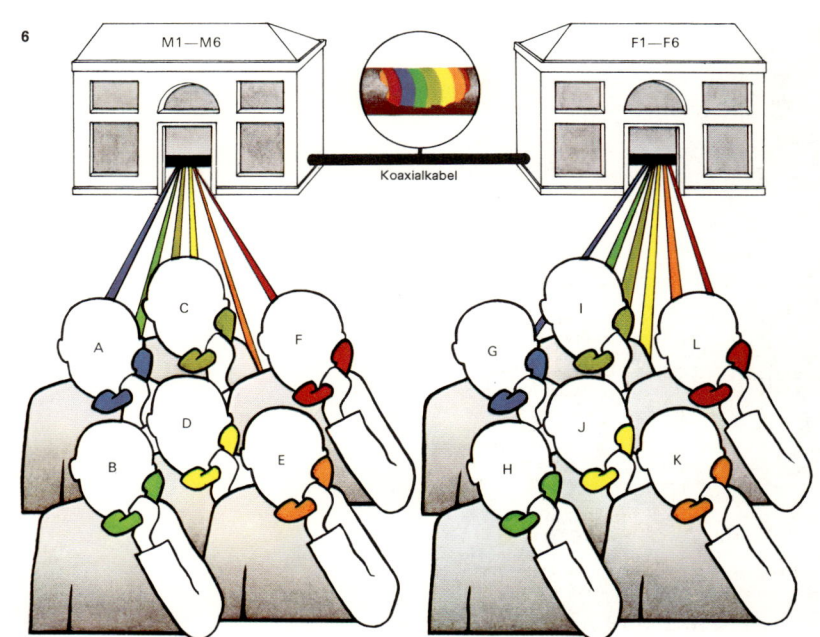

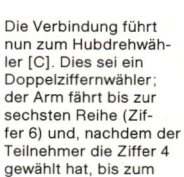

**6 Koaxialkabel** (elektrische Doppelleitungen) übertragen zahlreiche Gespräche gleichzeitig über eine einzige Kabelseele. Die sechs Telefongespräche A–F auf den entsprechenden Leitungen passieren je einen der Modulatoren M1–M6 und modulieren (verändern) sechs verschiedene Trägerfrequenzen. Deren Summensignal wird über das Koaxialkabel geleitet und gelangt am anderen Ende in elektrische Filter (Dmodulatoren) F1–F6, die jeweils eine der Trägerfrequenzen heraussieben. Aus diesen sechs Hochfrequenzsignalen werden dann die Sprachschwingungen herausgefiltert und auf Einzelleitungen an die Apparate der Teilnehmer G–L weitergegeben. Für den Gegensprechverkehr sind alle Übertragungseinrichtungen doppelt vorhanden.

**7 Moderne Telefonapparate haben keine Wählscheiben,** sondern Zifferntasten, mit denen man die Teilnehmer viel schneller wählen kann und die die hohe Schaltgeschwindigkeit moderner Vermittlungsämter voll ausnutzen. Bei Vermittlungen mit Hubdrehwählern wird die eingetastete Nummer erst elektronisch gespeichert und dann, der Arbeitsgeschwindigkeit der Hubdrehwähler entsprechend, in langsamere Impulsfolgen umgewandelt – eine unvermeidliche Übergangsmaßnahme.

# Rundfunk

Die Existenz von Radiowellen hat man schon einige Zeit vor ihrer Entdeckung vermutet: 1865 schloß der Physiker James Clerk Maxwell (1831–79) aufgrund mathematischer Untersuchungen auf das Vorhandensein einer unsichtbaren Strahlung. Seine komplizierten Berechnungen stießen jedoch bei einigen Wissenschaftlern auf Ablehnung. Erst 25 Jahre später gelang es, in Experimenten die Existenz elektromagnetischer Wellen – genau den Maxwellschen Formeln entsprechend – nachzuweisen. Zu ihnen gehören sowohl das sichtbare Licht, die Röntgen- und Gammastrahlen als auch die Radiowellen.

Die ersten Versuche mit Radiowellen machte der englische Ingenieur David Edward Hughes (1831–1900): Mit einem primitiven Sender und Empfänger übertrug er 1879 drahtlos Signale. Aber Hughes erkannte die Bedeutung dieser Versuche nicht und veröffentlichte 20 Jahre lang nichts darüber.

### Die ersten erfolgreichen Übertragungen

Um 1887 baute der Physiker Heinrich Hertz (1857–94) einen Funkgenerator [Leitbild], der Radiowellen erzeugte, sowie einen Empfänger, der diese Wellen in einiger Entfernung feststellen konnte. Mit einer Reihe von Experimenten bewies er schließlich, daß man über eine gewisse Entfernung Energie übertragen kann, ohne daß dies auf Induktion zurückzuführen sei. Heute gilt Hertz deshalb allgemein als Begründer der Funktechnik.

Den ersten brauchbaren Empfänger – vor allem empfindlicher als der von Hertz – baute der Engländer Sir Oliver Joseph Lodge (1851–1940). Er verwendete dabei sogenannte Kohärer [2], die auf den Franzosen Edouard Branly (1844–1940) zurückgehen. Bei einem Versuch 1894 überbrückte Lodge mit seinem Gerät eine Entfernung von knapp 150 m.

Der italienische Ingenieur Guglielmo Marconi (1874–1937) trieb die Funktechnik dann weiter voran. Nachdem seine Versuche bei der italienischen Regierung kein Interesse gefunden hatten, ging er nach England. 1898 richtete er eine Funkverbindung zwischen Dover und dem 19 km vor der Küste ankernden Dampfer »East Goodwin« ein. Ein Jahr später rüstete Marconi den amerikanischen Dampfer »St. Paul« mit einer Funkanlage aus. Die erste an ihn übermittelte Funknachricht kam aus einer Entfernung von 97 km. 1901 erregte Marconi mit der ersten Übertragung von Funksignalen über den Atlantik [1] in Morsezeichen weltweites Aufsehen. 1906 sandte der Kanadier Reginald Aubrey Fessenden (1886–1932) von Brant Rock in Massachusetts (USA) Funksignale aus, aus denen die Schiffsfunker auf See eine Stimme und Musik heraushören konnten – es war die erste Übertragung modulierter Radiowellen.

### Das Wesen der Radiowellen

Wenn Elektronen in einem elektrischen Schwingkreis hin- und hereilen, wird ein Teil ihrer Energie in elektromagnetische Strahlung umgesetzt. Die Frequenz (die Zahl der Schwingungen pro Sekunde) muß dabei sehr hoch sein, aber die einmal entstandenen Wellen breiten sich mit Lichtgeschwindigkeit, also mit 300 000 km pro Sekunde, aus. Trifft eine solche Welle auf eine Antenne, so gibt sie einen Teil ihrer Energie an die freien Elektronen des Antennendrahtes oder -stabes ab – es entsteht ein Wechselstrom mit der Frequenz der elektromagnetischen Wellen. Dieses einfache Prinzip liegt der Funkübertragung zugrunde.

**HINWEISE**

Lesen Sie auch:

Elektronische Geräte
Telegraphie
Telefon
Fernsehen

**1 Drei Punkte – das Morsezeichen für »S«** – waren das Erfolgszeichen für Guglielmo Marconi und die Zukunft der Funktechnik im Jahre 1901. Sie wurden in Cornwall (England) ausgesendet und 3500 km entfernt in Neufundland von Marconi selbst empfangen. Der Sender wurde von einem motorgetriebenen Generator mit Strom versorgt und besaß eine 60 m hoch aufgehängte Antenne. Marconis Empfänger hatte eine 120 m lange Antenne, die an einem Drachen befestigt war. Mit dieser Übertragung konnte Marconi den damaligen Zweiflern beweisen, daß Radiowellen der Krümmung der Erdatmosphäre folgen. Inzwischen weiß man, daß das nur für Wellen mit mehr als 10 m Wellenlänge Gültigkeit hat.

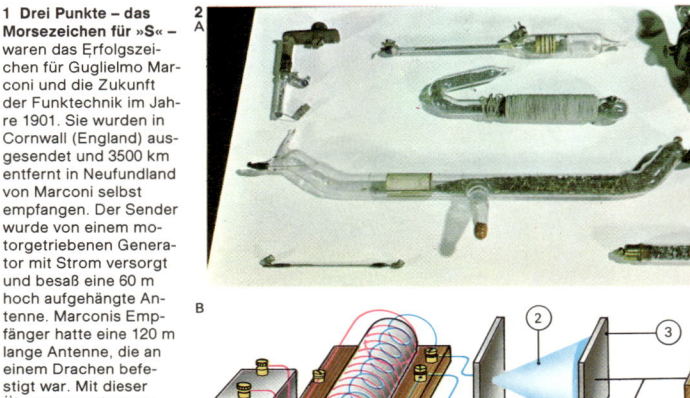

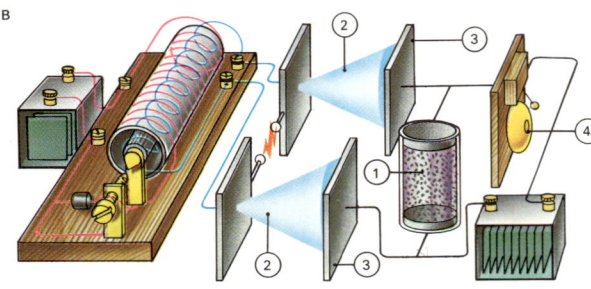

**2 Die ersten brauchbaren Radiodetektoren** waren Kohärer [A], die Oliver Lodge weiterentwickelt hatte: Ein langes Glasrohr ist zwischen zwei Metallplatten mit Eisenfeilspänen gefüllt. In loser Schüttung leiten sie den elektrischen Strom kaum. Wenn sie jedoch elektromagnetischen Wellen ausgesetzt sind, schwingen sie leicht gegeneinander – ihre Oberflächen berühren sich stärker und leiten den Strom viel besser. In dem dargestellten Schaltkreis [B] wirkt der Kohärer [1] als Schalter für eine elektrische Klingel [4]. Sobald elektromagnetische Wellen [2] vom Sender die metallenen Antennenplatten [3] treffen, schließen die Eisenfeilspäne im Glasrohr den Stromkreis von Klingel und Batterie.

**3 Das Detektorradio** der zwanziger Jahre besaß einen Kristall aus Karborund oder Bleisulfid-Halbleiter, die Radiowellen gleichrichten und den man als Vorläufer moderner Transistoren ansehen kann. Der Kristall lieferte einen Wechselstrom mit denselben Frequenzen wie die von den Trägerwellen übertragenen niederfrequenten Tonschwingungen. Empfindliche Kopfhörer machten die Schwingungen ohne Verstärkung direkt hörbar.

**4 Moderne Transistorradios** »demodulieren« amplitudenmodulierte Radiosignale in ähnlicher Weise wie einst die Detektorempfänger – die einfachste Form der Funkempfänger –, allerdings mit größerem Schaltungsaufwand und dementsprechend besserer Wiedergabequalität. Sowohl die Hochfrequenz- als auch die ausgefilterten Niederfrequenzschwingungen werden vielfach verstärkt. Letztere werden vom Lautsprecher wieder als Schall abgestrahlt. Frequenzmodulierte UKW-Sendungen haben die Wiedergabequalität nochmals gesteigert.

**5 Radiowellen** [A] haben gegenüber Schallwellen [B] viel höhere Frequenzen. Zur Schallübertragung werden die niederfrequenten Tonschwingungen den Radiowellen überlagert, die letzteren dienen also als »Träger«. Bei der Amplitudenmodulation (AM) wird die Trägerwelle im Takt der Tonschwingungen in ihrer Amplitude verändert [C], und zwar um so stärker, je lauter der Ton ist. Bei der Frequenzmodulation (FM) bleibt die Amplitude des Trägers konstant [D], jedoch wird die Frequenz im Takt der Tonschwingungen erhöht und erniedrigt; der Frequenzhub steigt mit der Lautstärke des Tons. In beiden Fällen entsteht aus einer Trägerfrequenz ein Frequenzband; der Abstand der Sende- »kanäle« berücksichtigt diese »Bandbreiten«.

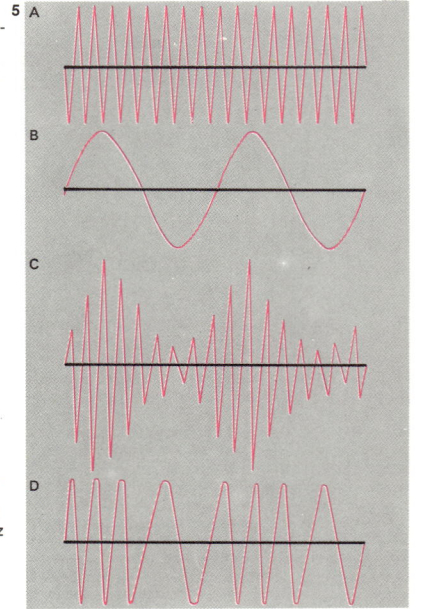

Ein Funksender erzeugt elektromagnetische Wellen einer bestimmten Frequenz und führt sie als hochfrequenten Wechselstrom einer Sendeantenne zu. Ein Funkempfänger enthält ein auf verschiedene Frequenzen abstimmbares elektrisches Filter, das von den einfallenden Frequenzen der einzelnen Sender nur diejenigen hindurchläßt, die zu dem gewünschten Sender gehören.

Zur Übertragung von Sprache und Musik werden die hochfrequenten (HF-)Trägerschwingungen mit den niederfrequenten (NF-) Tonschwingungen moduliert, d. h., die Trägerschwingungen werden entweder in ihrer Amplitude (*A*mplituden*m*odulation, AM) oder in ihrer Frequenz (*F*requenz*m*odulation, FM) verändert [5]. Radioempfänger unterdrücken daher mit einem weiteren Filter auch noch die Trägerschwingungen, so daß nur die Tonschwingungen über den Verstärker in den Lautsprecher gelangen – und als Schall wieder hörbar werden.

### Frequenzen, Wellenlängen und Kanäle

Aus dem riesigen Spektrum der elektromagnetischen Wellen überdecken die Radiowellen einen Frequenzbereich von etwa 30 Kilohertz (kHz) bis 300 Gigahertz (GHz). Die zugehörigen Wellenlängen betragen 10 km (Langwellen) bis herab zu 1 mm (Mikrowellen).

Bei der Übertragung mit Nachrichtensatelliten [8] und auf Richtfunkstrecken arbeitet man mit Mikrowellen. Fernsehsendungen werden entweder im UHF-Bereich (englisch: *u*ltra *h*igh *f*requencies; 470–800 Megahertz) oder im VHF-Bereich (englisch: *v*ery *h*igh *f*requencies; 25–250 MHz) übertragen. Innerhalb des VHF-Bereichs liegen die *U*ltra*k*urz*w*ellen (UKW) für die Rundfunkübertragung (85–110 MHz) sowie die Frequenzen für den Sprechfunkverkehr von Polizei, Flughäfen und Amateuren. Bei all diesen Frequenzen werden die Wellen geradlinig abgestrahlt – die Erdkrümmung erlaubt daher zwischen Sender und Empfänger nur einen maximalen Abstand von etwa 70 km. Im Gegensatz dazu haben Kurz-, Mittel- und Langwellen (25 MHz bis herab zu 30 kHz) größere Reichweiten [7]. Diese Frequenzbänder sind wieder in Kanäle unterteilt, schmale Frequenzbereiche, wie sie zum Übertragen einer einzelnen Sendung, und ohne eine andere Sendung zu stören, nötig sind.

**Leitbild**

**Die ersten Funksender** [A] von Heinrich Hertz und Oliver Lodge erzeugten Radiowellen durch Hochspannungsfunken, die zwischen zwei Kontakten [B] übersprangen. Hertz strahlte die Wellen über metallene Platten [1] ab; wenn die Wellen auf die Drahtschleife [2] trafen, entstanden zwischen deren beiden Elektroden ebenfalls kleine Funken [3].

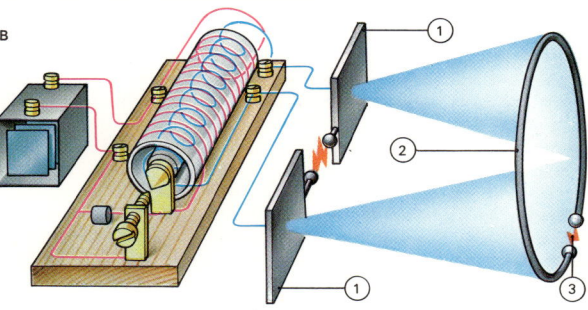

**6 Die unaufhaltsame Entwicklung** zur Miniaturisierung in der Elektronik zeigt der Vergleich eines Rundfunkempfängers aus den dreißiger Jahren [A] mit einem modernen Taschentransistorradio [B]. Lediglich Lautsprecher dürfen – wenn sie einen guten Klang haben sollen – nicht zu klein sein, denn sonst können sie keine tiefen Töne abstrahlen. Aber alle anderen Bauteile eines Radioempfängers sind, vor allem durch die Entwicklung der Raumfahrttechnik beeinflußt, immer kleiner geworden. Die Verstärkerröhre [C] wurde vom Transistor [links neben der Röhre] fast vollkommen verdrängt. Auch völlig neuartige Bauelemente wurden im Laufe der Zeit entwickelt wie beispielsweise die integrierten Schaltungen (englisch: *i*ntegrated *c*ircuit, IC), die z. B. komplette Verstärkerschaltungen mit zahlreichen Transistoren, Dioden und Widerständen auf nur 1 cm² Grundfläche enthalten.

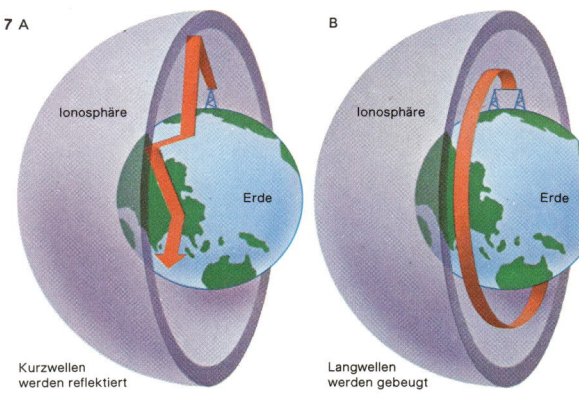

**7 Die Ionosphäre**, eine Schicht ionisierter Luft in der oberen Atmosphäre, und die gekrümmte Erdoberfläche wirken zusammen als eine Art Wellenleiter, der die Langwellen [B] um die Erdkugel herumführt. Mittelwellen lassen sich allerdings nicht so gut beugen und haben nur einige hundert Kilometer Reichweite. Kurzwellen werden von der Ionosphäre und der Erdoberfläche reflektiert und laufen so im Zickzack um die Erde [A]; sie stellen weltweite Funkverbindungen dar – allerdings hängt die Empfangsqualität vom Zustand der Ionosphäre ab, der durch Sonneneinwirkung größeren Schwankungen unterliegt. Noch kürzere Wellen (Ultrakurzwellen und Mikrowellen) durchdringen die Ionosphäre und werden im Funkverkehr mit Weltraumfahrzeugen und Nachrichtensatelliten eingesetzt.

**8 Nachrichtensatelliten**, die von einem internationalen Konsortium aus über 80 Nationen betrieben werden, haben heute den größten Teil des weltweiten Nachrichtenverkehrs. Die Satelliten INTELSAT IV befinden sich – scheinbar ortsfest – auf »geostationären«, 35 800 km hohen Umlaufbahnen [A] über dem Pazifik [1], dem Atlantik [2] und dem Indischen Ozean [3]. Jeder dieser Satelliten dient als Relaisstation für tausende von Funkverbindungen auf VHF-Trägerfrequenzen. Ihre Sende- und Empfangsantennen überdecken praktisch die gesamte Erdoberfläche [B], über 70 Bodenstationen – rote Punkte in Abbildung [C] – stehen in ständigem Kontakt mit ihnen. Trotzdem werden auch heute noch Unterseekabel [rote Linien in C] verwendet.

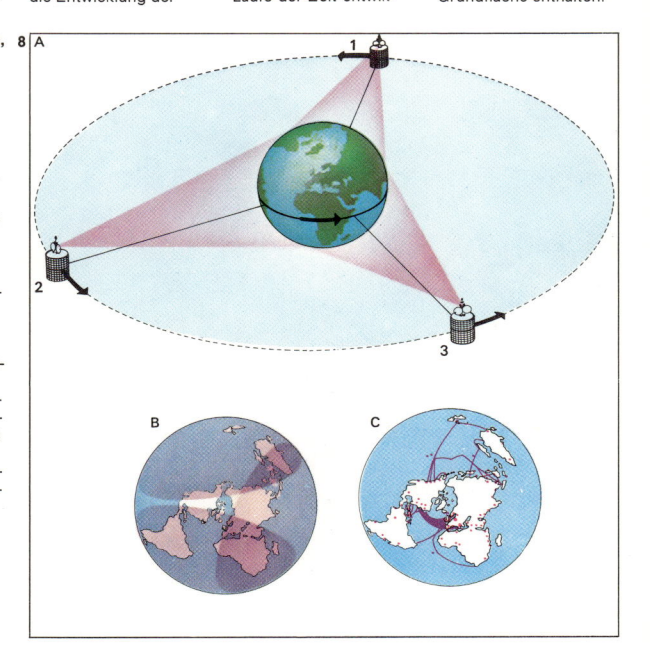

# Fernsehen

Im Gegensatz zu den anderen Formen der Nachrichtenübertragung wurde das Fernsehen zunächst ausschließlich zur Unterhaltung entwickelt. Heute findet es jedoch auch auf anderen Gebieten Anwendung, so z. B. zur Fernüberwachung von Verkehrs- und Industrieanlagen und zu Lehrzwecken.

### Die Bildabtastung

Der russische Emigrant Vladimir Kosma Zworykin (geb. 1889) ließ 1923 in den USA das Ikonoskop patentieren, einen Vorläufer der modernen Fernsehkameraröhren [1]. In einem solchen Gerät wirft eine Linse ein optisches Bild auf den Schirm innerhalb einer evakuierten Glasröhre. Dieses Bild wird durch einen feinen Elektronenstrahl zeilenweise abgetastet. Wenn der Strahl dabei eine helle Bildstelle trifft, fließt ein stärkerer Strom als an einer dunklen Stelle. Dieser veränderliche Signalstrom – das Videosignal – wird dazu benutzt, um in einer Kathodenstrahlröhre [2] die Intensität eines Strahls zu steuern, der, synchron mit dem Strahl in der Kameraröhre, den Bildschirm überstreicht; der Kathodenstrahl zeichnet das Bild also Punkt für Punkt und Zeile für Zeile auf dem Schirm der Bildröhre nach. Das Abtasten der Bildfläche geschieht viele Male pro Sekunde, und da die aufleuchtenden Bildschirmstellen nicht sofort wieder dunkel werden, erhält das menschliche Auge den Eindruck, daß ein Gesamtbild übertragen werde, während es sich tatsächlich um nacheinander dargestellte, einzelne Bildpunkte handelt.

Erst 1935/36 gelang es in Deutschland, England und den Vereinigten Staaten, die ersten öffentlichen Fernsehsendungen mit genügend hoher Bildauflösung auszustrahlen. Vorher waren die mechanisch-elektrischen Bildübertragungen mit der Nipkow-Scheibe, die auf Paul Nipkow (1860–1940) und John Logie Baird (1888–1946) zurückgehen, von der Bildauflösung her noch nicht zufriedenstellend gewesen.

### Fernsehnormen

Nach dem Zweiten Weltkrieg wurde das Fernsehen dann, von den USA ausgehend, allgemein eingeführt. Zunächst hatte jedes Land seine eigene Fernsehnorm, inzwischen aber einigen sich viele europäische Länder – u. a. auch die Bundesrepublik Deutschland – auf die CCIR-Norm mit 625 Zeilen pro Bild und 25 Bildern pro Sekunde. Um Bildflimmern zu vermeiden, werden die Zeilen aber nicht nacheinander abgetastet, sondern erst alle ungeraden und dann alle geraden.

Nach der Seitenbandtheorie der Funktechnik dürfen die Trägerfrequenzen benachbarter Funksender nicht näher beieinanderliegen als die Differenz der von ihnen übertragenen Signalfrequenzen beträgt – sonst stören sie sich gegenseitig. Beim Fernsehen müssen sehr hohe Frequenzen übertragen werden. Sie erfordern eine »Bandbreite« von 7 MHz, ungefähr genausoviel, wie 700 Rundfunksender zusammen zur Sprach- und Musikübertragung benötigen – der gesamte Kurzwellenbereich könnte also nur fünf Fernsehkanäle übertragen. Man ist aus diesem Grund mit den Trägerfrequenzen auf die VHF- und UHF-Bereiche übergegangen, in denen insgesamt 80 Kanäle zur Verfügung stehen.

### Farbfernsehen

In der Natur reicht die Skala der reinen Farben kontinuierlich vom Violett mit den kürzesten bis hin zum tiefen Rot mit den längsten Wellen-

**HINWEISE**

**Lesen Sie auch:**

Elektronische Geräte

Was Computer alles können

Rundfunk

Bildaufzeichnung und -wiedergabe

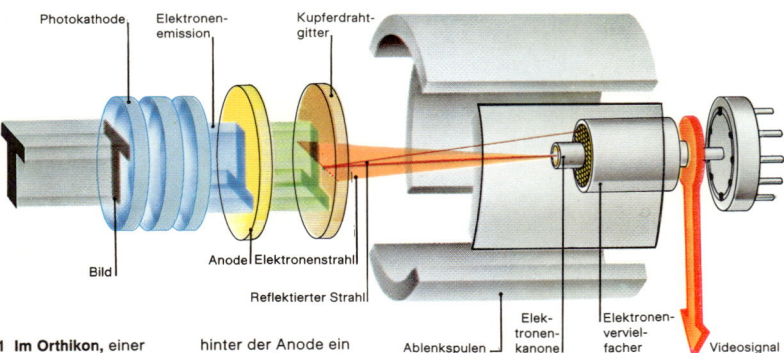

---

**1 Im Orthikon,** einer Schwarzweiß-Fernsehkamera, wird das Bild auf die Photokathode projiziert, die, der Helligkeit der einzelnen Bildstellen entsprechend, Elektronen emittiert. Diese passieren elektromagnetische und -statische Felder, die sie parallel führen, und erzeugen auf einem feinen Kupferdrahtgitter hinter der Anode ein Ladungsbild der hellen und dunklen Bildstellen. Der Strahl einer Elektronenkanone tastet das Ladungsbild zeilenweise ab und wird dabei moduliert. Nach der Verstärkung im Elektronenvervielfacher wird dieses Videosignal mit den Synchronisationssignalen für Bild- und Zeilenanfang kombiniert.

**2 Die Kathodenstrahlröhre** eines Schwarzweiß-Fernsehempfängers trägt auf dem Bildschirm eine Schicht, die beim Auftreffen eines Elektronenstrahls aufleuchtet. Dieser wird von einer Glühkathode emittiert und durch Anoden beschleunigt und gebündelt. Ablenkspulen führen den Strahl zeilenweise über den Schirm, ein vom Videosignal gesteuertes Gitter bremst den Strahl vorher soweit ab, daß er auf dem Bildschirm gerade die richtige Helligkeit des betreffenden Bildpunktes erzeugt.

**3 Eine Farbfernsehkamera** teilt das Bild über Spiegel und Farbfilter zunächst in drei Primärfarbbilder auf und tastet diese mit den drei Rot-, Grün-, Blau-Aufnahmeröhren ab. Aus ihren Signalen wird einmal das Schwarzweiß-Helligkeitssignal, zum anderen das Farbton und Farbsättigung enthaltende Chrominanzsignal gebildet. Beide Signale werden ineinander »eingekämmt« und dann zusammen mit den Synchronisationssignalen übertragen.

**4 Farbfernsehempfänger** stellen aus dem Schwarzweiß-Videosignal und dem Chrominanzsignal wieder die drei ursprünglichen Farbsignale (Rot, Grün, Blau) her. Auf dem Bildschirm befinden sich Millionen einzelner rot-, grün- und blauaufleuchtender Fluoreszenzpunkte. Direkt dahinter ist eine Lochmaske angebracht, deren Löcher (genau ein Drittel soviel wie Farbpunkte) so angeordnet sind, daß der Elektronenstrahl jeder der drei Elektronenkanonen (Rot, Grün, Blau) immer nur Punkte seiner Farbe auf dem Bildschirm treffen kann.

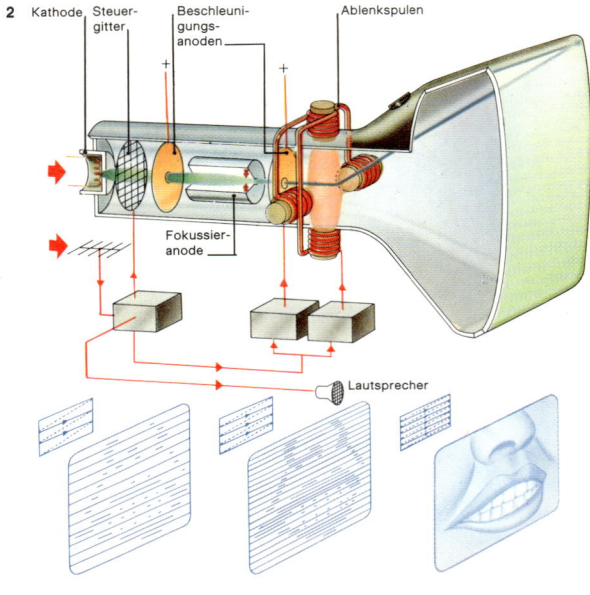

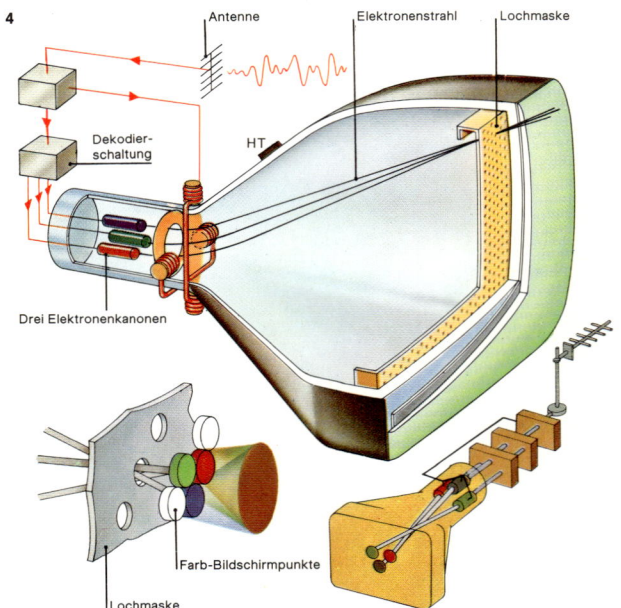

längen sichtbaren Lichts. Für das Farbfernsehen [3] reicht es aber aus, wenn man die drei Farben Rot, Grün und Blau überträgt, denn aus ihnen lassen sich alle anderen Farben additiv mischen. Die Kamera besitzt drei Aufnahmeröhren, je eine für rotes, grünes und blaues Licht, die getrennt voneinander, aber gleichzeitig ihre Videosignale abgeben. Man könnte nun diese drei Signale getrennt übertragen und empfangsseitig durch drei verschiedene Schaltkreise wieder zu einem Farbbild zusammensetzen. Dazu wäre aber eine nicht mehr tragbare Bandbreite von ungefähr 20 MHz pro Kanal notwendig.

Die Praxis zeigt jedoch, daß das menschliche Auge gar keine hohe Farbauflösung aufnimmt, wenn nur die Schwarzweißdetails eines Bildes genau wiedergegeben werden. Diese psychologische Tatsache haben amerikanische Ingenieure ausgenutzt: Die drei Farbsignale werden zuerst zu einem Schwarzweißsignal addiert, das in üblicher Weise übertragen wird (deshalb können alle Farbfernsehsendungen auch mit den Schwarzweißgeräten empfangen werden). Gleichzeitig werden nun die drei Farbsignale in ein zweites Signal umgesetzt, das den Farbgehalt jedes Bildpunktes nach Farbton und Farbsättigung überträgt (das sogenannte Chrominanzsignal). Da für dieses Farbsignal keine hohe Auflösung notwendig ist, kann es zwischen die einzelnen Schwarzweißsignalimpulse »eingekämmt« werden. Auf diese Weise ist es möglich, den Farbgehalt eines Bildes innerhalb der 7-MHz-Schwarzweißsignale mit zu übertragen. Im Farbempfänger wird das Bild mit Hilfe des Schwarzweißsignals aufgebaut. Dabei wird die Farbinformation abgetrennt und dazu benutzt, die drei Elektronenstrahlen in der Farbbildröhre so zu steuern, daß sich über die aufleuchtenden Bildpunkte wieder die Originalfarben ergeben [4]. Dieses in den Vereinigten Staaten entwickelte NTSC-Verfahren hat jedoch den Nachteil, daß sich bei Übertragungsfehlern, die zwischen den Sendern und den Empfängern entstehen, durch Reflexionen Farbverfälschungen ergeben.

Das deutsche PAL-System, eine Weiterentwicklung des NTSC-Verfahrens, ist dagegen farbsicher. Praktisch gleichwertig ist das französische SECAM-Verfahren. In Europa haben sich einige Länder für das PAL-System, andere für SECAM entschieden.

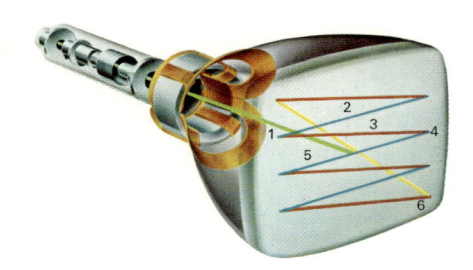

**Leitbild**

**Die elektronische Bildabtastung** ist die Grundlage des Fernsehens. Ein Elektronenstrahl fährt horizontal in untereinanderliegenden Zeilen über den Bildschirm, genau synchron mit dem Elektronenstrahl in der Aufnahmeröhre einer Fernsehkamera, die im Fernsehstudio oder an einem anderen Aufnahmeort die übertragene Sendung aufnimmt. Der Gleichlauf der beiden Strahlen wird durch Synchronisationsimpulse erzielt, die zusammen mit dem Videosignal (das die Helligkeit der Bildpunkte überträgt) ausgesendet und vom Empfänger zur Strahlsteuerung durch die Ablenkspulen benutzt werden. Von den Bildzeilen werden erst die ungeraden, dann die geraden »geschrieben«: Am Ende [1] einer Zeile [2] folgt ein Impuls, der einen Sprung [3] zum Anfang [4] der übernächsten Zeile [5] auslöst. Am unteren Bildrand [6] setzt ein weiterer Impuls den Strahl zum 2. Durchlauf zurück. Jeder Durchlauf dauert $1/50$ Sek.

**5 Bei der Übertragung einer Fernseh-Live-Sendung** müssen zahlreiche hochqualifizierte Leute eng zusammenarbeiten. Ein derartiges Team setzt sich aus vier Gruppen zusammen: den Studioleuten (z. B. Elektriker, Requisiteur), den Beleuchtungstechnikern und Farbkontrolleuren, den Tontechnikern sowie den verschiedenen Mitarbeitern der Produktion und Szenenführung. Sie alle sind in diesem Fernsehstudio zu sehen.

1 Regisseur
2 Assistent
3 Bildmischer
4 Technischer Leiter
5 Zeitkontrolle
6 Chefbeleuchter
7 Kamerakontrolle
8 Beleuchter
9 Bildingenieur
10–12 Tontechniker
13 Aufnahmeleiter
14 Ansager
15–18 Kameramänner
19 Mikrophonmann
20 Kameraführer
21 Szenenüberwachung
22 Requisiteur
23–24 Elektriker
25 Kontrollbildschirme
26 Mikrophon zum Studio
27 Testbildschirm
28 Lichtsteuerung
29 Schaltpult
30 Kamerablendenregler
31 Beleuchtungstafel
32 Bildqualitätskontrolle
33 Tonmischpult
34 Ton- und Videobandgeräte
35 Verstärker
36 Hintergrundfläche
37 Schalttafel für Kran
38 Kabeldurchführung
39 Scheinwerfer
40 Flutlichtlampe
41 Hintergrundausleuchtung
42 Kran für Versatzstücke
43 Schalttrennwand
44 Studiolautsprecher
45 Szenennummer
46 Videoband-Bildkontrolle
47 Monitor für das ausgesendete Schwarzweißbild
48 Farbkontrolle
49 Hauptmonitor
50 Schrifteinblendungen
51–54 Monitore der Kameras 1–4
55 Reservemonitor für zusätzliche Kamera und Fremdprogramme

# Schallaufzeichnung und -wiedergabe

Etwa um die Jahrhundertwende kam das automatische Klavier auf, bei dem ein gelochtes Papierband die für das Spiel eines Stückes erforderlichen Tastenanschläge steuerte. Unter Tonaufzeichnung und -wiedergabe versteht man aber heute die technischen Vorgänge bei Plattenspieler, Tonbandgerät und Tonfilm.

1877 erfand Thomas Alva Edison (1847 bis 1931) den Phonographen mit Handantrieb [1], der die Luftdruckunterschiede der Schallwellen mechanisch als eine Rille unterschiedlicher Tiefe auf eine Zinnfolie übertrug, die um einen Zylinder gewickelt war. Kurze Zeit später ersetzte er die Zinnfolie durch eine Hartwachsschicht. Im Jahre 1894 eröffneten Charles Pathé (1863–1957) und sein Bruder Émile (1860–1937) eine Fabrik für Phonographen.

### Schallplatte und Tonfilm

Im Jahre 1887 ließ sich der Deutsche Emil Berliner (1851–1929) in Washington (USA) ein »Grammophon« patentieren, das anstelle des Zylinders mit einer flachen Scheibe arbeitete, in die die Tonspur als Spirale eingeschnitten war. Um 1900 ersetzte man diese Tonspur mit wechselnder Tiefe durch die sogenannte Seitenschrift, bei der die Nadel in der Tonrille seitliche Bewegungen ausführt. Nach der Erfindung der Schellack-Platte, die man, vom Negativ einer Originalplatte ausgehend, durch Pressen in großen Stückzahlen kopieren konnte, wurde das Grammophon dann rasch zu einem beliebten und weitverbreiteten Wiedergabegerät [Leitbild].

Die ersten Verfahren der Tonaufnahme und -wiedergabe waren rein mechanischer Art, die Wiedergabequalität war dürftig. Mit der im Jahre 1906 erfundenen Triode, der einfachsten elektronischen Verstärkerröhre, bot sich dann die Möglichkeit an, Töne elektrisch verstärkt aufzuzeichnen, aber erst 1930 war man mit der Entwicklung soweit, von Schellack-Platten mit 78 U/min Musik von annehmbarer Qualität wiedergeben zu können.

1948 stellte dann die American Columbia Company eine praktisch unzerbrechliche Schallplatte aus dem Kunststoff Vinyl vor, die Mikrorillen für 25 bis 30 Minuten Laufzeit bei $33^1/_3$ U/min je Seite trug und High Fidelity (Hi-Fi)-Wiedergabequalität ermöglichte. 1958 wurde die Stereoplatte mit zwei Tonspuren in der Rille (je eine für die Wahrnehmung des rechten und des linken Ohrs) eingeführt; diese Platte ermöglichte ein Raumklangbild, das bis dahin völlig undenkbar war [2].

Mitte der zwanziger Jahre kamen die ersten Tonfilme mit synchronisiertem Ton auf. Zunächst benutzte man Schellack-Schallplatten. Die Platten des erfolgreichsten Geräts dieser Art liefen bei einem Durchmesser von 40 cm mit $33^1/_3$ U/min; der Plattenteller war mechanisch mit dem Filmprojektor gekoppelt. Um 1930 brachten die Ingenieure dann den Lichtton heraus, ein Verfahren, bei dem der Ton auf den Rand des Films in Form von hellen und dunklen Linien unterschiedlicher Breite oder Länge aufgezeichnet wird [3]. Ein starkgebündelter Lichtstrahl durchleuchtet diesen Streifen; seine wechselnde Helligkeit im Rhythmus der Tonschwingungen wird von einer Photozelle in entsprechende elektrische Signale umgesetzt, die dann verstärkt über Lautsprecher als Schall abgestrahlt werden.

### Entwicklung des Tonbandgeräts

Seit etwa 1920 verfolgte man die Idee, die Druckschwankungen von Schallwellen als entsprechende magnetisierte Stellen auf ein Stahl-

**HINWEISE**

Lesen Sie auch:

Filmtechnik

Rundfunk

Bildaufzeichnung und -wiedergabe

---

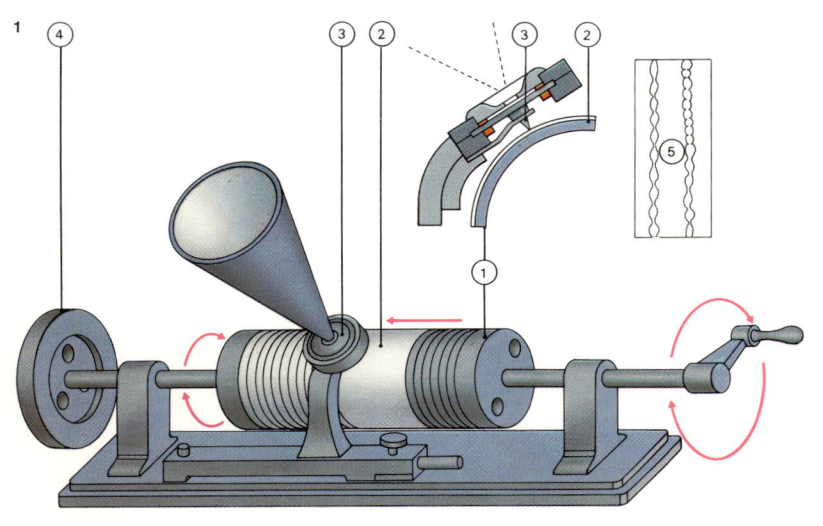

**1 Der Phonograph von Thomas Edison** bestand aus einem Messingzylinder [1] mit einer eingeritzten Spiralrille. Darüber war eine dünne Zinnfolie [2] gespannt, in die sich die Spitze einer Stahlnadel eindrückte. Der Zylinder war mit einer Spindel verbunden, deren Gewinde dieselbe Steigung wie die Rillenspirale hatte, so daß sich beim Drehen die Nadel ständig in der Rille befand. Ein Schwungrad [4] sorgte dafür, daß sich der Zylinder einigermaßen gleichmäßig drehte. Über einen Schalltrichter und eine Membran [3] versetzten die Schallwellen die Nadel in Schwingungen, so daß sich diese mehr oder weniger tief in die Zinnfolie eingrub. Wenn man nach der Aufnahme den Zylinder wieder in seine Ausgangsstellung brachte und dann erneut drehte, wurde die Nadel durch die unterschiedliche Rillentiefe [5] in Schwingungen versetzt und übertrug diese auf die Membran, die dadurch die aufgezeichneten Töne wieder hörbar machte.

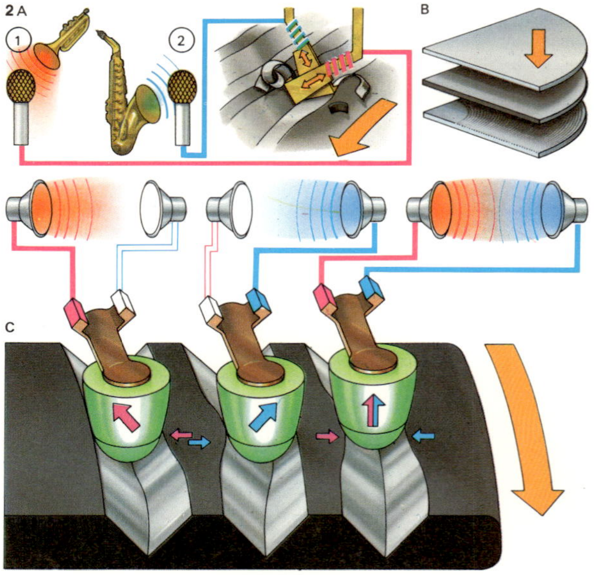

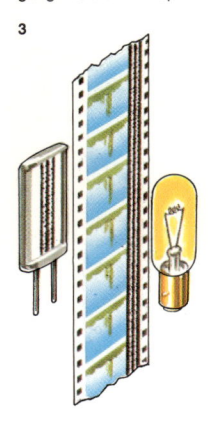

**3 Beim Lichttonfilm** ist das Tonsignal am Filmrand als durchsichtiger Streifen unterschiedlicher Breite vorhanden. Bei der Projektion wird die Breite photoelektrisch abgetastet. Eine Lampe beleuchtet den Streifen z. B. von rechts, links empfängt eine Photozelle nach Streifenbreite mehr oder weniger Licht, und zwar im Rhythmus der aufgezeichneten Schallwellen. Die Photozelle setzt die Lichtschwankungen in elektrische Tonsignale um. Verstärker und Lautsprecher machen diese synchron zum Film hörbar.

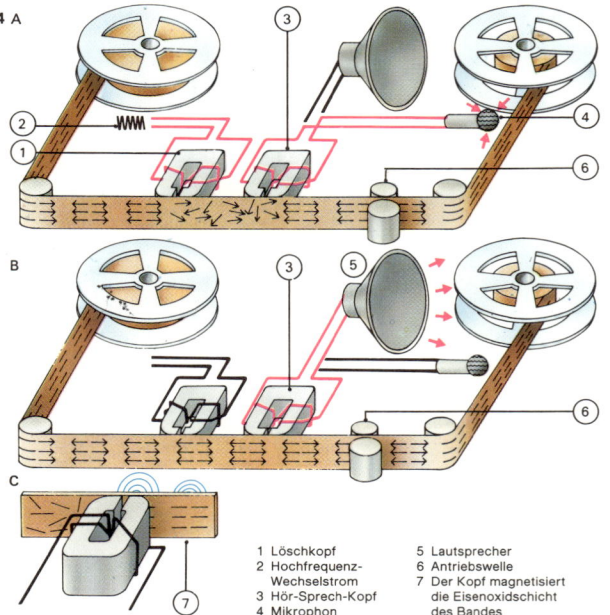

**4 Magnetbandaufzeichnung** [A]: das Band passiert zuerst den Löschkopf, einen Elektromagneten, der die mikroskopisch kleinen Magnetteilchen mit Hochfrequenzsignalen völlig irregulär magnetisiert. Am Hör-Sprech-Kopf, vom Mikrophon gesteuert, werden die Magnetteilchen nach der momentanen Intensität des Tonsignals ausgerichtet [C]. Bei der Wiedergabe [B] ist der Löschkopf abgeschaltet, die Magnetteilchen induzieren im Hör-Sprech-Kopf Ströme, deren Verlauf den Tonsignalen entspricht.

1 Löschkopf
2 Hochfrequenz-Wechselstrom
3 Hör-Sprech-Kopf
4 Mikrophon
5 Lautsprecher
6 Antriebswelle
7 Der Kopf magnetisiert die Eisenoxidschicht des Bandes

**2 Bei der Stereoschallplatte** stehen die Rillenflanken im Winkel von 90° zueinander. Beim Schneiden der Mutterplatte [A] werden die Tonsignale z. B. zweier Mikrophone [1] und [2] separat mit zwei elektromagnetisch gesteuerten Sticheln auf die rechte bzw. linke Rillenflanke als wechselnde Schnittiefen übertragen. Mit zwei galvanisch hergestellten Negativformen je einer Mutterplatte werden dann viele Platten gepreßt [B]. Das Abspielen einer Platte auf dem Plattenspieler [C] stellt die Umkehrung des Schneidvorgangs dar: Die Abtastnadel bewegt sich entsprechend den Flankenprofilen und induziert in zwei senkrecht zueinander stehenden Elektromagneten elektrische Tonsignale. Diese werden verstärkt und über Lautsprecher in Schall umgewandelt.

band aufzuzeichnen. Die British Broadcasting Corporation, die bestimmte Programme zu verschiedenen Zeiten in verschiedene Weltteile abstrahlen wollte, benutzte 1931 erstmals ein verbessertes Gerät dieser Art mit einem 6 mm breiten Stahlband, das mit einer Geschwindigkeit von 1,5 m/s lief.

1929 meldete Fritz Pfleumer ein Tonband mit einer magnetisierbaren Schicht auf einer biegsamen Isolatorfolie zum Patent an. Die deutsche Gesellschaft AEG entwickelte diese Idee weiter und stellte 1935 in Berlin mit dem »Magnetophon« das erste moderne Tonbandgerät vor. Aber erst nach dem Ende des Zweiten Weltkriegs wurde das Tonbandgerät in seine heutige Form gebracht – mit zwei Spulen und einem 6,25 mm breiten Kunststoffband mit einer Eisenoxidschicht [4]. Je schneller dieses Band läuft, desto besser ist die Aufnahme- und Wiedergabequalität. Die üblichen Geschwindigkeiten für Heimtonbandgeräte sind 4,75 cm/s, 9,5 cm/s und 19 cm/s. Bei Stereoaufnahmen werden zwei getrennte Spuren mit Hilfe von zwei Mikrophonen aufgezeichnet. Dazu benötigt man auch zwei getrennte Verstärker und für die Wiedergabe noch zusätzlich zwei Lautsprecher. Beim Vierspursystem werden für Stereoaufnahmen in der einen Richtung Spur 1 und 3, für die Gegenrichtung Spur 2 und 4 benutzt.

**Die Tonbandkassette**
Als nachteilig erwies sich bei Heimtonbandgeräten mit offenen Bandspulen die Verletzlichkeit des Bandes und die Notwendigkeit, dieses sorgfältig in das Gerät einzulegen. Deshalb wurde die Tonbandkassette [7] entwickelt. Sie hat zwar ebenfalls zwei Spulen für das Band, aber diese sind in ein Gehäuse eingeschlossen. Die Spulenzapfen rasten beim Einlegen der Kassette automatisch in die Spulen ein, und beim Start legen sich die Tonköpfe automatisch an das Band. Mit der Kassette kann man genauso aufnehmen, rückspulen und wiedergeben wie mit einem Spulengerät. Das Band ist jedoch nur 3,8 mm breit und läuft mit einer Geschwindigkeit von 4,75 cm/s. Die Laufzeit einer Kassette beträgt je nach Banddicke 45, 60, 90 oder 120 Minuten. Das Einfädeln des Bandes entfällt, ebenso das Rückspulen vor dem Herausnehmen. Man kann die Kassetten also bei jeder Bandposition wechseln.

**Leitbild**

**1899 malte der Engländer Francis Barraud** das Bild eines Hundes, der vor dem Trichter eines Walzenphonographen der Stimme seines toten Herrn lauscht. Die Gramophone Co. (später EMI) kaufte das Bild und veranlaßte Barraud, das Gerät durch ein moderneres Grammophon zu ersetzen. In dieser Form wurde das Bild zum weltbekannten Firmenzeichen *His Master's Voice* (Die Stimme seines Herrn).

**5 Durch das Hören mit zwei Ohren** kann der Mensch die Richtung feststellen, aus der Schall und Geräusche kommen und deshalb zwischen einem Ton aus einer Richtung und einem Hintergrundgeräusch aus einer anderen Richtung unterscheiden. Das Mikrophon aber kann dies nicht, denn es mischt alle Schallwellen, die an seine Membran gelangen, zu einem einzigen elektrischen Tonsignal. Damit nun ein genügend hohes Signal-Rausch-Verhältnis gewahrt wird, stellt man die Mikrophone möglichst nah an einer Schallquelle auf. Um die Darbietung eines Orchesters mit Chor im richtigen Lautstärkeverhältnis der Instrumente zu den Stimmen mit einem Mikrophon aufzunehmen, müßte dieses etwa gleich weit von Orchester und Chor entfernt sein. Allenfalls in einem perfekten schalltoten Studioraum würde dies nicht zu einem untragbar hohen Signal-Rausch-Verhältnis führen. Die Toningenieure stellen deshalb mehrere Mikrophone auf und überlagern die einzelnen Tonsignale mit Hilfe eines elektronischen Mischpults im gewünschten Verhältnis.

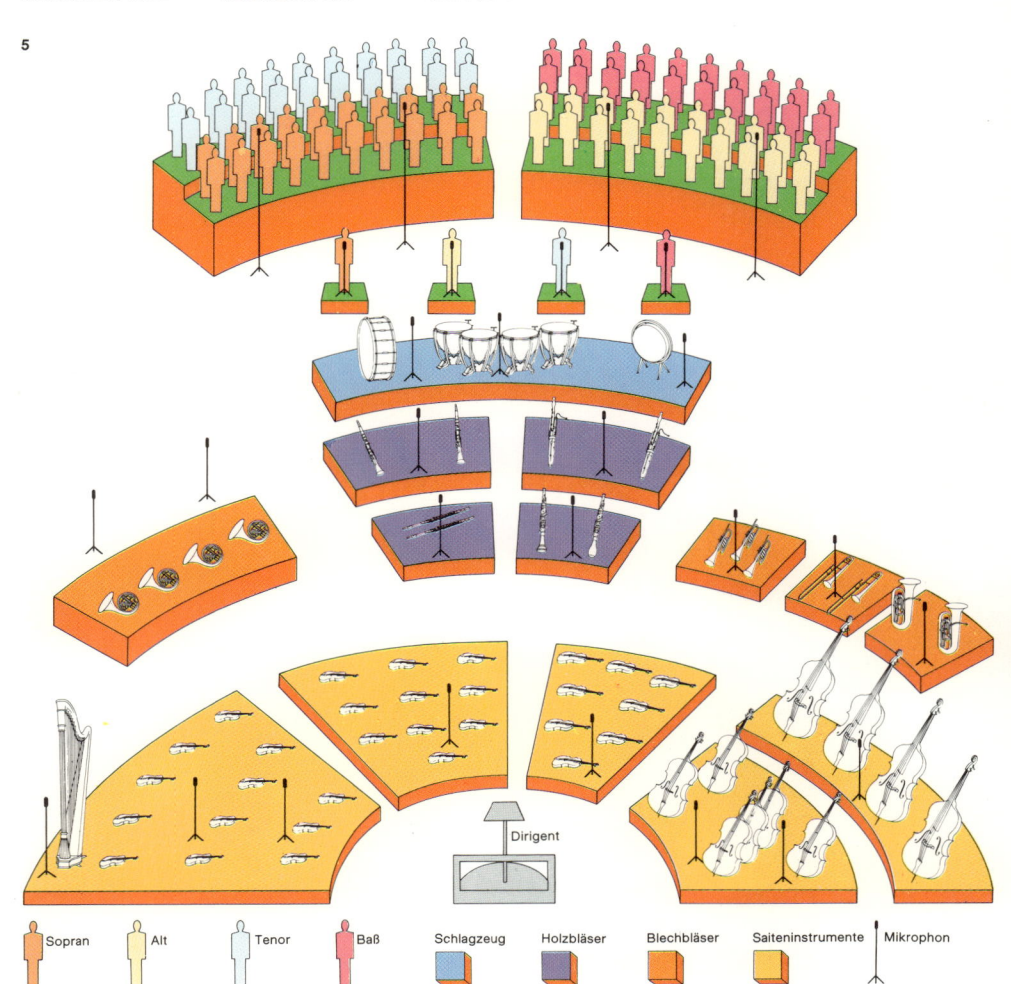

**6 Musikboxen** [hier ein älteres Gerät] sind Plattenspieler mit Verstärker und Lautsprecher, die als Münzautomaten arbeiten. Moderne Musikboxen enthalten zweihundert und mehr Schallplatten für stereophone Wiedergabe.

**7 Tragbare Kassetten-Tonbandgeräte** sind praktisch überall abspielbar. Ihre Transistorschaltungen werden aus Batterien gespeist. Die Geräte sind leicht und kompakt, und man kann bereits fertig bespielte Kassetten verwenden.

Sopran | Alt | Tenor | Baß | Schlagzeug | Holzbläser | Blechbläser | Saiteninstrumente | Mikrophon

# Bildaufzeichnung und -wiedergabe

Schon in der Frühzeit des Fernsehens suchte man nach einer Bildaufzeichnungsmethode, die – im Gegensatz zum photographischen Film, der ja immer erst entwickelt werden muß – eine sofortige Wiedergabe der Aufnahme erlaubte.

Der Schotte John Logie Baird (1888–1946), Erfinder eines mechanisch funktionierenden Fernsehschirms, speicherte als erster mit einem nicht-photographischen Verfahren Bilder: 1927 nahm er Fernsehbilder seines 30-Zeilen-Schirms mit einer für die Schallaufzeichnung gedachten Anlage auf Schellack-Platten auf.

Diese Methode erwies sich jedoch bald als unzureichend. Die Schellack-Platten konnten nur Signale bis maximal 4,5 kHz speichern, und selbst moderne High-Fidelity-Schallplatten erreichen nur etwa 20 kHz. Im Laufe der Zeit aber hat sich das Fernsehen vom 30-Zeilen-Bild zu Bildern mit 405 bis 819 Zeilen weiterentwickelt und benötigt eine Bandbreite von 5 bis 14 MHz.

### Aufzeichnung auf Magnetband

Mit der Entwicklung des Magnetbandverfahrens für die Schallaufzeichnung in den dreißiger Jahren erhielt auch die Bildaufzeichnungstechnik neue Impulse, jedoch war auch hier der Frequenzumfang lange ein großes Problem. Die maximale Frequenz, die ein Magnetbandgerät noch aufzeichnen kann, hängt von der Luftspaltbreite des Magnetkopfes und der Bandgeschwindigkeit ab. Aber selbst kleinste Luftspaltbreiten ergeben bei 19 cm/s Bandgeschwindigkeit erst eine Höchstfrequenz von etwa 25 kHz. Für die Bildaufzeichnung mußte daher die Bandgeschwindigkeit erheblich gesteigert werden.

Die ersten Bildaufzeichnungsgeräte [1], die nach dem Magnetbandverfahren arbeiten, verwendeten Bandgeschwindigkeiten von 2,54 m/s. Die Geräte hatten riesige Spulen, und ein besonderes technisches Problem war es, die Bandgeschwindigkeit konstant zu halten und einen gleichmäßigen Kontakt zwischen dem Magnetkopf und dem Band zu erreichen.

Wesentliche Fortschritte brachte 1956 ein von der Firma Ampex entwickeltes Videobandgerät mit der heute allgemein gebräuchlichen Queraufzeichnung [2 D, E]. An dem 5,08 cm breiten Magnetband, das selbst nur mit 19 oder 38 cm/s Geschwindigkeit läuft, gleitet eine querliegende, schnellaufende Trommel mit vier Magnetköpfen vorbei und erzeugt dadurch nahezu querliegende parallele Spuren, in denen die Bildsignale gespeichert sind [2 E]. Damit lassen sich »Schreibgeschwindigkeiten« bis zu 38,1 m/s erreichen. Längsverlaufende Spuren an den Bandrändern, die von separaten stillstehenden Magnetköpfen aufgezeichnet werden, dienen der Bandgeschwindigkeitskontrolle, der Bildsynchronisation und der Tonaufzeichnung.

### Schrägaufzeichnung

Die hochentwickelten Farb-Video-Bandgeräte mit Queraufzeichnung sind sehr teuer und kommen nur für Fernsehgesellschaften in Betracht. Für tragbare Lehr- und Heimgeräte wird daher die billigere Schrägaufzeichnung verwendet. Hierbei läuft das Band in einer Schraubenlinie um eine rotierende Trommel, die ein oder zwei Magnetköpfe trägt [2 A, B]. Die Trommel dreht sich schnell in entgegengesetzter Richtung zum Band, so daß sie in der Bandschleife gleitet. Dadurch zeichnen die Magnetköpfe das Videosignal auf einer schräg im Band liegenden Spur auf [2 C]. Es werden »Schreibgeschwindigkeiten« bis zu 25,4 m/s er-

**HINWEISE**

Lesen Sie auch:

Filmtechnik

Fernsehen

Schallaufzeichnung und -wiedergabe

**1 Der erste »Videorecorder«** arbeitete im Prinzip genauso wie ein Tonbandgerät: das 5,08 cm breite Magnetband war auf großen Spulen aufgewickelt und lief an einem feststehenden Magnetkopf entlang, der die Bildspur in Bandlängsrichtung aufzeichnete. Um auch Signale mit hohen Frequenzen, wie sie für eine gute Bildqualität notwendig sind, aufzeichnen zu können, mußte die Bandgeschwindigkeit sehr hoch sein. Spitzengeräte dieser Art arbeiteten daher mit 9,14 m/s. Trotzdem war die Bildqualität, gemessen an unserem heutigen Standard, sehr schlecht. Außerdem eigneten sich diese Geräte nur für die Aufzeichnung von Schwarzweißbildern.

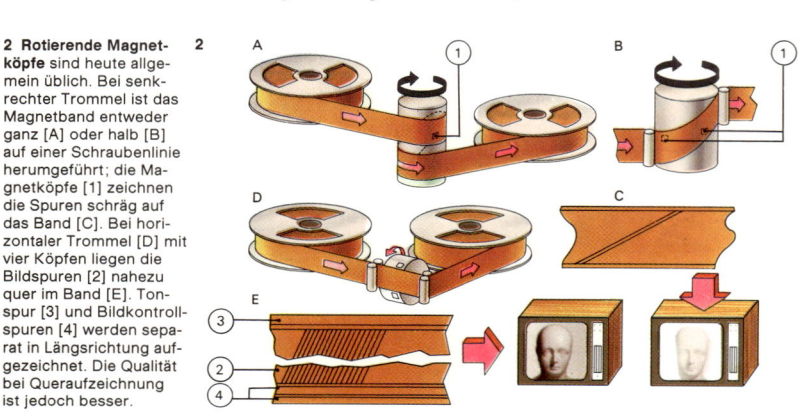

**2 Rotierende Magnetköpfe** sind heute allgemein üblich. Bei senkrechter Trommel ist das Magnetband entweder ganz [A] oder halb [B] auf einer Schraubenlinie herumgeführt; die Magnetköpfe [1] zeichnen die Spuren schräg auf das Band [C]. Bei horizontaler Trommel [D] mit vier Köpfen liegen die Bildspuren [2] nahezu quer im Band [E]. Tonspur [3] und Bildkontrollspuren [4] werden separat in Längsrichtung aufgezeichnet. Die Qualität bei Queraufzeichnung ist jedoch besser.

**3 Diese modernen Magnetbandmaschinen** der Firma Ampex [A] dienen zum Aufzeichnen von Farbfernsehsendungen in Fernsehstudios. Die Geräte sind sehr teuer und sehr schwer. Verschiedene andere Hersteller haben längst erkannt, daß billigere und handlichere Geräte für die Verwendung in Schulen, bei der Polizei und im privaten Bereich gute Marktchancen haben. Sie produzieren Kassettengeräte, die kompakt leistungsfähig und nicht so teuer sind. Bild [B] zeigt oben einen Video-Kassetten-Recorder, der an übliche Fernsehgeräte angeschlossen wird. Er ist genauso einfach zu bedienen wie ein Ton-Kassetten-Recorder und kann Fernsehprogramme in Farbe und Schwarzweiß aufzeichnen und wiedergeben, natürlich immer mit Ton. Mit einer Videokamera kann man auch Eigenaufnahmen machen.

reicht. Die Bänder sind hier meist schmäler als in professionellen Maschinen; üblich sind Bandbreiten von 1,27 cm. Zur Bild- und Tonwiedergabe werden die Geräte an die handelsüblichen Fernsehgeräte angeschlossen.

### Bildplatten

Neben Magnetbändern gibt es noch andere Möglichkeiten zum Speichern von Bild- und Toninformationen – die sogenannten Bildplatten. Sie haben den Vorteil, daß jeder Teil der Aufnahme sofort zugänglich ist und die langen Umspulzeiten entfallen. Teilweise ist die Wiedergabe in Zeitlupe oder gar eines einzelnen Bildes möglich (Standbildprojektion). Nachteilig ist ihre geringe Spieldauer von maximal etwa 30 Minuten. Moderne Videobandgeräte können dagegen eine 90minütige Fernsehsendung in Farbe auf einer Spule speichern, und selbst Video-Kassetten-Systeme erreichen 60 Minuten Spieldauer.

Speziell für Tricktechniken wie Zeitlupe und Standbild wird in Fernsehstudios die Magnetplatte [5] verwendet. Ihre Spieldauer ist zwar sehr kurz – nur 18 Sekunden (!) –, aber ausreichend, um bei Sportreportagen das Tor im Fußballspiel oder den Sprung des Stabhochspringers zu wiederholen.

Zwei andere Bildplattensysteme beruhen auf dem Prinzip der Schallplatte und sind sowohl für Lehrzwecke als auch für den Heimgebrauch gedacht, allerdings nur für die Wiedergabe von Bildprogrammen. Eigenaufnahmen sind damit nicht möglich. Die Bildplatte von Philips und anderen Firmen [6] trägt auf beiden Seiten kleine elliptische Vertiefungen als Bild- und Tonspeicher. Bei einer Drehzahl von 1500 Umdrehungen pro Minute tastet ein Laserstrahl die Vertiefungen ab und moduliert damit eine Trägerfrequenz zu einem kombinierten Video-Ton-Signal mit einer Bildfrequenz von 25 Bildern pro Sekunde. Bei 30,5 cm Durchmesser hat die Bildplatte etwa 30 Minuten Spieldauer. Sie gestattet Zeitlupen- und Standbildwiedergabe.

Die Bildplatte von Telefunken und Decca [7] entspricht genau einer Schallplatte, ist jedoch viel enger geschnitten. Sie läuft ebenfalls mit 1500 Umdrehungen pro Minute und wird mechanisch mit einem diamantbestückten Aufnehmer abgetastet; ihre Spieldauer beträgt aber nur etwa 15 Minuten.

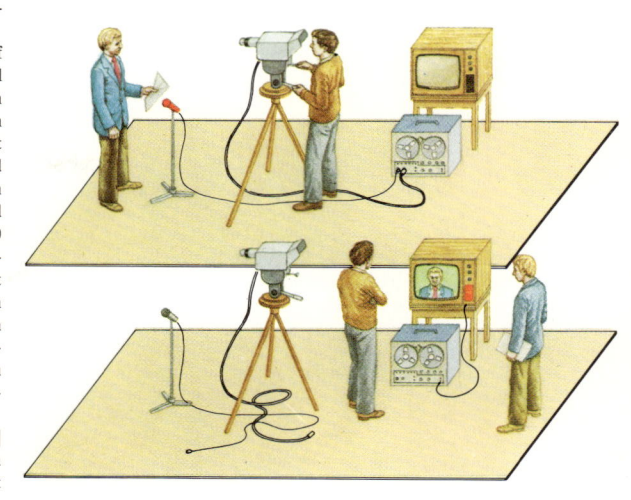

**Leitbild**

**Aufnahme und Wiedergabe von Bildszenen auf Magnetband** sind mittlerweile so perfektioniert worden, daß Videoaufnahmen von der Originalaufnahme kaum mehr zu unterscheiden sind. Selbst mit tragbaren Videorecordern kann man ansprechende Bilder erzielen.

**4 Live-Video-Aufnahmen** in Schwarzweiß oder Farbe sind heute kein Problem mehr. Die Graphik zeigt eine typische, aus handelsüblichen Geräten bestehende Ausrüstung. Die Kamera [1] ist über die Steuer- und Synchronisationseinheit [2], [3] mit dem Videospulengerät [4] (mit der Farbeinheit [5]) oder dem Video-Kassetten-Recorder [6] verbunden. Über ein Mikrophon [7] wird der zugehörige Ton aufgezeichnet. Der Farbfernseher [8] besitzt besondere Anschlußbuchsen und dient bei der Aufzeichnung als Monitor. Nach der Aufnahme wird das Band zurückgespult, und die Aufzeichnung kann sofort über das Fernsehgerät abgespielt werden. Mißlungene Szenen lassen sich ohne Schwierigkeit wiederholen.

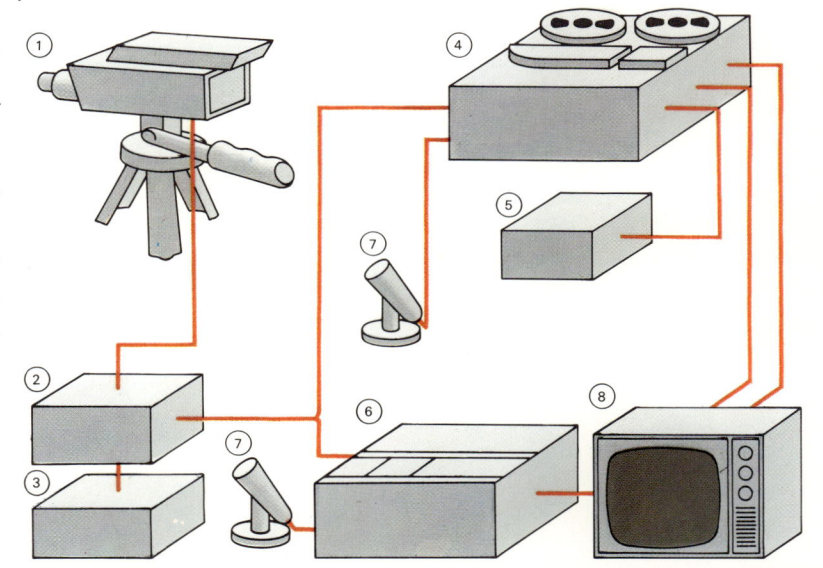

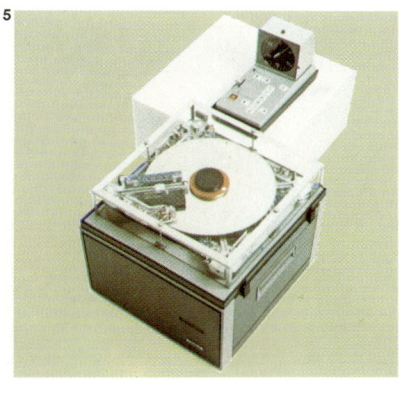

**5 Die Wiederholung in Zeitlupe,** aus Sportsendungen in heutiger Zeit gar nicht mehr wegzudenken, wurde erst durch das Magnet-Bildplattengerät möglich. Mit seiner Hilfe läßt sich eine Aufzeichnung sofort in drei Arten wiedergeben: in normaler Geschwindigkeit, in Zeitlupe vorwärts oder rückwärts sowie an beliebiger Stelle als Standbild. Konzentrische Magnetspuren auf beiden Seiten zeichnen bis zu 18 Sekunden einer Fernsehsendung auf.

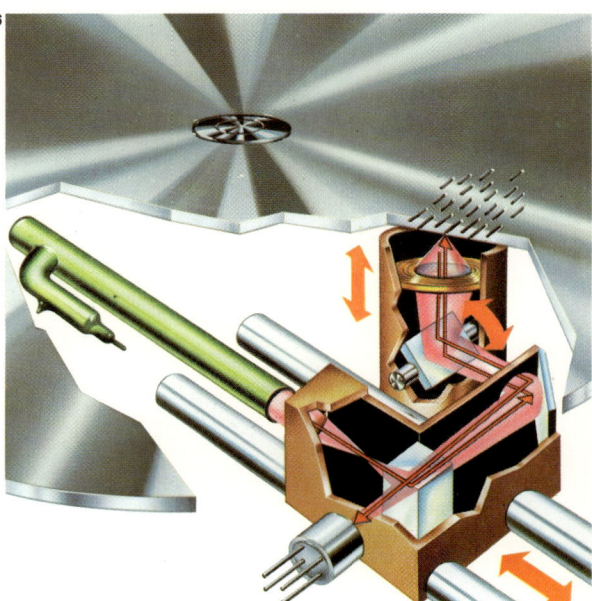

**6 Die nicht-magnetische Bildplatte** ist die Alternative mehrerer Hersteller zum Magnetband. Die Firma Philips und andere Unternehmen haben Systeme entwickelt, die farbige Bildsignale plus Ton durch kleine elliptische Vertiefungen auf einer 30,5-cm-Platte bis zu 30 Minuten speichern können. Die Vertiefungen in der Platte werden mit einem Laserstrahl optisch abgetastet.

**7 Die »Teledisc«** ist eine Bildplatte, die genau einer Schallplatte entspricht. Sie wird mechanisch von einem diamantbestückten Aufnehmer abgetastet. Sie macht 1500 Umdrehungen in der Minute und ist sehr eng geschnitten: Der Abstand der einzelnen Rillen [rechts im Bild] ist 25mal kleiner als bei einer normalen Langspiel-Schallplatte [links im Bild].

# Orten mittels Radar und Schallwellen

Radar und Sonar sind Ortungsverfahren, mit denen sich der Abstand, die Richtung und die Geschwindigkeit von Objekten ermitteln lassen. Radar ist die Abkürzung der englischen Bezeichnung Radio Detection and Ranging und arbeitet mit hochfrequenten elektromagnetischen Wellen (Radiowellen). Sonar, auch Schallortung genannt, verwendet Schallwellen und ist die Abkürzung für Sound Navigation and Ranging.

Beide Ortungsverfahren beruhen darauf, mit einem Sender Funk- bzw. Schallimpulse auszusenden und – nach der Reflexion durch die zu ortenden Objekte – wieder zu empfangen. Die Laufzeit – also die Zeitspanne, die zwischen dem Aussenden der Impulse und der Rückkunft des Echos vergeht – multipliziert mit der Ausbreitungsgeschwindigkeit der Wellen, ergibt gerade die doppelte Entfernung zum reflektierenden Objekt.

Die Ausbreitungsgeschwindigkeit der Wellen bei den beiden Verfahren ist jedoch sehr unterschiedlich: Radiowellen breiten sich – unabhängig vom Medium – mit Lichtgeschwindigkeit (300 000 km/s) aus, bei Schallwellen hängt sie vom Medium ab und beträgt in Wasser – dort wird das Sonar hauptsächlich eingesetzt – 1440 m/s. Aus diesen Zahlenangaben kann man leicht errechnen, welche Laufzeiten sich für ein jeweils 1,5 km entferntes Objekt ergeben: Das Echo eines Sonarimpulses trifft erst nach etwa zwei Sekunden ein, das eines Radarimpulses aber schon nach einer hunderttausendstel Sekunde! Man benötigt daher beim Radar sehr empfindliche elektronische Geräte, um derart kleine Zeitintervalle überhaupt messen zu können.

### Entwicklung von Sonar und Radar

Das Sonar wurde in erster Linie für den Seekrieg entwickelt, um von Schiffen aus getauchte U-Boote aufspüren bzw. von getauchten U-Booten aus Schiffe und andere U-Boote orten zu können. Minenfelder, Eisberge, Wracks oder die Wassertiefe lassen sich auf diese Art ebenfalls feststellen [1]. Heute wird Sonar auch für zivile Zwecke eingesetzt, etwa in der Hochseefischerei zum Aufspüren von Fischschwärmen oder in der Ozeanographie zur Erkundung des Meeresbodens.

Auch die Entwicklung der Radartechnik war auf die rasch erkannte strategische Bedeutung im militärischen Einsatz zurückzuführen. Bei Ausbruch des Zweiten Weltkriegs 1939 besaß England an seiner Ostküste bereits ein Radarwarnsystem gegen Flugzeuge [Leitbild]; Amerikaner und Deutsche zogen jedoch mit ähnlichen Entwicklungen bald nach [5].

### Aufbau einer Radaranlage

Zu einer modernen Radaranlage gehören im wesentlichen vier Einheiten: eine Antenne, ein Sender, der die Radiowellenimpulse über die Antenne abstrahlt, ein Empfänger, der die von der Antenne aufgenommenen Radarechos verstärkt und auswertet, sowie eine Anzeigeeinheit, die sämtliche Ergebnisse in geeigneter Form sichtbar macht.

Radarantennen sind je nach ihrem Verwendungszweck ganz verschieden aufgebaut [5]: Es sind z. B. ebene oder gewölbte Drahtgitter, die den Strahl nur schwach bündeln und, feststehend oder rotierend, als Suchradar dienen; oder parabolspiegelähnliche Reflektoren mit starker Bündelung, die – computergesteuert und von Motoren angetrieben – automatisch ihr Ziel, beispielsweise ein Flugzeug oder eine Rakete, verfolgen.

**HINWEISE**

**Lesen Sie auch:**

Unterseeboote

Die moderne Artillerie

Moderne Kriegsschiffe

Moderne Militärflugzeuge

Rundfunk

---

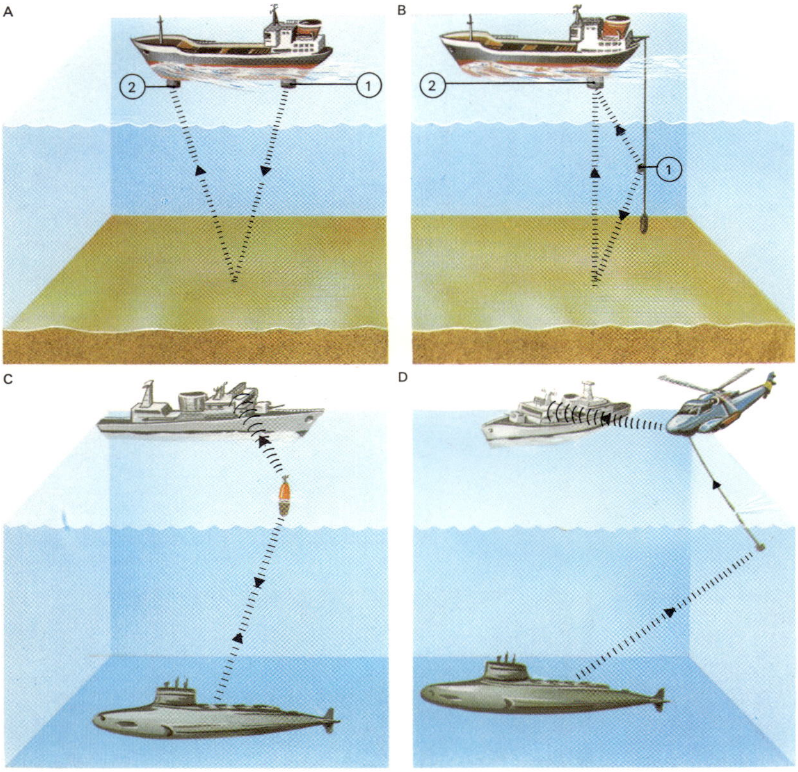

**1** Aus der Laufzeit einer Schallwelle, die vom Schiffsboden aus abgestrahlt und vom Meeresboden als Echo wieder zum Schiff zurückkehrt, läßt sich die Wassertiefe feststellen. Schallsender [1] und -empfänger [2] können direkt unter dem Schiff befestigt sein [A]. Die Laufzeit, multipliziert mit der Geschwindigkeit des Schalls im Wasser, ergibt dann die doppelte Tiefe. Das Signal-Rausch-Verhältnis des empfangenen Echos verbessert sich, wenn man den Schallsender im Wasser versenkt [B] und so den Laufweg verkürzt. Das über Wasser fahrende Schiff kann das Echo von einem Unterseeboot verfälschen; Kriegsschiffe setzen deshalb auch Sonarbojen ein [C]. Die Schallortung läßt sich auch während der Fahrt mit einem (auf dem Schiff stationierten) Hubschrauber durchführen [D]: Er schleppt die Sonarsonde durch das Wasser und überträgt die empfangenen Signale per Funk an das Mutterschiff, wo sie ausgewertet werden.

**2** Radarwellen, die ein sich bewegendes Objekt reflektiert, haben je nachdem, ob es sich annähert oder entfernt, eine kleinere [b] bzw. größere [c] Wellenlänge als die ausgesendeten Wellen. Aus der Differenz gegenüber der ursprünglichen Wellenlänge [a] läßt sich die Geschwindigkeit der Annäherung oder der Entfernung berechnen. Nach demselben Verfahren berechnet man auch die Umdrehungsgeschwindigkeit von Planeten [1], die um den Pol [N] rotieren: Seite [2] reflektiert mit kleinerer und Seite [3] mit größerer Wellenlänge.

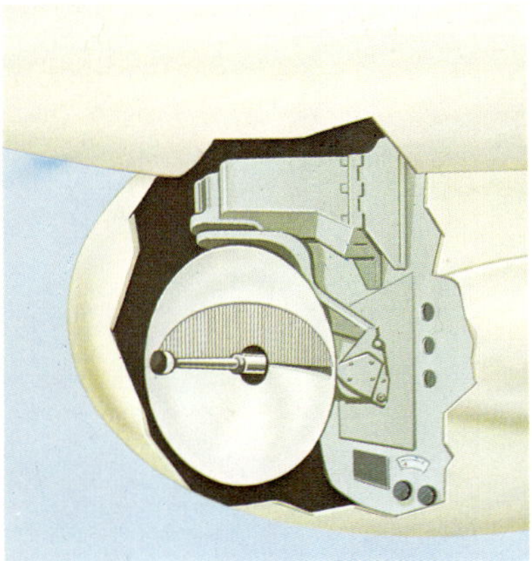

**3** Die Radarantenne eines Flugzeugs ist meist unter einem sogenannten Radom verborgen, das vor Wettereinflüssen schützt und den Luftwiderstand herabgesetzt, jedoch die Radarwellen fast ungehindert durchläßt.

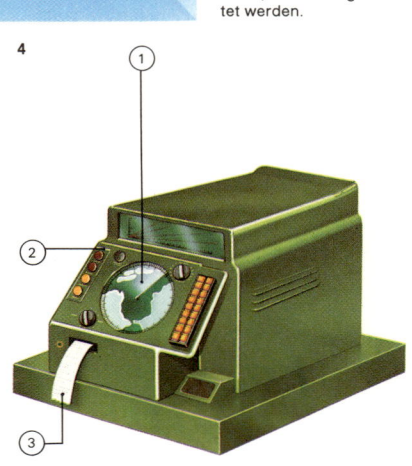

**4** Der Bildschirm [1] (Kathodenstrahlröhre) eines Wetterradars stellt die aus den Signalen der rotierenden Antenne ermittelten Sturmwolken als Leuchtflecken dar; der Lochstreifen [3] drückt ein Protokoll aus. Mit einem Schalter [2] wählt man die Reichweite.

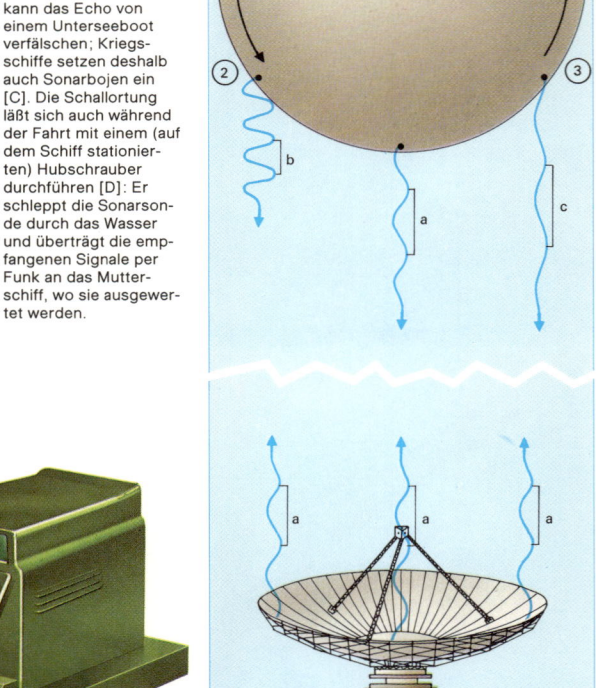

Bei einfachen Radaranlagen bestimmt man die Entfernung mit einem Oszillographen – einem Gerät zur Sichtbarmachung periodischer Vorgänge –, indem man auf seinem Bildschirm den Abstand zwischen den Sendeimpulsen und den empfangenen und verstärkten Radarechos ausmißt und in die Laufzeit umrechnet.

Die Richtung (Azimut) des Objekts gegenüber der Nordrichtung und der Erhebungswinkel (Elevation) gegenüber der Horizontebene (z. B. bei einem Flugzeug) ergibt sich aus der Orientierung der Radarantenne und wird auf Skalen angezeigt.

Die Rundumsicht-Radaranlage gibt einen schnellen Überblick über die Umgebung des Standorts. Sie wird z. B. auf Schiffen verwendet, um in der Nähe der Küste deren Verlauf und damit den eigenen Standort zu bestimmen; beim Wetterradar [4] zeigt sie die Anordnung von Sturmwolken: Zwischen dem Mittelpunkt und dem Rand eines Bildschirms läuft ein Elektronenstrahl ständig hin und her und erzeugt einen Leuchtbalken. Dieser dreht sich synchron mit der rotierenden Antenne im Kreis herum und überstreicht so den ganzen Bildschirm. Echosignale treten dabei als helle Flecken hervor, die einige Zeit nachleuchten. Auf diese Art erhält man eine »Karte«, deren Mittelpunkt der eigene Standort ist. Je nach Reichweiteneinstellung kann man aus dem Abstand der Leuchtflecken vom Mittelpunkt den tatsächlichen Abstand der Objekte ablesen. Auch die Himmelsrichtung ist direkt erkennbar.

Die meisten Radargeräte verarbeiten nur die schwachen reflektierten Wellen fester Objekte. Es gibt jedoch auch sogenannte Sekundär-Radarsysteme, bei denen der Radarimpuls am Objekt einen zweiten Impuls auslöst, der dann an der Sendestelle wieder empfangen werden kann. Diese Sekundär-Radarsysteme werden heute besonders in der Luftfahrt für die Navigation benutzt.

Wenn eine elektromagnetische Welle von einem Objekt reflektiert wird, das sich dem Sender nähert oder sich von ihm entfernt, ändert sich die Wellenlänge und damit auch die Frequenz der reflektierten Welle [2]. Dieser sogenannte Doppler-Effekt läßt sich zur Feststellung von Geschwindigkeiten ausnutzen, beispielsweise beim Verkehrsradar [6] oder in der Astronomie [2].

**Leitbild**

**Kleine, mobile Radargeräte** kamen erstmals im II. Weltkrieg auf. Sie dienten zur Früherkennung von Flugzeugen und Raketen.

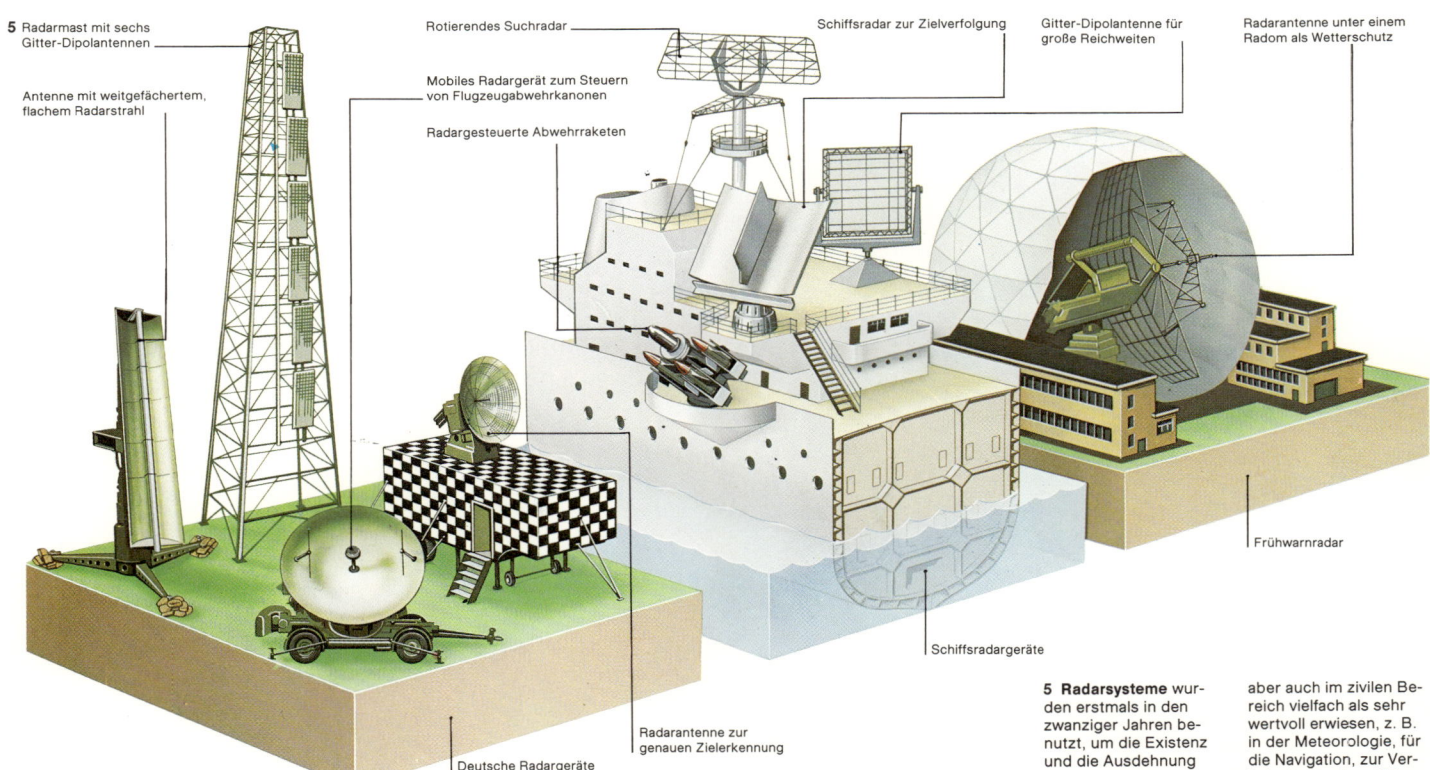

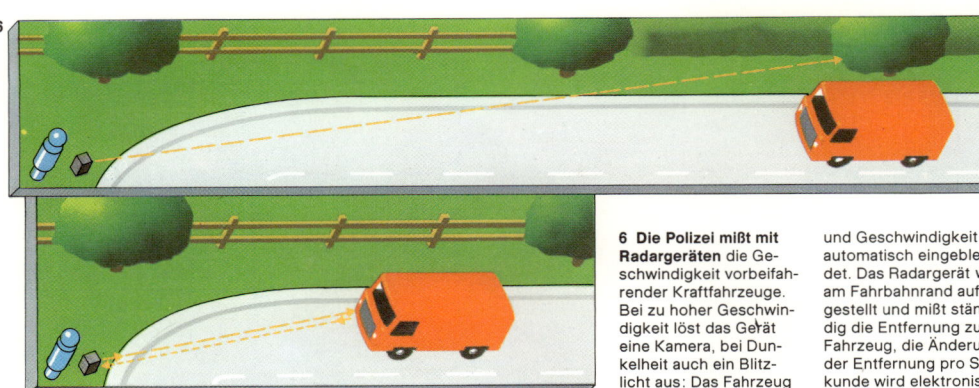

5 Radarmast mit sechs Gitter-Dipolantennen

Antenne mit weitgefächertem, flachem Radarstrahl

Rotierendes Suchradar

Mobiles Radargerät zum Steuern von Flugzeugabwehrkanonen

Radargesteuerte Abwehrraketen

Schiffsradar zur Zielverfolgung

Gitter-Dipolantenne für große Reichweiten

Radarantenne unter einem Radom als Wetterschutz

Deutsche Radargeräte im II. Weltkrieg

Radarantenne zur genauen Zielerkennung

Schiffsradargeräte

Frühwarnradar

**5 Radarsysteme** wurden erstmals in den zwanziger Jahren benutzt, um die Existenz und die Ausdehnung der Ionosphäre zu erforschen, von der man festgestellt hatte, daß sie die Radiowellen reflektiert. Forschungen in den dreißiger Jahren in England, in den USA, Deutschland und Frankreich führten dann zur Entwicklung von Radargeräten für den militärischen Einsatz. Sie stellten sich im II. Weltkrieg, nachdem deutsche und englische Ingenieure etwa gleichartige Einrichtungen entwickelt hatten, als strategisch wichtig für Verteidigung und Angriff heraus. Das bis heute weiterentwickelte Radar gilt als unentbehrliches Hilfsmittel für die moderne Kriegführung. Es hat sich aber auch im zivilen Bereich vielfach als sehr wertvoll erwiesen, z. B. in der Meteorologie, für die Navigation, zur Verkehrskontrolle auf Flughäfen und für die Überwachung des Luftverkehrs. Zu den militärischen Anwendungen zählen: Frühwarnung vor feindlichen Flugzeugen und Lenkgeschossen; die Zielverfolgung und automatische Ausrichtung von Flugabwehrwaffen; der Einsatz als »Nachtauge« für Flugzeuge bei der Abwehr feindlicher Bomber in der Dunkelheit; bei der Marine das Erkennen feindlicher Schiffe bei schlechter Sicht. Radar wird auch in hochentwickelten Waffensystemen eingesetzt, um Anti-Raketen-Raketen sicher ins gewünschte Ziel zu führen.

**6 Die Polizei mißt mit Radargeräten** die Geschwindigkeit vorbeifahrender Kraftfahrzeuge. Bei zu hoher Geschwindigkeit löst das Gerät eine Kamera, bei Dunkelheit auch im Blitzlicht aus: Das Fahrzeug wird photographiert. Dabei werden Datum und Geschwindigkeit automatisch eingeblendet. Das Radargerät wird am Fahrbahnrand aufgestellt und mißt ständig die Entfernung zum Fahrzeug, die Änderung der Entfernung pro Sekunde wird elektronisch in die Geschwindigkeit umgerechnet.

187

# Rohstoffe für die chemische Industrie

Plastik, Pillen, Farben, Seife, Poliermittel und Pestizide (Schädlingsbekämpfungsmittel) – all dies sind Produkte der chemischen Industrie. Sie werden aus natürlichen Rohstoffen hergestellt; die Industrie baut sie lediglich chemisch zu verwertbaren Zwischenprodukten um – oder sofort zu Dingen, die direkt für den Endverbraucher bestimmt sind und tagtäglich benötigt werden [Leitbild]. Mineralische Rohstoffe wie Phosphat [1] oder Erdöl werden Schritt für Schritt chemischen Prozessen unterworfen; bei jedem Teilschritt fallen als Ergebnis bestimmte Chemikalien an. Sie werden häufig nicht nur chemisch, sondern auch physikalisch-verfahrenstechnisch behandelt: durch Destillieren, Mahlen, Filtern, Mischen usw.

### Wirtschaftsfaktor chemische Industrie

Der Chemiker unterscheidet zwischen organischen und anorganischen Stoffen; die gesteinsähnlichen Mineralien wie etwa Bauxit, Kalk, Eisenerz oder Schwefelkies gehören zur anorganischen Gruppe. Typische organische Rohstoffe sind beispielsweise Holz oder Palmöl.

Die chemische Industrie gehört zu den »Wachstumsindustrien«: Zwischen 1963 und 1973 expandierte ihre Weltproduktion um mehr als 9 Prozent pro Jahr – die durchschnittliche Wachstumsrate der Industrie insgesamt lag dagegen bei weniger als 6 Prozent. Chemische Betriebe benötigen hohe Kapitalinvestitionen, die sich jedoch lohnen: Der Produktwert pro Kopf der dort Beschäftigten liegt ebenfalls sehr hoch.

Der Bedarf an chemischen Produkten innerhalb eines Landes ist ein Maß für den Grad seiner Industrialisierung: In den USA ist er am höchsten, etwa anderthalbmal höher als in Westeuropa oder in Japan – überall sonst auf der Welt, ausgenommen in Australien und Südafrika, ist dieser Bedarf ausgesprochen geringfügig.

Nach dem Zweiten Weltkrieg schlug die Stunde der Petrochemie. Der Grund war ein allgemeiner Umschwung von den organischen Rohstoffen Holz, Kohle und sonstigem pflanzlichen Material auf Erdöl. 1945 produzierte man etwa eine Million Tonnen organische Chemikalien aus Erdöl; 1972 war der Ausstoß an petrochemischen Produkten auf 72 Millionen Tonnen hochgeschnellt – der Höhepunkt des »Ölbooms«. Die wichtigsten petrochemischen Produkte sind – abgesehen von Benzin und Heizöl – Äthylen, Propylen und die Butylene. Diese organischen Bausteine für viele Kunststoffe stammen zumeist aus Erdölraffinerien; in den USA gewinnt man sie vorwiegend durch Hitzebehandlung (»Cracken«) von Äthan und Propan aus Erdgas.

Die »Aromaten« – beispielsweise Benzol, Toluol und Xylol – bilden eine weitere große Gruppe organischer Stoffe auf Erdölbasis. Sie finden in Kunstharzen, Plastik, synthetischen Fasern und Lösungsmitteln Verwendung [2]. Ebenfalls sehr wichtig für die chemische Industrie sind Acetylen, Methanol, Ammoniak und Schwefel; Millionen Tonnen werden davon jährlich verbraucht.

### Überall braucht man Chemikalien

Die chemische Industrie ist ein wichtiger Eckpfeiler der heutigen Gesellschaft. Das ist bei Produkten wie Dünger oder Arzneimittel auf den ersten Blick zu erkennen; nicht ohne weiteres jedoch bei einem Produkt wie etwa Schwefelsäure. Und doch gilt der Verbrauch an Schwefelsäure schon vielfach als Gradmesser für die wirtschaftliche Kraft eines Landes. Der

**HINWEISE**

Lesen Sie auch:

Gummi und Kunststoffe (Band 8)

Fasern für Textilien (Band 8)

Chemische Verfahrenstechnik

Erdöl – der vielseitige Rohstoff

---

**1 Phosphor** stellt man überwiegend aus Calciumphosphat her, das meist im Tagebau abgebaut wird [B]. In einem Arbeitsgang [A] wird ein Gemisch [4] aus Phosphatmineral [1], Koks oder Anthrazit [2] und Sand [3] in einen elektrischen Schmelzofen [5] gefüllt. Ein Lichtbogen heizt das Gemisch auf 1500 °C auf, wobei es chemisch reagiert. Es entstehen dabei Phosphordampf, Kohlenmonoxid und (noch flüssige) Schlacke aus Calciumsilicat [6]. Der dampfförmige Phosphor verläßt zusammen mit dem Kohlenmonoxid den Schmelzofen [7] und wird in einem elektrostatisch betriebenen Staubabscheider gereinigt [8]. Dort werden die Staubpartikel elektrisch aufgeladen und zu einer entgegengesetzt geladenen Elektrode hingezogen; hier entladen sie sich und fallen zu Boden [10]. Der elektrisch neutrale Dampf [9] strömt in einen Kondensator [11], Wasser kühlt den Phosphordampf unter seinen Siedepunkt ab, und der nun flüssige Phosphor [13] sammelt sich unter einer Wasserschicht. Das Kohlenmonoxid [12] wird für Heizzwecke oder für chemische Synthesen weiterverwendet. Der Phosphor wird bis zu seiner Weiterverarbeitung in andere Chemikalien und Dünger unter Luftabschluß gelagert [14].

Grund dafür ist, daß Schwefelsäure in einer breiten Palette von Industrien eine tragende Rolle spielt – z. B. bei der Herstellung von Kunstseide, beim Reinigen von Metallen vor dem Beschichten mit Lack oder anderem Metall, bei der Produktion von Farb- und Sprengstoffen, Batterien und vielen anderen Dingen.

Die chemische Industrie investiert viel Geld in die Forschung und für den Bau von Anlagen. Die Verfahren sind einem ständigen Wandel unterworfen, eine Neuentwicklung löst die andere ab, immer neue Chemikalien werden produziert und kommen auf den Markt: neue Kunststoffe, Pestizide, Farben und Pharmazeutika. Oft sind die Betriebe zu multinationalen Konzernen gewachsen – sie brauchen weltweite Märkte, um in großem Umfang ihre Produkte absetzen und so ihre Investitionen wieder hereinholen zu können.

### Die Sicherheitsfrage

Sowohl Chemikalien als auch chemische Prozesse sind oft gefährlich für die Menschen, die mit ihnen zu tun haben. Seriöse chemische Betriebe legen daher größten Wert auf die Gewährleistung der Sicherheit aller Beschäftigten. Zwar geschehen gelegentlich spektakuläre Unfälle, aber im ganzen gesehen besteht kein Anlaß zur Klage: Chemiefirmen weisen häufig, verglichen mit anderen Industriezweigen, ein Maximum an betrieblicher Sicherheit auf. Kürzlich versuchte man, internationale Markierungen für Fahrzeuge zu vereinbaren, auf denen größere Mengen an Chemikalien transportiert werden; Polizei, Feuerwehr und ärztliche Helfer hätten so bei einem Unfall eines solchen Fahrzeugs sofort einen Überblick über die Gefahren, die von der Unfallstelle ausgehen. Aber dieser Versuch ist gescheitert. In der Bundesrepublik Deutschland wurde inzwischen immerhin die Kennzeichnung von Tankfahrzeugen eingeführt.

Immerhin bemüht man sich in allen Industrieländern um die Erkennung schädlicher Wirkungen von gebräuchlichen Chemikalien – oft stellt sich, wie im Fall des zur PVC-Herstellung benötigten Vinylchlorids, erst nach Jahren heraus, daß man es mit einer gefährlichen Substanz zu tun hat. So gibt es heute bereits für viele Chemikalien international festgelegte Konzentrationsgrenzen, die in der Luft am Arbeitsplatz nicht überschritten werden dürfen.

**Leitbild**

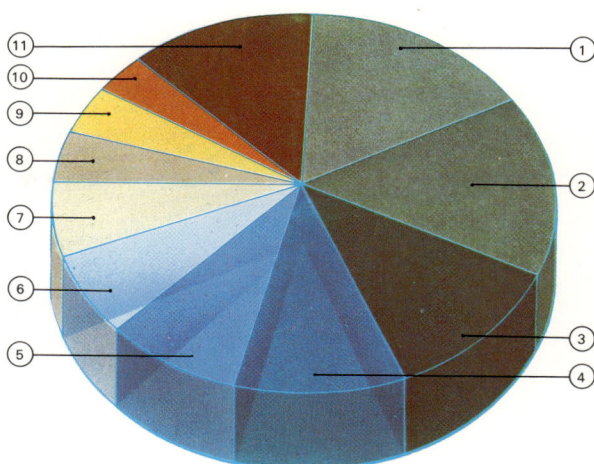

**Die Produkte der chemischen Industrie** teilt man in elf Gruppen ein:
[1] Organische Chemikalien, 15%
[2] Kunststoffe, 13%
[3] Pharmazeutika, 12%
[4] Chemikalien allgemein, 11%
[5] Anorganische Chemikalien, 9%
[6] Düngemittel, 7%
[7] Anstrichstoffe, 6%
[8] Waschmittel, Detergentien, 5%
[9] Farbstoffe, 5%
[10] Kosmetika, 4%
[11] Sonstiges, 13%

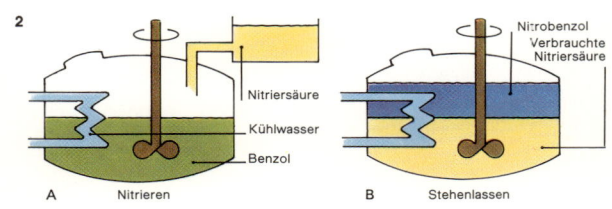

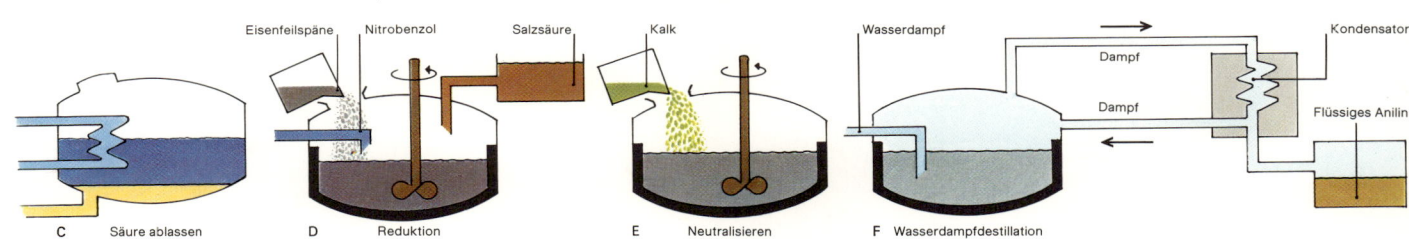

**2 Das »Aromat« Anilin,** einer der wichtigsten Grundstoffe der Farbenindustrie, wird in großen Mengen produziert. Man kann Anilin herstellen, indem man Benzol in Nitrobenzol umwandelt und das Nitrobenzol dann zum Aminobenzol Anilin reduziert. Das Nitrieren [A]: Unter Rühren und durch Wasser gekühlt fließt ein Gemisch aus Salpeter- und Schwefelsäure in das Benzol. Das Reaktionsgemisch wird stehengelassen [B], sobald eine Schicht aus Nitrobenzol auf der verbrauchten Nitriersäure schwimmt; diese wird abgelassen [C]. Das Nitrobenzol wird in einem anderen Reaktor mit Eisenfeilspänen und Salzsäure reduziert [D]. Danach neutralisiert man letzte Reste von Säure im fertigen Anilin mit Kalk [E]. Zuletzt extrahiert man das Anilin aus dem neutralisierten Gemisch durch Wasserdampfdestillation [F]: Eingeleiteter Wasserdampf treibt das Anilin zu einem gesonderten Behälter hinüber. Außer zu Farbstoffen wird Anilin auch zu Pharmazeutika und verschiedenen Kunststoffen verarbeitet.

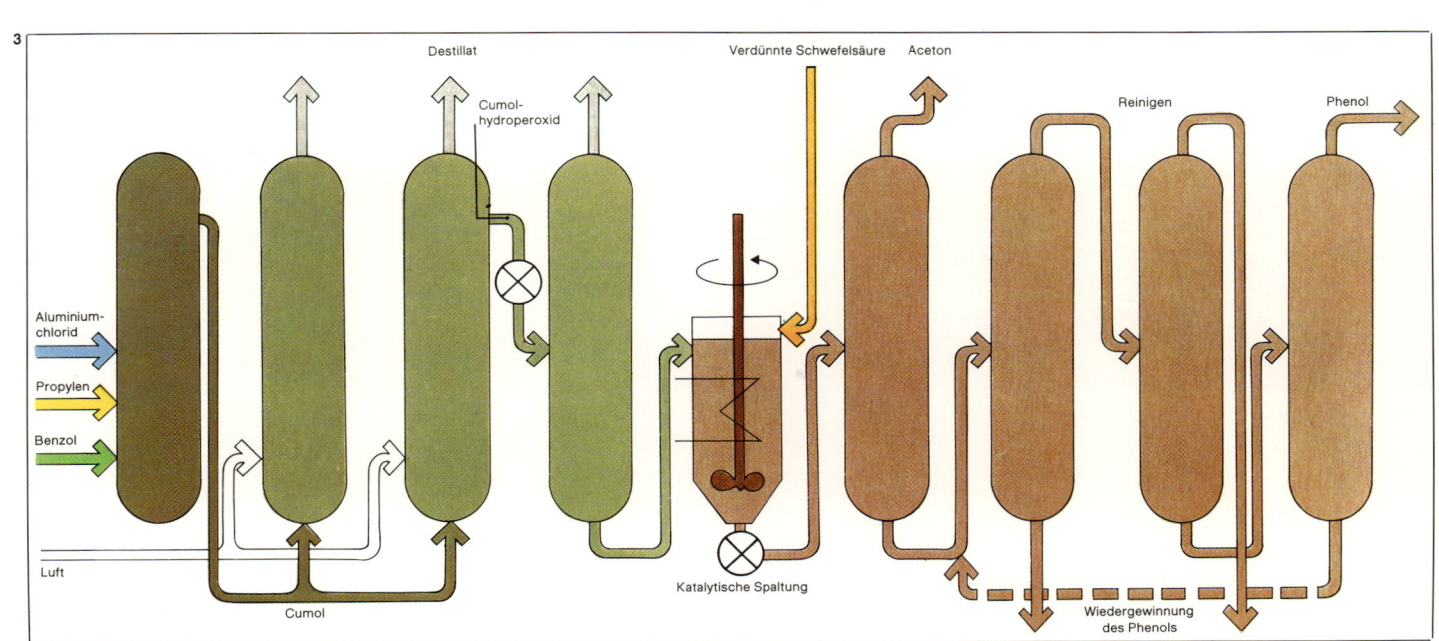

**3 Phenol – früher »Karbolsäure« genannt** – ist eine organische Chemikalie, die als Ausgangsbasis für Farben, Kunststoffe und Desinfektionsmittel dient. Früher gewann man Phenol ausschließlich aus Teer; heute ist die Nachfrage aber so groß geworden, daß man es auch synthetisch herstellt. Eines der industriellen Verfahren geht von dem aus Benzol, Propylen und Aluminiumchlorid hergestellten Cumol aus. Das Cumol erhitzt man unter alkalischen Bedingungen mit Luft, wobei Cumolhydroperoxid entsteht. Dieses Zwischenprodukt spaltet man katalytisch mittels verdünnter Schwefelsäure in Phenol und Aceton. Aceton wiederum ist kein Abfallprodukt, sondern ein begehrtes Lösungsmittel für Kunstharze. Methylstyrol, ein weiteres Nebenprodukt dieses Verfahrens, dient zur Kunststoffherstellung oder kann wieder zu Cumol umgewandelt und wiederverwendet werden. Das Phenol wird noch in mehreren Arbeitsgängen gereinigt.

# Chemische Verfahrenstechnik

Ein neues chemisches Produkt nimmt seinen Anfang immer in den Glasapparaturen eines Labors [3]. Hier zunächst in Größenordnungen von wenigen Gramm hergestellt, wird es später vielleicht in riesigen Mengen benötigt – bei Kunststoffen und Düngemitteln sogar bis zu mehreren Millionen Tonnen pro Jahr. Dieses zu bewerkstelligen, also labormäßige Verfahren in eine großtechnische Produktion zu übertragen, ist Gegenstand der chemischen Verfahrenstechnik.

## Was ist eine Chemieanlage?

Viele Prozesse in der chemischen Verfahrenstechnik haben im Grunde genommen eine gewisse Ähnlichkeit mit den einfachen Verfahren, wie sie z. B. in einer Küche ablaufen. Hinzu kommt aber, daß sich die Verfahrenstechnik auch mit dem Entwurf, dem Bau und dem möglichst rationellen Betrieb großtechnischer Einrichtungen zu befassen hat. Unter dem Sammelbegriff »Chemieanlagen« geführt, finden hier jedoch nicht nur rein chemische Prozesse statt, sondern auch physikalische Vorgänge wie Verdampfung, Destillation, Verflüssigung und Filtration.

Der Entwurf einer Chemieanlage und ihrer Ausrüstung stellt ein eigenständiges, wenn auch mit vielen anderen Bereichen verzahntes Gebiet dar. An dieser Aufgabe wirken daher nicht nur Chemiker mit – die sich vornehmlich mit den chemischen Problemen zu beschäftigen haben –, sondern auch Ingenieure und Wissenschaftler aus den verschiedensten Fachrichtungen. Sie berechnen z. B., wie ein Druckbehälter für den Crackprozeß (thermisches Spalten langkettiger Kohlenwasserstoffe) gestaltet und dimensioniert werden muß und welches Material dafür am besten geeignet ist, welche Antriebsleistung die Pumpen aufbringen müssen, wieviel Energie zum Erhitzen der Ausgangsprodukte oder zum Kühlen der Reaktionsprodukte benötigt wird und wie die Reaktionsprodukte am besten voneinander getrennt werden können.

Darüber hinaus werden beim Entwurf einer neuen Anlage – oder bei Änderungen in einer bestehenden – immer auch Erfahrungen aus anderen Herstellungsprozessen und ähnlichen Einrichtungen Eingang finden. Eine besonders große Bedeutung kommt dabei dem wirtschaftlichen Betrieb zu. Um den insgesamt »optimalen Verfahrensablauf« ermitteln und mit anderen Herstellern konkurrieren zu können, ist daher auch der Computer ein unerläßliches Hilfsmittel des Verfahrensingenieurs [5].

## Von der Theorie zur Praxis

Der Leitgedanke der chemischen Verfahrenstechnik bei der Herstellung bestimmter Produkte wie Säuren, Farbstoffe oder Arzneimittel ist es, die dabei ablaufenden chemischen Prozesse in viele Einzelschritte zu zerlegen. Diese sind häufig unabhängig von den zu verarbeitenden Stoffen, so daß sich eine allgemein gültige Vorgehensweise entwickelt hat. Zu diesen Einzelschritten zählen Destillation, Filtration, Mischung, Zerlegung und Kristallisation. Bei vielen dieser Verfahrensschritte werden Erkenntnisse aus den Gebieten der Thermodynamik, des Wärmeübergangs, des Stoffaustausches und der Stofftrennung sowie der Dynamik der Flüssigkeiten und Gase benötigt.

Der Chemieingenieur muß sich auch darüber im klaren sein, welche Reaktionen möglich sind, wenn die Stoffmengen gesteigert werden. Oft laufen die Reaktionen in einem großen Behälter anders ab als in einem kleinen, da hier

**HINWEISE**

Lesen Sie auch:

Rohstoffe für die chemische Industrie

Waschmittel und Detergentien

Sprengstoffe und Feuerwerkskörper

Die Chemie der Farben

Kosmetika und Parfüms

**1 Düngemittelfabriken** [A] produzieren weltweit etwa 10 Millionen Tonnen Kunstdünger pro Jahr. Dieser enthält Stickstoff, Kalium und Phosphor in Verbindungen, die im Erdboden löslich sind und von den Pflanzen als Nährstoffe aufgenommen werden können. Zunächst liegen die chemischen Bestandteile des Düngers jedoch in andersartigen Verbindungen vor, z. B. Stickstoff mit anderen Gasen gemischt in der Luft oder Phosphor als Mineral. Die Graphik [B] zeigt schematisch, welche Verfahrensschritte zur Umwandlung nötig sind. Zunächst werden Luftstickstoff und aus Wasser stammender Wasserstoff nach dem Haber-Bosch-Verfahren zu Ammoniak synthetisiert [1]. Durch katalytische Verbrennung des Ammoniaks entsteht Salpetersäure [2], die mit weiterem Ammoniak zu Ammoniumnitrat [3] reagiert. Das Kalium wird in Form des Kaliumsalzes Sylvin (Kaliumchlorid) direkt zugesetzt [4]. Phosphatmineralien [7] werden durch Schwefelsäure [6] (die aus Schwefel [5] gewonnen wurde) in Phosphorsäure [8] übergeführt, die dann mit Ammoniak die Verbindung Ammoniumphosphat [9] bildet. Ammoniumnitrat, Kaliumchlorid und Ammoniumphosphat werden je nach Düngerart in bestimmten Verhältnissen gemischt und zu einem Granulat (Körnchenform) verarbeitet [10], getrocknet [11], beschichtet [12] und für den Versand verpackt [13].

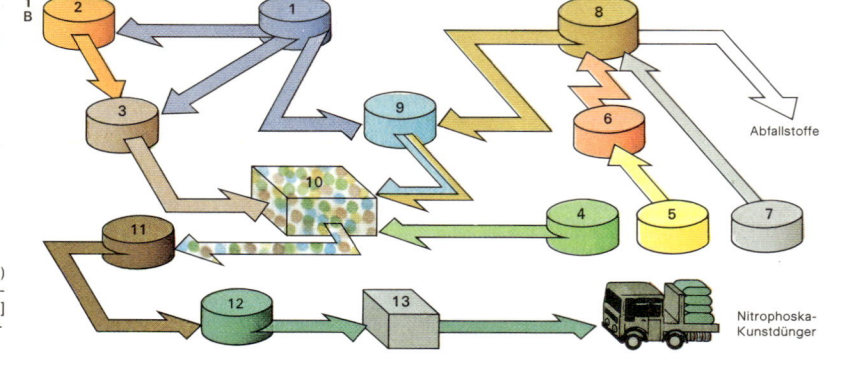

die Moleküle inniger miteinander vermischt werden und rascher miteinander reagieren können. Aber auch Rührwerke können in kleinen Behältern effektiver arbeiten als in großen; außerdem sind die Probleme der Wärmezufuhr oder -abfuhr leichter zu beherrschen. Wird beispielsweise Urannitrat im Labormaßstab mit einer Ammoniaklösung versetzt, so fällt das entstehende Ammoniumdiuranat augenblicklich aus. Im großtechnischen Maßstab kann sich diese Reaktion über Stunden hinziehen – wesentlichen Einfluß auf die Reaktionsgeschwindigkeit hat dabei die Auslegung der Pumpen und der Rührwerke. Ein anderes Beispiel ist Nitrobenzol: Bei seiner labormäßigen Gewinnung in einem Glaskolben wird die Reaktionswärme einfach durch ein Wasserbad abgeführt; im großtechnischen Maßstab wählt man dafür einen Reaktionsbehälter mit besonders großer Oberfläche zur raschen Wärmeabfuhr, aber nicht etwa aus Glas, sondern – wegen seiner höheren Wärmeleitfähigkeit – aus Metall.

Das Verdampfen einer Flüssigkeit läßt sich im Labor über einer Flamme einfach durchführen, vorausgesetzt daß keine brennbaren Gase entstehen. Großtechnisch werden auch für diesen Vorgang metallische Reaktionsbehälter benötigt, die die Wärmeenergie rasch von der Wärmequelle der zu verdampfenden Flüssigkeit zuleiten. Während man im Labor einen Rührvorgang einfach mit dem Glasstab durchführt, ist im großen ein aufwendiges Rührwerk erforderlich. Schließlich muß sichergestellt sein, daß die Materialien, die mit den Chemikalien in Berührung kommen, diesen widerstehen können, sich andererseits aber auch noch wirtschaftlich verarbeiten lassen. Aus all diesen Gesichtspunkten muß der Verfahrensingenieur die jeweils für Produktion und Kosten optimale Lösung finden.

**Die biochemische Verfahrenstechnik**
Speziell mit molekularbiologischen Vorgängen befaßt sich die biochemische Verfahrenstechnik. Ein bedeutender Zweig ist dabei die Gewinnung von Eiweißstoffen (Proteinen) aus Erdöl, um damit Tierfuttermittel zu schaffen. Auch neuartige Fermentationsprozesse zur Herstellung von Antibiotika und Vitaminen gehören in dieses Gebiet – einschließlich der Verfahren, diese Stoffe zu extrahieren und zum Endprodukt zu konzentrieren.

Leitbild

**Anlagen der chemischen Industrie** sind das Ergebnis einer umfangreichen verfahrenstechnischen Entwurfsaufgabe, die die Umsetzung eines chemischen Laborversuchs in eine rationelle Massenproduktion zum Ziel hat. Die chemische Verfahrenstechnik ist vor immer neue Anforderungen gestellt, die sich aus neuartigen Produkten und ständig sich wandelnden Marktverhältnissen ergibt. Chemieingenieure wählen, in enger Zusammenarbeit mit Wissenschaftlern und Ingenieuren anderer Disziplinen, das geeignete Verfahren zur Herstellung eines Produkts aus, überwachen den Bau der Anlage oder sind nach deren Anlaufen für den weiteren Betrieb verantwortlich, wobei heute auch Gesichtspunkte des Umweltschutzes zu beachten sind.

**2 In einem Verdampfer** wird die Wärme des Heizmittels [1] (z. B. Wasserdampf) auf eine Flüssigkeit [2] übertragen. Diese steigt aus der unteren Kammer in den heizmittelumströmten Rohren [3] hoch, die flüchtigen Stoffe verdampfen [4] und werden aus der oberen Kammer abgesaugt [5]. Die durch das Verdampfen konzentrierte Flüssigkeit wird unten entnommen [6], bei [7] verläßt das abgekühlte Heizmittel den Verdampfer wieder zur erneuten Erwärmung.

**3 In der chemischen Verfahrenstechnik** laufen prinzipiell dieselben chemischen Reaktionen ab wie im Labor. Die wesentlich größeren Stoffmengen verlangen jedoch ganz spezielle Apparaturen und Verfahrensabläufe.

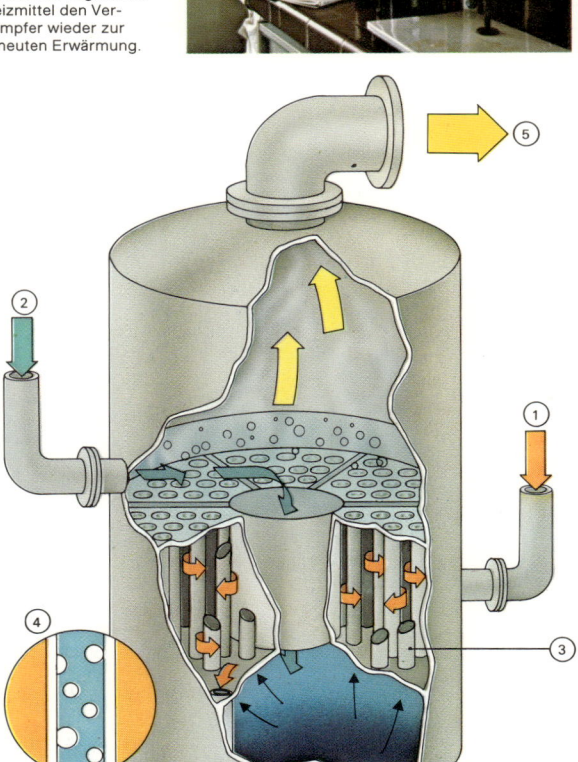

**4 Zur Produktion von Schwefelsäure** wird flüssiger Schwefel [1] in einem Ofen [3] mit Luft [2] zu Schwefeldioxid verbrannt. Das Gas wird filtriert [4], gekühlt [5] und mit Wasser gewaschen [6]; in einem mit Raschig-Ringen gefüllten Kessel [7] wird es mittels konzentrierter Schwefelsäure (Eintritt bei [8], Austritt bei [9]) getrocknet. Im Kontaktkessel [10] reagiert das Schwefeldioxid katalytisch mit Sauerstoff zu Schwefeltrioxid [11], das gekühlt [12] und in 98%ige Schwefelsäure [13] eingeleitet wird. Das dabei entstandene »Oleum« [14] kann im Behälter [15] mit Wasser [16] zu 98%iger Schwefelsäure [17] verdünnt werden, die dann in Eisenkesseln versandt wird.

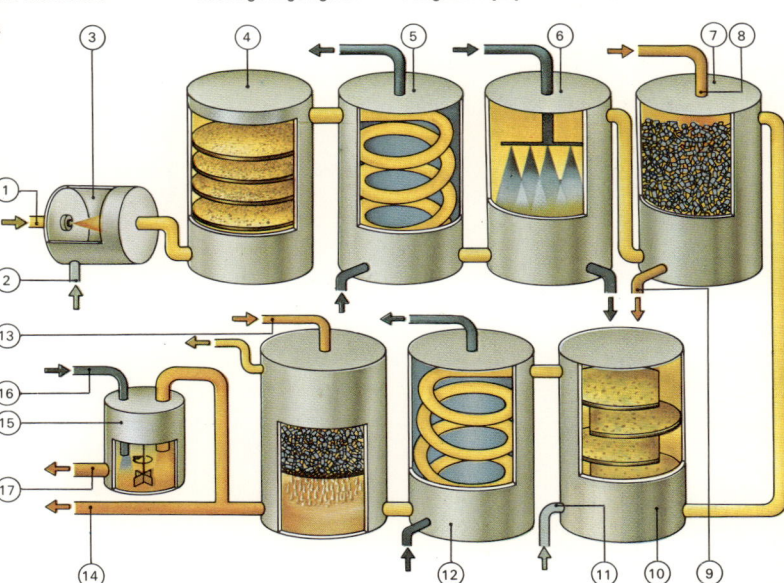

**5 Der Computer** ist ein unentbehrliches Hilfsmittel in der chemischen Industrie, sei es zur Lösung von Entwurfsaufgaben oder zur Überwachung und Regelung von Prozessen. Prozeßrechner halten die gewählten Reaktionsparameter wie Druck, Temperatur, Viskosität und Mengenverhältnisse in den vorgegebenen Schranken. Sie geben mit großer Zuverlässigkeit die Gewähr, daß die Qualität der Endprodukte auf dem gewünschten Niveau bleibt und daß die Ausbeute sich keinesfalls verringert.

# Waschmittel und Detergentien

Seit Tausenden von Jahren benutzt der Mensch Waschmittel. Unsere Vorfahren wußten bereits, daß Wasser allein Schmutz und Fett nicht entfernen kann: Durch seine hohe Oberflächenspannung ist Wasser ein schlechtes Netzmittel und wird von fettigen Flächen abgestoßen. Erst nach Zugabe eines Waschmittels dringt Wasser in fettige Bereiche ein und kann die Verunreinigung abheben [5].

Die Babylonier benutzten Pflanzenasche (»Pottasche«) als Waschmittel; andere reinigende Zusätze waren Walkerde (eine Art Ton) oder Seifenbeeren (saponinhaltige Baumfrüchte). Seife wurde vermutlich zuerst in Ägypten hergestellt; die Phönizier verbreiteten Produkt und Herstellungsverfahren im Mittelmeerraum. Im 1. Jahrhundert n. Chr. machte man die beste Seife aus Ziegenfett und Buchenasche. Die heutige Waschmittel-Großindustrie kommt jedoch nicht mehr mit solch ausgefallenen Rohstoffen aus; überall im Haushalt besteht ein großer Bedarf an Reinigungsmitteln aller Art [Leitbild].

Das Seifensieden betrieb man bis zum 18. Jahrhundert nur im kleinen [2] – die verfügbaren Rohstoffe waren knapp. 1787 entdeckte man jedoch, daß sich das zur »Verseifung« nötige Alkalicarbonat aus gewöhnlichem Salz herstellen läßt – man war also nicht mehr auf die kaliumcarbonathaltige Pflanzenasche angewiesen und konnte mehr und billiger Seife produzieren. Aus den überseeischen Kolonien importierte man Kokosfett, Palmöl, Sesam- und Sojaöl; zu Anfang des 20. Jahrhunderts hatten Pflanzenfette und Pflanzenöle die Tierfette verdrängt, und die Nachfrage nach Seife stieg an.

## Wie man heute Seife macht

Der erste Schritt bei allen Herstellungsverfahren ist die »Verseifung« von Öl oder Fett mit Laugen [4].

Fette und Öle sind Ester des dreiwertigen Alkohols Glycerin mit organischen Säuren – hauptsächlich Stearin-, Palmitin- und Ölsäure. Bei der chemischen Reaktion mit Laugen werden diese Ester gespalten, und man erhält freies Glycerin und die Natriumsalze oder Kaliumsalze der entsprechenden organischen Säuren. Diese »Schmierseife« enthält noch rund 30 Prozent Wasser. Um feste Seifenstücke daraus machen zu können, muß die Masse auf etwa 12 Prozent Wassergehalt entwässert werden. Zusätze wie beispielsweise Parfümierungs- und Konservierungsstoffe, Bleichmittel sowie Farbstoffe, für medizinische Seife auch Desinfektionsmittel, werden vor der Entwässerung beigemischt. Die heiße Seifenmasse wird nach dem Abkühlen in Stücke geschnitten; für Scheuerseifen wird vorher noch ein besonderes Schleifmittel beigegeben.

Für die Herstellung von Seifenflocken sprüht man die noch heiße, flüssige Masse über wassergekühlte Trommeln. So entstehen immer dünner zulaufende Seifenbänder, die schließlich zu Flocken gebrochen werden.

Seifenpulver enthält üblicherweise Silicate und Phosphate, die man zur flüssigen Seifenmasse zugibt. Diese wird unter Druck aufgeheizt und dann in einen Kühlturm versprüht. Während die Tröpfchen herunterfallen, erstarren sie und kommen am Boden als feines Pulver an.

Die festen Seifen enthalten überwiegend Natriumsalze der oben erwähnten »Fettsäuren«, Schmierseife und Rasiercreme oft Kaliumsalze. Andere Seifentypen finden als Schmiermittel, bei der Appretur von Textilien, in der kosmeti-

**HINWEISE**

Lesen Sie auch:

Wasserversorgung

Abwasser

Chemische Verfahrenstechnik

**1** So wurde früher auch bei uns die Wäsche gewaschen: Frauen schlagen mit Steinen den Schmutz aus der Wäsche; eine zwar wirksame, aber strapaziöse Methode – nicht nur für die Frauen, sondern auch für die Wäsche.

**2** Seife kochte man früher in offenen Zubern – aus Lauge, Pflanzenasche, Kalk und tierischem Fett. Beim Abkühlen schwamm die Seife an der Oberfläche des Zubers und konnte als »Schmierseife« abgeschöpft werden.

**3** Synthetische Waschmittel sind Gemische, deren Hauptbestandteil ein Detergens ist – der eigentliche Schmutz- und Fettlöser. Viel in Gebrauch ist das Detergens Natriumdodecylbenzolsulfonat. Es wird aus Erdöl hergestellt – im Bild seine Molekülstruktur. Der Sulfonat-»Kopf« des Moleküls [rechts] ist wasserlöslich, der lange Dodecyl-»Schwanz« fettlöslich. Jedes Detergens besteht aus solchen wasser- bzw. fettlöslichen Anteilen – nur so kann das Molekül grenzflächenaktiv sein, also seine reinigende Wirkung entfalten. Beide hier im Bild gezeigten Wege der Detergentienproduktion gehen von leicht zur Verfügung stehenden Kohlenwasserstoffen aus.

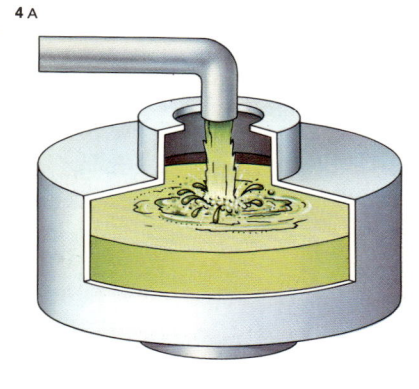

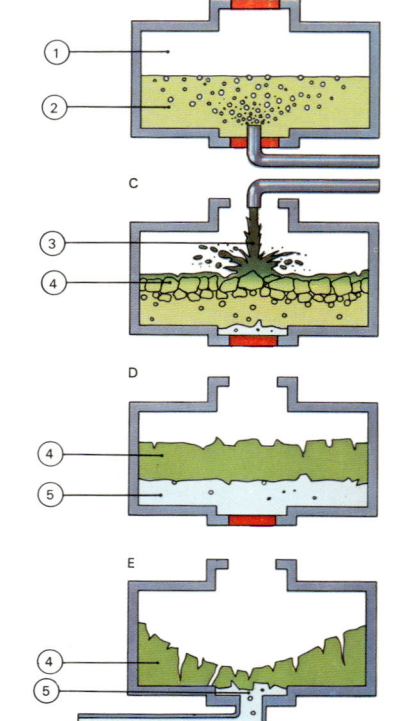

**4** Die heutige Seifenherstellung [A] folgt dem althergebrachten Prinzip: Fett und Lauge werden zu Seife und Glycerin »verseift«. Heute geht das allerdings in 15 Minuten, anstatt in mehreren Tagen wie zu früheren Zeiten. [B]: Fett oder Öl [2] werden bei hoher Temperatur und hohem Druck [1] mit Wasser gemischt. [C]: Alkali [3] kommt hinzu, und es entsteht Seife [4]. [D]: Das Glycerin [5] wird mit Salz ausgewaschen. [E]: Die salzige Lösung zentrifugiert man – wie bei einer Wäscheschleuder – von der Seife ab. Die noch halbflüssige Seife wird dann in Mischbehältern mit Parfümen, Weichmachern, Desinfektionsmitteln und Farbstoffen vermengt. Aus der noch stark wasserhaltigen Masse kann man nun durch Weiterbehandlung sowie durch Entwässern harte Seifenstücke, Seifenpulver, Seifenflocken oder auch andere Produkte herstellen. In früherer Zeit benutzte man dagegen ausschließlich Schmierseife, da das Entwässern der Seife viel zu aufwendig war.

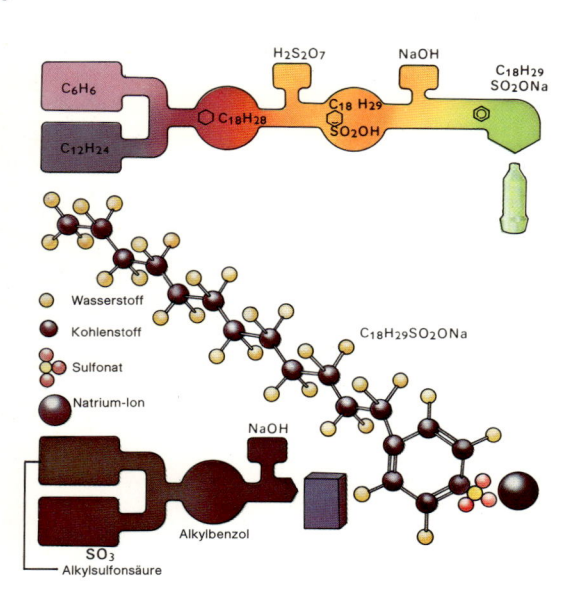

schen und pharmazeutischen Industrie, in Poliermitteln und Emulsionsfarben Verwendung.

Allerdings haben Seifen gewisse Nachteile: In auch nur leicht sauer reagierendem Wasser »funktionieren« sie nicht mehr; genausowenig in hartem, also calcium- und magnesiumhaltigem Wasser. Calcium und Magnesium verbinden sich mit den Alkalisalzen in der Seife zu Calcium- und Magnesiumsalzen, einem grauen, unlöslichen Schaum. Ein weiterer Nachteil: Die Rohmaterialien – Fett und Öl – sind nicht immer gleich gut verfügbar.

Aus all diesen hier genannten Gründen suchte man in den 40er Jahren nach einem neuen, synthetischen Detergens (Detergentien sind grenzflächenaktive, also auch reinigungsaktive Stoffe).

### Synthetische Detergentien
Die ersten in größerem Maßstab hergestellten Detergentien basierten auf verschiedenen Produkten aus Erdöl – damals noch ein preiswerter Rohstoff. In den 50er Jahren hatten Detergentien auf ABS(Alkylbenzolsulfonsäure)-Basis mehr als 50 Prozent des gesamten Waschmittelmarktes erobert.

Die ersten ABS-Detergentien wiesen jedoch einen entscheidenden Mangel auf: Sie enthielten verzweigte Molekülketten, die den späteren bakteriellen Abbau im Abwasser verhinderten. Nach und nach wurden sie durch biologisch abbaubare LAS (Lineare Alkylsulfonate)-Detergentien ersetzt.

### Ökologische Gefahren
Aber nicht einmal die biologisch abbaubaren Detergentien sind frei von ökologischen Nachteilen. Außer LAS enthalten neuzeitliche Waschmittel optische Aufheller, Enzyme, Komplexbildner und verschiedene andere Stoffe. Ein typischer Zusatzstoff ist beispielsweise Natriumtriphosphat; es zersetzt sich allmählich in einzelne Phosphatmoleküle – und Phosphat ist ein Nährstoff für Algen und andere Wasserpflanzen, die in solchen Abwässern bald üppig zu wuchern beginnen [6]. Sie entziehen Fischen und anderen Tieren dann den im Wasser gelösten Sauerstoff.

Seit 1970 sucht man nach weniger schädlichen Zusatzstoffen; im Gespräch sind vor allem Silicate, aber auch diese bringen unerwünschte Nebenwirkungen mit sich.

**Reinigungsmittel** wie Seife und pulverisierte oder flüssige Waschmittel sind aus unserem alltäglichen Leben nicht mehr wegzudenken.

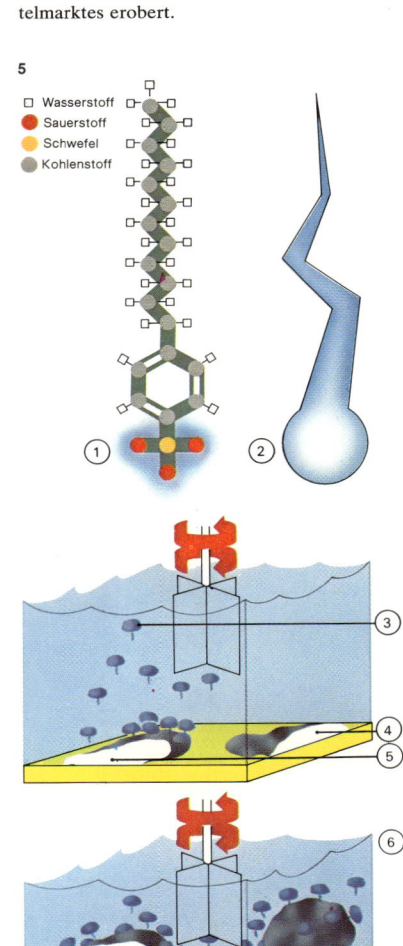

**5 So wirken Detergentien:** Ein Molekülteil ist wasserlöslich (»hydrophil«), der andere Teil ist wasserabstoßend (»hydrophob«) und fettlöslich. Natriumdodecylbenzolsulfonat [1] ist ein synthetisches Detergens mit einem hydrophilen »Kopf« [2] und einem hydrophoben »Schwanz«. Das Detergens [3] wird – in Wasser gelöst – mit dem fettigen Schmutz [4] in Kontakt gebracht. Die hydrophoben »Schwänze« haften in den Fettpartikeln [5]; die hydrophilen »Köpfe« bleiben in der wäßrigen Phase und stoßen einander elektrostatisch ab. Dadurch bringen sie die Fettpartikel in Lösung [6]. Die an den Waschmittelmolekülen haftenden Schmutzteilchen werden ihrerseits von der gereinigten Fläche abgestoßen [7] und auf diese Weise in Schwebe gehalten.

**6 Detergentien** beherrschen seit dem II. Weltkrieg den Waschmittelmarkt [F]. Ihre Reinigungswirkung ist gut, sie haben aber ökologische Nachteile: Grenzflächenaktive Stoffe [gelb], Phosphate [rosa] und Perborate [rot] [A] werden in Kläranlagen nicht abgebaut [B] und gelangen in die Flüsse, wo der durch sie erzeugte Schaum [C] Vögel und Fische tötet. Algenwuchs [D] erstickt Fische, Perborate [E] vergiften biologische Klärstufen.

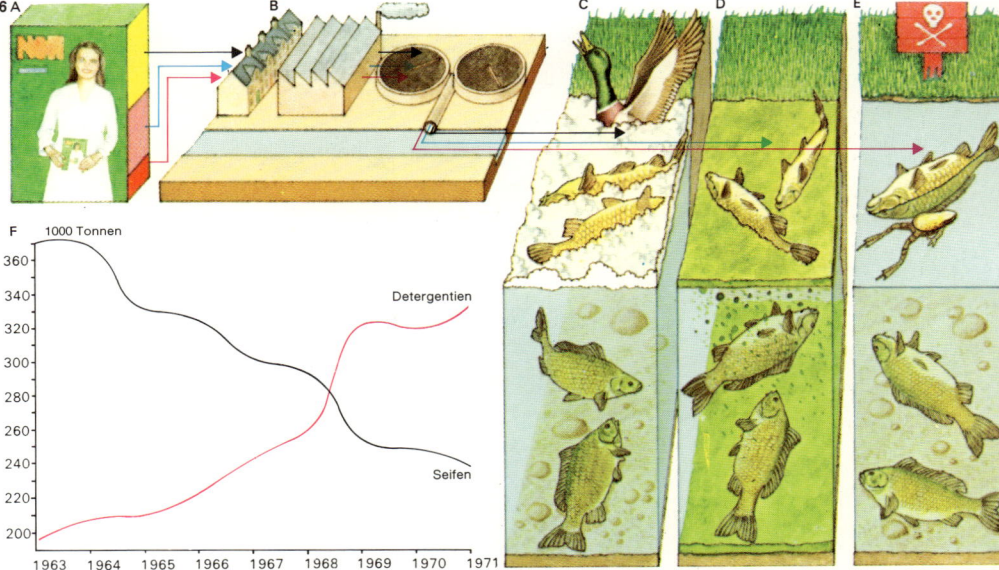

**7 Schäumende Flüsse** waren in den 50er Jahren die Folge biologisch nicht abbaubarer Detergentien. Der Schaum verhinderte den Zutritt von Luftsauerstoff und wusch die natürliche Fettschicht vom Gefieder der Wasservögel. Die natürliche Folge war, daß die Tiere ertrinken mußten.

193

# Sprengstoffe und Feuerwerkskörper

Als Explosivstoffe bezeichnet man Chemikalien, die in einer schnell ablaufenden chemischen Reaktion große Gasmengen freisetzen. Da das Gas im Augenblick seines Entstehens nur dasselbe Volumen wie der Sprengstoff einnehmen kann, entsteht ein sehr hoher Druck, der durch die freiwerdende Reaktionswärme noch zunimmt. Das Gas wirkt deshalb zerstörend auf seine Umgebung – es ereignet sich eine Explosion.

Man unterscheidet zwei Sprengstoffarten: relativ langsam abbrennende Treibmittel und äußerst rasch reagierende Sprengstoffe, die im militärischen und zivilen Bereich große Bedeutung haben. Bei der Gewinnung von Steinblöcken für Bildhauerarbeiten verwendet man Treibmittel, die ohne große Zerstörungen wirken, in Erzbergwerken dagegen hochexplosive Sprengstoffe, die das Gestein in kleine Trümmer zerlegen.

Sprengbomben und Minen sollen eine möglichst große Zerstörungskraft haben. Bei Splitterbomben und einigen Handgranatentypen zersplittert auch die Hülle in viele kleine Stücke, um eine möglichst große Trefferwirkung zu erzielen [4]. Einige Geschoßhüllen enthalten selbst noch Sprengstoff, der nach dem Abschuß gezündet wird und die Geschoßwirkung durch Splitterbildung erhöht.

In der Metallverarbeitung werden Sprengstoffe auch zum Explosionsschweißen, -plattieren und -formen eingesetzt.

Die Sprengstoffherstellung steht unter strenger behördlicher Kontrolle. Vor der Anfertigung eigener Sprengstoffe kann wegen deren Gefährlichkeit nicht genug gewarnt werden!

## Die Geschichte des Schießpulvers

Der erste und jahrhundertelang auch einzige Sprengstoff war das Schießpulver. Seit langem bereits in China bekannt, gelangte es über die Araber nach Europa und wurde im 13. Jahrhundert erstmals als Schießpulver für Gewehre verwendet. Aussehen und Entwicklung der Gewehre waren von da an eng mit der Qualität des sogenannten Schwarzpulvers verbunden.

Schwarzpulver entsteht durch Vermischen von Kaliumnitrat, Kohlenstoff und Schwefel. Die Mischung wird, um plötzliche Detonationen zu vermeiden, angefeuchtet und, zur Verkleinerung der Partikelgröße, gemahlen. Der nach dem Trocknen entstandene »Kuchen« wird in verschieden große Körnchen zerbrochen. Die großen Körnchen brennen relativ langsam; sie erzeugen eine länger wirkende, gleichmäßige Antriebskraft auf Geschosse und eignen sich daher gut für lange Geschützrohre. Zum Abschuß von Gewehrkugeln sind dagegen die kleineren, rasch verpuffenden Körnchen besser geeignet, da sie wegen des relativ kurzen Gewehrlaufs schnell große Antriebskräfte aufbringen müssen.

Gegen Ende des 19. Jahrhunderts wurde das Schwarzpulver schließlich durch das rauchlos verbrennende Cordit ersetzt. Es besteht aus Nitroglycerin, Nitrocellulose sowie etwas Gallerte und wird mit Aceton als Lösungsmittel zu einer Paste gemischt, ausgewalzt und zu Stangen oder dünnen Schnüren passender Länge zugeschnitten. Das Aceton verdunstet wieder.

Hochbrisante Sprengstoffe bestehen heute vorwiegend aus organischen Nitroverbindungen; sie werden meist durch eine Schockwelle zur Detonation gebracht, die entweder von einer kleinen Sprengkapsel als Initialzünder ausgelöst wird oder ihren Ursprung in einer mechanischen Erschütterung hat, etwa der Druckwelle eines Gewehrschusses. Die Zerset-

## HINWEISE

Lesen Sie auch:

Weltraumfahrzeuge

Die Entwicklung der Feuerwaffen

Maschinenwaffen

Geschichte der Artillerie

Die moderne Artillerie

Panzerfahrzeuge

Moderne Kriegsschiffe

Die ersten Militärflugzeuge

Moderne Verkehrsflugzeuge

Atomare, biologische und chemische (ABC-) Waffen

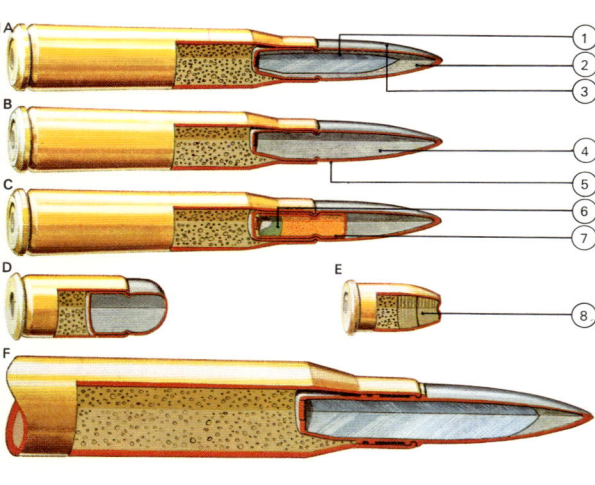

---

**1 Munition für kleinere Waffen:** Gewehrpatronen [A] mit panzerbrechendem Geschoß aus Stahlkern [1], Bleiantimonspitze [2] und Stahlmantel [3]; normale Patronen [B] mit Bleikern [4] und Stahlmantel [5]; Leuchtspurgeschosse [C] (zum leichteren Zielen mit Maschinengewehren) mit einem Zündsatz [6] für das Rauchpulver [7]; Patronen für Pistolen [D]; Platzpatronen [E] mit etwas Sprengstoff [8] anstelle der Kugel; große panzerbrechende Geschosse [F] sowie Zündhütchen [G] für Gewehrpatronen, deren Initialsprengstoff [9] – durch einen Schlag auf die Patronenkappe [10] gezündet – über den Amboß [11] die Treibladung [12] des eigentlichen Geschosses zündet und dann zum Abschuß bringt.

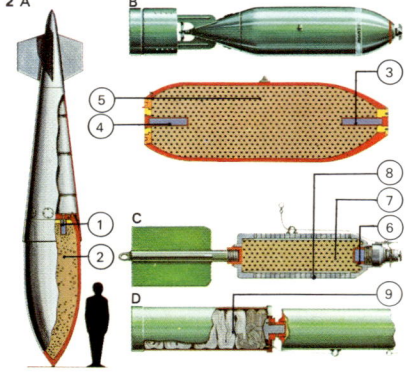

**2 Stromlinienförmige Flugbomben** [A] dringen bis zu 30 m tief in den Boden ein, bevor der Zünder [1] die Sprengladung [2] zündet. Gewöhnliche Sprengbomben [B] haben an beiden Enden Aufschlagzünder [3, 4] für die Ladung [5]. Splitterbomben [C, D] sind mit einer speziellen Ummantelung [8] versehen, die zersplittert, nachdem der Zeitzünder [6] die Ladung [7] gezündet hat. Mit einem Fallschirm [9] gebremst, können sie auch in der Luft detonieren.

**3 Bei Gesteinssprengungen** werden zunächst Löcher gebohrt, deren Anzahl, Durchmesser und Tiefe vom Gestein, vom Sprengstoff und vom Anwendungszweck abhängen. Die Explosion löst radial in allen Richtungen verlaufende Schockwellen aus; die größte Wirkung zeigt sich unmittelbar am Explosionsort. Mit Sprengstoffen niedrigerer Treibkraft gewinnt man große Steinblöcke für Bildhauer, Sprengstoffe mit großer Treibkraft rufen starke Zertrümmerungen hervor. Die Ladungen werden durch Sprengkapseln gezündet, die ihrerseits durch elektrische Funken oder Sicherheitszündschnüre zur Explosion gebracht werden. Sprengstoffe werden manchmal auch bei großen Erdbewegungen, wie beim Bau von Kanalanlagen und Tunnels, eingesetzt.

**4 Handgranaten** werden von allen Armeen als Nahkampfwaffe eingesetzt und ähneln sich weitgehend in ihrem Aufbau: Der Werfer steckt seinen linken Zeigefinger durch den Ring [1], wobei er die Granate in der rechten Hand hält. Beim Abziehen der Granate wird der Stift herausgezogen und die Granate weggeschleudert. Der Hebel [2] springt auf, der vorgespannte Schlagbolzen [3] schlägt auf das Zündhütchen [4], das seinerseits den aus langsam brennendem Sprengstoff bestehenden Zeitzünder [5] zündet. Die Sprengkapsel [6] explodiert nach einer Verzögerung von vier Sekunden und läßt die Hauptladung [7] explodieren. Splitter des Metallgehäuses [8] werden in alle Richtungen geschleudert und können noch bis in Entfernungen von 30 m tödliche Verletzungen bewirken.

zungsprodukte von Sprengstoffen sind meist Stickstoff, Kohlendioxid und Wasserdampf.

**Die Geschichte des Dynamits**

Beim Nitroglycerin, einer öligen, erstmals 1846 gewonnenen Flüssigkeit, genügt zum Auslösen der Detonation schon ein leichter Stoß – seine Verwendung ist daher äußerst gefährlich. Der schwedische Chemiker und Industrielle Alfred Nobel (1833–96) bannte aber diese Gefahren 1866, als er entdeckte, daß Kieselgur, ein Diatomeensand, bis zum Dreifachen seines Gewichts an Nitroglycerin aufnehmen kann und dabei trotzdem trocken bleibt. Das entstandene Produkt, Dynamit, hat zwar noch dieselbe Sprengkraft wie reines Nitroglycerin, ist aber wesentlich unempfindlicher gegen Stoß.

Später entwickelte Nobel auch die Sprenggelatine aus einer Mischung von Nitrocellulose und Nitroglycerin.

Die meisten militärischen Sprengstoffe basieren auf organischen Verbindungen wie Trinitrotoluol (TNT), Ammoniumpikrat, Cyclotrimethylentrinitramin (Cyclonit) und Pentaerythritoltetranitrat. Bomben und Explosivgeschosse enthalten meist TNT oder Amatol (eine TNT-Ammoniumnitrat-Mischung), die unempfindlich sind gegenüber den Schockwellen des Abschusses. Panzerbrechende Waffen enthalten Ammoniumpikrat, das auch noch der Schockwelle des Aufschlages widersteht und erst danach gezündet wird. Die vielfach eingesetzten Plastiksprengstoffe bestehen aus Cyclonit und Wachsen.

**Zündschnüre, Sprengkapseln, Feuerwerkskörper**

Zündschnüre dienen zum Auslösen einer Explosion aus sicherer Entfernung. Sicherheitszündschnüre enthalten schießpulverähnliche Substanzen und werden meist über Sprengkapseln entzündet, die eine kleine Menge empfindlichen Sprengstoffs besitzen – letzterer wird mittels eines Funkens zur Explosion gebracht.

Die Pyrotechnik befaßt sich mit der Verwendung von Sprengstoffen zu Signal- und Feuerwerkszwecken [5, 7]. Durch Zusatz verschiedener Metalle, meist in Sulfidform, lassen sich die verschiedensten Farben erzielen. Antimon erzeugt weiße, Strontium rote, Barium grüne, Natrium gelbe und eine Mischung aus Kupfer und Quecksilber blaue Farbtöne.

**Die friedliche Verwendung von Sprengstoffen** umfaßt den Einsatz in Bergwerken, Steinbrüchen, beim Abbruch alter Gebäude oder beim Roden von Baumstümpfen. Nur Fachleute können über den jeweils benötigten Sprengstofftyp entscheiden. Beim Abbruch hoher Bauten werden zahlreiche kleine Sprengstoffladungen angebracht und gemeinsam oder nacheinander gezündet. Die Auswahl des Sprengstoffes richtet sich dabei nach dem für die Trümmer zur Verfügung stehenden Raum. So kann ein Schornstein in seiner ganzen Länge gekippt werden, wenn nur ein Teil der Außenwand gesprengt wird, er kann aber durch entsprechende Verteilung und Zündfolge der Sprengladungen auch senkrecht in sich zusammenfallen.

**5 Silvesterraketen** beziehen ihre Antriebskraft aus der Verpuffung eines Treibmittels. Die Hülse wird aus nassem Papier gerollt und an einem Ende zu einer Düse zusammengeschnürt – das vergrößert den Schub. Das Treibmittel wird so in die Hülse gestopft, daß ein konischer Hohlraum verbleibt. Dadurch entsteht nach dem Zünden wegen der großflächig einsetzenden Verbrennung eine große Startbeschleunigung. Die Raketenspitze enthält Leuchtkugeln, die nach dem Ausbrennen des Treibmittels zünden und abbrennen.

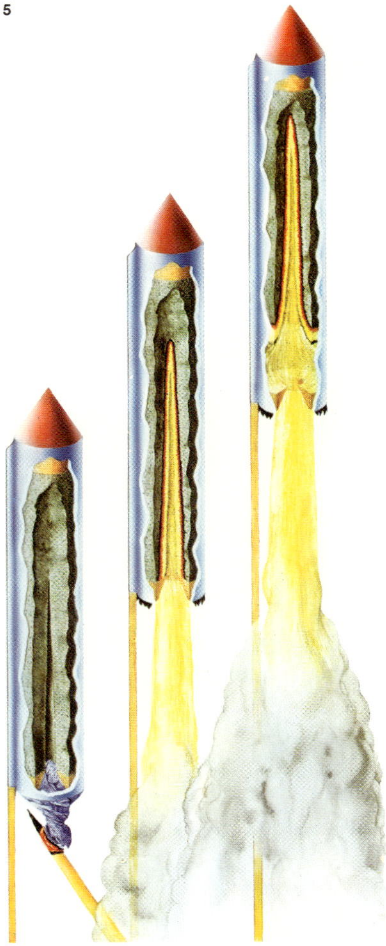

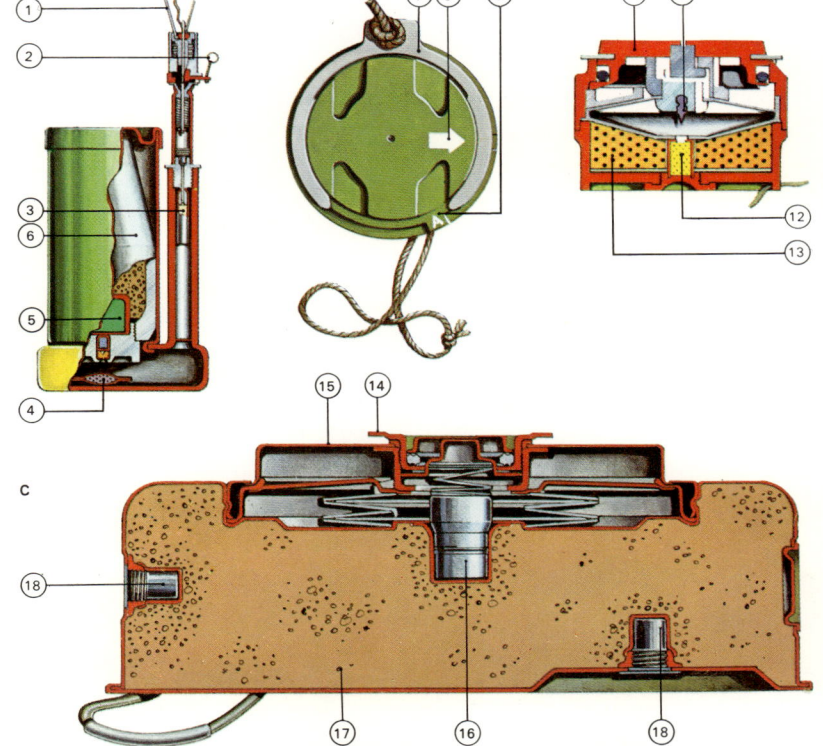

**6 Schwere Minen** [A] werden bis auf die Spitzen der Dorne [1] eingegraben, und die Sicherung [2] wird gelöst. Beim Berühren der Dorne wird der Zündbolzen [3] ausgelöst, der den Initialsprengstoff [4] und dieser wiederum die Treibladung [5] entzündet. Diese feuert das Projektil [6] ab, das etwa 2 m über dem Boden explodiert. Eine leichte Tretmine [B] wird durch Drehen des Ringes [7] von der Stellung [8] in die Zündstellung [9] entsichert. Beim Betreten der Druckplatte [10] wird die Ladung [13] über den Zündstift [11] und die Sprengkapsel [12] gezündet. Schwere Panzerminen [C] werden durch Einsetzen der Zünder und Einschrauben des Einsatzes [14] scharf gemacht. Durch starke Belastung der Druckplatte [15] wird der Initialsprengstoff [16] und damit die eigentliche Sprengladung [17] gezündet. Mit den Zündkapseln [18] kann die Sprengladung auch durch benachbarte Minen ausgelöst werden und so eine Reihendetonation bewirken.

**7 Den alten Chinesen** zufolge lassen Feuerwerkskörper die Teufel springen. Während Feuerwerkskörper früher in China vor allem religiöse Bedeutung hatten, dienen sie heute auf Volksfesten oder zur Jahreswende hauptsächlich der Unterhaltung. Mit geeigneten Stoffmischungen lassen sich die unterschiedlichsten Effekte erzielen: Farbtöne beispielsweise durch Metallsalze, Funken durch reine Metallstückchen. Ein kunstvoll zusammengestelltes Feuerwerk begeistert die Zuschauer immer wieder.

# Die Chemie der Farben

Schon in frühester Zeit haben die Menschen Farbstoffe benutzt, wie die Höhlenmalereien von Altamira (Spanien) und Lascaux (Frankreich) [5], in Italien, im Ural sowie im östlichen Sibirien und in Australien belegen. Als Rohstoffe dienten jahrtausendelang natürlich vorkommende Materialien, und man war ständig bemüht, sowohl die Qualität der Farben zu verbessern als auch ihre Gewinnung zu vereinfachen. Synthetische Farbstoffe herzustellen gelang dagegen erst im 19. Jahrhundert.

### Die Zusammensetzung von Farbstoffen

Die verschiedenen Verfahren zur Gewinnung von Farbstoffen aus Tieren und Pflanzen waren schon früh bekannt, erst mit dem 19. Jahrhundert kam aber auch das Wissen um ihre Zusammensetzung. Damals erkannte man, daß es sich bei den Farbstoffen um komplexe chemische Verbindungen handelt, die im Gegensatz zu den gröberen, einen Oberflächenfilm bildenden Pigmenten direkt mit tierischen oder pflanzlichen Fasern verbunden sind, und daß der Farbton davon abhängt, welche Wellenlänge das von Pigment oder Farbstoff absorbierte Licht hat [6].

Bei Ölgemälden werden die Pigmente in dünner, ölhaltiger Schicht aufgetragen, nach deren Trocknen verschiedene Farbwirkungen auftreten. Im Altertum wurden vor allem pflanzliche und tierische Pigmente verwendet – das Sepiabraun des Tintenfischs, das Elfenbeinschwarz aus gebranntem Elfenbein oder das Indigoblau aus tropischen Pflanzen –, obwohl diese Farbstoffe meist nicht so haltbar waren wie die anorganischen Pigmente aus Mineralien. Auch letztere sind heute nur noch wenig in Gebrauch; die meisten Farbstoffe sind jetzt synthetische organische Verbindungen.

### Die Einteilung der Farbstoffe

Die Farbstoffe lassen sich entweder nach der Art ihrer Verwendung oder nach ihrer Zusammensetzung einteilen [7]. Hauptklassen sind: Küpenfarbstoffe, Substitutionsfarbstoffe, Beizenfarbstoffe, Schwefelfarbstoffe und Wollfarbstoffe. Küpenfarbstoffe wie Indigo sind unlöslich in Wasser und werden mit Hilfe eines löslichen Derivats auf die Faser aufgetragen, wo sich der ursprüngliche Farbstoff beim Trocknen wieder entwickelt. Substitutionsfarbstoffe färben ein Gewebe direkt, während Beizenfarbstoffe durch sogenannte Beizmittel wie Alaun aus der Lösung auf die Faser niedergeschlagen werden. Schwefelfarbstoffe eignen sich vor allem zum direkten Färben von Baumwolle. Bei den Wollfarbstoffen handelt es sich meist um unlösliche Azofarbstoffe, die mit Hilfe geeigneter Verbindungen direkt auf dem Gewebe erzeugt werden.

Mit dem 19. Jahrhundert kam auch das Ende der Naturfarbstoffherstellung: 1856 gewann der britische Chemiker Sir William Henry Perkin (1838–1907) den ersten synthetischen Farbstoff (Anilinpurpur). Bald darauf wurde der Farbstoff Magenta entdeckt, und dem Lehrer Perkins, August Wilhelm von Hofmann (1818–92), gelang dann der Nachweis, daß sich Magenta in Violettfarbstoffe umwandeln läßt – damit war die Klasse der heutigen Rosaniline entdeckt.

Etwa um dieselbe Zeit setzte der deutsche Chemiker Johann Peter Griess (1829–88) mit der Entdeckung der Diazoreaktion einen Meilenstein bei der Entwicklung synthetischer Farbstoffe. Das Erkennen der Ringstruktur des Benzols durch August Kekulé von Stradonitz (1829–96) und andere Entdeckungen auf dem

**HINWEISE**

Lesen Sie auch:

Gummi und Kunststoffe (Band 8)

Fasern für Textilien (Band 8)

Die Herstellung von Textilien (Band 8)

Moderne Drucktechnik

Photographie

Filmtechnik

**1 Der Färberwaid** war über tausend Jahre lang das wichtigste Naturprodukt zur Gewinnung blauer Farbstoffe. Obwohl seine Verarbeitung mit sehr großer Geruchsbelästigung verbunden war, schützte man die Farbenindustrie in Europa aber doch vor der Konkurrenz des indischen Indigos, indem man dessen Einfuhr bis etwa gegen Ende des 17. Jh. verbot. In Frankreich erließ Heinrich IV. sogar die Todesstrafe auf die Verwendung indischen Indigos. Trotz dieser Maßnahmen ließ sich der Siegeszug dieses Farbstoffs aufgrund seiner niedrigeren Kosten und seiner leuchtenderen Farben nicht aufhalten, und die Färberwaid-Kulturen verschwanden im Laufe der Zeit mehr und mehr und stürzten ganze Landstriche in tiefe Armut.

**2 Pflanzen, Schalentiere und Insekten** wurden oft unter großen Kosten und Mühen zur Farbstoffgewinnung herangezogen. So ließ sich beispielsweise aus 9000 dieser Purpurschnecken erst 1 g des echten Purpurs gewinnen.

**3 Die Koschenillen,** auf Feigenkakteen lebende Schildläuse, wurden von Mexiko aus in Spanien, auf den Kanarischen Inseln und in Zentralamerika eingeführt. Für die Gewinnung von 1 g rotem Farbstoff sind etwa 2000 Läuse nötig.

**4 Wertvolle alte persische Teppiche** [hier ein 400 Jahre altes prächtiges Exemplar] sind mit Krapprot, Kermes, Koschenillenrot, Ginster, Wegedorn, Galläpfeln, Indigo, Henna, Weiden und vielen weiteren tierischen und pflanzlichen Extrakten in kunstvoller Weise gefärbt.

**5 Die etwa 12 000 Jahre alten Höhlengemälde in Altamira** (Spanien) und Lascaux (Frankreich) wurden mit farbigen Mineralien und Schlämmen angefertigt, die Eisen- und Manganverbindungen enthielten. Natürlicher Ocker und Ruß wurden mit Tierfett, Mark und Blut vermischt. Die australischen Eingeborenen verwenden heute noch dieselben Pigmente: Schwarz aus Holzkohle, Weiß aus Tonen und Gipsen, Gelb aus Limoniten, Ockern und Aschen, Rot aus rötlichen Ockern, Limoniten, Mangan- und Eisenverbindungen.

Gebiet der Chemie ermöglichten es, die farbgebenden Bestandteile eines Moleküls aufzudecken und Wege zu ihrer künstlichen Gewinnung zu weisen. So entstand rasch eine Farbstoffindustrie, die ihre Farbstoffe vor allem aus den Bestandteilen des Steinkohlenteers herstellte.

### Die moderne Farbenindustrie

Seit dem 19. Jahrhundert hat sich die Gewinnung von Farbstoffen und Pigmenten völlig gewandelt. Die meisten Farbstoffe sind nunmehr künstlicher Art und werden mit komplizierten Techniken aus Rohöl oder Steinkohlenteer gewonnen. Als Folge verschiedener Weiterverarbeitungs- und Umwandlungsprozesse steht heute eine fast unerschöpfliche Palette an verschiedenen Farbtönen zur Auswahl.

Azofarbstoffe lassen sich in vielen Schattierungen herstellen und finden für die verschiedensten Materialien Verwendung, z. B. zum Einfärben von Druckfarben und Kunststoffen. Die Anthrachinone ergeben rötlichblaue Farbpigmente, die sich sowohl zum Färben von Metallen, Emaillen, Crèmes, Seifen, Kunststoffen und Geweben als auch für Anstrichfarben eignen. Die Klasse der Triphenylmethane mit ihren kräftigen grünen, blauen und violetten Tönen wird in der Papier-, Druckfarben-, Kosmetik-, Zeichenstift- und Lebensmittelindustrie verwendet. Kupferphthalocyanine dienen zur Herstellung von Druckfarben, Lacken, Emulsionsfarben und zum Färben von Autolacken und Kunststoffen. Auch die meist blauen oder grünen Phthalocyanine sind begehrte Farbstoffe. Weitere bedeutende Farbstoffgruppen bilden die Indigofarbstoffe (blaue und rote Farbtöne) und die Phthalsäurefarbstoffe (gelbe Farbtöne).

Farbstoffe und Pigmente lassen sich heute ihrem jeweiligen Verwendungszweck anpassen. Während Farbstoffe überwiegend zum Färben von Geweben eingesetzt werden, eignen sich Pigmente vor allem für Druckfarben, Malfarben und für Kunststoffe. Bei Kunststoffen wird das feingemahlene Pigment der Kunststoffmasse vor dem Spritzgießen zugesetzt. Durch die Behandlung mit speziellen Salzen lassen sich aus Farbstoffen auch Pigmente gewinnen, wobei diese in Form fester Bestandteile ausfallen. Es existieren heute bereits Tausende verschiedener Farbtöne – und täglich werden neue synthetisiert.

**Leitbild**

**Seit Jahrhunderten** ist die Küpenfärberei die vorherrschende Färbemethode. Die gebleichten oder ungebleichten Kleiderstoffe werden in großen Bottichen (Küpen) mit Farbstoffen behandelt. Die Entdeckung synthetischer Anilinfarbstoffe um das Jahr 1850 erweiterte die Palette der bis dahin verfügbaren Farbstoffe. [Anilinfabrik von 1870]

**6 Die meisten Säugetiere dürften farbenblind sein.** Nur der Mensch und einige Primaten können die Farben des sichtbaren elektromagnetischen Spektrums unterscheiden. Fällt weißes Licht auf einen Gegenstand, so werden seiner chemischen Zusammensetzung entsprechend Farbanteile des Lichts absorbiert, andere reflektiert. Das menschliche Auge nimmt nur das reflektierte Licht wahr und kann danach die Farbe des Gegenstandes beurteilen.

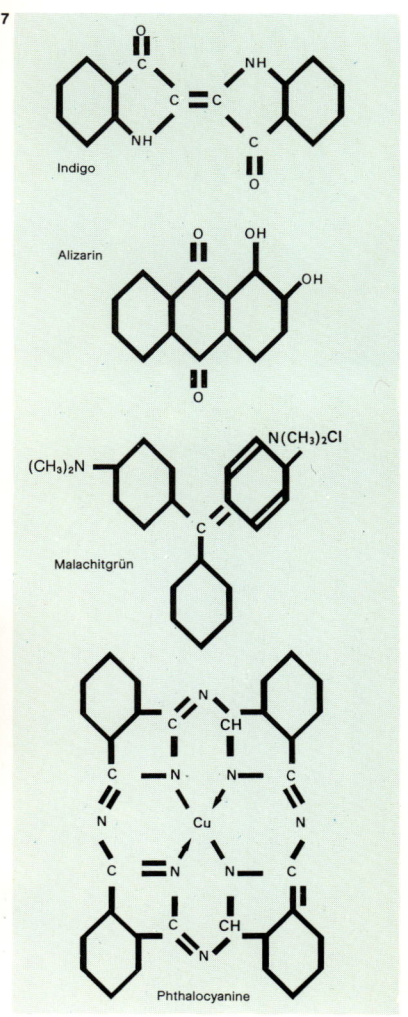

**7 Neben den Azofarbstoffen,** die 50% aller Farbstoffe ausmachen, gibt es noch vier weitere Farbstoffklassen: Alizarin, ein natürliches Anthrachinon, wurde bereits von den alten Ägyptern als roter Farbstoff verwendet. Indigo wurde erstmals im Jahre 1897 gewerblich hergestellt. Malachitgrün zählt zu den ersten synthetischen Farbstoffen, während die Gruppe der in Pflanzenfarbstoffen enthaltenen Phthalocyanine erst im Jahre 1920 entdeckt wurde.

**8 Das Eisenoxid Hämatit** diente früher als Pigment für gelbe, rote, braune und schwarze Farbtöne. Eisenoxide sind billig, farbecht und zählen daher auch heute noch zu den wichtigen Pigmenten für Grund- und Deckanstriche.

**9 Dieses Druckfarbensortiment** zeigt die große Palette der heutigen Farbtöne. Sie enthalten vor allem anorganische Pigmente wie Preußischblau, außerdem verschiedene Bleichromate sowie künstliche organische Farbstoffe.

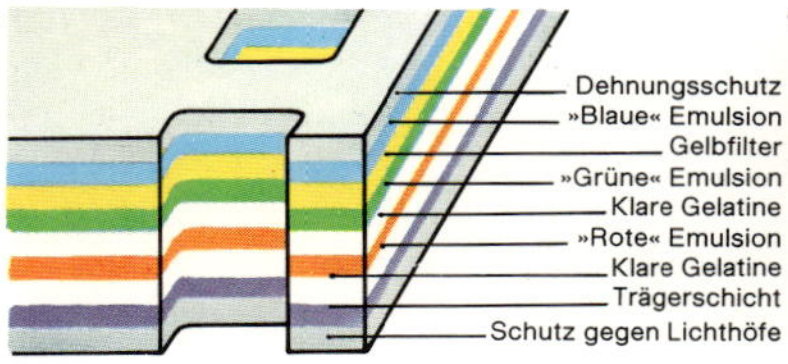

**10 Ein Farbfilm** enthält drei Silberhalogenidschichten, die auf blaues, grünes und rotes Licht reagieren und nach dem Entwickeln die Komplementärfarben zeigen. – Durchstrahlen dieses Negativs mit weißem Licht ergibt auf dem gleichartig beschichteten Positiv nach dem Entwickeln wieder die Originalfarben.

Dehnungsschutz
»Blaue« Emulsion
Gelbfilter
»Grüne« Emulsion
Klare Gelatine
»Rote« Emulsion
Klare Gelatine
Trägerschicht
Schutz gegen Lichthöfe

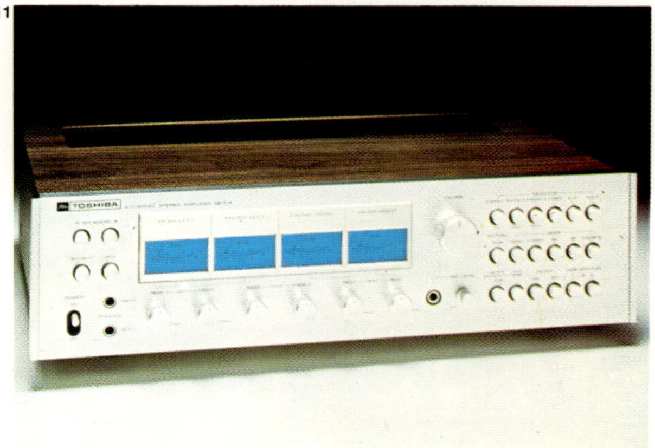

**11 Elektrolytisch oxidiertes Aluminium** (Eloxal) läßt sich mit Azofarbstoffen oder Phthalocyaninen färben, die sich aus entsprechenden Farbstofflösungen niederschlagen.

# Kosmetika und Parfüms

Schon in der Steinzeit haben die Menschen kosmetische Mittel benutzt, wenn sie ihren Körper anläßlich ihrer Jagdriten bemalten. Diese Sitte wird bei manchen Naturvölkern noch heute geübt. Bei den Ägyptern war das Schminken bereits um 5000 v. Chr. eine hochentwickelte Kunst, wie man bei Ausgrabungen festgestellt hat [Leitbild].

Heute werden Kosmetika aber nicht nur zur Schönheitspflege, sondern auch zur Hautreinigung, zur Verhütung von Hautreizungen sowie zur Korrektur von Schönheitsfehlern angewandt. Mit dem Anlegen einer Schminkmaske für Bühne und Kamera (Theater, Film, Fernsehen) können ganz besondere Effekte erzielt werden [7].

## Crèmes und Lotionen

Viele Kosmetika sind Emulsionen von Ölen oder Wachsen und Wasser. Nach dem Auftragen auf Haut oder Haar verdunstet das Wasser; die öligen Substanzen bleiben als dünner Film zurück. Ähnlich sind auch Reinigungscrèmes zusammengesetzt, mit denen man das Make-up wieder entfernt. Zur Herstellung einer derartigen Crème mischt man ein Gewichtsteil weißes Bienenwachs mit drei Teilen Paraffin bei einer Temperatur von 70 °C und fügt dann zwei Teile Wasser und ein sechzehntel Teil Borax (ein farblos kristallines Pulver) hinzu. Das Gemisch wird schließlich so lange verrührt, bis es auf 35 °C abgekühlt ist. Dann kann man einen Duftstoff beimischen.

Fortschritte in der Technik des Emulgierens und neuartige Grundstoffe haben dazu geführt, daß heute eine Vielzahl sehr unterschiedlicher Crèmes hergestellt wird. So gibt es beispielsweise sogenannte Foundation Crèmes als Grundlage für das Make-up, Feuchtigkeitscrèmes, die das Austrocknen der Haut verhindern, und Handcrèmes, die das Öl-Wasser-Gleichgewicht in der Haut erhalten oder auch wiederherstellen.

Kosmetische Lotionen wie z. B. Tonics und Fresheners sind mild adstringierend, d. h. zusammenziehende Lösungen mit Wasser und Alkohol als Grundstoffen. Sie sollen angeblich die »Poren« der Haut schließen, tatsächlich aber ziehen sie die Öffnungen der Haarfollikel zusammen. Sie können wasseranziehende Stoffe wie Glycerin und erfrischend wirkendes Menthol enthalten. Zu den Fresheners gehören auch Kölnisch Wasser und Aftershave(nach der Rasur)-Lotionen.

## Lippenstift, Puder und Lidschatten

Gesichtspuder überdeckt Lichtreflexe auf der Haut, die durch natürliche fettige Hautausscheidungen entstehen, und gibt ihr ein gleichmäßiges Aussehen. Grundstoffe sind Zinkoxid, Wiener Kalk, Talkum und stearinsaures Zinksalz für die Haftfähigkeit, ferner anorganische Farbpigmente und organische Farblacke. Als Duftstoffe dienen Blütenauszüge oder synthetische Riechstoffe [3]. Gesichtsmasken werden mit einem heißen Schwamm auf die Haut aufgetragen und trocknen als wasserabstoßende Puderschicht auf. Sie enthalten eine parfümierte Pudermasse und Füllstoffe, vermischt mit Ölen und Wachsen.

Lippenstifte müssen eine guthaftende und deckende Farbe enthalten und angenehm schmecken. Grundstoffe sind Wachse und nichttrocknende Öle, die je nach Mischungsverhältnis und Wachsschmelzpunkt unterschiedliche Eigenschaften ergeben. Als Farbmittel kommen wieder Pigmente, Farblacke sowie Farblösungen – meist auf der Basis von

**HINWEISE**

**Lesen Sie auch:**

Waschmittel und Detergentien

Die Chemie der Farben

**1 Das Männchen des Moschustieres** [A] sondert aus einer Drüse in der Nähe des Magens einen starkriechenden Duftstoff ab, der als äußerst wertvoller Grundstoff für die Parfümherstellung dient. Die Drüse des getöteten Tieres wird entweder getrocknet und als Ganzes oder in Form von Pulver an die Parfümhersteller geliefert. Der Parfümgrundstoff Zibet kommt dagegen bei beiden Geschlechtern der afrikanischen Zibetkatze vor [B]. Die gelbe, salbenartige Drüsenabsonderung ist dreimal billiger als Moschus.

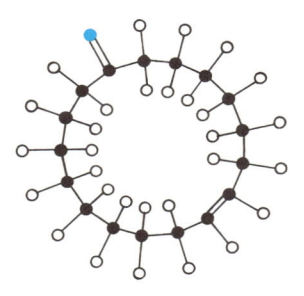

**2 Diese Molekülbilder** stellen den chemischen Aufbau der Duftkomponenten von Moschus [A] und Zibet [B] dar [schwarz Kohlenstoff-, weiß Wasserstoff-, blau Sauerstoffatome].

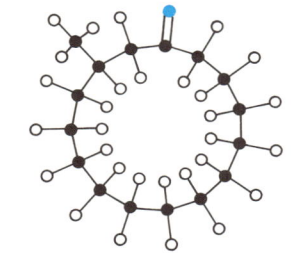

**3 Den Wohlgeruch ihrer Blüten** verdanken Lavendel [A] und Rosen [B] den darin enthaltenen Spuren ätherischer Öle. Diese bestehen jedoch nicht aus einfachen Substanzen, sondern sind komplizierte Verbindungen teilweise noch unbekannter Stoffe. Sie sind flüchtig und können aus den Blüten extrahiert und zur Parfümherstellung verwendet werden. Bei der Extraktion muß man darauf achten, daß sich die Öle nicht zersetzen. Die Destillation mit Wasserdampf eignet sich wegen der hohen Temperatur nicht für alle Öle. Deshalb benutzt man bei der Extraktion niedrigsiedende Lösungsmittel, die später herausdestilliert werden. Die Öle von festen Stoffen wie Baumrinden, Wurzeln oder Knollen gewinnt man durch Zermahlen oder durch Auspressen.

Eosin-Derivaten – zur Anwendung. Für gute Deckkraft ist Titandioxid beigegeben. Zur Herstellung einer einfachen Lippenstiftmasse mischt man sechs Gewichtsteile Ceresin-Wachs mit einem Teil Olivenöl, zwei Teilen Lanolin, vier Teilen Petrolgelee und einem Teil flüssigem Paraffin. Dann werden die gewünschten Pigmente mit Rizinusöl verrieben; je nach Farbton wird Eosin zugefügt. Dann wird die geschmolzene Masse in eine Form gegossen, in der sie erkaltet. Ähnlich sind Lidschattenfarben und Augenbrauenstifte mit entsprechenden Farbmaterialien zusammengesetzt, jedoch enthält Lidschattenmasse mehr Petrolgelee, so daß sie mit dem Pinsel aufgetragen werden kann. Augenbrauenstifte dagegen haben einen höheren Schmelzpunkt, damit sie fest bleiben.

### Nagellack und Desodorants

Grundstoff des Nagellacks ist Nitrocellulose mit einem platifizierenden Mittel sowie Harz und einer Farbe in flüchtigem Lösungsmittel. Die Harzzugabe erhöht Haftfestigkeit, Härte, Glanz und Beständigkeit gegen seifenartige Mittel. Das Lösungsmittel verdunstet nach dem Auftragen in knapp fünf Minuten. Als Farben dienen gelöste Farbmittel und unlösliche Farblacke mit Titandioxid. Perlmutt oder Glimmer, pulverisiert eingemischt, ergibt einen irisierenden Metalleffekt.

Bei der bakteriellen Zersetzung von Schweiß entstehen unangenehme Gerüche (vor allem durch die sich bildende Buttersäure), die man ganz einfach durch öfteres Waschen, aber auch durch antibakterielle Mittel in geeigneter Lösung beseitigen kann. Sogenannte Desodorants unterdrücken die Schweißbildung nicht, und ihre Wirkung läßt nach einiger Zeit nach. Antitranspirants sollen dagegen das Auftreten von Schweiß verhindern. Man geht davon aus, daß ein elektropositiver Stoff an den negativ geladenen äußeren Öffnungen der Schweißkanäle den Transport des Schweißes auf die Hautoberfläche verhindert. Die schweißunterdrückenden Stoffe enthalten meist ein Aluminiumsalz als Wirkstoff. Aluminiumchlorid und Aluminiumsulfat wirken gleichartig, können aber durch ihr saures Verhalten Haut und Kleider schädigen. Die heutigen Antitranspirants enthalten Aluminiumchlorid in gepufferter Form. Dadurch werden diese Nachteile weitgehend vermieden.

**Leitbild**

**Die Ägypter** beherrschten schon sehr früh das Schminken. Sie färbten die Haut unter den Augen meist grün und malten Lider, Wimpern und Augenbrauen dann schwarz an. Grün stellten sie aus dem Kupfererz Malachit her. Schwarz war ein feines Pulver aus Antimon- oder Bleisulfid.

**4 Ein Kosmetikhersteller** bietet heutzutage eine ganze Palette an kosmetischen Produkten: mehrere Sorten von Schminken, verschiedene Arten von Lidschatten, Wimperntuschen und Augenbrauenstifte, Nagellack und Lippenstifte, beide mit Perlmutt-Effekt oder in deckenden Farben, feste und lose Gesichtspuder, flüssiges Make-up und Rouge. Diese Kosmetika gibt es in zahlreichen Farbschattierungen, die sich nach der jeweiligen Mode richten.

**5 Kosmetika** sollen nur auf die gutgereinigten Haut aufgetragen werden [A], wobei Foundation Crème als Grundlage dient. Dezentes Schminken verleiht dem Gesicht ein gesundes Aussehen und kann die Gesichtsform verändert erscheinen lassen. Puder überdeckt Fettglanz der Haut, die dadurch ansprechend matt erscheint. Das Augen-Make-up soll die Augenfarbe hervorheben und die Umrißform unterstreichen oder günstiger erscheinen lassen [B]. Ähnlich will man mit Lippenstift die Lippenform betonen oder korrigieren und gleichzeitig das Weiß der Zähne hervorheben. Außerdem wirkt Lippenstift spröden Lippen entgegen, die sich sonst leicht entzünden können.

**6 Die Frauen in Nordafrika und Indien** benutzen als Farbstoff Henna, ein Produkt des Hennastrauches. Bevor der Strauch blüht, sammelt man die Blätter und zerreibt sie. Dabei erhält man ein starkfärbendes rotbraunes Pulver, das dann mit heißem Wasser zu einem Brei angerührt wird. Die Frauen tragen ihn kunstvoll auf die Haut auf und lassen ihn eine Nacht lang einwirken. Auch Fingernägel, die Hände, das Haar und sogar Pferdemähnen werden auf diese Weise gefärbt.

**7 Das Schminken** für die Bühne oder die Kamera kann den Zweck haben, dem Gesicht auch hinter grellem Licht ein natürliches Aussehen zu geben [A]. Um eine Person älter erscheinen zu lassen, zeichnet der Maskenbildner besonders um Augen, Mund und Nase Falten und Schatten auf [B]. Ein orientalisches Aussehen erhält ein Gesicht durch Auftrag von weißem Puder [C], der es flacher und breiter erscheinen läßt sowie durch stark mit einem schwarzen Stift nachgezeichnete und verlängerte Lidspalten.

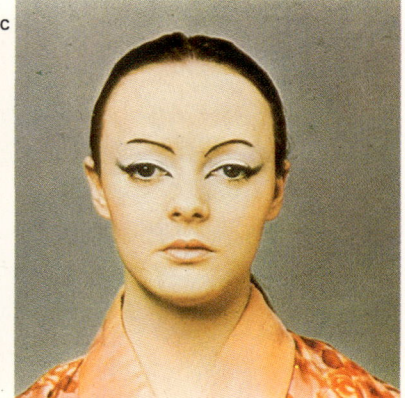

# Maschinen und Geräte des täglichen Gebrauchs (1)

Eine Vielzahl technischer Geräte vereinfacht heute das tägliche Leben. Sie werden so selbstverständlich benutzt, daß man kaum je über ihre Erfinder oder ihre Funktion nachdenkt. Zu solchen Geräten gehören Reißverschlüsse [1], Schreibgeräte [2], Schlösser [3, 5], Wasserhähne [4], Feuerzeuge [7], Sprühdosen [8] und vieles andere mehr.

An der Entwicklung des Reißverschlusses waren verschiedene Erfinder beteiligt, so beispielsweise der Amerikaner Whitcomb Judson (1891). Die erste brauchbare Version (Lammellensystem) wurde allerdings erst im Jahre 1913 von Gideon Sundback (1880–1954) hergestellt. Das Patent wurde 1914 erteilt.

Im Jahre 1884 erfand Lewis Edson Waterman (1837–1901) den Füllfederhalter, der nach dem Zweiten Weltkrieg weitgehend durch Kugel- und Faserschreiber abgelöst wurde.

Schlösser waren schon vor über 4000 Jahren in Ägypten bekannt. Ihre bedeutendste Weiterentwicklung ist das von Linus Yale (1821–68) hergestellte Sicherheitsschloß.

Aerosol-Sprühdosen werden heute für die unterschiedlichsten Zwecke eingesetzt – besonders für Kosmetika und Farben.

**1 Ein Reißverschluß** besteht aus zwei Reihen von Zähnen [1], die auf einem festen Textilband [2] befestigt und an beiden Enden durch Anschläge [4] begrenzt sind. Die Zähne werden durch einen Schieber [3] bei dessen Aufwärtsbewegung zusammengedrückt und verhaken miteinander [siehe auch den vergrößerten Bildausschnitt]; bei der Abwärtsbewegung trennt ein Teiler [5] sie wieder voneinander.

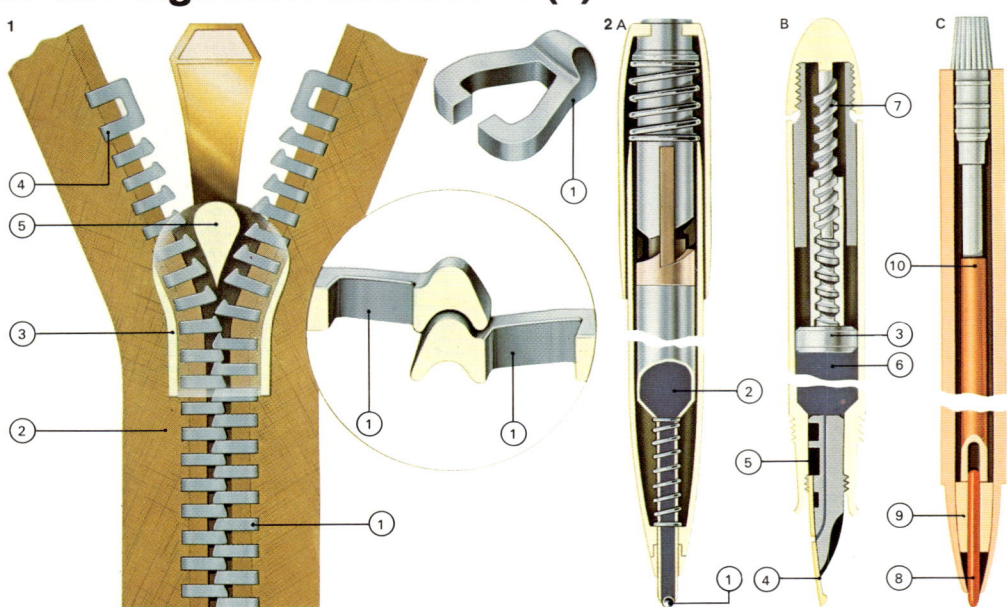

**2 Drei Schreibgeräte** sind heute weit verbreitet: Der Kugelschreiber [A] hat eine drehbare Kugel [1] am Ende einer farbgefüllten Röhre [2]. Beim Füllfederhalter [B] saugt der Kolben [3] durch Rechtsdrehen der Spindel [7] Tinte [6] in den Tank. Über feine Kanäle [5] gelangt diese beim Schreiben wieder zur Feder [4]. Beim Filzschreiber [C] leitet ein Verteiler [9] die Tinte aus dem Reservoir [10] zum Faserstift [8].

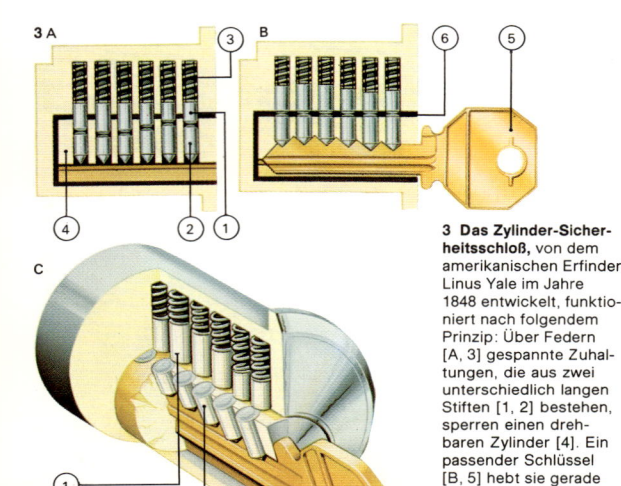

**3 Das Zylinder-Sicherheitsschloß**, von dem amerikanischen Erfinder Linus Yale im Jahre 1848 entwickelt, funktioniert nach folgendem Prinzip: Über Federn [A, 3] gespannte Zuhaltungen, die aus zwei unterschiedlich langen Stiften [1, 2] bestehen, sperren einen drehbaren Zylinder [4]. Ein passender Schlüssel [B, 5] hebt sie gerade soweit an, daß die Trennstellen mit der Kontur des Zylinders eine Linie bilden [6] und dieser sich drehen läßt [C].

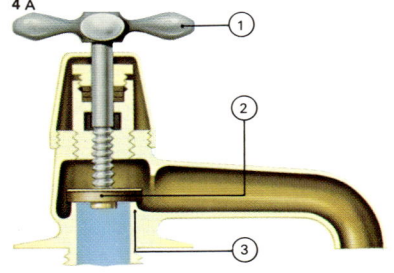

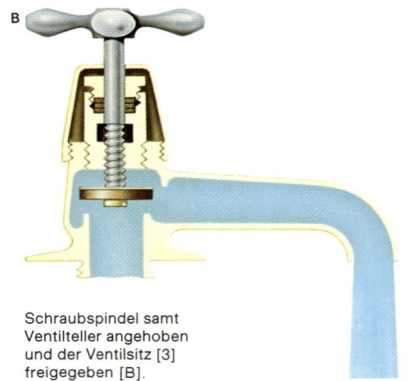

**4 Wasserhähne** sind bereits seit über 100 Jahren bekannt. In geschlossenem Zustand [A] hält der Ventilteller [2] das Wasser zurück, durch Linksdrehen des Handgriffs [1] wird die Schraubspindel samt Ventilteller angehoben und der Ventilsitz [3] freigegeben [B].

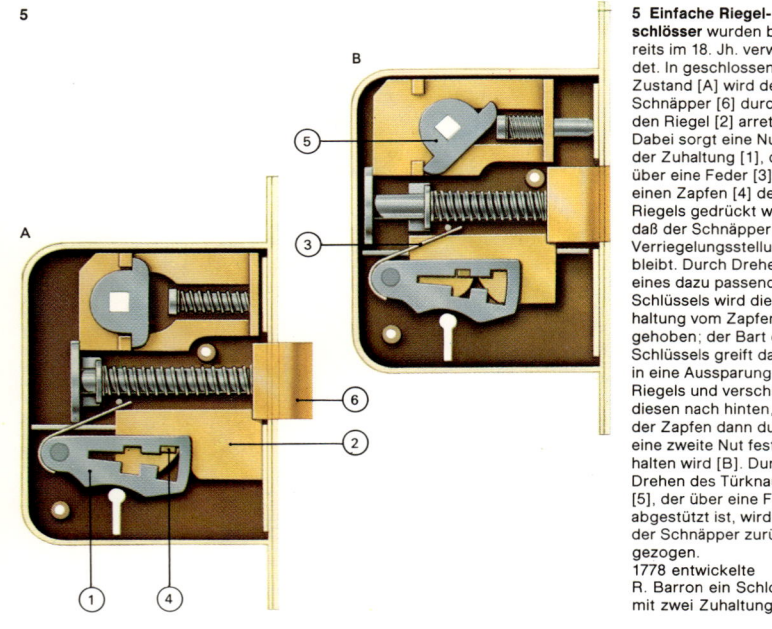

**5 Einfache Riegelschlösser** wurden bereits im 18. Jh. verwendet. In geschlossenem Zustand [A] wird der Schnäpper [6] durch den Riegel [2] arretiert. Dabei sorgt eine Nut in der Zuhaltung [1], die über eine Feder [3] auf einen Zapfen [4] des Riegels gedrückt wird, daß der Schnäpper in Verriegelungsstellung bleibt. Durch Drehen eines dazu passenden Schlüssels wird die Zuhaltung vom Zapfen abgehoben; der Bart des Schlüssels greift dabei in eine Aussparung des Riegels und verschiebt diesen nach hinten, wo der Zapfen dann durch eine zweite Nut festgehalten wird [B]. Durch Drehen des Türknaufs [5], der über eine Feder abgestützt ist, wird nun der Schnäpper zurückgezogen.
1778 entwickelte R. Barron ein Schloß mit zwei Zuhaltungen.

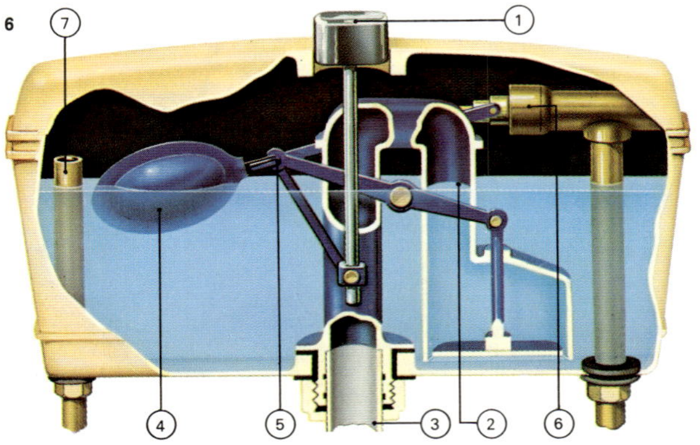

**6 Das Wasserklosett** ist eine Erfindung aus dem Jahre 1889, das Funktionsprinzip hat sich seitdem jedoch nicht geändert. Betätigt man den Knopf [1], so wird das Wasser im rechten Teil des U-Rohres [2] angehoben, und es strömt über den Krümmer in das Zulaufrohr [3] zur Klosettschüssel ein; der dabei auftretende Sog zieht das restliche Wasser in die U-Rohr nach. Der Behälter entleert sich innerhalb weniger Sekunden. Der absinkende Schwimmer [4] öffnet über ein Hebelsystem [5] das Wasserventil [6], so daß neues Wasser nachlaufen kann; mit steigendem Wasserspiegel wird das Ventil durch den Schwimmer wieder geschlossen. Ein Überlaufrohr [7] soll bei einem Defekt das Überlaufen des Behälters verhindern.

**7 Feuerzeuge** gibt es seit 1909; damals kamen die ersten Ausführungen mit Auermetall-Feuersteinen auf den Markt, einer Legierung aus Eisen und Cer, die von Carl Auer Freiherr von Welsbach (1858 bis 1929) entwickelt worden war. In einem Benzinfeuerzeug [B] dreht sich beim Herabdrücken des Hebels [1] ein Reibrad [2] am Feuerstein [5]. Der entstehende Funke entzündet einen Docht [4], der mit Benzin [3] aus dem wattegefüllten Tank getränkt ist. Gasfeuerzeuge [C] enthalten Flüssiggas [6], das über ein Ventil [7] ausströmt. Neben den konventionellen Zündmechanismen mit Reibrad und Feuerstein gibt es auch elektrische Zündungen. Bei Batteriegeräten [A] lädt eine Niedervoltzelle [8] einen Kondensator [9], der bei Betätigung des Feuerzeugs [10] über einen Transformator [11] entladen wird. Dabei entsteht in der Entladungsstrecke [12] ein Funken, der aus dem Ventil [13] ausströmende Gas entzündet. Beim piezoelektrischen Feuerzeug [D] entsteht dieser Funke durch die Hochspannung, die durch Druck auf einen Piezokristall [14] über den Auslösemechanismus erzeugt wird.

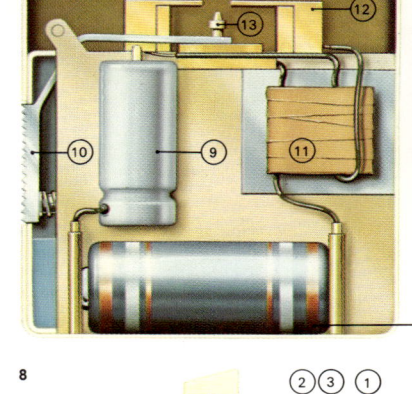

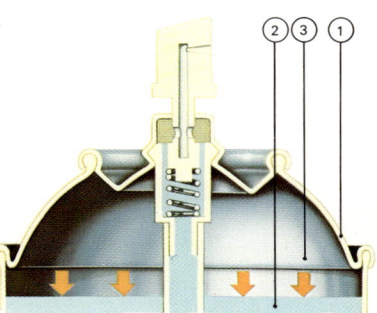

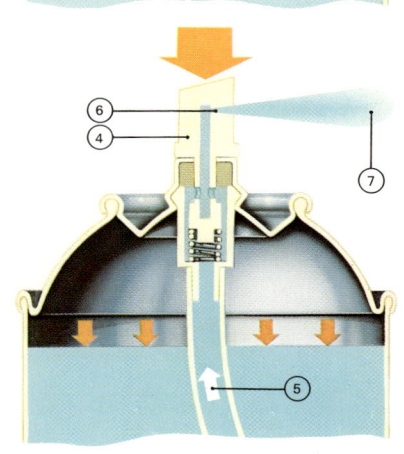

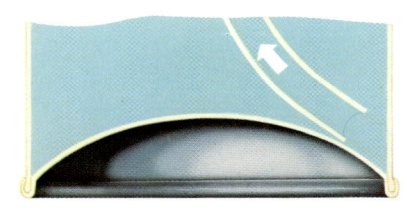

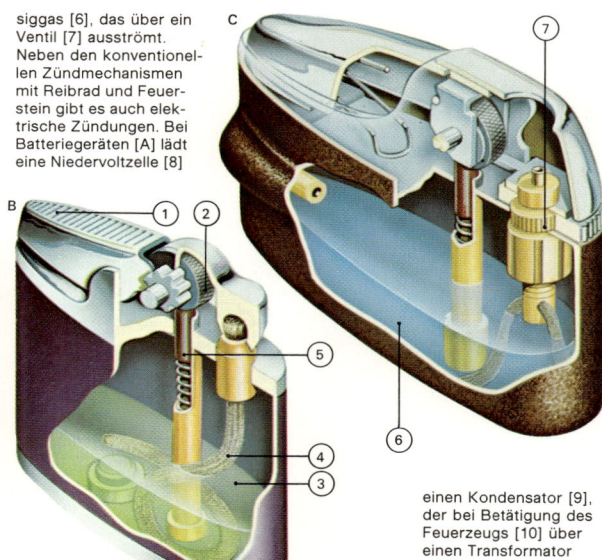

**8 Die Sprühdose** beruht auf einem amerikanischen Patent aus dem Jahre 1941, das von L. D. Goodhue und W. N. Sullivan angemeldet wurde. Der Behälter [1] wird mit dem zu versprühenden Mittel [2] gefüllt; dazu kommt ein Treibgas [3]. Beim Niederdrücken des Ventils [4] wird die Flüssigkeit durch den Schlauch [5] hochgedrückt und durch die Düse [6] fein verteilt ausgesprüht [7]. Als Treibgas wird meist Freon (Frigen) verwendet. Sprühdosen müssen unbedingt kühl gelagert werden, damit mögliche Explosionen vermieden werden.

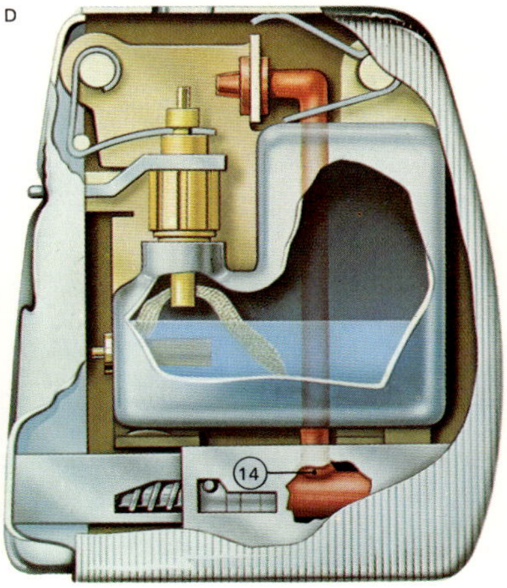

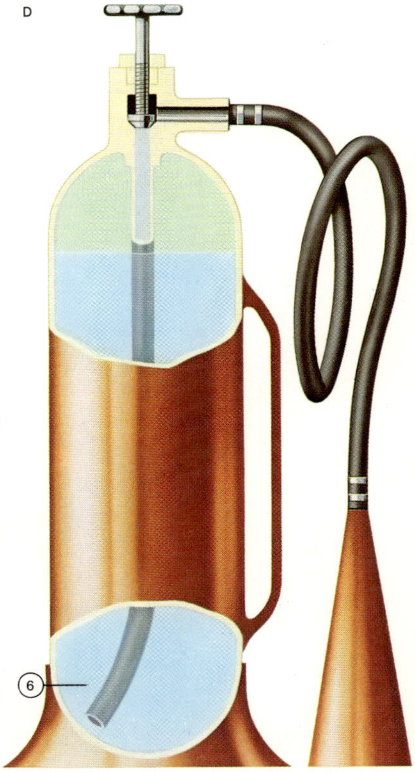

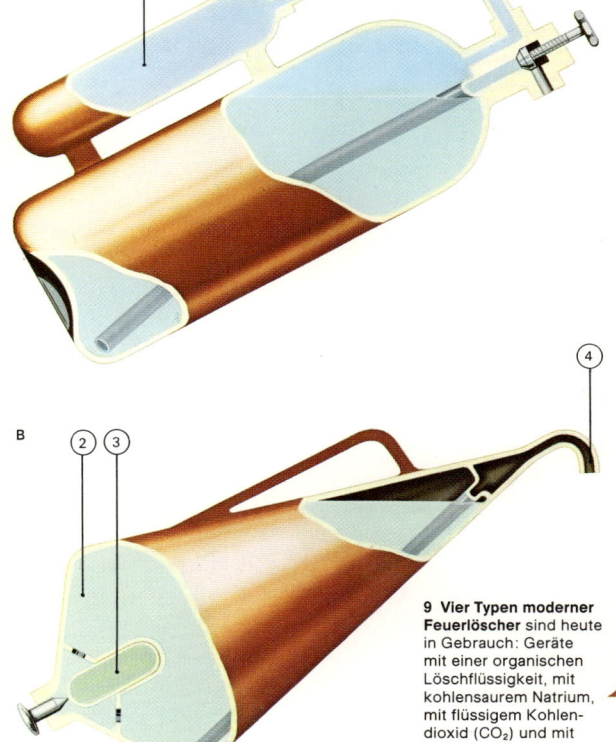

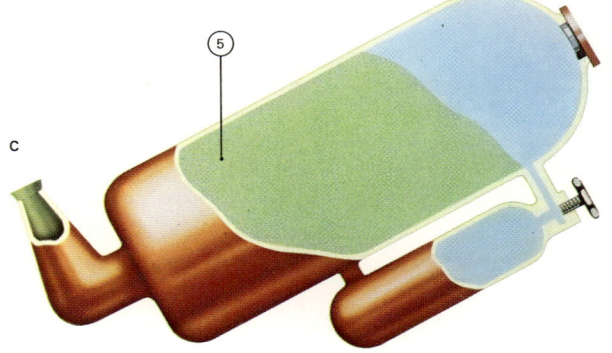

**9 Vier Typen moderner Feuerlöscher** sind heute in Gebrauch: Geräte mit einer organischen Löschflüssigkeit, mit kohlensaurem Natrium, mit flüssigem Kohlendioxid ($CO_2$) und mit Natriumbicarbonat. Organische Löschflüssigkeiten [A] werden durch den Gasdruck flüssigen Kohlendioxids ausgetrieben [1]. Löscher mit kohlensaurem Natrium [B] sind mit einer Natriumbicarbonatlösung [2] gefüllt und enthalten ein kleines Glas mit Schwefelsäure [3]. Wenn das Glas zerschlagen wird, entsteht durch chemische Reaktion $CO_2$, das die Lösung durch die Düse [4] austreibt. Löscher mit festem Natriumbicarbonat [C] besitzen als Treibmittel flüssiges $CO_2$. Das Bicarbonatpulver [5] zersetzt sich im Feuer zu Soda; neben Wasserdampf und $CO_2$ bildet es eine luftundurchlässige Kruste. Löscher dieser Art sind für brennende Flüssigkeiten geeignet. Der Kohlendioxidlöscher [D] enthält 5–6 Liter $CO_2$ unter hohem Druck [6]. Beim Ausströmen bildet es Kohlendioxidschnee, der sich über die Brandstelle legt und im Brandherd die Luft verdrängt. Dadurch wird der Flamme der Sauerstoff entzogen; gleichzeitig senkt der kalte Schnee die Temperatur des brennenden Stoffes bis unter seinen Flammpunkt herab.

# Maschinen und Geräte des täglichen Gebrauchs (2)

Die Geräte auf dieser Seite kennt wohl jeder wenigstens von außen. Aber vielen dürfte neu sein, daß ihre Funktionen auf teilweise recht alten Erfindungen beruhen. Nur wenige wissen beispielsweise, daß die sogenannte »nasse« Gasuhr (mit einer Flüssigkeit zur Verbrauchsmessung) bereits um 1815 erfunden worden war. Erst nach rund 100 Jahren wurde sie von der »trockenen« Gasuhr [1 B] abgelöst – und selbst diese wurde schon zwischen 1830 und 1850 entwickelt.

Ein anderes Beispiel sind Barometer, mit denen man den Luftdruck in unserer Atmosphäre mißt. Frühere Barometer, z. B. das von Jean Fortin (1750–1831), bestanden aus einer langen, quecksilbergefüllten Glasröhre [2 A]. Auch diese Barometer wurden später von einer »trockenen« Konstruktion, dem Aneroid-Barometer [2 B], verdrängt.

Viele Geräte im Haushalt arbeiten mit elektrischem Strom. Die Heizwirkung von Bügeleisen [3] und Heizlüftern [4] beruht darauf, daß ein stromdurchflossener Draht sich erhitzt. Staubsauger [5], Bohrmaschinen [7] und Waschmaschinen [8] arbeiten mit Elektromotoren, Rasierapparate [6] mit Elektromagneten.

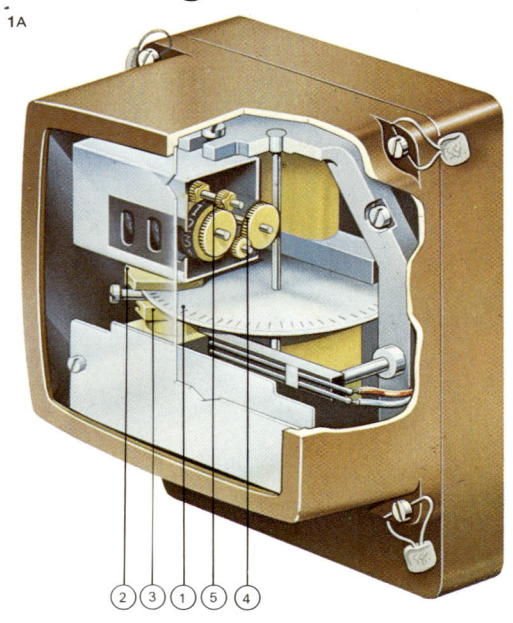

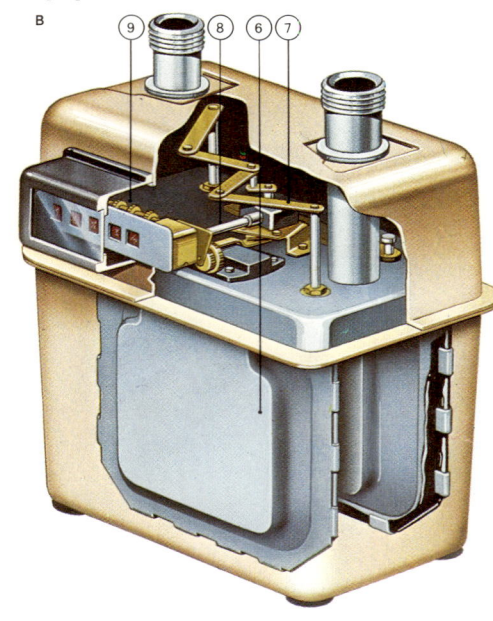

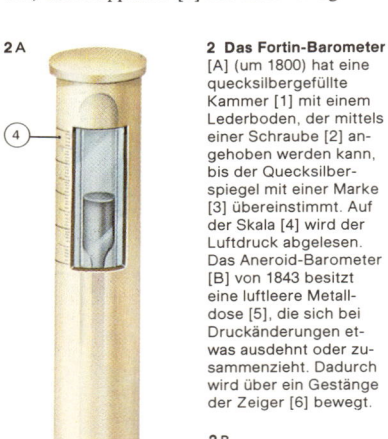

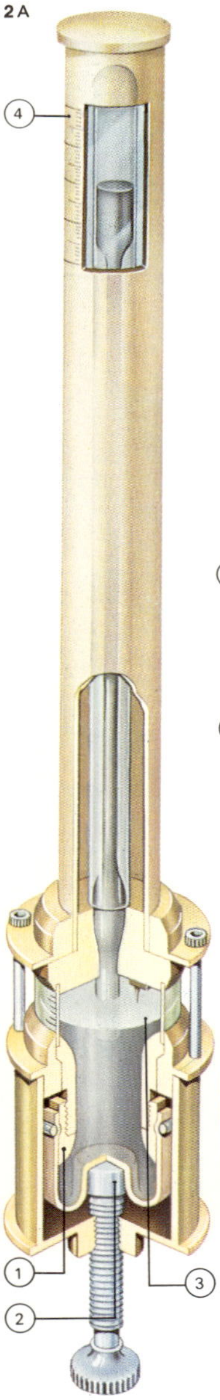

**2 Das Fortin-Barometer** [A] (um 1800) hat eine quecksilbergefüllte Kammer [1] mit einem Lederboden, der mittels einer Schraube [2] angehoben werden kann, bis der Quecksilberspiegel mit einer Marke [3] übereinstimmt. Auf der Skala [4] wird der Luftdruck abgelesen. Das Aneroid-Barometer [B] von 1843 besitzt eine luftleere Metalldose [5], die sich bei Druckänderungen etwas ausdehnt oder zusammenzieht. Dadurch wird über ein Gestänge der Zeiger [6] bewegt.

**1 Fast alle modernen Wohnungen** haben Strom-, teilweise auch Gasanschluß. Die verbrauchten Strom- oder Gasmengen werden für jede Wohnung einzeln von Meßgeräten registriert und von den Lieferwerken abgelesen. Diese stellen die entstandenen Kosten dann in Rechnung. In einem Elektrizitätszähler [A] befindet sich eine drehbare Aluminiumscheibe [1] zwischen zwei Elektromagneten [2, 3]. Werden diese von Strom durchflossen, so induzieren sie in der Scheibe Wirbelströme, und sie beginnt sich zu drehen. Der magnetische Fluß in der oberen Spule ist proportional zur Netzspannung, der in der unteren proportional zum Verbraucherstrom. Die Zahl der Scheibenumdrehungen ist ein Maß für die elektrische Arbeit, die dem Netz entnommen wurde, und wird über ein Getriebe [4] auf ein Zählwerk [5] übertragen. Die Verdrängungs-Gasuhr [B] hat zwei Kammern [6] mit beweglichen Wänden, die sich abwechselnd füllen und entleeren. Die Bewegungen werden über Hebel [7] auf Ventile zur Steuerung des Gasflusses übertragen und über weitere Hebel und eine Welle [8] von einem Zählwerk [9] registriert.

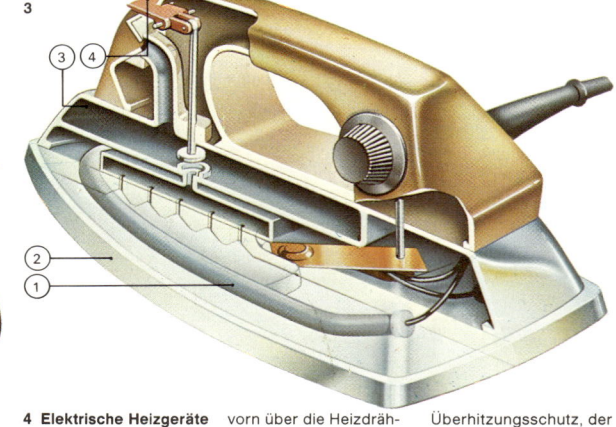

**3 Dampfbügeleisen** sind eine Weiterentwicklung früherer Bügeleisen; sie liefern gleichzeitig Hitze und Dampf zum Bügeln von Textilien. Ein elektrisches Heizelement [1] heizt die Metallsohle [2] und einen Wassertank [3] auf. Der Hebel [4] öffnet ein Ventil, das Wasser tropft innen auf die heiße Metallsohle und verdampft. Durch zahlreiche Bohrungen strömt der Dampf aus der Sohle und dämpft die Wäschestücke beim Bügeln.

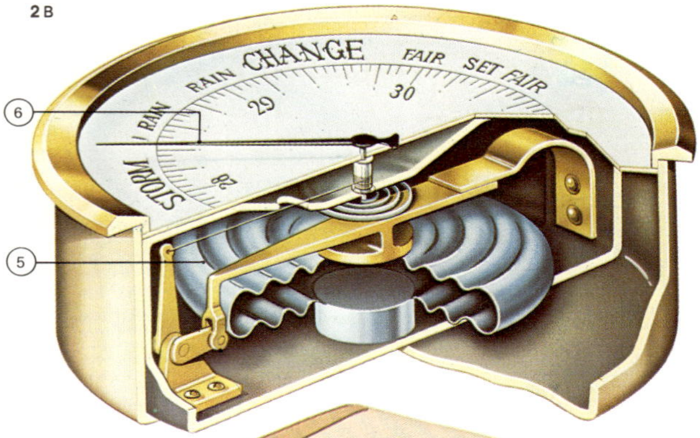

**4 Elektrische Heizgeräte** mit Gebläse sind wirkungsvoller als Geräte mit reiner Wärmestrahlung. Moderne Heizlüfter [A] sind sehr kompakt gebaut. Sie haben einen oder zwei Ventilatoren [1], die die seitlich angesaugte Luft nach vorn über die Heizdrähte [2] blasen. Solange der Luftstrom anhält, bleiben die Heizdrähte dunkel. Bei älteren Geräten [B] mit zwei Heizstäben [3] glühen diese auch dann, wenn der Ventilator [4] läuft. Heizlüfter haben einen Überhitzungsschutz, der die Heizung bei unterbrochenem Luftstrom automatisch abschaltet. Die meisten modernen Geräte haben Mehrfachschalter mit verschiedenen Stufen für Ventilatorgeschwindigkeit und Heizleistung.

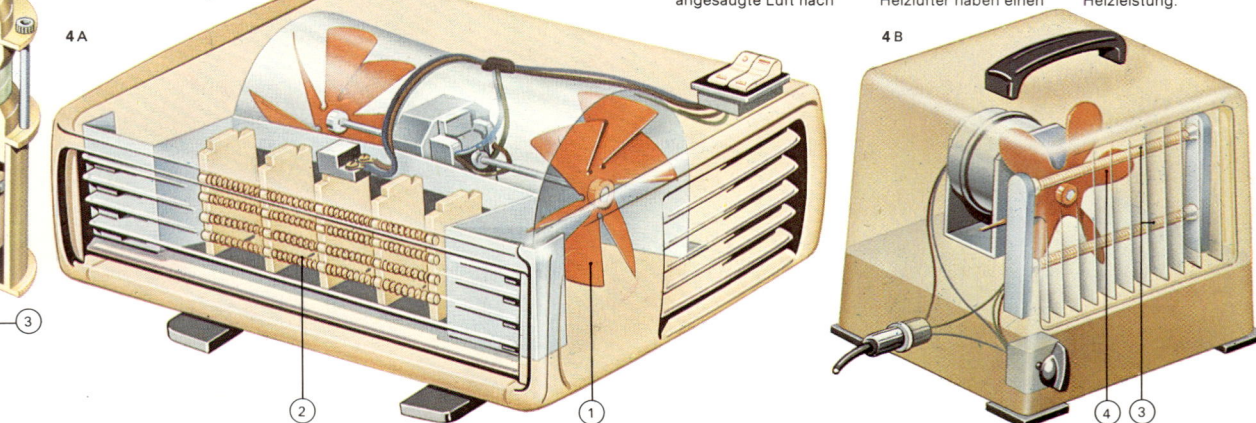

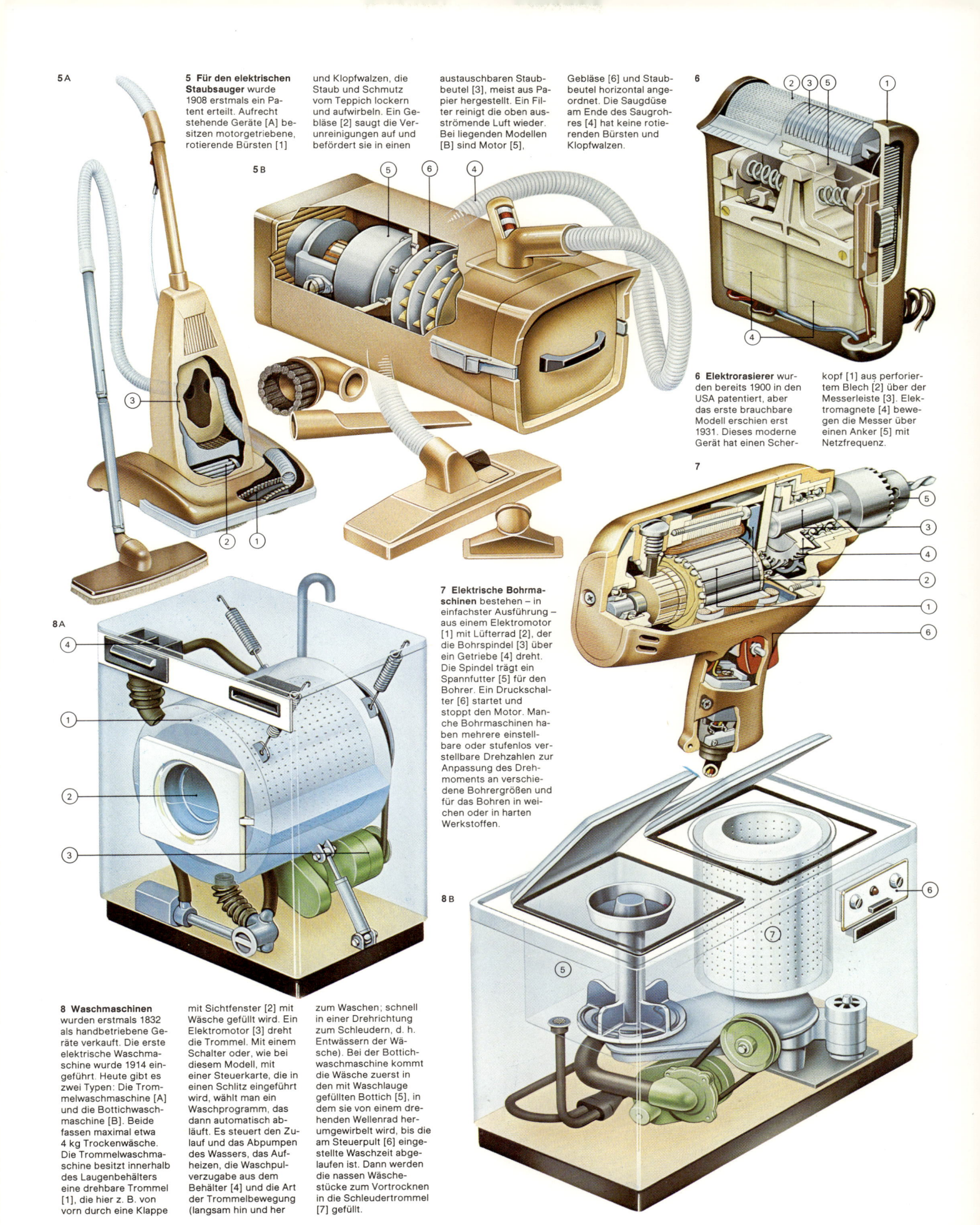

**5 Für den elektrischen Staubsauger** wurde 1908 erstmals ein Patent erteilt. Aufrecht stehende Geräte [A] besitzen motorgetriebene, rotierende Bürsten [1] und Klopfwalzen, die Staub und Schmutz vom Teppich lockern und aufwirbeln. Ein Gebläse [2] saugt die Verunreinigungen auf und befördert sie in einen austauschbaren Staubbeutel [3], meist aus Papier hergestellt. Ein Filter reinigt die oben ausströmende Luft wieder. Bei liegenden Modellen [B] sind Motor [5], Gebläse [6] und Staubbeutel horizontal angeordnet. Die Saugdüse am Ende des Saugrohres [4] hat keine rotierenden Bürsten und Klopfwalzen.

**6 Elektrorasierer** wurden bereits 1900 in den USA patentiert, aber das erste brauchbare Modell erschien erst 1931. Dieses moderne Gerät hat einen Scherkopf [1] aus perforiertem Blech [2] über der Messerleiste [3]. Elektromagnete [4] bewegen die Messer über einen Anker [5] mit Netzfrequenz.

**7 Elektrische Bohrmaschinen** bestehen – in einfachster Ausführung – aus einem Elektromotor [1] mit Lüfterrad [2], der die Bohrspindel [3] über ein Getriebe [4] dreht. Die Spindel trägt ein Spannfutter [5] für den Bohrer. Ein Druckschalter [6] startet und stoppt den Motor. Manche Bohrmaschinen haben mehrere einstellbare oder stufenlos verstellbare Drehzahlen zur Anpassung des Drehmoments an verschiedene Bohrergrößen und für das Bohren in weichen oder in harten Werkstoffen.

**8 Waschmaschinen** wurden erstmals 1832 als handbetriebene Geräte verkauft. Die erste elektrische Waschmaschine wurde 1914 eingeführt. Heute gibt es zwei Typen: Die Trommelwaschmaschine [A] und die Bottichwaschmaschine [B]. Beide fassen maximal etwa 4 kg Trockenwäsche. Die Trommelwaschmaschine besitzt innerhalb des Laugenbehälters eine drehbare Trommel [1], die hier z. B. von vorn durch eine Klappe mit Sichtfenster [2] mit Wäsche gefüllt wird. Ein Elektromotor [3] dreht die Trommel. Mit einem Schalter oder, wie bei diesem Modell, mit einer Steuerkarte, die in einen Schlitz eingeführt wird, wählt man ein Waschprogramm, das dann automatisch abläuft. Es steuert den Zulauf und das Abpumpen des Wassers, das Aufheizen, die Waschpulverzugabe aus dem Behälter [4] und die Art der Trommelbewegung (langsam hin und her zum Waschen; schnell in einer Drehrichtung zum Schleudern, d. h. Entwässern der Wäsche). Bei der Bottichwaschmaschine kommt die Wäsche zuerst in den mit Wauschlauge gefüllten Bottich [5], in dem sie von einem drehenden Wellenrad herumgewirbelt wird, bis die am Steuerpult [6] eingestellte Waschzeit abgelaufen ist. Dann werden die nassen Wäschestücke zum Vortrocknen in die Schleudertrommel [7] gefüllt.

203

# Maschinen und Geräte des täglichen Gebrauchs (3)

Die meisten Geräte des täglichen Gebrauchs sind Weiterentwicklungen von Erfindungen aus dem 19. Jahrhundert. Beispielsweise wurde die erste Nähmaschine bereits 1830 patentiert. Sie war aus Holz, besaß eine Hakennadel und wurde von dem französischen Schneider Barthélemy Thimonnier (1793–1857) gebaut. Nach 1841 waren etwa 80 Maschinen dieser Art zur Herstellung französischer Armeeuniformen in Betrieb. Aber erst nachdem der Amerikaner Isaac Singer (1811–75) im Jahre 1851 den Fußantrieb entwickelt hatte, fand die Nähmaschine [2] weite Verbreitung.

Im Jahre 1834 erhielt der Amerikaner Jacob Perkins (1766–1849) ein britisches Patent für einen Kühlschrank [4]. Das erste funktionstüchtige Gerät wurde allerdings erst nach 1850 konstruiert.

Thomas Ewbank (1792–1870) erfand den Teppichkehrer [1]. Die ersten brauchbaren Geräte kamen 1889 auf den Markt.

Der erste Walzenrasenmäher [3] stammt von Edwin Beard Budding (1795–1846). Seine Erfindung aus dem Jahre 1830 wurde seitdem in zahlreichen Variationen weiterentwickelt und technisch verbessert.

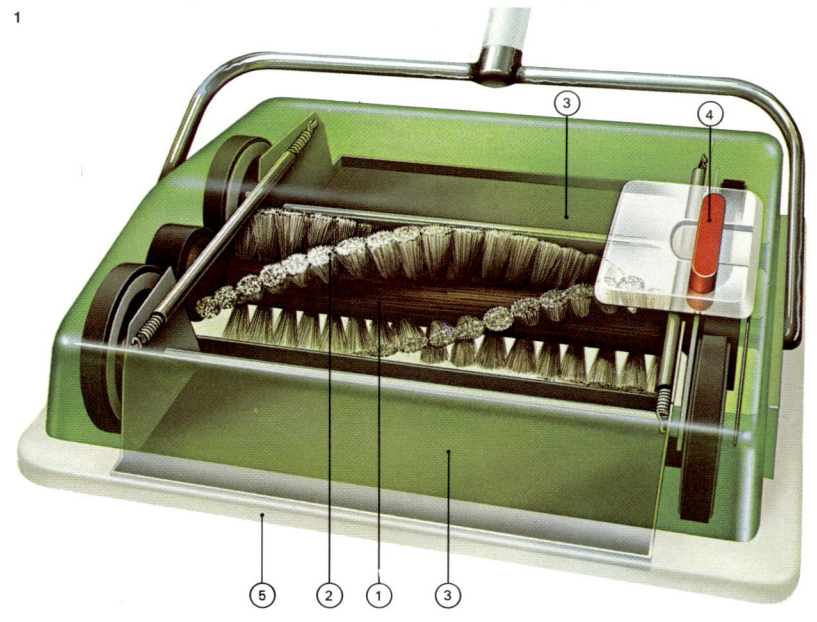

**1 Der Teppichkehrer** dient zum Säubern von Teppichen und glatten Böden. In einem leichten Plastikgehäuse befindet sich eine Walze [1] mit mehreren spiralig angeordneten Bürstenreihen [2]. Zur besseren Anpassung an die verschiedenen Bodenbeläge wechselt die Art der Borsten von Reihe zu Reihe; die Bürstenhöhe ist mit einem Schieber einstellbar. Wenn das Gerät hin- und hergeschoben wird, rotiert die Bürstenwalze, angetrieben durch die Laufräder. Aufgenommener Staub wird in die Fangbleche [3] gekehrt; sie lassen sich mit einer Drucktaste [4] öffnen und können dann entleert werden. Haare und Fäden wickeln sich auf der Bürste auf. Eine Gummileiste [5] rings um das Kehrgerät schützt die Möbel vor Beschädigung.

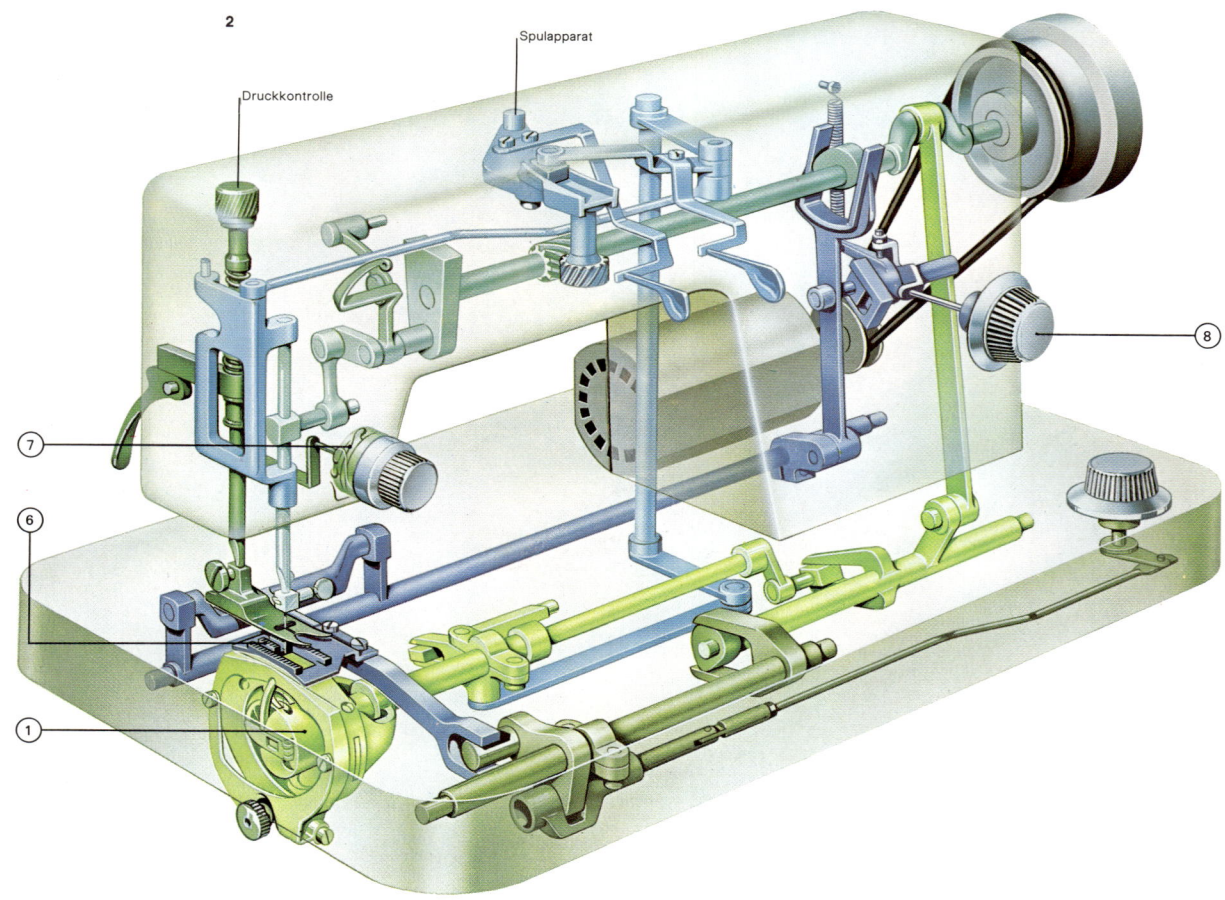

**2 Eine moderne elektrische Nähmaschine** besitzt entweder ein hin- und herschwingendes Schiffchen oder einen rotierenden Greifer [1]. Die Naht wird aus zwei verschiedenen Fäden gebildet. Der eine stammt aus einer Spule oberhalb des Stoffes (Oberfaden) und wird durch das Nadelöhr geführt, der andere (Unterfaden) kommt aus einer Vorratsspule [2] im Greifer. Beim Nähen durchstößt die Nadel den Stoff; beim Zurückziehen bildet der Oberfaden eine Schlinge, in die der Greifer einhakt [3] und dadurch Ober- und Unterfaden miteinander verkettet. Dieser Vorgang ist in der Bildfolge [A bis F] dargestellt: Die Nadel [4] mit dem Öhr nahe der Nadelspitze stößt den Oberfaden durch den Stoff, während die Spitze des Greifers sich der Nadel nähert [A, B]. Beim Hochgehen der Nadel schlingt sich die Oberfadenschlaufe [5] über die Greiferspitze. Dann wird die Schlaufe um die Spule geschlungen [C] und mit dem Unterfaden verkettet [D]. Die zurückgehende Nadel spannt den Oberfaden und zieht den Unterfaden fest [E, F]. Über eine Transportvorrichtung wird der Stoff um eine Stichlänge weitertransportiert, wobei der Greifer eine Leerdrehung ausführt. Die Fadenspannung wird durch Bremsscheiben [7], die Stichlänge durch eine Einstellvorrichtung [8] geregelt. Für die Auf- und Abwärtsbewegung der Nadel sowie für ihre seitliche Bewegung beim Kreuzstich sorgt ein äußerst präzise arbeitendes Hebelwerk, das durch einen Elektromotor angetrieben wird. Die heutigen Zickzack-Nähmaschinen haben sogenannte Schwingnadeln. Mit ihnen kann man außerordentlich komplizierte und variable Stichfolgen ausführen, bis zu Stickmustern und dem automatischen Umsäumen von Knopflöchern und großflächigen Textilteilen.

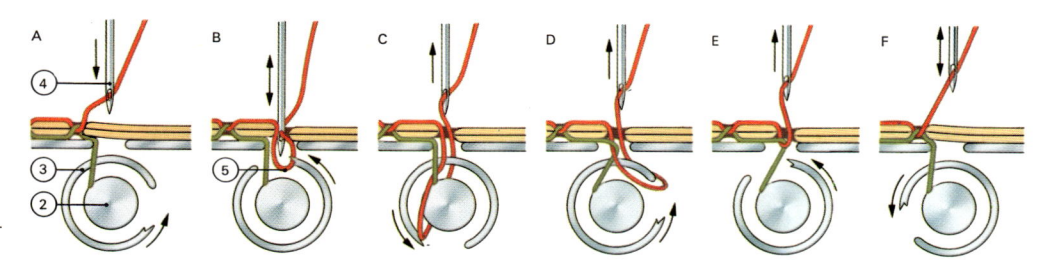

**3 Motorrasenmäher** besitzen Schneidmesser, die entweder horizontal rotieren [A] oder rotierende Walzen darstellen [B]. Geräte mit horizontal rotierenden Messern [1] werden durch einen Elektro- oder Benzinmotor [2] so rasch angetrieben, daß sie nicht nachgeschliffen werden müssen. Mit einem Hebel [3] wird die Schnitthöhe, mit einer Drossel im Lufteinlaß des Vergasers die Motordrehzahl eingestellt. Es gibt auch Rasenmäher ohne Räder, die in geringer Höhe auf einem Luftkissen über den Rasen geführt werden. Während Geräte dieser Art im allgemeinen keine Auffangvorrichtung für das abgeschnittene Gras besitzen, ist bei Walzenmähern [B] meist ein einfacher Auffangbehälter vorhanden. Diese Geräte haben mehrere Schneidmesser [4], die spiralartig auf einer Walze [5] angeordnet sind. Bei dem abgebildeten Mäher dient ein Elektromotor [6] als Antrieb. Weiter verbreitet sind jedoch Walzenmäher mit Benzinmotoren; auch einfache Handrasenmäher, mit Muskelkraft betrieben, sind noch häufig anzutreffen. Wenn besonders sauberes Mähen erforderlich ist, wie z. B. auf Golfplätzen, haben sie zusätzliche Laufwalzen. Die größten Walzenmäher (zum Mähen großer Flächen) sind mit einem Fahrersitz ausgerüstet, lenkbar und meist von einem Dieselmotor angetrieben. Die ersten Großrasenmäher wurden von Pferden gezogen, deren Hufe man mit Säcken umwickelte, damit sie den Rasen nicht beschädigten.

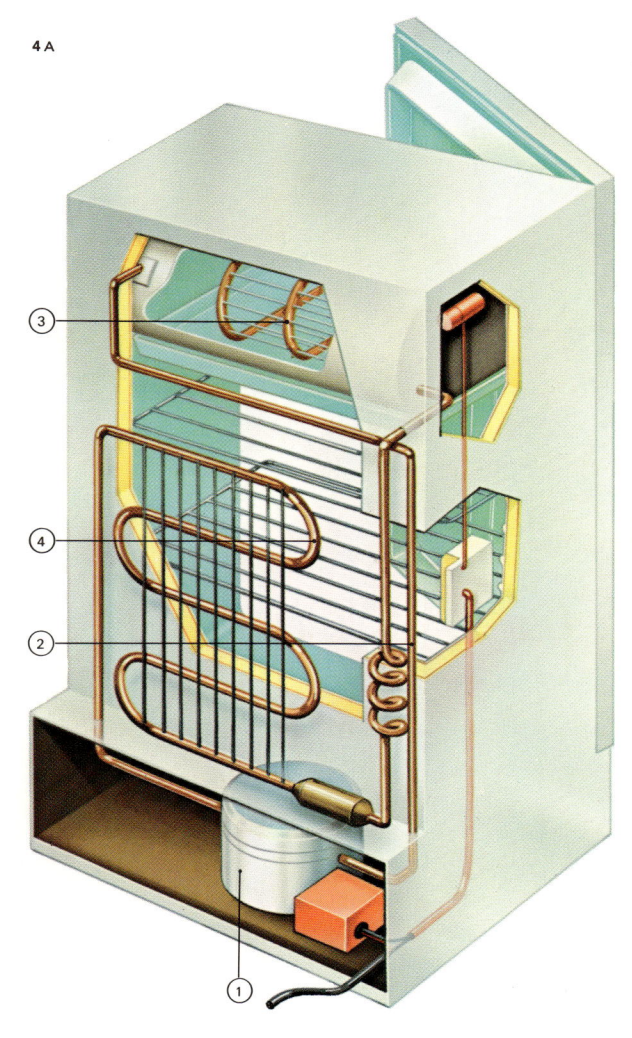

3 A

3 B

4 A

**4 Haushaltskühlschränke** werden entweder elektrisch [A] oder mit Gas [B] betrieben. Beim elektrischen Kompressorkühlschrank treibt ein Elektromotor einen Kompressor [1] an, der flüssiges Kühlmittel [2] in einem Kreislauf bewegt. Als Kühlmittel wird in den meisten Kompressorkühlschränken Frigen verwendet – eine Substanz, die Kohlenstoff und Fluor enthält und bereits bei niedrigen Temperaturen verdampft. Dabei nimmt das Kühlmittel aus dem Verdampfer [3], der meist das Eisfach bildet, Wärme auf. Anschließend wird der Kühlmitteldampf verdichtet und in den Kodensator [4] geleitet, wo er Wärme abgibt und wieder zu einer Flüssigkeit kondensiert. Nach Expansion durch eine Drossel wird diese wieder dem Verdampfer zugeführt. Der mit Gas betriebene Absorberkühlschrank besitzt einen Generator [5] mit in Wasser gelöstem Ammoniak. Die Lösung wird durch eine Gasflamme erwärmt, wobei das Ammoniak verdampft [6]. Im Kondensator [7] wird es unter Wärmeabgabe verflüssigt; anschließend nimmt es im Verdampfer [8] wieder Wärme auf, die dem Inneren des Kühlbehälters entzogen wird. Der entstehende Ammoniakdampf kommt in den Absorber [9] und, in Wasser gelöst, zum Generator.

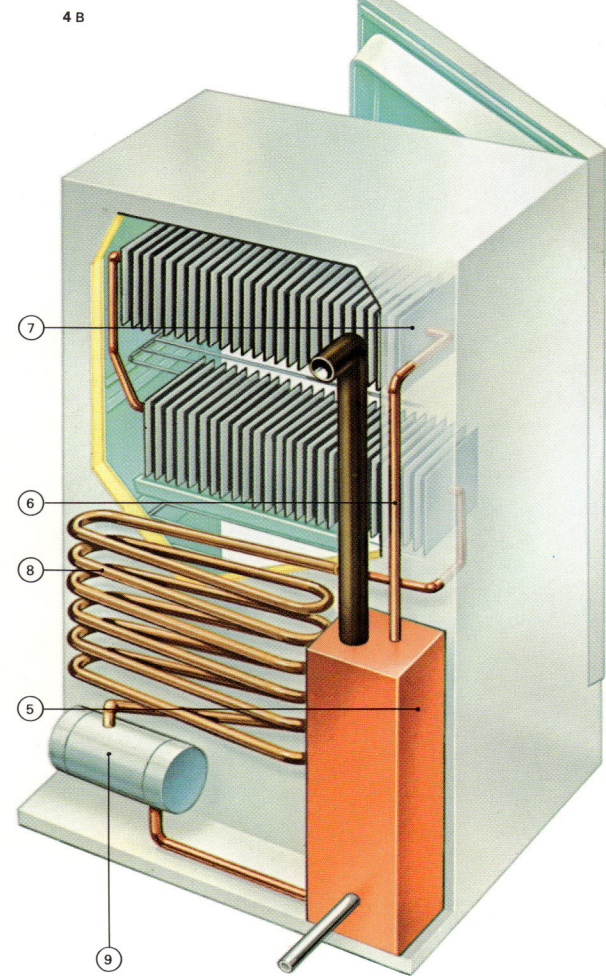

4 B

205

# Maschinen und Geräte des täglichen Gebrauchs (4)

Zu den weitverbreitetsten und nützlichsten Geräten in Büros, aber auch im privaten Bereich gehören die Schreibmaschine und der elektronische Taschenrechner. Für ein mechanisches Schreibgerät wurde bereits 1714 dem Erfinder Henry Miller ein Patent zugesprochen. Aber erst 160 Jahre später kam die erste brauchbare Schreibmaschine auf den Markt. Sie war die Weiterentwicklung eines Prototyps, den Christopher Latham Sholes (1819–90) in den Vereinigten Staaten gebaut hatte. In der Zeit nach 1930 erschienen dann die ersten elektrischen Schreibmaschinen.

Die heutigen Elektronenrechner [2] verdanken ihre Existenz der jüngsten Entwicklung integrierter Miniaturschaltkreise (integrated circuits; IC), die die Funktion Hunderter von Transistoren enthalten. Die Transistoren selbst wurden 1948 von den Amerikanern John Bardeen (geb. 1908), Walter Brattain (geb. 1902) und William Shockley (geb. 1910) erfunden. Die IC machten die heutigen Computer kleiner, zuverlässiger und leistungsfähiger als alle Arten von Rechenmaschinen, die je zuvor gebaut worden waren – von den rein mechanischen bis zu den vollelektronischen Maschinen.

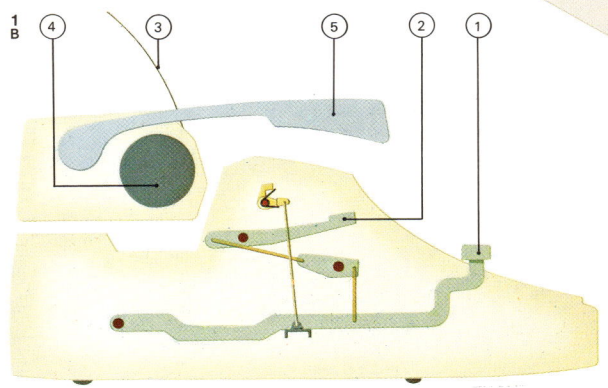

**1 Die mechanischen Schreibmaschinen** [A] funktionieren nach folgendem Prinzip [B]: Beim Anschlagen einer Taste [1] wird nun der Typenhebelkopf [2] gegen ein Farbband gestoßen, das die erhabene Form der Type auf das Schreibpapier überträgt. Das Papier [3] ist auf der Walze [4] eines Wagens aufgespannt. Nach jedem Anschlag rückt der Wagen, vom Schrittschaltwerk gesteuert, um eine Typenbreite nach links. Nach dem Schreiben einer Zeile wird der Wagen mit dem Transporthebel [5] ganz nach rechts geschoben, wobei sich die Walze gleichzeitig um eine Zeile weiterdreht. Bei der elektrischen Schreibmaschine [C] übernimmt ein Elektromotor den Kraftaufwand für den Anschlag [D]: Bei leichtem Druck auf die Taste [6] berührt ein Hebel [7] eine durch den Motor [9] angetriebene Reibrolle [8], wird dadurch nach oben bewegt und betätigt über das Gestänge [10] den Typenhebel [11]. Durch den mit gleichbleibender Geschwindigkeit laufenden Motor wirkt die Anschlagkraft unabhängig vom Fingerdruck auf die Taste. Es ergibt sich ein völlig gleichmäßiges Schriftbild, und das Schreiben wird für den Benutzer der Maschine weniger anstrengend. Nach 1941 erschienen die ersten Kugelkopfschreibmaschinen auf dem Markt: Sie haben meist keinen Wagen mehr, sondern eine feststehende Walze, an der ein Kugelkopf entlanggeführt wird, der auf seiner Oberfläche sämtliche Typen trägt. Nach dem Betätigen einer Taste schwenkt der Kopf zunächst in die richtige Position, bevor er anschlägt. Der Kugelkopf ist abnehmbar und kann gegen einen mit einer anderen Type ausgestatteten Kopf ausgewechselt werden (z. B. griechische Schrift).

**2** Steckbuchse für Netz- und Ladegerät

Batterie

Ziffernanzeige

Ein- und Ausschalter

**2 Ein elektronischer Taschenrechner** wiegt kaum mehr als 1 N einschließlich der Batterien. Integrierte Schaltkreise (IC) haben solche Geräte erst möglich gemacht. Die IC bestehen hauptsächlich aus Silicium und beinhalten oftmals Hunderte von eingeätzten Transistoren und anderer elektronischer Elemente samt ihrer Verbindungen auf einem dünnen Halbleiterplättchen von der Größe eines halben Fingernagels. Diese »Festkörperschaltung« ist in einem Plastikgehäuse

Integrierter Schaltkreis

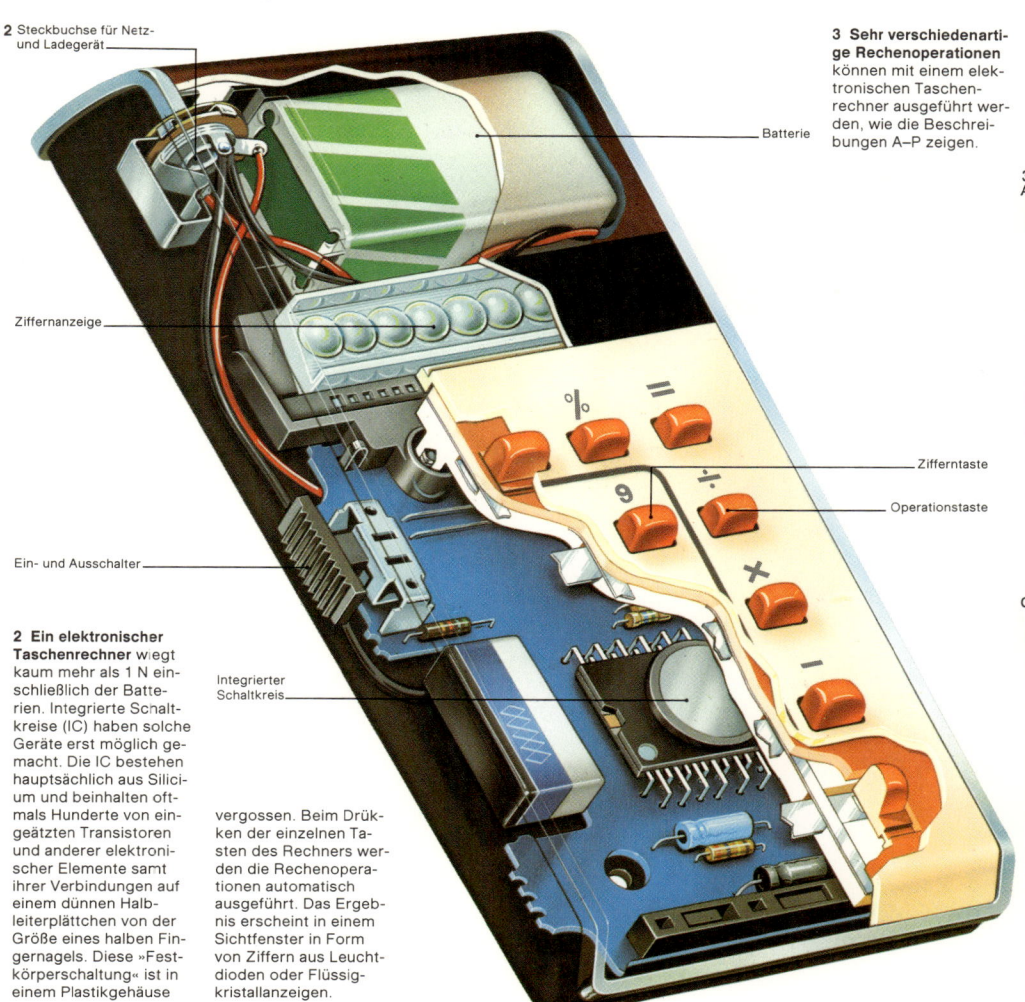

vergossen. Beim Drücken der einzelnen Tasten des Rechners werden die Rechenoperationen automatisch ausgeführt. Das Ergebnis erscheint in einem Sichtfenster in Form von Ziffern aus Leuchtdioden oder Flüssigkristallanzeigen.

Zifferntaste

Operationstaste

**3 Sehr verschiedenartige Rechenoperationen** können mit einem elektronischen Taschenrechner ausgeführt werden, wie die Beschreibungen A–P zeigen.

Das dargestellte Modell hat einen Speicher, in dem Zwischenergebnisse abgespeichert werden können; wenn mit ihnen weitergerechnet werden soll, können sie

durch Tastendruck abgerufen werden. Die Taste CE/C dient zum Löschen einer Eingabe, zweimaliges Drücken bringt den Rechner in Nullstellung.

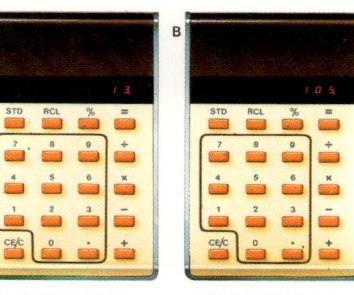

Eine einfache Addition ist z. B. 13 + 92. Mit der Taste C wird zunächst Register und Anzeige gelöscht. Nach Eingabe der Ziffern 1

und 3 zeigt die Anzeige 13 [A]. Drückt man nacheinander +, 9, 2, =, so erscheint das Ergebnis 105 im Sichtfenster [B].

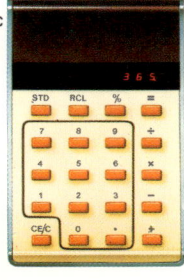

Das Beispiel einer ganz einfachen Subtraktion ist die Aufgabe 365 minus 176. Die Taste C bringt den Rechner in Nullstellung. Nach Drücken der Ziffern 3, 6 und 5 zeigt die Anzeige 365

[C]. Nun wird − gedrückt, dann 1, 7 und 6 (Anzeige 176). Nach Betätigen der Taste = erscheint das Ergebnis 189 als Anzeige im Sichtfenster des Rechengerätes [D].

Bei einer Rechnung mit Klammerausdrücken benutzt man den Speicher. Zur Berechnung von (25 × 92) + (72 × 5) erhält man den ersten Summanden durch Eingabe von 2, 5, ×, 9, 2, =. Das Ergebnis 2300 erscheint in der Anzeige [E]. Nun wird die Taste STD betätigt, wodurch die Zahl in den Speicher übernommen wird. Das Rechenwerk ist jetzt frei zur Berechnung des zweiten Summanden durch Eingabe von 7, 2, ×, 5, =: die Anzeige zeigt 360 [F]. Nach dem Drücken der

+-Taste wird über RCL der erste Summand wieder aus dem Speicher abgerufen, nach

dem Drücken von = erscheint das Gesamtergebnis von 2660 im Sichtfenster [G]. Auch

dieses Ergebnis kann für weitere Rechnungen wieder abgespeichert werden.

Viele Rechner lassen die Rechnung mit Konstanten zu. Drückt man bei dem abgebildeten Modell z. B. — nach Betätigung der Taste C — 1 und = (Anzeige 1) [H], so ist der Rechner als Zähler programmiert. Bei wiederholtem Drücken von + erscheinen nacheinander 1, 2, 3, 4, 5, [I] usw. Die Konstante kann auch dazu benutzt werden, multiplikative Reihen auszuführen. Das ist beispielsweise günstig, wenn man Tabellen bestimmter Werte von einer Maßeinheit in

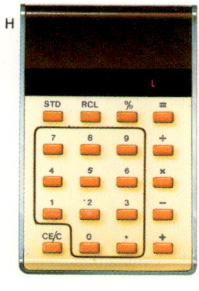

die andere umrechnen will. Bei Umrechnungen von PS in kW beispielsweise dient der Faktor

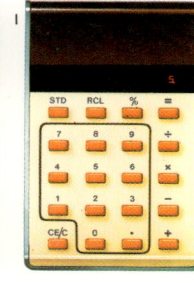

0,736 als Konstante, bei Zoll in cm beträgt der entsprechende Faktor 2,54.

Zum Berechnen von 55% von 105 tippt man — nachdem der Rechner durch die Taste C in Nullstellung gebracht wurde — 1, 0 und 5 ein

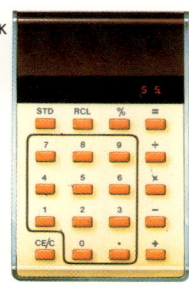

[J], danach 5, 5 und die %-Taste. Das Ergebnis, 57,75, erscheint in der Anzeige [K]. Natürlich kann man auch ohne %-Taste Prozente be-

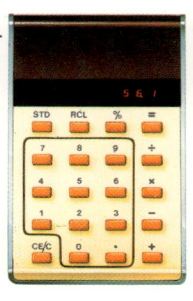

rechnen: Für 55% von 102 tippt man nacheinander 1, 0, 2, ×, 5, 5, =, −, 1, 0, 0 ein. Die Anzeige zeigt das Ergebnis 56,1 [L].

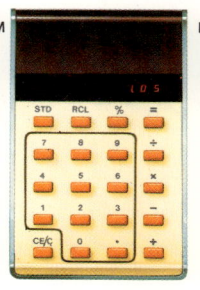

Wie steigt eine Einlage von 800,— DM bei einem Zinsfuß von 5% in zwei Jahren? Nach dem Drücken der Taste C gibt man nacheinander

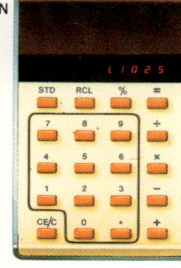

ein: 1, . (Dezimalpunkt), 0, 5 (Anzeige 1.05, [M]), Taste × (1.05 wird Konstante), =. In der Anzeige erscheint der Wert 1.1025 [N], das Quadrat

von 1.05 als Gesamtzinsfuß für zwei Jahre. Dieser Wert muß mit 800 multipliziert werden: Taste ×, 8, 0,0 [O]. Nach dem

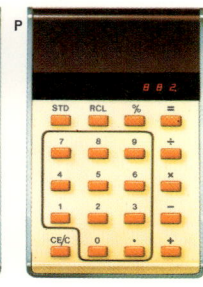

Drücken der =-Taste erscheint dann das Ergebnis von 882 in der Anzeige [P]. Ohne Zinseszins wäre das Ergebnis nur 880.

# Graphische Gestaltung

# Bildquellen

**Nachweis für die Bände 1 bis 9**

# Graphische Gestaltung

**Bildredakteure**

Angela Downing; George Glaze; James Marks; Mel Peterson; Ruth Prentice; Bob Scott

**Graphische Ideen**

David Aston; Javed Badar; Allison Blythe; Angela Braithwaite; Alan Brown; Michael Burke; Alistair Campbell; Terry Collins; Mary Ellis; Judith Escreet; Albert Jackson; Barry Jackson; Ted Kindsey; Kevin Maddison; Erika Mathlow; Paul Mundon; Peter Nielson; Patrick O'Callaghan; John Ridgeway; Peter Saag; Malcolme Smythe; John Stanyon; John Steward; Justin Todd; Linda Wheeler

**Zeichner**

Stephen Adams; Geoffrey Alger; Terry Allen; Jeremy Alsford; Frederick Andenson; John Arnold; Peter Arnold; David Ashby; Michael Badrock; William Baker; John Barber; Norman Barber; Arthur Barvoso; John Batchelor; John Bavosi; David Baxter; Stephen Bernette; John Blagovitch; Michael Blore; Christopher Blow; Roger Bourne; Alistair Bowtell; Robert Brett; Gordon Briggs; Linda Broad; Lee Brooks; Rupert Brown; Marilyn Bruce; Anthony Bryant; Paul Buckle; Sergio Burelli; Dino Bussetti; Patricia Casey; Giovanni Casselli; Nigel Chapman; Chensie Chen; David Chisholm; David Cockcroft; Michael Codd; Michael Cole; Terry Collins; Peter Connelly; Roy Coombs; David Cox; Patrick Cox; Brian Cracker; Gordon Cramp; Gino D'Achille; Terrence Daley; John Davies; Gordon C. Davis; David Day; Graham Dean; Brian Delf; Kevin Diaper; Madeleine Dinkel; Hugh Dixon; Paul Draper; David Dupe; Howard Dyke; Jennifer Eachus; Bill Easter; Peter Edwards; Michael Ellis; Jennifer Embleton; Ronald Embleton; Ian Evans; Ann Evens; Lyn Evens; Peter Fitzjohn; Eugene Flurey; Alexander Forbes; David Carl Forbes; Chris Fosey; John Francis; Linda Francis; Sally Frend; Brian Froud; Gay Galfworthy; Ian Garrard; Jean George; Victoria Goaman; Anthea Gray; Harold Green; Penelope Greensmith; Vanna Haggerty; Nicholas Hall; Horgrave Hans; David Hardy; Douglas Harker; Richard Hartwell; Jill Havergale; Peter Hayman; Ron Heywood; Peter Henville; Trevor Hill; Garry Hinks; Peter Hutton; Faith Jacques; Robin Jacques; Lancelot Jones; Anthony Joyce; Pierre Junod; Patrick Kaley; Sarah Kensington; Don Kidman; Harold King; Martin Lambourne; Ivan Lapper; Gordon Lawson; Malcolm Lee-Andrews; Peter Levaffeur; Richard Lewington; Brian Lewis; Ken Lewis; Richard Lewis; Kenneth Lilly; Michael Little; David Lock; Garry Long; John Vernon Lord; Vanessa Luff; John Mac; Lesley MacIntyre; Thomas McArthur; Michael McGuinness; Ed McKenzie; Alan Male; Ben Manchipp; Neville Mardell; Olive Marony; Bob Martin; Gordon Miles; Sean Milne; Peter Mortar; Robert Morton; Trevor Muse; Anthony Nelthorpe; Michael Neugebauer; William Nickless; Eric Norman; Peter North; Michael O'Rourke; Richard Orr; Nigel Osborne; Patrick Oxenham; John Painter; David Palmer; Geoffrey Parr; Allan Penny; David Penny; Charles Pickard; John Pinder; Maurice Pledger; Judith Legh Pope; Michael Pope; Andrew Popkiewicz; Brian Price-Thomas; Josephine Rankin; Collin Rattray; Charles Raymond; Alan Rees; Ellsie Rigley; John Ringnall; Christine Robbins; Ellie Robertson; James Robins; John Ronayne; Collin Rose; Peter Sarson; Michael Saunders; Ann Savage; Dennis Scott; Edward Scott-Jones; Rodney Shackell; Chris Simmonds; Gwendolyn Simson; Cathleen Smith; Les Smith; Stanley Smith; Michael Soundels; Wolf Spoel; Ronald Steiner; Ralph Stobart; Celia Stothard; Peter Sumpter; Rod Sutterby; Allan Suttie; Tony Swift; Michael Terry; John Thirsk; Eric Thomas; George Thompson; Kenneth Thompson; David Thorpe; Harry Titcombe; Peter Town; Michael Trangenza; Joyce Tuhill; Glenn Tutssel; Carol Vaucher; Edward Wade; Geoffrey Wadsley; Mary Waldron; Michael Walker; Dick Ward; Brian Watson; David Watson; Peter Weavers; David Wilkinson; Ted Williams; John Wilson; Roy Wiltshire; Terrence Wingworth; Anne Winterbotham; Albany Wiseman; Vanessa Wiseman; John Wood; Michael Woods; Owen Woods; Sidney Woods; Raymond Woodward; Harold Wright; Julia Wright

**Studios**

Add Make-up; Alard Design; Anyart; Arka Graphics; Artec; Art Liaison; Art Workshop; Bateson Graphics; Broadway Artists; Dateline Graphics; David Cox Associates; David Levin Photographic; Eric Jewel Associates; George Miller Associates; Gilcrist Studios; Hatton Studio; Jackson Day; Lock Pettersen Ltd; Mitchell Beazley Studio; Negs Photographic; Paul Hemus Associates; Product Support Graphics; Q.E.D. [Campbell Kindsley]; Stobart and Sutterby; Studio Briggs; Technical Graphics; The Diagram Group; Tri Art; Typographics; Venner Artists

**Agenturen**

Artist Partners; Freelance Presentations; Garden Studio; Linden Artists; N.E. Middletons; Portman Artists; Saxon Artists; Thompson Artists

# Bildquellen

## Erster Band

### Das Weltall

**14/15** California Institute of Technology and Carnegie Institution of Washington. Reproduced by permission of the Hale Observatories; **17** Photri; **18** NASA; **19** Photri; **21** Hale Observatories; **22** Max-Planck-Institut für Radioastronomie, Bonn; **24/25** Leitbild: Patrick Moore Collection; **26/27** Patrick Moore Collection 8; **28/29** Hale Observatories, Mount Wilson and Palomar 6, 7; **30/31** Leitbild: Patrick Moore Collection; Novosti Press Agency 1, Australian Information Service 2, Lick Observatory 3, Hale Observatories, Mount Wilson and Palomar 4A, Patrick Moore Collection 5, US Naval Observatory 6; **32/33** Leitbild: Patrick Moore Collection, J. Arthur Dixon/mit freundlicher Genehmigung von Sir Bernard Lovell 2, P. Daly 3, Hale Observatories, Mount Wilson and Palomar 4, Lund Observatory 5, US Naval Observatory 7; **38/39** Leitbild: Georgetown University Observatory, Ronan Picture Library 4A, Patrick Moore Collection 4B, Picturepoint 6, H. R. Hatfield 7, NASA 8, 9, Hale Observatories, Mount Wilson and Palomar 10, NASA 11, 12, H. Brinton 13; **40/41** Leitbild: Royal Astronomical Society, NASA 11, 12, 13, 14, 15, 16A–E; **42/43** Lick Observatory 7A, Royal Astronomical Society 8; **44/45** Leitbild: Fairchild Space and Defence Systems; **46/47** Leitbild: Novosti Press Agency, NASA 1, 2, 3, 4, 5, 6, 7, 8; **48/49** Leitbild: Patrick Moore Collection, NASA/mit freundlicher Genehmigung von Dr. John Guest 4, NASA 8, 9, 10, 11, 12; **50/51** H. R. Hatfield 4, NASA 5, 9, 10, 11A, 11B, 12; **52/53** NASA 1A, 3; **54/55** Leitbild: NASA, C. F. Capen 5A–D; **56/57** Leitbild: NASA, NASA 4, 8, 10, Photri 9; **60/61** Leitbild: NASA, NASA 1, 2, 3, 5, 6; **62/63** NASA 2, 3A–C, 4A–C, 7, Photri 6; **64/65** Max Wolff/Royal Astronomical Society 1, F. C. Acfield 2; **66/67** G. P. Kuiper 5, Lowell Observatory, Arizona 6; **68/69** Leitbild: H. E. Dall, NASA 1, 2, 3, 4, 5; **70/71** Leitbild: US Naval Observatory, Patrick Moore Collection 7, H. R. Hatfield 8, Hale Observatories, Mount Wilson and Palomar 11; **72/73** G. P. Kuiper 4, 6A, 6B, 7; **74/75** G. P. Kuiper 4, 7, Patrick Moore Collection 9A, 9B; **76/77** Leitbild: Quelle unbekannt, Hale Observatories, Mount Wilson and Palomar 5, 8, E. E. Barnard/Royal Astronomical Society (RAS) 6, E. M. Lindsay/RAS 7, Royal Greenwich Observatory 9; **78/79** Leitbild: Butler/RAS, D. McLean/RAS/Kitt Peak Observatory 4, T. J. C. A. Moseley 5, Patrick Moore Collection 7, Institute of Meteorites, New Mexico 9, Novosti Press Agency 11, Quelle unbekannt: 8, 10, 12, 13; **80/81** Leitbild: Royal Greenwich Observatory, Herstmonceaux, P. Daly 2B, Hale Observatories, Mount Wilson and Palomar 6, 7; **82/83** Leitbild: W. M. Baxter, Roberts/Royal Astronomical Society 2A, 2B, 2C, Patrick Moore Collection 4, NASA 5, 6; **84/85** NASA 2, 5, 7, 8, 9, H. Brinton 4, A. Kung 6; **86/87** P. Gill 1, McBain/Patrick Moore Collection 2, H. R. Hatfield 4, 5; **88/89** Hale Observatories, Mount Wilson and Palomar 1, 4; **90/91** Leitbild: H. R. Hatfield, Hale Observatories, Mount Wilson and Palomar 3, 4, 6B, 7, 8, Quelle unbekannt 5B; **92/93** Leitbild: Hale Observatories, Mount Wilson and Palomar, US Naval Observatory 1, Hale Observatories, Mount Wilson and Palomar 2, 3, 4, 5, 6; **94/95** Leitbild: Hale Observatories, Mount Wilson and Palomar, Royal Astronomical Society 3A, 3B; **96/97** Leitbild: H. R. Hatfield 6B 15B; **98/99** Leitbild: Mount Stromlo Observatory, Australien, Patrick Moore Collection 2, Hale Observatories, Mount Wilson and Palomar 3, 4; **100/101** K. G. Malin-Smith 1, Hale Observatories, Mount Wilson and Palomar 7, 9, Quelle unbekannt 8, T. J. C. A. Moseley 10, Patrick Moore Collection 11; **102/103** US Naval Observatory 2, 9, K. G. Malin-Smith 3, 5, H. R. Hatfield 4, Royal Astronomical Society 7, Hale Observatories, Mount Wilson and Palomar 8, 10; **104/105** Leitbild und 3: Carnegie Institute, Washington/Hale Observatories, Mount Wilson and Palomar 4, 6, US Naval Observatory 7, Lund Observatory 8; **106/107** Carnegie Institute, Washington/Hale Observatories, Mount Wilson and Palomar 1, US Naval Observatory 2, Hale Observatories, Mount Wilson and Palomar 3, 4, Mount Stromlo Observatory, Australien 5, Royal Astronomical Society 6, Radcliffe Observatory 7; **108/109** Leitbild: Hale Observatories, Mount Wilson and Palomar, Lick Observatory 2, 9, Hale Observatories, Mount Wilson and Palomar 3, 4, 5, 6, 7, 8, 10, 12, 16, US Naval Observatory 13, 14, 15; **110/111** Hale Observatories, Mount Wilson and Palomar 1, 2, 4, 5, US Naval Observatory 3, Royal Greenwich Observatory 6A, 6B, Quelle unbekannt 7, 8; **112/113** Leitbild: Hale Observatories, Mount Wilson and Palomar, US Naval Observatory 4, Hale Observatories, Mount Wilson and Palomar 2, 3, 5; **114/115** Photoresources 4, 5A–F, 6A, Snark International 6B, Dr. H. J. Störig, München 7; **116/117** Dr. H. J. Störig, München 7; **130/131** Patrick Moore Collection 1, 2, NASA 3, 7, 8, 12, 14, Novosti Press Agency 4, 5, 6, 13, 18, Photri 9, 10, 11, 15, 16, 17; **132/133** Leitbild: Patrick Moore Collection; **134/135** Leitbild: NASA, mit Erlaubnis von Frau Malthete Melies/Copyright S.P.A.D.E.M. Paris 1976 1, Royal Astronomical Society 2; **136/137** Leitbild: NASA, Photri 1; **140/141** Leitbild: Patrick Moore Collection; **144/145** Leitbild: Hale Observatories, Mount Wilson and Palomar.

### Die Erde

**148/149** Dr. H. J. Störig, München; **150/151** Jon Gardey/Robert Harding Associates 152 Mats Wibe Lund; **153** T. Schneiders, Lindau; **154** Dr. R. Kuntz, München; **155** Leonard McCombe/T.L.P.A. © Time Inc. 1976/Colorific; **156/157** Bavaria-Verlag (Kanus), Gauting; **162/163** Leitbild: Sripps Institute of Oceanography; **164/165** Trans Antarctic Expedition 3, C. E. Abranson 6; **166/167** Bill Ray: Life © Time Inc. 1976 1, Popperfoto 9; **168/169** Picturepoint 5, Mats Wibe Lund 8, C. E. Abranson 9, Heather Angel 10; **170/171** David Strickland 6; **172/173** Leitbild: Photri; **174/175** Jon Levy 1, NASA 2, 3; **182/183** NASA/Sachem 1, 2, 3, 4, 5, 6A, 6B; **184/185** NASA 1, 2, 3, 4, 5, 6; **190/191** NASA 1, 2, 3, 4, 5, 6; **194/195** NASA 1, 2, 3, 4, 5, 6, 8, Jon Levy 7; **198/199** NASA 1, 2, 3, 5, 6, 7, 8; **202/203** NASA 1, 2, 3, 4, 5, 6, 8, Jon Levy 7; **206/207** Leitbild: Barnaby's Picture Library; **208/209** Leitbild: Jon Levy, Ken Pilsbury 2A, 2C, Martyn Bramwell 2B, Bettman Archive 7; **210/211** Leitbild: BBC © mit freundlicher Genehmigung von Michael Fish, C. E. Abranson 1, Jon Levy/NASA 6, The Controller HMSO: The Director General of the Meteorological Office, photographs taken at East Hill Dunstable by W. G. Harper; **212/213** Janine Wiedel/Robert Harding Associates 2A, Spectrum Colour Library 5B, F. Jackson/Robert Harding Associates 6A; **214/215** ZEFA 2, Martyn Bramwell 8; **216/217** Robert Cundy/Robert Harding Associates 16, Dr. J. Wilson 4, Alan Durand/Robert Harding Associates 6A, ZEFA 6B; **218/219** Picturepoint 2, Bill Ray: Life © Time Inc. 1976/Colorific 5, Tony Stone Associates 8A, 8B; **220/221** Leitbild: Institute of Oceanographic Sciences, Dr. Kempe/British Museum (Natural History) 4, C. E. Abranson 7A; **228/229** Leitbild: Courtesy National Oceanic and Atmospheric Administration National Marine Fisheries Service, C. E. Abranson 1, O.S.F./Bruce Coleman Ltd 6A, 6B, 7; **230/231** Vickers Oceanics Ltd 7.

## Zweiter Band

### Die Erde

**12/13** Leitbild und 2, 3, 4, 5, 6, 7, 8: C. E. Abranson, Institute of Geological Sciences 12; **14/15** Leitbild: Spectrum Colour Library, C. E. Abranson 1A, 1B, 1C, 11, 12, 13, Basil Booth 7, 8, 9, 10, 14A, 14B, 14C; **16/17** Leitbild: Ron Boardman, Courtesy of De Beers Consolidated Mines Ltd 2, Institute of Geological Sciences 6A, 6D, 7A, 8A, 9A, 9B, 10A, 10B, 11A, 11B, 12A, 13A, 13B, 14A, 14B, 15A, 15B, 16A, 16B, 17A, 17B, 18A, 18B, C. E. Abranson 6B, 8B, 12B, Basil Booth 6C, 7B; **18/19** Basil Booth 6, 7A, 7B, 7C, 7D; **20/21** Basil Booth 3, 4, 5A, 5E, 5F, C. E. Abranson 5B, 5C; **24/25** Picturepoint 7, Australian Tourist Commission 8; **26/27** Spectrum Colour Library 6; **28/29** Dr. A. C. Waltham 3, Ardea Photographics 4, C. E. Abranson 5, 7, C. J. Ott/Bruce Coleman Ltd 6; **32/33** Leitbild: David Strickland, P. Morris 4, 5, Picturepoint 6; **34/35** Spectrum Colour Library, Picturepoint 3, 5, Barnaby's Picture Library 4, 6, 7; **36/37** Barnaby's Picture Library 3; **38/39** Leitbild: Chris Bryan/Robert Harding Associates, C. Walker/Natural Science Photos 6, Paul Brierley 7A, 7B, Picturepoint 8; **40/41** Picturepoint 2, G. R. Roberts 6; **42/43** Leitbild und 2: Picturepoint, Isobel Bennett/Natural Science Photos 5; **46/47** D. Dixon 6; **48/49** F. Jackson/Robert Harding Associates 4, C. E. Abranson 6, A. J. Deane/Bruce Coleman Ltd 7; **50/51** Leitbild und 4, 5, 6: C. E. Abranson, Basil Booth 7, 8; **52/53** Leitbild: M. F. Woods & Associates, W. Bockhaus/ZEFA 3, Spectrum Colour Library 4, C. E. Abranson 6, Weir Group Ltd 7; **54/55** Leitbild: Institute of Geological Sciences, Photri 5, Picturepoint 6; **56/57** Leitbild: C. E. Abranson; **58/59** Barnaby's Picture Library 5, C. E. Abranson 7, Basil Booth 8; **60/61** J. Nuyton/Robert Harding Associates 3; **62/63** Leitbild: George Hall/Susan Griggs Picture Agency, Picturepoint 3, John G. Ross/Susan Griggs Picture Agency 5; **66/67** Leitbild: Spectrum Colour Library, Quelle unbekannt 3; **68/69** Picturepoint 6A, 6B; **72/73** Leitbild: Daily Telegraph Colour Library, Fairey Surveys 2, KLM Aerocarts 3; **74/75** Picturepoint 1, 76/77 Picturepoint 1, 5, 9, Museum of English Rural Life, University of Reading 7, Aerofilms 9; **78/79** Picturepoint 2, 5, Adam Woolfitt/Susan Griggs Picture Agency 4; **82/83** Photri 1, David Strickland 6; **86/87** Leitbild: Spectrum Colour Library, J. Edwards/Robert Harding Associates 1, Leonard Freed/Magnum 2, Ronald Sheridan 3, C. E. Abranson 4A, Photri 4C; **88/89** Leitbild: Shell Photographic Library, New Zealand High Commission 5; **90/91** Leitbild: Fisons Agricultural Division, Tropical Products Institute (Crown Copyright) 6, Glasshouse Crops Research Institute 8A, Ministry of Agriculture & Fisheries 8B, National Vegetable Research Station 8E; **92/93** Leitbild: Farmers Weekly/Philip Felkin, Basil Booth 4; **94/95** Leitbild: Plant Breeding Institute Trumpington, Cambs; **98/99** Leitbild: ZEFA; **100/101** Leitbild: Ron Boardman, Tim Megarry/Robert Harding Associates 4, Picturepoint 5; **102/103** Leitbild: Michael Francis Wood & Associates; **104/105** Leitbild: Potato Marketing Board; **108/109** Bruce Coleman Ltd/John Markham 1, E. W. Tattersall 2; **110/111** William MacQuitty 1A, Picturepoint 1B; **112/113** British Sugar Corporation 5, Quelle unbekannt 8, Photri 9; **114/115** Leitbild: Scala/Museo Nazionale, Neapel, Mansell Collection 1, Quelle unbekannt 2, Michael Holford 3A, 4, Michael Holford/British Museum 3B, Photographie Giraudon/Musée de Cluny, 5, Photographie Giraudon/Musée Condé, Chantilly; **116/117** Leitbild: John Bulmer, Pierre Mackiewicz 3A, 3B, 3C, 3D, 4A, Deutsches Weininstitut, Mainz 5, 6, 7, 8, 9, 10, 11, 12, 13; **118/119** Leitbild: Quelle unbekannt; **120/121** Leitbild: Michael Holford, Fisons Photo Studio 2, Spectrum Colour Library 3A, Brewers Association 3B; **122/123** Leitbild: Quelle unbekannt, International Distillers and Vintners 2, 3, 4, Streets Financial Ltd/Highland Distilleries 5, C. E. Abranson 8; **124/125** Leitbild ZEFA, Mary Evans Picture Library 1, C. E. Abranson 2, Spectrum Colour Library 4, C. E. Abranson/Museum of Mankind 7; **126/127** Jon Gardey/Robert Harding Associates 2; **130/131** Bill Holden 3; **132/133** Leitbild und 3B: C. E. Abranson, David Strickland 2, 6; **134/135** Leitbild: Forestry Commission, Barnaby's Picture Library 8, Picturepoint 10; **136/137** Hilliers Nurseries Winchester 1, 2; **138/139** Leitbild: Jeffrey Craig/Robert Harding Associates und A–Z Botanical Collection; **140/141** Leitbild: Ron Boardman, Spectrum Colour Library 4, Picturepoint 7, Camera Press 8; **142/143** Leitbild: H. Wendel, Düsseldorf, F. Prenzel, Gröbenzell 1, dpa, Frankfurt 3; **144/145** Leitbild und 2: C. E. Abranson, Spectrum Colour Library 3; **146/147** Leitbild: Museum of English Rural Life, Mr. Pampa 3, Oxfam/Nick Fogden 4, Daily Telegraph Colour Library 5, Express Dairies 6; **148/149** David Strickland 2, 8, Mike Holmes 3, Daily Telegraph Colour Library 4, Ian Sumner/Robert Harding Associates 6, G. Riethmeier/ZEFA 7; **150/151** David Strickland 7A, 7B; **154/155** Leitbild: Photri; **156/157** Leitbild: Mansell Collection; **158/159** Leitbild: Harry Barrett/Fishing News, Michael Francis Wood & Associates 9A, 9B; **160/161** Leitbild: Photri, Photo Fratelli Fabbri Editori 1, Marine Harvest Ltd 5, Michael Francis Wood Associates 6; **162/163** Leitbild A: Photri, B: R. Thompson/Frank W. Lane, Frank W. Lane/F. W. Lane 3; **164/165** Leitbild: Keystone; **168/169** Leitbild und 4, 7: David Strickland, C. E. Abranson/National Maritime Museum 1, John Massey-Stewart 2, Spectrum Colour Library 3, Mansell Collection 5, H. J. Heinz & Co. Ltd 6; **170/171** Texas Meat Brokerage Inc. Burlingame, California 4, Courtaulds Ltd 7, B. P. Proteins/British Petroleum Ltd 8, Mansell Collection 9.

### Das Leben

**172/173** F. Prenzel, Gröbenzell; **174/175** W. Dolder, Düsseldorf; **176/177** W. Dolder, Düsseldorf; **178/179** W. Dolder, Düsseldorf; **180/181** Eric Hosking 2; **182/183** Institute of Molecular Evolution 2; **184/185** Jane Burton/Bruce Coleman Ltd 2; **188/189** Gene Cox/Bruce Coleman Ltd 2, Gene Cox 3; **190/191** Leitbild: M. H. F. Wilkins, Gene Cox 6; **192/193** Mansell Collection 5; **198/199** C. James Webb 6, 7, 8.

# Dritter Band

### Das Leben

**14/15** Heather Angel 5, 11; **16/17** Heather Angel 1, Dr. D. A. Reid 3, 5, 6, Brian Hawkes 8; **18/19** University of Leeds: Dr. Eva Frei und Professor Preston 1; **22/23** Heather Angel 2, 3, Eric Hosking 4A, R&C Foord/N. H. P. A. 4B; **24/25** Heather Angel 3; **26/27** A–Z Botanical Collection 5, Heather Angel 8, 10, P. H. Ward/Natural Science Photos 11; **28/29** Laboratory of Tree-Ring Research, University of Arizona 4, A–Z Botanical Collection 9A, Botanical Collection 9B; **30/31** Bruce Coleman/Bruce Coleman Ltd 4, W. F. Davidson 5, Arne Schmitz/Bruce Coleman Ltd 6, Claude Nardin/Jacana 10, F. H. C. Birch/Sonia Halliday 11; **40/41** Ron Boardman 9; **50/51** P. H. Ward/Natural Science Photos 5D, Francisco Erize/Bruce Coleman Ltd 6; **54/55** Ronan Picture Library 7; **56/57** O. S. F./Bruce Coleman Ltd 1, Allan Power/Bruce Coleman Ltd 2, 6, Jane Burton/Bruce Coleman Ltd 4; **60/61** Gene Cox/Bruce Coleman Ltd 8, K. S. Seymour 10; **62/63** Oxford Scientific Films 3, Heather Angel 4, 5, 8, ZEFA 7, Australian News & Information Bureau 9, Dr. J. D. George/British Museum (Natural History) 10; **64/65** Oxford Scientific Films 4, Jane Burton/Bruce Coleman Ltd 5, S. C. Bisserot/Bruce Coleman Ltd 7A, Heather Angel 8, 9, Bruce Coleman/Bruce Coleman Ltd 10, Isobel Bennett/Natural Science Photos 11; **66/67** Dr. D. P. Wilson 6; **68/69** J. L. Mason/Ardea Photographics 3, Dr. D. P. Wilson 7A, 7B; **74/75** Heather Angel 2, O. S. F./Bruce Coleman Ltd 4, 5, Jane Burton/Bruce Coleman Ltd 9A, 9B; **76/77** P. H. Ward/Natural Science Photos 3, 6, 8, A. Bannister/N. H. P. A. 4, 5; **92/93** Dr. D. P. Wilson 3, Heather Angel 4; **96/97** Dr. D. P. Wilson 5, 6, Heather Angel 11, 13; **100/101** Jane Burton/Bruce Coleman Ltd 2, Dr. D. P. Wilson 3; **110/111** P. Kirkpatrick/Frank W. Lane 4, N. Myers/Bruce Coleman Ltd 8; **124/125** L. Lee Rue III/Bruce Coleman Ltd 2, Nina Leen/Life © Time Inc. 1976/Colorific. 4; **138/139** J. Whitman/Ardea Photographics 1, Jeff Foott/Bruce Coleman Ltd 6; **140/141** Leitbild: Uni-Dia-Verlag, A. und M. Burges, Großhesselohe b. München, Bavaria-Verlag, Gauting/Horst Bielefeld 3, 11, 14, Bavaria Verlag, Gauting/Reinhard 4, Bavaria-Verlag, Gauting 6, Bavaria-Verlag, Gauting/Reinhard 10, Bavaria-Verlag, Gauting/Werner Lüthy 16, K. Bernardi, Unterhaching b. München 8, F. Prenzel, Gröbenzell 1, 2, 5, 7, 9, 13, 15, L. Schleich, München 12; **142/143** Leitbild: J. Blauel, Gauting/Alte Pinakothek, München, Bavaria-Verlag, Gauting/W. Lüthy Bullmastiff, B. Hinz, München, Gestromter Boxer, F. Prenzel, Gröbenzell 1, 2 + restliche Hunde von Abb. 7; **150/151** Ron Boardman 4; **152/153** W. R. Hamilton/Imitor 6A, 6B, 6C; **154/155** Leitbild: Institute of Geological Sciences, Oxford Scientific Films 1B, A. C. Waltham 5, W. R. Hamilton/Imitor 9A, C2M/Natural Science Photos 9B; **156/157** Heather Angel 5, 9, Peder Aspen 6, W. F. Davidson 13; **158/159** James Allan 5; **170/171** Mary Evans Picture Library 2; **172/173** A. J. Sutcliffe/Natural Science Photos 1, C. J. Pruett/Natural Science Photos 2, M. Stanley Price/Natural Science Photos 3, Dick Brown/Natural Science Photos 4, A. Leutscher/Natural Science Photos 5, P. H. Ward/Natural Science Photos 6; **178/179** Lyn Cawley 4; **180/181** Francisco Erize/Bruce Coleman Ltd 1; **182/183** J. A. Grant/Natural Science Photos 4, N. McFarland/Natural Science Photos 5; **188/189** Hans & Judy Beste/Ardea Photographics 2, John Brownlie/Bruce Coleman Ltd 4; **190/191** P. H. Ward/Natural Science Photos 4; **196/197** Leitbild: Picturepoint, P. Morris/Ardea Photographics 2, C. Banks/Natural Science Photos 4, Jane Burton/Bruce Coleman Ltd 9; **204/205** Brian Hawkes 3; **208/209** Picturepoint 3; **212/213** Leitbild: R. Scott/Institute of Terrestrial Ecology, Eric Hosking 2C, P. Morris/Ardea Photographics 3A, Ivan Polunin/N. H. P. A. 6A; **214/215** Heather Angel 1A, Dr. D. P. Wilson 1B, Joyce Pope 1C, Isobel Bennett/Natural Science Photos 4, P. Scoones/Photo Aquatics 5, **216/217** Leitbild: Dr. D. P. Wilson, Peter David/Seaphot 3, Hans Dossenbach/Natural Science Photos 4; **218/219** Christian Petron/Seaphot 2, 4, Seaphot 3, Allan Power/Bruce Coleman Ltd 5; **220/221** David Strickland 1, Bill Eppridge/Life © Time Inc. 1976/Colorific 6, Douglas Botting 8, M. Stanley Price/Natural Science Photos 10; **224/225** Leitbild: Kim Sayer; **226/227** Hans Reinhard/Bruce Coleman Ltd 4; **228/229** Leitbild: Joe Rychetnik/Transworld, Horst Munzig/Susan Griggs Picture Agency 1, Rex Graham Reserve, Mildenhall 2, L. Lee Rue IV/Bruce Coleman Ltd 3, Robert Schroeder/Bruce Coleman Ltd 4, Nigel Sitwell 7; **230/231** Leitbild und 1, 6: Zoological Society of London, Spectrum Colour Library 3, 7, 8, 9.

## Vierter Band

**Mensch und Gesellschaft**

**12/13** Bavaria-Verlag, Gauting/A. Lutgen; **14/15** Okamura/T.L.P.A. © Time Inc. 1976/Colorific; **16/17** Rijksmuseum, Amsterdam; **18** W. Braun/ZEFA; **19** Farrell Greham/Susan Griggs Picture Agency; **24/25** Aubrey Singer/BBC/Robert Harding Associates 2, British Museum (Natural History) 4; **28/29** Leitbild: Mark Edwards; **36/37** Leitbild: Photri, Daily Telegraph Colour Library 2, Ron Boardman 3, 6, Gene Cox 4, C. James Webb 5; **44/45** Leitbild: Photri; **46/47** Courtesy of Bell Telephone Laboratories 1; **52/53** Leitbild: Mike Busselle; ZEFA 6; **70/71** Westminster Medical School 6A, Dept. of Human Nutrition, London School of Hygiene & Tropical Medicine 6B, 6C, 6E, 6F, Peter Hansell/Westminster Medical School 6D, Quelle unbekannt 7; David Strickland 8, Ralph Morse © Time Magazine 1975/Colorific 9; **80/81** Leitbild: Mansell Collection, Transworld 5, 6; **82/83** Leitbild und 1, 2, 4, 5, 7: Mary Evans Picture Library, Mansell Collection 6, 8; **84/85** Leitbild: Radio Times Hulton Picture Library, Chris Steele-Perkins 1, Keystone Press 3, C. James Webb 4A, 4B, 4C, 4D, 4F, Ron Boardman 4E; **86/87** Leitbild: Glaxo, Prof. Werner Wright 3A, 3B, Institute of Dermatology 5, Ken Moreman 7; **88/89** Picturepoint 4A, Sally & Richard Greenhill 4B, C. James Webb 4C, 4D; **90/91** Dept. of Photography/University of Newcastle upon Tyne 7; **92/93** Dr. Tonkin/Endoscopy Unit, Westminster Hospital 2A, 2B, C. James Webb 3, 7; **94/95** Leitbild A + B, 2, 7: C. James Webb; **96/97** Transport & Road Research Laboratory 1A, 1B, 1C, Dr. Stepanek/ZEFA 2, Mike Hardy/Marshall Cevendish Picture Library 4, C. Henneghein/Bruce Coleman Ltd 6, Mary Evans Picture Library 7; **98/99** Picturepoint 2, 12, Institute of Dermatology 4, 11, Chris Steele-Perkins 9; **100/101** Leitbild: Leicester Museum & Art Galleries, Syndication International 3, Prof. Orsi/University of Geneva Medical School 4, Mike Ricketts 8; **102/103** Picturepoint 3, C. James Webb 5E; **104/105** Leitbild: Western Americana, **106/107** C. James Webb 3, 10, Picturepoint 8; **108/109** Dr. E. H. Brown 7, Picturepoint 8, 9; **110/111** Leitbild: Mary Evans Picture Library, Photri 2, Kim Sayer 3, 7, 11, Meat & Livestock Commission 4, Barnaby's Picture Library 5, Bill Holden 6, Picturepoint 9, Keystone Press 10; **112/113** Spectrum Colour Library 2, The Wellcome Foundation Ltd 3, David Strickland 5, 9, Ken Moreman 7A, 7B; **116/117** Graeme French 2, 4, Mary Evans Picture Library 5, H. Schumacher/ZEFA 6, Picturepoint 9; **118/119** Leitbild und 5: Kim Sayer, Photri 4, Vautier-Decool 7; **120/121** Leitbild: ICI Pharmaceuticals, Mansell Collection 2A, 2B, Popperfoto 2C, 5, Picturepoint 6, Keystone Press 7, Kim Sayer 8; **122/123** Leitbild: Picturepoint, Photri 1, Marcus Brooke/Colorific 2, Courtesy of Thomas Y. Crowell Inc. 4, Quelle unbekannt 5, 6, Graeme French 7; **124/125** Leitbild: Ronan Picture Library, Dept. of Medical Photography/Barts Hospital 4, E. M. I. 5, 7; **126/127** Robert Hunt Library/Imperial War Museum 4, Daily Telegraph Colour Library 6; **130/131** zur Verfügung gestellt duch N. J. Chipping 6A, 6E, alle übrigen Fotos stammen von Peter Hurst; **132/133** Leitbild: Kim Sayer; **134/135** Leitbild: Robert Hunt Library; **136/137** Leitbild und 2, 4, 6: Mansell Collection, Museum of Archaeology & Ethnology, Cambridge University 1, Scala 3, Mary Evans Picture Library 5, International Society for Educational Information, Tokio 8A; **138/139** Leitbild: National Gallery of Art, Washington/Rosenwald Collection; **140/141** Leitbild: Mansell Collection; **142/143** Leitbild: Nick Hedges/NSMHC, Stern Archiv 1B, Mary Evans Picture Library 3; **144/145** Leitbild: Ronan Picture Library/E. P. Goldschmidt & Co. Ltd, Popperfoto 6; **146/147** Mansell Collection 1, Alfred A. Knopf 5; **150/151** Leitbild: Giraudon, Paris, Joshua Popenoe, »Schüler in Summerhill« © Rowohlt Verlag GmbH, Reinbek bei Hamburg, 1971 2, Bavaria-Verlag, Gauting/Zeitbild 5, Bavaria-Verlag, Gauting/Kester 6, 8, Bavaria-Verlag, Gauting/Interfoto 7, Nowosti, Köln 9, Historia-Photo, Bad Sachsa 4B; **152/153** Leitbild: Universitätsbibliothek, Heidelberg, C. Hansmann 1A, Historia-Photo, Bad Sachsa 1B, 6, 7, Kultusministerium, Prag 5; **154/155** Leitbild: Kim Sayer; **158/159** Leitbild: Kim Sayer; **160/161** Leitbild und 1: Kim Sayer, David Strickland 2, 5, 6, 7; **162/163** Leitbild: Spectrum Colour Library, Rex Features 5, David Strickland 6; **164/165** Leitbild: Kim Sayer; **166/167** Quelle unbekannt; **168/169** Leitbild: David Hurn/Magnum, PAF International 4, Rex Features 5, Ray Green 6, F. Paul/ZEFA 7; **170/171** Leitbild: Mansell Collection, Colin Maher 1, Kobal Collection 2, Österreichische Galerie/Fotostudio Otto 3, Angelo Hornak/V&A 4, Picturepoint 5, PAF International 6, Kim Sayer 7, 8; **172/173** Leitbild: Cooper Bridgeman/Kunsthistorisches Museum, Wien, Mary Evans Picture Library 1, Keystone Press 2, National Gallery 3, Popperfoto 5, 7, 8, Daily Telegraph Colour Library 4; **174/175** Leitbild: Picturepoint, F. Prenzel, Gröbenzell 1B, 2B; **176/177** Leitbild: Bavaria-Verlag, Gauting/B. Leidmann, Bavaria-Verlag, Gauting/W. Perchermeier 1B, F. Prenzel/Gröbenzell 2B; **178/179** Leitbild: F. Prenzel, Gröbenzell, Bavaria-Verlag, Gauting/HL 1B, Bavaria-Verlag, Gauting/W. L. Hamilton 2B; **182/183** Leitbild: Staatl. Museen Preußischer Kulturbesitz, Gemäldegalerie 5; **184/185** Leitbild: Associated Press, Photoresources 3, Mansell Collection 4, P. Thiele/ZEFA 5, Quelle unbekannt 6, 7A, 7B; **186/187** Leitbild und 1: Popperfoto, Camera Press 2, 3, 4, 6, Transworld 5; **188/189** Leitbild: David Strickland, Cooper Bridgeman 1, Graeme French 2, Mansell Collection 3, Picturepoint 4, Mary Evans Picture Library 5, 9, Spectrum Colour Library 6, Scala 7, Cooper Bridgeman/National Gallery, Scotland 8; **190/191** The Cavalry Club 1, Mary Evans Picture Library 2, 7, Giraudon/Louvre 3, A. F. Kersting 4, David Hughes/Bruce Coleman Ltd 6, Quelle unbekannt 8; **192/193** Zentralbibliothek, Zürich 1A, 1B, 1C, 1D; **194/195** Leitbild: Imperial War Museum, Robert Hunt Library 1, United Society for the Propagation of the Gospel/Weidenfeld & Nicolson 2, Photri 3, Picturepoint 4, 5, Cooper Bridgeman 6, John Webb/Trustees of the Tate Gallery 7; **196/197** Mary Evans Picture Library 1A, 1B, Popperfoto 1C, J. Britsch/ZEFA 3, The Frick Collection 5, O. Luz/ZEFA 6, R. Scutt & C. Gotch from Skin Deep/Japanese Tattoo Club 6, Dr. J. V. Basmajian/Emory University 9; **198/199** Leitbild: Monitor, V. Wentzel/ZEFA 6, SRM Foundation of Great Britain 7.

## Fünfter Band

**Mensch und Gesellschaft**

**12/13** Leitbild: Ronan Picture Library, Picturepoint 1, Mary Evans Picture Library 2, 4, 5, 6, Popperfoto 7, Psychic News 8, David Strickland 9; **14/15** Ronan Picture Library 1, Foundation for the Research of Man 2, Janet Mitchell 3B, 5B Paraphysical Laboratory, Downton, Wiltshire 6A, 6B, 6C, Ben Martin/Colorific 8; **16/17** Quelle unbekannt 2; **18/19** Leitbild: Popperfoto, R. M. Bloomfield/Ardea Photographics 2, David Strickland 3, F. Walther/ZEFA 4, Ron Boardman 5, Sonia Halliday 6, Keystone Press 8, Picturepoint 9; **20/21** Leitbild: Spectrum Colour Library, John Moss/Colorific 2, M. Bloch 3, Sybil Sassoon/Robert Harding Associates 4, Mirella Ricciardi/Bruce Coleman Ltd 6; **22/23** Leitbild: Quelle unbekannt, Angelo Hornak 3, Josephine Powell 4, Photoresources 6, Michael Holford 7, Werner Forman Archive 8; **24/25** Leitbild: Giraudon, Musée Condé, Chantilly, Statens Museum for Kunst 1, John Freeman & Co. 2, Giraudon 3, Museum of Fine Arts, Boston 4, Photoresources 5, 9, Michael Holford/British Museum 6, 10, Axel Poignant 7, 8, Sacal 11; **26/27** Leitbild: Bavaria-Verlag, Gauting/Bohnacker, Photoresources 1, 2, 5, Mansell Collection 3, Werner Forman Archive 4, 8, Angelo Hornak/British Museum 6, 7, National Gallery 9; **28/29** Giraudon/Musée Condé, Chantilly, Michael Holford/British Museum 1, 8, Photoresources/Louvre 2, Michael Holford/Horniman Museum 3, Quelle unbekannt 5, Michael Holford/Bardo Museum 6, Michael Holford/V & A 7, Ann and Bury Peerless/Baroda Museum 9; **30/31** Leitbild: Telarci-Giraudon/Musée Condé, Chantilly, Michael Holford/British Museum 1, Merseyside County Museum 2, Michael Holford 3, 6, 7, Trevor Wood/Ranworth Church Council/Norwich Castle Museum 4, Freiburg Augustiner Museum 5. John Webb/Trustees of the Tate Gallery 9; **32/33** Leitbild: Michael Holford/British Museum, Bodleian Library, Oxford 1, Isobel Bennett/Natural Science Photos 2, William MacQuitty 3, Quelle unbekannt 4, Cooper Bridgeman 5, Photri 6, Topkapi Palast Museum Istanbul 7; **34/35** Leitbild und 7: Scala, Van Phillipps/ZEFA 1, Angelo Hornak 2, 3, Transworld 4, Courtauld Institute Galleries, London 5, National Gallery 6; **36/37** Middle East Archives 1, 2, Michael Holford 3, Ann and Bury Peerless 5, Werner Forman Archives 6, Photoresources 7, William MacQuitty 9; **38/39** Leitbild: Middle East Archives, Hamlyn Group Picture Library 1, National Gallery 2, Ann and Bury Peerless 3, Michael Holford 4, 7, Werner Forman Archive 5, 6; **40/41** Leitbild: Mansell Collection, Angelo Hornak/V & A 1, Photri 2, Phillip Daly 3, Camera Press 4, 6, 7, Mike Peters 5; **42/43** Leitbild: Mansell Collection, Mary Evans Picture Library 2, 8; **44/45** Leitbild: Mary Evans Picture Library, Popperfoto 2; **46/47** Leitbild: Scala, Bodleian Library 1, Mary Evans Picture Library 3, 7, 8A, Cooper Bridgeman 6, Popperfoto 8B; **50/51** Leitbild und 4, 7: Mary Evans Picture Library, Giraudon/Louvre 1A, Bodleian Library, Oxford 1B, Popperfoto 3, Archiv für Kunst und Geschichte, Berlin 5, Mansell Collection 6; **52/53** Alle Fotos von Paul Ekman & Wallace V. Freisen's »Unmasking the Face«; **54/55** Leitbild: Popperfoto, Copyright © 1973 Ziff-Davis Publishing Company, Reprinted by permission of Psychology Today magazine 3A, 3B, 3C; **60/61** Michael Holford 2; **62/63** Leitbild und 1, 6, 8: Trustees of the British Museum, The British Library 2, Ronald Sheridan 3, Photoresources 4, 5B, Bodleian Library, Oxford 7, 9, 10C, Michael Holford/British Museum 10A, Quelle unbekannt, Foto Geoff Goode 10B, Michael Hol-

213

ford/Musée Jacquemart-André 10D, Quelle unbekannt 11; **64/65** Leitbild und 4, 5: Mary Evans Picture Library, Werner Forman Archive 2, Radio Times Hulton Picture Library 3, John Moss/Colorific 7; **66/67** Leitbild: Bob Van Doren/Courtesy CRM/Random House, Clem Haagner/Ardea Photographics 1, Picturepoint 2, Ronald Sheridan 3; **68/69** Camera Press 1A, Picturepoint 1B, Peter Fraenkel 2, Russel Ryman 3; **70/71** Leitbild: Camera Press, Spectrum Colour Library 2, P. Conklin/Colorific 3, Tony Morrison 4, 5, Jeffrey Craig/Robert Harding Associates 7, Peter Ibbotson/Robert Harding 8, Ron Boardman 9; **72/73** Leitbild: Prof. C. Haimandorf; **74/75** Leitbild: David Moore/Colorific, Karl Wittfogel 2, Picturepoint 3, Institute of Archaelogy 4, Radio Times Hulton Picture Library, Werner Forman Archive; **76/77** Leitbild und 5, 7: Mansell Collection, Ronan Picture Library 2, Mary Evans Picture Library 3, 9, Radio Times Hulton Picture Library 4, Picturepoint 6, Werner Forman Archive 8; **78/79** Leitbild: Popperfoto, Punch Publications Ltd, Kim Sayer 7; **80/81** Popperfoto 1, Mansell Collection 2, Spectrum Colour Library 3, 5, Keystone Press 4, Alfredo Zennaro 6, David Strickland 7; **82/83** Mrs. Alfred Schutz 2, Punch Publications Ltd 3; **84/85** Leitbild: Popperfoto, R & M Borland/Bruce Coleman Ltd 1, Ray Green 2, Mansell Collection 3, 4, 5, Associated Press 6, Towers of London/National Film Archive 7, Marc Riboud/Magnum 8; **86/87** Leitbild: Camera Press, Bettmann Archive 1, Gary Yanker/Prop Art/Darien House Inc. 5, Popperfoto 6; **88/89** Leitbild: Picturepoint, Mary Evans Picture Library 5, 7, 8, Camera Press 6, Bill Angove/Colorific. 9; **90/91** Bundesbildstelle, Bonn 1, Popperfoto 6; **92/93** Leitbild: Barnaby's Picture Library, Popperfoto 6A, 8; **94/95** Leitbild und 7: Mansell Collection, Baumann und Sonderegger, Appenzell 2, Keystone Press 3, Photri 4, Popperfoto 6, 8, Associated Press 9; **98/99** Leitbild: Spectrum Colour Library, Marshall Cavendish Picture Library/Bodleian Library, Oxford 2, Mary Evans Picture Library 3, 5, 6, 7; **100/101** Spectrum Colour Library 2, Bill Eppridge/Life Magazine © Time Inc. 1976 Colorific 4, Popperfoto 5, Keystone Press 6, Picturepoint 7; **102/103** Mary Evans Picture Library 2, Camera Press 3; **104/105** Leitbild: Bodleian Library, Oxford, Bavaria-Verlag, Gauting/M. u. E. Baumann 1, Tony Ray Jones/Magnum 4, Mansell Collection 5; **106/107** Popperfoto 2, 4, 9, John Frost Newspaper Collection 3, Camera Press 6, 7, 8; **108/109** Leitbild und 1, 2, 4, 5, 6, 7, 8, 9, 10, 11: Süddeutscher Verlag, Bilderdienst, München, Globus-Kartendienst, Hamburg 3; **110/111** Leitbild: Western Americana, Mary Evans Picture Library 1, Jacques Penry, Inventor 2, Mansell Collection 3, Keystone Press 4, Daily Telegraph Colour Library 5, Camera Press 6, David Strickland/courtesy Security Express 7; **114/115** Leitbild und 10: Sean McConville, Bettmann Archive 12, David Strickland 13, **118/119** Spectrum Colour Library 2, Volvo Concessionaires Ltd 3; **122/123** Leitbild und 2, 3, 4, 9: Spectrum Colour Library, Picturepoint 1, 6, 10, Colorsport 5, 8, Quelle unbekannt 7; **124/125** Leitbild und 1, 6, 8: Sven Simon, Essen, Institut für Auslandsbeziehungen, Stuttgart 2, Rupert Leser, Bad Waldsee 3, 4 Erich Baumann, Ludwigsburg 5, Bavaria-Verlag, Gauting/V. v. Langenn 7; **128/129** Leitbild: Camera Press; **130/131** Leitbild: Picturepoint, Auroville-Verlag, München-Planegg 6; **134/135** Leitbild: A. Clifton/Colorific, Picturepoint 2; **136/137** Spectrum Colour Library 6, C. O. I. 7.

**Geschichte**

**138/139** Ferdinand Anton, München; **140/141** Bildarchiv Preußischer Kulturbesitz, Berlin; **142** Trustees of the National Gallery; **143** National Gallery, London; **144** Joachim Blauel, Gauting/Alte Pinakothek, München; **145** J. E. Bulloz, Paris; **146** Süddeutscher Verlag, Bilderdienst, München; **147** Keystone Press Agency 1, Novosti Press Agency 2; **148/149** Colorphoto Hans Hinz, Basel 1, Achille B. Weider, Zürich 2, Photoresources 3, 4, Picturepoint 5, D. F. E. Russell/Robert Harding Associates 6, Veröffentlichung mit freundlicher Genehmigung des Dänischen Nationalmuseums 7, Frederico Arborio Mella 9; **150/151** Jon Gardey/Robert Harding Associates 3, Picturepoint 6, C. M. Dixon 12; **152/153** Leitbild und 2, 3, 4, 6, 7: P. Hulin, Staatliche Museen, Berlin 8; **154/155** Leitbild und 4: Ronald Sheridan, P. Hulin 1, Michael Holford/British Museum 5A, 5B, Photoresources/British Museum 6, Photoresources/Istanbul Archäologisches Museum 8; **156/157** Leitbild und 1B, 4: P. Hulin, Quelle unbekannt 2, Photoresources/ British Museum 3, Mansell Collection 6, Giraudon/Louvre 7, Lauros Giraudon/Louvre 8; **158/159** Leitbild: Michael Holford, Werner Forman Archive 2, Museum of Fine Arts, Boston, Havard Boston Expedition Fund 3A, Ronald Sheridan 3B, 5, 7, 8, Roger Wood 6; **160/161** Leitbild und 3, 4: Ann and Bury Peerless, J. Allan Cash 2, J. Powell/Karatschi Museum 6, Quelle unbekannt 7; **162/163** Leitbild und 6, 7, 8, 9: Ronald Sheridan, Leonard von Matt 5: **164/165** Leitbild: Ronald Sheridan, Mrs. Alan Wace 3, Photoresources 6, 7, Hirmer Fotoarchiv, München/Nationalmuseum, Athen 8; **166/167** Leitbild und 2, 3, 4, 5, 7: William MacQuitty, Paolo Koch 1, William MacQuitty/Shanghai Museum 8; **168/169** Leitbild: Instituto Nacional de Antropologia e Historia, Mexiko/Norman Hammond, Tony Morrison 4, G. Bushnell 5, Tatiana Proskouriakoff/Peabody Museum 7, Norman Hammond 1, 2, 3, 8; **170/171** Leitbild: Barnaby's Picture Library, Werner Forman Archive/Charles Edwin Wilbour Fund, Brooklyn Museum 1, Ronald Sheridan 2A, 2B, 4, Michael Holford 5, Erich Lessing/Magnum 6, Werner Forman Archive/Kairo Museum 7; **172/173** Leitbild: Quelle unbekannt, Werner Forman Archive 2, 3, 4, 7, Roger Wood 5, Alan Hutchinson 6; **174/175** Leitbild und 6: P. Hulin, Hirmer Fotoarchiv, München 1, Richard Ashworth/Robert Harding Associates 2, 5, Ronald Sheridan 3A, 4, Werner Forman Archive/Schimmel Collection, New York 3B, Mansell Collection 7, Photoresources 8; **176/177** Leitbild: Hirmer Fotoarchiv, München/Bagdad Museum, Ronald Sheridan 1, 4, Trustees of the British Museum 2, Michael Holford/British Museum 5, Photoresources 6, Michael Holford 7, Quelle unbekannt 8; **178/179** Leitbild: Staatliche Museen, Berlin, Ronald Sheridan 2, 5, Michael Holford/British Museum 3, 8, Mansell Collection 4, P. Hulin 6, 7, 9; **180/181** Leitbild und 3: Ronald Sheridan, Camera Press 2, C. M. Dixon 4, Scala 6, Photoresources/British Museum 7, Quelle unbekannt 8; **182/183** Leitbild und 2, 3, 5, 8, 9: William MacQuitty, Ray Gardner/Trustees of the British Museum 4; **184/185** Leitbild: India Office Library and Records/John F. Freeman, Ann und Bury Peerless 2, 3A, 3B, 4, 7, 8, Trustees of the British Museum/Ray Gardner 5A, 5B; **186/187** Leitbild und 3, 4: Ann und Bury Peerless, A. F. Kersting 1, Quelle unbekannt 5, Musée Louis Finot, Hanoi 6, Bill und Claire Leimbach/Robert Harding Associates 7, Museum of Fine Arts, Boston/Ross Collection 8; **188/189** Leitbild und 2, 3, 4, 11: Anne Ross, National Museum of Ireland 5, 6, 10, Photoresources 7, 9, Anne Ross/Musée de Châtillon-sur-Seine 8; **190/191** Leitbild: Trustees of the British Museum, Erich Lessing/Magnum 3, Michael Holford 5, Metropolitan Museum of Art, New York, Purchase 1947, Joseph Pulitzer Bequest 6; **192/193** Leitbild: Metropolitan Museum of Art, New York/Rogers Fund 1906, Photoresources/Akropolis Museum, Athen 1, Photoresources/Nationalmuseum, Athen 6, Ronald Sheridan 7, Mauro Pucciarelli 8; **194/195** Leitbild: Ronald Sheridan, Edwin Smith 1, mit freundlicher Genehmigung des Dänischen Nationalmuseums 3, Michael Holford 4, 7, Photoresources 5, Wadsworth Atheneum, Hartford, Connecticut 6, Metropolitan Museum of Art, New York, Rogers Fund 1914 8; **196/197** Leitbild: Trustees of the British Museum/Ray Gardner, Michael Holford/British Museum 1, Staatliche Museen, Berlin 2, Dimitrios Harissiadis 3, 4, Hirmer Fotoarchiv, München 5, Scala 7; **198/199** Leitbild: Ronald Sheridan, Roger Wood 2, Michael Holford 3, Hirmer Fotoarchiv, München 4, Trustees of the British Museum 5, Photoresources 6, 7, Photoresources/Delphi Museum 8; **200/201** Leitbild: Russell Ash, Ronald Sheridan 2, Joseph Ziolo/Olympia Museo 4, Photoresources 5, Photoresources/Vatikan-Museum 6, Joseph Ziolo 7; **202/203** Leitbild: Trustees of the British Museum/Ray Gardner, Michael Holford 1, Photoresources/National Museum, Neapel 2, Photoresources/British Museum 5, Bodleian Library, Oxford 6; **204/205** Leitbild: Ronan Picture Library/Royal Astronomical Society, Ronan Picture Library 1, Michael Holford/Ann Mowlem 5, Michael Holford/National Maritime Museum 7; **206/207** Leitbild und 2, 3, 6A, 6B, 7, 8, 9: Anne Ross, C. M. Dixon 4A, 4B; **208/209** Leitbild und 2: Photoresources, Michael Holford 4, 5, Leonard von Matt 6, 8; **210/211** Leitbild: Photoresources, Quelle unbekannt 2, Biblioteca Vaticana/Octopus Books 3, Aquileia Museum Rome/Fototeca Unione 4, K. E. Lowther 5, Trustees of the British Museum/Ray Gardner 6A, 6B; **212/213** Leitbild und 7: Mansell Collection, K. E. Lowther 2, Sonia Halliday/F. H. C. Birch 4, Scala 5, C. M. Dixon 6; **214/215** Leitbild und 1, 2, 3, 4, 6: Scala, Scala/National Museum, Neapel 5, C. M. Dixon 7, Mansell Collection 8, Photoresources 9; **216/217** Leitbild und 4: Mansell Collection, Trustees of the British Museum/Ray Gardner 1, 3, Scala 2, 5, Giraudon 8, Roger-Viollet 9; **218/219** Leitbild und 6, 7: Photoresources, Angelo Hornak 2, 4, Scala 3, Michael Holford/Gerry Clyde 5, Mansell Collection 9; **220/221** Leitbild: Trustees of the British Museum, Mansell Collection 1, Scala/Vatikan-Museum 2, Lauros Giraudon 3, Russel Ash 4, Scala 5, Photoresources 7, 8; **222/223** Leitbild und 4: C. M. Dixon, Scala 2, Picturepoint 3, 5, C. M. Dixon/British Museum 6, Trustees of the British Museum/Ray Gardner 7, Michael Holford 8; **224/225** Leitbild und 5, 6, 7: Scala, Ronald Sheridan 2, 4, C. M. Dixon 3; **226/227** Leitbild und 8: Scala, Bodleian Library, Oxford 1, Photoresources 2, 7, Michael Holford/British Museum 3, Sotheby's 4, Snark International 5, Scala/Biblioteca Vaticana 6; **228/229** Leitbild: Scala, Giraudon/Louvre 1, Ronald Sheridan 2, Mansell Collection 3A, C. M. Dixon/Louvre 3B, Trustees of the British Museum/Ray Gardner 5, Photoresources 6, Angelo Hornak 7; **230/231** Leitbild und 4, 9: Ronan Picture Library, Mansell Collection 2, 3, 7; **232/233** Leitbild: Hamlyn Group Picture Library, Ann und Bury Peerless 1, 2, 3, 4, Trustees of the British Museum/Ray Gardner 5, Peter Fraenkel 6, Mansell Collection 8, Oriental Art Archives, University of Michigan 9; **234/235** Leitbild: aus »The Art of Indian Asia« von Heinrich Zimmer/Gunvor Moitessier, aus »The Art of Indian Asia« von Heinrich Zimmer, Ann & Bury Peerless 3, 10, Trustees of the British Museum 4, Michael Holford/Musée Guimet, Paris 5, Victoria and Albert Museum/Carltograph 6, Michael Holford/Victoria and Albert Museum 7, 8, 9; **236/237** Leitbild und 1, 4, 5, 6, 7, 9, 10: William MacQuitty, Mary Evans Picture Library 3, Robert Harding Associates 8;

**238/239** Leitbild: British Museum/Hamlyn Group Picture Library, Royal Ontario Museum, Toronto/Hamlyn Group Picture Library 1, Howard Sochurek/T. L. A. © Time Inc. 1976/Colorific 2, Quelle unbekannt 3, William MacQuitty 4, Metropolitan Museum of Art, New York/Munsey Bequest, 1924 4, Victoria and Albert Museum/Godfrey New Photographics 6, Sally und Richard Greenhill 7, Bildarchiv Foto Marburg 8; **240/241** Trustees of the British Museum 1, Victoria and Albert Museum 2, Robert Harding Associates/Witty, Times Newspapers Ltd 3, William MacQuitty 4, 6, 9, Quelle unbekannt 8, Mansell Collection 10; **242/243** Leitbild und 6, 8: National Palace Museum, Taiwan, Trustees of the British Museum 1, 2, 4, 5, nach »Ma-Wang-Tui I Hao Han Mu« 3, reproduziert mit Erlaubnis von Syndics of the Fitzwilliam Museum, Cambridge 7, Werner Forman Archive, Palace Museum, Peking 9; **244/245** Leitbild und 8: Bradley Smith, International Society for Educational Information 2, 4, 6, Ministry of Foreign Affairs, Japan 3, 5, 7; **246/247** Leitbild und 3, 4, 5, 6, 7: Sakamoto/Joseph P. Ziolo, K. Ogawa/Joseph P. Ziolo 1, 2, Zauhopress/Joseph P. Ziolo/Musée D'Atami 8A, 8B, Victoria and Albert Museum 9, Michael Holford 10.

# Sechster Band

## Geschichte

**12/13** Lauros Giraudon 4A, Photoresources 4B, Ashmolean Museum, Oxford 4C, C. M. Dixon 5, 8, Snark International 6, Scala 7; **14/15** Leitbild: Bodleian Library, Oxford, Kunsthistorisches Museum Wien 2, Michael Holford 3, Bavaria Verlag 5, Joseph P. Ziolo 6, National Museum of Ireland 7, Scala 8, Burgerbibliothek, Bern 10; **16/17** Leitbild: Anne Ross, Trinity College, Dublin/The Green Studio 2, 3, National Museum of Ireland 4A, 4B, 5A, 5B, C. M. Dixon 6, 7; **18/19** Trustees of the British Museum/Ray Gardner 5A, 5B, C. M. Dixon 6, mit freundlicher Genehmigung der Trustees, National Gallery, London 10; **20/21** Leitbild und 3, 5: Ronald Sheridan, Spencer Collection, The New York Public Library, Astor Lenox and Tilden Foundations/Hamlyn Group Picture Library 1, Edinburgh University Library 2, Camera Press 4, Gerry Clyde/Michael Holford 6, Photoresources 7; **22/23** Leitbild: Osvaldo Bohm/Biblioteca Marciana, E. J. Hawkins 1, C. M. Dixon 2, Hirmer Fotoarchiv, München/Bibliothèque Nationale, Paris 3, Sonia Halliday 4, 7, 8, Mansell Collection 5, Scala 6A, 6B, Hirmer Fotoarchiv, München 9, Hirmer Fotoarchiv, München/Victoria and Albert Museum 10; **24/25** Leitbild: Snark International, Edinburgh University Library 1, Dr. Georg Gerster/John Hillelson Agency 3, Madame Solange Ory 5, C. M. Dixon 6, Radio Times Hulton Picture Library 7, Tunisian National Tourist office 8; **26/27** Leitbild: Roloff Beny, Rom, Victoria and Albert Museum 2, 4, The Pierpont Morgan Library 3, Peter Fraenkel 5, mit freundlicher Genehmigung von Smithsonian Institution, Freer Gallery of Art, Washington, DC 6, Ronald Sheridan 7, Werner Forman Archive 8, The Metropolitan Museum of Art, New York 9; **28/29** Leitbild und 1: Mansell Collection, Giraudon/Louvre 2, Snark International 4, 6, 7, Trustees of the British Museum; **30/31** Leitbild: Photoresources, Crown Copyright, reproduziert mit Erlaubnis des Controller, Her Majesty's Stationery Office 2A, National Museum of Iceland/Leifur Porsteinson 4, Forhistorisk Museum, Dänemark 7, Spectrum Colour Library 8, Werner Forman Archive 9; **32/33** Leitbild: Bodleian Library, Oxford, Trustees of the British Museum/Ray Gardner 2A, 2B, 2C, 2D, Scala 3, Ronald Sheridan 4; **34/35** Leitbild: Roger-Viollet, Photo Meyer, Wien 3, Magnum/Erich Lessing 4, Hatle Werbung 5, Biblioteca Vaticana 6, Corpus Christi College, Cambridge 8, Burgerbibliothek Bern/Gerhard Howald 9, Bavaria Verlag 10; **36/37** Bildarchiv der Österreichischen Nationalbibliothek 1, Quelle unbekannt 2, Bavaria Verlag 3, 5, Bildarchiv Foto Marburg 4; **38/39** Leitbild: British Tourist Authority, Michael Holford 1, Public Record Office 2, Aerofilms 6, Trustees of the British Museum 7, Perfecta Publications Ltd 8; **40/41** Leitbild: Michael Holford, Ampliaciones y Reproducciones Mas 1, 2, 3, 5, 7, 9, Ampliaciones y Reproducciones Mas/Barcelona University 4, Camera Press 8; **42/43** Bildarchiv Foto Marburg 1, Edistudio 2, Roger-Viollet 4, Mansell Collection 5, Photo Zodiaque 6A, 6B, Giraudon 7, Michael Holford 8; **44/45** Leitbild und 6, 8: Photo Zodiaque, A. F. Kersting 1, Trustees of the British Museum 4, Corpus Christi College, Cambridge 5, Architectural Association 7, French Tourist Office 9; **46/47** Leitbild: Aerofilms, Snark International 1, A. F. Kersting 7, Michael Holford 8, 10, Corpus Christi College, Cambridge 9; **48/49** Bodleian Library, Oxford 2, 3, Mansell Collection 5, Giraudon 6, Bildarchiv Foto Marburg 8, Scala 9, Ronald Sheridan 10; **50/51** Leitbild: Mansell Collection, Scala 1, 5, 6, Trustees of the British Museum 2, Scala/Vatikan 3, Bodleian Library, Oxford 4, 7, 8, Ronan Picture Library 9; **52/53** Roger-Viollet 2, Mauro Pucciarelli, Rom 3, Scala 5; **54/55** C. Wilson 1, 2, 3, 5, 6, 8, 9, Quelle unbekannt 10, Sonia Halliday/Winchester Cathedral Library 11; **56/57** Quelle unbekannt 1, 4, C. Wilson 2, 3, 5, 6, A. F. Kersting 8, Howard C. Moore/Woodmansterne Ltd 9; **58/59** Leitbild: Giraudon/Reims Kathedrale, A. F. Kersting 4, Giraudon 5, Snark International 6, Bodleian Library, Oxford 7, Bayerische Staatsbibliothek, München 9, Lauros Giraudon/Louvre 10; **60/61** Giraudon/Musée Condé, Chantilly 1, Trustees of the British Museum 2, Quelle unbekannt 4, British Tourist Authority 5, Aerofilms 6, Bavaria Verlag 7, Snark International 8; **62/63** Leitbild: Larousse Archives, Giraudon/Musée Condé, Chantilly 1, Mansell Collection 2, Mary Evans Picture Library 3, 5, Scala 6, 8, Michael Holford/British Museum 7, Bibliothèque Nationale 9; **64/65** Leitbild: Trustees of the British Museum/Ray Gardner, Cooper Bridgeman/Bodleian Library, Oxford 4, Museo Dell'Opera di Santa Croce, Florenz 6, Giraudon 7, Scala 8; **66/67** C. Wilson 1, 2, Georgina Russell 3, 7, Giraudon 4, 5, Scala 8, 9, 11; **68/69** Giraudon/Musée Condé, Chantilly 1, Christopher Wilson 2, 9, 11, Michael Holford 3, Georgina Russell 4, Lauros Giraudon/Cluny, Paris 5, Bavaria Verlag 6, Brian Knox/Statni Ustav Pamatkove Pece A Ochrany Prirody Y Praze 7, Trustees of the British Museum/Weidenfeld and Nicolson Archives 8; **70/71** Leitbild und 3, 5, 9: Sonia Halliday, Sybil Sassoon/Robert Harding Associates 2, Mansell Collection 6, Ronald Sheridan 7; **72/73** Leitbild: Mary Evans Picture Library, Royal Geographical Society 1, Bodleian Library, Oxford 2, Mansell Collection 4, 5, Cooper Bridgeman Library 7, National Maritime Museum 8; **74/75** Leitbild und 3: Radio Times Hulton Picture Library, Quelle unbekannt 4, Edinburgh University Library 5, 8, Trustees of the British Museum 6, Sybil Sassoon/Robert Harding Associates 7; **76/77** Leitbild und 5: Quelle unbekannt, Anthony Hutt/Robert Harding Associates 2, Sybil Sassoon/Robert Harding Associates 4, Spectrum Colour Library 6, A. Christie 7; **78/79** Leitbild: Michael Holford/British Museum/Museum of Mankind, Bibliothèque Nationale 3, Werner Forman Archive 4, Quelle unbekannt 5; **80/81** Leitbild: Instituto Nacional de Antropologia e Historia, Mexiko, Norman Hammond 1, 3, 4, 5, 6, 7; **82/83** Leitbild: Marion Morrison, Roger Perry 1, Norman Hammond 2, Tony Morrison 4, 5, 6, 7, 8, 9, Faculty of Archaeology & Anthropology, Cambridge 10; **84/85** Leitbild und 3: Mansell Collection, Royal Geographical Society 1, 5, 8, Pierpont Morgan Library 2, Bruno Barbey/John Hillelson Agency 7; **86/87** Leitbild: C. M. Dixon, Ampliacones y Reproducciones Mas 2, Mansell Collection 4, Ronald Sheridan 5, John Judkyn Memorial/Photo Derek Balmer/Orbis 7, Foto Salmer 8; **88/89** Leitbild: Quelle unbekannt, Trustees of the British Museum/John R. Freeman 2, Lincoln Central Library, Local Collection, reproduziert mit Erlaubnis des Lincolnshire Library Service 3, Michael Holford 4, Snark International/Louvre 5, Scala 6, Bayerische Staatsgemäldesammlungen, München/Kunstdias Blauel 7, Mansell Collection 8, reproduziert mit freundlicher Genehmigung von Prof. Charles Wilson, Autor von »The Dutch Republic«, Weidenfeld and Nicolson Archives 9; **90/91** Mansell Collection 3, Crown Copyright Reserved 4, mit Erlaubnis des Governors of Christ Church College, Oxford 6, Mary Evans Picture Library 7, Historia Photo 8; **92/93** Leitbild: Mansell Collection, Quelle unbekannt 1, Scala 3, Metropolitan Museum of Fine Art, New York/Maria De Witt Jesup Fund, 1964 5, British Library/Ray Gardner 6A, Cooper Bridgeman/Louvre 6B, Trustees of

215

the British Museum/John R. Freeman 8; **94/95** Leitbild: Bettmann Archiv, Picturepoint 1, Larousse Archives 3, Fotomas Index (J. R. Freeman) 4, Bayerische Staatsbibliothek, München 6; **96/97** Leitbild: Mansell Collection, Michael Holford 1, Scala 2, 3, 5, 7, 8, 9, André Held/Joseph P. Ziolo 4; **98/99** Leitbild: Trustees of the British Museum, Lauros Giraudon 1, Giraudon 2, Trustees of the National Gallery 3, Germanisches Nationalmuseum 4, Giraudon/Louvre 5, Koninklijk Museum voor Schoone Kunsten/ Musée Royal des Beaux-Arts 6, A. F. Kersting 7; **100/101** Leitbild und 7: Mansell Collection, Scala/Museo Del Bargelle 1, Scala 2, 3, 4, 5, 8; **102/103** Scala 1, 3, 7, Scala/Uffizi 2, C. M. Dixon 4, Cooper Bridgeman/ Louvre 5, Victoria and Albert Museum 6, Museum of Fine Arts, Budapest 8; **104/105** Leitbild: Mansell Collection, Scala/Prado Museum, Madrid 1, Scala 2, 4, 7, 8, Staatliche Kunstsammlungen, Dresden/Gerhard Reinhold, Leipzig-Moelkau 5, The Isabella Stewart Gardner Museum, Boston 6; **106/ 107** Leitbild: Trustees of the British Museum, Verlag Joachim Blauel/Städelsches Kunstinstitut 1, Erwin Bohm 2, Crown Copyright Reserved 3, Cooper Bridgeman/Colmar 4, The Metropolitan Museum of Art, Rogers Fund 1912 5, Cooper Bridgeman/ Prado Museum, Madrid 6, ZEFA 7, Bavaria Verlag, Gauting 8; **108/109** Leitbild: Photographie Bulloz/Louvre, Musée Jacquemart-André 1, Bildarchiv Preußischer Kulturbesitz 2, Giraudon/Brüssel, Musées Royaux des Beaux-Arts 3, Jean Roubier 4, Michael Holford 5, Giraudon 7; **110/111** G. Mandel/ Ziolo 1, Trustees of the British Museum 2, 3, 8, Mary Evans Picture Library 5, Devonshire Collection, Chatsworth. Reproduziert mit Erlaubnis der Trustees of the Chatsworth Settlement/Courtauld Institute 6, ZEFA 7; **112/113** Leitbild und 3, 4, 5: Scala, Giraudon/Château de Fontainebleau 1, Mauro Pucciarelli 2, Die Museumsabteilung der Verwaltung der staatlichen bayerischen Schlösser, Gärten und Seen 6, Photo Meyer, Wien 7, 8; **114/115** Leitbild: Lauros Giraudon/Heidelberg, Kurpfälzisches Museum, Mary Evans Picture Library 1, 4, Stadt- und Universitätsbibliothek, Bern 2, Trustees of the British Museum/Ray Gardner 3, Lauros Giraudon/München, Alte Pinakothek 6, Spectrum Colour Library 7, Hereford Cathedral Library/Clive Friend 8, Trustees of the British Museum/John R. Freeman 9; **116/ 117** Leitbild: Michael Holford/Museo del Prado, Madrid, Mary Evans Picture Library 2, 8, C. M. Dixon 3, Musée Cantonal des Beaux-Arts/André Held 4, J. E. Bulloz 6, Michael Holford 7A, Trustees of the National Gallery 9; **118/119** Leitbild: Radio Times Hulton Picture Library, British Library 1, Trustees of the National Gallery 3, John R. Freeman 4, Mary Evans Picture Library 6, Cooper Bridgeman 9; **120/121** Leitbild: Trustees of the British Museum, John R. Freeman 3, Cooper Bridgeman/Kunsthistorisches Museum, Wien 4, Rijksmuseum, Amsterdam 7, Mansell Collection 10, Governor & Co. of the Bank of England 11; **122/123** Leitbild und 3, 6, 9: Ronan Picture Library, Ronan Picture Library/E. P. Goldsmith & Co. Ltd. 1, 7, National Maritime Museum 2 4, Mansell Collection 5; **124/125** Leitbild: Fratelli Alinari, Scala 1, 2, Bavaria-Verlag, Gauting 3, A. F. Kersting 4, 5; Trustees of the National Gallery 6; **126/127** Leitbild: Mansell Collection, Museo del Prado 1, G. A. Mather/Robert Harding Associates 2, © The Frick Collection, New York 3, Scala 4, Mauro Pucciarelli 5, Giraudon/Louvre 6, E. Kornreich/Robert Harding Associates 7; **128/129** Leitbild: Courtauld Institute, Lauros Giraudon 1, Lauros Giraudon/Louvre 2, Trustees of the National Gallery 3, Giraudon/Louvre 4, Michael Holford 5, P. Trela/Joseph P. Ziolo 6; **130/ 131** Leitbild: Trustees of the British Museum/John R. Freeman 1, Frans Hals Museum, Haarlem 1, Trustees of the National Gallery 2, reproduziert mit Genehmigung der Trustees of the Wallace Collection/John R. Freeman 3, Crown Copyright Reserved 4, The Cleveland Museum of Art, Purchase John L. Severance Fund 5, mit Erlaubnis von Provost, Worcester College, Oxford, Rijksmuseum, Amsterdam 8; **132/133** Giraudon/Louvre 1, Snark International 3; **134/135** Leitbild und 2, 3A, 5: Snark International, Giraudon 1, 3B, 6, 7, Mansell Collection 4, British Library/Ray Gardner 8, Lauros Giraudon/Château de Versailles 9; **136/137** Leitbild: Tiroler Landesmuseum Ferdinandeum/Anton Demanega, Mander & Mitchenson Theatre Collection 2, 6, 10, mit Erlaubnis der Glyndebourne Festival Opera/Guy Gravett 4, Giraudon/Musée Condé, Chantilly 7, Trustees of the National Portrait Gallery 8, mit freundlicher Genehmigung von Viscount Fitzharris/Hamlyn Picture Library 9, Bärenreiter-Verlag 11; **138/139** Novosti Press Agency 3, 7, 8, Historical Research Unit 5, Michael Holford 9; **140/141** Leitbild und 6: Novosti Press Agency, Victor Kennett 4, 9, Historical Research Unit 10; **142/143** Leitbild: Ullstein Bilderdienst, Berlin, National Army Museum 3, Archiv für Kunst und Geschichte 4, Bavaria Verlag, München 5, Amplaciones y Reproducciones Mas/Madrid Museo Municipal 6; **144/145** Leitbild: Cooper Bridgeman, Mansell Collection 4, Henry E. Huntington Library & Art Gallery 6, Cooper Bridgeman/Victoria Art Gallery, Bath. 7; **146/147** Leitbild und 1: Quelle unbekannt, Trustees of the National Portrait Gallery 2, Bibliothèque Nationale, Paris 3, Mansell Collection 4, 6, Germanisches Nationalmuseum, Nürnberg 5, Lauros Giraudon 7, J. E. Bulloz 8A; **148/149** Leitbild und 9: Radio Times Hulton Picture Library, National Maritime Museum 1, mit freundlicher Erlaubnis des President & Council of the Royal College of Surgeons of England 2, Rijksmuseum van Natuurlijke Historie 3, Akademie der Wissenschaften der DDR/George Rainbird Ltd 4, Trustees of the British Museum/Ray Gardner 5, 6B, India Office Library 6A, Quelle unbekannt 7, mit Erlaubnis des Royal College of Physicians of London 8; **150/151** Leitbild: Crown Copyright Reserved, Snark International 1, 4, mit Erlaubnis von Mrs. Barbara Edwards/ Carter Nash Cameron 2, mit Genehmigung der **Feoffees** of Chetham's Library, Manchester 3, British Library/Ray Gardner 5A, 5B, Mansell Collection 6, Trustees of the Tate Gallery/John Webb 7; **152/153** Leitbild: F. Lugt Collection, Holland, Lauros Giraudon/ Château de Versailles 1, Giraudon/Louvre 2, Michael Holford 3, Bavaria-Verlag, Gauting 4, reproduziert mit Erlaubnis der Trustees of the Wallace Collection/John R. Freeman 5, Telarci Giraudon/Louvre 6; **154/155** Leitbild und 4, 6, 8: Angelo Hornak, Metropolitan Museum of Art, Gift of Henry G. Marquand 1889 1, Iveagh Bequest, London 2, Victoria and Albert Museum 3, Trustees of the Croome Estate/Don J. Adams 5, National Gallery 7, Yale University Art Gallery 9; **156/157** Leitbild: Giraudon, British Museum/John R. Freeman 1, 2, 8, Victoria and Albert Museum 3, 7, Mansell Collection 4, reproduziert mit Genehmigung der Trustees of the Wallace Collection/John R. Freeman 5, Angelo Hornak/V & A 6; **158/159** Leitbild: Mansell Collection, Scala 1, Germanisches Nationalmuseum, Nürnberg 2, Bildarchiv Preußischer Kulturbesitz, Berlin 3, 4, Ullstein Bilderdienst, Berlin 5; **160/161** Leitbild: Royal Academy of Arts, reproduziert mit Genehmigung der Trustees of the Wallace Collection/John R. Freeman 1, Cooper Bridgeman/Towneley Hall Museum & Art Gallery, Burnley 2, Trustees of the Tate Gallery/John Webb 3, Photo Meyer, Wien 5, Giraudon/Musées Royaux des Beaux-Arts 6, Lauros Giraudon/Louvre 7; **162/163** Lauros Giraudon/Musée de la Marine, Paris 2, Radio Times Hulton Picture Library 4, Angelo Hornak/V & A 5, Trustees of the British Museum/John R. Freeman 6, Ampliaciones y Reproducciones Mas, Barcelona 7, Mansell Collection 8; **164/165** Leitbild und 5, 7, 8, 9, 10: India Office Library & Records, Ann and Bury Peerless 1, 3, 4; **166/167** Leitbild und 7: Michael Holford/V & A, Ann and Bury Peerless 1, Victoria and Albert Museum 2, 8, mit freundlicher Genehmigung von Air India 3, 6, Michael Holford 4, India Office Library & Records/Ann and Bury Peerless 5; **168/ 169** Leitbild und 3, 4: William MacQuitty, Trustees of the British Museum 2, 7, Radio Times Hulton Picture Library 5, Cooper Bridgeman/National Maritime Museum 8; **170/171** Leitbild: Museum of Fine Arts, Boston, Percival David Foundation 1, mit Genehmigung der Smithsonian Institution, Freer Gallery of Art, Washington DC 2, Nelson Gallery — Atkins Museum, Kansas City, Missouri (Nelson Fund) 3, National Palace Museum, Taiwan 4, Trustees of the British Museum 5, 8, 9, William MacQuitty 6, Aubrey Singer, BBC/Robert Harding Associates 7; **172/173** Leitbild und 3, 7: International Society for Educational Information, Tokio, Bradley Smith 1, 2, 4, 5, Weidenfeld & Nicolson 6, Orion Press 8; **174/ 175** Leitbild: Werner Forman Archive, Mansell Collection 2, 3, 4, 7, Mary Evans Picture Library 6; **176/177** Leitbild: Trustees of the British Museum, D. E. F. Russell/Robert Harding Associates 1, John Picton 2, 4, Prof. Thurston-Shaw 3, Trustees of the British Museum/Museum of Mankind/Angelo Hornak 5, Trustees of the British Museum/Museum of Mankind 6, 7, Photograph ©1976 By the Barnes Foundation 8, Archivo e Studio 9, aus: Nuba Personal Art von James C. Faris/Duckworth, 1972 10; **178/179** mit freundlicher Erlaubnis der City of Bristol Archives/David Strickland 6, Mansell Collection 7, Bettmann Archive 8, Bettmann Archive/Smithsonian Institution 9; **180/181** Mary Evans Picture Library 3, Metropolitan Museum of Art, New York, Gift of Mrs. Russell Sage, 1910 4, © Yale University Art Gallery 6, Mansell Collection 7; **182/183** Ronan Picture Library 2, 6, A. F. Kersting 5, Derby Borough Councils & Art Gallery 7, Josiah Wedgwood & Co. 8, Cooper Bridgeman/Lord Mountbatten 9; **184/ 185** Leitbild: The British Library, Angelo Hornak 1, Bavaria-Verlag, Gauting 2, John R. Freeman 3, Trustees of the Tate Gallery/ John Webb 4, Trustees of the British Museum/John R. Freeman 5, Giraudon 6, Archiv für Kunst und Geschichte, Berlin 7, Mansell Collection 8, Crown Copyright Reserved 9; **186/187** Leitbild: Giraudon, Roger-Viollet 2, Giraudon/B. N. Estampes, Paris 5, Giraudon/Château de Versailles 6, Réunion des Musées Nationales 8; **188/189** Leitbild: Roger-Viollet, Cooper Bridgeman/ Coram Foundation 2, Giraudon/Château de Versailles 4, Garanger Giraudon/Musée de l'Armée, Prag 5, Angelo Hornak/V & A 7, National Army Museum 8; **190/191** Leitbild: J. Blauel, Gauting/Alte Pinakothek, München, Deutsches Literaturarchiv, Schiller-Nationalmuseum, Marbach 1, 2, 3, 4, 5, Original im Besitz der Stadt Tübingen, Städt. Sammlungen Nr. 2290 6, Helga Kneidl, Hamburg 7, Historia-Photo, Bad Sachsa 8, 9, Bayerische Staatsbibliothek, München 10; **192/193** Leitbild: Geoff Goode/mit Genehmigung der The Society of Antiquaries of London, Geoff Goode 1, Picturepoint 2, Smithsonian Institution National Anthropological Archives 3, Mansell Collection 4, Radio Times Hulton Picture Library 5, Dr. M. H. Day/Eigentum der Regierung von Tansania 6, Times Newpapers 7,

216

Marion Morrison 8; **194/195** Leitbild: Trustees of the British Museum, genehmigt vom Detroit Institute of Arts, Gift of Mr. & Mrs. Bert L. Smokler & Mr. & Mrs. Lawrence A. Fleischman 1, genehmigt von Birmingham City Museum & Art Gallery 2, Museo del Prado 3, Kunstdias J. Blauel, Gauting/ Städelsches Kunstinstitut 4, Telarci Giraudon/Louvre 5, 7, Lauros Giraudon/Louvre 6; **196/197** Leitbild: Ashmolean Museum, Oxford, Whitworth Art Gallery, University of Manchester 1, Cooper Bridgeman/V & A 2, Ralph Kleinhempel, Hamburg 3, Cooper Bridgeman/Staatliche Kunstsammlungen, Dresden 4, Gulbenkian Museum, Lissabon 5, Trustees of the Tate Gallery 6, 8, Laing Art Gallery, Newcastle upon Tyne 7; **198/199** Leitbild: John R. Freeman, Museen der Stadt Wien 2, 4, Crown Copyright Reserved 3, Trustees of the National Portrait Gallery 5, Lauros Giraudon/Louvre 6; **200/201** Leitbild: Turkish Tourist & Information Office, J. E. Bulloz 1, Bildarchiv der Österreichischen Nationalbibliothek 3A, 3B, 7, William Allan 4, National Army Museum 5, Radio Times Hulton Picture Library 6; **202/203** Leitbild und 6, 7, 8: Bettmann Archive, Mansell Collection 3, Douglas Botting 4, Mike Andrews 5; **204/205** Leitbild: Mary Evans Picture Library, Mansell Collection 4, 10, mit Genehmigung des Science Museum, London 8, mit Erlaubnis von Stanley Gibbons Ltd/Angelo Hornak; **206/207** Fried. Krupp GmbH, Essen 1, Historia-Photo, Bad Sachsa 2, 3, 5, 6, 7, Westfälisches Landesmuseum für Kunst und Kulturgeschichte, Münster (Dauerleihgabe des Westfälischen Kunstvereins) 8, Archiv für Kunst und Geschichte, Berlin 4, 9; **208/209** Leitbild: Mansell Collection, Trustees of the Tate Gallery/ John Webb 1, J. Whitaker/Sphere Books 2, Angelo Hornak/Scolar Press 3, Historia Photo, Bad Sachsa 4A, 7, Intercine Filmverleih GmbH, München 4B, Lauros Giraudon © S. P. A. D. E. M., Paris, 1976 5, Roger-Viollet 6, Giraudon/Louvre 8, Society of Cultural Relations with the USSR; **210/211** Leitbild: University College, Oxford/Angelo Hornak, Trustees of the British Museum 1, John Massey Stewart 2, Roger-Viollet 3, Scala 4, Snark International 5, Mander & Mitchenson Theatre Collection 6, 8, Society for Cultural Relations with the USSR 7, Radio Times Hulton Picture Library 9; **214/215** Spectrum Colour Library 2, K. M. Andrew 3, Novosti Press Agency 4, Bildarchiv Preußischer Kulturbesitz, Staatsbibliothek, Berlin 5, 6, 7, 8, Mary Evans Picture Library; **216/217** Leitbild: Mansell Collection, Roger-Viollet/Bibliothèque Nationale 3, Ullstein Bilderdienst, Berlin 4, Scala 5, Snark International 7; **218/219** Leitbild: Mansell Collection, Bildarchiv Preußischer Kulturbesitz, Staatsbibliothek, Berlin 1, John R. Freeman 3, kein Copyright 4, Mauro Pucciarelli 5, Istituto per la Storia del Risorgimento, Rom 6; **220/221** Leitbild: Mansell Collection, Punch Publications Ltd 1, aus der John Gorman Collection 3, Radio Times Hulton Picture Library 4, 7, Giraudon 5, British Red Cross Society 6; **222/223** Leitbild: Helmut Gernsheim Collection, Angelo Hornak/Wellington Museum 1, Lauros Giraudon/Musée Fabre, Montpellier/©A. D. A. G. P. Paris, 1976 2, Giraudon/Louvre 3, Cooper Bridgeman 4, Cooper Bridgeman/Sir Colin Anderson 5, Trustees of the Tate Gallery 6, mit Erlaubnis vom Jefferson Memorial College, Thomas Jefferson University 7, Walters Art Gallery, Baltimore 8, Royal Academy of Arts, London 9, Trustees of the Tate Gallery/John Webb 10; **224/225** Leitbild: J. Blauel, Gauting/Neue Pinakothek, München, Giraudon/Musée Marmottan, Paris/ © S. P. A. D. E. M. Paris, 1976 1, Museum of Fine Arts, Boston, Arthur Gordon Thompkins Residuary Fund/© S. P. A. D. E. M. Paris, 1976 2, Service de Documentation Photographique de la Réunion des Musées Nationaux/Musée du Jeu de paume/© S. P. A. D. E. M., Paris, 1976 3, 4, 8, Service de Documentation Photographique de la Réunion des Musées Nationaux/Musée du Jeu de paume 5, 7, K. X. Rousseu 6, Giraudon/Musée du Jeu de paume/©S. P. A. D. E. M., Paris, 1976 9, Philadelphia Museum of Art/John G. Johnson Collection 10; **226/227** Leitbild und 5: Brenda Houston Rogers, Österreichische Nationalbibliothek 1, Roger-Viollet 2, 8, Novosti/National Russian Museum 3, Mander & Mitchenson Theatre Collection 4, Gunter Englert 7, Stuart Robinson 9; **228/229** Leitbild: J. E. Bulloz, Royal Academy of Arts 1, A. F. Kersting 2, Aus: »Entretiens sur l'Architecture«, 1863 4, Aus: »Pelican History of Art« von B. Abbott 5, Mauro Pucciarelli 7, 9, Archiv für Kunst und Geschichte, Berlin 8, Historia Photo, Bad Sachsa 10.

# Siebenter Band

### Geschichte

**12/13** Leitbild: Geoff Goode/Trustees of the British Museum/Museum of Mankind, Mansell Collection 2, Trustees of the National Portrait Gallery 3, 5, Mary Evans Picture Library 4, Radio Times Hulton Picture Library 8, Rijksmuseum, Amsterdam 9, British Museum/Photo © Aldus Books, London 10; **14/15** Leitbild: Kim Sayer, Mary Evans Picture Library 3, Mansell Collection 5, Bildarchiv Preußischer Kulturbesitz, Berlin 6; **16/17** Leitbild: Werner Forman Archive/Anspach Collection, NY, Romano Cagnoni 2, Charles Perry Weimer 3, Anthony Atmore 5A, 5B, Popperfoto 6, Ann and Bury Peerless 7; **18/19** Leitbild: Punch Publications Ltd, National Army Museum 2, 4, 6, 9, Rick Strange/Robert Harding Associates 3, Mansell Collection 5, Trustees of the National Portrait Gallery 7, India Office Library & Records 8; **20/21** Leitbild: Quelle unbekannt, Mary Evans Picture Library 3, 5, 8, Sybil Sassoon/Robert Harding Associates 4, aus: »Tribal innovators« von I. Schapera 6, Angelo Hornak/aus: Life, Scenery & Customs of Sierra Leone & Gambia« von T. E. Poole; **22/23** Leitbild: Roger-Viollet, Radio Times Hulton Picture Library 3, Library Archives of Weidenfeld & Nicolson 4, V & A/Weidenfeld & Nicolson 8, Mansell Collection 9; **24/25** Leitbild: Newcastle upon Tyne Public Libraries, International Society for Educational Information, Tokio 1, 5, 8, Memorial Picture Gallery, Medschi-Schrein, Tokio 3, Novosti Press Agency 4, Bradley Smith 6; **26/27** Western Americana 1, 5, 7, 8, 9C, 10, 11; **28/29** American History Picture Library 5, Mansell Collection 9; **30/31** Mansell Collection 1, Western Americana 2, Brown Brothers 3, 7, Angelo Hornak 4; **32/33** Leitbild: Ronan Picture Library, Royal Geographical Society 1, Bradley Smith 2, Tokio National Museum 3, National Maritime Museum 4, Radio Times Hulton Picture Library 6, 7; **34/35** Leitbild: Cavendish Laboratory/University of Cambridge, The Royal Institution/Cooper Bridgeman 1, Ronan Picture Library 2, 6, C. E. Abranson 3, Mansell Collection 4, 7, 9, The Royal Institution of Great Britain 5, Popperfoto 8, Bavaria-Verlag, Gauting 10; **36/37** Leitbild: mit freundlicher Genehmigung von Marks & Spencer Ltd, Radio Times Hulton Picture Library 2, 4, Angelo Hornak 5, Mansell Collection 6; **38/39** Leitbild und 4, 6, 9, 10: Novosti Press Agency, Radio Times Hulton Picture Library 1, 2, 8, John R. Freeman 3, mit Erlaubnis von Cultural Relations with the USSR 5; **40/41** Leitbild und 3B: Mansell Collection, Manchester Public Libraries 2, Radio Times Hulton Picture Library 3A, Prof. Baumgarten, Freiburg 3C, Giraudon 5A, Angelo Hornak/V & A 5B; **42/43** Leitbild: Cooper Bridgeman/Rasmus Meyer Collection, Bildergalerie, Bergen, Hans Hinz, Kunstmuseum Basel 1, Trustees of Tate Gallery/© A.D.A.G.P., Paris, 1976 2, Harry N. Abrams Inc./The Hermitage, Leningrad/© S. P. A. D. E. M. Paris, 1976 3, Trustees of the Tate Gallery, London/© S.P.A.D.E.M. 1976/John Webb 4, Hans Hinz, Basel 5, Hans Hinz, Basel/© S. P. A. D. E. M., Paris, 1976 Kunstsammlung Nordrhein-Westfalen/© S. P. A. D. E. M., Paris, 1976 7, mit Genehmigung von Marlborough Fine Art (London) Ltd 8; **44/45** Leitbild: Trustees of the Tate Gallery/©A.D.A.G.P., Paris, 1976, Collection Alex Maguy/ ©A.D.A.G.P., Paris, 1976 1, Giraudon/ Kunstmuseum Basel 2, Charles Uht/mit Erlaubnis von Nelson A. Rockefeller/© S.P.A.D.E.M., Paris, 1976 3, Collection the Museum of Modern Art, New York, Vermächtnis von Alma Erickson Levene,/ ©A.D.A.G.P., Paris, 1976 4, Philadelphia

Museum of Art, The A. E. Gallatin Collection/Alfred J. Wyatt/© S.P.A.D.E.M., Paris, 1976 5, Musée Leger/S.P.A.D.E.M., Paris, 1976 6, Collection The Museum of Modern Art, New York, erworben durch das Lillie P. Bliss Vermächtnis/© S.P.A.D.E.M., Paris, 1976 7, Privatsammlung, Mailand 8, Collection The Museum of Modern Art, New York, erworben durch das Lillie P. Bliss Vermächtnis 9; **46/47** Leitbild: Ronan Picture Library, Mary Evans Picture Library 1, Ullstein Bilderdienst, Berlin 3, Österreichische Nationalbibliothek, Quelle unbekannt 6, Snark International 7, Radio Times Hulton Picture Library 8; **48/49** Leitbild: Quelle unbekannt, Mansell Collection 1, 3, Cyril & Methodius National Library, Sofia, Bulgarien 2, Archiv für Kunst und Geschichte, Berlin 4, IBA, Zürich 6, Radio Times Hulton Picture Library 8; **50/51** Leitbild: Roger-Viollet, Radio Times Hulton Picture Library 1, Ullstein Bilderdienst, Berlin 2, 8, Quelle unbekannt 7; **52/53** Leitbild: Imperial War Museum, Robert Hunt Library 7, Image Press 10; **54/55** Leitbild und 2: Roger-Viollet, Radio Times Hulton Picture Library 5, Mansell Collection 8, Ullstein Bilderdienst, Berlin 9; **56/57** Leitbild und 1, 4, 5, 7: Novosti Press Agency, Mansell Collection 2, Bettmann Archive 3, Radio Times Hulton Picture Library 6, 11, Snark International 8, Geoff Goode/Courtesy The School of Slavonic Studies 9; **58/59** Leitbild: Camera Press, Radio Times Hulton Picture Library 1, 2, 4, 8, 10, Popperfoto 5, Life © Time Inc. 1976/Colorific 9, Robert Hunt Library 11; **60/61** Radio Times Hulton Picture Library 1, 4A, 4B, 4C, 5, Camera Press 8; **62/63** Leitbild und 4, 5, 6, 8: Kobal Collection, mit Genehmigung von Madame Malthete Melies/© S. P. A. D. E. M., Paris, 1976 1, ohne Copyright 2A, 2B, 7, Itala Films; **64/65** Leitbild: D. Bellon/Images et Textes/© A.D.A.G.P., Paris, 1976, Gimpel Fils, London/©A.D.A.G.P., Paris, 1976 1, Kunstsammlung Nordrhein-Westfalen/© S. P. A. D. E. M., Paris, 1976 2, Collection of the Museum of Modern Art, New York, Purchase 3, Harry N. Abrams Inc./Permission of Nelson A. Rockefeller, Collection The Museum of Modern Art, New York. Erworben durch Anonymous Fund, The Mr. & Mrs. Joseph Slifka & Armand G. Erpf Funds, und Geschenk des Künstlers/©A.D.A.G.P., Paris, 1976 5, Museum Boymans-Van Beuningen Rotterdam/©A.D.A.G.P., Paris, 1976 6, Arts Council of Great Britain/© S. P. A. D. E. M., Paris, 1976 7, Collection The Museum of Modern Art, New York. The A. Conger Goodyear Fund 8, National Museum, Moderna Museet, Stockholm 9; **66/67** Leitbild: Collection of the Museum of Modern Art, New York, Geschenk von Mr. & Mrs. David M. Solinger, Kunstsammlung Nordrhein-Westfalen, Düsseldorf/© A.D.A.G.P., Paris, 1976 1, Stedelijk Museum, Amsterdam 2, Angelo Hornak 3, Haags Gemeentemuseum 4, Trustees of the Tate Gallery 5, Colourphoto Hans Hinz, Basel/Kunstmuseum, Basel/©A.D.A.G.P., Paris, 1976 6, mit freundlicher Genehmigung von Henry Moore/Trustees of the Tate Gallery/John Webb 7, Metropolitan Museum of Art, New York, George A. Heard Fund, 1957 8; **68/69** Leitbild: James Austin, Angelo Hornak 1, Cadbury Brown/Architectural Association 2, Roger Whitehouse/Architectural Association 4, James Stirling/Architectural Association 6, Adrian Atkinson/Architectural Association 7, Geoffrey Munro/Architectural Association 8, James Stirling/Architectural Association 9; **70/71** Leitbild und 5, 9: Bettmann Archive, Woolf, Laing, Christie & Partners 4, Radio Times Hulton Picture Library 6, Picturepoint 7; **72/73** Leitbild: TUC Archive, Mansell Collection 1, Radio Times Hulton Picture Library 2, 3, 8, Roger-Viollet 4, 5, Bettmann Archive 6, Maurice Rickards 9; **74/75** Leitbild und 5: Camera Press, Quelle unbekannt 1, Radio Times Hulton Picture Library 3, Keystone Press 4, 7, Robert Hunt Library 9; **76/77** Leitbild und 1: Radio Times Hulton Picture Library, National Army Museum 2, 7, Popperfoto 3, Camera Press 4, Mansell Collection 5, Geoslides 6, Robert Hunt Library 8, Keystone Press 9; **78/79** Leitbild: Daily Mirror, Trustees of the National Portrait Gallery 2, Radio Times Hulton Picture Library 3, Keystone Press 5, Camera Press 6, Royal Commonwealth Institute 7, Associated Press 8; **80/81** Leitbild und 6, Internationale Bildagentur, Ullstein Bilderdienst/Berlin 2, 3, 5, Snark International 8; **82/83** Leitbild und 1: Keystone Press, Robert Hunt Library/Associated Press 2, Archiv für Kunst und Geschichte 4, Robert Hunt Library 7, 9, Karikatur von David Low in Verbindung mit den Trustees der London ›Evening Standard‹ 8; **84/85** Robert Hunt Library 2A, 2B, 4, 6, Imperial War Museum 2C, Robert Hunt Library/Imperial War Museum 8; **86/87** Leitbild und 1, 2: Radio Times Hulton Picture Library, Imperial War Museum 3, Fox Photos 4, Roger-Viollet 5, 6, Angelo Hornak/Imperial War Museum 7, Novosti Press Agency 8, Orion Press/Camera Press 9, Snark International 10, 12, IBA, Zürich 11; **88/89** Leitbild: Novosti Press Agency, Robert Hunt Library 1, Radio Times Hulton Picture Library 2, IBA, Zürich 3, 7, Associated Press 4, Keystone Press Agency 6, Popperfoto 8, 9; **90/91** Leitbild: Novosti Press Agency, Popperfoto 1, 2, 5, John F. Freeman 3, Colorsport 8; **92/93** Leitbild und 3: Camera Press, Popperfoto 2, 5, Associated Press 4, Ginette Laborde, Paris 6, Picturepoint 7; **94/95** Leitbild und 2: Eastfoto, Henri Cartier-Bresson/John Hillelson Agency 1, Camera Press 4, 6B, 7, Sally und Richard Greenhill 6A, Magnum Distribution 9; **96/97** Leitbild und 4: Popperfoto, Camera Press 2, 5, 6, Australian News & Information Bureau 7; **98/99** Leitbild: Quelle unbekannt, Camera Press 2, 3, 7, Associated Press 4, Popperfoto 5, Keystone Press 8, United Nations 9, Agency for Public Information/Errol Harvey 10; **100/101** Leitbild: General Secretariat, Organization of American States, National Palace of Mexico 1, Radio Times Hulton Picture Library 2, Camera Press 3, Robert Cundy/Robert Harding Associates 4, Associated Press 5, 10, G. A. Mather/Robert Harding Associates 6, Ramano Cagnoni 8, Douglas Botting 9; **102/103** Leitbild und 6, 7, 10: Associated Press, Roger-Viollet 1, 4A, 4B, Popperfoto 2, Camera Press 9; **104/105** Leitbild: Shostal, Camera Press 2A, 2B, 2C, 2D, 2E, 2F, 2G, Associated Press 4; **106/107** Leitbild: Margaret Murray, Geoff Goode 2, Kibbutz Representatives 3, Scottish New Towns Development Board 4, Keystone Press 6, Ted Lau, Fortune © Time Inc. 1976/Colorific 7, Camera Press 9, 10; **108/109** Leitbild: Roman Cagnoni, Popperfoto 2, 10, Camera Press 3, 4, 5, 9; **110/111** Leitbild: Institute of Contemporary History/Weiner Library/Geoff Goode, Central Zionist Archives 3, Central Press 4, Camera Press 5; **112/113** Leitbild und 4A, 4B, 4C, 4D: United Nations, Associated Press 1, 2, Camera Press 6, 8, Keystone Press 7; **114/115** Leitbild: Terry Kirk/Financial Times, Régis Bossu/© SYGMA/Magnum 3; **116/117** Leitbild: Camera Press, Paolo Koch 4, C. Gascoigne/Robert Harding Associates 5, Picturepoint 6, Margaret Murray/Ikon Productions 7, Peter Fraenkel 8; **118/119** Leitbild: Popperfoto, World Council of Churches 1, Camera Press 2, 4, 7, Associated Press 5, 8, Shostal 6, Chris Steele Perkins 9; **120/121** Leitbild und 2, 4, 5, 9: Associated Press, Elliot Erwitt/Magnum 3, Neal Boenzi/The New York Times/John Hillelson Agency 7, Camera Press 9, Popperfoto 10; **122/123** Leitbild: Deutscher Taschenbuchverlag, München, Städtisches Museum, Stadt Göttingen 2, Historisches Museum, Frankfurt 3, Bayerische Staatsbibliothek, München 4, Quelle unbekannt 5, Internationaal Instituut voor Sociale Geschiedenis, Amsterdam 6, Archiv Gerstenberg, Frankfurt 7, Berlin-Museum, Berlin 8; **124/125** Leitbild: Deutscher Taschenbuchverlag, München, Archiv für Kunst und Geschichte 4, Archiv Gerstenberg, Frankfurt 5, 7, Bayerische Staatsbibliothek, München 8, Clichés Musées Nationaux Paris, Justificatif demandé 9; **126/127** Leitbild: Archiv für Kunst und Geschichte, Berlin, Süddeutscher Verlag, München 2, 6, Erich Schmidt Verlag, Berlin 3, Deutscher Taschenbuchverlag, München 5, Ullstein Verlag, Berlin 8; **128/129** Leitbild und 1: Archiv für Kunst und Geschichte, Berlin, Ullstein Verlag, Berlin 3, 4, 6, 9, 10, Bayerische Staatsbibliothek, München 5, von der Becke, Berlin 7, Historia-Photo, Bad Sachsa 8; **130/131** Leitbild: Bayerische Motoren Werke, München, Bavaria/Lothar Schulz, Gauting 1, Archiv für Kunst und Geschichte, Berlin 2, Bavaria/Friedhelm Thomas, Gauting 3, Deutsche Krankenversicherung, Köln 4, Deutsche Olivetti GmbH, Frankfurt 5, K. Kinold, München 6, Bavaria/Hermine Maier, Gauting 7, J. P. Volkamer, Düsseldorf 8; **132/133** Leitbild: Copyright unbekannt, Kobal Collection 1, 2, 3, 4, 5, 6, 7, 8, 9; **134/135** Leitbild: Universal (Edition) London Ltd, EMI 3A, Photo Macdomnic, mit Genehmigung von EMI 3B, Österreichische Nationalbibliothek 4, Copyright unbekannt 9, James Klosty/Edition Peters 10; **136/137** Leitbild und 3, 4, 6: Max Jones, American History Picture Library 2, Redferns/pic by Herman Leonard (Charles Stewart Collection) 5, Redferns/Stephen Morley 7, Redferns/David Redfern 8, CBS Records/Photographie von Don Hunstein 9, Jill Furmanovsky/Hipgnosis 10; **138/139** Leitbild und 5: Mander & Mitchenson Theatre Collection, Angelo Hornak/V & A 2, Frank Sharman 3, Musée des Arts Décoratifs, Paris 4, Fred Fehl 6, Anthony Crickmay 7; **140/141** Leitbild: Columbia Warner Pictures/B.F.I., Robert J. Flaherty/B.F.I. 1, Anycon Co./B.F.I. 2, Ian Cameron 3, Societé du Cinéma du Panthéon/B.F.I. 4, RKO General Inc./B.F.I. 5, Contemporary Films/B.F.I. 6, Toho International/B.F.I. 7, Aktiebolaget Svensk Filmindustri/B.F.I. 8, Rizzoli Films SPA/B.F.I. 9, Vaughan Films/B.F.I. 10; **142/143** Leitbild: Leo Castelli, New York, Tübingen Kunsthalle, Deutschland 1, Kasmin Ltd 2. Galerie Reckermann, Köln/Gernot Langer 3, Museum of Modern Art, New York, Geschenk von D. & J. de Menil 4, Waddington Galleries 5, Nigel Greenwood/Douglas Thompson 6, Galerie Denise René, Paris 7, Trustees of the Tate Gallery/John Webb 8; **144/145** Leitbild: Mansell Collection, Trustees of the British Museum/Ray Gardner 1, 2, Quelle unbekannt 3, Sheila Orme/The National Trust 5, SEFA 6, Topix 7, Henri Cartier-Bresson/John Hillelson Agency 8, Kobal Collection 9, Alskog Inc. 10, Eva Sereny/Sygma/John Hillelson Agency 11, Photo Baker, London 12, Ian Whyles/Robert Harding Associates 13; **146/147** Leitbild: Ullstein Verlag, Berlin, S. Fischer Verlag, Frankfurt 1, Bavaria/S. Bohnacker, Gauting 2, Deutsche Schillergesellschaft, Marbach/mit freundlicher Genehmigung von Frau Dr. Ilse Benn 3, 5, The Jewish National and University Library, Jerusalem 4, Hildegard Steinmetz, Gräfelfing 6, Theatermuseum, München 7, aus: Exil-Literatur 1933–1945. Eine Ausstellung aus Beständen der Deutschen Bibliothek (Sammlung Exil-Literatur). Ausstellung und Katalog: Werner Berthold. 3, erw. u. verb. Aufl. — Frankfurt a. M.: Deutsche Bibliothek 1967. (Sonderveröffentlichungen d. Deutschen Bibliothek. Nr. 1) 8; **148/149** Leitbild und 11: Camera Press, The Beinecke Rare Book & Manuscript, Yale University 1, John Watson 2. Photo Baker, London 3, 4, Alan Durand/Robert Harding Associates 5, Popperfoto 6, Quelle unbekannt 7, Associated Press 8, Douglas H. Jeffrey 9, freundlicherweise geliehen von Amos Tutuola 10; **150/151** Leitbild und 1, 5, 7: Isolde Ohlbaum, München, Suhrkamp Verlag, Frankfurt 2, 8, Hildegard Steinmetz, Gräfelfing 3, 9, Carl Hanser Verlag, München 6, Burkhardt Kiegeland, München 10; **152/153** Leitbild und 1: WEREK, München, Toni Hiebeler, München 2, Dr. Haas, München 3, Bayerischer Versehrten-Sportverband 4, Sven Simon, Essen 5, Peter Stückl, Tutzing 6, Karsten de Riese, Bairawies 7, Hans Steinbichler, Öd 8, 9; **162/163** Photoresources, Werner Forman Archive, Aerofilms, Werner Forman Archive/Kairo Museum, Michael Holford/British Museum, Picturepoint/Irak Museum, A. F. Kersting; **164/165** Ronald Sheridan, C. M. Dixon, Werner Forman Archive, Barnaby's Picture Library, Werner Forman Archive; **166/167** Michael Holford, Michael Holford/British Museum, Anne Ross, Sonia Halliday/Hittite Museum, Ankara, Mansell Collection, Photoresources/British Museum; **168/169** Ronald Sheridan, Metropolitan Museum of Art, New York, Rogers Fund 1914, Camera Press, Photoresources/The Hermitage, Leningrad, Ronald Sheridan, Photoresources; **170/171** Mansell Collection, Photoresources, Michael Holford, Mansell Collection, Ronald Sheridan, Ann and Bury Peerless; **172/173** Michael Holford, Michael Holford, Roger Wood, Werner Forman Archive; **174/175** Ray Gardner/Trustees of British Museum, Ray Gardner/Trustees of British Museum, Mansell Collection, Robert Harding Associates, Michael Holford, K. Ogana/J. Ziolo; **176/177** Werner Forman Archive, Mansell Collection, Ray Gardner/Trustees of British Museum, Ronan Picture Library; **178/179** Michael Holford, Christopher Wilson, Radio Times Hulton Picture Library; **180/181** Bodleian Library, Oxford, Mansell Collection, Scala, Mansell Collection, Mansell Collection, Mary Evans Picture Library, Mansell Collection, Ray Gardner/Trustees of the British Museum; **182/183** Mansell Collection, Mary Evans Picture Library, Michael Holford/V&A, Mansell Collection, Mansell Collection, Mansell Collection; **184/185** Mansell Collection, Sonia Halliday/Topkapi Palast Museum, Istanbul, Mary Evans Picture Library, Mansell Collection, Michael Holford, Mansell Collection; **186/187** Mary Evans Picture Library, Mansell Collection, Cooper Bridgeman/Rijksmuseum, Amsterdam, Cooper Bridgeman, A. F. Kersting; **188/189** Giraudon, Mansell Collection, Michael Holford/Science Museum, Mansell Collection, Michael Holford, Camera Press, Mansell Collection, Mansell Collection; **190/191** Mrs. Barbara Edwards/Carter Nash Cameron, Michael Holford/V&A, Mansell Collection, Scala, Mansell Collection, Mansell Collection, Ronan Picture Library; **192/193** Michael Holford, Michael Holford/Louvre, Giraudon; **194/195** Mansell Collection, Mansell Collection, Cooper Bridgeman, Mansell Collection, Mansell Collection; **196/197** Mansell Collection, Cooper Bridgeman, Cooper Bridgeman, Mansell Collection; **198/199** Ronan Picture Library, Mansell Collection, Ronan Picture Library, Robert Hunt Library, Mansell Collection, Bildarchiv Preußischer Kulturbesitz, Berlin; **200/201** Mansell Collection, Mansell Collection, Bildarchiv Foto Marburg; **202/203** Mansell Collection, Mansell Collection, Imperial War Museum, Mansell Collection, Mansell Collection; **204/205** Radio Times Hulton Picture Library, Popperfoto, Mansell Collection, Robert Hunt Library, Maurice Rickards, Robert Hunt Library, Novosti Press Agency, Novosti Press Agency, Camera Press; **206/207** Camera Press, Camera Press, Camera Press, Keystone Press, Camera Press, weitere desgleichen.

# Achter Band

## Naturwissenschaften

**12/13** Max-Planck-Institut für Plasmaphysik, Garching bei München; **14/15** Adam Woolfitt/Susan Griggs Picture Agency; **16** Staatliche Kunstsammlung, Kassel; **17** Museo Sorolla, Madrid; **18** Paul Brierley; **19** Fritz Goro/T. L. P. A. © Times Inc. 1976/Colorific; **20** Deutsches Museum, München; **21** Siemens AG, München; **22/23** Spectrum Colour Library 3A, 3B, 5, Michael Holford 6, Ronan Picture Library 7; **24/25** Ronan Picture Library 4A; **26/27** Leitbild und 5A: Ronan Picture Library/ Royal Astronomical Society, Trustees of the British Museum 1A, Ronan Picture Library/E. P. Goldschmidt & Co. Ltd 1B, Ronan Picture Library 1C, 5B, 6A, 6B; **28/29** Leitbild: Paul Brierley, Mary Evans Picture Library 1, Anthony Howarth/Susan Griggs Picture Agency 2, Ken Lambert/Bruce Coleman Ltd 5, Cooper Bridgeman Library 7, David Levin 8; **30/31** Leitbild: Hans Schmid/ZEFA, Gerry Cranham 6, Barnaby's Picture Library 8, David Levin 9; **32/33** Leitbild: Sally & Richard Greenhill, David Levin 2, 6A, Mansell Collection 4, Racing Information Bureau 9A, IBM 9A; **34/35** Leitbild und 1A, 1B, 6: Dr. D. E. H. Jones, Paul Brierley 1C, 2, Fritz Goro/T. L. P. A. © Time Inc. 1976/Colorific 4, Photri 7; **36/37** Leitbild: Spectrum Colour Library, David Levin 3, 7; **38/39** Leitbild und 5: Dr. D. E. H. Jones; **40/41** Leitbild: Paul Brierley, Spectrum Colour Library 2, David Levin 5, 6A, 6B, 7; **42/43** Leitbild: Pictor, David Levin 1A, Barnaby's Picture Library 8A; **44/45** Leitbild: The Royal Institution, Dr. D. E. H. Jones 1, 3, 5, Spectrum Colour Library 4B, ZEFA 6B; **46/47** Leitbild und 7: Dr. D. E. H. Jones; **48/49** Leitbild: Art & Antiques Weekly, David Levin 8A, Brian Coates/Bruce Coleman Ltd 8B; **50/51** Leitbild: Institute of Electrical & Electronics Engineers Inc., Dr. D. E. H. Jones 5, 7, 8, William MacQuitty 10; **52/53** Leitbild: R. K. Pilsbury/Bruce Coleman Ltd, Ron Boardman 4, Escher Foundation, Den Haag, 5, David Strickland 6A, Spectrum Colour Library 8A; **54/55** Leitbild: Dr. D. E. H. Jones, Dieter Buslau/Construction News 7; **56/57** Leitbild A und B: National Gallery; **58/59** Leitbild: Paul Brierley/ S. T. L. Research, Barnaby's Picture Library 7; **60/61** Leitbild: David Levin, David Strickland 5; **62/63** Leitbild und 7: Photri, CERN 2, Dr. A. M. Field, Virus Reference Laboratory, Colindale 3, Spectrum Colour Library 4, 6, Scala 5; **64/65** C. M. Dixon, Ron Boardman 2, Ronan Picture Library 5, Solvay & Cie. 6, Popperfoto 7, Bettman Archive 9; **66/67** Leitbild: Photri, Spectrum Colour Library 1, 2, Ronan Picture Library 3, 4A, Cavendish Laboratory/Cambridge University 4B, Science Museum 7, UK Atomic Energy Authority 8; **68/69** F. Rust/ZEFA 1, David Levin 2, International Society for Educational Information, Tokio 3, American History Picture Library 4, Photri 6E, 8; **70/71** Leitbild und 1, 3, 5: Photri, David Levin 2, ZEFA 7; **72/73** Leitbild 7: John Walmsley, Dr. Richard Knerr, München 3, London Transport Executive 5D, David Strickland 6; **74/75** Photri 3, David Levin 5B; **76/77** Leitbild: Spectrum Colour Library, Popperfoto 3, Camera Press 4, 6, Ronan Picture Library 7; **78/79** Leitbild: Adam Woolfitt/Susan Griggs Picture Agency, Spectrum Colour Library 2, 3A, 5, Photri 4, Institution of Civil Engineers 9; **80/81** Leitbild: Bavaria/B. Geiges, Gauting, Deutsches Museum, München 2A, Bayerische Motoren Werke, München 2B, E. Baumann, Ludwigsburg 4, W. Stadler, Freising/ Dr. R. Knerr, München 7; **82/83** Leitbild: Hawker Siddeley Aviation, Spectrum Colour Library 1B, 6, Picturepoint 4; **84/85** Lyn Cawley 2; **86/87** David Strickland 5, 6, Fabbri 7; **88/89** Leitbild und 2: Picturepoint, Camera Press 4B, Photri 7; **90/91** Shell Photographic Library 2, Picturepoint 6, CERN 6, Graeme French 7, David Levin 8, 9; **92/93** Leitbild: Ron Boardman, Construction News 4, K. Helbig/ZEFA 5, Picturepoint 6, Gerry Cranham 8; **94/95** Leitbild: Mansell Collection, B. O. C. Ltd 8; **96/97** Photri 1, 2, Fissler Beteiligungsgesellschaft mbH, Idar-Oberstein 3; **98/99** Air Products & Chemicals Inc. 2A, Paul Brierley 4A, 4B, CERN 5A; **100/101** Leitbild: De Beers Industrial Diamond Division, Picturepoint 1A, Paul Brierley/Daly Instruments 1B, Paul Brierley/British Aluminium Co. 2, Ford Motor Co. 3, Joseph Lucas Ltd 4B, Paul Brierley/RCA 5, Paul Brierley/Southampton University 6, Photri 7; **102/103** Leitbild: Ronan Picture Library, Spectrum Colour Library 1; **106/107** Bob Croxford 3, David Strickland 6, 8B, 9; **108/109** Leitbild: Horst Munzig/Susan Griggs Picture Agency, Victor Englebert/Susan Griggs Picture Agency 3, Paul Brierley 4; **110/111** Leitbild: Ronan Picture Library, Photri 5; **112/113** Leitbild: Science Museum, Spectrum Colour Library 5, 7, Picturepoint 8, Courtesy of the GPO 10; **114/115** Leitbild: Paul Brierley, Paul Brierley/ Welding Institute 6, William Vandivert 7B, 7C; **118/119** Central Electricity Generating Board 9; **120/121** Leitbild: The Royal Institution, Mansell Collection 5; **122/123** Leitbild: Professor E. Laithwaite, Spectrum Colour Library 5; **124/125** Imperial War Museum 1, Cubestore Ltd 10; **126/127** Otis Elevators Ltd 4E, Paul Brierley/Lintrol/Imperial College 7; **128/129** Leitbild: W. Canning & Co. Ltd, Paul Brierley 1, A. S. E. A. 2, 5, Monitor 8; **130/131** David Levin 2A, 6A, Paul Brierley/UKAEA Culham Lab 2B, Central Electricity Generating Board 6B, Spectrum Colour Library 8; **132/133** David Levin 8A, Marshall Cavendish/Kim Sayer 9A, Paul Brierley 10A, 10B; **134/135** Leitbild: Mullard Valves Ltd, David Levin 5A, 5B; **136/137** Leitbild: Paul Brierley, Chris Steele-Perkins/Science Museum 2; **138/139** UK Atomic Energy Authority 6, Paul Brierley/STL Research 7; **140/141** Leitbild: Cooper Bridgeman, Picturepoint 2, 4, David Levin 3, National Gallery 5, Michael Holford 6, Mary Evans Picture Library 9; **142/143** Popperfoto 1, Shell Photographic Library 7, Photri 8, Kim Sayer 9A, 9B; **144/145** Leitbild: David Strickland, ZEFA 4, Dr. J. Holloway/Leicester University/mit Erlaubnis von Argonne National Laboratory, Argonne, Illinois, USA 6, Quelle unbekannt 12; **146/147** Leitbild: David Strickland, Radio Times Hulton Picture Library 3, Spectrum Colour Library 4, A. F. Kersting 7, Citroën 8; **148/149** Leitbild: Picturepoint, Spectrum Colour Library 3, Paul Brierley 4, Dead Sea Works 6, Spectrum Colour Library 7; **150/151** Leitbild: Paul Brierley; **152/153** Leitbild: Mansell Collection, Ronan Picture Library 1, Vitatron UK Ltd 3; **154/155** Leitbild und 1, 2: Paul Brierley; **158/159** Leitbild: Colorsport, P. H. Ward/Natural Science Photos 4; **160/161** Leitbild: Dr. Robert Horne, Sir John Kendrew 4A, 4B, 4C, Dr. Audrey Glavert 5, Daily Telegraph Colour Library 8.

## Die Technik

**162/163** Blohm & Voss AG, Hamburg; **165** Deutsches Museum, München; **166** Siemens AG, München, Verlag Welsermühl, München; **167** Deutsche Bundesbahn, Minden; **168** Daily Telegraph Colour Library; **169** ASEA; **170** Bayerische Motoren Werke, München; **171** Rainer Haverkamp, Jamaika; **172/173** Ronan Picture Library 8; **174/175** Leitbild: Ironbridge Gorge Museum Trust; **176/177** Mark Boulton/ Bruce Coleman Ltd 3, Barnaby's Picture Library 4; **178/179** Michael Holford 2, 3, Basil Booth 6A, 6B; **180/**

181 Leitbild: Jen und Des Bartlett/Bruce Coleman Ltd, Photoresources 8, Sybil Sassoon/Robert Harding Associates 9; **182/183** Leitbild: Aerofilms, Mansell Collection 5, 6; **184/185** Leitbild und 5: ASEA; **186/187** Leitbild: Picturepoint, Photoresources 1A, Paul Brierley 1B, Michael Holford/British Museum 2, AEC Ltd/Tin Research Institute 3, Copper Development Association 5, Mullard Valves Ltd 6, Kim Sayer/mit Erlaubnis des Gardening Centre Ltd, Syon Park 7, Wilmot Breeden Ltd 8; UKAEA 9; **188/189** Radio Times Hulton Picture Library 2, R. Sheridan/ZEFA 11; **190/191** Leitbild: Spectrum Colour Library, Photri 1, 2, The Cambridge Instrument Co. 3, Michael Francis Wood & Associates 4, Paul Brierley 5, Hans Gunter Möuer 6, F. James 7; **192/193** Leitbild: Mansell Collection, Cooper Bridgeman 3, Trinity College Chapel, Oxford/Leslie Harris 4, Kim Sayer 6, Photri 7, Picturepoint 8, Richard Cooke 9; **194/195** Picturepoint 2, David Strickland 4, 5; **196/197** Leitbild: British Steel Corporation; **198/199** Leitbild und 6: Paul Brierley, Trustees of the British Museum 3, UKAEA 7, David Levin 8; **200/201** Timber Research & Development Association 6A, 6B; **202/203** Leitbild: Angelo Hornak; **206/207** ZEFA 2; **208/209** Royal National Lifeboat Institute 4, GPG Holdings 7, Quelle unbekannt 9; **210/211** Leitbild: Courtaulds Ltd, Bruce Coleman/ Bruce Coleman Ltd 2, Jane Burton/Bruce Coleman Ltd 3, Asbestos & Rubber Co. Ltd 5, MB Copyright 6, Photri 7; **214/215** Leitbild: Ronan Picture Library, Ronald Sheridan 1, ZEFA 3A, Geoff Goode, mit freundlicher Erlaubnis des National Museum 4.

# Neunter Band

## Die Technik

**12/13** Leitbild: Basil Smith; **14/15** Times Newspapers 3, Ronan Picture Library 4; **16/17** Leitbild und 5: Central Electricity Generating Board; **18/19** Rolls Royce 4; **20/21** Leitbild: Barnaby's Picture Library; **22/23** Leitbild und 1: ZEFA, Daily Telegraph Colour Library 3; **24/25** UKAEA 7, 8; **26/27** Bavaria/E. M. Bordis, Gauting 4; National Smokeless Fuel Ltd 5, National Coal Board 6; **30/31** Leitbild: R. Halin/ZEFA; **32/33** William MacQuitty 5; **34/35** Leitbild: Picturepoint 1; Bayernwerk AG, München 5; **36/37** Leitbild und 9: Spectrum Colour Library, Picturepoint 2, Architectural Association 8; **38/39** Phil Sheldon/ZEFA 4; **42/43** Leitbild: Mary Evans Picture Library, SSIH (UK) Ltd (Omega Division) 7; **44/45** Leitbild und 7: ASEA, The Science Museum 1, British Leyland 4, Ford Motor Co. 5A, 5B, 5C, Paul Brierley 6; **46/47** Leitbild: Ronan Picture Library, Popperfoto 5, Lancer Boss Ltd 7; **48/49** Leitbild: Mansell Collection, E. Webber/ZEFA 1, F. Park/ZEFA 2, H. Helbig/ZEFA 3, Picturepoint 5; **50/51** Spectrum Colour Library, mit freundlicher Genehmigung der Deutschen Botschaft 2B, ZEFA 3A, Rolair Systems (UK) Ltd 4B, 4C, Hydronautics Inc. 5A, 6B; **52/53** Leitbild: Toshiba/Michael Turner Associates, Spectrum Colour Library 2, David Levin 4A, 4B, Paul Brierley 6A, 6B, Eagle International 7A; **54/55** Queen Mary College 6; **56/57** Chris Steele-Perkins/mit Genehmigung des Science Museum 1, Spectrum Colour Library 2, IBM 5; **58/59** Leitbild: Lloyds Bank Ltd, IBM 1, Honeywell Ltd 2, ASEA 7, David Strickland 8; **60/61** Leitbild: Textron's Bell Aerospace Division, Buffalo, NY; **62/63** Ann Keatley/National Academy of Sciences, Washington 4, Spectrum Colour Library 5; **70/71** Leitbild: Mansell Collection, Popperfoto 2, Robert Hunt Library 3, Photri 4, 8; **74/75** Leitbild: Mansell Collection; **86/87** Leitbild: Mansell Collection, Fotolink 2, 8, F. Hackenburg/ZEFA 3, London Transport Executive 4, Kim Sayer 6, P. Phillips/ZEFA 7; **94/95** British Railways Board 2, Transrapid-E.M.S., München 4; **96/97** Radio Times Hulton Picture Library 7, Times Newspapers 8; **104/105** Crown Copyright 1973 3, Smithsonian Institution 5, Picturepoint 8; **106/107** Leitbild und 2: Patrick Moore Collection, Novosti 4A, NASA 4B, 4C, 8A, 8B; **108/109** Leitbild und 2, 3, 4, 5, 6, 7, 8, 9, 10: NASA; **114/115** Popperfoto/Imperial War Museum 3, Robert Hunt Library 5A, General Electric Aircraft Equipment Division 7; **116/117** Leitbild: Crown Copyright, reproduziert mit Erlaubnis des Department of the Environment, Michael Holford/British Museum 1, mit Erlaubnis von Governing Body of Christ Church, Oxford 5, National Portrait Gallery 7A; **118/119** Leitbild: John Massey Stewart, Photri 5, 7, 8, Robin Adshead 10; **120/121** Imperial War Museum 1, 7, Popperfoto 5; **130/131** Leitbild: Robert Hunt Library/Imperial War Museum, Robert Hunt Library 2, Photri 7, 8; **134/135** Leitbild: Associated Press, Freeman Fox & Partners; **138/139** Leitbild: Sir Robert McAlpine, U-Bahn-Referat der Landeshauptstadt München 2, Chesapeake Bay Bridge & Tunnel District 6; **140/141** Mary Evans Picture Library 2, Loren McIntyre 3; **142/143** Leitbild: Douglas Pike, Bill Stirling/Robert Harding Associates 2, Construction News 3, 4, A. Monk & Co. Ltd 5, 8, Frank Wallis 7; **144/145** Leitbild: J. Allan Cash; **146/147** Leitbild: Spectrum Colour Library, ZEFA 7, KLM Aerocarto 9; **148/149** Leitbild J. Allan Cash, Paul Almasy 8; **152/153** Leitbild: Mansell Collection, Redland Purle Ltd 3, 5, Picturepoint 4A, Spectrum Colour Library 4B; **154/155** Mansell Collection 2, 3, 4, 6B, 7, 9, Linotype UK 10; **156/157** Leitbild: G. Sommer/ZEFA, David Strickland 3E, Picturepoint 4; **158/159** Rank Xerox Ltd 4; **160/161** Leitbild: Monitor, Picturepoint 2, Jerry Watcher Colorific 3, IBM 6; **162/163** Leitbild und 1, 4A, 4B, 4C, 4D, 4E, 4F: Kim Sayer, BBC Copyright photograph 2, Mike Peters 3, Gerfried Brutzer 6; **164/165** Leitbild: Kim Sayer, David Levin 1, 2, 3, Graeme French 4A, 4B, 4C, 4D, 4E, 4F, 4G, 4H, 4I; **166/167** Leitbild: Dupont (UK) Ltd, John Crossley & Sons Ltd 1, IBM 2A, Honeywell 2B, Angelo Hornak 4A, British Airways 5; **170/171** Leitbild: Chris Steele Perkins, Guy Rycart 1A, 1B, 2A, 2B, 2C, David Strickland 7A, 7B, 7C; **172/173** EMI 7; **174/175** Leitbild: mit Erlaubnis des Post Office, Ronan Picture Library 1, David Strickland 2, Chris Steele-Perkins/The Science Museum 5; **176/177** Leitbild: J. Allan Cash, Bundesministerium für Post und Fernmeldewesen, Bonn 3; **178/179** Leitbild: The Science Museum, Mansell Collection 1, Chris Steele Perkins/The Science Museum 2A, Radio Times Hulton Picture Library 3, BBC 6E, P. Freytag/ZEFA 6B, David Levin 6C; **182/183** Leitbild: EMI, Sotheby's, Belgravia 6, Toshiba/Michael Turner Associates 7; **184/185** Ampex (Great Britain) Ltd 1, 3A, 5, David Levin 3B, Paul Brierley/Decca Ltd 7; **186/187** Leitbild: Radio Times Hulton Picture Library; **188/189** Picturepoint 1B; **190/191** Leitbild: ICI Ltd, Aerofilms Ltd 1, ZEFA 3, Centre File Ltd 5; **192/193** Picturepoint 1, 7, Unilever Ltd 2; **194/195** Leitbild: Popperfoto, Photri 3, Pains Wessex Ltd/Michael Turner Associates 7; **196/197** Leitbild: Ronan Picture Library, David Levin 2, 9, Bill Holden 3, Photoresources/Metropolitan Museum of Art 4, Michael Holford 5, Basil Booth 8, Toshiba/Michael Turner Associates 11; **198/199** Leitbild: Picturepoint, French Government Tourist Office 3A, Spectrum Colour Library 3B, Max Factor Ltd 4, Educational Products Ltd/Max Factor Ltd 5A, 7B, 7C, Times Newspapers 6.

**Das Verzeichnis der Mitarbeiter für das Gesamtwerk (englische Autoren; deutsche Bearbeiter, Redaktion, Graphik) befindet sich im 10. Band.**